BAU

VERSUCH

WIS

ÜBER

SEN

DIE

SCH

POLYTECHNISCHE

AFT

UTA HASSLER | TORSTEN MEYER | CHRISTOPH RAUHUT | ETH ZÜRICH

VERSUCH ÜBER DIE
POLYTECHNISCHE BAUWISSENSCHAFT

HIRMER

‹Empirische Beschäftigung mit der Bau-Wissenschaft?›

Die Texte dieses Bandes stammen aus verschiedenen Zeiten und haben unterschiedliche Schicksale von Erfindung, Überarbeitung, Teilpublikation, Revision und Korrektur.

Ihr Ursprung reicht in die 1990er Jahre zurück, ein Projektantrag bei der Deutschen Forschungsgemeinschaft fragte damals nach dem *Handbuch der Architektur* im Umfeld polytechnischer Bauwissenschaft. Im ersten Jahrzehnt des 21. Jahrhunderts wurden dann Projekte durch den Schweizerischen Nationalfonds und die ETH Zürich gefördert, Fokus und Interesse lagen jetzt auf Fachtraditionen und Entwicklungen, wie sie an der Zürcher Polytechnischen Hochschule in der zweiten Hälfte des 19. Jahrhunderts zu beobachten waren: die Spezialisierungen der Fächer, der Weg in eine Eigenständigkeit der Ingenieurthemen, die Historisierung tradierter Zugänge zum Fach Architektur.[1]

Eine ganze Reihe junger Kollegen hat in rund zwei Jahrzehnten an unterschiedlichen Einzelfragen und Aspekten mitgearbeitet: Archivmaterialien wurden recherchiert, Nachlässe von Architekten und Ingenieuren gesichtet, viele Stunden in Hochschularchiven, Bibliotheken und auf Reisen verbracht. Die Fragestellung, die über die Jahre aus immer wieder neuen Blickrichtungen verfolgt wurde, war jene nach Entwicklung, Blüte und Verschwinden wie auch der Umwertung polytechnischer Bauwissenschaft im 20. Jahrhundert.

Den Materialien (und dem langen Studienverlauf) geschuldet sind die Texte, die hier vorgelegt werden, in Form und Charakter heterogen: Manche Themen wurden in Promotionsprojekten weiterentwickelt, einiges ist als Teilergebnis publiziert, manches bleibt Fragment; das Kernteam der Autoren ist unterdessen in alle Winde verstreut. Der Band ist ein Komplementärbuch zum *Lehrbuchdiskurs*,[2] eine Materialvorlage eher ‹trockener Art›.

---

1 Das Projekt *Das Handbuch der Architektur als Wissensspeicher* mit der Universität Karlsruhe (TH) wurde ab 2003 durch die DFG, das Projekt *Verwissenschaftlichung des Bauwissens im 19./20. Jahrhundert. Das Beispiel der ETH Zürich* von 2009 bis 2011 durch den SNF gefördert. Weitere Projekte an der Professur Hassler waren: *Das semantische Feld polytechnischer Wissenschaften im 19. Jahrhundert; Historische Holzkonstruktionen der Schweiz* (durch ETHIRA gefördert); *Polytechnical research and teaching. The significance of the ETH plaster cast collection.* Dissertationen entstanden u. a. zu folgenden Themen: *Die städtische Baustelle des späten 19. Jahrhunderts* (Christoph Rauhut), *Industrielle Bauornamentik im Zeitalter des Historismus in der Schweiz* (Petra Dariz), *Theorien zur Haustechnik im 19. Jahrhundert* (Magdalena Daniel), *Das Bauunternehmen Dyckerhoff & Widmann* (Knut Stegmann), *Schweizer Holzbautradition. Ernst Gladbach und die Konstruktion eines ländlichen Nationalstils* (Daniel Stockhammer), *Wie man auf dem Land baut* (Jacob Jansen).

2 Hassler, Uta (Hg.): Der Lehrbuchdiskurs über das Bauen. Zürich 2015.

Die heroischen Anfänge in der Aufklärung waren bereits untersucht und umrissen (Autoren wie Hans-Dieter Nägelke und Ulrich Pfammatter hatten die Schultraditionen erforscht[3]), Studien zu Einzelœuvres der Gründungszeiten der Schulen existierten (von Weinbrenner und Tulla bis Schinkel, Bötticher und Hirt[4]), Überblicksstudien waren erschienen. Die vorausstürmende Hoffnung auf Fortschritt aller Verhältnisse durch wissenschaftliches Wissen in der zweiten Hälfte des 19. Jahrhunderts schien belegt[5] (unter anderem durch die Semperforschung[6] oder im Bauingenieurbereich Eugen Kurrers verdienstvolle Arbeit[7]), dennoch blieb eine eigenartige Diskrepanz zwischen den vielfältigen monografischen Untersuchungen – und der Entwicklung der Fächer, der Schulen selbst und des intergenerationellen Wissenschaftsverständnisses.

Wie kann man, fragten wir uns, verstehen lernen, wie gebunden die jeweilige akademische Generation an Blickwinkel und Wissenschaftsverständnis ihrer jeweiligen Zeit bleibt, wie kommt es zu den blinden Flecken, wie zufallsgeprägt sind Entwicklungen, waren sie evolutionär oder durch Brüche charakterisiert? Wie kann man nachzeichnen, wie mühevoll das Zusammentragen der von uns heute oft für selbstverständlich genommenen Grundlagen war, wie schwankend wiederum blieb die Einsicht über ‹gesichertes Wissen›, wie war der Prozess von Auswahl und Weitergabe, wie auch des Vergessens und Entsorgens?

Anfangshypothese unserer verschiedenen Studien war die Überlegung, dass die polytechnischen Schulen mit Gründungswelle und schnellem Ausbau in ihren Strukturen, institutionellen Entscheiden, in Lehrplänen und Publikationen einen Kanonisierungsprozess polytechnischer Bauwissenschaften spiegeln würden. Wir vermuteten, dass die Materialien der Anfänge eher knapp waren: Die Generation der Schulgründer musste die Lehrbücher selbst schreiben (und wurde natürlich nicht fertig), die Ausbauphase teilte Materialien und Überzeugungen: Beider Basis waren internationale Netzwerke, Gelehrtenzirkel, Empfehlung. Schüler-Lehrer-Verhältnisse beruhten auf Vertrauen, Fairness und Wertschätzung, Korrespondenzen wurden gepflegt, man gewann Kenntnis über Neuerungen, korrespondierte und tauschte sich aus.

Alle Schulgründer reisten: Tulla nach Paris, Weinbrenner nach Italien, Schinkel nach England, die zweite Generation ging nach Süditalien und Griechenland. Die europäischen Schulen präsentierten sich

---

3 Pfammatter, Ulrich: Die Erfindung des modernen Architekten. Ursprung und Entwicklung seiner wissenschaftlich-industriellen Ausbildung. Basel/Boston/Berlin 1997; Nägelke, Hans-Dieter: Gelehrte Gemeinschaft und wissenschaftlicher Großbetrieb: Hochschulbau als Spiegel von Wissenschaftsidee und -praxis im 19. und frühen 20. Jahrhundert, in: Berichte zur Wissenschaftsgeschichte 21 (1998), S. 103–114.

4 Siehe unter anderem Schumann, Ulrich Maximilian: Friedrich Weinbrenner. Klassizismus und «praktische Ästhetik» (Friedrich Weinbrenner und die Weinbrenner-Schule, Bd. 5). Berlin/München 2010, S. 85–155 sowie ders. (Hg.): Friedrich Weinbrenner. Architektonisches Lehrbuch (Friedrich Weinbrenner und die Weinbrenner-Schule, Bd. 7). Bad Saulgau 2015; Schinkel, Karl Friedrich: Das Architektonische Lehrbuch. Herausgegeben und kommentiert von Goerd Peschken. München/Berlin 1979; Mayer, Hartmut: Die Tektonik der Hellenen. Kontext und Wirkung der Architekturtheorie von Karl Bötticher. Stuttgart/London 2004.

5 Blackbourn, David: The Conquest of Nature. Water, Landscape and the Making of Modern Germany. London 2006, darin zu Tulla S. 71–111.

6 Mallgrave, Harry Francis: Gottfried Semper: Ein Architekt des 19. Jahrhunderts. Zürich 2001; Nerdinger, Winfried; Oechslin, Werner (Hg.): Gottfried Semper 1803–1879. Architektur und Wissenschaft. München/Berlin/London u. a. 2003; Weidmann, Dieter: Gottfried Sempers ‹Polytechnikum› in Zürich. Ein Heiligtum der Wissenschaften und Künste. 2 Bde. Diss. ETH Zürich 2010; Tschanz, Martin: Die Bauschule am Eidgenössischen Polytechnikum in Zürich. Architekturlehre zur Zeit von Gottfried Semper (1855–1871) (Architektonisches Wissen). Zürich 2015.

7 Kurrer, Karl-Eugen: Geschichte der Baustatik. Berlin 2002 sowie ders.: Geschichte der Baustatik. Auf der Suche nach dem Gleichgewicht. 2., stark erw. Aufl. Berlin 2016.

nach der Mitte des 19. Jahrhunderts regelmässig bei den grossen internationalen Industrieausstellungen[8], bis in die USA geht die Werbung für Lehrpläne, Bauten und Konzepte polytechnischer Ausbildung.[9]

Im späteren 19. Jahrhundert zeigen sich die Konzepte der Schulen als durchaus ähnlich und gestützt auf die frühen Gründungen, zuerst waren Paris und Karlsruhe vorbildhaft, später wurde es Zürich. Durch die Betrachtung der Gründungen zweiter Generation hofften wir zeigen zu können, welche Inhalte es gab und welche neu entwickelt werden mussten. Wir fragten:

- Welche Lehrmaterialien, Lehrkonzepte und Bücher konnten aus anderen Schulen übernommen werden?
- Welche Materialien wurden neu entwickelt?
- Wie wurden Inhalte geprüft und bestätigt?
- Wie zeigte sich ‹gesichertes Wissen›?

Es war zu untersuchen, wie idealtypisch die Zürcher Entwicklung war und ob es Sonderwege gab (beispielsweise durch den stärkeren Fokus auf die französische Schweiz und Frankreich oder die Wege der Materialprüfung; zu verstehen war ausserdem, ob institutionelle Veränderungen mit fachlichen Neuerungen oder eher mit Netzwerken korrelierten). Detailstudien sollten Umbrüche der Baufächer nachzeichnen – in der Architektur und im Bauingenieurwesen. Wir suchten nach Kontinuität, aber auch nach dem Verschwinden von Fächern und Inhalten, Neudefinition und Stabilisierung von Konstruktionswissen. Zur Frühzeit in Frankreich und den deutschen Schülern in Paris hatte Hartwig Schmidt einen Beitrag beigesteuert, von Christine Wilkening-Aumann haben wir eine Detailstudie zu den Zürcher Lehrmaterialien beigefügt.

Das *Deutsche Bauhandbuch* führte im Jahr 1879 *Eine systematische Zusammenstellung der Resultate der Bauwissenschaften mit allen Hülfswissenschaften in ihrer Anwendung auf das Entwerfen und die Ausführung der Bauten* vor: Als Kern der ‹Bauwissenschaften› galten mathematische, physikalische und bautechnische Tabellen, die ‹reine Mathematik› war Hilfswissenschaft, wie auch die Lehre vom Licht, die Lehre von der Wärme, Meteorologie, Chemie und Baumaterialkunde.[10] ‹Bauwissenschaft› war den Autoren alle Wissenschaft, die dem Bauen dient. Unser Wissenschaftsbegriff ist heute weniger positivistisch, mit den Worten Wolfgang Hardtwigs: «Wo jedoch die Korrelation von Forschung einerseits, Empirie und Methode andererseits hergestellt wird, kann [...] die Verbindung des Forschungsbegriffs zu ‹Wissenschaft› abreißen».[11] Hardtwig zitiert Wilhelm Wachsmuths *Entwurf einer Theorie der Geschichte* aus dem Jahr 1820, der zwischen «historischem Material» und «Überlieferung» unterscheidet und Wissenschaft als «Hineintragung von Vernunftgesetzen» in den Stoff versteht.

---

8 Beispielsweise Übersichten über Vorlesungen und Kurse sowie Sammlungen und Ausstattung des Eidgenössischen Polytechnikums anlässlich der Weltausstellung in Wien 1873, siehe Anonym: Bericht über die Organisation und das Wirken der Eidgenössischen Polytechnischen Schule in Zürich. Ausgearbeitet für die Welt-Ausstellung in Wien 1873. Zürich 1873.

9 Siehe Siegfried, H.: Die Betheiligung der Schweiz an der internationalen Weltausstellung in Philadelphia 1876, in: Die Eisenbahn 2/3 (1875), S. 67/68.

10 Deutsches Bauhandbuch. Eine systematische Zusammenstellung der Resultate der Bauwissenschaften mit allen Hülfswissenschaften in ihrer Anwendung auf das Entwerfen und die Ausführung der Bauten, veranstaltet von den Herausgebern der Deutschen Bauzeitung und des Deutschen Baukalenders. 3 Bde. Berlin 1879–1884, hier Bd. 1.

11 Hardtwig, Wolfgang: Konzeption und Begriff der Forschung in der deutschen Historie des 19. Jahrhunderts, in: Diemer, Alwin (Hg.): Konzeption und Begriff der Forschung in den Wissenschaften des 19. Jahrhunderts. Referate und Diskussionen des 10. Wissenschaftstheoretischen Kolloquiums 1975 (Studien zur Wissenschaftstheorie, Bd. 12). Meisenheim am Glan 1978, S. 11–26, Zitat S. 13.

In den Baufächern steht das 19. Jahrhundert für jene grossartige Zeit, die Grundlagen einer ‹Forschung in der Technik› legte. Friedrich Rapp formuliert: «Die Verwissenschaftlichung der Technik wäre ohne die Stätten theoretischer Forschung und Lehre nicht möglich gewesen».[12] Der Fortschritt in den Ingenieurwissenschaften sei eben dadurch erreicht worden, «daß intuitive Erfahrungsregeln mehr und mehr durch kritisch geprüfte, mathematisch ausformulierte und naturwissenschaftlich begründete Theorien ersetzt worden sind».[13] Rapp diskutiert aber auch die Kontroversen über die Grenzen der ‹Verwissenschaftlichung der Technik› und das Wissen und Können, das sich nicht «auf mathematische Formeln reduzieren läßt».[14]

Unser Begriff ‹Polytechnischer Bauwissenschaft› ist nicht «pluralistisch geläutert»[15], er ist Metonym für enzyklopädischen Anspruch, Aufbruchshoffnung in einer sich industrialisierenden Welt, für Glauben an Chancen rational wissenschaftlichen Handelns – frei von Skepsis gegenüber szientistischen Praktiken. Zur Einführung haben wir ‹14 Thesen› formuliert, die das Feld abstecken – und zeigen sollen, wie fern die Diskurse des 19. Jahrhunderts von heutiger akademischer Praxis sind.

Uta Hassler

---

12 Rapp, Friedrich: Die Forschung in der Technik (bzw. Technologie) des 19. Jahrhunderts, in: Diemer (wie Anm. 11), S. 189–224, Zitat S. 203.

13 Ebd., S. 207 und 209. Bei Rapp auch der Hinweis auf Riedler, Alois: Die Ziele der Technischen Hochschulen, in: Zeitschrift des Vereins Deutscher Ingenieure 40 (1896), S. 301–309, 337–346, 340–351.

14 Rapp 1978 (wie Anm. 12), S. 209.

15 Heit, Helmut; Oberheim, Eric: Paul Feyerabend als historischer Naturphilosoph, in: dies. (Hg.): Paul Feyerabend. Naturphilosophie. Frankfurt (Main) 2018, S. 21.

Bauwissenschaft – eine Vorgeschichte

> «Architecti est scientia pluribus disciplinis et variis eruditionibus ornata, cuius iudicio probantur omnia, quae ab ceteris artibus perficiuntur opera. Ea nascitur ex fabrica et ratiocinatione. Fabrica est continuata ac trita usu meditatio, qua manibus perficitur e materia uniuscuiusque generis opus et ad propositum deformationis. Ratiocinatio autem est, quae res fabricatas solertia ac ratione proportionis demonstrare atque explicare potest.»[1]

Am Anfang war Vitruv.[2] Vitruv steht freilich am Anfang nur dann, «wenn wir gezielt zurückblicken. Und er steht nur für die ‹Erste› Welt. Und bei genauerem Hinblicken nicht einmal hier am Anfang und auch nicht allein.»[3] Die Denkfigur eines ‹vitruvianischen Anfangs› aller Architektur und Baukunst wirkt aber immerhin in einer ‹langen Überlieferung›, Vitruvs *De architectura libri decem* markieren einen Beginn in wissens- und wissenschaftsgeschichtlicher Perspektive – sie sind die ersten überlieferten Lehrbücher über das Bauen.[4] Für eine Studie über die polytechnische Bauwissenschaft im 19. Jahrhundert, in der auch die Festlegung disziplinärer Wissensbestände im Lehrbuch untersucht wird, gilt daher: ‹Am Anfang waren die *De architectura libri decem*›. Vitruvs Bücher haben über Jahrhunderte in den gelehrten Diskursen sowohl das begriffliche Verständnis von Baukunst wie auch die konstitutiven Wissensbestände des Baumeisters

---

1 Vitruv: Zehn Bücher über Architektur. De architectura libri decem. Übersetzt und durch Anmerkungen und Zeichnungen erläutert von Dr. Franz Reber. Wiesbaden 2009 (zuerst 1865), S. 16. Siehe auch die zumeist genutzten Übersetzungen von Curt Fensterbusch: Fensterbusch, Curt (Hg.): Vitruvii De architectura libri decem/ Vitruv. Zehn Bücher über Architektur. 5. Aufl. Darmstadt 1996 (1. Aufl. 1964).

2 Eine Referenz an Nipperdeys berühmten ersten Satz («am Anfang war Napoleon»). Vgl. Nipperdey, Thomas: Deutsche Geschichte 1800–1866. Bürgerwelt und starker Staat. München 1983, S. 11.

3 Führ, Eduard: Zur Theorie der Architektur als Wissenschaftstheorie und Wissenschaftspraxis, in: Wolkenkuckucksheim – Cloud-Cuckoo-Home – Vozdushny zamok 9 (2005), H. 2 [http://www.cloud-cuckoo.net/openarchive/wolke/deu/Themen/042/Fuehr/fuehr.htm] (23. November 2018). Siehe auch Knell, Heiner: Vitruvs Architekturtheorie. Versuch einer Interpretation. 2. Aufl. Darmstadt 1991 und Kruft, Hanno-Walter: Geschichte der Architekturtheorie. Von der Antike bis zur Gegenwart. München 1985.

4 Zum «Buch vom Tempel» siehe Fauerbach, Ulrike: Bauwissen im Alten Ägypten, in: Renn, Jürgen; Osthues, Wilhelm; Schlimme, Hermann (Hg.): Wissensgeschichte der Architektur, Bd. 2: Vom Alten Ägypten bis zum Antiken Rom. Max Planck Research Library for the History and Development of Knowledge (Edition Open Access, Studies 4). Berlin 2014, S. 7–124, hier S. 98–100 unter Verweis auf Quack, Joachim, Friedrich: Das Buch vom Tempel und verwandte Texte. Ein Vorbericht, in: Archiv für Religionsgeschichte 2 (2000), S. 1–20.

definiert.[5] Sie wirkten noch im 19. Jahrhundert als ‹definitorische› Autorität. Eindrücklich zeigt dies noch die Wissensordnung und -systematik des grossangelegten, seit 1880 erscheinenden *Handbuchs der Architektur.*[6] Das *Handbuch* ist freilich nicht nur ein ‹vitruvianischer Triumph› (und auch eine enzyklopädische Manifestation), sondern auch End- und Wendepunkt der in vitruvianischer Tradition stehenden Konzeption der polytechnischen Bauwissenschaft. Der vitruvianische *architectus* ist nicht nur Wissenschaftler, sondern auch praktizierender ‹Baumeister›[7] – er zeichnet sich aus durch den Erwerb unterschiedlicher Wissensformen.[8] Die heterogenen Bestände vormodernen wissenschaftlichen Wissens – explizit hebt Vitruv unter anderem Arithmetik, Geometrie und Optik hervor – ergänzten solche der Praxis. Wissenschaftliches Wissen und Erfahrungswissen, Theorie und handlungsleitende Erfahrung sind untrennbar verschränkt. *Architectura,* Baukunst, resultiert aus komplexem, personalem Wissen: Sie ist eine Universalwissenschaft, weit mehr als die heutige Architektur, die als ‹anleitende Kunst› verstanden werden kann.[9] *Architectura* umfasst bis in die Moderne die Verzahnung der ‹anleitenden› (Architektur) und der ‹ausführenden› Kunst (Bauen).[10] *Architectura* als Baukunst bleibt verbunden mit den technischen Aspekten des Bauens; sie ist immer auch *ars* und *techne,* dem profanen ‹Machenkönnen› ebenso verpflichtet wie den ästhetischen Konzepten.[11] Gleichwohl kann die vitruvianische *architectura*-Konzeption nur partiell als ein «absolutes, regelhaftes und regelgebendes sowie in einer spezifischen Ordnung strukturiertes und Ordnung verleihendes System»[12] begriffen werden, da sie ihren Anspruch auf Regelhaftigkeit und Regelgebung des Bauens nicht abstrakt und allgemein einlösen kann – erweisen sich die Regeln des Bauens doch als lokal geprägt und rückgebunden an Tradition und Zeit.[13]

In den frühen gelehrten Diskursen über das Bauen sind die *De architectura libri decem* die Synthese der schönen und nützlichen Künste, sie belegen Komplexität und Interaktion der Bauwissensbestände. Der mittelalterliche Werkmeister (nach dem Lateinischen *magister operis* beziehungsweise *magister fabricae*) wies einen handwerklichen Hintergrund auf, entstammte oftmals dem Maurer- oder Steinmetzhandwerk; eine praxisorientierte Engführung ist zu beobachten.[14] Geometrische Grundkenntnisse waren selbstver-

---

5 Rezeptionsgeschichte und Bedeutungswandel untersucht Hartwig Schmidt: Vitruvs De architectura libri decem. Das Buch und seine Bedeutung im Wandel der Zeit, in: Hassler, Uta (Hg.): Der Lehrbuchdiskurs über das Bauen. Zürich 2015, S. 297–367.

6 Vgl. Hassler, Uta: Entwurfslehren und «Grammatik architektonischer Form»: Wissensbestände der Architektur von Vitruv bis zum Handbuch der Architektur, in: Dirks, Ulrich; Wagner, Astrid (Hg.): Abel im Dialog (Festschrift für Günter Abel). Berlin 2018, S. 977–1020.

7 Die Übersetzung von Reber gebraucht das Wort «Baumeister», vgl. Vitruv: Zehn Bücher über Architektur, Wiesbaden 2009, S. 17; vgl. auch Fensterbusch 1996 (wie Anm. 1), S. 23. Führ bevorzugt Fensterbuschs Übersetzung, weil sie die theoretische Seite des Berufs betont, Führ 2005 (wie Anm. 3).

8 Vgl. Abel, Günter: Strategien der Stabilisierung von Wissen – Der Fall der Lehrbücher, in: Hassler, Uta (Hg.): Der Lehrbuchdiskurs über das Bauen. Zürich 2015, S. 10–24.

9 Vgl. de Bruyn, Gerd: Die enzyklopädische Architektur. Zur Reformulierung einer Universalwissenschaft. Bielefeld 2008, S. 24–27, hier S. 24.

10 Ebd., S. 24.

11 Vgl. zum Beispiel Führ 2005 (wie Anm. 3).

12 Führ, Eduard Heinrich: Die Kunst des Konjunktivs – Plädoyer für eine selbstbewusste Theorie der Architektur, in: Wolkenkuckucksheim – Cloud-Cuckoo-Home – Vozdushny zamok 13 (2009), H. 2 [http://www.cloud-cuckoo.net/journal1996-2013/inhalt/de/heft/ausgaben/208/Fuehr/fuehr.php] (23. November 2018).

13 Vgl. Meyer, Torsten: Fokus: Bauherrenwissen in der Hausväterliteratur, in: Renn, Jürgen; Osthues, Wilhelm; Schlimme, Hermann (Hg.): Wissensgeschichte der Architektur, Bd. 3: Vom Mittelalter bis zur Frühen Neuzeit. Max Planck Research Library for the History and Development of Knowledge (Edition Open Access, Studies 5). Berlin 2014, S. 429–465. Siehe auch Renn, Jürgen; Valleriani, Matteo (unter Mitwirkung der Autoren): Elemente einer Wissensgeschichte der Architektur, in: Renn, Jürgen; Osthues, Wilhelm; Schlimme, Hermann (Hg.): Wissensgeschichte der Architektur, Bd. 1: Vom Neolithikum bis zum Alten Orient. Max Planck Research Library for the History and Development of Knowledge (Edition Open Access, Studies 3). Berlin 2014, S. 7–53, hier S. 7.

14 Siehe Binding, Günther: Bauwissen im Früh- und Hochmittelalter, in: Renn/Osthues/Schlimme 2014, Bd. 3 (wie Anm. 13), S. 9–94.

ständlich, darüber hinausgehende Kenntnisse des Lesens, Schreibens und Rechnens offenbar wenig verbreitet.[15] In die Lücke zwischen gelehrtem Diskurs und architekturaler Praxis schrieb sich in der Frühen Neuzeit der Diskurs einer neuen sozialen Gruppe – der ‹technischen Intelligenz› – ein.[16] Dieser führte nicht nur zu einer «Idealisierung der Technik», zu einer von den konkreten Gegebenheiten des einzelnen Artefaktes losgelösten Redeweise über das Technische.[17] Vielmehr versuchten die Mitglieder der ‹technischen Intelligenz› ihr Erfahrungswissen in allgemeingültige Regeln zu überführen, vor allem auf zeitgenössische geometrische und mathematische Wissensbestände zurückgreifend. Solche Bestrebungen dienten unter anderem der Abgrenzung gegenüber dem Handwerker, denn sie werteten die Tätigkeiten der ‹technischen Intelligenz› intellektuell und sozial auf; sie markierten aber zugleich – und dies ist bedeutsam – den beginnenden Prozess der Verwissenschaftlichung technischen und auch baulichen Erfahrungswissens. Der neuartige Diskurs wahrte noch die Totalität des Bauens, technische, organisatorische und ästhetische Wissensbestände blieben aber zunächst untrennbar vereint. Dies zeigt sich auch im Selbstverständnis der sozialen Gruppen der Architekten und Ingenieure.[18] Zwar zeichnet sich bereits im Verlauf des 17. Jahrhunderts eine begriffliche Differenzierung zwischen dem Architekten und dem Ingenieur ab (insofern der Begriff ‹Ingenieur› zunehmend Aufgaben des Festungsbaus meinte), eine solche Unterscheidung betraf aber kaum je die individuell realisierten Bauvorhaben frühneuzeitlicher Baumeister. Eine klare Trennung zwischen der *architectura militaris* und der *architectura civilis* bestand zwar auf dem Papier, nicht jedoch zwingend in der individuellen Baupraxis der Akteure.[19]

Dem vormodernen Verwissenschaftlichungsprozess des Bauens fehlte ein institutioneller Rahmen,[20] erfahrungsbasierte Bauwissensbestände waren ebenso bedeutsam wie die Arten ihrer Aneignung. Strukturelle Veränderungen im Verwissenschaftlichungsprozess des Bauwissens zeichneten sich dann im Verlauf des 18. Jahrhunderts ab: Im baukünstlerischen Bereich wirkte die 1671 gegründete Académie Royale

---

15 Durch die im Mittelalter entstehenden Stadtschulen, zu deren Klientel auch Kinder von Handwerkern zählten, sind solche Kenntnisse nicht auszuschliessen, ihr Nachweis angesichts der Quellenlage schwierig. Zur Bedeutung der Heuristiken für die mittelalterliche Wissensaneignung des Baumeisters vgl. Knorr-Cetina, Karin: Wissenskulturen. Ein Vergleich naturwissenschaftlicher Wissensformen. Frankfurt (Main) 2002, S. 56; vgl. auch: Mark, Robert; Clark, W. W.: Gothic Structural Experimentation, in: Scientific American 251 (1984) 4, S. 144–153.

16 Vgl. grundlegend: Popplow, Marcus: «Neu», «nützlich» und «erfindungsreich». Die Idealisierung von Technik in der frühen Neuzeit (Cottbuser Studien zur Geschichte von Technik, Arbeit und Umwelt, Bd. 5). Münster/New York/München/Berlin 1998.

17 Vgl. zum Folgenden Meyer, Torsten: Art.: Technologie, in: Enzyklopädie der Neuzeit. Herausgegeben von Friedrich Jaeger im Auftrag des Kulturwissenschaftlichen Instituts (Essen) und in Verbindung mit den Fachherausgebern. Bd. 13. Stuttgart/Weimar 2011, Sp. 310–319.

18 Vgl. hierzu: Popplow, Marcus: Unsichere Karrieren: Ingenieure in Mittelalter und Früher Neuzeit 500–1750, in: Kaiser, Walter; König, Wolfgang (Hg.): Geschichte des Ingenieurs. Ein Beruf in sechs Jahrtausenden. München/Wien 2006, S. 71–125, 88–108; Engelberg, Meinrad von: Weder Handwerker noch Ingenieur. Architektenwissen der Neuzeit, in: van Dülmen, Richard; Rauschenbach, Sina (Hg.): Macht des Wissens. Die Entstehung der modernen Wissensgesellschaft. Köln/Weimar/Wien 2004, S. 241–272. Programmatisch spiegelte dies sich auch in den Titeln der einschlägigen Traktate wider, die sich ausdrücklich an Architekten und Ingenieure wandten. Vgl. zum Beispiel Leupold, Jacob: Theatrum Machinarium Oder: Schau-Platz der Heb-Zeuge [...] Ein Werck so allen Architectis, Ingenieurs [...] so nöthig als nützlich [...]. Leipzig 1725.

19 Vgl. Schütte, Ulrich: Architekt und Ingenieur, in: ders. (Hg.): Architekt und Ingenieur. Baumeister in Krieg und Frieden. Wolfenbüttel 1984 (Ausstellungskatalog Herzog-August-Bibliothek Wolfenbüttel 1984), S. 18–31.

20 Vgl. ebd., S. 22–24. Gewisse Ausnahmen bilden beispielsweise die frühneuzeitlichen italienischen Akademien oder auch die sogenannten Ritter-Akademien, letztere richteten ihre institutionalisierte Wissensvermittlung an den Adel, sprachen also potenzielle Bauherren an. Wichtig war die Vermittlung des adligen Bildungskanons. Vgl. hierzu zum Beispiel Popplow, Marcus: Mechanik, Maschinen und technische Sehenswürdigkeiten zu Beginn des 18. Jahrhunderts. Das «neu=eröffnete Machinen-Hauß» von Leonhard Christoph Sturm, in: Cardanus 2, 2001, S. 75–99; ders.: Wissensvermittlung fur den jungen «galant-homme» – Architektur im geöffneten Ritter-Platz (1700–02), in: Hassler, Uta (Hg.): Der Lehrbuchdiskurs über das Bauen. Zürich 2015, S. 94–111. Zu den italienischen Akademien vgl. zum Beispiel Schlimme, Hermann: Die frühe ›Accademia et Compagnia dell'Arte del Disegno‹ in Florenz und die Architekturausbildung, in: Johannes, Ralph (Hg.): Entwerfen. Architektenausbildung in Europa von Vitruv bis Mitte des 20. Jahrhunderts. Hamburg, 2009, S. 326–343; ders.: Between architecture, science and technology: the Accademia della Vachia in Florence, 1661–1662, in: Schlimme, Hermann (Hg.): Practice and Science in Early Modern Italian Building. Towards an Epistemic History of Architecture. Mailand 2006, S. 61–96.

d'Architecture prägend – «mark[ing] the beginning of formal education as the way to convey architectural knowledge.»[21] Im bauwissenschaftlichen Bereich manifestierte sich ein Wandel in den Gründungen von Ingenieurkorps und Spezialschulen, von ihnen ausgehend verbreitete sich im Verlauf des 19. Jahrhunderts vor allem im deutschsprachigen Raum das Leitbild eines Bauens nach wissenschaftlichen Grundsätzen. Oscar Mothes sprach in der vierten Auflage seines *Bau-Lexicons* von 1881 erstmals von «Bauwissenschaft».[22] Hinter diesem Begriff verbirgt sich allerdings mitnichten ein Verständnis, das die Heuristiken des Bauens auf die zeitgenössische «Ingenieur-Baukunst»[23] reduziert, die «Bauwissenschaft», so Mothes, sei «die Lehre von der Baukunst; der theoretisch[e] Theil der Architektur».[24]

Im 19. Jahrhundert lebte die vitruvianische Begrifflichkeit *architectura* in wissensgeschichtlicher Perspektive noch in ihrem konstitutiven Grundzug fort, der Begriff ‹Baukunst› zielte nicht ausschliesslich auf ‹Form(er)findung› und Entwurf als Kern der Architektur. Darauf verweist eindrücklich der Untertitel von Mothes Baulexikon: *Praktisches Hülfs- und Nachschlagebuch im Gebiete des Hoch- und Fachbaues, Land- und Wasserbaues, Mühlen- und Bergbaues, der Schiffs- und Kriegsbaukunst.*[25] Zugleich wird im Verlauf des 19. Jahrhunderts vor allem in der Architektur aber auch eine Verschiebung der Relation zwischen Technik und Stil zugunsten des Stils offenkundig. Programmatisch und prominent spiegelt sich dies in den Prolegomena zum *Stil* Gottfried Sempers aus dem Jahr 1860.[26] Sempers Betonung des ästhetischen Moments der Baukunst gründet in einer doppelten Kritik: Sie zielt auf die seiner Meinung nach untergeordnete Bedeutung der humanistischen Bildung an den Polytechnika wie auch auf die fortschreitende und beschleunigte Kommerzialisierung der (Bau-)Kunst und eine damit verbundene prekäre Position des (Bau-)Künstlers. Mit weiterem Blick auf die gesamten Künste formuliert Semper:

> «Eine grosse Anzahl zum Theil begabter Künstler arbeitet mit fester Anstellung für die englische und französische Industrie; und zwar in doppelter Dienstbarkeit; des Brodherrn einerseits, der sie als ziemlich lästige Geschmacksräthe und Formenverzierer nicht für ebenbürtig erkennt, selten gut belohnt; der Mode des Tages andrerseits, die den Absatz der Waare garantieren muss, und wovon am Ende alles abhängt, Zweck und Existenz der industriellen Anstalt.»[27]

---

21 Williams Robinson, Julia: The Form and Structure of Architectural Knowledge: From Practice to Discipline, in: Piotrowski, Andrzej; Williams Robinson, Julia (Hg.): The Discipline of Architecture. Minneapolis/London 2001, S. 61–82, S. 64. Sie verweist hier auf die Studie von Pérez-Gomez, der sich v. a. mit Fragen der Geometrie und Perspektive in der Architektur und deren wissenschaftlicher Herleitung beschäftigte. Vgl. Pérez-Gomez, Alberto: Architecture and the Crisis of Modern Science. Cambridge (Massachusetts)/London 1983.

22 Bauwissenschaft, in: Mothes, Oscar: Illustriertes Bau-Lexicon. Praktisches Hülfs- und Nachschlagebuch im Gebiete des Hoch- und Fachbaues, Land - und Wasserbaues, Mühlen- und Bergbaues, der Schiffs- und Kriegsbaukunst. 4. umgearb. und vervollst. Auflage. 4 Bde., Leipzig/Berlin 1881–1884, Bd. 1, 1881, S. 318.

23 Vgl. hierzu zum Beispiel Rziha, Franz: Der Einfluss der Naturwissenschaften auf die Ingenieur-Baukunst. Vortrag gehalten im Vereine zur Verbreitung naturwissenschaftlicher Kenntnisse in Wien am 27. Februar 1878. Wien 1878.

24 Bauwissenschaft, in: Mothes 1881 (wie Anm. 22), Bd. 1, S. 318.

25 Mothes 1881–1884 (wie Anm. 22). Dieser Anspruch schlägt sich auch in populären Abhandlungen eindrucksvoll nieder, wie zum Beispiel im ersten Band von August Demmins *Handbuch der bildenden und gewerblichen Künste.* Vgl. Demmin, August: Handbuch der bildenden und gewerblichen Künste. 1. Band. Geschichtliche, archäologische, biographische, chronologische, monogrammatische und technische Encyclopaedie der Schriftenkunde, Bilderkunde, geistlichen Trachten, kirchlichen Geräthe, Gefässe und dergl., der bürgerlichen und kirchlichen Baukunst, Kriegsbaukunst und Schiffsbaukunst. Unter Mitwirkung des Verfassers ins Deutsche übertragen von Oscar Mothes. Leipzig 1877, S. 249–574.

26 Semper, Gottfried: Der Stil in den technischen und tektonischen Künsten, oder praktische Aesthetik. Ein Handbuch für Techniker, Künstler und Kunstfreunde, Bd. 1: Die Textile Kunst für sich betrachtet und in Beziehung zur Baukunst. Frankfurt (Main) 1860, Prolegomena, S. V–XLIII.

27 Ebd., S. XII.

Sempers Augenmerk galt einer rationalen Begründung baukünstlerischer Ästhetik, seine Kritik weist aber auch auf eine Akzentverschiebung im zeitgenössischen Diskurs über die Baukunst hin. Sie deutet an, dass die Synthese von Technik und Kunst (im modernen Verständnis) bereits brüchig war. Der Wandel wurde nicht unmittelbar, wie lange Zeit von der Forschung betont, von den seit Ausgang des 18. Jahrhunderts aufkommenden neuen industriellen Baumaterialien und Bauaufgaben hervorgerufen,[28] dennoch beeinflussten diese Entwicklungen die Ausdifferenzierung der Bauwissenschaft in die modernen eigenständig-akademischen Wissensbereiche der Architektur und des Bauingenieurwesens mittelbar. Sempers Argument weist auf ein zentrales Strukturelement der Industrialisierung hin, die im 18. Jahrhundert beginnende Ökonomisierung aller gesellschaftlichen Teilsysteme:[29] Ihr konnten sich auch die Baukunst und die dazugehörige Bauwissenschaft nicht entziehen. Die begriffliche Akzentuierung des Künstlerischen konturierte den Versuch, Autonomie und Deutungshoheit dieses gesellschaftlichen Teilsystems zu wahren – galt doch die Ökonomisierung des Technischen zeitgenössisch als nicht hinterfragbar.[30]

Wissenschaftliches Wissen gewann im 19. Jahrhundert kontinuierlich an gesamtgesellschaftlicher Relevanz.[32] Institutionell trugen diesen Prozess die höheren Lehranstalten, Universitäten und Polytechnischen Schulen: Sie erzeugten wissenschaftliches Wissen, distribuierten und stabilisierten es.[31] Erfahrungsbasierte Wissensbestände verloren seit der Mitte des 19. Jahrhunderts an Bedeutung, eine allgemeine Methodisierung und Theoretisierung setzte ein – Jean-Baptiste Rondelets zu Beginn des Jahrhunderts erschienener *Traité théorique et pratique de l'art de bâtir* bezeugt die Umlagerung.[32] Für die – damals in vitruvianischer Tradition stehende – enzyklopädisch verstandene Baukunst begann ein exponentielles Wachstum ihrer Wissensbestände. Beide Entwicklungen, Bedeutungsverlust erfahrungsbasierter Wissensbestände und enzyklopädische Neu-Konzeption, charakterisieren das polytechnische Bauwissen. Unser ‹Versuch› beginnt deshalb auch mit dem 19. Jahrhundert und Rondelets epochalem Lehrbuch. An Rondelet lassen sich polytechnische Logiken über die (Bau-)Konstruktion zeigen, wie auch Strategien der Verwissenschaftlichung. Rondelet zeigt einen historischen Ursprungsort polytechnischen Denkens: den Rationalismus der sich formierenden bürgerlich-egalitären Gesellschaft.

Die deutschen Polytechnika des 19. Jahrhunderts wurden zwar noch unter adliger Herrschaft gegründet, ihr Erfolg ist aber eine Manifestation der säkular-bürgerlichen Gesellschaft. Das 1855 gegründete Zürcher Polytechnikum ist Referenzpunkt für die Nachzeichnung von Institutionalisierungs- und Ausdif-

---

28 Vgl. zu dieser Kritik Saint, Andrew: Architect and Engineer. A Study in Sibling Rivalry. London/New Haven 2007.

29 Vgl. hierzu zum Beispiel Meyer, Torsten: Natur, Technik und Wirtschaftswachstum im 18. Jahrhundert. Risikoperzeption und Sicherheitsversprechen (Cottbuser Studien zur Geschichte von Technik, Arbeit und Umwelt, Bd. 12). Münster/New York/München/Berlin 1999.

30 Vgl. Brandstetter, Thomas: Kräfte messen. Die Maschine von Marly und die Kultur der Technik. Berlin 2008, S. 189–246.

31 Die Popularisierung wissenschaftlichen Wissens begann insbesondere seit der Jahrhundertwende, vgl. hierzu zum Beispiel Daum, Andreas: Wissenschaftspopularisierung im 19. Jahrhundert. Bürgerliche Kultur, naturwissenschaftliche Bildung und deutsche Öffentlichkeit 1848–1914. 2. erg. Aufl., München 2002 (1. Aufl. 1998). In wissensgeschichtlicher Perspektive charakterisiert der Prozess der Verwissenschaftlichung das 19. Jahrhundert, konträr zur Politikgeschichte, dann auch als ein kurzes Jahrhundert. Zur These eines langen 19. Jahrhunderts vgl. wegweisend: Hobsbawm, Eric: Das Zeitalter der Extreme. Weltgeschichte des 20. Jahrhunderts. Übers. v. Yvonne Bandel. 6. Aufl. München 2003 (Erstausgabe: The Age of Extremes. The Short Twentieth Century, 1914–1991. London 1994); in der politikhistorischen Darstellungsweise ist dieses Konzept nach wie vor präsent und dominant; vgl. zum Beispiel Nonn, Christoph: Das 19. und 20. Jahrhundert. Paderborn 2007. Zur wissensgeschichtlichen These eines kurzen 19. Jahrhunderts vgl. prägnant: Szöllösi-Janze, Margit: Wissensgesellschaft in Deutschland: Überlegungen zur Neubestimmung der deutschen Zeitgeschichte über Verwissenschaftlichungsprozesse, in: Geschichte und Gesellschaft. Zeitschrift für historische Sozialwissenschaft 30 (2004), S. 277–313; vgl. auch: dies.: Wissensgesellschaft – ein neues Konzept zur Erschließung der deutsch-deutschen Zeitgeschichte?, in: Hockerts, Hans-Günter (Hg.): Koordinaten deutscher Geschichte in der Epoche des Ost-West-Konflikts. München 2004, S. 277–305.

32 Rondelet, Jean-Baptiste: Traité théorique et pratique de l'art de bâtir. 7 Bde. Paris 1802–17 (2. Aufl. 1805–17, 3. Aufl. 1808–17, 4. Aufl. 1812–17, 5. Aufl. 1827–29, 6. Aufl. 1830–32, weitere Aufl. bis 1858).

ferenzierungsprozessen der Baufächer. Wir diskutieren im Teil ‹Institutionen› curriculare Entwicklungen, Ausgrenzung und Stabilisierung von Inhalten und die zentrale Rolle der Baukonstruktion.

Der dritte Teil unserer Studie (‹Medien und Wissensproduktion›) zeigt einen bilanzierenden Blick auf die Lehrbuchproduktion am Zürcher Polytechnikum für den Zeitraum von 1855 bis zur Jahrhundertwende. ‹Fallstudien› zeigen die unterschiedlichen Prozesse der Formalisierung neuer Wissensbestände um die Wende zum 20. Jahrhundert in den Fächern Architektur (Gladbach) und Bauingenieurwesen (Mörsch) – Indiz für den fortschreitenden Zerfall des ganzheitlichen polytechnischen Paradigmas. Am Beispiel der Bauführungsbücher wird illustriert, wie das akademisch formalisierte Konzept als Praxis für die Praxis umgeschrieben wurde.

Der abschliessende vierte Teil (‹Ordnungen›) diskutiert Verfahren der Kodifizierung polytechnischen Bauwissens. Den Ausgangspunkt bildet wiederum der *Traité théorique et pratique de l'art de bâtir.* Als Endpunkt (und Wende) polytechnischer Bauwissenschaft wird das *Handbuch der Architektur* (1880–1943) vorgestellt: letztmals mit enzyklopädischem Anspruch (der darauf zielte, «das aktuelle Wissen der Gegenwart möglichst vollständig zusammen[zu]fa[ssen]»[33]).

33 Walther, Gerrit: Friedrich August Wolf und die Hallenser Philologie – Ein aufgeklärtes Phänomen?, in: Hammerstein, Notker (Hg.): Universitäten und Aufklärung (Das achtzehnte Jahrhundert, Supplementa 3). Göttingen 1995, S. 125–136, 127.

14 Thesen

Die polytechnische Bauwissenschaft wird in Frankreich konstituiert, ihre Entwicklung im deutschsprachigen Raum während des 19. Jahrhunderts ist vielfältig, das Spektrum der Ausformungen gross. Entwicklungstendenzen lassen sich dennoch aufzeichnen, Schulen wie Teildisziplinen folgen Mustern. Trotz der Heterogenität der Beispiele werden in der Gesamtschau Trends deutlich:

1. Die Konzeption einer polytechnischen Bauwissenschaft wurzelt im hochrationalistischen Wissenschaftsverständnis der Aufklärung. Sie ist geprägt durch die französische Tradition des mathematisierten (Ingenieur-)Baus und ist zeitlich begrenzt. Der historische Kontext zeigt sich in der Fokussierung auf die (Bau-)Konstruktion; von den vitruvianischen Attributen guter Architektur werden *firmitas* und *utilitas* höher bewertet als die *venustas.* Die Emergenz von Institutionen und Wissensbeständen polytechnischer Bauwissenschaft um 1800 in Frankreich ist rückgebunden an gesellschaftliche Umbrüche. Ihren sinnfälligsten Ausdruck finden sie im Prozess der Ökonomisierung, der die Basis für die Entfaltung spezifischer wissenschaftlicher Methoden bildet. In der Folge werden Prozesse der Ökonomisierung auch als Kennzeichen einer spezifischen Wissenschaftlichkeit verstanden.

2. Für die «polytechnische Tradition», wie sie sich in der sich neu gründenden polytechnischen Institutionenlandschaft deutschsprachiger Staaten manifestiert, erweist sich zweierlei als Ausgangspunkt: die Gründung der École polytechnique in Paris und die kameralwissenschaftlich beziehungsweise staatswirtschaftlich orientierte Ausbildung an den deutschen Reformuniversitäten des ausgehenden 18. Jahrhunderts. Namensgebung und Selbstverständnis der neuen Institutionen folgen weitestgehend dem französischen Vorbild, der Triumph der ursprünglich kameralwissenschaftlichen Disziplin Technologie zeigt aber die endogenen Wurzeln. Die Bedeutung der idealen Vorstellung von ‹Technologie› manifestierte sich vielfältig – beispielsweise auch im Curriculum der Zürcher Bauschule, an der wesentliche Aspekte der Technologie, etwa in Fächern wie der Technologie der Baumaterialien, gelehrt wurden.

3. Die Etablierung der polytechnischen Bauwissenschaft blieb auf spezifische institutionelle Kontexte beschränkt. Das Konzept der Bau- und Kunstakademien zielte stärker auf Formenkanon und architektonische Schönheit, später im 19. Jahrhundert fokussierten Baugewerkschulen mehr auf den Praxisbezug. Die konzeptionelle Konkurrenzsituation liess das Konzept einer rein technisch orientierten Bauwissenschaft zum Ende des 19. Jahrhunderts als überholt erscheinen, neue Differenzierungen zeigten sich in Reformschulen, aber auch in der Abkehr vom mathematisch-technischen Ideal.

4. Zentraler Referenzpunkt polytechnischer Bauwissenschaft ist die Konstruktion. In der Rede über Konstruktion sind alle Elemente der polytechnischen Bauwissenschaft beinhaltet: der Theorie-Praxis-Bezug, die Wissenschaftlichkeit und die Konstruktion als verbindendes Ideal einer neuen Bauwissenschaft. Auch erweist sich die Baukonstruktion als Klammer im Prozess der fortschreitenden Binnendifferenzierung der akademischen Bauwissensfelder. Die curricularen Ein- und Ausgrenzungen konturieren immer stärker die Architektur und das Bauingenieurwesen als zwei eigenständige akademische Bauwissensfelder, die durch die Lehre von der Baukonstruktion aber zunächst verbunden blieben. Die Baukonstruktion spiegelt das ursprüngliche Ideal der Einheit von Logik, Regelhaftigkeit und künstlerischer Gestaltung.

5. Das polytechnische Ausbildungskonzept verstand Allgemeinbildung als integralen, aber nachgeordneten Bestandteil einer technisch-wissenschaftlichen Ausbildung. Im Laufe des 19. Jahrhunderts wurde dieser Aspekt immer deutlich betont, institutionell zeigt sich dies an der Etablierung der sogenannten Allgemeinen Abteilungen. An diesen komplementären, aber selbstständigen Fachschulen wurden Fächer angeboten, die man als relevant für alle polytechnischen Fachdisziplinen ansah; auch wurden hier Fächer wie etwa die Mathematik institutionell verankert. Im Bereich der Architektur wurde der Anspruch an eine Allgemeinbildung besonders betont, jedoch auch anders konturiert – die Baugeschichte war zentraler Ausgangspunkt.

6. Baugeschichtliches Wissen war (neben der Lehre der Baukonstruktion) im Kontext der Architekturausbildung an den Polytechnika beziehungsweise Technischen Hochschulen von hervorgehobener Bedeutung. Zentral war die Vorstellung, dass die Kenntnis der Baugeschichte das Vorhandene verfügbar mache, und zwar auf Grundlage genealogischer und typologischer Sortierungen, die an Darwins Evolutionstheorie ebenso erinnern wie an die linnéschen Klassifikationen. Baugeschichte wurde so zu einem wissenschaftsbasierten Katalog von Musterlösungen, einer intelligenten und abgesicherten Grammatik für das Bauen. Hierauf basiert schliesslich die Idee allgemeiner Lösungen, wie zum Beispiel einer ‹Bauformenlehre›.

7. Selbstverständliche Annahme für die curriculare Umsetzung der polytechnischen Bauwissenschaft war die Kooperation der Disziplinen. Hier manifestiert sich das Ideal der ‹einen› polytechnischen Bauwissenschaft. Die Weiterentwicklung des Curriculums hielt an dieser fiktiven Einheit fest, gleichwohl zeichnet sich durch das 19. Jahrhundert hinweg eine fortschreitende Binnendifferenzierung ab, bei der die gemeinsamen Fächer getrennt und hinsichtlich Anforderungen der Teildisziplinen ausgerichtet wurden, häufig auch nur noch einseitig weiterverfolgt wurden (wiewohl Autoritäten einzelne Fächer noch über Disziplinen hinweg bespielten). Verbindend wirkten neu aufkommende Fächer, wie etwa der Technische Ausbau, durch die das Ideal der Zusammenarbeit wieder aufgegriffen werden konnte.

8. Die Binnendifferenzierung der institutionalisierten Bauwissensfelder (vor allem auch an den Polytechnika beziehungsweise Technischen Hochschulen) und die Ökonomisierung des Bauens trugen massgeblich zum Verfall der idealen Einheit polytechnischer Bauwissenschaft bei. Ausdifferenzierungsprozesse zeigten sich nicht nur in curricularen Verschiebungen und Ausgrenzungen, sondern auch in unterschiedlichen Modi der Wissensproduktion. Die personale Aneignung methodisch-technischer Grundlagen konnte nur noch begrenzt geschehen, wuchs doch die Komplexität des wissenschaftlichen Bauwissens im Verlauf des Jahrhunderts. Darüber hinaus stellte die Entfaltung marktwirtschaftlicher Strukturen die baukünstlerische Freiheit in Frage. Sie schien nur noch durch eine Abkehr vom hochrationalistischen, auf gesellschaftliche Nützlichkeit zielenden Konzept der polytechnischen Bauwissenschaft gewährleistet.

9. Die im *Handbuch der Architektur* proklamierte ‹architektonische Wissenschaft› kann als letzter Versuch gesehen werden, Grundzüge des Konzeptes der polytechnischen Bauwissenschaft zu stabilisieren. Neben der enzyklopädisch gedachten Konzeption des Lehrbuches spiegelt vor allem die konzeptionelle Basis einen unverkennbar polytechnischen Zugang wider. Zugleich manifestiert sich jedoch im *Handbuch* eine Abkehr von den konstitutiven Werten polytechnischen Bauwissens: Nicht mehr die vitruvianische *firmitas* und *utilitas,* sondern die *venustas* ist zentral. Das *Handbuch* kann als Schluss- und zugleich Wendepunkt der polytechnischen Bauwissenschaft gelesen werden.

10. Lehrbücher stabilisieren und distribuieren nicht nur wissenschaftliches Wissen, ihre Bedeutung ist vielfältiger: Sie sind für die Genese neuer wissenschaftlicher Disziplinen kardinal, wie etwa die Technologie verdeutlicht. Zudem sind sie relevant für Prozesse akademischer Schulbildungen – mindestens in zweifacher Hinsicht: Erstens können sie zur Ent-Lokalisierung institutionalisierter Ausbildung beitragen (wie das Beispiel von Weinbrenners *Architektonischem Lehrbuch* aufzeigt); zweitens können sie die Basis für mittelbar institutionelle Gründungen sein (wie die Zusammenhänge zwischen Gerstners *Einleitung* und dem Prager Polytechnikum verdeutlichen).

11. Lehrbücher tragen entscheidend zur Ausbildung wissenschaftlicher Traditionen bei, die sich auch in personalen Verbindungen (Lehrer-Schüler-Verhältnis) ausdrücken. Die *Graphische Statik* Carl Culmanns und sein Wirken am Zürcher Polytechnikum können hierfür exemplarisch stehen. Gleichzeitig zeigen sich in der Produktion von Lehrbüchern auch die unterschiedlichen Geschwindigkeiten der Disziplinentwicklung und ihre fortschreitende Subdisziplinierung. Lehrbücher, ihre Verbreitung und Rezeption, ihre grundsätzliche Ordnung und ihre Ein- und Ausgrenzungen, sind Teil einer Disziplinengeschichte.

12. Das Schreiben von Lehrbüchern ist mehr als nur wissenschaftliche Routinearbeit. Es kann verwoben sein mit je spezifischen epistemischen Praktiken, aber auch Unsicherheiten der Praxis. Die von Ernst Gladbach verfassten Lehrbücher über den Schweizer Holzbau deuten dies an: Sie fussten auf einer epistemischen Praxis, die wir als ‹Einwandern in ein Wissensgebiet› bezeichnen können; die Auswahl der Objekte erfolgte aber mehr zufallsbedingt als systematisch. In eine ähnliche Richtung weist auch Emil Mörschs *Eisenbetonbau,* ein Beispiel, das zudem verdeutlicht, dass selbst eine augenscheinlich eindeutige Autorenschaft auf einem kollektiven Expertentum fusst.

13. Das Lehrbuch fokussiert auf das disziplinär-thematisch Alltägliche, das Besondere bleibt bei der Wissensniederlegung meist ausgeklammert: «Es ist ein alter Erfahrungssatz, daß, wenn es sich um einen Ausnahmefall der Bautechnik handelt, welcher sich nicht nach bekannten und berühmten Mustern behandeln läßt, man seine ganze Bibliothek durchstudirt, schließlich Nichts findet, [...] und gezwungen ist, die Lösung selbst zu suchen.»[1] Besonders augenfällig tritt diese Einschränkung in den Büchern über die Bauführung hervor. Sie markieren die Absicht, disziplinär sicheres Wissen zu distribuieren, als eines der zentralen Anliegen eines Lehrbuches. In polytechnischen Lehrbüchern findet dies seinen Niederschlag in der Fokussierung auf alltägliche Praktiken des Bauens.

14. Gebaute Objekte haben für die Wissensniederlegung in Lehrbüchern über das Bauen besondere Relevanz. Diese veränderte sich aber im Laufe des 19. Jahrhunderts. Im *Traité théorique et pratique de l'art de bâtir* ist die Wiedergabe gebauter Objekte beispielhaft, aber nicht beispielgebend – ihre Vorbildhaftigkeit ist nicht kanonisch-normativ, sondern exemplarisch-epistemisch. Dem *Handbuch der Architektur*, und damit der «architektonischen Wissenschaft», dienten sie primär zur Formulierung des baukünstlerischen Kanons und zur Etablierung einer Gebäudelehre nach funktionalen Gebäudearten mit zuzuordnender formaler Gestalt. Das (visualisierte) Beispiel wird weitestgehend seiner epistemischen Bedeutung entkleidet, ihm wird stark normativer Charakter zugeschrieben. Beispielhaft und -gebend reklamieren die Objekte vorbildhafte Verbindlichkeit.

1 Anonym: Was sucht man vergebens in Lehrbüchern?, in: Baugewerks-Zeitung 20 (1888), Nr. 53, S. 570.

Bauen im Jahrhundert des Wachstums

> «Der grossartige Aufschwung, welchen unser modernes Bauwesen seit neuerer und neuester Zeit [...] genommen hat und wodurch dasselbe in mancher, ja vielfacher Beziehung Alles im Alterthum Dagewesene übertrifft, nicht blos an Massenhaftigkeit [...], sondern auch in Bezug auf die hochausgebildete technische Vollkommenheit, Kunstfertigkeit, Ingeniösität, Komplizirtheit etc., dieser Aufschwung also hatte zu Folge, dass man mit den alten Hausmitteln der Bautechnik unserer Väter längst nicht mehr ausreichte; neue Verhältnisse bedingten neue Konstruktionen und Materialien, und so trieb ein Moment das andere zum besten des gesammten Bauwesens, ja zum technischen Triumph in so mancher Beziehung.»[1]

Ingenieurtechnische Meisterleistungen, neue Materialien und Bautechniken, verbesserte Werkzeuge und Maschinen bestimmen das Bauen im 19. Jahrhundert und transformieren die Städte. Die polytechnischen Disziplinen Architektur und (Bau-)Ingenieurwesen etablieren sich an den Hochschulen (**Abb. 1**).[2] Das Bauwesen im Jahrhundert der Industrialisierung bleibt dennoch geprägt von zünftischen, handwerklichen Traditionen, vielfach überdauerten tradierte Techniken und Verfahren (**Abb. 2**). Die Baupraxis ist regional (noch) stark verschieden, kleine Veränderungen stehen also neben den Triumphen.[3] Im 19. Jahrhundert veränderte sich auch die soziale Struktur des Bauwesens: So waren die ingenieurtechnischen Ikonen des 19. Jahrhunderts in ihrer Umsetzung, einen Kommentar von Friedrich von Gottl-Ottlilienfeld aufgrei-

---

1 Trzeschtik, Leopold: Moderne bautechnische Probleme, in: Allgemeine Bauzeitung 57 (1892), S. 25–28, 33–38, 41–44, 49–53, hier S. 25.

2 Vgl. beispielsweise Peters, Tom F.: Building the Nineteenth Century. Cambridge (Massachusetts) 1996; Mark, Robert: Architectural Technology up to the Scientific Revolution. Cambridge (Massachusetts)/London 1993; Fitchen, John: Mit Leiter, Strick und Winde. Bauen vor dem Maschinenzeitalter. Übers. v. Udo Rennert und Hans Schumacher. Basel/Boston/Berlin 1988 (Erstausgabe: Building Construction before Mechanisation. Cambridge (Massachusetts) 1986); mit Absicht werden hier auch ältere Forschungsstände genannt, zeigen diese doch gut die bisherigen Ansätze. Eine solche Sichtweise auf das Bauwesen gründet mithin in der Fortschrittsgläubigkeit der Ingenieure im (ausgehenden) 19. Jahrhundert selbst. Vgl. hierzu unter anderem Dienel, Hans-Liudger: Zweckoptimismus und -pessimismus der Ingenieure um 1900, in: ders. (Hg.): Der Optimismus der Ingenieure. Triumph der Technik in der Krise der Moderne um 1900. Stuttgart 1998, S. 9–24.

3 Arbeiten, die ‹kleinere› Transformationen des Bauwesens thematisieren, sind unter anderem Elliott, Cecil: Technics and Architecture. The Development of Materials and Systems for Buildings. Cambridge (Massachusetts) 1992. Besonders differenziert zu Schweizer Entwicklungen: Renfer, Christian: Die standardisierte Anwendung von Grundbaustoffen im 19. Jahrhundert, in: Arbeitskreis für Hausforschung (Hg.): Historisches Bauwesen – Material und Technik (Jahrbuch für Hausforschung, Bd. 42). Marburg 1994, S. 305–330.

1a/b Taucher vor Tauchgang, Baustelle des Kraftwerks Laufenburg, 1909–14 (Postkarte aus unbekanntem Verlag, zwischen 1909 und 1914) / Zwei Arbeiter mit Bohrwagen (Rolafette) zum Bohren von Sprenglöchern, Baustelle des Lötschbergtunnels, 1907–13 (Foto G. Ruggeri, zwischen 1906 und 1913).

Zu den Errungenschaften des 19. Jahrhunderts zählten auch eine ganze Reihe neuer und neuartiger Baumaschinen, die insbesondere bei anspruchsvollen Infrastrukturbauvorhaben zur Anwendung kamen.

fend, «mehr eine soziale als eine eigentlich technische Leistung».[4] Das 19. Jahrhundert ist zugleich eine Geschichte der «gesellschaftlichen Schichtung und ihren Verschiebungen»,[5] die Entwicklung des Bauwesens im 19. Jahrhundert daher nur aus einzelnen Perspektiven zu erzählen, weil Prozesse der Kodifizierung wissenschaftlichen Wissens im Kontext vielfältiger Transformationen stehen.

---

4 Gottl-Ottlilienfeld, Friedrich von: Wirtschaft und Technik (Grundriß der Sozialökonomik, Abt. 2: Die natürlichen und technischen Beziehungen der Wirtschaft, T. 2). 2. Aufl. Tübingen 1923, S. 39.

5 Nipperdey, Thomas: Deutsche Geschichte 1866–1918, Bd. 1: Arbeitswelt und Bürgergeist. München 1991, S. 9. Arbeiten, die sich mit sozialen und gesellschaftlichen Themen des Bauwesens im 19. Jahrhundert auseinandergesetzt haben, sind unter anderem Saint, Andrew: Architect and Engineer. A Study in Sibling Rivalry. New Haven/London 2007; Bolenz, Eckhard: Vom Baubeamten zum freiberuflichen Architekten. Technische Berufe im Bauwesen (Preußen/Deutschland, 1799–1931) (Europäische Hochschulschriften, Reihe 3: Geschichte und ihre Hilfswissenschaften, Bd. 488). Frankfurt (Main) 1991; Fischer, Wolfram: Wirtschaft und Gesellschaft im Zeitalter der Industrialisierung (Kritische Studien zur Geschichtswissenschaft, Bd. 1). Göttingen 1972.

2 Bauarbeiter bei der Ausführung von ‹Gypserarbeiten›, Baustelle des Postgebäudes Chur, Architekten Jean Béguin und Theodor Gohl, 1902–04 (Fotograf unbekannt, 1904).

Die Baustelle war auch am Ende des 19. Jahrhunderts und im beginnenden 20. Jahrhundert ein zumeist stark handwerklich geprägter Ort. Vielfach überdauerten tradierte Bautechniken und Arbeitsformen.

Soziale Relevanz und Ökonomie, auch die Tatsache, dass Bauten ein immer wichtigerer Kapitalstock wurden,[6] steuern das enorme wirtschaftliche Wachstum des Baugewerbes. So stieg der Anteil der Bauindustrie «an der Gesamtkapitalbildung der deutschen Wirtschaft [...] von 30 % im Jahre 1850 auf knapp 40 % im Jahre 1913» und «waren 1875 erst etwas mehr als eine halbe Million Arbeitskräfte in der Bauwirtschaft beschäftigt, so 1907 bereits über zwei Millionen Menschen»[7] – ähnliche Entwicklungen gelten auch für die Schweiz (**Abb. 3**).[8] Hier zeigte sich eine früh einsetzende, teilweise regional begrenzte, «ländlich

6 Vgl. hierzu Fischer, Wolfram: Wirtschaft und Gesellschaft Europas 1850–1914, in: ders. (Hg.): Europäische Wirtschafts- und Sozialgeschichte von der Mitte des 19. Jahrhunderts bis zum Ersten Weltkrieg (Handbuch der europäischen Wirtschafts- und Sozialgeschichte, Bd. 5). Stuttgart 1985, S. 1–208, hier S. 132–133, 135, Tab. 36.

7 Das Wachstum der Baubranche im Vergleich mit der restlichen wirtschaftlichen Entwicklung für Deutschland diskutierend, unter anderem Grabas, Margit: Konjunktur und Wachstum in Deutschland 1895 bis 1914 (Schriften zur Wirtschafts- und Sozialgeschichte, Bd. 39). Berlin 1991, besonders S. 197–223, Zitat S. 197. Vgl. auch: Fischer, Wolfram: Deutschland 1850–1914, in: ders. (Hg.): Europäische Wirtschafts- und Sozialgeschichte von der Mitte des 19. Jahrhunderts bis zum Ersten Weltkrieg (Handbuch der europäischen Wirtschafts- und Sozialgeschichte, Bd. 5). Stuttgart 1985, S. 357–432, besonders S. 391–409.

8 Zur wirtschaftlichen Entwicklung der Schweiz mit einem Schwerpunkt auf dem Bauwesen: Beck, Bernhard: Lange Wellen wirtschaftlichen Wachstums in der Schweiz. Bern/Stuttgart 1983. Allgemein zur wirtschaftlichen Entwicklung der Schweiz im 19. Jahrhundert: Siegenthaler, Hansjörg: Schweiz 1850–1914, in: Fischer, Wolfram (Hg.): Europäische Wirtschafts- und

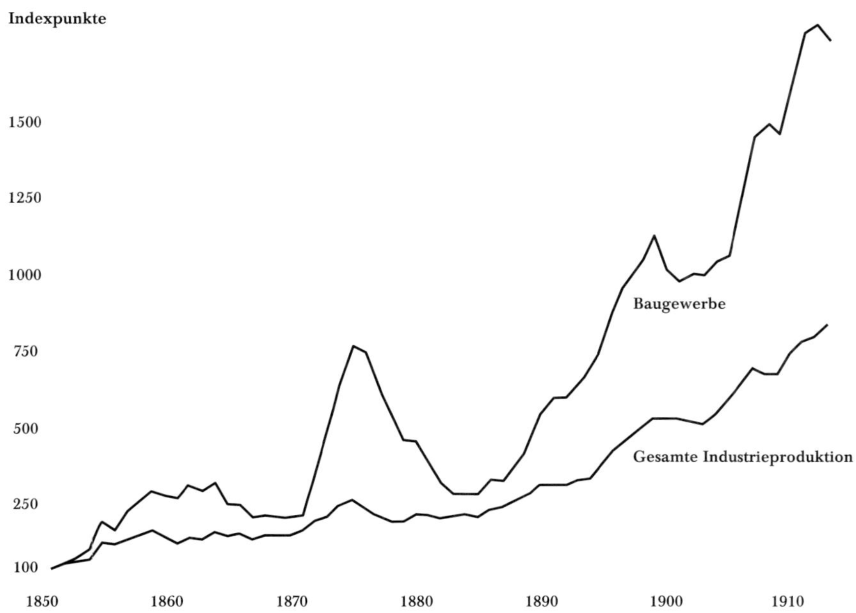

3 Index der gesamtem Industrieproduktion und der Bruttoproduktion des Baugewerbes in der Schweiz von 1851 bis 1913.

Infolge einer Reihe sich kumulierender Faktoren erlebte das Baugewerbe im 19. Jahrhundert prozentual ein noch grösseres Wachstum als die Gesamtwirtschaft.

dezentrale Industrialisierung»,[9] sie war in der zweiten Phase nach 1850 insbesondere geprägt von Technologieimport. Investitionsschübe gingen vom Eisenbahnbau aus, wie auch von der Wasserkraft als «weisse[r] Kohle».[10] Die vergleichsweise starke Position des Landes in der zweiten Phase der Industrialisierung ist so begründet. Die Ausbeutung natürlicher Energieressourcen, die Nutzung neuer Energieträger und die Schaffung von Infrastruktur begünstigten Serienproduktion und Vorfabrikation.[11] Das Baugewerbe – häufig als Konjunkturanzeiger der allgemeinen Wirtschaftslage gesehen[12] – profitierte vom «Aufkommen des modernen ökonomischen Wachstums in den westlichen Gesellschaften des 19. Jahrhunderts»[13] in Form von (Bau-)Aufträgen wie auch neuen und veränderten Baustoffen. Für das Wachstum des Baugewer-

---

Sozialgeschichte von der Mitte des 19. Jahrhunderts bis zum Ersten Weltkrieg (Handbuch der europäischen Wirtschafts- und Sozialgeschichte, Bd. 5). Stuttgart 1985, S. 443–473, besonders S. 457–467. Auf den besonders engen Zusammenhang zwischen der wirtschaftlichen Entwicklung im Bauwesen der Schweiz und dem Deutschen Reich hinweisend: Fischer 1985 (wie Anm. 6), S. 120.

9 Den Forschungsstand zur schweizerischen Binnenwirtschaft in der Neuzeit zusammenfassend: Rossfeld, Roman: Handwerk, Gewerbe und Industrie. Die schweizerische Binnenwirtschaft im 19. und 20. Jahrhundert, in: Traverse 17 (2010), Nr. 1, S. 75–102, hier S. 81.

10 Veyrassat, Béatrice: Industrialisierung, in: Historisches Lexikon der Schweiz, http://www.hls-dhs-dss.ch/textes/d/D13824.php (16. Oktober 2012).

11 Landes, David S.: Der entfesselte Prometheus. Technologischer Wandel und industrielle Entwicklung in Westeuropa von 1750 bis zur Gegenwart. Übers. v. Franz Becker. Köln 1973 (Erstausgabe: The Unbound Prometheus. Technological Change and Industrial Development in Western Europe from 1750 to the Present. Cambridge 1969). Zur Industrialisierung im 19. Jahrhundert vgl. neben dieser Arbeit und vielen anderen v. a.: König, Wolfgang; Weber, Wolfhard: Netzwerke, Stahl und Strom. 1840 bis 1914 (Propyläen Technikgeschichte, Bd. 4). Berlin 1997. Kontroversen um den Begriff und zugehörige Konzepte zusammenfassend: Osterhammel, Jürgen: Die Verwandlung der Welt. Eine Geschichte des 19. Jahrhunderts. 3. Aufl. München 2009, S. 909–915.

12 Vgl. zum Beispiel die historische Argumentation: Kreuzkam, Theodor: Das Baugewerbe mit besonderer Rücksicht auf Leipzig, in: Untersuchungen über die Lage des Handwerks in Deutschland mit besonderer Rücksicht auf seine Konkurrenzfähigkeit gegenüber der Großindustrie, Bd. 9: Verschiedene Staaten (Schriften des Vereins für Socialpolitik, Bd. 70). Leipzig 1897, S. 543–628, hier S. 544.

13 Mokyr, Joel: Die europäische Aufklärung, die industrielle Revolution und das moderne ökonomische Wachstum, in: Wiegandt, Klaus; Robinson, James A. (Hg.): Die Ursprünge der modernen Welt. Frankfurt (Main) 2008, S. 433–474, hier S. 433.

4 Ingenieure und Arbeiter bei der Kabellegung, Zürich (Fotograf unbekannt, 1894).

Das Wachstum der Städte ging einher mit einem intensiven Ausbau der städtischen Infrastruktur wie beispielsweise der Kanalisation oder Anlagen für die Elektrifizierung. Der Zeitpunkt solcher Massnahmen differierte von Stadt zu Stadt teilweise erheblich.

5 Blick auf den Bereich des Vorbahnhofs, Zürich (Foto Robert Breitinger, 1898).

Die Erfindung der Eisenbahn und der Bau von Eisenbahnstrecken waren das Rückgrat für den stark intensivierten Warenverkehr des 19. Jahrhunderts. Die Vorbahnhöfe waren die Hauptumschlagsplätze der Städte.

bes entscheidend (und keinesfalls zur Industrialisierung nur komplementär) war die Urbanisierung.[14] Sie war primär Resultat des starken Bevölkerungswachstums der Zeit – in Europa lebten 1800 circa 195 Millionen und 1900 circa 422 Millionen Menschen,[15] davon in der Schweiz 1800 circa 1,7 Millionen und 1900 circa 3,3 Millionen[16] –, das sich am Beginn des 20. Jahrhunderts noch verstärkte und verschiedene Ursachen hatte.[17] Trotz starker regionaler Unterschiede setzte der Prozess einer städtischen Konzentration in der Schweiz später als in den meisten deutschen Ländern ein. Erst nach Gründung des Bundesstaats 1848 waren die politischen und wirtschaftlichen Voraussetzungen, wie zum Beispiel ein Wirtschaftsraum ohne Binnenzölle, für eine forcierte Verstädterung – auch kleinerer Städte – gegeben.[18] In den Schweizer Ortschaften fand der grösste Anstieg der Bevölkerungszahlen in den Jahrzehnten um die Jahrhundertwende statt,[19] in jener Zeit wuchs auch der Gebäudebestand um über 60 Prozent an.[20]

«Urbane Architektur [...] hatte über die Jahrhunderte hinweg im Wesentlichen aus Gebäuden bestanden. Nun wurden Straßen gepflastert, Hafenbecken ausgebaut, unterirdische Röhrensysteme für Abwässer und U-Bahnen gegraben und geklinkert, Eisenbahn- und Tramschienen verlegt, Straßenbeleuchtungen installiert. Neben den Hoch- trat der Tiefbau»[21], wie Jürgen Osterhammel zusammenfasst (**Abb. 4**). Der beispiellose Ausbau technischer Infrastruktur rückte zu einer Kernaufgabe des Baugewerbes auf – etwa von Kraftwerken oder Eisenbahnverbindungen, und war wiederum regional und zeitlich höchst unterschiedlich. Er vollzog sich primär ausserhalb der Städte, hing aber mit den urbanen Entwicklungen zusammen: Die Errichtung solcher Anlagen war nicht nur ein Ergebnis technologischen und industriellen Wandels, sondern bedingte sich auch durch die städtische Konzentration von Waren, Kapital und Arbeitskräften – die wachsenden Städte forcierten in der Schweiz die Aufhebung von Zöllen und trugen so zum Durchbruch des ‹Transportrausches› bei (**Abb. 5**).[22] Aufgrund der starken Nachfrage nach den Produkten des Baugewerbes stieg die Anzahl der Bauhandwerker und Firmen stetig.[23]

---

14 Vgl. unter anderem Reulecke, Jürgen: Geschichte der Urbanisierung in Deutschland. Frankfurt (Main) 1985.

15 Daten aus und auch weiterführend: Livi Bacci, Massimo: The Population of Europe. A History. Oxford 2000, Tab. 1.1.

16 Daten aus: Ritzmann-Blickensdorfer, Heiner (Hg.): Historische Statistik der Schweiz. Zürich 1996, Tabelle B.1a.

17 Vgl. Livi Bacci 2000 (wie Anm. 15), S. 126–157.

18 Vgl. unter anderem Linder, Wolf: Entwicklung, Strukturen und Funktionen des Wirtschaft- und Sozialstaats in der Schweiz, in: Riklin, Alois (Hg.): Handbuch Politisches System der Schweiz, Bd. 1: Grundlagen. Bern/Stuttgart 1983, S. 255–281, besonders S. 259–262.

19 Vgl. Bärtschi, Hans-Peter: Industrialisierung, Eisenbahnschlachten und Städtebau. Die Entwicklung des Zürcher Industrie- und Arbeiterstadtteils Aussersihl. Ein vergleichender Beitrag zur Architektur- und Technikgeschichte (Geschichte und Theorie der Architektur, Bd. 25). Basel/Stuttgart 1983, S. 221. Eine detaillierte Aufzählung bei Ritzmann-Blickensdorfer 1996 (wie Anm. 16), Tab. B.37.

20 Bärtschi, Hans-Peter: Industriekultur im Kanton Zürich. Vom Mittelalter bis heute. Zürich 1994, S. 193. Vgl. auch Ritzmann-Blickensdorfer 1996 (wie Anm. 16), Tab. B.5a.

21 Osterhammel 2009 (wie Anm. 11), S. 362.

22 Vgl. als Überblick über die «Aufhebung der Verkehrsschranken in der Schweiz»: Bauer, Hans: Von der Zunftverfassung zur Gewerbefreiheit in der Schweiz 1798 bis 1874. Basel 1929, S. 195–205. Zum Beispiel war das Engagement der Zürcher Stadtregierung bei der Erschliessung der Wasserkraft im Engadin mitentscheidend, vgl. Bösch, Paul: Albula, Julia und Zürich. 100 Jahre EWZ in Mittelbünden. Sils (Domleschg) 2006. Das Engagement ist insbesondere auch im Zusammenhang mit der ‹Elektrifizierung der Schweiz› zu sehen, vgl. hierzu Gugerli, David: Redeströme. Zur Elektrifizierung der Schweiz 1880–1914. Zürich 1996. Mitunter gingen wirtschaftliche Wachstumsimpulse sogar vom Bauwesen selbst aus, vgl. Fischer 1972 (wie Anm. 5), S. 338–347, besonders S. 345; Grabas 1991 (wie Anm. 7), S. 197.

23 Bolenz 1991 (wie Anm. 5), S. 27. Vgl. hierzu auch noch einmal: Beck 1983 (wie Anm. 8), besonders S. 147; Grabas 1991 (wie Anm. 7), S. 197–223.

Bauaufgaben wandelten sich mit dem politischen System:[24] Verwaltungsgebäude, Schulhäuser, Spitäler, Bibliotheken und Museen waren nun wichtige Aufgaben der sich in Behörden repräsentierenden (bürgerlichen) Staatsmacht.[25] Im Bauen zeigte sich staatliches Handeln, prominent sichtbar etwa in der preussischen Bauverwaltung.[26] Insbesondere bei den Militärbauten offenbarte sich früh ein Massstabswechsel. Wiewohl das 19. Jahrhundert strukturell ein «ruhiges Intermezzo zwischen der frühen Neuzeit und dem 20. Jahrhundert» darstellt,[27] wurden Massenheere etabliert, die immer grössere Kasernen benötigten. Seit der Mitte des Jahrhunderts sprengten neu entstehende (staatliche) Institutionen mit ihren spezifischen Raum- und Repräsentationsansprüchen die Massstäbe der Altstadtstrukturen, so wurden zum Beispiel Lehrgebäude polytechnischer Schulen kontrovers diskutiert,[28] wie auch andere öffentliche Grossbauten (**Abb. 6**).

Die private Bautätigkeit zeigt ähnliche Muster[29]: Frischwasser und Kanalisation[30] wurden üblich (**Abb. 7**), Mietobjekte selbstverständlich.[31] Obsolet wurde im 19. Jahrhundert die scharfe Abgrenzung zwischen Stadt und Land. Die Aufgabe der Befestigungsanlagen ermöglichte den Bau neuer Villenquartiere (**Abb. 8**). Grundlage der Bautätigkeit war auch eine neuartige Verfügbarkeit von Kapital: Einerseits ‹erfand› man den Hypothekarkredit (zum Beispiel beabsichtigten die Initiatoren der schweizerischen Kantonalbanken, die zumeist in der zweiten Hälfte des 19. Jahrhundert gegründet wurden, explizit «die Förderung des Wohnungsbaus» durch Vermittlung von Hypothekarkrediten[32]); andererseits gab es spekulativ tätige Terraingesellschaften, die vor allem in den deutschen Grossstädten aktiv waren.[33]

---

24 Vgl. unter anderem Nipperdey, Thomas: Deutsche Geschichte 1800–1866. Bürgerwelt und starker Staat. München 1983; Wehler, Hans-Ulrich: Deutsche Gesellschaftsgeschichte, Bd. 1: Vom Feudalismus des Alten Reiches bis zur Defensiven Modernisierung der Reformära 1700–1815. München 1987; ders.: Deutsche Gesellschaftsgeschichte, Bd. 2: Von der Reformära bis zur industriellen und politischen «Deutschen Doppelrevolution» 1815–1849. München 1987; ders.: Deutsche Gesellschaftsgeschichte, Bd. 3: Von der «Deutschen Doppelrevolution» bis zum Beginn des Ersten Weltkriegs 1849–1914. München 1995; Schnerb, Robert: Das Bürgerliche Zeitalter. Europa als Weltmacht 1815–1914. Zürich 1971.

25 Vgl. Carl, Bruno: Neue Bauaufgaben im frühen 19. Jahrhundert, in: Werk 50 (1963), Nr. 12, S. 454–458.

26 Strecke, Reinhard: Anfänge und Innovation der preußischen Bauverwaltung (Veröffentlichungen aus den Archiven preussischer Kulturbesitz, Beih. 6). Köln/Weimar/Wien 2000.

27 Osterhammel 2009 (wie Anm. 11), S. 705.

28 Vgl. als zeitgenössische Quelle, die im Wesentlichen die Bauaufgabe Polytechnikum diskutiert: Koristka, Carl: Der höhere polytechnische Unterricht in Deutschland, in der Schweiz, in Frankreich, Belgien und England. Gotha 1863.

29 Vgl. Zimmermann, Clemens: Wohnen als sozialpolitische Herausforderung. Reformerisches Engagement und öffentliche Aufgaben, in: Reulecke, Jürgen (Hg.): 1800–1918. Das bürgerliche Zeitalter (Geschichte des Wohnens, Bd. 3). Stuttgart 1997, S. 503–636, besonders S. 614–634. Zu Zürich vgl. unter anderem Kurz, Daniel: Die Disziplinierung der Stadt. Moderner Städtebau in Zürich 1900 bis 1940. Zürich 2008, S. 225–383.

30 Vgl. generell zum Wandel des Wohnens im 19. Jahrhundert: Reulecke, Jürgen: Die Mobilisierung der «Kräfte und Kapitale»: der Wandel der Lebensverhältnisse im Gefolge von Industrialisierung und Verstädterung, in: ders. (Hg.): 1800–1918. Das bürgerliche Zeitalter (Geschichte des Wohnens, Bd. 3). Stuttgart 1997, S. 15–144.

31 Ebd., S. 17–25.

32 Siegenthaler, Hansjörg: Wirtschaft und Bautätigkeit im 19. und 20. Jahrhundert, in: Schweizer Baublatt 93 (1982), Nr. 76, S. 51–56; Nr. 78, S. 43–49, hier Nr. 78, S. 45.

33 Vgl. neben diversen Arbeiten hierzu besonders: Fisch, Stefan: Stadtplanung im 19. Jahrhundert. Das Beispiel München bis zur Ära Theodor Fischer. München 1988 (zusammengefasst auch als: Fisch, Stefan: Grundbesitz und Urbanisierung. Entwicklung und Krise der deutschen Terraingesellschaften 1870–1914, in: Geschichte und Gesellschaft. Zeitschrift für historische Sozialwissenschaft 15 [1989], S. 34–61); Bernhardt, Christoph: Bauplatz Gross-Berlin. Wohnungsmärkte, Terraingewerbe und Kommunalpolitik im Städtewachstum der Hochindustrialisierung (1871–1918) (Veröffentlichungen der Historischen Kommission zu Berlin, Bd. 93). Berlin/New York 1998.

6 Ansicht des Bundeshauses vom Bundesplatz, Bern, Architekt Hans Wilhelm Auer, 1894–1902 (Postkarte aus unbekanntem Verlag, undatiert).

Die politischen Veränderungen des 19. Jahrhunderts schlugen sich auch in den Bauaufgaben und Bauten nieder. Die Erweiterung des schweizerischen Bundeshauses am Ende des 19. Jahrhunderts war auch den erweiterten Kompetenzen des Bundesstaates geschuldet.

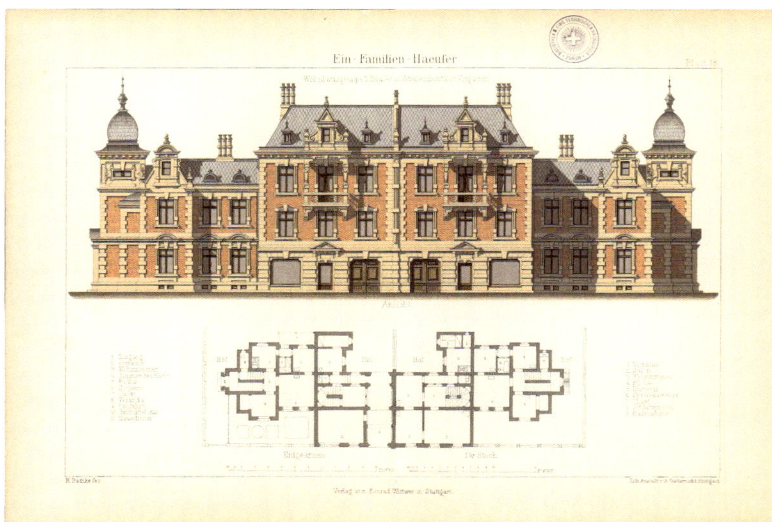

7 «Wohnhausgruppe 2 Häuser an Strassenfront 2 an Vorgärten», Blatt 18 aus: Bethke, Ein-Familien-Häuser, [ca. 1880].

Die Vorstellung von Wohnen beziehungsweise einem Wohngebäude änderte sich im 19. Jahrhundert stark. Insbesondere für die erstarkende Bürgerschicht wurde das Wohnhaus auch als Repräsentationsort immer wichtiger; gleichzeitig entstanden städtische Mietskasernen, deren Komfort hinter dem Prunk der Fassade häufig weit zurückblieb.

8 «Blankenburg a. H. Villenviertel.» (Postkarte aus dem Verlag R. Lederbogen Halberstadt, um 1905).

Insbesondere an der Wende zum 20. Jahrhundert wurden in städtischen Vororten gelegene Villen zu einem neuen Ideal grossbürgerlichen Wohnens.

9a–c Versetzen einer Eisenbahnbrücke über die Sihl, Brunau bei Zürich (Foto Robert Breitinger, 1905) / Rammarbeiten für die Pfahlgründung eines Dampfschiffstegs, Zürich (Foto Robert Breitinger, 1892) / Baustelle des Glattalviadukts der Bodensee-Toggenburg-Bahn, Herisau, circa 1905–10 (Foto Germann Wolf, 1909).

Unser Bild des 19. Jahrhunderts wie auch dessen Selbstverständnis sind besonders geprägt durch die vielen Ingenieurbauten, die hinsichtlich ihrer Grösse zuvor nicht vorstellbare Dimensionen erreichten. Die hierbei verwendeten Bautechniken kamen indes auch bei kleineren Objekten zur Anwendung.

10a/b Zwei Zukunftsvisionen für das Jahr 2000, Villemard, 1910.

Der grosse technische Fortschritt des 19. Jahrhunderts war auch eine Verheissung für die Zukunft, was sich in einer grossen Fortschrittsgläubigkeit insbesondere auch unter den Ingenieuren niederschlug.

Der Ausbau der ‹Städtetechnik›[34] wurde vorangetrieben, die ‹Assanierung› umfasste Abwasserbeseitigung und Wasserversorgung,[35] eine feste Gasversorgung wurde etabliert.[36] Anfangs privatwirtschaftlich angeboten, investierten seit der zweiten Hälfte des Jahrhunderts die städtischen Verwaltungen in den Ausbau.[37] Die Pflasterung von Strassen, die Etablierung eines öffentlichen Verkehrsnetzes und der Bau der Eisenbahn mit ihren Bahnhöfen, Netzen und Tunnelbauwerken prägten das Land und die Geschwindigkeit des Reisens.[38] Die grossen Ausstellungsunternehmen stellten neue Technik vor, die Produkte konnten international verteilt werden (**Abb. 9**). Organisationsformen der Baustellen und konstruktive

34 Geprägt ist der Begriff ‹Städtetechnik› durch Reulecke 1985 (wie Anm. 14), S. 56.

35 Weigl, Andreas: Assanierung, in: Jäger, Friedrich (Hg.): Enzyklopädie der Neuzeit, Bd. 1. Stuttgart/Weimar 2005, Sp. 1711–1715.

36 Reulecke 1985 (wie Anm. 14), S. 56.

37 Ebd., S. 56–57.

38 Vgl. unter anderem Galliker, Hans-Rudolf: Tramstadt. Öffentlicher Nahverkehr und Stadtentwicklung am Beispiel Zürichs. Zürich 1997. Die ersten zwei grossen Wachstumsphasen des schweizerischen Eisenbahnnetzes waren in den 1850er und den 1860er Jahren. Vgl. Siegenthaler 1982 (wie Anm. 32), Nr. 76, S. 55.

Logiken der Ausstellungsbauten waren eng mit dem Bau von Eisenbahnanlagen verwandt.[39] Die Bandbreite neuer und anspruchsvoller Aufgaben für die zumeist planenden Ingenieure war schier unendlich[40] – gleichzeitig waren Baustellen Orte sozialer Umwälzungen und auch der Neuformulierung der Rolle des Bauarbeiters[41] (**Abb. 10**).[42]

Traditionelle Materialien – neue Baustoffe – Konstruktionssysteme

Die Grossbaustellen des 19. Jahrhunderts setzten neue Konstruktionsweisen und Baustoffe ein – viele tradierte Materialien wurden in neuen (jetzt mehr und mehr standardisierten) Herstellungsverfahren optimiert. Dies galt vor allem für das Eisen. Bereits im 18. Jahrhundert fanden in England wesentliche technologische Fortschritte in der Produktion von Gusseisen statt; im Verlauf des 19. Jahrhunderts entwickelte man die alten Verfahren entscheidend weiter und gewann zunehmend die Kontrolle über die Erzeugung verschiedener Qualitäten; ab der Mitte des Jahrhunderts war zum Beispiel die Herstellung von hochwertigem Flusseisen dank neuer Schmelzprozesse wie des Bessemerverfahrens sehr viel effizienter und kontrollierter möglich – um nur eine, für den Eisenbahnbau sehr wesentliche Entwicklung zu nennen.[43] Wurde Eisen vor dem 19. Jahrhundert primär als Bauhilfsstoff und teilweise mit armierender Wirkung genutzt, veränderte sich nun der Einsatz: Nach und nach wurden eigene baukonstruktive Ansätze entwickelt.[44] Die neue Baustatik ermöglichte Rechenmodelle für eiserne Spannwerke (**Abb. 11**).[45] Vor allem Brücken waren in Europa und der Schweiz wegweisende Eisenbauten.[46] Gleichwohl blieb das Gusseisen – in der ersten Hälfte des Jahrhunderts als Baumaterial noch mit dem weniger spröden und leistungsfähigeren Schmiedeeisen konkurrierend – auch Material für die serielle Herstellung dekorierter und dekorierender Bau- und Ausstattungsteile.[47] Als konstruktives Baumaterial der Architektur verbreitete sich Eisen mit mehr Schwierigkeiten als im Ingenieurbereich – so spiegelt es zumindest die Debatte der zeitgenössischen

39 Vgl. unter anderem Peters 1996 (wie Anm. 2), S. 226–279.

40 So zum Beispiel bei Peters 1996 (wie Anm. 2). Jene Perspektive liesse sich auch über die Ingenieure dieser Bauten entwickeln, so zum Beispiel Powell, Kenneth (Hg.): The Great Builders. London 2011.

41 Vgl. zum Beispiel zu den Tunnelbauten der Schweiz: Frey, Heinz; Glättli, Ernst: Schaufeln, sprengen, karren. Arbeits- und Lebensbedingungen der Eisenbahnbauarbeiter in der Schweiz um die Mitte des 19. Jahrhunderts. Zürich 1987.

42 So schreibt Hans-Liudger Dienel: «Die Ursachen für den technischen Optimismus liegen auch in der technischen Tätigkeit, im Tun als Baumeister einer besseren Welt, im Gestalten des Neuen.» Dienel 1998 (wie Anm. 2), S. 15.

43 Als Überblick über den technischen Wandel in der Eisenherstellung: Barraclough, Kenneth Charles: Steelmaking before Bessemer. 2 Bde. London 1984. Jenen auf das Bauen hin thematisiert: Werner, Ernst: Technisierung des Bauens. Geschichtliche Grundlagen moderner Bautechnik. Düsseldorf 1980, S. 7–23. Zu beachten ist, dass eine weitgehend verbindliche Unterscheidung der Terminologien von Eisen und Stahl erst 1875 festgelegt wurde (vgl. Barraclough 1984, Bd. 1, S. 7).

44 Schädlich, Christian: Der Baustoff Eisen als Grundlage für die Herausbildung qualitativ neuer Baukonstruktionen im 19. Jahrhundert, in: Graefe, Rainer (Hg.): Zur Geschichte des Konstruierens. Wiesbaden 1989, S. 138–151. Eine ausführliche Sammlung von primär mit Eisen realisierten Bauten des 19. Jahrhunderts: Hartung, Giselher: Eisenkonstruktionen des 19. Jahrhunderts. München 1983.

45 Zur Entwicklung der Baustatik: Kurrer, Karl-Eugen: Geschichte der Baustatik. Berlin 2002, sowie ders.: Geschichte der Baustatik. Auf der Suche nach dem Gleichgewicht. 2., stark erw. Auflage Berlin 2016.

46 Bevor um die Jahrhundertwende wieder massive Brücken – auch als ‹reaktionäre Trendwende› – aufkommen sollten. Vgl. unter anderem Renfer 1994 (wie Anm. 3), S. 314.

47 Vgl. unter anderem die Beiträge von Barbara Lipps-Kant (Die Verwendung von Gusseisen als Konstruktions- und Dekorationselement in der Architektur bis 1850 – dargestellt an Beispielen in Baden-Württenberg, S. 7–17) oder Martin Sperlich (Frühe industrielle Bauformen in Berlin. Eisenguß, Zinkguß, Terrakotta, S. 18–22) in: ICOMOS, Deutsches Nationalkomitee (Hg.): Eisen Architektur. Die Rolle des Eisens in der historischen Architektur der ersten Hälfte des 19. Jahrhunderts. Hannover 1979.

Architekten.[48] Die vielen um 1900 aus Eisen gefertigten Deckenkonstruktionen zeigen aber,[49] wie weitreichend sich Eisen als Baustoff zumindest für Tragwerke durchsetzen konnte.[50]

Als wichtiger Baustoff kam in der ersten Hälfte des 19. Jahrhunderts der Beton hinzu, der auf der Entwicklung des Portlandzementes (und zuvor des Romanzementes) mit seinen hydraulischen Eigenschaften basierte. Allgemein anerkannter Ursprung ist das von dem englischen Baumeister Joseph Aspdin 1824 angemeldete Patent *Verbesserung in der Herstellung künstlicher Steine.* Herstellung, Optimierung und Anwendung mussten neu erarbeitet werden – zunächst in der Baupraxis, dann auch auf wissenschaftlichem Wege.[51] Eingang in das Bauwesen fand Beton im 19. Jahrhundert zunächst vor allem als handverdichteter, unbewehrter Stampfbeton beziehungsweise ‹béton aggloméré› für Fertigteile und einfache, in

11 Vernietetes Eisenfachwerk, Baustelle des Opernhauses Zürich, Architekten Fellner & Helmer, 1890–91 (Foto Robert Breitinger, 1891).

Eisen und später Stahl fanden im Laufe des 19. Jahrhunderts eine Reihe von neuen Anwendungsfeldern im Bauwesen. Insbesondere als Substitutionsprodukt für Holz wurde Eisen häufig eingesetzt, wie beispielsweise für weitspannende Dachfachwerke.

48 Vgl. unter anderem Hermann, Wolfgang: Stellung Sempers zum Baustoff Eisen, in: ders. (Hg.): Gottfried Semper. Theoretischer Nachlass an der ETH Zürich. Katalog und Kommentare (Geschichte und Theorie der Architektur, Bd. 15). Basel/Boston/Stuttgart 1981, S. 61–68. In der Diskussion um den Baustoff Eisen wirkt auch noch lange die mit der Rezeption der antiken griechischen Bauten begonnene Debatte um ‹Materialehrlichkeit› nach.

49 Vgl. zum Beispiel die Bestandsaufnahmen in: Fischer, Michael: Steineisendecken im Deutschen Reich 1892–1925. Diss. BTU Cottbus 2008.

50 Zur Verwendung von Eisen in der Schweiz: Renfer 1994 (wie Anm. 3), S. 311–314.

51 Stegmann, Knut: Das Bauunternehmen Dyckerhoff & Widmann – Zu den Anfängen des Eisenbetonbaus in Deutschland 1865–1918. Tübingen/Berlin 2014.

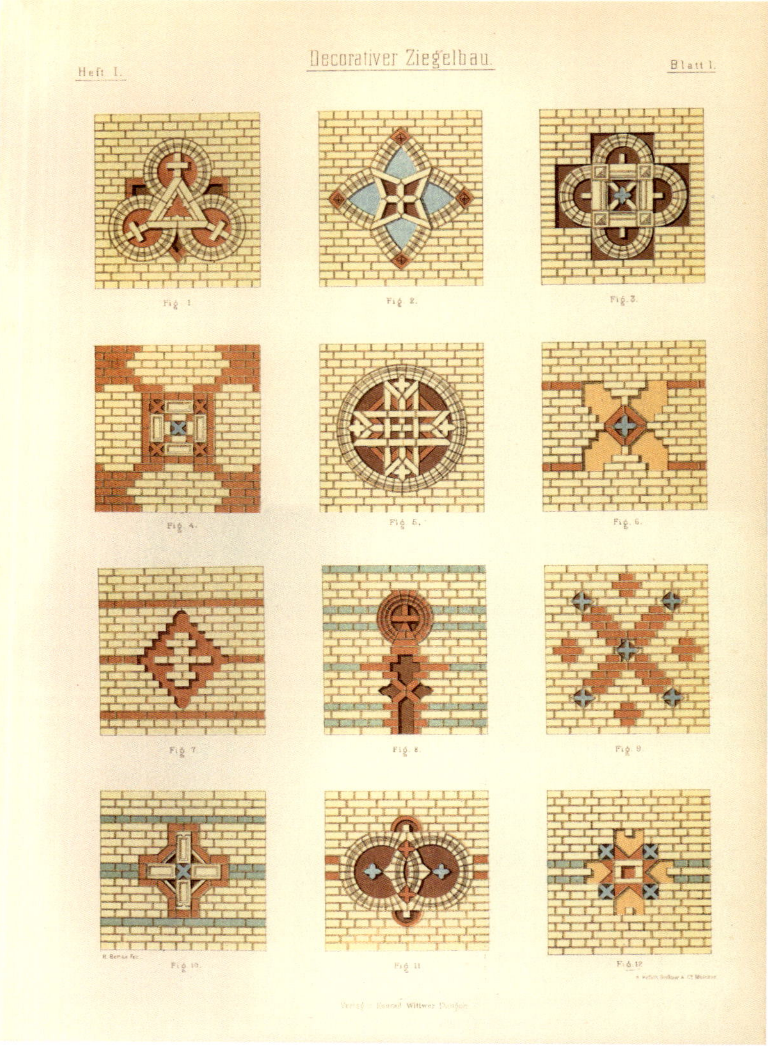

12 Beispiele für Ziegelornamentik, Blatt 1 (H. 1) aus: Bethke, Decorativer Ziegelbau, 1877/78.

Der Ziegel war wie viele andere typische Baumaterialien der Zeit kein neues Produkt des 19. Jahrhunderts. Doch es gelang, Qualität und Quantität der Produktion mit neuen Techniken und Maschinen deutlich zu verbessern.

der Frühzeit häufig nicht tragende Baukonstruktionen.[52] Bereits seit den Anfängen der Betonverwendung erfolgten erste Versuche mit Armierungen. Grössere Verbreitung im Bauwesen erlangten diese jedoch erst im letzten Viertel des 19. Jahrhunderts mit den erfolgreich vermarkteten patentierten Lizenzsystemen von Joseph Monier und François Hennebique.[53] Es entstanden erste Spezialbaufirmen für Eisenbeton

52 Wichtige Anstösse zur Einführung und Durchsetzung des Stampfbetons im deutschsprachigen Bereich kamen aus Frankreich. Insbesondere François Coignets (1814–1888) ***béton aggloméré*** erlangte durch Publikationen (vor allem: Coignet, François: Bétons agglomérés appliqués à l'Art de Construire [...]. Paris 1861) und Ausstellungspräsentationen Vorbildfunktion (vgl. Stegmann, Knut: Zu den deutschen Anfängen des Bauens mit Beton. Der Stampfbetonpionier Eugen Dyckerhoff (1844–1924), in: Beton- und Stahlbetonbau 106 (2011), H. 6, S. 415–424, hier S. 417–418).

53 Eine gute Zusammenfassung zur Geschichte des Bauens mit armiertem Beton gibt: Kierdorf, Alexander; Hilsdorf, Hubert K.: Zur Geschichte des Bauens mit Beton, in: Hassler, Uta (Hg.): Was der Architekt vom Stahlbeton wissen sollte. Zürich 2010, S. 11–51. Vgl. auch: Haegermann, Gustav: Vom Caementum zum Zement, in: Huberti, Günter (Hg.): Vom Caementum zum Spannbeton (Beiträge zur Geschichte des Betons, Bd. 1). Wiesbaden/Berlin 1964, S. 1–72. Zur Bedeutung der Firma

(später Stahlbeton genannt), die Röhren, Treppen, Wände, Decken herstellten. In der Schweiz erlangte das ‹System Hennebique› auch dank der geschickten Vermarktung durch den Schweizer Ingenieur und Bauunternehmer Eduard Züblin als Lizenznehmer Anerkennung.[54] Der Erfolg der Betonbauweise hing auch mit der Verbilligung von Zement zusammen, sie ist auf die Überproduktion von Zement in den 1890ern und die Einführung des Drehofens zum Sintern bei der Zementherstellung zurückzuführen.[55] Durch das Aufkommen der Eisenbetonbauweise wurden neue Bauteile wie Rippendecken und Pilzstützen oder neuartige Brückenformen und weitere Spannweiten möglich.

Die neu entwickelten Baustoffe und Konstruktionstechniken setzten sich freilich zunächst nur langsam durch: Das Gros der Hochbauten, also der Wohnhäuser, Fabriken etc., wurde im 19. und auch im beginnenden 20. Jahrhundert weiterhin zum allergrössten Teil mit traditionellen Materialien und Techniken errichtet. Dies zeigt sich besonders am Beispiel der Backsteine:[56] Trotz regionaler Unterschiede, die sich vor allem über die lokale Verfügbarkeit von Tonerden und des Substitutionsproduktes Naturstein erklären, wurde Backstein im ausgehenden 19. Jahrhundert ein höchst populäres Baumaterial.[57] Zentral dafür war die Verbesserung der Produktion.[58] Neben der Mechanisierung der Förderung in den Gruben und der (Weiter-)Entwicklung von Maschinen zur Herstellung von Backsteinen führte die Erfindung des Ringofens (1858 durch die Ofenbauer Hoffmann und Licht) zu einer steigenden Produktivität in der zweiten Hälfte des Jahrhunderts. Die hohe Produktivität der Backsteinfabriken, die gleichbleibenden Qualitäten und Eigenschaften des Produktes und der niedrige Preis für Backsteine begünstigten die breite Verwendung, nicht nur im Bereich des Hochbaus, sondern auch bei Ingenieurbauten. Backsteine wurden zum Tunnelausbau, für Kanäle oder auch Fabrikanlagen genutzt[59] – ihr grösster Vorteil war die Feuerfestigkeit. Über das ganze Jahrhundert hinweg wurden neue Formate für Backsteine erdacht und entwickelt – Backsteine und insbesondere die Formsteine erfreuten sich grösster Beliebtheit als gestalterisches Mittel des Historismus (**Abb. 12**). Standardisierte (nationale) Masse für Backsteine konnten sich in der zweiten Hälfte des Jahrhunderts immer mehr durchsetzen, in der Schweiz wurde – vergleichsweise spät – 1883 das Backsteinformat vereinheitlicht.[60] Von den Entwicklungen in der Ziegelherstellung profitierte auch das Maurergewerbe, das im 19. Jahrhundert im Vergleich zu anderen Bauhandwerkszweigen an Dominanz gewann.

Hennebique vgl. auch: Delhumeau, Gwenaël: L'Invention du béton armé. Hennebique 1890–1914. Paris 1999. Zur Bedeutung des Namenswechsels von ‹Eisenbeton› zu ‹Stahlbeton›; vgl. Kap. III.

54 Am Institut für Denkmalpflege und Bauforschung der ETH Zürich wurde 2013–15 das Projekt «Züblin Archiv, Sicherung und Erschliessung» durchgeführt.

55 Bolenz 1991 (wie Anm. 5), S. 40.

56 Zur Geschichte des Backsteins vgl. besonders: Campbell, James W. P.: Backstein. Von den Anfängen bis zur Gegenwart. Übers. v. Rita Seuß. München 2003 (Erstausgabe: Brick. A World History. London 2003).

57 Zur Akzeptanz von Backsteinen in der Schweiz: Ramphal, Geraldine: Alfred Friedrich Bluntschli und der Villenbau im späten 19. Jahrhundert: Umgang mit historischen Bauformen und Dekorationen. Lizentiatsarbeit Univ. Zürich 2006, S. 72–79; vgl. auch: Renfer 1994 (wie Anm. 3), S. 316–320.

58 Zwar eine historische Quelle, aber den technischen Wandel in der Produktion besonders gut dokumentierend: Cramer, H.; Hecht, H.: Thonwaaren, in: Bunte, Hans (Hg.): Encyklopädisches Handbuch der Technischen Chemie, Bd. 8. 4. Aufl. Braunschweig 1905, Sp. 283–1241, besonders Sp. 811–840.

59 Von den Entwicklungen profitierte auch die an Fossilbrennstoffen arme Schweiz, die ihre Produktion deutlich erhöhen konnte. Bärtschi 1983 (wie Anm. 19), S. 253. Zu diesbezüglichen zeitgenössischen Kontroversen in der Schweiz vgl.: Ramphal 2006 (wie Anm. 57), S. 72–79.

60 Schweizerischer Ingenieur- und Architekten-Verein (Hg.): 100 Jahre SIA 1837–1937. Festschrift zum hundertjährigen Bestehen des Vereins. Zürich 1937, S. 179.

Zwischen Handwerksbetrieben und Grossunternehmen

Bedeutende Veränderungen im Bereich der betrieblichen Strukturen im Bauwesen hingen mit Baumaterialien und deren Herstellung zusammen. So fanden am Ende des 19. Jahrhunderts und im beginnenden 20. Jahrhundert in der Baustoffherstellung Konzentrationsbewegungen des Marktes statt. In der Betonindustrie war dies mit Protagonisten wie Hennebique oder Dyckerhoff & Widmann am deutlichsten sichtbar.[61] Gleichwohl trug in der Schweiz die Zementindustrie früh «oligopole Züge».[62] Durch den Zusammenschluss der Backsteinfabriken als ‹Zürcher Ziegeleien› entstand in Zürich 1912 eine vergleichbare Situation.[63]

Die Konzentrationsprozesse vollzogen sich allerdings nur in einigen wenigen Bereichen des Bauwesens und vor allem in der Baumaterialherstellung: Das Baugewerbe an sich war und blieb im ganzen 19. Jahrhundert (wie teilweise noch im 20. Jahrhundert) eine durch Kleinbetriebe und einige wenige mittelgrosse Betriebe dominierte Branche; trotz der stark gestiegenen Nachfrage veränderte sich die Struktur des Bauwesens nur langsam.[64] Dies gilt auch vor dem Hintergrund der sich im 19. Jahrhundert durchsetzenden Gewerbefreiheit, wiederum lokal höchst unterschiedlich in Zeitpunkt und Art der Implementierung.[65] Bedeutete die Auflösung des Zunftzwangs für eine Reihe von Handwerken eine deutliche Zäsur – vom Handwerker zum Arbeiter und vom Meisterbetrieb zum Unternehmen –, waren die Auswirkungen auf die Betriebsformen im Bauhandwerk geringer; deutliche Veränderungen zeigten sich im Ausbildungswesen.[66] Einerseits war die Beschränkung der Gesellenzahl in Bauhandwerkerberufen schon vor dem 19. Jahrhundert nicht mehr existent (in Zürich war eine solche Eingrenzung für Maurer und Zimmerleute bereits seit dem 15. Jahrhundert aufgehoben);[67] andererseits waren viele Zweige des Bauwesens wenig kapitalintensiv – Grossbetriebe hatten also keine eklatanten wirtschaftlichen Vorteile.

Die Dominanz kleiner und mittelgrosser Betriebe im ausgehenden 19. Jahrhundert zeigt sich deutlich in den Statistiken: So verweist die erste Schweizerische Betriebszählung von 1905 darauf, dass die Arbei-

---

61 Zu Hennebique vgl. Delhumeau 1999 (wie Anm. 53); zu Dyckerhoff & Widmann vgl. Stegmann 2011 (wie Anm. 51).

62 Vgl. Linder 1983 (wie Anm. 18), S. 265.

63 Hermann, Eugen: Ein Jahrhundert Zürich und die Entwicklung seiner Firmen, Bd. 1. Zürich 1946, S. 209.

64 Vgl. diesbezüglich besonders die Untersuchungen des Vereins für Socialpolitik zum Bauwesen: Flechtner, Fritz: Das Baugewerbe in Breslau, in: Untersuchungen über die Lage des Handwerks in Deutschland mit besonderer Rücksicht auf seine Konkurrenzfähigkeit gegenüber der Großindustrie, Bd. 9: Verschiedene Staaten (Schriften des Vereins für Socialpolitik, Bd. 70). Leipzig 1897, S. 377–427; Kreuzkam 1897 (wie Anm. 12).

65 In Zürich wurde sie insbesondere in den 1830er und den 1860er/70er Jahren schrittweise umgesetzt. Bereits 1798 hatte die neu gegründete helvetische Republik eine Auflösung des Zunftzwangs ‹verordnet›, doch schränkten kantonale und kommunale Polizeigesetze diese Verordnung in der Mediationszeit stark ein. In den 1830er Jahren flammte die Diskussion um die Gewerbefreiheit wieder auf, insbesondere, da man den wirtschaftlichen Erfolg von Industrien und Gewerben in Frankreich als Folge der französischen Gewerbefreiheit verstand. 1838 wurde die vollständige Gewerbefreiheit im Kanton Zürich eingeführt. Viele Handwerker und Handwerkervereine versuchten die neue Gesetzgebung mit Petitionen zu unterminieren, wie zum Beispiel Arbeitsverboten für stadtfremde Handwerker. Zumeist konnten sie diese jedoch nicht durchsetzen, das ‹Handwerk› entwickelte und veränderte sich zur Mitte des 19. Jahrhunderts relativ unreguliert nach wirtschaftlichen Erfordernissen. In den 1870er und -80er Jahren wurden vermehrt neue Gewerbegesetze ausgearbeitet, das Inkrafttreten scheiterte jedoch häufig am politischen Willen. Manifestiert wurde die Gewerbefreiheit endgültig durch die revidierte Bundesverfassung von 1874. Vgl. unter anderem Strobel, Ernst: Die Handwerkerpolitik Zürichs von der Helvetik bis zur liberalen Aera. Basel 1926; Bauer 1929 (wie Anm. 22), besonders S. 229–232, 248–249.

66 Einen umfassenden Überblick über die gewerbliche Ausbildung in der Schweiz gibt: Wettstein, Emil: Die Entwicklung der Berufsbildung in der Schweiz (Berufspädagogik bei Sauerländer, Bd. 14). Aarau 1987. Pointiert aufs Bauwesen in Deutschland: Grüner, Gustav: Der bautechnische Unterricht im 19. Jahrhundert, in: Ekardt, Hanns-Peter (Hg.): Der Bauingenieur in Geschichte und Gegenwart des Bauwesens. Kolloquium der Gesamthochschule Kassel 8. und 9. Oktober 1981 (Kasseler Hochschulwoche, Bd. 6). Kassel 1982, S. 44–57. Für eine Zusammenfassung der Unterschiede zwischen schweizerischer und deutscher Berufsbildung vgl.: Gonon, Philipp: Vom ehrbaren Handwerker zum innovativen Self-Entrepreneur. Modernisierung der Berufsbildung anhand idealtypischer Leitfiguren. Hg. v. der Bertelsmann Stiftung. Gütersloh 2008, S. 8–9.

67 Krebs, Werner: Alte Handwerksbräuche mit besonderer Berücksichtigung der Schweiz. Basel 1933, S. 149.

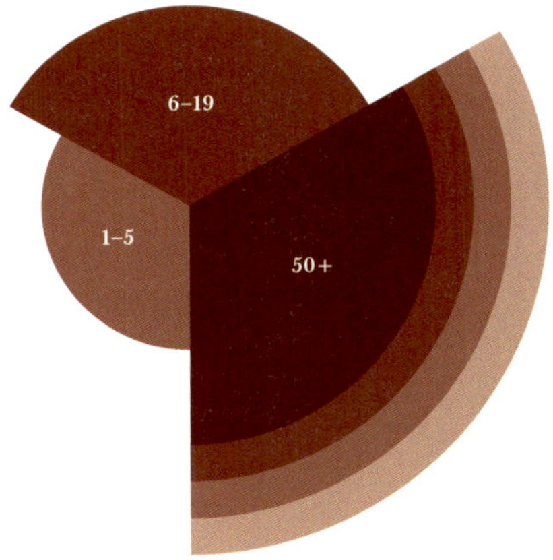

Quelle: Schweizerische Betriebszählung 1905, nach: Dolin, Dora: Die gewerkschaftliche Organisation und die Streikbewegung der Maurer und Handlanger in der Schweiz. Diss. Zürich. Freiburg 1921, S. 8.

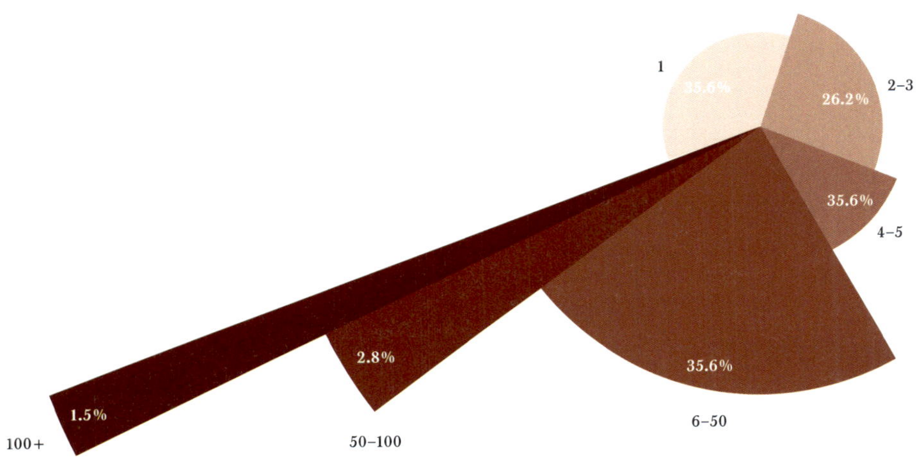

Anzahl Mitarbeiter

Quelle: Schweizerische Betriebszählung 1905, nach: Dolin, Dora: Die gewerkschaftliche Organisation und die Streikbewegung der Maurer und Handlanger in der Schweiz. Diss. Zürich. Freiburg 1921, S. 8.

13 Prozentuale Verteilung der Beschäftigten im Baugewerbe nach Betriebsgrössen im Jahr 1905.

Kleine und mittelgrosse Betriebe dominierten das Baugewerbe auch am Beginn des 20. Jahrhunderts. Abgesehen von einigen grösseren Baufirmen blieb Bauen primär eine Domäne von Handwerksbetrieben und lokalen Baugeschäften.

14 Prozentuale Verteilung der Betriebe im Baugewerbe nach Mitarbeiterzahlen im Jahr 1905.

Obwohl einige Baugewerke wie das Maurerhandwerk relativ personalintensiv waren, hatten die Baubetriebe zumeist nur wenige Mitarbeiter – auch weil man sich für grössere Bauaufgaben häufig in ‹Unternehmergemeinschaften› zusammenschloss.

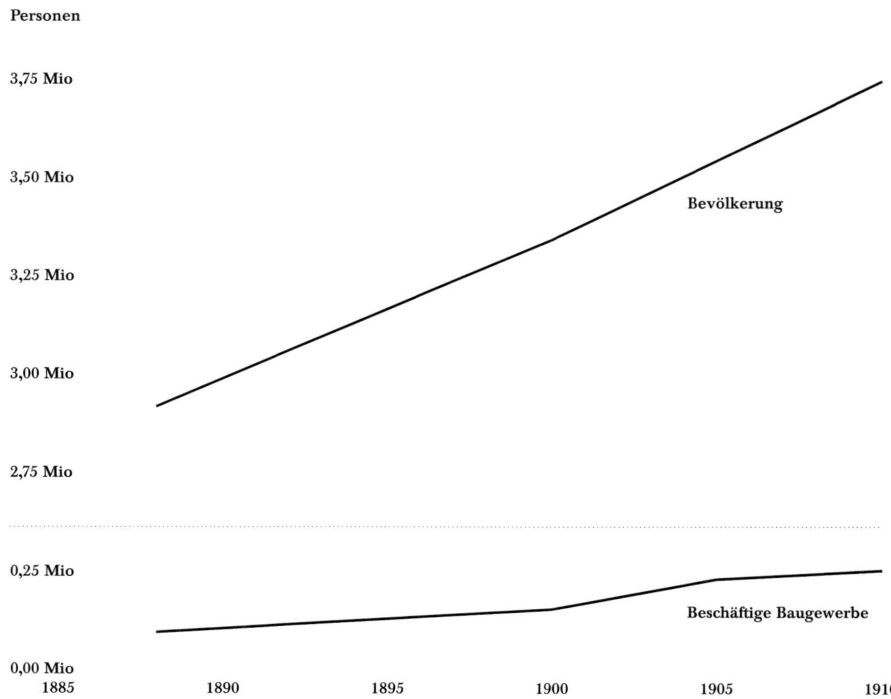

15 Beschäftigte im Baugewerbe und Bevölkerungsentwicklung in der Schweiz zwischen 1888 und 1910.

Das starke Wachstum des Baugewerbes hatte eine entsprechend steigende Nachfrage nach Arbeitskräften zur Folge, sodass die Beschäftigungszahlen im Verhältnis zur allgemeinen Bevölkerungszahl prozentual stärker anstiegen.

ter im Bauwesen zu zwei Dritteln in Kleinbetrieben und mittelgrossen Betrieben beschäftigt waren (**Abb. 13**). Darüber hinaus dominierten kleine und mittelgrosse Betriebe in der prozentualen Verteilung der Betriebe nach Mitarbeiterzahlen (**Abb. 14**).[68] Das Baugewerbe konnte demnach seine ‹Produktionskapazität› einfach über die Reduktion der Betriebe verringern.[69] Der vergleichsweise geringe Kapitaleinsatz erleichterte es Bauhandwerkern, sich selbstständig zu machen, das System erschwerte allerdings offenbar die langfristige Existenz der Betriebe – das dokumentiert die hohe Zahl von Konkursen und Neugründungen.[70] Die Statistiken belegen nicht etwa eine (betriebliche) Stagnation der Baubranche, sondern ganz im Gegenteil deren Dynamik. Die Anzahl der im Baugewerbe beschäftigten Personen verdoppelte sich in der Schweiz von 1888 bis 1910 innerhalb knapp zweier Jahrzehnte, während die Bevölkerungszahl nur um circa dreissig Prozent wuchs[71] – ein weiterer Beleg für die grosse gesellschaftliche und ökonomische Bedeutung des Bauens im (ausgehenden) 19. Jahrhundert (**Abb. 15**).

---

68 Zu beachten ist, dass die Zahlen im Baugewerbe sehr stark den konjunkturellen Schwankungen unterliegen. Die Ergebnisse der Betriebszählung sind an diversen Stellen publiziert, unter anderem für Zürich in: Statistisches Amt der Stadt Zürich (Hg.): Eidgenössische Betriebszählung vom 9. August 1905, H. 1: Die Betriebe und die darin beschäftigten Personen in Zürich und Umgebung (Statistik der Stadt Zürich, Bd. 8). Zürich 1907. Eine Fabrikstatistik wurde in der Schweiz ab 1882 regelmässig zusammengestellt, sie bietet jedoch nur ungenügende Daten zum Baugewerbe. Zur Rolle der Kleinbetriebe im Handwerk vgl. unter vielen anderen: Reith, Reinhold; Schmidt, Dorothea (Hg.): Kleine Betriebe – Angepasste Technologie? Hoffnungen, Erfahrungen und Ernüchterungen aus sozial- und technikhistorischer Sicht (Cottbuser Studien zur Geschichte von Technik, Arbeit und Umwelt, Bd. 18). Münster/New York/München/Berlin 2002. Die wirtschaftliche Bedeutung thematisiert unter anderem Fischer, Wolfram: Die Rolle des Kleingewerbes im wirtschaftlichen Wachstumsprozeß in Deutschland 1850–1914, in: ders. 1972 (wie Anm. 5), S. 338–348.

69 Vgl. hierzu: Beck 1983 (wie Anm. 8), S. 52.

70 Werner 1980 (wie Anm. 43), S. 368.

71 Ergebnisse der Beschäftigten im Baugewerbe nach: Dolin, Dora: Die gewerkschaftliche Organisation und die Streikbewegungen der Maurer und Handlanger in der Schweiz. Freiburg (Schweiz) 1921, S. 2 Tab. 1. Kritik an den Statistiken muss sein,

Grossbetriebe etablierten sich zum Beispiel auf den grossen Ingenieurbaustellen, die durch die erheblichen Erd- und Materialbewegungen sehr personalintensiv waren – hierdurch entwickelten sich neue Arbeitsabläufe und Organisationsformen.[72] Zum Ausgang des Jahrhunderts finden sich grosse Firmen dann im Bereich spezialisierter Baumaterialien, wie des Eisenbetons. Aus diesem Geschäftsfeld ging zum Ende des Jahrhunderts der Generalunternehmer als neue Betriebsform im Bauwesen hervor. Generalunternehmer dehnten ihre Geschäftstätigkeit so weit aus, dass sie vielfach nicht nur die gesamte Bauausführung, sondern auch Planungsaufgaben übernahmen.[73]

Gesetzgebung, Normen und Vereine

In der Gewerbefreiheit zeigte sich der Wandel der wirtschaftsrechtlichen Rahmenbedingungen am deutlichsten. Im 19. Jahrhundert veränderten sich Art und Umfang der auf das Bauen bezogenen Gesetze und Vorschriften.[74] Die realen Auswirkungen neuer oder veränderter Regelungen auf die Praktiken des Bauens waren höchst unterschiedlich[75]: Erstens gab es im 19. Jahrhundert eine Zunahme von Gesetzen und Vorschriften, die auf das Bauen bezogen waren.[76] Zweitens wurde nicht länger ‹von Fall zu Fall› entschieden, in den Mittelpunkt rückten allgemeingültige Regeln zur Verhinderung möglicher Gefahren und zum Schutz des öffentlichen Interesses.[77] So tauchte zum Beispiel seit 1794 in der deutschen Rechtsprechung der einen Allgemeinheitsanspruch verkörpernde Passus der ‹allgemein anerkannten Regeln der Baukunst› auf.[78] Drittens gerieten seit dem ausgehenden 18. Jahrhundert ebenfalls verstärkt baukonstruktive Vorschriften ins Blickfeld. Die vorherigen Bauordnungen hatten zu grösseren Teilen aus Eigentum erhaltenden Elementen wie Abstandsregeln oder gestalterischen Vorschriften bestanden.[79] Das Streben nach

---

dass diese aus den Wintermonaten stammen, in denen die Anzahl der Bauhandwerker saisonal bedingt geringer ist als im Sommer. Bevölkerungsentwicklung nach: Ritzmann-Blickensdorfer 1996 (wie Anm. 16), Tab. B.1.a.

72 Vgl. zu Ingenieurgrossbaustellen besonders Peters 1996 (wie Anm. 2).

73 Vgl. hierzu besonders Haps, Silke: Industriebetriebe der Baukunst – Generalunternehmer des frühen 20. Jahrhunderts. Die Firma Boswau & Knauer. Diss. TU Dortmund 2008.

74 Vgl. unter anderem die Lemmata von Björn Dittrich (Hausbau, öffentlich-rechtlich, Sp. 798–800) und Ruth-Elisabeth Mohrmann (Hausbau, volkskundlich, Sp. 800–803) in: Cordes, Albrecht; Lück, Heiner; Werkmüller, Dieter (Hg.): Handwörterbuch zur deutschen Rechtsgeschichte, 12. Lieferung. 2. Aufl. Berlin 2010, sowie Gömmel, Rainer; Braun, Helmut: Bauordnung, in: Jaeger, Friedrich (Hg.): Enzyklopädie der Neuzeit, Bd. 1. Stuttgart/Weimar 2005, Sp. 1079–1080. Etwas älter, aber mit diversen guten Verweisen: Buff, Albert: Bauordnung im Wandel. Historisch-politische, soziologische und technische Aspekte. München 1971; Geithe, Willy: Über die Entwicklung technischer Baubestimmungen. Wuppertal 1982 (allerdings sehr überblickshaft für den Zeitraum vor dem 20. Jahrhundert). Grundlegend in der Forschung ein Artikel von Otto Lauffer: Über deutsche Bauordnungen und ihre Bedeutung für die Erforschung des Bürgerhauses in Deutschland, in: Zeitschrift für Geschichte der Architektur 7 (1919), S. 148–159. Die schweizerische Geschichte des Baurechts im 19. Jahrhundert ist bislang nur für die Kantone St. Gallen und Wallis vertieft untersucht worden, vgl.: Jüstrich, Jacqueline: Entwicklung des Baurechts im Kanton St. Gallen (Zürcher Studien zur Rechtsgeschichte, Bd. 29). Zürich 1995; Carlen, Philipp: Geschichte des Baurechts im Wallis. Brig 1989.

75 Einen guten Überblick über den Forschungsstand und eine Synthese hierzu gibt: Spohn, Thomas: Zur Einleitung, in: ders. (Hg.): Bauen nach Vorschrift? Obrigkeitliche Einflussnahme auf das Bauen und Wohnen in Nordwestdeutschland (14. bis 20. Jh.) (Beiträge zur Volkskultur in Nordwestdeutschland, Bd. 102). Münster/New York/München/Berlin 2002, S. 1–68, besonders S. 3. Als Einzeluntersuchung unter anderem zu nennen: Schimek, Michael: Zwischen Anspruch und Wirklichkeit. Staatliche Einflussnahme auf das ländliche Bauen: Das Land Oldenburg zwischen 1880 und 1930 (Beiträge zur Volkskultur in Nordwestdeutschland, Bd. 106). Münster/New York/München/Berlin 2004.

76 Schimek 2004 (wie Anm. 75), S. 2.

77 Vgl. unter anderem Jüstrich 1995 (wie Anm. 74), S. 292.

78 Erstmals im *Allgemeinen Landrecht für die Preußischen Staaten* vom 5. Februar 1794, T. 2, Titel 20: *Von den Verbrechen und deren Strafen*, §768; ebenfalls im *Deutschen Strafgesetzbuch* vom 1. Januar 1872 bzw. 20. Mai 1876, §330.

79 Vgl. hierzu unter anderem Geithe 1982 (wie Anm. 74), S. 45; Lauffer 1919 (wie Anm. 74), S. 157–158.

16 Ansicht und Plan des Wohnhauses Forrer-Grob in Winterthur, Taf. III aus: Keller, Album des Schweizerischen Architekten-Vereins, [ca. 1850–60].

Im 19. Jahrhundert wurde eine Reihe neuer technischer Vereine gegründet, einerseits zur Durchsetzung gemeinsamer (politischer) Interessen, andererseits aber auch zur Diskussion und Verbreitung von Fachinhalten. So veröffentlichte zum Beispiel der Schweizerische Architekten-Verein Hefte, die neu ausgeführte Gebäude vorstellten; später betätigte sich dann der Schweizer Ingenieur- und Architekten-Verein als Herausgeber einer nationalen Bauzeitung mit ähnlichen Absichten.

allgemeinen Regeln verstärkte die (bau-)technische Detaillierung der Gesetze und Verordnungen.[80] Alle drei Punkte zeigen sich in den im 19. Jahrhundert immer weiter verschärften Regelungen zum Feuerschutz – in Zürich waren dies Passagen des 1892 erlassenen *Baugesetzes für Ortschaften mit städtischen Verhältnissen*[81] –, zentral war aber das technische Normungswesen.

Der Prozess der ‹Vernormung› war ein zur ‹Verrechtlichung› komplementärer Vorgang, vornehmlich ab den 1880er Jahren.[82] Ihm vorausgegangen war die Idee der Vereinheitlichung von Massen und Gewichten, wie sie sich in der Pariser Meterkonvention von 1875 manifestiert hatte.[83] Inhalt einer Normung war die Standardisierung zumeist technischer Vorgänge, also das Aufstellen allgemeingültiger technischer Regeln.[84] Hinter der Etablierung von Normen stand daher auch nicht ein einschränkender, ordnender Gedanke, sondern der «Wunsch nach Rationalisierungsgewinn und ökonomischen Vorteilen».[85] Normen, die diesen Punkt im Bauwesen offensichtlich manifestieren, sind in der Schweiz etwa das 1883 erarbeitete *Normalformat für schweizerische Backsteine* oder die im gleichen Jahr aufgestellten *Normen für die einheitliche Lieferung und Prüfung hydraulischer Bindemittel*[86] – in deren Titel sich die Wichtigkeit des institutionalisierten Materialprüfungswesens zeigt. Die Stichwortgeber bei der Etablierung von Normen fanden sich fast ausschliesslich in der Sphäre der Sachverständigen, die zentrale Rolle spielten die technischen Vereine, eine, wie Peter Lundgreen schreibt, «charakteristische Form sozialer Organisation innerhalb der bürgerlichen Gesellschaft» des 19. Jahrhunderts. Technisch(-wissenschaftliche) Vereine entstanden vor allem vor dem Hintergrund gemeinschaftlicher Ausbildungsstandards und -institutionen[87] – in der Schweiz war der prominenteste der 1837 gegründete Schweizerische Ingenieur- und Architektenverein (SIA), in dem Architekten und Ingenieure stets vereint blieben (**Abb. 16**).[88] Die Gründung der technischen Vereine ist in der ersten Hälfte des Jahrhunderts verbunden mit dem Wunsch nach einem gemeinsamen Sprachrohr für die Durchsetzung von Interessen.[89] Spätestens seit dem letzten Viertel des Jahrhunderts gehörten zu den ‹Handlungssektoren› der Vereine aber auch die «Regulierung der technischen Praxis» und die «Produktion und Vermittlung von Wissen» – um zwei von Peter Lundgreen vorgeschlagene Kategorien zu

80 Vgl. u. a: Spohn 2002 (wie Anm. 75), S. 31; Geithe 1982 (wie Anm. 74), S. 51–62.

81 Paragrafen, die unter anderem Regelungen bezüglich der Bautechnik enthalten, sind §§76–90 (*Baugesetz für Ortschaften mit städtischen Verhältnissen* (vom 23. April 1893), in: Stüßi, Heinrich: Kanton Zürich. Das Baugesetz für Ortschaften mit städtischen Verhältnissen nebst den zugehörigen Verordnungen. 3. Aufl. Zürich 1898, S. 1–225, hier S. 83–90).

82 Vgl. grundlegend hierzu: Vec, Miloš: Recht und Normierung in der Industriellen Revolution. Neue Strukturen der Normsetzung in Völkerrecht, staatlicher Gesetzgebung und gesellschaftlicher Selbstnormierung (Recht in der Industriellen Revolution, Bd. 1). Frankfurt (Main) 2006, besonders S. 1–20, 165–179, 293–301.

83 Am Beispiel von Deutschland bzw. dem Grossherzogtum Baden: Wang, Victor: Die Vereinheitlichung von Mass und Gewicht in Deutschland im 19. Jahrhundert: Analyse des metrologischen Wandels im Grossherzogtum Baden und anderen deutschen Staaten 1806 bis 1871. St. Katharinen 2000. Vgl. auch: Vec 2006 (wie Anm. 82), S. 31–48.

84 Eine weiterführende Diskussion der Begriffe ‹technische Regeln›, ‹Normung› etc. bei: Vec 2006 (wie Anm. 82), S. 2–3, 165–176. Ein komplementärer, auch auf Standardisierungen zielender Prozess war das Festlegen einer verbindlichen Fachterminologie, so wurde zum Beispiel erst um 1875 eine weitgehend verbindliche Unterscheidung von Eisen und Stahl festgelegt. Vgl. hierzu auch Anm. 43.

85 Vec 2006 (wie Anm. 82), S. 282–283.

86 Vgl. Anonym: 30. Jahresversammlung des schweizerischen Ingenieur- und Architektenvereins in Zürich, in: SBZ 1 (1883), Nr. 25, S. 156–158, besonders S. 157; Tetmajer, Ludwig von: Bericht über den Neubau, die Einrichtung und die Betriebsverhältnisse der schweizer. Materialprüfungsanstalt (Mitteilungen der Materialprüfungs-Anstalt am schweiz. Polytechnikum in Zürich, H. 5). 2. Aufl. Zürich 1896, S. 247.

87 Grundlegend hierzu immer noch: Lundgreen, Peter: Technisch-wissenschaftliche Vereine zwischen Wissenschaft, Staat und Industrie, 1860–1914: Umrisse eines Forschungsfeldes, in: Technikgeschichte 46 (1979), Nr. 3, S. 181–191, Zitat S. 181.

88 Naef, Hans: Vereinsgeschichte, in: Schweizerischer Ingenieur- und Architekten-Verein (Hg.): 100 Jahre SIA 1837–1937. Festschrift zum hundertjährigen Bestehen des Vereins. Zürich 1937, S. 145–176.

89 So zum Beispiel der Berliner Architekten Verein, in dem sich vornehmlich die Baubeamten versammelten. Vgl. zu diesen: Bolenz, Eckhard: Baubeamte in Preußen, 1799–1930: Aufstieg und Niedergang einer technischen Elite, in: Technikgeschichte 60 (1993), Nr. 2, S. 87–106.

zitieren.[90] Beide Themen, im Spannungsfeld von Wissenschaft, Staat und Industrie angesiedelt, bezogen sich auch auf die Normung von Produkten und Verfahren – die erste (provisorische) Schweizer ‹Eisen-Beton-Norm› entstand zum Beispiel auf Betreiben des Vereins der Schweizerischen Gyps-, Kalk-, Cementfabricanten[91] und des Schweizerischen Ingenieur- und Architekten-Vereins in Zusammenarbeit mit der Eidgenössischen Materialprüfungs-Anstalt und deren Leiter Ludwig von Tetmajer.[92] Normungen waren aber nicht nur eine nationale Angelegenheit, vielmehr erfolgten sie – anders als das lange noch national ausgerichtete Patentwesen, das ebenfalls im 19. Jahrhundert entstand[93] – in einer Durchdringung von «Nationalität und Internationalität».[94] Sie waren entscheidender Teil einer über die Technisierung weiter vorangetriebenen Internationalisierung der Gesellschaft, auch im eigentlich regional geprägten Bauwesen.

In einer weiten Definition umfasst ‹Professionalisierung› die Organisation technischen Sachverstands: Sie zeigt sich «in der Entstehung von Fachwissenschaften» und «der Durchsetzung von einheitlichen wissenschaftlichen Normen»,[95] wie auch in der Organisation von Berufsverbänden und der, auch im Handwerk, verbesserten beruflichen Ausbildung. Formen einer Professionalisierung zeigen sich facettenreich:

- Das im 19. Jahrhundert aufkommende Materialprüfungswesen erlaubte es, Baumaterialien (überregional) nach vergleichbaren Parametern zu klassifizieren und physikalische und chemische Eigenschaften der Baumaterialien zu beschreiben, es wurde Teil der polytechnischen Forschung – in der Schweiz prominent vertreten durch die um 1880 gegründete, langjährig von Ludwig von Tetmajer geführte Eidgenössische Materialprüfungsanstalt am Zürcher Polytechnikum (**Abb. 17**).[96]
- Die Institutionalisierung des ‹Baubeamtentums› wurde zuerst in Frankreich konzipiert und im Europa der neuen Nationalstaaten Zug um Zug in den ‹Bau-Verwaltungen› umgesetzt.[97]
- Die Gründung von Vereinen oder äquivalenten Strukturen nicht nur von Ingenieuren und Architekten, sondern auch auf der Ebene von Bauunternehmern, Handwerksmeistern und Bauarbeitern (die teilweise zwar sehr unterschiedliche (politische) Interessenslagen vertraten, aber immer auch Orte fachlicher Wissenskumulierung und des Austausches waren).

---

90 Lundgreen 1979 (wie Anm. 87), besonders S. 187–188.

91 Der Wortlaut der Bezeichnung hat sich laufend verändert, hier nach: SBZ 15 (1890), H. 7, S. 40.

92 Vgl. hierzu: Anonym: Provisorische Normen für Beton-Eisen-Bauten, in: SBZ 34 (1902), Nr. 23, S. 251; Anonym: Vorschriften über Bauten in armiertem Beton, in: SBZ 54 (1909), Nr. 13, S. 185.

93 Hierzu grundlegend: Seckelmann, Margrit: Industrialisierung, Internationalisierung und Patentrecht im Deutschen Reich, 1871–1914 (Recht in der Industriellen Revolution, Bd. 2). Frankfurt (Main) 2006. Zur Schweiz immer noch klassisch, wenn auch in einigen Punkten nicht mehr aktuell: Schiff, Eric: Industrialization Without National Patents. The Netherlands 1869–1912; Switzerland 1850–1907. Princeton 1972, besonders S. 85–120.

94 Vec 2006 (wie Anm. 82), S. 8. Vgl. auch die vielen internationalen Kongresse, die in diesem Zusammenhang organisiert wurden, beispielsweise in folgendem Bericht dargelegt: Anonym: Beschlüsse der Conferenzen zu München am 22.–24. September 1884 und Dresden am 20. und 21. September 1886 über Einheitliche Untersuchungs-Methoden bei der Prüfung von Bau- und Constructions-Materialien auf ihre mechanischen Eigenschaften. München 1887.

95 Zur Professionalisierung allgemein siehe: Ehmer, Josef; Pfister, Ulrich; Denzel, Markus A.: Professionalisierung, in: Jaeger, Friedrich (Hg.): Enzyklopädie der Neuzeit, Bd. 10. Stuttgart/Weimar 2009, Sp. 431–439, Zitat Sp. 433.

96 Zur Etablierung der eidgenössischen Materialprüfungsanstalt: Tetmajer 1896 (wie Anm. 86), S. 5–50. Zur Etablierung der Materialprüfung (allerdings primär aus Sicht des Maschinenbaues): Mauersberger, Klaus: Zur Entwicklung des Experimentalwesens in den Technikwissenschaften mit besonderer Berücksichtigung der Materialprüfung innerhalb des wissenschaftlichen Maschinenwesens, in: Dresdener Beiträge zur Geschichte der Technikwissenschaften 10 (1982), S. 68–103.

97 Bolenz 1993 (wie Anm. 89); Strecke 2000 (wie Anm. 26). So zu verstehen sind zum Beispiel auch die diversen, meist erweiternden Reorganisationen des städtischen Bauamts in Zürich im 19. Jahrhundert. Hierzu: Hauser, Andreas: Das städtische Bauamt 1798–1907 (Das öffentliche Bauwesen in Zürich, Bd. 3 = Kleine Schriften zur Zürcher Denkmalpflege, Bd. 6). Zürich 2000.

Schweiz. Landesausstellung in Zürich 1883.

Betonbrücke (Korbbogen) von 6 m. Lichtweite, 1,2 m. Breite und 12 c/m. Scheitelstärke. — Photogr. Aufnahme bei einer Belastung des Bogens (6 □ m.) mit 27,000 Kilos oder 4,5 Tonnen Eisenbarren per □ m.

Schweiz. Landesausstellung in Zürich 1883.

R. GULER, PHOTOGRAPH. LANDESAUSSTELLUNG ZÜRICH.

Betonbrücke (Korbbogen) von 6 m. Lichtweite, 1,2 m. Breite und 12 c/m Scheitelstärke. — Zusammenbruch erfolgte 16 Stunden nach Belastung mit 32,765 Kilos oder 5,46 Tonnen Eisenbarren per □ m. in Folge Weichen der Widerlager.

17a/b Belastungsprobe einer Betonbrücke, Schweizerische Landesausstellung 1883, Zürich (Fotos Romedo Guler, 1883).

Die Professionalisierung des Bauwesens, wie sie sich zum Beispiel im Bereich der Materialprüfung manifestierte, galt es auch öffentlich auszudrücken. Einsturzversuche auf öffentlichen Veranstaltungen, begleitet von ausführlichen Medienberichten, gaben Zeugnis der neuen Möglichkeiten des Bauens.

18a–c Unterricht an einer Baugewerkschule. Schüler des Schreinerkursus in der Lehrwerkstatt / Modelle des Stereotomieunterrichts / Schüler des Spenglerkursus mit Lehrobjekt, Abb. S. 21 / S. 25 / S. 37 aus: École des Arts et Métiers Genève, Programme, 1916.

Professionalisierung bedeutete auch eine bessere Ausbildung der praktisch tätigen Bauleute. Hierzu nötige Institutionen wie Baugewerkschulen entstanden insbesondere ab den 1880er Jahren an vielen Orten – wie die Bilder aus einem Schulprogramm zeigen, auch in Genf.

- Die Etablierung technischer Fachschulen auf verschiedenen praktischen und akademischen Ebenen[98] (insbesondere der forcierte Ausbau der Baugewerkeschulen in den 1880er Jahren, der in der Schweiz seine Entsprechung in der Gründung des Winterthurer Technikums hatte[99]).

98 Vgl. hierzu überblickshaft, wenn auch mit einer nicht nachvollziehbaren Zeiteinteilung: Lundgreen, Peter: Die Ausbildung von Ingenieuren an Fachschulen und Hochschulen in Deutschland, 1770–1990, in: ders.; Grelon, André (Hg.): Ingenieure in Deutschland, 1770–1990. Frankfurt (Main) 1994, S. 13–71, besonders S. 36–38.

99 Zu Entwicklung der Baugewerkeschulen in Deutschland vgl. unter anderem Bolenz 1991 (wie Anm. 5), S. 182–192. Zum Technikum in Winterthur: Grüttler-Minder, Max: Friedrich Autenheimer 1821–1895. Mitgründer und erster Direktor des Technikums Winterthur (Neujahrsblatt der Stadtbibliothek Winterthur, Bd. 295). Winterthur 1964, hier S. 114–159.

- Das gegen Ende des Jahrhunderts aufkommende duale Ausbildungssystem im (Bau-)Handwerk (das neben der nun wieder stärker formalisierten Lehre im Betrieb Institutionen wie Gewerbemuseen, Fachwerkstätten und dergleichen für die Ausbildung umfasste).[100] (**Abb. 18**)
- Die Kumulierung von Fachwissen in den neu aufkommenden Planungsabteilungen bei Ingenieuren, Architekten oder auch Baumaterialherstellern[101] (erinnert sei an das Beispiel der hennebiqueschen Planungsabteilung[102]).

Im ausgehenden 19. Jahrhundert etablierte sich im Bauwesen eine allgemeinverbindliche Handlungsgrundlage: Das neue und jetzt zunehmend spezialisierte Wissen war über eine breite Anzahl von Akteuren abgesichert. Technischer Wandel und wissenschaftliches Wissen interagierten. Wirtschaftlicher Erfolg, gesellschaftlicher Wandel und Wertschätzung des Bauwesens als symbolischer ‹Ort der neuen Wissenschaften› waren Grundlagen für den Bauboom des späten 19. Jahrhunderts.

---

100 Vgl. beispielsweise in der Schweiz: Berner, Esther; Gonon, Philipp; Ritter, Hans-Jakob: Zwischen Gewerbeförderung, Sozialpolitik und liberalen Bildungsbestrebungen. Zur «Vor»-Geschichte der dualen Berufsbildung in der Schweiz (1870–1930), in: Zeitschrift für Berufs- und Wirtschaftspädagogik 107 (2011), H. 1, S. 14–32.

101 Ein ausführliches Beispiel vom Beginn des 20. Jahrhunderts bietet: Renz, Kerstin: Industriearchitektur im frühen 20. Jahrhundert. Das Büro von Philipp Jakob Manz. München 2005.

102 Vgl. Delhumeau 1999 (wie Anm. 53), besonders S. 101–172.

I

Rationalität

Jean-Baptiste Rondelets *Traité théorique et pratique de l'art de bâtir*

Am Zürcher Polytechnikum verband Ende des 19. Jahrhunderts ein zentrales Fach die immer stärker ausdifferenzierten Ausbildungen der Bau- und der Ingenieurschule – die Lehre von der Baukonstruktion.[1] Die *Baukonstruktion* bildete institutionell das Bindeglied zwischen den akademischen Feldern Architektur und Bauingenieurwesen, sie hatte besondere Bedeutung auch für den Kodifizierungsprozess des Bauwissens und damit für die polytechnische Traditionsbildung. Zur Mitte des 19. Jahrhunderts formulierte der Kassler Oberbaumeister Johann Daniel Wilhelm Eduard Engelhard diesen Aspekt mit den Worten: «Die Kenntniß der Bauconstruction, d. i. der Art und Weise, wie Gebäude dauerhaft aufzuführen und im Stande zu erhalten sind, ist der Grund und Anfang alles architektonischen Wissens, ohne dieselbe ist die Erfindung und Ausführung eines vollkommenen oder auch nur eines tauglichen Gebäudes unmöglich, und auch derjenige Baukünstler, welcher die Verzierung der Gebäude ausschließlich zu seinem Geschäft gemacht hat, muß sich eine gründliche Kenntniß der Technik der Baukunst zu eigen gemacht haben, wenn er nicht der Gefahr, Ungereimtes zu erfinden und anzuordnen und Undauerhaftes auszuführen, ausgesetzt sein will.»[2]

Wesentlich für die zentrale Stellung der Baukonstruktion war die französische Tradition, prominent vertreten in Jean-Baptiste Rondelets *Traité théorique et pratique de l'art de bâtir.*[3] In Rondelets *Traité* finden sich bereits alle Elemente polytechnischer Bauwissenschaft – der Theorie-Praxis-Bezug, die Wissenschaftlichkeit und die Konstruktion als verbindendes Ideal einer neuen Bauwissenschaft. Der *Traité* war ein Staatsunternehmen und sehr wirkmächtig,[4] das Werk erlebte bis 1885 17 Auflagen, es gab Übersetzungen

---

1 Vgl. Kap. IV.

2 Engelhard, Johann Daniel Wilhelm Eduard: Baukunde oder Architektonische Constructions-Lehre (Neue Encyklopädie der Wissenschaften und Künste für die deutsche Nation, Bd. 6.2). Stuttgart 1852, S. III.

3 Rondelet, Jean-Baptiste: Traité théorique et pratique de l'art de bâtir. 7 Bde. Paris 1802–17 (2. Aufl. 1805–17, 3. Aufl. 1808–17, 4. Aufl. 1812–17, 5. Aufl. 1827–29, 6. Aufl. 1830–32, weitere Aufl. bis 1858). Vgl. zum Buch: Nègre, Valérie: Some Considerations on Traité de L'Art de Bâtir by Rondelet and the Technical Literature of his Time, in: Kurrer, Karl-Eugen; Lorenz, Werner; Wetzk, Volker (Hg.): Proceedings of the Third International Congress on Construction History. Bd. 3. Berlin 2009, S. 1089–1096.

4 In ihrer massgeblichen Biografie über Rondelet formulierten Robin Middleton und Marie-Noëlle Baudouin-Matuszek (Jean Rondelet. The Architect as Technician. New Haven/London 2007, S. 27), dass der *Traité* ein «talisman» gewesen sei, ein Buch ohne grossen Nutzen, ein soziales Must-have des akademisch gebildeten Architekten, notwendiger Bestandteil seines ‹symbolischen Kapitals›. Zur Funktion des symbolischen Kapitals vgl. grundlegend: Bourdieu, Pierre: Zur Soziologie der symbolischen Formen. Übers. v. Wolfgang Fietkau (Suhrkamp-Taschenbuch Wissenschaft, 107). 2. Aufl. Frankfurt (Main) 1974 (mehrere Erstausgaben 1970); ders.: Die feinen Unterschiede. Kritik der gesellschaftlichen Urteilskraft. Übers. v. Bernd Schwibs

ins Italienische (1831–35) und ins Deutsche (1833–36).[5] Das enzyklopädische Ordnungsprinzip und die Integration neuer wissenschaftlicher Wissensbestände sind Charakteristika, in denen sich der akademische Anspruch zu Beginn des 19. Jahrhunderts manifestierte.[6] Der *Traité* war ein erster Versuch eines enzyklopädisch wissenschaftlichen Lehrbuches über das Bauen; seine Wissensstrukturierung und -systematisierung wurde von konstruktiven Fragen geleitet. Ähnlich hatte bereits Rudolph Gottgetreu im 1880 erschienenen ersten Band seines *Lehrbuchs der Hochbau-Konstruktionen* formuliert (und zugleich den grundsätzlichen polytechnischen Charakter von Rondelets Werk betont): «Wenn Rondelet in allen seinen Schriften der Theorie eine hervorragende Stellung einräumt, so legt er doch ein sehr entschiedenes Gewicht auf praktisch erworbene Erfahrungen [...].»[7] Gottgetreus Wertschätzung greift ältere Positionen auf, bereits Georg Moller hatte in seinen *Beiträgen zu der Lehre von den Construktionen* unmittelbar nach dem Erscheinen der deutschen Übersetzung des rondeletschen Lehrbuches dessen exzeptionellen Stellenwert für die Architektenausbildung betont.[8] Auch Gottfried Semper brachte dem *Traité* hohe Wertschätzung entgegen und schlug dessen Anschaffung am Zürcher Polytechnikum vor.[9] So wundert es nicht, dass Rondelets Lehrbuch zu jenen Büchern zählte, die mit den 1855 vorhandenen finanziellen Mitteln für die Bibliothek erworben wurden.[10]

Rondelet war in den Gründungsprozess der École polytechnique involviert, konnte allerdings seine didaktischen und inhaltlichen Vorstellungen kaum umsetzen.[11] Er ist mit seinem Werk dennoch Begründer der polytechnischen Denkschule: als Akteur im Prozess der Institutionalisierung und als Initiator der Systematisierung der Wissensbestände der Bauwissenschaft – eine Kombination von Erfahrungswissen und wissenschaftlichem Wissen.

Im Diskurs über das Bauen zeichnete sich im Verlauf des 17. Jahrhunderts eine begriffliche Differenzierung zwischen der ‹Architectura civilis› und der ‹Architectura militaris› ab. Damit einher ging die Abgrenzung eines eigenständigen Aufgabenfeldes des Ingenieur-Baumeisters: das des Festungsbaus. Die

———

und Achim Russer. Frankfurt (Main) 1982 (Erstausgabe: La distinction. Critique sociale du jugement. Paris 1979). Middleton und Baudouin-Matuszek widersprachen damit den gängigen Forschungsthesen, die im *Traité* zumindest das auf die Baupraxis bezogene Pendant zu Durands *Précis des lecons d'architecture* sahen (vgl. Frampton, Kenneth: Modern Architecture. A Critical History. London 1980, S. 30; Kruft, Hanno-Walter: A History of Architectural Theory. From Vitruvius to the Present. New York 1994, S. 275) oder ihn gar als «one of the greatest rationalizing influences of the age» bezeichneten (Collins, Peter: Changing Ideals in Modern Architecture, 1750–1950. London 1965, S. 204).

5 Rondelet, Jean-Baptiste: Theoretisch-praktische Anleitung zur Kunst zu bauen. Mit den 210 Kupfern der Pariser Original-Ausgabe. Übers. v. Carl Heinrich Distelbarth und Johann Friedrich Christian Hess. 5 Bde. Leipzig/Darmstadt 1833–36 (Erstausgabe: Rondelet 1802–17 [wie Anm. 3]; Übersetzung nach 5. Aufl. 1827–29); Rondelet, [Jean-Baptiste; hier:] Giovanni: Trattato teorico e pratico dell'arte di edificare. Übers. v. Basilio Soresina. 5 Bde. Mantua 1831–35 (Erstausgabe: Rondelet 1802–17 [wie Anm. 3]; Übersetzung nach 6. Aufl. 1830–32). Rudolph Gottgetreus Einschätzung von 1880, dass Rondelets Buch trotz Übersetzung wenig Einfluss in Deutschland gehabt habe, da es zum einen zu teuer sei, zum anderen zu stark auf die französische Bautradition ziele, ist wohl nicht ganz korrekt; man beachte etwa, wie es – Jahrzehnte zuvor – auf Entwürfe von Karl Friedrich Schinkel eingewirkt hatte. Gottgetreus Äusserung gründet wohl auch in den gespannten politischen Beziehungen zwischen Frankreich und Deutschland nach dem Krieg von 1870/71. Vgl. Gottgetreu, Rudolph: Lehrbuch der Hochbau-Konstruktionen, T. 1: Maurer- und Steinmetzarbeiten (Stein-Konstruktionen). Berlin 1880, Vorwort, S. VII. Zum Einfluss von Rondelet auf Schinkel vgl.: Lorenz, Werner: «Die Formel taugt nichts, sie ist über zwei Zoll lang» – Zur Kunst des Konstruierens in Preußens frühem Eisenbau, in: Knobloch, Eberhard (Hg.): Wissenschaft – Technik – Kunst. Interpretationen – Strukturen – Wechselwirkungen (GRATIA. Bamberger Schriften zur Renaissanceforschung, Bd. 31). Wiesbaden 1997, S. 17–36, hier S. 26–29.

6 Allerdings erscheint Nègres Aussage, dass es sich beim *Traité* um den «first encyclopaedic approach to *building construction*» handelt, aus methodologischen Gründen eher fraglich. Nègre 2009 (wie Anm. 3), S. 1095 (Hervorhebung d. Verf.).

7 Gottgetreu 1880 (wie Anm. 5), S. VII.

8 Vgl. Moller, Georg: Beiträge zu der Lehre von den Construktionen, H. 1. Darmstadt/Leipzig 1833, S. II.

9 So vermerkt auf einem handschriftlich von Semper ausgefüllten Bestellschein an «Salmon, 39 Rue de Seine, St. Germain», ETH Zürich, gta Archiv, 20-0300: «Ankauf Gipse, Bücher, Zeitungen», undatiert.

10 ETH Zürich, ETH-Bibliothek, Hochschularchiv, SR3, 1855, 573: *Uebersicht der vom Unterzeichneten in Auftrag des Eidgenössischen Schulrathes für das Eidg. Polytechnikum angeschafften Lehrmittel,* von Gottfried Semper, 18. November 1855.

11 Vgl. Kap. IV.

Differenzierung der Aufgaben trug bereits den Kern der modernen Unterscheidung von künstlerischem Architekten und technischem Bauingenieur in sich, der europäische Baumeister des 18. Jahrhunderts konnte aber noch beide Bereiche verbinden;[12] eine Akzentuierung zeigte sich in der individuellen Biografie, wie das Beispiel Jean-Baptiste Rondelet andeutet.[13]

Geboren am 4. Juni 1743 in Lyon, entstammte Jean-Baptiste Rondelet väterlicherseits einer Maurerfamilie (**Abb. 19**). In seiner Heimatstadt wurde er am Jesuitenkolleg La Trinité in Mathematik, den alten Sprachen und Italienisch unterrichtet, auch belegte er Zeichenkurse an der von dem bekannten Architekten Jacques-Germain Soufflot gegründeten École de dessin. Erste berufspraktische Erfahrungen sammelte Rondelet in Lyon, wo er für einen der erfindungsreichsten französischen Architekten der Zeit, Toussaint-Noël Loyer, tätig war. 1763 begann er in Paris seine Kenntnisse zu vertiefen; sein Lehrer war Jacques-François Blondel. 1770 wurde Rondelet von Soufflot für den Kirchenbau Sainte-Geneviève verpflichtet, ein Bauprojekt, das sich durch die «kühnste[...] Kuppelkonstruktion der französischen Hauptstadt» auszeichnete.[14] Um die Kuppelkonstruktion kreiste die heftigste Architekturdebatte der 1770er Jahre, Rondelet zeigte sich als wichtiger Mitstreiter Soufflots. Dieses Engagement war für seinen weiteren Lebensweg wohl von entscheidender Bedeutung, prägte es doch sein praktisches und theoretisches Interesse langfristig, wie beispielsweise die 1783/84 unternommene Italienreise verdeutlicht, auf der sich Rondelet intensiv mit Kuppelkonstruktionen beschäftigte. Neben der Leidenschaft für baukonstruktive Fragen weckte das Engagement beim Bau der Kirche Sainte-Geneviève auch Rondelets Interesse an der rationalen Organisation der Baustelle. Wichtig war in den 1790er Jahren zudem seine Zusammenarbeit mit Quatremère de Quincy, dem die Leitung der Umbauten des Sakralbaus zum Panthéon übertragen worden war.

Ebenfalls in den 1790er Jahren begann Rondelets Karriere in der französischen Baubürokratie; sie endete an einer zentralen Position. 1790 erschien seine *Mémoire sur l'architecture considérée généralement, avec des observations sur l'administration relative à cet art, et le projet d'une école pratique qui serait chargée de tous les ouvrages publiques*;[15] er propagierte hier eine «Werkschule für die Konstruktion und Erhaltung öffentlicher Bauten». In organisatorischer Hinsicht war die von Frontinus beschriebene kaiserzeitliche Wasserversorgung Roms Vorbild.[16] Im März 1794 setzte die Nationalversammlung eine Kommission ein, die Rondelets Vorschlag prüfte und dem Wohlfahrtsausschuss berichtete, er war selbst Mitglied der Kommission.[17] Auf Grundlage des Kommissionsberichtes beschloss der Ausschuss am 28. September 1794 die Gründung der École centrale des travaux publics, die dann am 1. Dezember des Jahres eröffnet wurde. Per Dekret des Wohlfahrtsausschusses wurde sie am 1. September 1795 dann in École polytechnique umbenannt.

Rondelet gehörte seit 1812 zudem dem Conseil des bâtiments civils als ‹Inspecteur général› an. In dieser hervorgehobenen Position beaufsichtigte er gemeinsam mit wenigen Kollegen die Bauaufgaben in den 18 französischen Départements. Er korrigierte im Conseil geplante Projekte, sprach zudem Empfeh-

12 Vgl. Schütte, Ulrich: Architekt und Ingenieur, in: ders. (Hg.): Architekt und Ingenieur. Baumeister in Krieg und Frieden. Wolfenbüttel 1984 (Ausstellungskatalog Herzog-August-Bibliothek Wolfenbüttel 1984), S. 18–31, hier S. 21–22.

13 Das Folgende, sofern nicht anders vermerkt, nach: Middleton/Baudouin-Matuszek 2007 (wie Anm. 4), besonders S. 42–88, 139–178.

14 Frommel, Sabine: Rezension zu: Middleton, Robin; Baudouin-Matuszek, Marie-Noëlle: Jean Rondelet. The Architect as Technician. New Haven/London 2007, in: sehepunkte 8 (2008), Nr. 11, http://www.sehepunkte.de/2008/11/13639.html (8. Juli 2013).

15 Rondelet, Jean-Baptiste: Mémoire sur l'architecture considérée généralement, avec des observations sur l'administration relative à cet art, et le projet d'une école pratique qui serait chargée de tous les ouvrages publics. Ohne Ort 1790.

16 Vgl. Rondelet 1833–36 (wie Anm. 5), Bd. 5, S. 4–10; Frontinus-Gesellschaft (Hg.): Wasserversorgung im antiken Rom. Sextus Iulius Frontinus, curator aquarum. 4. Aufl. München/Wien 1989.

17 Vgl. Middleton/Baudoin-Matuszek 2007 (wie Anm. 4), S. 141–143.

19 Portrait Jean-Baptiste Rondelet, undat.

lungen aus, fertigte Gutachten an und setzte eine Baukostenkalkulation sowie -abrechnung durch. Ferner wirkte Rondelet als Lehrer an der École polytechnique, wo er den Tiefbau vertrat, und der Académie des beaux-arts, schrieb zahlreiche Artikel in der von Quatremère de Quincy initiierten *Encyclopédie méthodique*[18] und das erste polytechnische Lehrbuch über das Bauen, den *Traité théorique et pratique de l'art de bâtir.* Seine Verdienste honorierte der französische Staat mit der 1814 verliehenen Mitgliedschaft in der Ehrenlegion, 1816 wurde er auch zum Mitglied der Académie des beaux-arts ernannt; 1829 verstarb Rondelet hochbetagt in Paris.

Rondelet war Baubeamter, wissenschaftlich denkender Baumeister, Lehrer und Autor. Allerdings sind nur drei eigene Entwürfe von ihm überliefert. Als *architectus* stellte sich Rondelet den veränderten Herausforderungen der Praxis und des hochrationalistischen Wissenschaftsverständnisses seiner Zeit,[19] die autoritative Bezugsperson des *Traité,* der dem Ideal des Konstruierens verpflichtet ist, war aber immer noch Vitruv.

18 Quatremère de Quincy, Antoine Chrysostome (Hg.): Encyclopédie méthodique. Architecture. 3 Bde. Paris 1788–1825.

19 Für letzteres spricht nicht zuletzt auch die umfangreiche Bibliothek Rondelets, vgl. Middleton/Baudouin-Matuszek 2007 (wie Anm. 4), S. 217–288.

Die Konstruktion im Zentrum

«Es ist auch nur das Verdienst der Construktion, welches in den Augen aller den ersten Grad der Schönheit eines Gebäudes ausmacht, und die Vollkommenheit, die es von der Baukunst erhält, erregt besonders deswegen unsere Bewunderung, weil sie die Bürgschaft einer längeren Dauer ist.

Die praktische Baukunst besteht in einer glücklichen Anwendung der auf die Eigenschaften der Materialien sich beziehenden Wissenschaften. Die Construktion wird zur Kunst, wenn die Kenntnisse der Theorie mit denen der Praxis vereint, alle ihre Verrichtungen in gleichem Grade beherrschen.

Man nennt Theorie das Resultat der Erfahrung und der Beurtheilungskraft, welches auf die [...] angewandten Grundsätze der Mathematik und Physik gegründet ist. Vermittelst der Theorie bringt es ein geschickter Bauwerkmeister dahin, die Formen und die richtigen Maße zu bestimmen, die er jedem Theil eines Gebäudes nach seiner Stellung und den Lasten, die es auszuhalten haben kann, geben muß, damit richtiges Verhältniß, Dauerhaftigkeit und Sparsamkeit daraus entstehe; durch sie kann er von allen Verfahrungsarten Rechenschaft geben, die er zur Ausführung eines Werks vorschlägt; sie ist auch sein Führer bei allen schwierigen und außerordentlichen Vorfällen.»[20]

In dieser Einleitung zum ersten Band seines mehr als dreitausendseitigen Lehrbuches formuliert Rondelet sein Verständnis der Disziplin. Die Konstruktion, als (vor allem technische) Materialisierung der Entwurfsidee, ist zentral, sie verklammert die künstlerischen und die technischen Aspekte des Bauens zu einer umfassenden Baukunst.[21] In der Konstruktion vereinen sich alle Wissensbestände – die wissenschaftlichen, die praktisch-empirischen und die künstlerisch-ästhetischen. Die Synthese unterschiedlicher Bauwissensbestände dominiere, so der Autor, die wissenschaftlich verfassten, darunter Mathematik und Physik, nachgeordnet jene über die Baumaterialien. Rondelets Wissenshierarchie wurzelt in der Tradition des aufgeklärten Hochrationalismus.[22] Es wundert daher nicht, dass er das ‹Schöne› der Baukunst (mittelbar) durch die praktische Umsetzung zeitgenössischer mathematischer und physikalischer Theorien begründet. Bezugspunkt hierbei waren die mathematisch-geometrischen Gewölbetheorien des 18. Jahrhunderts,[23] vor allem jene des an der Universität Padua lehrenden italienischen Mathematikers Giovanni Poleni,[24] dessen 1748 veröffentlichtes Gutachten über die Kuppel des Petersdoms europaweit Beachtung gefunden hatte.[25] Die ‹Theorie› sollte jetzt nicht mehr primär (wie beispielsweise noch hundert Jahre zuvor von Christian Wolff propagiert) die Baukunst aus ihren handwerklichen Traditionen befreien und sozial-

20 Rondelet 1833–36 (wie Anm. 5), Bd. 1, S. 13–14.

21 Dass die 5 Bände ebenfalls 10 Bücher bilden, versteht sich mithin fast schon von selbst.

22 Vgl. immer noch eindrucksvoll Kondylis, Panajotis: Die Aufklärung im Rahmen des neuzeitlichen Rationalismus. München 1981.

23 Rondelet 1833–36 (wie Anm. 5), Bd. 1, S. 12–13.

24 Eine Kurzbiografie findet sich beispielsweise bei Franke, Paul-Gerhard: Marchese Giovanni Poleni (1683–1761), in: Garbrecht, Günter (Hg.): Hydraulics and Hydraulic Research. A Historical Review. Rotterdam/Boston 1987, S. 115–116.

25 Poleni, Giovanni: Memorie istoriche della gran cupola del Tempio Vaticano. Padua 1748. Zu den Hintergründen vgl.: Schlimme, Hermann: Construction Knowledge in Comparison: Architects, Mathematicians and Natural Philosophers Discuss the Damage to St. Peter's Dome in 1743, in: Dunkeld, Malcolm; Campbell, James; Louw, Hentie; Tutton, Michael; Addis, Bill; Thorne, Robert (Hg.): Proceedings of the Second International Congress on Construction History, Bd. 3. Cambridge 2006, S. 2853–2867.

intellektuell aufwerten.[26] Vielmehr zielt Rondelets allgemeine Rede über ‹Theorie› auf argumentative Stabilität, auf «Glaubwürdigkeit und Autorität»[27] der von ihm niedergelegten Wissensbestände. Diese gründen primär auf solchen Bauwissensbeständen, denen eine formalisierte Struktur eigen ist, zuvorderst jenen der angewandten Mathematik und Physik. Rondelet konnte sich auf die französische Tradition der Mathematisierung und Geometrisierung des Bauens berufen, die durch das Wirken und die posthum veröffentlichten Schriften von Sébastian Le Prestre de Vauban begründet worden war[28] und auch den Unterricht an der Pariser Académie Royale d'Architecture in den ersten Jahrzehnten prägte.[29] Zudem drückten formalisierte Wissensbestände am sinnfälligsten den im französischen Ancien Régime unter gelehrten Zeitgenossen postulierten Wert der Präzision aus.[30] Für das akademisierte Bauwissen kam diesem Ideal «bei allen schwierigen und außerordentlichen Vorfällen» höchste Bedeutung zu, da sich der «Bauwerkmeister» in diesen Fällen nicht auf die argumentative Überzeugungskraft seiner «Kenntnisse der [...] Praxis» verlassen konnte.[31]

Theorie meint nicht eine Abstraktion von der Wirklichkeit der Praxis: Was Rondelet begrifflich unter einer ‹Théorie polytechnique› versteht, zeigt sich im neunten Buch seiner *Theoretisch-praktischen Kunst zu bauen,* das einzig die «Theorie der Constructionen» zum Inhalt hat.[32] Theorie wird hier als verbindlicher Ausdruck von Wissenschaftlichkeit bestimmt – konkret als «Wissenschaft [...], welche die Bestimmungen der Formen und Maße an den verschiedenen Theilen der Bauwerke in Bezug auf ihre Dauerhaftigkeit zum Gegenstand hat».[33] Der Autor will diese Bestimmung allerdings im Sinne des griechischen Wortes *θεωρεῖν* verstanden wissen: «das Beobachten» als Modus der Wissensproduktion. Ein solches Verständnis entfernt sich bewusst von der (verallgemeinernden) Abstraktion, die die erfahrungsbasierte Baupraxis durch eine «mehr oder minder wahrscheinliche Hypothese» ersetze.[34] Theorie, orientiert auf die Konstruktion, das Konstruieren und die Baumaterialien, bildet die wissenschaftliche Basis der Baukunst; sie bleibt ein unbestimmtes Mehr als «Arithmetik, Geometrie und Mechanik, die durch ihre Genauigkeit, deren sie fähig sind, [...] dem Räsonnement zur Stütze [dienen]». So unbestimmt das theoretische Mehr ist,

26 Wolff, Christian: Der Anfangs-Gründe Aller Mathematischen Wissenschafften Erster Theil, Welcher Einen Unterricht Von der Mathematischen Lehr-Art, die Rechen-Kunst, Geometrie, Trigonometrie, und Bau-Kunst in sich enthält, Und zu mehrerem Auffnehmen der Mathematick so wohl auff hohen als niedrigen Schulen auffgesetzt worden. Halle im Magdeburgischen [Halle (Saale)] 1710. Siehe hier ausführlicher Kap. III.

27 So das Ende des Untertitels von: Shapin, Steven: Never Pure. Historical Studies of Science as if It Was Produced by People with Bodies, Situated in Time, Space, Culture, and Society, and Struggling for Credibility and Authority. Baltimore 2010.

28 Zum Wirken und Nachwirken Vaubans vgl. Langins, Janis: Conserving the Enlightenment. French Military Engineering from Vauban to the Revolution. Cambridge (Massachusetts)/London 2004, S. 47–83; dies.: Eighteenth-Century French Fortification Theory after Vauban: The Case of Montalembert, in: Steele, Brett D.; Dorland, Tamera (Hg.): The Heirs of Archimedes. Science and the Art of War through the Age of Enlightenment. Cambridge (Massachusetts)/London 2005, S. 333–359. Eine inhaltliche und didaktische Weiterentwicklung von Vauban findet sich bei: Sturm, Leonhard Christoph: Der wahre Vauban, oder der von den Teutschen und Holländern verbesserte Französische Ingenieur, worinnen I. die Arithmetic, II. die Geometrie, III. die off- und deffensiv-Kriegs-Baukunst, nach den Grundsätzen des berühmten Herrn von Vauban, deutlich erkläret: nebst einer ganz neuen Methode zur irregulairen Fortification, mathematisch bewiesen und mit vielen Kupfern-Rissen erläutert. Nürnberg 1737.

29 Vgl. Rousteau-Chambon, Hélène: Teaching Construction in the Académie Royale d'Architecture, in: Carvais, Robert; Guillerme, André; Nègre, Valérie; Sakarovitch, Joël (Hg.): Nuts and Bolts of Construction History. Culture, Technology and Society, Bd. 1. Paris 2012, S. 545–553.

30 Vgl. Rusnock, Andrea: Quantification, Precision, and Accuracy: Determinations of Population in the Ancien Régime, in: Wise, M. Norton (Hg.): The Values of Precision. Princeton 1995, S. 17–38.

31 Rondelet 1833–36 (wie Anm. 5), Bd. 1, S. 14.

32 Ebd., Bd. 4.

33 Ebd., S. 1.

34 Ebd., S. 2.

so offensichtlich ist das «Kalkül» theoretisches Kernelement.[35] Im Zusammenhang mit der Konstruktion ist Rondelets Theoriebegriff ambivalent: Die prominente Stellung des «Kalküls» weist auf das polytechnisch- mathematische Denken, die Ablehnung der «Hypothese» zeigt die Bedeutung der Praxis.

Aus Sicht Rondelets ist Konstruktionstheorie mithin weniger ein widerspruchsfreies Modell der Realität als ein stabiles Fundament des Räsonierens, das auf das Finden praktischer Lösungen abzielt. Damit unterscheidet es sich zunächst von dem im griechischen *θεωρεῖν* stets mitgedachten Gegensatz zur Praxis. Im Kontext polytechnischer Bauwissenschaft ist dieser Gegensatz offenbar gar nicht denkbar, denn: Ihn zu denken, würde den polytechnischen Wissenschaftsanspruch ad absurdum führen. Allgemein klingt dies bei Rondelet an, wenn er konstatiert: «Man muß [...] in der Baukunst die Resultate der Theorie als bedingte Auflösungen ansehen, die immer den materiellen Umständen bei den Constructionen untergeordnet sind.»[36] Eine universelle «Theorie der Constructionen» kann nach Rondelet nicht existieren, da die «materiellen Umstände» einer natürlichen Variabilität unterliegen, deren Theoretisierung nur zu realitätsfernen Hypothesen führt. Dies erklärt unter anderem, warum Rondelet den unterschiedlichen Baumaterialien hohes Augenmerk schenkt. Die Konstruktionstheorie Rondelets bleibt daher selbstbeschränkend, sie zielt auf die Erörterung und Vermittlung grundlegender mechanischer, physikalischer und statischer Wissensbestände. Diese Bescheidenheit verweist darauf, dass Theorie im polytechnischen Kontext zunächst vor allem die Formulierung von universalen, empirischen und wissenschaftlich hergeleiteten Regeln meint.[37]

Die Konstruktion fungiert als Strukturierungsmoment des von Rondelet niedergelegten polytechnischen Bauwissens: Sie ist systematisiert durch die Baumaterialien, aber auch konturiert durch zeitgenössische Berechnungs- und Darstellungsmöglichkeiten. Die über die darstellende Geometrie rational abstrahierten Prinzipien des Fügens und die räumliche Darstellung der Konstruktion konnten sich auf das seit dem 17. Jahrhundert ausgeprägte Verhaltensleitbild der Sozialgeometrie sinnfällig berufen.[38] In den Augen potenzieller Bauherren entsprach sie bekannten mentalen Verhaltensmustern, erschien ihnen vertraut; ein Aspekt, den Rondelet indirekt im Eingangszitat anspricht. Der Begriff «Construktion» reduziert sich nicht einfach auf das Produkt, den Bau, Rondelet meint Konstruieren in seiner Prozesshaftigkeit als Ergebnis der Bemessung und Fügung nach mathematischen Regeln. Im Topos der «Construktion» manifestiert sich so die Synthese aus gedanklicher Antizipation und praktischer Realisierungsmöglichkeit des Baus.[39] «Construktion» wird bei Rondelet als Prozess, nicht nur als Produkt begriffen, die prozessuale und systematisierende Ordnungsstruktur ist inbegriffen. Sie ist geprägt durch interagierende Prozesse: ‹Historisierung›, ‹Formalisierung› und ‹Ökonomisierung›.[40]

---

35 Ebd., S. 3.

36 Ebd., S. 2 (Satz im Original gesperrt).

37 Ähnlich bereits Pérez-Gomez, Alberto: Architecture and the Crisis of Modern Science. Cambridge (Massachusetts)/London 1983, S. 286, der allerdings mit der Formulierung «easy, step-by-step rules» ein wenig zu kurz greift, da er deren teilweise hoch formalisierten Wissenshintergrund im *Traité* ignoriert.

38 Vgl. Eichberg, Henning: Festung, Zentralmacht und Sozialgeometrie. Kriegsingenieurkunst im 17. Jahrhundert in den Herzogtümern Bremen und Verden. Köln/Wien 1989; ders.: Geometrie als barocke Verhaltensnorm. Fortifikation und Exerzitien, in: ders.: Die historische Relativität der Sachen oder Gespenster im Zeughaus. 2. Aufl. Münster 1987, S. 69–108. Eichbergs Herleitung der Sozialgeometriethese aus der Sichtbarkeit des geometrischen Festungsbaus ist zwar mehr als zweifelhaft, denn diese sollten alles sein, nur eben in der Regel nicht sichtbar; dessen ungeachtet ist die Geometrisierung gesellschaftlicher Aktivitäten im 17. und 18. Jahrhundert unstrittig. Vgl. hierzu: Gebuhr, Ralf: Festung und Repräsentation. Zur Sozialgeometrie-These von Henning Eichberg, in: Meyer, Torsten; Popplow, Marcus (Hg.): Technik, Arbeit und Umwelt in der Geschichte. Günter Bayerl zum 60. Geburtstag. Münster/New York/München/Berlin 2006, S. 181–200.

39 Ganz im Unterschied zum modernen Verständnis. Vgl. Banse, Gerhard: Konstruieren im Spannungsfeld: Kunst, Wissenschaft oder beides? Historisches und Systematisches, in: ders.; Friedrich, Käthe (Hg.): Konstruieren zwischen Kunst und Wissenschaft. Idee – Entwurf – Gestaltung. Berlin 2000, S. 19–77, besonders S. 20.

40 Eine trennscharfe Unterscheidung der Begriffe ist nicht möglich; so stehen denn auch die folgenden Darlegungen methodologisch dem Idealtypus Max Webers nahe. Vgl. hierzu: Weber, Max: Soziologische Grundbegriffe, in: ders.:

‹Histoire polytechnique›

Der Begriff ‹Historisierung› zielt auf die Bedeutung historischer Wissensbestände für die Gegenwart des Konstruierens im 19. Jahrhundert.[41] Ursächlich für die Integration historischen Wissens in Lehrbücher scheint zunächst das Konzept der *Historia Magistra Vitae*.[42] Seit der Antike fest verankert in der intellektuellen Kultur Europas, gewann es in der Spätaufklärung neue Konturen. Historisches Wissen diente nicht nur der Legitimation der Gegenwart, sondern war nun angesichts des augenscheinlichen Auseinanderfallens von – um die beiden meta-historischen Kategorien Kosellecks zu bemühen – «Erfahrungsraum» und «Erwartungshorizont»[43] unverzichtbar für die menschliche Gestaltung von Zukunft.[44] Hinzu tritt der nachhaltig wirkende Einfluss der naturhistorischen Methodologie auf sich neu formierende akademische Felder des Wissens über das Artifizielle.[45] Die naturhistorische Denkfigur der Evolution, der ‹Historisierung der Natur›, entfaltet sich um 1800;[46] mit ihr verband sich in der akademischen Wissenswelt über das Artifizielle die Adaption des botanischen Klassifikationsmodells Carl von Linnés zu einer Erfindungstheorie. Sie beruhte auf der Prämisse, dass das Neue aus der Re-Kombination von bereits Vorhandenem entstehe,[47] wobei die Klassifikation des Artifiziellen Verwandtschaftsgrade spiegele und so Innovationsprozesse begünstige. Geschichtliche Rückbindung aktueller Anleitungen zum Konstruieren ist auch für das Bauwesen der Zeit um 1800 daher selbstverständlich. Valérie Nègre etwa bemerkt: «History could serve to show one system's predating another.»[48]

Die Vorstellung eines evolutionären Geschichtsmodells tritt an vielen Stellen von Rondelets Gesamtwerk hervor, sie prägte seine Artikel in der von Quatremère de Quincy initiierten *Encyclopédie méthodique*,[49] in denen er die aktuelle Bedeutung historischer Wissensbestände hervorhob.[50] Für Rondelets ‹Historisierung› ist der Bezug auf den Ursprung der Architektur konstitutiv, einen Ursprung, der sich zwar in unter-

---

Gesammelte Aufsätze zur Wissenschaftslehre. Hg. v. Johannes Winkelmann. 7. Aufl. Tübingen 1988, S. 541–581; Die «Objektivität» sozialwissenschaftlicher und sozialpolitischer Erkenntnis, in: ebd., S. 146–214.

41 Zur Bedeutung der Geschichte für das Konstruieren im 19. Jahrhundert und ihrem Bedeutungswandel hat Werner Lorenz einige Ideen formuliert. Vgl.: Lorenz, Werner: From Stories to History, from History to Histories: What Can Construction History Do?, in: Construction History 21 (2006), S. 31–42, hier S. 31–32 (Von Geschichten zur Geschichte, von Geschichte zu Geschichten: Was kann Bautechnikgeschichte?, in: Meyer, Torsten; Popplow, Marcus (Hg.): Technik, Arbeit und Umwelt in der Geschichte. Günter Bayerl zum 60. Geburtstag. Münster/New York/München/Berlin 2006, S. 221–237, hier S. 221–222).

42 Vgl. Koselleck, Reinhart: Historia Magistra Vitae. Über die Auflösung des Topos im Horizont neuzeitlich bewegter Geschichte, in: ders.: Vergangene Zukunft. Zur Semantik geschichtlicher Zeiten. Frankfurt (Main) 1989, S. 38–66.

43 Koselleck, Reinhart: «Erfahrungsraum» und «Erwartungshorizont» – zwei historische Kategorien, in: ders.: Vergangene Zukunft. Zur Semantik geschichtlicher Zeiten. Frankfurt (Main) 1989, S. 349–375.

44 Vgl. zum Beispiel Meyer, Torsten: Zu den Anfängen technikhistorischen Arbeitens in Deutschland – Johann Beckmanns «Beyträge zur Geschichte der Erfindungen», in: Technikgeschichte 64 (1997), Nr. 3, S. 161–179.

45 Vgl. zusammenfassend hierzu Meyer, Torsten: Johann Beckmanns «Anleitung zur Technologie» und ihr historischer Kontext – Technologische Allgemeinbildung in modernisierender Absicht?, in: Zeitsprünge. Forschungen zur Frühen Neuzeit 8 (2004), Nr. 3/4, S. 442–465.

46 Vgl. Lepenies, Wolf: Das Ende der Naturgeschichte. Wandel kultureller Selbstverständlichkeiten in den Wissenschaften des 18. und 19. Jahrhunderts. München/Wien 1976; ders.: Das Ende der Naturgeschichte und der Beginn der Moderne. Verzeitlichung und Enthistorisierung in der Wissenschaftsgeschichte des 18. und 19. Jahrhunderts, in: Koselleck, Reinhart (Hg.): Studien zum Beginn der modernen Welt. Stuttgart 1977, S. 317–351.

47 Analog zur mittelalterlichen *Ars Inventiva* des Raimundus Lullus, vgl. hierzu Müller, Hans-Peter: Beckmanns Rekombinatorik und die Ars Inventiva des Raimundus Lullus, in: Johann-Beckmann-Journal 6 (1992), Nr. 1, S. 4–19.

48 Nègre 2009 (wie Anm. 3), S. 1093.

49 Vgl. zu de Quincy und seiner *Encyclopédie* zusammenfassend immer noch Lavin, Sylvia: Quatremère de Quincy and the Invention of a Modern Language of Architecture. Cambridge (Massachusetts)/London 1992.

50 Middleton/Baudouin-Matuszek 2007 (wie Anm. 4), S. 201.

schiedlichen architektonischen Formen zeigt,[51] dessen Manifestationen aber immer abhängig sind von den verfügbaren (Bau-)Materialien.[52] Die Bauform ist mithin metaphorisch bezogen auf die Natur, im Sinne einer idealen Naturlogik konstruktiver Möglichkeiten, aber auch des stofflich Vorgefundenen – keiner der ursprünglichen Formen ist aus Rondelets Sicht eine architektonische Norm eingeschrieben.[53] Die sich entwickelnde historische Stufenfolge der Konstruktionssysteme, eine ‹histoire polytechnique›, ist für Rondelet eine evolutionäre, gar eine «unmerkliche»,[54] die in dem ‹erfindungstheoretischen› Strukturprinzip der ‹Übertragung› wurzelt (**Abb. 20**).[55]

Die Aussagekraft dieses Interpretationsansatzes zeigt sich eindrücklich und exemplarisch an Rondelets Ausführungen zur Entwicklung der Konstruktion im antiken Griechenland. Der Autor konstatiert: «Von den Tempeln gieng die Anwendung dieser Kunst nach und nach auf andere Gebäude über [...].»[56] Aus Sicht Rondelets ist die Realisierung veränderter Bauaufgaben nur unter Rückgriff auf existierende Bauwissensbestände möglich. Erprobte und bewährte Lösungen werden von einer Bauaufgabe auf die andere übertragen. Doch nicht nur die Umsetzung neuartiger Bauaufgaben basiert auf diesem ‹erfindungstheoretischen› Modus, wie Rondelet nur wenige Seiten später indirekt unterstreicht. Zur Erklärung der unterschiedlichen Tektonik der ägyptischen und griechischen Architektur hebt er hervor: «[...] während die Griechen [im Unterschied zu den Ägyptern, d. Verf.], welche die Grundsätze der Kunst nach dem Holze unzertrennlichen Eigenschaften festgelegt hatten, natürlich darauf geleitet wurden, das Ansehen der wesentlichen Eigenschaften dieser Materie dem Scheine nach zu bilden, als sie es durch Stein und Marmor ersetzten.»[57] Allgemein formuliert: Die ‹Übertragung› der Konstruktionsform wird bei Rondelet als Stufenfolge der Konstruktionssysteme interpretiert. Rondelet dachte dieses ‹erfindungstheoretische› Prinzip offenbar regelhaft mit, wie auch seine Ausführungen über den Eisenbrückenbau beispielhaft zeigen.[58] Für die erste französische Eisenbrücke, den 1803 fertiggestellten Pont des Arts, konzipierte Rondelet eine Optimierung des Tragwerks.[59] Sie zielte darauf, die Brücke für Fuhrwerke nutzbar und für Fussgänger sicherer zu machen. Die beiden von Rondelet präsentierten konstruktiven Lösungsmöglichkeiten eint, dass für die Berechnung der auf die Konstruktion einwirkenden Kräfte nur ein Verweis auf seine Musterberechnungen für hölzerne Brücken dient. Sie unterscheiden sich aber dadurch, dass eine vorgeschlagene Konstruktion sich ausdrücklich an einer bestehenden Brückenkonstruktion, jener des Pont du Jardin du Roi, orientiert. Das Vorgefundene diente als Ausgangspunkt modifizierter Konstruktionsvorschläge; Vergangenheit, Gegenwart und Zukunft des Konstruierens verbindet untrennbar das ‹erfindungstheoretische› Prinzip des Transfers. Der Kenntnis historischer Baukonstruktionen misst Rondelet daher für die aktuelle Praxis hohe Relevanz zu (**Abb. 21a/b**).

---

51 Durchaus im Gegensatz zu der zeitgenössischen Debatte über die ‹Urhütte› als einzige architektonische Norm, die gerade von Quatremère de Quincy getragen wurde. Vgl. Lavin 1992 (wie Anm. 49); Aydogdu, Özlem: Changes in the Meaning of Type in Architecture since Eighteenth Century. http://www.belger.com/blg/lh6/changes-in-the-meaning-of-type-in-architecture-since-eighteenth-century-mimarlikta-on-yuzyildan-ba-yana-tipin-anlaminda-meydana-gelen-degismler (8. Juni 2011) (Master Thesis Middle East Technical University Ankara 2006), S. 11–29.

52 Das Folgende nach Rondelet 1833–36 (wie Anm. 5), Bd. 1, S. 1–14. Nur wörtliche Übernahmen werden als solche kenntlich gemacht.

53 Rondelets historisches Interesse folgt dabei partiell den sich entfaltenden wissenschaftlichen Standards.

54 Rondelet 1833–36 (wie Anm. 5), Bd. 1, S. 1.

55 Im technologischen Kontext zuerst als Erfindungstheorie formuliert 1806 von Beckmann. Vgl. Beckmann, Johann: Entwurf der algemeinen Technologie. Göttingen 1806.

56 Rondelet 1833–36 (wie Anm. 5), Bd. 1, S. 1.

57 Ebd., S. 4.

58 Vgl. ebd., Bd. 3, S. 349–372.

59 Ebd., S. 355–356.

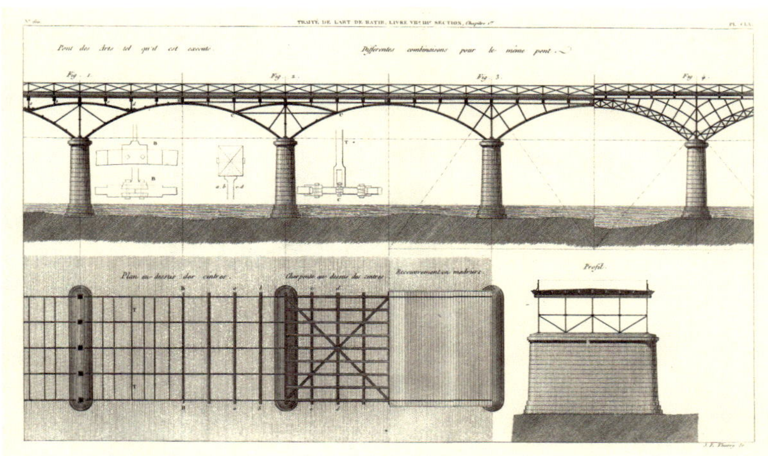

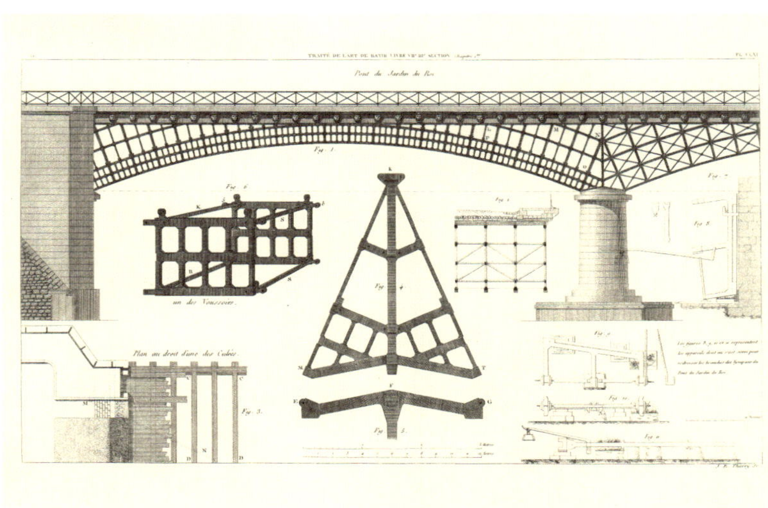

20 Evolutionäre Stufenfolge der Konstruktion, Taf. LXXI aus: Rondelet, L'art de bâtir, Tafelbd., 1834.

Wie viele seiner Zeitgenossen sah auch Rondelet die historische Entwicklung der Baukonstruktion als eine stetige, evolutionäre Stufenfolge. Diese Vorstellung, wie sie hier im Bild visuell manifest wird, geht davon aus, dass das Vorgefundene stets als Grundlage des Neuen dient.

21a/b Frühe Eisenbrücken in Frankreich: Pont des Arts / Pont du Jardin du Roi, Taf. CLX / Taf. CLXI aus: Rondelet, L'art de bâtir, Tafelbd., 1834.

Nach den Vorstellungen Rondelets sollte der Pont des Arts, die erste französische Eisenbrücke, vermittels der Übertragung konstruktiver Elemente des Pont du Jardin du Roi statisch optimiert werden. In diesem Vorschlag verschmelzen Geschichte, Gegenwart und Zukunft der Baukonstruktion – er spiegelt eindrücklich die Idee der ‹histoire polytechnique›.

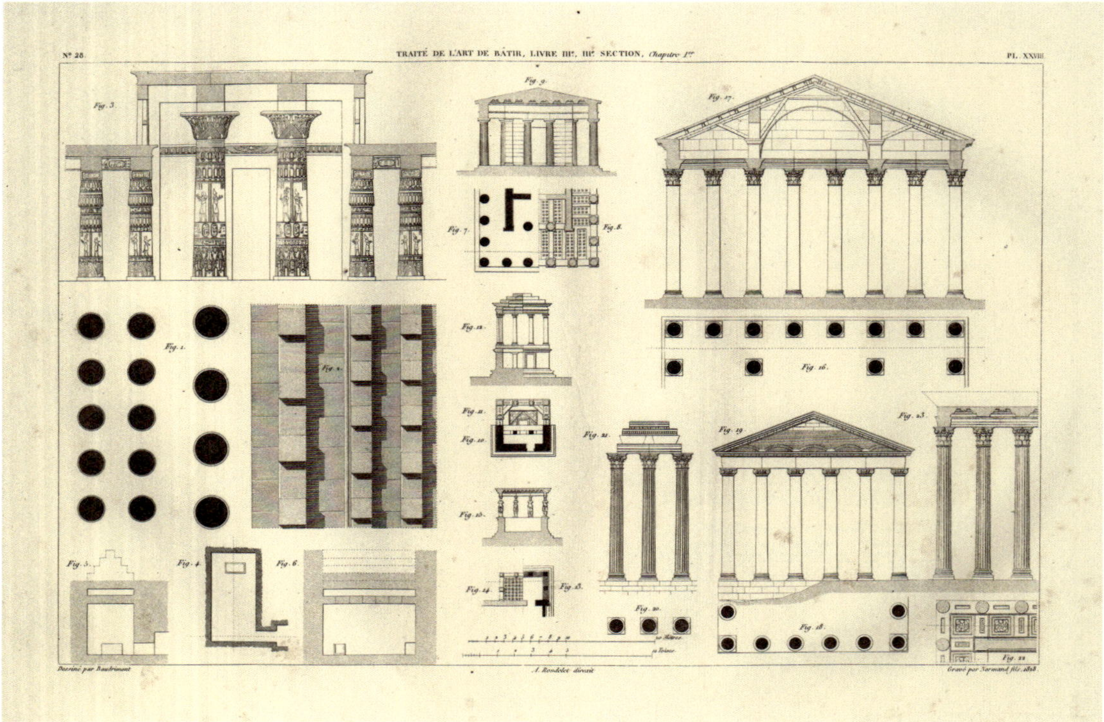

22 Zusammenstellung antiker Konstruktionsweisen, Taf. 28 aus: Rondelet, L'art de bâtir, Tafelbd., 1834.

Interessierte Rondelet vor allem die Konstruktion antiker Bauwerke, dienten diese aber auch dazu, die Prinzipien schöner Architektur zu verdeutlichen. So galten ihm Proportionen und Dekorationen der ägyptischen Architektur nur als «Resultat der gewöhnlichen Praxis» (Fig. 1–3), wohingegen es ihm «unmöglich» schien, in den Tempeln der Griechen und Römer (Fig. 4–23) «keine Kunst zu erkennen» (S. 123 aus: Rondelet, Kunst zu bauen, Bd. 2, 1834).

Die Aktualität der Geschichte ist zum Beginn des 19. Jahrhunderts konstitutives Element polytechnischen Wissenschaftsverständnisses, zunächst aber eben begründet im technisch-konstruktiven Feld. Historische Wissensbestände gewannen allerdings auch für den architektonischen Entwurf an Bedeutung. Petra Brouwer hat diesen Paradigmenwechsel treffend beschrieben: «The idea of architectural beauty as a dynamic process in which the form was no longer given a priori [...], but changed according to the circumstances in which it arose, was new.»[60] Brouwer betont die Bedeutung der Naturgeschichte für die Entfaltung und Durchsetzung der neuen Betrachtungsweise «architektonischer Schönheit» (**Abb. 22**).

‹Formalisation polytechnique›

Der Topos ‹Formalisierung› bündelt Prozesse der Mathematisierung und Experimentalisierung akademischer Wissensbestände über das Konstruieren. Er zielt nicht nur auf das Wissen über Tragverhalten und Baukonstruktion und auf die Genese moderner ingenieurwissenschaftlicher Theorien, sondern generell auf die Transformation traditionellerweise deskriptiv niedergelegter Wissensbestände in formalisierte. Derartige Transformationen waren zu Beginn des 19. Jahrhunderts keinesfalls neu: Seit der sogenannten (natur-)wissenschaftlichen Revolution des 17. Jahrhunderts hatten formalisierte Wissensbestände stetig an

60 Brouwer, Petra: De wetten van de bouwkunst. Nederlandse architectuurboeken in de negentiende eeuw. Rotterdam 2011, S. 461. Vgl. auch ebd., S. 205–299.

Bedeutung gewonnen.[61] Der Bedeutungszuwachs formalisierten Wissens wurzelte in der veränderten gelehrten Sicht auf die Mathematik,[62] die im 17. und 18. Jahrhundert zur welterklärenden Wissenschaft aufstieg.[63] Obgleich das von ihr abgesicherte mechanistische Weltbild um 1800 brüchig geworden war,[64] galt dennoch verbindlich im 19. Jahrhundert, was John Henry hinsichtlich der Aussagekraft der Mathematik in Newtons Schriften eindrücklich beschrieben hat: «Newton himself did not have to justify the mathematical approach; he could safely assume that there was an audience for his book, who, *even they could not follow its mathematics, took for granted the validity of mathematics for understanding the working of the world*».[65] Mathematisch-formalisierte Wissensbestände stellten den Inbegriff als sicher geglaubten Wissens, eben wissenschaftlichen Wissens, dar. Vereinfacht: Die Zahl war Repräsentant der Logik und ‹Wahrheit›; sie spiegelte als verbindlich geltendes zeitgenössisches Wissen. Experimentell produziertes Wissen wurde daher in formalisierter Natur niedergelegt. Zugleich sicherten etablierte und akzeptierte Kulturen des Beobachtens, deren Genese im 17. Jahrhundert eng mit dem Experiment verbunden war,[66] solche neu erzeugten Wissensbestände doppelt ab.[67] Für das in Lehrbüchern festgehaltene Wissen erwies sich zu Beginn des 19. Jahrhunderts die Synthese aus umfassender Beschreibung des Experiments und Formalisierung der Ergebnisse als charakteristisch.

Grosse Teile des von Rondelet niedergelegten Wissens über das Baumaterial lassen sich als ‹experimentelle Formalisierungen› ansprechen – idealtypisch in der Diskussion um die Festigkeit des Holzes und der Steine: Aufmerksamkeit galt nicht nur dem neuen Baumaterial Eisen,[68] sondern auch dem traditionellen Holz. Rondelet erklärt, dass «man in vielen Fällen Holz nicht durch Stein ersetzen» könne.[69] Die Substitution sei im Hochbau aus Brandschutzgründen zwar wünschenswert, aber für «Maschinen und Wasserwerke [...]»[70] nicht praktikabel. Rondelet beginnt seine Darlegungen mit den Eigenschaften der Bauhölzer und diskutiert im Vergleich zu anderen Holzarten die Eiche.[71] «Aus den, mit Eichenholz und

61 Das Wissenschaftsverständnis ändert sich trotz der Fortdauer älterer Vorstellungen: Zur grundsätzlichen Kritik am wissenschaftsgeschichtlichen Konzept der wissenschaftlichen Revolution vgl. immer noch: Shapin, Steven: The Scientific Revolution. Chicago 1996, bes. S. 1–14. Eine knappe und fundierte Aufbereitung der Kontroverse findet sich bei: Henry, John: The Scientific Revolution and the Origins of Modern Science. 3. Aufl. New York 2008, S. 1–10.

62 «[The] new use of mathematics *to explain, not just to describe*, the working of the physical world was not confined to celestical matters.» Henry 2008 (wie Anm. 61), S. 25 (Hervorhebung d. Verf.). Vgl. zu diesem Prozess auch die klassische Studie von Herbert Butterfield: The Origins of Modern Science, 1300–1800. 2. Aufl. New York 1957.

63 Signifikant spiegeln dies Newtons 1687 publizierte *Principia Mathematica Philosophiae Naturalis*. Vgl. Huff, Toby E.: Intellectual Curiosity and the Scientific Revolution. A Global Perspective. Cambridge 2011, S. 15.

64 Vgl. Reill, Peter Hanns: The Legacy of the «Scientific Revolution»: Science and the Enlightenment, in: Porter, Roy (Hg.): Eighteenth-Century Science (The Cambridge History of Science, Bd. 4). Cambridge 2003, S. 23–43, hier S. 28–41.

65 Henry 2008 (wie Anm. 61), S. 31 (Hervorhebung d. Verf.).

66 Als eine vergleichende Studie zum Experiment im 17. Jahrhundert vgl. zum Beispiel Shapin, Steven: The House of Experiment in Seventeenth-century England, in: Shapin 2010 (wie Anm. 27), S. 59–88.

67 Vgl. Daston, Lorraine: The Empire of Observation, 1600–1800, in: dies.; Lunbeck, Elisabeth (Hg.): Histories of Scientific Observations. Chicago 2011, S. 61–113.

68 Vgl. Rondelet 1833–36 (wie Anm. 5), Bd. 1, S. 331–343.

69 Ebd., S. 373.

70 Ebd. Interessanterweise verwendet Rondelet hier den Begriff ‹Maschine› noch in seinem mittelalterlichen Sinne, umfasst er doch auch die Baugerüste. Vgl. zum mittelalterlichen Maschinenbegriff Popplow, Marcus: Die Verwendung von lat. machina im Mittelalter und in der Frühen Neuzeit – vom Baugerüst zu Zoncas mechanischem Bratenwender, in: Technikgeschichte 60 (1993), Nr. 1, S. 7–26.

71 Was an dieser Stelle verständlich ist, da Rondelet im selben Buche bereits ausführlicher auf die einzelnen Bäume eingegangen ist, vgl. Rondelet 1833–36 (wie Anm. 5), Bd. 1, S. 243–320. Auch diese Schilderungen zeigen den starken Einfluss der Naturgeschichte auf die Wissenschaften um 1800, hier allerdings jenen der popularisierenden ‹gemeinnützigen›. Vgl. hierzu Meyer, Torsten: Natur, Technik und Wirtschaftswachstum im 18. Jahrhundert. Risikoperzeption und Sicherheitsversprechen (Cottbuser Studien zur Geschichte von Technik, Arbeit und Umwelt, Bd. 12). Münster/New York/München/Berlin 1999, S. 103–121.

mehreren andern Holzarten angestellten *Versuchen* ergiebt sich, daß ihre Stärke mit ihrer Dichtheit und ihrem Gewichte proportional ist»,[72] führt er aus und beruft sich damit auf den experimentellen Modus der Wissensproduktion. Offen bleibt zunächst, auf welche Versuchsanordnungen und fremden Ergebnisse er sich bezieht – mit einer namentlichen Ausnahme, der des führenden französischen Naturhistorikers und prominenten Gegenspielers Carl von Linnés, Georges-Louis Leclerc de Buffon.[73] Buffon, der in England studiert und die Werke Isaac Newtons ins Französische übersetzt hatte, hatte sich in der europäischen Gelehrtenrepublik mit seiner seit 1749 erschienenen *Histoire naturelle générale et particulière*[74] rasch einen Namen gemacht. Schon 1740–41 war in den *Mémoires de l'Académie des Sciences* sein zweiteiliger Bericht über *Expériences sur la force du bois* erschienen, in dem er über von ihm durchgeführte Versuche Rechenschaft ablegte.[75] Buffon leistete mit dieser Veröffentlichung der Entfaltung einer Experimentalkultur Vorschub, in die sich auch Rondelet einordnete.[76] In ihr bestimmten die mechanischen und physikalischen Eigenschaften des Holzes dessen Charakter: «Bei Holz-Konstruktionen wird bald die *absolute,* bald die *relative Stärke* des Holzes in Anspruch genommen. Wir verstehen unter absoluter Stärke den erforderlichen Kraftaufwand, um ein Stück Holz nach der Länge seiner Fibern, wenn es an beiden Enden angezogen wird, aus einander zu reißen. Die relative Stärke des Holzes hängt von der Art seiner Verbindung bei Holzkonstruktionen ab: so zerbricht ein Stück Holz, das auf zwei, an seinen beiden Enden befindlichen, Stützpunkten horizontal gelegt wird, leichter und unter einer geringeren Belastung, als wenn es schief oder senkrecht stünde.»[77]

Die Beschreibungen der Versuche über die absolute und relative Stärke des Holzes fussen auf überlieferten Masseinheiten,[78] erlauben eine problemlose Rezeption, setzen zugleich aber hinsichtlich der Nachvollziehbarkeit der präsentierten Experimentalergebnisse über die ‹relative Stärke› fundierte mathematische Kenntnisse voraus.[79] Wie Buffon fasst Rondelet darüber hinaus die Ergebnisse tabellarisch zusammen. Die Tabelle ist Repräsentationsform ‹experimenteller Formalisierungen› der Wissensproduktion: Die attributive Zuordnung formalisierter Experimentalergebnisse spiegelt die praktische Bedeutung formalisierten Wissens (**Abb. 23**). Für das ‹explizite Wissen› über das Bauholz markieren ‹experimentelle Formalisierungen› einen kardinalen Punkt für den Anspruch auf wissenschaftliches Wissen – war jener Punkt

72 Rondelet 1833–36 (wie Anm. 5), Bd. 1, S. 375 (Hervorhebung d. Verf.).

73 Vgl. hierzu beispielsweise Lepenies, Wolf: Autoren und Wissenschaftler im 18. Jahrhundert. Linné, Buffon, Winckelmann, Georg Forster, Erasmus Darwin. München 1988.

74 Leclerc de Buffon, Georges-Louis: Histoire naturelle, générale et particulière. 15 Bde. Paris 1749–67.

75 Leclerc de Buffon, Georges-Louis: Expériences sur la force du bois, in: Mémoires de l'Academie Royale des Sciences (1740), S. 453–467; Mémoires de l'Academie Royale des Sciences (1741), S. 292–334. Beide Abhandlungen wurden ins Deutsche übersetzt und erschienen 1750 in einer zentralen Zeitschrift der Aufklärungsbewegung, dem *Hamburgischen Magazin.* Vgl. Leclerc de Buffon, Georges-Louis: Erfahrungen von der Stärke des Holzes; durch den Herren Buffon, in: Kaestner, Abraham Gotthelf; Unzer, Johann August (Hg.): Hamburgisches Magazin, oder gesammlete Schriften, zum Unterricht und Vergnügen, aus der Naturforschung und den angenehmen Wissenschaften überhaupt. Bd. 5. Hamburg/Leipzig 1750, 1. Stück, S. 179–201; 3. Stück, S. 506–566.

76 Vgl. zum Beispiel die unkommentiert gesammelten Quellen in: Matejak, Milczyslaw; Niemz, Peter: Das Holz in deutschen Texten zwischen 1578 und 1922. Aus den Sammlungen der Universitätsbibliothek Warschau. Zürich 2011, http://e-collection.library.ethz.ch/eserv/eth:4675/eth-4675-01.pdf (10. Juli 2013); hier zur Orientierung das Inhaltsverzeichnis, S. 458–459.

77 Rondelet 1833–36 (wie Anm. 5), Bd. 1, S. 376 (kursive Hervorhebungen im Original gesperrt).

78 Zur Bedeutung des metrischen Masssystems vgl. den folgenden Abschnitt.

79 Hier bildet, neben dem bereits erwähnten Bericht Buffons, vor allem Pierre-Simon Girards Abhandlung zur Festigkeit der Baumaterialien einen wichtigen Referenz- und Begründungspunkt der angewandten Berechnungsmethoden. Vgl.: Girard, Pierre-Simon: Traité analytique de la résistance des solides et des solides d'égale résistance. Paris 1798. Seine Abhandlung erschien wenig später auch in deutscher Übersetzung: Girard, Pierre-Simon: Analytische Abhandlung von dem Widerstande fester Körper und von den festen Körpern von überall gleichem Widerstande: nebst einer Menge Versuche über die Stärke und specifische Elasticität des Eichen- und Fichtenholzes. Gießen 1803.

Kenntniß der Baumaterialien; Stärke der Bauhölzer. 399

Ferner ist nicht außer Acht zu lassen, daß im Fall Holzstücke jedem Druck, den sie auszuhalten fähig sind, auf die Dauer widerstehen sollen, ihre Belastung viel geringer seyn muß, als die, unter welcher sie brechen. Die deswegen von mir angestellte Untersuchungen haben gezeigt, daß diese Belastung für den gewöhnlichen Gebrauch nur ungefähr den zehnten Theil der in diesen Tabellen angezeigten betragen darf, und daß bei einer Vermehrung derselben die Dauer aufs Spiel gesetzt werden könnte; woraus folgt, daß, wenn man sich nach einem auf Erfahrung gegründeten Gebrauch richten will, man nur die letzte Ziffer des in den Tabellen angeführten Ausdrucks weglassen darf: z. B. statt 15527 Pfund oder 8151 Kilogramme, nehme man nur 1552 Pfund oder 815 Kilogramme.

Schließlich mache ich darauf aufmerksam, daß die, bei diesen Tabellen vorausgesetzte Belastung in der Mitte des Abstandes der Balken vereinigt angenommen ist, und daß sie einer doppelten Last gleich kommt, die auf die ganze Länge der Balken vertheilt wäre.

Tabelle,

welche eine Uebersicht von dem größten Widerstande horizontal gelegter Bauhölzer giebt, die Belastungen in Pfunden und Kilogrammen mit Bezug auf ihre Dimensionen in gewöhnlichen Pariser und metrischen Fußen ausgedrückt.

Länge der Stücke.	Verhältn. d. vertik. Dicke zur Länge.	Widerst. in Pfunden.	Widerst. in Kilogramm.	Länge der Stücke.	Verhältn. d. vertik. Dicke zur Länge.	Widerst. in Pfunden.	Widerst. in Kilogramm.	Länge der Stücke.	Verhältn. d. vertik. Dicke zur Länge.	Widerst. in Pfunden.	Widerst. in Kilogramm.
Stücke v. 3 u. 3 Zoll Stärke.				Stücke v. 3 u. 3 Zoll Stärke.				Stücke v. 3 u. 4 Zoll Stärke.			
Fuß Zoll				Fuß Zoll				Fuß Zoll			
1 6	6	11338	5952	5 3	21	2931	1538	2 8	8	11195	5876
1 9	7	9657	5069	5 6	22	2778	1453	3 0	9	9886	5190
2 0	8	8396	4407	5 9	23	2638	1384	3 4	10	8840	4641
2 3	9	7414	3887	6 0	24	2510	1317	3 8	11	7984	4191
2 6	10	6633	3481	6 3	25	2393	1255	4 0	12	7270	3816
2 9	11	5988	3143	6 6	26	2284	1199	4 4	13	6667	3499
3 0	12	5453	2862	6 9	27	2183	1445	4 8	14	6150	3176
3 3	13	5000	2625	7 0	28	2090	1097	5 0	15	5701	2992
3 6	14	4612	2421	7 3	29	2003	1251	5 4	16	5309	2786
3 9	15	4575	2401	7 6	30	1922	1009	5 8	17	4963	2605
4 0	16	3982	2090					6 0	18	4655	2443
4 3	17	3722	1954	Stücke v. 3 u. 4 Zoll Stärke.				6 4	19	4380	2299
4 6	18	3491	1832					6 8	20	4132	2169
4 9	19	3285	1724	2 0	6	15117	7935	7 0	21	3907	2050
5 0	20	3099	1626	2 4	7	12876	6779	7 4	22	3704	1944

23 «Tabelle, welche eine Uebersicht von dem größten Widerstande horizontal gelagerter Bauhölzer giebt [...]» (Ausschnitt), S. 399 aus: Rondelet, Kunst zu bauen, Bd. 1, 1833.

Eigene, experimentell erzeugte Erkenntnisse wurden von Rondelet bevorzugt in Tabellenform niedergelegt. So konnte wissenschaftliches Wissen auf einen Blick seine praktische Bedeutung unterstreichen, wie hier am Beispiel des Belastungswiderstandes unterschiedlicher Hölzer ersichtlich.

24 Verbesserung einer Maschine, Taf. 7 aus: Rondelet, L'art de bâtir, Tafelbd., 1834.

Die polytechnische Bauwissenschaft Rondelets wies Charakteristika einer «technoscience avant la lettre» (Klein, Technoscience, 2005) auf. Technische Expertise war für die Produktion wissenschaftlichen Wissens unverzichtbar, wie sich an der von Rondelet verbesserten Materialprüfungsmaschine (rechts) des Architekten Soufflot (links) zeigt.

doch Jahrhunderte lang implizit handwerklich und räumlich spezialisiert.[80] ‹Experimentelle Formalisierungen› fussen auf Experimenten, die der polytechnischen Bauwissenschaft Strukturen einer «technoscience avant la lettre»[81] verleihen – wenngleich nicht so ausgeprägt wie in der Chemie des frühen 19. Jahrhunderts. Wissenschaftliche und technische Praktiken gehen eine Synthese ein. Zur Ermittlung seiner «Erfahrungs-Resultate, um die Haltbarkeit der Materialien zu bestimmen»[82] verbesserte Rondelet beispielsweise eine von seinem Lehrer Soufflot erfundene Prüfmaschine (**Abb. 24**).

‹Tableau polytechnique›

Die Rede über die ‹Ökonomisierung› des Konstruierens um 1800 wurzelt in strukturellen Prozessen, die seit der Mitte des 18. Jahrhunderts die aufgeklärten europäischen Gesellschaften prägten:[83] Wirtschaftliche Prinzipien als Basis gesellschaftlichen Handelns wurden selbstverständlich,[84] die sogenannte ‹ökonomische Aufklärung› fand Niederschlag auch in institutionellen Debatten.[85] Semantischen Ausdruck fand dieser Prozess in dem von François Quesnay verfassten *Tableau économique*:[86] Es beschrieb die Ökonomie erstmals als funktionales gesellschaftliches Subsystem;[87] eben als ‹Wirtschaft der Gesellschaft›.[88] Zur gleichen Zeit verstärkte sich (insbesondere auch in Frankreich) die aufgeklärte Kritik am Adel, sie mündete 1789 in die Französische Revolution. Damit änderten sich die ehemals absolutistischen Zugriffsmöglichkeiten auf die Arbeitskraft radikal.[89] Arbeit erfuhr eine neue Form der Monetarisierung, die sich

---

80 Letzteres aufgrund des regional variierenden, gewachsenen Baumbestandes. Vgl. Meyer, Torsten: Fokus: Bauherrenwissen in der Hausväterliteratur, in: Osthues, Wilhelm; Schlimme, Hermann; Renn, Jürgen (Hg.): Wissensgeschichte der Architektur, Bd. 3: Vom Mittelalter bis zur Frühen Neuzeit. Max Planck Research Library for the History and Development of Knowledge (Edition Open Access, Studies 5). Berlin 2014, S. 429–465.

81 Klein, Ursula: Technoscience avant la lettre, in: Perspectives on Science 13 (2005), Nr. 2, S. 226–266.

82 Vgl. die Ausführungen hierzu Rondelet 1833–36 (wie Anm. 5), Bd. 1, S. 352–362.

83 Vgl. als europäische Überblicke zur Aufklärung beispielsweise Im Hof, Ulrich: Das Europa der Aufklärung. 2. Aufl. München 1993; Israel, Jonathan I.: Enlightenment Contested. Philosophy, Modernity, and the Emancipation of Man, 1670–1752. Oxford 2006; Schneiders, Werner: Das Zeitalter der Aufklärung. 4. Aufl. München 2008; Stollberg-Rilinger, Barbara: Europa im Jahrhundert der Aufklärung. Stuttgart 2000.

84 Hierzu vgl. Meyer 1999 (wie Anm. 71); Mokyr, Joel: The European Enlightenment and the Origins of Modern Economic Growth, in: Horn, Jeff; Rosenband, Leonhard N.; Smith, Merrit Rose (Hg.): Reconceptualizing the Industrial Revolution. Cambridge (Massachusetts)/London 2010, S. 65–86; Sandl, Marcus: Ökonomie des Raumes. Der kameralwissenschaftliche Entwurf der Staatswirtschaft im 18. Jahrhundert. Köln/Weimar/Wien 1999.

85 Vgl. hierzu wegweisend Popplow, Marcus (Hg.): Landschaften agrarisch-ökonomischen Wissens. Regionale Fallstudien zu landwirtschaftlichen und gewerblichen Themen in Zeitschriften und Sozietäten des 18. Jahrhunderts (Cottbuser Studien zur Geschichte von Technik, Arbeit und Umwelt, Bd. 30). Münster/New York/München/Berlin 2010.

86 Quesnay, François: Tableau économique, et maximes générales du governement économiques. Versailles 1758; Quesnay, François: Analyse de la formule arithmétique du Tableau économique de la distribution des dépenses annuelles d'une Nation agricole, in: Journal de l'agriculture, commerce, arts et finances 5 (1766), T. 3, S. 11–41. Quesnay, François: Analyse des ökonomischen Tableaus, in: ders.: Ökonomische Schriften. Übers. v. Marguerite Kuczynski. Bd. 2.1. Berlin 1976, S. 79–108.

87 Vgl. Luhmann, Niklas: Die Wirtschaft der Gesellschaft als autopoetisches System, in: Zeitschrift für Soziologie 13 (1984), S. 308–327.

88 Was nicht heisst, dass es vorher keine Ökonomie gegeben hätte, sondern nur, dass deren Beschreibung und Selbstbeschreibung normativ und nicht funktional war. Vgl. hierzu Meyer, Torsten: Zwischen sozialer Restriktion und ökonomischer Notwendigkeit. «Konsum» in ökonomischen Texten der Frühen Neuzeit, in: ders.; Reith, Reinhold (Hg.): «Luxus und Konsum» – eine historische Annäherung (Cottbuser Studien zur Geschichte von Technik, Arbeit und Umwelt, Bd. 21). Münster/New York/München/Berlin 2003, S. 61–82.

89 Insofern meint Ökonomisierung strukturell etwas anderes, als was sich im 18. Jahrhundert zum Beispiel im Begriff einer ökonomischen Bauwissenschaft spiegeln konnte, die das Ökonomische auf die Landwirtschaft bezog, also auf landwirtschaftliche Gebäude zielte und noch ganz in den Grundsätzen antiker Architekturtheorie wurzelte. Vgl. beispielsweise Manger, Heinrich Ludewig: Die ökonomische Bauwissenschaft zum Unterricht für den Landmann. Leipzig 1785; nach 1800 noch in ähnliche Richtung gehend, wenn auch schon modifiziert, zum Beispiel Sax, Franz: Bau-Technologie und Bau-Oekonomie, oder faßliche Belehrung über alle bey einem Gebäude nothwendigen Materialien [...]. 4 Bde. Wien 1814.

signifikant in der Arbeitswertlehre der politischen Ökonomie zeigte.[90] Die ökonomische Neubewertung trug dazu bei, dass sich der physikalische Begriff der Kraft im ausgehenden 18. Jahrhundert zu einem Schlüsselkonzept entwickeln konnte – physikalische Messbarkeit und Monetarisierung der Kraft, in unserem Kontext vor allem der Arbeitskraft, bildeten – sich gegenseitig stabilisierende – diskursive Momente.[91]

Geometrische Kenntnisse sind im Bauen zentral für den ‹Ökonomisierungs›-Prozess. Unter den veränderten Vorzeichen entfaltete sich das immanente Nützlichkeitsversprechen der frühneuzeitlichen geometrischen Bauwissensrepräsentation:[92] Möglich waren dadurch die präzisere Vermessung der Landschaft, die Berechnung von Raum und Material in Quadrat- und Kubikmetern und die genauere Bestimmung von Materialeigenschaften. Für Rondelet bildete daher das Aufmessen des Baugrundes und der Baumaterialien eine stabile und essenzielle Basis einer vorausschauenden Kostenkalkulation.[93] Sein Text über «die Verarbeitung»[94] der Materialien diskutiert die Baukostenkalkulation unter systematischen Aspekten;[95] der Anteil der Arbeitskosten an den Gestehungskosten des Baus wird nun auch terminologisch abgebildet. Zwar waren Material und Transport weiterhin bestimmend für die Gestehungskosten,[96] doch wurde den Arbeitskosten jetzt in der Kalkulation vermehrt und systematisch Augenmerk geschenkt,[97] wie wir etwa aus der tabellarischen Erfassung von Pariser Arbeitslöhnen wissen. Hier zeigt sich der wachsende Einfluss der Statistik auf die Produktion und Verbreitung neuen Wissens für die als Bauherren auftretenden Verwaltungen (**Abb. 25**).[98]

Rondelet glaubte, regionale Besonderheiten durch eine objektivierte Methode der Kostenkalkulation überwinden zu können. Zur ‹Ent-Lokalisierung› und Objektivierung diente ihm zum einen der monetarisierte Vergleich ‹unterschiedlicher› physikalischer Arbeitskräfte, zum anderen das metrische Mass als formale Basis (das zuerst 1800 in Frankreich gesetzlich eingeführt wurde, aber in der Praxis die regionalen

---

90 Bekanntlich in der klassischen Formulierung – aber keineswegs singulär: Smith, Adam: Der Wohlstand der Nationen. Eine Untersuchung seiner Natur und seiner Ursachen. Übers. v. Horst Claus Recktenwald. 5. Aufl. München 1990 (An Inquiry into the Nature and Causes of the Wealth of Nations. London 1776).

91 Vgl. Brandstetter, Thomas: Kräfte messen. Die Maschine von Marly und die Kultur der Technik. Berlin 2008, besonders S. 208–233. Derartige, rudimentäre Ansätze existieren seit Beginn des 18. Jahrhunderts, konnten sich aber erst durch neue Messverfahren erfolgreich etablieren und stabilisieren. Als ein frühes Beispiel vgl. Leupold, Jacob: Theatrum Machinarium Oder: Schau-Platz der Hebe-Zeuge [...] Ein Werck so allen Architectis, Ingenieurs [...]. Leipzig 1725, § 299.

92 Vgl. Hänseroth, Thomas: Gelehrte Bilder. Geometrisierte Wissensrepräsentation in der Bauliteratur des 17. und 18. Jahrhunderts als symbolische Einlösung des Nützlichkeitsversprechens frühneuzeitlicher Wissenschaft, in: Meyer, Torsten; Popplow, Marcus (Hg.): Technik, Arbeit und Umwelt in der Geschichte. Günter Bayerl zum 60. Geburtstag. Münster/New York/München/Berlin 2006, S. 201–220.

93 Dieser Bedeutungszuwachs scheint weit über Frankreich hinaus zu reichen: Auch das zeitgleich mit dem *Traité* publizierte Werk des Österreichers Franz Sax ist durch Rondelet geprägt. Vgl. Sax 1814 (wie Anm. 89).

94 Rondelet 1833–36 (wie Anm. 5), Bd. 5, S. 1.

95 Vgl. zur Wissenssystematik Kap. IV.

96 Bei Rondelet zum Beispiel an den Dachdeckungen (Bd. 5, S. 191), bei den Tischlerarbeiten (Bd. 5, S. 209–213) oder den Marmorarbeiten (Bd. 5, S. 273) nachzuvollziehen. Allgemein und systematisch vgl. hierzu: Reith, Reinhold: Vom Umgang mit Rohstoffen in historischer Perspektive. Rohstoffe und ihre Kosten als ökonomische und ökologische Determinanten der Technikentwicklung, in: König, Wolfgang (Hg.): Umorientierungen. Wissenschaft, Technik und Gesellschaft im Wandel. Frankfurt (Main) 1994, S. 47–69; ders.: Die Internalisierung der externen Effekte: Konzepte der Umweltgeschichte und die Wirtschaftsgeschichte, in: Bayerl, Günter; Weber, Wolfhard (Hg.): Sozialgeschichte der Technik. Ulrich Troitzsch zum 60. Geburtstag (Cottbuser Studien zur Geschichte von Technik, Arbeit und Umwelt, Bd. 17). Münster/New York/München/Berlin 1998, S. 15–24.

97 Wobei auch die wirtschaftsliberalen Tendenzen nach der Französischen Revolution bedeutsam scheinen, die auch den Bausektor beeinflussten. Vgl. zum Beispiel Potofsky, Allan: Constructing Paris in the Age of Revolution. Basingstoke 2009, besonders S. 243–249.

98 Vgl. hierzu beispielsweise Frangsmyr, Tore; Heilbron, John L.; Rider, Robin E. (Hg.): The Quantifying Spirit in the Eighteenth Century. Berkeley 1990; Sheynin, Oscar: Lo Sviluppo della teoria della probabilità e della statistica, in: Petruccioli, Sandro (Hg.): La Rivoluzione scientifica (Storia della Scienza, Bd. 5). Rom 2002, S. 529–541; Behnisch, Lars (Hg.): Vermessen, Zählen, Berechnen. Die politische Ordnung des Raums im 18. Jahrhundert (Historische Politikforschung, Bd. 6). Frankfurt (Main) 2006.

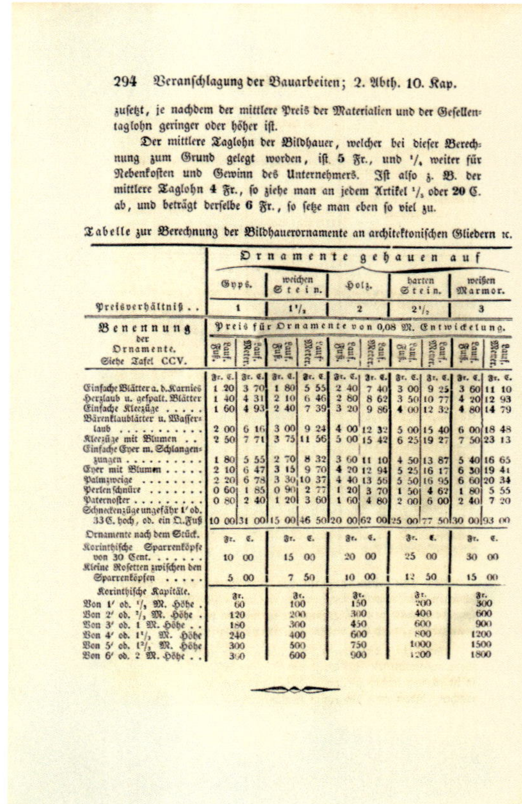

294 Veranschlagung der Bauarbeiten; 2. Abth. 10. Kap.

zusetzt, je nachdem der mittlere Preis der Materialien und der Gesellentaglohn geringer oder höher ist.

Der mittlere Taglohn der Bildhauer, welcher bei dieser Berechnung zum Grund gelegt worden, ist 5 Fr., und 1/4 weiter für Nebenkosten und Gewinn des Unternehmers. Ist also z. B. der mittlere Taglohn 4 Fr., so ziehe man an jedem Artikel 1/5 oder 20 C. ab, und beträgt derselbe 6 Fr., so setze man eben so viel zu.

Tabelle zur Berechnung der Bildhauerornamente an architektonischen Gliedern rc.

	Ornamente gehauen auf									
	Gyps.		weichen Stein.		Holz.		harten Stein.		weißen Marmor.	
Preisverhältniß . .	1		1 1/2		2		2 1/2		3	
Benennung der Ornamente. Siehe Tafel CCV.	Preis für Ornamente von 0,08 M. Entwickelung.									
	lauf. Fuß.	lauf. Meter.	lauf. Fuß.	lauf. Meter.	lauf. Fuß.	lauf. Meter.	lauf. Fuß.	lauf. Meter.	lauf. Fuß.	lauf. Meter.
	Fr. C.	Fr. C.	Fr. C.	Fr. C.	Fr. C.	Fr. C.	Fr. C.	Fr. C.	Fr. C.	Fr. C.
Einfache Blätter a. d. Karnies	1 20	3 70	1 80	5 55	2 40	7 40	3 00	9 25	3 60	11 10
Herzlaub u. gespalt. Blätter	1 40	4 31	2 10	6 46	2 80	8 62	3 50	10 77	4 20	12 93
Einfache Kleezüge	1 60	4 93	2 40	7 39	3 20	9 86	4 00	12 32	4 80	14 79
Bärenklaublätter u. Wasserlaub	2 00	6 16	3 00	9 24	4 00	12 32	5 00	15 40	6 00	18 48
Kleezüge mit Blumen . .	2 50	7 71	3 75	11 56	5 00	15 42	6 25	19 27	7 50	23 13
Einfache Eyer m. Schlangenzungen	1 80	5 55	2 70	8 32	3 60	11 10	4 50	13 87	5 40	16 65
Eyer mit Blumen	2 10	6 47	3 15	9 70	4 20	12 94	5 25	16 17	6 30	19 41
Palmzweige	2 20	6 78	3 30	10 37	4 40	13 56	5 50	16 95	6 60	20 34
Perlenschnüre	0 60	1 85	0 90	2 77	1 20	3 70	1 50	4 62	1 80	5 55
Paternoster	0 80	2 40	1 20	3 60	1 60	4 80	2 00	6 00	2 40	7 20
Schneckenzüge ungefähr 1′ od. 33 C. hoch, od. ein Q.Fuß	10 00	31 00	15 00	46 50	20 00	62 00	25 00	77 50	30 00	93 00
Ornamente nach dem Stück.	Fr. C.		Fr. C.		Fr. C.		Fr. C.		Fr. C.	
Korinthische Sparrenköpfe von 30 Cent.	10 00		15 00		20 00		25 00		30 00	
Kleine Rosetten zwischen den Sparrenköpfen	5 00		7 50		10 00		12 50		15 00	
Korinthische Kapitäle.	Fr.		Fr.		Fr.		Fr.		Fr.	
Von 1′ od. 1/3 M. Höhe .	60		100		150		200		300	
Von 2′ od. 2/3 M. Höhe .	120		200		300		400		600	
Von 3′ od. 1 M. Höhe . .	180		300		450		600		900	
Von 4′ od. 1 1/3 M. Höhe	240		400		600		800		1200	
Von 5′ od. 1 2/3 M. Höhe	300		500		750		1000		1500	
Von 6′ od. 2 M. Höhe . .	360		600		900		1200		1800	

25 «Tabelle zur Berechnung der Bildhauerornamente an architektonischen Gliedern», S. 294 aus: Rondelet, Kunst zu bauen, Bd. 5, 1836.

Von öffentlichen Bauverwaltungen gesammelte Informationen über Arbeitskosten bildeten die Basis für die Berechnung von nationalen Durchschnittskosten, wie sie hier exemplarisch wiedergegeben sind, die einer entlokalisierten Preiskalkulation Vorschub leisten sollten. Allerdings, wie Rondelet selbstkritisch bemerkte, bedurfte es immer noch eines Abgleiches mit der regionalen Praxis.

Masse nur nach und nach ersetzen konnte).[99] Aus Sicht Rondelets eignete sich nur das einheitliche metrische Masssystem für die geometrische Bestimmung von Flächen und Rauminhalten und damit für eine präzisere und universelle Kostenkalkulation (**Abb. 26**).[100]

Der Versuch der Emanzipation objektiviert gültiger ökonomischer Bauwissensbestände von traditionell prägenden regionalen Einflussfaktoren zeigt sich auch in den Ausführungen zu den Erdarbeiten. Erdarbeiten umfassten jene Arbeiten, die für den Aushub, die Vorbereitung und die Verdichtung des Baufeldes notwendig waren. Die Schätzung und Vorausberechnung des notwendigen Kostenaufwands durch die ‹geometrische Methode› der Kalkulation von Rauminhalten und Massenbewegungen war erst dann möglich, wenn eine Aufteilung in einzelne Arbeitsschritte erfolgt war. Rondelets Untergliederung – das «Aufhacken» des Bodens, das «Auswerfen» und das «Wegfahren» der Erde sowie das «Ausstampfen» des Baugrundes[101] – folgt bekannten Vorbildern, die allerdings «beträchtliche[...] Differenzen» aufwiesen und so eigene «Untersuchungen» anregten, um «zu festeren Grundsätzen [...] zu gelangen». Die vorgeschlagenen Aufteilungen beruhten auf «Erfahrungen», womit primär nicht Rondelets personales Wissen als Praktiker gemeint war, sondern statistisch niedergelegte und überlieferte Arbeitskosten, etwa über die

99 Blind, August: Maß-, Münz- und Gewichtswesen. Leipzig 1906, S. 26.

100 Vgl. Rondelet 1833–36 (wie Anm. 5), Bd. 5, S. 15–35.

101 Vgl. ebd., S. 93. Die folgenden Zitate ebd., sofern nicht anders angegeben.

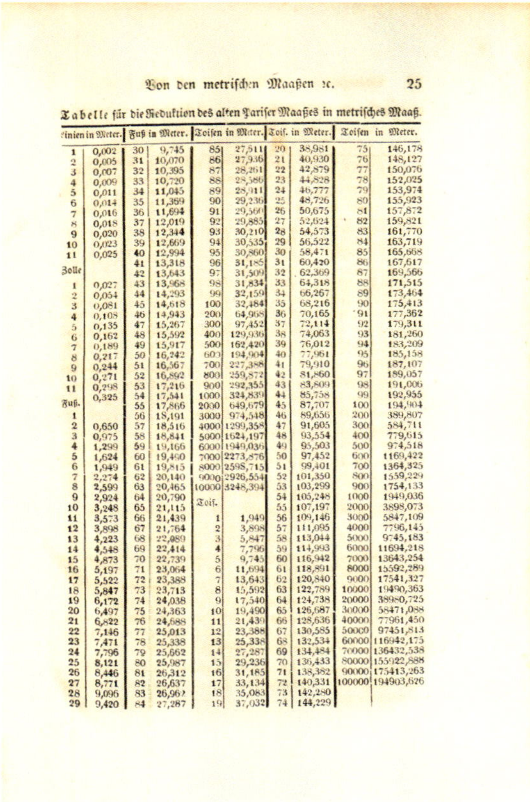

Von den metrischen Maaßen 2c. 25

Tabelle für die Reduktion des alten Pariser Maaßes in metrisches Maaß.

Linien	in Meter.	Fuß	in Meter.	Toisen	in Meter.	Toif.	in Meter.	Toisen	in Meter.
1	0,002	30	9,745	85	27,511	20	38,981	75	146,178
2	0,005	31	10,070	86	27,936	21	40,930	76	148,127
3	0,007	32	10,395	87	28,261	22	42,879	77	150,076
4	0,009	33	10,720	88	28,586	23	44,828	78	152,025
5	0,011	34	11,045	89	28,911	24	46,777	79	153,974
6	0,014	35	11,369	90	29,236	25	48,726	80	155,923
7	0,016	36	11,694	91	29,560	26	50,675	81	157,872
8	0,018	37	12,019	92	29,885	27	52,624	82	159,821
9	0,020	38	12,344	93	30,210	28	54,573	83	161,770
10	0,023	39	12,669	94	30,535	29	56,522	84	163,719
11	0,025	40	12,994	95	30,860	30	58,471	85	165,668
		41	13,318	96	31,185	31	60,420	86	167,617
Zolle		42	13,643	97	31,509	32	62,369	87	169,566
1	0,027	43	13,968	98	31,834	33	64,318	88	171,515
2	0,054	44	14,293	99	32,159	34	66,267	89	173,464
3	0,081	45	14,618	100	32,484	35	68,216	90	175,413
4	0,108	46	14,943	200	64,968	36	70,165	91	177,362
5	0,135	47	15,267	300	97,452	37	72,114	92	179,311
6	0,162	48	15,592	400	129,936	38	74,063	93	181,260
7	0,189	49	15,917	500	162,420	39	76,012	94	183,209
8	0,217	50	16,242	600	194,904	40	77,961	95	185,158
9	0,244	51	16,567	700	227,388	41	79,910	96	187,107
10	0,271	52	16,892	800	259,872	42	81,860	97	189,057
11	0,298	53	17,216	900	292,355	43	83,809	98	191,006
	0,325	54	17,541	1000	324,839	44	85,758	99	192,955
Fuß.		55	17,866	2000	649,679	45	87,707	100	194,904
1		56	18,191	3000	974,548	46	89,656	200	389,807
2	0,650	57	18,516	4000	1299,358	47	91,605	300	584,711
3	0,975	58	18,841	5000	1624,197	48	93,554	400	779,615
4	1,299	59	19,166	6000	1949,036	49	95,503	500	974,518
5	1,624	60	19,490	7000	2273,876	50	97,452	600	1169,422
6	1,949	61	19,815	8000	2598,715	51	99,401	700	1364,325
7	2,274	62	20,140	9000	2926,554	52	101,350	800	1559,229
8	2,599	63	20,465	10000	3248,394	53	103,299	900	1754,133
9	2,924	64	20,790	Toif.		54	105,248	1000	1949,036
10	3,248	65	21,115			55	107,197	2000	3898,073
11	3,573	66	21,439	1	1,949	56	109,146	3000	5847,109
12	3,898	67	21,764	2	3,898	57	111,095	4000	7796,145
13	4,223	68	22,089	3	5,847	58	113,044	5000	9745,183
14	4,548	69	22,414	4	7,796	59	114,993	6000	11694,218
15	4,873	70	22,739	5	9,745	60	116,942	7000	13643,254
16	5,197	71	23,064	6	11,694	61	118,891	8000	15592,289
17	5,522	72	23,388	7	13,643	62	120,840	9000	17541,327
18	5,847	73	23,713	8	15,592	63	122,789	10000	19490,363
19	6,172	74	24,038	9	17,540	64	124,738	20000	38980,725
20	6,497	75	24,363	10	19,490	65	126,687	30000	58471,088
21	6,822	76	24,688	11	21,439	66	128,636	40000	77961,450
22	7,146	77	25,013	12	23,388	67	130,585	50000	97451,813
23	7,471	78	25,338	13	25,338	68	132,534	60000	116942,175
24	7,796	79	25,662	14	27,287	69	134,484	70000	136432,538
25	8,121	80	25,987	15	29,236	70	136,433	80000	155922,888
26	8,446	81	26,312	16	31,185	71	138,382	90000	175413,263
27	8,771	82	26,637	17	33,134	72	140,331	100000	194903,626
28	9,096	83	26,962	18	35,083	73	142,280		
29	9,420	84	27,287	19	37,032	74	144,229		

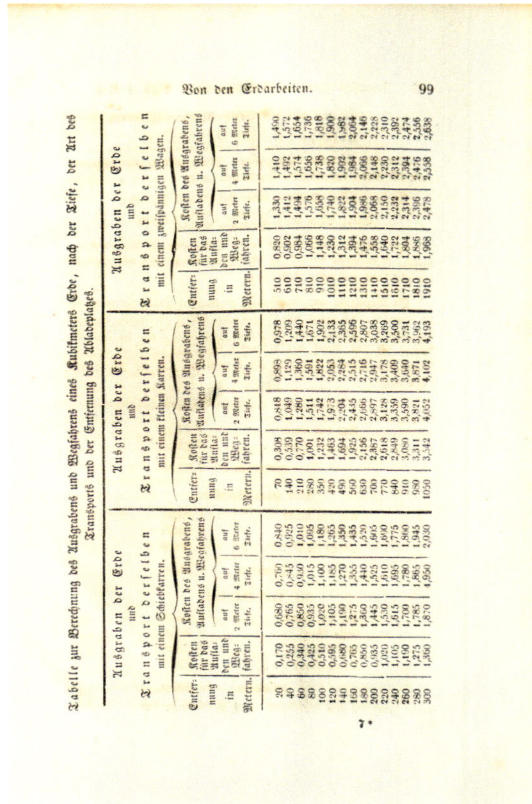

Von den Erdarbeiten. 99

Tabelle zur Berechnung des Ausgrabens und Wegfahrens eines Kubikmeters Erde, nach der Tiefe, der Art des Transports und der Entfernung des Abladeplatzes.

Ausgraben der Erde und Transport derselben mit einem Schiebkarren.

Entfernung in Metern.	Kosten für das Aufladen und Wegfahren.	Kosten des Ausgrabens, Aufladens u. Wegfahrens auf 2 Meter Tiefe.	auf 4 Meter Tiefe.	auf 6 Meter Tiefe.
20	0,170	0,680	0,760	0,840
40	0,255	0,765	0,845	0,925
60	0,340	0,850	0,930	1,010
80	0,425	0,935	1,015	1,095
100	0,510	1,020	1,100	1,180
120	0,595	1,105	1,185	1,265
140	0,680	1,190	1,270	1,350
160	0,765	1,275	1,355	1,435
180	0,850	1,360	1,440	1,520
200	0,935	1,445	1,525	1,605
220	1,020	1,530	1,610	1,690
240	1,105	1,615	1,695	1,775
260	1,190	1,700	1,780	1,860
280	1,275	1,785	1,865	1,945
300	1,360	1,870	1,950	2,030

Ausgraben der Erde und Transport derselben mit einem kleinen Karren.

Entfernung in Metern.	Kosten für das Aufladen und Wegfahren.	Kosten des Ausgrabens, Aufladens u. Wegfahrens auf 2 Meter Tiefe.	auf 4 Meter Tiefe.	auf 6 Meter Tiefe.
70	0,308	0,818	0,898	0,978
140	0,539	1,049	1,129	1,209
210	0,770	1,280	1,360	1,440
280	1,001	1,511	1,591	1,671
350	1,232	1,742	1,822	1,902
420	1,463	1,973	2,053	2,133
490	1,694	2,204	2,284	2,365
560	1,925	2,435	2,515	2,596
630	2,156	2,666	2,716	2,807
700	2,387	2,897	2,947	3,038
770	2,618	3,128	3,178	3,269
840	2,849	3,359	3,409	3,500
910	3,080	3,590	3,640	3,731
980	3,311	3,821	3,871	3,962
1050	3,542	4,052	4,102	4,193

Ausgraben der Erde und Transport derselben mit einem zweispännigen Wagen.

Entfernung in Metern.	Kosten für das Aufladen und Wegfahren.	Kosten des Ausgrabens, Aufladens u. Wegfahrens auf 2 Meter Tiefe.	auf 4 Meter Tiefe.	auf 6 Meter Tiefe.
510	0,820	1,330	1,410	1,490
610	0,902	1,412	1,492	1,572
710	0,984	1,494	1,574	1,654
810	1,066	1,576	1,656	1,736
910	1,148	1,658	1,738	1,818
1010	1,230	1,740	1,820	1,900
1110	1,312	1,822	1,902	1,982
1210	1,394	1,904	1,984	2,064
1310	1,476	1,986	2,066	2,146
1410	1,558	2,068	2,148	2,228
1510	1,640	2,150	2,230	2,310
1610	1,722	2,232	2,312	2,392
1710	1,804	2,314	2,394	2,474
1810	1,886	2,396	2,476	2,556
1910	1,968	2,478	2,558	2,638

7*

Erdarbeiten am Cœur-Volant in Paris.[102] Es war die Pluralität dieser Art von «Erfahrungen», die die Transformation von Erfahrungswissen in kodifiziertes Wissen und wissenschaftlich abgesicherte Regeln erst ermöglichte, «Erfahrungen» zum «System» werden liess.[103] Auf Basis einer grossen Zahl von Erfahrungen war nicht nur die Ermittlung durchschnittlicher Arbeitslöhne möglich,[104] sondern auch ihre vergleichende Untersuchung – im konkreten Fall der Erdarbeiten bei Rondelet der Vergleich und die monetäre Bewertung des Einsatzes unterschiedlicher Arbeitskräfte, da die Grössen Zeit, Strecke und Gewicht (in diesem Falle das Transportvolumen) Entscheidungen beeinflussten. Es entstand ein formalisiertes ‹Entscheidungstableau›, das die praktische Relevanz der geometrischen Methode verdeutlicht (**Abb. 27**).

26 «Tabelle für die Reduktion des alten Pariser Maaßes in metrisches Maaß», S. 25 aus: Rondelet, Kunst zu bauen, Bd. 5, 1836.

Das metrische Masssystem versprach, die Kostenkalkulation sinnfällig von lokalen Faktoren zu lösen. Es konnte daher als Lösung für das Problem erscheinen, die von lokalen und regionalen Gegebenheiten bestimmten ökonomischen Bauwissensbestände in verwissenschaftlichte zu transformieren.

27 «Tabelle zur Berechnung des Ausgrabens und Wegfahrens eines Kubikmeters Erde […]», S. 99 aus: Rondelet, Kunst zu bauen, Bd. 5, 1836.

Rondelets ‹Entscheidungstableau› für den Einsatz unterschiedlicher natürlicher Arbeitskräfte drückt sinnfällig den Prozess der Ökonomisierung der polytechnischen Bauwissenschaft zu Beginn des 19. Jahrhunderts aus.

———

102 Gerade diese scheinen für Rondelet bedeutsam, da sie, auch aus Gründen der Überprüfbarkeit, dem Band als Beilage zugefügt sind. Vgl. Rondelet 1833–36 (wie Anm. 5), Bd. 5, S. 400–406.

103 Vgl. ebd., S. 98.

104 Trotz der Gebundenheit der statistischen Erhebung an regionale Bedingungen verspricht das Verfahren eine ‹Ent-Lokalisierung›. Es scheint zwar recht zeitaufwendig zu sein, doch ist dies unerheblich; genauso, dass Rondelet den Leistungs- und Tageslohn voneinander unterscheidet, denn dies wirkt sich nicht auf die Operationalisierung selbst aus. Vgl. ebd., S. 93–94.

II

Institutionen

Von der Pariser École polytechnique zum Zürcher Eidgenössischen Polytechnikum

Das 1855 gegründete Eidgenössische Polytechnikum (**Abb. 28**) konnte sich bereits auf etablierte institutionelle Strategien der Wissensvermittlung berufen. Zentraler Referenzpunkt war das Karlsruher Polytechnikum, an dem eine Entwicklung stattfand, die wir als ‹zweite polytechnische Tradition› interpretieren. Sie grenzte sich von der rein methodischen Anwendungswissenschaft der École polytechnique ab. Die Eidgenössische Gründung spiegelt in den ersten Jahrzehnten dennoch einen individuellen Prozess, der sich an Anpassungen der Lehrpläne, personellen Veränderungen und räumlichem Wachstum ablesen lässt.

> «In den zwei letzten Jahrzehnten haben sich die Technischen Hochschulen unter warmer Befürwortung durch hervorragende Männer der Praxis immer mehr der wissenschaftlichen Forschung zugewandt. Mit neuen Zielsetzungen ist die Tradition der Pariser Ecole polytechnique [...] wieder aufgenommen worden. Lehranstalten, die nicht von Anfang an den Naturwissenschaften ihre Tore weit öffneten, haben begonnen, zielbewußt sich umzugestalten, neue Bildungsideale aufzustellen.»[1]

Der Erdwissenschaftler Paul Niggli, Rektor der ETH Zürich von 1928 bis 1931, resümierte in seiner Rektoratsrede vom 15. Oktober 1928 rückblickend den Wandel zu den Wissenschaften des 20. Jahrhunderts: Im deutschsprachigen Raum waren zur Wende zum 20. Jahrhundert die Polytechnika in Technische Hochschulen umbenannt worden; schrittweise wurde das Promotionsrecht verliehen. Obgleich kontrovers diskutiert,[2] schlug sich diese von Deutschland ausgehende Entwicklung auch am Eidgenössischen Polytechnikum nieder. 1908 erhielt es das Promotionsrecht und 1911 erfolgte seine Umbenennung in Eidgenössische Technische Hochschule Zürich. Den Wandel bestimmte, so Niggli, massgeblich eine Renaissance des Pariser Vorbildes. Nigglis Ausführungen implizieren, dass die Breite der polytechnischen Wissenschaften des 19. Jahrhunderts nur noch wenig mit ihrem Pariser Ursprungsort und dessen Schulmodell, der Vermittlung formalisierten Methodenwissens, verband; das ‹Pariser Modell› wirkte aber –

---

1 Niggli, Paul: Reine und angewandte Naturwissenschaft, in: ders.: Schulung und Naturerkenntnis. Zürich 1945, S. 142–160, hier S. 142. Es handelt sich um den Wiederabdruck von Nigglis Rektoratsrede aus dem Jahre 1928.

2 Vgl. Gugerli, David; Kupper, Patrick; Speich, Daniel: Die Zukunftsmaschine. Konjunkturen der ETH Zürich 1855–2005. Zürich 2005, S. 125–128.

wie die sich im 19. Jahrhundert entfaltende polytechnische Tradition – auf die Entwicklung des Zürcher Polytechnikums weiterhin ein.

28 ‹Semperbau› des Eidgenössischen Polytechnikums in Zürich (Aquatinta von Rudolf Dikenmann, zwischen 1868 und 1889).

Das Hauptgebäude der neu gegründeten Zürcher Polytechnischen Schule thront über der Stadt, blickt gleichsam auf sie hinab. Sempers Neo-Renaissance-Architektur und die städtebauliche Position des Baus spiegeln sinnfällig den Anspruch der Schule wider, national und fortschrittlich zu sein.

In dem erfolgreichen Bemühen Jean-Baptiste Rondelets um die Einrichtung einer «Werkschule für die Konstruktion und Erhaltung öffentlicher Bauten», die am 28. September 1794 als École centrale des travaux publics beschlossen wurde,[3] glaubte der Verleger des zwischen 1802 und 1817 erschienenen *Traité théorique et pratique de l'art de bâtir* einen späten Erfolg der 1790 veröffentlichten *Mémoire sur l'architecture considérée généralement, avec des observations sur l'administration relative à cet art, et le projet d'une école pratique qui serait chargée de tous les ouvrages publics*[4] zu erblicken.[5] Rondelet wurde jetzt zum Gründungsvater der *École* polytechnique (wie die Institution ab 1. September 1795 hiess), stilisiert (**Abb. 29**). Die grundsätzlichen Unterschiede zwischen Rondelets Werkschulmodell und dem der École polytechnique waren allerdings offensichtlich: Rondelet hatte vorgesehen, dass an der Spitze seiner Werkschule eine «Akademie der Architektur»[6] stehen solle, deren Mitglieder sich in der architektonischen und konstruktiven Praxis bewährt hätten[7] – eine hohe Wertschätzung ausserwissenschaftlicher Praxis.[8] Für die intellektuellen Gründungsväter der École polytechnique hingegen, die Mathematiker Gaspard Monge, Joseph-Louis Lagran-

3 Siehe Kap. I.

4 Rondelet, Jean-Baptiste: Mémoire sur l'architecture considérée généralement, avec des observations sur l'administration relative à cet art, et le projet d'une école pratique qui serait chargée de tous les ouvrages publics. Ohne Ort. 1790. Ein Abschnitt seiner *Mémoire* wird auch im fünften Band der *Theoretisch-praktischen Anleitung zur Kunst zu bauen* abgedruckt: Rondelet, Jean-Baptiste: Theoretisch-praktische Anleitung zur Kunst zu bauen. Mit den 210 Kupfern der Pariser Original-Ausgabe. Übers. v. Carl Heinrich Distelbarth und Johann Friedrich Christian Hess, Bd. 5. Leipzig/Darmstadt 1836, S. 10–13. Eine erste Version der *Mémoire* datiert bereits von 1776; vgl. Middleton, Robin; Baudouin-Matuszek, Marie-Noëlle: Jean Rondelet. The Architect as Technician. New Haven/London 2007, S. 139, 332.

5 Vgl. Rondelet 1836 (wie Anm. 4), S. 10–13.

6 Ebd., S. 8.

7 Vgl. ebd., S. 5–8.

8 Programmatisch schlug sich dieses Verständnis letztlich auch im Titel seines wegweisenden Lehrbuchs von 1802 nieder: Rondelet, Jean-Baptiste: Traité théorique et pratique de l'art de bâtir. 7 Bde. Paris 1802–17.

29 «Vue du Palais Bourbon. (prise du côté de la Cour)» (Aquatinta eines unbekannten Künstlers, vermutlich 19. Jahrhundert).

Erster, provisorischer Sitz der Pariser École polytechnique war das Palais Bourbon. Von hier ging ihr Siegeszug vor allem im deutschsprachigen Raum aus.

ge oder auch Pierre-Simon Laplace, stellten explizite Praxisbezüge nachgerade eine Negativfolie dar: Die Aneignung polytechnischer Wissensbestände sollte nicht mehr durch ihren expliziten Anwendungsbezug erfolgen, sondern durch Methodisierung und Theoretisierung des institutionell vermittelten Wissens. Dieses Modell überwand die ausgeprägte Praxisorientierung der architektonischen und technischen Wissensvermittlung in der Frühen Neuzeit; die bewusste Ausklammerung humanistischer Wissensbestände in der Lehre markierte zudem eine grundsätzliche Zäsur in der europäisch-akademischen Institutionenlandschaft.[9] Die zweijährige Ausbildung bestimmten primär die Mathematik und die Mechanik, ergänzt um Physik und Chemie; berufspraktische Lehrinhalte blieben weitgehend ausgeklammert. Zwar wies das Schulprogramm ein erstes «moderne[s] Curriculum für Architektur» aus,[10] doch darf dieser Umstand nicht darüber hinwegtäuschen, dass strukturell architekturale Wissensbestände untergeordnet blieben.[11] Institutionell spiegelte sich die polytechnische Unterordnung der Architektur in der 1816 gegründeten

---

9 Dhombres, Jean: École Polytechnique, in: Jaeger, Friedrich (Hg.): Enzyklopädie der Neuzeit, Bd. 3. Stuttgart/Weimar 2006, Sp. 17–19, hier Sp. 17.

10 Pfammatter, Ulrich: Die Erfindung des modernen Architekten. Ursprung und Entwicklung seiner wissenschaftlich-industriellen Ausbildung. Basel/Boston/Berlin 1997, S. 51. Irritierend ist in Pfammatters grundlegender Studie, dass er die Bedeutung Rondelets nicht erkennt; selbiger scheint nicht nur mit seiner *Mémoire* den Institutionalisierungsprozess zumindest angestossen zu haben, sondern lehrte auch an der École polytechnique den Tiefbau. Dies mag auch darauf rückführbar sein, dass Pfammatter Bauen auf die Baukunst oder eben die Architektur im modernen Verständnis verengt.

11 Vgl. Garleff, Jörn: Die École polytechnique und die École des beaux-arts in Paris, in: Johannes, Ralph (Hg.): Entwerfen. Architektenausbildung in Europa von Vitruv bis Mitte des 20. Jahrhunderts. Geschichte – Theorie – Praxis. Hamburg 2009, S. 392–433, besonders S. 393.

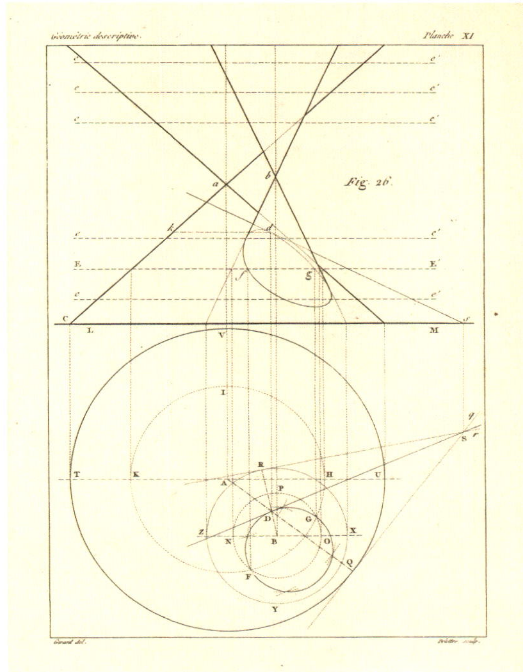

École des beaux-arts, die die «inoffiziellen Unterrichtsstrukturen der seit dem 17. Jahrhundert existierenden *Académie des beaux-arts*» verstetigte.[12]

Die Grundannahme des originär polytechnischen Ausbildungsmodells kann wie folgt zusammengefasst werden: Die Vermittlung formalisierter Wissensbestände generierte ein «Basiswissen»,[13] ein methodisch-theoretisches Arsenal oder auch eine «Anwendungswissenschaft»,[14] welche die Studierenden zur Lösung berufspraktischer Probleme befähigen sollte. Die einseitige Fixierung der École polytechnique auf die Vermittlung dieses polytechnischen Basiswissens war zum einen dem starken Einfluss Gaspard Monges geschuldet. Mathematisierung und vor allem die «Géométrie descriptive»,[15] so Monge, seien die Basis jeder rationalen Reflexion praktischer Problemlagen beziehungsweise von Techniken (**Abb. 30**); sie erhöben unter anderem auch die Architektur erst in den Rang einer Wissenschaft.[16] Zum anderen trug diese Schwerpunktsetzung der spezifischen institutionellen Bildungsstruktur Frankreichs Rechnung. Die quasi propädeutische Funktion der École polytechnique gründete darin, dass sie den existierenden

30 Zeichnung zum Abschnitt *Des intersections des surfaces courbes*, Taf. XI aus: Monge, Géométrie descriptive, 1798.

Gaspard Monges Name ist untrennbar mit dem polytechnischen Ausbildungskonzept verknüpft. Als ‹Vater› der Géométrie descriptive vertrat er prominent die Auffassung, dass praktische Problemlösungen in technischen Bereichen auf mathematischen Wissensbeständen beruhen müssten.

12 Ebd., S. 411. Vgl. auch zur französischen Architektenausbildung generell: Talenti, Simona: L'histoire de l'architecture en France. Émergence d'une discipline (1863–1914). Paris 2000.

13 Dhombres 2006 (wie Anm. 9), Sp. 17.

14 Ebd., Sp. 18.

15 Die, so eine neuere These, auch insofern bedeutend ist, als sie einer «konstruktiven Geometrie» den Weg bereitete, vgl. Sakarovitch, Joel: Gaspard Monge Founder of «Constructive Geometry», in: Kurrer, Karl-Eugen; Lorenz, Werner; Wetzk, Volker (Hg.): Proceedings of the Third International Congress on Construction History, Bd. 3. Berlin 2009, S. 1293–1299. Monges Hauptwerk ist die *Géométrie descriptive*. Paris 1798.

16 Vgl. Bolenz, Eckhard: Vom Baubeamten zum freiberuflichen Architekten. Technische Berufe im Bauwesen (Preußen/Deutschland, 1799–1931) (Europäische Hochschulschriften, Reihe 3: Geschichte und ihre Hilfswissenschaften, Bd. 488). Frankfurt (Main) 1991, S. 109. Zur Bedeutung Monges vgl. zum Beispiel Belhoste, Bruno: La Formation d'une technocratie. L'École polytechnique et ses élèves de la Révolution au Second Empire. Paris 2003.

beziehungsweise wieder- und neu gegründeten Spezialschulen vorgeschaltet war,[17] die das Gros ihrer Absolventen besuchte; so die École des ponts et chaussées (gegründet 1747), die École du génie maritime (gegründet 1741), die École des mines (gegründet 1783; neu gegründet nach vorübergehender Schliessung 1794) oder auch die École d'application d'artillerie et du génie (gegründet 1802).[18]

Eine derart gegliederte Struktur technischer Bildung hatte sich in den übrigen europäischen Staaten nicht ausgebildet, wenngleich unter anderem einige grössere deutsche Staaten im Verlauf des 18. Jahrhunderts begonnen hatten, das den französischen Spezialschulen zugrunde liegende Modell der organisierten Ingenieurcorps zu adaptieren.[19] Es bestanden zudem vereinzelt Handwerkerschulen, wie beispielsweise das 1768 gegründete Architektonische Institut für Bauhandwerker in Karlsruhe.[20] Dessen ungeachtet orientierten sich die im deutschsprachigen Raum gegründeten Polytechnika am Pariser Modell, wobei jedoch die militärische Ausrichtung des Vorbildes keine Rolle spielte und die Zirkulation des polytechnischen Modells regionale Anpassungen hervorrief.[21] Der Mangel an weiterführenden Spezialschulen zog strukturelle Differenzierungen nach sich. Die deutschen Polytechnika gestalteten ihre Lehrpläne jedenfalls stärker praxisorientiert.[22] Anfänglich war eine parallele interne Schulstruktur konstitutiv: Im Unterschied zur École polytechnique, deren Absolventen gemeinsam das komplette Curriculum durchliefen,[23] vereinten die nachfolgenden Polytechnika je eine getrennte Bau- und Ingenieurabteilung beziehungsweise gingen aus der institutionellen Verschmelzung beider hervor. Dem Besuch einer polytechnischen Schule war zumeist ein sogenannter Vorkurs vorgeschaltet, den alle Schüler gemeinsam absolvierten. Stand im Vorkurs die Vermittlung mathematischen und naturwissenschaftlichen Wissens im Zentrum, so verschmolzen in den nachfolgenden Fachabteilungen (beispielsweise den sogenannten Bau- oder Ingenieurschulen) abstrakte Wissensbestände mit anwendungsorientierten: In dieser idealen Form bildeten die deutschen Polytechnika das zweistufige französische System der technischen Bildung in einer Institution ab.

Die französischen Schulgründungen seit der Mitte des 18. Jahrhunderts waren eine staatliche Reaktion auf die von England ausgehende Industrialisierung.[24] Ihr lag die von Wirtschaftsbürgertum und Staatsbürokratie getragene Annahme zugrunde, dass die staatliche Förderung der «technischen Bildung der Königsweg zur Industrialisierung sei».[25] Akademisierte technische Bildung wurde als strategisches Feld politischen Handelns vermutet. Auf dieser Annahme beruhte auch in den deutschen Staaten die Einrichtung der Polytechnika und Gewerbeschulen, deren Gründungswelle in den Jahren zwischen 1821

---

17 Vgl. hierzu ausführlicher: Alder, Ken: Engineering the Revolution. Arms and Enlightenment in France, 1763–1815. Princeton 1997. Dies gilt vor allem für die Zeit nach ca. 1800.

18 König, Wolfgang: Ingenieur, Abschnitt 6: Ausbildung, in: Jaeger, Friedrich (Hg.): Enzyklopädie der Neuzeit, Bd. 5. Stuttgart/Weimar 2007, Sp. 973–978, hier Sp. 974.

19 Vgl. zum Beispiel Hänseroth, Thomas: Von der «Bevöstigung» zur Eisenbahn. Das sächsische Ingenieurcorps und seine Ausbildung im 18. und frühen 19. Jahrhundert, in: Bayerl, Günter; Weber, Wolfhard (Hg.): Sozialgeschichte der Technik. Ulrich Troitzsch zum 60. Geburtstag (Cottbuser Studien zur Geschichte von Technik, Arbeit und Umwelt, Bd. 17). Münster/New York/München/Berlin 1998, S. 131–141.

20 Hoepke, Klaus-Peter: Geschichte der Fridericiana. Stationen in der Geschichte der Universität Karlsruhe (TH) von der Gründung 1825 bis zum Jahr 2000. Karlsruhe 2007, S. 26. Wobei Hoepkes Verallgemeinerung, dass es in den deutschen Staaten vielfach solche Schulen gab, einerseits richtig ist, andererseits erreichten diese nur selten das wissenschaftliche Niveau der französischen Spezialschulen.

21 Wobei insbesondere die Wiener Gründung von 1815 einen bemerkenswerten, zu einem frühen Zeitpunkt bereits eher universitär orientierten Weg einschlug. Vgl. Hantschk, Christian: Johann Joseph Prechtl und das Wiener Polytechnische Institut. Wien 1988.

22 Dhombres 2006 (wie Anm. 9), Sp. 19.

23 Pfammatter 1997 (wie Anm. 10), S. 43.

24 Vgl. Fox, Richard; Weisz, George (Hg.): The Organisation of Science and Technology in France 1808–1914. Cambridge/Paris 1980.

25 König 2007 (wie Anm. 18), Sp. 976.

und 1836 liegt. Die von den napoleonischen Kriegen verursachte ökonomische Krise in den deutschen Einzelstaaten verstärkte die Anstrengungen.[26] Wie der École polytechnique oblag auch den Polytechnika in den deutschen Staaten zuvorderst die Ausbildung angehender Staatsbeamter des technischen Dienstes. Erst ab der Mitte des 19. Jahrhunderts rückte die Industrie als Arbeitgeber polytechnischer Absolventen in den Fokus[27] und beeinflusste auch die Lehrinhalte.[28] Einzig Preussen beschritt einen Sonderweg: Die zukünftigen Staatsbeamten durchliefen die 1799 gegründete Bauakademie, die technische Ausbildung für die Industrie fand getrennt an der 1821 etablierten Gewerbeschule statt;[29] aus dem Zusammenschluss beider ging 1879 die Technische Hochschule Berlin-Charlottenburg hervor.[30]

Die Schulen im deutschsprachigen Raum wiesen Unterschiede in der Organisation auf,[31] sie entstanden aber alle (**Abb. 31**), ihrer Bedeutung für die höhere technische Staatsdienstausbildung geschuldet, in den Residenzstädten (so 1815 in Wien, 1825 in Karlsruhe oder 1828 in Dresden). Ihre Lehrkonzeptionen (und damit einhergehend auch das institutionelle Selbstverständnis) zeichneten sich aus durch «Anpassung» und «Ausgrenzung»[32]. Unter den Vorzeichen des dominanten neuhumanistischen Bildungsideals bedeutete Anpassung die Orientierung der Polytechnika an dem Normen setzenden Wissenschafts- und Bildungsverständnis der Universitäten.[33] Der Prozess der Ausgrenzung betraf empirische Wissensbestände, jedoch nicht zwangsläufig die Anwendung. Beide Entwicklungen interagierten. Folgen waren beispielsweise die Abschaffung des konsekutiven Systems technischer Ausbildung nach der Jahrhundertmitte und die Etablierung der strikten Trennung zwischen mittleren und höheren technischen Ausbildungsgängen.

Die Polytechnika (und später die Technischen Hochschulen) waren bemüht, ihre Studierenden aus dem Kreise der Realgymnasien und der humanistischen Gymnasien zu rekrutieren.[34] Formal stiegen die Anforderungsprofile künftiger Studierender an, was aber nicht notwendigerweise für mathematisch-naturwissenschaftliche Kenntnisse galt.[35] Polytechnika und Technische Hochschulen versprachen sich

---

26 Vgl. König, Wolfgang: Technical Education and Industrial Performance in Germany: a Triumph of Heterogeneity, in: Fox, Robert; Guagnini, Anna (Hg.): Education, Technology and Industrial Performance in Europe, 1850–1939. Cambridge/ Paris 1993, S. 65–87, hier S. 65–66.

27 Vgl. König, Wolfgang: Technische Hochschule und Industrie – Ein Überblick zur Geschichte des Technologietransfers, in: Schuster, Hermann J. (Hg.): Handbuch des Wissenschaftstransfers. Berlin/Heidelberg/New York u. a. 1990, S. 29–41, hier S. 29–36.

28 Vgl. Guagnini, Anna: Technik, in: Rüegg, Walter (Hg.): Geschichte der Universität in Europa, Bd. 3: Vom 19. Jahrhundert zum Zweiten Weltkrieg (1800–1945). München 2004, S. 487–514, hier S. 496–500 (mit vergleichenden europäischen Betrachtungen).

29 Vgl. umfassender hierzu immer noch: Lundgreen, Peter: Techniker in Preußen während der frühen Industrialisierung. Ausbildung und Berufsfeld einer entstehenden sozialen Gruppe. Berlin 1975.

30 Vgl. hierzu: Schwarz, Karl (Hg.): 1799–1999. Von der Bauakademie zur Technischen Universität Berlin. Geschichte und Zukunft. Berlin 2000 (Ausstellungskatalog Technische Universität Berlin 1999–2000).

31 In dieser Heterogenität sieht die Forschung einen zentralen Faktor ihres Erfolges. Vgl. König 1993 (wie Anm. 26); König 1990 (wie Anm. 27); Mauersberger, Klaus: Die Entwicklung der technischen Hochschulen und ihrer Ausbildungskonzeptionen im 19. Jahrhundert, in: Dresdner Beiträge zur Geschichte der Technikwissenschaften 17 (1989), S. 18–36 (unveränderter Wiederabdruck in: Buchheim, Gisela; Guntau, Martin; Mauersberger, Klaus: Grundlagen der Wissenschafts- und Technikgeschichte. Dresden 1991, S. 35–49).

32 Vgl. König, Wolfgang: Spezialisierung und Bildungsanspruch. Zur Geschichte der Technischen Hochschulen im 19. Jahrhundert, in: Berichte zur Wissenschaftsgeschichte 11 (1988), S. 219–225.

33 Allein schon um ihr Sozialprestige zu erhöhen, blickten die universitären Professoren doch auf die Polytechniker herab, titulierten sie zum Beispiel als «Maurer [...] und Schlosser [...]». Lunge, Georg: Die Vorbildung auf Gymnasien und Realschulen zu wissenschaftlichen und technischen Studien, in: Zeitschrift des Vereins deutscher Ingenieure 29 (1885), H. 44, S. 834–857, Zitat S. 855; hier mit Bezug auf das Zürcher Polytechnikum und namentlich auf Semper, Culmann, Zeuner, Clausius und Wislicenus.

34 Vgl. exemplarisch für Preussen: Jost, Wolfdietrich: Gewerbliche Schulen und politische Macht. Zur Entwicklung des gewerblichen Schulwesens in Preußen in der Zeit von 1840–1880. Weinheim/Basel 1982.

35 König 1988 (wie Anm. 32), S. 220.

31 Karte aller Polytechnika des deutschsprachigen Raums im Jahre 1900.

Die polytechnische Idee entfaltete sich im 19. Jahrhundert besonders wirksam und nachhaltig – da institutionell gefestigt – im deutschsprachigen Raum. Neben den in der Karte erfassten Polytechnika entstanden auch Gewerbeschulen, die sich der sogenannten ‹mittleren technischen Bildung› verschrieben und damit die Lehrinhalte der Polytechnika ergänzten.

davon steigendes Sozialprestige, die Rekrutierungsstrategie verringerte aber zur Mitte des 19. Jahrhunderts – nachgerade paradox – den Stellenwert allgemeinbildender Fächer, die neben mathematisch-naturwissenschaftlichen Wissensbeständen in den Vorkursen vermittelt wurden. Erst in den 1860/1870er Jahren zeichnete sich eine institutionelle Renaissance mit der Bildung sogenannter Allgemeiner Abteilungen an den Technischen Hochschulen ab. Diese ging zurück auf das dominierende positivistische Wissenschaftsverständnis der Zeit. Die allgemeinbildenden Fächer sollten zu einer Erhöhung des Sozialprestiges der akademischen Techniker beitragen und lassen sich so als partielle Wiederbelebung des humanistischen Bildungsanspruchs an den akademisch-technischen Ausbildungsstätten deuten.[36]

Polytechnika und Technische Hochschulen orientierten sich an den universitären Normen der Bildung, die auch den architektonischen Ausdruck der Schulbauten prägten. Frühe Bauten, wie Schinkels Berliner Bauakademie und Hübschs Karlsruher Polytechnikum, folgten noch einer «eigenberechtigten,

36 Ebd.

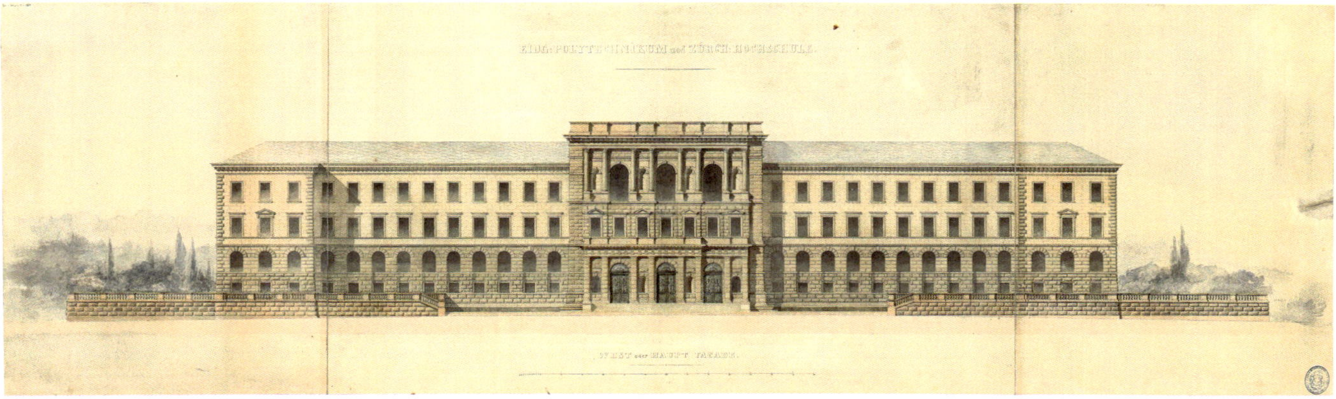

auf Funktionalität, Materialgerechtigkeit und konstruktive Logik zielenden Gestaltung»,[37] der Bedeutungszuwachs der historischen Disziplinen und der Allgemeinen Abteilungen an den höheren technischen Bildungsinstitutionen wirkte nun auf deren eigene Architektursprache.[38] Es wundert insofern wenig, dass es zwei polytechnische Bauten waren, die als «Initialbauten der deutschen Neorenaissance»[39] gelten: Gottfried Sempers Zürcher Polytechnikum (1860–64) und Gottfried von Neureuthers Münchner Polytechnikum (1865–68) (**Abb. 32**). Das methodisch fundierte Interesse an der Geschichte der Baukunst evozierte eine ihm entsprechende architektonische Grammatik.

32a/b Hauptfassade des Eidgenössischen Polytechnikums (Zeichnung von Gottfried Semper, 1858) / Mittelrisalit der Hauptfassade der Münchner Polytechnischen Schule (Zeichnung von Gottfried von Neureuther, vor 1870).

Mit dem Erstarken der sogenannten Allgemeinen Abteilungen verband sich seit der Mitte des 19. Jahrhunderts auch die Abkehr von ursprünglichen polytechnischen Architekturidealen, die geprägt waren von den Konzepten der Funktionalität und Materialgerechtigkeit. An ihre Stelle trat prominent die Formensprache der Neo-Renaissance, wie sie vorbildhaft die Bauten des Münchner und des Zürcher Polytechnikums verkörperten.

37 Nägelke, Hans-Dieter: Gelehrte Gemeinschaft und wissenschaftlicher Großbetrieb: Hochschulbau als Spiegel von Wissenschaftsidee und -praxis im 19. und frühen 20. Jahrhundert, in: Berichte zur Wissenschaftsgeschichte 21 (1998), S. 103–114, Zitat S. 109.

38 Vgl. Dlugaiczyk, Martina: Repräsentation in Gips. Eine Versuchsanordnung für technische Hochschulen, in: Müller, Florian M. (Hg.): Archäologische Universitätsmuseen und -sammlungen im Spannungsfeld von Forschung, Lehre und Öffentlichkeit (Archäologie. Forschung und Wissenschaft, Bd. 4). Wien/Münster 2013, S. 15–31, hier S. 15–17.

39 Nägelke 1998 (wie Anm. 37), S. 111.

Karlsruhe und Zürich

Das 1825 gegründete Karlsruher Polytechnikum[40] (**Abb. 33**) gilt als die deutsche polytechnische Institution, die sich am ausdrücklichsten am Pariser Vorbild orientierte,[41] aber auch als *das* Vorbild der Zürcher Schulgründung[42] – eine Modellfunktion, die es vor allem seinem guten akademischen Ruf verdankte.[43] Allerdings konnte das Karlsruher Polytechnikum diese Bedeutung erst durch seine grundlegende Reorganisation 1832 gewinnen:[44] Bei seiner Gründung 1825 wurden zwar Lehrer aus Tullas Ingenieur- und Weinbrenners Bauschule gewonnen,[45] doch wurden die beiden angesehenen Schulen nicht in das Polytechnikum integriert (**Abb. 34**).[46] Deren über das Badische hinausreichender Ruf stand somit in unmittelbarer Konkurrenz zur neu gegründeten Institution, die sich in ihrem Anspruch mit der École polytechnique messen lassen wollte. Die doppelte Konkurrenzsituation führte unmittelbar zu zeitgenössischer Kritik an der Institution. Bereits im Gründungsjahr fand sich im angesehenen *Polytechnischen Journal* eine kritische Stimme, die auf die Struktur des Polytechnikums zielte:

> «In der willkührlichen Trennung des Untrennbaren und wesentlich Einen liegt denn nun auch, wie uns scheint, der Hauptfehler des Karlsruher polytechnischen Schulplans, und jeder einzelne Lehrer wird diesen Fehler beim Fortschreiten seines Unterrichts immer schmerzlicher empfinden.
>
> Man scheint das Unstatthafte der Einrichtung gefühlt zu haben, indem in einer spätern Verordnung den Schülern ans Herz gelegt wird, sich bei ihrem Eintritte einen Studienplan entwerfen zu lassen. Dieses Auskunftmittels bedürfte es nicht, wenn die Anstalt die gehörige Basis hätte, und nicht ein Hauptheil des Materials derselben zur Verzierung des Gebäudes verwendet worden wäre.
>
> Wer das polytechnische Institut in Paris kennt, der weiß auch, wie konsequent dort die Aufgabe gelöst, und die Form aus dem Zweke abgeleitet worden. Daher die große Simplicität und der streng geregelte Gang in der ganzen Einrichtung. In der That handelt es sich hier nicht von der reinen Wissenschaft, sondern von der Anwendung derselben auf die Produktionen der verschiedenen Künstler und Gewerbsleute, und diese Anwendung muß der französische Schüler bei jeden Theorien, bei jedem Satze unter den Augen der Lehrer machen[.] Als Mittel dienen ihm das Zeichnen, die Laboratorien etc. Diese durchaus praktische Tendenz ist durch die Idee einer polytechnischen Schule gegeben, und wenn sich die französische auch gleichwohl in zwei Hauptzweige theilt, so bleibt diese Theilung doch nur der Vortrag der Gegenstände, und die mathematische Analyse mit ihrer Anwendung auf Geometrie und Mechanik, so wie die *Geometrie*

---

40 Zunächst unter der Bezeichnung Polytechnische Schule zu Karlsruhe firmierend.

41 König 2007 (wie Anm. 18), Sp. 974–976.

42 Vgl. Gugerli/Kupper/Speich 2005 (wie Anm. 2), S. 36–41.

43 Vgl. zum Beispiel Hensel, Susann: Zur mathematischen Lehre im Gefüge der Ingenieurausbildung an den technischen Hochschulen Deutschlands im 19. Jahrhundert, in: Dresdner Beiträge zur Geschichte der Technikwissenschaften 17 (1989), S. 37–55, hier S. 38–39.

44 Das Folgende, sofern nicht anders vermerkt, nach: Hoepke 2007 (wie Anm. 20), S. 31–72.

45 Zu Weinbrenner vgl. Schirmer, Wulf; Bergdoll, Barry: Friedrich Weinbrenner 1766–1826. London 1982 (Ausstellungskatalog Architectural Association London 1982); zum architektonischen Schaffen Weinbrenners vgl. Weinbrenner, Friedrich: Ausgeführte und projectirte Gebäude, H. 1–3, 7. Karlsruhe 1822–35. Zu Johann Gottfried Tulla siehe Eberhard Henze: Technik und Humanität. Johann Gottfried Tulla. Mannheim 1989 sowie Blackbourn, David: The Conquest of Nature. Water, Landscape and the Making of Modern Germany. London 2006, S. 71–111.

46 Vgl. Hoepke 2007 (wie Anm. 20), S. 31–32; Schäfers, Bernhard: Architektursoziologie. Grundlagen – Epochen – Themen. 2. Aufl. Wiesbaden 2006, S. 205. Ab und an findet sich noch die These der Verschmelzung beider Schulen zum Polytechnikum, vgl. zum Beispiel Paletschek, Sylvia: Die permanente Erfindung einer Tradition. Die Universität Tübingen im Kaiserreich und in der Weimarer Republik. Stuttgart 2001, S. 28 Anm. 66.

33 Polytechnikum Karlsruhe, Architekt Heinrich Hübsch, 1832–36 (Zeichnung A. Bielefeld, um 1840).

Trotz anfänglicher Kritik an seinem Unterrichtskonzept galt das Karlsruher Polytechnikum spätestens zur Mitte des 19. Jahrhunderts als führende Institution in Deutschland; für die Zürcher Gründung hatte es Vorbildcharakter. Dieser Erfolg gründete auf seinen Reformen seit den 1830er Jahren; in diesem Zeitraum entstand auch der erste eigene Bau der Schule, den Heinrich Hübsch entworfen hatte.

> *descriptive* erscheinen hier nicht als separate Disciplinen für individuelle Bedürfnisse und Absichten, sondern als wesentliche Grundlage des Ganzen. Die Elemente der Arithmetik, der Algebra und Geometrie werden beim Eintritt schon vorausgesezt, und man hat sich sehr gehütet, Dinge in den Plan aufzunehmen, die in jeder Landschule gelehrt und gelernt werden.
>
> Ueberhaupt war es nie der Zwek der polytechnischen Institute in Frankreich, blos einzelnen Subjekten eine gute Gelegenheit zum Erwerb nüzlicher Kenntnisse und Fertigkeiten zu verschaffen, und eine Anzahl tüchtiger Gewerbsmänner zu bilden; die großen Resultate der Wissenschaft wollte man allgemein ins Leben verpflanzen; dort sollten sie wie auf weite Ländereien zerstreute Saamenkörner, ihre Entwickelung finden und sich verbreiten.»[47]

Was der unbekannte Kritiker (hinter dem sich möglicherweise der Herausgeber des *Polytechnischen Journals* Johann Gottfried Dingler verbarg)[48] ansprach, war die Diskrepanz zwischen Anspruch und Wirklichkeit. Zu den Kritikpunkten zählte das niedrige Eingangsniveau der Schüler, die damit verbundenen geringeren Chancen wissenschaftlicher Wissensvermittlung, der praktische Reduktionismus in der Lehre und die nicht ineinandergreifende und aufeinander aufbauende Struktur der Lehre. Mangelnde finanzielle Aus-

---

47 Anonym: Einige Bemerkungen über das neue polytechnische Institut in Karlsruhe, in: Dinglers Polytechnisches Journal 18 (1825), S. 475–477, Zitat S. 475–476. Text in Fraktur, Hervorhebung im Original in Antiqua.

48 So vermutet von Hoepke 2007 (wie Anm. 20), S. 33.

34 Ansichten und Details verschiedener Gebäude von Andrea Palladio (Zeichnung eines Schülers der ‹Weinbrenner-Schule›, undatiert).

Diese Zeichnungen eines Weinbrenner-Schülers entstanden nicht auf einer Studienreise nach Italien, sondern wurden nach Stichen aus Palladios Schriften angefertigt. Vermutlich entstanden sie für Weinbrenners *Architektonisches Lehrbuch*, fanden dann aber keine Aufnahme darin. Zentral bei der Darstellung sind nicht die Gebäude, sondern die ihnen zugrundeliegenden palladianischen Proportionen.

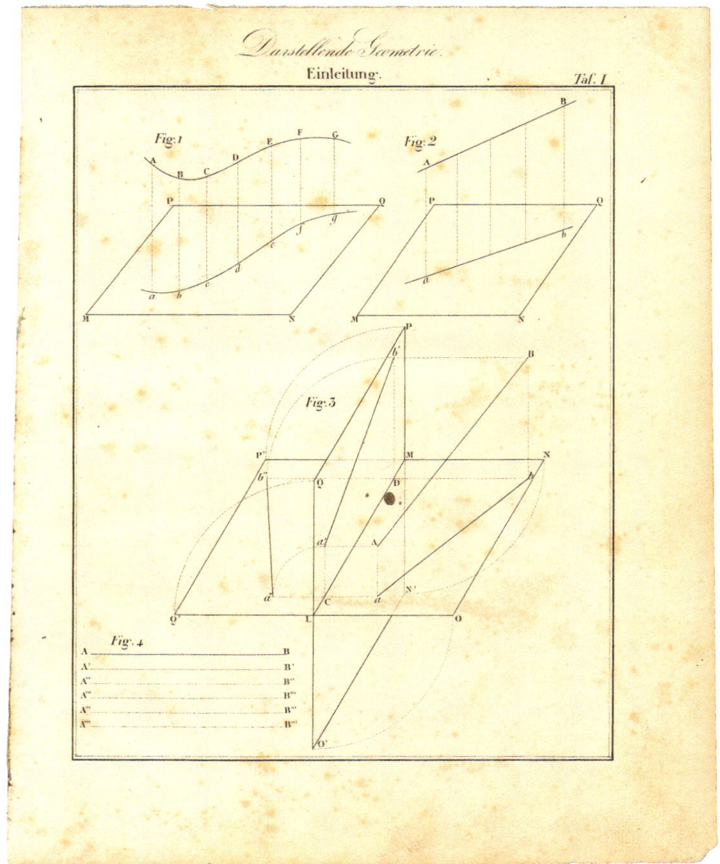

35 «Einleitung», Taf. 1 aus: Schreiber, Lehrbuch der Darstellenden Geometrie, 1828/29.

Wesentlich für den Aufstieg des Karlsruher Polytechnikums war die Verpflichtung herausragender Dozenten. Zu den frühen prominenten Lehrern gehörte unter anderem Guido Schreiber, dessen deutsche Übersetzung von Gaspard Monges Lehrbuch die darstellende Geometrie als Wissensbereich in den deutschen Staaten erst etablierte.

stattung liess eine Verzahnung von akademischer Theorie, der Vorlesung, und akademischer Praxis, den Übungen, wie sie an der École polytechnique üblich war, nicht zu. 1828 gelang es, Guido Schreiber als Lehrer zu verpflichten, dessen *Lehrbuch der Darstellenden Geometrie nach Monge's Géométrie descriptive* das Feld in Deutschland erst als Wissensgebiet etablierte.[49] Schreiber publizierte im Anschluss an seine aktive Lehrzeit in den 1860er Jahren ein mehrbändiges Lehrbuch, *Das technische Zeichnen,* in dem die darstellende Geometrie einen prominenten Platz einnahm (**Abb. 35**).[50] Die mathematische Wissensvermittlung, die das polytechnische Ausbildungsmodell bestimmte, blieb nur dem Lehrplan nach zentral.[51] Den Vorkurs (zunächst als Vorschule bezeichnet, die der Mathematischen und der Handels- und Gewerbeklasse vorgeschaltet war) prägte bereits eine Vielzahl von Fächern, die eher dem neuhumanistischen Bildungsideal des Bürgertums entsprachen als den Anforderungen einer protoindustriellen Bildung.

---

49 Schreiber, Guido: Lehrbuch der Darstellenden Geometrie nach Monge's Géométrie descriptive. Karlsruhe 1828/29.

50 Schreiber, Guido: Das technische Zeichnen. Praktische Anleitung für Architekten, Techniker, Mechaniker und Bauhandwerker, insbesondere für Bau- und Gewerbschulen (Die Schule der Baukunst, Vorschule). 3 Klassen. Leipzig 1861–68; besonders Bd. 2, T. 2.

51 Hoepke 2007 (wie Anm. 20), S. 33.

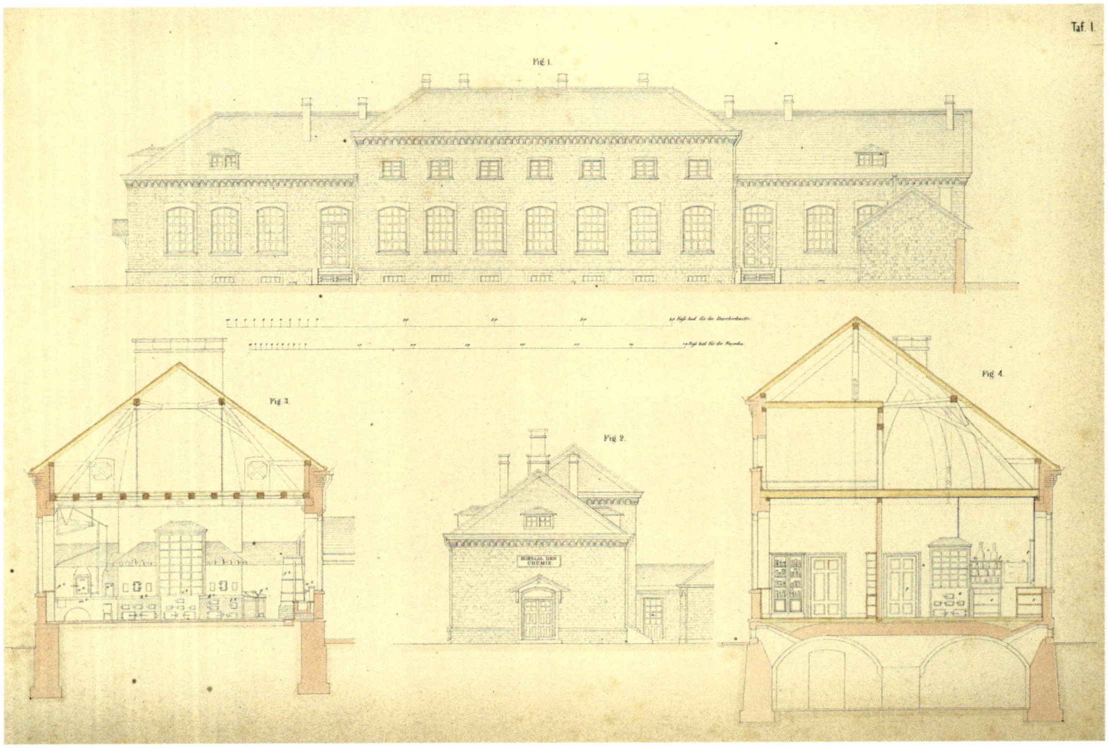

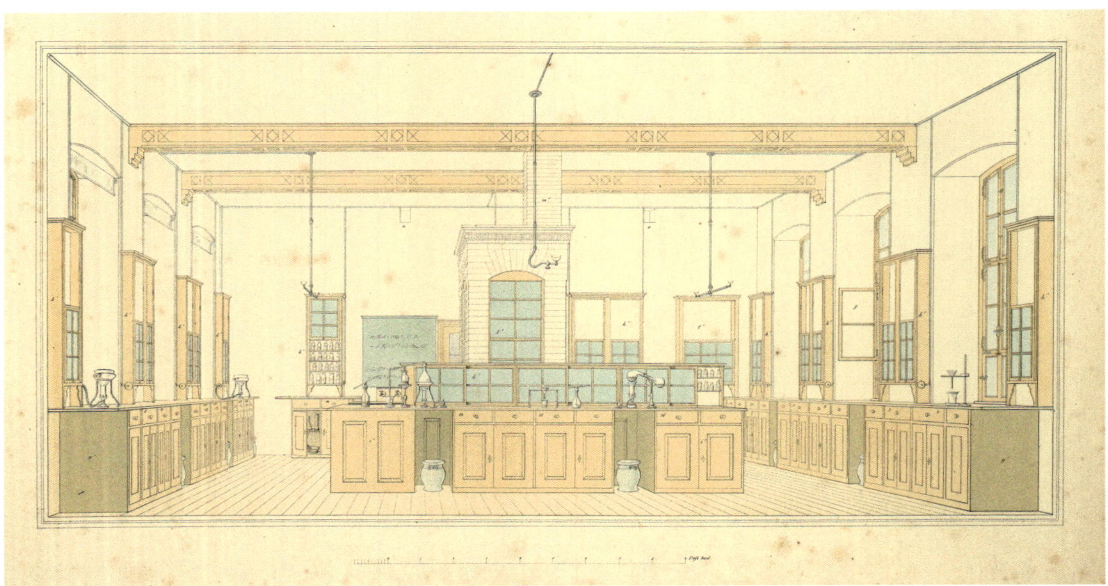

36a/b Chemisches Laboratorium in Karlsruhe, Heinrich Lang und Karl Weltzien, 1851 (Fassaden und Schnitte des Gebäudes / perspektivische Zeichnung des analytischen Laboratoriums), Taf. 1 / Taf. 3 aus: Weltzien/Lang, Das chemische Laboratorium, 1853.

Die Integration der Forschung als neues, gleichberechtigtes Element polytechnischen Selbstverständnisses hatte auch die Entstehung neuer Bauaufgaben zur Folge. Eine von ihnen waren die naturwissenschaftlichen Laboratorien, die zugleich die Entfaltung der institutionalisierten Experimentalforschung verkörpern.

Erst die institutionelle Reorganisation der Schule im Jahre 1832 verlieh ihr den Status einer höheren technischen Bildungseinrichtung: Das Curriculum der Vorschule, für alle Schüler verbindlich, fokussierte nun auf Mathematik, Physik und Zeichnen. Laboratorien und Werkstätten für den Übungsbetrieb wurden eingerichtet, die Schulen von Johann Gottfried Tulla und Friedrich Weinbrenner in die Anstalt integriert,[52] die Anzahl der Lehrer und deren wissenschaftliche Qualifikation wuchs und das Eintrittsalter wurde angehoben, womit auch das Eingangsniveau der Schüler anstieg. Auch gelang es, ehemalige Meisterschüler Tullas und Weinbrenners als Professoren zu verpflichten – 1832 Heinrich Hübsch (Architektur),[53] der schon seit 1827 am Polytechnikum lehrte und das erste eigene, 1836 eröffnete Polytechnikumsgebäude entwarf, sowie 1837 Franz Keller (Bauwesen), der sich nach Abschluss der tullaschen Schule am Wiener Polytechnikum fortgebildet hatte. Nicht zuletzt erhielt die Institution eine Organisationsstruktur, die derjenigen der Universitäten glich; die Fachschulen blieben innerhalb der Gesamtstruktur relativ autonom. Auf dieser Reform basierte der langfristige Aufstieg des Karlsruher Polytechnikums zu einer führenden Schule im deutschsprachigen Raum. Ein Aspekt blieb freilich aussen vor – die institutionelle Stärkung der Forschung, besser: das Selbstverständnis einer forschenden Institution. Forschung sollte bis in die 1840er Jahre nicht gleichgewichtig der Lehre entgegenstehen, erst die Berufungen von Ferdinand Redtenbacher (Maschinenbau) und Karl Weltzien (Chemie) läuteten eine Zäsur ein. Der Ausbau der mathematisch-naturwissenschaftlichen Grundlagenfächer, allen voran der höheren Integralrechnung, der analytischen Mechanik, der darstellenden und praktischen Geometrie, der Bau des chemischen Laboratoriums und dessen Erweiterung (**Abb. 36**),[54] die – der fortschreitenden Ausdifferenzierung der akademischen Wissensfelder Rechnung tragende – Teilung der Höheren Gewerbeschule in die mechanisch-technische und die chemisch-technische Schule (1860 in Maschinenbauschule und Chemische Schule umbenannt) – dies alles sind Indizien eines sich neu formierenden polytechnischen Selbstverständnisses, das Lehre und Forschung miteinander verband.[55] Eine stärkere Gewichtung der theoretischen Grundlagen und der experimentellen Lehrpraktiken sollte die Praxisorientierung relativieren. Das Spannungsfeld von Theorie und Experiment begleitet das neue polytechnische Selbstverständnis auf dem Weg seiner Entfaltung.[56]

Der Wandel des Karlsruher Polytechnikums von einer «empirischen Wischi-Waschi»[57]-Lehre zu einer theoretisch-methodischen wurde von vielen Akteuren getragen. Der Spiritus rector des wissenschaftlichen Maschinenbaus, Ferdinand Redtenbacher, spielte dabei eine besondere Rolle. Als einer der ersten Polytechniker formulierte er ein neues polytechnisches Wissenschaftsverständnis: In seinen 1852 erschienenen *Prinzipien der Mechanik und des Maschinenbaues* plädierte Redtenbacher zwar ambitioniert für eine mathematische Formalisierung des Konstruierens, wies aber zugleich auf deren Grenzen hin:

---

52 Insgesamt wies das Polytechnikum 1832 dann fünf Schulen auf: die Ingenieurschule, die Bauschule, die höhere Gewerbeschule, die Handelsschule und die Forstschule.

53 Zu Heinrich Hübsch vgl. Schirmer, Wulf; Brockhoff, Hanno; Schnuchel, Werner (Hg.): Heinrich Hübsch 1795–1863. Der grosse badische Baumeister der Romantik. Karlsruhe 1983 (Ausstellungskatalog Prinz-Max-Palais Karlsruhe 1983/84).

54 Zum Bau vgl. Weltzien, Karl; Lang, Heinrich (Hg.): Das chemische Laboratorium an der Großherzogl. Schule zu Carlsruhe. Karlsruhe 1853.

55 Vgl. hierzu, konkret zu Redtenbacher: König, Wolfgang: Künstler und Strichezieher. Konstruktions- und Technikkulturen im deutschen, britischen, amerikanischen und französischen Maschinenbau zwischen 1850 und 1930. Frankfurt (Main) 1999, S. 21–28.

56 Vgl. hierzu auch die Thesen in: Zweckbronner, Gerhard: Physikalische Prinzipien und praktischer Maschinenbau im industriellen Zeitalter, in: Berichte zur Wissenschaftsgeschichte 16 (1993), Nr. 3/4, S. 195–201, besonders S. 199.

57 Zit. n. Hoepke 2007 (wie Anm. 20), S. 54.

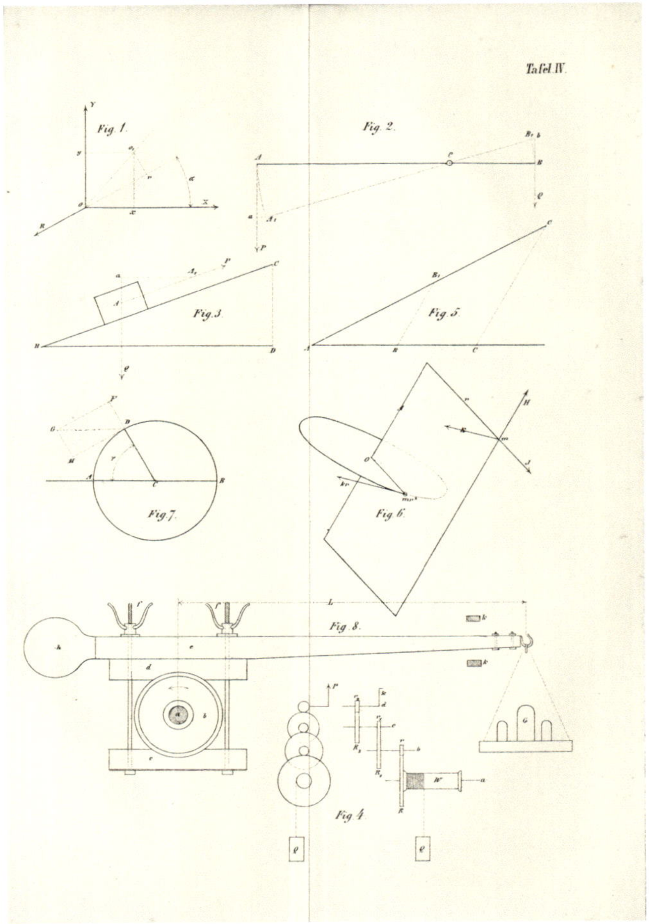

37 Taf. IV aus: Redtenbacher, Prinzipien der Mechanik und des Maschinenbaues, 1852.

Das Konstruieren sollte durch wissenschaftliches Wissen abgesichert sein, das sich in Form von Text und Zeichnung problemlos niederlegen liess. Anders die Intuition, die der Begründer des wissenschaftlichen Maschinenbaus, Ferdinand Redtenbacher, ebenfalls voraussetzte – sie ist rational nicht zu begründen und daher auch nicht darzustellen. Figur 6 zeigt die «Winkelbewegung eines Massensystems um irgendeine feste Axe», Figur 8 «Brony's Bremse», ein Gerät zur «Bestimmung der Effekte durch Messung».

«Auch ist die Zahl der Größen, die man für einen Maschinenentwurf wissen muß, so außerordentlich groß, daß ihre Berechnung, auch wenn sie möglich wäre, zu endlosen Rechnungen Veranlassung geben muß. Diese ausschließlich rechnende Methode ist also ganz zu werfen.»[58]

Nur in Verbindung mit dem ‹Gefühl› des Konstrukteurs konnten die formalisierten Wissensbestände letztlich erst die Konstruktion, im konkreten Falle die Maschinenkonstruktion, hervorbringen (**Abb. 37**). Vereinfacht: Weder die ‹Anwendungswissenschaft› der École polytechnique noch der deutsche polytechnische Empirismus formten das Leitbild für das neue polytechnische Wissenschaftsverständnis, sondern die wissenschaftlich abgesicherte Synthese beider Ansätze. Damit war zugleich aber auch formuliert, dass zumindest der Wirklichkeitsbereich der Technik keine angewandte Naturwissenschaft sei.[59]

58 Redtenbacher, Ferdinand: Prinzipien der Mechanik und des Maschinenbaues. Mannheim 1852, S. 291.

59 Vgl. hierzu Heymann, Matthias: «Kunst» und Wissenschaft in der Technik des 20. Jahrhunderts. Zur Geschichte der Konstruktionswissenschaft. Zürich 2005, S. 39–82.

38 «Eidg. Polytechnikum Zürich» (Postkarte aus dem Verlag von E. Speidel, Poststempel 1906).

Das Zürcher Polytechnikum stellte bereits früh einen Eckpfeiler des nationalen Innovationssystems dar: Gemeinsam mit dem Nationalhelden Wilhelm Tell und der Alpenlandschaft konnte es als Ausdruck nationaler Identität dienen.

Technische Bildungsanstalt mit Hochschulcharakter: National, fortschrittlich, vaterländisch

Dr. Johann Konrad Kern, seit 1854 erster Präsident des Schweizerischen Schulrates, betonte in seiner am 13. Oktober 1855 gehaltenen Laudatio auf die Eröffnung des Zürcher Polytechnikums (**Abb. 38**):

> «Es sei mir vergönnt [...] etwas näher auf die Fragen einzugehen: Was wollten die obersten Bundesbehörden, als sie die Gründung des eidgenössischen Polytechnikums beschlossen? – Was erwartet das schweizerische Volk von dieser Anstalt; und wie können und sollen diese Erwartungen, so weit es von uns abhängt, ihre Erfüllung finden? Die Errichtung besonderer höherer Lehranstalten für technischen Unterricht fällt in die neuere Zeit. [...] Auch in unserem Vaterlande fand [...] die Wahrheit, daß neben der sogenannten gelehrten Bildung auch für eine tüchtige *technische* Ausbildung gesorgt werden müsse, immer allgemeiner Beachtung. [...] Und doch ist kaum ein anderes Land in dem Maaße darauf hingewiesen, *auch in dieser Beziehung* nicht hinter anderen Staaten zurückzustehen, als gerade die Schweiz. Ist ja doch Förderung der Intelligenz und der *auf wissenschaftliche Grundlage sich stützenden Berufstüchtigkeit im Gewerbswesen* der einzig wahre und nachhaltige Schutz, den der Staat gewähren kann, wirksamer und besser als alle andern Protektionsversuche.»[60]

Vor den versammelten Honoratioren, Lehrern und Schülern gab sich Kern in seiner feierlichen Eröffnungsrede als Verfechter einer liberalen Freihandelspolitik zu erkennen; er positionierte zudem das Zürcher Polytechnikum an prominenter Stelle im Kontext der europäisch-polytechnischen Institutionen-

60 Kern, Johann Konrad: Rede des Präsidenten des schweizerischen Schulrathes, Dr. Kern, bei der Eröffnung der eidgen. polytechnischen Schule in Zürich, am 13. Oktober 1855, in: Neue Zürcher Zeitung, 15. Oktober 1855, Beilage, Zitat S. 2–3 (kursive Hervorhebungen im Original gesperrt; unterstrichene kursive Hervorhebungen d. Verf.).

landschaft.[61] Das Polytechnikum schien «die erste mit Hochschulcharakter konzipierte technische Bildungsanstalt»[62] Europas zu sein. Geradezu euphorisch lobten schweizerische Zeitgenossen die anfänglich herrschende Aufbruchsstimmung am Zürcher Polytechnikum:

> «Sollte es gelingen, den Unterricht in diesem Geiste [dem eigenständig, wissenschaftlich-forschenden, d. Verf.] fortzuführen, so ist zu hoffen, dass die Zöglinge der polytechnischen Schule nicht einseitig, sondern in der Weise ausgebildet werden, dass sie in *ihrem praktischen Wirken auch die von der Wissenschaft aufgedeckte und den menschlichen Geist allein befriedigende Gesetzmässigkeit* überall, wenn nicht finden, so doch suchen lernen, und dass sie sich andererseits bei ihrer wissenschaftlichen Thätigkeit nicht auf die dürre Haide vom Leben abgerissener Spekulationen verirren.»[63]

Die Stimmen spiegeln eindrücklich ein polytechnisches Selbstverständnis, wie es sich seit den 1840er Jahren an der Karlsruher Schule entwickelt hatte. Karlsruhe bildete für die Einrichtung von Werkstätten und Laboratorien einen Referenzpunkt, auch die Struktur des Unterrichts aus Vorlesungen und Übungen wirkte auf die Zürcher Schulgründung ein.[64] Allerdings lassen sich zugleich Unterschiede benennen: Zunächst fokussierte die Zürcher Gründung von Anfang an auf die industriellen Interessen der Schweiz – die *Neue Zürcher Zeitung* titelte «Das Polytechnikum als Zentralinstitut der Industrie»[65] –, die Ausbildung des technischen Staatsbeamtentums scheint nachgeordnet gewesen zu sein. Auch war das Polytechnikum manifester Ausdruck des 1848 gegründeten Bundesstaates: Es galt als national, vaterländisch und fortschrittlich – Attribute, die den deutschen Schulen schon aufgrund des nicht vorhandenen einheitlichen Nationalstaates nur partiell zugeschrieben werden konnten.[66] Die Organisation der Schule wich etwas ab;[67] nach 1880 verzichtete man auf den Vorkurs. Schwierige Eingangsprüfungen und der Besuch von Gewerbeschulen sollten an dessen Stelle ein adäquates Niveau der Schüler absichern. Von Anfang an bestand die, wie man sie später betitelte, Allgemeine Abteilung, die dort vertretenen geisteswissenschaftlichen, mathematischen und naturwissenschaftlichen Fächer waren ganz der technischen Bildung untergeordnet und zu Hilfswissenschaften abgewertet.[68] Das Zürcher Polytechnikum etablierte sich bereits bei seiner Eröffnung an einer zentralen Stelle des ‹nationalen Innovationssystems› der Schweiz.[69]

---

61 Vgl. Kap. III.

62 Mauersberger 1989 (wie Anm. 31), S. 27; vgl. auch: Risch, Gaudenz: Gründung, Bau und Erweiterung der Eidgenössischen Technischen Hochschule in Zürich, in: SBZ 87 (1969), Nr. 38, S. 746–751, hier S. 746–747.

63 Anonym: Schweizerisches Polytechnikum. Schulnachrichten, in: Schweizerische Polytechnische Zeitschrift 1 (1856), H. 2, S. 55–56, Zitat S. 56 (Hervorhebung d. Verf.).

64 Vgl. Gugerli/Kupper/Speich 2005 (wie Anm. 2), S. 28–38.

65 Anonym: Das Polytechnikum als Zentralinstitut der Industrie, in: Neue Zürcher Zeitung, 1. April 1854.

66 Gugerli/Kupper/Speich 2005 (wie Anm. 2), S. 18.

67 Staatsarchiv Zürich, V II 23, 1.40: Bericht des Schulrats zum Programm für die Räumlichkeiten des eidgenössischen Polytechnikums, Februar oder März 1855, zit. n. Weidmann, Dieter: Gottfried Sempers ‹Polytechnikum› in Zürich. Ein Heiligtum der Wissenschaften und Künste, Bd. 2. Zürich 2010, S. 1142–1176.

68 1854/55 wurde die Abteilung als Philosophische und staatswirtschaftliche Abteilung gegründet, wiewohl auch Lehrende der naturwissenschaftlichen wie auch mathematischen Fächer vertreten waren. Von 1866 bis 1909 war die Abteilung in zwei eigenständige Einheiten getrennt: in die Allgemeine philosophische und staatswirtschaftliche Abteilung und die Abteilung für die Bildung von Fachlehrern in mathematischer und naturwissenschaftlicher Richtung. Ab 1909 gibt es eine gemeinschaftliche Allgemeine Abteilung mit einer Philosophischen und staatswissenschaftlichen Sektion und einer Mathematisch-naturwissenschaftlich-technischen Sektion. Vgl. Eidgenössische Technische Hochschule 1855–1955. École Polytechnique Fédérale. Zürich 1955, S. 220–221, 297–313. Siehe auch Gugerli/Kupper/Speich 2005 (wie Anm. 2), S. 36–38.

69 Vgl. zum Konzept des nationalen Innovationssystems zum Beispiel Freeman, Chris: The ‹National System of Innovation› in Historical Perspective, in: Cambridge Journal of Economics 19 (2005), Nr. 1, S. 5–24.

Anpassen, ausgrenzen, festlegen: Die curriculare Entwicklung an Bau- und Ingenieurschule des Eidgenössischen Polytechnikums

Sechs inhaltliche Schwerpunkte der technisch-wissenschaftlichen Ausbildung bildete das Zürcher Polytechnikum ab: Hochbau (Bauschule), Strassen-, Eisenbahn-, Brücken- und Wasserbau (Ingenieurschule), industrielle Mechanik (Mechanisch-technische Schule), industrielle Chemie (Chemisch-technische und pharmaceutische Schule) und Forstwissenschaft (Forstschule), diese wurden durch die Philosophische und staatswirtschaftliche Abteilung, später Allgemeine Abteilung, komplettiert. Zu Studienbeginn wurde Wissen vornehmlich über Vorlesungen vermittelt, in den fortgeschrittenen Studienjahren dominierten (selbstständige) Übungen. Entscheidend für die technische Fachbildung war dabei die übergreifende Verbindung von mathematischen und naturwissenschaftlichen Grundlagenfächern. Für den raschen Erfolg der Zürcher Schule war allerdings nicht nur das neue Unterrichtsmodell verantwortlich, sondern auch der Umstand, dass es den Gründern gelungen war, eine «stolze Vereinigung von Technikern und Gelehrten ersten Ranges»[70] zu verpflichten. Die Fachleute stammten zu einem nicht unerheblichen Teil aus den deutschen Staaten, standen den liberalen Ideen der 1848er Revolution nahe und mussten nach deren Scheitern ins Exil gehen, wie beispielweise der erste Vorsteher der Zürcher Bauschule, Gottfried Semper. Hinzu kam der Umstand, dass in den Planungen der Schule besonderer Wert auf Sammlungen, Werkstätten und Laboratorien, Versuchsgärten und -wälder gelegt wurde (**Abb. 39**).[71] Die wissenschaftliche Welt wurde rasch auf die neue Schule aufmerksam: «Das Polytechnikum galt insbesondere im deutschsprachigen Raum während Jahren als vorbildlich. Es beeinflusste stark die grundlegenden Reformen, die [...] an anderen deutschsprachigen polytechnischen Anstalten in den 1860er und 1870er Jahren durchgeführt wurden.»[72]

Zur Geschichte der Polytechnika im 19. Jahrhundert gehört die Ausformulierung der Disziplinen: Inhalte wurden definiert, weiterentwickelt, Grenzen der Fächer waren abzustecken. Die Entwicklung von Bau- und Ingenieurschule des Zürcher Polytechnikums zeigt diesen Prozess exemplarisch.[73] Hier zeigten sich Differenzierungsprozesse, Anpassung und Ausgrenzung.[74] In der Entwicklung des Curriculums zei-

---

70 Oechsli, Wilhelm: Geschichte der Gründung des Eidg. Polytechnikums mit einer Uebersicht seiner Entwickelung 1855–1905 (Festschrift zur Feier des fünfzigjährigen Bestehens des Eidg. Polytechnikums, Bd. 1). Frauenfeld 1905, S. 221.

71 Bericht des Schulrats 1855 (wie Anm. 67), besonders S. 1160–1166.

72 Gugerli/Kupper/Speich 2005 (wie Anm. 2), S. 43.

73 Die Bauschule wurde ab dem Sommersemester 1900 Architektenschule genannt, im Wintersemester 1924/25 wurden beide Schulen in Abteilung für Architektur resp. Abteilung für Bauingenieurwesen umbenannt (vgl. Programm der eidgen. polytechnischen Schule, Sommersemester 1900; Programm und Stundenplan [Eidgenössische Technische Hochschule], Wintersemester 1924/25). Der Einfachheit halber werden im Folgenden stets die Namen Bauschule und Ingenieurschule benutzt. Überblicke über die Entwicklung des Curriculums der Bauschule und der Ingenieurschule befinden sich bereits in den Festschriften der ETH, zum Beispiel Wolf, Rudolf: Das Schweizerische Polytechnikum. Historische Skizze zur Feier des 25jährigen Jubiläums. Zürich 1880, besonders S. 16–18, 36; Oechsli 1905 (wie Anm. 70), S. 148–149, 171–178, 227–228, 260–262, 311–312, 316–318, 341, 351–353; Hofmann, Hans: Die Abteilung für Architektur, in: Eidgenössische Technische Hochschule 1855–1955 (wie Anm. 68), S. 357–384; Stüssi, Fritz: Die Abteilung für Bauingenieurwesen, in: ebd., S. 384–409. Ähnliche Überblicke gibt es auch zu anderen polytechnischen Schulen, vgl. unter anderem: Krahe, Friedrich Wilhelm: Hundert Jahre Architektenausbildung an der Technischen Universität Berlin, in: Rürup, Reinhard (Hg.): Wissenschaft und Gesellschaft. Beiträge zu Geschichte der Technischen Universität Berlin 1879–1979, Bd. 2. Berlin 1979, S. 184–214; Rektor und Senat der TH Hannover (Hg.): 100 Jahre Technische Hochschule Hannover. Festschrift zur Hundertjahrfeier am 15. Juni 1931. Hannover 1931, S. 121–167. Nach der Abfassung des vorliegenden Texts ist mit der Dissertation von Martin Tschanz eine weitere Arbeit erschienen, die sich detailliert mit der Bauschule am Zürcher Polytechnikum zwischen 1855–1871 auseinandersetzt, siehe Tschanz, Martin: Die Bauschule am Eidgenössischen Polytechnikum in Zürich. Architekturlehre zur Zeit von Gottfried Semper (1855–1871) (Architektonisches Wissen). Zürich 2015.

74 Eine Novität im Curriculum einer polytechnischen Schule war die in Zürich forcierte Mehrsprachigkeit. Bereits im Gründungsgesetz vom Februar 1854 war diese als Affirmation des Föderalismus im Bildungswesen festgelegt worden. Vgl. Oechsli 1905 (wie Anm. 70), S. 128; Gugerli/Kupper/Speich 2005 (wie Anm. 2), S. 56. Die Umsetzung war jedoch nur begrenzt. Sie scheiterte daran, dass es zum einen nur sehr wenige französisch- (oder italienisch-)sprachige Lehrer gab und zum anderen der erste Direktor des Polytechnikums Josef Wolfgang von Deschwanden die Meinung vertrat, «dass im Gegensatz zur Universität sämtliche Fächer nur in einer Sprache, deutsch oder französisch, vorgetragen werden sollten, [...] [da] der schweizerische Techniker notwendig in beiden Sprachen zu Hause sein müsse.» Zit. n. Oechsli 1905 (wie Anm. 70), S. 79.

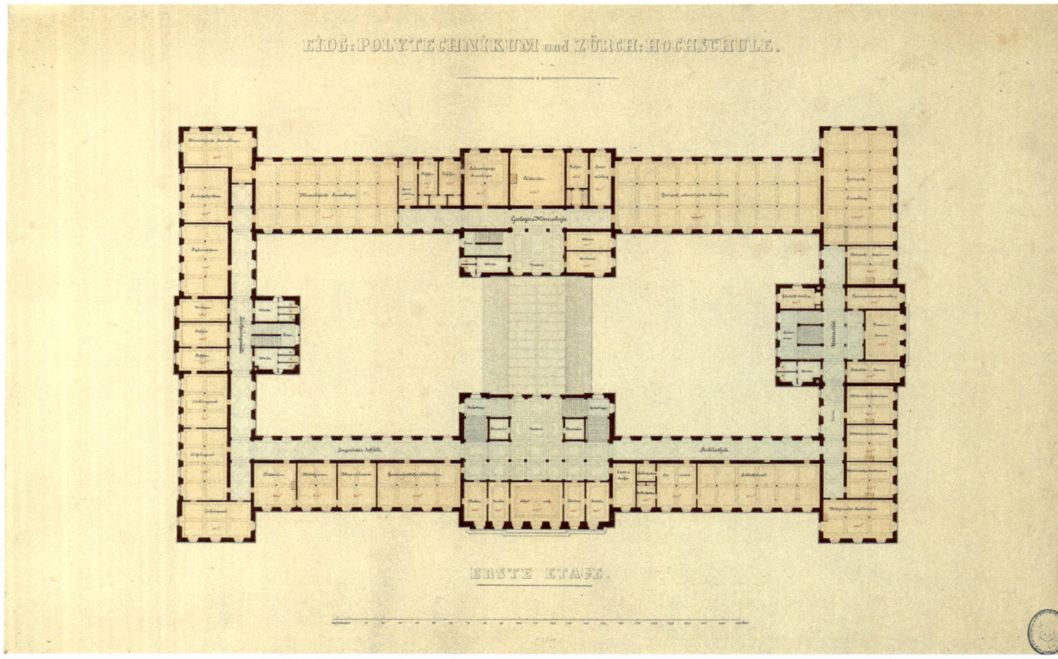

39a–d Eidgenössisches Polytechnikum, Zürich, Grundriss 1. Obergeschoss (Zeichnung von Gottfried Semper, 1858) / Sternwarte, Architekt Gottfried Semper, 1864 (Foto Jean Gut, um 1880) / Arbeitsraum im neuen Chemiegebäude, Architekten Alfred F. Bluntschli und Georg Lasius, 1883–86 (Foto Fr. Schmellhaus, um 1922) / Geologische Sammlung, noch aufgestellt im Hauptgebäude des Polytechnikums (Fotograf unbekannt, um 1900).

Der 1864 fertiggestellte Semperbau zeigte sich als Sammlungsbau, beinhaltete er doch grosszügige Flächen für Sammlungen, denen für die Lehre zentrale Bedeutung zukam, die aber auch für die interessierte Laienöffentlichkeit zugänglich waren (im hier gezeigten ersten Obergeschoss waren unter anderem die geologische und die paläontologische Sammlung untergebracht). Bereits im Verlauf des 19. Jahrhunderts erwies er sich allerdings als zu klein für die sich verändernden Anforderungen; sukzessive wurden diverse neue Bauten erstellt, Sammlungen transloziert, Aufstellungen verändert und erweitert.

40 «Vue générale de Zurich prise au dessus de l'Observatoire» (Zeichnung von Heinrich Siegfried, 1875).

Zwar thronte der 1864 fertiggestellte Bau des Polytechnikums beinahe majestätisch über der Stadt Zürich, doch herrschten darin im August jenes Jahres alles andere als würdevolle Verhältnisse: Mit mutwilligen Zerstörungen versuchten die Schüler, ihren Unmut über die strengen, wenig Freiheiten bietenden Lehrpläne und Strukturen kundzutun – viele verliessen die Schule sogar.

gen sich allerdings auch Ausfall und Neuberufung von Professoren, steigende und sinkende Schülerzahlen oder Verfügbarkeit von Geldmitteln. Das Reglement der Schule wurde mehrmals durch grundlegendere ‹Reorganisationen› den Entwicklungen und auch den Kritiken angepasst. Das wechselhafte Verhältnis von praktischen und theoretischen Inhalten im Unterricht folgte aber stets dem Anspruch, die Einheit der Baufächer zu erhalten.

Die Struktur des Curriculums als Streitpunkt

Als 1864 die Professoren und Studenten des Zürcher Polytechnikums endlich den semperschen Neubau beziehen konnten (**Abb. 40**), sah sich der damalige Schuldirektor Pompejus Bolley veranlasst, an das Schweizerische Departement des Inneren zu schreiben,

> «daß ganz neu angestrichene Tische mit Messer zerkrazt, Stücke davon weggebrochen, Löcher hineingeschnitten und verschmiert worden sind; daß Thürschlösser und selbst Thüren arg beschädigt, Gesimse von Gyps mit Stöcken vielfach abgebröckelt und verunstaltet, Wände in den Korridoren verunreinigt und in den Abtritten böswillige Verunglimpfungen aller Art angebracht wurden; daß sogar die sgraffierte Außenseite des Gebäudes von Schädigungen durch Absätze und Stöcke nicht verschont geblieben ist.»[75]

75 ETH Zürich, ETH-Bibliothek, Hochschularchiv, SR2, 1864, Anhang: «Offizieller Bericht des Schweizerischen Schulrathes an das Schweizerische Departement des Innern über die Vorfälle am Eidgenössischen Polytechnikum», 1. August 1864, S. 53. Der Bericht wurde auch veröffentlicht: Anonym: Offizieller Bericht des Schweizerischen Schulrathes an das Schweizerische Departement des Innern über die Vorfälle am Eidgenössischen Polytechnikum. Zürich 1864. Bolley-Krach siehe auch: ETH Zürich, ETH-Bibliothek, Hochschularchiv, SR3, 1864, 330: *Acten betrf. Die Vorgänge am eidgen. Polytechnikum im Juli 1864.*

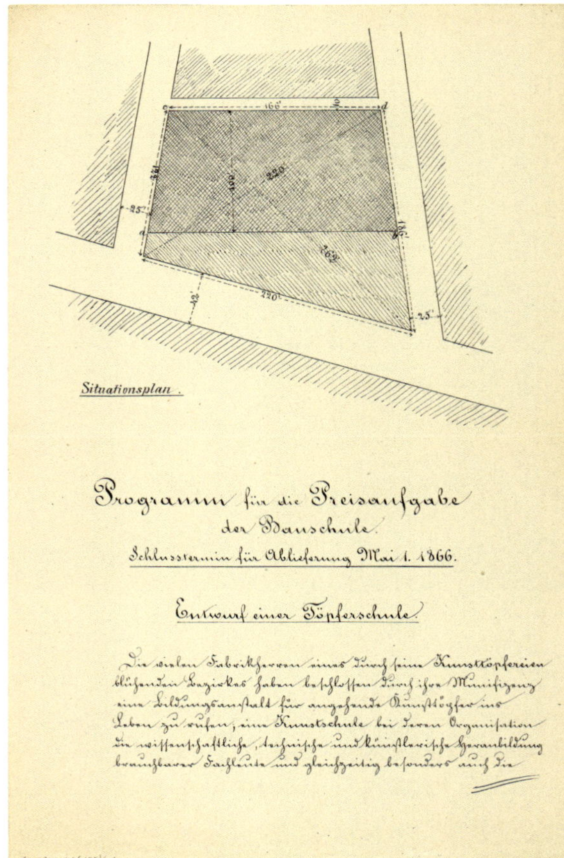
Situationsplan.

Programm für die Preisaufgabe der Bauschule.

Schlusstermin für Ablieferung Mai 1. 1866.

Entwurf einer Töpferschule.

Die vielen Fabrikherren eines durch seine Kunsttöpfereien blühenden Bezirkes haben beschlossen durch ihre Munificenz eine Bildungsanstalt für angehende Kunsttöpfer ins Leben zu rufen, eine Kunstschule bei deren Organisation die wissenschaftliche, technische und künstlerische Heranbildung brauchbarer Fachleute und gleichzeitig besonders auch die

41a–c «Programm für die Preisaufgabe der Bauschule. […] Entwurf einer Töpferschule», verfasst von Gottfried Semper, 1866 / «Querschnitt», Blatt 3 der mit dem 1. Preis ausgezeichneten Eingabe zur Preisaufgabe «Entwurf einer Töpferschule» (Entwurf und Zeichnung von Ludwig Däniker, 1866) / «Details der Facade und des Schnitts», Blatt 4 der mit dem 2. Preis ausgezeichneten Eingabe zur Preisaufgabe «Entwurf einer Töpferschule» (Entwurf und Zeichnung von Friedrich Hüber, 1866).

Bereits kurz nach der Gründung des Zürcher Polytechnikums begann man damit, die Schüler über Preisaufgaben zu eigenständigem Arbeiten zu erziehen und auf das Berufsleben vorzubereiten.[I] Während das erste *Regulativ für Concursarbeiten der Schüler des Polytechnikums*[II] noch sechs Wettbewerbe im Schuljahr vorsah, rückte man bereits zum Wintersemester 1857/58 von dieser Praxis ab und veranstaltete nur noch eine jährliche Preisaufgabe als umfangreichere «Ferienaufgabe». Die erste Preisaufgabe der Ingenieurschule – der Umbau einer alten Brücke in Zürich – verlangte von den Studenten unter anderem eine «Untersuchung der bestehenden hydrotechnischen Verhältnisse», eine «Bodenuntersuchung» sowie eine «vergleichende Kostenberechnung».[III] Die Wahl realitätsnaher Projekte und der Umfang und Detaillierungsgrad unterstreichen den Anspruch, mit den Preisaufgaben auf die praktische Berufsausübung vorzubereiten. In der Folge blieben Brückenentwürfe, ‹mustergültige› Katastervermessungen oder die Berechnung von Bögen mit verschiedenen Auflagersituationen die typischen Aufgaben an der Ingenieurschule, während die Architekten Entwurfswettbewerbe für Börsengebäude, Schlachthäuser, Hotels, Jagdschlösser oder dergleichen ausrichteten. Über den Gewinner entschieden die Professoren in einer gemeinsamen *Commission*; bei den architektonischen Entwürfen waren «Disposition, Grundriss, Construction, Aufrisse, Charakter [und] Zeichnung» die Kategorien der Bewertung.[IV] In unregelmässigen Abständen wurden an beiden Schulen zudem ausserreglementarische Aufgaben mit einem Preisgeld ausgeschrieben, deren Lösungen wieder «vorzugsweise den praktischen Werth berücksichtigen» sollten.[V] Allerdings wurden häufig keine oder nur wenige befriedigende Arbeiten eingereicht, Anspruch und Umsetzung scheinen nicht immer übereingestimmt zu haben. Eine inhaltliche Neujustierung der Aufgabenstellung fand im Schuljahr 1883/84 bei den Architekten statt, fortan waren nur noch «architektonische Aufnahmen» vorgegebener Objekte ausgeschrieben.[VI] Es deutete sich ein Wandel der Ausbildung von einem künstlerischen Schwerpunkt hin zu eher konstruktiven und technischen Fragestellungen an. Erst im Schuljahr 1925/26 sollte unter dem neuen Vorsteher Josef Zemp die Praxis der Entwurfsaufgaben wieder aufgegriffen und die entwerferische Praxis gestärkt werden.[VII] Anders verlief die Entwicklung bei den Bauingenieuren: Seit der Ernennung Carl Fridolin Baeschlins als Vorsteher 1923 wurden nur noch theoretische Wettbewerbsaufgaben gestellt, die einen «Beitrag zur Begründung und Ergänzung der Grundlagen der Baustatik vom Standpunkt der Festigkeitslehre und der Materialprüfung» forderten.[VIII]

I Vgl. hierzu auch: Tschanz, Martin: Die Bauschule am Eidgenössischen Polytechnikum in Zürich. Architekturlehre zur Zeit von Gottfried Semper (1855–1871) (Architektonisches Wissen). Zürich 2015, S. 35–37; zu den Ergebnissen an der Bauschule ebd., S. 166–170.

II Verzeichniss der Unterrichtsgegenstände [Eidgenössische Polytechnische Schule] Wintersemester 1856/57.

III Verzeichniss der Unterrichtsgegenstände [Eidgenössische Polytechnische Schule] Wintersemester 1857/58, S. 25.

IV Aufschluss über die Bewertungsverfahren geben Berichte an den Schulrat, zum Beispiel ETH-Bibliothek, Archive, SR 3 1868. 184: «Antrag der Bauschulconferenz betreffend Prämierung von Preisentwürfen», datiert 25. Juni 1868; «[Bericht zu] Preisaufgabe der Ingenieurschule», undatiert.

V Programm der eidgen. polytechnischen Schule, Wintersemester 1866/67, S. 47.

VI Programm der eidgen. polytechnischen Schule, Wintersemester 1883/84, S. 29.

VII Programm und Stundenplan [Eidgenössische Technische Hochschule], Wintersemester 1925/26, S. 71.

VIII Programm und Stundenplan [Eidgenössische Technische Hochschule], Wintersemester 1923/24, S. 69.

Kurz darauf verliessen auf einen Schlag 303 Studenten die Anstalt.[76] Was war geschehen? Unter anderem hatte die Professorenschaft den Unterricht im neuen Gebäude genutzt, um endlich streng auf die Einhaltung der Lehrpläne zu achten. Studenten, sich in ihrer Lernfreiheit beschränkt fühlend, hatten ihrem Missmut Ausdruck gegeben. Im sogenannten Bolley-Krach wurde überdeutlich, was bereits seit Gründung klar war: Die Struktur des Studiums am Zürcher Polytechnikum glich dem einer Schule, universitäre Studienfreiheit kannte man fast nicht. Zwar existierte die Möglichkeit der Belegung nichtobligatorischer Fächer an der Philosophischen und staatswirtschaftlichen Abteilung, doch abgesehen davon gab es eine strenge Hierarchisierung in ‹Lehrer› und ‹Schüler›, einen dem Studienfach entsprechend vorgegebenen Fächerkanon und obligatorische Vorlesungen und Übungen. Vergleichbar der universitären Struktur war nur das hohe Vorlesungsdeputat, der erste Lehrplan schrieb circa zwanzig wöchentliche, zumeist vormittägliche Vorlesungsstunden fest.

Das Festlegen verbindlicher Rahmenbedingungen war nicht konfliktfrei gewesen: eine Vielzahl abgelehnter Anträge zur Änderung der Struktur insbesondere vonseiten der Bauschule dokumentiert das Ringen um Rahmenbedingungen.[77] In den ersten Jahren wurden nur einzelne Modifikationen durchgeführt: Bereits im zweiten Schuljahr korrigierte man das Verhältnis von Unterricht und Übungen zugunsten der Übungen, rückte also von dem sehr hohen Vorlesungsdeputat zu einer im damaligen Verständnis mehr anwendungsorientierten Ausbildung hin[78] – auf Ähnliches zielten auch die schon früh eingeführten Preisaufgaben (die Idee zu ihrer Etablierung ging massgeblich auf Gottfried Semper zurück) (**Abb. 41**).[79] Zu den ‹Korrekturen› der ersten Jahre gehörte der Versuch der Festlegung eines geeigneten Eingangsniveaus der Studenten. Bei der Gründung hatte man den Ausbildungsstand der Abgänger von den Industrieschulen, wie es sie in Zürich, Aarau und St. Gallen gab, als zu erreichendes Level festgelegt und damit das polytechnische ‹Eingangswissen› definiert.[80] Wer nicht von diesen Schulen kam, musste eine Aufnahmeprüfung absolvieren, deren Niveau als anspruchsvoll galt.[81] Als man allerdings nicht genügend geeignete Schüler fand, galt es, «die Pforten des Polytechnikums möglichst weit aufzutun, ohne doch sein Niveau herabzudrücken».[82] 1858 wurde aus diesem Grund unter anderem ein einjähriger Vorkurs eingeführt,[83] der die Schüler in den Grundlagenfächern auf das erste Studienjahr vorbereitete; ab 1860 stellten zudem Verträge mit einigen Kantonsschulen über die Lehrpläne und Beteiligung an den Ab-

---

76 Oechsli 1905 (wie Anm. 70), S. 311–312. Unter anderem verliessen damals der spätere Herausgeber der *Schweizerischen Bauzeitung* August Jegher und der spätere Technikumsprofessor Emil Studer das Polytechnikum. Vgl. Anonym: [Nekrolog] August Jegher, in: SBZ 83 (1924), Nr. 8, S. 85–86, hier S. 86; Anonym: [Nekrolog] Prof. E. Studer, in: SBZ 89 (1927), Nr. 6, S. 80. Eine Auflistung der austretenden Schüler geordnet nach den verschiedenen Schulen befindet sich in: ETH Zürich, ETH-Bibliothek, Hochschularchiv, SR3, 1864, 330 (wie Anm. 75). Die Zahl letztlich endgültig ausgetretener Schüler variiert in den Quellen. Unter den Austretenden waren zahlreiche Mitglieder der dritten Jahreskurse, die die Schule ohnehin zwei Wochen später abschlossen. Vielfach intervenierten auch die Eltern und versuchten den Austritt ihrer Söhne rückgängig zu machen. Vgl. zum Beispiel ETH Zürich, ETH-Bibliothek, Hochschularchiv, SR3, 1864, 349: Brief des Nationalrats Segesser an den Schweizerischen Schulrat, Reklamation betreffend den Austritt seines Sohnes, Eingang 31. Juli 1864.

77 Neben den noch im Folgenden genannten sei insbesondere auf einen besonders umfassenden, die weiteren Absichten der Bauschule dokumentierenden, aber auch abgewiesenen Antrag aus dem Jahre 1857 auf «a) Verminderung der obligatorischen Stunden der Bauschule im II u. III Jahrescurse, b) Aufhebung von Art. 2 & 3 des Reglements für die Bauschule, c) Anhebung des architectonischen Unterrichts auf vier Jahre» hingewiesen. ETH Zürich, ETH-Bibliothek, Hochschularchiv, HS 1230:139: *Auszug aus dem Protokoll des Präsidenten des schw. Schulrathes,* 5. März 1857.

78 Insbesondere an der Bauschule war diese Tendenz stark. Zur zeitgenössischen Betonung von Übungen als dringend nötige, selbstständige Arbeitsform vgl. Anonym: Schweizerisches Polytechnikum. Schulnachrichten, in: Schweizerische Polytechnische Zeitschrift 1 (1856), H. 2, S. 55–56.

79 Vgl. auch Tschanz 2015 (wie Anm. 73), S. 35–37.

80 Oechsli 1905 (wie Anm. 70), S. 153.

81 Gugerli/Kupper/Speich 2005 (wie Anm. 2), S. 64.

82 Oechsli 1905 (wie Anm. 70), S. 273.

83 Zuvor hatte es einmalig im Gründungsjahr der Anstalt 1855 einen Vorkurs gegeben.

schlussprüfungen das Eingangsniveau für das Polytechnikum sicher. Nachdem die Bewerberzahlen in den 1870er Jahren deutlich angestiegen waren, konnte der Kurs 1880 wieder abgeschafft werden (**Abb. 42**).[84]

Das Spannungsverhältnis von Theorie und Anwendung war im Blick auf die Industriegesellschaft des ausgehenden 19. Jahrhunderts Legitimation und Streitpunkt gleichermassen; die Diskussionen über Vorlesungs- und Übungsdeputate zeigen stetiges Korrekturbemühen. Eine erste Korrektur hatte den Willen betont, insbesondere für die Praxis auszubilden. Bereits früh lässt sich ein grundsätzlicher Unterschied zwischen Bau- und Ingenieurschule erkennen (**Abb. 43**). Während die Unterrichtsdeputate für Vorlesungen an der Bauschule nur sehr ‹gemächlich› zunahmen, stiegen jene an der Ingenieurschule stetig an, bereits zum Schuljahr 1869/70 musste hier ein siebtes Semester eingeführt werden.[85] Der Unterschied der Ausbildung der Baufächer manifestierte sich auch im Vergleich von Vorlesungsstunden zu Übungsstunden beziehungsweise Repetitorien: Die Bauschule veranstaltete mehr Übungsstunden als Vorlesungsstunden; im Curriculum der Ingenieurschule überstieg die Übungs- und Repetitorienstundenzahl nie jene der angebotenen Vorlesungen. Die Ingenieurschule stellte aber bereits 1861 Assistenten ein, um bei der steigenden Schülerfrequenz die Übungen abhalten zu können.[86] An dieser Stelle drückt sich strukturell auch die Diskrepanz zwischen der Architektur und dem Bauingenieurwesen aus: Die Architektur führte tradierte Wissensformen und eher implizit-wissenschaftliche Konzepte weiter, das Bauingenieurwesen legitimierte die Binnendifferenzierung zunehmend über ‹neue›, vor allem durch experimentelle Verfahren abgesicherte Forschung.

42 Gruppenbild der Ingenieurschüler am Zürcher Polytechnikum (Fotograf unbekannt, um 1870).

Eine Schwierigkeit der Anfänge des Zürcher Polytechnikums bestand darin, ein adäquates Eingangsniveau für die Schüler festzulegen. Einerseits war die Vorbildung der Bewerber häufig nicht ausreichend – eine Zeitlang schuf ein Vorkurs diesbezüglich Abhilfe –, andererseits galt es, ausreichend Schüler aufzunehmen und mit gefüllten Jahrgängen die Notwendigkeit der polytechnischen Ausbildung in der Schweiz und die Nachfrage danach zu demonstrieren.

84 Gugerli/Kupper/Speich 2005 (wie Anm. 2), S. 64.

85 Programm der eidgen. polytechnischen Schule, Wintersemester 1869/70, S. 3–4.

86 Oechsli 1905 (wie Anm. 70), S. 317.

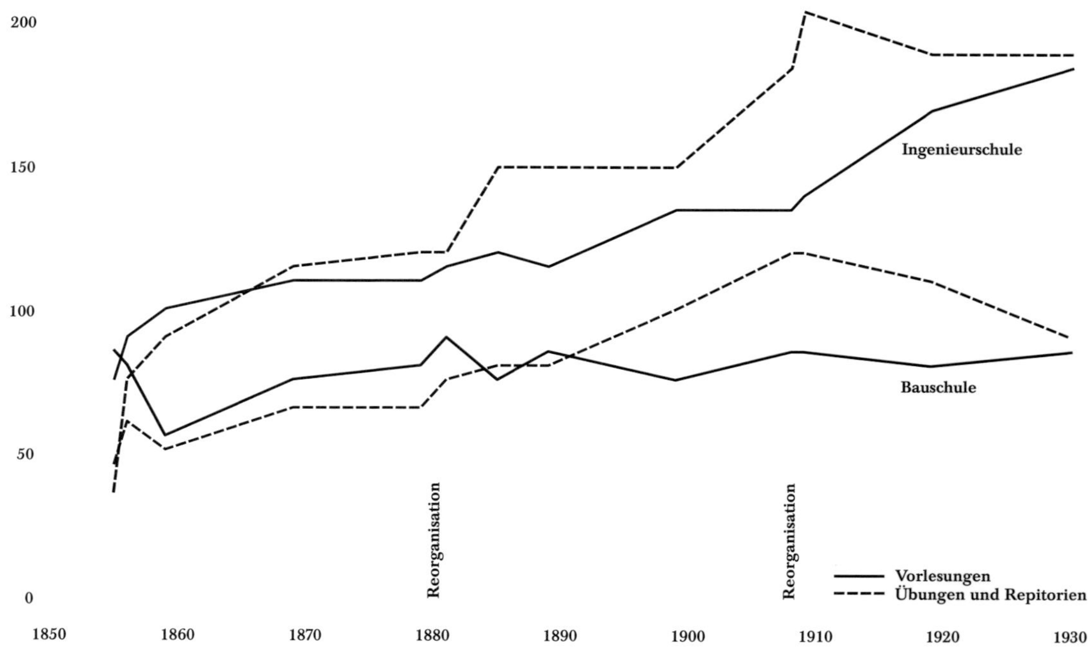

43 Wöchentlich angebotene Unterrichtsstunden (inklusive Freifächer) an der Bauschule und der Ingenieurschule.

Das adäquate Verhältnis zwischen Vorlesungsstunden und Übungseinheiten war an beiden Schulen konstanter Gegenstand der Diskussion. Grössere Veränderungen fanden in den ersten Jahren und insbesondere nach den Reorganisationen statt – oder wurden zumindest im Zuge derselben versprochen.

In den Anfängen war es die Studentenschaft, die Kritik am Curriculum geäussert hatte, bald übernahm dies die Gesellschaft ehemaliger Studierender des eidgenössischen Polytechnikums (GEP). 1869 gegründet, hatte die Gesellschaft das Ziel, den Beruf des akademischen Technikers zu stärken. Ihre Petition an den Schweizerischen Bundesrat vom 26. August 1877[87] zielte auf mehr Mitspracherechte von externen Praktikern bei den das Polytechnikum betreffenden Entscheidungen, da der «practischen Ausbildung eine zu geringe Aufmerksamkeit geschenkt [werde]».[88] Neben der Kritik am Fächerspektrum – «man überhäufe die Bauschüler z. B. mit Fächern aller Art, während sie in einem der für ihren Beruf allerwichtigsten Fächer, der *chemischen Technologie der Baumaterialien* kaum Anfangsgründe erhalten»[89] – stand vor allem die Forderung nach grösserer Wahlfreiheit für die Studierenden und vermehrten Übungsangeboten im Raum. Um 1880 fand in der Folge eine ‹Neuorganisation› am Polytechnikum statt. Die «Reorganisation der Bauschule», beschlossen durch den Bundesrat im Frühjahr 1882,[90] galt als «dringlichste Angelegenheit»: Beabsichtigt waren nicht nur personelle Veränderungen, sondern auch, «die Vorlesungen [...] auf das Nöthige zu beschränken [und] die Uebungsstunden zu vermehren».[91] Der genaue Blick auf die Umsetzung der Reformen zeigt jedoch, dass eine freie Wahl der Fächer an Bau- und Ingenieurschule fast nur für den Unterricht an der Allgemeinen Abteilung ermöglicht wurde. Auch die Forderung nach mehr Übungsstunden fand nur zaghaft Widerhall, die neu eingerichteten Übungsstunden an der Bauschule fielen vor-

87 ETH Zürich, ETH-Bibliothek, Hochschularchiv, Künstliches Sammelwerk ETH-Bib 1873–1877: Jean Meyer, *Petition der Gesellschaft ehemaliger Studierender des eidgen. Polytechnikums an den hohen schweizerischen Bundesrath,* 26. August 1877.

88 Anonym: Gesellschaft ehemaliger Studirender des eidgenössischen Polytechnikums in Zürich, in: Die Eisenbahn/ Le chemin de fer 5 (1876), Nr. 6, S. 82–83, Zitat S. 82.

89 Ebd., S. 82–83. Hervorhebung d. Verf.

90 Schweizerisches Bundesarchiv Bern, E80, 1000/1126, Bd. 115, Fasz. 1269: *Auszug aus dem Protokoll der 356. Sizung [sic!] des schweizerischen Bundesrathes,* 5. April 1882.

91 Ebd., «Brief des Schweizerischen Schulrathes an den hohen schweizerischen Bundesrath», 28. März 1882, S. 4.

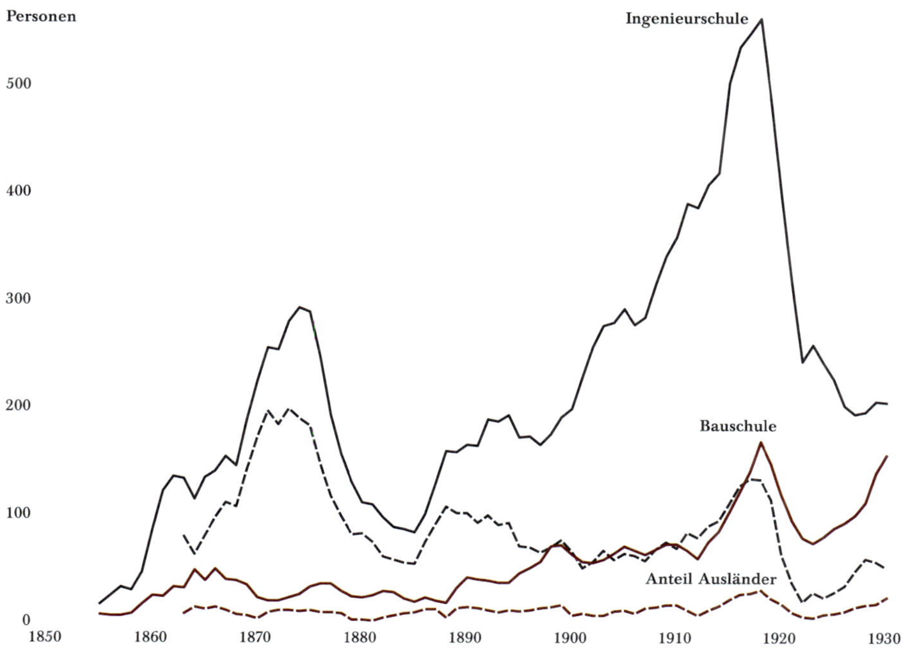

44 Studierendenzahlen an der Bauschule und der Ingenieurschule (ohne Erdwissenschaften).

War die Ingenieurschule schon immer deutlich stärker frequentiert als die Bauschule, ist beiden Abteilungen doch gemeinsam, dass die Schülerzahlen teils erheblich schwankten. Rückläufige Zahlen führten dann zumeist zu Kritik an der jeweiligen Schule – insbesondere auch aus den Reihen der Alumni-Studenten. Eine weitere Gemeinsamkeit ist der relativ hohe Anteil von ausländischen Studierenden bis etwa in die 1890er Jahre. Auch dies gab Anlass zu Kritik; Ernst Gladbach etwa schrieb 1885 in einem persönlichen Brief: «Mein Unterricht am Polytechnikum streckt sich dieses Jahr nur auf Wilde oder sog. Barbaren aus in allen möglichen Sprachen. Neun Griechen, 6 Russen und Polen, 3 Ungarn, 2 Rumänen, 1 Bulgare, 1 Brasilianer, 1 Italiener, 1 Engländer, 1 einziger Deutscher aus Westpreussen und neun französische Schweizer welche das deutsche radbrechen.» (Hessisches Staatsarchiv Darmstadt, 010 Familienarchiv v. Wedekind, Nr. 6/11: Brief von Ernst Gladbach an Georg von Wedekind, 3. Dezember 1885.)

nehmlich in das neu geschaffene siebte Studiensemester, während an der Ingenieurschule nur circa eine zusätzliche Übungsstunde pro Semester neu eingeführt wurde. Als Mittel zur «Hebung der Schule»[92] konnte das veränderte Reglement nicht alle überzeugen. Besonders hart war die Kritik des Zürcher Architekten und ehemaligen Bauschülers Alexander Koch.[93] In einem Bericht zur schweizerischen Landesausstellung von 1883 schrieb Koch: Die Bauschule sei «von jeher in einer traurig unkünstlerischen Weise angelegt gewesen, so dass die tüchtigsten Lehrkräfte nicht vermocht haben etwas Ordentliches zu Stande zu bringen». Nur drei oder vier Schüler seien «etwas halbwegs Ordentliches geworden», aber nur deshalb, «weil sie es anderwärts gelernt haben».[94] Mit der Polemik löste Koch eine hitzige Diskussion aus. August Waldner, der Herausgeber der *Schweizerischen Bauzeitung*, benannte das Problem in der *Neuen Zürcher Zeitung:* Der Andrang an die Bauschule sei «auf einem Niveau angelangt, das kaum mehr tiefer sinken kann, indem sich bloß zwei Schüler in den ersten Kurs gemeldet hatten. Der eine davon sei ein Landeskind und der andere so schlecht vorgebildet gewesen, daß er ein regelrechtes Eintrittsexamen nicht hätte bestehen können; er sei indes trotzdem aufgenommen worden»[95] (**Abb. 44**). Koch meinte den Grund hierfür zu kennen:

---

92 Zentralbibliothek Zürich, Handschriftensammlung, Familienarchiv Bluntschli, FA Bl. 60: Brief von Friedrich Bluntschli an Schulratspräsidenten Kappeler, 22. November 1880, zit. n. Altmann, Bernd: «Mein Motto fürs Leben bleibt Renaissance». Der Architekt Alfred Friedrich Bluntschli (1842–1930). Diss. Univ. Trier 2000 [http://ubt.opus.hbz-nrw.de/volltexte/2004/238/] (1. November 2010), S. 95.

93 Zur Person Alexander Kochs vgl. Rauhut, Christoph: Das tragische Genie. Zum 100. Todestag des Architekten Alexander Koch – eine aussergewöhnliche Zürcher Persönlichkeit, in: Neue Zürcher Zeitung, 28. April 2011. Koch veröffentlicht seine Bemerkungen zuerst im Fachbericht zur Keramikgruppe an der Landesausstellung 1883: Koch, Alexander: Bericht über Gruppe 17: Keramik (Schweizerische Landesausstellung Zürich 1883. Fachberichte). Zürich 1884; Auszüge werden auch in der *Schweizerischen Bauzeitung* abgedruckt: Anonym: Miscellanea: Ueber die Leistungen der Bauschule am eidg. Polytechnikum, in: SBZ 4 (1884), Nr. 17, S. 108–109.

94 Koch 1884 (wie Anm. 93), S. 25–26.

95 Waldner, August: Die Bauschule des eidg. Polytechnikums, in: Neue Zürcher Zeitung, 10. November 1884.

45 Delegierte der Fach- und -Nationalitäts-Vereine an der 50-jährigen Jubiläumsfeier des Eidgenössischen Polytechnikums (Fotograf unbekannt, 1905).

Bereits die Gründung des Polytechnikums war mit einem grossartigen Festakt inszeniert worden; dies galt es natürlich an den Jubiläumsfeiern zu wiederholen – auch, weil die gesellschaftliche Anerkennung des Polytechnikers stetig wuchs.

46a–c Abgangszeugnis des Ingenieurstudenten Constantin Lembke, 1890 / Diplomurkunde des Ingenieurstudenten Georg Szavits, 1877 / Diplomurkunde des Ingenieurstudenten Stefan Szávits-Nossan, 1917.

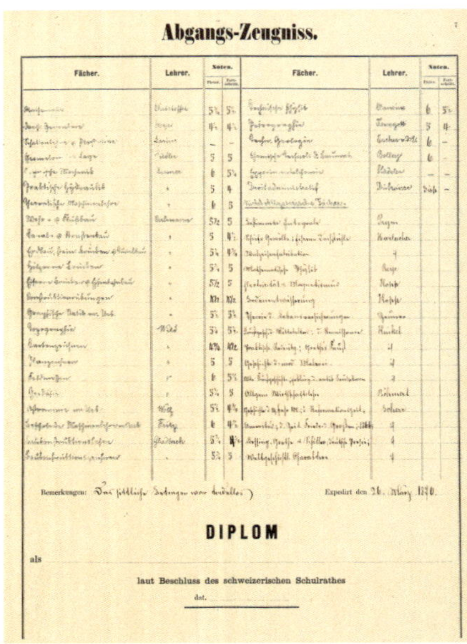
Abgangs-Zeugniss.

Fächer. | Lehrer. | Noten. | Fächer. | Lehrer. | Noten.

Bemerkungen:

Expedirt den 26. März 1890.

DIPLOM

als

laut Beschluss des schweizerischen Schulrathes

dat.

DIPLOM der eidgenössischen polytechnischen SCHULE.

Würdigung

Im Namen der Lehrerschaft.

Der Vorstand

Der Direktor

Im Namen des schweiz. Schulrathes DER PRÄSIDENT.

Der Sekretär.

Im 19. Jahrhundert legten nur wenige Abgänger von polytechnischen Schulen eine Diplomprüfung ab.[I] In Fächern, die keiner staatlichen Ausweise bedurften – also auch im Falle der Architekten und Ingenieure –, galt das Abgangszeugnis als ausreichender Abschluss. Auf ein Diplom angewiesen waren zum Beispiel ausländische Studierende, die ihren Abschluss in der Heimat anerkennen lassen wollten. Dass dies durchaus schwierig sein konnte, zeigt ein diplomatischer Vorstoss aus dem Jahre 1887 zur «Gleichstellung der polytechnischen Schule zu Zürich mit den technischen Hochschulen in Preussen», der vom Ministerpräsidenten von Preussen, Reichskanzler Otto von Bismarck, aber abschlägig beantwortet wurde.[II] Darüber hinaus war auch der eigentliche Modus der Diplomprüfungen umstritten: Gottfried Semper zum Beispiel kritisierte, «falls überhaupt der jetzige Modus […] zu That bestehen bleiben soll», dass die Prüfungen «kaum für etwas mehr als eine Formalität gelten können», und schlug vor, entweder jeden Abgänger mit «möglichst eingehenden und individualisirenden (nicht bloß schematisch in Nummern ausgedrückten) Abgangszeugnißen» auszustatten oder eine separate Prüfung einzurichten, die aber «schon wegen des in der Welt der Gelehrten und Fachleute herrschenden Individualismus und der vielen einander widerstrebenden Richtungen schwerer durchführbar sein dürfte».[III] Im Schuljahr 1902/03 wurde die Diplomarbeit dann als Leistung des achten Semesters separat im Lehrplan verankert; diese Institutionalisierung in einem festen Semesterrahmen drückt den gestiegenen Wert und die neue Reputation des Diploms im beginnenden 20. Jahrhundert aus.

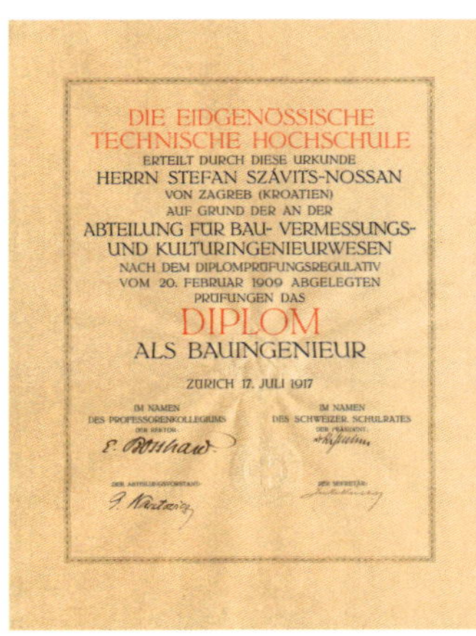
DIE EIDGENÖSSISCHE TECHNISCHE HOCHSCHULE
ERTEILT DURCH DIESE URKUNDE
HERRN STEFAN SZÁVITS-NOSSAN
VON ZAGREB (KROATIEN)
AUF GRUND DER AN DER
ABTEILUNG FÜR BAU- VERMESSUNGS- UND KULTURINGENIEURWESEN
NACH DEM DIPLOMPRÜFUNGSREGULATIV VOM 20. FEBRUAR 1909 ABGELEGTEN PRÜFUNGEN DAS
DIPLOM
ALS BAUINGENIEUR
ZÜRICH 17. JULI 1917
IM NAMEN DES PROFESSORENKOLLEGIUMS
IM NAMEN DES SCHWEIZER. SCHULRATES

I Gugerli, David; Kupper, Patrick; Speich, Daniel: Die Zukunftsmaschine. Konjunkturen der ETH Zürich 1855–2005. Zürich 2005, S. 74–76. Zu den Diplomen an der Bauschule vgl. auch: Tschanz, Martin: Die Bauschule am Eidgenössischen Polytechnikum in Zürich. Architekturlehre zur Zeit von Gottfried Semper (1855–1871) (Architektonisches Wissen). Zürich 2015, S. 166–170.

II ETH-Bibliothek, Archive, SR3 1887: 46, Brief von Arnold Roth [schweizerischer Gesandter in Berlin] an den Schulratspräsidenten [?], datiert 7. Februar 1887; Brief von Otto von Bismarck an Arnold Roth, datiert 2. Februar 1887, Zitat S. 1. Als Grund für die Ablehnung gibt Bismarck eine Formalie im Reglement der schweizerischen Schule an, was Roth als Zeichen versteht, dass eine Gleichstellung politisch nicht gewollt sei.

III ETH-Bibliothek, Archive, SR3 1860: 426, Brief von Semper an Kappeler, undatiert.

«Es ist die Unlust, der Mangel an Begeisterung für das Studium, welche in der Zürcher Bauschule herrschen und grossgezogen werden, welche ihre Decadenz hervorgebracht haben und nicht nur eine Menge Schüler abgehalten, sondern vorzugsweise die talentvollen, welche an und für sich begeistert für den erst kürzlich definitiv gewählten Beruf von der Unlust der Zürcher Schüler erschreckt werden und anderswohin gehen.»[96]

Die Debatte – geführt zwischen der GEP, Alexander Koch, dem Departement des Inneren, dem Schweizerischen Handelsdepartement und Autoren von Zeitungsartikeln (die wahrscheinlich Lehrer der Schule waren)[97] – drehte sich um das vernünftige Verhältnis von Übungen und Vortragsstunden. Die Diskussion flaute nach 1884 nur oberflächlich ab, 1890 findet sich der Kommentar eines unbekannten Autors in der *Schweizerischen Bauzeitung:* «Wir behaupten die Bauschule krankt wesentlich an dem Umstande, dass man nicht aufhört [...] sie in dem eigenen Lande zu diskreditieren.»[98] Nichtsdestoweniger gewinnt in den 1880er Jahren der Ausbau des Lehrangebotes an Fahrt, neue Fächer wurden eingeführt, andere im Umfang modifiziert.

Eine grundlegende Umstrukturierung des Lehrplans trat erst durch das am 1. Oktober 1909 in Kraft getretene neue Reglement ein.[99] Es reagierte auf den Wandel im Selbstverständnis der polytechnischen Schulen, Studienpläne wurden neuorganisiert, zudem wurde – nicht unumstritten – das Promotionsrecht eingeführt (**Abb. 45/46**).[100] Die Struktur des Curriculums am Polytechnikum war schon seit 1903 neu diskutiert worden, Aufhänger war zunächst die Kritik an den Verhältnissen in der Ingenieurschule, die «früher als Juwel der Anstalt gegolten hatte»,[101] nun aber durch hohe Ausfallquoten von Unterricht durch Krankheit oder Nichtbesetzung von Professuren gezeichnet war.[102] Doch «der Hauptstreit [...] dreht[e] sich um die Frage: Studienfreiheit oder Studienordnung?»[103] Angestossen worden war diese Diskussion durch eine Petition der GEP an den Nationalrat,[104] das eigentliche Wortgefecht fand auf der Titelseite der *Neuen Zürcher Zeitung* statt. Meist anonyme Autoren schrieben hier vom «Polytechnikum auf der Anklagebank», der «Ehrenrettung des bisherigen Organisationssystems» und der «Gefahr der Versumpfung».[105] Die Position der GEP in jener Diskussion war eindeutig, so liess sie über ihr Verbandsorgan verlauten: «Die Studienfreiheit, welche die Reform von 1879/81 nur den höheren Kursen brachte, soll also heute konse-

---

96 Schweizerisches Bundesarchiv Bern, E80, 1000/1126, Bd. 115, Fasz. 1269: Auszug eines Schreibens von Alexander Koch an unbekannten Adressaten, 11. Dezember 1884.

97 Vgl. hierzu, neben Waldners Artikel (wie Anm. 95), besonders folgenden weiteren Artikel in der *Neuen Zürcher Zeitung:* Anonym: Die Bauschule des eidgenössischen Polytechnikums, in: Neue Zürcher Zeitung, 2. November 1884; 4. November 1884; 5. November 1884; sowie auch die Unterlagen im Schweizerischen Bundesarchiv Bern, E80, 1000/1126, Bd. 115, Fasz. 1269: Mappe *Korrespondenz über die Kritik an der Bauschule in der Neuen Züricher Zeitung durch den Architekten Koch mit Zeitungsartikel.*

98 Anonym: Die Bauschule des eidg. Polytechnikums, in: SBZ 16 (1890), Nr. 4, S. 22.

99 ETH Zürich, ETH-Bibliothek, Hochschularchiv, SR2, 1908, Anhang: *Regulativ für die Aufnahme von regulären Studierenden und Zuhörern an die eidgenössische polytechnische Schule,* undatiert.

100 Weitere praktische Bestimmungen der Neuorganisation umfassten die Lösung der Raumnot, die durch die stark steigenden Studentenzahlen (insbesondere auch bei den Bauingenieuren) virulent geworden war.

101 So das Protokoll der Sitzung des Nationalrats vom 23. Juni 1903, über das der Schulrat in der Folge in einem Bericht informiert wurde: ETH Zürich, ETH-Bibliothek, Hochschularchiv, SR2, 1903: Schulratsprotokoll Sitzung Nr. 9, 7. Juli 1903, Traktandum 113, zit. n. Gugerli/Kupper/Speich 2005 (wie Anm. 2), S. 141.

102 Oechsli 1905 (wie Anm. 70), S. 351–352.

103 Anonym: Unser Polytechnikum auf der Anklagebank, in: Neue Zürcher Zeitung, 11. Juni 1903.

104 Gugerli/Kupper/Speich 2005 (wie Anm. 2), S. 141.

105 Unter anderem Anonym: Unser Polytechnikum auf der Anklagebank, in: Neue Zürcher Zeitung, 11. Juni 1903; Anonym: Der Streit ums Polytechnikum, in: Neue Zürcher Zeitung, 24. Juli 1903; Anonym: Studienfreiheit oder Studienzwang am Polytechnikum, in: Neue Zürcher Zeitung, 16. Juli 1903; Anonym: Das Schweizerische Polytechnikum, in: Neue Zürcher Zeitung, 5. Juli 1903; Anonym: Nochmals das Polytechnikum, in: Neue Zürcher Zeitung, 4. August 1903.

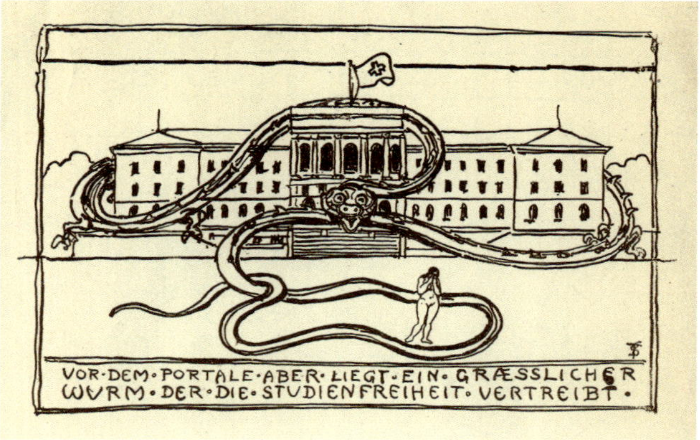

47 Karikatur zur Studienfreiheit, S. 2 (Ausschnitt) aus: Bierzeitung. 50-jähriges Jubiläum des Eidgenössischen Polytechnikums, 1905.

Grössere Studienfreiheit war eine Hoffnung, die bei Reorganisationen des Polytechnikums immer wieder aufflammte.

quent durchgeführt werden»[106] (**Abb. 47**). Mitentscheidend für die spätere Durchsetzung der Forderungen nach mehr Studienfreiheit und praktischer Ausbildung war, dass 1905 Robert Gnehm – Akademiker und zugleich Praktiker mit langjähriger Tätigkeit in der chemischen Industrie – Schulratspräsident wurde. Im Gegensatz zu seinem Vorgänger Hermann Bleuler war er ein ausgewiesener Befürworter der Hochschulreform. So wurde «der so oft verschriene Schulbetrieb des alten ‹Poly› [...] durch die Reorganisation von 1908 beseitigt», wie ein Ehemaliger sich beim 100-jährigen Schuljubiläum erinnerte.[107] Das neue Reglement ermöglichte fortan theoretisch die freie Fächerwahl. In der Praxis wurden den Studierenden jedoch Normalstudienpläne empfohlen,[108] die «sowohl für die Lehrer wie für die Schüler immer einen gewissen einschränkenden Zwang [bedeuten], der unserer Hochschule schon von jeher [...] den Vorwurf des ‹Schulbetriebs› eingetragen hat» – so ein anderer Kommentar zum 100-jährigen Jubiläum.[109] Letztlich zeigt der Vergleich des Angebots vor und nach der ‹Reorganisation›, dass zwar einige Fächer (beispielsweise *Modellieren* im 1. Jahreskurs der Architekten oder *Meteorologie und Klimatologie* im 1. Jahreskurs der Ingenieure) nicht mehr als obligatorisch galten, sich am zu leistenden Stundenpensum eines Studenten jedoch wenig geändert hatte.[110] Erst in den 1920er und 30er Jahren führte die verstärkte Einführung neuer Fächer zu einer deutlich steigenden Anzahl der freien Kurse.

Bei der Gründung des Zürcher Polytechnikums ging man von einer gemeinsamen curricularen Basis der Ingenieur- und Architektenausbildung aus, waren doch beides Aspekte der *einen* polytechnischen Bauwissenschaft. So waren im ersten Schulprogramm fast alle Fächer als gemeinsamer Unterricht festgelegt worden – eine verordnete (und ideale) Zusammenarbeit, die jedoch unmittelbar zu Diskussionen führte.[111] In der Praxis zeigte sich die Verbindung sehr bald als Utopie idealer Ganzheit – ein Konzept,

---

106 Auszugsweise abgedruckt und kommentiert ist der Bericht in der SBZ: Waldner, August: Die Neugestaltung unserer eidgenössischen technischen Hochschule, in: SBZ 43 (1904), Nr. 25, S. 297–299.

107 Andreae, Charles: Betrachtungen eines alten Schülers der 2. Abteilung der Eidg. Polytechnischen Schule zur Hundertjahrfeier der ETH, in: SBZ 73 (1955), Nr. 51, S. 788.

108 Vgl. ETH Zürich, ETH-Bibliothek, Hochschularchiv, SR2, 1909, Anhang: *Normal-Studienpläne (Art. 4 des Reglementes)*, undatiert.

109 Stüssi 1955 (wie Anm. 73), S. 387.

110 ETH Zürich, ETH-Bibliothek, Hochschularchiv, SR2, 1909, Protokoll der 3. Sitzung vom 20. Februar 1909, Traktandum 28 sowie Anhang, *Normal-Studienpläne (Art. 4 des Reglementes vom 21. September 1908)*, S. 1 (I. Architektenschule), S. 2 (II. Ingenieurschule).

111 Das Prinzip gemeinsamer Fächer konnte in den höheren Jahreskursen fast gar nicht etabliert werden. Einige wenige Ausnahmen, die als abgebrochene Versuche gelten können, sind: *Geologie* 1856/57–60/61; *Bau und Berechnung schmiedeiserner*

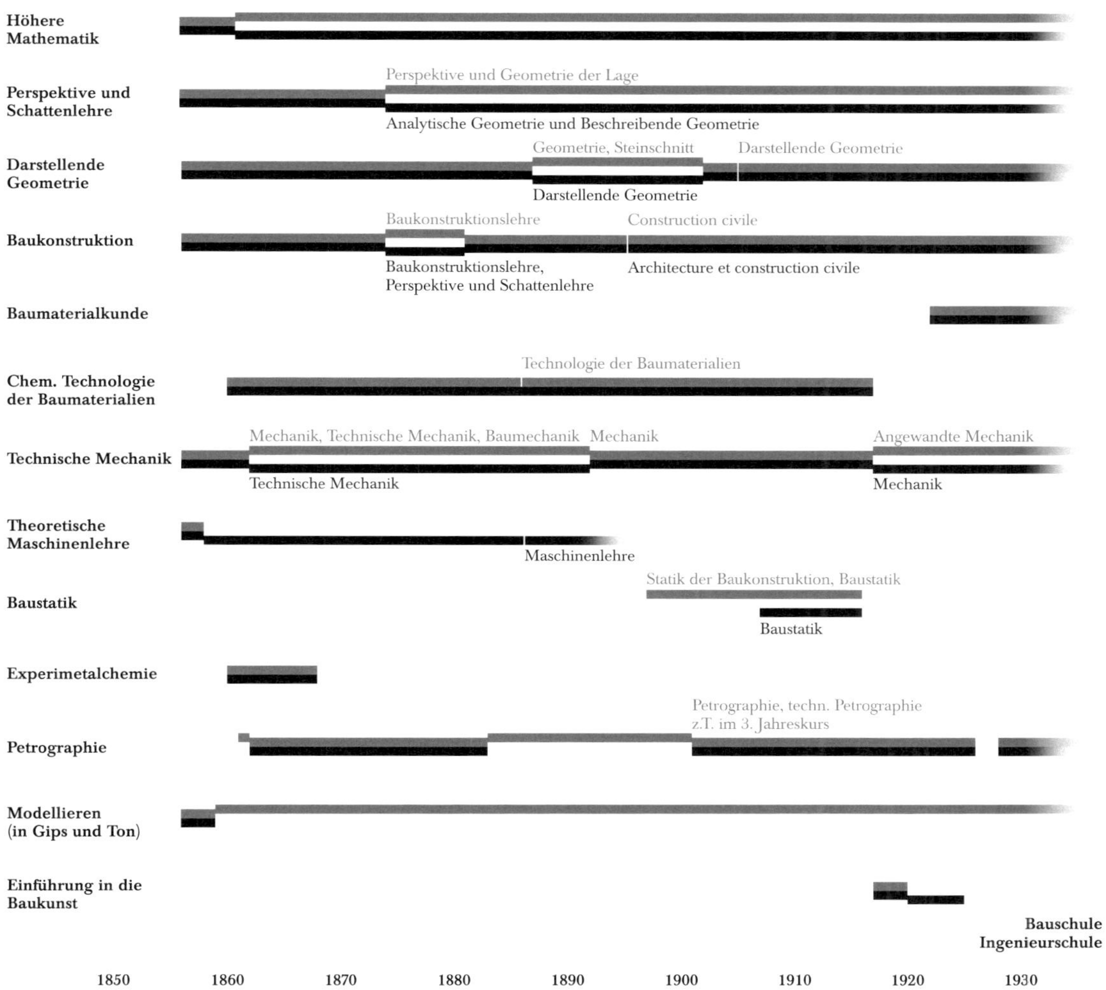

das aber dennoch im Verlauf der Zeit immer wieder aufgegriffen wurde (**Abb. 48**). Insbesondere in den ersten Gründungsjahren galt es, eine ‹Realität› für die Zusammenarbeit beider Schulen zu finden (**Abb. 49**). Nachdem Exkursionen schon von Anfang an getrennt durchgeführt worden waren, nahm auch die Zahl der gemeinschaftlich unterrichteten Fächer schnell ab, nicht zuletzt aufgrund der kritischen Haltung Gottfried Sempers.[112] Eine Reihe von Fächern wurde auf die eine oder die andere der beiden Schulen begrenzt. So erfolgte die Abschaffung von *Modellieren in Gyps und Thon* für Bauingenieure und *Theoretische Maschinenlehre* für die Architekten;[113] manche wurden ganz gestrichen, wie im Fall der Fächer

48 An Bau- und Ingenieurschule gemeinsam angebotene Fächer im 1. und 2. Studienjahr.

Insbesondere in den Anfängen des Polytechnikums betonte man die gemeinsame Basis der Architekten- und Ingenieurausbildung durch eine Vielzahl gemeinsamer Fächer. Schnell musste man jedoch einsehen, dass dies eine Idealvorstellung war, und löste den gemeinsamen Unterricht grösstenteils auf; es wurde aber immer wieder auf das Modell zurückgekommen.

Dächer 1880/81; *Fabrikation und Prüfung von Baumaterialien mit Demonstration an der Festigkeitsmaschine* 1884–85/86; *Eisenbeton* 1912/13–15/16; *Construction civile II* 1919/20–nach 1920.

112 Vgl. Semper, Gottfried: Der Stil in den technischen und tektonischen Künsten, oder praktische Aesthetik. Ein Handbuch für Techniker, Künstler und Kunstfreunde, Bd. 1: Die Textile Kunst für sich betrachtet und in Beziehung zur Baukunst. Frankfurt (Main) 1860, S. VIII, IX.

113 Theoretische Maschinenlehre war von 1855 bis 1857 gemeinsam unterrichtet worden und ‹Modellieren in Gyps und Thon› von 1855 bis 1859. Statt der Maschinenlehre sollten die Bauschüler wieder Unterricht in Technischer Physik bekommen, diese Verfügung des Schulratspräsidenten wurde jedoch nicht umgesetzt. Vgl. ETH Zürich, ETH-Bibliothek, Hochschularchiv, HS 1230:36: «Auszug aus dem Protokoll des Präsidenten des schw. Schulrathes», 20. Oktober 1856.

49a–d Gruppe von Architekturstudenten auf Exkursion nach Brescia (Fotograf unbekannt, 1889) / Exkursion der Bauschule nach Fribourg (Fotograf unbekannt, 1909) / Eckwarte des Stadtmauerabschnitts nördlich der Porte de Mora in Fribourg, erneuert von Jean-François Reyff in der Mitte des 17. Jahrhunderts[I] (Zeichnung eines Schülers der Bauschule Baumgartner [?], 1909) / Verschiedene Orte in Oberitalien, Zeichnung autografiert von Karl Moser, Blatt 9 aus: Anonym, Bericht über Excursion der Bauschule, 1881.

Vom Beginn der Ausbildung an standen an allen Abteilungen der Schule regelmässige Exkursionen auf dem Programm. In den ersten Unterrichtsjahren besuchten die Bauschüler gleichermassen Baustellen, Fabriken für Baumaterialen und bedeutende Objekte der Baugeschichte. Zusehends wurden jedoch die historischen Bauten in den Mittelpunkt gestellt, um von diesen Aufnahmen erstellen zu können. An der Ingenieurschule stand die Besichtigung von Ingenieurbauten wie Brücken, Tunneln oder anderen Anlagen, vor allem der Eisenbahn, im Vordergrund, mit dem Ziel, «von denselben so vollständige Skizzen und Maasangaben zu verschaffen, dass [die Schüler] von diesem interessanten Bauwerke zu Hause im Zeichnungssaale vollständige Zeichnungen ausführen konnten»[II] – Verständnis und Reproduktion der Objekte war also der Anspruch. Eine ‹Institutionalisierung› dieses Typus von Lehrveranstaltung fand an der Bauschule bereits im Schuljahr 1857/58 durch die Einführung der «Exkursionswoche» statt. Ab 1860 übernahmen alle Abteilungen diese Praxis. Üblicherweise ging ein ganzer Jahreskursus zusammen mit ein bis zwei Professoren plus Assistenten auf Exkursion. Waren die Exkursionen am Anfang noch auf Zürich und die nähere Umgebung beschränkt, erlaubte es das längere Intervall, auch entferntere Ziele zu besuchen. Nach dem Ausbau der Eisenbahnverbindungen wurden ab der Mitte der 1860er Jahre sogar Ziele im benachbarten Ausland ‹angefahren› – vonseiten der Bauschule am liebsten in Italien, auch wenn man hier mitunter «den beutegierigen Klauen der herbeiströmenden Kellner»[III] entrinnen musste. Generell wurde jedoch die «Bereitwilligkeit für Zulassung und Besichtigung»[IV] und auch die «grosse[...] Zuvorkommenheit der Techniker und Behörden»[V] an den Reisezielen betont. Insbesondere für die Bauingenieure erfüllten die Exkursionen auch den Zweck der Vernetzung des Polytechnikums mit der heimischen Industrie, während sie in der Ausbildung immer mehr zu einem bloss «illustrierenden» Element wurden.[VI] Für die angehenden Architekten entwickelten sich die Exkursionen hingegen zu einem integralen Bestandteil der Lehre.[VII] Nicht nur wurde Baugeschichte am Objekt erlernt und illustriert, sondern auch die Aufnahme von Gebäuden geübt. Jeder Student legte sich auf diese Art und Weise eine beachtliche Sammlung von Bauaufnahmen zu. Zu beobachten ist, wie sich der Dokumentationsansatz bei verschiedenen Lehrern unterschied. Julius Stadler «lehrt einem das praktische Scizzieren»,[VIII] Gulls Studenten zeichneten Steinschnitte. Intention war es, den Studenten über die Aufnahme auch die Konstruktionstechniken nahezubringen. Vom Erfolg der Exkursionen zeugen auch die vielen Veröffentlichungen, die von solchen Aufnahmen gemacht wurden[IX] und das Ziel hatten, «den reichen Inhalt unserer Skizzenbücher auch weiteren Kreisen zugänglich zu machen».[X]

I Dorothee Heinzelmann hat den Ort identifiziert.

II Verzeichniss der Unterrichtsgegenstände [Eidgenössische Polytechnische Schule], Wintersemester 1856/57, S. 49.

III Lasius, Georg; Stadler, Julius: Exkursion der Bauschule im Juli 1864, in: Programm der eidgen. polytechnischen Schule, Wintersemester 1864/65, S. V.

IV Programm der eidgen. polytechnischen Schule, Wintersemester 1861/62, S. 44.

V Programm der eidgen. polytechnischen Schule, Wintersemester 1865/66, S. 46.

VI Gugerli, David; Kupper, Patrick; Speich, Daniel: Die Zukunftsmaschine. Konjunkturen der ETH Zürich 1855–2005. Zürich 2005, S. 83–84.

VII Siehe zu den Exkursionen der Bauschule auch: Tschanz, Martin: Die Bauschule am Eidgenössischen Polytechnikum. Architektur-Lehre in Zürich zur Zeit von Gottfried Semper 1855–1871. Diss. ETH Zürich 2013, S. 127–131.

VIII So Bluntschli in einem Brief vom 20. August 1862. Zitiert nach: Altmann, Bernd: «Mein Motto fürs Leben bleibt Renaissance». Der Architekt Alfred Friedrich Bluntschli (1842–1930).

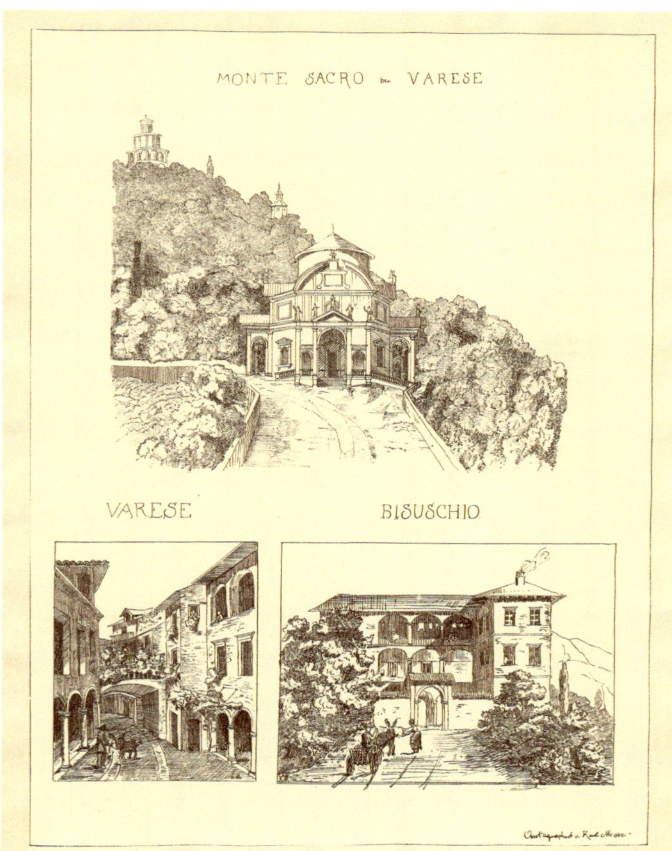

Diss. Univ. Trier 2000, http://ubt.opus.hbz-nrw.de/volltexte/2004/238/ (1. November 2010), S. 201.

IX Vgl. unter anderem [Architectura (Hg.)?]: Skizzen und Aufnahmen der Exkursion der Bauschule, 3. Curs, 1863. Gezeichnet und autographiert unter der Leitung von J. Stadler. Zürich 1863; [Architectura]: Exkursion der Bauschule im Juli 1864 (Tessin). Zürich [ca. 1864]; [Architectura]: Skizzen und Aufnahmen von der Bauschule. Exkursion vom Jahr 1864. Gezeichnet und autographiert unter der Leitung von J. Stadler. [Zürich] 1864; [Architectura]: Skizzen & Aufnahmen der Exkursion der Bauschule, 3. Curs, 1868. Ausgeführt unter der Leitung [von] J. Stadler & G. Lasius. Zürich 1868; Architektura (Hg.): Architektonische Studien des Bauschülervereins und Architektura. Zürich 1880; [Architektura]: Architektonische Studien des Bauschülervereins und Architektura. Zürich 1880/81. [Überarb. Neuaufl. von: Architektura 1880]; Anonym: Bericht über die Excursion der Bauschule nach Ober-Italien und Tessin, Juli 1880. Unter der Leitung von Prof. Stadler. Stäfa 1881; Verein Architectura (Hg.): Rathaus Zürich (Architectonische Studienblätter. H. 1). Zürich [1883]; [Architektura (Hg.)]: Exkursion der Bauschule, Reise-Studien aus Brescia, Autographien des Verein Architektura eidg. Polytechnikum. Zürich 1889; Verein Architectura (Hg.): Reisestudien. Varese, Lugano, Bellinzona 1896. Zürich 1897; [Architektura]: Reisestudien der Architectenschule am Eidg. Polytechnikum Zürich. 1905 Burgund. 1908 Cremona. Zürich [ca. 1908]; Architektura (Hg.): Aufnahmen und Skizzen. Zürich 1911; [Architektura]: Exkursion der Architektenschule nach dem Tessin Pfingsten 1914. Zürich [ca. 1914]; Architektura, Architektenschule ETH Zürich (Hg.): Exkursion nach dem Tessin Pfingsten 1917, Aufnahmen der Architektenschule ETH. Zürich 1917; [Architektura]: Aufnahmen der Bauschule am Genfersee und in St. Gallen. Unter Leitung von Karl Moser. Zürich 1917; Architektura (Hg.): Aufnahmen der Architektenschule. Eidgenössische Technische Hochschule Zürich Sommer 1918. Zürich 1918; Architektura, Architektenschule ETH Zürich (Hg.): Aufnahmen von der Exkursion nach Neuchâtel, Pfingsten 1919. Zürich 1919; [Architektura]: Aufnahmen der Architektenabteilung. Exkursion nach Oberitalien. Assistent Wespi. Zürich 1920.

X Lasius, Georg; Stadler, Julius: Exkursion der Bauschule im Juli 1864, in: Programm der eidgen. polytechnischen Schule, Wintersemester 1864/65, S. IX.

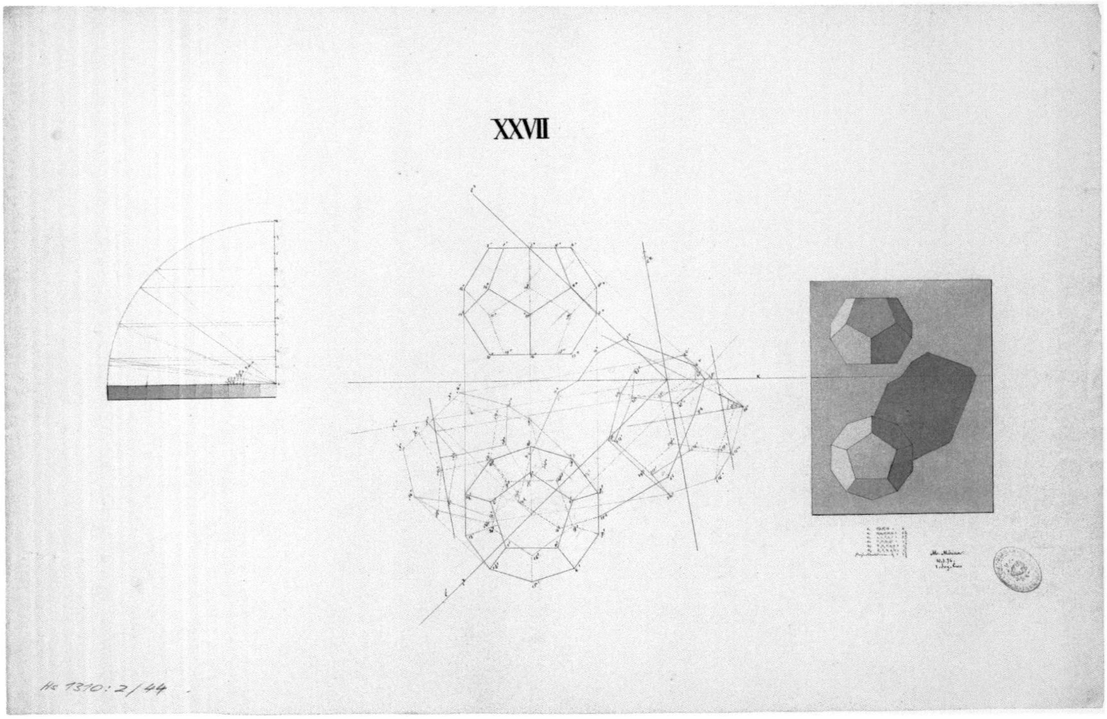

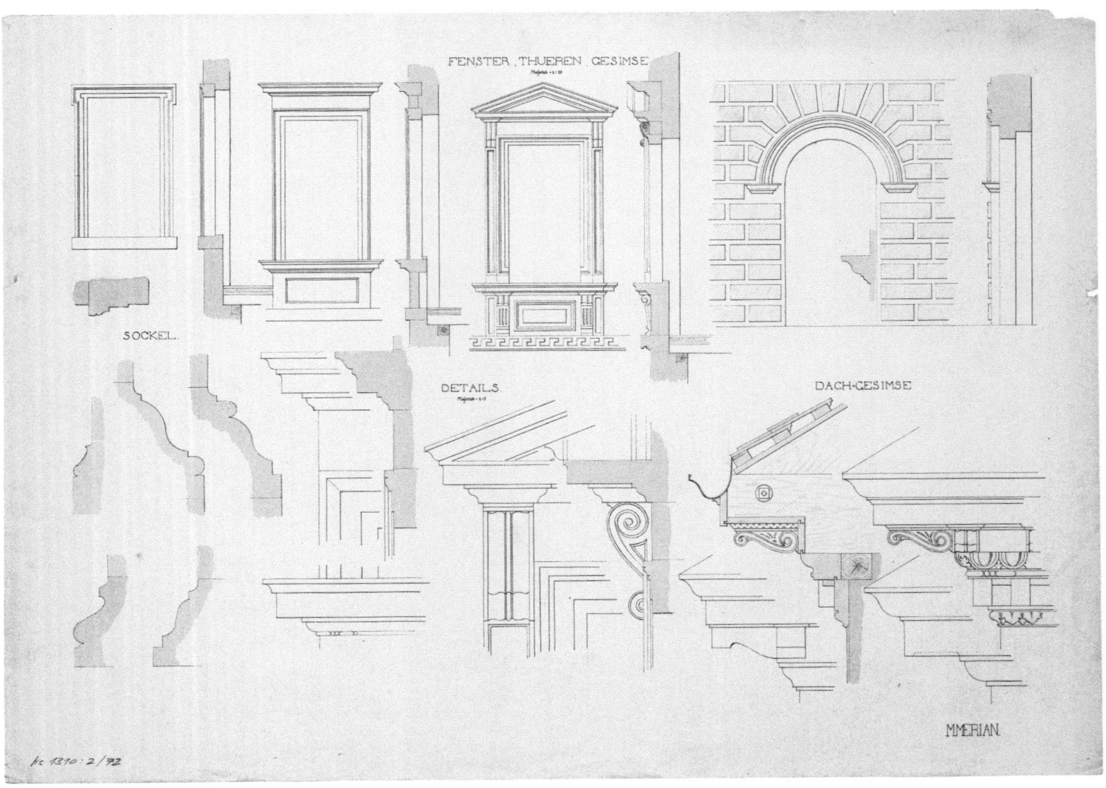

50a/b Zeichnungsübungen des 1. Jahreskurses. Schattenkonstruktion im Fach *Darstellende Geometrie* / «Fenster, Thueren, Gesimse» aus dem Konstruktionsunterricht (Zeichnungen des Ingenieurstudenten Mathieu Merian, 1873/74).

Nur wenige Fächer wurden durchgehend gemeinsam an Bau- und Ingenieurschule unterrichtet; *Baukonstruktion* bei Ernst Gladbach und *Darstellende Geometrie* bei Wilhelm Fiedler waren zwei davon.

Technische Physik und *Baumateriallehre;*[114] und andere wurden im Unterricht getrennt, dies betraf Fächer wie *Technische Mechanik* oder *Differential- und Integralrechnung:* Der adäquate Platz des mathematischen Unterrichts im polytechnischen Gefüge blieb aber stets eine Herausforderung.[115] Von den ehemals fast zehn vereint unterrichteten Fächern beider Schulen fanden nach dem ersten Schuljahrzehnt nur noch Baukonstruktion, Darstellende Geometrie und Perspektive und Schattenlehre gemeinschaftlich statt (**Abb. 50**).

In den Jahrzehnten bis 1900 wiederholte sich dieses Muster. Wurden Fächer neu eingeführt, versuchte man zuerst, diese gemeinschaftlich zu unterrichten.[116] Nach wenigen Jahren vollzog sich dann aber in den meisten Fällen eine Trennung.[117] Und so blieb, nachdem 1874 auch *Perspektive und Schattenlehre* und 1886 *Darstellende Geometrie*[118] nicht mehr gemeinsam unterrichtet wurden, von den ursprünglich gemeinsamen Fächern nur noch die Baukonstruktion übrig. Eine immer wieder formulierte Absicht von Mitgliedern der Bauschule war die Aufteilung des Unterrichts der darstellenden Geometrie auf die verschiedenen Schulen. Schon 1868 hatte Semper sich verpflichtet gefühlt, «auf die Übelstände aufmerksam zu machen, die bei der jetzigen Art des Unterrichts in darstellender Geometrie sich für unsere Abtheilungen ergeben haben» – im Prinzip empfand er den Unterricht also als zu ‹gründlich›, zu umfangreich und zu zeitaufwendig für ‹seine› Schüler.[119] Ähnlicher Kritik entgegenwirkend wurde 1882 sogar eine Spezialkommission am Polytechnikum einberufen, um «ein einheitliches Programm aufzustellen, welches [...] thunliche Begrenzung und namentlich engern Anschluß an die praktischen Bedürfnisse der Abteilungen [...] anstrebt».[120] Gegen die Widerstände aus den Lehrerkonferenzen der Bau- und der Ingenieurschule kam man letztlich jedoch nicht an,[121] gleichwohl blieben Form und Inhalt des Fachs *Darstellende Geometrie* auch in der grossen Diskussion um die Bauschule um 1884 wichtige Themen.[122]

Zentrale Verbindung für die Zusammenarbeit von Bau- und Ingenieurschule war die Baukonstruktionslehre: Ingenieure und Architekten reklamierten gleichermassen die Baukonstruktion als bedeutenden Teil ihrer Lehre – man betonte, dass für «beide technische[n] Zweige die Baukonstruktionen in Stein,

---

114 Technische Physik wurde von 1855 bis 1856 und Baumateriallehre von 1857 bis 1859/60 unterrichtet.

115 Von zentraler Bedeutung war die Frage, ob «für die Durchführung der [...] Aufgaben der technischen Hochschulen [die Mathematik] eine grundlegende Wissenschaft [...] [oder] eine Hülfswissenschaft» sei. Vgl. hierzu Hensel 1989 (wie Anm. 43), S. 37–55. Eingehend beschäftigte sich auch Max Foerster mit dieser Frage in Bezug auf die Bauingenieure: Foerster, Max: Betrachtungen über den Studiengang der Bauingenieure an den deutschen technischen Hochschulen, in: Armierter Beton 1 (1908), S. 23–27. Das Zitat stammt aus: Braunmühl, Anton von [u. a.]: Ueber den mathematischen Unterricht an den technischen Hochschulen, in: Centralblatt der Bauverwaltung 17 (1897), Nr. 13a, S. 151–152, hier S. 151. Zur mathematischen Ausbildung am Zürcher Polytechnikum generell: Plancherel, Michel: L'École des sciences mathématiques et physiques et l'enseignement de base en mathématiques et physique dans les autres sections, in: Eidgenössische Technische Hochschule 1855–1955 (wie Anm. 68), S. 297–313. Vgl. auch Tschanz 2013 (wie Anm. VII, S. 96), S. 113–117.

116 So Chemische Technologie der Baumaterialien ab 1858, Experimentalchemie (nur teilweise obligatorisch) ab 1860/61 und Petrografie ab 1861/62 bei den Architekten und ab 1862/63 bei den Bauingenieuren, da in unterschiedlichen Jahreskursen unterrichtet.

117 Seit 1883 wurde Petrografie und seit 1885 Chemische Technologie der Baumaterialien getrennt unterrichtet.

118 Auch als Geometrie oder Steinschnitt in den Schulprogrammen aufgeführt.

119 ETH Zürich, ETH-Bibliothek, Hochschularchiv, SR3, 1868, 182: Brief von Gottfried Semper an Johann Karl Kappeler, 25. Juni 1868. Einen Grund für den umfangreichen Unterricht in darstellender Geometrie sieht Martin Tschanz darin, dass Josef von Deschwanden, der erste Direktor des Polytechnikums, den Unterricht gab, vgl. Tschanz 2013, S. 114–117.

120 Bericht des Bundesrathes an die Bundesversammlung über seine Geschäftsführung im Jahre 1882, in: Schweizerisches Bundesblatt 35 (1883), Bd. 2, Nr. 15, S. 1–115, hier S. 78.

121 Vgl. auch den Bericht Waldners zum Polytechnikum aus dem Jahre 1884, in dem er folgendes schreibt: «An der Bauschule sehen wir die schon vor 8 Jahren [= 1876] von Herrn Stadtbaumeister Geiser bei Anlass der Winterthurer Generalversammlung mit gewohnter Energie bekämpfte Vorlesung über darstellende Geometrie nach der Methode des Herrn Professor Fiedler noch bombenfest dastehen!» Waldner, August: Zur Reorganisation des eidg. Polytechnikums, in: SBZ 4 (1884), Nr. 17, S. 107.

122 Vgl. unter anderem ETH Zürich, ETH-Bibliothek, Hochschularchiv, SR3, 1884, 449: «Brief der Mitglieder der Bauschulconferenz an den Schweizerischen Schulrat», Dezember 1884; Anonym: Die Bauschule des eidgenössischen Polytechnikums, in: Neue Zürcher Zeitung, 2. November 1884; 4. November 1884; 5. November 1884.

Holz, Eisen soweit sie das Hauptgerippe der Bauwerke abgeben gleich wichtig» seien, sich aber «für beide Fächer das Interesse so wie die Konstruktionen für den weiteren Ausbau der Bauwerke» trenne.[123] Definiert man das Feld ‹Baukonstruktion› weit und zählt daneben auch Fächer wie *Baumaterialkunde* oder jene über die Eigenschaften der Baumaterialien (unterrichtet als *(Chemische) Technologie der Baumaterialien*) hinzu, wird deutlich, dass just jene Fächer die beständigsten waren. Der Umfang der Übungsstunden wurde immer wieder verändert (zeitweilig fand auch kein gemeinsamer Unterricht statt), doch waren hierfür wohl personelle Veränderungen ausschlaggebend. 1874 – ein Jahr nachdem Georg Lasius Vorsteher der Bauschule geworden war – wurde der Übungsbetrieb getrennt, während Benjamin Recordon bei Amtsantritt 1881 wieder eine gemeinsame Übung einführte.

Das gemeinsam angebotene (und als sehr wichtig empfundene) Fach *Chemische Technologie der Baumaterialien* wurde von Professoren der Chemisch-technischen Schule unterrichtet, zuerst von Pompejus Bolley, dann von Emil Kopp und später von Georg Lunge. Schulübergreifendes Unterrichten war ein zentrales Element der polytechnischen Konzeption. Die Vorstellung war, dass der ‹Experte› im Feld den Fachunterricht an weiteren Schulen übernahm. Die an anderen Fachschulen unterrichteten Fächer waren deshalb aber im Inhalt mitunter nur bedingt auf deren Bedürfnisse zugeschnitten. So unterschied sich etwa der Stoff des Fachs *Chemische Technologie der Baumaterialien* für die Bau- und Ingenieurschule vom gleichnamigen Fach an der Chemisch-technischen Schule, aber eigentlich nur im Umfang. Darüber hinaus waren Interessensschwerpunkte der Lehrenden – Bolley war beispielsweise eine Autorität im Feld der Farbchemie – für die Konzeption des Fachunterrichts prägend (**Abb. 51**).[124] Nachdem Ludwig Tetmajer zum Direktor der Festigkeitsprüfungsanstalt geworden war, unternahm er es Anfang der 1880er Jahre, das Fach an Bau- und Ingenieurschule zu trennen, indem er für die Ingenieure das neu konzipierte Fach *Technologie der Baumaterialien* anbot, dessen Schwerpunkt er als Nicht-Chemiker veränderte. Doch stellte Lasius im Namen der Bauschule sofort einen Antrag, das Fach auch in den Studienplan der Bauschule aufzunehmen: «Dass dieses Fach für den Architekten ebenso wichtig ist wie für den Ingenieur brauchen wir nicht zu betonen.»[125] Tetmajer baute also die Inhalte bei Architekten und Ingenieuren gleichermassen aus[126] und führte darüber hinaus bei den Ingenieuren das Fach «Prüfung von Baumaterialien im Laboratorium der eidg. Versuchsanstalt» ein (**Abb. 52**).[127] Auch sein Nachfolger François Schüle sollte die Technologie der Baumaterialien weiterhin gemeinschaftlich anbieten.

Nach dem Auseinanderdriften der Unterrichtsinhalte wurde um 1900 erneut der Versuch gemacht, das Übereinstimmende zu stärken. Zuvor getrennte Fächer wie Darstellende Geometrie, Petrografie oder

---

123 ETH Zürich, ETH-Bibliothek, Hochschularchiv, SR3, 1865, 443: Brief von Georg Lasius an Gottfried Semper, 5. August 1865. Vgl. hierzu auch die Bestrebungen für einen speziellen zweiten und dritten Jahreskurs an der Bauschule, wie sie noch im Weiteren beschrieben werden.

124 Mitschriften zum Fach sind: Verein der Polytechniker (Hg.): Chemische Technologie der Baumaterialien nach Vorträgen des Herrn Prof. Lunge. Zürich 1882; ETH Zürich, ETH-Bibliothek, Hochschularchiv, HS 633:8: Vorlesungsmitschrift, Chemische Technologie der Baumaterialien, gehalten von Emil Kopp, 1871. Über das Fach und den Zusammenhang mit den Foschungsaktivitäten der Lehrenden: Dariz, Petra; Tauber, Marianne: Vom Wurzelkrapp zum Alizarin. Die Anfänge der Herstellung von Alizarinfarbstoffen in der Schweiz, in: Hassler, Uta (Hg.): Maltechnik & Farbmittel der Semperzeit. München 2015, S. 156–169, hier S. 157–158.

125 ETH Zürich, ETH-Bibliothek, Hochschularchiv, SR3, 1884, 298: Brief von Georg Lasius an den Schweizerischen Schulrat, 4. August 1884.

126 Vgl. zu diesem Fach auch folgende Vorlesungsmitschrift: ETH Zürich, ETH-Bibliothek, Hochschularchiv, HS 1021:5: Vorlesungsmitschrift von Carl Gruber, Technologie der Baumaterialien, gehalten von Ludwig Tetmajer, 1896–97.

127 Über den Inhalt der Vorlesung Tetmajers *Fabrikation und Prüfung von Baumaterialien*, gehalten Ende der 1880er Jahre für die Ingenieurschule, gibt eine Mitschrift von George Autran Aufschluss (ETH Zürich, ETH-Bibliothek, Hochschularchiv, HS 442:2, vermutlich 1878–1880).

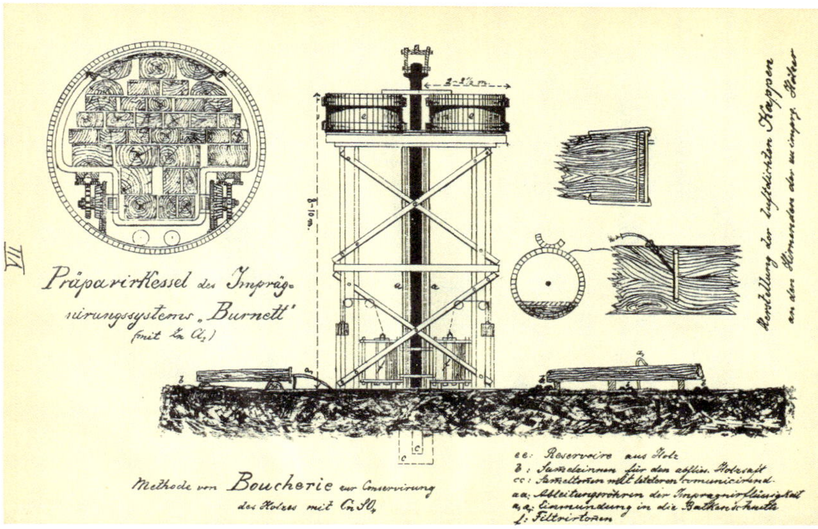

51 «Methode von Boucherie zur Conservirung des Holzes», Taf. VII aus: Lunge, Chemische Technologie der Baumaterialien, 1882.

Viele neue (grossteils chemische) Erkenntnisse führten zu Neuerungen im Bereich der Baumaterialien.

52 Versuchssaal der Materialprüfungsanstalt am Zürcher Polytechnikum, Taf. 12 aus: Tetmajer, Bericht über den Neubau, 1896.

Mechanik (vormals als Technische Mechanik bezeichnet) wurden wieder gemeinsam unterrichtet.[128] Vor dem Hintergrund sich auseinander entwickelnder Schwerpunkte schrieb man ein Minimum gemeinsamer Inhalte in der Grundausbildung fest, die teilweise bis weit ins 20. Jahrhundert beibehalten wurden.

128 Darstellende Geometrie wurde ab 1902, Petrografie ab 1901 und Mechanik schon ab 1892 wieder zusammen unterrichtet. Neu eingerichtet wurde 1897 die Technologie der Baumaterialien.

Wissenschaftliches Wissen und Erfahrungswissen: ‹Konstruieren lehren›

Ziel der Bauschule des Zürcher Polytechnikums war die Ausbildung gebildeter und qualifizierter Fachleute, damit (endlich) «sich auch für Verbesserung und Veredelung der *Baukunst in der Schweiz* mehr Sinn eröffnet. [...] Denn beim Mangel wissenschaftlicher Bildung unserer sogenannten *Bau-Meister* bleibt das, was anderer Orten, durch fortschreitende Kenntnisse in den neuesten Erfindungen und Einrichtungen der *Kunst* geworden ist, bei uns noch guten Theils bloß gemeines *Handwerk*»[129] – manifestiert in der anfänglichen Titulierung des Abschlusses als Diplom eines Baumeisters.[130] Die Verbindung technischer und (bau-)künstlerischer Fächer war Programm, die Aufteilung der Inhalte auf das erste und das zweite Jahr sollte praktisches Arbeiten innerhalb des Studiums ermöglichen. Bereits Gottfried Semper hatte sich vielfach mit der Frage befasst, wie Übungen am besten zu integrieren wären.[131] Im Zentrum seiner Überlegungen für einen methodisch-didaktischen Rahmen standen neben dem Studium wissenschaftlicher Sammlungen[132] schuleigene Werkstätten, Teilnahme an Wettbewerben und Atelierunterricht. An der Zürcher Bauschule bestand der Unterricht im Wesentlichen in Stunden zum architektonischen Zeichnen, zum Ornamentzeichen und zum Figurenzeichnen und in Übungen zur Baukonstruktion. Den zeitlichen Umfang dieser praktischen Arbeit empfand Semper aber stets als zu knapp (**Abb. 53/54**).[133] Gerahmt waren die Zeichenstunden von Vorlesungen am Morgen und am Abend – von, wie Semper sie nannte, «Hilfswissenschaften» wie etwa der darstellenden Geometrie. Sempers Pensum umfasste die Vorlesungen zur vergleichenden Baulehre beziehungsweise Geschichte der Baukunst und den zentralen, aber eben als zu kurz empfundenen Atelierunterricht,[134] beides im Wesentlichen angelegt über das zweite und dritte

---

129 Die inadäquate bzw. fehlende Architektenausbildung in der Schweiz wird schon 1837 thematisiert, siehe: Anonym: Vermischtes, in: Der Schweizer-Bote 34 (1837), Nr. 2, S. 6. Kursiver Text im Original gesperrt.

130 Erst ab 1866 verlieh man dann laut Reglement das Diplom eines Architekten. Siehe hierzu ausführlich: Tschanz 2015 (wie Anm. 73), S. 19–20, 169–170.

131 Semper äussert sich hierzu nicht nur in seinen publizierten Schriften (beispielsweise Wissenschaft, Industrie und Kunst. Braunschweig 1852, besonders S. 61–72), er verfasste auch *Vorschläge zur Reorganisation der Bauschule* in Dresden und in Zürich sowie ein *Fragment eines Programmes für e. Kunstschule* (ETH Zürich, gta Archiv, 20-0300-s, Ms-5). (Dass, wie andernorts angedeutet, hiermit die Gleichsetzung der Zürcher Bauschule mit einer Kunstschule intendiert sei, scheint aber überzeichnend.) Zudem verfasste er in Zürich ein Schreiben an Direktor Josef von Deschwanden, in dem er eine grundsätzliche Reorganisation der Bauschule empfahl (ETH Zürich, ETH-Bibliothek, Hochschularchiv, HS 1230:252: *Unmassgebliche Vorschläge betreffend die Anordnung von Preisarbeiten und anderes an der Bau Abtheilung des Polytechnikum*, Brief von Gottfried Semper an Josef von Deschwanden, Eingang 6. Dezember 1855). Diese Inhalte fanden aber wenig Anklang bei der Schulleitung. Ausführlich zu diesem Schreiben: Tschanz 2015 (wie Anm. 73), S. 30–35.

132 Die Sammlungen der ETH, insbesondere die Abgusssammlung, waren Gegenstand verschiedener Forschungen am Institut für Denkmalpflege und Bauforschung, siehe Hassler, Uta; Wilkening-Aumann, Christine: «den Unterricht durch Anschauung fördern»: Das Polytechnikum als Sammlungshaus, in: Hassler, Uta; Meyer, Torsten (Hg.): Kategorien des Wissens. Die Sammlung als epistemisches Objekt. Zürich 2014, S. 75–95; Wilkening-Aumann, Christine; Kienlin, Alexander von: «zum Umgange mit den Schönen gezwungen» – Die Gipsabguss-Sammlungen der ETH und Universität Zürich, in: ebd., S. 193–207; Zink, Stephan; Vernooij, Martine; Brack, Peter: Die Sammlung ‹Feliciani› der ETH Zürich: Geschichte, Ordnung und Bedeutung einer römischen Marmorsammlung des 19. Jahrhunderts, in: ebd., S. 209–227.

133 Zum Atelierunterricht an der Bauschule ausführlicher: Tschanz 2015 (wie Anm. 73), besonders S. 54–63. Zur Kritik Sempers vgl, ebd., S. 32. Vgl. weiterführend, Methoden und Rolle des Atelierunterrichts in der französischen Architektenausbildung diskutierend: Nègre, Valérie: Oral Transmission and the Use of Models in the Teaching of Architecture and Construction at the Turn of the 19th Century, in: Carvais, Robert; Guillerme, André; Nègre, Valérie; Sakarovitch, Joël (Hg.): Nuts and Bolts of Construction History. Culture, Technology and Society, Bd. 1. Paris 2012, S. 555–564.

134 Ausführlich zu Sempers Lehre am Polytechnikum: Tschanz 2015 (wie Anm. 73), S. 24–81. Hervorzuheben ist insbesondere, dass sich Sempers Vorlesungen über die Zeit veränderten, was sich unter anderem in immer wieder veränderten Bezeichnungen widerspiegelt. Eine sehr hilfreiche Überblickstabelle hierzu befindet sich ebd., S. 68. Zu Sempers Vorlesung existieren eine Reihe von Mitschriften seiner Schüler, für eine Auflistung der wichtigsten vgl. Wissenschaftshistorische Sammlungen der ETH-Bibliothek (Hg.): Gottfried Semper (1803–1879), Prof. für Architektur ETHZ (Handschriften und Autographen der ETH-Bibliothek, Bd. 158). Zürich 1992, S. 1. Zu Sempers Wirken am Polytechnikum vgl. auch: Maurer, Bruno: Lehrgebäude – Gottfried Semper am Zürcher Polytechnikum, in: Nerdinger, Winfried; Oechslin, Werner (Hg.): Gottfried Semper 1803–1879. Architektur und Wissenschaft. München/Berlin/London u. a. 2003, S. 306–313; Mallgrave, Harry Francis: Gottfried Semper. Ein Architekt des 19. Jahrhunderts. Zürich 2001 (Erstausgabe: Gottfried Semper. Architect of the Nineteenth Century. New Haven/London 1996), S. 246–251.

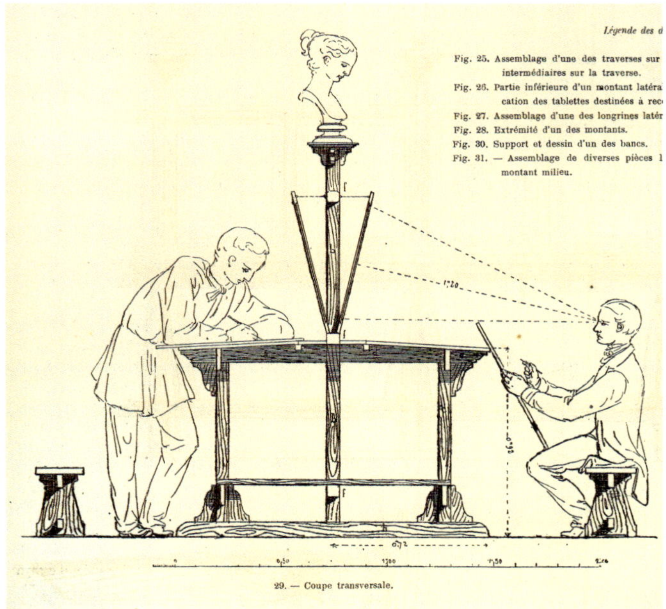

53a/b Entwurf eines Zeichentisches für die Bauschule des Zürcher Polytechnikums (Zeichnung von Gottfried Semper, um 1860) / Entwurf eines Zeichentisches für den Architekturunterricht (Zeichnung von M. Billot, 1866), Fig. 29 (S. 41) aus: Baudot, Menuiserie, 1866.

Übungen waren zentraler Teil des Ausbildungskonzepts am Polytechnikum. Sempers Entwurf steht in der (französischen) Tradition der Kunsthochschulen (die *Gazette des Architectes et du bâtiment*, in welcher Billots Zeichnung veröffentlicht wurde, ist mit der École des beaux-arts verknüpft).

54 «Wie in den drei Zeichnungssäälen 146 156 & 166 das Erscheinen der Professoren gefeiert wird» (Karikatur), S. 6 aus: Verein Architectura Zürich, Bier-Zeitung Weihnachtskneipe 1890.

Jahr.[135] Bemerkenswerterweise fand Semper die Schwerpunkte und Priorisierungen am Zürcher Polytechnikum generell zu theoretisch, waren doch auch aufgrund des schlechten Vorwissens der Schüler zu viele Einführungs- und Aufbaufächer nötig.[136] Gleichwohl änderte sich trotz seiner wiederholten Kritik in den ersten Jahren an der Bauschule nur sehr wenig, sieht man von der anfänglichen, aus Sempers Sicht sicherlich auch nicht ausreichenden Stärkung der Übungen ab.[137] Der Wandel «beschränkt sich auf kleine Abänderungen in der Zahl der Vortragsstunden, auf Verlegungen einzelner Vorlesungen in andere Semester, auf Abänderungen in der Bezeichnung».[138]

Ein erster Impuls zur ‹Anpassung› der baukünstlerischen Lehre war mit der Person Georg Lasius' verbunden. Lasius war 1863 als Privatdozent an das Polytechnikum gekommen und sollte dort bis 1923 – also ganze sechzig Jahre – lehren, ab 1867 als ordentlicher Professor und von 1873 bis 1905 auch als Vorsteher der Bauschule. Lasius' Mitverdienst war die Etablierung des *Civilbaus* als ein eigenes Fach im Curriculum. Diesbezügliche Überlegungen hatte es seit der Schulgründung gegeben, unter anderem war Ernst Gladbach 1857 als Professor für ein solches Gebiet berufen worden.[139] Gladbach hatte diese Aufgabe aber aus unterschiedlichen Gründen nie wahrgenommen, weshalb Julius Stadler 1865 nochmals für die Einführung eines solchen Faches plädierte: « [Alles,] was [...] unter Civilbau könnte zusammengefasst werden, wird nur gelegentlich bei [...] Entwürfen unterrichtet. Da aber höchstens 4 ausgeführte Projekte in einem Jahre gemacht werden können, so ist einleuchtend daß dieser Zweig nur unzulänglich vertreten ist.»[140] Stadler unterbreitete sogleich einen Vorschlag für ein Programm.[141] Das Bestreben, von Semper an den Schulrat herangetragen, wurde von diesem nicht umgesetzt, jedoch begannen Lasius und Stadler ab dem Schuljahr 1865/66 zeitweilig wenigstens Teilinhalte als nichtobligatorische Fächer anzubieten.[142] Der Erfolg dieser Vorlesungen war wiederum Grundlage dafür, dass ab dem Schuljahr 1871/72 das Fach – nun

---

135 Unterstützung in den Übungen erhielt er zeitweilig durch Julius Stadler, seit 1856 als Hilfslehrer an der Bauschule, und Georg Lasius, seit 1863 als Privatdozent. Zeitweise fand Sempers Unterricht auch im ersten Jahr statt, hierzu Tschanz 2015 (wie Anm. 73), S. 39–46.

136 Semper kritisiert dies sogar in den *Prolegomena* zum *Stil*: «So z. B. müssen die Schüler der technischen Anstalten, wenn sie aus den Realschulen herauskommen, einen grossen Theil ihrer ohnedies eng vorgezeichneten Studienzeit auf die Vorwissenschaften verwenden, die ohne hinreichenden Hinweis auf ihren unmittelbaren Zusammenhang mit der Spezialität jedes Fachschülers vorgetragen werden.» Semper 1860 (wie Anm. 112), S. VIII–IX. Semper erwähnt zwar nicht explizit das Polytechnikum, er schreibt dies aber nach seinen ersten Jahren an der Schule. Vgl. zudem: Mallgrave 2001 (wie Anm. 134), S. 201.

137 Diesen Punkt ausführlicher, jedoch unter anderer Prämisse diskutierend: Tschanz 2015 (wie Anm. 73), S. 30–35, besonders S. 34.

138 Waldner 1884 (wie Anm. 121), S. 107.

139 Siehe hierzu Tschanz 2015 (wie Anm. 73), S. 76.

140 ETH Zürich, ETH-Bibliothek, Hochschularchiv, SR3, 1865, 443: Brief von Julius Stadler an Gottfried Semper, 27. Juli 1865. Hier auch ein Brief Sempers an den Schweizerischen Schulrat, datiert auf den 10. August 1865, unter anderem den Vorschlag von Stadler weiterleitend.

141 ETH Zürich, ETH-Bibliothek, Hochschularchiv, SR3, 1865, 443: Programm zur Vorlesung über Civilbau, undatiert [1865]. Folgende zusammengefasste Transkription gibt einen Eindruck über die Inhalte: «Anlage, räumliche und technische Anforderungen von Wohngebäuden. Innere Einrichtung je nach speziellen Bedürfniß, Ortlichkeit, Clima usw. [Nun folgt eine Auflistung, die unter anderem Folgendes beinhaltet: Freistehendes Wohngebäude für je eine Familie auf dem Lande, in der Stadt, Mietwohnungen, Die Wohnung in Deutschland, Schweiz, bei den Franzosen, Engländer & Italien, Bauernhaus, Wirtshäuser, Gasthöfe, Pensionen, Cafe, Bierlokale, Spitäler, Verwaltungen, Waisenhäuser, Taubstummeninstitute, Gefängnisse, Kasernen, Exerzierhäuser, Lebensmittelmagazine, Eiskeller, Gebäude für Verwaltungsbauten, Gerichtshäuser, Saale für größere Versammlungen, Öffentliche Sammlungen, Anlage & Einrichtung von Bibliotheken, naturwissenschaftliche Sammlungen, Schlachthäuser, Verkehrsanstalten, Provisorische Bauten] Einjähriger Curs in wöchentlich zweistündig Vortrag für den II. Curs der Bauschule [...] Besuche von Gebäuden in Zürcher Umgegend. Bei entfernten Anstalten [...] soll bei den jährlichen grossen Exkursionen Rücksicht genommen werden.»

142 Neben einer Gewölbelehre las Lasius in jenen Jahren unter anderem als nicht obligatorische Fächer: Wintersemester 1865/66: *Ueber gewerbliche und landwirthschaftliche Anlagen*; Sommersemester 1866: *Landwirthschaftliche Baukunst*; Sommersemester 1868: *Gewerbliche Bauanlagen*. Stadler bot beispielsweise im Wintersemester 1868/69 die Veranstaltung *Anlage u. Einrichtungen von öffentlichen und Privatgebäuden* und im Sommersemester 1869 die Veranstaltung *Anlagen und Einrichtungen von Spitälern, Schulen, Gefängnissen u. Casernen* an.

HL = Hilfslehrer, LB = Lehrbeauftragter, PD = Privatdozent, TP = Titularprofessor

55 Lehrende in den Kernfächern der Bauschule.

Personelle Veränderungen bedingten Umgestaltungen des Unterrichts, Initiativen für neue Fächer sind zumeist einzelnen Personen zuzuordnen.

mit der Bezeichnung *Gebäudelehre* – obligatorisches, in den weiteren Jahren zumeist von Lasius unterrichtetes Fach wurde.[143] Das neue Pflichtfach wurde zudem durch Sempers Weggang im Jahre 1871 ermöglicht, grössere fachliche Umstellungen waren jetzt einfacher. Das generelle Konzept des Atelierunterrichts hatte dennoch weiterhin Bestand (**Abb. 55**).[144] Sempers Baukunstvorlesung und die Kompositionsübungen wurden 1871 zur Überbrückung als Provisorium durch Julius Stadler und Georg Lasius übernommen.[145] Diese Chance nutzte Stadler auch, um zum Professor berufen zu werden.[146] Die seit Sempers Abgang entstandene Lücke im Lehrpersonal konnte erst im Vorfeld der Reorganisation von 1882 geschlossen werden. Im Jahr 1881 überzeugte man den ehemaligen Schüler Friedrich Bluntschli, eine Professur zu

---

143 Ab 1874 teilweise auch im ersten Jahreskurs mit dem Schwerpunkt Wohnbauten. Nach seinem Ausscheiden wurde das Fach durch William Dunkel und Otto Rudolf Salvisberg fortgeführt.

144 Vgl. hierzu als Überblick bis in die heutige Zeit: Hildebrand, Sonja: Theorie und Praxis in der Architekturlehre, in: Trans 14 (2005), S. 60–65.

145 Stadler übernahm seine Vorlesung – mittlerweile als *Styllehre* bezeichnet. Zusätzlich übernahm er das Fach *Ornamentzeichnen* an der Bauschule, das zuerst im ersten Jahr und später im zweiten Jahr unterrichtet wurde. Zusammen mit Lasius unterrichtete er auch die Kompositionsübungen. Lasius war bereits 1867 zum Professor für Baukonstruktion und (seit Sempers Weggang auch) Architekturzeichnen ernannt worden. Vgl. beispielsweise Programm der eidgen. polytechnischen Schule, Wintersemester 1868/69, S. 12.

146 Stadler erhielt 1872 die Professur für Architektur, Stillehre und Ornamentzeichnen (ETH Zürich, ETH-Bibliothek, Hochschularchiv, SR3, 1872, 19), nachdem er erst 1871 noch ein *Gesuch um Entlassung v. seiner Lehrstelle* (ETH Zürich, ETH-Bibliothek, Hochschularchiv, SR3, 1871, 454) gestellt hatte, bevor er dann zu Beginn des Jahres 1872 eine *Anzeige für ein Verbleiben unter gewissen Umständen* (ETH Zürich, ETH-Bibliothek, Hochschularchiv, SR3, 1872, 2) einreichte, die als Umstand eben eine Professur nannte.

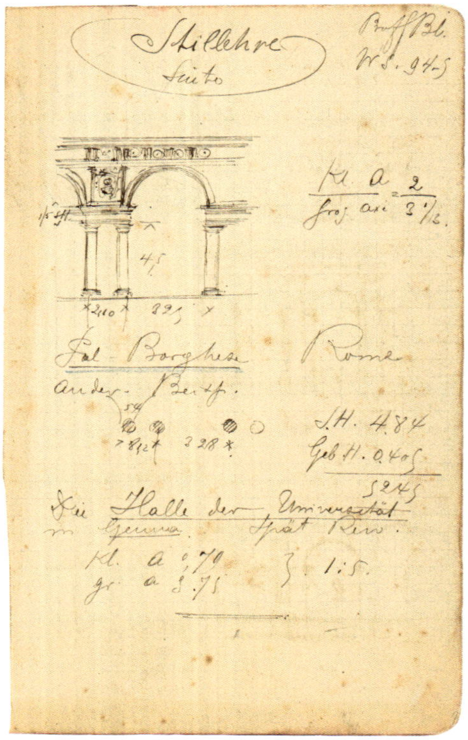

56 Vorlesungsmitschrift zum Fach *Stillehre* bei Prof. Bluntschli im Wintersemester 1894/95.

Nach Gottfried Sempers Weggang vom Zürcher Polytechnikum konnte nach einer interimistischen Periode erst 1881 Friedrich Bluntschli als Nachfolger der Professur für Baukunst gewonnen werden. Dieser knüpfte in der Konzeption seiner Kurse eng an jene seines Vorgängers an, so hielt er auch eine Vorlesung *Stillehre*.

57 Villa Rigot, Genf, erbaut 1767 (Zeichnung von J. Bosshardt), Blatt 14 aus: Architektura, Aufnahmen der Bauschule, 1917.

Auf den Exkursionen der Bauschule gerieten jetzt Bauten des 18. Jahrhunderts in den Fokus – und Objekte im Stil der französischen Renaissance. Friedrich Bluntschli legte hierauf einen Schwerpunkt seiner Lehre, auch als Gegenpol zu seinem stärker auf das Mittelalter ausgerichteten Kollegen Gustav Gull.

übernehmen, die dieser 1871 noch abgelehnt hatte.[147] Bluntschli übermittelte mit seiner Zusage an den Schulratspräsidenten eine schriftliche Beschreibung seiner Vorstellung für den Lehrplan der Architekten, den er zuvor mit Lasius und Stadler, seinem Vetter, abgestimmt hatte.[148] Seine Pläne knüpften an Sempers Ideen an, viele Forderungen waren ähnlich: zusammenhängende Übungen, ein siebtes Semester, eine Stärkung der Zeichen- und Skizzierfächer, eine weitergehende Trennung des Unterrichtes von der Ingenieurschule, aber auch der Forstschule.[149] Dass trotz einiger in der Reorganisation von 1882 umgesetzter Punkte (wie der Einführung des siebten Semesters) die Lage an der Bauschule in den 1880ern schwierig

147 Altmann 2000 (wie Anm. 92), S. 94.

148 Ebd., S. 95.

149 Bluntschli schrieb Folgendes: «Die Hebung der Schule in dieser Richtung ist hauptsächlich dadurch zu erreichen [...] 1. [...] dass die Übungen im Zeichensaal [...] vermehrt u. [...] möglichst zusammenhängend d. i. von Vorträgen nicht unterbrochen werden. 2. Es ist in jeder Woche ein von Vorträgen vollkommen freier Tag für alle Curse zu schaffen, der zu Componierübungen, *Tagesscizzen,* Besichtigung von Bauten u. s. w. zu verwenden ist. [...] Es ist hierbei hauptsächlich Werth auf die Tagesscizzen als ein Hauptbildungsmittel f. Architecten zu legen. 3. Es ist ein 7tes Semester zu schaffen, das von Vorträgen frei bleibt, vornehmlich zu Componirübungen zu benutzen ist u. in dem die Diplomarbeit zu fertigen wäre. 4. Das Landschaftszeichnen u. Modelliren ist wann immer thunlich obligatorisch zu machen, letzteres kann gut in die Abendstunden verlegt werden. – Zum Unterricht im Landschaftszeichnen wird sich eine Zuziehung von Prof. Stadler empfehlen. Ferner werden sich folgende Änderungen als nothwendig erweisen. 1. Der Constructionsunterricht ist in eine Hand (Prof. Lasius) zu legen u. von dem Constructionsunterricht f. Ingenieure zu trennen. [...] An den Constructionsübungen sollte der Prof. f. Baumechanik beteiligt werden. 2. Der Unterricht in darstellender Geometrie ist auf das erste Semester zu beschränken, dann sollen durch drei Semester als Anwendungen folgen: Steinschnitt, Schattenlehre u. Perspective. Vielleicht könnte Prof. Lasius den Unterricht der Anwendungen übernehmen. [...] 3. Trennung des Unterrichts über Strassen- und Wasserbau, der mit den Forstleuten gemeinsam gehört wird von diesen in der Weise, dass etwa Prof. Pestalozzi den Unterricht f. d. Forstleute erteile, Prof. Tetmayer den aber betr. f. d. Architekten.» Zentralbibliothek Zürich, Handschriftensammlung, Familienarchiv Bluntschli, FA Bl. 60: Brief von Friedrich Bluntschli an Schulratspräsidenten Kappeler, 22. November 1880, zit. n. Altmann 2000 (wie Anm. 92), S. 95 (Hervorhebungen im Original unterstrichen).

blieb, ist bekannt. Der Unterricht ging weiter, die Lehre der Baukunst teilten sich Bluntschli und Stadler seit 1881.[150] Erst 1893 übernahmen Johann Jakob Graf und wiederum Lasius interimistisch die Teile von Stadler, als dieser aus gesundheitlichen Gründen zurücktreten musste.[151] Bluntschli etablierte sich als Repräsentant der Bauschule (**Abb. 56**); in seinem Unterricht legte er den Schwerpunkt auf italienische, französische und deutsche Renaissance[152] (**Abb. 57**). Im Jahr 1900 erfolgte die Berufung des Stadtbaumeisters Gustav Gull – als «Professor der Architektur insbesondere für Ornamentik, Ornamentzeichnen, Styllehre & Kompositionsübungen».[153] Gulls Pluralismus[154] war zunächst immens erfolgreich mit malerisch-freier Neuinterpretation mittelalterlicher Formtradition. Mit seiner Ernennung zeigten sich an der Bauschule erstmals zwei Pole – «Hie Mittelalter, hie Renaissance», wie ein Zeitgenosse urteilte[155] (**Abb. 58**) – der Baukunstunterricht wurde auf zwei gleichrangige Professuren aufgeteilt.[156] In die ersten Jahre des neuen Jahrhunderts fiel auch die Einführung des Faches *Städtebau.*[157] Angeregt durch die GEP und die Studierenden begann Gull 1908/09 das nichtobligatorische Fach *Städtebaukunst* zu unterrichten.[158] Fest etabliert wurde es 1913, als der Privatdozent Hans Bernoulli den Unterricht übernahm.[159] Eine regelrechte Neustrukturierung der Lehre der Baukunst ergab sich schliesslich mit der Berufung Karl Mosers, nachdem Bluntschli 1915 aufgehört hatte zu unterrichten.[160] Gull und Moser hielten zusätzlich zu ihren praktischen Kursen je eine wöchentliche Vorlesung pro Semester, die von den Studenten aller Jahreskurse besucht wurde (**Abb. 59**).[161] Es war der Versuch, die bisherige Trennung der Baukunstlehre in ein ‹Grundstudium› und ein ‹Hauptstudium› aufzuheben.[162] Mit dem Ende der 1920er Jahre endeten fast gleichzeitig die Anstellungen von Gull und Moser,[163] mit den Neuberufungen von Otto Salvisberg für Moser und von

---

150 Stadler hielt die ersten drei Semester der *Styllehre,* Bluntschli die letzten zwei, ähnlich verfuhren sie bei der Aufteilung der Zeichen- und Entwurfsübungen.

151 Lasius übernahm die *Styllehre,* Graf, der später Professor für Kunstzeichnen und Modellieren werden sollte, den Ornamentzeichenunterricht.

152 Getreu seinem Leitspruch «Mein Motto fürs Leben bleibt Renaissance», so Bluntschli an seine Eltern im Jahr 1863, siehe Altmann 2000 (wie Anm. 92), S. 44, 99.

153 ETH Zürich, ETH-Bibliothek, Hochschularchiv, SR2, 1900: Präsidialverfügung Nr. 284, 10. Mai 1900.

154 Gull übernahm von 1900 an den Ornament-Unterricht als Dekorations-Unterricht und gab ab 1901 Vorlesungen zur Architektur des Mittelalters, 1908 fiel der Zusatz Mittelalter weg. Detailliert hierzu: Gutbrod, Cristina: Gustav Gull (1859–1942) – Architekt der Stadt Zürich 1890–1911. Zwischen Vision und Baupolitik. Diss. ETH Zürich 2009, S. 17–18.

155 K.: Die Ausstellung von Zeichnungen und Diplomarbeiten am eidg. Polytechnikum zu Ende des Wintersemesters 1901/1902, in: SBZ 39 (1902), Nr. 15, S. 165. Vgl. hierzu auch Gutbrod 2009 (wie Anm. 154), S. 18.

156 Dies lässt sich zum Beispiel daran erkennen, dass die Kompositionsübungen der beiden Professoren im Unterrichtsprogramm von nun an getrennt aufgeführt werden oder dass ab 1903 beide Professoren explizit als Diplomprofessoren im 4. Studienjahr genannt werden. Vgl. stellvertretend: Programm der eidgen. polytechnischen Schule, Wintersemester 1904/05, S. 18.

157 Vgl. Anonym: Gesellschaft ehemaliger Studierender der eidgenössischen polytechnischen Schule in Zürich. Protokoll der Herbstsitzung des Ausschusses am 20. Oktober 1907 im Hotel ‹Krone› in Biel, in: SBZ 50 (1907), Nr. 19, S. 247–248, hier S. 248.

158 Programm der eidgen. polytechnischen Schule, Wintersemester 1908/09, S. 17.

159 Programm der eidgen. technischen Hochschule, Wintersemester 1913/14, S. 23.

160 Bluntschli war bereits 1914 in den Ruhestand getreten, hatte aber im Schuljahr 1914/15 mit einem Lehrauftrag den Unterricht fortgesetzt. Vgl. hierzu: Anonym: Miscellanea: Eidgen. Technische Hochschule, in: SBZ 63 (1914), Nr. 21, S. 313.

161 Vgl. Programm der eidgen. technischen Hochschule, Wintersemester 1915/1916, S. 8; Programm der eidgen. technischen Hochschule, Sommersemester 1916, S. 8.

162 Nach und nach werden ab dem zweiten Jahreskurs wieder zusätzliche Fächer, zum Beispiel *Architektonisches Seminar* von Moser oder *Dekorative Studien* von Gull, angeboten.

163 Zum Einfluss des Unterrichts von Karl Moser vgl. Hildebrand, Sonja: «Es gibt kein Alter!» – Karl Moser und die «kommende Generation», in: Oechslin, Werner; Hildebrand, Sonja (Hg.): Karl Moser – Architektur für eine neue Zeit. 1880 bis 1936, Bd. 1. Zürich 2010, S. 294–321, hier S. 300–302. Zum persönlichen (schwierigen) Verhältnis zwischen Moser und Gull vgl. ebd., S. 303–306.

58 Karikatur der Professoren Bluntschli und Gull, S. 6 aus: Verein Architectura Zürich, Bier-Zeitung, 1902.

59 Architekturstudenten im Zeichensaal (Fotograf unbekannt, um 1920).

Karl Moser folgte 1915 auf die Professur von Friedrich Bluntschli und versuchte in der Folge auch eine Neukonzeption der Baukunstlehre in einzelnen Bereichen. Diese sollte nun vermehrt die einzelnen Jahrgänge übergreifen – ein Ansatz, der allerdings in der praktischen Umsetzung nicht immer funktionierte.

William Dunkel für Gull begann 1929 nicht nur die architektonische Moderne an der ETH, sondern auch eine erneute Diskussion um die Lehrpläne. Wie schon zu Sempers Zeiten wurden mehr Übungen gefordert.[164] Jetzt wurden allerdings die Traditionslinien polytechnischer Konzepte hinterfragt, man überlegte, ob nicht die Kunsthochschulen die besseren Orte der Architekturausbildung seien, um «die Schaffenskräfte des Künstlers zu wecken und sie durch praktische Betätigung zu festigen».[165]

Der zeittypische Wunsch nach einer verstärkt künstlerischen Ausbildung blieb lange Fiktion – nicht zuletzt, da dieser die Baukonstruktionslehre als entscheidenden Teil der Architektenausbildung ausblendete. «Auf der Basis, dem Konstruktionsfach, steht die ästhetisch-künstlerische Komposition», waren noch die mahnenden Worte des Schulratspräsidenten Kappeler gewesen, als er an den Bundesrat die Dringlichkeit der Reorganisation von 1882 niederlegte.[166] Baukonstruktives Wissen war die Conditio sine qua non der polytechnischen Architekturausbildung im 19. Jahrhundert gewesen, im 20. Jahrhundert wird die Baukonstruktion zumindest als fiktiv verfolgtes Ideal Leitbildcharakter behalten.[167] Der hohe Stellenwert der Baukonstruktionslehre zeigte sich im beginnenden 20. Jahrhundert immerhin noch daran, dass sie im Unterschied zum Baukunstunterricht in allen Studienjahren angesiedelt war.

---

164 Vgl. hierzu: Salvisberg, Otto Rudolf: Architektenschule, in: Werk 16 (1929), S. 209.

165 Salvisberg, Otto Rudolf: Zur Reorganisation der Architektenschule an der E.T.H., in: SBZ 96 (1930), Nr. 18, S. 220.

166 Schweizerisches Bundesarchiv Bern, E80, 1000/1126, Bd. 115, Fasz. 1269: Brief des Schweizerischen Schulrathes an den hohen schweizerischen Bundesrath, 28. März 1882, S. 2.

167 Diesen Punkt auch am Beispiel der französischen Architektenausbildung ausführend: Lambert, Guy: «Purpose» and «Means» of Architectural Design: Construction in Julien Guadet's Teachings in Architectural Theory, in: Carvais, Robert; Guillerme, André; Nègre, Valérie; Sakarovitch, Joël (Hg.): Nuts and Bolts of Construction History. Culture, Technology and Society, Bd. 1. Paris 2012, S. 595–602.

Schon Ernst Gladbach, 1857 als erster Professor für Baukonstruktionslehre und Baumateriallehre ans Polytechnikum berufen,[168] hatte anfänglich im ersten und zweiten Jahreskurs eine Vorlesung mit dem Titel *Baukonstruktionen in Holz, Stein und Eisen* gelesen, begleitet von einer entsprechenden *Übung im Baukonstruiren in Holz, Stein und Eisen* im ersten Jahr des Curriculums.[169] Gladbach war jedoch nur kurz in der Lage, beide Vorlesungen zu bestreiten, und hielt ab dem Schuljahr 1858/59 nur noch die Vorlesung des ersten Jahres – mussten doch «die Künste des Unterzeichneten fast ausschließlich auf diesen Kurs [des ersten Jahres, d. Verf.] verwendet» werden, wie er später (entschuldigend) schrieb.[170] Kompensierend baute man das Angebot der «Uebungen in Baukonstruktion» mit zusätzlichen Stunden im zweiten Jahreskurs und ab 1859/60 auch im dritten Jahr aus und stellte hierfür Julius Stadler an die Seite von Gladbach,[171] doch das Fehlen der Baukonstruktionsvorlesungen im zweiten und dritten Jahr wurde prinzipiell als Manko empfunden. Die hauptsächliche Kritik war, dass «besonders [...] in den Diplomarbeiten [...] sich bei den Schülern seit lange[m] eine mangelnde Kenntnis in wichtigen Parthien der Bauconstructionslehre heraus[stelle]», «das umfangreiche Capitel der Bauconstructionslehre» war in einem einjährigen Kurs nicht «erschöpfend zu erledigen».[172] Sowohl Stadler als auch Lasius legten vor diesem Hintergrund Entwürfe «zu einer Bauconstructionslehre für den II u. III Curs der Bauschule als Fortsetzung der Bauconstructionslehre von Herrn Prof. Gladbach» vor: «Hauptcapitel» eines solchen Kurses wären unter anderem nach Lasius die «Arbeiten des Klempners [...], des Schlossers [...], des Schreiners [...], des Malers & Lackierers» oder die «Anlage der Heiz und Lüftvorrichtungen» und «der Leuchtapparate»;[173] Stadler betonte zusätzlich noch administrative Arbeiten wie «Projektieren, Ausarbeiten des Projektes, Aufnahme des Bauplatzes» oder «die Ausarbeitung von Kostenanschlägen, Baubeschreibungen, etc.»[174] – beide dokumentieren also die Breite und Reichhaltigkeit einer möglichen Baukonstruktionslehre über den gladbachschen Ansatz hinaus, folgten aber einem eher berufspraktischen Paradigma. Wichtig war beiden, dass der Unterricht von der Ingenieurschule getrennt werde, es könne sonst «nur eine sehr allgemeine mehr Übersicht gebende Behandlung eintreten».[175] Die Bestrebungen wurden vom Schulrat lange abgewiesen. Erst 1867, als Lasius eine ordentliche Professur erhielt, konnte er Baukonstruktionsvorlesungen im zweiten und

---

168 Nachdem Semper zusammen mit dem Zürcher Architekten Ferdinand Stadler als Hilfslehrer im ersten Jahr den Unterricht noch übernommen hatte.

169 Vgl. Programm der eidgen. polytechnischen Schule, Wintersemester 1857/58, S. 3; Sommersemester 1858, S. 3. Aufschluss über die Inhalte der Vorlesung Gladbachs geben eine Mitschrift von Léon Fulpius für das Schuljahr 1858/59 (ETH Zürich, ETH-Bibliothek, Hochschularchiv, HS 10:1–3), eine Zusammenfassung von Gladbach über die Inhalte seiner 1861 gehaltenen Vorlesung (ETH Zürich, ETH-Bibliothek, Hochschularchiv, SR3, 1863, 9: *Bauconstructionslehre für den I. Curs der Bauschule & Ingenieurschule von Herrn Professor Gladbach, aus den Vorträgen v. 1861 ausgezogen*, von Ernst Gladbach, undatiert [vermutlich 1863]) und nur unvollständige Notizen des Ingenieurschülers Georg Szavits aus den Jahren 1873/74 (ETH Zürich, ETH-Bibliothek, Hochschularchiv, HS 489:30).

170 ETH Zürich, ETH-Bibliothek, Hochschularchiv, SR3, 1863, 6: *Pro memoria. Betreffend: Die Begründung der Nothwendigkeit eines neuen Vortrages über Bauconstructionen für den zweiten und dritten Jahreskurs der Bauschule*, von Ernst Gladbach, November 1862.

171 Vgl. hierzu auch Tschanz 2015 (wie Anm. 73), S. 98–100.

172 ETH Zürich, ETH-Bibliothek, Hochschularchiv, SR3, 1865, 443: Brief von Georg Lasius an Gottfried Semper, 5. August 1865.

173 Ebd.

174 ETH Zürich, ETH-Bibliothek, Hochschularchiv, SR3, 1863, 8: *Entwurf zu einer Bauconstructionslehre für den II u. III Curs der Bauschule als Fortsetzung der Bauconstructionslehre von Herrn Prof. Gladbach*, von Julius Stadler, undatiert [1863].

175 ETH Zürich, ETH-Bibliothek, Hochschularchiv, SR3, 1865, 443: Brief von Georg Lasius an Gottfried Semper, 5. August 1865.

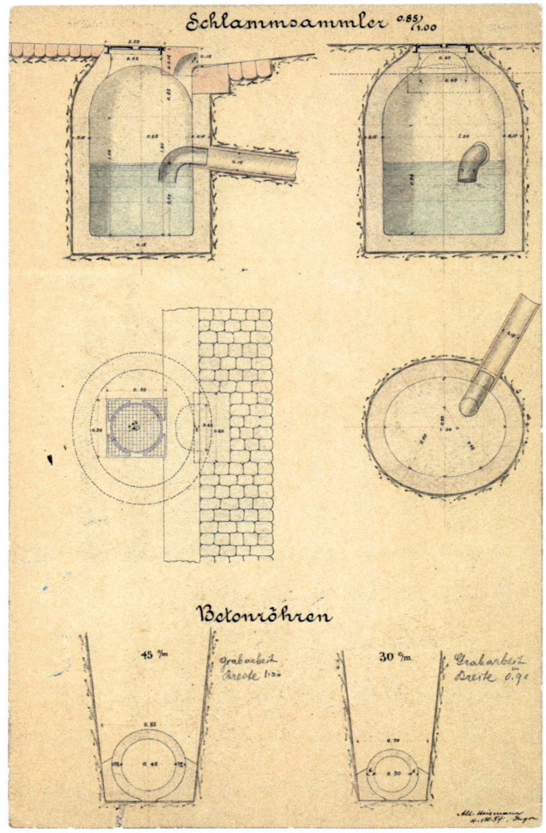

60 «Schlammsammler» und «Betonröhren» (Studienzeichnung von Alb. Heizmann, 1884).

Wesentliche Impulse im Bereich des (bau)technischen Unterrichts in der Architektenausbildung gingen von Georg Lasius aus. Dieser führte unterer anderem als langjähriger Vorsteher der Bauschule eine ganze Reihe entsprechender neuer Fächer ein, die er vielfach auch selbst unterrichtete. Das hierzu nötige Wissen sammelte er aus Publikationen und eigenen Untersuchungen; darüber hinaus liess er sich auch Material von Produzenten etc. schicken – eine Mappe mit diesbezüglichem Material für seine Vorlesung zu technischen Installationen, aus der der hier gezeigte Plan stammt, dokumentiert dies anschaulich.

dritten Studienjahr halten.[176] 1881 übernahm Lasius zusätzlich die Baukonstruktionsvorlesung für das erste Jahr von Gladbach, da letzterer nach Meinung des Schulrats «zwar ein ausgezeichneter Meister im architektonischen Zeichnen, dagegen für Vorlesungen u. nach Autorität des Lehrers als durchaus unbefriedigend erbauet war».[177] Die Übung in Baukonstruktionslehre führten Lasius und Gladbach dem Schulprogramm zufolge bis zu Gladbachs Ruhestand im Jahr 1890 gemeinsam durch.[178] Als Kompensation für die zusätzliche Vorlesung im ersten Jahr gab Lasius den Baukonstruktionsunterricht im dritten Studienjahr auf. Während in den 1880er Jahren folglich der einführende Baukonstruktionsunterricht im Umfang reduziert wurde, stärkte man die technisch-konstruktiven Fächer insbesondere im zweiten Studienjahr. Ab 1881 bot Lasius zusätzlich die Fächer *Ventilation, Abfuhr, Wasserversorgung, Kostenabschläge* im Sommersemester und *Heizung und Ventilation* im Wintersemester an (**Abb. 60**). Dies war in der aufkommenden

---

176 Ab 1866/67 im dritten Semester, ab 1867 im vierten Semester, ab 1868/69 im fünften Semester und ab 1871 im sechsten Semester. Quasi als Ersatz hatte Lasius bereits seit dem Sommersemester 1864 eine unregelmässige, nicht obligatorische Vorlesung über *Gewölbebau* angeboten. Diese kommentiert Stadler wie folgt: «Zur gleichen Zeit hat Herr Lasius als Privatdozent ein Colleg über Gewölbebau gelesen, so ausführlich & reichhaltig wie es im Curse von Herrn Professor Gladbach nie der Fall sein könnte.» ETH Zürich, ETH-Bibliothek, Hochschularchiv, SR3, 1865, 443: Brief von Julius Stadler an Gottfried Semper, 27. Juli 1865.

177 Schweizerisches Bundesarchiv Bern, E80, 1000/1126, Bd. 115, Fasz. 1269: Brief des Schweizerischen Schulrathes an den hohen schweizerischen Bunderath, 28. März 1882, S. 1.

178 Beim Austritt 1890 wurde Gladbach im Schulprogramm nur noch als «Professor für Baukonstruktionszeichnen» geführt. Vgl. Programm der eidgen. polytechnischen Schule, Wintersemester 1890/91, S. 23.

Hygienediskussion eine frühe, richtungsweisende Entscheidung,[179] folgte doch erst Mitte der 1890er analog zu den anderen Schulen die Einführung des Faches *Allgemeine Hygiene.*[180] Seit 1883 gab es die Vorlesung *Ingenieurkunde,* die als Einführung für die Architekturstudenten in die Ingenieuraufgaben von Professoren der Ingenieurschule gehalten wurde.[181] Und ab den späten 1880er Jahren wurden weitere Fächer wie *Eisenkonstruktion*[182] und *Baustatik*[183] lanciert. Deren Einführung im technisch-konstruktiven Bereich, also die Anpassung des Curriculums, geht insbesondere auf das Engagement von Lasius zurück, der doch «ebenso belesen in baugeschichtlichen und bautechnischen Werken, wie erfahren in praktischen Dingen» war und als Protagonist der Zürcher Bauschule zumeist gänzlich vergessen wird.[184] Entlastet wurde seine umfangreiche Lehrtätigkeit, als 1890 Benjamin Recordon zum Nachfolger für Gladbach berufen wurde[185] und den Baukonstruktionsunterricht von Lasius übernahm. Recordon blieb bis 1917 am Polytechnikum. Während dieser Zeitspanne veränderte sich sein Unterricht (eine dreistündige Vorlesung *Construction civile* im ersten wie im zweiten Jahreskurs mit passender Übungsreihe) kaum.[186] Recordons Lehre – überliefert über ein von ihm «durchgesehen[es] und corrigirt[es]» Typoskript[187] – präsentierte sich noch in der ‹deduktiven› Tradition, wie Gladbach sie am Polytechnikum eingeführt hatte: Der Unterricht gliederte sich nach den einzelnen Baumaterialien, der Schwerpunkt lag auf dem Vermitteln von Anwendungsmöglichkeiten (**Abb. 61**). Mit der Pensionierung Recordons endete (vorläufig) das bewährte Schema einer vornehmlich im Grundstudium angesiedelten Baukonstruktionsausbildung. Denn jetzt wurde «das statisch-konstruktive Hauptfach» in der Folge erstmals «in die Hand eines Ingenieurprofessors [dies war Louis Potterat] gelegt»,[188] der die Baukonstruktionslehre ins vierte bis sechste Semester verschob. Potterat setzte einen neuen Schwerpunkt: Bereits im zweiten und dritten Semester belegten die Architekturstudenten nun *Mechanique appliquée* – zuvor als *Baustatik* erst nach der *Baukonstruktion* gelehrt.

Eine programmatische Zäsur, die auch in den anderen Fächern der Architekturabteilung eine Entsprechung hatte, vollzog sich, als 1925 Friedrich Hess als Nachfolger von Lasius und 1927 Hans Jenny-Dürst als Nachfolger von Potterat berufen wurde. Ähnlich wie Salvisberg und Dunkel im Bereich der baukünstlerischen Ausbildung stellten sie die Konstruktionslehre um: Der Unterricht wurde insbesondere im ersten Jahr wieder ausgebaut;[189] in den Mittelpunkt rückte nun die Lehre von verschiedenen Bauweisen

---

179 Zur Hygienediskussion allgemein siehe: Hardy, Anne I.: Ärzte, Ingenieure und städtische Gesundheit. Medizinische Theorien in der Hygienebewegung des 19. Jahrhunderts. Frankfurt (Main) 2005.

180 Ab 1894/95 unterrichtet durch Otto Roth, ab 1895/96 Bauhygiene genannt.

181 Gelesen 1881–90 durch Pestalozzi, 1891–94 durch Gerlich und 1894/95–1917 durch Kaspar Zwicky.

182 Ab 1898 durch Ludwig Tetmajer unterrichtet, ab 1902 durch François Schüle.

183 Ebenfalls ab 1898 durch Ludwig Tetmajer unterrichtet, ab 1902 durch François Schüle und ab 1906/07 durch Karl Löhle (dieser ist seit 1907 Titularprofessor am Polytechnikum).

184 Zemp, Josef: [Nekrolog] Prof. Dr. Georg Lasius, in: SBZ 92 (1928), Nr. 7, S. 89.

185 Die Berufung Recordons ist vermutlich auch vor den zeitgenössischen Bestrebungen, insbesondere aus dem Umfeld der GEP, die französische Sprache zu stärken, zu sehen. Vgl. dazu Anonym: Grössere Berücksichtigung der französischen Sprache am eidg. Polytechnikum, in: SBZ 9 (1887), Nr. 25, S. 155–156.

186 Ab 1897 unterstützt ihn hierbei sein ehemaliger Schüler Theodor Oberländer als Assistent; vgl. Anonym: [Nekrolog] Theodor Oberländer, in: SBZ 87 (1926), Nr. 10, S. 137.

187 Polytechniker-Ingenieur-Verein (Hg.): Bauconstructions-Lehre I. Theil nach Vorträgen von Prof. Recordon. Zürich 1892, Zitat auf Vorblatt. Aufschluss über Recordons Lehre gibt auch ein weiteres, späteres Typoskript: Polytechniker-Ingenieur-Verein (Hg.): Bauconstructionslehre von Prof. B. Recordon. Bau. Zürich 1898.

188 Hofmann 1955 (wie Anm. 74), S. 361.

189 Hess begann wieder, Vorlesungen und Übungen zur Baukonstruktion im ersten Jahr zu geben, während er sowohl die Baustatik wieder einführte als auch die beiden Fächer *Hochbau in Eisenbeton* und *Hochbau in Holz & Eisen* sowie *Tiefbau* einrichtete, vgl. beispielhaft: Programm und Stundenplan [Eidgenössische Technische Hochschule], Wintersemester 1929/30, S. 13–14; Sommersemester 1930, S. 13–14.

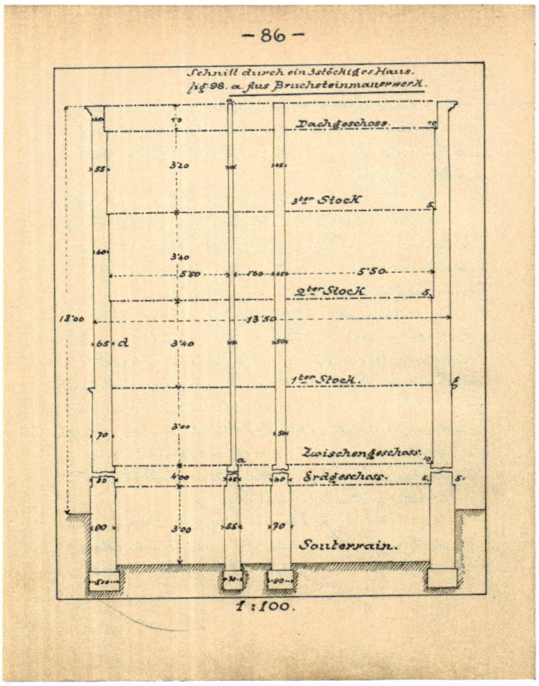

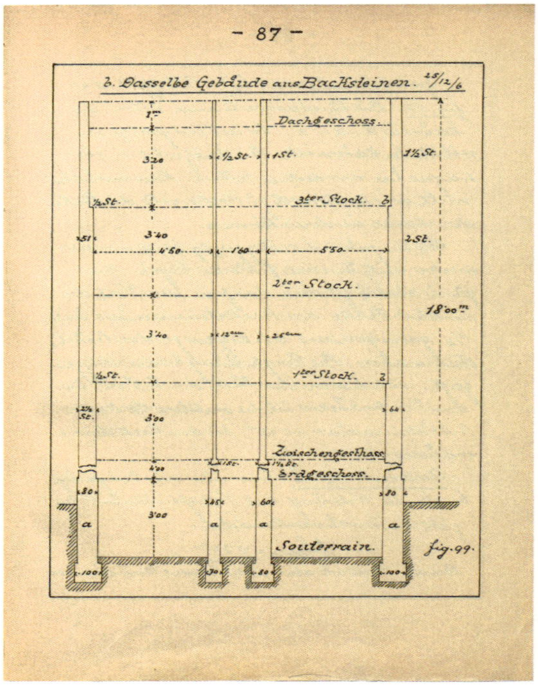

61a/b «Schnitt durch ein 3stöckiges Haus. […] a. Aus Bruchsteinmauerwerk» / «b. Dasselbe Gebaeude aus Backsteinen», S. 86 / S. 87 aus: Recordon, Bauconstructions-Lehre, 1892.

Die Baukonstruktionslehre Benjamin Recordons ist anhand zugehöriger Typoskripte überliefert. Diese zeigen, dass er einen Schwerpunkt auf praktische Konstruktionsbeispiele legte. Gewöhnliche Bauaufgaben wie Wohnhäuser und tradierte Baumaterialien standen hierbei im Vordergrund.

wie Massivbau, Gewölbebau, Holzbau etc. – Jene Themen, die freilich in der Kategorisierung der polytechnischen Traditionslinien standen, manifestieren sich auch in Hess' 1943 erschienenem Lehrbuch *Konstruktion und Form im Bauen.*[190] Mit Hess' Berufung – mit dem (umständlichen) Titel «Professor für Bauzeichnen auf Grund elementarer Baukonstruktionslehre und event. für Perspektive»[191] – erfuhr die Baukonstruktionslehre erneut einen tiefgreifenden Wandel. Die historische Perspektive wurde für die Konstruktionslehre aufgegeben,[192] Konstruktion galt nun als ‹abstraktes› Wissensfeld.

Neben den bautechnischen und baukünstlerischen Fächern waren bau- und kunstgeschichtliche Vorlesungen und Übungen im Zeichnen und Modellieren Teil der Architektenausbildung. Diese waren keine genuinen Fächer der Bauschule, die Lehrenden waren vielmehr zumeist der sechsten, ‹Allgemeinen› Abteilung zugeordnet.[193] Die Fächer waren daher mitunter auch Bestandteil der Lehrpläne anderer Disziplinen am Polytechnikum, doch verstand man ihre Inhalte prinzipiell als zentral für die Bauschüler. In der praktischen Umsetzung gab es aber wiederum Dissonanzen: Die Kunstgeschichtsvorlesungen waren beispielweise anfänglich kein Obligatorium, sie fanden teilweise zeitgleich mit anderen, verpflichtenden

190 Vgl. Hess, Friedrich: Konstruktion und Form im Bauen. Stuttgart 1943 (2. Aufl. 1946, 3. Aufl. 1949).

191 Vgl. Anonym: Vereinsnachrichten. Gesellschaft Ehemaliger Studierender der E.T.H. Protokoll der XXXVIII. Generalversammlung, in: SBZ 86 (1925), Nr. 20, S. 252.

192 Vgl. auch die zeitgenössische Diskussion, unter anderem Rohn, Arthur: Konstruktionsfragen «modernen» Bauens, in: SBZ 91 (1928), Nr. 2, S. 13–14; Meyer, Peter: Wert und Unwert der Historie für den Architekten, in: SBZ 91 (1928), Nr. 12, S. 147–148; Karner, Leopold: Zur Erziehung des Architekten an den Techn. Hochschulen, in: SBZ 91 (1928), Nr. 22, S. 269–271.

193 Dies gilt eigentlich durchgängig für die Lehrenden der bau- und kunstgeschichtlichen Fächer; die Lehrenden für Zeichen- und Modellierunterricht waren zuerst Teil der sechsten Abteilung, bevor sie später zum Lehrkorpus der Bauschule gezählt wurden. Siehe auch Tschanz 2015 (wie Anm. 73), S. 117.

Fächern der Bauschule statt.[194] Wie diese Fächer letztlich in den Unterricht eingebunden waren, hing stark von den Lehrenden und deren Engagement und Einfluss ab.[195]

Für die Kunstgeschichte und Archäologie wurde 1855 als erster Professor Jacob Burckhardt berufen. Schon 1858 erhielt er einen Ruf an die Universität Basel, nachdem seine Vorlesungen offenbar nur wenig Anklang unter den Bauschülern gefunden hatten.[196] Ihm folgte 1861 Wilhelm Lübke – eine Kontinuität, insofern beide zusammen den letzten Band *Geschichte der neueren Baukunst* in Kuglers mehrbändigem Werk *Geschichte der Baukunst* verfasst hatten.[197] Der überaus beliebte Lübke wanderte jedoch bereits 1866 nach Stuttgart ab, später ging er ans Karlsruher Polytechnikum – hier hatte man unter anderem vergeblich versucht, Jacob Burckhardt zu berufen.[198] Am Zürcher Polytechnikum übernahm, diesmal ohne Unterbrechung, der neue Professor Gottfried Kinkel, der als ‹illustre Person› galt, den Unterricht bis zu seinem Tod 1882. Ab 1883 wurde die Professur für Kunstgeschichte und Archäologie als Doppelprofessur mit der Universität Zürich ausgerichtet, es folgte die «Tradition von Zemp und Rahn»:[199] Der sogenannte Vater der Schweizerischen Kunstgeschichte, Johann Rudolf Rahn, übernahm die Stelle bis 1912; ihm folgte Joseph Zemp, der schon seit 1904 als Titularprofessor Neuere Kunstgeschichte unterrichtet hatte.[200] Zemps Unterricht – «aus echt schweizerisch-bürgerlicher Erzählungsfreude geschöpft»[201] – thematisierte insbesondere auch denkmalpflegerische Fragen. Im Bereich der Kunstgeschichte ist in jener Zeit das Erstarken nationaler Themen zu verzeichnen; die anderorts eher polytechnische Tradition der Denkmalpflege wurde in der Schweiz kaum noch profiliert.[202]

Der Zeichen- und Modellierunterricht wurde in Übungsblöcken gegeben, zeitweilig waren mehrere Personen als Lehrer tätig (**Abb. 62**). Bei Gründung übernahm Johann Jakob Ulrich die Professur für Landschaftszeichnen, Johann Konrad Werdmüller eine Stelle als Hilfslehrer für Figurenzeichnen und der Bildhauer Ludwig Keiser den Unterricht im Modellieren[203] – das Angebot war breit, Lehrende erprobte Praktiker; nach Ulrichs Ausscheiden 1873 wurde der Landschaftszeichenunterricht von Adolf Rudolf Holzhalb im Zeitraum von 1874 bis 1881 geleitet; 1882 wurde Stadlers Professur um das Fachgebiet Landschaftszeichnen erweitert – hier zeigte sich ein Zusammenhang zur architektonischen Praxis. Nachdem Werdmüller 1889 und Keiser 1890 ihr Amt niedergelegt hatten, begann die Zusammenführung aller Bereiche in einer Person. Johann Jakob Graf wurde 1890 erst Titularprofessor und 1896 ordentlicher Professor für Kunstzeichnen und Modellieren; nach Stadlers Pensionierung 1892 übernahm er den Unterricht in allen drei Bereichen – ein Modell, das für längere Zeit Bestand haben sollte, denn erst im Schuljahr

---

194 Vgl. hierzu Tschanz 2015 (wie Anm. 73), S. 153.

195 Zu den Lehrenden in den kunstgeschichtlichen Fächern bis 1871 vgl. auch Tschanz 2015 (wie Anm. 73), S. 119–122. Zu den Lehrenden der Übungen im Zeichnen und Modellieren bis 1871 vgl. ebd., S. 109–112.

196 Tschanz 2015 (wie Anm. 73), S. 157–158.

197 Burckhardt, Jacob; Lübke, Wilhelm: Geschichte der neueren Baukunst (Geschichte der Baukunst, Bd. 4). Stuttgart 1867.

198 Papenbrock, Martin: Der Lehrstuhl für Kunstgeschichte in Karlsruhe. Ein Rückblick, in: Büttner, Katharina; Papenbrock, Martin (Hg.): Kunst und Architektur in Karlsruhe. Festschrift für Norbert Schneider. Karlsruhe 2006, S. 179–191, besonders S. 179–183.

199 Meyer, Peter: Rezension zu: Stockmeyer, Ernst: Gottfried Sempers Kunsttheorie. Zürich 1939, in: Das Werk 27 (1940), H. 6, S. 159–160, hier S. 159. Die «Tradition von Rahn und Zemp» ist hier hauptsächlich im Unterschied zur Sempers ‹Kunsttheorie› verstanden, Rahns und Zemps Unterricht sei nur die «die Hälfte des ursprünglichen Programms» – verloren gegangen sei die ‹Formenlehre›.

200 Vgl. etwa Hahnloser, Hans: Joseph Zemp zum Gedächtnis, in: Das Werk 29 (1942), H. 9, S. 227–230.

201 Ebd., S. 228.

202 Vgl. Hassler, Uta: Zur polytechnischen Tradition der Bauforschung, in: dies. (Hg.): Bauforschung. Zur Rekonstruktion des Wissens. Zürich 2010, S. 80–131, besonders S. 82–85.

203 Werdmüller und Keiser wurden 1875 zu Titularprofessoren.

62a/b Architekturstudenten im Aktzeichenkurs, (Fotograf unbekannt, um 1920) / Studienzeichnung aus dem Aktzeichenkurs, Student Hugo von Falckenberg, 30. April 1906.

Die Herausbildung zeichnerischer Fähigkeiten, auch im Freihandzeichnen, war unverzichtbarer Bestandteil der Architektenausbildung. Beobachtungsgabe und räumliches Vorstellungsvermögen sollten in Atelierübungen wie auch in Zeichenübungen an der freien Luft geschult werden; Aktzeichenkurse, wie hier in einer späteren Fotografie gezeigt, wurden 1892 erlaubt. (ETH-Bibliothek, Archive, SR2: Präsidialverfügungen 1892, Präsidialverfügung Nr. 62 vom 2. Februar 1892)

1925, ein Jahr nach Grafs Pensionierung, wurde der Unterricht wieder aufgeteilt; Hans Gisler erhielt einen Lehrauftrag für Figurenzeichnen und Modellieren und der bekannte Kunstmaler Wilhelm Ludwig Lehmann einen Lehrauftrag für Architektur- und Landschaftszeichnen. Dass die Anstellung Lehmanns auch zur programmatischen Zäsur in der Architektenausbildung der späten 1920er Jahre gehörte, zeigen seine Wandgemälde in Gulls Erweiterung des Semperbaus – «Mit der heroisierenden Darstellung der Bauten und Anlagen, deren Ersteller hier ausgebildet wurden, hatte Lehmann eine Apotheose des Schulprogramms geschaffen, in der sich der Abschluss einer Epoche deutlich ausdrückt»[204] (**Abb. 63**).

Über die kunstgeschichtlichen und ‹künstlerischen› Ausbildungselemente kam der Allgemeinen Abteilung eine besondere Rolle in der Architekturausbildung zu; sie entfaltete ihren Einfluss über Unterricht, Sammlungen und auch Autorität und (praktische) Erfahrung der Lehrenden, so auch bei der Neupositionierung der architekturgeschichtlichen Inhalte im beginnenden 20. Jahrhundert: Architekturgeschichte wurde jetzt zunehmend zu einem akademischen, kunstgeschichtlichen Diskurs über Bauformen. Die künstlerische Bildung des Architekten erfolgte durch erprobte Künstler, architektonische Formenlehren wurden auch Teil der Kunstgewerbeschulen. Erstarken konnte damit in der Architekturausbildung eine nicht akademisch geprägte Reformergeneration,[205] zugleich aber auch die Baugeschichtslehre als Thema der Kunstgeschichte.

---

204 Bauer, Cornelia; Bolt, Thomas (Hg.): Winterthur, Zug, Zürich (Inventar der neueren Schweizer Architektur, Bd. 10). Zürich 1992, S. 239.

205 Hassler, Uta: Baugeschichtliches Wissen oder Geschmacksbildung für Architekten? Die Kunsthandbücher von Max Laeuger, in: Mayer, Juliane (Hg.): Festschrift für Rainer Graefe. Forschen, Lehren und Erhalten. Innsbruck 2009, S. 191–214.

63a/b Wandgemälde von Wilhelm Ludwig Lehmann im Erweiterungsbau des Polytechnikums Zürich. Staumauer der Barberine (1924) / Viadukt der Rhätischen Bahn bei Wiesen (1923).

Wilhelm Ludwig Lehmann, enger Weggefährte Gustav Gulls und ab dem Schuljahr 1924/25 Lehrender an der Bauschule, konnte im Rahmen der gullschen Erweiterung des Polytechnikumsgebäudes insgesamt 22 Wandgemälde verwirklichen.

Grundlagenfächer als Anwendungswissenschaft?

Die Struktur des Curriculums der Ingenieurschule war bei der Gründung des Polytechnikums wie folgt angelegt worden: Das erste Jahr vermittelte Grundlagen technischer Ausbildung, hier wurden Bauingenieure und Architekten gemeinsam unterrichtet;[206] im zweiten Kursjahr begann man die eigentlichen Ingenieurdisziplinen (*Strassen-*, *Eisenbahn-*, *Brücken-* und *Wasserbau*) zu unterrichten, ergänzt durch Fächer wie *Mathematik* oder *Maschinenlehre,* die auch in der dritten Abteilung (Mechanisch-technische Schule) gelehrt wurden; im dritten Jahr der Ingenieurschule konnte dann zur Spezialisierung noch die Richtung Geodäsie belegt werden.[207] Dieses Schema blieb im Prinzip dauerhaft so bestehen und wurde nur den fachlichen Entwicklungen angepasst.

Zu den fest im Curriculum verankerten Fächern der Ingenieurausbildung gehörten jene des ersten Jahres: *Differential- und Integralrechnung,*[208] *Darstellende Geometrie*, *Perspektive* und *Schattenlehre,*[209] *Baukonstruktion*, *Petrografie* und *Mechanik.*[210] Stetig stiegen die Deputate dieser Fächer und der Umfang der zugehörigen Übungen – zeitweilig wurden sie einsemestrig, zeitweilig zweisemestrig unterrichtet. Personelle Veränderungen (und Engpässe), veränderte fachliche Überzeugungen waren ausschlaggebend (**Abb. 64**). Beispielhaft zeigt sich die Entwicklung an Carl Culmanns Anstrengungen, das Fach *Geometrie der Lage* im ersten Jahr einzuführen:[211] In der Vorrede der ersten Auflage seiner *Graphischen Statik* schreibt Culmann:

> «Unsägliche Mühe hat es uns gekostet, die nothwendigen Vorkenntnisse bei unsern Zuhörern zu erlangen, zu erlangen, dass von der Schule aus die Geometrie der Lage obligatorisch erklärt wurde. [...] 1864 erst wurden die unumgänglichen nothwendigen Vorkenntnisse der Geometrie in einem obligatorischen halbjährigen Curs gelesen.»[212]

Als eigenständiges Fach wurde *Geometrie der Lage* allerdings nur im Sommersemester 1866 durch Carl Theodor Reye angeboten, bereits im folgenden Schuljahr wurde es wieder aus dem Stundenplan entfernt und in die Vorlesung *Steinschnitt*, die Reye nun als Privatdozent übernahm, und in die von Wilhelm Fiedler gehaltene Vorlesung zur Darstellenden Geometrie integriert.[213]

Ein inhaltliches Kontinuum in der Ingenieurausbildung am Zürcher Polytechnikum waren die stärker praxisorientierten Fächer des zweiten und dritten Jahres. Josef von Deschwanden hatte formuliert,

---

206 Nur für die Ingenieure gab es das zusätzliche Fach *Topografie.*

207 Die fachliche und curriculare Entwicklung der Geodäsie wird im Weiteren nicht thematisiert, da diese ein Spezialfall mit nur wenigen Überschneidungen zum eigentlichen Bauwissen ist. Auch ist bereits von Beginn an das Curriculum der Ingenieurschule in eine Ausbildung für Bauingenieure und Geodäten differenziert.

208 Zur Rolle der Mathematik in der Ingenieurausbildung vgl. Anm. 115.

209 Am Anfang noch im zweiten Jahreskurs unterrichtet, wurde das Fach nach und nach in den ersten Jahreskurs verlagert. In den Schulprogrammen wird es auch als *Geometrie* oder *Steinschnitt* aufgeführt.

210 Auch *Technische Mechanik* genannt.

211 «Geometrie der Lage» ist der historische Begriff für die projektive Geometrie, die die Lagebeziehungen von Figuren im geometrischen Raum ausschliesslich über geometrische Aktionen untersucht. Vgl. auch: [Lemma] Projektive Geometrie, in: Brockhaus Enzyklopädie in zwanzig Bänden, Bd. 15. 17. Aufl. Wiesbaden 1972, S. 170–171. Grundlegend im deutschsprachigen Raum eingeführt über: Staudt, Karl Georg von: Geometrie der Lage. Nürnberg 1847. Vgl. weiterführend Maurer, Bertram: Karl Culmann und die graphische Statik. Berlin/Diepholz/Stuttgart 1998, S. 127–129.

212 Culmann, Carl: Die graphische Statik. Zürich 1864–66, S. VIII.

213 Programm der eidgen. polytechnischen Schule, Sommersemester 1866, S. 3; Sommersemester 1867, S. 3. Vgl. zum Unterricht der Geometrie der Lage am Polytechnikum auch Culmanns eigenen späteren Kommentar: Culmann, Carl: Die graphische Statik. 2. Aufl. Zürich 1875, S. XIV.

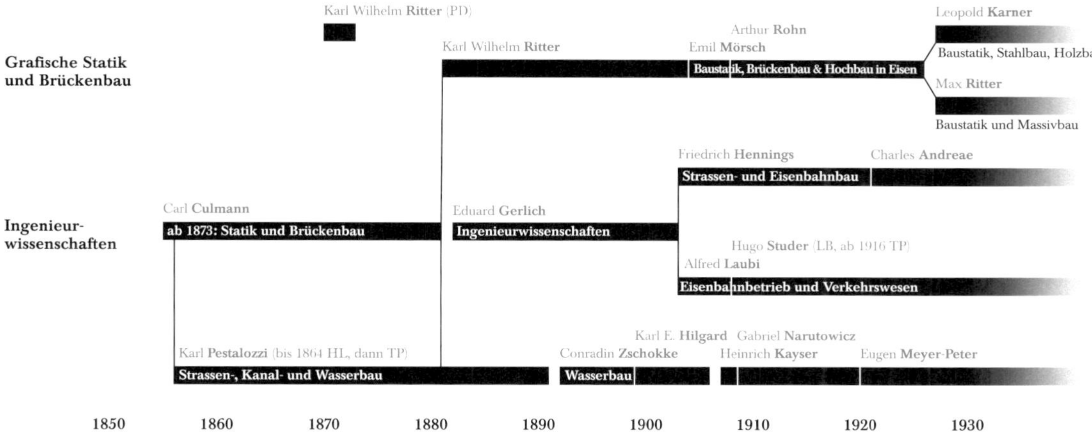

HL = Hilfslehrer, LB = Lehrbeauftragter, PD = Privatdozent, TP = Titularprofessor

64 Lehrende in den Kernfächern der Ingenieurschule.

Das Curriculum der Ingenieurschule wurde im Wesentlichen durch Anpassungsprozesse geprägt, bei denen die Disziplin immer weiter ausdifferenziert wurde. Dies geschah vor allem nach der Emeritierung von Professoren, wenn deren Fachbereich in verschiedene neue Professuren aufgeteilt werden konnte.

dass «unsere Gebirgsnatur dem Straßen- Eisenbahn- und Wassertechniker andere Aufgaben stelle als das Flachland»[214] – die Kernfächer des vertiefenden Studiums waren daher: *Strassen-*, *Eisenbahn-* und *Wasserbau* und der *Brückenbau* als ‹Schweizerische Königsdisziplin›.[215] Natürlich waren diese Felder nicht genuin schweizerisch – aber sie eigneten sich freilich sehr gut für die «nationale Sichtbarkeit» der Schule.[216]

Die Debatte über das Curriculum konzentrierte sich weniger auf die Frage, was grundsätzliche Inhalte des Unterrichts seien, die Herausforderung lag eher darin, einen sinnvollen Rahmen zu entwickeln. In den Anfängen las Culmann, der als Vorsteher der Ingenieurschule – wie sein Kollege Semper – nur höhere Jahreskursfächer übernahm, alle Inhalte in einer viersemestrigen Vorlesung mit dem Titel *Wasser- und Strassenbau*.[217] Bereits 1860/61 trennte er hieraus als erstes das Fach *Grafische Statik*,[218] um es zu einem der zentralen Fächer der Ingenieurausbildung am Polytechnikum zu machen (**Abb. 65**). Kurze Zeit später, 1865/66, unterteilte Culmann die restlichen Inhalte in separate Fächer mit den Titeln: *Erdbau*, *Steinerne Brücken und Tunnelbau*, *Hölzerne Brücken und Wehrbau* und *Kanal- und Wasserbau* (**Abb. 66**). Die neue Vielfalt hatte zur Folge, dass Culmann immer umfänglicher unterrichten musste. Eine personelle Anpassung wurde nötig: Im Schuljahr 1873/74 begann Karl Pestalozzi das Fach *Wehr- und Flussbau* zu unterrichten.[219] Vorlesungsmitschriften jener Zeit dokumentieren, wie die beiden die Inhalte unterteilten – der (ingenieur-

---

214 Oechsli 1905 (wie Anm. 70), S. 79. Vgl. auch Bauer/Bolt 1992 (wie Anm. 204), S. 232.

215 Lesenswert hierzu: Billington, David P.: The Art of Structural Design. A Swiss Legacy. Princeton 2003.

216 Gugerli/Kupper/Speich 2005 (wie Anm. 2), S. 50–51.

217 Einen ausführlichen Überblick über Culmanns Wirken als Lehrer bietet: Maurer 1998 (wie Anm. 211), S. 70–77. Dort auch eine nach den Schulprogrammen zusammengestellte Übersicht seiner gehaltenen Vorlesungen und Übungen (S. 450–464) und eine Übersicht aller noch relativ umfänglich vorhandenen Vorlesungsmitschriften (S. 436–443). Zu dieser hinzuzufügen ist noch ein Typoskript: Culmann, Carl: Vorlesung über Ingenieurkunde, Abt. 1: Erdbau. [Zürich] 1872.

218 Im Wintersemester 1860/61 wurde das Fach als *Graphische Behandlung verschiedener Aufgaben aus dem Gebiete der Baukunst* eingeführt: Programm der eidgen. polytechnischen Schule, Wintersemester 1860/61, S. 5; bereits 1861/62 wurde es in *Grafische Statik* umbenannt: Programm der eidgen. polytechnischen Schule, Wintersemester 1861/62, S. 4. Zur weiteren Etablierung der grafischen Statik in den Ingenieurwissenschaften: Maurer 1998 (wie Anm. 211).

219 Vgl. Programm der eidgen. polytechnischen Schule, Wintersemester 1873/74, S. 3. Karl Pestalozzi wird 1874 zum Titularprofessor für Strassen-, Kanal- und Wasserbau. Bereits im Jahr zuvor war Culmanns Stelle von «Professur für Ingenieurwissenschaften» zu «Professur für Statik und Brückenbau» umbenannt worden.

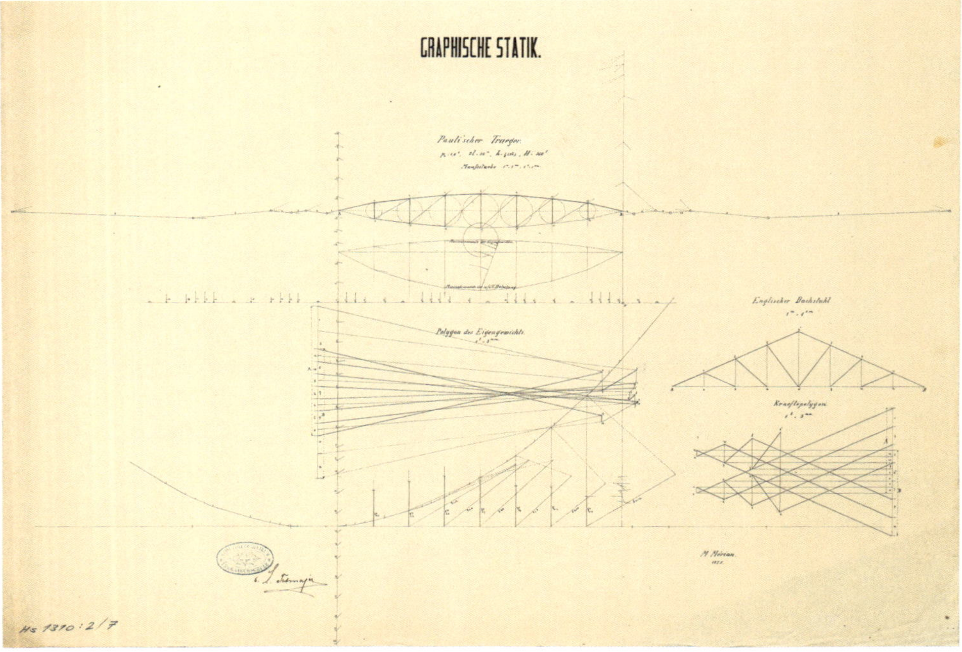

65 Berechnungen mit den Methoden der grafischen Statik im 2. Jahreskurs. «Pauli'scher Traeger» und «Englischer Dachstuhl» (Zeichnungen des Ingenieurstudenten Mathieu Merian, 1874/75).

Die im Wesentlichen von Carl Culmann entwickelte grafische Statik war ein Aushängeschild der Zürcher Ingenieurschule. Ihre Verbreitung und Beibehaltung als zentraler Gegenstand der Lehre hing insbesondere auch mit Culmanns Assistenten zusammen. Karl Wilhelm Ritter wurde nach Culmanns Tod Professor an der Ingenieurschule, seine Lehre knüpfte stark an Culmanns Wirken an; auch Ludwig Tetmajer, der die hier gezeigte Arbeit testierte, war später selbst Professor am Zürcher Polytechnikum, bevor er nach Wien ging.

technisch zu dem Zeitpunkt weniger interessante) Strassenbau war zum Beispiel dem Fach *Wehr- und Flussbau* zugehörig.[220] Nach dem Tod Culmanns im Jahre 1881 schritt der Prozess fort: Sein ehemaliger Schüler Karl Wilhelm Ritter wurde Professor für grafische Statik, Brücken- und Eisenbahnbau,[221] Pestalozzi fester Professor für Strassen-, Kanal- und Wasserbau. Eduard Gerlich deckte als Professor für Ingenieurwissenschaften weitere Themen ab, der Schwerpunkt seiner Lehre war der Eisenbahnbetrieb. Auf ähnliche Art und Weise ging 1883 als Differenzierung aus der Maschinenlehre das Fach *Baumaschinenlehre* hervor; es wurde durch Hermann Fritz unterrichtet. Im Rahmen der Neubesetzungen wurden auch die Stundendeputate in den jeweiligen Fächern gesteigert.[222] Hier zeigt sich die Anpassung der anwendungsbezogenen Fächer in den ersten Jahrzehnten der Schule: Die Fächer wurden ausdifferenziert, die personelle Entsprechung fand verzögert statt: Hilfslehrer und Privatdozenten mussten bis zur Emeritierung der alten Professoren zusätzliche Inhalte übernehmen, bevor die Lehre neu auf eigenständige Professuren

220 ETH Zürich, ETH-Bibliothek, Hochschularchiv, HS 422:2: Vorlesungsmitschriften von George Autran: *Erdbau, Gründungen, Steinerne Brücken, Tunnelbau, Hölzerne Brücken, Eiserne Brücken, Hängebrücken, Bewegliche Brücken, Schiffsbrücken, Eisenbahnbau,* gehalten von Carl Culmann; *Strassenbau, Kloakenwesen, Wasserverwertung, Kanalbau, Wehrbau, Flussbau,* gehalten von Carl Pestalozzi, 1878–80.

221 Ritters Vorlesung zur grafischen Statik ist dokumentiert über ein vervielfältigtes Manuskript: Verein der Polytechniker (Hg.): Graphische Statik. Nach Vortrag von Prof. Ritter. Zürich 1884. Seine Vorlesung zum Brückenbau ist dokumentiert über zwei (Teil-)Vorlesungsmitschriften von Carl Gruber: ETH Zürich, ETH-Bibliothek, Hochschularchiv, HS 1021:10: Vorlesungsmitschrift von Carl Gruber, *Steinerne Brücken*, gehalten von Karl Wilhelm Ritter, 1896/97; ETH Zürich, ETH-Bibliothek, Hochschularchiv, HS 1021:13: Vorlesungsmitschrift von Carl Gruber, *Berechnung einer eisernen Brücke,* gehalten von Karl Wilhelm Ritter, 1897.

222 Culmanns Vorlesungsdeputat betrug vor seinem Tod neun (im Wintersemester) bzw. fünf (im Sommersemester) wöchentliche Vorlesungsstunden plus Repetitorien und Übungen. Im Schuljahr 1883/84 betrug das Deputat für die gleichen Fächer elf bzw. zehn Wochenstunden plus Repetitorien und Übungen.

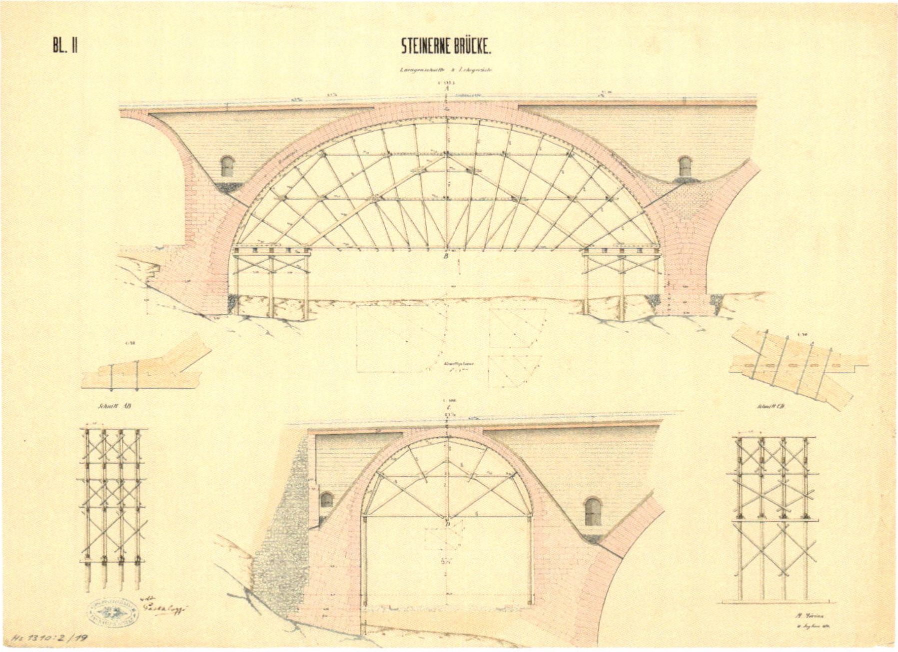

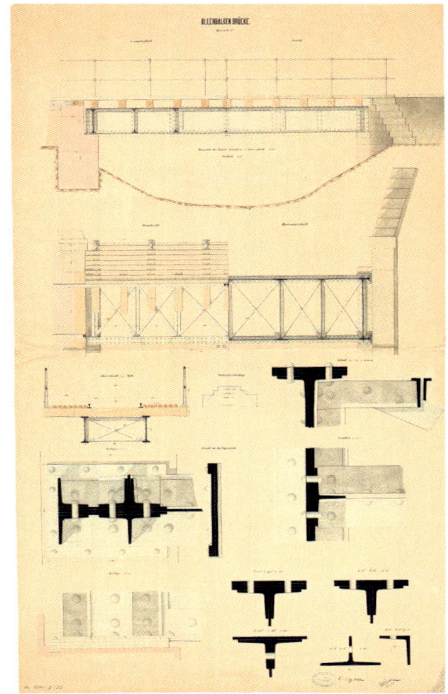

66a/b Konstruktionsübungen des 3. Jahreskurses. «Steinerne Brücke» / «Blechbalken Brücke» (Zeichnungen des Ingenieurstudenten Mathieu Merian, 1875/76).

Dass die Lehre im Bereich der Ingenieurwissenschaften sich immer weiter ausdifferenzieren musste, zeigt sich insbesondere im Unterricht über den Brückenbau. Die aufkommende Baustatik und die intensive Brückenbautätigkeit in der Schweiz bedingten, dass der Unterricht immer mehr in die nach Baumaterialien beziehungsweise Konstruktionstechniken aufgeteilten Brückenarten unterschieden wurde – die Schüler mussten freilich die Konstruktion aller Arten in ihren Übungen durchexerzieren.

aufgeteilt werden konnte.[223] Eine Ausnahme war die Berufung eines Pioniers der Schweizerischen Wasserkraftwerke, Conradin Zschokke, auf die Professur für Wasserbau zum Wintersemester 1891/92.[224] Die deutliche Aufwertung der Themen des Wasserbaus war national-politisch gewünscht.[225]

Nach 1900 wird offensichtlich, dass der Ausbau der Fachinhalte sich nicht mehr durch interne Umverteilungen ergeben konnte, sondern Neuberufungen von Professoren und insbesondere Dozenten entscheidend waren. Dies zeigen die damals neu eingeführten Fächer: 1904/05 *Hochbau in Eisen* durch Emil Mörsch und später Arthur Rohn; 1910 *Kostenanschläge für Ingenieurbauten* durch den Oberingenieur Lüchinger und *Städtischer Tiefbau* durch den Stadtingenieur Victor Wenner;[226] 1911/12 *Elektrische Anlagen*

---

223 Einen guten Überblick über die Aufteilung der Inhalte in den späten 1890er Jahren bieten die Vorlesungsmitschriften von Carl Gruber (ETH Zürich, ETH-Bibliothek, Hochschularchiv, HS 1021).

224 Conradin (auch Konrad) Zschokke übernimmt allerdings auf eigenen Wunsch hin nur die an der Ingenieurschule gelehrten Inhalte und nicht jene an Bau- und Forstschule, die Pestalozzi auch übernommen hatte. Vgl. Vischer, Daniel-Lucas; Schnitter, Niklaus: Drei Schweizer Wasserbauer: Conradin Zschokke (1842–1918), Eugen Meyer-Peter (1883–1969), Gerold Schnitter (1900–1987) (Schweizer Pioniere der Wirtschaft und Technik, Bd. 53). Meilen 1991, S. 22–23. Der Teil *Wasserversorgung und Kanalisation von Ortschaften* seiner im Wintersemester 1896/97 vorgetragenen Vorlesung ist durch Carl Gruber als Vorlesungsmitschrift festgehalten worden (ETH Zürich, ETH-Bibliothek, Hochschularchiv, HS 1021:8). Da Zschokke als Unternehmer und Politiker jedoch sehr beschäftigt war, griff er zudem auf Dozenten zurück, unter anderem unterrichtete seit dem Sommersemester 1892 der Rheiningenieur J. Wey als Dozent Flussbau. 1894/95 erweiterte Zschokke das Curriculum um das Fach *Wasserversorgung und Entwässerung der Ortschaften.*

225 Zschokke betitelt sein Hauptunterrichtsfach *Flusskorrektion und Schiffbarmachung der Flüsse* (zuvor «Schiffbarmachung der Flüsse und Kanalbau»), ein deutlicher Hinweis auf die politisch-nationalen Fragestellungen der Zeit. Nicht nur wurde im Jahre 1892 zwischen der Schweiz und Österreich-Ungarn der *Staatsvertrag zur Rheinregulierung* abgeschlossen, in der gesamten Schweiz wurden in dieser Zeit neue Systeme zum Hochwasserschutz errichtet, nachdem es in den Jahren zuvor immer wieder schwere Überschwemmungen gegeben hatte. Vgl. als zeitgenössisches Dokument hierzu: Schindler, Arnold: Der Wasserbau und die Bundesfinanzen oder Wie können Millionen gespart werden. Basel 1899.

226 Vgl. hierzu zusätzlich: ETH Zürich, ETH-Bibliothek, Hochschularchiv, SR2, 1910: Schulratsprotokoll Sitzung Nr. 2, 19. Februar 1910, Traktandum 2; Schulratsprotokoll Sitzung Nr. 4, 2. Juli 1910, Traktandum 43.

67 Aufstellen von Masten für Telefonleitungen, Zürich (Foto Robert Breitinger, 1899).

Entwicklungen der Praxis wie die Elektrifizierung der Städte oder die Erschliessung des Landes durch neue Kommunikationsmittel zeigen sich in entsprechenden Anpassungen im Curriculum der Ingenieurschule.

durch Walter Wyssling (**Abb. 67**) und im gleichen Jahr *Eisenbeton* durch den bekannten Schweizer Ingenieur Robert Maillart[227] – dieses Fach wurde jedoch nur kurzfristig eigenständig unterrichtet, bevor man die Inhalte wieder in den normalen Baukonstruktionsunterricht integrierte. Die Teilung der Fächer beruhte auch auf institutionell veränderten Rahmenbedingungen: Hier wirkte die Einführung der Freifächer mit dem neuen Reglement von 1908.[228]

Fächer wurden also einerseits im Binnenbereich neuen Entwicklungen angepasst, das Curriculum der Ingenieurschule belegt aber auch die Abschaffung obsolet gewordener Fächer. In den 1890er Jahren wurden neue Inhalte im Feld der ökonomischen und historischen Fächer sowie im Grenzbereich der zur Mechanisch-technischen Abteilung angesiedelten Fächer integriert.[229] Eine erste Ausgrenzung im Kernbereich des Ingenieurcurriculums lässt sich erst zum Schuljahr 1905/06 feststellen: Emil Mörsch, der die Professur für grafische Statik, Brücken- und Eisenbahnbau als Professur für höhere Baustatik, Brückenbau und Hochbau in Eisen 1904 von Ritter übernommen hatte, strich aus dem Fach *Steinerne und hölzerne Brücken* die Holzbrücken ersatzlos heraus – eine Anpassung an die zeitgenössische Realität des Brückenbaus.

Nach dem Schema der Anpassung funktionierte wiederum die Aufspaltung der Professur für Baustatik und Brückenbau von Arthur Rohn, nachdem dieser 1926 Schulratspräsident geworden war. 1927 wurde Leopold Karner Professor für Baustatik, Hoch- und Brückenbau in Holz und Eisen und Max Ritter Professor für Baustatik, Hoch- und Brückenbau in Stein, Beton und Eisenbeton. Hier wird die Unterscheidung des Ingenieurbaus in Leicht- und Massivbau sichtbar – von Culmann noch neben anderen Inhalten in einem Fach vertreten.

Der Schwerpunkt der Fächerentwicklung bei den Bauingenieuren liegt im Bereich Anpassungsprozesse. Dies war begünstigt durch Idee und Konzept ‹wissenschaftlichen Fortschritts›, aber auch begründet durch den Aufbau des Studiums: Den ‹Grundlagenfächern› des ersten Jahres folgten die ‹Anwendungsfächer› des zweiten Jahreskurses.[230] Und: «Die Grundlagen, auf denen das Studium des Ingenieurs in Zürich beruht, sind eben bewährte und darum feststehende»;[231] nur im Bereich der ‹Vertiefungs- und Diversifizierungsfächer› ab dem dritten Jahr waren Ausgrenzungsprozesse überhaupt möglich. Man will eine möglichst breite Grundlagenvermittlung umsetzen[232] und gleichzeitig die Herausforderung bestehen, mit «den Studienplänen der Abtheilungen stets Schritt [zu halten] mit den Fortschritten der Wissenschaft und der Technik, den Verschiebungen in den Beziehungen beider und den Erweiterungen ihrer Gebiete».[233] Seit der Gründung von 1855 hatte sich die Unterteilung in ein Grund- und ein Hauptstudium angedeutet. Im Rahmen der Reorganisationen von 1881 und 1908 wurde sie fortschreitend verwirklicht (**Abb. 68**).[234]

---

227 Des Weiteren: 1908 Wiedereinführung *Praktische Hydraulik und Hydrometrie* durch Gabriel Narutowicz; seit 1911/12 war *Hygiene der Wasserversorgung*, unterrichtet von Otto Roth, ein empfohlenes Fach.

228 Dies zeigt sich insbesondere ab 1910, da in diesem Jahr die erste Generation von Schülern nach neuem Reglement in den dritten Jahreskurs kommt.

229 Zum Beispiel erfolgt 1898 die Rückeingliederung der *Baumaschinenlehre* in die *Maschinenlehre* oder 1897 die Streichung der Fächer *Praktische Hydraulik* und *Chemie*.

230 In der Unterscheidung von ‹Basisfächern› und ‹Anwendungsfächern› sei noch einmal auf Dhombres Modell verwiesen.

231 M.: Die Ausstellung von Zeichnungen und Diplomarbeiten am eidg. Polytechnikum zu Ende des Wintersemesters 1900/1901, in: SBZ 37 (1901), Nr. 15, S. 160–161, hier S. 161.

232 Stüssi 1955 (wie Anm. 73), S. 385.

233 Anonym: Die Eidgenössische Polytechnische Schule in Zürich, herausgegeben im Auftrage des Schweizerischen Bundesrathes bei Anlass der Weltausstellung in Paris 1889. Zürich 1889, S. 6–7.

234 Setzt sich diese Unterteilung durch, so gibt es aber auch Kritik daran – insbesondere im beginnenden 20. Jahrhundert. Exemplarisch sei hier auf eine deutsche Stimme hingewiesen: Foerster 1908 (wie Anm. 115), S. 23–27. Max Foerster kritisiert, dass «4 Halbjahre fast ausschliesslich auf die vorbereitenden oder ergänzenden Wissenschaften [entfallen], während nur die beiden letzten Jahre dem eigentlichen Studienziele gewidmet sind.» Ebd., S. 23.

68 Eintrittskarte zur «Ingenieur-Kneipe», 1881.

Die Eintrittskarte zur «Ingenieur-Kneipe» ist mit Referenzpunkten der Ingenieurschule illustriert: die Lehrenden – mit Ernst Gladbach und Johannes Wild auch Professoren, die an anderen Fachschulen ansässig waren –, Unterrichtsgebäude und Kurssäle sowie ferner Exkursionen als Bestandteil der Ausbildung.

‹Humanistische› Inhalte im polytechnischen Modell: Die «Allgemeine Abteilung»

Neben bereits benannten, zumeist obligatorischen Fächern, die durch Lehrende der sechsten, ‹allgemeinen› Abteilung unterrichtet wurden – also beispielsweise die kunstgeschichtlichen oder mathematischen Vorlesungen oder auch der allgemeinere Unterricht im Zeichnen und Modellieren[235] – bereicherte jene Abteilung das Angebot durch weitere, zumeist ‹humanistische› Fächer. Insbesondere die ‹literarisch-staatswirtschaftlichen›[236] Bestandteile des Curriculums, wie man sie anlehnend an den ersten Namen der Abteilung teilweise nannte,[237] waren weit weniger umkämpft, als dies von den Fächern aus den einzelnen Spezialschulen berichtet wurde. Pflichtfächer aus der ‹Allgemeinen Abteilung› in der gemeinsamen Architekten- und Ingenieurausbildung waren die juristischen Fächer: So war ab dem Schuljahr 1859/60 Verwaltungsrecht[238] und seit den 1870er Jahren ein weiter ausgebautes Fächerspektrum zur Rechtslehre im Lehrplan beider Schulen integriert.[239] Nach einer zeitweiligen Reduktion zum Ende des Jahrhunderts wurde das Angebot nach 1900 wieder deutlich ausgebaut und spezialisiert; Fächer wie Allgemeine

---

235 An der 1854/55 gegründeten Philosophischen und staatswirtschaftlichen Abteilung, die später in Allgemeine Abteilung umbenannt wurde, waren neben den Lehrern der ‹humanistischen› Fächer, die an dieser Stelle im Fokus stehen, unter anderem auch die Lehrenden der naturwissenschaftlichen wie auch mathematischen Fächer angesiedelt. Vgl. Eidgenössische Technische Hochschule 1855–1955 (wie Anm. 68), S. 220–221, 297–313; Tschanz 2015 (wie Anm. 73), S. 10–14.
Nur sehr selten wurden Fächer getrennt angeboten.

236 Zum Begriff ‹literarisch-staatswirtschaftlich› vgl. Oechsli 1905 (wie Anm. 70), S. 152.

237 Zur Namensgeschichte dieser Abteilung vgl. Anm. 68.

238 Verwaltungsrecht wird wie folgt gelehrt: *Verwaltungsrecht* 1859/60–72/73, *Allgemeines Verwaltungsrecht* 1874–82/83.

239 Das Fach *Verwaltungsrecht* wird durch *Allgemeines Verwaltungsrecht* ersetzt und das Fach *Populäre beziehungsweise Allgemeine Rechtslehre* eingeführt. *Rechtslehre* wird bis 1895 wie folgt gelehrt: *Populäre Rechtslehre* 1872/73–74/75; *Allgemeine Rechtslehre* 1874/75–95. In den Jahren 1875–82 und 1885–95 ist *Allgemeine Rechtslehre* bei den Architekten ein Fach des Grundstudiums.

Rechtslehre oder Verkehrsrecht und technisches Recht wurden neu unterrichtet.[240] Insbesondere spätere Entwicklungen wie die Einführung des Faches «Der politische Aufbau der modernen Schweizerischen Eidgenossenschaft» ab 1926 verweisen auf den Versuch vaterländischer Einbindung der Schule.[241]

Zusätzlich umfasste die Abteilung nichtobligatorische Fächer. Das Angebot war durchaus breit: *Geschichte der deutschen Poesie seit Klopstock*, *Uebungen in der Analyse deutscher Dichtwerke mit Redeübungen*, *Shakespeare's ‹Julius Cäsar› und ‹As you like it›*, *Économie politique* sind nur einige Lehrangebote aus den Anfängen der Abteilung.[242] Zudem bestand für angehende Ingenieure und Architekten die Möglichkeit, weitere Vorlesungen der Kunstgeschichtsprofessoren (wie Jacob Burckhardt, Gottfried Kinkel oder Johann Rudolf Rahn) zu hören. Studienblätter von Studierenden belegen, dass die Schüler dieses Angebot intensiv wahrnahmen.[243]

War die Abteilung «für die Pflege der allgemeinen Bildung»[244] gegründet worden, spiegelte die Ambivalenz der Angebote auch die Position der ‹allgemeinen Bildung› im polytechnischen Modell (mit diskutierten Ausnahmen im Bereich der Architekturausbildung). Die Fächer und ihre Inhalte waren «Hilfswissenschaften für [die] höhere technische Ausbildung»[245] – somit also kein verzichtbarer, aber auch kein zentraler Teil der Ausbildung. Sie wurden keinesfalls als eine Art von Vorschule, sondern stets auf einem akademischen, universitären Level verstanden. Das Polytechnische brauchte sie freilich weder im Kern noch als Zierde, sondern um dem Anspruch einer reflektierenden technischen Ausbildung gerecht zu werden.

---

240 1898/99 werden sowohl *Allgemeine Rechtslehre* (mit Fokussierung *Verkehrsrecht und technisches Recht*) und *Verkehrsrecht und technisches Recht* eingeführt, im Schuljahr 1908/09 werden die beiden Fächer in *Verkehrsrecht I* und *Verkehrsrecht II* umbenannt. Ab 1918 werden erst wieder mehr allgemeine Fächer zum Recht eingeführt, zumeist als Wahlmöglichkeit: *Haftpflicht und Versicherung* ab 1918/19; *Juristisches Kolloquium* 1921/22–26/27; Übungen im *Sachrecht* ab 1922.

241 1926–30 hiess das Fach *Grundzüge des schweizerischen Staatsrechts,* ab 1930 *Der politische Aufbau der modernen Schweizerischen Eidgenossenschaft.*

242 Verzeichniss der Unterrichtsgegenstände [Eidgenössische Polytechnische Schule], Schuljahr 1855/56, unpag.

243 Diese befinden sich in den Akten der Rektoratskanzlei Zürich. Die von Gull als Schüler belegten Fächer sind zudem detailliert bei Gutbrod 2009 (wie Anm. 154), S. 49 aufgelistet.

244 Schmid, Karl: Die Ausbildungsziele der Eidgenössischen Technischen Hochschule. Ein Vorwort. in: Eidgenössische Technische Hochschule 1855–1955 (wie Anm. 68), S. 268.

245 *Bundesgesetz betreffend die Einrichtung einer eidgenössischen Schule*, vom 7. Februar 1854, Art. 2.

III

Medien und Wissensproduktion

Lehrbücher: Messen, Experimentieren, Publizieren

Lehrbücher schaffen systematische Vermittlung wissenschaftlichen Wissens, sind aber auch zentral für die Genese neuer Disziplinen und Prozesse akademischer Schulen-Bildung und Selbstdarstellung.[1] Funktion und Rolle veränderten sich mit der Gründung und Entwicklung der Polytechnischen Schulen im 19. Jahrhundert: Fast alle Hochschullehrer der Gründungsinstitutionen konzipierten Lehrbücher (die freilich ab und an fragmentarisch blieben). Die erste Hälfte des 19. Jahrhunderts ist eine stürmische Zeit der Niederlegung und Kanonisierung neuer Wissensbestände, in der zweiten Jahrhunderthälfte wird konsolidiert und ausgebaut. Lehrbücher wurden von neuen Schulgründungen übernommen und modifiziert, etwa von Paris nach Karlsruhe oder von Karlsruhe nach Zürich. An den Lehrbüchern lassen sich Transferprozesse nachvollziehen, aber auch institutionelle Entwicklungen (Berufungen, Ausrichtung und Ausbau von Fächern) nachzeichnen, wie ‹Fortschritte› und Selbstverständnis von Disziplinen und Wissenschaften. Wichtig war zu Beginn der polytechnischen Bewegung, ob Lehrende auf vorhandene Bücher zurückgreifen konnten – die Verfügbarkeit kanonisierter Inhalte hatte Einfluss auf die institutionelle Ausformung der Disziplinen an den jeweiligen Schulen (später finden sich Anpassungen der Materialien für praxisbezogene Ausbildungskonzepte an Fachhochschulen).

Lehrbücher und Wissenschaftsgeschichte

Ein «Lehrbuch» sei, so der lakonische Eintrag in Adelungs *Grammatisch-kritischem Wörterbuch* von 1796, «ein Buch, worin eine Wissenschaft oder Kunst gelehret wird».[2] Jene lapidare Gegenstandsbestimmung findet sich wortgleich im ebenfalls 1796 erschienenen 70. Band der von Johann Heinrich Georg Krünitz initiierten *Oekonomisch-technologischen Encyklopädie,* einem der bedeutendsten Publikationsprojekte des

1 Zum Thema Lehrbuch vgl. die Beiträge in: Hassler, Uta (Hg.): Der Lehrbuchdiskurs über das Bauen. Zürich 2015.

2 [Lemma] Lehrbuch, in: Adelung, Johann Christoph: Grammatisch-kritisches Wörterbuch der Hochdeutschen Mundart, mit beständiger Vergleichung der übrigen Mundarten, besonders aber der Oberdeutschen, T. 2. Leipzig 1796, S. 1984.

18. Jahrhunderts.[3] Grammatikalische Wort- und enzyklopädische Begriffsbestimmung fielen ausgangs des 18. Jahrhunderts im deutschen Sprachraum ungeschieden zusammen. Diese ‹Ein-Eindeutigkeit› verlor sich allerdings zunehmend im 19. Jahrhundert. Im enzyklopädischen Diskurs, der das zeitgenössisch gelehrte Allgemeinverständnis abbildet,[4] erfolgte eine begriffliche Engführung des Gegenstandes auf die Wissenschaft; die ‹Kunst› – im Sinne des 18. Jahrhunderts die ‹nützlichen Künste›, mithin technische Artefakte und Verfahren[5] – verlor an begrifflicher Relevanz. So hält 1860 die vierte Auflage von *Pierer's Universal-Lexikon* unter dem Stichwort «Lehrbuch» beispielsweise fest:

> «Lehrbuch, Schrift, welche zum Unterricht Anderer in einer Wissenschaft verabfaßt ist; entweder nur zum Leitfaden beim mündlichen Unterricht, als Compendium [...] od. auch zur Selbstbelehrung, od. zur Erweiterung bereits erfaßter Kenntnisse, wo ihm die noch nöthigen Erläuterungen od. Nachweisungen beigegeben werden.»[6]

Die begriffliche Ausgliederung des ‹Technischen› aus dem enzyklopädischen Diskurs fand ihrerseits keine Entsprechung auf der grammatikalischen Ebene. Hierauf verweist exemplarisch der Eintrag «Lehrbuch» in der vermehrten und verbesserten siebten Auflage von Georges' *Kleinem Deutsch-Lateinischen Handwörterbuch* aus dem Jahr 1911. Explizit blieb unter anderem das Technische integraler Bestandteil der Wortbestimmung: «ein L. über die Mechanik schreiben, de machinationibus praecepta conscribere.»[7]

Dass sich im Verlauf des 19. Jahrhunderts eine Kluft zwischen dem ‹Bezeichnenden› und dem ‹Bezeichneten› auftat,[8] scheint auf den im enzyklopädischen Diskurs stets mitgedachten Adressaten des Lehrbuches, den Studierenden, und seinen institutionellen Kontext, die Universität, rückführbar. Die Betitelung als Lehrbuch ist nicht zwangsläufig mit dem Gegenstand verknüpft. Schlaglichtartig beleuchtet dies Carl Emmerts *Lehrbuch der gerichtlichen Medizin* aus dem Jahre 1900. Emmert zielte mit seinem *Lehrbuch* weder auf Studierende noch auf den universitären Verwendungszweck, sondern sprach dezidiert akademisch ausgebildete Pathologen und Juristen an.[9] Auch im enzyklopädischen Diskurs des 20. und 21. Jahrhunderts kommt dem ‹Bezeichnenden› keine Bedeutung für die Begriffsbestimmung zu. Unverändert betonten die Autoren allerdings den engen Zusammenhang zwischen dem Lehrbuch und der Distribution wissenschaftlichen Wissens. Stellvertretend sei der Lemmaeintrag der 17. Auflage der *Brockhaus Enzyklo-*

---

3 [Lemma] Lehrbuch, in: Krünitz, Johann Heinrich Georg: Oekonomisch-technologische Encyklopädie, oder allgemeines System der Stats- Stadt- Haus- und Land-Wirthschaft, und der Kunst-Geschichte in alphabetischer Reihenfolge, Bd. 70. Berlin 1796, S. 320. Zur krünitzschen Enzyklopädie vgl. Fröhner, Annette: Technologie und Enzyklopädismus im Übergang vom 18. zum 19. Jahrhundert: Johann Georg Krünitz (1728–1796) und seine Oeconomisch-technologische Enzyklopädie (Mannheimer Historische Forschungen, Bd. 5). Mannheim 1994.

4 Walther, Gerrit: Friedrich August Wolf und die Hallenser Philologie – Ein aufgeklärtes Phänomen?, in: Hammerstein, Notker (Hg.): Universitäten und Aufklärung (Das achtzehnte Jahrhundert, Supplementa 3). Göttingen 1995, S. 125–136, hier S. 127.

5 Vgl. Troitzsch, Ulrich (Hg.): ‹Nützliche Künste›: Kultur- und Sozialgeschichte der Technik im 18. Jahrhundert (Cottbuser Studien zur Geschichte von Technik, Arbeit und Umwelt, Bd. 13). Münster/New York/München/Berlin 1999.

6 [Lemma] Lehrbuch, in: Pierer, Heinrich August: Pierer's Universal-Lexikon der Vergangenheit und Gegenwart oder Neuestes encyclopädisches Wörterbuch der Wissenschaften, Künste und Gewerbe, Bd. 10. 4. Aufl. Altenburg 1860, S. 232.

7 [Lemma] Lehrbuch, in: Georges, Karl Ernst: Kleines Deutsch-Lateinisches Handwörterbuch. Hannover 1911 (Nachdruck Darmstadt 1982), Sp. 1571.

8 Hier im klassischen Sinne von Ferdinand de Saussure; vgl. Saussure, Ferdinand de: Grundlagen der allgemeinen Sprachwissenschaft. 2. Aufl. Berlin 1967.

9 Emmert, Carl: Lehrbuch der gerichtlichen Medizin mit Berücksichtigung der deutschen, österreichischen und bernischen Gesetzgebung. Leipzig 1900. Ähnlich die Argumentation von Brooke; vgl. Brooke, John Hedley: Introduction. The Study of Chemical Textbooks, in: Lundgren, Andres; Bensaude-Vincent, Bernadette (Hg.): Communicating Chemistry. Textbooks and Their Audiences, 1789–1939. Canton (Massachusetts) 2000, S. 1–18, hier S. 3–4.

pädie, erschienen zwischen 1966 und 1981, herangezogen. Lehrbücher sind, so heisst es, «ein Hilfsmittel für Unterricht (einschließl. Selbstunterricht) und Lehre, das den geforderten Wissensstoff und Denkstil unter Sachgesichtspunkten nach lernpsycholog. und didakt. Prinzipen vermittelt».[10] Und *Wikipedia,* die Internetenzyklopädie des 21. Jahrhunderts, definiert 2010:

> «Ein Lehrbuch ist die besondere Form eines Sachbuches, das zum Unterricht verwendet wird. Es enthält didaktisch gestaltete Lehrstoffe und -materialien, die in manchen Disziplinen als herrschende Lehrmeinung dargestellt werden, sofern sie wissenschaftlich noch nicht abschließend geklärte Fragen enthalten.»[11]

In zwei Jahrhunderten prägte sich das Begriffsverständnis im enzyklopädischen Diskurs aus, die zitierten Hilfssätze benennen aber beide die wichtigste Aufgabe und zentrale Charakteristik des Lehrbuches und seinen primären Adressatenkreis. Das Lehrbuch distribuiert, an Studierende gerichtet, didaktisch aufbereitetes wissenschaftliches Wissen. Aus wissenschaftsgeschichtlicher Perspektive wurde dieses gelehrte Allgemeinverständnis lange Zeit dahingehend übersetzt, dass Lehrbücher wissenschaftliches Wissen stabilisieren, das herrschende disziplinäre ‹Paradigma› verfestigen. Einzig ein didaktisches Moment sei eingeschrieben, ein epistemischer Wert hingegen nicht vorhanden, so die dominante wissenschaftshistorische Ansicht. Die Wurzel dieser Einschätzung liegt in der breiten und lang anhaltenden Rezeption von Thomas Kuhns Klassiker *The Structure of Scientific Revolutions,* zuerst erschienen 1962.[12] Betonte Kuhn doch, dass in Zeiten «reifer» (Natur-)Wissenschaften das Verfassen eines Lehrbuchs einzig der «paradigmatischen» Wissenskanonisierung diene und daher ein zwar notwendiger, aber gänzlich unkreativer Akt des modernen Wissenschaftsbetriebes sei (**Abb. 69**).[13]

Der Wissenschaftsgeschichte galt das Lehrbuch dementsprechend über Jahrzehnte hinweg als «boring, dogmatic, conservative»,[14] war als Untersuchungsgegenstand uninteressant.[15] Die dominante wissenschaftshistorische Fokussierung auf das Neue verfestigte das Desinteresse. Ab den 1980er Jahren änderte sich zwar sukzessive das disziplinäre Forschungsprofil[16] – die wissenschaftliche Praxis und die Materialität der Forschung erfuhren nun intensivere Beachtung gegenüber der Theorie[17] –, die Faszination

---

10 [Lemma] Lehrbuch, in: Brockhaus Enzyklopädie in zwanzig Bänden, Bd. 11. 17. Aufl. Wiesbaden 1970, S. 277.

11 [Lemma] Lehrbuch, in: Wikipedia. Die freie Enzyklopädie [http://de.wikipedia.org/wiki/Lehrbuch] (abgerufen am 20. Juli 2010).

12 Kuhn, Thomas S.: Die Struktur wissenschaftlicher Revolutionen. Übers. v. Kurt Simon und Hermann Vetter. 2. Aufl. Frankfurt (Main) 1991 (Erstausgabe: The Structure of Scientific Revolutions. Chicago 1962).

13 Vgl. ebd., besonders S. 25–34.

14 Lundgren, Andres: Preface, in: ders.; Bensaude-Vincent, Bernadette (Hg.): Communicating Chemistry. Textbooks and Their Audiences, 1789–1939. Canton (Massachusetts) 2000, S. vii.

15 Dies gilt nicht für die Schulbuchforschung, in deren Fokus vor allem schulische Lehrbücher standen und stehen. Vgl. hierzu v. a. die Beiträge in der wichtigsten Fachzeitung: Internationale Schulbuchforschung. International Textbook Research 1 (1979) – 30 (2008); 2009 umbenannt in *Journal of Educational Media, Memory, and Society.*

16 Ausgelöst durch die schon klassischen Studien: Latour, Bruno; Wolgar, Steve: Laboratory Life. The Construction of Scientific Facts. Beverly Hills 1979; Knorr-Cetina, Karin: Die Fabrikation von Erkenntnis. Zur Anthropologie der Naturwissenschaft. Frankfurt (Main) 1984 (Erstausgabe: The Manufacture of Knowledge. An Essay on the Constructivist and Contextual Nature of Science. Oxford 1981); Hacking, Ian: Einführung in die Philosophie der Naturwissenschaften. Übers. v. Joachim Schulte. Stuttgart 1996 (Erstausgabe: Representing and Intervening. Introductory Topics in the Philosophy of Natural Science. Cambridge 1983).

17 Neben vielen anderen hier nur prominent genannt: Rheinberger, Hans-Jörg: Experimentalsysteme und epistemische Dinge. Eine Geschichte der Proteinsynthese im Reagenzglas. Göttingen 2001 (Erstausgabe: Towards a History of Epistemic Things. Synthesizing Proteins in the Test Tube. Stanford 1997); Shapin, Steven; Schaffer, Simon: Leviathan and the Air-Pump. Hobbes, Boyle and the Experimental Life. Princeton 1985; Steinle, Friedrich: Explorative Experimente. Ampère, Faraday und die Ursprünge der Elektrodynamik (Boethius. Texte und Abhandlungen zur Geschichte der Mathematik und der Naturwissen-

69 Zukunftsvision zur schulischen ‹Vermittlung› von Lehrbuchwissen im Jahr 2000, Villemard, 1910.

Die Reduktion von Lehrbüchern auf das Moment des Didaktischen kennzeichnet bereits Zukunftsvisionen des frühen 20. Jahrhunderts: Um die Jahrtausendwende solle, so die Vorstellung Villemards, das Lehrbuchwissen vermittels moderner Technologien den Schülern ‹eingeflüstert› werden. Das Lernen aus Lehrbüchern liesse so den Bildungspädagogen zum Bildungstechnologen mutieren, den Schüler zum Wissenskonsumenten.

am Neuen blieb aber erhalten. Wenig verwunderlich, dass nochmals gut zwei Jahrzehnte vergingen, bis auch dem Lehrbuch wissenschaftsgeschichtliches Interesse zuteil wurde.[18] Aktuelle Forschungen zeigen eine Reevaluation und deuten darauf hin, dass Lehrbüchern in ‹normalwissenschaftlichen› Phasen auch ein epistemisches Moment eigen sein kann.

Den epistemischen Wert von Lehrbüchern sprach bereits Wilhelm Ostwald, der Begründer der physikalischen Chemie, an. In seinem 1903 publizierten Artikel *Wissenschaftliche Massenarbeit* konstatiert der Nobelpreisträger: «Die geeignetsten Bücher» für die Findung neuer Fragestellungen seien «Sammelwerke [Lehrbücher und Enzyklopädien, d. Verf.], welche nicht eine abgerundete Darstellung des Gebietes enthalten, sondern eine möglichst vollständige Zusammenstellung des Geleisteten.»[19] Ostwald sieht die Entfaltung des epistemischen Werts allerdings erst im Wechselspiel mit der Lektüre von historischen Quellen aus der jeweiligen Disziplin.[20] Herausragende Relevanz komme dem Lehrbuch auch für den Kreis der Experten zu: Nicht das Didaktische, vielmehr das Epistemische ist nach Ostwald hervorzuheben. Der

---

schaften, Bd. 50). Wiesbaden 2005; Holmes, Frederic L.; Renn, Jürgen; Rheinberger, Hans-Jörg (Hg.): Reworking the Bench. Research Notebooks in the History of Science (Archimedes, Bd. 7). New York 2003; Lenoir, Timothy (Hg.): Inscribing Science. Scientific Texts and the Materiality of Communications. Stanford 1998.

18 Vgl. zum Beispiel: Rammer, Gerhard: Was und wie lernen wir aus alten wissenschaftlichen Lehrbüchern? Wissenschaftshistorische Überlegungen zum Genre, in: Hassler, Uta (Hg.): Der Lehrbuchdiskurs über das Bauen. Zürich 2015, S. 26–37; Lundgren, Andres; Bensaude-Vincent, Bernadette (Hg.): Communicating Chemistry. Textbooks and Their Audiences, 1789–1939. Canton (Massachusetts) 2000; Bertomeu-Sanchez, José Ramon; Garcia-Belmar, Antonio; Bensaude-Vincent, Bernadette: Looking for an Order of Things: Textbooks and Chemical Classification in Nineteenth Century France, in: AMBIX 49 (2002), Nr. 3, S. 227–250; Clark, William: German Physics Textbooks in the Goethezeit, in: History of Science 35 (1997), Nr. 2, S. 219–239; Nr. 3, S. 295–363; Frercks, Jan; Markert, Michael: The Invention of Theoretische Chemie: Forms and Uses of German Chemistry Textbooks, 1775–1820, in: AMBIX 54 (2007), Nr. 2, S. 146–171; Frercks, Jan: Disziplinbildung und Vorlesungsalltag. Funktionen von Lehrbüchern der Physik um 1800 mit einem Fokus auf die Universität Jena, in: Berichte zur Wissenschaftsgeschichte 27 (2004), S. 27–42; Lind, Gunter: Physik im Lehrbuch 1700–1850. Zur Geschichte der Physik und ihrer Didaktik in Deutschland. Berlin 1992.

19 Ostwald, Wilhelm: Wissenschaftliche Massenarbeit, in: ders.: Forschen und Nutzen. Wilhelm Ostwald zur wissenschaftlichen Arbeit anlässlich seines 125. Geburtstages aus seinen Schriften ausgewählt, zusammengestellt und bearbeitet von Günter Lotz, Lothar Dunsch, Uta Kring. Berlin 1978, S. 147–161, Zitat S. 155 (zuerst in: Annalen der Naturphilosophie 2 (1903), S. 1–28).

20 Ebd., S. 156.

ATOMGEWICHTE DER ELEMENTE.

Anordnung der Elemente nach Perioden.

Gruppen.	Höchste salzbildende Oxyde.		Typische oder 1-te kleine Periode.	Grosse Perioden. 1-te	2-te	3-te	4-te	5-te
I	R^2O		Li = 7	K 39	Rb 85	Cs 133	— —	— —
II	RO		Be = 9	Ca 40	Sr 87	Ba 137	— —	— —
III	R^2O^3		B = 11	Sc 44	Y 89	La 138	Yb 173	— —
IV	RO^2		C = 12	Ti 48	Zr 90	Ce 140	— —	Th 232
V	R^2O^5		N = 14	V 51	Nb 94	— —	Ta 182	— —
VI	RO^3		O = 16	Cr 52	Mo 96	— —	W 184	Ur 240
VII	R^2O^7		F = 19	Mn 55	— —	— —	— —	— —
VIII				Fe 56	Ru 101	— —	Os 190	— —
				Co 58½	Rh 103	— —	Jr 193	— —
				Ni 59	Pd 106	— —	Pt 194	— —
I	R^2O	H = 1	Na = 23	Cu 63	Ag 108	— —	Au 197	— —
II	RO		Mg = 24	Zn 65	Cd 112	— —	Hg 200	— —
III	R^2O^3		Al = 27	Ga 70	Jn 113	— —	Tl 204	— —
IV	RO^2		Si = 28	Ge 72	Sn 118	— —	Pb 206	— —
V	R^2O^5		P = 31	As 75	Sb 120	— —	Bi 208	— —
VI	RO^3		S = 32	Se 79	Te 125	— —	— —	— —
VII	R^2O^7		Cl = 35½	Br 80	J 127	— —	— —	— —
			2-te kleine Periode.	Grosse Perioden. 1-te	2-te	3-te	4-te	5-te

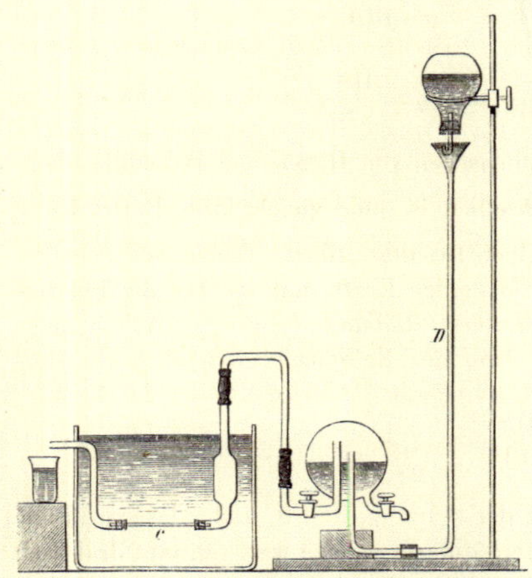

Fig. 42.

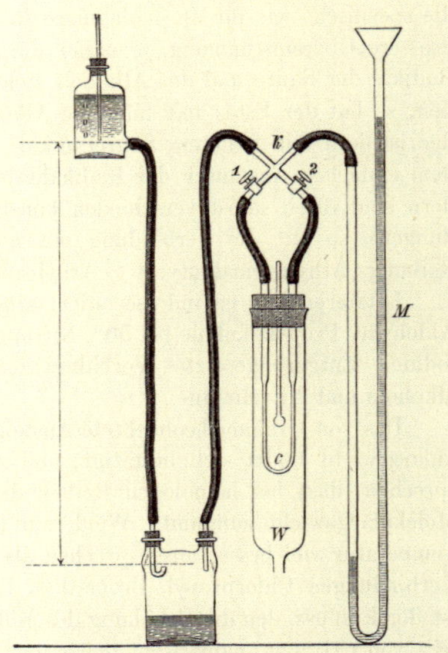

Fig. 43.

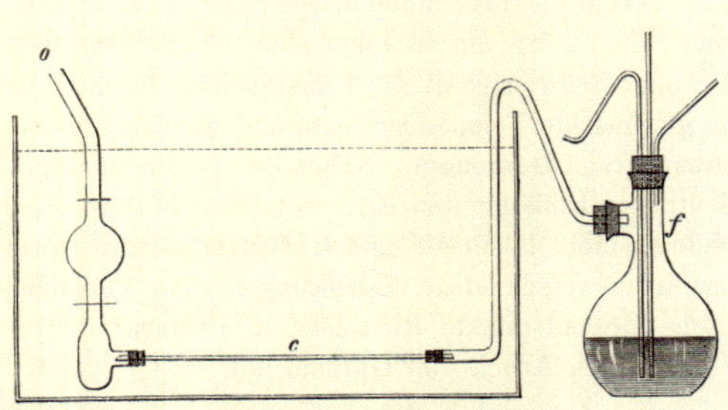

Fig. 44.

70 «Atomgewichte der Elemente (Anordnung der Elemente nach Perioden)», Tab. 2 aus: Mendelejew, Grundlagen der Chemie, 1891.

Mendelejews chemisches Periodensystem, ein unverzichtbarer Eckpfeiler der modernen Chemie, war das epochale Ergebnis seines Lehrbuchschreibens. Das Abfassen von Lehrbüchern erweist sich mithin als ein Prozess, der nicht ausschliesslich als wissenschaftlicher Routineakt zu deuten ist, sondern auch bahnbrechende Erkenntnisse generieren kann.

71a–c Drei Versuchsaufbauten für die Bestimmung von Flüssigkeitsreibung in Röhren («von Weidmann» / nach «R. Pribam und A. Handl» / nach «A. Sprung»), Fig. 42 (S. 500) / Fig. 43 (S. 505) / Fig. 44 (S. 508) aus: Ostwald, Lehrbuch der allgemeinen Chemie, Bd. 1, 1885.

Integraler Bestandteil naturwissenschaftlicher Lehrbücher war die bildliche Wiedergabe von Versuchsaufbauten. Sie diente zur Visualisierung des textlich Niedergelegten und versetzte den Rezipienten in die Lage, bestehende Aufbauten kritisch zu hinterfragen und neue Versuchsaufbauten selbst zu konstruieren.

Adressatenkreis hat sich damit, wenn auch stillschweigend, um die akademischen Experten erweitert. Das Lehrbuch eröffnet einen doppelten Weg zur Wissenschaft: Sein didaktisches Moment erlaubt den Studierenden die Aneignung und das Repetieren wissenschaftlichen Wissens, sein epistemischer Charakter den akademischen Experten das Finden neuer Fragestellungen. Lehrbücher stabilisieren nicht nur wissenschaftliches Wissen, sie können auch die Produktion neuen Wissens beeinflussen.

Ostwalds Einschätzung wird durch den Blick auf die Bedeutung des Schreibens von Lehrbüchern bestätigt und ergänzt. In der Argumentation Kuhns handelt es sich dabei um einen wissenschaftlichen Routineakt, der primär auf die Niederlegung ‹paradigmatischen› Wissens der jeweiligen naturwissenschaftlichen Disziplin ziele. Ausgeschlossen sind wissenschaftliche Neugierde und Neuentdeckungen. Der amerikanische Wissenschaftshistoriker Nathan M. Brooks gibt Gegenbeispiele zu dieser Sicht,[21] die Entdeckung des modernen chemischen Periodensystems[22] durch den russischen Chemiker Dmitri Iwanowitsch Mendelejew sei ursächlich rückführbar auf dessen Arbeiten an seinem 1869 publizierten Lehrbuch *Grundlagen der Chemie* (**Abb. 70**).[23]

Das Lehrbuch entsteht mit der Wissenschaft und ist generell geprägt durch ein didaktisches Moment; dennoch kann es nicht auf den Vermittlungsanspruch reduziert werden. Stets muss mitbedacht werden, dass Vermittlung und Verstehen zusammenhängen, das epistemische Moment des Lehrbuchs mag sich dem Studierenden nicht erschliessen, dem akademischen Experten hingegen ist es evident. Das Lehrbuch bietet auch die Anleitung zum Experiment und hilft so beim Nachvollziehen etablierter wissenschaftlicher Praxis (wie textliche und bildliche Darstellungen von chemischen und physikalischen Versuchsaufbauten in naturwissenschaftlichen Lehrbüchern zeigen; **Abb. 71**).[24] Die Wiedergabe der Konfigurationen disziplinärer Standardexperimente versetzt Studierende in die Lage, relevante Forschungspraktiken selbstständig nachzuvollziehen. Die Aneignung von in Lehrbüchern niedergelegten Wissensbeständen sollte nicht nur auf dem ‹passiven› Akt des Lesens basieren, sondern auch den ‹aktiv-praktischen› der Nachahmung inkludieren. Diese ‹aktiv-praktische› Wissensaneignung ist eingebunden in disziplinäre (Forschungs-)Praxis, naturwissenschaftliche Lehrbücher blenden die Relevanz der in ihnen niedergelegten Wissensbestände für die ausserwissenschaftliche Praxis aus.[25]

Wissenschaft für die Praxis?

Ab der Mitte des 19. Jahrhunderts wurde durch Forschung abgesichertes Handeln als Grundlage für wirtschaftlichen Wohlstand angesehen; polytechnische Wissenschaften – hierzu gehören Maschinenbau, Bauingenieurwesen, Architektur, Forstwissenschaften, Chemie und Physik – wurden als Conditio sine qua non ökonomischer Prosperität verstanden. Der Glaube an Anwendung wissenschaftlicher Ergebnisse wirkte auf die Konzeption der polytechnischen Lehrbücher ein, fast alle zeigen einen expliziten Bezug auf

---

21 Brooks, Nathan M.: Dimitrii Mendeleev's *Principle of Chemistry* and the Periodic Law of the Elements, in: Lundgren/Bensaude-Vincent 2000 (wie Anm. 18), S. 295–310.

22 Als Zusammenfassung: Mendelejew, Dmitri Iwanowitsch: Ueber die Bedeutung der Eigenschaften zu den Atomgewichten der Elemente, in: Zeitschrift für Chemie 12 (1869), N. F. Bd. 5, S. 405.

23 Mendelejew, Dmitri Iwanowitsch: Grundlagen der Chemie. Übers. v. L. Jawein und A. Thillot. St. Petersburg 1891 (Erstausgabe: Osnovy chimii. 2 Bde. St. Petersburg 1869–71).

24 Vgl. beispielsweise.: Ostwald, Wilhelm: Lehrbuch der allgemeinen Chemie. Bd. 1. Leipzig 1885, S. 505, 508 (und passim); Kohlrausch, Friedrich: Lehrbuch der praktischen Physik. Hg. v. Emil Warburg. 12. Aufl. Leipzig/Berlin 1914, S. 207, 248 (und passim).

25 Von Lehrbuchautoren wird die ausserwissenschaftliche Praxis allerdings oftmals in Vorwörtern bemüht.

die Verbindung von Theorie und Praxis und unterscheiden sich so von den universitären Lehrbüchern. Das Moment der Praxis hatte in Lehrbüchern der Polytechnika allerdings zwei Seiten: Es bezog sich auf eine disziplinäre und zugleich auf eine ausserwissenschaftliche Praxis. Es bedurfte einer gesellschaftlichen Legitimation der polytechnischen Wissenschaften, da polytechnisches Wissen zwischen den Polen Wissenschaft und Ökonomie stand; zum anderen waren besondere Strategien der Wissensniederlegung und -vermittlung gefragt. Im Folgenden soll die zeitgenössische Legitimation polytechnischen Wissens und damit der Zusammenhang zwischen Wissenschaft und Ökonomie diskutiert werden, wie er sich im Lehrbuchdiskurs niederschlug.

Polytechnisches Wissen setzte sich im 19. Jahrhundert, wie die Curricula der Polytechnika verdeutlichen, aus einer Vielzahl neu akademisierter Wissensbestände zusammen, technische und (bau-)konstruktive bildeten Gravitationspunkte. Beim Lehrbuchschreiben konnten die Autoren auf jahrhundertealte rhetorische Strategien der ‹Wissenslegitimation› zurückgreifen, mussten diese aber den zeitgenössischen Diskursen über Technik und Konstruktion anpassen. Wirkmächtig waren hierbei die Mitglieder der 1794 gegründeten École polytechnique und der sich europaweit entfaltende nationalökonomische Diskurs (seine Relevanz für die Formulierung moderner technologischer Begrifflichkeiten und Konzepte wurde erst jüngst durch die Forschung herausgearbeitet).[26]

Vorläufer – der Diskurs über Technik und die Idee vom ‹Fortschritt›

Rhetorische Strategien der Legitimierung technisch-architekturalen Wissens gehen von Italien aus, wo sich im 15. Jahrhundert die ‹Technische Intelligenz› als neue soziale Gruppe in den europäischen Staaten etablierte.[27] Im Bestreben, ihre Erfindungen als herausragende intellektuelle Leistungen darzustellen und damit ihren gesellschaftlichen Status gegenüber den Handwerkern aufzuwerten, initiierten die Akteure einen neuen Diskurs über Technik.[28] Bestandteil dieses Diskurses war auch das Architektonische: Angehörige der frühneuzeitlichen Technischen Intelligenz vereinten den (Bau-)Ingenieur und den Architekten in einer Person.[29] Innovationen wurden aus ihren konkreten Zusammenhängen (die für die mittelalterliche Rede über sie noch konstitutiv waren) gelöst und mit den Begriffen des Neuen, Nützlichen und Erfindungsreichen gewertet (**Abb. 72**);[30] das Neue legitimierte sich über die Idee des technischen Fortschritts durch Erfindungen.

Der Topos des Nützlichen richtete sich im Diskurs der Technischen Intelligenz zunächst an die adligen Landesherren und sollte sie als potenzielle Auftraggeber für Bauten und technische Projekte an-

---

26 Vgl. Brandstetter, Thomas: Kräfte messen. Die Maschine von Marly und die Kultur der Technik. Berlin 2008, S. 208–233.

27 Vgl. zur Begrifflichkeit immer noch: Bayerl, Günter: Technische Intelligenz im Zeitalter der Renaissance, in: Technikgeschichte 45 (1978), Nr. 4, S. 336–353.

28 Vgl. grundlegend: Popplow, Marcus: «Neu», «nützlich» und «erfindungsreich». Die Idealisierung von Technik in der frühen Neuzeit (Cottbuser Studien zur Geschichte von Technik, Arbeit und Umwelt, Bd. 5). Münster/New York/München/Berlin 1998; zusammenfassend auch: ders., Neu, nützlich und erfindungsreich. Die Ingenieure der Renaissance als Schrittmacher der modernen Deutung von Technik, in: Zeitsprünge. Forschungen zur Frühen Neuzeit 8 (2004), Nr. 3/4, S. 336–355. Zu den sozialhistorischen Hintergründen vgl.: ders.: Erfindungsschutz und Maschinenbücher: Etappen der Institutionalisierung technischen Wandels in der Frühen Neuzeit, in: Technikgeschichte 63 (1996), Nr. 1, S. 21–46; ders.: Protection and Promotion – Privileges for Inventions and Books of Machines in the Early Modern Period, in: History of Technology 20 (1998), S. 103–124.

29 Als ein Beispiel unter vielen sei hier nur Heinrich Schickhardt angeführt, vgl. Lorenz, Sönke; Setzler, Wilfried (Hg.): Heinrich Schickhardt. Baumeister der Renaissance – Heinrich Schickhardt. Maitre d'œuvre de la Renaissance. Leinfelden-Echterdingen 1999.

30 Popplow 2004 (wie Anm. 28).

72 Frontispiz aus: Böckler, Theatrum Machinarum Novum, 1662.

Mit Beginn der Frühen Neuzeit hatte sich die Rede über Technik von konkreten Bedingungen, wie sie für das Mittelalter charakteristisch waren, gelöst. Technik konnte damit als Sujet die Bühne der Welt betreten, das Maschinentheater öffnete seine Türen und gewährte dem Betrachter Einlass in einen neuartigen Wissenskosmos.

sprechen. Spätestens seit dem 17. Jahrhundert galt dann allerdings die Nützlichkeit des Technischen im engeren (Maschinen- und Mühlenbau) und im weiteren Sinne (Bautechnik) gesamtgesellschaftlich als selbstverständlich.[31] Dabei bezog sich jenes Nützlichkeitsversprechen auch auf das wissenschaftliche Wissen, das sich, so die Autoren, im Technischen manifestiere. Die Vermengung technischer und wissenschaftlicher Wissensbestände, primär mechanischer und mathematischer, resultierte vor allem aus dem Argument des Erfindungsreichen. Die frühneuzeitliche Technische Intelligenz hob mit diesem Topos nicht nur hervor, dass ihre Tätigkeiten intellektuell anspruchsvoller seien als jene des Handwerks; sie suchte mit der Betonung des ‹Erfindungsreichen› zugleich den sozialen Anschluss an die gelehrte Welt der Frühen Neuzeit. Für architekturale Wissensbestände erlaubte der Rekurs auf die autoritativen *De architectura libri decem* von Vitruv eine Verankerung, für die technischen Wissensbestände derjenige auf die pseudoaristotelische *Mechanik*. Die Niederlegung personaler protopolytechnischer Wissensbestände in den sogenannten Maschinenbüchern und den Mechaniktraktaten bildete einen Eckpfeiler einer diskursiven Strategie zur Aufwertung der eigenen Tätigkeit.

---

31 Vgl. Hänseroth, Thomas: Gelehrte Bilder. Geometrisierte Wissensrepräsentation in der Bauliteratur des 17. und 18. Jahrhunderts als symbolische Einlösung des Nützlichkeitsversprechens frühneuzeitlicher Wissenschaft, in: Meyer, Torsten; Popplow, Marcus (Hg.): Technik, Arbeit und Umwelt in der Geschichte. Günter Bayerl zum 60. Geburtstag. Münster/New York/München/Berlin 2006, S. 201–220.

Im Verlauf der Frühen Neuzeit verfestigte sich der von der Technischen Intelligenz initiierte Diskurs, griff argumentativ auf Vertreter der klassischen gelehrten Welt über, wurde zur Selbstverständlichkeit akademisch ausgebildeter Akteure. Philosophen, Naturwissenschaftler und Mathematiker betonten nicht nur die gesellschaftliche Relevanz des technischen Wissens. Es mangelte auch nicht an Bemühungen, Bauen als wissenschaftliches Feld zu definieren beziehungsweise spezifische Problemlagen des Bauens mit dem zeitgenössischen wissenschaftlichen Methodenarsenal zu lösen. Ansätze finden sich zum Beispiel in der Florentiner Accademia et Compagnia dell'Arte del Disegno im 16. Jahrhundert (**Abb. 73**).[32] Die frühneuzeitlichen Akademien verfolgten die soziale Aufwertung des Berufsstandes des Architekten und die Verbindung von künstlerischen Tätigkeiten mit zeitgenössischer Mathematik; programmatisch verwiesen sie auf die Bedeutung der etablierten Wissenschaften für das Bauen. Im Anspruch noch radikaler war der deutsche Frühaufklärer Christian Wolff, der in seinen *Anfangs-Gründen Aller Mathematischen Wissenschaften* von 1710 das Bauen aus seiner handwerklichen Tradition lösen wollte:[33]

> «Man hat bißher die Bau-Kunst meistens als ein Handwerck getrieben. Daher ist es auch kommen / daß man sie kaum würdigen wollen unter die Mathematischen Wissenschafften mit zusetzen. Und doch verdient sie wegen ihres grossen Nutzens im menschlichen Leben / daß sie auf Academien gründlich gelehret und von der Studierenden Jugend mit Fleiß erlernet werde. Zu dem Ende habe ich nicht allein in diesen Anfangs-Gründen der gesammten Mathematischen Wiessenschafften die Bau-Kunst etwas umbständlich erklähren / sondern sie zugleich auf gewisse Gründe setzen wollen / damit sie einer Wissenschafft ähnlich würde und ein jeder Liebhaber derselben zulänglichen Grund von ihren Regeln in diesem Buche finden möchte. Es erfordert *Vitruvius* mit Recht von einem Bauverständigen / daß er von allem / was in einem Gebäude angegeben wird / gnungsamen Grund zeigen könne. Bißher aber hat man sich wenig darumb bekümmert. Und daher ist es geschehen und geschiehet noch / daß viele Fehler an wichtigen Gebäuden begangen worden und noch begangen werden. Vielleicht werden vielen die Beweißthümer nicht Mathematisch gnung heraus kommen. Allein die wollen bedencken / daß es weder nöthig / noch möglich ist alles Geometrisch zu erweisen. Unterdessen werden sie doch hoffentlich befinden / daß ich mich der Mathematischen Methode [...] so viel möglich befliessen habe. Und zweifele ich nicht im geringsten / man werde den Nutzen der von mir angeführten Gründe in der Ausübung der Bau-Kunst zur Gnüge verspüren / absonderlich wenn es auf die Verzierungen ankommt: man mag entweder ein von andern aufgeführtes Gebäude oder sonst verfertigtes Architectonisches Werck beurtheilen / oder selbst etwas angeben wollen.»[34]

Verkürzt resümiert: Nach Wolff ist die Baukunst ein Teilgebiet der Mathematik, also angewandte Mathematik und dadurch einer Wissenschaft ähnlich. Protopolytechnischen Wissensbeständen wollte Wolff

32 Vgl. Schlimme, Hermann: Die frühe ‹Accademia et Compagnia dell'Arte del Disegno› in Florenz und die Architekturausbildung, in: Johannes, Ralph (Hg.): Entwerfen. Architektenausbildung in Europa von Vitruv bis Mitte des 20. Jahrhunderts. Geschichte – Theorie – Praxis. Hamburg 2009, S. 326–343.

33 Zu Wolff als Mathematiker vgl. Sommerhoff-Benner, Silvia: Christian Wolff als Mathematiker und Universitätslehrer des 18. Jahrhunderts. Aachen 2002.

34 Wolff, Christian: Der Anfangs-Gründe Aller Mathematischen Wissenschafften Erster Theil, Welcher Einen Unterricht Von der Mathematischen Lehr-Art, die Rechen-Kunst, Geometrie, Trigonometrie, und Bau-Kunst in sich enthält, Und zu mehrerem Auffnehmen der Mathematick so wohl auff hohen als niedrigen Schulen auffgesetzt worden. Halle im Magdeburgischen [Halle (Saale)] 1710, S. 269–270. Zitiert nach: Deutsches Textarchiv [http://www.deutschestextarchiv.de/wolff_anfangsgruende01_1710/401] (16. März 2018), S. 281–282.

Wissenschaftlichkeit zuschreiben, indem er sie als Teil eines grösseren, etablierten wissenschaftlichen Feldes positionierte. Zudem verstand er die Formalisierung von Wissensbeständen als Prozess der Verwissenschaftlichung.[35]

Die polytechnischen Lehrbuchautoren des 19. Jahrhunderts bewegten sich argumentativ ebenfalls zwischen den Polen wissenschaftlichen Anspruchs und gesellschaftlichen Nutzens: Ihre Texte transponierten letztlich technische Wissensbestände in die modernen ‹angewandten› Wissenschaften. Die Autoren standen freilich nicht nur in der Tradition des sich seit dem 16. Jahrhundert entfaltenden protopolytechnischen Diskurses. Auch zeitgenössische Entwicklungen des 19. Jahrhunderts waren zu reflektieren.

Bereits in der sogenannten zweiten Phase der Aufklärung gegen Ende des 18. Jahrhunderts hatten sich herausfordernde Stimmen erhoben, die den ausgeprägten Nützlichkeitsdiskurs, der gerade auch das Wissenschaftsverständnis der Aufklärung geprägt hatte,[36] massiv kritisierten.[37] Ihren Nachhall fand diese

73 Capella di San Luca in der Basilica della Santissima Annunziata, Florenz, dekoriert 1560/70er Jahre, umgestaltet im 19. Jahrhundert (Foto Fratelli Alinari, 1920er Jahre).

Ein zentraler Ausgangspunkt für die Gründung der Florentiner Accademia et Compagnia dell'Arte del Disegno im 16. Jahrhundert (später Accademia delle Arti del Disegno) war die Umgestaltung der Capella di San Luca in der Basilica della Santissima Annunziata in eine Gemeinschaftsgruft aller (Florentiner) Künstler, an welcher zahlreiche Mitglieder beteiligt waren. In der Accademia et Compagnia dell'Arte del Disegno manifestierte sich ein neues Selbstverständnis der Architektur, insofern verstärkt mathematisches und naturwissenschaftliches Wissen zur Erklärung vor allem baukonstruktiver Fragen herangezogen wurde.

35 Vgl. Wußnig, Hans: 6000 Jahre Mathematik. Eine kulturgeschichtliche Zeitreise. Berlin/Heidelberg 2008, S. 377–477.

36 Vgl. Meyer, Torsten: Natur, Technik und Wirtschaftswachstum im 18. Jahrhundert. Risikoperzeption und Sicherheitsversprechen (Cottbuser Studien zur Geschichte von Technik, Arbeit und Umwelt, Bd. 12). Münster/New York/München/Berlin 1999.

37 Vgl. Moravia, Serge: Beobachtende Vernunft. Philosophie und Anthropologie in der Aufklärung. München 1989; Garber, Jörn: Utopiekritik und Utopieadaption im Einflußfeld der «anthropologischen Wende» der europäischen Spätaufklärung, in: Neugebauer-Wölk, Monika; Saage, Richard (Hg.): Die Politisierung des Utopischen im 18. Jahrhundert. Vom utopischen Systementwurf zum Zeitalter der Revolution. Tübingen 1996, S. 87–116; Gaukroger, Stephen: The Collapse of Mechanism and the Rise of Sensibility. Science and the Shaping of Modernity, 1680–1760. Oxford/New York 2010.

Kritik in den humboldtschen Bildungsreformen.[38] Geprägt von zwei zentralen Schlüsselbegriffen der Aufklärung, dem ‹autonomen Individuum› und dem ‹Weltbürgertum›, sollte sich das universitäre Studium staatlichen Einengungen und wirtschaftlichen Zwängen entziehen – Bildung hiess Menschenbildung, losgelöst von ökonomischen Verwertungsinteressen des angeeigneten Wissens. Im jungen Schweizer Nationalstaat fand dieses Bildungsideal seinen Ausdruck etwa in der Proklamation einer «staatsbürgerlichen Erziehung».[39] Der bildungsbürgerliche Neuhumanismus des 19. Jahrhunderts zog Jahrzehnte währende Bestrebungen der Polytechniker nach gesellschaftlicher Anerkennung nach sich.[40] Einen Argumentationsvorteil konnten in dieser Hinsicht Polytechniker verbuchen, die sich dem Bauen, vor allem der Architektur, verpflichtet sahen. Galt doch die Architektur, ihr Formenkanon, ihre ästhetische Tradition und Ambition, als Bestandteil neuhumanistischer Bildung.[41] Allerdings warf die Betonung der architektonisch-künstlerischen Fragen die schwierige Frage auf, wie ästhetische Bildung als scheinbar ‹unnützes› Wissen in polytechnische Unterrichtskontexte zu integrieren war. In dieser Hinsicht hatten es Autoren, die primär technische Wissensbestände niederlegten, leichter, doch blieben sie ihrerseits mit dem Problem konfrontiert, wie sich diese Inhalte nicht nur im ökonomischen, sondern auch im bildungspolitischen Kontext begründen liessen.

Das polytechnische Selbstverständnis schärfte sich in der Auseinandersetzung mit dem neuhumanistischen Bildungsideal: Die (Selbst-)Verortung der Polytechniker war zudem von der Auseinandersetzung mit den Konzepten der politischen Ökonomie bestimmt (respektive der Nationalökonomie, die sich seit dem späten 18. Jahrhundert europaweit entfaltet hatte). Der Einfluss der reformulierten politischen Ökonomie um die Wende zum 19. Jahrhundert ist bislang von der Forschung in ihrer Bedeutung für die Genese zentraler polytechnischer Begriffe kaum untersucht worden. Thomas Brandstetters Untersuchung *Kräfte messen* zeigt aber immerhin, wie sich Interaktionen zwischen der politischen Ökonomie und dem polytechnischen Kraftbegriff des 19. Jahrhunderts gestalteten und dabei die gegenseitige Stabilisierung des polytechnischen und des nationalökonomischen Diskurses bewirkten.[42] Analoge Theoriebildungen zur Englischen Klassik – im Übergang zum 19. Jahrhundert[43] – zeigen sich in Deutschland unter anderem in der sogenannten Stufentheorie der Historischen Schule der Nationalökonomie,[44] wie auch Karl Marx' *Kritik der politischen Ökonomie* 1859 in materiell fixierten Evolutionsvorstellungen ihren Ursprung hatte.[45]

---

38 Vgl. Benner, Dietrich: Wilhelm von Humboldts Bildungstheorie. 3. Aufl. Weinheim 2003.

39 Vgl. Anonym: Die staatsbürgerliche Erziehung in der Schweiz, in: Archiv für das schweizerische Unterrichtswesen 4 (1918), S. 1–128.

40 Vgl. die Beiträge in: Dietz, Burkhard; Fessner, Michael; Maier, Helmut (Hg.): Technische Intelligenz und «Kulturfaktor Technik». Kulturvorstellungen von Technikern und Ingenieuren zwischen Kaiserreich und früher Bundesrepublik Deutschland (Cottbuser Studien zur Geschichte von Technik, Arbeit und Umwelt, Bd. 2). Münster/New York/München/Berlin 1996.

41 Hiervon profitierte die Architektur noch in der Technikkritikdebatte des frühen 20. Jahrhunderts; vgl. konkret zur ETH Zürich: Gugerli, David; Kupper, Patrick; Speich, Daniel: Die Zukunftsmaschine. Konjunkturen der ETH Zürich 1855–2005. Zürich 2005, S. 157–171.

42 Vgl. Brandstetter, Thomas: Kräfte messen. Die Maschine von Marly und die Kultur der Technik. Berlin 2008, S. 189–207.

43 Zur These der ‹commercial society› und ihres ‹ahistorischen› Evolutionsmodells, das auf der Annahme einer stetigen Verbesserung der materiellen Existenz menschlicher Gesellschaften beruht (beginnend bei den Jägern und Sammlern), vgl. als Überblick beispielsweise: Mikl-Horke, Gertraude: Historische Soziologie der Wirtschaft. Wirtschaft und Wirtschaftsdenken in Geschichte und Gegenwart. München/Wien 1999, S. 387–398.

44 Vgl. als älteren, schon klassischen Artikel zusammenfassend: Kellenbenz, Hermann: Wirtschaftsstufen, in: Beckerath, Erwin von; Bente, Hermann (Hg.): Handwörterbuch der Sozialwissenschaften, Bd. 12. Stuttgart 1965, S. 260–269; knapp nun auch, für den längeren Zeitraum und die Wirkungen dieser Modellvorstellung: Nützenadel, Alexander: Die Stunde der Ökonomen. Wissenschaft, Politik und Expertenkultur in der Bundesrepublik 1949–1974. Göttingen 2005, S. 27–33.

45 Marx, Karl: Zur Kritik der Politischen Ökonomie. Berlin 1859. Siehe dazu auch Meyer, Torsten: Jean-Baptiste Rondelets *Traité théorique et pratique de l'art de bâtir* oder: Vom kurzen Triumph des polytechnischen Bauens im kurzen 19. Jahrhundert, in:

Im Anschluss an die Fortschrittsvorstellungen der Aufklärung etablierte sich im 19. Jahrhundert ein viele akademische Disziplinen erfassender Diskurs über einen ‹wissensbasierten Fortschritt› – getragen von einem grossen Optimismus über die Zukunft gesellschaftlicher Entwicklung. Obwohl die politischen Bewertungen der Industriegesellschaft in akademischen Kreisen divergieren konnten,[46] standen grundlegende Prämissen des Fortschrittsgedankens nicht zur Diskussion: Das ‹ahistorische› Evolutionsmodell formulierte gesellschaftlichen Fortschritt als kontinuierliche Verbesserung materieller Existenz aufgrund von Wissenschaft und Technik. Geschichte gewann als Argument der gesellschaftlichen Teleologie ebenso an Bedeutung wie das naturwissenschaftliche Argument des positiven Beweises,[47] dessen akademische Verbreitung durch die positivistische Philosophie erfolgte.[48]

Der Lehrbuchdiskurs über das Konstruieren

Den Kontrapunkt zum neuhumanistischen Bildungsideal bildet für die polytechnischen Autoren des 19. Jahrhunderts der in gelehrten Kreisen geführte Diskurs über den Fortschritt – er bestimmt zuvorderst die Orientierung polytechnischen Wissens und den Adressatenkreis der neuverfassten Lehrbücher. Dabei zeigen polytechnische Lehrbücher signifikante Unterschiede zu universitären Lehrbüchern: Nachdem letztgenannte für Studierende verfasst und vor allem an der spezifischen disziplinären Herangehensweise orientiert waren,[49] wurden Programmatik wie Wissensordnung der polytechnischen Fächer in vielfältiger Hinsicht durch ausserwissenschaftliche Praxis vorgegeben. Deren allgemeingültige Bedeutung und didaktische Relevanz unterstreicht beispielsweise Ferdinand Redtenbacher, Nestor der Karlsruher Ingenieurschule und des wissenschaftlichen Maschinenbaus, in seinen 1852 erstmals veröffentlichten *Prinzipien der Mechanik und des Maschinenbaues*: «Auswahl und Behandlungsweise der Gegenstände sind theils durch die Vorkenntnisse der Zuhörer, theils durch das zu erreichende *praktische Ziel* hervorgerufen worden.»[50] Ausserwissenschaftliche Praxis und Fragen der Anwendung abstrakter Konzepte bildeten auch am Eidgenössischen Polytechnikum einen stetigen Referenzpunkt. Carl Culmann, Spiritus rector der dortigen Ingenieurschule, betont:

Hassler, Uta (Hg.): Der Lehrbuchdiskurs über das Bauen. Zürich 2015, S. 134–151.

46 Marx verband mit diesem Konzept die soziale Kritik am Industriekapitalismus, der englische Philosoph Herbert Spencer, in der Tradition der positivistischen Philosophie Auguste Comtes stehend, pries hingegen in den 1870er Jahren dieses Wirtschaftssystem und glaubte, dass die «industrielle» Gesellschaft die «militärische» ablöse, vgl. Osterhammel, Jürgen: Die Verwandlung der Welt. Eine Geschichte des 19. Jahrhunderts. 3. Aufl. München 2009, S. 1059, 1281. Zu diesen und den folgenden Ausführungen siehe auch Meyer 2015 (wie Anm. 45), S. 139–140.

47 Was wenig wundert, da das höchste akademische Amt, das Comte innehatte, das eines Repetitors an der École polytechnique in Paris war, vgl. Briggs, Asa: Geschichte und Sozialwissenschaften, in: Rüegg, Walter (Hg.): Geschichte der Universität in Europa, Bd. 3: Vom 19. Jahrhundert zum Zweiten Weltkrieg (1800–1945). München 2004, S. 379–406, hier S. 380.

48 Vgl. Canguilhem, Georges: La Philosophie d'Auguste Comte et son influence en France au XIXe siècle, in: ders.: Études d'histoire et de philosophie des sciences. Paris 1968, S. 76–98.

49 Das einschränkende ‹vor allem› gilt, weil für die im 19. Jahrhundert auch noch im staatswissenschaftlichen Fächerkanon der Universitäten gelehrte Technologie analoge Abweichungen wie in den polytechnischen Lehrbüchern festzustellen sind. Vgl. beispielsweise Bernoulli, Christoph: Handbuch der Technologie oder rationelle Darstellung der technischen Gewerbe nach den neuesten Ansichten und Erfindungen. 2. Aufl. Basel 1840, Vorwort zur ersten Auflage, S. III–VIII. Programmatisch auch: Marbach, Oswald: Die Bedeutung der Technologie überhaupt und insbesondere als Gegenstand akademischen Studiums. Leipzig 1850.

50 Redtenbacher, Ferdinand: Principien der Mechanik und des Maschinenbaues. 2. Aufl. Mannheim 1859 (1. Aufl. 1852 unter dem Titel Prinzipien der Mechanik und des Maschinenbaues), unpag. [Vorrede] (Hervorhebung d. Verf.).

«Unsägliche Mühe hat es uns gekostet, die nothwendigen Vorkenntnisse bei unsern Zuhörern zu erlangen, zu erlangen, dass von der Schule aus die Geometrie der Lage obligatorisch erklärt werde. [...] Für den Ingenieur, *für den Techniker überhaupt,* ist die geometrische Bildung nicht minder wichtig als die analytische; hat er es doch immer mit der Darstellung räumlicher Gebilde zu thun, wie nützlich ist es, wenn sein räumliches Anschauungsvermögen einigermaassen ausgebildet worden ist und er mit Leichtigkeit flache Projectionen zu Körpern ergänzen kann und das Ganze *auszuführender Bauwerke und Maschinen* räumlich durchblickt.»[51]

Die Versuche des 19. Jahrhunderts im Bauingenieurwesen, Modelle und Theorien zu erfinden, die die intuitiven, erfahrungsbasierten Dimensionierungspraktiken von Bauteilen und Tragsystemen vorausschaubar und ‹theoretisierbar› machen sollten, sind vielfältig. Carl Culmann schuf mit seiner *Graphischen Statik* einen zentralen Referenzpunkt neuer Theoriebildung.[52] Den Adressatenkreis seines Lehrbuchs stellten allerdings die «Techniker überhaupt» und damit auch nicht akademisch ausgebildete Baufachleute dar.[53] Im Vorwort der zweiten Auflage beklagte der Autor die Gefahren ‹rezepthafter› Übernahmen:

«Wären solche Werke für Baugewerkschulen, und derartige Institute zweiten Ranges geschrieben worden, so könnte man sich ja nur freuen über die Verbreitung, welche die graphische Statik gewinnt, allein an polytechnischen Schulen sollte man denn doch höhere Ziele verfolgen. Hier sollte es nicht genügen den Techniker, der später selbständig Projecte ausarbeiten soll, der die Tragweite aller Regeln und Formeln die er anwendet kennen, und seine Projecte räumlich durchschauen soll, mit graphischen Constructionsrecepten gefüttert zu haben, sondern der Zweck sollte sein, vor allem denkende Menschen zu bilden, welche auszuführende Projecte räumlich mathematisch überblicken.»[54]

Gottfried Semper, Mitbegründer der Zürcher Architektenschule und seit Anbeginn Kollege Carl Culmanns, kam (vor allem infolge seiner Londoner Aktivitäten) nicht aus einer polytechnisch geprägten, sondern einer Reformtradition im Umfeld der Bewegung kunstgewerblicher Schulen.[55] Semper diskutierte zwar kritisch die «Macht des Abstraktionswesens» – allerdings in dem Bemühen, ästhetische Konzepte des ausgehenden 18. Jahrhunderts zu korrigieren, zeigt sich aber ebenso wie seine Ingenieurkollegen als Aufklärer. Sonja Hildebrand hat in ihrem Beitrag *Vom klassizistischen «Abstraktionswesen» zurück «auf den natürlichen Weg des Sehens». Gottfried Sempers Hermeneutik antiker Farbigkeit* 2016 einleuchtend gezeigt, wie

---

51 Culmann, Carl: Die graphische Statik. Zürich 1864–66, Vorrede, S. X–XVI, hier S. VIII (Hervorhebungen d. Verf.).

52 Vgl. Addis, Bill: Building. 3000 Years of Design, Engineering and Construction. London 2007, S. 369–375; zur graphischen Statik Culmanns vgl.: Lehmann, Christine; Maurer, Bertram: Carl Culmann und die graphische Statik. Zeichnen, die Sprache des Ingenieurs. Berlin 2006.

53 Vgl. knapp für die Schweiz: Gugerli/Kupper/Speich 2005 (wie Anm. 41), S. 73–76; für Deutschland und Frankreich im Vergleich: König, Wolfgang: Vom Staatsdiener zum Industrieangestellten: Die Ingenieure in Frankreich und Deutschland 1750–1945, in: Kaiser, Walter; König, Wolfgang (Hg.): Geschichte des Ingenieurs. Ein Beruf in sechs Jahrtausenden. München/Wien 2006, S. 179–231; als europäischen Überblick vgl.: ders.: Technische Hochschule und Industrie – Ein Überblick zur Geschichte des Technologietransfers, in: Schuster, Hermann J. (Hg.): Handbuch des Wissenschaftstransfers. Berlin/Heidelberg/New York u. a. 1990, S. 29–41, hier S. 29–36.

54 Culmann, Carl: Die graphische Statik. Bd. 1. 2. Aufl. Zürich 1875, S. VI–VII.

55 Zu Sempers Londoner Zeit siehe Hildebrand, Sonja, «großartigere Umgebungen»: Gottfried Semper in London, in: Nerdinger, Winfried; Oechslin, Werner (Hg.): Gottfried Semper 1803–1879. Architektur und Wissenschaft. München/Zürich 2003, S. 260–268 sowie Mallgrave, Harry Francis: The idea of style. Gottfried Semper in London, 2 Bde. (Diss. University of Pennsylvania) 1983.

bei Semper Kontext, historisches Wissen, Analyse am historischen Objekt, Theorie einer architektonischen Grammatik und Glaube an wissenschaftliches Wissen zusammenfinden.[56]

Mit seinem Werk *Der Stil in den technischen und tektonischen Künsten* wollte Semper «Techniker, Künstler und Kunstfreunde» ansprechen.[57] In den *Prolegomena* richtet sich der Autor vehement gegen das zeitgenössische, vor allem in den Lehrkonzepten der Polytechnika entwickelte Ausbildungsideal des Theorie-Praxis-Bezugs und propagiert Ideen, die sich über die Akademien und Kunstgewerbeschulen als Alternativen zur wissenschaftlichen Architekturausbildung etabliert hatten bzw. etablieren sollten. Semper war der Ansicht, das polytechnische Bildungsideal gehe «mit der grundsätzlichen Ertödtung eben desjenen Organs, das [...] bei dem Kunsthervorbringen, sich bethätigt, ich meine den Sinn und den rein menschlich-idealen Trieb *des sich selbst Zweck seienden Schaffens* und die dem Künstler [...] unentbehrliche Gabe *unmittelbaren anschauenden Denkens*» einher.[58] Dennoch geht es auch Semper um die Verbindung von Wissenschaft und Ausführungshandeln. Die dem naturwissenschaftlichen Methodenarsenal entnommene und auf neuesten naturwissenschaftlichen Erkenntnissen beruhende Begründung seiner «praktischen Aesthetik» sollte nicht nur die spekulative Ästhetik überwinden, sondern vorrangig auch ihren wissenschaftlichen Charakter unterstreichen.[59] Nur so und im Zusammenspiel mit einer traditionellen humanistischen Bildung und freierer Fächerwahl an den Polytechnika schien es Semper möglich, im ‹praktischen Bildungszeitalter› das scheinbar ‹Unpraktische› zu retten; oder in Sempers eigenen Worten:

> «Dieser [der polytechnische Student, d. Verf.] aber, wie er nun einmal [...] *‹praktisch› denkt und fühlt,* sucht jenen Rapport der Wissenschaft mit seinem Fache schon bei dem ersten Eintritt der Elemente. Vermisst er ihn, so fehlt das Interesse am Vortrag [...]; und gewissermassen ist er dazu berechtigt ihn zu fordern, weil das Programm des Unterrichtssystems das Wissen um des Wissens willen nicht zulässt, und deshalb viele Disciplinen [...] aufgrund ihrer *vermeintlichen* Nichtanwendbarkeit für die Praxis aus sich ausschliesst.»[60]

Didaktik, Epistemik und ausserwissenschaftliche Praxis bestimmen die Lehrbücher der Bau- und Maschinenkonstruktionsfächer an den Polytechnika, die mathematischen und naturwissenschaftlichen dagegen bleiben abstrakt und stärker der Vermittlung von Grundlagenwissen verpflichtet. Der im späten 19. Jahrhundert eskalierende Theorie-Praxis-Streit an den Polytechnika macht aber bewusst, dass der Bezug auf Anwendungswissen zum Teil zu einer Gefährdung theoretischer Grundlagen führte;[61] aus Sicht der ‹Praktiker› (jene Lehrer, die der praktischen Berufstätigkeit der Absolventen hohen Stellenwert beimassen) war hingegen die überbordende Mathematisierung des polytechnischen Unterrichts nicht mehr zielführend

---

56 Hildebrand, Sonja: Vom klassizistischen «Abstraktionswesen» zurück «auf den natürlichen Weg des Sehens». Gottfried Sempers Hermeneutik antiker Farbigkeit, in: Dönike, Martin; Müller-Tamm, Jutta; Steinle, Friedrich (Hg.): Die Farben der Klassik. Wissenschaft – Ästhetik – Literatur (= Schriftenreihe des Zentrums für Klassikforschung, Bd. 3). Göttingen 2016, S. 291–312.

57 Semper, Gottfried: Der Stil in den technischen und tektonischen Künsten, oder praktische Aesthetik. Ein Handbuch für Techniker, Künstler und Kunstfreude, Bd. 1: Die Textile Kunst für sich betrachtet und in Beziehung zur Baukunst. Frankfurt (Main) 1860; Bd. 2: Keramik, Tektonik, Stereotomie, Metallotechnik für sich betrachtet und in Beziehung zur Baukunst. München 1863.

58 Ebd., Bd. 1, Prolegomena, S. V–XLIII, hier S. VIII (kursive Hervorhebungen im Original gesperrt).

59 Vgl. ebd., S. V–XLIII.

60 Ebd., S. IX (kursive Hervorhebungen im Original gesperrt; kursiv-unterstrichene Hervorhebung d. Verf.).

61 Vgl. zum Beispiel Dienel, Hans-Liudger: Der Münchner Weg im Theorie-Praxis-Streit um die Emanzipation des wissenschaftlichen Maschinenbaus, in: Wengenroth, Ulrich (Hg.): Technische Universität München: Annäherungen an ihre Geschichte, Bd. 1. München 1993, S. 87–116.

für die Industrie. Paul von Lossow, Professor für Maschinenbaukunde an der Technischen Hochschule München, resümierte 1899: « [Der polytechnische Student] hat insbesondere zu oft erfahren, dass Lehrbücher [...] nicht selten von Leuten gemacht werden, die den Stoff, den sie behandeln, technisch nicht oder nur in ganz einseitiger Weise beherrschen [...].»[62] Die Kritiken hatten Auswirkungen auf die Struktur der Lehrbücher, mit wiederum nicht immer besseren Ergebnissen.

Disziplinen und Schulbildung

Für die Herausbildung moderner Naturwissenschaften wirkten Lehrbücher disziplinenbildend, das zeigen die wissenschaftssoziologischen Studien Rudolf Stichwehs über die Entwicklungen seit dem ausgehenden 18. Jahrhundert:[63] Ordnung des Wissens und didaktische Strukturierung beeinflussen sich wechselseitig. Auch die Entwicklung und Etablierung neuer Subdisziplinen wird über neue Lehrbücher greifbar. In der Diktion Thomas Kuhns ist das Lehrbuch im Übergang von ‹vorparadigmatischen› zu ‹paradigmatischen› Naturwissenschaften zentral – doch auch in Phasen ‹reifer› Naturwissenschaften ist es nicht ausschliesslich auf seinen didaktischen Zweck reduzierbar.[64] Die Entstehung neuer naturwissenschaftlicher Subdisziplinen, wie beispielsweise der physikalischen Chemie[65] oder der Quantenchemie,[66] zeigt sich im 19. und 20. Jahrhundert in der Abfassung und Publikation neuer Lehrbücher.

Die Rede über eine akademische Schule, ob nun personen- oder ortsgebunden, ist oftmals mit dem Entstehungsprozess von Lehrbüchern verbunden (‹Gillyschule›, ‹Schinkelschule›, ‹Hannoversche Schule›, etc.). Die Etablierung neuer Schulen und neuer Fächer fördert Defizite bis anhin vermittelter Wissensbestände zutage, die ersten Lehrergenerationen an neuen Schulen stehen vor der Aufgabe, Fachgrenzen neu zu definieren und Lehrmittel zusammenzutragen. Zeiten der Gründung neuer Schulen sind deshalb auch immer Zeiten des Lehrbuchschreibens. Für den deutschen Sprachraum (und die polytechnischen Schulen) verdeutlicht dies exemplarisch das von Friedrich Weinbrenner verfasste *Architektonische Lehrbuch* (**Abb. 74**).[67] Die Rede von einer ‹Weinbrenner-Schule› beruht zwar zuvorderst auf stilistischen Eigenheiten

62 Lossow, Paul von: Zur Frage der Ingenieur-Ausbildung. München 1899, S. 4 (Separatdruck aus: Hochschul-Nachrichten 9 (1899), Nr. 4, S. 75–82).

63 Vgl. Stichweh, Rudolf: Ausdifferenzierung der Wissenschaft. Eine Analyse am deutschen Beispiel. Bielefeld 1977; ders.: Zur Entstehung des modernen Systems wissenschaftlicher Disziplinen. Physik in Deutschland 1740–1890. Frankfurt (Main) 1984; ders.: The Sociology of Scientific Disciplines: On the Genesis and Stability of the Disciplinary Structure of Modern Science, in: Science in Context 5 (1992), S. 3–15; ders.: Self-Organization and Autopoiesis in the Development of Modern Science, in: Krohn, Wolfgang; Küppers, Günter; Nowotny, Helga (Hg.): Selforganization – Portrait of a Scientific Revolution. Boston/Dordrecht 1990, S. 195–207. Seine These reklamiert zum Beispiel auch für das akademische Lehrfach *Technologie* Gültigkeit, vgl. zusammenfassend: Meyer, Torsten: Johann Beckmanns «Anleitung zur Technologie» und ihr historischer Kontext – Technologische Allgemeinbildung in modernisierender Absicht?, in: Zeitsprünge. Forschungen zur Frühen Neuzeit 8 (2004), Nr. 3/4, S. 442–465. Neuere chemie- und physikhistorische Forschungen untermauern die Auffassung Stichwehs eindrücklich, vgl. beispielsweise die Beiträge in: Lundgren/Bensaude-Vincent 2000 (wie Anm. 18); zudem: Bertomeu-Sanchez/Garcia-Belmar/Bensaude-Vincent 2002 (wie Anm. 18); Clark 1997 (wie Anm. 18); Frercks/Markert 2007 (wie Anm. 18); Frercks 2004 (wie Anm. 18); Lind 1992 (wie Anm. 18).

64 Vgl. Kuhn 1991 (wie Anm. 12).

65 Vgl. Hapke, Thomas: Wilhelm Ostwald und seine Initiativen zur Organisation und Standardisierung naturwissenschaftlicher Publizistik: Enzyklopädismus, Internationalismus und Taylorismus zu Beginn des 20. Jahrhunderts, in: Meinel, Christoph (Hg.): Fachschrifttum, Bibliothek und Naturwissenschaft im 19. und 20. Jahrhundert. Wiesbaden 1997, S. 157–174, besonders S. 158–159.

66 Vgl. Gavroglu, Kostas; Simões, Ana: One Face or Many? The Role of Textbooks in Building the New Discipline of Quantum Chemistry, in: Lundgren/Bensaude-Vincent 2000 (wie Anm. 18), S. 415–450.

67 Weinbrenner, (Johann Jakob) Friedrich: Architektonisches Lehrbuch. 3 Teile. Tübingen 1810–25.

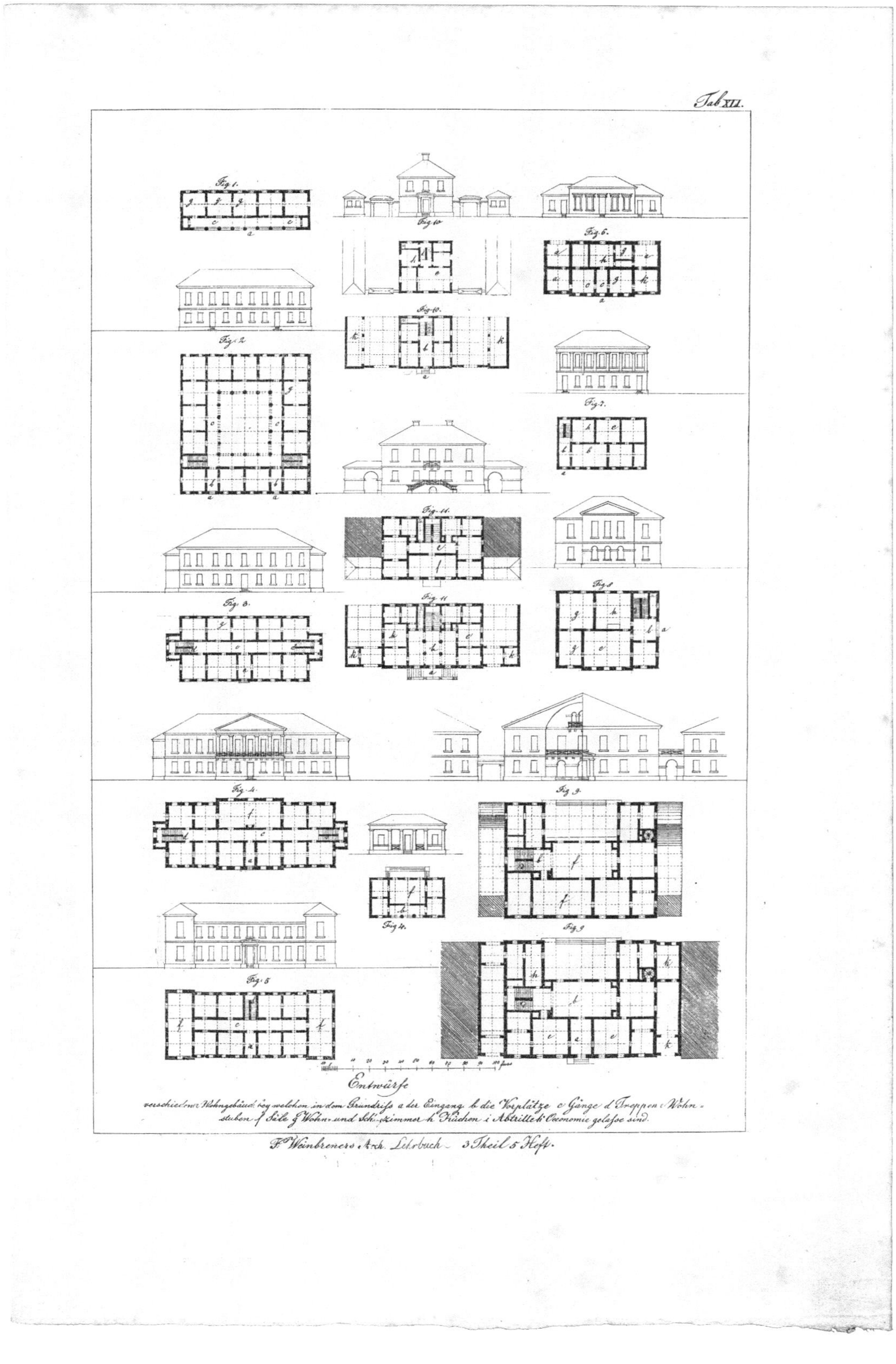

74 «Entwürfe verschiedener Wohngebäude […]», Taf. XII aus: Weinbrenner, Architektonisches Lehrbuch, T. 3, 1819.

gebauter Architekturen,[68] also auf den Umsetzungen der von Weinbrenner postulierten «praktischen Ästhetik»; doch trug sein Lehrbuch wesentlich dazu bei, den Ruf seiner in Karlsruhe institutionalisierten Bauschule zu festigen. Weinbrenners *Architektonisches Lehrbuch* stellte die ‹theoretische› Reflexion seiner praktischen Ästhetik dar, reklamierte selbstbewusst, *das* zeitgenössisch adäquate Lehrbuch zu sein und damit die Standards zu definieren: Es festigte Selbstdarstellung und Aussenwahrnehmung.

Im *Architektonischen Lehrbuch* präsentierte Weinbrenner seine Karlsruher Bauschule bereits als Institution: «Ich folge der oft erhaltenen Aufforderung, und liefere dem Publikum eine Reihe zweckmässig geordneter Arbeiten, die ich für den theoretisch-praktischen Unterricht in der Baukunst vorlängst entworfen hatte. Bisher dienten sie [...] als Grundlage des Unterrichtes in meinem architektonischen PrivatInstitut.»[69] Der Autor sieht sein Projekt als «*architektonisches Lehrbuch,* nach ganz neuem Plan» – als umfassende Didaktik des Bauwesens: «In vielen Werken über die Baukunst, sind zwar schon einzelne Gegenstände dieses Lehrbuchs mehr oder weniger bearbeitet, doch ist mir keines bekannt, welches die *ganze* architektonische Schule eines architektonischen Zöglings, in ihrem Zusammenhang, von einem Architekten bearbeitet, enthielte.»[70] Weinbrenner zeigt Kenntnis älterer Werke und betont, dass systematische Wissensvermittlung für ein gesamtes ‹Berufsfeld› als Aufgabe der neuen Schulgründungen verstanden wurde.[71] Das Lehrbuchprojekt beginnt mit Grundlagen – 1810 erschien Teil I mit der «Geometrischen Zeichnungs-, Licht- und Schattenlehre», als Teil II eine «perspektivische Zeichnungslehre». Wie in späteren Lehrbuchkonzepten für das Fach Architektur wird allerdings in einem Teil III «Über die höhere Baukunst» und später in «Ausgeführte und projektierte Gebäude» die Diskussion ausgeführter Bauwerke Gegenstand der Didaktik – es gibt keine ‹Theorie der Architektur›, sondern die Diskussion beispielhafter Lösungen. Die Gründung der Bauschule geht direkt mit dem Lehrbuchprojekt zusammen, der Anspruch der Entwicklung «idealer Grundriss-Lösungen» und ‹rationaler› Baukonstruktionen bleibt über das gesamte 19. Jahrhundert hindurch selbstverständlich.

Vergleichbare Muster zeigen sich beispielsweise in Prag, wo ein Lehrbuchfragment im Zusammenhang der Gründung des Polytechnikums entsteht: Franz Joseph (Ritter von) Gerstners *Einleitung in die statische Baukunst.*[72] Vor dem Hintergrund seiner Tätigkeit an der Universität Prag legte Gerstner bereits in den Jahren der Französischen Revolution zentrale Wissensbestände nieder.[73] Gerstners Projekt betont zuvorderst mathematische Komponenten des Bau-Wissens. Er beginnt mit einer resignativen Abgrenzung: «Schade! daß die großen Männer dieser Kunst, vom Vitruv anzufangen, das Meisterstück der Baukunde nur in guten Verhältnissen der Säulenordnungen und Bogenstellungen gesetzt, von der Bewunde-

---

68 Vgl. beispielsweise Schumann, Ulrich Maximilian: Friedrich Weinbrenner. Klassizismus und «praktische Ästhetik» (Friedrich Weinbrenner und die Weinbrenner Schule, Bd. 5). Berlin/München 2010. Zuletzt: Stadt Karlsruhe – Städtische Galerie und saai (Südwestdeutsches Archiv für Architektur und Ingenieurbau am KIT) (Hg.): Friedrich Weinbrenner (1766–1826). Architektur und Städtebau des Klassizismus. (Ausstellung Städtische Galerie Karlsruhe vom 27. Juni bis zum 4. Oktober 2015). 2. Aufl. Petersberg 2015, und Schumann, Ulrich Maximilian (Hg.): Friedrich Weinbrenner. Architektonisches Lehrbuch (Friedrich Weinbrenner und die Weinbrenner-Schule, Bd. 7). Bad Saulgau 2015).

69 Weinbrenner 1810–25 (wie Anm. 67), T. 1, H. 1., S. III.

70 Ebd., S. VI (Hervorhebung im Original gesperrt).

71 Vgl. ebd., S. V–XI. Die zunächst private (wenngleich staatlich geförderte) Bauschule Weinbrenners ging 1825 im Polytechnikum auf.

72 Gerstner, Franz: Einleitung in die statische Baukunst. Prag 1789. Der kurze Text wird von Gerstner selbst als «Aufsatz» bezeichnet, doch lässt er sich angesichts seines Entstehungskontextes durchaus dem Genre des Lehrbuches zuordnen. Vgl.: ebd., unpag. Zur Biografie vgl. Anonym: Gerstner Franz Joseph von, in: Österreichisches Biographisches Lexikon 1815–1950. Hg. v. der Österreichischen Akademie der Wissenschaften, Bd. 1. Wien 1957, S. 430–431; Mechtler, Paul: Gerster, Ritter v. Franz Joseph, in: ADB, Bd. 6. Berlin 1964, S. 328–329.

73 Vgl. Kurrer, Karl-Eugen: Geschichte der Baustatik. Berlin 2002, S. 186. Kurrer betont, dass Gerstner seine *Einleitung* aus Anlass einer öffentlichen Prüfung seiner Schüler vorlegte, vgl. ebd.

rung, die man selbst den Ruinen alter Prachtgebäude nicht versagen kann, hingerissen, sich blos zur Nachahmung gestimmt, und schon dadurch in den Besitz der besten Bauregeln zu kommen vermuthet haben».[74] Diese Geschichtsversessenheit habe, so Gerstner, eine Missachtung des Fortschritts zur Folge gehabt, denn: «Bey den Fortschritten, welche die mechanischen Künste seit einem Jahrhundert mit Hilfe der höheren Mathematik machten, traf die Baukunst das unverdiente Schicksal ziemlich weit hinter den übrigen zurückzubleiben.»[75] Gerstner sieht die Baukunst als angewandte höhere Mathematik; nur mit entsprechenden Schwerpunkten könne sie mit der wissenschaftlich-technischen Entwicklung Schritt halten und so die Stabilität der Bauwerke gewährleisten.

Das Buchkonzept machte politische Entscheidungsträger auf die Expertise des Autors aufmerksam: 1796, kurz nach Gründung der École polytechnique, wurde Gerstner «als Beisitzer der Hofkommission zur Revision der öffentlichen Unterrichtsanstalten nach Wien berufen»,[76] hier war er für die Lehrplankonzeption einzurichtender Gewerbeschulen verantwortlich. Die von ihm erarbeiteten Vorschläge fanden bei den politischen Entscheidungsträgern Gehör und «kulminierten schließlich in der Eröffnung des Polytechnischen Institutes in Prag am 3.11.1806».[77]

Disziplinengenese, Ausdifferenzierung der akademischen Wissensfelder und Lehrbücher stehen in engem Zusammenhang: auch für die polytechnischen Wissenschaften. Die Entwicklung des Lehrfachs Technologie ist hier beispielhaft. Technologie stellte insofern ein zentrales polytechnisches Wissensfeld insbesondere in der ersten Hälfte des 19. Jahrhunderts dar, als es der Verwissenschaftlichung des Technischen in der Moderne Vorschub leistete.[78] Zudem eignet es sich als Referenzfeld, weil seine wissenschaftlichen Ursprünge abseits der École polytechnique lagen, an ihm also die autochthonen Prozesse sich verdeutlichen, die neben den wichtigen französischen Einflüssen die Struktur der Polytechnika beeinflussten. Technologie als akademisches Lehrfach fand sich zudem bis zur Mitte des 19. Jahrhunderts sowohl an den Polytechnika als auch an den Universitäten – wenn auch in anderen Kontexten und mit anderen Inhalten.

Technologie als universitäres und polytechnisches (Schlüssel-)Fach

Die 1777 in erster Auflage publizierte *Anleitung zur Technologie oder zur Kenntniß der Handwerke, Fabriken und Manufacturen, vornehmlich derer, die mit der Landwirthschaft, Policey und Cameralwissenschaften in nächster Verbindung stehn*[79] des Göttinger Professors für Kameralwissenschaften, Johann Beckmann,[80] markiert die Geburtsstunde der Technologie als neuer Wissenschaft (**Abb. 75**). Beckmanns Lehrbuch emanzipierte die Technologie als eigenständigen Wissensbereich und löste sie aus ihrer (ursprünglich von Christian Wolff

---

74 Gerstner 1789 (wie Anm. 72), unpag. (Hervorhebungen im Original).

75 Ebd.

76 Krombholz, Julius Vincenz von (Hg.): Topographisches Taschenbuch von Prag zunächst für Naturforscher und Aerzte. Prag 1837, S. 284.

77 Kurrer 2002 (wie Anm. 73), S. 187.

78 Vgl. als Überblick: Meyer, Torsten: Technologie, in: Jaeger, Friedrich (Hg.): Enzyklopädie der Neuzeit, Bd. 13. Stuttgart/Weimar 2011, Sp. 310–319.

79 Beckmann, Johann: Anleitung zur Technologie oder zur Kenntniß der Handwerke, Fabriken und Manufacturen, vornehmlich derer, die mit der Landwirthschaft, Policey und Cameralwissenschaften in nächster Verbindung stehn. Nebst Beyträgen zur Kunstgeschichte. Göttingen 1777.

80 Zur Biografie vgl. immer noch: Beckert, Manfred: Johann Beckmann. Leipzig 1983.

postulierten) Zugehörigkeit zur Philosophie heraus;[81] es reklamierte aber auch deren Eigenständigkeit gegenüber der universitär erstarkenden Physik. Im Fach Technologie sollten technische Verfahren geordnet und reflektiert werden; folgerichtig galt Beckmann die Physik, ebenso wie Chemie und Mathematik, nur als Hilfswissenschaft. Die Technologie zielte auf akademische Reflexion technischer Artefakte und Verfahren der Güterproduktion; ihren wissenschaftlichen Anspruch begründete Johann Beckmann durch eine zweifache naturhistorische Analogie: Das technologische Wissen sollte durch vier Strukturvariablen, die Roh- und Hilfsstoffe, die technischen Artefakte, die Verfahren und die Arbeitsorganisation, strukturiert werden – eine Wissensordnung, die auf der botanischen Taxonomie Carl von Linnés gründete (den Beckmann anlässlich seiner sogenannten Schwedischen Reise persönlich kennengelernt hatte) (**Abb. 76**).[82] Als zweite Analogie diente die Episteme Sehen, die sich in der Naturgeschichte des 18. Jahrhunderts als ‹objektives› Wahrnehmungs- und Beschreibungsmittel durchgesetzt hatte. Das Sehen galt als konstitutiv für die technologische Erkenntnis[83] sowie das daraus entstehende technologische Wissen und diente auch der Herausbildung der technologischen Terminologie. Die universitäre Technologie des späten 18. Jahrhunderts brach damit nicht mit dem zeitgenössisch dominanten enzyklopädischen Erfassungsanspruch, der sich in den beiden enzyklopädischen Grossprojekten, der *Encyclopédie* d'Alemberts und Diderots und der *Oekonomisch-technologischen Encyklopädie* von Krünitz manifestiert hatte. Mit diesem (enzyklopädischen) Anspruch verband sich allerdings kein alphabetisches Ordnungskriterium, sondern zunächst ein sachsystematisches.

Die neue Wissenschaft verbreitete sich ausgangs des 18. Jahrhunderts im Rahmen der universitären Kameralistenausbildung zügig in den deutschsprachigen Ländern.[84] Zu ihrer Verbreitung trug vor allem die sich seit der Mitte des 18. Jahrhunderts entfaltende «Ökonomie des Raumes» bei,[85] die auf optimale Ausnutzung aller Ressourcen zielte.[86] Die Technologie versprach, eine bürokratische Erfindungstheorie zu sein. Die Ordnung des technologischen Wissens (beruhend auf dem Kriterium der Verfahrensgleichheit) sollte durch die Übertragung von Strukturvariablen von einem Produktionsprozess auf einen anderen erlauben, technisch-organisatorische Möglichkeiten zu optimieren.[87] Mit diesem Fokus blendete die universitäre Technologie unter anderem bauliche Wissensbereiche aus und marginalisierte zudem landwirtschaftliche Themenfelder. Versuche, diese beiden Wissensbereiche als technologische Gegenstände im universitären Kontext zu definieren, zeitigten wenig Erfolg. Weder das 1798 vom Heidelberger Mathematikprofessor Karl Christian Langsdorf vorgelegte Lehrbuch *Entwurf zu Vorlesungen über mehrere dem*

---

81 Vgl. hierzu Buschmann, Cornelia: Ein Begriff für Wissenschaft und Kunst? – Technologie bei Christian Wolff, in: Troitzsch, Ulrich (Hg.): ‹Nützliche Künste›: Kultur- und Sozialgeschichte der Technik im 18. Jahrhundert (Cottbuser Studien zur Geschichte von Technik, Arbeit und Umwelt, Bd. 13). Münster/New York/München/Berlin 1999, S. 23–34.

82 Vgl. hierzu: Beckmann, Johann: Johann Beckmanns Schwedische Reise in den Jahren 1765–1766. Tagebuch. Mit Einleitung und Anmerkungen hg. v. Theodor Magnus Fries. Uppsala 1911 (Nachdruck Lengwil 1995).

83 In dieser Tradition stand beispielsweise ein Jahrhundert später noch Gottfried Semper, der diese Herangehensweise auf die Architektur übertrug, siehe Sempers «natürlicher Weg des Sehens», Hildebrand 2016 (wie Anm. 56), S. 292.

84 Vgl. Endrei, Walter: Beckmanns Lehren in Ungarn, in: Müller, Hans-Peter; Troitzsch, Ulrich (Hg.): Technologie zwischen Fortschritt und Tradition. Beiträge zum Internationalen Johann-Beckmann-Symposium Göttingen 1989. Frankfurt (Main)/Bern/New York/Paris 1992, S. 235–242; Kernbauer, Alois: Beckmann und der ‹technologische› Unterricht an den Universitäten der Habsburgermonarchie. Der ‹technologische› Unterricht im Kanon der Allgemeinbildung der Philosophischen Fakultäten, abseits der Polytechnika und Fachlehranstalten, in: Johann-Beckmann-Journal 7 (1993), H. 1/2, S. 39–56; Meyer, Torsten: Natur, Technik und Wirtschaftswachstum im 18. Jahrhundert. Risikoperzeption und Sicherheitsversprechen (Cottbuser Studien zur Geschichte von Technik, Arbeit und Umwelt, Bd. 12). Münster/New York/München/Berlin 1999, S. 161–164.

85 Sandl, Marcus: Ökonomie des Raumes. Der kameralwissenschaftliche Entwurf der Staatswirtschaft im 18. Jahrhundert. Köln/Weimar/Wien 1999.

86 Meyer 1999 (wie Anm. 84).

87 Vgl. ebd., S. 153–161.

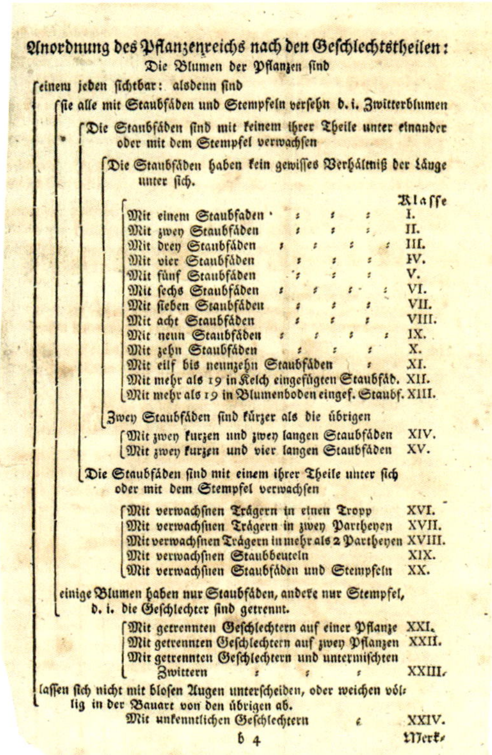

Anordnung des Pflanzenreichs nach den Geschlechtstheilen:

Die Blumen der Pflanzen sind

einem jeden sichtbar: alsdenn sind

sie alle mit Staubfäden und Stempfeln versehn d. i. Zwitterblumen

Die Staubfäden sind mit keinem ihrer Theile unter einander oder mit dem Stempfel verwachsen

Die Staubfäden haben kein gewisses Verhältniß der Länge unter sich.

	Klasse
Mit einem Staubfaden	I.
Mit zwey Staubfäden	II.
Mit drey Staubfäden	III.
Mit vier Staubfäden	IV.
Mit fünf Staubfäden	V.
Mit sechs Staubfäden	VI.
Mit sieben Staubfäden	VII.
Mit acht Staubfäden	VIII.
Mit neun Staubfäden	IX.
Mit zehn Staubfäden	X.
Mit eilf bis neunzehn Staubfäden	XI.
Mit mehr als 19 in Kelch eingefügten Staubfäd.	XII.
Mit mehr als 19 in Blumenboden eingef. Staubf.	XIII.

Zwey Staubfäden sind kürzer als die übrigen

Mit zwey kurzen und zwey langen Staubfäden	XIV.
Mit zwey kurzen und vier langen Staubfäden	XV.

Die Staubfäden sind mit einem ihrer Theile unter sich oder mit dem Stempfel verwachsen

Mit verwachsnen Trägern in einen Tropp	XVI.
Mit verwachsnen Trägern in zwey Partheyen	XVII.
Mit verwachsnen Trägern in mehr als 2 Partheyen	XVIII.
Mit verwachsnen Staubbeuteln	XIX.
Mit verwachsnen Staubfäden und Stempfeln	XX.

einige Blumen haben nur Staubfäden, andere nur Stempfel, d. i. die Geschlechter sind getrennt.

Mit getrennten Geschlechtern auf einer Pflanze	XXI.
Mit getrennten Geschlechtern auf zwey Pflanzen	XXII.
Mit getrennten Geschlechtern und untermischten Zwittern	XXIII.

lassen sich nicht mit blosen Augen unterscheiden, oder weichen völlig in der Bauart von den übrigen ab.

Mit unkenntlichen Geschlechtern	XXIV.

b 4 Merk-

75 Beckmanns Aufnahme in den Kreis der Unsterblichen, Frontispiz (Kupferstich von Ernst Thelott) aus: Engels, Über Papier und einige andere Gegenstände der Technologie und Industrie, 1808.

Zu Beginn des 19. Jahrhunderts hatte sich die Technologie als akademische Disziplin im deutschen Sprachraum etabliert und beanspruchte für sich einen hohen Stellenwert. Sinnfällig zeigt sich dies in der Allegorie des Kupferstichs von Ernst Thelott aus dem Jahr 1808: Johann Beckmann, Begründer der Disziplin, überreicht Merkur sein ‹Empfehlungsschreiben› für Minerva und verweist auf die Geistesgrössen von Gutenberg über Luther bis Kant.

76 Botanische Klassifikation nach Linné, Taf. in Einleitung aus: Linné, Gattungen der Pflanzen und ihre natürliche Merkmale, Bd. 1, 1775.

Die klassische Naturgeschichte des 18. Jahrhunderts hatte sich der Episteme Sehen als objektivstem Akt der Erkenntnis verpflichtet. Auf ihr beruhte auch das verbindliche botanische Klassifikationssystem Carl von Linnés, das die technologische Wissensordnung ausgangs des Jahrhunderts hinsichtlich ihrer Methodologie prägte.

Kameralisten und Technologen wichtige Gegenstände, dessen erster Teil sich schwerpunktmässig dem Bauen widmete,[88] noch das 1826 von Friedrich Pohl, Professor für Ökonomie und Technologie an der Universität Leipzig, vorgelegte *Lehrbuch der landwirthschaftlichen Technologie* setzten entsprechende Impulse.[89]

Im 19. Jahrhundert blieb die universitäre Technologie der deskriptiven Darstellung verpflichtet. Das hatte insofern Folgen, als sie gegen Mitte des Jahrhunderts stark historisierende Züge annahm und zu einer Geschichte der Gewerbe mutierte. Partiell erfolgte noch die Integration aktueller technischer Artefakte und Verfahren in die universitären Lehrbücher,[90] wie das Beispiel des *Handbuchs der Technologie* zeigt, das von Christoph Bernoulli, Professor für industrielle Wissenschaft an der Universität Basel, veröffentlicht wurde.[91] Anders die wissenschaftliche Technologie an den Polytechnika, die den hohen Aktualitätsbezug hinsichtlich technischer Neuerungen grundsätzlich beibehielt.[92] Ein wesentlicher Beitrag kam vom 1815 gegründeten Wiener Polytechnikum: Als Georg Altmütter auf die dortige Professur für Technologie berufen wurde, stellte er fest, dass Aspekte der technologischen Chemie bereits von zwei seiner Kollegen gelehrt wurden, und sah sich daher veranlasst, «ein ganz neues Fach zu begründen» – die mechanische

88 Langsdorf, Karl Christian: Entwurf zu Vorlesungen über mehrere dem Kameralisten und Technologen wichtige Gegenstände, T. 1. Altenburg 1798.

89 Pohl, Friedrich: Lehrbuch der landwirthschaftlichen Technologie. Leipzig 1826.

90 Vgl. Meyer 2011 (wie Anm. 78).

91 Bernoulli 1840 (wie Anm. 49).

92 Vgl. Meyer 2011 (wie Anm. 78).

Technologie.[93] Altmütter vertrat die Auffassung, dass die Qualität von Produkten in unmittelbarer Abhängigkeit von den technischen Werkzeugen und Maschinen stehe. Folgerichtig konzipierte er seine Lehre dahingehend, dass sich «der hauptsächlichste Theil eines Vortrages [...] auf die Werkzeuge, ihre Construction und Anwendungsart» bezog.[94] Obgleich in seinem Lehrfach eingeschränkt, erkannte Altmütter die sich bietende Chance zur grundsätzlichen Neuausrichtung der Technologie an den Polytechnika: Die enzyklopädisch konzipierte universitäre Technologie mochte den «Studierenden zur Vollendung ihrer allgemeinen Bildung» dienen, die Polytechnika, so Altmütter, zielten aber auf die Ausbildung technischer Praktiker. Für deren spätere Berufstätigkeit «taugt eine generelle Behandlungsart gar nicht». Altmütter betont, er «würde jenen neuen Weg, die mechanischen Gewerbe allein, und im Detail vorzunehmen, für jeden Fall der gewöhnlichen Darstellungsart vorgezogen haben».[95] Altmütters Kritik einer «generellen Behandlungsart» war weniger eine Kritik der Abstraktion, sondern zielte auf das seiner Meinung nach unangemessene zusammenhängende System grundsätzlich unterschiedlicher Gewerbe, zu dessen Bildung das technologische Ordnungskriterium Beckmanns beigetragen habe. Seine Kritik zielte weniger auf das enzyklopädische Konzept der Technologie, wie es Johann Joseph (von) Prechtl,[96] Direktor des Wiener Polytechnikums, mit seiner vielbändigen *Technologischen Encyklopaedie oder alphabetisches Handbuch der Technologie, der technischen Chemie und des Maschinenwesens* verfolgt hatte,[97] sondern vielmehr auf die postulierte Notwendigkeit einer Verallgemeinerung der Wissensfelder (**Abb. 77**).

Die vom Wiener Polytechnikum ausgehende Aufgliederung des Feldes Technologie bot neue Ordnungsperspektiven. Exemplarisch steht die Entwicklung in der mechanischen Technologie: Karl Karmarsch,[98] Schüler Altmütters und seit 1830 zunächst Direktor der Höheren Gewerbeschule in Hannover, legte in seinem 1825 publizierten zweibändigen Lehrbuch *Einleitung in die mechanischen Lehren der Technologie* einen ersten Versuch zu einer neuen technischen Mechanik vor.[99] Der erste Band behandelt Aspekte der technischen Mechanik, der zweite gliedert die Maschinen nach ihrem Einsatz in den Gewerben – eine Systematik, mit der allerdings Karmarsch selbst unzufrieden war. Daher fokussiert er im ersten Band seines zuerst 1837 vorgelegten *Grundrisses der mechanischen Technologie* auf die beiden wichtigsten Rohstoffe der mechanischen Technologie, Eisen und Holz, wobei nun die einzelnen Schritte der Gewinnung und der Verarbeitung der Rohstoffe die Darstellung strukturieren.[100] Karmarsch formuliert, in kritischer Distanz zur universitären Technologie:

---

93 Altmütter, Georg: Beschreibung der Werkzeug-Sammlung des k. k. polytechnischen Instituts, nebst einem vollständigen Verzeichnis der in derselben enthaltenen Stücke. Für Gewerbsleute und Liebhaber mechanischer Künste; vorzüglich aber zum Gebrauche bei Vorlesungen. Wien 1825, S. 2. Dieser Gründungsakt muss in seiner Bedeutung aber insofern relativiert werden, als bereits 1785 der Kameralist Johann Heinrich Jung für die Zweiteilung in chemische und mechanische Technologie votiert hatte; vgl. Jung, Johann Heinrich: Versuch eines Lehrbuchs der Fabrikwissenschaften. Nürnberg 1785, S. 7–10.

94 Altmütter 1825 (wie Anm. 93), S. 7.

95 Ebd.

96 Zu Prechtl vgl. Hantschk, Christian: Johann Joseph Prechtl und das Wiener Polytechnische Institut. Wien 1988.

97 Prechtl, Johann Josef (von) (Hg.): Technologische Encyklopaedie oder alphabetisches Handbuch der Technologie, der technischen Chemie und des Maschinenwesens. 33 Bde. Stuttgart 1830–69.

98 Zu Karmarsch vgl. knapp: Thiele, Bernd: Karl Karmarsch (1803–1879), in: Banse, Gerhard; Wollgast, Siegfried (Hg.): Biographien bedeutender Techniker, Ingenieure und Technikwissenschaftler. Berlin 1983, S. 142–148.

99 Karmarsch, Karl: Einleitung in die mechanischen Lehren der Technologie. 2 Bde. Wien 1825.

100 Karmarsch, Karl: Grundriß der mechanischen Technologie. Als Leitfaden für den technologischen Unterricht an polytechnischen Instituten und Gewerbeschulen. 2 Bde. Hannover 1837.

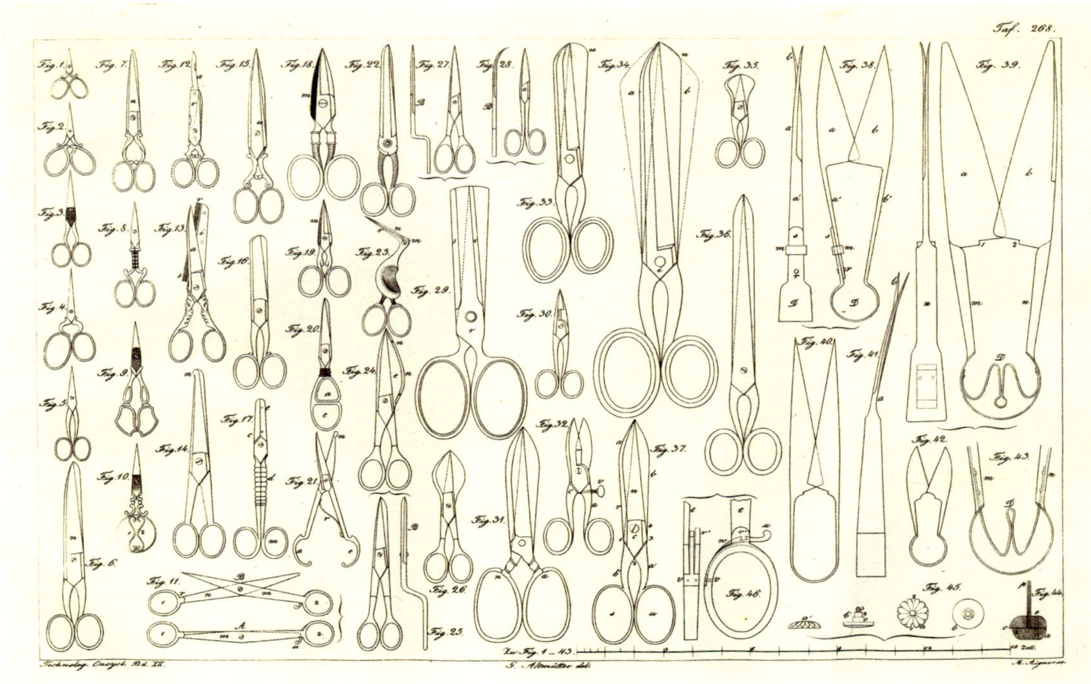

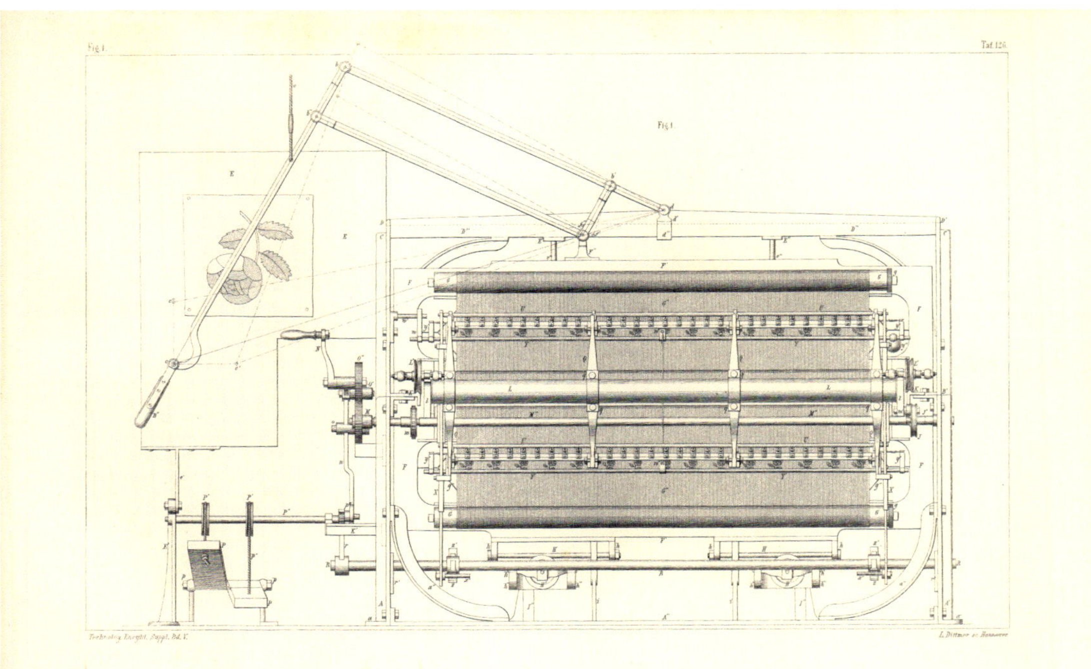

77a/b «Die verschiedenen Arten von Scheren», Taf. 268 aus: Prechtl, Technologische Encyklopaedie, Kupfertafeln, Abt. 3, [ca. 1841] / «Heilmann'sche Stickmaschine», Taf. 126 aus: Prechtl, Technologische Encyklopaedie, Kupfertafeln, Supplement Bd. 5, 1869.

Der Wiener Technologe Johann Joseph (von) Prechtl folgte in seiner *Technologischen Encyklopaedie* noch dem enzyklopädischen Ideal des 18. Jahrhunderts. Eine möglichst komplette Erfassung des technologischen Gegenstandsbereichs vereinte traditionelle und moderne Artefakte und mochte so einen Überblick bieten, konnte allerdings keine Verallgemeinerungen über das Wissensfeld erreichen.

«Der technologische Unterricht hat entweder eine bloß historische und oberflächliche Bekanntschaft mit den wichtigsten Gewerben, oder eine gründliche, praktische, jedoch durch Theorie aufgeklärte und übersichtlich gemachte Kenntniß zum Zwecke. Die erste Art des Unterrichts genügt, wenn es sich nur darum handelt, dem Bauwerke der allgemeinen wissenschaftlichen Bildung ein Steinchen mehr hinzuzufügen, wie etwa bei dem Vortrage der Technologie auf Universitäten der Fall ist. Dagegen soll die zweite Art die einzige seyn, welche an eigentlich technischen Lehranstalten geduldet wird. Es ist von größter Wichtigkeit, die Schüler solcher Anstalten nicht allein historisch mit den Gewerben und Fabrikationen bekannt zu machen [...]; weit mehr soll ihrem Geiste, ihrem ganzen Wesen jene beständige Richtung auf das Praktische gegeben werden, ohne welcher ein vollendeter Techniker geradezu undenkbar ist.»[101]

Der Autor grenzt damit bewusst die beiden zeitgenössischen akademischen Lehrfächer voneinander ab und folgt dem Vorbild seines akademischen Lehrers. Altmütter hatte sich 1825 noch mit einer Beschreibung der Werkzeugsammlung des Wiener Polytechnikums zufriedengegeben, jetzt strebte sein Schüler danach, die mechanische Technologie systematisch zu strukturieren, sie unter wissenschaftlichen Aspekten darzustellen. Karmarschs Lehrbücher beeinflussten die curriculare Struktur der Polytechnika nachhaltig: An diesen Gründungen spielte die mechanische Technologie eine wichtige Rolle, auch an der Zürcher Bauschule und der Ingenieurschule galt sie zunächst als obligatorisches Fach.[102] Die im 19. Jahrhundert veröffentlichten Lehrbücher der chemischen Technologie folgen einem ähnlichen Muster, wenngleich es zunächst für die Chemie schwer fiel, ein verbindliches Ordnungsprinzip des Wissens zu formulieren. Friedrich Ludwig Knapp, Autor des *Lehrbuchs der chemischen Technologie,* konstatiert das in seiner Einführung.[103] An den Polytechnika leisteten Lehrbücher zur chemischen Technologie aber einen wichtigen Beitrag zur fortschreitenden Ausdifferenzierung der Wissensfelder; am Zürcher Polytechnikum schlug sich dies etwa mit einer hochspezialisierten Vorlesung zur chemischen Technologie der Baumaterialien, die seit 1866 zunächst von Pompejus Alexander Bolley, dann von Emil Kopp und später von Georg Lunge gehalten wurde, nieder. [104]

---

101 Ebd., Bd. 1, Vorrede, S. VII–XII, hier S. VII–VIII.

102 Vgl. Kap. II.

103 Vgl. Knapp, Friedrich Ludwig: Lehrbuch der chemischen Technologie zum Unterricht und Selbststudium, Bd. 1. Braunschweig 1847, S. 3.

104 Vgl. Lunge, Georg: Chemische Technologie der Baumaterialien, nach Vorträgen von Georg Lunge. Autograf der Vorlesung. Zürich 1882.

Forschung und Lehre am Zürcher Polytechnikum

Die zweite Generation der Lehrenden an den Polytechnischen Schulen (und das galt für Bauingenieure wie Architekten) konnte auf eine breite Basis vorhandener Bücher zurückgreifen. Die Kongruenz von Fachzuschnitten und dem Buch als Lehrmittel wurde aber immer wieder brüchig, deshalb bildet sich die Entwicklung von Fächern und Disziplinen immer wieder in neuen Lehrbüchern ab: In der Architektur blieb der Anspruch auf die Bündelung der grossen Hauptthemen bis zum Ende des Jahrhunderts bestehen, wurde aber durch Spezialwissen ergänzt, in den Ingenieurwissenschaften zeigt sich früh schon die Binnendifferenzierung nach Materialbereichen sowie in ‹langsame› Grundlagen und sich ‹schnell› veränderndes Detailwissen. Zwei Bereiche blieben über das 19. Jahrhundert hinweg zentral: Themen der Baukonstruktion sowie Themen der Baugeschichte und Baukunst. Die kunstwissenschaftlichen Fächer erfüllen auch am Zürcher Polytechnikum die Aufgabe eines ‹Orientierungsfachs› für ein Studium generale. Der Karlsruher Hochschullehrer und Direktor des Polytechnikums Ferdinand Redtenbacher forderte ‹Bildungsfächer› aus dem Bereich der Geschichtswissenschaften für die Ausbildung an Technischen Hochschulen; Redtenbachers *Resultate für den Maschinenbau* (1848) verbinden theoretische Aneignung von Erfahrungswissen mit Praxis und waren unter anderem vorbildhaft für die in Zürich verwendeten Konzepte.[1] An Redtenbachers Lehrbuch schloss 1861 *Der Constructeur* von Franz Reuleaux an der mechanisch-technischen Schule an.[2]

---

1 Redtenbacher, F[erdinand]: Resultate für den Maschinenbau. Mannheim 1848. Zu Ferdinand Redtenbacher, der unter anderem auch in den 1830er Jahren an der Zürcher Industrieschule Mathematik und Geometrie gelehrt hatte und die mechanischen Werkstätten von Escher-Wyss kannte, siehe: Mauersberger, Klaus: Jacob Ferdinand Redtenbacher (1809 bis 1863). Ein entscheidender Beitrag zur Verwissenschaftlichung des Maschinenbaus, in: Buchheim, Gisela; Sonnemann, Rolf (Hg.): Lebensbilder von Ingenieurwissenschaftlern. Eine Sammlung von Biographien aus zwei Jahrhunderten. Basel/Boston/Berlin 1989, S. 43–59; Wauer, J.; Moon, F. C., Mauersberger, K.: Ferdinand Redtenbacher (1809–1863): Pioneer in scientific machine engineering, in: Mechanism and Machine Theory 44 (2009), S. 1607–1626 sowie Mauersberger, Klaus: Ingenieurwissenschaftler auf dem Weg zur technokratischen Hochmoderne: Schubert – Redtenbacher – Reuleaux, in: Fraunholz, Uwe; Wölfel, Sylvia (Hg.): Ingenieure in der technokratischen Hochmoderne. Thomas Hänseroth zum 60. Geburtstag (Cottbuser Studien zur Geschichte von Technik, Arbeit und Umwelt, Bd. 40), Münster/New York/München/Berlin 2012, S. 67–82.

2 Reuleaux, Franz: Der Constructeur. Ein Handbuch zum Gebrauch beim Maschinen-Entwerfen. Für Maschinen- und Bau-Ingenieure, Fabrikanten und technische Lehranstalten. Braunschweig 1861.

Lehrbücher von Professoren der Zürcher Bau- und Ingenieurschule

An der Zürcher Bauschule betonte der Baukonstruktions-Interimslehrer Ferdinand Stadler die Bedeutung geeigneter Lehrbücher zum Konstruieren; in einem Bericht zum ersten Unterrichtsjahr lesen wir: «Um die Constructionslehre in einem Jahr in ihrem ganzen Umfang zu behandeln, sind mindestens 5–6 Stunden wöchentlich erforderlich, vorausgesetzt dass den Vorträgen ein Handbuch zu Grunde läge, damit den Zuhörern nicht zugemutet werden muss, ein Heft nachzuschreiben, wodurch die Aufmerksamkeit derselben absorbiert wird u. viel Zeit verloren geht.»[3] Als Polytechnikum der zweiten Generation konnte die Zürcher Schule für die Baufächer auf existierende Lehrbücher zurückgreifen.[4] In der Architektur dominierten hier bis zum Ersten Weltkrieg entwicklungsgeschichtlich argumentierende Darstellungen, die grossen Epochendarstellungen der aufstrebenden Kunstgeschichte setzten diese fort und veränderten die Schwerpunkte. Lehrer-Schüler-Beziehungen führten zur Weiterführung von Themen. Übernahmen aus den Netzwerken etablierten ‹Kanones›. Baukonstruktion blieb zunächst Grundlagenfach und entfaltete Bindekräfte zu den Nachbardisziplinen. Bei den Buchkonzepten der Bauingenieure zeigt sich eher eine Teilung in Grundlagenwissen und Praxis-Vorbild; diese Differenzierung wird über Fachzuschnitte nach Bauaufgaben und später Materialgruppen deutlich. Mit der dritten Lehrergeneration brachen Richtungsstreite zwischen Anwendungswissen und akademischem Anspruch auf.

Folgender Überblick zeigt, welche Professoren und Dozenten des Polytechnikums auch als Autoren von Lehrbüchern hervortraten[5] und welche Fächer und Fachzuschnitte sich zugleich veränderten. Die Auswahl konzentriert sich auf eigenständige Veröffentlichungen in den bauwissenschaftlichen Kernfächern des Bauwesens, die während der Zürcher Lehrtätigkeit entstanden, wir sehen Übernahmen aus bestehenden Kontexten, das Aufgreifen etablierter Fachzuschnitte und das Schreiben von Büchern für die eigene Lehre. In der Architektur dominieren Beispielsammlungen, im Bauingenieurwesen entstanden Anleitungen und neue Theorien. Neben den wegweisenden Lehrbüchern Emil Mörschs, Carl Culmanns und Ludwig von Tetmajers stehen Werke Georg Lunges und Gustav Zeuners, um nur zwei prominente Zürcher Namen zu nennen,[6] die Werke der Bauschule sind freilich nicht repräsentativ und in ihrem Ansatz sehr heterogen.

Von 1855 bis 1920 verfassten Lehrende der Bau- und Ingenieurschule in Zürich etwa zwei Dutzend Lehrbücher. Die Schwerpunkte der Produktion geben Hinweise darauf, wie sich die Hierarchie der einzelnen Fachgebiete im Lauf der Zeit verschob: In der Frühzeit des Polytechnikums verfassten die Professoren vor allem Beiträge zur Baukunst und Baukonstruktion. Zu den historisch orientierten Publikationen (die man auch einem Studium generale oder einer allgemeinen Abteilung zuordnen könnte) zählen Jacob

---

3 ETH Zürich, ETH-Bibliothek, Hochschularchiv, SR3, 1858, 234: *Bericht an Herrn Professor Culmann, Vorsteher der Ingenieurschule über den im vorigen Jahre gehaltenen Unterricht in der Constructionslehre*, von Ferdinand Stadler, 10. November 1856.

4 Dazu unter anderem Hassler, Uta: Entwurfslehren und «Grammatik architektonischer Form», in: Dirks, Ulrich; Wagner, Astrid (Hg.): Abel im Dialog (Festschrift für Günter Abel). Berlin 2018, S. 977–1020.

5 Als Autor eines Lehrbuches ist von den frühen Professoren der Bau- und Ingenieurschule des Zürcher Polytechnikums bislang nur Carl Culmann mit seinem Buch *Die graphische Statik* detaillierter von der Forschung untersucht worden. Vgl. besonders Maurer, Bertram: Karl Culmann und die graphische Statik (Bericht Institut für Baustatik Stuttgart, Bd. 26). Stuttgart 1997. Maurer stellt auch explizit eine Verbindung zwischen Culmanns Lehre an der ETH und der Publikation seiner *Graphischen Statik* her. Vgl. ebd., besonders S. 141–145. Einige Monografien zu Professoren wie Gottfried Semper, Alfred Friedrich Bluntschli oder Conradin Zschokke streifen zwar deren Lehrtätigkeit, ohne dabei aber detaillierter auf Zusammenhänge zwischen dieser und den von ihnen publizierten Lehr- und Handbüchern einzugehen.

6 Lunge, Georg: Chemisch-technische Untersuchungsmethoden. 4. Aufl. Berlin 1899–1900; ders.: Handbuch der Soda-Industrie, 2 Bde., Braunschweig 1872; Zeuner, Gustav: Grundzüge der mechanischen Wärmetheorie. Freiberg 1860 (2. Aufl., 1866; Nachdruck der 2. Aufl. 1877; frz. 1862).

78 «Tempel der Nemesis zu Rhamnus», Taf. A.II.3 aus: Lasius, Baukunst, 1863–68.

Lasius verstand sein Lehrbuch *Die Baukunst in ihrer chronologischen und constructiven Entwicklung* als Überblickswerk, als Kurzeinführung in die Baukunst, vor allem für Architekten, Archäologen und Künstler. Im Prospectus heisst es, das Buch solle nicht weniger als ein «Gesamtbild der Hauptzüge der monumentalen Baukunst» vermitteln.

Burckhardts als populäre Einführung in die Kunst Italiens konzipierter *Cicerone* (1855)[7] sowie Wilhelm Lübkes *Geschichte der Architektur* (1865),[8] *Geschichte der Plastik* (1863)[9] und *Grundriss der Kunstgeschichte* (1864/1866)[10] – die *Geschichte der Architektur* und der *Grundriss der Kunstgeschichte* als Neuauflagen in Deutschland entstandener Werke. Den umfassenden Publikationen stellte Lübke in seiner Zeit am Polytechnikum vereinfachte Studienausgaben unter dem Titel *Denkmäler der Kunst* (1864)[11] beziehungsweise

---

7 Burckhardt, Jacob: Der Cicerone. Eine Anleitung zum Genuss der Kunstwerke Italiens. Basel 1855.

8 Lübke, Wilhelm: Geschichte der Architektur von den ältesten Zeiten bis auf die Gegenwart. 3. Aufl. Leipzig 1865 (1. Aufl. 1855).

9 Lübke, Wilhelm: Die Geschichte der Plastik von den ältesten Zeiten bis auf die Gegenwart. Leipzig 1863.

10 Lübke, Wilhelm: Grundriss der Kunstgeschichte. 2. Aufl. Stuttgart 1864 (1. Aufl. 1860, 3. Aufl. 1866).

11 Lübke, Wilhelm: Denkmäler der Kunst. Zur Uebersicht des Entwicklungsganges der bildenden Künste von den frühesten Werken bis auf die neuere Zeit. Stuttgart 1864.

Abriß der Geschichte der Baukunst (1861/1866)[12] an die Seite, wobei der Autor letztere Publikation bereits im Untertitel als einen *Leitfaden für Studirende des Baufachs* bezeichnete. Beide Autoren hatten nacheinander die Professur für Kunstgeschichte und Archäologie inne, Burckhardt von 1855 bis 1858, sein Nachfolger Lübke von 1861 bis 1866.

Burckhardts und Lübkes Werke geben kunstgeschichtliches Grundlagenwissen zur Beurteilung des ‹Schönen› an sich, die historisch orientierten Beiträge der Professoren für Baukonstruktionslehre stehen dazu im Gegensatz: Sie liefern zwar vorbildliche Formen der Architektur und bildeten damit das Zentrum der Architekturdidaktik des ausgehenden 19. Jahrhunderts, verstehen sich aber als Konstruktionslehren. Die Professoren waren zwingend als Architekten ausgebildet und publizierten die Tafeln im Blick auf tektonische und konstruktive Lösungen. Ein Beispiel ist Georg Lasius' in den 1860er Jahren in mehreren Lieferungen erschienenes Überblickswerk *Die Baukunst in ihrer chronologischen und constructiven Entwicklung*[13]; es zeichnet sich neben einem kurzen einführenden Text vor allem durch die grossformatigen Kupferstichtafeln mit historischen Bauten aus (**Abb. 78**). Ernst Gladbach, Professor für Baukonstruktionslehre und Baumateriallehre, gab 1868–93 zeichnerische Aufnahmen historischer Holzbauten der Schweiz heraus, vor allem in Form großformatiger Tafelbände.[14] Im Jahr 1868 veröffentlichte Gladbach die *Vorlegeblätter zur Bauconstructionslehre,*[15] eine heterogene Sammlung von Konstruktionszeichnungen und Bauaufnahmen. Die Disparität der Darstellungen erklärt sich auch aus dem Umstand, dass ihnen teilweise Aufnahmen und Vorlagen anderer Zeichner zugrunde lagen. Gladbach verzichtet auf einen einführenden Text, versieht viele Blätter jedoch mit handschriftlich ausgeführten erklärenden Kommentaren (**Abb. 79**). Die «Beispiele[...] [von] ausgeführten besonders interessanten Bauwerken älterer und neuerer Zeit»[16] sammelte Gladbach für die eigene Lehre am Polytechnikum; hierin offenbart sich die enge Verknüpfung von zeitgenössischer Architekturlehre und der Forschung zu historischen Bauten.

Diese Verbindung tritt in anderer Weise in Gottfried Sempers Publikation *Der Stil* (1860–63) zutage; Semper veröffentlichte in seiner Zeit als Professor am Zürcher Polytechnikum zwei Bände des *Stils*.[17] Inhaltlich entwickelte Semper im *Stil* – wie in seiner fragmentarisch überlieferten *Vergleichenden Baulehre*[18] – eine zeitgenössische (dennoch überzeitlich und allgemeingültig verstandene) Ästhetik – vor allem auf Grundlage von Analysen historischer (Bau-)Kunst, das heisst Kenntnis, Verständnis und Aneignung existierender Lösungen. Die Herangehensweise an eine Bauaufgabe sei freilich «aus ihren Prämissen, wie sie die Gegenwart gibt, frei heraus zu entwickeln, und zwar mit Berücksichtigung jener traditionellen Formen,

---

12 Lübke, Wilhelm: Abriß der Geschichte der Baukunst. Unter Zugrundelegung seines größeren Werkes als Leitfaden für Studirende des Baufachs bearbeitet. Essen 1861 (2. Aufl. Leipzig 1866).

13 Lasius, Georg: Die Baukunst in ihrer chronologischen und constructiven Entwicklung. Dargestellt und erläutert durch eine Auswahl charakteristischer Denkmale vom Alterthum bis auf die Neuzeit mit Rücksicht auf das Bedürfniss unserer Zeit für Bauleute, Kunstfreunde & Lehranstalten. Darmstadt 1863–68.

14 Vgl. S. 168–217.

15 Gladbach, Ernst: Vorlegeblätter zur Bauconstructionslehre. Zürich 1868–70.

16 Ebd., Vorblatt.

17 Semper, Gottfried: Der Stil in den technischen und tektonischen Künsten, oder praktische Aesthetik. Ein Handbuch für Techniker, Künstler und Kunstfreude, Bd. 1: Die Textile Kunst für sich betrachtet und in Beziehung zur Baukunst. Frankfurt (Main) 1860; Bd. 2: Keramik, Tektonik, Stereotomie, Metallotechnik für sich betrachtet und in Beziehung zur Baukunst. München 1863. Hierzu auch Tschanz, Martin: Die Bauschule am Eidgenössischen Polytechnikum in Zürich. Architekturlehre zur Zeit von Gottfried Semper (1855–1871) (Architektonisches Wissen). Zürich 2015, S. 65–72. Vgl. auch Fröhlich, Martin: Gottfried Semper am Zeichenbrett. Architektur entwerfen in der zweiten Hälfte des 19. Jahrhunderts (Zürcher Denkmalpflege. Monographien Denkmalpflege, Bd. 5). Zürich 2007.

18 Transkription in: Luttmann, Susanne: Gottfried Sempers «Vergleichende Baulehre». Eine quellenkritische Rekonstruktion. Diss. ETH Zürich 2008, S. 259–609. Nach Luttmann erfolgten mehrere Umarbeitungen des unveröffentlichten Manuskripts, zuletzt als Schlussband zum *Stil*. Vgl. ebd., S. 210–211.

79 «Klosterruine Arnsburg in Oberhessen», Taf. II.2 aus: Gladbach, Vorlegeblätter, 1868–70.

Anders als in seinen Publikationen zum ‹Schweizer Holzstil› versammelte Gladbach in den *Vorlegeblättern* nicht nur eigene Bauaufnahmen, sondern auch Zeichnungen von Kollegen. In der Folge wirkten die Abbildungen in dem preisgünstigen Lehrwerk deutlich heterogener als in Gladbachs anderen Publikationen. Den Eigenheiten einer günstigen Studienausgabe sind auch die handschriftlichen Erläuterungen geschuldet, die der Autor – wie hier bei der Tafel zur Klosterruine Arnsburg – direkt auf den Tafeln anbrachte.

die sich durch Jahrtausende hindurch als unumstösslich wahre Ausdrücke und Typen gewisser räumlich und struktiv formaler Begriffe ausgebildet und bewährt haben».[19] Wenn Semper den *Stil* im Untertitel auch ausdrücklich als *Handbuch* bezeichnet und die «Techniker» als erste Zielgruppe aufführt, so macht er bereits in den Vorbemerkungen deutlich, dass er keinesfalls ein Anleitungsbuch für die Praxis schaffen wollte. Die im Buch dargestellte Lehre dürfe «kein Handbuch für die Kunstpraxis sein» und sie behandle «die Technik [...] nur insofern sie das Gesetz des Kunstwerdens mit bedingt».[20]

Zum Bestand der Bibliothek des Polytechnikums gehörten selbstverständlich Standardwerke,[21] wie etwa die an den deutschsprachigen polytechnischen Schulen konzipierten mehrbändigen Architekturhandbücher und Baukonstruktionslehren, die – häufig geordnet nach Gewerken, Materialien oder Bau-

19 Semper 1860 (wie Anm. 17), S. XV.

20 Ebd., S. VI.

21 Überliefert sind die Bestände der allgemeinen Bibliothek des Polytechnikums: [Eidgenössische Polytechnische Schule (Hg.)?]: Verzeichniss der Bibliothek des Schweizerischen Polytechnikums. Zürich 1856 (2. Aufl. 1857, 4. Aufl. 1866); [Eidgenössische Polytechnische Schule (Hg.)?]: Katalog der Bibliothek des Eidgenössischen Polytechnikums in Zürich. 6. Aufl. Zürich 1896; wie auch der Bibliothek der Bauschule: ETH Zürich, ETH-Bibliothek, Hochschularchiv, HS 166: Catalog der Bibliothek [der Bauschule]. Aug[ust] 1866; ETH Zürich, ETH-Bibliothek, Hochschularchiv, EZ-ZWD-Bib01:81.12.: Katalog der Bauschulbibliothek des Eidg. Polytechnikums 1882.

aufgaben – das Wissen der Zeit im Überblick präsentierten: Reihen wie das von Josef Durm, Hermann Ende, Heinrich Wagner und Eduard Schmitt begründete *Handbuch der Architektur,*[22] Gustav Adolf Breymanns *Allgemeine Bau-Constructions-Lehre*[23] oder Germano Wanderleys *Handbuch der Bau-Constructionslehre.*[24] Keiner der Professoren der Zürcher Architekturschule war als Begründer oder Herausgeber an diesen einflussreichen Publikationen beteiligt, vielmehr wurden die Reihen, die zum Teil in rascher Folge in immer wieder erneuerten Auflagen erschienen,[25] aus Deutschland eingeführt. Begründer, Herausgeber und Autoren waren in der Mehrzahl Professoren beziehungsweise Angehörige der deutschen polytechnischen Schulen. Zum renommierten *Handbuch der Architektur* steuerte 1887 immerhin der Semper-Schüler Friedrich Bluntschli für den siebten Halbband des vierten Teils das Kapitel *Stadt- und Rathäuser*[26] bei (in der zweiten Auflage zusammen mit Georg Lasius[27]). Nach dieser Publikation entstand, abgesehen von Neuauflagen älterer Werke und Vorlesungsmitschriften, im Jahr 1915 noch der schmale Band *Das Ziegeldach in seiner historischen und technischen Entwicklung*[28] von Benjamin Recordon, Professor für Baukonstruktion. Das Buch erinnert in seiner Aufmachung und Darstellungsweise an die zeittypischen Auftragswerke der Industrie; Recordon hatte bereits 1909 ein entsprechendes Projekt für die Gips-Union A.-G. Zürich bearbeitet.[29] Das Entstehen der für Produkte aus Ton werbenden Publikation *Das Ziegeldach* begründete Recordon selbst mit «Bestrebungen des Heimatschutzes».[30]

Professoren der Ingenieurschule begannen erst etwa ein Jahrzehnt nach der Gründung des Zürcher Polytechnikums mit der Produktion von Lehrbüchern. Ihre Beiträge verteilen sich relativ gleichmässig auf den Zeitraum von der Mitte der 1860er Jahre bis zum Ende des Jahrhunderts. Einen Schwerpunkt der Lehrbuchproduktion bildet der Bereich der Baustatik, zu dem Carl Culmann mit seiner in zwei Teilen erschienenen Publikation *Die graphische Statik*[31] 1864 und 1866 entscheidende Grundlagen schuf. Im Jahr 1875 publizierte Culmann den ersten Band einer auf zwei Bände angelegten Neuauflage, deren zweiter Band bei seinem Tod 1881 jedoch nicht vorlag.[32] Wesentlich zum Erfolg der *Graphischen Statik* trug Culmanns ehemaliger Assistent und Nachfolger Karl Wilhelm Ritter bei, der nicht nur die grafischen Verfahren weiter lehrte, sondern mit dem zweiten, nun anwendungsorientierten Band zu Culmanns *Graphischer Statik* das publizistische Werk fortsetzte. Unter dem Titel *Anwendungen der graphischen Statik* erschien Band

---

22 Durm, Josef; Ende, Hermann; Schmitt, Eduard; Wagner, Heinrich (Hg.): Das Handbuch der Architektur. Darmstadt/Leipzig/Stuttgart 1880–1943.

23 Breymann, Gustav Adolf: Allgemeine Bau-Constructions-Lehre mit besonderer Beziehung auf das Hochbauwesen. Ein Leitfaden zu Vorlesungen und zum Selbstunterrichte. 4 Teile. Stuttgart 1849–63.

24 Wanderley, Germano: Handbuch der Bau-Constructionslehre. 3 Bde. Halle (Saale) 1872.

25 Vom Band *Konstruktionen in Stein* von Breymanns *Allgemeiner Baukonstruktionslehre* beispielsweise erschien im Jahr 1903 bereits die siebte Auflage, vgl. Warth, Otto: Die Konstruktionen in Stein (Allgemeine Baukonstruktionslehre mit besonderer Beziehung auf das Hochbauwesen, Bd. 1). 7. Aufl. Leipzig 1903 [Neubearbeitung von: Breymann, Gustav Adolf: Allgemeine Bau-Constructions-Lehre mit besonderer Beziehung auf das Hochbauwesen. Ein Leitfaden zu Vorlesungen und zum Selbstunterrichte, T. 1: Constructionen in Stein. Stuttgart 1849].

26 Bluntschli, Alfred Friedrich: Stadt- und Rathhäuser (HdA, T. 4, Halbbd. 7, Abschnitt 1, Kap. 1). Darmstadt 1887.

27 Bluntschli, Alfred Friedrich; Lasius, Georg: Stadt- und Rathäuser (HdA, T. 4, Halbbd. 7, H. 1, Abschnitt 1, Kap. 1). 2. Aufl. Stuttgart 1900.

28 Recordon, Benjamin: Das Ziegeldach in seiner historischen und technischen Entwicklung. Zürich 1915.

29 Gips-Union A.-G. Zürich (Hg.): Gips, Gipsprodukte und ihre Verwendung. Zürich 1909. Auf dem Innentitel befindet sich der Zusatz: «unter gefl. Mitwirkung des Herrn B. Recordon Architekt Professor am Eidg. Polytechnikum in Zürich».

30 Recordon 1915 (wie Anm. 28), S. 7.

31 Culmann, Carl: Die graphische Statik. 2 Teile. Zürich 1864–1866.

32 Culmann, Carl: Die graphische Statik, Bd. 1, 2. neu bearb. Aufl. Zürich 1875.

80 «Zur Frage der Qualitätsbestimmung von Flussstahlschienen», Taf. zu: Tetmajer, Qualitätsbestimmung von Flussstahlschienen, 1884.

Als Grundlage für sein Lehrbuch *Die angewandte Elasticitäts- und Festigkeitslehre* dienten Ludwig Tetmajer vor allem die Versuche der von ihm geleiteten Materialprüfungsanstalt. Hier zu sehen sind die Ergebnisse von Bruchversuchen mit Flussstahlschienen.

zwei in vier Teilen in den Jahren 1888–1906, wobei Ritter lediglich als Bearbeiter auftrat.[33] Daneben schrieb Ritter weitere Lehrbücher zur grafischen Statik, darunter die auch ins Französische übersetzte Publikation *Die elastische Linie und ihre Anwendung auf den continuierlichen Balken. Ein Beitrag zur graphischen Statik* (1883/1886)[34] und *Der elastische Bogen berechnet mit Hülfe der graphischen Statik* (1886/1896).[35] In engem Zusammenhang mit der Einführung von Culmanns *Graphischer Statik* stand die Publikation mehrerer Lehrbücher zur sogenannten Geometrie der Lage durch den Privatdozenten und Hilfslehrer für Mathematik und darstellende Geometrie Theodor Reye. Im Vorwort seines 1866–68 erschienenen und später in verschiedene Sprachen übersetzten mehrbändigen Standardwerks *Die Geometrie der Lage*[36] nannte Reye als Ziel explizit die Vermittlung geometrischen Grundlagenwissens für die grafische Statik.[37]

---

33 Ritter, Karl Wilhelm (Bearb.): Anwendungen der graphischen Statik nach Prof. Dr. C. Culmann. 4 Teile. Zürich 1888–1906.

34 Ritter, Karl Wilhelm: Die elastische Linie und ihre Anwendung auf den continuirlichen Balken. Ein Beitrag zur graphischen Statik. Zürich 1871 (2. Aufl. 1883). Im Jahr 1886 erschien die französische Ausgabe unter dem Titel: La Ligne élastique et son application à la poutre continue traitée par la statique graphique. Paris 1886.

35 Ritter, Karl Wilhelm: Der elastische Bogen berechnet mit Hülfe der graphischen Statik. Zürich 1886 (Neuaufl. Zürich 1896).

36 Reye, Theodor: Die Geometrie der Lage. Vorträge. 2 Abt. Hannover 1866–68. Nach dem Weggang Reyes vom Zürcher Polytechnikum erschienen zahlreiche Neuaufl. des ab der 3. Aufl. auf drei Bände angewachsenen Werks. In den 1880er Jahren wurde *Die Geometrie der Lage* ins Französische und Italienische übersetzt, Ende der 1890er Jahre ausserdem ins Englische.

37 Ebd., Abt. 1, S. V.

Weitere einflussreiche Publikationen zur Statik verfasste der in der Materialprüfung prominent gewordene Ludwig von Tetmajer, Professor für Baumechanik und ebenfalls ehemaliger Assistent Culmanns. Seine Werke knüpften nicht primär an dessen *Graphische Statik,* sondern an eigene Erfahrungen als Direktor der Festigkeitsprüfungsanstalt an. Im Jahr 1889 veröffentlichte Tetmajer *Die angewandte Elasticitäts- und Festigkeitslehre,*[38] die ein Teilgebiet seiner durch Autografen[39] dokumentierten Vorlesung zur sogenannten Baumechanik an der Architektenschule des Polytechnikums behandelte (**Abb. 80**).[40] Die Publikation erschien als erste Hälfte des zweiten Teils eines mehrbändig konzipierten Werks, das wie die Vorlesung den Titel *Die Baumechanik. Auf Grundlage der Erfahrung* trug. Tetmajer stellte die geplanten weiteren Bände des Werks allerdings nicht mehr fertig. Von der *Angewandten Elastizitäts- und Festigkeitslehre* erschienen aber nach seinem Wechsel an die Technische Hochschule Wien zwei Neuauflagen in den Jahren 1904 und 1905.[41] Ebenfalls auf der Grundlage von Versuchsergebnissen der Festigkeitsprüfungsanstalt basierte Tetmajers Publikation *Die Gesetze der Knickungsfestigkeit der technisch wichtigsten Baustoffe* (1896), von der bereits fünf Jahre später eine erweiterte Ausgabe unter leicht verändertem Titel erschien.[42]

Neben den Lehrbüchern zu Baustatik und Baustoffen verfassten die Professoren der Ingenieurschule für bekannte Lehrbuchreihen mehrere Beiträge zum Wasser- und Grundbau. Karl Pestalozzi, Professor für Strassen-, Kanal- und Wasserbau, schrieb 1879 die Kapitel *Verbauung der Wildbäche und Regulierung der Gebirgsflüsse*[43] und *Die Stauwerke*[44] für den Band *Der Wasserbau* des einflussreichen *Handbuchs der Ingenieurwissenschaften.* Conradin Zschokke, der aus der Privatwirtschaft berufene Nachfolger Pestalozzis, verfasste[45] – auf seinen Erfahrungen als Ingenieur bauend – 1896 das Heft *Druckluft-Gründungen* in der Reihe *Fortschritte der Ingenieurwissenschaften*, Gruppe: *Allgemeine Baukunde des Ingenieurs.*[46] Die Reihe erschien im Leipziger Verlag des *Handbuchs der Ingenieurwissenschaften* und war als aktualisierende Ergänzung des *Handbuchs* gedacht.[47] Im Gegensatz zu den Professoren anderer Schulen des Zürcher Polytechnikums, wie Pompejus Bolley mit seinem in mehreren Auflagen zwischen 1862 und 1907 herausgegebenen *Handbuch der chemischen Technologie,* traten sowohl die Lehrenden der Architektenschule als auch die der Ingenieurschule bei keiner Reihe als Begründer oder Herausgeber auf.[48]

38 Tetmajer, Ludwig von: Die Baumechanik, T. 2, 1. Hälfte: Die angewandte Elasticitäts- und Festigkeitslehre. Zürich 1889.

39 Tetmajer, Ludwig von: Bau-Mechanik. Als Manuscript autographiert. Div. Bde. Zürich 1877/78.

40 Tetmajer, Ludwig von: Die angewandte Elastizitäts- und Festigkeitslehre. 2. Aufl. Leipzig/Wien 1904, S. IX.

41 Ebd.; Tetmajer, Ludwig von: Die angewandte Elastizitäts- und Festigkeitslehre. 3. Aufl. Leipzig/Wien 1905.

42 Tetmajer, Ludwig von: Die Gesetze der Knickungsfestigkeit der technisch wichtigsten Baustoffe [2. Aufl.: Die Gesetze der Knickungs- und der Druckfestigkeit der technisch wichtigsten Baustoffe] (Mitteilungen der Materialprüfungs-Anstalt am schweiz. Polytechnikum in Zürich, H. 8). Zürich 1896 (2. Aufl. 1901).

43 Pestalozzi, Karl: Verbauung der Wildbäche und Regulierung der Gebirgsflüsse (HdI, Bd. 3, Kap. 10 [2. Aufl.: Abt. 2, Kap. 12]). Leipzig 1879 (2. Aufl. 1882).

44 Pestalozzi, Karl: Stauwerke (HdI, Bd. 3, Kap. 7 [2. Aufl.: Abt. 1, Kap. 7]). Leipzig 1879 (2. Aufl. 1883).

45 Vgl. die ausführliche Darstellung zu Conradin Zschokke in: Vischer, Daniel-Lucas; Schnitter, Niklaus: Drei Schweizer Wasserbauer: Conradin Zschokke (1842–1918), Eugen Meyer-Peter (1883–1969), Gerold Schnitter (1900–1987) (Schweizer Pioniere der Wirtschaft und Technik, Bd. 53). Meilen 1991, S. 13–36.

46 Zschokke, Conradin: Druckluft-Gründungen (Fortschritte der Ingenieurwissenschaften, 1. Gruppe: Allgemeine Baukunde des Ingenieurs, H. 1). Leipzig 1896.

47 Vgl. ebd., Vorblatt. Viele Themen aus den *Fortschritten* fanden später Aufnahme in das *Handbuch.* So verfasste Zschokke im Jahr 1900 ein Kapitel *Druckluftgründungen* für das *Handbuch*: ders.: Druckluftgründungen (HdI, Bd. 1, Abt. 3, Kap. 7). 3. Aufl. Leipzig 1900.

48 Bolley, Pompejus Alexander (Hg.): Handbuch der chemischen Technologie. 8 Bde. Braunschweig 1862–1907.

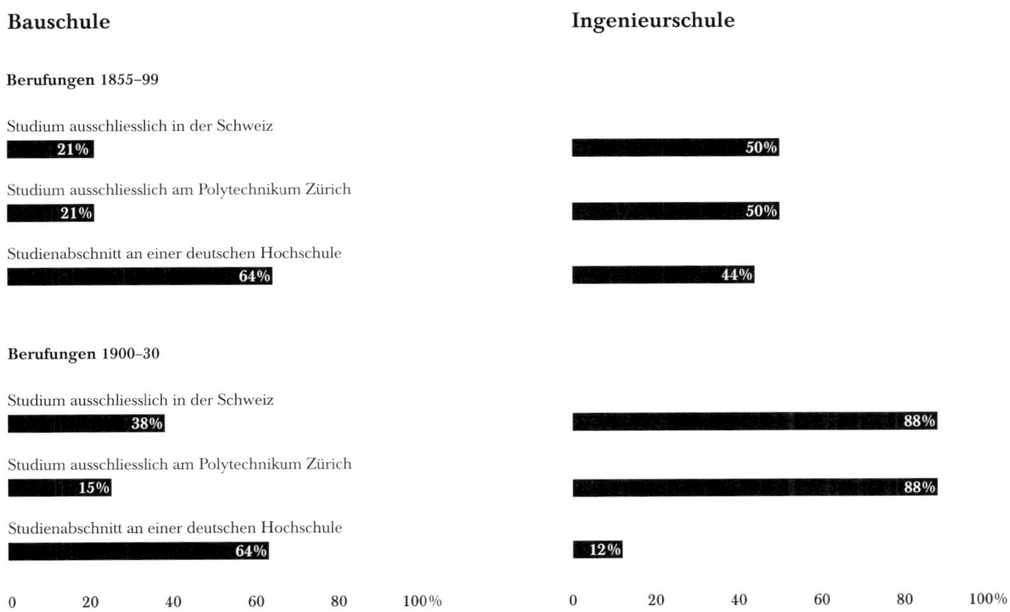

81 Anteile der Professoren der Bau- und der Ingenieurschule des Zürcher Polytechnikums, die nur an Schweizerischen Hochschulen, nur am Zürcher Polytechnikum oder mindestens für einen Studienabschnitt in den deutschen Staaten beziehungsweise im Deutschen Reich studiert haben (berücksichtigt sind die Professoren der Kernfächer 1865–1930).

Im Vergleich fällt auf, dass insbesondere im Berufungszeitraum 1900–30 nur sehr wenige Professoren der Ingenieurschule einen Studienabschnitt an einer ausländischen Hochschule absolviert hatten. Dies mag auch damit zusammenhängen, dass hier Bereiche wie Wasser- oder Verkehrswegebau eine grosse Rolle spielten, die eng mit spezifischen topografischen Verhältnissen verknüpft sind. Kenntnisse aus den entsprechenden schweizerischen Grossprojekten waren daher sehr gefragt.

Zu Anfang des 20. Jahrhunderts entstand an der Ingenieurschule ein Lehrbuch, das durch seine grosse Nähe zur aufstrebenden Betonindustrie gekennzeichnet war: die Neuauflage von Emil Mörschs *Der Eisenbetonbau. Seine Theorie und Anwendung.*[49] Das Werk bildet den Abschluss des hier gegebenen Überblicks zu den Konstruktionslehrbüchern.

Entstehungskontexte

Die Lehrbuchproduktion am Zürcher Polytechnikum ist eng mit den Lehranstalten in den deutschen Staaten[50] verknüpft: ein Blick auf Herkunft und akademische Ausbildung der Lehrenden und Assistenten zeigt, dass fast die Hälfte der Lehrenden der Kernfächer an der Bauschule und der Ingenieurschule des Zürcher Polytechnikums gebürtige Deutsche waren (wohl auch politischen Situation in Deutschland nach 1848 geschuldet). Insgesamt hatten fast zwei Drittel der damals an der Bauschule lehrenden Professoren mindestens einen Ausbildungsabschnitt an einer deutschen Hochschule absolviert (**Abb. 81**). An der Ingenieurschule trifft dies für immerhin ein Viertel zu, in der Anfangszeit von 1855 bis 1899 sogar für knapp die Hälfte. Wichtigste deutsche Ausbildungsstätten für die Lehrenden der kunsthistorischen Fächer waren die Universitäten in Berlin und Bonn, für die eher technisch geprägten Fächer die Technischen Hochschulen in Karlsruhe, München und Dresden (**Abb. 82**).

49 Wayss & Freytag (Hg.): Der Eisenbetonbau. Seine Theorie und Anwendung. 2. Aufl. Stuttgart 1906.

50 Als Überblick vgl. zum Beispiel Müller, Albert; Neurath, Wolfgang (Hg.): Historische Netzwerkanalysen, Österreichische Zeitschrift für Geschichtswissenschaften 23 (2012), H. 1.

82a/b Studienorte der Professoren der Bauschule (a) und der Ingenieurschule (b) (berücksichtigt sind die Professoren der Kernfächer 1865–1930).

Die zentrale Ausbildungsstätte für die Professoren beider Schulen bildete das Zürcher Polytechnikum selbst. Vor allem von den Professoren der Bauschule absolvierten darüber hinaus auch viele zumindest einen Studienabschnitt an einer Hochschule in den deutschen Staaten beziehungsweise im Deutschen Reich.

In Zürich erschienen Neuauflagen von Lehrbüchern, die die Verfasser während ihrer Tätigkeit an deutschen Hochschulen geschrieben hatten; es entstanden Publikationen, die konzeptionell und inhaltlich an die ‹deutschen› Reihen anschlossen oder diese sogar fortführten. Dies gilt beispielsweise für die Publikationen der Kunsthistoriker Jacob Burckhardt und Wilhelm Lübke, die von dem Berliner Kunsthistoriker Franz Kugler beeinflusst waren und an dessen Werk anknüpften.

Ein starker Einfluss auf die Lehrbuchproduktion ging darüber hinaus von den Zürcher ‹Schulbildungen› aus; insbesondere Assistenten und Schüler Carl Culmanns setzten dessen Arbeit fort und sorgten mit Publikationen für deren weitere Verbreitung. Karl Wilhelm Ritter bemühte sich vor allem um die Etablierung der grafischen Statik, während Ludwig von Tetmajer die von Culmann angeregten Materialprüfungen ausweitete, indem er die Gründung einer eigenen Materialprüfungsanstalt durchsetzte.[51] Ritter wies immer wieder ausdrücklich darauf hin, dass er mit seinen Schriften zur grafischen Statik Culmanns Lebenswerk vollende; Tetmajer stellt sich in seiner *Elastizitäts- und Festigkeitslehre* bereits mit der Einleitung

51 Vgl. Tetmajer, Ludwig von: Denkschrift über die definitive Errichtung einer Eidg. Anstalt für Prüfung von Baumaterialien verbunden mit dem schweizerischen Polytechnikum. Bern 1889, besonders S. 4–10.

explizit in die Tradition Culmanns.[52] Der Zürcher Schulrat beförderte zunächst also aktiv die Bildung einer ‹Culmann-Schule› an der Ingenieurschule. In dem Berufungsverfahren für die Nachfolge Karl Wilhelm Ritters suchte das Polytechnikum 1904 dann allerdings eine «junge Kraft», die auch die rechnerisch-analytischen Verfahren beherrschen sollte.[53]

Während die Culmann-Nachfolger vor allem an dessen theoretisch-technische Neuerungen anknüpften, nahmen die Semper-Schüler dessen ästhetisch-praktische Konzepte auf. So würdigten Friedrich Bluntschli und Georg Lasius in ihrem Beitrag zum *Handbuch der Architektur* den Entwurf Sempers für das Rathaus Winterthur in mehreren Abbildungen.[54] Bluntschli und Lasius verwendeten darüber hinaus Bildmaterial aus Publikationen ihres Kollegen Wilhelm Lübke[55] (**Abb. 83**).[56] Auch Jacob Burckhardt und

52 Vgl. Tetmajer 1904 (wie Anm. 40), S. VI–VIII.

53 ETH Zürich, ETH-Bibliothek, Hochschularchiv, SR1, 1904, 59: Brief des Präsidenten des Schweizerischen Schulrates an das Eidg. Departement des Innern in Bern, 22. Februar 1904, Zitat S. 75.

54 Bluntschli/Lasius 1900 (wie Anm. 27), S. 132–135.

55 Ebd., etwa S. 71, Fig. 59; S. 77, Fig. 63.

56 Ebd., S. 72.

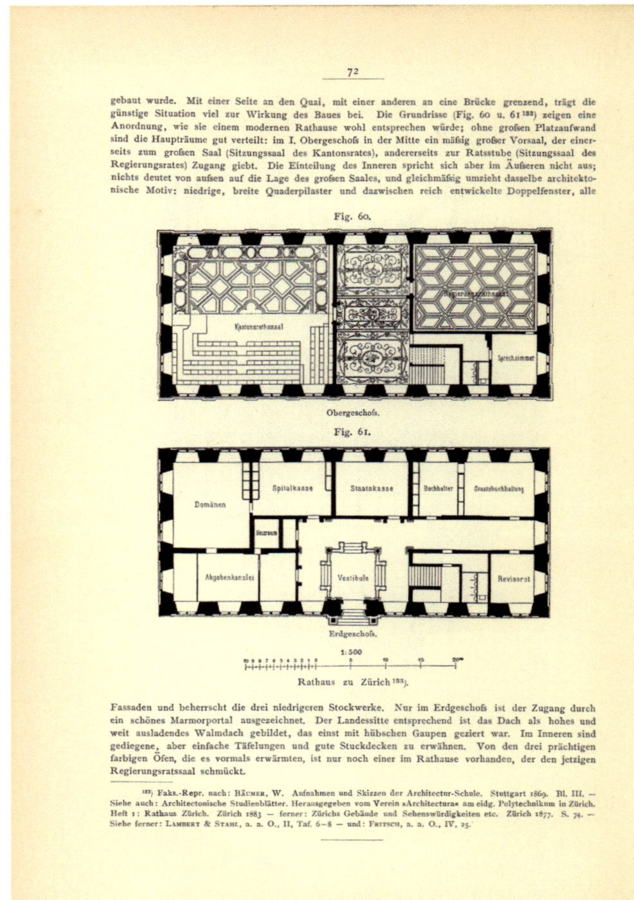

72

gebaut wurde. Mit einer Seite an den Quai, mit einer anderen an eine Brücke grenzend, trägt die günstige Situation viel zur Wirkung des Baues bei. Die Grundrisse (Fig. 60 u. 61[133]) zeigen eine Anordnung, wie sie einem modernen Rathause wohl entsprechen würde; ohne großen Platzaufwand sind die Haupträume gut verteilt: im I. Obergeschoß in der Mitte ein mäßig großer Vorsaal, der einerseits zum großen Saal (Sitzungssaal des Kantonsrates), andererseits zur Ratsstube (Sitzungssaal des Regierungsrates) Zugang giebt. Die Einteilung des Inneren spricht sich aber im Äußeren nicht aus; nichts deutet von außen auf die Lage des großen Saales, und gleichmäßig umzieht dasselbe architektonische Motiv: niedrige, breite Quaderpilaster und dazwischen reich entwickelte Doppelfenster, alle

Fig. 60.

Obergeschoß.

Fig. 61.

Erdgeschoß.

1:500

Rathaus zu Zürich[133]).

Fassaden und beherrscht die drei niedrigeren Stockwerke. Nur im Erdgeschoß ist der Zugang durch ein schönes Marmorportal ausgezeichnet. Der Landessitte entsprechend ist das Dach als hohes und weit ausladendes Walmdach gebildet, das einst mit hübschen Gaupen geziert war. Im Inneren sind gediegene, aber einfache Täfelungen und gute Stuckdecken zu erwähnen. Von den drei prächtigen farbigen Öfen, die es vormals erwärmten, ist nur noch einer im Rathause vorhanden, der den jetzigen Regierungsratssaal schmückt.

[133]) Faks.-Repr. nach: Bäumer, W. Aufnahmen und Skizzen der Architectur-Schule. Stuttgart 1869. Bl. III. — Siehe auch: Architectonische Studienblätter. Herausgegeben vom Verein »Architectura« am eidg. Polytechnikum in Zürich. Heft 1: Rathaus Zürich. Zürich 1883 — ferner: Zürichs Gebäude und Sehenswürdigkeiten etc. Zürich 1877. S. 74. — Siehe ferner: Lambert & Stahl, a. a. O., II, Taf. 6–8 — und: Fritsch, a. a. O., IV, 25.

83 a/b «Grundrisse» des alten Zürcher Rathauses, Blatt 3 aus: Architectura, Rathaus Zürich, [1883] / «Rathaus zu Zürich», Fig. 60/61 (S. 72) aus: Bluntschli/Lasius, Stadt- und Rathäuser (HdA, T. 4, Halbbd. 7, H. 1), 1900.

Die Bauaufnahmezeichnung vom alten Zürcher Rathaus wurde ursprünglich von dem Studierenden Wilhelm Römer auf einer Exkursion angefertigt und in diesem Kontext in den *Architectonischen Studienblättern* des Studierendenvereins Architectura abgedruckt. Bluntschli und Lasius griffen zur Illustration ihres Beitrags im *Handbuch der Architektur* auf diese Bauaufnahme zurück, die ihnen wahrscheinlich über ihre Tätigkeit am Polytechnikum bekannt geworden war.

Wilhelm Lübke verwendeten in ihrer Fortsetzung von Kuglers *Geschichte der Baukunst* unveröffentlichtes Material ihrer (ehemaligen) Kollegen Julius Stadler und Georg Lasius.[57] Der Kunstwissenschaftler Johann Rudolf Rahn bezeichnete die Arbeitsweise seines Kollegen Ernst Gladbach, dessen «poetische Auffassung und [...] reizvoll analysierende Art»,[58] als Motivation für sein eigenes Interesse an der detaillierten zeichnerischen Auseinandersetzung mit Holzkonstruktionen. Der Illustration der 1922 gedruckten Autografie zu Louis Potterats Vorlesungen über Holz, Teil einer *Baukonstruktionslehre,* dienten Abbildungsvorlagen Benjamin Recordons aus der kleinen Schrift *Das Ziegeldach.*[59]

57 Burckhardt, Jacob; Lübke, Wilhelm: Geschichte der neueren Baukunst (Geschichte der Baukunst, Bd. 4). Stuttgart 1867, unpag. [2. Seite].

58 Rahn, Johann Rudolf: Vom Zeichnen und allerlei Erinnerungen daran. Zürich 1911, S. 17. Zu Johann Jakob Rahn zuletzt: Jacques Gubler (Hg.): Johann Rudolf Rahn. Geografia e monumenti (Ausstellungskatalog Museo d'arte di Mendrisio), Lugano 2004 sowie das Themenheft: Johann Rudolf Rahn (1841–1912) zum hundertsten Todesjahr, Zeitschrift für Schweizerische Archäologie und Kunstgeschichte, Bd. 69 (2012), H. 3–4.

59 Verband der Studierenden der Eidg. Techn. Hochschule (Hg.): Baukonstruktionslehre. Vorlesungen von Prof. L. Potterat. Teil 1: Das Holz. Als Manuskript gedruckt. Zürich 1922, unpag. [Vorwort].

Praktiker als polytechnische Lehrbuchautoren

Die Bau- und Ingenieurwissenschaften der polytechnischen Schulen waren stets eng mit der ausserwissenschaftlichen Praxis verbunden. Von 21 Professoren, die im Zeitraum von 1855 bis 1930 in den Kernfächern der Bauschule lehrten, arbeitete nur knapp die Hälfte unmittelbar vor ihrer Berufung an einer Hochschule oder Universität (**Abb. 84**).[60] Die Praxisbezüge sind interessant vor dem Hintergrund des sogenannten Praxis-Theorie-Streits Ende des 19. Jahrhunderts, in dem der Umfang der Theoretisierung der anwendungsorientierten Ingenieurfächer hinterfragt wurde.[61] Während ein Teil der Hochschullehrer eine starke Mathematisierung der Fächer anstrebte, kritisierten die sogenannten Antimathematiker die Praxisferne von allein auf theoretischen, modellhaften Berechnungen beruhenden Bau- und Ingenieurwissenschaften. Sie setzten schliesslich einen stärkeren Anwendungsbezug durch: Die Mathematik wurde Hilfswissenschaft, man baute Maschinenlaboratorien und Materialprüfungsanstalten, Pflichtpraktika wurden eingeführt.[62]

Carl Culmann strebte beispielsweise mit der *Graphischen Statik* eine Vereinfachung der Bemessungsverfahren an. Bereits die *Vorrede* seiner Publikation beginnt mit einer kritischen Bemerkung zu der unüberschaubaren Vielzahl der rein analytisch-theoretischen Ansätze, er legt den Gedanken allerdings dem französischen Ingenieur Jean-Victor Poncelet (1788–1867) in den Mund:

> «Was mit allen jenen Theorien anfangen, zu denen die verschiedenen einer wissenschaftlichen Behandlung fähigen Zweige der Ingenieurkunde Veranlassung gegeben haben, die uns wohl in den Stand setzen, mit grossem Aufwand an Zeit und Mühe einzelne Aufgaben zu lösen: die aber viel zu umständlich sind, um auf jeden einzelnen in der Praxis sich darbietenden Fall angewendet zu werden, und die sich aus demselben Grunde nicht einmal dazu eignen, die Grundlage zu berechnender Tafeln zu bilden?»[63]

Wenn auch Culmann den mathematisch-analytischen Ansätzen im folgenden Text durchaus eine Berechtigung zuspricht,[64] zeigt die *Graphische Statik* eine Ausrichtung auf die Studierenden und die Anforderungen der Praxis, die Culmann aus eigener Erfahrung kannte: Nach seinem Abschluss am Karlsruher Polytechnikum 1841 hatte Culmann mehr als ein Jahrzehnt im bayerischen Eisenbahnbau gearbeitet und unter der Leitung von Friedrich August Pauli Berechnungen und Entwürfe sowie die Bauleitung für einen anspruchsvollen Abschnitt der sogenannten Ludwig-Südnordbahn übernommen.[65] Ebenfalls an beruflich-praktische Erfahrungen knüpften Karl Pestalozzis Beiträge zum *Handbuch der Ingenieurwissenschaften* an: Pestalozzi war nach einem Studium der Ingenieurwissenschaften in Karlsruhe und Wien ab Anfang der 1850er Jahre bei der kantonalen Zürcher Strassen- und Wasserbauinspektion angestellt und in der Folge bei bedeutenden Wasserbauprojekten wie der Rheinkorrektion und den Abflüssen des Genfersees

---

60 Eingerechnet ist die Bauakademie in Berlin.

61 Vgl. den Überblick bei: Heymann, Matthias: «Kunst» und Wissenschaft in der Technik des 20. Jahrhunderts. Zur Geschichte der Konstruktionswissenschaft. Zürich 2005, S. 58–82 sowie: Feuchte, Martin: Praxisorientierte Technikwissenschaften. Zur Gründung des Maschinenlaboratoriums am Zürcher Polytechnikum und dem Werk Aurel Stodolas (Technikgeschichte in Einzeldarstellungen, Bd. 49). Düsseldorf 2000.

62 Vgl. König, Wolfgang: Technische Hochschule und Industrie – Ein Überblick zur Geschichte des Technologietransfers, in: Schuster, Hermann J. (Hg.): Handbuch des Wissenschaftstransfers. Berlin/Heidelberg/New York u. a. 1990, S. 29–41, hier S. 32–33.

63 Zit. n. Culmann 1864–66 (wie Anm. 31), S. V.

64 Vgl. ebd., S. XII.

65 Vgl. Maurer, Bertram: Karl Culmann und die graphische Statik. Berlin/Diepholz/Stuttgart 1998, S. 24–36.

84 a/b Tätigkeitsfelder der Professoren der Bauschule (a) und der Ingenieurschule (b) vor ihrer Berufung an das Zürcher Polytechnikum (berücksichtigt sind die Professoren der Kernfächer 1865–1930).

Deutlich sichtbar ist, dass bei der Bau- und noch stärker bei der Ingenieurschule ein grosser Teil der Professoren aus Stellungen im nichtakademischen Bereich an das Polytechnikum berufen wurde. Insbesondere aus Planungsbüros und Baufirmen wurde eine Vielzahl von Professoren rekrutiert, die somit ihr Praxiswissen in Forschung und Lehre mit einbringen konnten.

als Gutachter und Berater tätig gewesen.[66] In seinen Texten im *Handbuch der Ingenieurwissenschaften* verarbeitete der inzwischen zum Professor für Strassen-, Kanal- und Wasserbau berufene Pestalozzi diese Erfahrungen, wobei er allerdings auf eine Verallgemeinerung oder Formalisierung weitgehend verzichtete (wenn man von den Systemskizzen, insbesondere den Querschnitten von Fliessgewässern, absieht). Das Kapitel *Verbauung der Wildbäche und Regulierung der Gebirgsflüsse*[67] etwa liest sich wie eine thematisch geordnete Zusammenstellung von Praxiserfahrungen ohne umfassende theoretische Herleitungen oder Berechnungen. Systematische Überprüfungen des Erfahrungswissens durch Versuche oder Experimente, wie sie für andere polytechnische Bauwissensbestände üblich wurden,[68] erwähnt Pestalozzi nicht.[69]

---

66 Ritter, Karl Wilhelm: Rede gehalten von Herrn Prof. W. Ritter, Director des eidg. Polytechnikums bei der Trauerfeierlichkeit für Herrn Oberst Karl Pestalozzi [...], in: SBZ 17 (1891), Nr. 4, S. 19–20; Vischer, Daniel-Lucas: Wasserbauer und Hydrauliker der Schweiz (Verbandsschrift des Schweizerischen Wasserwirtschaftsverbandes, Bd. 63). Baden 2001, S. 75.

67 Vgl. Pestalozzi 1882 (wie Anm. 43), S. 219–253.

68 Im Jahr 1880 wurde etwa die Anstalt zur Prüfung von Baumaterialien am Polytechnikum gegründet, vgl. Luniak, Bruno: Geschichtliches über die EMPA, in: Eidgenössische Materialprüfungs- und Versuchsanstalt (Hg.): EMPA 1880–1980. Dübendorf/St. Gallen 1980, S. 15–28, hier S. 28.

Pestalozzis Texte zielten auch in ihrer Darstellungsweise deutlich auf die Praktiker im Bauwesen. An vielen Stellen weisen seine Ausführungen grosse Ähnlichkeiten zum Duktus von Anleitungen auf. Zum Einsatz der sogenannten Gumppenbergschen Sinkwalzen schreibt Pestalozzi etwa:

> «Man hat bei der Verwendung der Sinkwalzen für Gebirgsflüsse auf den Kiesbänken in der Linie der zukünftigen Ufer zuerst einen Graben ausgehoben und in der Regel drei Sinkwalzen, unten zwei nebeneinander, die dritte darauf, gelegt. Neben denselben bildet sich infolge der Ausspülung eine Böschung, die Walzen rutschen auf dieselbe hinab und kommen alle drei nebeneinander zu liegen, sobald die Böschungsoberfläche Raum genug für sie hat. Allfällige Lücken, welche bei unregelmäßigem Einsinken entstehen, werden mit Steinen ausgeworfen.»[70]

---

69 Es ist anzunehmen, dass auch keine grösseren systematischen Versuchsreihen stattfanden. Erst 1930 entstand die Versuchsanstalt für Wasserbau an der ETH Zürich. Vgl. Meyer-Peter, Eugen: Versuchsanstalt für Wasserbau und Erdbau, in: Eidgenössische Technische Hochschule 1855–1955. École Polytechnique Fédérale. Zürich 1955, S. 694–703.

70 Pestalozzi 1882 (wie Anm. 43), S. 244.

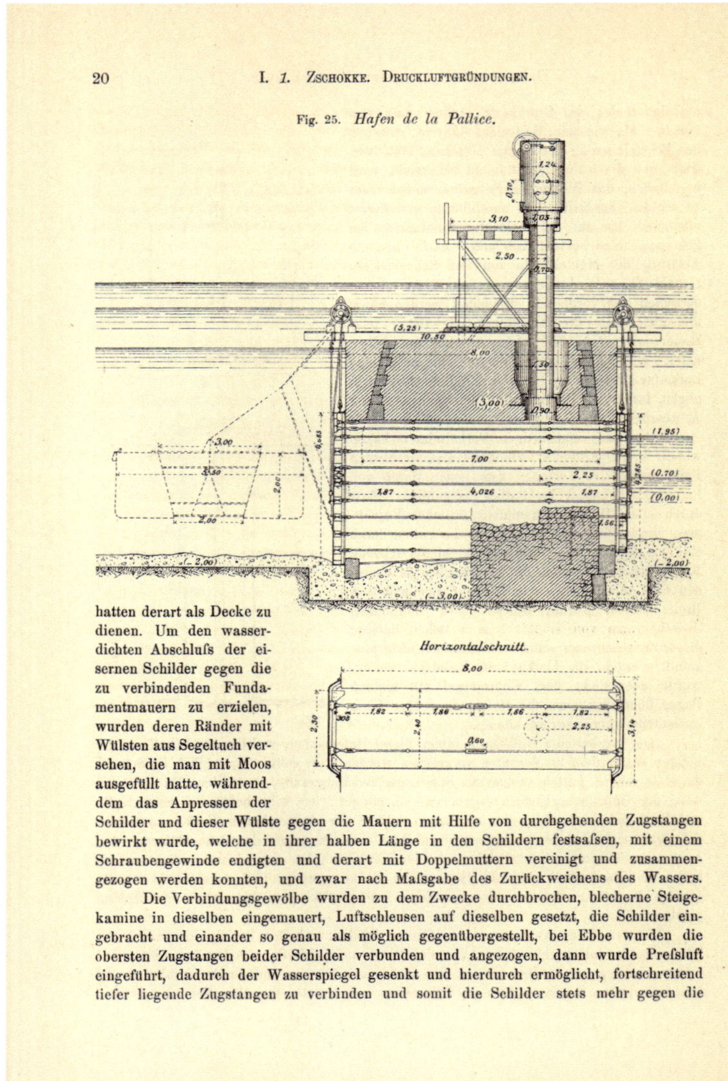
20 I. 1. Zschokke. Druckluftgründungen.

Fig. 25. *Hafen de la Pallice.*

Horizontalschnitt.

hatten derart als Decke zu dienen. Um den wasserdichten Abschlufs der eisernen Schilder gegen die zu verbindenden Fundamentmauern zu erzielen, wurden deren Ränder mit Wülsten aus Segeltuch versehen, die man mit Moos ausgefüllt hatte, währenddem das Anpressen der Schilder und dieser Wülste gegen die Mauern mit Hilfe von durchgehenden Zugstangen bewirkt wurde, welche in ihrer halben Länge in den Schildern festsafsen, mit einem Schraubengewinde endigten und derart mit Doppelmuttern vereinigt und zusammengezogen werden konnten, und zwar nach Mafsgabe des Zurückweichens des Wassers.

Die Verbindungsgewölbe wurden zu dem Zwecke durchbrochen, blecherne Steigekamine in dieselben eingemauert, Luftschleusen auf dieselben gesetzt, die Schilder eingebracht und einander so genau als möglich gegenübergestellt, bei Ebbe wurden die obersten Zugstangen beider Schilder verbunden und angezogen, dann wurde Prefsluft eingeführt, dadurch der Wasserspiegel gesenkt und hierdurch ermöglicht, fortschreitend tiefer liegende Zugstangen zu verbinden und somit die Schilder stets mehr gegen die

85 «Hafen de la Pallice», Fig. 25 (S. 20) aus: Zschokke, Druckluft-Gründungen (HdI, Bd. 1, Abt. 3, Kap. 7), 1896.

Die Abbildung steht exemplarisch für Conradin Zschokkes Behandlung der neuartigen Druckluftgründungen. Statt einer Verallgemeinerung und Theoretisierung bisheriger Erfahrungen präsentiert der Autor vor allem erfolgreiche Beispiele aus der Praxis wie hier die Druckluftgründungen im Hafen von La Pallice.

Erheblichen Raum nahm die Beschreibung von musterhaften Fällen aus der Praxis ein, die neben einer Erläuterung der durchgeführten Massnahmen grobe Kostenaufstellungen als Anschauungsmaterial umfassten. Ähnlich prägend ist die Baupraxis in Conradin Zschokkes Publikation *Druckluft-Gründungen* in der Reihe *Fortschritte der Ingenieurwissenschaften.* Nicht nur hebt Zschokke in der Einleitung die Bedeutung der Erfahrungen aus der Praxis und seine eigene Rolle als Pionier im Bereich der Druckluftgründungen hervor,[71] vielmehr weigert er sich sogar explizit, Verfahren vorzustellen, «welche noch nicht durch Ausführungen erprobt worden sind».[72] Zschokkes Ablehnung richtet sich aber nicht allein gegen

71 Vgl. Zschokke 1896 (wie Anm. 46), S. 1.

72 Ebd.

die einzig aus der Theorie heraus entwickelten Verfahren, sondern auch gegen die Theoretiker selbst. Er kritisiert in der Einleitung zu den *Druckluft-Gründungen,* dass

> «Leute, welche in diesen Fragen keine oder eine unzureichende Erfahrung besitzen, es unternehmen, Kritik an denen zu üben, welche geschaffen und gewirkt haben, während sie selbst nur die billige Ehre beanspruchen dürfen, die gemachten Errungenschaften weiteren Kreisen erzählt zu haben.»[73]

Zschokke verkörpert – vielleicht idealtypisch für das Bauingenieurwesen – einen Gegenentwurf zur allgemeinen Entwicklung der polytechnischen Wissenschaft, die sich zunehmend von der Berufung auf das reine Erfahrungswissen löste. Diese besondere Stellung erklärt sich womöglich aus seiner Biografie. Nach Abschluss eines Bauingenieurstudiums am Polytechnikum in Zürich lehnte Zschokke 1862 eine Assistententätigkeit bei Culmann ab und arbeitete stattdessen dreissig Jahre als Ingenieur vor allem im Wasser- und Brückenbau.[74] Erst 1892 bot er – inzwischen erfolgreicher Bauunternehmer – dem Polytechnikum an, die Veranstaltungen seines verstorbenen Lehrers Pestalozzi für die Bauingenieure zu übernehmen.[75] Im Unterschied zu vielen anderen Lehrenden, bei denen die Professur den Lebensmittelpunkt bildete, blieb Zschokke parallel als Bauunternehmer sowie in der Politik tätig. Bereits fünf Jahre nach seiner Berufung trat er 1897 wieder von seinem Amt als Professor zurück, um als Nationalrat zu wirken.[76] Geprägt durch die Berufspraxis unterliess Zschokke, wie auch Pestalozzi, in seiner Publikation eine starke Verallgemeinerung und Theoriediskussion, wenn sich auch in den *Druckluft-Gründungen* einige Formeln finden. Dass Zschokke sein Wissen bewusst als Sammlung von Praxiserfahrungen präsentieren wollte (**Abb. 85**), zeigt auch die in der Einleitung formulierte Zielsetzung, «die erzielten Errungenschaften zu sichten, zu ordnen, kritisch zu beleuchten und da und dort Vorurteile zu bekämpfen».[77]

Als Sammlung von Beispielen aus der Praxis für die Praxis präsentiert sich insbesondere Benjamins Recordons Publikation *Das Ziegeldach.* Bereits im Vorwort hebt der Autor hervor, dass er die Publikation als «vollständige Anleitung zur Ausführung der einfacheren sowohl als der komplizierteren Ziegeldächer» konzipiert habe, die sowohl «dem erfahrenen Fachmanne, sowie auch dem Laien» dienen solle.[78] Recordon führt – unterstützt durch illustrierende Abbildungen von Musterausführungen – verschiedene Arten und Details von Dacheindeckungen mit Ziegeln vor und greift dabei auf eigene Erfahrungen zurück (**Abb. 86**). Nach der Ausbildung an der Gewerbeschule in Basel und einem Studium am Zürcher Polytechnikum hatte er mehrere Jahre als Architekt gearbeitet und führte auch als Professor des Polytechnikums weiterhin bedeutende Bauten aus, wie etwa die französische reformierte Kirche in Zürich.[79] Recordon schaltete seiner praxisnahen ‹Anleitung› allerdings noch einen längeren historischen Abriss vor, der die Bedeutung von keramischen Bauelementen in der Geschichte des Bauens illustrieren sollte (damit Traditionen des 19. Jahrhunderts aufgreifend).

---

73 Ebd.

74 Vischer/Schnitter 1991 (wie Anm. 45), S. 14–21.

75 Ebd., S. 22.

76 Ebd., S. 25.

77 Zschokke 1896 (wie Anm. 46), S. 1.

78 Recordon 1915 (wie Anm. 28), S. 7.

79 Huguenin, Claire: Recordon, Benjamin, in: Historisches Lexikon der Schweiz [http://www.hls-dhs-dss.ch/textes/d/D29119.php] (29. April 2011). Biografie im Anhang.

86 «Das einfache Dach», Fig. 33 (S. 41) aus: Recordon, Ziegeldach, 1915.
Die Publikation von Benjamin Recordon liefert neben einem geschichtlichen Abriss vor allem praxisnahe Angaben und Musterausführungen verschiedener Dachdeckungen mit Ziegeln.

Baugeschichtliche Forschung begründet den akademischen Diskurs an den Architekturfakultäten der polytechnischen Schulen, Konzepte zur Baukonstruktionslehre entstehen aus historisch-analytischen Vergleichen und werden mit Beispielen belegt. Die Ingenieurfakultäten folgen einem mathematisch-naturwissenschaftlich abgesicherten Forschungsparadigma, mit der Wende zum 20. Jahrhundert werden in den Feldern der Ingenieurwissenschaften experimentell-materialwissenschaftliche Versuchsreihen grundlegend. Zwei Detailstudien, die die strukturell unterschiedlichen Vorgehensweisen exemplarisch belegen, werden im Folgenden vorgestellt. Beide belegen Brüche im Fachverständnis der jeweiligen Disziplinen. Die Konstruktionslehre in der Architektur wird am Beispiel der Arbeiten Ernst Gladbachs vorgestellt, der etwas spätere Paradigmenwechsel im Bauingenieurwesen am Beispiel der Arbeiten Emil Mörschs.

Ernst Gladbach und die Konstruktionslehre des 19. Jahrhunderts[80]

Die Geschichtserzählung der Baugeschichte ist eine Geschichte des Steinbaus. Konstruktionen in Holz stehen als Thema klassifikatorischer Ordnungsbemühungen – aber auch späterer entwicklungsgeschichtlicher Narrative der Baugeschichtsschreibung – bis zum Ende des 19. Jahrhunderts eher im Hintergrund:

80 Diese Abschnitte greifen auf Vorarbeiten zurück, die Michael Wicki im Rahmen der Projekte zu Ernst Gladbach durchführte. Aus den Recherchen sind zwei Aufsätze hervorgegangen, die Gladbachs Wirken in der Bauforschung vor dem Hintergrund seiner Tätigkeit an der Zürcher polytechnischen Schule würdigen: Stegmann, Knut: Analysing Historical Timber Structures – A Case Study on Ernst Gladbach (1812–1896) and His Research on the «Swiss Style», in: Carvais, Robert; Guillerme, André; Nègre, Valérie; Sakarovitch, Joël (Hg.): Nuts and Bolts of Construction History. Culture, Technology and Society, Bd. 1. Paris 2012, S. 3–10; ders.: Vom «forschenden Künstler» – Ernst Gladbach und die Schweizer Holzbauten, in: Hassler, Uta (Hg.): Der Lehrbuchdiskurs über das Bauen. Zürich 2015, S. 168–182. Die hier diskutierten Materialien waren Grundlage dieser Beiträge, aber auch Basis für das ETHIIRA-Forschungsprojekt *Der ‹Schweizer Holzstil› – Von der historischen Bauforschung zum industriellen Muster* am Institut für Denkmalpflege und Bauforschung der ETH Zürich, siehe dazu: Jansen, Johann Jacob: Wie man auf dem Land baut. Der Schweizer Holzstil im 19. Jahrhundert. Diss. ETH Zürich 2015. Auch die Promotionsschrift von Daniel Stockhammer baut auf den hier verspätet publizierten Vorarbeiten auf, Stockhammer, Daniel: Schweizer Holzbautradition: Ernst Gladbachs Konstruktion eines ländlichen Nationalstils, Diss. ETH Zürich 2015.

Interesse gilt ihnen als Vorstufen der grossen Errungenschaften des Steinbaus (von Pausanias bis Aloys Hirt), als ephemeren Konstruktionen (Vitruv), schliesslich als ‹regionalen Traditionslinien› ländlicher Baukunst (vom Blockbau in den Alpen bis zum Fachwerkbau des ‹deutschen Bürgerhauses›).

Der Blick auf die Traditionslinien des Holzbaus gilt seit der Mitte des 19. Jahrhunderts regionaler Bautradition – prominent unter den frühen Forschungen zum Holzbau sind die Arbeiten der Architekten der Mitte des 19. Jahrhunderts. Nach frühen Gesamtstudien der Generationen von Friedrich Weinbrenner (1766–1826)[81], Karl Friedrich Schinkel (1781–1841)[82] und Heinrich Hübsch (1795–1863)[83] führten der Karlsruher Hochschullehrer Friedrich Eisenlohr (1805–54) und der am Zürcher Polytechnikum lehrende Ernst Gladbach (1812–96) erste systematische Surveys und Dokumentationsvorhaben ländlicher Bauten auch im Rahmen ihrer Lehrtätigkeit durch, der Karlsruher Friedrich Ostendorf (1871–1915) legte mit seiner *Geschichte des Dachwerks* (1908) eine bis heute bedeutende Grundlagenstudie zu grossen Zimmermannskonstruktionen vor.[84] Vorausgegangen waren Konstruktionslehrbücher, wie Constantin Uhdes *Der Holzbau [...]* (1903)[85] oder Gustav Adolf Breymanns *Allgemeine Baukonstruktionslehre, Constructionen in Holz* (1851).[86] Im Rahmen polytechnischer Ausbildung blieb der Holzbau kaum Thema architekturtheoretischer oder baugeschichtlicher Interessen. Vielmehr finden sich im ausgehenden 19. Jahrhundert Publikationen zum Holzbau im Umfeld der Baugewerkschulen, etwa Hans Issels *Der Holzbau* (1900),[87] im weiteren natürlich bei den Zimmerleuten und in der Handwerkerausbildung.

Entwicklungsgeschichtliche Darstellungen, wenn sie nicht vereinfachenden Stereotypen (Axt – Blockbau, Sägen – Fachwerk, Industrialisierung – Nut und Feder, Leim – Ingenieurholzbau) folgen, diskutieren den Holzbau noch im 20. Jahrhundert als Vorläufer (und Surrogat) des massiven Steinbaus oder der Eisenkonstruktionen für weitgespannte Tragwerke. Inwieweit die ‹archaisierende› Charakterisierung der Holzbautraditionen den Blick auf die Interaktionen von tradiert-implizitem (regionalspezifischem) Konstruktionswissen mit den ‹Geschichtskonstruktionen› entwicklungsgeschichtlicher Theorien beeinflusst hat,

---

81 Weinbrenner, Friedrich: Architektonisches Lehrbuch. Dritter Theil: Über die höhere Baukunst. 3. Heft: Über die Säulenordnungen. Tübingen [1825], S. 8: «Die deutsche Holzconstruktion, von den russischen, schweizer'schen und schwarzwälder einfachen Blockhäusern an, bis zu den künstlichsten hölzernen Gebäuden, ist von der der alten Griechen und Römer [...] sehr verschieden, indem dieselbe in der Construktion der Wände, Balkenlagen und der Dachrüstungen sehr von einander abweichen. Beide Konstruktionsarten verdienen jedoch von jedem Architekten, welcher sich über das Gewöhnliche hinausheben will, sehr wohl einstudirt zu werden, weil sich durch ihre Nebeneinanderstellung oft manche problematische Aufgaben auflösen, und sich auch wohl oft eine Verbindungsart auf die andere mit dem besten Erfolg übertragen lässt. Ob sich gleich wohl der Holzbau nie zu der Vollkommenheit wie der Steinbau erhoben hat, weil seine Werke nicht so leicht wie der Steinbau der Vergänglichkeit widerstehen und daher bei öffentlichen, Pracht- und andern Gebäuden, soviel als möglich ausgeschlossen wird, so muss derselbe für den Baumeister dennoch ein besonderes Interesse haben, indem das Holz (was auch schon die Griechen dadurch anerkannten, dass sie den Holzbau zum Vorbild ihres steinernen Tempelbaus nahmen) die günstigste Materie für die Gestaltung einer jeden Art vön Gebäuden ist und wir bei den meisten unserer Häuser dasselbe aus manchen Gründen nicht entbehren können.»

82 Schinkel, Karl Friedrich: Das Architektonische Lehrbuch. Herausgegeben und kommentiert von Goerd Peschken. München/Berlin 1979, zum Holzbau S. 123–125.

83 Hübsch, Heinrich: Ueber griechische Architectur. Heidelberg 1822, § 2 Holzconstruction und Steinconstruction, S. 18–25.

84 Ostendorf, Friedrich: Die Geschichte des Dachwerks. Erläutert an einer grossen Anzahl mustergültiger alter Konstruktionen. Leipzig 1908 (Nachdruck Hannover 1982).

85 Uhde, Constantin: Der Holzbau. Seine künstlerische und geschichtlich-geographische Entwickelung, sowie sein Einfluss auf die Steinarchitektur (Die Konstruktionen und die Kunstformen der Architektur. Ihre Entstehung und geschichtliche Entwickelung bei den verschiedenen Völkern, Bd. 2). Berlin 1903.

86 Breymann, Gustav Adolf: Allgemeine Bau-Constructions-Lehre, mit besonderer Beziehung auf das Hochbauwesen. Ein Leitfaden zu Vorlesungen und zum Selbstunterrichte, Theil 2: Constructionen in Holz. Stuttgart 1851. Weitere Auflagen siehe Literaturverzeichnis.

87 Issel, Hans: Der Holzbau. Umfassend: Den Fachwerk-, Block-, Ständer- und Stabbau und deren zeitgemäße Wiederverwendung. Für den Schulgebrauch und die Baupraxis (Das Handbuch des Bautechnikers Bd. 8). Leipzig 1900 (Nachdruck Hannover 1985).

bleibt zu untersuchen, wie auch die Übergänge von handwerklichen zu industriell beeinflussten Konstruktionsweisen. Eine Studie zu den Arbeiten des Zürcher Hochschullehrers Ernst Gladbach erlaubt es, Übertragungsprozesse älterer Methoden bauarchäologischer Forschung auf den Holzbau nachzuvollziehen, Gladbachs Wirken ist aber auch ein Angelpunkt der Verknüpfung von Konstruktionslehre an polytechnischen Schulen und der Erforschung regionaler Bautraditionen.

Ernst Gladbach war am Polytechnikum Professor für Baukonstruktions- und Baumateriallehre, seine Arbeiten zur Schweizer Holzarchitektur zeigen idealtypisch die konstruktionsgeschichtliche Ausprägung der damaligen Baukonstruktionslehre. Sein Nachlass umfasst Tagebücher und Hunderte von Blättern mit Aufnahmen von seinen Studienreisen sowie vorbereitende Reinzeichnungen für die Bücher.[88] Die Materialien erlauben einen Blick auf die Praktiken seiner Wissensproduktion, erhaltene biografische Daten lassen die Rekonstruktion wichtiger zeitgenössischer Kontexte zu.

Die Entdeckung des Schweizer Holzbaus

Der als Architekt ausgebildete Ernst Gladbach gehörte neben Carl Culmann und Gottfried Semper zu den ‹fleissigsten› Autoren des jungen Zürcher Polytechnikums im Bereich des Bauwesens.[89] Er kam 1857 in die Schweiz und publizierte rund zehn Jahre später sein erstes Buch. Vorbilder seiner Schweizer Aufmasskampagnen waren sicherlich Studien, die vom Karlsruher Hochschullehrer Friedrich Eisenlohr zur regionalen (Holz-)Bautradition des Schwarzwalds durchgeführt worden waren. Den zentralen Teil des Œuvres von Ernst Gladbach bilden grossformatige Tafelwerke der historischen Holzbauten der Schweiz. Baubeschreibungen und Aufmass-Zeichnungen dokumentieren die konstruktiven Gefüge der aufgenommenen Bauten (**Abb. 87a–d**). Als erster Band erschien 1868 *Der Schweizer Holzstyl in seinen cantonalen und constructiven Verschiedenheiten vergleichend dargestellt mit Holzbauten Deutschlands,* den Gladbach 1883 um einen zweiten Band («2. Serie») unter gleichem Titel ergänzte.[90] Als weiteres grosses Tafelwerk publizierte er 1893 *Charakteristische Holzbauten der Schweiz vom 16. bis 19. Jahrhundert, nebst deren inneren Ausstattung nach der Natur aufgenommen.*[91] Alle drei Publikationen erlebten mehrere Neuauflagen,[92] der erste Band des *Schweizer Holzstyls* wurde zudem ins Französische übersetzt.[93] Neben den grossen Tafelwerken legte Gladbach 1876 mit *Die Holz-Architectur der Schweiz* eine Publikation in kleinerem Format vor, die in erster Linie in Textform die verschiedenen Elemente des historischen Schweizer Holzbaus behandelt und in der die Zeichnungen vor allem als Textabbildungen Verwendung finden. Auch von dieser Publikation, die als

---

88 Landesmuseum Zürich, Graphische Sammlung, LM 1330: Nachlass Ernst Gladbach; LM 41501–41607, *Zeichnungen und Skizzen von Ernst Gladbach*; ETH Zürich, gta Archiv, Bestand 52: *Nachlass Ernst Gladbach*; Zentralbibliothek Zürich, Handschriftensammlung, MS Z IX 623; 624: *Tagebücher Ernst Gladbach August 1889*; August 1890.

89 Eine ausführliche Biografie siehe Anhang.

90 Erster Band: Gladbach, Ernst: Der Schweizer Holzstyl in seinen cantonalen und constructiven Verschiedenheiten vergleichend dargestellt mit Holzbauten Deutschlands. Darmstadt 1868 (Gesamtausgabe). Vorausgegangen waren 8 Teillieferungen zu 5 Tafeln ab 1866. Fortgesetzt unter demselben Titel als «2. Serie», Zürich 1883.

91 Gladbach, Ernst: Charakteristische Holzbauten der Schweiz, vom 16. bis 19. Jahrhundert, nebst deren inneren Ausstattung nach der Natur aufgenommen. Berlin 1893. Die Publikation scheint ursprünglich mit grösserem Umfang angelegt gewesen zu sein. Zumindest findet sich auf dem gedruckten Titelblatt eines Exemplars der ETH-Bibliothek (Sign. RAR 9595 fol) der Hinweis, dass die 32 Tafeln mit Textteil nur die «Erste Lieferung» bildeten.

92 Beide Bände von *Der Schweizer Holzstyl [...]* erschienen 1897 in einem Doppelband (1. Serie, 3. Aufl. und 2. Serie, 2. Aufl.); *Charakteristische Holzbauten:* 3. Aufl. 1906. Zu Gladbachs Publikationen siehe: Stegmann 2015 (wie Anm. 80), S. 186–187, sowie zu den Editionen ausführlich: Stockhammer 2015 (wie Anm. 80), Appendix.

93 Gladbach, Ernst: Les constructions en bois de la Suisse. Relevées dans les divers cantons et comparées aux constructions en bois de l'Allemagne. Übers. v. Mr. Schacre und Henry de Suckau. Paris 1870.

1677

Der Schweizer Holzstyl in seinen cantonalen und constructiven Verschiedenheiten vergleichend dargestellt mit Holzbauten Deutschlands

von Ernst Gladbach

Prof. am Polytechn. in Zürich

Druck und Verlag von Carl Köhler jr. in Darmstadt.

DIE

HOLZ-ARCHITECTUR

DER

SCHWEIZ.

VON

E. G. GLADBACH,

PROFESSOR AM EIDGENÖSSISCHEN POLYTECHNIKUM IN ZÜRICH.

ZWEITE UMGEARBEITETE UND VERMEHRTE AUFLAGE.

MIT 108 IN DEN TEXT GEDRUCKTEN ORIGINALZEICHNUNGEN.

ZÜRICH & LEIPZIG.

VERLAG VON ORELL FÜSSLI & Co.

1885.

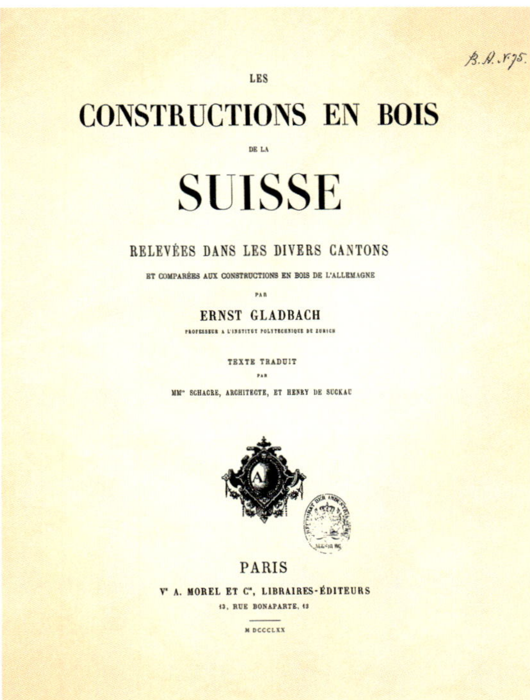
B. A. N 75.

LES

CONSTRUCTIONS EN BOIS

DE LA

SUISSE

RELEVÉES DANS LES DIVERS CANTONS

ET COMPARÉES AUX CONSTRUCTIONS EN BOIS DE L'ALLEMAGNE

PAR

ERNST GLADBACH

PROFESSEUR A L'INSTITUT POLYTECHNIQUE DE ZURICH

TEXTE TRADUIT

PAR

MM^rs SCHACRE, ARCHITECTE, ET HENRY DE SUCKAU

PARIS

Ve A. MOREL ET Cie, LIBRAIRES-ÉDITEURS

13, RUE BONAPARTE, 13

M DCCCLXX

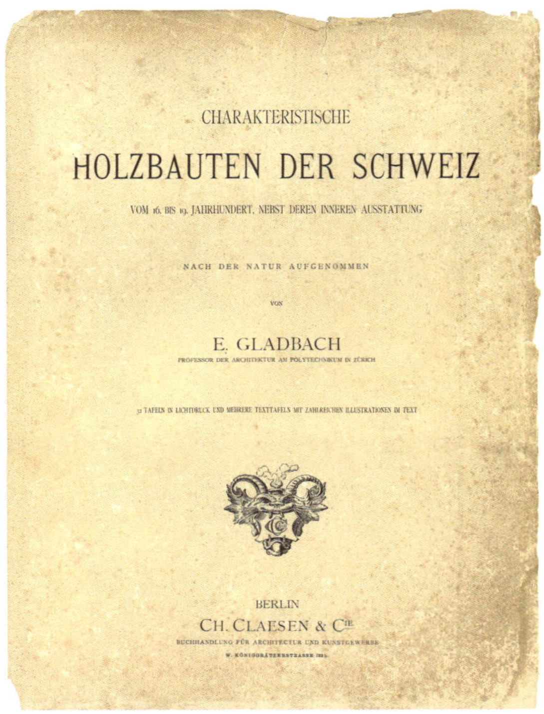
CHARAKTERISTISCHE

HOLZBAUTEN DER SCHWEIZ

VOM 16. BIS 19. JAHRHUNDERT, NEBST DEREN INNEREN AUSSTATTUNG

NACH DER NATUR AUFGENOMMEN

VON

E. GLADBACH

PROFESSOR DER ARCHITEKTUR AM POLYTECHNIKUM IN ZÜRICH

32 TAFELN IN LICHTDRUCK UND MEHRERE TEXTTAFELN MIT ZAHLREICHEN ILLUSTRATIONEN IM TEXT

BERLIN

CH. CLAESEN & CIE

BUCHHANDLUNG FÜR ARCHITECTUR UND KUNSTGEWERBE

W. KÖNIGGRÄTZERSTRASSE 103.

87a–d Auswahl von Publikationen Ernst Gladbachs zum ‹Schweizer Holzstil›.

preiswertere Ausgabe auf ein breiteres Publikum zielte als die teuren Tafelwerke,[94] erschien schon nach wenigen Jahren eine zweite Auflage.[95] Die Werke fanden Verbreitung; noch die Neuauflagen um die Jahrhundertwende werden von positiven Rezensionen in den Fachzeitschriften begleitet.[96]

Gladbachs Werke zum Schweizer Holzstil fokussieren auf beispielhafte historische Baukonstruktion. Sie sind baugeschichtliche Studien, zielen aber dennoch auf die Verbesserung der aktuellen architektonischen Praxis. Gladbach betonte diesen Punkt mehrfach. So schreibt er beispielsweise: Die historischen Holzbauten sind «eine Fundgrube zu stylistischer Belebung der Construction. Ihrem jugendlichen Reize kann die moderne Architectur manche Formen ablauschen».[97] Als Werke zum Selbststudium für den Architekten pries der Verlag Orell Füssli & Co. 1875 Gladbachs Publikationen an. Zum Band *Die Holz-Architectur der Schweiz* hiess es in einer Anzeige, das Buch dürfe «auf dem Arbeitstische keines Architekten fehlen».[98] Und noch mehr als zwanzig Jahre später lobte die *Schweizerische Bauzeitung* in einer Kurzbesprechung der Neuauflage von Gladbachs *Schweizer Holzstil*: «Immerhin kann angesichts der stets zunehmenden Anwendung des Holzstiles und der dabei leider oft zu Tage tretenden Verleugnung seiner einfachen Konstruktionsgrundsätze, nicht genug empfohlen werden, stets wieder zu diesen trefflich ausgewählten und wirkungsvoll wiedergegebenen Vorlagen zurückzukehren.»[99] Gladbach selbst sah – wie er prononciert formulierte – in der Konstruktion der Bauten «Muster für alle Zeiten» und daher einen «praktischen Nutzen solcher Blätter».[100] Er betrachtete die Gestalt der Bauten als musterhaft, weil sie in einem engen Kontext zur Konstruktion stand – die historischen Holzbauten böten «eine Formenwelt, welche selbst bei den reichsten phantastischen Schnitzwerken niemals der Natur des Materials oder der Construction zuwiderläuft».[101] In dieser Argumentation findet sich eine Leitidee polytechnischer Ausbildung im 19. Jahrhundert – die postulierte Logik konstruktiver Fügung will die Form der Bauteile aus den Bedingungen der Baukonstruktion begründen.

Gladbachs Tafelwerke knüpfen freilich auch an eine frühere geistesgeschichtliche Bewegung an: So schöpft Gladbachs Interesse an den ruralen Bauten der Schweiz aus der älteren wie zeitgenössischen Begeisterung für das ländliche Idyll in romantischer Berglandschaft und das ‹Schweizerhaus›. Bereits im 18. Jahrhundert waren malerische Darstellungen einfacher Hütten in schweizerischen Alpenlandschaften populär geworden (**Abb. 88**).[102] Im ausgehenden 18. Jahrhundert beflügelten, wie Andreas Hauser formuliert, «Albrecht von Hallers Arkadisierung der Schweizer Alpen und [...] Jean-Jacques Rousseaus Lob des

---

94 Vgl. hierzu etwa die Rezension von Julius Weber von 1876, die diesen Aspekt deutlich hervorhebt: Weber, Julius: Rezension zu: Gladbach, Ernst: Die Holzarchitectur der Schweiz. Zürich 1876, in: Die Eisenbahn/Le chemin de fer 4 (1876), Nr. 1, S. 11–13, hier S. 11.

95 Gladbach, Ernst: Die Holz-Architektur der Schweiz. Zürich 1876. 2. Aufl. Zürich/Leipzig 1885.

96 Anonym: Rezension zu: Gladbach, Ernst: Der Schweizer Holzstil in seinen kantonalen und konstruktiven Verschiedenheiten vergleichend dargestellt mit Holzbauten Deutschlands. 3. Aufl 1. Serie und 2. Aufl 2. Serie in einem Bd. Zürich 1897, in: SBZ 31 (1898), Nr. 1, S. 10. Auch in Zeitschriften anderer Disziplinen fanden sich weitere lobende Besprechungen, vgl. etwa: Hoffmann-Krayer, Edmund: Rezension zu: Gladbach, Ernst: Charakteristische Holzbauten der Schweiz vom 16. bis 19. Jh., nebst deren inneren Ausstattung nach der Natur aufgenommen. 3. Aufl. Berlin 1906, in: Schweizerisches Archiv für Volkskunde/Archives suisses des traditions populaires 13 (1909), S. 68.

97 Gladbach 1868 (wie Anm. 90), unpag. [1./2. Seite der Einleitung].

98 Anonym: [Anzeigenteil], in: Die Eisenbahn/Le chemin de fer 3 (1875), Nr. 23, S. 217.

99 Anonym: Litteratur, in: Schweizerische Bauzeitung 31 (1898), H. 1, S. 10.

100 Gladbach 1868 (wie Anm. 90), unpag. [1. Seite der Einleitung].

101 Ebd., unpag. [1.–2. Seite der Einleitung].

102 Solche Darstellungen finden sich etwa in: Zurlauben, Béat Fidèle Antoine Jean Dominique: Tableaux topographiques, pittoresques, physiques, historiques, moraux, politiques, littéraires de la Suisse. 4 Bde. Paris 1780–86; Engelmann, Godefroi Sazerac, Hilaire Léon; Rochette, Raoul u. a.: Lettres sur la Suisse. Accompagnées de vues dessinées d'après nature et lithographiées par M. Villeneuve. 5 Bde. Paris 1823–32.

88 «Vue du Wetterhorn prise du village de Grindelwald (Canton de Berne)», Taf. 16 aus: Engelmann, Lettres sur la Suisse, 1823–32.

Das frühe Interesse an den schweizerischen Holzbauten zielt vor allem auf die im alpinen Raum liegenden Gebäude und ihren landschaftlichen Kontext.

Westschweizer Chalets»[103] das Interesse am bäuerlichen Schweizer Holzbau, in zahlreichen europäischen Landschaftsparks entstanden die sogenannten ‹Schweizerhäuschen› oder auch ‹Chalets suisses›, die die Vorbilder freilich oftmals frei interpretierten.[104] Das Interesse am ‹Schweizerhäuschen› hielt auch im bürgerlichen 19. Jahrhundert an (**Abb. 89**), Nachahmung und grosse Begeisterung fand das Konzept ländlicher malerischer Holzarchitektur auch in England als ‹Swiss Cottage› oder an den Weltausstellungen in Form der ‹Schweizer Dörfer›.[105] Mit dem ausgehenden 19. Jahrhundert nahm die Begeisterung neue Konturen an: Im Kontext des sich weiter verstärkenden Interesses an volkstümlicher Kunst und bäuerlichem

---

103 Hauser, Andreas: Schweizerische Architektur – Ethno-Urhütten und Holzstil, in: Hassler 2015 (wie Anm. 80), S. 202–219, hier S. 202.

104 Einen guten Gesamtüberblick über frühe Schweizerhäuser in Frankreich, Deutschland und England bietet: Horisberger, Christina: Das Schweizer Chalet und seine Rezeption im 19. Jahrhundert. Ein eidgenössischer Beitrag zur Weltarchitektur. Lizentiatsarbeit Univ. Zürich 1999. Zu einzelnen europäischen Ländern bzw. Regionen seien nur einige Publikationen stellvertretend genannt: Zur deutschen Rezeption des Schweizerhauses: Börsch-Supan, Eva: Berliner Baukunst nach Schinkel 1840–1870 (Studien zur Kunst des neunzehnten Jahrhunderts, Bd. 25). München 1977, S. 126–127 und Taf. 347–349; Gubler, Hans Martin: Ein Berner Bauernhaus für den König von Württemberg. Eine Miszelle zum «Schweizerhaus» und seiner Entwicklung 1780 bis 1850, in: Unsere Kunstdenkmäler. Mitteilungsblatt für die Mitglieder der Gesellschaft für Schweizerische Kunstgeschichte 30 (1979), S. 380–395 sowie Philipp, Klaus Jan: Um 1800. Architekturtheorie und Architekturkritik in Deutschland zwischen 1790 und 1810. Stuttgart/London 1997, S. 241, Anm. 937; zu England: Hayman, John: John Ruskin and Switzerland. Waterloo (Kanada) 1990 sowie Wilson, Sue: An Early Nineteenth Century English Swiss Cottage at Endsleigh in Devon, in: Charnley, Joy; Penders, Malcolm (Hg.): Exercises in Transition. Swiss–British Cultural Interchange. Frankfurt (Main) u. a. 2006, S. 139–171; zu Frankreich: Pérouse de Montclos, Jean-Marie: Le chalet à la Suisse. Fortune d'un modèle vernaculaire, in: Architectura. Zeitschrift für Geschichte der Baukunst 17 (1987), Nr. 1, S. 76–96 sowie Horisberger, Christina: Die Rezeption des «Chalet suisse» in Frankreich zwischen Fortschritt und Folklore, in: Kunst + Architektur in der Schweiz 52 (2001), Nr. 3, S. 44–51. Zur Westschweiz siehe auch: el-Wakil, Leïla: Swiss chalet: les va-et-vient d'un modèle vernaculaire. Chalet, ferme bernoise, maison suisse à Genève sous la Restauration, in: Buyssens, Danielle; Chenal, Vincent; Hart, Martine (Hg.): Genève, la Suisse et les arts (1814–1846). Les artistes face aux identités nationales. Chêne-Bourg 2015, S. 181–202 sowie dies.: Ferme bernoise ou chalet. Le «rustique-national» en question à Genève au début du XIXe siècle, in: Nos monuments d'art et d'histoire 37 (1986), H. 1, S. 43–50.

105 Siehe dazu auch: Stockhammer, Daniel: Zur Konstruktion heimatlicher Idealbilder. ‹Dörfli›-Ansichten als Vorläufer der Reformarchitektur, in: Hassler, Uta (Hg.): Heimat, Handwerk und die Utopie des Alltäglichen. München 2016, S. 385–400, besonders S. 397–399.

89 Schweizerhäuschen mit Milchstube (Handzeichnung, 1828)

Die europaweite Begeisterung für das rurale ‹Schweizerhaus› spiegelt sich zum Beispiel in der Monatskonkurrenz des Architekten-Vereins zu Berlin für den November 1828, als das Entwurfsthema ein «Schweizerhäuschen» war.

Leben, das an die zivilisations- und industrialisierungskritischen Strömungen anknüpfte, gewann der Topos wiederholte Aufmerksamkeit.[106]

Mitte des 19. Jahrhunderts waren bereits künstlerisch ausgerichtete Werke zur ländlichen Architektur der Schweiz erschienen, an die Gladbachs Arbeiten – wenn auch mit veränderten Schwerpunkten – anschliessen konnten. Zu nennen sind vor allem Carl Adolf von Graffenrieds und Ludwig Rudolf Stürlers

106 Vgl. etwa Capol, Jan: Die Sehnsucht nach Harmonie. Eine semiotische und mentalitätsgeschichtliche Interpretation der Fassadenbilder der Zürcher Baugenossenschaften (Diss. Universität Zürich 1998/99). Zürich 2000, S. 28–37. Zu Themen der Neuentdeckung ländlicher Bautradition siehe auch die Beiträge in Hassler 2016 (wie Anm. 105).

Architecture Suisse / Schweizerische Architektur (1844), Jakob Hochstetters *Schweizerische Architektur* (1857) und Amédée und Eugène Varins *L'architecture pittoresque en Suisse* (1861) (**Abb. 90a–c**).[107] Alle drei sind repräsentative Tafelwerke. Im Unterschied zu den Darstellungen des 18. Jahrhunderts zeigen sie überwiegend Ansichten real gebauter Objekte und nicht nur Darstellungen idealisierter Alpenlandschaften. Der Terminus ‹schweizerisch› in den Titeln ist freilich irreführend: Graffenrieds und Stürlers *Architecture Suisse / Schweizerische Architektur* konzentriert sich ausschliesslich auf Objekte des Berner Oberlandes, folgerichtig lautet der Untertitel *Auswahl hölzerner Bauten aus dem Berner Oberland*; von Hochstetters *Schweizerischer Architektur* erschien nur der erste Teil, *Holzbauten des Berner Oberlandes;* und auch die Publikation der Varins ist eine Schwerpunkte setzende Auswahl (wie es auch Gladbachs Werke waren). Graffenrieds Stiefbruder Alfred Hartmann charakterisiert *Architecture Suisse / Schweizerische Architektur* als «artistisches OPUS, ein illustriertes Werk über die beliebten oberländer Holzconstructionen»;[108] auch die Publikation der Gebrüder Varin verzichtet weitgehend auf konstruktive Darstellungen.

Hochstetters, Amédée und Eugène Varins, aber auch Gladbachs Werke stehen im Zusammenhang mit der nationalstaatlichen «Erfindung der Schweiz».[109] Mit der Gründung des Schweizerischen Bundesstaats im Jahr 1848 wuchs das Bemühen um die Etablierung eines nationalen Selbstverständnisses – man versuchte auf unterschiedlichen Ebenen, zentrale Identifikationsmerkmale des jungen Staates als Basis einer nationalen Identität zu schaffen.[110] Als zeichenhafte Tradition liessen sich der Holzbau und die alpine Holzarchitektur nutzen[111]: Gladbachs Publikationen spiegeln die zeitgenössische Suche nach kultureller Identität, er stellte seine Publikationen in den Kontext nationaler Bautraditionen. Schon im ersten Satz der Einleitung zum *Schweizer Holzstyl* lesen wir: «Die schweizerische Nationalität [hat] in dem eigenthümlichen Holzbau der letzten Jahrhunderte [...] Ausdruck [...] gefunden.»[112] Rezeption und Verbreitung der Bücher wurden durch den Bezug auf das Nationale, wie ihn auch Karl Staatsmann als ‹anderen Weg der Forschung› 1910 verlangt,[113] sicherlich gefördert, auch die Umsetzung der gezeigten Muster in ländliche Architekturlösungen war für mindestens zwei Generationen erfolgreich (**Abb. 91**).[114]

Referenzpunkt Gladbachs in methodischer Hinsicht war die deutsche polytechnische Tradition des 19. Jahrhunderts, die vor allem in Karlsruhe und Darmstadt (mit Friedrich Weinbrenner, Georg Moller, Friedrich Eisenlohr und Jakob Hochstetter bis hin zu Friedrich Ostendorf) nicht nur die entwicklungs-

---

107 Vgl. Graffenried, Carl Adolf von; Stürler, Ludwig Rudolf: Architecture Suisse ou choix des maisons rustiques des alpes du canton de Berne. Schweizerische Architektur oder Auswahl hölzerner Gebäude aus dem Berner Oberland. Bern 1844 (2. Aufl. 1844); Hochstetter, Jakob: Schweizerische Architektur, Abt. 1: Holzbauten des Berner Oberlandes, aufgenommen von C. Weinbrenner und J. Durm. Karlsruhe 1857; Varin, Amédée; Varin, Eugène: L'architecture pittoresque en Suisse ou choix de constructions rustiques prises dans toutes les parties de la Suisse. Paris 1861. Zu diesen Publikationen: Hauser 2015 (wie Anm. 103).

108 Hartmann, Alfred: Rückblicke. «Ich war und blieb ein Heide» (Veröffentlichungen der Zentralbibliothek Solothurn, Nr. 32). Solothurn 2011 [Integrale Transkription des Manuskripts S I 875 der Zentralbibliothek Solothurn], S. 190.

109 Vgl. Schweizerisches Landesmuseum Zürich (Hg.): Die Erfindung der Schweiz 1848–1998. Bildentwürfe einer Nation. Zürich 1998 (Ausstellungskatalog Landesmuseum Zürich 1998).

110 Zur Geschichte der Schweiz bis zur Gründung des Bundestaats vgl. etwa Maissen, Thomas: Geschichte der Schweiz. 3. Aufl. Baden 2011, S. 1–204; Die Erfindung der Schweiz 1998 (wie Anm. 109).

111 Dazu auch Stockhammer 2015 (wie Anm. 80), S. 151–162.

112 Gladbach 1868 (wie Anm. 90), unpag. [1. Seite der Einleitung].

113 Hassler, Uta: Zur polytechnischen Tradition der Bauforschung, in: dies. (Hg.): Bauforschung. Zur Rekonstruktion des Wissens. Zürich 2010, S. 80–131, S. 91, «Beschäftigung mit regionaler Architektur und die kunsthistorische Wissenschaft», sowie ebd., S. 150–152, Auszug aus: Staatsmann, Karl: Das Aufnehmen von Architekturen. [Eine allgemeine Übersicht über das Aufnehmen von Architekturen und die Hilfsmittel, im Zusammenhang mit der Entwickelung und Darstellung der Architektur im Bilde der Geschichte.] T. 1. Leipzig 1910, S. 1–2.

114 In der Zeitschrift *Die Eisenbahn* empfahl der Verlag Orell Füssli 1882 das Werk *Die Holzarchitectur der Schweiz* «allen Freunden der vaterländischen Baukunst». Orell Füssli & Co.: Allen Freunden der vaterländischen Baukunst [Anzeige], in: Die Eisenbahn/Le chemin de fer 17 (1882), Nr. 10, unpag.

90a–c Frontispiz des Tafelteils von: Graffenried/Stürler, Architecture Suisse, 1844 / «Canton de Berne – Unterseen, No. 13», Taf. XXX aus: Varin/Varin, L'architecture pittoresque en Suisse, 1861 / Detailzeichnung zu einem «Wohnhaus in Brienz», Taf. 33 aus: Hochstetter, Schweizerische Architektur, 1857.

Die Bände *Architecture Suisse* und *L'architecture pittoresque en Suisse* gehören zu den wenigen Publikationen, die Gladbach in seinen Werken zum ‹Schweizer Holzstil› ausdrücklich rezipierte. Weiterer Referenzpunkt war Hochstetters *Schweizerische Architektur*.

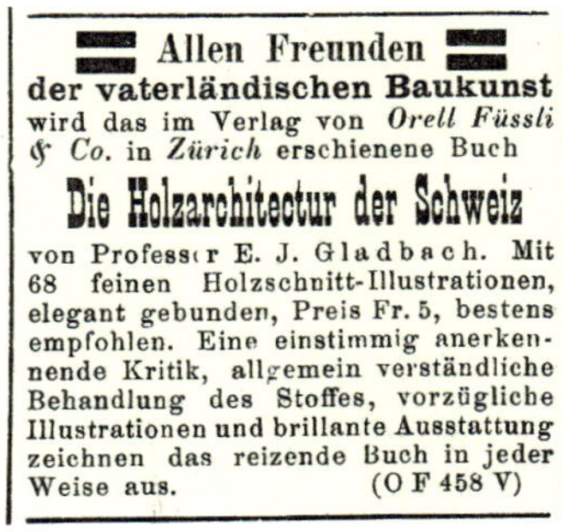

91 Werbung «Allen Freunden der vaterländischen Baukunst» für Ernst Gladbachs *Die Holzarchitektur der Schweiz*, unpag. [Anzeigenteil] aus: Die Eisenbahn/Le Chemin de fer 17 (1882), Nr. 10.

Die Anzeige des Zürcher Verlags Orell Füssli & Co zu Gladbachs Publikation *Die Holzarchitektur der Schweiz* hebt nicht nur die besonderen zeichnerischen Qualitäten der Neuerscheinung hervor, sondern setzt sie auch in den Kontext der nationalen Identität.

geschichtlichen Traditionslinien der ‹klassischen› Bauforschung (von Aloys Hirt über Adolf Bötticher bis Josef Durm) weiterentwickelte, sondern auch durch den Bezug auf regionale Bautraditionen neue Impulse für eine neue zeitgenössische Bauauffassung gab. Forschung im Bereich ruraler Holzarchitektur war in Karlsruhe durch Friedrich Eisenlohr fest etabliert, Eisenlohr war Professor für Konstruktionslehre und Autor des vielbeachteten Tafelbandes *Die Holzbauten des Schwarzwaldes* (1853).[115] Dieser Band, auf Vorschlag Eisenlohrs durch das Badische Ministerium des Innern finanziert, zeigt Aufnahmen diverser «älterer Häuser»[116] im Schwarzwald und ist ein frühes Beispiel der Objekterforschung regionaler Architektur (**Abb. 92**). Gladbach bezieht sich in seinem *Schweizer Holzstyl* auf Eisenlohrs Publikation von 1868.[117]

Die Karlsruher Lehrauffassung war zunächst durch das weinbrennersche Lehrbuchprojekt[118] und die französischen Grundlagen geprägt, durch Heinrich Hübschs Reformbemühungen erweitert in Richtung einer stärker intellektuell-akademischen Konstruktionsphilosophie, die freilich immer noch materialbezogen argumentierte und den Bezug von Konstruktion und Form als inhärente Aufgabe polytechnischer Lehre begriff.[119] Die filigraneren Lösungen der Hübschzeit – die auch von Eisenlohr und Karl Joseph Berckmüller (1800–79) variiert wurden – sind keine Abkehr von den Lehrkonzepten der Gründerjahre, sondern eine ambitionierte Demonstration der frühen Möglichkeiten grafischer Statik – und eine Demonstration der neu entwickelten Möglichkeiten einer rechnerisch-experimentellen Formfindung. Friedrich Eisenlohr, der der zweiten Karlsruher Lehrergeneration angehört, zeigt gerade durch seine heterogen erscheinenden Engagements für die Bauten der Eisenbahn, die Holzbaukunst des Schwarzwalds und für die regionale Architektur des Mittelalters, dass nicht die Analyse der architektonischen Form zum Verständnis führt. In all diesen Feldern haben Architekten jener Generation historische Lösungen erforscht und dokumentiert, neue Forschungsergebnisse der Ingenieurfächer selbstverständlich verstanden und angewendet wie auch erstmals – und darin liegt eine Neuerung – regionale Vorbilder in die akademische

---

115 Eisenlohr, Jakob Friedrich: Die Holzbauten des Schwarzwaldes. Karlsruhe 1853.

116 Ebd., S. 2.

117 Gladbach 1868 (wie Anm. 90), unpag. [1. Seite der Einleitung].

118 Stadt Karlsruhe – Städtische Galerie und saai (Südwestdeutsches Archiv für Architektur und Ingenieurbau am KIT) (Hg.): Friedrich Weinbrenner (1766–1826). Architektur und Städtebau des Klassizismus. (Ausstellung Städtische Galerie Karlsruhe vom 27. Juni bis zum 4. Oktober 2015). 2. Aufl. Petersberg 2015; Weinbrenner, Friedrich: Architektonisches Lehrbuch, Erster Theil: Geometrische Zeichnungslehre, Licht- und Schattenlehre [1. und 2. Heft]. Tübingen 1810–11; Zweiter Theil: Perspectivische Zeichnungslehre [1. und 2. Heft] / Practische perspectivische Zeichnungslehre [3.–6. Heft]. Tübingen 1819[–24]; Dritter Theil: Über die höhere Baukunst [1.–5. Heft], Tübingen 1819[–25]. Siehe dazu auch Schumann, Ulrich Maximilian: Friedrich Weinbrenner. Klassizismus und »praktische Ästhetik« (Friedrich Weinbrenner und die Weinbrenner-Schule Bd. 5). Berlin/München 2010, S. 85–155 sowie ders. (Hg.): Friedrich Weinbrenner. Architektonisches Lehrbuch (Friedrich Weinbrenner und die Weinbrenner-Schule, Bd. 7). Bad Saulgau 2015.

119 Heinrich Hübsch war Lehrer und Leiter der Karlsruher Bauschule von 1832 bis 1854.

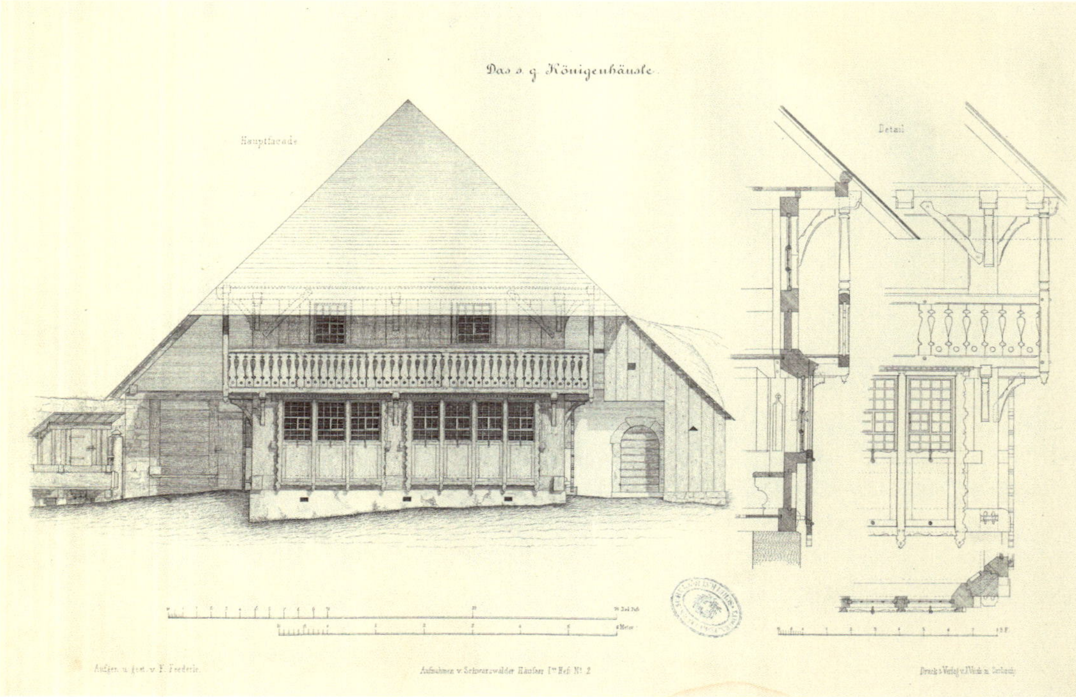

92 «Königenhäusle» in Neukirch im Schwarzwald, aus: Eisenlohr, Holzbauten des Schwarzwaldes, 1853.

Ein zentraler Anknüpfungspunkt für Gladbachs Arbeiten zum schweizerischen Holzbau war Friedrich Eisenlohrs Werk *Holzbauten des Schwarzwaldes*. Beide Autoren gehören zu den frühen Bauforschern, die sich für regionale hölzerne Bauten interessierten.

Lehre eingeführt.[120] Verbindendes Konzept der Lehre am Karlsruher Polytechnikum war die Lehre vom Konstruieren – nach Materialien, Konstruktionsformen und selbstverständlich in Kenntnis historischer Vorbilder. Alle Lehrer der Schule waren in Italien gewesen – Hübsch schrieb seine Polemik gegen die Architravarchitektur[121] dann eben etwas auftrumpfend in Kenntnis auch Griechenlands. Alle Hübsch-Schüler von Eisenlohr über Jakob Hochstetter (1812–80) bis Friedrich Theodor Fischer (1803–67) waren von der Idee eines ‹Materialstils› erfüllt. Materialstil hiess aber eben nicht nur, die Baumaterialien ‹ohne Putzhaut› zur Darstellung zu bringen, sondern ‹Konstruieren im Sinne des Baumaterials›. Friedrich Eisenlohr hatte ebenso wie zuvor Hübsch davon gesprochen, dass es wichtig sei, «überall sichtbares Material und unverhüllte wirkliche Konstruktion und darauf sich gründende Formenbildung, also keine Scheinform, sondern Wahrheit [...]»[122] zeigen zu wollen. Die Kontakte zum Zürcher Polytechnikum sind in Karlsruhe bis zu Beginn des 20. Jahrhunderts sehr eng; Jakob Hochstetter hat in der zweiten Hälfte des 19. Jahrhunderts mit

120 Ausstellungskatalog Karlsruhe 2015 (wie Anm. 118), Kat.-Nr. 11.12–11.13 «Konstruktive Übungen – Holztragwerke» der Kuppel in der Katholischen Kirche St. Stephan, Karlsruhe, von Heinrich Hübsch (1816) und Ludwig Lendorff zugeschrieben (1824).

121 Hübsch, Heinrich: In welchem Style sollen wir bauen? Karlsruhe 1828 und Hübsch, Heinrich: Vertheidigung der griechischen Architectur gegen A. Hirt. Heidelberg 1824.

122 Friedrich Eisenlohr: Bericht an das Innenministerium vom 27.11.1843, Landesarchiv Baden-Württemberg, Abt. Generallandesarchiv Karlsruhe, Sign. 421 Nr. 32 «Anlage und Einrichtung der Bahnhöfe», zit. n. Hippel, Wolfgang von: «Überall sparsam, aber nirgends ärmlich ...» Friedrich Eisenlohr und die Hochbauten der badischen Eisenbahn, in: Hippel, Wolfgang von; Stephan, Joachim; Gleber, Peter u. a. (Hg.): Eisenbahn-Fieber. Badens Aufbruch ins Eisenbahnzeitalter, hg. v. Landesmuseum für Technik und Arbeit in Mannheim. Ubstadt-Weiher 1990, S. 145–184, Zitat S. 160. Wir danken Martin Stingl, Generallandesarchiv Karlsruhe, für die Auskunft.

seinen Aufnahmen der Holzbauten des Berner Oberlandes die enge Verbindung weiter vertieft, bis hin zu Josef Durms *Handbuch der Architektur* finden sich Belege der Zusammenarbeit.[123]

Gladbachs Arbeiten werden bis heute nicht nur als Dokumente der ‹Holzbauforschung› und als konstruktionsgeschichtliche Arbeiten diskutiert, sondern auch als volkskundliche Dokumente. Die Tafelwerke werden als Idealisierung der Welt bäuerlichen Wirtschaftens verstanden, Gegenbild und Bollwerk gegen die enorme industrielle Bautätigkeit des späten 19.Jahrhunderts, Versuch einer Dokumentation und Rettung der bedrohten Bestände historischer Holzbauten des Alpenraums.[124] Max Gschwend bezeichnet Gladbach als «ersten Bauernhaus-Forscher» der Schweiz;[125] Edwin Huwyler betont seine Bedeutung für die schweizerische Hausforschung,[126] ebenso Günther Buchinger, der sogar von Gladbachs «flächendeckende[r] Untersuchung»[127] des Bestands spricht. Jan Capol hebt das idealisierende Moment der Bildmotive in den Tafelwerken in seiner Untersuchung zu den Fassadenbildern der Zürcher Baugenossenschaften hervor, indem er Gladbachs Zeichnungen als «ideologische[...] Betrachtungsweise der bäuerlichen Welt»[128] einordnet – eine Deutung, der sich Karin von Wietersheim Eskioglou anschliesst.[129] Wenig beachtet blieb bislang Gladbachs Wirken als Lehrer für Baukonstruktion am Zürcher Polytechnikum und der Zusammenhang zwischen seiner Lehrtätigkeit und den Publikationen.

Auf Pappe montierte Zeichungen von Holzbauten waren Ausgangspunkt der Lehre in Gladbachs Zürcher Zeit – darauf verweisen bereits die biografischen Darstellungen des Architektenfreundes Georg Lasius und des Malers Wilhelm Ludwig Lehmann: «Die ersten grossen Blätter zeichnete er nur für sein Colleg», schrieb Lehmann in dem Gladbach posthum gewidmeten *Neujahrsblatt der Kunstgesellschaft in Zürich für 1898,*[130] und Lasius führte aus: «Seine Thätigkeit als Lehrer für Baukonstruktion führte ihn zur Würdigung der schönen in der Schweiz noch erhaltenen Holzbauten.»[131]

---

123 Durm war auch mit bei der Aufnahme des von Hochstetter publizierten Bandes, Hochstetter, J[akob] [Hg.]: Schweizerische Architektur [in perspektivischen Ansichten, Grundrissen, Schnitten, Façaden und Details mit erklärendem Text]. Erste Abtheilung: Holzbauten des Berner Oberlandes, aufgenommen von C. Weinbrenner und J. Durm. Karlsruhe [1857]. Über Hochstetter neuerdings Böker, Johann Josef (Hg.): «Eine etwas bankerotte Kunstanstalt...» Die Alt-Karlsruher Schule zwischen Hübsch und Durm (Materialien zu Bauforschung und Baugeschichte, Bd. 24). Karlsruhe 2017, hier S. 118–133.

124 Siehe beispielsweise Wietersheim Eskioglou, Karin von: Der Schweizer Stil und die Entwicklung des modernen Schweizer Holzhausbaus. Diss. ETH Zürich 2004 [http://e-collection.library.ethz.ch/view/eth:27786] (18. Juli 2013), besonders S. 171–172; Huwyler, Edwin: Schweizerische Hausforschung. Ein Beitrag zu ihrer Geschichte, in: Jahrbuch des Schweizerischen Freilichtmuseums Ballenberg 1 (1996), S. 15–136, hier S. 49–53. An Einzeldarstellungen zu Gladbach aus der jüngeren Zeit ist lediglich ein kurzer Aufsatz anlässlich seines 100. Todestags 1996 zu nennen: Müller, Thomas: Architekturschule und ländliches Bauen – Ernst Gladbach (1812–1896), in: Arbeitskreis für Hausforschung (Hg.): Stadt und Land. Novationen und Novationsaustausch am Zürichsee (Jahrbuch für Hausforschung, Bd. 45). Marburg 1997, S. 195–209.

125 Gschwend, Max: Ländliches Bauen und Wohnen. Zur Bauernhausforschung in der Schweiz, in: Hugger, Paul (Hg.): Handbuch der Schweizerischen Volkskultur, Bd. 1. Zürich 1992, S. 319–348, hier S. 338. Stockhammer beurteilt Gladbachs Perspektive auf die Schweizer Architektur: «Dass Gladbach nicht aus der Schweiz stammte, dürfte im Hinblick auf die wissenschaftlichen Ansprüche, die er an seine Arbeit stellte, an die Auswahl und Aufnahme der Objekte, als Vorteil gewertet werden. Er konnte unvoreingenommen allen Hinweisen folgen, die Gebiete der Schweiz nach eigener Methodik systematisch erschliessen und die Bautraditionen ‹mit fremden Augen› (und für fremde Augen) neu entdecken.» Stockhammer 2015 (wie Anm. 80), S. 27 mit Anm. 3. Darin wiedergegebenes Zitat aus: Linder, H. E.: Fryburger ländliche Kleinhäuser: Arch. Rob. R. Barro und Jos. Diener in Düdingen, in: Schweizerische Bauzeitung Bd. 123 (1944), Nr. 24, S. 289–292, hier S. 291.

126 Huwyler 1996 (wie Anm. 124), S. 40–53.

127 Buchinger, Günther: Villenarchitektur am Semmering (Semmering-Architektur, Bd. 2). Wien/Köln/Weimar 2006, S. 58.

128 Capol 2000 (wie Anm. 106), S. 75.

129 Knapp erwähnt bei Wietersheim Eskioglou 2004 (wie Anm. 124), S. 171. Mit der Dissertation von Martin Tschanz zu den Anfängen der Zürcher Bauschule ist jüngst eine Arbeit erschienen, die auch Gladbachs Wirken als Lehrer anspricht: Tschanz 2015 (wie Anm. 17), besonders S. 89–117.

130 Lehmann, Wilhelm Ludwig: Professor Ernst Gladbach. Neujahrsblatt der Kunstgesellschaft in Zürich, N. F. Bd. 58. Zürich 1898, S. 15.

131 Lasius, Georg: ([Nekrolog] Prof. Ernst Gladbach, in: SBZ 29 [1897], Nr. 3, S. 15–18, hier S. 17.

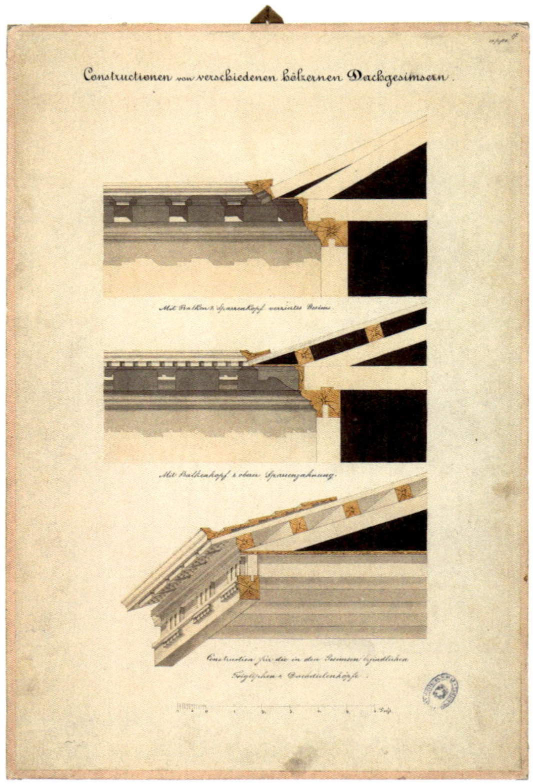

Grossformatige Zeichnungen auf Tafeln wurden wie auch andere Objekte der verschiedenen Sammlungen zu Demonstrations- und Vorlagezwecken in der polytechnischen Ausbildungskonzeption – nicht nur im Bereich der Baukonstruktionsausbildung – verwendet, sie waren wichtiger Bestandteil der Lehre in (fast) allen Fächern.[132] Lehrtafeln waren an polytechnischen Schulen bis zur Erfindung des Epidiaskops und der ersten Lichtbildprojektionen zu Beginn des 20. Jahrhunderts üblich, in Kalsruhe benutzten noch die Reformer des beginnenden 20. Jahrhunderts entsprechende Papptafeln.[133] Die Tafeln der Kernfächer der Zürcher Bauschule waren zusammengefasst in der ‹Sammlung von Vorlagen für das architektonische Zeichnen› (ferner gab es zum Beispiel auch Tafeln in der ‹Sammlung der Vorlagen zum Landschaftszeichen› beziehungsweise ‹zum Figurenzeichnen›[134]). Direktor der entsprechenden Sammlung war der seit

132 Vgl. etwa die Ausführungen Julius Stadlers in einem Brief an den Präsidenten des Schweizerischen Schulrates im Januar 1857: «Diejenigen architectonischen Werke welche zur Benutzung von Lehrern & Schülern der ersten Abtheilung [der Architekturabteilung, d. Verf.] bestimmt im Stiftsgebäude aufgestellt sind, werden von den Herren Professoren Semper & Burckhard zum Vorweisen während ihren Vorträgen über Baukunst & Archäologie verwendet & von diesen und anderen Lehrern der ersten Abtheilung theils den Schülern zum Gebrauche während der Unterrichtsstunden gegeben theils zu eigenem Studium benutzt.» (ETH Zürich, ETH-Bibliothek, Hochschularchiv, SR3, 1857, 5: Brief von Julius Stadler an den Präsidenten des Schweizerischen Schulrats, Januar 1857, Bl. 1). Zur Bedeutung der Sammlungen vgl. auch Hassler, Uta; Meyer, Torsten (Hg.): Die Sammlung als epistemisches Objekt. Zürich 2014; Tschanz 2015 (wie Anm. 17), S. 183–192.

133 Von Max Läuger (1864–1952), der die polytechnische akademische Lehrtradition ablehnte, sind entsprechende Papptafeln mit ‹guten› Beispielen und ‹schlechten› Gegenbeispielen im Südwestdeutschen Archiv für Architektur und Ingenieurbau (saai) des Karlsruher Instituts für Technologie (KIT) noch erhalten. Sie datieren in die Zeit um den Ersten Weltkrieg.

134 Siehe etwa: Bericht des schweiz. Bundesrathes an die h. Bundesversammlung über seine Geschäftsführung im Jahr 1856, in: Schweizerisches Bundesblatt 9 (1857), Bd. 1, Nr. 24, S. 511–530, hier S. 528–529; Bericht des schweiz. Bundesrathes an

93 a–c Drei Tafeln aus dem Unterricht der Bauschule, um 1860. «Constructionen von verschiedenen hölzernen Dachgesimsen» / «Verzeichnung der verschiedenen längs mit einander zu verbindenden Hölzer» / Verschiedene hölzerne Dachwerke.

Alle drei Tafeln stammen aus dem Nachlass der Bauschule, sie sind mit Tusche gezeichnet und koloriert, teilweise sind mit Bleistift Anmerkungen hinzugefügt. Vermutlich sind die Tafeln von Ernst Gladbach für den Baukonstruktionsunterricht angefertigt worden (auf der mittleren Tafel befindet sich seine Signatur in Bleistift in der rechten unteren Ecke), da entsprechendes Material in den ersten Jahren an der Bauschule noch fehlte.

1855 an der Bauschule als Hilfslehrer (später auch als Professor) tätige Julius Stadler.[135] Die Bestände der ‹Sammlung von Vorlagen für das architektonische Zeichnen› mussten freilich erst einmal aufgebaut werden. Dies war keine leichte Aufgabe: Bei der Gründung konnte man kaum auf entsprechende Bestände in Zürich zurückgreifen, auch waren keine grossen Schenkungen zu verzeichnen (wie etwa im Bereich der Baumaterialien), ferner waren die Geldmittel stets begrenzt. Nur Semper hatte sich bei seiner Berufung einen Ankaufskredit zusichern lassen und reiste unter anderem nach Paris, um geeignete Objekte zu erwerben.[136] Weiterhin hatte Semper auch Tafeln aus den Beständen des Department of Practical Arts in London, wo er zuvor als Lehrer tätig gewesen war, nach Zürich überführt.[137]

Anders als Semper übernahm Gladbach die Produktion von Tafeln zur Konstruktionslehre selbst. Lasius schrieb: Gladbach «stellte […] für seinen Unterricht in der Baukonstruktionslehre gern *grosse* Tafeln her».[138] Insbesondere um 1860 zeigte Gladbach sein ausserordentliches Talent beim Zeichnen einer

---

die h. Bundesversammlung über seine Geschäftsführung im Jahr 1857, in: Schweizerisches Bundesblatt 10 (1858), Bd. 1, Nr. 23, S. 525–551, hier S. 544.

135 Tschanz 2015 (wie Anm. 17), S. 118. Die ‹Sammlung von Vorlagen für das architektonische Zeichnen› umfasst nicht nur die Tafeln, sondern auch noch weitere Objekte wie Modelle und Abgüsse.

136 Wilkening-Aumann, Christine; Kienlin, Alexander von: «zum Umgange mit den Schönen gezwungen» – Die Gipsabguss-Sammlungen der ETH und Universität Zürich, in: Hassler, Uta; Meyer, Torsten (Hg.): Kategorien des Wissens. Die Sammlung als epistemisches Objekt. Zürich 2014, S. 193–207.

137 Einige wenige Lehrtafeln aus den ehemaligen Beständen der Bauschule befinden sich noch im gta Archiv (ETH Zürich, gta Archiv, Bestand 41), einige tragen den Stempel des Department of Practical Arts. Zu weiteren Tafeln siehe auch Chestnova, Elena: Bridging Art and Science. Semper's Teaching in London 1850–1855, Trans 24 (2014), S. 144–151, hier S. 149–150.

138 Lasius 1897 (wie Anm. 131), S. 17. (Hervorhebung d. Verf.)

ganzen Reihe solcher Tafeln (**Abb. 93a–c**).[139] Anschauliches Material konnte jedoch auch aus den Arbeiten Studierender gewonnen werden; so nennt das Programm des Polytechnikums für das Schuljahr 1859/60 bei den Neuzugängen «mehrere lithographierte Blätter interessanter Dachstühle, nach Zeichnungen von Bauschülern».[140] Als Gladbach 1881 weitgehend seiner Unterrichtspflichten enthoben wurde, entschied man, trotzdem «die Besoldung ungekürzt [zu] belassen», weil man «die bedeutende Zeichenkunst des Prof. Gladbach noch für Anfertigung von Vorlagen etc. brauchen» wollte.[141]

Die Mehrzahl der von Gladbach und seinen Schülern erstellten Tafeln bezog sich nicht nur auf den historischen Holzbau, vermutlich zeigten sie die ganze Bandbreite des Baukonstruktionsunterrichts. Der Holzbau war allerdings Ausgangspunkt der Konstruktionslehre – hier folgte Gladbach älteren entwicklungsgeschichtlichen Darstellungen sowie den im mittleren 19. Jahrhundert üblichen Einführungen zur Baukonstruktionslehre, wie sie etwa in Karlsruhe von Friedrich Weinbrenner und Heinrich Hübsch konzipiert worden waren (**Abb. 94**).[142] Gladbachs frühe Bemühungen, die Sammlung der Bauschule auszubauen, zielten (noch) nicht auf die schweizerischen Holzbauten; gleichwohl zeigt sich ein Zusammenhang mit den Bauten seiner alten Heimat Hessen – mit dem Aufnehmen von Bauten und dem Erstellen von Zeichnungen für den Unterricht. Gladbach schreibt in einem Brief an den Präsidenten des Schulrats:

> «Da sich in neuerer Zeit das Interesse an ornamentierter Holzarchitectur sehr gehoben hat, so wünsche ich die Ferienzeiten dieses Jahres zur Herausgabe der älteren interessanten Holzbauten des Vogelsbergs in Hessen [...] zu benutzen, und zugleich in meinen Vorträgen [...] über Holzarchitectur meinen Schülern damit dienlich zu sein.»[143]

Etwa um 1860 begann Gladbach in den Semesterferien die Schweiz zu bereisen.[144] Er machte Skizzen, Bauaufnahmen und Notizen, die zuerst als Grundlage für die Schultafeln dienten, dann zur Basis seiner Tafelwerke zum schweizerischen Holzstil wurden. Ferner wurden die Zeichnungen offensichtlich als Vorbilder zur Vermittlung der Methoden der Bauaufnahme benutzt. Gladbach führte Aufmassexkursionen

---

139 ETH Zürich, gta Archiv, Bestand 41: Archiv der Bauschule. Weitere solche Tafeln, zum Teil mit Jahresangabe, befinden sich im Nachlass Gladbach (ETH Zürich, gta Archiv, Bestand 52). Gladbachs Talent ausführlich beschreibend: Lasius, Georg: Zwei Radierungen von Prof. Ernst Gladbach, in: SBZ 30 (1897), Nr. 25, S. 192; Nr. 26, S. 198–199.

140 Programm der eidgenössischen polytechnischen Schule für das Schuljahr 1859/60 bzw. das erste Halbjahr dieses Schuljahres, S. 20. Ferner nennt der Jahresbericht zum Polytechnikum von 1863 im *Schweizerischen Bundesblatt* als Neuzugänge der Vorlagensammlung der Bauschule «Lithographien und Kopien von interessanten Baukonstruktionen, autographirte Zeichnungen von Gebäudetheilen und ganzen Gebäuden, wie sie leztes [sic!] Jahr auf den stattgefundenen Exkursionen von den Schülern selbst vorgenommen und skizzirt worden sind». Bericht des schweiz. Bundesrathes an die h. Bundesversammlung über seine Geschäftsführung im Jahr 1863, in: Schweizerisches Bundesblatt 16 [1864], Bd. 1, Nr. 19, S. 553–616, hier S. 583.

141 So argumentiert rückblickend der Schulratspräsident Hermann Bleuler 1890 (ein Jahr vor Gladbachs Pensionierung). Schweizerisches Bundesarchiv Bern, E80, 1000/1126, Bd. 107, Fasz. 1179: Brief von Hermann Bleuler an Bundesrat Schenk, 9. April 1890, zit. n. Tschanz 2015 (wie Anm. 17), S. 93.

142 So schreibt Gladbach etwa: «in meinen Vorträgen im Sommer dieses Jahres über Holzarchitektur». ETH Zürich, ETH-Bibliothek, Hochschularchiv, SR3, 1858, 177: Brief von Ernst Gladbach an den Präsidenten des Schulrats, 10. Februar 1858. Umfang und Inhalt sind allerdings aufgrund des Mangels erhaltener Mitschriften nur schwer zu präzisieren; der letzte Abschnitt einer Mitschrift des Studenten Léon Fulpius, der wahrscheinlich aus dem Sommer 1859 stammt, widmet sich aber explizit der schweizerischen Holzarchitektur und bestätigt Gladbachs Aussage (ETH Zürich, ETH-Bibliothek, Hochschularchiv, HS 10:3: Vorlesungsmitschrift von Léon Fulpius, *Cours de Construction,* gehalten von Ernst Gladbach, 1858/59).

143 ETH Zürich, ETH-Bibliothek, Hochschularchiv, SR3, 1858, 177: Brief von Ernst Gladbach an den Präsidenten des Schulrats, 10. Februar 1858. Gladbachs Vorhaben, «Aufnahmen und Messungen vor Ort [zu] machen» (und der damit zusammenhängende Extraurlaub) wurden auch genehmigt.

144 Vgl. unter anderem Lasius 1897 (wie Anm. 131), S. 14–15. Ab 1882 können Gladbachs Reiserouten durch die überlieferten Tagebücher nachvollzogen werden; wahrscheinlich begann er um 1860 mit seinen Exkursionen durch die Schweiz, nachdem er für 1858 noch plante, die Holzarchitektur von Hessen aufzunehmen; 1868 publizierte er den *Schweizer Holzstyl,* dem bereits eine umfangreiche Reisetätigkeit zugrunde liegen musste.

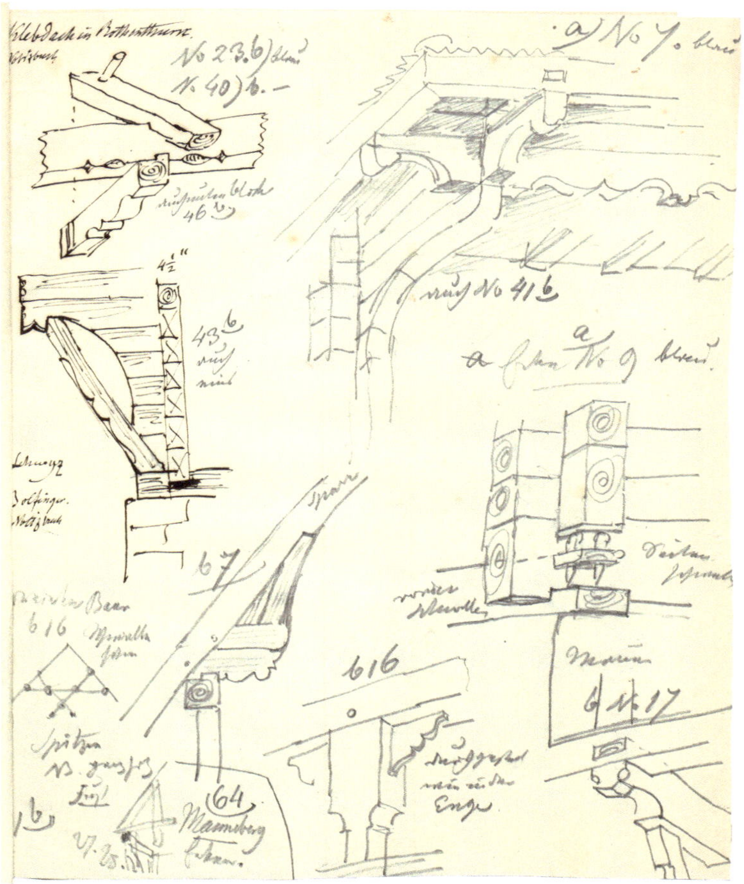

94 Skizzen verschiedener Holzverbindungen, Blatt aus: Fulpius, Vorlesungsmitschrift Cours de Construction, gehalten von Ernst Gladbach, 1858/59.

Holzarchitektur und Holzkonstruktionen waren Teil von Gladbachs Vorlesung an der Bauschule.

auch mit seinen Schülern durch: «Um meinen Schülern [...] Gelegenheit zu geben [...] einige der interessanteren Blockhäuser zu meßen und zu zeichnen, so daß die Aufnahmen an Ort und Stelle nach der Rückkehr in den Zeichnungsübungstunden von den Schülern unter meiner Leitung ausgeführt werden können, hatte ich denselben eine Exkursion [...] vorgeschlagen».[145] Den von Schülern gefertigten Bauaufnahmezeichnungen ist der Einfluss des Lehrers anzusehen (**Abb. 95**). Die von Gladbach dokumentierten historischen Bauten waren nicht primär Gegenstand einer (wie dann im Verlauf des 20. Jahrhunderts ‹segmentierten›) Ausbildung zu architekturgeschichtlichen Themen – sie waren Anleitung und Vorbild zeitgenössischer Architekturlösungen. Sie waren didaktisches Material, dienten als Muster für konstruktive Lösungen und als Anregung zu neuem Bauen. In den polytechnischen Lehrkonzepten des mittleren und ausgehenden 19. Jahrhunderts liess die Ordnung und Didaktik der Fächer die Auseinandersetzung mit historischen Konstruktionsweisen auch in der Baukonstruktionslehre – nicht nur in der Architektur- und Kunstgeschichte – zu, traditionelle und moderne Fertigungsprozesse wurden gegenübergestellt. Die traditionellen Konstruktionsweisen lieferten beispielhafte Lösungsansätze, die neuen Fertigungsmöglich-

145 ETH Zürich, ETH-Bibliothek, Hochschularchiv, SR3, 1863, 414: Brief von Ernst Gladbach an den Präsidenten des eidgenössischen Schulrates, *Die Excursion mit dem I. Curs der Bauschule vom 4–10 July 1863,* undatiert.

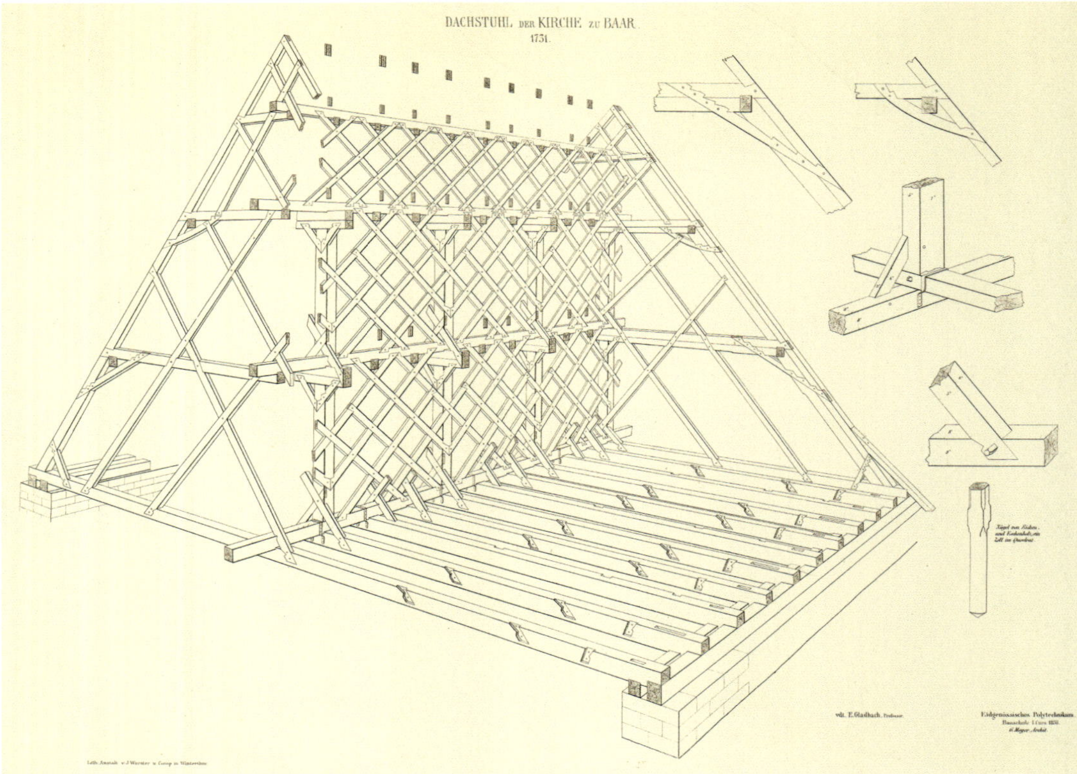

95 «Dachstuhl der Kirche zu Baar 1731» (Zeichnung von G. Meyer, 1858).

Die zugrundeliegende Bauaufnahmezeichnung führte Meyer 1858 im «I. Curs» der Bauschule des Polytechnikums offensichtlich unter der Anleitung Ernst Gladbachs durch (die Zeichnung trägt den Vermerk: «vdt. [= vidit = zur Kenntnis genommen, d. Verf.] E. Gladbach, Professor»).

keiten der produzierenden und verarbeitenden Industrie (wie schnellere Sägereien oder seriell produzierte Eisenteile) ermöglichten vereinfachte und schnellere Umsetzung.

Im Jahr 1863 schrieb Gladbach in einem Bericht an den Präsidenten des Schulrats: «Um meinen Schülern des I. Curses der Bauschule Gelegenheit zu geben die vorgetragenen Holzconstructionen des Berner Oberlandes der älteren Bauart mit der jetzt fabrikmäßig betriebenen neueren Holzbauart in Interlaken zu vergleichen [...], hatte ich denselben eine Excursion nach Interlaken und Meiringen vorgeschlagen» (**Abb. 96**).[146] Jüngere Baukonstruktionslehrbücher übernahmen Gladbachs Zeichnungen: Rudolph Gottgetreu interessiert sich in seinem *Lehrbuch der Hochbau-Konstruktionen* einerseits für die schweizerischen Bauernhäuser als nationale Ausprägung einer Holzarchitektur, andererseits aber auch für die konstruktive Ausformulierung komplexer Verbindungsdetails (**Abb. 97 a/b**);[147] Constantin Uhde behandelt in seinem Buch *Die Konstruktionen und die Kunstformen der Architektur* verschiedene Lösungen von konstruktiven Verbindungen einer Galerie mit einem Dachüberstand und zeigt dabei ausgewählte Beispiele «nach

146 ETH Zürich, ETH-Bibliothek, Hochschularchiv, SR3, 1863, 414: Brief von Ernst Gladbach an den Präsidenten des eidgenössischen Schulrates, *Die Excursion mit dem I. Curs der Bauschule vom 4–10 July 1863*, undatiert. Hier lässt sich eine Studienarbeiten auf Gladbachs Entwurfs- bzw. Konstruktionsaufgabe zurückführen, ETH Zürich, gta Archiv, 109-024: Fachwerkhaus, Zeichnung von Albert Müller, 1864 [«Bauschule I. Curs»].

147 Gottgetreu, Rudolph: Lehrbuch der Hochbau-Konstruktionen, T. 2: Die Arbeiten des Zimmermannes (Holz-Konstruktionen). Berlin 1882, zum Beispiel S. 21; ders.: Lehrbuch der Hochbau-Konstruktionen, T. 2: Zimmermann-Arbeiten (Holz-Konstruktionen). Atlas. Berlin 1882, Taf. IV/V.

Gladbach» (**Abb. 98**);[148] Josef Durm begeistert sich in seinem Beitrag für Karl Esselborns *Lehrbuch des Hochbaues* wiederum für das Objekt als Ganzes (**Abb. 99**).[149] Ferner wurden Gladbachs Zeichnungen auch in Musterbüchern für Architekten wie William Sumner Barton Danas *The Swiss Chalet Book* reproduziert[150] – als Beispiele für die architektonische Praxis.

Praktische Anwendungsfelder gab es mehrere: Ferdinand Stadler zeichnete, nachdem Gladbach 1860 das «Haus auf dem Gruetli» aufgenommen hatte, einen «Entwurf zu dem neuen Gruetli Hause», der in vielfacher Weise an den Bestandsbau anknüpft (**Abb. 100**).[151] Ähnlich zeigen die Ergebnisse eines Wettbewerbs für günstige Arbeiterhäuser aus den 1880er Jahren, für die Gladbach sogar die entsprechenden Perspektiven anfertigte, dass bestimmte Aspekte (etwa Konstruktion und Form des giebelseitigen

96 «Holzfabrik Interlacken» (Skizze von Ernst Gladbach, undatiert).

Im Nachlass von Gladbach ist auch die Skizze eines zeitgenössischen Holzhauses zu finden, das anscheinend von der Chaletfabrik Interlaken errichtet wurde. Wann und warum Gladbach diese Skizze machte, ist nicht mehr nachzuvollziehen, vielleicht erstellte er sie auf einer Exkursion mit Studenten zur selbigen Fabrik im Jahre 1863.

148 Uhde, Constantin (Hg.): Die Konstruktionen und die Kunstformen der Architektur. Ihre Entstehung und geschichtliche Entwickelung bei den verschiedenen Völkern, Bd. 2. Berlin 1903, S. 297–314, Zitat wiederholt auf den S. 308–311.

149 Durm, Josef: Gebäudelehre (Lehrbuch des Hochbaues, Bd. 2, Kap. 6). Leipzig 1908, S. 23–27.

150 Vgl. Dana, William Sumner Barton: The Swiss Chalet Book. A Minute Analysis and Reproduction of the Chalets of Switzerland, Obtained by a Special Visit to that Country, its Architects and its Chalet Homes. New York 1913, beispielsweise S. 37–38, 51–58.

151 ETH Zürich, gta Archiv, Bestand 52: Nachlass Ernst Gladbach. Hier liegen sowohl die Aufnahmen von Gladbach («Aufgen. und gez. v. Gladbach. 1860.») wie auch die Pläne des neuen Entwurfs von Ferdinand Stadler (dessen Unterschrift auf der Rückseite der Pläne zu finden ist).

97a/b «Zur geschichtlichen Entwickelung des Holzbaues» / «Details zur Schweizer Holzarchitektur», Taf. IV / Taf. V aus: Gottgetreu, Lehrbuch, T. 2, Atlas, 1882.

Der Teil *Zimmermanns-Arbeiten* von Rudolph Gottgetreus *Lehrbuch der Hochbau-Konstruktionen* ist eine der vielen zeitgenössischen Publikationen, die auf Gladbachs Publikationen verweisen und dessen Abbildungen reproduzieren.

Dachabschlusses) in der Baupraxis in modifizierter Weise aufgenommen werden sollten (**Abb. 101**).[152] Im Werk des Zürcher Villenarchitekten Jacques Gros lassen sich vielfach Spuren formaler Anregungen finden (**Abb. 102**), eine als Werbeprospekt konzipierte Veröffentlichung seiner Bauten und Entwürfe zeigt indes, dass das Anwendungsfeld nicht Bauernhäuser, sondern bürgerliche Villen und städtische Kleinstbauten sein sollten (**Abb. 103**).[153] Eine undatierte, handgezeichnete und handkolorierte Lehrtafel aus den Beständen der Bauschule zeigt den Entwurf eines ländlichen Bahnhofsgebäudes (**Abb. 104**). Eisenlohrs Arbeiten entsprachen ähnlichen Vorgehensweisen: Die Holzbauten des Schwarzwaldes wurden dokumentiert, der Architekt der Badischen Eisenbahn präsentierte Umsetzungen nach diesem Vorbild entlang der Bahnstrecken.[154]

Die Erforschung der ‹Holzbaugeschichte› bildet einen Kristallisationspunkt erster systematischer Zuwendung zu regionalen Architekturtraditionen. Aus den polytechnischen Schulen heraus wurde seit der Mitte des 19. Jahrhunderts die Holzbautradition nördlich der Alpen als Fortführung der an der Antike anknüpfenden Entwicklungsgeschichte internationaler ‹klassischer› Architekturtradition untersucht. Die

152 Schindler-Escher Schindler-Escher, Caspar (Hg.): «Klein aber Mein». Sieben Projekte für einzeln stehende Häuschen mit Stall im Werthe von vier bis fünftausend Franken. Zürich 1886; ders.: Bericht über drei bei Zürich gebaute Familienhäuschen mit Grundrissen und Perspektiven. Zürich 1887; nur einigen von Gladbachs Zeichnungen ist allerdings dessen Name beigegeben. Eine der Vorlagen ist im gta Archiv zu finden (ETH, Zürich, gta Archiv, Bestand 52: *Nachlass Ernst Gladbach*).

153 Gros, Jacques (Hg.): Skizzen für Wohn- und Landhäuser, Villen etc. hauptsächlich Holzarchitekturen. Zweite Serie. Ravensburg 1900.

154 Zu Eisenlohrs Bauten für die Badische Eisenbahn: Hippel 1990 (wie Anm. 122), besonders S. 155–184. 175 Jahre Eisenbahn am Oberrhein. «Baden wird ein Weltmarktplatz werden». (Sonderveröffentlichungen des Landesarchivs Baden-Württemberg), Begleitband zur Ausstellung des Generallandesarchivs Karlsruhe 2013. Bearb. v. Martin Stingl. Stuttgart 2013.

26 Josef Durm. Kap. VI. Gebäudelehre.

Abb. 31. Haus mit Ständerwänden.

Abb. 32. Kombinierter Block- und Ständerbau.

daran auftretende Prinzip der Bekleidung, der Brett- und Leistenverschläge für Wandflächen, Tür- und Fenstereinfassungen, die Antepagmente der Stirnflächen an Pfetten-

310

Fig. 363. Fig. 364.

Stützenkonstruktion der Lauben und Vordächer. Nach Gladbach.

Fig. 365.

Dächer und Gallerien von Speicherbauten zu Langnau, erbaut 1738. Nach Gladbach.
(Siehe auch Seite 314.)

Fig. 365 bringt eine Reihe anderer Verbindungen von Gallerien mit Dachüberständen aus der ersten Hälfte des 18. Jahrhunderts, sowie die Fig. 366, 367 u. 368 noch weitere Einzelheiten dieser Dachüberstände und der mit diesen in Verbindung stehenden Gallerien.

98 Beispiele für Verbindungen von Galerien mit Dachüberständen, S. 311 aus: Uhde, Die Konstruktionen und die Kunstformen der Architektur, Bd. 2, 1903.

99 Verschieden konstruierte schweizerische Bauernhäuser, Abb. 31/32 (S. 26) aus: Durm, Gebäudelehre, 1908.

Reformarchitektur der Wende zum 20. Jahrhundert beruft sich so auf vielfältige Vorarbeiten der Bauforscher polytechnischer Schulen, deren Bedeutung freilich erst zögerlich erkannt wird;[155] ein prominentes späteres Beispiel sind etwa Friedrich Ostendorfs Arbeiten zur Geschichte des Dachwerks.[156]

Die Konzeption der ersten Werke zur schweizerischen Holzarchitektur gründete in Aufgaben der Baukonstruktionslehre – der Holzbau galt offenbar als gutes didaktisches Mittel zum Einstieg in das Verständnis der Fügungsprozesse des Bauens. Nach dem Vorbild Eisenlohrs, der im Jahr 1851 einen Vorschlag zur Aufnahme der Bauten bereits mit Lehraufgaben begründet hatte, sollte die Weiterführung regionaler Bautraditionen durch entsprechende Vorbilder gestärkt werden. Eisenlohrs Gesuch an das Badische Ministerium des Innern hatte formuliert:

> «Aufnahmen solcher älterer Bauten machen zu lassen, diese zu vervielfältigen und als Lehrmittel in den Gewerbeschulen des Landes, namentlich des Schwarzwaldes einzuführen und zugleich durch Herausgabe der Oeffentlichkeit zu übergeben.»[157]

---

155 Siehe dazu Jansen 2015 (wie Anm. 80) und Hassler, Uta; Jansen, Jacob: Vom Haus auf dem Land: Konstruktionen regionaler Bautradition in Industrieausstellungen und beim Heimatschutz, in: Hassler 2016 (wie Anm. 105), S. 402–432.

156 Ostendorf 1908 (wie Anm. 84).

157 Eisenlohr 1853 (wie Anm. 115), S. 2.

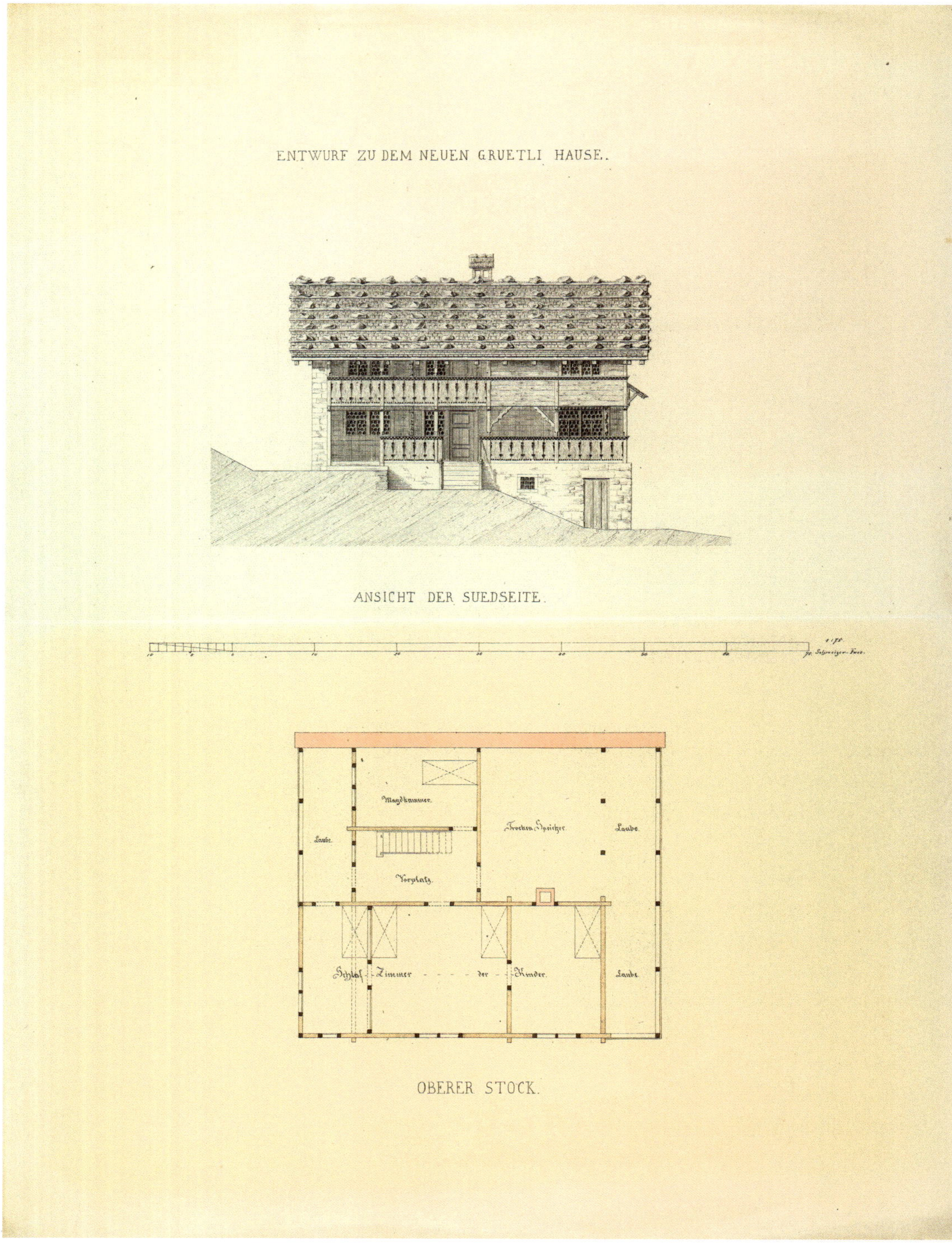

100 «Entwurf zu dem neuen Gruetli Hause» (Zeichnung von Ferdinand Stadler, wahrscheinlich 1860).

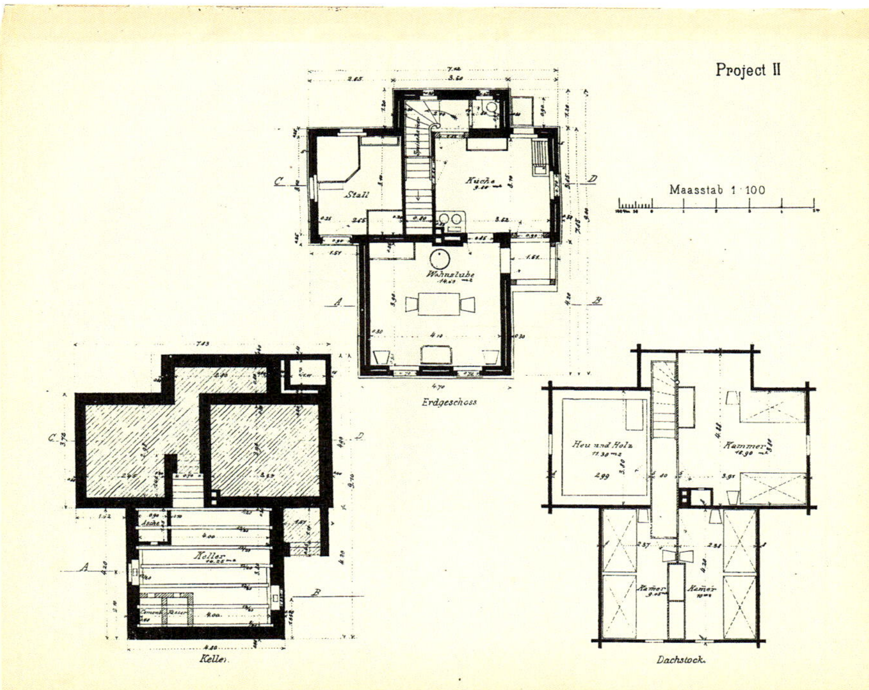

PERSPECTIVE FÜR PROJECT II.

101 a/b Grundrisse und Perspektive zu «Project II», aus: Schindler-Escher, Klein aber Mein, 1886.

102 Chalet in Bendlikon (Kanton Zürich), Architekt Jacques Gros (Zeichnung Jacques Gros, 1894).

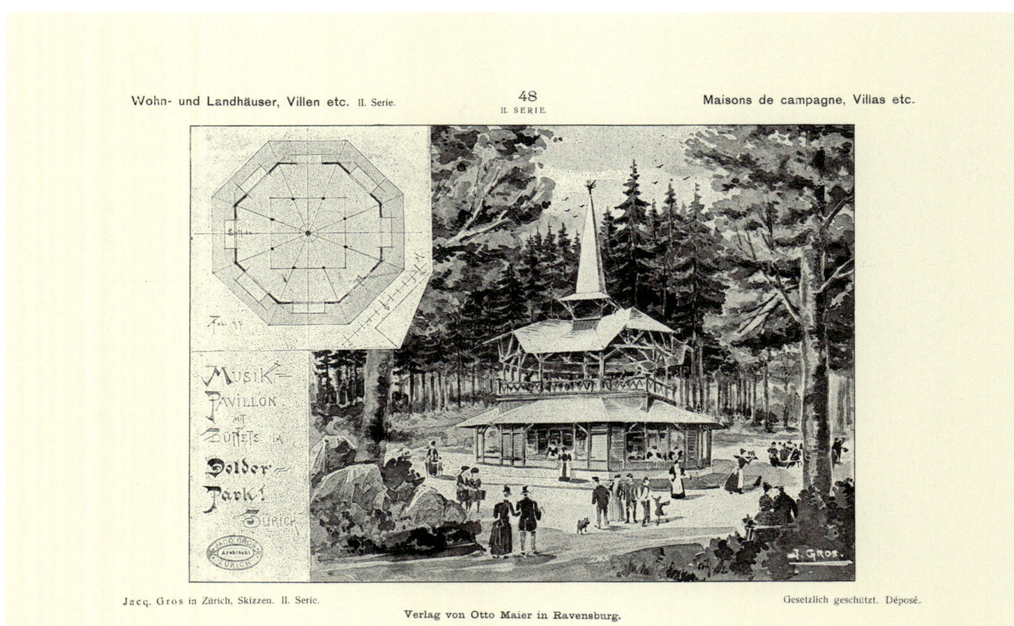

103 «Musik-Pavillon mit Büffets im Dolder Park Zürich», Taf. 48 aus: Gros, Skizzen für Wohn- und Landhäuser, Villen etc., 1900.

104 «Bahnhof», Ansicht und Grundriss im Massstab 1:50 (Schultafel aus dem Bestand der Bauschule, undatiert).

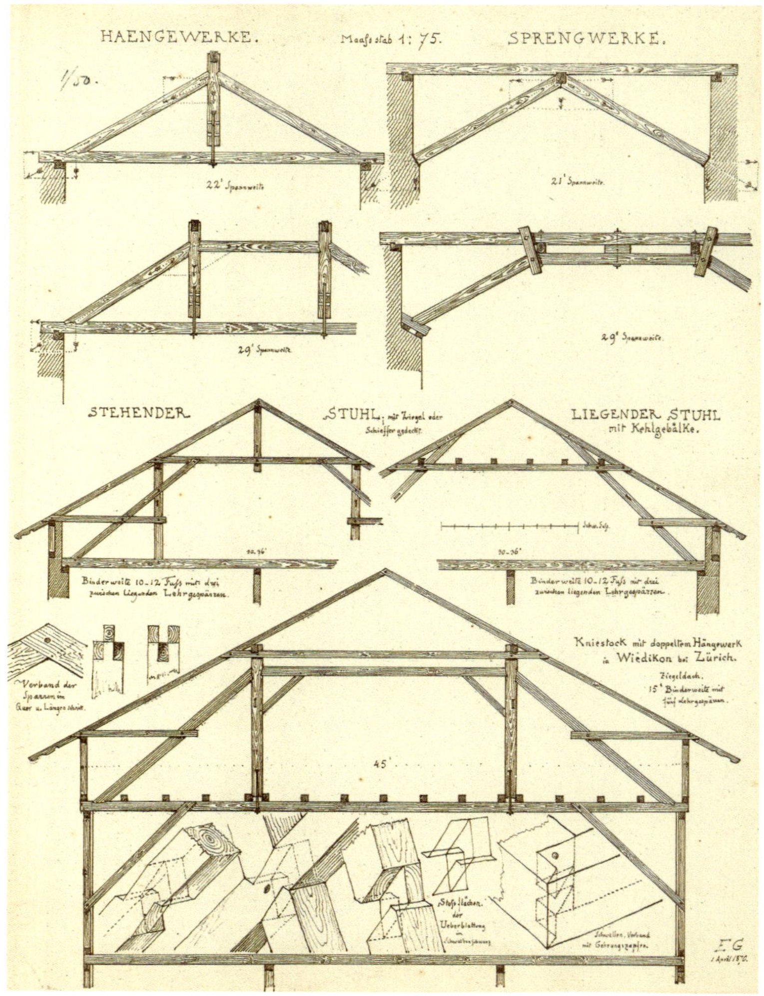

105 Tafel mit Schnittzeichnungen von Dachstühlen (Zeichnung von Ernst Gladbach, 1870).

Statt abstrakter Modelle verwendet Gladbach für seine Tafeln überwiegend ausgeführte Beispiele auf Basis seiner Aufmasse. Bei dieser Tafel ist beispielsweise der untere Dachstuhl als «Kniestock mit doppeltem Hängewerk in Wiedikon bei Zürich» ausgewiesen, bei anderen Dachstühlen finden sich weitere Angaben zu Massen, vorgefundenen Dachdeckungen und Ähnlichem.

Mit der Herausgabe seiner *Vorlegeblätter zur Bauconstructionslehre* 1868 strebte auch Gladbach eine grössere Verbreitung an. Die Tafeln zeigen historische und zeitgenössische Bauten, teilweise von Gladbach, teilweise nach Bauaufnahmen von Kollegen.[158] Ein Rezensent lobte 1869 die in einzelnen Heften herausgegebenen Zeichnungen als «werthvolles Material in so schöner Behandlung zu einem enorm billigen Preise»,[159] insgesamt scheint die Edition aber eher wenig erfolgreich gewesen zu sein. Die *Vorlegeblätter* erfuhren nur eine einzige Auflage und waren im deutschsprachigen Raum kaum verbreitet.[160] Populär wurde dagegen das ebenfalls 1868 erschienene Tafelwerk *Der Schweizer Holzstyl:* Hier liegt der Beginn

158 Gladbach, Ernst: Vorlegeblätter zur Bauconstructionslehre. Zürich 1868–70 [auf dem Titelblatt ist nur 1868 angegeben, die letzte Lieferung kann aber erst 1870 erschienen sein, da einige Zeichnungen mit diesem Jahr datiert sind].

159 L.: Rezension zu: Gladbach, Ernst: Vorlegeblätter zur Bauconstructionslehre. Zürich 1868, in: DBZ 3 (1869), Nr. 1, S. 9. Zu diesem Zeitpunkt waren noch nicht alle Lieferungen der Vorlegeblätter erschienen.

160 In den Katalogen der grossen deutschen Bibliotheken sind heute insgesamt nur noch vier Exemplare nachweisbar (Bayerische Staatsbibliothek in München, Universitätsbibliothek Stuttgart, Bibliothek der Hochschule für Technik in Stuttgart sowie Universitätsbibliothek Hannover).

von Gladbachs erfolgreicher Publikationstätigkeit zur Schweizer Holzarchitektur, die dritte Auflage erschien noch 1906 – lange nach Gladbachs Tod unter dem Titel *Charakteristische Holzbauten der Schweiz*.[161]

Gladbach verstand sein Werk – wie bereits Eisenlohr – als Impuls für konservatorisches Handeln und Musterkatalog neuer Konstruktionen, «denn wie diese Constructionen nicht nur von schweizerischem, sondern von ganz allgemeinem Interesse und in ihrer Ausbildung Muster für alle Zeiten sind, so ist dem praktischen Nutzen dieser Blätter [...] ein weiteres Feld gesichert.»[162] Darüber hinaus sollten die Zeichnungen beispielhaft vorführen, wie sich aus Konstruktionen Formentscheide ableiten liessen (**Abb. 105**). Gladbach sah in den historischen Bauten «eine stylistische Formenwelt, welche selbst bei den reichsten phantastischen Schnitzwerken niemals der Natur des Materials oder der Construction zuwiderläuft [...] [und] eine Fundgrube zu stylistischer Belebung der Construction.»[163]

Die besondere Betonung der Konstruktion liegt in der Tradition polytechnischer Bauwissenschaft und geht mit den Reformbemühungen des beginnenden 20. Jahrhunderts teilweise verloren: Der Holzbau wird im Verlauf des 19. Jahrhunderts als ‹Urform des Konstruierens› diskutiert. Fügung und regionale Konstruktionsweisen waren bereits in der älteren Konstruktionsliteratur des 18. Jahrhunderts präsent gewesen, wurden aber in den Werken der polytechnischen Ausbildung besonders systematisiert – wie etwa in den Konstruktionslehren der Schulgründer wie Weinbrenner oder Rondelet. Im ausgehenden 19. Jahrhundert dominiert zunehmend der malerische Aspekt. Bereits die frühen Biografen heben die Differenz zwischen den späten und den frühen Arbeiten Gladbachs hervor. Gladbach habe die Bauaufnahmen zunächst nur für den persönlichen Gebrauch angefertigt, ohne Publikationsabsicht. Dann seien «einzelne Blätter [...] durch Freundeshand auch in seine Heimat Darmstadt [gelangt] und [...] einem Verleger in die Hände [gekommen], der sich zur Herausgabe eines Werkes über Schweizer Holzbauten entschloss», schrieb etwa Lasius 1897.[164] Da Gladbach aber vor den Büchern zu den Schweizer Holzbauten bereits einige eigene Zeichnungen publiziert hatte,[165] ist anzunehmen, dass er eine Publikation der Zeichnungen wenigstens ins Auge fasste und die Skizzen eine spätere Verwertung erlauben sollten. Bei den späten Publikationen spielten finanzielle Interessen eine wichtige Rolle.[166] Noch Anfang der 1890er Jahre unternahm Gladbach mehrere Reisen auf Kosten seines Berliner Verlegers Claesen, um Bauten für ein neues Tafelwerk aufzunehmen.[167] Für den Zeitraum von 1882 bis Anfang der 1890er Jahre sind für fast jedes Jahr

---

161 Daniel Stockhammer verweist auf den Unterschied zwischen Gladbachs Vorlegeblättern, die auch Stein- und Ziegelkonstruktionen beinhalteten und dem ergänzenden Werk *Der Schweizer Holzstyl* (1868), Stockhammer 2015 (wie Anm. 80), S. 96–98, und kommt zu dem Schluss: «Im Anschauungsunterricht war der Holzbau neben den Konstruktionen aus Stein und Metall gleichberechtigt, in den Vorlegeblättern gar untervertreten. Gladbach begann früh eine separate Sammlung für den Holzbau, die dann als Schweizer Holzstyl zeitgleich 1868 mit den Blättern für die Baukonstruktionslehre erschien.», ebd. Bildunterschrift zu Abb. II.3H.

162 Gladbach 1868 (wie Anm. 90), unpag. [1. Seite der Einleitung].

163 Ebd., unpag. [1./2. Seite der Einleitung].

164 Lasius 1897 (wie Anm. 131), S. 17.

165 Neben dem erwähnten dritten Band zu Mollers Reihe *Denkmäler der deutschen Baukunst* erschienen folgende Publikationen bzw. Tafelsammlungen mit Zeichnungen Gladbachs: Grünwald, Ernst Friedrich; Gladbach, Ernst (Hg.): Ansichten von Darmstadt und seinen Umgebungen. Vues de Darmstadt et de ses environs. Darmstadt [ca. 1830]; Bosse, Harald J.; Gladbach, Ernst (Hg.): Vues de Mayence, de Wiesbade et ses environs. Dessinés d'après nature par Bosse & Gladbach gravées sur acier par Grünewald. Ansichten von Mainz, Wiesbaden und deren Umgegend, gezeichnet nach der Natur von Bosse und Gladbach, in Stahl gestochen von Grünewald. Mainz [ca. 1833].

166 In einem Brief an Georg Wilhelm von Wedekind schrieb Gladbach 1888 mit Bezug auf eine geplante neue Publikation: «Die Hoffnung umflattert den fröhlichen alten Knaben Ernesto daß er mit seinen alten Schweizerhäusern das Nöthige für seinen Benjamin [Gladbachs Sohn Paul, d. Verf.] herbeischaffe.» Hessisches Staatsarchiv Darmstadt, O10 Familienarchiv v. Wedekind, Nr. 6/11: Brief von Ernst Gladbach an Georg von Wedekind, 14. März 1888.

167 Lehmann 1898 (wie Anm. 130), S. 21.

Reisen belegt:[168] Die erhaltenen Reisetagebücher zeigen Gladbachs Vorgehen. Gladbach benötigte für die meisten Zeichnungen nur wenige Stunden, wie er oft im Tagebuch oder am Rand der Zeichnungen vermerkte.[169]

‹Kanonisierung durch Auswahl›?

Auf seinem Survey vom 4. bis zum 24. August 1890 besuchte Gladbach rund zwei Dutzend Orte[170] (**Abb. 106**). Die Reiseroute ergab sich aus einer Mischung von vorab geplanten und spontan gewählten Zielen. Die geplanten Routen gründeten nur in den seltensten Fällen auf Hinweisen aus der Literatur, ein Verzeichnis bedeutender historischer Holzbauten im ländlichen Raum existierte nicht.[171] Eine wichtige Rolle spielten persönliche Empfehlungen, die Gladbach beispielsweise im Tagebuch von 1890 in Form einer Liste zusammengestellt hat.[172] Zu den in der Liste genannten Referenzpersonen gehören auch (fachfremde) Kollegen am Polytechnikum. So riet der Geologe Albert Heim, 1873–1911 Professor am Polytechnikum, zum Besuch des Orts Villars-sur-Ollon; Eugène Rambert, 1860–81 Professor für französische Literatur und Autor unter anderem der Publikation *Les Alpes suisses*,[173] empfahl das Dorf Gryon mit der Begründung, dieses sei «la capitale de cette poesie vaudoise».[174] Gladbach fertigte auf den Surveys zum Teil ergänzende Aufmasse von Bauwerken an, zu denen bereits auf früheren Reisen Zeichnungen entstanden waren.[175] Zudem hielt er unterwegs nach bemerkenswerten Objekten Ausschau und richtete sich nach Hinweisen der lokalen Bevölkerung. In Champéry etwa riet ihm laut Tagebucheintrag vom 17. August 1890 der Pensionsbesitzer Defagot, «nach Vernayaz zu gehen in Finhauts würde ich vieles finden»,[176] in Sion sagte ihm ein Einwohner, «dass in Evolène nur rohe Bauten seyen aber im näheren Vex fänd ich ein gross altes Haus».[177] Nicht alle Hinweise erwiesen sich allerdings als hilfreich. So schrieb Gladbach am 23. August, er sei «sehr durchgeschüttelt und enttäuscht von der verfehlten Tour nach Wex [und] todtmüde von dem Irren von einem zum anderen, wo ich nichts für mich fand».[178]

Gladbachs Reisen sind ‹explorative Feldstudien›, Sammlungen von Referenzobjekten einer Schweizer Konstruktionstradition des Holzbaus. Der Blick auf die Landes- und Kantonsgrenzen bildet einen Rahmen, die Definition des Helvetischen wird über das Territorium des neuen Nationalstaats definiert: Allerdings stand weniger die gezielte Untersuchung und Dokumentation bestimmter Gebäude im Hin-

---

168 Vgl. die Tagebücher zu den Reisen in den Jahren 1882, 1883, 1884, 1885, 1886 und 1888 in der Graphischen Sammlung des Landesmuseums Zürich, die Tagebücher zu den Reisen 1889 und 1890 in der Handschriftensammlung der Zentralbibliothek Zürich (MS Z IX 623/624) sowie die Aussage Lehmanns, Gladbach sei als knapp Achtzigjähriger «während dreier Sommer in die Alpen» gereist, siehe Lehmann 1898 (wie Anm. 130), S. 21.

169 Auf einem grossformatigen Blatt mit einer Perspektive aus Champéry ist beispielsweise vermerkt: «3–5 Uhr». Landesmuseum Zürich, Graphische Sammlung, LM 1330, E25: Zeichnung Ernst Gladbach, undatiert.

170 Zentralbibliothek Zürich, Handschriftensammlung, MS Z IX 624: *Tagebuch Ernst Gladbach August 1890*, Bl. 59–61.

171 Aus den überlieferten Quellen geht auch nicht hervor, dass Gladbach abgesehen von den erwähnten Tafelwerken irgendwelche weiteren Schriften zu einzelnen Bauten rezipiert hätte.

172 *Tagebuch Ernst Gladbach August 1890* (wie Anm. 170), Bl. 1. Dazu auch Stockhammer 2015 (wie Anm. 80), S. 32–33.

173 Rambert, Eugène: Les Alpes Suisses. Paris/Genf 1866.

174 *Tagebuch Ernst Gladbach August 1890* (wie Anm. 170), Bl. 1.

175 So besuchte er etwa auf seiner Reise 1890 das Ital-Reding-Haus in Schwyz, das er bereits auf seiner Reise im Jahr zuvor gezeichnet hatte (Zentralbibliothek Zürich, Handschriftensammlung, MS Z IX 623: *Tagebuch Ernst Gladbach August 1889*, unpag. [29. August 1889]; *Tagebuch Ernst Gladbach August 1890* (wie Anm. 170), Bl. 5 [5. August 1890]; 10–22 [8./9. August 1890]).

176 *Tagebuch Ernst Gladbach August 1890* (wie Anm. 170), Bl. 36 [17. August 1890].

177 Ebd., Bl. 44v, [21. August 1890].

178 Ebd., unpag. [23. August 1890].

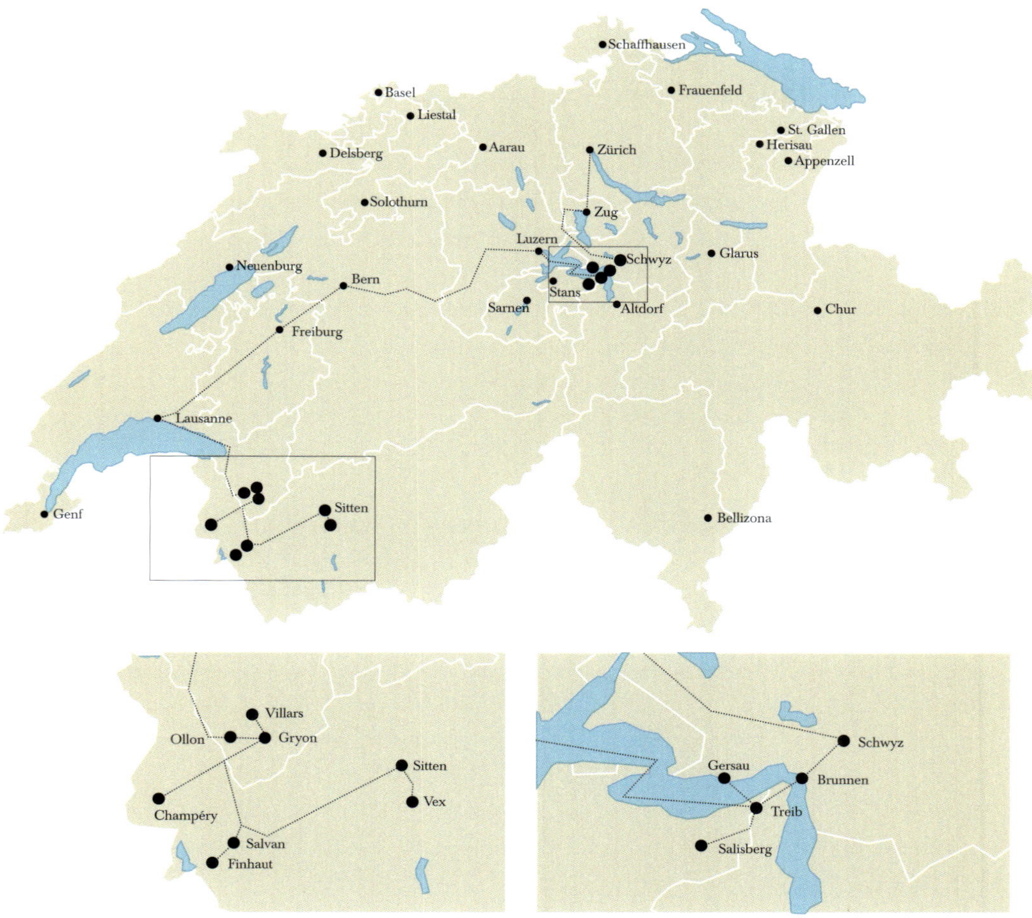

106 Gladbachs Route während seiner Studienreise vom 4. bis 24. August 1890.

Gladbach suchte während der dreiwöchigen Reise eine Vielzahl von Orten auf, weshalb an den einzelnen Stationen nur eine kurze Verweildauer möglich war.

blick auf eine bestimmte Fragestellung oder die repräsentative Dokumentation eines Gebietes und seiner Bauformen im Vordergrund. Die Idee eines Inventars und einer systematischen Entwicklungsgeschichte regionaler Traditionslinien wurde nicht explizit verfolgt. Gladbach sammelte im Sinne eines ‹Entdeckers› zeichnerisch, was ihm beim Reisen und insbesondere Wandern durch die Orte wichtig erschien.[179]

Gladbach knüpfte methodisch (neben direkten Übernahmen der Konzepte polytechnisch tradierter Bauforschung) an die Arbeit des Sozialwissenschaftlers Wilhelm Heinrich Riehl (1823–97) an; auf Riehl bezog er sich in seinen Publikationen immer wieder direkt und indirekt. So stellte er der Einleitung seiner ersten Publikation zu den Schweizer Holzbauten ein programmatisches Zitat aus dem ersten Band von Riehls vierbändiger *Naturgeschichte des deutschen Volkes als Grundlage einer deutschen Social-Politik* (1851–69)

179 Nur bei seinen letzten Reisen verfuhr er anders, allerdings aus ganz pragmatischen Gründen. Sein Freund Lehmann berichtet: «Das Alter machte sich nun doch bemerkbar, das Reisen fiel ihm schwer, und seine kindliche Unbeholfenheit wuchs mehr und mehr [...]. Und so reiste er denn nochmals während dreier Sommer in die Alpen freilich stets mit einem genauen Reiseverzeichnis sämtlicher einzuschlagender Routen, Abfahrten und Ankünfte, an die er sich sklavisch hielt, da er nicht mehr im Stande war, selber Fahrpläne nachzusehen. Und unterwegs liess er sich stets von einem Knaben oder einem Mädchen begleiten, das ihm den Weg zeigen, seine Sachen tragen und während der Arbeit den Schirm halten musste.» Lehmann 1898 (wie Anm. 130), S. 21.

voran.[180] Riehl war Professor für Kulturgeschichte und Statistik in München und erlangte mit seinen volkskundlichen und kulturhistorischen Feldstudien in der Tradition der Naturbegeisterung der Romantik und im Kontext eines neuen Interesses für volkstümliche Kunst und bäuerliches Leben grosse Bekanntheit.[181] Ordnete Riehl Feldstudien im Vorwort zum ersten Band seiner *Naturgeschichte des deutschen Volkes als Grundlage einer deutschen Social-Politik* noch vorsichtig als «Ergänzung meiner historischen, staatswissenschaftlichen und volkswirthschaftlichen Studien»[182] ein, so erhob er die Arbeit am historischen Objekt in den folgenden Publikationen zur zentralen wissenschaftlichen Methode:

> «Ich hege dann weiter die erlaubte Absicht Andere für meine Schule zu gewinnen, vorab die frisch aufstrebende Jugend, welche in anderweitiger Schule ihre Beine noch nicht derart versessen hat, daß sie gar nicht mehr ordentlich gehen können und ihre Augen noch nicht derart an papierenen und pergamentenen Quellen verlesen, daß sie für die Quellen des leibhaften Lebens blöde geworden.»[183]

Bereits Zeitgenossen kritisierten Riehls Vorgehensweise beim ‹Erwandern› eines Gebietes als zu unsystematisch und zu wenig analytisch.[184] Der persönliche Zugang war entscheidend: Auch Gladbach, der keine methodischen Bemerkungen zu seinen Arbeiten festhielt, liess sich ganz offensichtlich bei der Auswahl der Untersuchungsobjekte auf den Wanderungen von seiner Intuition, seinem spontanen subjektiven und künstlerischen Empfinden führen – freilich auch mangels eines älteren Kanons ‹anerkannter› Werke des historischen Holzbaus. Anstelle vorab formulierter Auswahlkriterien hebt er in seinen Tagebüchern immer wieder Qualität und Schönheit der dokumentierten Objekte hervor (zum Beispiel die «herrliche Cassettendecke»[185] der Ital-Reding-Hofstatt). Friedrich Eisenlohr hatte mit Aufnahmen zu seinem Werk *Die Holzbauten des Schwarzwaldes* einen Architekten beauftragt, dessen Bericht als einführender Überblick wiedergegeben wurde; wie die Entscheidung für Eisenlohrs Objektauswahl getroffen worden war, wissen wir nicht.[186]

Wilhelm Heinrich Riehl hatte sich vor seiner wissenschaftlichen Karriere als Journalist und Schriftsteller betätigt und darauf aufbauend sein Konzept vom «wissenschaftlichen Schriftsteller» entwickelt; in einem Vortrag von 1869 mit dem Titel «blos um des Stoffes willen» führt er aus: «die in sich verschmolze-

---

180 Vgl. Riehl, Wilhelm Heinrich: Naturgeschichte des deutschen Volkes als Grundlage einer deutschen Social-Politik. 4 Bde. Stuttgart 1851–69. Gladbach bezieht sich vor allem auf den Band *Land und Leute,* aus dem auch das vorangestellte Zitat stammt (Riehl, Wilhelm Heinrich: Naturgeschichte des deutschen Volkes als Grundlage einer deutschen Social-Politik, Bd. 1: Land und Leute. 3. Aufl. Stuttgart 1856, S. 194).

181 Vgl. den Überblick mit weiteren Literaturangaben bei: Brendecke, Arndt: Riehl, Wilhelm Heinrich v., in: NDB, Bd. 21. Berlin 2003, S. 588–590. Zu Riehl siehe Altenbockum, Jasper von: Wilhelm Heinrich Riehl. 1823–1897. Sozialwissenschaft zwischen Kulturgeschichte und Ethnographie (Münstersche historische Forschungen, Bd. 6). Köln/Weimar/Wien 1994. Vgl. die grundlegenden Schriften Jean-Jacques Rousseaus: Rousseau, Jean-Jacques: Schriften zur Kulturkritik. Über Kunst und Wissenschaft/Discours sur les sciences et les arts (1750). Über den Ursprung der Ungleichheit unter den Menschen/Discours sur l'origine de l'inégalité parmi les hommes (1755). Übers. v. Kurt Weigand (Philosophische Bibliothek, Bd. 243). 3. Aufl. Hamburg 1978. Vgl. auch Capol 2000 (wie Anm. 106), S. 28–37.

182 Riehl 1856 (wie Anm. 180), S. VII.

183 Riehl 1851–69 (wie Anm. 180), Bd. 4: Wanderbuch. 2. Aufl. Stuttgart 1869, S. 5.

184 Vgl. etwa den Überblick bei Wiese, Kirsten: Erwanderte Kulturlandschaften. Die Vermittlung von Kulturgeschichte in Theodor Fontanes «Wanderungen durch die Mark Brandenburg» und Wilhelm Heinrich Riehls «Wanderbuch». München 2007, S. 77–91 sowie: von Altenbockum 1994 (wie Anm. 181), besonders S. 64–75.

185 *Tagebuch Ernst Gladbach August 1889* (wie Anm. 175), unpag. [29. August 1889, 2. Seite].

186 Vgl. Eisenlohr 1853 (wie Anm. 115), S. 2–4.

ne Doppelkunst des Gedankenbaues und des Styles soll seinem Buch zugleich den Reiz der Schönheit gewinnen, und mit der Hand des Künstlers die Wahrheit entschleiern».[187]

Die Idee einer Verbindung von Wissenschaft und Kunst findet sich in Gladbachs Rede vom «forschenden Künstler» in ähnlicher Form.[188] Der Autor sah die historischen Holzbauten nicht nur als Gegenstand von Erkenntnisinteresse, sondern auch als Gegenstand ästhetischen Urteils: Die Bauten sollten rezipiert werden als Kunst ‹auf Augenhöhe›, eine Sichtweise, die Gladbach von seinen Vorgängern Graffenried und Stürler unterschied und bereits vorausweist auf die Reformarchitektur der Wende zum 20. Jahrhundert.[189] Gladbach schrieb vom «allgemein anerkannte[n] poetische[n] und künstlerische[n] Werthe» der Bauten,[190] ein freilich noch zeitgenössisch nicht unumstrittener Aspekt. So merkte etwa ein Rezensent der ersten Auflage von Gladbachs *Schweizer Holzstyl* in der *Zeitschrift für Bauwesen* kritisch zum Lob der handwerklichen Kunst an:

> «Künstlerische Bildung und Befähigung des werkthätigen Meisters müssen hinzukommen, um jenen höheren Standpunkt zu erreichen. Die schweizerischen Meister jener Holzbauten haben nach unserem Urtheile diesen künstlerischen Standpunkt nicht erreicht, sie sind auf dem handwerklichen stehen geblieben.»[191]

Gladbach sah in den historischen Holzbauten Zeugnisse einer Kulturtradition, die sich nicht allein aus aufwendiger Verzierung der Gebäude oder reicher Architekturform ergab, sondern aus dem lange erprobten Zusammenspiel von Form und Konstruktion. Nach seiner Überzeugung bemühten sich die Baumeister,

> «die Constructionen stets auf eine sinnreiche Weise durch die veredelten Formen durchleuchten zu lassen und nirgends einen Schmuck anzuwenden, dem nicht eine constructive Nothwendigkeit oder Zulässigkeit zu Grunde liegt».[192]

In dieser Deutung der Holzbautradition bleibt Gladbach Polytechniker, Bauforscher und akademischer Traditionalist: Trotz seines konstruktiven Verständnisses und einer romantisch-künstlerischen Note ist (wie auch in seinem eigenen, wenig ausgeprägten architektonischen Œuvre) die Transferleistung in eine neue Möglichkeit von Abstraktion oder Transformation zögerlich. Der Schritt in neue konstruktive Konzepte unterbleibt als Entwurf einer neuen Systematik, die Diskussion der kunstwissenschaftlichen Bedeutung der historischen Lösungen ist eher zaghaft. Als Bauforscher bleibt das Interesse Gladbachs beim System der Fügung und einer Dokumentation der Baukonstruktion – wir sehen keine detaillierten Studien etwa zu Veränderungsgeschichte der dokumentierten Objekte oder zu Schäden oder Objektschicksalen,

---

187 Riehl, Wilhelm Heinrich: Der Kampf des Schriftstellers und des Gelehrten, in: ders.: Freie Vorträge. Erste Sammlung. Stuttgart 1873, S. 3–29, hier S. 4.

188 Gladbach 1868 (wie Anm. 90), unpag. [1. Seite der Einleitung].

189 Graffenried und Stürler bezeichnen die dokumentierten historischen Holzbauten noch als Beispiele, die einer «Veredlung fähig sind» und sprechen vom «etwas rohen Zusammenhang». Graffenried/Stürler 1844 (wie Anm. 107), S. 3/4.

190 Gladbach 1868 (wie Anm. 90), unpag. [1. Seite der Einleitung].

191 Lohde: Rezension zu: Gladbach, Ernst: Der Schweizer Holzstyl in seinen cantonalen und constructiven Verschiedenheiten vergleichend dargestellt mit Holzbauten Deutschlands. Darmstadt 1868, in: Zeitschrift für Bauwesen 18 (1868), Sp. 607–612, hier Sp. 612. Dementsprechend bestreitet Lohde auch die Vorbildhaftigkeit der historischen Holzbauten für die moderne Architektur.

192 Gladbach 1868 (wie Anm. 90), unpag. [2. Seite der Einleitung].

107 «Gryon 13 VIII Nachmittag» (Zeichnung von Ernst Gladbach, 13. August 1890).

Die Skizzen im Tagebuch bilden zusammen mit den kurzen Notizen eine wichtige Ergänzung zu den grossformatigen, auf Einzelblättern angefertigten Bauaufnahmezeichnungen. Trotz ihrer flüchtigen Anmutung erfassen sie auch die wichtigsten Einzelheiten der Konstruktion.

die dokumentierten Bauten sind idealisiert und als ‹Typus› wiedergegeben. Auf vergleichende Recherchen wurde verzichtet, die (wenigen) Angaben zu den Gebäuden stützen sich meist auf die an den Holzkonstruktionen angebrachten und von Gladbach oftmals zeichnerisch wiedergegebenen Inschriften.[193]

Ernst Gladbach wurde auf seinen Reisen hin und wieder vom Maler Wilhelm Ludwig Lehmann (1861–1932) begleitet.[194] Die Bekanntschaft hatte sich ursprünglich aus privaten Zeichenstunden ergeben, die Lehmann als Schüler bei Gladbach nahm.[195] Auch wenn sich Lehmann über seinen Lehrer immer mit grosser Verehrung äusserte, zeigte er sich gegenüber der künstlerischen Qualität von dessen Zeichnungen durchaus kritisch. Gladbach sei keine «produzierende Künstlernatur», schrieb er, «seine Bedeutung lag in der mustergültigen Wiedergabe»[196] der Bauten.

Zur Anfertigung seiner Reiseskizzen führte Gladbach Material mit sich, wie es sich auch im Gepäck eines zeitgenössischen Malers hätte befinden können. Eine Packliste in seinem Tagebuch zur Reise im August 1890 nennt Handwerkszeug wie Bleistifte und Spitzer, einen Pinsel, Zeichen-, Fliess- und Pauspapier, ein Tagebuch (kleines Skizzenbuch), ein Federmesser, ausserdem einen Feldstuhl und einen Regenschirm.[197] Gladbach fertigte Bleistiftskizzen der Bauten an, einige wurden aquarelliert, Masse einzel-

193 Vgl. etwa *Tagebuch Ernst Gladbach August 1890* (wie Anm. 170), Bl. 37 [17. August 1890].

194 Vgl. etwa *Tagebuch Ernst Gladbach August 1889* (wie Anm. 175), unpag. [26. August 1889]; *Tagebuch Ernst Gladbach August 1890* (wie Anm. 170), Bl. 7 [7. August 1889].

195 Lehmann 1898 (wie Anm. 130), S. 3. Lehmann studierte am Zürcher Polytechnikum von 1879 bis 1883 Architektur, ETH Zürich, ETH-Bibliothek, Hochschularchiv, EZ-REK 1/1/4988: Studentenmatrikel Wilhelm [Ludwig] Lehmann [eingeschrieben 1879–1883]. Siehe Biografie im Anhang. Gladbach legte diesem auch seine Mappen zur Begutachtung vor, vgl. etwa *Tagebuch Ernst Gladbach August 1889* (wie Anm. 175), unpag. [26. August 1889], und pauste einige Zeichnungen Lehmanns durch, die ihm besonders gefielen, vgl. etwa *Tagebuch Ernst Gladbach August 1890* (wie Anm. 170), Bl. 10 [7. August 1889].

196 Lehmann 1898 (wie Anm. 130), S. 6.

197 *Tagebuch Ernst Gladbach August 1890* (wie Anm. 170), unpag. [«Reisegepäck»].

108 Skizzen verschiedener Pflanzen (kolorierte Bleistiftzeichnung von Ernst Gladbach, August 1888).

ner Bauglieder hinzugefügt (**Abb. 107**); meist sind die Gesamtdarstellungen aber ohne Vermassung oder mit nur vereinzelten Massen in perspektivischer Ansicht in ihrer Einbettung in die Landschaft gegeben; in einigen Zeichnungen verdeckt Vegetation Teile der Fassaden.[198] In Gladbachs Nachlass haben sich detaillierte Pflanzenstudien erhalten (**Abb. 108**),[199] die auf die gemeinsame Zeit mit Hessemer zurückzuführen sind.[200] Mit idyllischen Landschaften und Staffagefiguren in historischen Gewändern hatte Gladbach schon zuvor seine Aufnahmen historischer Kirchen- und Schlossbauten umgeben, wie etwa die Ruinen von Schloss Münzenburg oder des Kaiserpalasts Gelnhausen in den *Denkmälern der deutschen Baukunst*.[201] Hier erlangte die Landschaftskomposition eine solche Prominenz in der Zeichnung, dass Gert Weiß von einer «kulissenartigen Darstellung, welche die Architektur als Staffage einsetzt» spricht.[202] Dies ist bemerkenswert, da der Begründer der *Denkmäler* und Lehrmeister Gladbachs, Georg Moller, die Reihe mit einer genau gegensätzlichen Vorstellung begonnen hatte: In bewusster Abkehr von den zeitgenössischen «malerischen Bilderbüchern»[203] präsentierte er die Baudokumentationen als präzise wirkende, re-

---

198 Vgl. *Tagebuch Ernst Gladbach August 1889* (wie Anm. 175), unpag. [26. August 1889, 2. Seite].

199 Vgl. ETH Zürich, gta Archiv, Bestand 52: Mappe *Prof. E. Gladbach 1888. 10 Blatt.*

200 Lasius, Georg: Zwei Radierungen von Prof. Ernst Gladbach, in: SBZ 30 (1897), Nr. 25, S. 192; Nr. 26, S. 198–199, hier Nr. 26, S. 198.

201 Gladbach, Ernst: Denkmäler der deutschen Baukunst, Bd. 3. Begonnen von Georg Moller. Leipzig/Darmstadt 1842–51, Taf. XXVI/XXXVII.

202 Weiß, Gert: Georg Moller als Bauforscher und Denkmalpfleger, in: Kartmann, Norbert (Hg.): Georg Moller. Symposium aus Anlass seines 150. Todestages am 13. März 2002 im Hessischen Landtag in Wiesbaden (Hessische Schriften zum Föderalismus und Landesparlamentarismus, Bd. 10). Wiesbaden 2004, S. 35–66, hier S. 59.

203 Ebd., S. 43.

109 «Das Innere des Cursaals zu Wiesbaden» (Stahlstich von Ernst Grünwald auf Grundlage einer Zeichnung von Ernst Gladbach, um 1850).

Staffagefiguren und malerische Landschaften setzt Gladbach keinesfalls gezielt zur Idealisierung des bäuerlichen Lebens ein. In der Innenansicht des Kurhauses im städtischen Wiesbaden ist der Park durch die Fenster wahrzunehmen.

duzierte Linienzeichnungen.[204] Gladbach benutzte malerische Elemente auch in Darstellungen städtischer Architektur. In der Zeichnung vom Ballsaal des Kurhauses in Wiesbaden beispielsweise blickt man durch die Fenster des reich bevölkerten Saales ebenfalls in eine idyllische Landschaft (**Abb. 109**). In Gladbachs Zeichenunterricht war die Landschaft Kompositionselement: Lehmann berichtet, dass Gladbach oft «seine eigene freie Zeit opferte, um einen Hintergrund auf eine fertige Zeichnung [eines Studenten, d. Verf.] zu malen».[205]

Ferner bildete Gladbach Innenausstattung und Möblierung der Gebäude zeichnerisch ab, teilweise auch deren Bewohner.[206] Auch hier zeigt sich der Einfluss volkskundlicher und kulturwissenschaftlicher Ansätze.[207] Der Innenausstattung der historischen Holzbauten widmete Gladbach sich allerdings auch aus künstlerischen Gründen, weil sie seiner Meinung nach mit den Gebäuden eine untrennbare Einheit bildeten. Bereits in seiner ersten Publikation beklagte er die Zerstörung solcher ‹Gesamtkunstwerke› durch den Verkauf von Innenausstattungen und Möbeln:

> «Dazu kommt die Wanderung transportabler werthvoller Schätze in das Ausland, wie der reichen geschnitzten und mit Holzmosaiken belegten Möbel, der gemalten und ornamentierten Kachelöfen, ja ganzer Wände- und Decken-Bekleidungen. [...] Diese schönen Geräthe [können] dort nicht denselben Eindruck machen [...], weil sie aus dem ursprünglichen Zusammenhang herausgerissen sind.»[208]

---

204 Aus unbekannten Gründen – möglicherweise wegen der schwierigen Markteinführung der *Denkmäler* (siehe Frölich/Sperlich 1959 [wie Anm. 30], S. 94–95) – finden sich bereits im zweiten Band neben reduzierten Bauaufnahmezeichnungen häufig Perspektiven mit einbettender Landschaft, Schattenwürfen etc. (vgl. dazu auch Weiß 2004 [wie Anm. 202], S. 55).

205 Lehmann 1898 (wie Anm. 130), S. 13.

206 Vgl. die Skizzen in den Tagebüchern 1889 und 1890: Zentralbibliothek Zürich, Handschriftensammlung, MS Z IX 623/624.

207 Eine Fortführung dieser Gedanken findet sich in der Arbeit Hans Schwabs, siehe Schwab, Hans, Anleitung zur Hausforschung, Schweizerisches Archiv für Volkskunde 24 (1922/23), S. 22–24. Dazu: Wilkening-Aumann, Christine: Die Lehre von der «Erhaltung und Pflege unserer alten, ländlichen Baukunst» an der ETH Zürich. Zu einem Antrag «zur Förderung der nationalen Erziehung» von Hans Schwab aus dem Jahr 1916, in: Hassler 2016 (wie Anm. 105), S. 460–486, hier S. 476–480.

208 Gladbach 1868 (wie Anm. 90), unpag. [2. Seite der Einleitung].

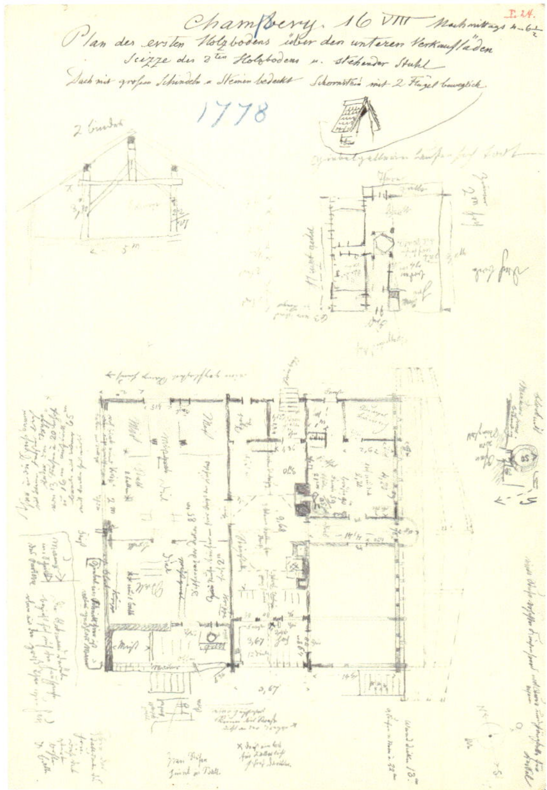

Gladbachs Skizzen gehen also über die reine Wiedergabe von Architekturformen hinaus. Das Tagebuch von 1889 zeigt beispielsweise eine Skizze von zwei Gebäuden in einer Berglandschaft mit einrahmender Vegetation (**Abb. 110**),[209] am rechten unteren Rand findet sich ergänzend eine kleine Detailskizze zur Konstruktion des vorderen, mit dem Kleinbuchstaben ‹a› bezeichneten Gebäudes. Zusätzlich hat Gladbach die Skizze mit textlichen Erläuterungen versehen: Auf dem vorderen Gebäude steht das Wort «Heu», die Landschaft im Vordergrund ist mit Erklärungen zu ihrer Nutzung versehen, wie etwa «Kartoffeln» und «grüne Wiesen». Auch Informationen zur Farbigkeit von Bauelementen finden sich in der Zeichnung, wie «weiße Mauern» oder «rothes Holz». Neben der Zeichnung eines Bergmassivs im gleichen Tagebuch findet sich die Erläuterung: «Oben hier nur kurze Waldung u. wenig Wies.»[210] Die Skizzen dienten als Gedächtnisstützen für spätere (optimierte) Reinzeichnungen. Da die Druckverfahren um 1900 Strichklischees nutzten, waren die direkten Wiedergaben der Aufmass-Originale ohnehin nicht üblich und selbstverständlich.

Werkzeuge zur Vermessung waren ein mitgeführter «Maasstab u Stock» sowie Kordeln.[211] Als Hilfskräfte engagierte er Jugendliche aus der Gegend,[212] Masse und Daten wurden in den Tagebüchern, aber auch auf grösseren Einzelblättern festgehalten. Grossformatige Grundrisszeichnungen, wie etwa für das

110 Tagebuchskizze eines Wohngebäudes mit Stall und umgebender Landschaft (Zeichnung von Ernst Gladbach, 12. August 1889).

Die Skizze diente als Gedächtnisstütze auch für die Darstellung der umgebenden Landschaft in den Reinzeichnungen. Aus arbeitsökonomischen Gründen zeichnete Gladbach die Landschaft nicht in allen Details, sondern machte Vermerke in Stichworten.

111 «Champéry 16 VIII Nachmittags 4–6 ½» (Zeichnung von Ernst Gladbach, 16. August 1890).

In der Zeichnung des «1. Holzbodens» vom Gebäude in der Rue du Village 58, Champéry/Wallis (unten) ist das offensichtlich mit Lineal vorgezeichnete Raster erkennbar, in das Gladbach die Details freihändig eintrug.

209 *Tagebuch Ernst Gladbach August 1889* (wie Anm. 175), unpag. [12. August 1889].

210 Ebd., unpag. [27. August 1889].

211 *Tagebuch Ernst Gladbach August 1890* (wie Anm. 170), unpag. [«Reisegepäck»].

212 Vgl. beispielsweise ebd., unpag. [20. August 1890, 3. Seite].

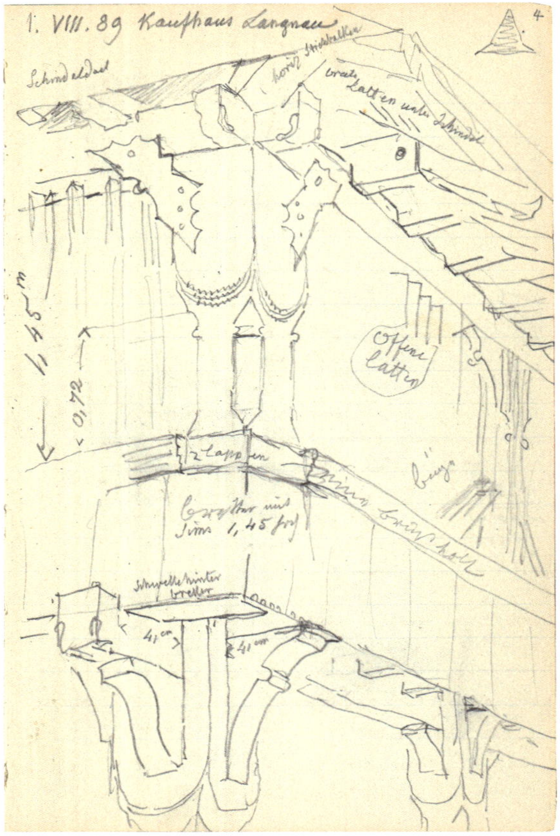

112a–c «1. VIII. 89 Kaufhaus Langnau» (Zeichnung von Ernst Gladbach, 1. August 1889) / «Das Kornhaus in Langnau, Canton Bern», Fig. 1 (Taf. XVII) aus: Gladbach, Charakteristische Holzbauten, 1893 / Kornhaus, Langnau, 1519 (Fotograf unbekannt, 1890er Jahre).

Der Vergleich der Zeichnungen und der zeitgenössischen Fotografie zeigt, dass Gladbach die deutlich erkennbaren Alterungsspuren und Verformungen nicht dokumentiert, dafür aber die konstruktiven Details detailliert erfasst hat. Das Kornhaus, auch Chramlaube genannt, wurde im Jahr 1900 abgerissen. Daher stellen Gladbachs Aufnahmen zugleich eine wichtige Dokumentation dar, die viel mehr Einzelheiten als die Fotografie zu vermitteln vermag.

Blockhaus in Champéry/Wallis vom 16. August 1890,[213] entstanden auf Basis eines Rasters, in das Gladbach freihändig Öffnungen, Schraffuren etc. eintrug (**Abb. 111**). Verformungen und Schäden der 200 Jahre alten Holzkonstruktion wurden in der Zeichnung nicht dokumentiert, es ging um ein ideales Bild des historischen Baus.[214] Ein mit Zirkel angelegtes Basisraster, das freihand ausgefüllt werden konnte, findet sich auf allen grösseren Blättern.[215] Der Maler Lehmann berichtete davon, dass dieses Verfahren auch im Unterricht gelehrt wurde.[216] Die ‹strukturelle Vorgehensweise› bei der Baudokumentation ist im ausgehenden 19. Jahrhundert vor allem beim Holzbau selbstverständlich – noch Ostendorf hätte seine vielfältigen Dokumentationen keinesfalls anfertigen können, hätte er sich nicht auf das ‹Prinzip der Konstruktionen› konzentriert.[217] Die Dokumentation von Verformungen und Alterungsspuren historischer Holzbauten war in den 1860er Jahren unüblich (**Abb. 112 a–c**).[218] Gladbachs Dokumentation und Analyse konstruktiver Systeme war zeitgemäss, sein Vorgehen sicherlich durch Georg Moller geprägt.[219] (**Abb. 113**) Moller hatte in seinem 1833–44 in sieben Heften erschienenen Lehrbuch *Beiträge zu der Lehre von den Construktionen* gleich mehrere Blätter mit analytischen Zeichnungen von Holztragwerken ganzer Dachstühle oder Detaildarstellungen einzelner Holzverbindungen publiziert (**Abb. 114**), mit dem Hinweis:

> «Unter den Bauwissenschaften verstehe ich jedoch hier nicht denjenigen Theil derselben, welcher als schöne Kunst ins Gebiet der Aesthetik gehört, sondern den für den materiellen Wohlstand weit wichtigeren, welcher sich mit der Construktion beschäftigt und auf der Kenntniss der mathematischen und Naturwissenschaften beruht.»[220]

Allerdings beschränkte Moller die Darstellung konstruktiver Details auf sein Lehrwerk; in seiner Dokumentation historischer Bauten *Denkmäler der deutschen Baukunst* verwendete er sie nicht.[221] Moller war Hochschullehrer und praktizierender Architekt, er zog «hartnäckig gegen den hergebrachten Schlendrian in Constructionsfragen zu Felde».[222] Gladbach hatte sich nach seinem Studium in hessischen Staatsdiensten zunächst

---

213 Landesmuseum Zürich, Graphische Sammlung, LM 1330, E24: Zeichnung Ernst Gladbach, undatiert. Das Blockhaus ist erhalten, jedoch baulich verändert.

214 Zahlreiche solche Einzelblätter, die laut Datierung auf seinen Reisen entstanden sind, befinden sich im Landesmuseum: Landesmuseum Zürich, Graphische Sammlung, LM 1330; LM 41501–41607.

215 Vgl. *Tagebuch Ernst Gladbach August 1890* (wie Anm. 170), unpag. [«Reisegepäck»]. Vgl. auch Landesmuseum Zürich, Graphische Sammlung, LM 1330, E25; E26: Zeichnungen Ernst Gladbach, undatiert.

216 Vgl. Lehmann 1898 (wie Anm. 130), S. 4.

217 Wietersheim Eskioglou hält diesen Umstand für eine ‹Idealisierungsidee›, der ländlichen Architektur geschuldet, siehe 2004 (wie Anm. 124), S. 171; Ostendorf 1908 (wie Anm. 84) und Kleinmanns, Joachim (Hg.): Friedrich Ostendorf – Bauten und Schriften, Kolloquium des Arbeitskreises für Hausforschung e. V. (AHF) und des Südwestdeutschen Archivs für Architektur und Ingenieurbau (saai) am 13. Februar 2009 in Karlsruhe. Schriften des Südwestdeutschen Archivs für Architektur (SAAI) am Karlsruher Institut für Technologie (KIT), Bd. 1. Salzburg 2010.

218 Vgl. Schmidt, Hartwig: Bauaufnahme. Die Entwicklung der Methoden im 19. Jahrhundert, in: Wenzel, Fritz (Hg.): Sonderforschungsbereich Erhalten historisch bedeutsamer Bauwerke. Baugefüge, Konstruktionen, Werkstoffe. Jahrbuch 1986. Berlin 1987, S. 22–68, hier S. 60. Zu den wenigen Ausnahmen zählen die vom englischen Astronomen Francis Cranmer Penrose (1817–1903) in den 1840er Jahren durchgeführten präzisen Messungen am Parthenon, mit deren Hilfe er die sogenannten *optical refinements* feststellte (Penrose, Francis Cranmer: An Investigation of the Principles of Athenian Architecture. London 1851). Zentral sind ferner die Unterschiede in der Geschichte der Bauforschung im Bereich Steinbau und Holzbau. Zur Geschichte der Bauforschung im 19. Jahrhundert siehe: Hassler, Uta: Zur polytechnischen Tradition der Bauforschung, in: dies. (Hg.): Bauforschung. Zur Rekonstruktion des Wissens. Zürich 2010, S. 80–131. Zu fehlenden Alterungsspuren bei Gladbach zuvor schon: Stegmann 2015 (wie Anm. 80), S. 198. Ausführlich dazu auch Stockhammer 2015 (wie Anm. 80), S. 37–39.

219 ETH Zürich, ETH-Bibliothek, Hochschularchiv, SR3, 1857, 6: *Kurzer Lebensumriß des unterzeichneten Architekten Ernst Georg Gladbach,* 22. Januar 1857.

220 Moller, Georg: Beiträge zu der Lehre von den Constructionen, H. 1. Darmstadt/Leipzig 1833, S. I.

221 Moller, Georg: Denkmäler der deutschen Baukunst. 3 Bde. Darmstadt/Leipzig 1815–51.

222 *Kurzer Lebensumriß [...] Ernst Georg Gladbach* 1857 (wie Anm. 219).

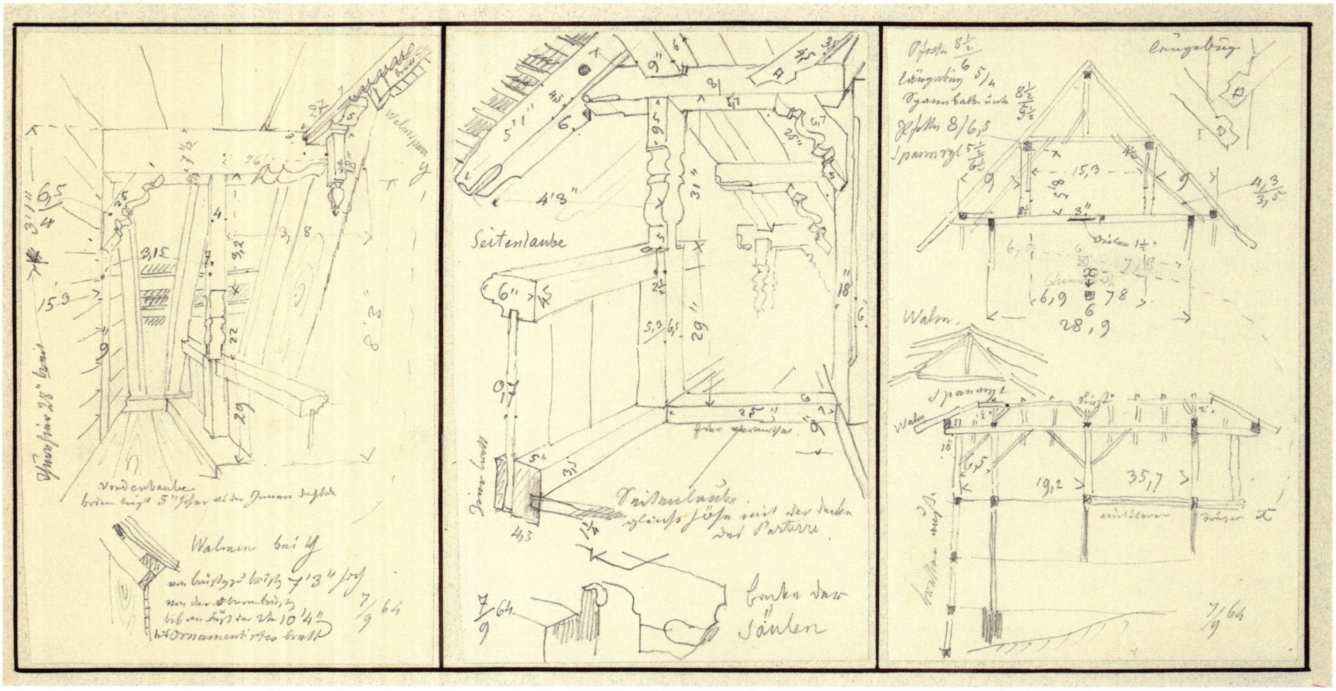

113 Blätter mit Konstruktionen beziehungsweise Konstruktionsdetails nicht näher bezeichneter Holzbauten (Zeichnungen von Ernst Gladbach, 7. September 1864).

In einfachen Skizzen hielt Gladbach die ihn interessierenden konstruktiven Gefüge fest. Während diese Zeichnungen naturgemäss keine detaillierte Darstellung der Alterungsspuren und Verformungen erlaubten, umfassen sie die für das Verständnis der Konstruktion und auch für die Ausführung der späteren Reinzeichnungen wichtigen Masse zentraler Elemente.

praktisch mit Holzkonstruktionen auseinandergesetzt, wie etwa mit Entwürfen für Kirchturmdachstühle und für grössere Hallenbauten; einige dieser Entwürfe sind im Staatsarchiv Darmstadt erhalten.[223]

Die Tätigkeit des Zeichnens, die (wie Barbara Wittmann formuliert) «Schulung der Augen durch die zeichnende Hand»,[224] war durchaus auch in anderen Wissenschaften des 19. Jahrhunderts ein wichtiger methodischer Ansatz. Der Geologe Albert Heim, ein Zürcher Kollege Gladbachs, hob beispielsweise die Bedeutung des Zeichnens in seinem Vortrag *Sehen und Zeichnen* im Jahr 1894 hervor:

> «Nur durch das Zeichnen zwingt man sich, ausreichend bewusst zu sehen, zu beobachten und nicht nur anzusehen, sondern das Gesehene mit dem Geiste zu beachten. Das Zeichnen aus der Erinnerung ist also eine kritische Prüfung unserer Beobachtung und das direkte Zeichnen nach der Natur ist eine Schule des bewussten Sehens, eine Schule des Beobachtens.»[225]

---

223 Vgl. beispielsweise Hessisches Staatsarchiv Darmstadt, P11, Nr. 3667/1–4; Nr. 3808/1–3; Nr. 5156/1–2: Pläne und Risse von Ernst Gladbach, undatiert.

224 Wittmann, Barbara: Das Porträt der Spezies. Zeichnen im Naturkundemuseum, in: Hoffmann, Christoph (Hg.): Daten sichern. Schreiben und Zeichnen als Verfahren der Aufzeichnung (Wissen im Entwurf, Bd. 1). Zürich/Berlin 2008, S. 47–72, hier S. 69. Vgl. auch die Einführung in: Hoffmann, Christoph: Festhalten, Bereitstellen. Verfahren der Aufzeichnung, in: ebd., S. 7–20. Vgl. hierzu auch die Forschungsinitiative *Wissen im Entwurf. Zeichnen und Schreiben als Verfahren der Forschung* [http://knowledge-in-the-making.mpiwg-berlin.mpg.de/knowledgeInTheMaking/de/index.html] (20. September 2013).

225 Heim, Albert: Sehen und Zeichnen. Vortrag gehalten auf dem Rathause zu Zürich, 1. Februar 1894. Basel 1894, S. 9.

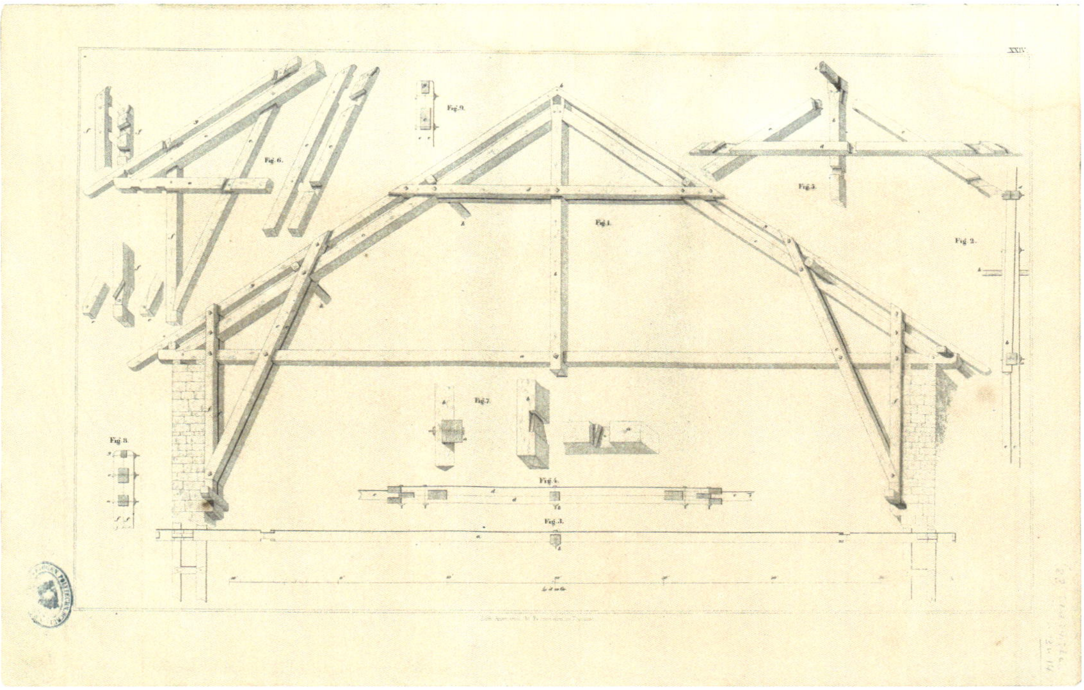

114 «Die Reitbahn an der Cavallerie-Caserne zu Butzbach», Taf. XXIV aus: Moller, Lehre von den Constructionen, 1833–44.

Am Beispiel eines zeitgenössischen Baus, geplant von dem Architekten Hofmann und ausgeführt von einem Zimmermeister Zell 1828, führt Georg Moller Holzverbindungen vor, anstatt diese als abstrakte Muster zu präsentieren.

Gottfried Semper erwähnte im zweiten Band des *Stils* die von Gladbach gesammelten «schöne[n] Beispiele dieser und anderer Schweizerhäuser»[226] und nahm einige Zeichnungen Gladbachs von der «Mühle zu Effretikon bei Zürich» darin auf (**Abb. 115**).[227] Semper kommentierte auch die landschaftliche Einbettung der Holzbauten, worauf sich wiederum Gladbach in seiner Publikation *Die Holzarchitektur der Schweiz* wohl bezog:

> «Das harmonische Zusammenwirken dieser [eigenthümlichen] Holzgebäude mit der grossartigen Alpennatur, auf deren Boden sie gewachsen zu sein scheinen, ist schon oft mit Recht hervorgehoben worden. In der That bleibt ein Aufgehen in die Natur die einzige Auskunft der Baukunst, wo sie innerhalb einer so überwältigenden Umgebung sich bethätigen muss; – ein Wettkampf mit ihr, ein wirksames Ihrgegenübertreten ist unmöglich; dennoch ist auch hier ein kontrastliches Wirken thätig, die breiten, niedrigen Verhältnisse, das flache Dach, die warme Farbe, das gemüthlich enge Familiengehäuse, als Vorgrund des erhabenen, himmelsteigenden, aber etwas kalten Naturbildes. Die gothischen Spitzthürme so wenig wie die Kuppeln sind an den Füssen der Alpen am Platze, noch wollen sie dort gedeihen.»[228]

---

226 Semper, Gottfried: Der Stil in den technischen und tektonischen Künsten, oder praktische Aesthetik. Ein Handbuch für Techniker, Künstler und Kunstfreude, Bd. 2: Keramik, Tektonik, Stereotomie, Metallotechnik für sich betrachtet und in Beziehung zur Baukunst. München 1863, S. 312.

227 Ebd., S. 310–311.

228 Ebd., S. 316, zit. n. Gladbach 1885 (wie Anm. 95), S. 35. Ergänzung nach dem Original Sempers. Zu bemerken ist, dass Gladbach hier die Einschätzung der Objekte als «eigenthümlich[...]» nicht übernimmt.

Tektonik. Technisch-Historisches. 311

wisser italischer Monumente [1] zurückrufend. Diese Kehlstösse sind noch jetzt in Tyrol und der Schweiz dieselben geblieben.

Details zu der Mühle.

[1] Beispiele: der Tempel zu Kori; das Mon. des Bibulus zu Rom: der dorische Tempel zu Pompeji nebst umgebendem Portikus; die Thore von Perugia.

115 Zeichnungen der «Mühle zu Effretikon bei Zürich», S. 311 aus: Semper, Stil, Bd. 2, 1863.

Gottfried Semper diskutiert im zweiten Band seines *Stils* den Holzbau und greift dabei unter anderem auf Vorlagen von Ernst Gladbach zurück. Gladbach hatte entsprechende Zeichnungen zu diesem Zeitpunkt noch nicht selbst publiziert. Die gezeigte Abbildung etwa veröffentlichte er erst 1868 als Ausschnitt von Tafel A.I.1 in seinem ersten Werk *Der Schweizer Holzstyl*.

Gladbachs Publikationen zum historischen Schweizer Holzbau gehen von ähnlichen Postulaten aus: Er fragt zwar nach Charakteristika eines «Schweizer Holzstyls» – so auch der programmatische Titel der ersten Publikation von 1868 –, stellt faktisch aber eine Anthologie malerischer Objekte ausgewählter Regionen zusammen.[229] Eine Diskussion regionaler Architektursprachen und von Varianten eines «ländlichen Nationalstils»[230] lag an der eidgenössischen polytechnischen Schule nahe, bereits im Entwurf von 1854 zum Reglement der Institution war die «Beachtung der eigenthümlichen schweizerischen Verhältnisse» gefordert worden:

> «Die Beachtung unsers Klima's, das von dem des benachbarten, oder von den Alpen entferntern Deutschlands sehr verschieden ist, reicht nicht hin, um diesen Unterricht national zu machen; vielmehr verdienen gewiß die in der Schweiz schon vorhandenen und theilweise sehr scharf ausgeprägten Gewohnheiten, die beinahe zu eigenthümlichen Baustylen geführt haben, volle Berücksichtigung, wäre es auch nur der ästhetischen Motive wegen, die sie oft enthalten. Auch diesen Anforderungen aber wird der Lehrer vielleicht erst nach und nach, nachdem er sich erst das nöthige Material gesammelt und geordnet haben wird, genügen können.»[231]

---

229 Gladbach 1868 (wie Anm. 90). In späteren Werken verwendet Gladbach synonym auch den Begriff «Schweizerhaus»; vgl. beispielsweise Gladbach 1885 (wie Anm. 95), S. 1.

230 Siehe auch das SNF-Projekt *Von der historischen Bauforschung zum industriellen Muster* am IDB und Stockhammer 2015 (wie Anm. 80), S. 7–16 zur «Neuentdeckung der ländlichen Schweiz». Zitat ebd., S. 119. Stockhammer, Daniel: Der erfundene Nationalstil. Zur ausländischen Konstruktion des «Schweizerhauses» am Übergang von der Vedutenmalerei zur Bauforschung des frühen 19. Jahrhunderts, in: «Chalet Suisse». «Delightful Horror» – Die Erhabenheit der Alpen und der frühe Fremdenverkehr, Begleitschrift zur Sonderausstellung im Schloss Hünegg in Hilterfingen am Thunersee, hg. v. Stiftung Schloss Hünegg & ROTH-Stiftung Burgdorf. Hünibach 2016, S. 33–40.

231 Anonym: Bericht über den Entwurf zu einem Reglement für die eidgenössische polytechnische Schule, vom 21. Brachmonat [Juni] 1854, in: Schweizerisches Bundesblatt 6 (1854), Bd. 3, Nr. 39, S. 143–227, hier S. 170. Hierzu siehe auch,

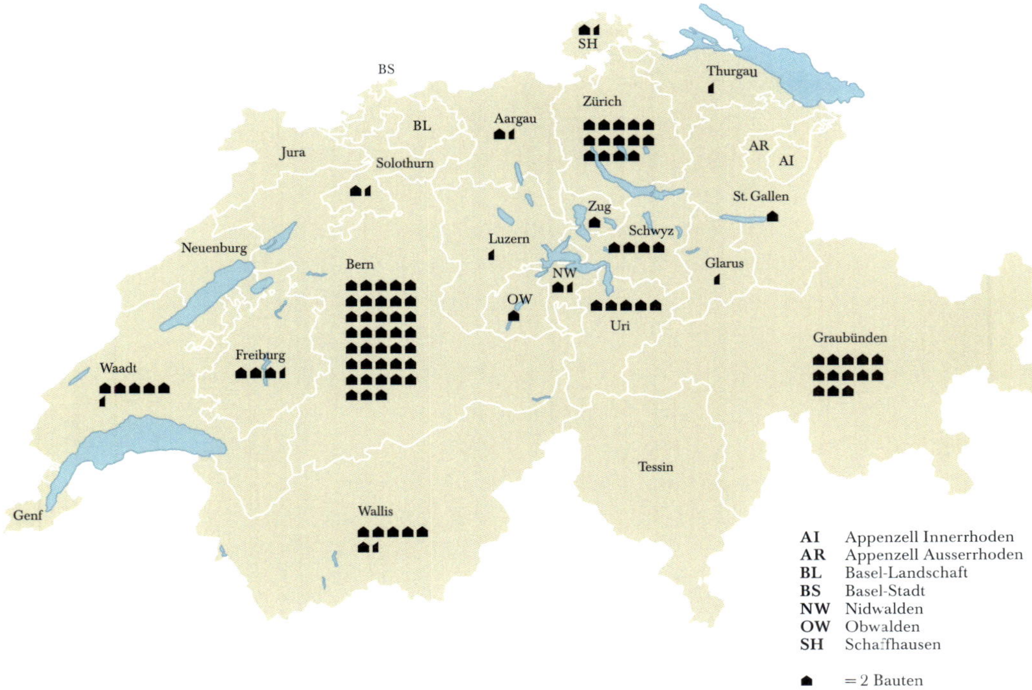

116 Verteilung der von Ernst Gladbach publizierten Bauten nach Kantonen.

Gladbachs ‹Schweizer Holzstil› ist – wie die Auswertung zeigt – vor allem ein ‹Berner Holzstil›; einzig die Kantone Zürich und Graubünden sind noch mit einer nennenswerten Anzahl von Beispielen vertreten.

Der von Gladbach für seine erste Publikation gewählte Begriff «Schweizer Holzstyl» könnte so interpretiert werden, dass er einen ‹Nationalstil›, der die politischen Grenzziehungen des 19. Jahrhunderts kulturgeschichtlich vorgeprägt hätte, vorgefunden und hätte nachzeichnen können. Der Titel legt nahe, Holzbauten der Schweiz wiesen Übereinstimmungen auf, die sie von Konstruktionstraditionen der Nachbarländer abgrenzten. Bereits im Untertitel seiner Publikation von 1868 schränkt Gladbach die später von verschiedenen Forschern kritisierte Vorstellung von einem Nationalstil[232] jedoch ein, indem er die Darstellung von «cantonalen und constructiven Verschiedenheiten» ankündigt. Der Widerspruch zwischen der Rede von einem Nationalstil einerseits und den dargestellten zahlreichen verschiedenen Ausprägungen von Schweizer Holzbauten andererseits, die teilweise mindestens ebenso viele Gemeinsamkeiten mit Bauten der Nachbarländer aufweisen wie untereinander, zieht sich durch das gesamte Werk. Es ist anzunehmen, dass Gladbach sich der Problematik seiner begrifflichen Konstruktion eines «Schweizer Holzstyls» durchaus bewusst war, da er auch mit historischen Holzbauten ausserhalb der Schweiz vertraut war.[233] Abgesehen davon versammelte er unter dem Begriff «Schweizer Holzstyl» keineswegs einen repräsentativen Querschnitt des historischen Holzbaus auf dem Territorium des Schweizer Staatenbunds. Vielmehr sind die Kantone in den dargestellten Beispielen in sehr unterschiedlichem Umfang vertreten: So stammte mehr als ein Drittel der umfassend dargestellten Bauten aus dem Berner Oberland beziehungs-

Tschanz 2015 (wie Anm. 17), S. 88.

232 Josef Durm etwa schrieb 1908 im *Lehrbuch des Hochbaues*: «Das Bauernhaus in der Schweiz [...] weist beinahe ebensoviele Typen, als Kantone und Täler im Lande sind, auf. Es läßt sich der Begriff ‹Schweizerhaus› demnach nicht, wie landläufig geschieht, verallgemeinern.» Durm 1908 (wie Anm. 149), S. 23.

233 Neben eigenen Studien in Deutschland setzte sich Gladbach offenbar insbesondere auch mit Eisenlohrs *Holzbauten des Schwarzwaldes* auseinander, wie die zahlreichen Referenzen auf die Schwarzwälder Holzbauten in seinem Werk zeigen. Vgl. Gladbach 1868 (wie Anm. 90), S. 23–30.

weise dem Kanton Bern, während etwa der Kanton Appenzell-Innerrhoden nicht vertreten ist (**Abb. 116**). Ausserdem handelt es sich bei den Gebäuden zum Grossteil um reich verzierte Holzbauten, während schlichtere Ausführungen wie beispielsweise die Strickbauten des Appenzeller Raums praktisch keine Rolle spielen.[234] Der Begriff ‹Schweizer Holzstyl› sollte zwar die Bedeutung der Bauten für die nationale Identität unterstreichen, der zitierte Verweis auf einen dem Holzbau inhärenten nationalen «Ausdruck» blieb aber ohne Herleitung. Die Vorstellung, dass sich der ‹Geist› einer Nation jeweils in einer spezifischen Bauweise niederschlagen könne, war nicht neu. So hatten englische, deutsche und französische Forscher im 18. und frühen 19. Jahrhundert die Gotik jeweils als ihren Nationalstil reklamiert.[235] In diesem Sinne stellte auch Gladbachs Lehrmeister Georg Moller seine Aufnahmen historischer Bauten in der Publikation *Denkmäler der deutschen Baukunst* in den Kontext des Nationalen. Er sah in ihnen das «geistige Besitzthum der Nation»;[236] die Bezüge zu Johann Gottfried Herders und Friedrich Schlegels Definitionen der Nation über die gemeinsame Kultur und Geschichte sind nicht zu übersehen.[237]

Mit dem Topos ‹Schweizer Holzstyl› bediente Gladbach die Erwartungen internationaler Rezipienten, hatte sich doch bereits im frühen 19. Jahrhundert mit Begriffen wie ‹Schweizerhaus› oder ‹Swiss Chalet› die – wenn auch sehr heterogene – Vorstellung einer spezifisch schweizerischen Holzarchitektur eingebürgert.[238] Die Rückbindung der Publikationen an nationale Identitätsbildung erleichterte den Verkauf der aufwendigen Tafelwerke. Ausdrücklich empfahl etwa der Zürcher Verlag Orell Füssli 1882 die Publikation *Die Holzarchitektur der Schweiz* in einer Anzeige «allen Freunden der vaterländischen Baukunst».[239] In den Industrie- und Weltausstellungen der zweiten Hälfte des 19. Jahrhunderts, zum Beispiel der Wiener Weltausstellung 1873, war bäuerliche Bau- und Lebenstradition als «Ausstellungsformat»[240] erprobt worden, «Schauarrangements»[241] europäischer Volkskultur zeigten Regionaltypisches und «Realinszenierungen» dörflicher Kultur: ein in der Zeit schneller Industrialisierungserfolge wichtiges Gegen- und Referenzbild, das einer internationalen Perspektive neuer Fortschrittshoffnungen regionale Besonderheiten entgegenstellte – auch für diese Inszenierungen war wissenschaftliche Vorarbeit erwünscht.[242]

---

234 Überhaupt findet der Appenzeller Bestand an historischen Holzbauten kaum Erwähnung, obwohl Gladbach sie in einem kurzen Absatz in seiner Publikation von 1868 als «dritte Hauptrichtung des Schweizer Blockbaus» bezeichnet (Gladbach 1868 [wie Anm. 3], S. 28). Zum Appenzeller Strickbau vgl. Hassler, Uta; Kienlin, Alexander von; Altherr, Fredi (Hg.): Appenzeller Strickbau. Untersuchungen zum ländlichen Gebäudebestand in Appenzell Ausserrhoden. Zürich 2011, die aus dem Projekt *Historische Holzkonstruktionen der Schweiz* (2008–10) des Instituts für Denkmalpflege und Bauforschung hervorgegangen ist.

235 Vgl. hierzu etwa den Überblick in: Fraquelli, Sybille: Im Schatten des Domes: Architektur der Neugotik in Köln 1815–1914 (Atlas. Bonner Beiträge zur Kunstgeschichte, Bd. 5). Köln/Weimar/Wien 2008, besonders S. 32–37, 73–77.

236 Moller, Georg: Denkmäler der deutschen Baukunst. Hg. v. Friedrich Maximilian Hessemer, Bd. 1. 4. Aufl. Frankfurt (Main) 1852, unpag. [1. Seite der Vorrede].

237 Vgl. Fraquelli 2008 (wie Anm. 235), S. 74; Kozielek, Gerard: Ideologische Aspekte der Mittelalter-Rezeption zu Beginn des 19. Jahrhunderts, in: Wapnewski, Peter (Hg.): Mittelalter-Rezeption. Ein Symposium (Germanistische Symposien, Berichtsbd. 6). Stuttgart 1986, S. 119–132, besonders S. 119. Vgl. auch allgemeiner: Hobsbawm, Eric: Nationen und Nationalismus. Mythos und Realität seit 1780. Übers. v. Udo Rennert. Erw. Aufl. Frankfurt (Main)/New York 2004 (Erstausgabe: Nations and Nationalism since 1780. Programme, Myth, Reality. Cambridge 1990).

238 Vgl. Anm. 104. Zur internationalen (Wieder-) Entdeckung der Schweizer Alpen und ihrer Architektur vgl. Stockhammer 2015 (wie Anm. 80), S. 7–16.

239 Orell Füssli & Co.: Allen Freunden der vaterländischen Baukunst [Anzeige], in: Die Eisenbahn/Le chemin de fer 17 (1882), Nr. 10, unpag.

240 Dazu unter anderen Krasny, Elke: Binnenexotismus und Binnenkolonialismus. ‹Das Bauernhaus mit seiner Einrichtung und seinem Geräthe› auf der Wiener Weltausstellung von 1873. In: Aigner, Anita (Hg.): Vernakulare Moderne. Grenzüberschreitungen in der Architektur um 1900. Das Bauernhaus und seine Aneignung. Bielefeld 2010, S. 37–55, Zitat S. 37.

241 Ebd., S. 38.

242 Ebd., S. 39. Siehe dazu auch Hassler/Jansen 2016 (wie Anm. 155).

Sammelwerke

Gladbachs erste Publikation von 1868, *Der Schweizer Holzstyl,* präsentiert sich als Sammlung von Einzelbeispielen, die jeweils in grossformatigen Tafeln sowie in einem kurzen Überblickstext mit wenigen Angaben zu Baugeschichte und Konstruktion und einigen Zeichnungen von Grundrissen, Schnitten und Details abgehandelt werden. Nur vier der Bauten stellt der Autor als sogenannte einführende «Monographien» textlich etwas detaillierter dar; der Vergleich «schweizerischer und stammverwandter Deutscher Holzbauten» umfasst nur acht Seiten. In der zweiten Publikation, *Charakteristische Holzbauten der Schweiz* von 1893, fehlt eine systematische Darstellung in Textform ganz; es gibt allerdings einige vergleichende Überblickstafeln, etwa zu «Schmiede-Arbeiten aus verschiedenen Cantonen».[243] Der Charakter einer auf Feldstudien beruhenden Sammlung von zeichnerisch detailliert dargestellten Einzelbeispielen verstärkt sich hier noch dadurch, dass Ordnung der Bauten und Systematisierung der Konstruktionen bereits im *Schweizer Holzstyl* nicht im Zentrum standen. Gladbach selbst sieht sich angesichts der schwer nachvollziehbaren Systematik zu der Erläuterung genötigt:

> «Nach dem wir mit Rücksicht auf die beiden constructiven Hauptrichtungen der Schweizer Holzbauten, nehmlich den Riegel- und Ständer-Bau einerseits, sowie den Blockbau andrerseits, vier ausgewählte, diese Richtungen vertretende Beispiele mit Beschreibung vorausgeschickt, konnten wir uns sodann auf eine kurze Erklärung der übrigen Tafeln mit Hinweis auf die vorausgeschickten Monographien beschränken und endlich mit einer vergleichenden Uebersicht schweizerischer und stammverwandter Deutscher Holzbauten abschliessen.»[244]

Gladbach verzichtet auch in weiteren Veröffentlichungen auf eine Kategorisierung der Beispiele und Ordnung der Objekte; im Vorwort der zweiten Serie des *Schweizer Holzstyls* von 1883 weist er explizit auf die «ungebundene Reihenfolge» und den Verzicht bei der Zusammenstellung der Tafeln «auf deren systematische Anordnung in kantonaler oder konstruktiver Beziehung» hin.[245] Eine Ausnahme bildet eine Publikation kleineren Formats, *Die Holz-Architektur der Schweiz* (1876, Neuauflage 1885), hier tauchen die Bauaufnahmen als erläuternde Textillustrationen auf (**Abb. 117**). Der Text ist nach verschiedenen Konstruktionsweisen und Bauelementen in Kapitel gegliedert, ausserdem gibt es ein eigenes Kapitel zu Sinnsprüchen. Innerhalb der Kapitel beschreibt Gladbach jeweils typische Eigenheiten und regionale Ausprägungen. Die Beschreibungen sind Sammlungen von Beobachtungen, die aus den Feldstudien entstanden; nur an zwei Stellen wird auf zeitgenössische Referenzen verwiesen.[246] Die «constructiven Hauptrichtungen»,[247] Riegel-, Ständer- und Blockbau, dienen als Merkmale zur Einordnung.[248] Chronolo-

---

243 Gladbach 1893 (wie Anm. 91), Taf. 27.

244 Gladbach 1868 (wie Anm. 90), unpag. [2. Seite der Einleitung].

245 Gladbach, Ernst: Der Schweizer Holzstyl in seinen cantonalen und constructiven Verschiedenheiten vergleichend dargestellt mit Holzbauten Deutschlands. Darmstadt 1868, 2. Serie 1882/83, S. 3.

246 Neben dem bereits erwähnten Zitat aus dem Werk *Der Stil* seines Kollegen Semper erwähnt er einmal Eisenlohrs Studien zu den Bauernhäusern des Schwarzwaldes: Gladbach 1885 (wie Anm. 95), S. 6–7.

247 Gladbach 1868 (wie Anm. 90), unpag. [2. Seite der Einleitung].

248 Gladbach verzichtet allerdings auf eine feinere Unterteilung der «Hauptrichtungen». Er beschreibt zwar insbesondere in der Publikation *Die Holz-Architektur der Schweiz* verschiedene Ausprägungen der Konstruktionen (zum Beispiel Ständerbau mit durchlaufenden und stockwerkshohen Ständern), diese erhalten aber keine eigenen Bezeichnungen. Urs Jäggin schreibt mit Bezug auf die Entwicklung der Bezeichnung für den Mehrreihenständerbau kritisch, Gladbach erwähne nur «das Spezielle dieses Typs beiläufig und ohne weitere Kategorienbildung». Jäggin, Urs: Der Mehrreihenständerbau – Ein bedeutender Zürcher Bauernhaustyp, in: Stadt Zürich (Hg.): Archäologie und Denkmalpflege 2006–2008. Zürich 2008 [http://www.stadt-zuerich.

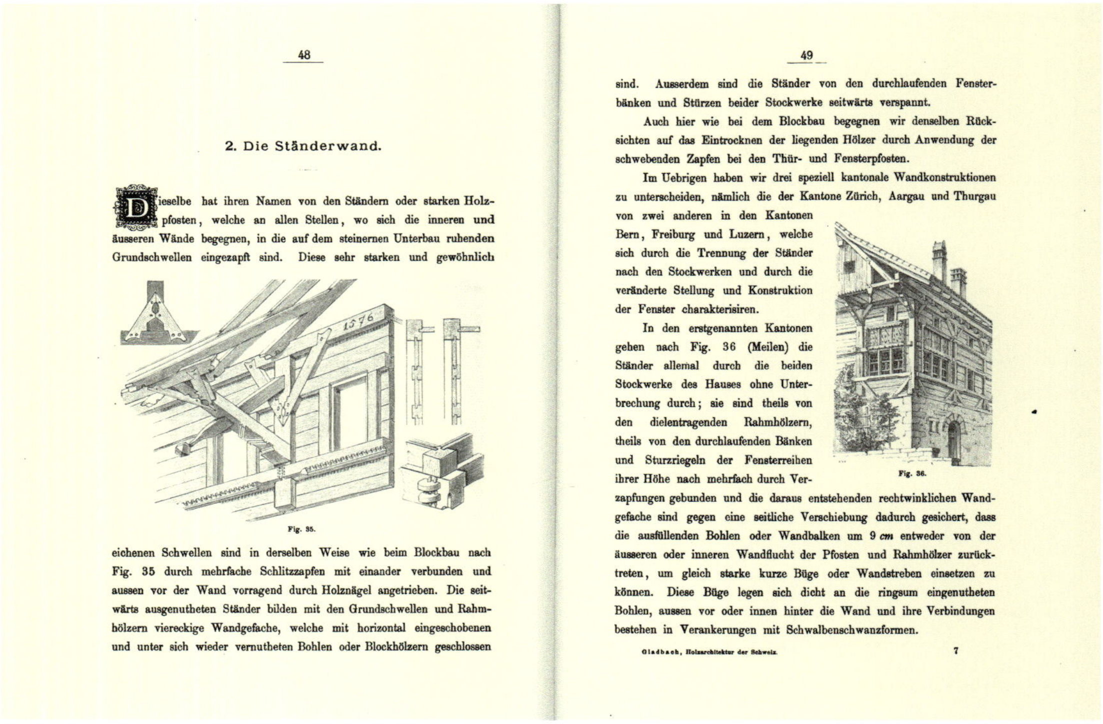

48

2. Die Ständerwand.

Dieselbe hat ihren Namen von den Ständern oder starken Holzpfosten, welche an allen Stellen, wo sich die inneren und äusseren Wände begegnen, in die auf dem steinernen Unterbau ruhenden Grundschwellen eingezapft sind. Diese sehr starken und gewöhnlich

1576

Fig. 35.

eichenen Schwellen sind in derselben Weise wie beim Blockbau nach Fig. 35 durch mehrfache Schlitzzapfen mit einander verbunden und aussen vor der Wand vorragend durch Holznägel angetrieben. Die seitwärts ausgenutheten Ständer bilden mit den Grundschwellen und Rahmhölzern viereckige Wandgefache, welche mit horizontal eingeschobenen und unter sich wieder vernutheten Bohlen oder Blockhölzern geschlossen

49

sind. Ausserdem sind die Ständer von den durchlaufenden Fensterbänken und Stürzen beider Stockwerke seitwärts verspannt.

Auch hier wie bei dem Blockbau begegnen wir denselben Rücksichten auf das Eintrocknen der liegenden Hölzer durch Anwendung der schwebenden Zapfen bei den Thür- und Fensterpfosten.

Im Uebrigen haben wir drei speziell kantonale Wandkonstruktionen zu unterscheiden, nämlich die der Kantone Zürich, Aargau und Thurgau von zwei anderen in den Kantonen Bern, Freiburg und Luzern, welche sich durch die Trennung der Ständer nach den Stockwerken und durch die veränderte Stellung und Konstruktion der Fenster charakterisiren.

In den erstgenannten Kantonen gehen nach Fig. 36 (Meilen) die Ständer allemal durch die beiden Stockwerke des Hauses ohne Unterbrechung durch; sie sind theils von den dielentragenden Rahmhölzern, theils von den durchlaufenden Bänken und Sturzriegeln der Fensterreihen ihrer Höhe nach mehrfach durch Verzapfungen gebunden und die daraus entstehenden rechtwinklichen Wandgefache sind gegen eine seitliche Verschiebung dadurch gesichert, dass die ausfüllenden Bohlen oder Wandbalken um 9 *cm* entweder von der äusseren oder inneren Wandflucht der Pfosten und Rahmhölzer zurücktreten, um gleich starke kurze Büge oder Wandstreben einsetzen zu können. Diese Büge legen sich dicht an die ringsum eingenutheten Bohlen, aussen vor oder innen hinter die Wand und ihre Verbindungen bestehen in Verankerungen mit Schwalbenschwanzformen.

Fig. 36.

Gladbach, Holzarchitektur der Schweiz. 7

117 «Die Ständerwand», S. 48/49 aus: Gladbach, Holz-Architektur, 1885.

Gladbachs Publikation *Die Holz-Architektur der Schweiz* ist als preisgünstige Ergänzung zu den teuren grossformatigen Tafelwerken konzipiert. Dafür verzichtet die Ausgabe auf einen eigenen Tafelteil, die Illustrationen sind in kleinem Format in den Text integriert wie auf dieser Doppelseite aus der zweiten Auflage.

gie der Entstehung, regionale Zuordnung und gestalterische Ausprägung der Bauten betrachtet Gladbach, anders als andere Autoren,[249] erst in zweiter Linie. Ganz im Sinne seiner Vorstellung von einer engen Anbindung der Form an die Konstruktion als besonderem Kennzeichen der historischen Schweizer Holzbauten hebt er immer wieder hervor, wie sich die künstlerische Gestaltung aus der Konstruktion beziehungsweise dem Material entwickelt:

> «Die unregelmässigen Kernrisse der Blockbalken führten bei Ausschmückung der Wand naturgemäss auf eine Maskirung jener Risse durch eingestemmte Arabesken od. Profilirungen.»[250]

Bei den damals zeitgenössischen Schweizer Holzbauten sah Gladbach die Orientierung der Gestaltung an Konstruktion und Material nicht mehr gegeben. Als Beispiel nennt er etwa im *Schweizer Holzstyl* nicht ausreichend wettergeschützte und gegen die Maserung gearbeitete Bretter am Giebel (**Abb. 118**). In einer direkten Gegenüberstellung wird hier der Unterschied von materialgerechter und nicht materialgerechter Konstruktion demonstriert:

---

com/content/dam/stzh/hbd/Deutsch/Archaeologie_Denkmalpflege/Publikationen%20und%20Broschueren/Online-Publikationen/2008_Jaeggin_Mehrreihenstaenderbau.pdf] (23. November 2011), S. 4.

249 So ordnen beispielsweise Amédée und Eugène Varin die Bauten in ihrem Werk *L'architecture pittoresque en Suisse* (vgl. Anm. 15) nach Kantonen, und in Carl Adolf von Graffenrieds und Ludwig Rudolf Stürlers *Architecture Suisse / Schweizerische Architektur* (vgl. Anm. 14) bilden die konstruktiven Fragen nur einen Aspekt unter vielen in der Einführung.

250 Gladbach 1885 (wie Anm. 95), S. 30.

Fig. 9.

«Einen anderen Uebelstand moderner Holzbauten finden wir bei den beliebten Ausschnitten der Ortbretter an dem Giebel, welche nach Fig. 9 (obere Hälfte) an ihrer oberen Kante frei den Einflüssen der Witterung preisgegeben sind, während bei allen älteren Holzbauten nach Fig. 9 (untere Hälfte) diese Ausschnitte unter dem Schutz der vorstehenden Dachziegel oder Schindeln an der unteren Brettkante angebracht wurden.»[251]

118 Ortbretter, Fig. 9 (S. 6) aus: Gladbach, Holzstyl, 1883.

In der Abbildung stellt Gladbach ‹materialgerechten›, historischen Ortbrettern (linke Hälfte) zeitgenössische Ausführungen gegenüber (rechte Hälfte), die er aufgrund fehlender Rücksichtnahme auf die spezifischen Anforderungen des Materials Holz als «Uebelstand» bewertet.

Von der Skizze zur Zeichnung

In Gladbachs Tagebüchern mischen sich Notizen zu Bauten mit privaten Aufzeichnungen und Details zum Reiseverlauf. Die teils flüchtigen Detailskizzen zu Einzelobjekten sind auf zahlreichen Blättern verstreut; Darstellungen komplexer konstruktiver Gefüge finden sich neben Details wie Knotenpunkten und Fügungen; für die Veröffentlichung musste ausgewählt und zusammengeführt werden: Wie die Ordnung des Materials erfolgte, konnte Daniel Stockhammer im Rahmen seiner Arbeit zur Schweizer Holzbautradition auf Basis neuerer Bauforschung des Instituts für Denkmalpflege und Bauforschung zeigen.[252] Die Umsetzung der Skizzen zu Vorlagen für die Publikationen führte Gladbach im Anschluss an seine Reisen durch, teilweise während der Semesterzeiten.[253] Da zu zahlreichen Bauten die publizierten Darstellungen *und* die Reiseskizzen vorliegen, lassen sich die Prozesse der Übertragung nachvollziehen.[254] Die Schritte von der Reinzeichnung zur Druckvorlage leistete der Autor selbst, er besass Erfahrung in der Herstellung von Reproduktionsvorlagen (nur bei einigen frühen Stadt- und Ortsansichten hatte Gladbach noch die Hilfe von

---

251 Gladbach 1882/83 (wie Anm. 245), S. 6.

252 Zu Gladbachs Vorgehen siehe detailliert Stockhammer 2015 (wie Anm. 80), S. 53–72.

253 Vgl. etwa: Lasius 1897 (wie Anm. 131), S. 17.

254 Stockhammer 2015 (wie Anm. 80), S. 46–50 geht detailliert auf die Anmerkungen an Gladbachs Skizzen ein, verweist beispielsweise auch darauf, dass mindestens eine Zeichnung allein wegen des Schattenwurfes entstand, ebd., S. 49. Wenig Aufschluss geben hingegen die Tagebücher, in denen Gladbach allenfalls die Arbeit an den Reinzeichnungen kurz erwähnt, etwa im Tagebuch von 1890 diejenige für das Ital-Reding-Haus in Schwyz im Anschluss an seine Reise im August, *Tagebuch Ernst Gladbach August 1890* (wie Anm. 170), Bl. 56–58 [29./30. August 1890].

119 «Speicherbau in Brienz», Tafel H.IV.1 aus: Gladbach, Holzstyl, 1868.

Mit verschiedenen, parallel eingesetzten Darstellungsformen vom abstrakten Grundriss bis zur malerischen Perspektive, die die Bauten mit der umgebenden Landschaft zeigt, intendierte Gladbach die gleichzeitige Vermittlung der eigentlichen Konstruktion und ihrer (Entstehungs-)Kontexte.

Kupfer- und Stahlstechern in Anspruch genommen[255]); bereits bei der Arbeit am dritten Band zu Mollers *Denkmälern der deutschen Baukunst* hatte er (ab der Tafel zu Schloss Münzenburg) die Stiche selbst ausgeführt,[256] weil ihn die Heterogenität der Darstellungsweisen und die fehlende Architekturkenntnis der Kupferstecher nicht zufrieden stellte.[257] Die eigenhändige Anfertigung der Reproduktionsvorlagen hatte den Vorteil, dass Gladbach die Blätter in einem Detailreichtum radieren konnte, der bei Vergabe des Auftrags an eine Werkstatt nicht zuletzt aus ökonomischen Gründen kaum zu realisieren gewesen wäre. Feinheiten konnten kontrolliert und beeinflusst werden. Gladbach sah seine Arbeit offenbar in der Tradition des berühmten Basler Kupferstechers Matthäus Merian (1593–1650), mit dessen Werk und Technik er sich intensiv befasst hatte.[258]

Allerdings konnte Gladbach nur die grossformatigen Tafeln seines ersten Bandes zum *Schweizer Holzstyl* in seiner bevorzugten Technik, dem Stahlstich, realisieren.[259] Bereits beim zweiten Band von 1883 musste er wie bei den folgenden Bänden zu veränderten Reproduktionstechniken greifen. Entschuldigend führt er im Vorwort aus:

> «Unterdessen sind seine [Gladbach spricht von sich in der dritten Person, d. Verf.] Augen nicht mehr wie früher im Stande, die Aufnahmen selbst auf Stahl zu radieren, weshalb er es der umsichtigen Thätigkeit seines jetzigen Verlegers, Herrn Caesar Schmidt, allein zu danken hat, dass diese neuen Tafeln nach mehreren kostspieligen Versuchen auf photographischem Wege den Radierungen auf Stahl wenigstens so nahe als möglich kommen.»[260]

Fokussierte Gladbach hier noch darauf, mit dem Lichtdruck eine dem Stahlstich möglichst ähnliche Optik zu erzeugen, nutzte er bei seiner letzten Publikation, *Charakteristische Holzbauten der Schweiz,* wiederum neue Verfahren: Einzelne Oberflächen, Schattenwürfe und ähnliches wurden flächig farbig angelegt. Die kleineren Textabbildungen in der kleinformatigen *Holz-Architektur der Schweiz* wurden als Holzstiche ausgeführt, für die die Vorlagen einfacher herzustellen waren. Als Reproduktionsvorlagen dienten Holzschnitte, «die Gladbach selbst auf den Stock vorzeichnete».[261] Diese Erfahrung trug sicher zur zielgerichteten Arbeit bereits bei den Vorzeichnungen bei, hatte der Autor doch schon bei den Aufnahmen eine Vorstellung von der später möglichen technischen Umsetzung zur Reproduktionsvorlage.

Der Variantenreichtum der Reisezeichnungen korrespondiert mit der Vielfalt der Darstellungsformen (**Abb. 119**).[262] Gladbach ist bemüht, ein möglichst umfassendes Bild der Gebäude zu vermitteln und

---

255 Bei den Publikationen Grünwald/Gladbach 1830 (wie Anm. 165) sowie Bosse/Gladbach 1833 (wie Anm. 165) beispielsweise übernahm Ernst Friedrich Grünwald den Stahlstich.

256 Vgl. Gladbach 1842–51 (wie Anm. 201), Taf. XXV–LX.

257 Lehmann 1898 (wie Anm. 130), S. 12.

258 Ebd., S. 7. Siehe dazu auch Stockhammer 2015 (wie Anm. 80), S. 53–54.

259 Bis auf zwei Ausnahmen: Unter den Tafeln «Das Hohe Haus zu Wolfenschiessen» (Taf. E.I.2) und «Hochsteig bei Watwyl» (Taf. F.I.1) sind als Stecher H. Heubach beziehungsweise Ritter genannt (mit der Abkürzung «*sculp.*»). Der Grund für diese Abweichung von der gewöhnlichen Praxis ist unbekannt.

260 Gladbach 1882/83 (wie Anm. 245), S. 3. Im Bildanhang sind die Tafeln 1–11 zum Grossteil mit der Unterschrift «Lichtdruck von Römmler & Jonas, Dresden» versehen, ab Taf. 12 ist bei in den meisten Tafeln der Name der graphischen Anstalt Angerer in die Abbildung integriert.

261 Lehmann 1898 (wie Anm. 130), S. 20.

262 Vor allem die «romantisierenden» Zeichnungen und ihre Wirkung hat etwa Jan Capol im Blick, wenn er über Gladbachs Abbildungen schreibt: «Er [Gladbach, d. Verf.] gab die Bauernhäuser bis ins kleinste Detail exakt wieder – exakt bis auf die Holzfasern und Holzmusterungen. Um die detailgenau aufgenommenen Bauten herum zeichnete er jedoch eine romantisierende Landschaft, bevölkert von trachtentragenden Bauern und Bäuerinnen. Auf diese Weise kombinierte Gladbach seine wissenschaftlich exakten Arbeiten mit einer ideologischen Betrachtungsweise der bäuerlichen Welt». Capol 2000 (wie Anm. 106), S. 75; die Formulierung findet sich auch fast wortgleich bei Wietersheim Eskioglou 2004 (wie Anm. 124), S. 171.

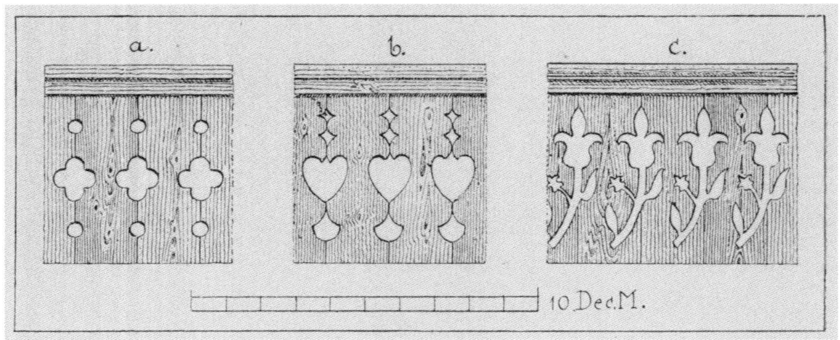

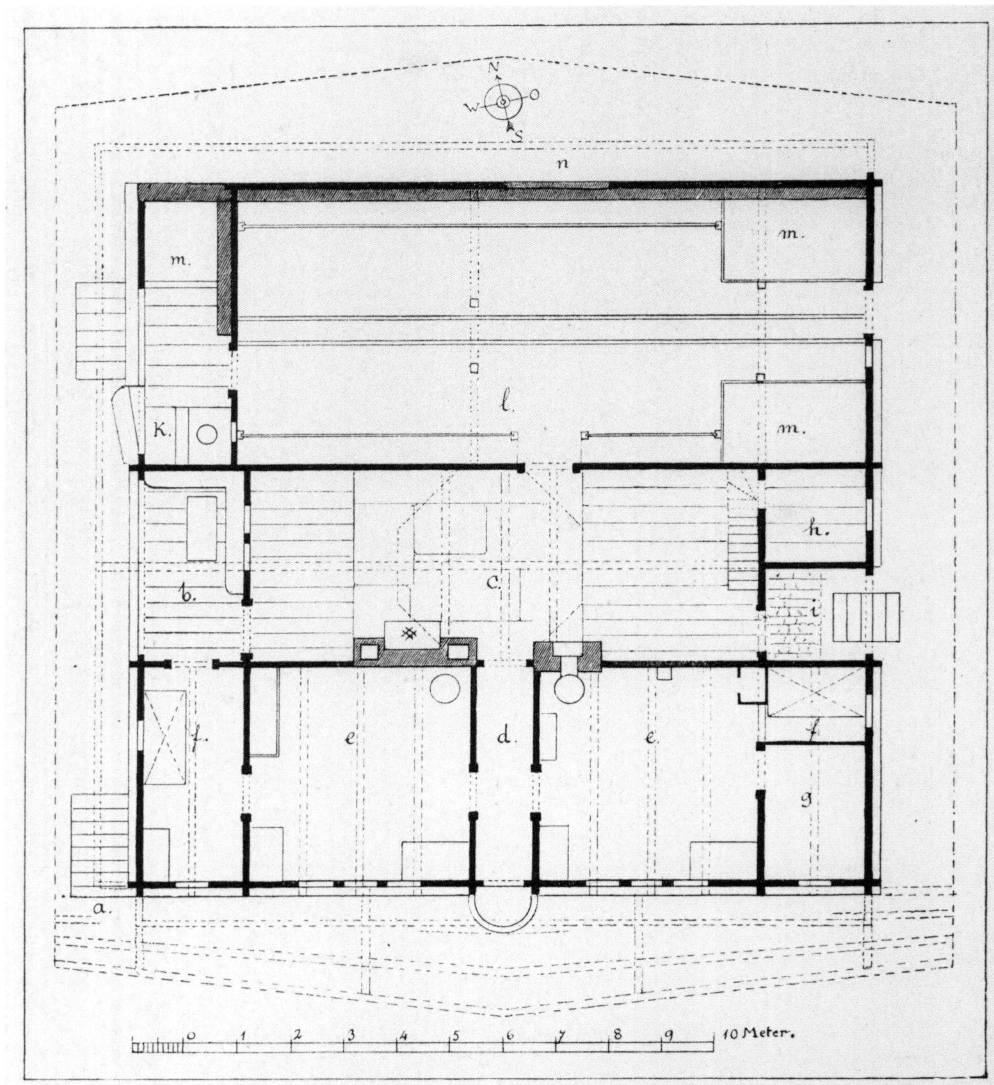

120a–c «Ein Blockhaus von Champery im Kanton Wallis», Fig. 53–55 (S. 14–15) aus: Gladbach, Charakteristische Holzbauten, 1893.

Die Textabbildungen präsentieren das Gebäude Rue du Village 58 in Champéry im Grundriss und in Details der Galerie. Die Brüstungsbretter stammen von anderen Bauten aus der Region.

will zugleich den ‹Genuss› jener Kunst ermöglichen, weshalb er seine Werke ausdrücklich «dem Freunde ländlicher Architektur, wie dem Maler und Architekten» widmet.[263] Die Zeichnungen sollen zur Erhaltung der Holzbauten beitragen, die durch «den Zahn der Zeit und die Elemente» bedroht sowie «der einreissenden, nivellirenden Modesucht [...], dem Mangel an Erkenntnis des historischen und künstlerischen Werthes, oder einem missgeleiteten Geschmack» ausgesetzt seien.[264]

Amédée und Eugène Varins Werk *L'architecture pittoresque en Suisse* (1861) hatte noch fast vollständig auf Grundrisse und konstruktive Einzelheiten verzichtet. Gladbach sammelte dagegen gezielt Details, um bei seinen Lesern Verständnis für die historischen Konstruktionsweisen und deren besondere Qualität zu schaffen. Im Sinne dieser didaktisch motivierten Wahl finden sich in Gladbachs Publikationen auch nicht – wie in zeitgenössischen Musterbüchern[265] – Überblickstafeln etwa mit dekorativen Balkenköpfen, Sparrenköpfen, Knaggen, Pfosten und Geländerstäben, aus denen sich der Bauherr wie aus einem Baukasten ‹sein› Schweizerhaus zusammensetzen konnte. Das Zitieren historischer Formen durch Architekten sollte nicht blosse Nachahmung und Neukombination sein; in der direkten Kopie sah Gladbach eine «Modesucht».[266]

So verwundert es nicht, dass Gladbach sich zunehmend von den gegebenen Kontexten löste und Bildkompositionen entwickelte. Stockhammer benennt als frühes Beispiel hierfür Gladbachs Tätigkeit für die Weltausstellung 1878.[267] Waren die Aufnahmen bis 1863 meist auf Exkursionen der Bauschule oder im Umkreis von Zürich entstanden, so scheint es, als habe Gladbach den ‹forschenden› Blick und die Tradition der Karlsruher Architekten Eisenlohr und Hochstetter zunehmend abgelegt. Die Intention, Studienmaterial zu erarbeiten, wurde offenbar durch die öffentliche Nachfrage nach identitätsstiftenden Darstellungen nationaler Architektur kompensiert, das Entstehen ‹künstlerischer› Aufnahmen und interpretatorische Selektion wurden dadurch begünstigt. Späte Beispiele aus Gladbachs Werk zeigen, wie bereits im Rahmen der Surveys Entscheidungen für die Publikation fielen: Vom Gebäude in Champéry war nur ein Grundriss des ersten Geschosses aufgemessen worden (**Abb. 111**), der im Zentrum des Einführungstextes im Band *Charakteristische Holzbauten der Schweiz* gezeigt wird.[268] Die über dem nächsten Geschoss liegende Konstruktion des Dachstuhls ist gestrichelt eingezeichnet (**Abb. 120c**).[269] Auf dem überlie-

---

263 Gladbach 1885 (wie Anm. 95), S. 1.

264 Gladbach 1868 (wie Anm. 90), unpag. [2. Seite der Einleitung]. Leider behielt Gladbach mit der Furcht vor Verunstaltung recht, eine Studie am IDB der ETH Zürich zeigte, dass fast alle der von Gladbach publizierten Objekte erheblich verändert wurden, eine ganze Reihe von Bauten ist verschwunden.

265 Vgl. etwa: Meyer, Franz Sales: Die Bau- und Kunstzimmerei mit besonderer Berücksichtigung der äusseren Form, T. 2. Leipzig 1893, Taf. 11–22; Holz, Ferdinand Wilhelm: Holz-Architektur. Eine Sammlung praktischer Beispiele. 2. Aufl. Leipzig 1876.

266 Gladbach 1868 (wie Anm. 90), unpag. [2. Seite der Einleitung]. Gladbach selbst beteiligte sich allerdings an einem Projekt, das die Formen der Schweizer Holzbauten in erster Linie als dekorative Elemente verwendete, bei einem Wettbewerb für Arbeiterhäuser von 1886. Für die Publikation zum Wettbewerb fertigte er idyllisch wirkende Perspektiven zu den siegreichen Projekten, bei denen massiv ausgeführte Gebäude mit Elementen des Schweizer Holzstils geschmückt wurden. Vgl. Schindler-Escher 1886 (wie Anm. 152), unpag. [Perspektive für Projekt I–VII]. Dass dieser Schmuck nur rein äusserlich gedacht war, zeigt auch die Beschreibung von Caspar Schindler-Escher, dem Initiator des Wettbewerbs: «Aus den nach Professor Gladbach's Zeichnungen von Hofer & Burger in Lichtdruck vervielfältigten Perspektiven ist das Bestreben zu erkennen, dem Aeußeren der Häuschen mit bescheidenen Mitteln ein wenig architektonischen Schmuck zu geben». Ebd., S. 7. Vgl. auch: Waldner, August: Freistehende Arbeiterwohnungen auf dem Lande, in: SBZ 7 (1886), Nr. 1, S. 3–4; Nr. 2, S. 10–12, besonders Nr. 1, S. 4.

267 Stockhammer 2015 (wie Anm. 80), S. 58 mit Anm. 35, nennt als Beispiel eine Zeichnung des Gasthofs Hirschen [in Hutzikon], deren Reiseskizze 1871 entstand und die in einer Bildkomposition der Weltausstellung 1878 ‹verwertet› wurde. Die Arbeiten entstehen somit nach dem ersten Band des *Schweizer Holzstyls* (1868).

268 Gladbach 1893 (wie Anm. 92), *Ein Blockhaus von Champery im Kanton Wallis*: S. 13–15, Taf. XXIII. Das Gebäude wird von Gladbach auf 1778 datiert. Die erste Aufnahme in Champéry entstand 1882. Zusammenstellung der Reisen: Stockhammer 2015 (wie Anm. 80), S. 188–192.

269 Vgl. Landesmuseum Zürich, Graphische Sammlung, LM 1330, E24: Zeichnung Ernst Gladbach, undatiert.

121a–c «Champery 17. VIII von 3–5 Uhr» (Zeichnung von Ernst Gladbach, 17. August 1890) / Perspektivkonstruktion auf Transparentpapier (Zeichnung von Ernst Gladbach, undatiert) / «Ein Blockhaus von Champery im Canton Wallis», Taf. XXIII aus: Gladbach, Charakteristische Holzbauten 1893.

Die Zeichnungen des Gebäudes Rue du Village 58 in Champéry/Wallis illustrieren die Arbeitsschritte Gladbachs von der Bauaufnahme zur Druckvorlage. Als geübter Zeichner und erfahrener Autor von Tafelwerken nahm Gladbach vor Ort sehr gezielt die Elemente auf, die er für die spätere Publikation benötigte. In der Reinzeichnung änderte er den Blickwinkel und ergänzte die Oberflächentexturen, die in der Bauaufnahmezeichnung fehlten, offensichtlich nach freier Erfindung.

ferten Blatt des Surveys findet sich an Grundrissen (abgesehen von der vermassten Aufnahme des ersten Stocks, benannt als «erster Holzboden») nur noch eine kleine Übersichtsskizze des Dachgeschosses («zweiter Holzboden»).[270] In den einführenden Text werden Detailzeichnungen eingebettet: ein Ausschnitt der Galerie im zweiten Geschoss der Schaufassade mit dem darauf thronenden Kreuz (**Abb. 120a**).[271] Bei dieser Darstellung konnte der Autor auf die beiden grossformatigen Zeichnungen der Fassade zurückgreifen,[272] ausserdem auf einige Skizzen in seinem Tagebuch, die auf August 1890 datiert sind.[273] Die Materialien zeigen exemplarisch, dass die von der Forschung immer wieder geäusserte Vorstellung von einer *detailgetreuen* Darstellungsweise Gladbachs bis hin zu den Holzmaserungen nicht zutreffend ist.[274] Genaue Detailmasse wurden von Gladbach in den Bauaufnahmen und Skizzen vor Ort gar nicht erst dokumentiert. Man muss annehmen, dass die Zeichnungen weder in den Massen und noch viel weniger in der Darstellung der Texturen exakte Wiedergaben des gebauten Objekts sind. Oberflächen und Schattenwürfe vermitteln dennoch den Eindruck grosser Realitätsnähe.[275]

Die Tafelanhänge zeigen in vielen Fällen stimmungsvolle Übereckperspektiven.[276] Kompositorische Eingriffe bei der Reinzeichnung sind hier gut nachvollziehbar (**Abb. 121a–c**). Gladbach veränderte beispielsweise gegenüber der Bauaufnahmezeichnung den Blickwinkel, indem er einen tieferen Standpunkt wählte, und arbeitete stärker mit Schlagschatten, um die Plastizität der Fassade zu betonen. Anders als in der Aufnahmezeichnung versah Gladbach den gesamten Gebäudekörper in der Publikation mit detailliert gezeichneten Oberflächentexturen. Auch in den Proportionen, etwa der steileren Treppe oder der höheren Balkonbrüstung an der Strassenfassade, zeigen sich Abweichungen von der ersten Zeichnung. Die Darstellung der Landschaft wurde für die Reinzeichnung improvisiert, nachdem sie sich bereits in der Skizze auf eine grobe Andeutung beschränkt hatte.[277]

Gladbachs Bildkompositionen sind allerdings nicht «Schein-Realismus»[278] und Verfälschung der Wirklichkeit, sondern geometrische und räumliche Abstraktion mit dem Versuch anschaulich-künstlerischer Vermittlung. Um die Jahrhundertwende verdrängte die Fotografie die aufwendigen Zeichnungen historischer Bauten[279] vor allem in kunstwissenschaftlichen Publikationen, neue Produktions- und Seh-

---

270 Ebd.

271 Der Abschnitt zum *Blockhaus von Champery* schlägt drei Ausschnitte von Brüstungsbrettern anderer Bauten aus der Region als Alternativen vor (**Abb. 120b**), Gladbach 1893 (wie Anm. 92), S. 15, Fig. 54. Als Grundlage dienten offenbar flüchtige und nur grob bemasste Skizzen im Tagebuch, *Tagebuch Ernst Gladbach August 1890* (wie Anm. 170), Bl. 37v [17. August 1890].

272 Landesmuseum Zürich, Graphische Sammlung, LM 1330, E25; E26: Zeichnungen Ernst Gladbach, undatiert.

273 *Tagebuch Ernst Gladbach August 1890* (wie Anm. 170), Bl. 36v [17. August 1890].

274 Vgl. etwa Capol 2000 (wie Anm. 106), S. 75.

275 Ein Bogen im *Neujahrsblatt* zeugt von Gladbachs Studien zu Holzmaserungen, Lehmann 1898 (wie Anm. 130), S. 18. Zur Schattenkonstruktionen ist eine ausführliche Zeichenvorlage für ein Tafelbild belegt, ETH Zürich, gta Archiv, 52: *Eine Brücke in Perspektive mit ihren Schlagschatten und Spiegelung im Wasser nach Dr. Georg Moller,* von Ernst Gladbach, 14. April 1888. Siehe dazu den Beitrag von Christine Wilkening-Aumann.

276 Gladbach baute seine Abbildungen auf geometrischen Perspektivkonstruktionen auf.

277 Zur Entstehung der Zeichnungen aus Champéry siehe ausführlich Stockhammer 2015 (wie Anm. 80), S. 27–33 mit Abb. I.3D–F. Lehmann beschreibt mit Blick auf seine Zeichenstunden bei Gladbach dessen Improvisationstalent: «War aber einmal irgend ein Gegenstand fertig konstruiert, dann war es eine helle Freude zuzusehen, wie ihn der alte Professor mit der grössten Liebe zu schattieren begann. War es ein Haus, so wuchs gleich ringsherum ein Park in die Höhe oder ein Blick auf die Alpen eröffnete sich – alles spielend und in kürzester Zeit aus dem Kopfe hingezeichnet». Lehmann 1898 (wie Anm. 130), S. 4.

278 Capol 2000 (wie Anm. 106), S. 75.

279 Vgl. etwa die zahlreichen fotografischen Darstellungen in: Hunziker, Jakob: Das Schweizerhaus nach seinen landschaftlichen Formen und seiner historischen Entwicklung, Erster Abschnitt: Das Wallis. Aarau 1900.

122 «Ständer- und Riegelbauten der nordöstlichen Schweiz», Taf. XXX aus: Gladbach, Charakteristische Holzbauten, 1893.

Gladbach vereinigt hier mit zeichnerischen Mitteln Bauten aus verschiedenen Orten, um ein Gesamtbild der regionalen Bautraditionen zu vermitteln.

123 «Speicherbauten von Riedstätten und Schwarzenburg», Taf. VIII aus: Gladbach, Schweizer Holzstyl, 1883.

Die Gebäude im Hintergrund sind mit dünneren Strichstärken, heller und mit weniger Schatten gezeichnet, um sie in ihren Details erfassbar zu machen.

gewohnheiten veränderten auch die Lehrmittel zur Baukonstruktionslehre.[280] Bereits Lasius bewertete Gladbachs Konzept der Darstellung als veraltet und resümierte trotz anerkennender Worte:

> «Können da Gladbachs Arbeiten uns als Vorbild dienen? Ja: in Bezug auf die Sorgfalt und die Genauigkeit des Studiums in architektonischer Hinsicht. Nein: in Bezug auf die malerische Wirkung; in diesem Punkte müssen heute andre Ansprüche gemacht werden.»[281] «Das Bild ist also nicht Wirklichkeit, Natureindruck an Ort und Stelle, sondern es ist eine Abstraktion, es ist verstandesmässig aufgebaut mit poetischem Sinn und Gefühl und doch ohne eigentliche malerische Empfindung – dazu bietet es viel zu viel.»[282]

Lasius veranschaulichte sein Urteil an der erwähnten Zeichnung Gladbachs vom Kaiserpalast in Gelnhausen. Die Zeichnung vereint verschiedene Ansichten der Ruinen und der nahen Stadt, die in der Realität nicht alle vom gewählten Standpunkt aus wahrgenommen werden können.[283] Auch bei der Dokumentation der Schweizer Holzbauten sind verschiedene Perspektiven oder auch Gebäude von unterschiedlichen Orten in einer Zeichnung vereint. In einer Tafel zu *Ständer- und Riegelbauten der nordöstlichen Schweiz* werden Holzbauten verschiedener Orte zu einem ortsähnlichen Gesamtbild montiert (**Abb. 122**), eine andere Tafel gruppiert vier *Wohnhäuser von Grion, Canton Waadt*[284] in einem fiktiv konstruierten Ort, an dem sich in der Realität – auch ausweislich der Vorzeichnung Gladbachs[285] – nur das vorderste befand. Auf anderen Tafeln stellt Gladbach die Gebäude im Hintergrund überdeutlich und in Teilen vergrössert dar oder verzichtet auf Schattenwürfe, um wichtige Elemente der Konstruktion erkennbar zu machen (**Abb. 123**).[286]

Methoden, Strategien des Experimentierens und die Schritte einer Vermittlung in die Praxis sind im Bauingenieurwesen unterschiedlich. Hier findet sich zur Jahrhundertwende vor allem das Experiment und die Materialwissenschaft: Neu war vor allem der Betoneisenbau. Grundlegend für die Durchsetzung der Eisenbetonbauweise war 1902 die Publikation der «vereinigten»[287] Wayss & Freytag AG *Der Betoneisenbau, seine Anwendung und Theorie,* deren theoretischer Teil von Emil Mörsch (als Leiter des technischen Büros von Wayss &Freytag) verfasst wurde.[288] 1906 veröffentlichte Mörsch – nur kurze Zeit zuvor als

---

280 Bereits in einem 1936 veröffentlichten Aufsatz schrieb Walter Benjamin über die veränderten Produktionsbedingungen: «Mit der Photographie war die Hand im Prozeß bildlicher Reproduktion zum ersten Mal von den wichtigsten künstlerischen Obliegenheiten entlastet». Benjamin, Walter: Das Kunstwerk im Zeitalter seiner technischen Reproduzierbarkeit, in: ders.: Gesammelte Schriften. Hg. v. Rolf Tiedemann und Hermann Schweppenhäuser, Bd. 1, T. 2. Frankfurt (Main) 1980, S. 471–508, hier S. 474.

281 Lasius 1897 (wie Anm. 131), S. 199.

282 Ebd., S. 198.

283 Ebd.

284 Gladbach 1893 (wie Anm. 92), Taf. XXV.

285 Landesmuseum Zürich, Graphische Sammlung, LM 1330, K1: Zeichnung Ernst Gladbach, undatiert.

286 Wie für die Gebäudeensembles beschrieben, lässt sich diese Darstellungsweise auch in Gladbachs Konstruktionszeichnungen beobachten. Beispielhaft sind die Tafeln mit den Dachstühlen vom *Rosswiesli im Fuchsloch bei Fischenthal* und dem *Haus der Gebrüder Schmidt in Büelisacher,* Gladbach 1868 (wie Anm. 90), Taf. A.II.2, B.I.1. Die Zeichnungen zeigen die tragenden Elemente detailliert mit Holzmaserungen und Schattenwurf, wie sie von einem Betrachter von aussen zwar nicht hätten gesehen werden können; der Autor bezweckte aber eine «strenge[...], wahrheitsgetreue[...] Darstellung des wirklich Vorhandenen», ebd., unpag. [2. Seite der Einleitung].

287 Über die «zwischenzeitlich vereinigte Wayss & Freytag AG», Lorenz, Werner: Von den Mühen des Alltags – Ein Eisenbeton-Skelett von 1911 in Berlin-Mitte, in: Hassler, Uta; Schmidt, Hartwig (Hg.): Häuser aus Beton. Vom Stampfbeton zum Grosstafelbau. Tübingen 2004, S. 180–190, hier S. 185.

288 Wayss & Freytag A. G.: Der Betoneisenbau, seine Anwendung und Theorie. Theoretischer Teil bearbeitet von Regierungsbaumeister Emil Mörsch. Ohne Ort [Neustadt an der Haardt] 1902.

Nachfolger von Karl Wilhelm Ritter[289] an das Zürcher Polytechnikum berufen – eine überarbeitete Fassung des Buches. Diese zweite Auflage ist ein erstes akademisches Lehrbuch über den Eisenbetonbau. Von entscheidender Bedeutung für die akademische Etablierung des Eisenbetonbaus war die Kooperation zwischen Mörsch und Carl Bach, dem Leiter der Materialprüfungsanstalt in Stuttgart, der in Mörschs Auftrag Reihenversuche mit Eisenbetonelementen vornahm und kommentierte.[290] Diese Zusammenarbeit war ein wichtiger Anstoss zur Binnendifferenzierung des Berufsfeldes.

Die Publikation *Der Betoneisenbau, seine Anwendung und Theorie*[291] markiert im Mai 1902 eine Zäsur im Fachdiskurs: Der von Mörsch verfasste Abschnitt *Theorie der Betoneisenkonstruktionen*[292] zeigt die Zunahme der Komplexität der Theoriebildung und wird für die Ingenieurschule zum Katalysator einer neuen Einheit von Lehre *und* Forschung. In der zweiten Auflage des *Betoneisenbaus* wird im Jahr 1906 mit der veränderten Wortfolge im Titel die neue Perspektive deutlich, jetzt heisst es: *Der Eisenbetonbau. Seine Theorie und Anwendung.*[293]

Das Bauingenieurwesen um 1900 und Emil Mörsch

Die Entwicklung der Eisenbetonbauweise ist eine der grossen bautechnischen Neuerungen des 19. Jahrhunderts. Der Baustoff Beton, der auf der Erfindung des Portlandzements (und zuvor des Romanzements) mit seinen hydraulischen Eigenschaften basiert, war bereits in der ersten Hälfte des 19. Jahrhunderts entwickelt, Eingang in das Bauwesen fand er zunächst vor allem als handverdichteter, unbewehrter Stampfbeton für Fertigteile und einfache Baukonstruktionen. Frühe Versuche mit Armierungen gab es seit den Anfängen der Betonverwendung. Erfolgreich gestalteten sich diese im letzten Viertel des 19. Jahrhunderts, im 20. Jahrhundert setzt sich Konstruieren und Bauen mit Eisenbeton durch.[294] Den «durchschlagende[n] Erfolg von Mörsch»[295] zur Jahrhundertwende führt Karl-Eugen Kurrer plausibel (wenn auch am deutschen Beispiel) auf die Überwindung der «Systemzeit»[296] des Eisenbetonbaues und die «Vollendung der

---

289 Der Bruder Karl Wilhelm Ritters war in Frankfurt Leiter der Firma Philipp Holzmann. Ritter war zwischen 1870 und 1873 Assistent bei Carl Culmann, dann Professor der Ingenieurwissenschaften in Riga und schliesslich Nachfolger Culmanns am Zürcher Polytechnikum.

290 Zur Materialprüfungsanstalt Stuttgart summarisch Weber, Christiane: Werkstatt oder Laboratorium. Praktische Ingenieurausbildung im 19. und frühen 20. Jahrhundert am Beispiel der Materialprüfungsanstalt Stuttgart, in: Möllmer, Tobias (Hg.): Stil und Charakter. Beiträge zur Architekturgeschichte und Denkmalpflege des 19. Jahrhunderts. Festschrift zum 75. Geburtstag von Wolfgang Brönner. Berlin/Basel 2015, S. 141–156.

291 Wayss & Freytag 1902 (wie Anm. 288).

292 Mörsch, Emil: Theorie der Eisenbetonkonstruktionen, in: Wayss & Freytag A. G. 1902 (wie Anm. 288), S. 49–111.

293 Wayss & Freytag A.-G. (Hg.): Der Eisenbetonbau. Seine Theorie und Anwendung. Verfasst von E. Mörsch. 2. verm. u. verb. Aufl. Stuttgart 1906.

294 Vgl. etwa Beiträge in Hassler/Schmidt 2004 (wie Anm. 287). Vgl. zur historischen Entwicklung: Haegermann, Gustav: Vom Caementum zum Zement, in: Huberti, Günter (Hg.): Vom Caementum zum Spannbeton (Beiträge zur Geschichte des Betons, Bd. 1). Wiesbaden/Berlin 1964, S. 1–72, besonders S. 35–59; Jürges, Thomas: Die Entwicklung der Biege-, Schub- und Verformungsbemessung in Stahlbetonbau und ihre Anwendung in der Tragwerklehre. Diss. RWTH Aachen 2000, S. 8–15; Kierdorf, Alexander; Hilsdorf, Hubert K.: Zur Geschichte des Bauens mit Beton, in: Hassler 2010 (wie Anm. 113), S. 11–51, hier S. 14–31 sowie Moussard, Michel; Garibaldi, Patricia; Curbach, Manfred: The Invention of Reinforced Concrete (1848–1906), in: Hordijk, Dick; Luković, Mladena (Hg.): High Tech Concrete. Where Technology and Engineering Meet. Proceedings of the 2017 fib Symposium, held in Maastricht, The Netherlands, June 12–14, 2017. Cham 2018, S. 2785–2794.

295 Das Folgende, sofern nicht anders vermerkt, nach Kurrer, Karl Eugen: Geschichte der Baustatik. Auf der Suche nach dem Gleichgewicht. 2. stark erw. Aufl. Berlin 2016, Zitat S. 695.

296 Ebd., S. 682.

124 Wayss & Freytag, Betoneisenbau, 1902.

Ein zentrales Werk im Übergang von der «Geschäftswissenschaft» zur modernen «technisch-wissenschaftlichen Gemeinschaftsarbeit» ist das von Wayss & Freytag herausgegebene und von Emil Mörsch grossenteils bearbeitete Werk *Der Betoneisenbau, seine Anwendung und Theorie*, das der fortschreitenden Verwissenschaftlichung des Konstruktionswissens über Eisenbeton Vorschub leistete.

Triade» (Industrie, Verwaltung und Wissenschaft)[297] zurück: Als nach 1894 das Monier-Patent in Deutschland entfiel, entfaltete sich, auch begünstigt durch das System Hennebique, ein breites Spektrum unterschiedlicher, von Betonfirmen entwickelter Berechnungs- und Konstruktionssysteme für Eisenbetonbauteile (sogenannte Systemzeit).[298] Der zentrale Impuls zu einer ‹allgemeinen Theorie› des Eisenbetonbaus ging von der von der Wayss & Freytag AG 1902 veröffentlichten Broschüre *Der Betoneisenbau, seine Anwendung und Theorie* aus, insbesondere von dem von Emil Mörsch verfassten theoretischen Teil[299] (**Abb. 124**). Hier zeigt sich der Eisenbetonbau noch als ‹Geschäftswissenschaft› wie zuvor schon das System Monier.[300] Mörsch konnte aber ergänzend auf Experimentalergebnisse der Materialprüfung zurückgreifen und stellte eine neue, auf Veröffentlichungen des belgischen Ingenieurs Paul Christophe zurückgehende Berechnungsmethode höchst anschaulich dar: so wurde die praktische Anwendbarkeit unterstrichen.[301] Kurrer betont: «Dort faßt er [Mörsch, d. Verf.] die wichtigsten Versuchsergebnisse der Materialprüfungsanstalten an Stahlbetonbauteilen zusammen und entwickelt die Grundrisse einer Stahlbetontheorie [...], die bis 1971 Grundlage der Bemessung nach DIN 1045 bildete.»[302] Im Gegensatz zu früheren Veröffentlichungen der Firmen zeichnete sich *Der Betoneisenbau* auch durch eine offene Kommunikation aus, ist nicht mehr

---

297 Ebd., S. 681. Zuerst veröffentlicht in Kurrer, Karl-Eugen: Stahl + Beton = Stahlbeton? Stahl + Beton = Stahlbeton! Die Entstehung der Triade von Verwaltung, Wissenschaft und Industrie im Stahlbetonbau in Deutschland, in: Beton- und Stahlbetonbau 92 (1997), H. 1, S. 13–18; H. 2, S. 45–49.

298 Kurrer 2016 (wie Anm. 295), S. 679–696; Kurrer 1997 (wie Anm. 297), H. 1, S. 13–18; H. 2, S. 45–49.

299 Wayss & Freitag A. G. 1902 (wie Anm. 288).

300 Wayss, Gustav Adolf (Hg.): Das System Monier (Eisengerippe mit Cementumhüllung) in seiner Anwendung auf das gesammte Bauwesen. Berlin 1887.

301 Jürges 2000 (wie Anm. 294), S. 60.

302 Kurrer, Karl Eugen: Geschichte der Baustatik. Berlin 2002, S. 355.

ausschliesslich Werbebroschüre. Kurrer konstatiert, bereits die erste Auflage habe «eine Bresche in die Geschäftswissenschaft» geschlagen.[303] Die Entfaltung der modernen «technisch-wissenschaftlichen Gemeinschaftsarbeit» in Deutschland;[304] das aufeinander abgestimmte und ineinander greifende, arbeitsteilige Handeln von Wissenschaft, Industrie und staatlicher Verwaltung ist signifikant im Bereich des Eisenbetonbaus; der Übergang von der ‹Geschäftswissenschaft› zur technisch-wissenschaftlichen Forschung um 1900 fand Ausdruck in der Transformation der Firmenbroschüre zum Lehrbuch.

Firmenbroschüren entwickelten sich im 19. Jahrhundert branchenübergreifend zu einem Instrument unternehmerischen Marketings.[305] Für die Unternehmen der Betonbranche bildeten sie zusammen mit eigens für zeitgenössische Ausstellungen errichteten Musterbauten[306] das Hauptmedium zur Propagierung des neuen Baustoffes Beton (**Abb. 125**). Bei der Vermarktung ging es nicht um progressive Form, sondern um die Wünsche möglicher Kunden; zunächst standen historistische Vorbilder im Zentrum der Produktpaletten.[307] Im frühen Eisenbetonbau war es zum Einsturz einiger Gebäude gekommen, Wissen über Lastverläufe, Verbundwirkung und Herstellungsprozesse armierter Konstruktionen konnte erst um 1900 systematisiert und niedergelegt werden.[308] An diesem Punkt setzt früh die von Gustav Adolf Wayss 1887 verfasste *Monier*-Broschüre (**Abb. 126**) als Unternehmensveröffentlichung an, Firmeninteressen, Information über die Bauprozesse und Theoriediskussion sind hier bereits verknüpft.[309]

Gustav Adolf Wayss hatte am Polytechnikum in Stuttgart Ingenieurwissenschaften studiert und war seit 1879 (Mit-)Inhaber einer kleinen Baufirma in Frankfurt am Main;[310] er wurde 1885 zu einem der deut-

303 Kurrer 2016 (wie Anm. 295), Zitat S. 692.

304 Ebd., Zitat S. 696.

305 Ein systematischer Überblick zur Geschichte des Marketings und der Werbung findet sich bei: Berghoff, Hartmut: Moderne Unternehmensgeschichte. Eine themen- und theorieorientierte Einführung. Paderborn/München/Wien u. a. 2004, S. 313–341.

306 Vgl. Stegmann, Knut: Introducing Concrete: German Concrete Firms at Exhibitions Before 1914, in: Engineering History and Heritage 165 (2012), H. 3, S. 127–136.

307 Dazu Schmidt, Hartwig: Betonwerkstein. Künstliche Steine aus Stampfbeton, in: Hassler 2010 (wie Anm. 113), S. 75–85. Für den Klavierbau dokumentiert bei: Petersen, Sonja: Piano Manufacturing between Craft and Industry: Advertising and Image Cultivation of Early 20th Century German Piano Production, in: ICON. Journal of the International Committee for the History of Technolgy 17 (2011), S. 12–30; dies.: Vom ‹Schwachstarktastenkasten› und seinen Fabrikanten. Wissensräume im Klavierbau 1830–1930 (Cottbuser Studien zur Geschichte von Technik, Arbeit und Umwelt, Bd. 37). Münster/New York/München/Berlin 2011, S. 58–98, 135–164.

308 Eine systematisch-tabellarische Übersicht zu Einstürzen und Ursachen findet sich bei: Hellebois, Armande: Theoretical and experimental studies on early reinforced concrete structures. Contribution to the analysis of the bearing capacity of the Hennbique system. Diss. Université Libre de Bruxelles und École Polytechnique de Bruxelles 2013, S. 157–158; mit weiteren Literaturhinweisen zu den dort genannten Einstürzen. Als 1901 der im System Hennebique errichtete fertige Rohbau des Hotels «Zum Bären» in Basel einstürzte, führte eine eingesetzte Expertenkommission, der auch die beiden Zürcher Polytechnikums-Professoren Schüle und Ritter angehörten, dies ursächlich auf handwerkliche Fehler zurück, konkret auf die zu frühe Demontage der Spriessen. Vgl. Geiser, Arnold; Ritter, Wilhelm; Schüle, François: Expertenbericht betreffend den Gebäude-Einsturz in der Aeschenvorstadt Basel am 28. August 1901. Zürich 1902, S. 25–29. Ritter hatte schon vorher in eine ähnliche Richtung argumentiert, sich nicht auf Berechnungen zu verlassen, sondern v. a. auch die Qualität des Baumaterials und den korrekten Bauablauf im Auge zu behalten. Vgl. Ritter, Karl Wilhelm: Die Bauweise Hennebique, in: SBZ 33 (1899), Nr. 5, S. 41–43; Nr. 6, S. 49–52; Nr. 7, S. 59–61, hier S. 61. Die Verlagerung des Verantwortungsprinzips von den Planenden auf die Ausführenden deutet sich hier an.

309 Wayss 1887 (wie Anm. 300). Im Gegensatz hierzu verfolgte der französische Steinmetz François Hennebique ein anderes Vorgehen. Er sah in den Schwierigkeiten bei der Berechnung von Eisenbetonkonstruktionen vor allem eine Marktlücke und gründete in Paris ein florierendes Unternehmen, das gegen eine Gebühr von 10 % der Auftragssumme für Unternehmen in der ganzen Welt nach eigenen Patenten Eisenbetonkonstruktionen entwarf und berechnete. Vgl. Haegermann 1964 (wie Anm. 294), S. 116. Zur *Monier*-Broschüre jüngst auch: Kuban, Sabine: Konstruieren in einer regellosen Zeit. Eisenbetonbemessung zwischen *Monier*-Broschüre und den ersten behördlichen Vorschriften (1887–1904), in: Lorenz, Werner; Tragbar, Klaus; Rauhut, Christoph; Meyer, Torsten; Krafczyk, Christina (Hg.): Alltag und Veränderung. Praktiken des Bauens und Konstruierens. Tagungsband der Zweiten Jahrestagung der Gesellschaft für Bautechnikgeschichte vom 23. bis 25. April 2015 in Innsbruck (Schriftenreihe der Gesellschaft für Bautechnikgeschichte, Bd. 1), Dresden 2017, S. 205–220.

310 Ramm, Wieland: Über die Anfänge des Eisenbetonbaus in Deutschland und die Pioniere der ersten Jahre, in: Beton- und Stahlbetonbau 107 (2012), H. 5, S. 335–356, hier S. 343. Siehe auch Ramm, W.: Über die faszinierende Geschichte des Betonbaus vom Beginn bis zur Zeit nach dem 2. Weltkrieg. Deutscher Ausschuss für Stahlbeton im DIN Deutsches Institut für Normung (Hg.): Gebaute Visionen. 100 Jahre Deutscher Ausschuss für Stahlbeton 1907–2007, Berlin/Wien/Zürich 2007,

125 a/b Zwei Ausstellungspavillons aus Betonfertigteilen (Firma Hüfer & Cie., Gewerbe- und Kunstausstellung Düsseldorf, 1880 / Firma Brenzinger & Cie., Oberbadische Gewerbeausstellung Freiburg (Breisgau), 1887), Abb. 12 / Abb. 34 aus: Petry, Betonwerkstein, 1913.

Zur Vermarktung des neuen Baumaterials Beton und seiner Produkte waren die regelmässig stattfindenden Gewerbeausstellungen wichtig: hervorgehoben wurde vor allem das gestalterische Potenzial des Baustoffs.

schen Lizenznehmer des französischen Eisenbetonpioniers Joseph Monier.[311] Noch im selben Jahr verlegte er seinen Firmensitz nach Berlin, zwei Gründe waren ausschlaggebend: Erstens bot der Bauboom der Reichshauptstadt gute Möglichkeiten der Vermarktung des Patents.[312] Zweitens zeichnete sich die deutsche Metropole durch eine gute institutionelle Infrastruktur in den technischen Wissenschaften aus; hierzu zählten vor allem die 1875 gegründete Königliche Prüfungsstation für Baumaterialien[313] und die 1878 entstandene Technische Hochschule Berlin-Charlottenburg[314] (dort lehrte einer der führenden Baustatiker der Zeit, Emil Winkler).[315] Während des Einwerbens von Aufträgen lernte Wayss auf der Reichstagsbaustelle den Regierungsbaumeister Matthias Koenen kennen,[316] der den dortigen Rohbau geplant hatte und

---

S. 27–130, hier S. 44, 49. Zur Biografie Gustav Adolf Wayss' siehe auch: Stegmann, Knut; Kuban, Sabine: «Ruhelos und unsteten Sinnes» – Zur Bedeutung des Eisenbetonpioniers Gustav Adolf Wayss (1851–1917), in: Beton- und Stahlbetonbau 112 (2017), H. 8, S. 545–555. Indem Wayss technische und ökonomische Expertise ad personam verband, unterscheidet er sich deutlich von den frühen Pionieren des deutschen Betonbaus, die zumeist über keinen technischen Sachverstand verfügten. Vgl. hierzu exemplarisch: Stegmann, Knut: Das Bauunternehmen Dyckerhoff & Widmann – Zu den Anfängen des Betonbaus in Deutschland 1865–1918. Tübingen/Berlin 2014, S. 23–34.

311 Zu Monier vgl. Bosc, Jean-Louis [et al.]: Joseph Monier et la Naissance du Ciment Armé. Paris 2001.

312 Zum Berliner Bauboom und zur Stadtentwicklung seit 1850 vgl. knapp: Bodenschatz, Harald: Städtebau in Berlin. Schreckbild und Vorbild für Europa. 2. Aufl. Berlin 2013, S. 23–43; ausführlich: Bernhardt, Christoph: Bauplatz Gross-Berlin. Wohnungsmärkte, Terraingewerbe und Kommunalpolitik im Städtewachstum der Hochindustrialisierung (1871–1918) (Veröffentlichungen der Historischen Kommission zu Berlin, Bd. 93). Berlin/New York 1998.

313 Zur Geschichte der Materialprüfung in Berlin vgl. Ruske, Walter: 100 Jahre Materialprüfung in Berlin – Ein Beitrag zur Technikgeschichte. Berlin 1971, zur genannten Baumaterialstation vgl. S. 90–91.

314 Hervorgegangen aus dem Zusammenschluss der Berliner Bauakademie und des Berliner Gewerbeinstituts.

315 Zur Biografie vgl. Knothe, Klaus; Tausendfreund, Doris: Emil Oskar Winkler (1835–1888). Begründer der Statik der Baukonstruktion an der TH Berlin, in: Schwarz, Klaus (Hg.): 1799–1999. Von der Bauakademie zur Technischen Universität Berlin. Geschichte und Zukunft. Berlin 2000, S. 164–178. Zur Bedeutung Winklers für die Geschichte der Baustatik vgl. Kurrer 2016 (wie Anm. 295), S. 470–480. Besonders hervorzuheben sind seine elastizitätstheoretischen Überlegungen.

316 Zur Biografie vgl. Bornemann, Erich: Koenen, Matthias, in: NDB, Bd. 12. Berlin 1979, S. 330–331; Ramm, Wieland: Matthias Koenen (1849–1924). Schöpfer der ersten Biegebemessung für Eisenbetonplatten und Mitbegründer der Eisenbetonbauweise in Deutschland, in: Jahrbuch der VDI-Gesellschaft Bautechnik (10) 1998, S. 349–379. Biografie im Anhang.

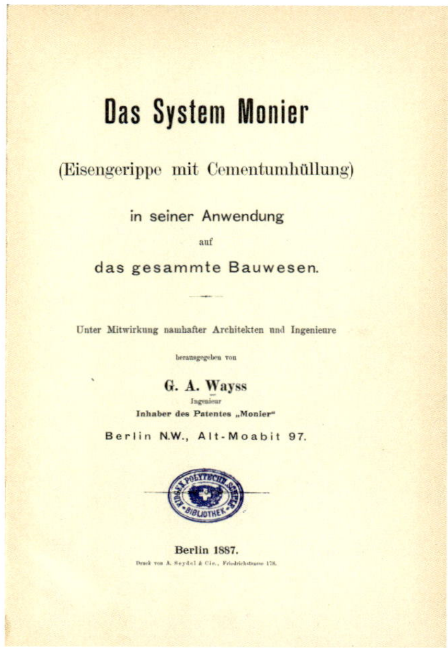

Das System Monier

(Eisengerippe mit Cementumhüllung)

in seiner Anwendung

auf

das gesammte Bauwesen.

Unter Mitwirkung namhafter Architekten und Ingenieure

herausgegeben von

G. A. Wayss

Ingenieur

Inhaber des Patentes „Monier“

Berlin N.W., Alt-Moabit 97.

Berlin 1887.

Druck von A. Seydel & Cie., Friedrichstrasse 178.

126 Wayss, Das System Monier, 1887.

Gustav Adolf Wayss' *Monier*-Broschüre sollte vor allem Zweifel an einer mangelnden Dauerhaftigkeit armierter Betonkonstruktionen, wie sie insbesondere die Baubehörden äusserten, zerstreuen; bedeutend war an der *Monier*-Broschüre, dass sie hierzu auch experimentelle Praktiken und ingenieurwissenschaftliche Berechnungsmethoden ausführlich diskutierte.

leitete. Wayss' Vorschlag, beim Bau des Reichstages die Wände in monierscher Eisenbetonbauwiese zu konstruieren, standen zunächst Bedenken Koenens entgegen: «Erstens eine mögliche Rostgefahr des Eisens, zweitens eine ungenügende Haftung zwischen den Bewehrungsstäben und drittens die Zerstörung der Bauteile infolge unterschiedlicher Ausdehnung der beiden Baustoffe bei Erwärmung.»[317] Die Vorbehalte konnten sukzessive ausgeräumt werden: 1886 wurden durch amtliche Erprobung von Versuchsobjekten und Beglaubigung entsprechender Messprotokolle Fragen von Rost- und Haftung beobachtet;[318] Fragen des Temperaturverhaltens konnten durch ein neu konzipiertes rechnerisches Bemessungsverfahren untersucht werden, das Koenen im selben Jahr erstmals im *Centralblatt der Bauverwaltung* veröffentlichte.[319] Experimentelle Praktiken, ingenieurwissenschaftliche Berechnungsmethoden und staatliche Legitimation von Resultaten führten gemeinsam zu verbesserter Glaubwürdigkeit der propagierten Verfahren.[320]

---

317 Ramm, Wieland: Über die Wiege des Eisenbetons in Deutschland – Der Weg des Eisenbetons von Frankreich nach Deutschland führte über die Pfalz, in: Der Prüfingenieur. Zeitschrift der Bundesvereinigung der Prüfingenieure für Bautechnik 37 (2010), S. 17–29, hier S. 22.

318 Nach der Entwicklung seiner ‹Theorie›, aber noch vor deren Erstveröffentlichung nahm Koenen massgeblichen Einfluss auf die Versuchskonzeption. Kurrer 2016 (wie Anm. 295), S. 672; Ramm 2010 (wie Anm. 317), S. 17–29.

319 Koenen, Matthias: Für die Berechnung der Stärke der Monierschen Cementplatten, in: Centralblatt der Bauverwaltung 6 (1886), Nr. 47, S. 462. Basal für Koenen war dabei der 1863 erschienene Artikel Bouniceaus, in dem, aufgrund durchgeführter Versuche, der Wärmedehnungskoeffizient von Beton angegeben wurde, der ähnlich ist wie jener des Eisens. Kurrer 2016 (wie Anm. 295), S. 670; Ramm 2010 (wie Anm. 317), S. 17–29. Offen muss bleiben, wie Koenen diesen Artikel rezipierte, denn während die beiden genannten Autoren Kurrer und Ramm hier auf die französische Originalfassung verweisen, wurden Bouniceaus Kernaussagen bereits im *Handbuch der Architektur* veröffentlicht, worauf Wayss in seiner *Monier*-Broschüre dezidiert hinweist. Vgl. Wayss 1887 (wie Anm. 300), S. 8. Vgl. Marx, Erwin: Constructions-Elemente in Stein (HdA, T. 3, Bd. 1, Abschnitt 1) 2. Aufl. Darmstadt 1891 (zuerst 1886), S. 9–93, hier S. 17. Schenkt man Wayss' Broschüre Glauben, spielten zudem die von Februar bis November 1886 durchgeführten Versuche ebenfalls eine wichtige Rolle. Vgl. Wayss 1887 (wie Anm. 300), S. 35–36. Wayss führte die angesprochenen Versuche zwischen Februar und Anfang November 1886 durch, Koenens kurze Abhandlung erschien dann im *Centralblatt* vom 20. November 1886.

320 Zu beachten ist in diesem konkreten Falle auch, dass Koenen seine einseitige Abhandlung in der verbindlichen Zeitung der Bauverwaltung veröffentlichte.

Dorfbrücke
ausgeführt auf der Besitzung des Herrn Marquis Tilière im Schlossparke zu Chazelet, Indre.
Länge 16,50 m; Breite 4,00 m.

127 Dorfbrücke im Schlosspark von Chazelet, S. 128 aus: Wayss, Das System Monier, 1887.

Um die Einsatzmöglichkeiten des Eisenbetons eindrücklich vor Augen zu führen, dokumentierte die *Monier*-Broschüre solche Bauten, die im System Monier errichtet wurden fotografisch. Prominentes Beispiel ist die erste Eisenbetonbrücke, die 1875 von Joseph Monier im Schlosspark von Chazelet ausgeführt wurde. Ihr Betongeländer formt Astwerk nach.

Ökonomisches Interesse wird deutlich im folgenden Abschnitt, «Beispiele von Bauausführungen in Cement mit Eisen und Konstruktionsvorschläge für die gemeinsame Anwendung beider Materialen».[321] Wayss präsentiert Einsatzmöglichkeiten des Systems Monier im Hochbau,[322] im Ingenieurbau[323] sowie für Gewerbe- und landwirtschaftliche Bauaufgaben,[324] gefolgt von einer ebenfalls exemplarischen fotografischen Dokumentation einiger im System Monier errichteter Bauten (**Abb. 127**). Den Autoren gelang es so, der neuen Bauweise wissenschaftliche Absicherung zuzuschreiben, ein in der «Bücherschau» des *Centralblatts der Bauverwaltung* im Veröffentlichungsjahr erschienener Kurzbeitrag hebt (insbesondere aus Sicht der staatlichen Bauverwaltung) die Bedeutung der von Wayss herausgegebenen Schrift hervor und urteilt:

> «Nach den vorliegenden Ergebnissen ist nicht mehr daran zu zweifeln, dass die Ausführung in Cement und Eisen eine sehr schätzenwerthe Bereicherung des Bauwesens bildet. Den reinen Eisenconstructionen gegenüber besitzt diese Ausführungsweise den Vorzug der grösseren Dauerhaftigkeit und Feuersicherheit, während sie im Vergleich zu den reinen Cement- und Steinconstructionen den Vortheil der weit grösseren Tragfähigkeit bei geringerem Eigengewicht bietet. Es ist daher allen Fachleuten zu empfehlen, dass sie von dem Inhalte des Buches (welches auch eine kurze Anleitung zur Berechnung der Cementkörper mit Eiseneinlage enthält) Kenntniss nehmen und in Erwägung ziehen, wie weit sie bei der Lösung der ihnen gestellten Aufgaben von der Cement-Eisen-Construction Gebrauch machen können.»[325]

---

321 Wayss 1887 (wie Anm. 300), S. 73.

322 Ebd., S. 72–111.

323 Ebd., S. 111–120.

324 Ebd., S. 120–122.

325 Z.: Das System Monier (Eisengerippe mit Cementumhüllung) in seiner Anwendung auf das gesammte Bauwesen. Unter Mitwirkung namhafter Architekten und Ingenieure herausgegeben von G. A. Wayss, Ingenieur und Inhaber des Patentes

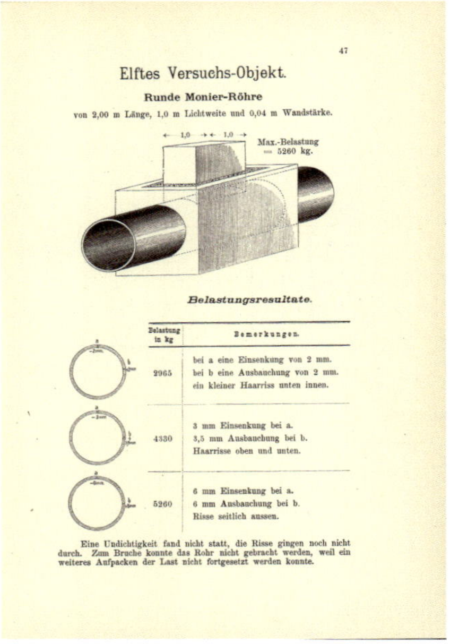

47

Elftes Versuchs-Objekt.

Runde Monier-Röhre

von 2,00 m Länge, 1,0 m Lichtweite und 0,04 m Wandstärke.

Belastungsresultate.

Belastung in kg	Bemerkungen.
2965	bei a eine Einsenkung von 2 mm. bei b eine Ausbauchung von 2 mm. ein kleiner Haarriss unten innen.
4330	3 mm Einsenkung bei a. 3,5 mm Ausbauchung bei b. Haarrisse oben und unten.
5260	6 mm Einsenkung bei a. 6 mm Ausbauchung bei b. Risse seitlich aussen.

Eine Undichtigkeit fand nicht statt, die Risse gingen noch nicht durch. Zum Bruche konnte das Rohr nicht gebracht werden, weil ein weiteres Aufpacken der Last nicht fortgesetzt werden konnte.

128 Elftes Versuchs-Objekt. Runde Monier-Röhre, S. 47 aus: Wayss, Das System Monier, 1887.

Die Darstellung der durchgeführten Belastungsversuche nahm einen wichtigen Raum in der *Monier*-Broschüre ein. Die technische Skizze des jeweiligen Versuchsobjekts ergänzten zumeist tabellarisch aufbereitete Experimentalergebnisse, wie am Beispiel der Röhrenbelastungsversuche erkennbar ist.

Wayss stellt als zweifelsfrei erwiesene Vorteile «die Dauerhaftigkeit der Monier-Konstruktionen und ihre Widerstandsfähigkeit selbst gegen unberechenbare Angriffe» heraus, er lobt «ihre geringe Massigkeit, ihre in sich stabile Form, die schnelle Benutzungsfähigkeit, ihre hygienischen Vorzüge und endlich die Tauglichkeit der Objekte für ästhetische Ausbildung und deren reiche Gestaltungsfähigkeit.»[326] Das zentrale Argument, das späterhin den Durchbruch des Eisenbetons bewirken sollte, die «Billigkeit der Bauweise», wird hier nicht genannt,[327] den Kosten hatte Wayss aber zuvor auf rund zwanzig Seiten grossen argumentativen Raum gegeben.[328] Sein Resümee negiert unternehmerische Interessen, hebt auf genuin bauwissenschaftliche Kriterien ab und nimmt den zeitgenössisch wichtigen Hygienediskurs auf.

Auf dem Titelblatt (**Abb. 126**) gibt sich Wayss als «Inhaber des Patentes ‹Monier›» zu erkennen, die Berufsbezeichnung «Ingenieur» betont seine akademische Qualifikation. Technische Expertise und unternehmerische Interessenlagen sind erkennbar, die auf dem Titelblatt vermerkte «Mitwirkung namhafter Architekten und Ingenieure» zeigt das Bemühen, das Werk fachlich zu verankern. Zu den Experten, die Wayss im ersten Kapitel heranzieht, zählen die beiden bekannten Hochschullehrer Rudolf Gottgetreu und Fritz Wolff. Gottgetreu wird als einer der Autoren des *Handbuchs der Architektur* und als Architekt referenziert – und zwar im Kontext der Argumentation über die Oberflächenbemalung der Eisenbetonbauten.[329] Die Nennung von Wolff (der seit 1886 an der Technischen Hochschule Berlin-Charlottenburg

Monier. Berlin 1887, in: Centralblatt der Bauverwaltung 7 (1887), Nr. 26, S. 252. Wahrscheinlich war der Autor Hermann Zimmermann, Hinweis von Karl-Eugen Kurrer.

326 Wayss 1887 (wie Anm. 300), S. 26.

327 Ebd., S. 11.

328 Auf 10 Seiten widmet sich der Text den «Vortheilen der Bauweise in Cement und Eisen», hiervon entfallen knapp die Hälfte auf den ökonomischen Aspekt. Vgl. Ebd., S. 10–18, hier S. 11–16.

329 Ebd., S. 21. Hier mit Bezug auf: Gottgetreu, Rudolph: Physische und chemische Beschaffenheit der Baumaterialien, Bd. 2. Berlin 1881, S. 320, 326–327.

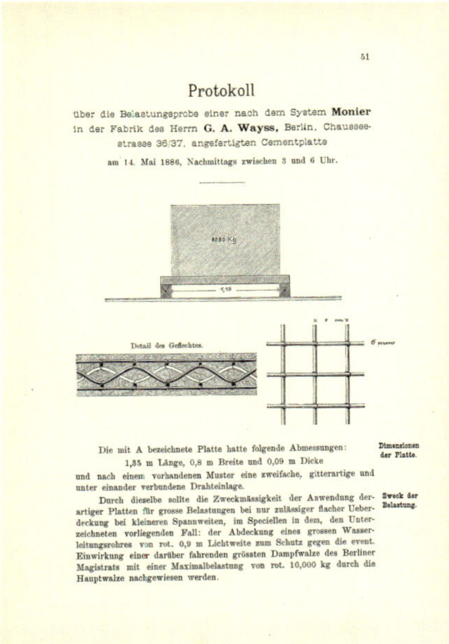

51

Protokoll

über die Belastungsprobe einer nach dem System **Monier** in der Fabrik des Herrn **G. A. Wayss,** Berlin, Chausseestrasse 36/37, angefertigten Cementplatte

am 14. Mai 1886, Nachmittags zwischen 3 und 6 Uhr.

Dimensionen der Platte. Die mit A bezeichnete Platte hatte folgende Abmessungen:

1,35 m Länge, 0,8 m Breite und 0,09 m Dicke

und nach einem vorhandenen Muster eine zweifache, gitterartige und unter einander verbundene Drahteinlage.

Zweck der Belastung. Durch dieselbe sollte die Zweckmässigkeit der Anwendung derartiger Platten für grosse Belastungen bei nur zulässiger flacher Ueberdeckung bei kleineren Spannweiten, im Speciellen in dem, den Unterzeichneten vorliegenden Fall: der Abdeckung eines grossen Wasserleitungsrohres von rot. 0,9 m Lichtweite zum Schutz gegen die event. Einwirkung einer darüber fahrenden grössten Dampfwalze des Berliner Magistrats mit einer Maximalbelastung von rot. 10,000 kg durch die Hauptwalze nachgewiesen werden.

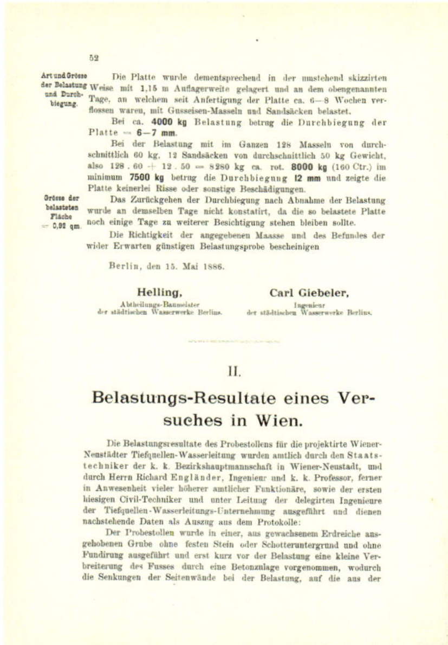

52

Art und Grösse der Belastung und Durchbiegung. Die Platte wurde dementsprechend in der umstehend skizzirten Weise mit **1,15 m** Auflagerweite gelagert und an dem obengenannten Tage, an welchem seit Anfertigung der Platte ca. 6—8 Wochen verflossen waren, mit Gusseisen-Masseln und Sandsäcken belastet.

Bei ca. **4000 kg** Belastung betrug die Durchbiegung der Platte = **6—7 mm**.

Bei der Belastung mit im Ganzen 128 Masseln von durchschnittlich 60 kg, 12 Sandsäcken von durchschnittlich 50 kg Gewicht, also 128 . 60 + 12 . 50 = 8280 kg ca. rot. **8000 kg** (160 Ctr.) im minimum **7500 kg** betrug die Durchbiegung **12 mm** und zeigte die Platte keinerlei Risse oder sonstige Beschädigungen.

Grösse der belasteten Fläche = 0,92 qm. Das Zurückgehen der Durchbiegung nach Abnahme der Belastung wurde an demselben Tage nicht konstatirt, da die so belastete Platte noch einige Tage zu weiterer Besichtigung stehen bleiben sollte.

Die Richtigkeit der angegebenen Maasse und des Befundes der wider Erwarten günstigen Belastungsprobe bescheinigen

Berlin, den 15. Mai 1886.

Helling, Abtheilungs-Baumeister der städtischen Wasserwerke Berlins.

Carl Giebeler, Ingenieur der städtischen Wasserwerke Berlins.

II.

Belastungs-Resultate eines Versuches in Wien.

Die Belastungsresultate des Probestollens für die projektirte Wiener-Neustädter Tiefquellen-Wasserleitung wurden amtlich durch den Staatstechniker der k. k. Bezirkshauptmannschaft in Wiener-Neustadt, und durch Herrn Richard Engländer, Ingenieur und k. k. Professor, ferner in Anwesenheit vieler höherer amtlicher Funktionäre, sowie der ersten hiesigen Civil-Techniker und unter Leitung der delegirten Ingenieure der Tiefquellen-Wasserleitungs-Unternehmung ausgeführt und dienen nachstehende Daten als Auszug aus dem Protokolle:

Der Probestollen wurde in einer, aus gewachsenem Erdreiche ausgehobenen Grube ohne festen Stein oder Schotteruntergrund und ohne Fundirung ausgeführt und erst kurz vor der Belastung eine kleine Verbreiterung des Fusses durch eine Betonzulage vorgenommen, wodurch die Senkungen der Seitenwände bei der Belastung, auf die aus der

129a/b Protokoll über die Belastungsprobe einer nach dem System Monier (…) angefertigten Cementplatte, S. 51/52 aus: Wayss, Das System Monier, 1887.

Die Zeugenschaft amtlicher Protokolle verlieh den Experimentalergebnissen besondere Glaubwürdigkeit. Kritik am neuen Baumaterial wurde so entschärft.

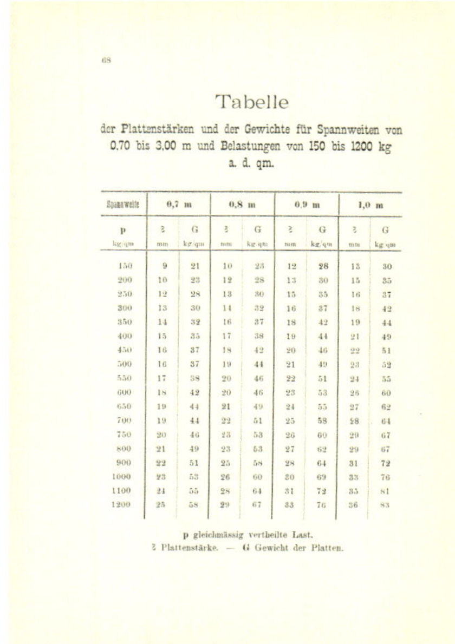

68

Tabelle

der Plattenstärken und der Gewichte für Spannweiten von 0.70 bis 3,00 m und Belastungen von 150 bis 1200 kg a. d. qm.

Spannweite	0,7 m		0,8 m		0,9 m		1,0 m	
p kg/qm	$\mathfrak{z}$ mm	G kg/qm	$\mathfrak{z}$ mm	G kg/qm	$\mathfrak{z}$ mm	G kg/qm	$\mathfrak{z}$ mm	G kg/qm
150	9	21	10	23	12	28	13	30
200	10	23	12	28	13	30	15	35
250	12	28	13	30	15	35	16	37
300	13	30	14	32	16	37	18	42
350	14	32	16	37	18	42	19	44
400	15	35	17	38	19	44	21	49
450	16	37	18	42	20	46	22	51
500	16	37	19	44	21	49	23	52
550	17	38	20	46	22	51	24	55
600	18	42	20	46	23	53	26	60
650	19	44	21	49	24	55	27	62
700	19	44	22	51	25	58	28	64
750	20	46	23	53	26	60	29	67
800	21	49	23	53	27	62	29	67
900	22	51	25	58	28	64	31	72
1000	23	53	26	60	30	69	33	76
1100	24	55	28	64	31	72	35	81
1200	25	58	29	67	33	76	36	83

p gleichmässig vertheilte Last.
$\mathfrak{z}$ Plattenstärke. — G Gewicht der Platten.

130 Tabelle der Plattenstärken und der Gewichte für Spannweiten von 0.70 bis 3.00 m und Belastungen von 150 bis 1200 kg a. d. qm, S. 68 aus: Wayss, Das System Monier, 1887.

Die von Wayss präsentierte Tabelle zu den Betondruckspannungen sollte die baupraktische Verwendung des neuen Materials unterstreichen und «potentielle Bauherren von der technisch-wirtschaftlichen Überlegenheit der Monierplatten gegenüber konkurrierenden konventionellen Deckenplatten überzeugen» (Kurrer, Baustatik, 2002, S. 348). Festzuhalten ist, dass die von Wayss angegebenen Werte der Betondruckspannung deutlich über jenen liegen, die Koenen in seiner grundlegenden Abhandlung angab.

lehrte)[330] ist relevant, weil neben den angeführten technisch begründeten Vorbehalten gegen Eisenbetonkonstruktionen der das Patent grundsätzlich in Frage stellende Einwand zirkulierte, es betreffe die Nachahmung bekannter Konstruktionsprinzipien und Materialzusammensetzungen.[331] Zur Absicherung druckte Wayss eine Einschätzung Wolffs ab: «Gegenüber den sonst patentierten Herstellungsmethoden äußerlich gleich gearteter Bautheile geht das moniersche System von ganz anderen Grundsätzen aus und gelangt zu ganz anderen Ergebnissen.»[332] Die gutachterliche, auf technischen Argumenten beruhende Stellungnahme des anerkannten zeitgenössischen Experten soll dem Leser die Unhaltbarkeit des patentrechtlichen Einwandes vor Augen führen.

«Theorie einiger wichtiger Konstruktionen nach System Monier Metallgerippe mit Cementumhüllung nach der von Regierungs-Baumeister M. Koenen im Centralblatt der Bauverwaltung (Jahrgang 1886) angegebenen, mit Belastungsversuchen übereinstimmenden Berechnungsweise»[333] lautet die vollständige Überschrift des zweiten Kapitels der *Monier*-Broschüre – es ist ihr «theoretisches Herzstück».[334] Sie macht den Leser aufmerksam auf die Fachautorität der Experten, auf das ursprüngliche Publikationsformat der Berechnungsmethode und die (postulierte) Übereinstimmung von Theorie und Praxis durch den experimentellen Nachweis der Formel. Ausgangspunkt der Versuche war Koenens Theorie der Bemessung – im wesentlichen ein vereinfachter rechnerischer Nachweis der Spannungen in «einfach bewehrte[n] Balken bei reiner Biegung»[335]. Koenen war dabei von der Annahme ausgegangen, «daß der

330 Zur Biografie siehe Anonym: Wolff, Fritz, in: Thieme, Ulrich; Becker, Felix (Hg.): Allgemeines Lexikon der bildenden Künstler von der Antike bis zur Gegenwart, Bd. 36. Leipzig 1947, S. 197.

331 Wayss 1887 (wie Anm. 300), S. 2–4.

332 Ebd., S. 4.

333 Ebd., S. 27.

334 Kurrer 2016 (wie Anm. 295), S. 675.

335 Ebd.

Beton nur die linear über den Querschnitt verteilten Druckspannungen, die Bewehrung nur die Zugspannungen aufnimmt, die Höhe der Druckzone $x = 0{,}5\ d$ ist und der Hebelarm der inneren Kräfte den Wert $z = 0{,}75\ d$ annimmt».[336]

Das dritte Kapitel stellte entsprechend die von Wayss veranlassten und von Koenen konzipierten Versuche[337] zur Untersuchung der «Tragfähigkeit, Feuerfestigkeit, Widerstandsfähigkeit gegen Stoss und das Verhalten des Cementes und Eisens zu einander» vor.[338] Die Versuche sollen Koenens Annahmen verifizieren: «Auf diese Versuche [gemeint sind die von Februar bis November 1886 in Berlin, Breslau, Köln und Wien durchgeführten, d. Verf.] hat die einleitende Besprechung des ganzen Systems mehrfach Bezug nehmen müssen [...]. Auch die vorstehende koenensche Theorie der Konstruktionen (vergl. Centralblatt der Bauverwaltung vom 20. November 1886) ist gestützt auf die Ergebnisse dieser praktischen Untersuchungen und erweist sich als übereinstimmend mit ihnen bei den Kalkulationen, wie sie die Praxis mit sich bringt.»[339] Die «Versuche an Probe-Objecten aus Cement und Eisen»[340] waren zugleich «explorative Experimente», erkenntnisleitend für neue Fragestellungen zu einer Erweiterung der Theoriebildung zu den untersuchten Phänomenen.[341]

Die Versuchsprotokolle wurden von Baubeamten verfasst.[342] Im Februar und Mai 1886 wurden 14 Belastungsversuche durchgeführt, sie sind in der Broschüre dokumentiert.[343] Sie zielten auf den Nachweis von Materialeigenschaften und Tragfähigkeit des Eisenbetons an Beispielen von Bogenkonstruktionen, freitragenden Böden und Wänden sowie Röhren (**Abb. 128**). Zehn Versuche wurden am 23. Februar 1886 durchgeführt, die Erprobung der Objekte erfolgte durch Vertreter des Berliner Polizeipräsidiums «in Gegenwart einer grossen Anzahl bedeutender Architekten und Ingenieure».[344] Die Versuche 11 bis 13 nahm Regierungsbaumeister Wächter auf und bescheinigte ihre Ergebnisse; den letzten Versuch, am 14. Mai 1866 durchgeführt, protokollierten zwei Vertreter der städtischen Wasserwerke Berlin. Staatliche Institutionen bürgten für die bürokratische Archivierung der Versuchsergebnisse und die Übertragbarkeit von Wayss' Ausführungen (**Abb. 129**). Theoretische Berechnungen und praktische Versuche synthetisieren sich dann in zwei tabellarischen Übersichten, die zu den Anwendungen hinleiten (**Abb. 130**). Die Broschüre erschien in einer Auflagenhöhe von 10 000 Exemplaren.

---

336 Ebd. (Hervorhebungen im Original, d. Verf.)

337 Bornemann, Erich: Koenen, Matthias, in: NDB, Bd. 12. Berlin 1979, S. 330; Kurrer 2016 (wie Anm. 295), S. 671. Die Versuche werden auf insgesamt 37 Seiten der Broschüre abgehandelt, Wayss 1887 (wie Anm. 300), S. 35–72.

338 Wayss 1887 (wie Anm. 300), S. 35.

339 Ebd., S. 35–36.

340 Ebd., S. 35.

341 Zum Konzept vgl. grundlegend: Steinle, Friedrich: Explorative Experimente. Ampère, Faraday und die Ursprünge der Elektrodynamik (Boethius. Texte und Abhandlungen zur Geschichte der Mathematik und der Naturwissenschaften, Bd. 50). Wiesbaden 2005. Bisher galt in der Forschung Koenens Rezeption der Arbeiten von Bouniceau als zentral, vgl. Anm. 37. Kurrer spricht in diesem Zusammenhang nur von «Vorversuchen», die keinen erkennbaren Bezug zu denen der *Monier*-Broschüre aufweisen. Kurrer 2016 (wie Anm. 295), S. 670.

342 Ein Versuch wurde im Protokoll nicht abgedruckt, sondern nur die Namen der anwesenden (staatlichen) Experten angeführt, es handelt sich dabei um den Belastungsversuch eines Probestollens in Wien, vgl. Wayss 1887 (wie Anm. 300), S. 52–55.

343 Ebd., S. 36–52.

344 Ebd., S. 36.

Eisenbetonbau als Unterrichtsfach um 1900

Rund zwei Jahrzehnte später war der Einsatz von Eisenbeton etablierte Bautechnik und Unterrichtsfach. In den Jahren 1905 und 1906 berichtet die Schriftleitung der Fachzeitschrift *Beton und Eisen* in diversen Heften des vierten und fünften Jahrgangs über die Ergebnisse einer Umfrage zum «Hochschulunterricht im Eisenbetonbau».[345] Ein programmatischer Artikel des Ingenieurs Kersten gab 1908 in *Beton und Eisen* eine weitere Synopse über die Etablierung des neuen Fachgebiets im institutionellen Ausbildungskontext,[346] die in den Folgejahren aktualisiert[347] und um die Lehre an den mittleren technischen Lehranstalten ergänzt wurde.[348] Die Artikel sind Momentaufnahmen des Herausbildungsprozesses eines neuen, eigenständigen bauwissenschaftlichen Lehrfachs, das erstmals 1903 an der Technischen Hochschule Dresden vertreten wurde.[349] (**Abb. 131, 132**) Die Umfrageergebnisse verdeutlichen die Vielfalt der Lehrformate und -inhalte im beginnenden 20. Jahrhundert; sie sind Indiz der Akademisierung von in anderen Kontexten entstandenen Wissensbeständen. Der Baustoff Eisen und die Bauaufgabe ‹Brücke› wirken auf die Lehre über den Eisenbetonbau ein; die akademische Lehre zum Eisenbetonbau verfestigt und verstetigt die Trennung der Fakultäten, hier beginnt der (moderne) Konstruktive Ingenieurbau.[350]

Die Erwartungen staatlicher Institutionen bedingten eine neuartige Expertise in dem für Absolventen technischer Mittelschulen wichtigen Berufsfeld des Bauführers.[351] Nach der Auffassung Carl Kerstens zeigten sich Absolventen technischer Hochschulen in der Praxis des Eisenbetonbaus als «überstudierte Akademiker». Diese Zuschreibung deutet (auch mit quellenkritischer Distanz) darauf hin, dass der Eisenbetonbau den Status der ‹Geschäftswissenschaft› verloren hatte und im Zuge seiner Integration in die polytechnische Lehre theoretisiert wurde. Augenfällig schlug sich dieser Prozess im Titel der frühen eigenständigen Lehrveranstaltungen nieder: So gab es im Studienjahr 1903/04 an der Technischen Hochschule Berlin-Charlottenburg die unentgeltliche Vorlesung «Theorie und Ausführung von Beton- und Betoneisenbauten» in der Abteilung für Bau-Ingenieurwesen.[352] Für das Studienjahr 1908/09 wurde an der Technischen Hochschule Hannover in der Bauingenieur-Veranstaltung *Eisenhochbau* laut Ankündigung «Eisenbetonbau einschließlich der statischen Begründung, Theorie der Gefäße. Stützgerüste»

345 Anonym: Der Hochschulunterricht im Eisenbetonbau, in: Beton und Eisen 4 (1905), H. 11, S. 285; H. 12, S. 310–311; 5 (1906), H. 1, S. 21–22; H. 2, S. 50–51; H. 4, S. 103; H. 6, S. 158; H. 7, S. 179; H. 8, S. 208–209.

346 Kersten, Carl: Der Unterricht in «Eisenbeton» an Hoch- und Fachschulen, in: Beton und Eisen 5 (1906), H. 9, S. 239.

347 Kersten, Carl: a) Der Unterricht in «Eisenbetonbau» an den technischen Hochschulen. b) Der Unterricht in «Eisenbetonbau» an technischen Lehranstalten, in: Beton und Eisen 7 (1908), H. 3, S. 67–70.

348 Anonym: a) Der Unterricht in «Eisenbetonbau» an den technischen Hochschulen. b) Der Unterricht in «Eisenbetonbau» an technischen Lehranstalten, in: Beton und Eisen 8 (1909), H. 2, S. 45–46; Anonym: a) Der Unterricht in Eisenbetonbau an den technischen Hochschulen. b) Der Unterricht in Eisenbetonbau an technischen Lehranstalten, in: Beton und Eisen, 9 (1910), H. 2, S. 42–44; Anonym: a) Der Unterricht im Eisenbetonbau an den technischen Hochschulen. b) Der Unterricht im Eisenbetonbau an den deutschen öffentlichen technischen Lehranstalten. c) Der Unterricht im Eisenbetonbau an privaten Lehranstalten. d) Der Unterricht im Eisenbetonbau an ausländischen Lehranstalten, in: Beton und Eisen 10 (1911), H. 4, S. 73–76; Anonym: a) Der Unterricht im Eisenbetonbau an den technischen Hochschulen. b) Der Unterricht im Eisenbetonbau an den deutschen öffentlichen technischen Lehranstalten. c) Der Unterricht im Eisenbetonbau an privaten Lehranstalten. d) Der Unterricht im Eisenbetonbau an ausländischen Lehranstalten, in: Beton und Eisen 11 (1912), H. 3, S. 68–72. Der Eisenbetonbau fasst als Lehrgegenstand bald an den mittleren technischen Fachschulen Fuss – eine, wenn man der Argumentation Kerstens aus dem Jahre 1906 folgt, zwingend notwendige Entwicklung. Ursächlich wirkte in diesem Zusammenhang, dass «die städtischen und staatlichen Behörden [..] jetzt ein wohlwollenderes Verhalten der neuen Bauweise gegenüber» zeigten (Kersten 1906, wie Anm. 346).

349 Bruck, Robert: Ein Jahrhundert sächsische Technische Hochschule 1828–1928. Festschrift zur Jahrhundertfeier 4. bis 6. Juni 1928. Dresden 1928, S. 72.

350 Ramm, Wieland: Über die Geschichte des Eisenbaus und das Entstehen des Konstruktiven Ingenieurbaus, in: Stahlbau 70 (2001), H. 9, S. 628–641.

351 Ebd.

352 Königlich Technische Hochschule zu Berlin (Hg.): Programm für das Studienjahr 1903–1904. Berlin 1903, S. 30.

	Eigenständige Vorlesung	Teil einer Vorlesung
Aachen		Steinbrücken
Berlin	Theorie und Ausführung von Beton- und Betoneisenbauten	Baustatik
Brünn		Hochbau I Baumechanik Brückenbau
Danzig	Ueber Theorie und Ausführung der Eisenbetonbauten im Hoch- und Tiefbau	Statik der Betonkonstruktionen Brücken und Eisenhochbau Wasserbau See- und Hafenbau
Darmstadt		Statik der Betonkonstruktionen Brückenbau Grundbau Wasserbau
Dresden	Eisenbetonbau	Holz-, Eisenbeton-, Beton- und Steinbrücken
Graz		Brückenbau Statik der Hochbaukonstruktionen und Eisenhochbau
Hannover	Betoneisenbauten [für Fortgeschrittene]	Stat. Berechnung von Verbundkörpern Baustoff- und Bauverbandlehre Statik Steinbrücken Wasser- und Grundbauten
Karlsruhe	Eisenbetonbau	
Lemberg	Betoneisernen Brücken [nicht obligatorisch]	Hochbau Statik der Baukonstruktion Brückenbau Eisenbahnbau Wasserbau
Prag		Brückenbau Vorträge über Baumechanik Das Eisen und seine Verwendung im konstruktiven Hochbau
Zürich	Armierter Beton [Privatvorlesung] Eisenbeton [Freivorlesung]	Baustatik Steinerne Brücken Technologie der Baumaterialien

Quelle: Die Schriftleitung: Der Hochschulunterricht im Eisenbetonbau, in: Beton und Eisen 4 (1905), H. 11, S. 285; H. 12, S. 310–311; Beton und Eisen 5 (1906), H. 1, S. 21–22; H. 2, S. 50–51; H. 4, S. 103; H. 6, S. 158; H. 7, S. 179; H. 8, S. 208–209.

131 Eisenbeton als Hochschulunterricht im Jahre 1905.

gelehrt.[353] An der Technischen Hochschule Karlsruhe gibt es seit 1916 eine Professur mit Emil Probst als Ordinarius für Eisenbeton.[354]

Karl Wilhelm Ritter (1847–1906), Schüler und Nachfolger Carl Culmanns, hatte bereits 1901 den Schulrat ersucht, «im Unterrichte vom Brückenbau entlastet zu werden.»[355] Anlass war eine Erkrankung,[356] nach Vorlage eines ärztlichen Attestes wurde Ritter im Oktober 1903 beurlaubt.[357] Bereits vor der offiziellen Beurlaubung hatte der Schulrat Kontakte zum Schweizer Ingenieur Edouard Elskes (1859–1947)

353 Programm der Königlichen Technischen Hochschule zu Hannover für das Studienjahr 1908–1909. Hannover 1908, S. 69.

354 Terres, Ernst (Hg.): Die Technische Hochschule Fridericiana Karlsruhe. Festschrift zur 125-Jahrfeier. Karlsruhe 1950, S. 178.

355 ETH Zürich, ETH-Bibliothek, Hochschularchiv, SR2, 1901: Schulratsprotokolk Sitzung Nr. 6, 1. Juli 1901, Traktandum 73.

356 Mörsch, Emil: [Nekrolog] Professor Dr. W. Ritter, in: SBZ 48 (1906), H. 17, S. 206–208, hier S. 208.

357 ETH Zürich, ETH-Bibliothek, Hochschularchiv, SR2, 1903: Schulratsprotokoll Sitzung Nr. 12, 21. Oktober 1903, Traktandum 173.

a) Der Unterricht in „Eisenbetonbau“ an den technischen Hochschulen.

(Vergl. die Zusammenstellung von **C. Kersten** in Heft III, 1908.)

Technische Hochschule zu	„Eisenbetonbau“ als besondere Vorlesung Vorlesungszeiten	Dozent	„Eisenbetonbau“ als Teilgegenstand anderer Vorlesungen	Bemerkungen
Aachen	Im Sommer 2 Vortrags- u. 2 Uebungsstunden	Prof. Domke	Brücken in Stein und Holz (Eisenbetonbrücken) (Prof. Domke) Statik der Hochbaukonstruktionen (Theorie des Eisenbetons) (Prof. Domke) Grundbau und Verkehrswasserbau (Prof. Hirsch)	
Berlin-Charlottenburg	In der Abteilung für Bauingenieurwesen: Sommersemester, Dienstag 6 bis 8 Uhr Vortrag	Prof. Boost	Abteilung für Architektur (Prof. Siegmund Müller): Statik der Hochbaukonstruktionen III, Eisenbetonbau und Steineisenkonstruktionen, Theorie einschl. konstruktiver Grundlagen. Sommersemester Freitags 3 bis $4^{1}/_{2}$ Vorträge und $4^{1}/_{2}$ bis $6^{1}/_{2}$ Uebungen	Besucherzahl 110.
Braunschweig	1 Std. Vortrag im Winter, 1 Std. Uebung im Sommer	Prof. Möller (privatim)		Besucherzahl 20.
		Prof. Stubbe	Als Teilgegenstand in der Vorlesung: Hochbaukonstruktionen einschl. Berechnungen II, Herstellung und Berechnung von Eisenbetondecken, Pfeilern und Balken	Besucherzahl 12.
Brünn (mit deutscher Unterrichtssprache)	Im Sommersemester 1908/09 steht die Errichtung einer Honorar-Dozentur für Eisenbetonbau in Aussicht		***Baumechanik*** (Prof. Neumann), ***Tunnelbau*** (Suppl. Fleischer), ***Baukonstruktionslehre*** (Prof. Hrach) ***Brückenbau*** (Prof. Walzel) ***Grundbau und Wasserbau*** (Prof. Kresnik)	
Brünn (mit tschechischer Unterrichtssprache)	Honorierte Dozentur. 2 Std. Vortrag im Winter und 2 Std. Uebung im Sommer	Privatdozent Ing. Josef Rieger	Brückenbau, Hochbau, Wasserbau	Privatdozentur desselben: „Anwendung der neueren Sätze der Festigkeitslehre“, enthält auch die Theorie der veränderlich elastischen Körper, wie Gußeisen, Stein, Beton, bewehrter Beton usw.
Danzig	Nachmittags 1 Std. Vortrag und 1 Std. Uebungen im Winter und Sommer	Prof. Kohnke	Wasserbau (Prof. Schulze) Statik der Hochbaukonstruktionen (Prof. Kohnke)	Im Hauptexamen wird Eisenbetonbau schriftlich und mündlich geprüft.
Darmstadt	Im Wintersemester 1908/09 muß die Sondervorlesung ausfallen	Dr.-Ing. Ph. Völker	Statik der Baukonstruktionen und Brückenbau III und IV (Eisenbau) (Prof. Kayser) Grundbau, städtischer Tiefbau und massive Brücken (Prof. Dr. phil. und Dr.-Ing. Schmitt) Wasserbau (Prof. Koch)	Besucherzahl der Sondervorlesung 60 bis 80.
Dresden	Im Sommersemester 2 Vortragsstd. für Architekten und Bauingenieure (etwa 100 Stdn.). Im Wintersemester 2 Uebungsstd. (Konstruktionsübungen) für die Architekten, 15 bis 20 Stud.	Prof. M. Foerster	Auf die Anwendung des Eisenbetons im Brückenbau wird im Vortrage „Massive Brücken“ ausführlich eingegangen	Uebungen für die Bauingenieure in „Massive Brücken“ und „Ingenieur- und Eisenhochbau“ (je 4 Std. im Wintersemester). Besucherzahl zusammen etwa 70 Stud.
Graz (Steiermark)	Wintersemester 1 Std. wöchentlich, Sommersemester 2 Std. wöchentlich Vortrag, Sommersemester 2 Std. wöchentlich Uebungen	Prof. J. Cecerle	Brückenbau, Wasserbau Enzyklopädie der Ingenieurwissenschaften Hochbaukonstruktionen Technische Mechanik	„Eisenbetonbau“ wird in den Vorlesungen über „Statik der Hochbaukonstruktionen“ eingehend behandelt.
Hannover	Sonderkurs Oktober 1908 bis März 1909 für Baugewerksmeister. 2 Std. wöchentlich abends. Honorar etwa 20 *M.*	Geh. Reg.-Rat Prof. Barkhausen	Eisenhochbau mit Uebungen im Entwerfen (im Sommer, 2stündig) (Prof. Barkhausen) Statik III für Architekten (Prof. Michel) Bauverbandlehre (Prof. Dolezalek) Mechanik II (Elastizitätslehre) für Bauingenieure (Prof. Hotopp) Baustofflehre und Bauingenieur-Laboratorium (Prof. Lang)	Besucherzahl des Sonderkursus etwa 120 Herren.

Technische Hochschule zu	„Eisenbetonbau“ als besondere Vorlesung Vorlesungszeiten	Dozent	„Eisenbetonbau“ als Teilgegenstand anderer Vorlesungen	Bemerkungen
Karlsruhe	Im Sommersemester wöchentl. 1 Std. Vortrag	Oberbaurat Prof. Dr.-Ing. Fr. Engesser	Baustatik und Brückenbau (Prof. Engesser) Wasserbau und Gründungen (Oberbaurat Prof. Rehbock)	Im Sommersemester 1908 Hörerzahl 83. Es wird eine Erweiterung des Unterrichts geplant
Lausanne	2 Sonderkurse	Prof Dommer Privatdozent Paris		Prof. Dommer liest über Eisenbeton im allgemeinen, Paris liest über Anwendungen des Eisenbeton.
Lemberg	Im Wintersemester 3 Vortrags- und 4 Uebungsstd.	Prof. Dr. Max Ritter v. Thullie	Im Brückenbau werden die Brücken aus Eisenbetonbau besonders behandelt und auch ein Projekt wird ausgearbeitet. Im Eisenbahnbau und Wasserbau werden die Eisenbeton-Konstruktionen nur flüchtig erwähnt. Das Sonderkolleg „Eisenbetonhochbau“ ist für die Ingenieurschule, hydrotechnische Schule und Hochbauschule obligatorisch	250 Hörer. Im Sonderkolleg werden in 2 Vortragsstd. die Theorie, in 1 Std. Eisenbeton-Konstruktionen behandelt, außerdem in 4 Uebungsstd. Projekte ausgearbeitet.
München	2stündige Vorlesung im Winter- und 4stündige Uebung im Sommersemester für Bauingenieure; 2stünd. Vorlesung im Winter- und 2stünd. Uebung im Sommersemester für Architekten	Prof. K. Hager		
Prag (mit deutscher Unterrichtssprache)	Der Eisenbetonbau im Ingenieurwesen (Sondervorlesung, Sommersemester 3 Std. wöchentlich) (Prof. Dr. Saliger) Eisenbetonhochbau (Sondervorlesung, Sommersemester) (Prof. Dr. Járay)	Prof. J. Melan Prof. Dr. R. Saliger Prof. Dr. Járay	*) Brückenbau II. Kurs (Prof. Melan) betrifft „Steinbrücken“ und behandelt in etwa 12 Vortragsstd. auch „Theorie und Konstruktion der Balken- und Bogenbrücken in Eisenbeton“ *) Eisenhochbau (Prof. Dr. Saliger), Konstruktionen aus Eisenbeton im Hochbau *) Baumechanik (Prof. Dr. Saliger), Theorie d. Eisenbetonträgers **) Encyclopädie des Hochbaues (Prof. Dr. Járay)	*) Für die Hörer der Bauingenieurschule obligate Kollegien. **) Für die Hörer des Maschinenbaues obligat.
Prag (mit tschechischer Unterrichtssprache)			„Hochbau I und II“; etwa 15 Std. Vortrag und 10 Std. Uebungen jährlich sind dem Eisenbetonbau gewidmet (etwa 300 Hörer) (Prof. Bertl) „Brückenbau“ I. Kurs (Prof. A. Velflík) „Straßen-, Eisenbahn- und Tunnelbau“ (Prof. Karl Špaček)	
Stuttgart			Hochbaukunde (Prof. Oberbaurat Jassoy) Baukonstruktionslehre, Eisenbahnhochbau (Prof. Oberbaurat Móricke) Brückenbau (Prof. Schwend) Theorie der Ingenieurkonstruktionen (Prof. Dr. v. Weyrauch) Wasserbau (Dr.-Ing. R. Weyrauch)	
Zürich (Eidgenössisches Polytechnikum)			„Steinbrücken“ (Theorie und Anwendung des Eisenbetons) (Prof. Rohn) „Baustatik“, für Architekten im Wintersemester (Prof. F. Schüle) „Technologie der Baumaterialien“, Sommersemester (Professor F. Schüle) Laboratoriumsversuche mit Studierenden der Ingenieurschule im Sommersemester (Prof. F. Schüle)	Der neue Studienplan sieht für Oktober 1909 eine besondere Vorlesung mit Uebungen vor.

b) Der Unterricht in „Eisenbeton“ an technischen Lehranstalten.

Ort	Unterrichtsanstalt	„Eisenbetonbau“ als besonderes Unterrichtsfach	„Eisenbetonbau“ als Sonderkursus	Fachlehrer	„Eisenbetonbau“ als Teilgegenstand anderer Unterrichtsfächer	Bemerkungen
Aachen	Kgl. Baugewerkschule		Im Winterhalbjahr 1907/08 wurde an der Anstalt ein Sonderkurs im Eisenbetonbau abgehalten, und zwar für in der Praxis stehende Techniker, die bereits die Abgangsprüfung der Baugewerkschule bestanden haben	Dipl.-Ing. Hoke	Baukonstruktion der beiden oberen Klassen	

132a/b «Der Unterricht in ‹Eisenbeton› an den technischen Hochschulen», S. 45/46 (H. 2) aus: Beton und Eisen 8 (1909).

In fast allen Bereichen der technischen Bildung wurde der Eisenbeton als Gegenstand der Ausbildung im ersten Jahrzehnt des 20. Jahrhunderts etabliert, Dozenten an den technischen Hochschulen waren zumeist prominente Vertreter der technisch-wissenschaftlichen Diskussion.

aufgenommen.[358] Elskes war von einer Teilung der Professur Ritter ausgegangen, in einem Schreiben vom 17. August 1903 an den Präsidenten des Schulrates hielt er fest: «Ich glaube also, daß der Schulrat gut tun wird, bei seinem Beschlusse zu bleiben und die Ausgabe eines neuen Professors für den eigentlichen Brückenbau nicht zu scheuen.»[359] Mit dieser Überlegung folgte Elskes den ursprünglichen Intentionen des Schulrates,[360] von denen in der Folgezeit abgerückt wurde. Ritter versuchte zu intervenieren und wollte seinen Neffen F. Bohny, Oberingenieur bei der Brückenbauanstalt Gustavsburg, als Nachfolger durchsetzen.[361] Unabhängig von der Überlegung einer Teilung der ritterschen Professur wurde die methodische Ausrichtung der zu lehrenden Baustatik neu diskutiert. Ritters gescheiterte Bemühungen zur Etablierung seines Neffen stehen hierbei stellvertretend für den Versuch, die von Culmann entwickelte grafische Statik weiterhin als akademischen Leuchtturm der Ingenieurschule zu tradieren. Der Schulrat vertrat offenbar zunächst die Meinung, nur die rechnerisch-analytischen Verfahren nach Müller-Breslau würden den Ruf der Ingenieurschule retten können.[362] Eine Auffassung, die sich in den Bemühungen ausdrückt, Schüler von Müller-Breslau mit dessen Hilfe für die Lehre am Polytechnikum zu gewinnen.[363] Dass dieser (bereits im Juli 1903 initiierte) Versuch erfolglos verlief, lag wohl auch daran, dass Müller-Breslau in seinem Antwortschreiben auf zu erwartende Gehaltsforderungen von 10000–12000 Franken jährlich hinwies.[364] Im Protokoll vom 7. Januar 1904 lesen wir, «dass die für die Statik der Baukonstruktion und des Brückenbaues bis jetzt genannten ältern Persönlichkeiten entweder für unsere Schule nicht recht passen oder angesichts ihrer hohen Gehaltsansprüche kaum in Frage kommen können. Es erscheine daher als angezeigt eher unter den jungen tüchtigen Kräften eine passende Persönlichkeit zu suchen und es wäre wohl unter diesen eine gute Acquisition durch Berufung von Regierungsbaumeister E. Mörsch in Neustadt a. d. Haardt oder eventuell von Ingenieur Schönian bei der Firma Schmidt & Cie. in Altona zu machen.»[365] Bereits im Vorfeld dieses Beschlusses hatte der Vizepräsident Gustave Naville Kontakte zu Mörsch hergestellt und von dessen ehemaligem Stuttgarter Lehrer, Jakob Johann von Weyrauch, ein gutachterliches Urteil erbeten, das sehr positiv ausfiel.[366]

Für die Neujustierung der Professur spielten auch forschungspolitische und didaktische Aspekte eine Rolle. Mit der Aufteilung auf zwei Professuren, eine für Brückenbau, eine für Statik der Baukonstruktion, wäre eine Trennung von Theorie und Praxis verbunden gewesen, die angesichts der zeitgenössischen Kritik an der Zürcher Ingenieurausbildung nicht sinnvoll schien. In einem 1901 in der *Schweizerischen*

---

358 ETH Zürich, ETH-Bibliothek, Hochschularchiv, SR3, 1904, 180a/Nr. 5: Brief von Ing. Edouard Elskes an Herrn Oberst Bleuler, 22. Juni 1903.

359 ETH Zürich, ETH-Bibliothek, Hochschularchiv, SR3, 1904, 180a/Nr. 5: Brief von Ing. Edouard Elskes an Herrn Oberst Bleuler, 17. August 1903, S. 4.

360 Hierauf deutet zumindest das Protokoll der Sitzung vom 21. Oktober 1903 hin, in dem nur von einer Professur für Brückenbau die Rede ist. ETH Zürich, ETH-Bibliothek, Hochschularchiv, SR2, 1903: Schulratsprotokoll Sitzung Nr. 12, 21. Oktober 1903, Traktandum 173.

361 ETH Zürich, ETH-Bibliothek, Hochschularchiv, SR 1, 1904, 33: Brief des Präsidenten des Schweizerischen Schulrates an die Mitglieder des Schweizerischen Schulrates, 29. Januar 1904; 41: SR1, 1904, 59: Brief des Präsidenten des Schweizerischen Schulrates an das Eidg. Departement des Innern in Bern, 6. Februar 1904; sowie: SR3, 1904, 49: Brief von F. Bohny an den Bundesrat Dr. Forrer, 19. Januar 1904.

362 Dazu ein Schreiben Elskes an den Präsidenten des Schulrats vom 17. August 1903 hin ETH Zürich, ETH-Bibliothek, Hochschularchiv, SR3, 1904, 180a/Nr. 5: Brief von Ing. Edouard Elskes an Herrn Oberst Bleuler, 17. August 1903, S. 4.

363 ETH Zürich, ETH-Bibliothek, Hochschularchiv, SR3, 1904, 180a/Nr. 4: Brief von H. Müller-Breslau an den Präsidenten des schweiz. Schulrats in Zürich, 15. Juli 1903.

364 Ebd., S. 2.

365 ETH Zürich, ETH-Bibliothek, Hochschularchiv, SR2, 1904: Sitzung Schulratsprotokoll Nr. 1, 7. Januar 1904, Traktandum 16.

366 ETH Zürich, ETH-Bibliothek, Hochschularchiv, SR3, 1904, 180a/Nr. 7: Brief von Johann Jacob Weyrauch an den Vize-Präsidenten des schweiz. Schulrates Gustave Naville, 2. Dezember 1903.

Bauzeitung erschienenen Artikel *Die Ausstellung von Zeichnungen und Diplomarbeiten am eidg. Polytechnikum zu Ende des Wintersemesters 1900/1901* wurde höchst kritisch angemerkt: «Die Ausstellung des *Brückenbaues* zeigte, dass es den Studierenden im allgemeinen leichter fällt ein Objekt vollständig und exakt durchzurechnen, als dasselbe dann auch mit gleicher Gründlichkeit konstruktiv durchzuarbeiten und darzustellen.»[367] Die Entscheidung zu Gunsten von Mörsch lässt sich womöglich als Reaktion auf derartige Kritiken, die auch am Polytechnikum selbst durchaus geteilt wurden,[368] deuten. Die Stellungnahme der Zürcher Professoren Herzog und Schüle argumentiert ähnlich: «Die Arbeiten, die er [Mörsch, d. Verf.] im Dienste der würt[t]embergischen Staatsbahnen leistete und seine Aufgabe für die Hauptdiplomprüfung lassen nicht nur einen sorgfältigen Zeichner und einen gewandten Konstrukteur erkennen, sie zeugen hauptsächlich von einer seltenen Beherrschung der neueren Methoden der Statik und von grosser Klarheit in der Erfassung der einzelnen Probleme und ihrer Lösung.»[369] Mörsch verkörpere, so das Gutachten, auch die vom Schulrat favorisierte methodische Neuausrichtung der Baustatik.[370]

Emil Mörsch begann seine Arbeit am Zürcher Polytechnikum am 1. August 1904, zum 30. September 1908 sollte er sie bereits wieder aufgeben.[371] Die Jahre waren gleichwohl eine produktive und prägende Phase. Mörsch publizierte die zweite und dritte Auflage des *Betoneisenbaus,* nun *Der Eisenbetonbau. Seine Theorie und Anwendung* (1906 und 1908),[372] er kam in intensiven Kontakt mit den von Culmann und Ritter konzipierten und vertretenen Berechnungsmethoden der grafischen Statik.[373] Culmanns Verfahren hat Mörsch, selbst Vertreter der rechnerisch-analytischen Methode, in seine theoretischen Überlegungen eklektisch, aber werkprägend integriert.[374] Zugleich gewann er als akademischer Lehrer an Profil, die Zürcher Schüler waren beeindruckt. Noch nach Jahrzehnten schrieb Mirko Roš, späterer Leiter der Eidgenössischen Materialprüfungsanstalt und Professor am Zürcher Polytechnikum, in seinen Erinnerungen: «Seine Tätigkeit als Professor an der E.T.H. ist allen, die ihm näher gestanden sind, in allerbester Erinnerung geblieben. Einfach war seine Art des Denkens und Handelns, aber alles war von Pünktlichkeit und Sicherheit geleitet.»[375]

---

367 Kuder, Richard: Die Ausstellung von Zeichnungen und Diplomarbeiten am eidg. Polytechnikum zu Ende des Wintersemesters 1900/1901, in: SBZ 37 (1901), Nr. 15, S. 160–162.

368 Vgl. Heymann 2005 (wie Anm. 61), S. 59–60.

369 ETH Zürich, ETH-Bibliothek, Hochschularchiv, SR1, 1904, 59: Brief des Präsidenten des Schweizerischen Schulrates an das Eidg. Departement des Innern in Bern, 22. Februar 1904, Zitat S. 2 des Briefes (entspricht Missiven 1904, Bl. 76).

370 Nicht zuletzt war die Berufung von Emil Mörsch auch unter wirtschaftlichen Gesichtspunkten eine gute Entscheidung. Mit einem Jahresgehalt von 9000 Franken lag er deutlich unter den Gehaltsforderungen seines Kollegen Edouard Elskes, dem 11000 Franken gewährt worden wären, und auch unter jenen von Müller-Breslau als Notwendigkeit empfundenen 10000 bis 12000 Franken. ETH Zürich, ETH-Bibliothek, Hochschularchiv, SR3, 1904, 180a/Nr. 5: Brief von Edouard Elskes an [Hermann] Bleuler, 17. August 1903, S. 1. Damit zählte Mörsch allerdings nicht zu den schlecht besoldeten Professoren, sein Nachfolger Arthur Rohn erhielt beispielsweise 1908 nur die Zusage über 8500 Franken jährlich. Vgl. ETH Zürich, ETH-Bibliothek, Hochschularchiv, SR 2: Präsidialverfügung Nr. 234, 3. Juni 1908.

371 ETH Zürich, ETH-Bibliothek, Hochschularchiv, SR 2: Präsidialverfügung Nr. 100, 16. März 1908. Biografie siehe Anhang.

372 Wayss & Freytag A.-G. 1906 (wie Anm. 293); Mörsch, Emil (Hg.): Der Eisenbetonbau. Seine Theorie und Anwendung. Mit Versuchen und Bauausführungen der Firma Wayss & Freytag A.-G. 3., vollst. neu bearb. u. verm. Aufl. Stuttgart 1908.

373 Culmann, Karl: Die graphische Statik. Zürich 1866. Zur Bedeutung der grafischen Statik und der Graphostatik für die Entwicklung der Baustatik vgl. Kurrer 2016 (wie Anm. 295), besonders S. 455–470. Die grafische Statik fand auch Eingang in die später an der TH Stuttgart gehaltene Vorlesung über Baustatik, die sich unter anderem mit durchlaufenden Trägern beschäftigte. Als Mörsch diese 1928 in erweiterter Form publizierte, erklärte er die Verwendung der grafischen Statik explizit aus der Anwendung in der Praxis des Bauingenieurs, Mörsch, Emil (Hg.): Der durchlaufende Träger. Statische Berechnung des durchlaufenden Trägers mit konstantem und veränderlichem Trägheitsmoment, frei aufliegend und mit elastisch eingespannten Stützen, sowie der Stockwerkrahmen. Stuttgart 1928, S. III. Zu Culmann siehe auch: Marti, Peter: Baustatik, Grundlagen, Stabtragwerke, Flächentragwerke, 2. Aufl. Berlin 2014, S. 8.

374 Einer seiner späteren Schüler an der TH Stuttgart schrieb über ihn: «*Mörsch* kam aus der graphischen Statik der Zürcher Schule *Ritters.*» Bay, Hermann: Lernen und Reifen. Vom Erlebnis moderner Bautechnik. Düsseldorf 1969, S. 32.

375 Universitätsarchiv Stuttgart, 57/382: Kondolenzschreiben von Mirko Roš an den Rektor der Technischen Hochschule Stuttgart Erich Siebel, 26. Februar 1951. Hermann Bay, ehemaliger Student bei Mörsch an der TH Stuttgart, bestätigt dieses Bild, vgl. Bay 1969 (wie Anm. 374), S. 30–33. Zugleich zeichnet sich eine Bestätigung des positiven Urteils von Ros auch in einem

Mörsch blieb weiterhin praktisch tätig, hervorzuheben ist die konstruktiv anspruchsvolle Gmünder Tobel-Brücke in Appenzell, für die ihm die «Ausarbeitung der Pläne [...] sowie für das Lehrgerüst» übertragen wurde und deren «oberste Leitung» er gemeinsam mit dem Kantonsingenieur Andreas Sutter innehatte.[376] Auch blieben die Kontakte zur Wayss & Freytag AG bestehen, in deren Auftrag übernahm Mörsch Berechnungen für Betonbauten in Zürich.[377] Zur Weiterentwicklung der Theorien zum Eisenbetonbau liess er weitere Versuchsreihen in den Stuttgarter Materialprüfungsanstalten durchführen, finanziert allerdings über das Unternehmen (und nicht die Hochschule).[378] Noch während seiner Zürcher Zeit wurde Mörsch im Jahre 1907 in den Deutschen Ausschuß für Eisenbeton berufen,[379] der die Normenbildung im Eisenbetonbau vorantrieb.[380]

Anfang 1908 erhielt Mörsch von der Wayss & Freytag AG den Posten des technischen Direktors angeboten, hiermit verbanden sich nicht nur finanzielle Vorteile, sondern auch «ein grosses und interessantes Wirkungsfeld bei einer Weltfirma»,[381] wie er dem Schulrat mitteilte.[382] Bei der Wayss & Freitag AG entstanden in den folgenden acht Jahren unter seiner Oberleitung die Ausarbeitungen für anspruchsvolle Eisenbetonbauten (wie beispielsweise die Überschneidungsbauwerke im Vorfeld des Stuttgarter Bahnhofs), die dem Unternehmen eine führende Stellung in Deutschland sicherten.[383] 1916 nahm Mörsch den Ruf als Professor für Statik der Baukonstruktion und Eisenbetonbau an der TH Stuttgart an, Stuttgart hatte ihn bereits 1912 mit dem Ehrendoktor ausgezeichnet.[384] Bis zu seiner Emeritierung 1939 (aber auch noch anschliessend) entstanden weitere Publikationen, darunter drei überarbeitete Auflagen seines auf mehrere Bände angewachsenen *Eisenbetonbaus.* Emil Mörsch erhielt vielfache akademische Ehren: 1919 wurde er Mitglied der Preußischen Akademie für Bauwesen, die ETH Zürich verlieh ihm 1929 die Ehrendoktorwürde. Auf sein Wirken ging die Stiftung der Emil-Mörsch-Gedenkmedaille des Deutschen Beton-

---

Schreiben des Schweizerischen Schulrats an das Department des Inneren ab, das den eingereichten Rücktritt von Mörsch zum Gegenstand hat. Hier heisst es: «Leider waren unsere Bemühungen, den geschätzten Dozenten durch Auswirkung eines höheren Gehaltes und Anstellung auf Lebenszeit zum Bleiben zu bewegen, nicht von Erfolg begleitet.». Schweizerisches Bundesarchiv Bern, E80, 1000/1126, Fasz. 1010: Brief des Präsidenten des Schweizerischen Schulrates an das Eidg. Departement des Innern in Bern, 9. März 1908.

376 Sutter, Andreas: Die Gmünder Tobel-Brücke bei Teufen (Appenzell), Schweiz, in: DBZ 42 (1908), Nr. 90, S. 614-619, Nr. 93, S. 637–639, Nr. 95, S. 649–651; Nr. 98, S. 669–671, Zitat S. 615.

377 Hermann Bay schreibt, Mörsch habe «in Zürich ein technisches Entwurfs- und Konstruktionsbüro für W & F AG» unterhalten; Bay, Hermann: Emil Mörsch. Erinnerungen an einen großen Lehrmeister des Stahlbetonbaus, in: VDI-Gesellschaft Bautechnik im Verein Deutscher Ingenieure (Hg.): Wegbereiter der Bautechnik. Herausragende Bauingenieure und technische Pionierleistungen in ihrer Zeit. Düsseldorf 1990, S. 47–66, S. 53. Weitere Einzelheiten über dieses Büro sind nicht bekannt. Es handelte sich aber wahrscheinlich nicht um eine offizielle Niederlassung des Unternehmens, da es in den überlieferten Unterlagen nicht genannt wird (geprüft wurde das in Teilen überlieferte Firmenarchiv im Hessischen Wirtschaftsarchiv Darmstadt). Im entsprechenden Adressbuch der Jahre 1904–08 ist das Büro weder unter dem Namen der Firma Wayss & Freytag noch unter dem Namen Mörschs verzeichnet (vgl. Schweizerisches Adressbuch für das Baugewerbe und den Hochbau, Ingenieur- und Maschinenwesen sowie Kunstgewerbe [...]. 3.–5. Aufl. Neuenburg/Lausanne 1904–08).

378 Vgl. Wayss & Freytag A.-G. 1906 (wie Anm. 293), S. VI; Mörsch 1908 (wie Anm. 372), S. V.

379 Vgl. zum Ausschuss: Trout, Edwin A. R.: The Deutscher Ausschuß für Eisenbeton (German Committee for Reinforced Concrete) 1907–1945. Part 1: Before World War I, in: Construction History 29 (2014), No. 1, S. 51–73.

380 Anonym: Lebensbilder hervorragender Mitglieder, in: Deutscher Ausschuß für Stahlbeton (Hg.): Fünfzig Jahre Deutscher Ausschuß für Stahlbeton 1907–1957. Berlin 1957, S. 25–57, hier S. 47–48; Anonym: Mitgliederverzeichnisse, in: Deutscher Ausschuß für Stahlbeton (Hg.): Fünfzig Jahre Deutscher Ausschuß für Stahlbeton 1907–1957. Berlin 1957, S. 92–104, hier S. 92–101.

381 Schweizerisches Bundesarchiv Bern, E80, 1000/1126, Fasz. 1010: Brief des Präsidenten des Schweizerischen Schulrates an das Eidg. Departement des Innern in Bern, 9. März 1908.

382 Vgl. hierzu auch: ETH Zürich, ETH-Bibliothek, Hochschularchiv, SR3, 1908, 203: Brief von Emil Mörsch an das Präsidium des Schweizerischen Schulrats, 30. März 1908; 204: Brief von Emil Mörsch an das Präsidium des Schweizerischen Schulrats, 1. März 1908.

383 Anfang des 20. Jahrhunderts entwickelte sich Wayss & Freytag zum umsatzstärksten Unternehmen der Betonbaubranche und löste damit den langjährigen Marktführer Dyckerhoff & Widmann ab, vgl. Stegmann 2014 (wie Anm. 80), S. 142–144.

384 Vgl. Ricken, Herbert: Erinnerung an Emil Mörsch (1872–1950), in: Die Bautechnik 78 (2001), H. 1, S. 46–51, hier S. 49.

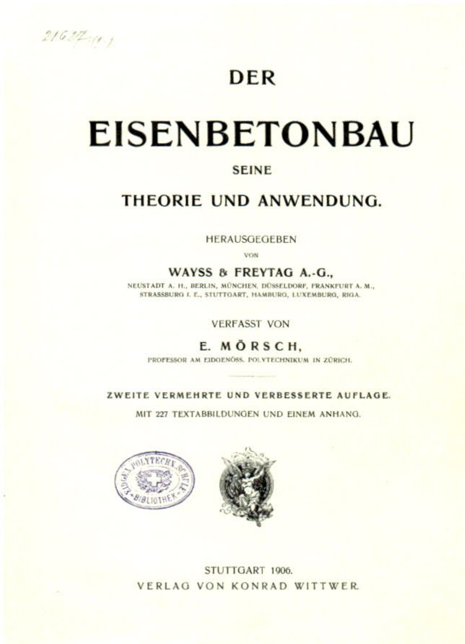
DER

EISENBETONBAU

SEINE

THEORIE UND ANWENDUNG.

HERAUSGEGEBEN
VON
WAYSS & FREYTAG A.-G.,
NEUSTADT A. H., BERLIN, MÜNCHEN, DÜSSELDORF, FRANKFURT A. M., STRASSBURG I. E., STUTTGART, HAMBURG, LUXEMBURG, RIGA.

VERFASST VON
E. MÖRSCH,
PROFESSOR AM EIDGENÖSS. POLYTECHNIKUM IN ZÜRICH.

ZWEITE VERMEHRTE UND VERBESSERTE AUFLAGE.
MIT 227 TEXTABBILDUNGEN UND EINEM ANHANG.

STUTTGART 1906.
VERLAG VON KONRAD WITTWER.

133 Innentitel von: Wayss & Freytag, Eisenbetonbau, 1906

Stand zunächst die Praxis – auch sprachlich an erster Stelle – veränderte sich der ‹Charakter› des *Betoneisenbaus* beziehungsweise *Eisenbetonbaus* in den Neuauflagen und Überarbeitungen: Den theoretischen Aspekten, vor allem ihrer Herleitung und Erörterung, kam eine immer grössere Wichtigkeit zu.

Vereins im Jahr 1938 zurück, deren erster Preisträger er selbst war. Nach Ende des Zweiten Weltkriegs vertrat Mörsch bis 1947 seinen Nachfolger, Karl Deininger, an der TH Stuttgart und war anschliessend bis 1950 Mitglied des Aufsichtsrats der Wayss & Freytag AG; 1950 starb er in Stuttgart.[385]

Die erste Auflage des *Betoneisenbaus* publizierte die Firma Wayss & Freytag im Selbstverlag. Einer Entwicklungsgeschichte folgten Anwendungsbeispiele der Firma Wayss & Freytag.[386] Schon 1904 kündigte Mörsch in einem Brief an das Zürcher Polytechnikum eine zweite Auflage an.[387] Die «zweite[,] vermehrte und verbesserte Auflage» erschien aber erst 1906.[388] Die Verzögerung hing vielleicht mit Mörschs Eintritt ins Polytechnikum zusammen, womöglich aber auch mit der zwischenzeitlichen Aufstellung der *Vorläufigen Leitsätze für die Vorbereitung, Ausführung und Prüfung von Eisenbetonbauten* in Deutschland im Jahr 1904, an denen Mörsch mitwirkte und die er in seine Darstellung integrieren wollte.[389] Die neue Auflage

---

385 Zum Tode Mörschs erschienen zahlreiche Nekrologe in den führenden Fachzeitschriften des Bauwesen, so zum Beispiel: Graf, Otto: Emil Mörsch †, in: Die Bautechnik 28 (1951), H. 2, S. 41; ders.: Emil Mörsch †, in: VDI-Zeitschrift 93 (1951), Nr. 10, S. 262; Kleinlogel, Adolf: Emil Mörsch †, in: Beton und Stahlbetonbau 46 (1951), H. 2, S. 25–26; Walter, Paul: Prof. Dr.-Ing. e. h. Dr. sc. techn. h. c. Emil Mörsch †, in: Der Bau 4 (1951), H. 5, S. 132.

386 Der Abschnitt zur Entwicklungsgeschichte ist nicht namentlich gekennzeichnet. Es ist denkbar, dass er ebenfalls von Mörsch stammt. Mörsch 1902 (wie Anm. 292). Jener Abschnitt erschien auch als Sonderdruck bei der G. franzschen Hof-, Buch- und Kunstdruckerei München mit 47 Seiten. Der Sonderdruck ist wortgleich mit dem Kapitel *Theorie der Betoneisenkonstruktionen* im *Betoneisenbau*, und es gibt mehrere Anhaltspunkte, dass er etwa gleichzeitig mit dem Buch erschienen ist (so verwendet der Artikel beispielsweise gleiche Abbildungsvorlagen, die von ihrer Breite an die Spaltenbreite des Buchs angepasst sind). Laut Katalog der Bibliothek der Technischen Universität ist der Artikel 1901 in der *Süddeutschen Bauzeitung* erschienen (vgl. Katalogkarte 4 Ba 5022 *Moersch, Emil. Theorie der Betoneisenkonstruktionen*, [http://ipac.ub.tu-berlin.de/ipactu/catalog/main?rin=u0060929&css=15] (3. Oktober 2012). Der eigentliche Erscheinungszeitpunkt ist nicht nachzuweisen.

387 Vgl. ETH Zürich, ETH-Bibliothek, Hochschularchiv, SR3, 1904, 180a/Nr. 7: *Lebenslauf von Emil Mörsch*, 1. Dezember 1903, Bl. 6.

388 Wayss & Freytag 1906 (wie Anm. 293).

389 Ebd., S. V–VI. Vorbild für Deutschland war unter anderem die Schweiz, wo bereits seit 1902 verschiedene Sektionen des Schweizerischen Ingenieur- und Architektenvereins die Arbeit an den «Provisorischen Normen für Projektierung, Ausführung und Kontrolle von Bauten in armiertem Beton» aufnahmen, vgl. Schüle, François: Schweizerischer Ingenieur- und Architekten-Verein. Provisorische Normen für die Projektierung, Ausführung und Kontrolle von Bauten in armiertem Beton. Erläuterungsbericht, in: SBZ 43 (1904), Nr. 12, S. 150–152.

(**Abb. 133**) war etwa auf das doppelte des Umfangs der Erstausgabe angewachsen und neu gegliedert.[390] Verlegt wurde jetzt vom Stuttgarter Verlag Konrad Wittwer,[391] das Unternehmen Wayss & Freytag trat auf dem Titelblatt bescheidener als Herausgeber auf als in der Auflage von 1902. Die «dritte, vollständig neu bearbeitete und vermehrte» Auflage erschien 1908 dann mit der Angabe «Emil Mörsch, Professor am Eidgenöss. Polytechnikum in Zürich» als alleinigem Herausgeber; Wayss & Freytag tauchten auf dem Titelblatt nur noch in dem Vermerk auf: «Mit Versuchen und Bauausführungen der Firma Wayss & Freytag A.G. Herausgeber der ersten und zweiten Auflage.» Die dritte Auflage diente als Grundlage für Übersetzungen der Publikation ins Englische (*Concrete-steel construction*[392]) und Französische (*Le béton armé, étude théorique et pratique*[393]) im Jahr 1909 sowie ins Italienische (*Teoria e pratica del cemento armato*[394]) im Jahr 1910, die deren weltweite Rezeption ermöglichten. Weitere deutschsprachige, teilweise noch stark überarbeitete Auflagen erschienen bis weit ins 20. Jahrhundert hinein.[395]

Angesichts «der Menge der angepriesenen verfügbaren Systeme, deren unterscheidende Merkmale oft für den Fachmann kaum zu erkennen sind»[396] wie auch der in Fachzeitschriften verstreuten Informationen war die grosse Leistung von Mörsch, der Unübersichtlichkeit ein nachvollziehbares Verfahren gegenüberzustellen, das den Pluralismus der Modelle reduzierte. Neuere wissenschaftliche Ansätze wurden zusammengefasst, mit der Praxis vereinbare Vereinfachungen wurden pragmatisch abgeleitet, Annahmen und Vorschläge über die Auswertung von Versuchsreihen verifiziert.

---

390 Allerdings blieb dem theoretischen Teil mit der detaillierten Vorstellung der Rechnungsweisen bei dieser und den folgenden Auflagen eine kurze Einführung unter dem Titel «Allgemeines» vorangestellt, die durchaus werbend und schlagwortartig die (positiven) Eigenschaften und möglichen Konstruktionsformen des Eisenbetons aufzählte (vgl. etwa Wayss & Freytag A.-G. 1906 (wie Anm. 293), S. 1–16).

391 Im Verlag sind keine Unterlagen oder Schriftverkehr erhalten, da das Archiv im Sommer 1944 einem Luftangriff zum Opfer fiel (schriftliche Auskunft des Verlags vom 15. Juli 2010).

392 Mörsch, Emil (Hg.): Concrete-Steel Construction (Der Eisenbetonbau). Übers. v. E. P. Goodrich. New York 1909.

393 Mörsch, Emil (Hg.): Le Béton Armé. Étude Théorique et Pratique. Avec Essais et Constructions de la Maison Wayss et Freytag à Neustadt. Übers. v. Max Dubois. Paris/Lüttich 1909.

394 Mörsch, Emil (Hg.): Teoria e pratica del cemento armato. Con ricerche ed esempi costruttivi della Wayss & Freytag A. G. e della Soc. An. Ital. «Ferrobeton» Genova–Milano–Napoli. Übers. v. M. Viscardini. Mailand 1910.

395 Im Jahr 1912 erschien die vierte Auflage, der Umfang hatte sich mit 710 Seiten und 742 Textabbildungen gegenüber der dritten Auflage noch einmal verdoppelt, Mörsch, Emil (Hg.): Der Eisenbetonbau. Seine Theorie und Anwendung. 4. Aufl. Stuttgart 1912. Um das rasch wachsende Feld des Eisenbetonbaus überhaupt noch angemessen abbilden zu können, teilte Mörsch die 5. Auflage seines *Eisenbetonbaus* in zwei Bände auf, die jeweils auf zwei beziehungsweise drei Teilbände angelegt waren, Mörsch, Emil (Hg.): Der Eisenbetonbau. Seine Theorie und Anwendung. 2. Bde. 5. Aufl. Stuttgart 1920–38 (Bd. 1, 1. Hälfte: 1920; Bd. 1, 2. Hälfte: 1922; Bd. 2, 1. Hälfte: 1926; Bd. 2, T. 2: Die Brücken aus Eisenbeton. 1933; Bd. 2, T. 3: Statik d. Gewölbe und Rahmen. 1936); zusätzlich erschienen als Sonderabdruck aus dem ersten Band auf Karton gedruckte Bemessungstafeln, die in der Folge ebenfalls mehrere Neuauflagen erlebten: 3. Aufl. 1932 und 4. Aufl. 1938. Beim geplanten 3. Teil des 2. Bands mit dem Titel *Statik der Gewölbe und Rahmen*, dessen Bearbeitung sich mehrere Jahre hinzog, erkannte Mörsch, dass die detaillierte Behandlung dieses Themas vom Umfang her in keinem Verhältnis mehr zum enzyklopädisch angelegten Gesamtwerk stand, und gliederte das Thema als selbstständiges zweibändiges Werk aus, Mörsch, Emil: (Hg.): Statik der Gewölbe und Rahmen. 2. Teile. Stuttgart 1947 (T. A: 1947; T. B: 1947). Nur im Teil A erschien noch ein Hinweis auf die Zugehörigkeit zum Eisenbetonbau: «Der vorliegende Band ist gleichzeitig der II. Band, 3. Teil des Gesamtwerkes: Der Eisenbetonbau. Seine Theorie und Anwendung», Mörsch, Emil (Hg.): Statik der Gewölbe und Rahmen. T. A: Berechnung der Brückengewölbe. Stuttgart 1947, o. S. [Impressum].) Von der sechsten Auflage erschienen dann 1923 beziehungsweise 1929 als ausdrücklich zum *Eisenbetonbau* zugehörig nur noch die in der fünften Auflage vergriffenen Bände 1.1 und 1.2, wobei sich die Neubearbeitung insbesondere beim ersten Teilband auf geringe Ergänzungen beschränkte, Mörsch, Emil (Hg.): Der Eisenbetonbau. Seine Theorie und Anwendung. 6. Aufl. Stuttgart 1923–29 (Bd. 1, T. 1: 1923; Bd. 1, T. 2: 1929). Den Band 2.2 erweiterten Mörschs Schüler Hermann Bay, Karl Deininger und Fritz Leonhardt posthum zu einem eigenständigen zweibändigen Werk unter dem Titel *Brücken aus Stahlbeton und Spannbeton,* Mörsch, Emil; Bay, Hermann; Deininger, Karl; Leonhardt, Fritz: Brücken aus Stahlbeton und Spannbeton. 2 Bde. 6. Aufl. Stuttgart 1958–68 (Bd. 1: 1958; Bd. 2: 1968). Die zum *Eisenbetonbau* gehörigen Bemessungstafeln gestaltete Mörsch selbst zu einer eigenständigen Publikation mit Tafelband und Textband um, Mörsch, Emil; Deininger, Karl (Hg.): Die Bemessung im Eisenbetonbau auf Grund der Bestimmungen des Deutschen Ausschusses für Stahlbeton, DIN 1045 vom Jahr 1943. 2. Bde. 5. Aufl. Stuttgart 1950) Abgesehen von den Ausgliederungen aus dem Eisenbetonbau publizierte Mörsch unabhängige Monographien zu Spezialthemen des Eisenbetons, die teilweise ebenfalls mehrere Auflagen erfuhren, beispielsweise Mörsch: Der durchlaufende Träger [...] 1928 (wie Anm. 373), 2. Aufl. 1938.

396 Wayss & Freytag A. G. 1902 (wie Anm. 288), S. 5.

Mörschs *Theorie der Eisenbetonkonstruktionen* bietet dennoch keine einheitliche geschlossene Theorie, vielmehr bündelt der Autor in seiner Schrift aus dem Jahr 1902 eine Vielzahl theoretischer Überlegungen,[397] er spricht selbst von einem ‹Arbeitsstand›, die Berechnungsmethoden würden sich «mit der fortschreitenden Erkenntnis der Eigenschaften der Materialien und ihres Zusammenwirkens noch vervollkommnen.»[398] Wichtig war auch, «dass die Rechnungsmethoden genügend einfach sind, um ihre fortlaufende tägliche Anwendung zu gestatten.»[399] Der Ingenieur positioniert sich mit dieser Forderung im sogenannten ‹Theorie-Praxis-Streit›, der in der zweiten Hälfte des 19. Jahrhunderts an den deutschen polytechnischen Schulen zunächst vor allem in der mechanischen Technologie entbrannt war; die Ablehnung einer zu komplexen Mathematisierung des Eisenbetonbaus erklärt sich sicherlich aus Mörschs Baustellenerfahrungen.

In der *Theorie der Eisenbetonkonstruktionen* werden nach knappen einführenden Worten die Eigenschaften des Betons mit den Begriffen Druck- und Zugfestigkeit, Druck- und Zugelastizität und Schubfestigkeit diskutiert, ältere Theoreme sind mit bewertenden Kommentaren (als Kontrastfolie aktueller Verbesserungen) angesprochen.[400] Zugversuche an ‹Probekörpern mit Eiseneinlage› werden ausführlich diskutiert, weitere Versuche seien für zuverlässigere Aussagen «dringend zu wünschen».[401] Als Kern neuer Bemessungsansätze diskutiert Mörsch Biegebelastungen und die bei einer Belastung auftretenden Spannungen.[402] Der Autor betont die Notwendigkeit der Vereinfachung der Modellbildung, um allgemeine Vorgaben formulieren zu können: «der **Zweck jeder statischen Berechnung** [ist] weniger die genaue Ermittlung der in einer Konstruktion bei irgend einer Belastung auftretenden Spannung, als vielmehr **der Nachweis eines hinreichenden Sicherheitsgrades**».[403]

Ein wesentlicher Punkt in Mörschs *Theorie* war die von ihm vorgeschlagene Berechnung zur Spannungsverteilung im Querschnitt eines Betonbalkens. Entscheidend war die Annahme der Lage einer Nulllinie, die den Übergang von Druck- zu Zugkräften darstellt, diese Grössen waren Grundlage zur Bemessung der Bewehrung. In den 1890er Jahren waren dazu von verschiedenen Ingenieuren Vorschläge gemacht worden, eine 1908 von Ph. Völker erstellte Übersicht (**Abb. 134**) zeigt zentrale Ergebnisse.[404] Mörsch greift aus diesen Daten den 1899 vom belgischen Ingenieur Paul Christophe vorgeschlagenen Ansatz auf.[405] Christophe macht zielgerichtet Annahmen, die «einer praktischen Berechnungsart zur

---

397 Siehe dazu Jürges 2000 (wie Anm. 294); Kurrer 2016 (wie Anm. 295); Kurrer, Karl-Eugen: Baustatik. Vier Fallstudien zur medialen Präsentation der Stahlbetonbemessung von den Anfängen bis ins frühe 20. Jahrhundert, in: Sonne, Wolfgang (Hg.): Die Medien der Architektur. Berlin/München 2011, S. 195–229.

398 Wayss & Freytag A. G. 1902 (wie Anm. 288), Zitat S. 6.

399 Mörsch 1902 (wie Anm. 292), Zitat S. 49.

400 Ebd., S. 51–68.

401 Ebd., S. 69–74, Zitat S. 74. Zu weiteren Versuchen siehe Wayss & Freytag A.-G. 1906 (wie Anm. 293), S. 56–59.

402 Mörsch 1902 (wie Anm. 292), S. 78–95.

403 Ebd., S. 79. In einem Vortrag betont Mörsch 1903, dass so Firmen angehalten würden, die Systemgrenzen nicht zu stark auszutesten; Mörsch, Emil: Theorie der Betoneisenkonstruktionen [Vortragsprotokoll], in: Deutscher Beton-Verein (Hg.): Bericht über die VI. Haupt-Versammlung des Deutschen Beton-Vereins am 20. und 21. Februar 1903. Berlin 1903, S. 105–128, S. 127–128.

404 Völker, Ph.: Theorie des Eisenbetonbalkens, in: Emperger, Friedrich von (Hg.): Handbuch des Eisenbetons, Bd. 1: Entwicklungsgeschichte und Theorie des Eisenbetons. Berlin 1908, S. 214–301, hier S. 232. Abb. 24 wird «Deutsches Verfahren» genannt, da diese Variante, die eigentlich auf Paul Christophe bzw. Mörsch zurückgeht, seit 1904 in die deutschen *Vorläufigen Leitsätze* (vgl. folgende Anm. 414, 415 und 512) aufgenommen worden war.

405 Verschriftlicht erstmals in einer dreiteilige Artikelserie: Christophe, Paul: Le béton armé et ses applications, in: Annales des Travaux Publics de Belgique 9 (1899) No. 3, S. 429–538; No. 4, S. 647–678; No. 6, S. 961–1118. Die Aufsätze erschienen in ergänzter und überarbeiteter Fassung als Buch: ders.: Le béton armé et ses applications. Paris/Lüttich 1902. Eine Übersetzung ins Deutsche erfolgte 1905: ders.: Der Eisen-Beton und seine Anwendung im Bauwesen. Berlin 1905. Vgl. Hellebois, Armande; Espion, Bernard: The role of the Belgian engineer Paul Christophe on the development of reinforced concrete at the turn of the 20th Century, in: Beton- und Stahlbetonbau 108 (2013), H. 12, S. 888–897, hier S. 890–891. Zur Biografie von Christophe vgl. Hellebois 2013 (wie Anm. 308), S. 160–165. Siehe Biografie im Anhang.

Grundlage dienen können», unter anderem: die «Unveränderlichkeit des Druckelastizitätsmoduls des Beton», die «Unveränderlichkeit des Querschnitts» – dies entspricht den bernoullischen Überlegungen –, das «Zusammenwirken des Betons und Eisens» in eingeschränktem, aber relevantem Rahmen und die Negierung einer Zugspannung im Beton.[406] Folge dieser Annahmen ist die Lage der Nulllinie über den Stahlquerschnitt; das Verhältnis der Elastizitätsmodule von Eisen und Beton kann jetzt so berechnet werden, dass das zulässige Biegemoment in einer Gleichung mit dem Querschnitt korreliert (beziehungsweise aus einem gegebenen Biegemoment die Stahl- und Druckspannung errechnet werden kann).[407]

Mörsch greift Christophes Überlegungen auf, führt aber leichter verständliche Argumentationslinien ein. Er diskutiert zunächst die Dimensionierung, «was übrigens für den Ingenieur das Wichtigere» sei,[408] begründet dann die Annahmen und zeigt schliesslich die rechnerische Auswirkung der Annahmen. Die Korrelation von Annahmen und Ergebnissen der Versuchsreihen wird vorgestellt, aber auch in ihrer Varianz beurteilt. Als Beispiel dient das Potenzgesetz des Spannungsdehnungsverhaltens von Beton. Mörsch zeigt über Versuche,[409] dass der relevante Verlauf der Druckspannung als linear angesehen werden kann, was die entsprechende Bemessung erheblich vereinfacht.[410] Aufwendigere modelltheoretische Überlegungen, die beispielsweise den parabelförmigen Verlauf der Betondruckspannung ermitteln, lehnt der Ingenieur ab: «Für den Konstrukteur bieten solche langen Formeln nichts Verlockendes.»[411]

1907 wird der *Deutsche Ausschuß für Eisenbeton* gegründet,[412] Mörsch ist Mitglied der ersten Stunde.[413] Denn die im Jahr 1904 vom Deutschen Betonverein, dem Vorgänger dieses Gremiums, vorgelegten *Vorläufigen Leitsätze für die Vorbereitung, Ausführung und Prüfung von Eisenbetonbauten,*[414] die bald weite Verbreitung im Deutschen Reich fanden, zeigen in den vorgeschlagenen Berechnungsweisen eine deutliche Nähe zur «Theorie der Betoneisenkonstruktionen» in Mörschs *Betoneisenbau.*[415] Kernelement ist die Methode der Berechnung zur Spannungsverteilung im Querschnitt eines Betonbalkens, die durch die *Vorläufigen Bestimmungen* nun zum «deutschen Verfahren» wurden.[416] Ab der zweiten Auflage waren die *Vorläufigen Bestimmungen*[417] immer im Anhang der jeweils ergänzten Publikation. Die nur wenige Seiten umfassenden *Bestimmungen,* erläuterte Mörsch, könnten «unmöglich ein Lehrbuch des Eisenbetons sein»,[418] da sie nicht die für die erfolgreiche Verwendung von Eisenbetonkonstruktionen in der Baupraxis nötige «richtige Erkenntnis des Zusammenwirkens

---

406 Christophe 1905 (wie Anm. 405), S. 400–401. Weitergehend erklärt bei Kurrer 2011 (wie Anm. 402), S. 211; Hellebois/Espion 2013 (wie Anm. 405), S. 893.

407 Siehe Kurrer 2011 (wie Anm. 397), S. 211–213; Hellebois/Espion 2013 (wie Anm. 405), S. 893–894.

408 Mörsch 1902 (wie Anm. 292), S. 81–85, Zitat S. 83.

409 Ebd., S. 54–60.

410 Ebd., S. 81–80.

411 Mörsch 1903 [Bericht über die VI. Haupt-Versammlung des Deutschen Beton-Vereins] (wie Anm. 403), S. 116.

412 Kurrer 2016 (wie Anm. 295), S. 696.

413 Vgl. Anonym 1957 [Mitgliederverzeichnisse], S. 92.

414 Verband Deutscher Architekten- und Ingenieur-Vereine; Deutscher Beton-Verein (Hg.): Vorläufige Leitsätze für die Vorbereitung, Ausführung und Prüfung von Eisenbetonbauten. Berlin 1904. In Preussen wurden sie leicht modifiziert erlassen unter dem Titel «Bestimmungen für die Ausführung von Konstruktionen aus Eisenbeton im Hochbau», Kurrer 2016 (wie Anm. 295), S. 695.

415 Emil Mörsch erhob in den späteren Auflagen des *Eisenbetonbaus* auch explizit Anspruch auf die Vorreiterrolle seiner «Rechnungsweise» für die *Leitsätze,* Wayss & Freytag 1906 (wie Anm. 293), S. VI.

416 Völker 1908 (wie Anm. 145), S. 232. Dass eine Verbreitung des Bemessungsverfahrens nicht unter Paul Christophes Namen in Deutschland geschah, mag sich daraus erklären, dass Paul Christophs Werk *Les béton armé et ses applications* erst 1905 auf Deutsch erschien, obwohl es bereits seit 1902 in Vorbereitung war, Christophe 1905 (wie Anm. 405); siehe auch: Hellebois/Espion 2013 (wie Anm. 405), S. 891.

417 Verband Deutscher Architekten- und Ingenieur-Vereine/Deutscher Beton-Verein 1904 (wie Anm. 414).

418 Wayss & Freytag 1906 (wie Anm. 293), Zitat S. V.

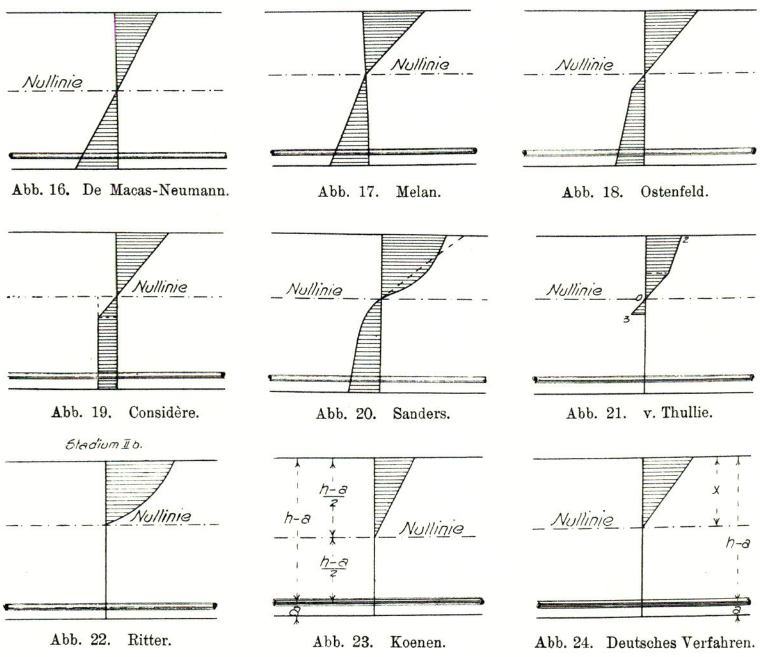

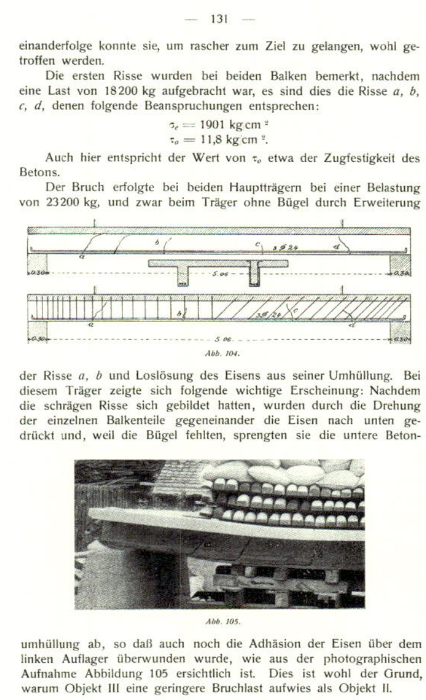

— 131 —

einanderfolge konnte sie, um rascher zum Ziel zu gelangen, wohl getroffen werden.

Die ersten Risse wurden bei beiden Balken bemerkt, nachdem eine Last von 18200 kg aufgebracht war, es sind dies die Risse *a*, *b*, *c*, *d*, denen folgende Beanspruchungen entsprechen:

$$\sigma_e = 1901 \text{ kg/cm}^2$$
$$\tau_o = 11{,}8 \text{ kg/cm}^2.$$

Auch hier entspricht der Wert von τ_o etwa der Zugfestigkeit des Betons.

Der Bruch erfolgte bei beiden Hauptträgern bei einer Belastung von 23200 kg, und zwar beim Träger ohne Bügel durch Erweiterung

Abb. 104.

der Risse *a*, *b* und Loslösung des Eisens aus seiner Umhüllung. Bei diesem Träger zeigte sich folgende wichtige Erscheinung: Nachdem die schrägen Risse sich gebildet hatten, wurden durch die Drehung der einzelnen Balkenteile gegeneinander die Eisen nach unten gedrückt und, weil die Bügel fehlten, sprengten sie die untere Beton-

Abb. 105.

umhüllung ab, so daß auch noch die Adhäsion der Eisen über dem linken Auflager überwunden wurde, wie aus der photographischen Aufnahme Abbildung 105 ersichtlich ist. Dies ist wohl der Grund, warum Objekt III eine geringere Bruchlast aufwies als Objekt II.

134 Verschiedene Bewertungen der Spannungsverteilung im Querschnitt eines Betonbalkens, S. 232 (Ausschnitt) aus: Völker, Theorie des Eisenbetonbalkens, 1908.

Die Spannungsverteilung im Querschnitt eines Betonbalkens, vor allem auch die für die Bemessung relevante Spannungsverteilung, war ein um 1900 diskutiertes Thema. Durch Mörschs *Theorie der Eisenbetonkonstruktionen* auf verständliche Art erklärt und begründet, kann sich 1904 als deutsches Standardverfahren ein entsprechender Vorschlag des belgischen Ingenieurs Paul Christophe etablieren.

135 Wiedergabe eines Belastungsversuchs, S. 131 aus: Wayss & Freytag, Eisenbetonbau, 1906.

Ein wesentliches wissenschaftliches Ergebnis in den späteren Auflagen des *Eisenbetonbaus* war die Ausarbeitung einer Theorie zur Belastung durch Schubkräfte. Mörsch kann diese auf Basis der von Wayss & Freytag beauftragten Versuchen erarbeiten.

der beiden Materialien Eisen und Beton [und, d. Verf.] die Bekanntschaft mit bewährten Konstruktionsregeln»[419] vermittelten – wie dies der *Eisenbetonbau* tat. Die ‹Theorie der Eisenbetonkonstruktionen› wurde erweitert, verfeinert und verbessert, zugleich sah Mörsch weiterhin die Anwendung als Ausgangspunkt.

Bedeutend sind zum Beispiel seine Feststellungen zur Belastung durch Schubkräfte bei Biegung – eine der zentralen zeitgenössischen Fragen zum Verhalten des Eisenbetons. Man fürchtete, bei hohen Lasten würden Schubkräfte einen Versagensfall durch diagonale Risse und das Abplatzen der Betondeckung herbeiführen.[420] Die Vorstellung der Zeit um 1900 war, dass eine zusätzliche Bewehrung in vertikaler Richtung Abhilfe leisten könne: Im hennebiqueschen Modell waren vertikale Bügel vorhanden, die (mit der Längsbewehrung) Kräfte aufnehmen sollten, die auch rechnerisch quantifizierbar waren. Diese Überlegung war bereits von Karl Wilhelm Ritter[421] in seinem Artikel zur hennebiqueschen Bauweise stark

---

419 Ebd.

420 Jürges 2000 (wie Anm. 294), S. 92.

421 Die Auseinandersetzung Mörschs mit den Arbeiten seiner Vorgänger und Kollegen wird in der zweiten und dritten Auflage umfassender. So wird ein von Ritter in der *Schweizerischen Bauzeitung* 1899 veröffentlichter Artikel, den Mörsch noch in der ersten Auflage vor allem als Widerlegung von Hennebiques Bauweise anführt, ab der zweiten Auflage prominent als eigener Abschnitt unter dem Titel *Rechnungsweise nach Professor Ritter* präsentiert und als ein Beispiel für die Berechnung der Lage der neutralen Achse in Balkenquerschnitten angeführt, Wayss & Freytag 1906 (wie Anm. 293), S. 91–92. Darüber hinaus finden insbesondere auch einzelne Elemente der grafischen Statik, wie sie Culmann und Ritter prominent am Zürcher Polytechnikum vertraten, Eingang in die Neuauflagen. Im Abschnitt *Biegungsfestigkeit des Betons* verweist Mörsch in der zweiten Auflage erstmals ausdrücklich auf einen Vorschlag seines Vorgängers Ritter zur graphischen Berechnung von Spannungen von Elastizitätsgrenzen aus dessen Buch *Anwendungen der graphischen Statik* von 1888, ebd., S. 31. Ritter, Karl Wilhelm: Anwendungen der graphischen Statik nach Prof. Dr. C. Culmann. T.1: Die im Innern eines Balkens wirkenden Kräfte. Zürich 1888. Er stellt anschliessend fest: «Die einfachste Erklärung der hohen Biegungsfestigkeiten des Betons erhält man nach dem zuerst erwähnten graphischen Verfahren.», Wayss & Freytag 1906 (wie Anm. 293), S. 32. Auch zur Berechnung der Biegung mit Axialdruck bei nicht rechteckigen Querschnitten schlägt er unter dem Abschnittstitel *Graphische Methode der Berechnung* ein grafisches Verfahren nach Autenrieth vor, da «die abzuleitenden Formeln mindestens sehr umständlich» wären, ebd., S. 116.

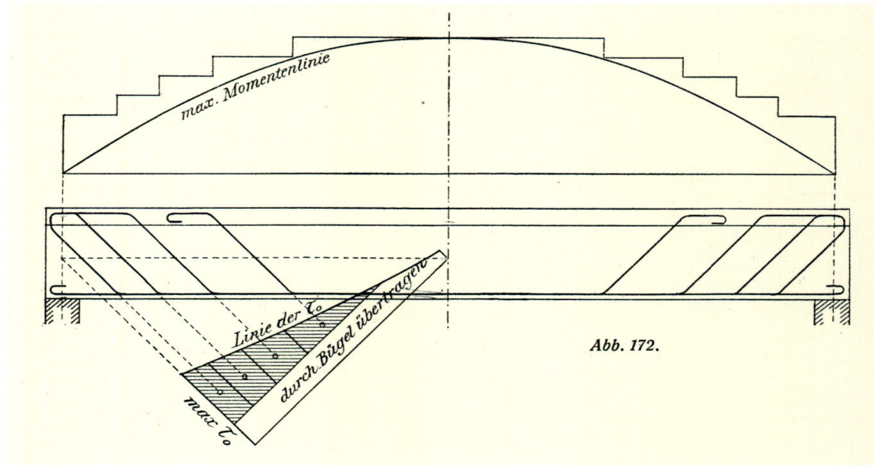

136 Grafik zur Methode zum «Entwerfen» der Schubbewehrung für einen Plattenbalken, S. 198 (Ausschnitt) aus: Mörsch, Eisenbetonbau, 1908.

Mörschs Theorie zum Eisenbeton war stets auch in einer Abhängigkeit zur Anwendung formuliert: Seine Erkenntnisse zu Belastungsmustern von Eisenbetonkonstruktionen durch Schubkräfte münden in einen praktischen Vorschlag, wie eine Bewehrung auf pragmatische Art und Weise, aber dennoch ausreichend präzise geplant werden kann.

bezweifelt worden – letztlich führte man aber nur *diagonale* Bügel und ein verändertes Rechenmodell ein.[422] Mörsch zeigt, dass die Bügel zumindest rechnerisch bei armierten Platten entbehrlich sind[423] und verdeutlicht, dass bei Plattenbalken mit den vorhandenen Erklärungsmustern die «Schubspannungen [...] in ihrem tatsächlichen Wert» nicht wiedergegeben werden.[424] Im weiteren spricht er dann die «schiefen Hauptspannungen», also die «fallende [nicht in Balkenachse, d. Verf.] Komponente»[425] der Schubspannung im damaligen Sprachduktus und Verständnis, an,[426] da er diesen eine grössere Bedeutung zuordnet. Aufgrund noch ausstehender Versuchsreihen bietet Mörsch zunächst abstrakt gehaltene Überlegungen über die vermutliche Verteilung an; durch die Versuche zeigt sich später (**Abb. 135**), dass keine relevante Steigerung des Schubtragvermögens durch schräge Bügel zu erreichen ist,[427] so also letztlich die Vorstellungen des ausgehenden 19. Jahrhunderts revidiert werden müssen. Die Versuche sind Startpunkt einer systematischen Studie zum Einfluss von Bügeln auf die Schubtragfähigkeit, die bis 1928 laufen sollte.[428] Die Ergebnisse finden Eingang in den *Eisenbetonbau*. In der dritten Auflage finden sich erste Schlussfolgerungen, Mörsch diskutiert das ‹Aufbiegen› der Hauptarmierung und Fragen der Haftspannung,[429] um schliesslich ein kombiniertes Verfahren für das ‹Entwerfen› der Bewehrung vorzuschlagen – eine Conclusio der neu abgesicherten Theoriebildung und Heuristik für eine anwendungsfreundliche Umsetzung in der Praxis (**Abb. 136**).[430]

---

422 Ritter, Karl Wilhelm: Die Bauweise Hennebique, in: SBZ 33 (1899), Nr. 7, S. 59–60.

423 Mörsch 1902 (wie Anm. 292), S. 98–101.

424 Ebd., S. 103.

425 Hager, Karl: Vorlesung über die Theorie des Eisenbetons. München 1916, S. 166.

426 Mörsch 1902 (wie Anm. 292), S. 103.

427 Jürges 2000 (wie Anm. 294), S. 96–97; Wayss & Freytag 1906 (wie Anm. 293), S. 127–135.

428 Jürges 2000 (wie Anm. 294), S. 97.

429 Mörsch 1908 (wie Anm. 382), S. 189–200. Zunächst betont Mörsch, dass in Auflagernähe insbesondere schräge Schubspannungen auftreten würden und keine vertikalen beziehungsweise horizontalen. Eine schräge Bewehrung sei hier deshalb günstig, die besten Resultate erhalte man, wenn man die Hauptarmierung als Endhaken bei den Auflagern ‹aufbiegen› würde. ‹Entfernt› von den Auflagern, würden dann vertikale Bügel am zweckmässigsten für eine Steigerung des Schubtragvermögens sein. Ferner spricht er die Notwendigkeit der Berücksichtigung der Haftspannung an, wobei er jedoch die gängigen Berechnungsverfahren kritisch kommentiert und eine Alternative vorschlägt.

430 Rechnerisch-mathematische und grafische Methoden werden von Zeitgenossen eher als Gegensatz wahrgenommen, Mörschs Synthese der culmannschen Tradition mit den neueren Theorien erweist sich als glücklich.

Materialwissenschaftliche Versuchsreihen

In den Versuchsreihen, ihrer Planung, Auswertung und Publikation zeigt sich ein neues Verfahren der Wissensgenerierung, das das polytechnische Ideal einer umfassenden Bauwissenschaft auf die Probe stellt: Die Aufgabenstellung ergibt sich aus der Praxis, die Durchführung erfolgt im Auftrag von Firmen in den den Hochschulen angegliederten Materialprüfungsanstalten. Die Hochschulen agieren nicht mehr autark, Materialprüfungsanstalten etablieren sich nun als Orte der Experimentalkultur für die technischen Wissenschaften.[431] Diese waren im letzten Drittel des 19. Jahrhunderts zunächst in bescheidenem Umfang entstanden,[432] so beispielsweise in Braunschweig, Dresden, Hannover, München oder Prag[433] (**Abb. 137**), und gewannen gegen Ende des Jahrhunderts an Bedeutung. Zu lösen waren hier Probleme der industriellen Praxis, die zum Beispiel aus der Diversifikation des Konstruktionsmaterials Eisen entsprangen. Für das Bauwesen trat zudem noch die Entwicklung und Verbreitung neuer Baustoffe hinzu. Zu den führenden Experten des ausgehenden 19. Jahrhunderts im Bereich der Materialprüfung gehörten der unter anderem für die Niederschlesisch-Märkische Eisenbahngesellschaft tätige August Wöhler (1819–1914),[434] der an der Technischen Hochschule Stuttgart wirkende Carl Bach (1847–1931)[435] und der am Zürcher Polytechnikum lehrende Ludwig von Tetmajer (1850–1905).[436]

Die Zürcher Einrichtung war «kein planmässig angelegtes und ausgerüstetes Institut gewesen»,[437] sondern musste sich erst entwickeln, während an anderen Orten «mechanisch-technische Laboratorien» schon seit 1871 geführt wurden.[438] Mit der Eidgenössischen Anstalt zur Prüfung von Baumaterialien entstand 1880 an der Eidgenössischen Polytechnischen Schule eine Institution zur wissenschaftlichen Materialerprobung als neuer Disziplin.[439] Obwohl erste Versuche in Zusammenarbeit mit der Schweizerischen Zentralbahn in Olten an einer werderschen Festigkeitsmaschine unter Leitung Culmanns ab 1866 bereits den grossen Nutzen und das Potenzial der Festigkeitsprüfung veranschaulichten, konnte ein wissenschaftlich-systematisches Experimentieren aufgrund ungünstiger Standorte – in beträchtlicher Entfernung zum Polytechnikum, was eine Kontrolle der Versuche erschwerte – und fehlenden Etats jedoch noch nicht in

431 Als eine erste, konzeptionell noch nicht ausformulierte Vorstudie vgl. Stegmann, Knut: Experimental Cultures in Early Concrete Construction, in: Bowen, Brian; Friedman, Donald; Leslie, Thomas; Ochsendorf, John (Hg.): Proceedings of the Fifth International Congress on Construction History. Chicago 2015, Bd. 3, S. 387–394.

432 Das Folgende, sofern nicht anders angegeben, nach: Heymann 2005 (wie Anm. 61), S. 62–63.

433 Als Überblick: Boeck, Karl: Deutsche technisch-wissenschaftliche Forschungsanstalten, T. 2: Die technisch-wissenschaftlichen Forschungsanstalten. Berlin 1931.

434 Zu Wöhler vgl. Kahlow, Andreas: August Wöhler und die Entwicklung der Festigkeits- und Materialforschung im 19. Jahrhundert, in: Dresdner Beiträge zur Geschichte der Technikwissenschaften 14 (1987), S. 45–67.

435 Bach, Carl: Mein Lebensweg und meine Tätigkeit. Berlin 1926; Keller, Arnold: Bach, Carl von, in: NDB, Bd. 1. Berlin 1953, S. 491–492. Siehe auch Sammelband anlässlich des 150. Geburtstags von Carl Bach: Naumann, Friedrich (Hg.): Carl Julius von Bach (1847-1931). Pionier – Gestalter – Forscher – Lehrer – Visionär (Wissenschaftliche Konferenz, Stadt Stollberg/E. – Technische Universität Chemnitz-Zwickau am 7. und 8. März 1997, Akademische Feier, Universität Stuttgart am 4. Juli 1997). Stuttgart 1998.

436 Biografie siehe Anhang.

437 Tetmajer, Ludwig von: Bericht über den Neubau, die Einrichtung und die Betriebsverhältnisse des schweizer. Festigkeitsinstitutes. Zürich 1893, S. 7.

438 Ebd., S. 4. Tetmajer nennt als Vorbilder namentlich: Johann Bauschinger (1834–1893) vom Festigkeitslaboratorium am Polytechnikum München (1871 eröffnet), siehe Kahlow 1987 (wie Anm. 434), S. 57 sowie Ditchen, Henryk: Otto Graf – Der Baumaterialforscher. Berlin 2013, S. 16; Karl Jenny (1819–1893) am Polytechnischen Institut in Wien, siehe Jenny, Karl: Festigkeitsversuche und die dabei verwendeten Maschinen und Apparate an der k. k. technischen Hochschule in Wien. Wien 1878; und Ludwig Spangenberg (1814–1881) in Berlin, siehe Ruske, Walter: Königliche Versuchsanstalten und Materialprüfungsamt, in: Ruske, Walter; Becker, Gerhard W; Czichos, Horst: 125 Jahre Forschung und Entwicklung, Prüfung, Analyse, Zulassung, Beratung und Information in Chemie- und Materialtechnik. Die Chronik 1871–1996, hg. vom Bundesamt für Materialforschung und -prüfung. Berlin 1996, S. 75–76.

439 Zur Geschichte der EMPA nachfolgend, sofern nicht anders vermerkt: Tetmajer 1893 (wie Anm. 437), S. 39.

137 Materialprüfungsanstalten im deutschsprachigen Raum um 1900.

Gegen Ende des 19. Jahrhunderts wurden immer mehr Materialprüfungsanstalten als Einrichtungen an den polytechnischen Schulen gegründet, sie waren entscheidend für die weitere Verwissenschaftlichung der Materialkunde.

Angriff genommen werden. Nachdem die Prüfung an verschiedenen Orten, zu Randzeiten sogar im unbeheizten und unbelüfteten Kellergeschoss des Semperbaus sowie im neuen Chemiegebäude erfolgt war, manifestierten sich Anerkennung und Stellenwert durch den Beschluss des Bundesrates mit der Begründung, «dass der Betrieb einer solchen [Festigkeits-]Maschine, in Verbindung mit der höchsten technischen Bildungsanstalt, zunächst für den Unterricht in dem Maße hohe Bedeutung hat, daß er das Fach der Baumaterialienlehre fördert, den technisch konstruktiven Unterricht beeinflußt und durch die Publikation ausgeführter Untersuchungen das Ansehen der Anstalt hebt. Die Bedeutung sodann des Betriebs einer solchen Maschine für die Industrie und angewandte Technik ist allgemein anerkannt und dessen Kreirung Seitens kompetenter Techniker zu wiederholten Malen als dringend erwünscht bezeichnet worden. Beispielsweise sei bemerkt, daß bei dem heutigen Stande der Konkurrenzverhältnisse, Zollschranken etc., die schweizerische Eisen- und Maschinenindustrie hauptsächlich durch qualitative Ueberlegenheit lebensfähig bleibt. Daß die leztere in erster Linie durch die Güte der zu verarbeitenden Rohstoffe, die größtentheils importirt werden müssen, bedingt wird, ist selbstverständlich.»[440]

Der entscheidende Durchbruch gelang auf Betreiben der Polytechnikumsprofessoren Georg Veith (1821–1903), Carl Culmann, Friedrich Autenheimer (Professor am Technikum Winterthur) und des Präsidenten des Schweizerischen Ingenieur- und Architektenvereins Arnold Bürkli-Ziegler mit der Prüfung der Schweizerischen Bausteine für die Weltausstellung in Paris (1878) und schliesslich im Zusammenhang mit der Schweizerischen Landesausstellung in Zürich (1883), bei der die Anstalt über 4000 Qualitätsprüfungen an Bau- und Werkstoffen durchführte.[441] Massgeblich verantwortlich hierfür zeichnete der Gründer und erste Direktor der Anstalt, Professor Ludwig von Tetmajer, der mit seinen Ambitionen und seinem Engagement zum Erfolg der Institution beitrug. Nach einer wechselhaften Anfangsphase der Schweizer Materialprüfung in Provisorien und ohne eigenes Personal war die Einrichtung eines eigenen Gebäudes, einer «staatlich organisirten Prüfungsstelle»,[442] ein Meilenstein zur «Etablierung eines unantastbaren, von Zufälligkeiten, Willkür und persönlichen Einflüssen möglichst unabhängigen Prüfungsverfahrens»[443]: Aufgrund der hohen Nachfrage von 13 588 Versuchen in den ersten zehn Jahren erfuhr das Institut mit dem Umzug in die Leonhardstrasse 27 eine «Würdigung der Verhältnisse».[444] (**Abb. 138 a**)

Im polytechnischen Geiste des angewandten und interdisziplinären Lernens unterrichtete von Tetmajer Baustatik und Baustoffe im Auditorium des Obergeschosses, während im Erdgeschoss neue Methoden und Maschinen für die Erprobung entwickelt wurden, um die steigende Nachfrage der stetig wachsenden Bauindustrie zu bedienen (**Abb. 138 b**). Das Institut, das ab 1895 unter dem Namen Eidgenössische Materialprüfanstalt geführt wurde, erlangte schnell internationale Reputation aufgrund seiner ausführlichen Veröffentlichungen und Versuchsergebnisse und der Beteiligung an Konferenzen.[445]

Den Entwurf für die Zürcher Materialprüfungsanstalt erarbeitete mutmasslich der Semperschüler und Architekt des Berner Bundeshauses Hans Wilhelm Auer als Angestellter der Direktion der eidgenössischen Bauten.[445] In jener Phase räumlicher und wissenschaftlicher Ausbreitung der Polytechnischen Schule entstand im Umfeld des Hauptgebäudes mit der Land- und Forstwirtschaftlichen Schule

---

440 Bundesgesetz betreffend den regelmässigen Betrieb der eidgenössischen Anstalt zur Prüfung der Festigkeit von Baumaterialien (Festigkeitsprüfungsmaschine). Entwurf, in: Bundesblatt 2 (1880), H. 19, S. 735. Zitat nach: Botschaft des Bundesrathes an die hohe Bundesversammlung, betreffend den regelmässigen Betrieb der eidgenössischen Anstalt zur Prüfung der Festigkeit von Baumaterialien (Festigkeitsprüfungsmaschine) vom 16. April 1880, in: ebd., S. 730–734, hier S. 731.

441 Schweizerische Bauzeitung: Miscellanea, in: Schweizerische Bauzeitung 13 (1884), H. 3, S. 76.

442 Botschaft des Bundesrathes 1880 (wie Anm. 440), hier S. 730.

443 Tetmajer 1893 (wie Anm. 437), S. 6.

444 Schweizerische Bauzeitung: Miscellanea. In: Schweizerische Bauzeitung 13 (1884), H. 3, S. 76. Stolz beschreibt Tetmajer, dass ihm nach dessen Bezug im November 1891 zwanzig Lokalitäten auf 1 054,64 m^2 Fläche zur Verfügung standen, Tetmajer 1893, S. 10. «Die Baukosten betrugen 202 000 Franken, die innere Einrichtung und Ausstattung mit Maschinen 80 773 Franken», Oechsli 1905 (wie Anm. 70, S. 83), S. 334.

445 Ab 1884 erschienen die Forschungsergebnisse in den Heften «Mitteilungen der Anstalt zur Prüfung von Baumaterialien am eidgen. Polytechnikum in Zürich» für eine grosse Materialfülle, zudem zahlreiche weitere Publikationen Tetmajers, siehe Roš, M[irko]: Wissenschaftliche Veröffentlichungen von Prof. Ludwig Tetmajer, in: Eidgenössische Materialprüfungsanstalt an der Eidg. Technischen Hochschule Zürich (Hg.): Einrichtung, Organisation und Tätigkeit 1880–1930. Zürich 1930, S. 15–17. Zu den Bauschinger'schen Konferenzen, siehe ders: Fünfzig Jahre Eidgen. Materialprüfungsanstalt, in: Schweizerische Bauzeitung 96 (1930) H. 18, S. 254; Zur Person Johann Bauschinger, siehe Kick, Friedrich: Gedenkrede auf Prof. Johann Bauschinger, in: Schweizerische Bauzeitung 25/26 (1895), H. 11, S. 70–72.

446 Planung ab 1889, siehe Tscholl, Philipp: Eidgenössische Anstalt zur Prüfung von Baumaterialien (heute Seminar für Statistik, Institut für mechanische Systeme, Institut für Hygiene und Arbeitspsychologie, in: Oechslin, Werner (Hg.): Hochschulstadt Zürich. Bauten für die ETH 1855–2005. Zürich 2005, S. 173–174; unter Verweis auf: Hauser, Andreas: Inventar der neueren Schweizer Architektur 1850–1920. Zürich 1991, S. 363.

138a/b Eidgenössische Anstalt zur Prüfung von Baumaterialien (ab 1895: Eidgenössische Materialprüfungsanstalt). Ansicht von der Leonhardstrasse (Fotograf unbekannt, nach 1891 und vor der Aufstockung 1907)/ grosser Maschinensaal (Fotograf unbekannt, 1930).

(1871/72), dem neuen Chemie- (1884–86) und dem Physikgebäude (1887–90) sowie dem Maschinenlaboratorium (1897–1900) der Kern des heutigen Hochschulquartiers.[447] «In Würdigung der Sachlage und richtigen Erkenntnis der Bedeutung einer Schweizerischen Zentralstelle für das Prüfungswesen von Bau- und Konstruktionsmaterial haben sowohl der Schweizerische Schulrat, [...] [und] der Schweizerische Ingenieur- und Architektenverein [...] die Frage der Verwirklichung der projektierten Neugestaltung der Festigkeitsanstalt in die Hände genommen. Als Frucht des Zusammenwirkens der polytechnischen Schule und der Technikerschaft des Landes ist der Bundesbeschluss vom 6. Dezember 1889 anzusehen, durch welchen die Direktion der eidgenössischen Bauten ermächtigt wurde, an die Ausführung des Neubaus zu schreiten.»[448]

Carl Bach, seit 1878 am Stuttgarter Polytechnikum auf einer Professur für Maschineningenieurwesen, ist Begründer der statischen Elastizitäts- und Festigkeitslehre im Maschinenbau. Die industriell-polytechnischen Kontexte der Gründung der Stuttgarter Materialprüfungsanstalt 1884 beschreibt Bach, ihr erster Leiter, auf der Jahresversammlung des Württembergischen Bezirksvereins 1907: Nachdem «der Mangel von Einrichtungen zur Prüfung und Untersuchung des Verhaltens der Konstruktionsmaterialien [...] bereits in den siebziger Jahren von den Angehörigen unserer Technischen Hochschule gefühlt worden» war, eine Unterstützung mit Staatsmitteln, wie etwa in Zürich oder München (wo entsprechende Anstalten bereits (teil-)finanziert waren) aber abgelehnt wurde, sprang 1882 der Württembergische Bezirksverein Deutscher Ingenieure in die Bresche – und gab eine entscheidende Anschubfinanzierung.[449] (**Abb. 139**) Von Anfang an waren wesentliche Finanzmittel durch die Industrie aufgebracht worden. Dies deckte sich auch mit dem deklarierten Zweck der Anstalt – «den Interessen der Industrie, wie auch denjenigen des Unterrichts zu dienen».[450] «Auch auf dem Gebiete der Forschung Ergebnisse zu Tage zu fördern»,[451] war die Leistung Bachs. Ihm gelang es, mit Dyckerhoff & Widmann und Wayss & Freytag zwei Partner für umfangreiche Versuchsreihen zu gewinnen,[452] sodass sich zwischen den Auftraggebern und Bach auch ein Dialog einstellte. Nach 1900 konnten Mittel für eine eigene Versuchsforschung gewonnen werden, sie wurden vom Beton-Eisen-Ausschuss der Jubiläums-Stiftung der Deutschen Industrie gefördert.

---

447 Die hier angegebenen Bauzeiten nach: Oechslin 2005 (wie Anm. 446), S. 153–177. Der ursprünglich zweigeschossige Mittelbau des EMPA-Gebäudes mit einer Grundfläche von 21 × 18 m wird zu beiden Seiten von eingeschossigen Flügelbauten flankiert, die das Laboratorium und die Maschinenhalle einschliesslich der Werderschen Festigkeitsmaschine beherbergten. Der Motorenraum, der sich im Mittelbau auf der Gebäuderückseite befindet, und der Versuchs- und Maschinensaal (Südflügel) sind nicht unterkellert. Das Gebäude wurde im Jahr 1907 aufgrund der gestiegenen Anzahl an Ingenieuren erweitert, ein zusätzliches Geschoss wurde sowohl auf den Mittelbau wie auch auf die Seitenflügel gesetzt.

448 Zitiert von Ludwig von Tetmajer, wiedergegeben nach Oechsli, Wilhelm: Festschrift zur Feier des Fünfzigjährigen Bestehens des eidg. Polytechnikums. Zweiter Teil: Die bauliche Entwicklung Zürichs in Einzeldarstellungen von Mitgliedern des Zürcher Ingenieur- und Architektenvereins. Zürich 1905, S. 334, unter Verweis auf Schweizerische Bauzeitung, Juli 1893.

449 Bach, Carl: Die Materialprüfungsanstalt der Königl. Technischen Hochschule Stuttgart, in: Zeitschrift des Vereins deutscher Ingenieure 52 (1908), H. 7, S. 241–243, Zitat S. 241. Weitere Materialien zur Geschichte der Anstalt sind: Bach, Carl: Ingenieurlaboratorium und Materialprüfungsanstalt der Kgl. Technischen Hochschule Stuttgart. Stuttgart 1915; Baumann, Richard; Graf, Otto: Die Entwicklung der Materialprüfungsanstalt an der Technischen Hochschule Stuttgart seit 1906, in: Zeitschrift des Vereines deutscher Ingenieure 71 (1927), H. 42, S. 1468–1470; Materialprüfungsanstalt Universität Stuttgart (Hg.): 125 Jahre MPA Universität Stuttgart 1884–2009. Festschrift zur Festveranstaltung am 8. Oktober 2009 in Stuttgart. Stuttgart 2010; Universitätsarchiv Stuttgart, 17/682–17/684: Gimmel, Paul: Staatliche Materialprüfungsanstalt an der Technischen Hochschule Stuttgart. Ungedrucktes Manuskript 1949.

450 Verfügung Staatsanzeiger für das Königreich Württemberg, erlassen durch das Departement des Kirchen- und Schulwesens, 1884, zit. nach: Universitätsarchiv Stuttgart, 33: Findbuch zum Bestand, 2012. Wird teilweise auch Bach fälschlicherweise zugeschrieben.

451 Bach 1908 (wie Anm. 449), S. 241.

452 Zur Zusammenarbeit zwischen Bach und Dyckerhoff & Widmann: Stegmann 2014 (wie Anm. 80), S. 157. Ferner: Universitätsarchiv Stuttgart, 33/4/245: Kopierbuch Nr. XV [nur Versuche mit Beton ohne Armierung betreffend], nach 1900.

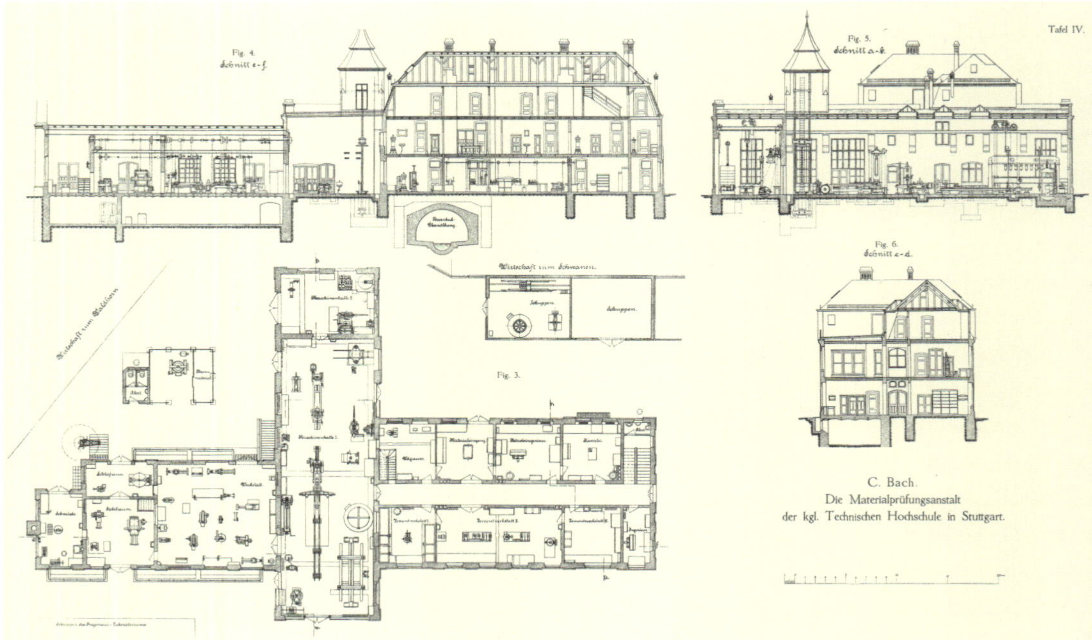

139 Neubau der Stuttgarter Materialprüfungsanstalt, Grundrisse und Schnitte, Taf. 4 zu: Bach, Materialprüfungsanstalt, 1908.

1884 als Institution eröffnet, bekam die Stuttgarter Materialprüfungsanstalt 1905–07 ein eigenes Gebäude, um so dem wachsenden Umfang an Versuchen, die man für die Hochschule und Industrie und beispielsweise auch den Beton-Eisen-Ausschuss der Jubiläums-Stiftung der deutschen Industrie durchführte, Rechnung zu tragen.

Experimentelle Praktiken waren zentrales Element der Entwicklung der Eisenbetonbautechnik, sie dienten als Veranschaulichung und Grundlage von Berechnungen. Bereits von Beginn an war die Beschreibung und Wiedergabe von Versuchsergebnissen Bestandteil der Theoriebildung. Die frühen Versuche waren allerdings zumeist nur Probebelastung *einzelner* Körper und Bauteile: Lastauftrag sollte Auskunft über hinreichend grosse Tragfähigkeit geben.[453] In Gustav Adolf Wayss' *Monier*-Broschüre hatte sich angedeutet, dass Versuche auch die Entwicklung neuer Fragestellungen aus den Beobachtungen ermöglichen. Mörsch hatte ja zunächst nicht auf eine allgemeine Theorie des Verhaltens von Eisenbeton im Belastungsfall gezielt, er konzentrierte sich auf die durch Werkstoffeigenschaften gegebenen Variablen – in umfangreichen Versuchsreihen wurden Materialzusammensetzung, Alter und Komposition der Probekörper und Art der Belastung variiert.

Man begann also bei den Werkstoffen – denn «die bisher in diesem Sinne angestellten Versuche [...] sind entweder nicht zahlreich genug gewesen, oder sie wurden nicht systematisch genug ausgeführt».[454] Die Ergebnisse werden zum Ausgangspunkt neuer Versuche – beispielsweise zur Biegefestigkeit von Eisenbetonbalken.[455] Schubversuche wurden mit geschlitzten Plattenbalken unternommen.[456] Versuche zur Bestimmung der ‹Adhäsionsfestigkeit›[457] umfassten nur eine geringe Anzahl von Versuchskörpern, weshalb Mörsch die Aussagekraft der Ergebnisse auch einschränkte: «Die Zahlen sind die Mittel aus nur

453 Zur Entwicklung der Probebelastungen: Bolle, Guido; Schacht, Gregor; Marx, Steffen: Geschichtliche Entwicklung und aktuelle Praxis der Probebelastung. T. 1: Geschichtliche Entwicklung im 19. und Anfang des 20. Jahrhunderts, in: Die Bautechnik 87 (2010), H. 11, S. 700–707, hier besonders S. 704–705.

454 Mörsch 1902 (wie Anm. 292), S. 54–60, hier S. 54.

455 Mörsch 1902 (wie Anm. 292), S. 80–81.

456 Ebd., S. 60–63. Vgl. zu diesen auch den folgenden Abschnitt.

457 Ebd., S. 63–64.

Abb. 31. Versuch über Scherfestigkeit auf der *Martens*schen Druckpresse.

140 «Versuch über Scherfestigkeit auf der *Martens*schen Druckpresse», Abb. 31 aus: Wayss & Freytag, Eisenbetonbau, 1906.

Für die Durchführung grösserer Versuchsreihen wurde von Wayss & Freytag zumeist die Stuttgarter Materialprüfungsanstalt beauftragt, kleine Versuchsreihen führten sie auch selbst durch.

zwei Versuchen, können also keinen Anspruch auf Genauigkeit machen.» Jedoch liessen die Ergebnisse erkennen, «dass es durchaus nötig ist, den Beton mit dem nötigen Wasserzusatz im sogen. plastischen Zustand einzubringen.»[458]

Bei den Zugversuchen mit armierten Betonkörpern sollten Spannungen in Beton und Eisen gemessen werden.[459] Mörsch wertet diese Versuche wegen der Versuchsanordnungen als nur partiell erfolgreich: Da «die Überschreitung der Adhäsionsfestigkeit» als Folge zu schwacher «Köpfe der Probekörper für die Einspannung» «Risse daselbst verursachte» und dadurch keine höheren Spannungen getestet werden konnten.[460] Der Versuchsaufbau wird hinterfragt: Es «würde [...] sich empfehlen, die Messungen an Versuchskörpern vorzunehmen, die der Biegung unterworfen sind, da dann alle Schwierigkeiten in Betreff einer zentrischen Krafteintragung wegfallen würden», und auch wäre «der Praxis am besten gedient, wenn als Versuchsobjekte Platten oder Plattenbalken, wie sie in der Ausführung hergestellt werden, gewählt würden».[461]

Für die zweite Auflage des *Eisenbetonbaus* wurden neue Versuche zur Streckgrenze und Zugfestigkeit verschiedener Rundeisen unternommen: Obgleich «die Eigenschaften des Eisens [...] heute allgemein bekannt» seien, schreibt der Autor, wurde durch Wayss & Freytag noch eine Versuchsreihe mit «Proben gewöhnlicher Handelsrundreisen» an der Stuttgarter Materialprüfungsanstalt beauftragt.[462] Zu neuen Versuchen zur Scherfestigkeit schreibt Mörsch, sie seien «vom Verfasser angestellt[...]», vier verschiedene Varianten von prismatischen Betonkörpern, von denen je drei Körper hergestellt wurden, wurden in der martenschen Druckpresse bis zur Rissbildung belastet.[463] (**Abb. 140**) Neue Drehversuche mit Betonzylindern wurden von Bach im Auftrag von Wayss & Freytag durchgeführt, Schub- und Scherfestigkeit sollten präziser unterschieden werden, die entstehende Schubspannung genauer quantifiziert.[464] In weiteren Experimenten wurde der Gleitwiderstand des einbetonierten Eisens untersucht. Ein Eisenstab wurde dabei

---

458 Ebd., 64.

459 Ebd., S. 69–72.

460 Ebd., S. 69–70.

461 Ebd., S. 72.

462 Wayss & Freytag A.-G. 1906 (wie Anm. 293), S. 19.

463 Ebd., S. 37–41, Zitat S. 37.

464 Ebd., S. 41–44.

— 70 —

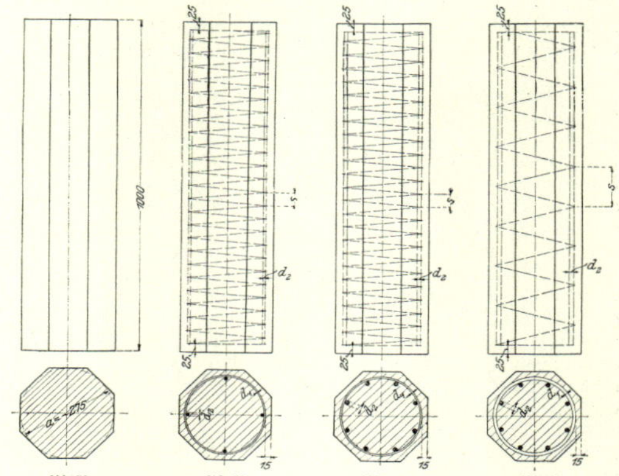

Abb. 59. Abb. 60. Abb. 61. Abb. 62.

Es wurden untersucht:

No.	Versuchskörper	Spiralen Durchmesser mm	Spiralen Ganghöhe mm	Längsarmierung mm
I	4 Körper nach Abb. 59	ohne Eiseneinlagen		
II	3 „ „ „ 60	$d_1 = 5$	$s = 38$	4 Stangen $d_2 = 7$
III	3 „ „ „ 60	$d_1 = 7$	$s = 37$	4 „ $d_2 = 7$
IV	3 „ „ „ 60	$d_1 = 10$	$s = 42$	4 „ $d_2 = 7$
V	3 „ „ „ 61	$d_1 = 5$	$s = 38$	8 „ $d_2 = 11$
VI	3 „ „ „ 61	$d_1 = 7$	$s = 37$	8 „ $d_2 = 11$
VII	3 „ „ „ 61	$d_1 = 10$	$s = 43$	8 „ $d_2 = 11$
VIII	3 „ „ „ 60	$d_1 = 7$	$s = 31$	4 „ $d_2 = 7$
IX	3 „ „ „ 60	$d_1 = 10$	$s = 40$	4 „ $d_2 = 7$
X	3 „ „ „ 60	$d_1 = 12$	$s = 41$	4 „ $d_2 = 7$
XI	3 „ „ „ 60	$d_1 = 14$	$s = 37$	4 „ $d_2 = 7$
XII I	3 „ „ „ 61	$d_1 = 7$	$s = 40$	8 „ $d_2 = 5$
XII II	3 „ „ „ 61	$d_1 = 10$	$s = 40$	8 „ $d_2 = 7$
XII III	3 „ „ „ 61	$d_1 = 14$	$s = 40$	8 „ $d_2 = 10$
XIII I	3 „ „ „ 62	$d_1 = 7$	$s = 80$	8 „ $d_2 = 7$
XIII II	3 „ „ „ 62	$d_1 = 10$	$s = 80$	8 „ $d_2 = 10$
XIII III	3 „ „ „ 62	$d_1 = 14$	$s = 80$	8 „ $d_2 = 12$
XIV I	3 „ „ „ 62	$d_1 = 7$	$s = 120$	8 „ $d_2 = 10$
XIV II	3 „ „ „ 62	$d_1 = 10$	$s = 120$	8 „ $d_2 = 12$
XIV III	3 „ „ „ 62	$d_1 = 14$	$s = 120$	8 „ $d_2 = 14$

141 Aufstellung über Versuchskörper, S. 70 aus: Wayss & Freytag, Eisenbetonbau, 1906.

Mörsch präsentiert im *Eisenbetonbau* nicht nur die Ergebnisse der Versuchsreihen, sondern versucht auch immer deren Aufbau zu erklären, vor allem auch, wie die unterschiedlichen Versuchskörper beschaffen waren. Im Falle der Druckversuche mit armierten Betonkörpern zeigt er die verschiedenen spiralförmigen Eiseneinlagen, eine Tabelle gibt Auskunft über weitere Details der Armierung.

durch einen Betonwürfel durchgedrückt.[465] Die Betonkörper wurden mit unterschiedlichen Wasserzusätzen ausgeführt, zwei Eisenvarianten kamen zum Einsatz. Weitere Versuche dieser Art wurden von Bach ohne Auftrag von Wayss & Freytag kurze Zeit später durchgeführt, die Ergebnisse werden von Mörsch später aufgegriffen.[466]

Die Idee, durch Bewehrung die Belastungsgrenzen eines auf Druck beanspruchten Betonkörpers zu erhöhen, war bereits in den Anfängen der Eisenbetonbauweise formuliert worden.[467] 1902 meldete der französische Ingenieur Armand Considère (1841–1914) hierzu auch in Deutschland ein Patent an. Durch Versuche hatte er erkannt, «dass der umschnürte Beton im Gegensatz zum unbewehrten, nur längs be-

465 Ebd., S. 47–48. Die Versuche wurden ebenfalls von Mörsch selbst durchgeführt.

466 Bachs Versuche waren durch die Jubiläums-Stiftung der deutschen Industrie finanziert. Vgl. Wayss & Freytag A.-G. 1906 (wie Anm. 293), S. 49–52.

467 Ausführlich hierzu Seelhofer-Schilling, Birgit: Umschnürte Stahlbetonstützen. Geschichtliche Entwicklung (IBK Bericht, Nr. 310). Zürich 2008, besonders S. 61–115.

wehrten oder querbewehrten Beton unter Druck viel bessere Eigenschaften aufwies.»[468] Ausführungsrechte erwarb bald Wayss & Freytag, die dann zusätzliche Versuche bei Bach in Auftrag gaben. Ziel neuer Druckversuche mit «Betonkörpern mit spiralförmiger Eiseneinlage» war zudem eine Simulation der Praxisverhältnisse. Versuche mit je drei von zwanzig verschiedenen Versuchskörpern (**Abb. 141**) fanden im Herbst 1904 und Winter 1905 statt und wurden in enger Abstimmung mit Considère durchgeführt.[469] Man beabsichtigte, «Versuche mit Körpern durchführen zu lassen, deren Herstellung auf der Baustelle ohne besondere Sorgfalt erfolgen» konnte.[470] Mörsch nutzte die Messreihen zudem zur Überprüfung der Rechenmodelle Considères und konnte zeigen, dass eine erheblich höhere Ganghöhe der Eisenspiralen möglich sei ohne wesentliche Abstriche bei der möglichen Belastung in Kauf nehmen zu müssen.[471] Mörsch kann später zeigen, dass entgegen den zuvor praktizierten Annahmen die Fliessgrenze des Eisens auch vor dem Eintreten des Bruchs durch Druck auf den Eisenbetonkörper als Faktor zu beachten ist. Er führt zur Berücksichtigung dieses Faktums einen Koeffizienten ein, den er wiederum über Versuche ermittelt.[472] Weitere von Wayss & Freytag beauftragte Versuche waren Biegungs- beziehungsweise Bruchversuche mit rechteckigen Eisenbetonplatten,[473] Biegungsversuche mit «doppelt armierten Betonbalken»[474] und Versuche über die Wirkung von Schubkräften in Eisenbetonträgern,[475] weitere Arbeiten waren im Auftrag der Jubiläums-Stiftung der Deutschen Industrie erfolgt, von Bach in Stuttgart

---

468 Ebd., S. 63. Von Considère wurden die Körper «Béton fretté» genannt.

469 Bach, Carl: Druckversuche mit Eisenbetonkörpern, in: Mitteilungen über Forschungsarbeiten auf dem Gebiete des Ingenieurwesens (1905), H. 29, S. 1–49, hier S. 32–49. Die Abstimmung mit Considère dokumentiert ein Briefwechsel zwischen Bach und Mörsch: Universitätsarchiv Stuttgart, 33/2/424: Diverse Briefe von Bach an Mörsch, Januar/Februar 1905.

470 Wayss & Freytag 1906 (wie Anm. 293), S. 69.

471 Ebd., S. 68–70. In den Folgeauflagen wird dieser Bereich unter anderem auch unter Berufung auf neue Versuchsreihen, auch aus der Zusammenarbeit zwischen Mörsch, Wayss & Freytag und Bach, immer weiterentwickelt. Zur Geschichte: Seelhofer-Schilling 2008 (wie Anm. 467), S. 61–115. Siehe vor allem Mörsch 1912 (wie Anm. 395), S. 96–140.

472 Mörsch 1912 (wie Anm. 395), S. 135–136.

473 Wayss & Freytag 1906 (wie Anm. 293), S. 88–90.

474 Ebd., S. 90–94.

475 Ebd., S. 127–134. Mörsch griff in der zweiten Auflage des *Eisenbetonbaus* diverse in diesem Rahmen entstandene Forschungsarbeiten beziehungsweise Versuchsprogramme auf, so etwa: Versuche über den Gleitwiderstand einbetonierten Eisens (Bach, Carl: Versuche über den Gleitwiderstand einbetonierten Eisens, in: Mitteilungen über Forschungsarbeiten auf dem Gebiete des Ingenieurwesens (1905), H. 22, S. 1–42): Die im Sommer und Herbst 1904 durchgeführte Versuchsreihe umfasste über 200 Versuchskörper, wobei Faktoren wie Wasserzusatz etc., insbesondere aber auch die Art der Eiseneinlage (Rund-, Quadrateisen, etc.) variiert wurde. Fünf Körper waren jeweils in identischer Art und Weise hergestellt worden. Relevanz entfaltete diese Versuchsreihe für Mörsch insbesondere dadurch, dass sie im Vergleich zu früheren, unter anderem auch durch Wayss & Freytag durchgeführten Versuchen «sehr sorgfältig[...] und eingehend[...]» war, deshalb auch geeignet «neues Licht über das vielumstrittene Feld der Haftfestigkeit zu verbreiten», Wayss & Freytag 1906 (wie Anm. 293), S. 46–52, Zitat S. 49. Insbesondere zeige Bach, dass «die Adhäsion (für Beanspruchungen des Eisens weit unter der Streckgrenze) mit zunehmender Länge des einbetonierten Eisen abnimmt» (ebd.); Mörsch nutzt dies unter anderem auch dazu, den Unterschied zwischen Gleitwiderstand und Haftfestigkeit anzusprechen und zu erklären. Druckversuche mit Eisenbetonkörpern, siehe Bach 1905 (wie Anm. 469), S. 1–31, wurden von Bach ab dem Sommer und Herbst 1904 durchgeführt und können als Vorläufer zu der bereits genannten, von Wayss & Freytag beauftragten äquivalenten Versuchsreihe gelten. Die durch die Jubiläumstiftung durchgeführte Reihe wird von Bach auch «Versuche A» (ebd.), die für Wayss & Freytag durchgeführte Reihe dementsprechend «Versuche B» genannt (ebd., S.32–49). Sie umfasste 30 Versuchskörper und ware laut Mörsch wichtig, da man bei Eisenbeton im Vergleich zu «Konstruktionen aus einheitlichem Material» prüfen müsse, «ob die bei den zulässigen Beanspruchen gültige [...] Lastenverteilung zwischen Eisen und Beton noch in gleichem Maße beim Stadium des Bruchs vorhanden ist oder ob die Verteilung sich ändert, so daß die Ursachen des Bruchs andere sein werden» – und eine «Auskunft über solch wichtigen Fragen können nur Versuche geben.», Wayss & Freytag 1906 (wie Anm. 293), S. 59–60, Zitat S. 61. Eine weitere zentrale, dann ab der dritten Auflage von Mörsch aufgegriffene Versuchsreihe aus dem Programm waren noch die sogenannten *Versuche mit Eisenbetonbalken*, Mörsch 1908 (wie Anm. 372), S. 53, 64, 182. Veröffentlicht durch Bach als: Bach, Carl: Versuche mit Eisenbetonbalken. Erster Teil, in: Mitteilungen über Forschungsarbeiten auf dem Gebiete des Ingenieurwesens (1907), H. 39, S. 1–50; ders.: Versuche mit Eisenbetonbalken. Zweiter Teil, in: Mitteilungen über Forschungsarbeiten auf dem Gebiete des Ingenieurwesens (1907), H. 45–47, S. 2–156.). Dies war eine wiederum über 200 Versuchskörper beinhaltende Reihe, in der diverse Aspekte untersucht wurden – von der Rissbildung über die Durchbiegung oder auch der Einfluss verschiedener Arten von Eiseneinlagen. Sie wurde im wesentlichen von Otto Graf (1881–1956), dem späteren Leiter der Stuttgarter Materialprüfungsanstalt durchgeführt.

durchgeführt und von diesem auch separat veröffentlicht. Die Jubiläums-Stiftung war 1899 anlässlich der Hundertjahrfeier der Technischen Hochschule Berlin gegründet worden und verfügte über ein von der Industrie gespendetes Kapital, das allen Technischen Hochschulen für die Förderung der Wissenschaften über ein Antragwesen zur Verfügung stand – die Stiftung hatte sich «überregional [...] die Wissenschaftsförderung zur Aufgabe gemacht».[476] Bach war Mitglied im Kuratorium der Stiftung und Obmann des 1903 gegründeten Eisenbeton-Ausschusses.[477] Zentral für dessen Arbeit waren die federführende Mitarbeit im beginnenden Normungsprozess der Eisenbetonbauweise mit den *Vorläufigen Leitsätzen für die Vorbereitung, Ausführung und Prüfung von Eisenbetonbauten* von 1904[478] und die Begleitung eines umfangreichen Forschungsprogramms, das, wie Karl-Eugen Kurrer kommentiert, in der Perspektive der Industrie «eine[...] wissenschaftsbezogene[...] Verbandspolitik» und in der Perspektive der Hochschulen «eine[...] industrieförmige[...] Wissenschaft» neu einführte.[479]

Die Zusammenarbeit zwischen Mörsch und Bach war formalrechtlich eine Zusammenarbeit zwischen einem Auftraggeber, der Firma Wayss & Freytag – als deren Vertreter Mörsch auftrat –, und der Materialprüfungsanstalt – repräsentiert durch Bach – als Dienstleister.[480] In der Praxis fand ein technisch-wissenschaftlicher Diskurs zwischen den Partnern statt, Mörsch nahm die Interpretationen und Einordnung der Ergebnisse vor.[481]

Planung und Ablauf der Versuchsreihe zur Druck- und Zugelastizität des Betons illustrieren die Zusammenarbeit der Partner:[482] Ausgangspunkt war Mörschs Wunsch, für die Zugelastizität des Betons eine «allgemeine Beziehung aufstellen zu können, wie es für die Druckelastizität möglich ist», dies «angesichts [...] widerstreitenden Meinungen»,[483] zu den jeweiligen Mischungsverhältnissen sollten auch «immer beide Zweige der Dehnungskurve erhalten» sein.[484] Die Herstellung der Versuchskörper wird vor der Produktion diskutiert. Bach schlug eine Form vor, die sowohl Zug- als auch Druckelastizitätsversuche durch-

---

476 Vgl. auch Richter, Steffen; Wirtschaft und Forschung. Ein historischer Überblick über die Förderung der Forschung, in: Technikgeschichte 46 (1979), Nr. 1, S. 20–44, hier S. 34; Anonym: Jubiläums-Stiftung der deutschen Industrie, in: Meyers Großes Konversations-Lexikon, Bd. 10. Leipzig 1907, S. 325.

477 Siehe Universitätsarchiv Stuttgart, 33: Findbuch zum Bestand, 2012. Der Ausschuss war eine Zusammenarbeit zwischen dem Verband Deutscher Architekten- und Ingenieur-Vereine und dem Deutschen Beton-Verein und wurde im Wesentlichen von der Stiftung finanziert. 1907 ging der Ausschuss in den Deutschen Ausschuss für Eisenbeton, also eine mit staatlichen Mitteln finanzierte Institution, auf. Zum Deutschen Ausschuss für Eisenbeton: Trout 2014 (wie Anm. 379).

478 Verband Deutscher Architekten- und Ingenieur-Vereine; Deutscher Beton-Verein 1904 (wie Anm. 414).

479 Kurrer, Karl-Eugen: Baustatik. Vier Fallstudien zur medialen Präsentation der Stahlbetonbemessung von den Anfängen bis ins frühe 20. Jahrhundert, in: Sonne, Wolfgang (Hg.): Die Medien der Architektur. Berlin/München 2011, S. 195–229, S. 219.

480 Während Mörsch Versuche anderer Ingenieure oder Materialprüfungsanstalten zumeist nur als (geschichtliche) Folie für die von Wayss & Freytag und ihm verantworteten Versuchsreihen wiedergibt, gesteht er von Bach und dem Eisenbeton-Ausschuss verantworteten Versuchsreihen zu, wesentliche Elemente seiner ‹Theorie der Eisenbetonkonstruktionen› zu konturieren und zu begründen – wohl auch, weil Mörsch Bach nicht als ausführende Kraft, sondern vielmehr als Experten mit spezialisierten Wissensbeständen und insbesondere einem Verständnis für das Verhältnis von Theorie und Praxis verstand. Zentrale Literatur zur Konfiguration des Experten ist: Ash, Eric H. (Hg.): Expertise. Practical Knowledge and the Early Modern State (Osiris, Bd. 25). Chicago 2010 (insbesondere ders.: Introduction. Expertise and the Early Modern State, S. 1–24); Engstrom, Eric J.; Hess, Volker; Thoms, Ulrike (Hg.): Figurationen des Experten (Berliner Beiträge zur Wissenschaftsgeschichte, Bd. 7). Frankfurt (Main) 2005 (insbesondere: dies.: Einleitung, S. 7–17).

481 Dazu die im Universitätsarchiv Stuttgart überlieferten Unterlagen. Hier sind zwar erhebliche Lücken im Bestand der Materialprüfungsanstalt für die Zeit von 1884 bis 1907, da sämtliche Mappen mit Prüfungsberichten aus dem Bereich Beton und Eisenbeton 1941 vernichtet wurden. Doch existieren noch die Postausgangsbücher aus der Anfangszeit der Materialprüfungsanstalt (Universitätsarchiv Stuttgart, 33/2/1 bis 33/2/455), die vielfach auch die Kopien der Ergebnisberichte zu den Versuchen beinhalten. Im Rahmen dieser Arbeit wurden hiervon insbesondere jener der Jahre 1900–07 (33/2/420–33/2/431) ausgewertet. Zur Überlieferungssituation: Universitätsarchiv Stuttgart, 33: Findbuch zum Bestand, 2012.

482 Mörsch 1902 (wie Anm. 292), S. 54–60. Universitätsarchiv Stuttgart, 33/2/430: Diverse Briefe, Oktober 1901–März 1902.

483 Mörsch 1902 (wie Anm. 292), S. 54.

484 Ebd.

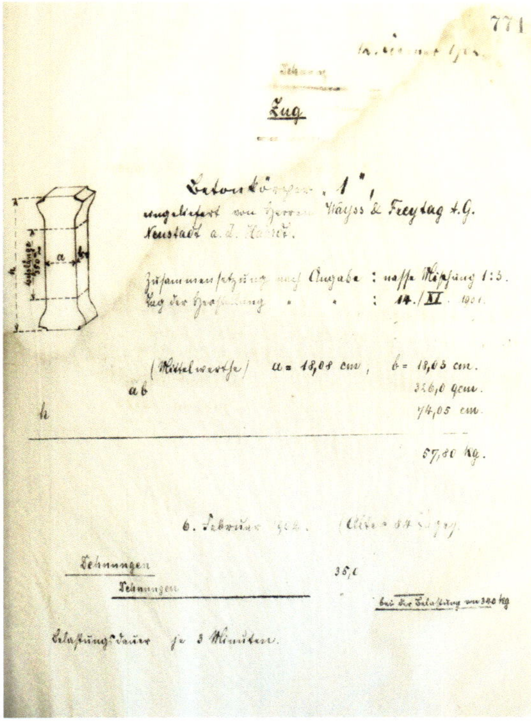
771

Zug

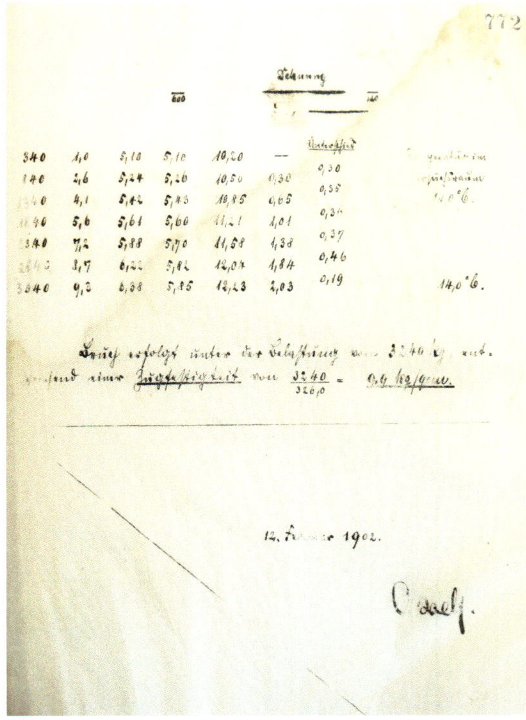
772

12. Februar 1902.

zuführen erlaubte, übermittelte auch eine entsprechende Skizze mit den Dimensionen, beschrieb, wie ein «Parallelismus» der Flächen des Körpers hergestellt werden könne, gab Hinweise, falls Wayss & Freytag noch eine Zementschicht auf die Körper aufbringen wollte, stellte letztlich das vorgeschlagene Alter «in dem die Körper der Untersuchung zu unterwerfen sein werden» in Frage und schlug ein höheres vor – offerierte also in umfassender Weise seine Expertise.[485] Bach wurde von seinen Kollegen als Experte für den neuen Werkstoff anerkannt, die Herstellung der Körper geschah meist direkt durch Wayss & Freytag[486] – variiert wurden Wassergehalt und das Mischverhältnis von Zement und Zuschlägen.[487] Über die Ergebnisse der Versuche wurde Mörsch durch Bach kontinuierlich informiert.[488] Dies geschah über ein zweiseitiges Formular für jeden Versuchskörper, in dem Bach die Ausgangsparameter und Messwerte eintrug[489] – in diesem Fall die Höhe der Zug- beziehungsweise Druckbelastung und die hierbei auftretende

142a/b Ergebnisse des Zugspannungsversuchs mit «Betonkörper ‹1›», Anlage zur Brief von Carl Bach an Wayss & Freytag, 12. Februar 1902.

Als Ergebnis zu den beauftragten Versuchsreihen übermittelte Bach je Versuchskörper eine Zusammenfassung der Kenndaten sowie der Belastungsergebnisse, nahm auch schon erste rechnerische Ableitungen vor.

485 Universitätsarchiv Stuttgart, 33/2/430: Brief von Bach an Wayss & Freytag, 10. Oktober 1901.

486 Dies gilt beispielsweise immer für die Versuche, die mit Mitteln der Jubiläumsstiftung durchgeführt wurden; teilweise auch für von Wayss & Freytag beauftragte.

487 Mörsch 1902 (wie Anm. 292), S. 54. Insgesamt gab es sechs verschiedene Varianten: Körper mit dem Mischverhältnis 1:3, 1:4 und 1:6, je in ‹trockener› (Wasserzusatz 8%) und ‹nasser› (Wasserzusatz 14%) Mischung. Im *Betoneisenbau* schreibt Mörsch, dass von jeder Variante sechs Körper hergestellt worden sein, drei für den Druck- und drei für den Zugelastizitätstest. Doch ‹schönt› er hier die Ausgangslage, denn insgesamt waren durch Wayss & Freytag 48 Versuchskörper hergestellt worden, von jeder Variante standen also acht Körper für die Experimente bereit (Universitätsarchiv Stuttgart, 33/2/430, *Versuchsergebnisse zu den Betonkörpern «1» bis «48»*, Februar/März 1902). Nicht zu allen Nummern übermittelt Bach die Ergebnisse, wahrscheinlich ist, dass einige Körper nicht sachgerecht getestet werden konnten. Offenbar nutzte Mörsch die textliche Darstellung der Versuchskörper durchaus zur Untermauerung seiner Interpretation.

488 Zum Beispiel Universitätsarchiv Stuttgart, 33/2/430: Brief von Bach an Wayss & Freytag, 12. Februar 1902.

489 Die Eintragungen sind in Bachs Handschrift.

— 55 —

Messlänge betrug 350 mm; von Belastungswiederholungen wurde abgesehen, um die Versuche nicht zu zeitraubend und zu umständlich zu machen, dagegen wurde auf jeder Stufe eine Belastungsdauer von 3 Minuten eingehalten. Das Alter der Probekörper war ziemlich gleichmässig, nämlich 80—90 Tage.

Mischung 1:3.

	Spannung	Wasserzusatz 8 %		Wasserzusatz 14 %	
		Dehnung in Millionstel	E	Dehnung in Millionstel	E
Druckspannung	61,3 at	255	240 000	293	209 000
	49,0 „	198	247 000	227	216 000
	36,8 „	143	257 000	165	222 000
	30,6 „	117	261 000	135	227 000
	24,5 „	92	266 000	104	235 000
	18,3 „	67	273 000	76	241 000
	15,3 „	55	278 000	62	246 000
	12,2 „	43	284 000	48	254 000
	9,2 „	32	287 000	36	260 000
	6,1 „	21	290 000	23	265 000
	3,0 „	10	300 000	11	272 000
	0	—	—	—	—
Zugspannung	1,6 „	6	267 000	7	230 000
	3,1 „	13	238 000	15	207 000
	4,6 „	20	230 000	23	200 000
	6,2 „	28	221 000	32	194 000
	7,7 „	38	203 000	44	175 000
	9,2 „	47	196 000	—	—
		Zugfestigkeit = 12,6 at		Zugfestigkeit = 10,5 at	

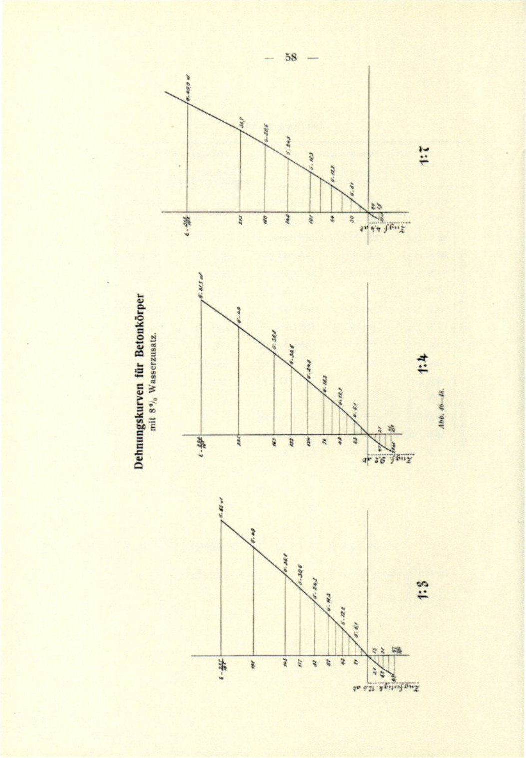

143 a/b Zug- und Druckelastizität von Beton als Tabellen und Dehnungsdiagramm, S. 55/57 aus: Wayss & Freytag, Eisenbetonbau, 1902.

Mörsch präsentiert im *Eisenbetonbau* die Ergebnisse der beauftragten Versuchsreihe über summarische Übersichten, nimmt hierbei auch eine erste Auswahl beziehungsweise Interpretation der Ergebnisse vor.

Dehnung des Körpers, die an zwei Referenzflächen gemessen wurde –, wie auch eine erste rechnerische Zusammenfassung der Ergebnisse vornahm, also die Grösse der Dehnung berechnete. (**Abb. 142**) Mörsch fasste die Ergebnisse im *Eisenbetonbau* noch weiter zusammen, im konkreten Fall über drei Tabellen und ein Dehnungskurvendiagramm für jede der sechs Varianten (**Abb. 143**).

Zunächst ist Mörschs Zusammenfassung eine summarische Übersicht über die Ergebniswerte. Er nennt nicht die Ergebnisse aus den Versuchen mit einzelnen Körpern, sondern fasst diese pro Variante zusammen, gibt zudem auch selten die Ausgangswerte der von ihm oder Bach durchgeführten Berechnungen an. Im konkreten Fall nennt er die Spannung mit der entsprechenden Dehnung als Verhältniswert wie auch das aus beiden Werten zu errechnende Elastizitätsmodul bei linear-elastischem Verhalten (entsprechend dem Hooke'schen Gesetz). Zu beachten ist, dass die Intervalle der angegebenen Druck- und Zugspannung nur teilweise mit denen aus den Versuchen selbst übereinstimmen. Mörsch vermittelt also nicht die numerischen Ergebnisse der Versuche, sondern eine bereits in Richtung der Praxis, aber auch der Didaktik gereinigte und überarbeitete Form. Die Zusammenfassung liefert eine Interpretation. Für die Zugfestigkeit etwa benutzt Mörsch zur Berechnung nicht alle Versuchsergebnisse zu jeder der sechs Varianten, sondern ignoriert jeweils den vierten Versuchskörper mit dem niedrigsten Wert beziehungsweise

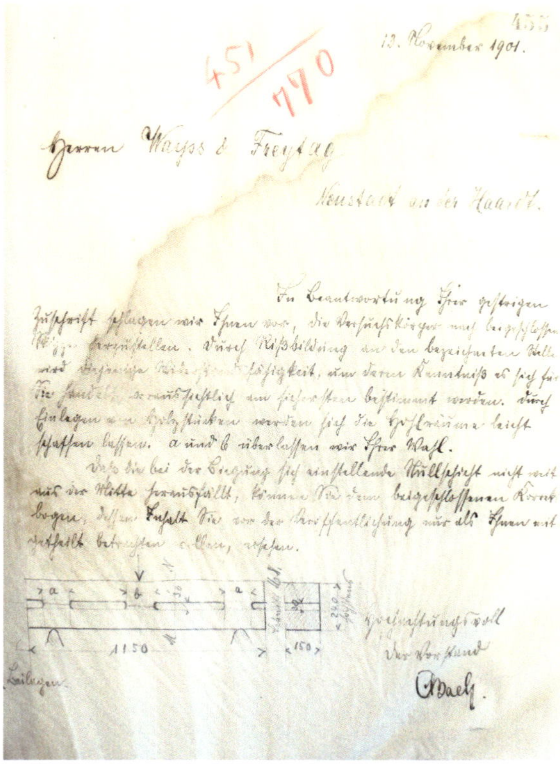

13. November 1901.

Herren Wayss & Freytag

Neustadt an der Haardt.

Hochachtungsvoll

Der Vorstand

C. Bach.

144 Vorschlag einer Versuchsanordnung inklusive Vorschlag der Gestalt der Versuchskörper, Brief von Bach an Wayss & Freytag, 13. November 1901.

Mörsch bat Bach immer wieder um Vorschläge für Versuchsanordnungen und deren Details.

für die Variante des Körpers mit dem Mischverhältnis 1 : 7 in ‹trockener› Mischung die drei Versuchskörper mit dem höchsten Werten – errechnet folglich den Durchschnittswert aus einer Auswahl.[490]

In einem Brief zu geplanten Versuchen zur Schubfestigkeit von Plattenbalken bat Mörsch darum,[491] einen Versuchskörper vorzuschlagen. Bachs Antwort ist jedoch auch eine weitergehende Analyse der Versuchsaufgabe, er schrieb zurück: Wir «schlagen [...] Ihnen vor, die Versuchskörper nach beigeschlossener Skizze herzustellen. Durch Rißbildung an den bezeichneten Stellen wird diejenige Widerstandsfähigkeit, um deren Kenntniß es sich für Sie handelt, [...] am sichersten bestimmt werden. Durch Einlagen von Holzstücken werden sich die Hohlräume leicht schaffen lassen. [...] Dass die bei der Biegung sich einstellende Nullschicht nicht [...] aus der Mitte herausfällt, können Sie dem beigeschlossenen Korrekturbogen [...] ersehen».[492] (**Abb. 144, 145**)

Bei der Interpretation wurden Ungenauigkeiten und Grenzen verfügbarer Berechnungsverfahren überlegt. Biegungs-und Bruchversuche waren nach Meinung Mörschs dringlich, weil die Druckfestigkeit armierter Betonkörper bei Biegung nicht über die Würfelfestigkeit des Betons errechnet werden sollte.

490 Beispielhaft ist etwa die Variante «Körper mit dem Mischverhältnis 1:3 in ‹trockener› Mischung»): Bach testet hier vier Körper und übermittelt als Zugfestigkeit die vier Werte: 12,9 kg/cm²; 13,59 kg/cm²; 11,4 kg/cm²; 7 kg/cm². Mörsch gibt im Buch 12,6 at an (at ist eine historische Angabe und bezeichnet die technische Atmosphäre), errechnet den Durchschnitt also nur mit den drei grössten Werten.

491 Im Buch: Mörsch 1902 (wie Anm. 292), S. 60–63.

492 Bach schlägt hier bereits ein mögliches Interpretationsverfahren der Ergebnisse vor, Universitätsarchiv Stuttgart, 33/2/430: Brief von Bach an Wayss & Freytag, 13. November 1901. Mörsch weist mehrmals darauf hin, dass die Versuchskörper nach dem Vorschlag von Bach hergestellt wurden (zum Beispiel in Mörsch 1902 [wie Anm. 292], S. 60).

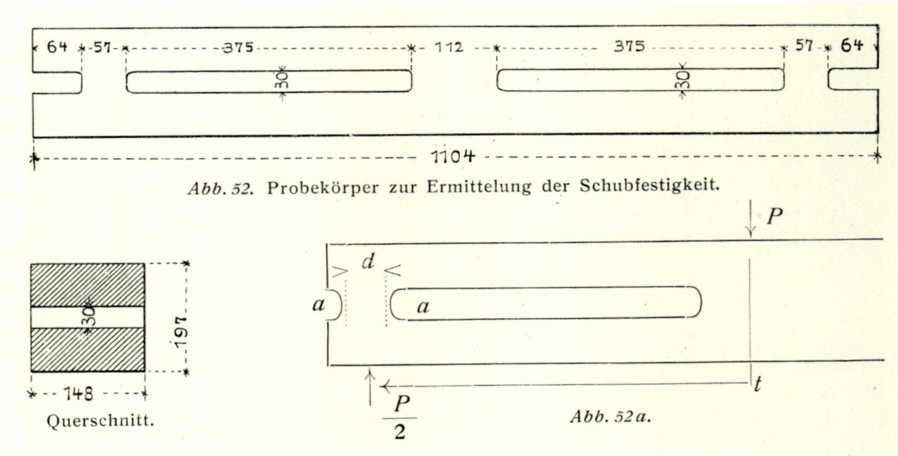

145 «Probekörper zur Ermittlung der Schubfestigkeit», Abb. 52 aus: Wayss & Freytag, Betoneisenbau, 1902.

Nur über eigene Versuchsreihen könnten «die Wirkungen von Willkürlichkeiten und Ungenauigkeiten im Berechnungsverfahren zum größten Teil ausgeschaltet werden».[493] Mörsch knüpfte hier an eine 1903 von Fritz von Emperger vorgestellte Kritik an, die bereits den Vorschlag beinhaltete, eine neue Versuchsreihe durchzuführen.[494] Mörsch griff Empergers Gedanken für die Versuchsanordnung auf: So hatte Emperger drei «Balken zur Probe» bewehrt «mit 3 Stangen b = 39 und 0.69 %, mit 5 Stangen b = 31 cm und 1.41 % und endlich mit 10 Stangen b = 24.9 cm und 3.50 %» für die Reihe vorgeschlagen,[495] je drei Körper der beiden letzteren Varianten stellte Wayss & Freytag im Januar 1904 dann auch her.[496] Entsprechende Belastungsversuche wurden zunächst aber nicht durchgeführt – vielleicht zurückgestellt, da Mörsch bereits im Frühjahr 1904 mit dem Zürcher Polytechnikum verhandelte. Durchgeführt wurde die entsprechende Versuchsreihe erst im Frühling 1905, nachdem Mörsch, nun unter neuer Adresse in Zürich, mit Bach wieder die Versuchsanordnung zu diskutieren begann.[497] Ausgeführt wurden letztlich zwei Reihen: eine mit den rund einjährigen Versuchskörpern[498] sowie eine weitere mit circa 2 Monate alten Versuchskörpern, also erst im Januar und Februar 1905 hergestellten.[499] Über die Ergebnisse der Versuchsreihen berichtete Bach, indem er Mörsch je Versuchskörper eine Zusammenfassung der Ergebnisse zusammenstellte:[500]

---

493 Wiedergabe der Versuche im Eisenbetonbau: Wayss & Freytag 1906 (wie Anm. 69), S. 87–90, hier S. 88.

494 Emperger, Fritz von: Eine Güteprobe für Eisen-Beton, in: Beton und Eisen 2 (1903), H. 2, S. 94–98.

495 Ebd., S. 97.

496 Universitätsarchiv Stuttgart, 33/2/42: *Ergebnisse zu einer Versuchsreihe mit Biegungs-Bruchversuche armierter Plattenbalken,* 8. März 1905.

497 Zunächst fragte Mörsch Bach nach den entsprechenden Möglichkeiten mit «den vorhandenen Einrichtungen der Anstalt», Bach nannte ihm dann Querschnittsabmessungen der Körper und Belastungssituationen. (Universitätsarchiv Stuttgart, 33/2/424: Brief von Bach an Mörsch, 18. Januar 1905. Dieser Brief ist an Mörschs Zürcher Privatadresse adressiert.) Mörsch wiederum erfragt von Bach Möglichkeiten des Veränderns der Vorgaben, woraufhin Bach zum Beispiel antwortet, dass «die Verringerung von l auf 500 mm möglich ist», es dagegen unsicher sei, ob die Körper in neu vorgeschlagener Breite geprüft werden können, Universitätsarchiv Stuttgart, 33/2/424: Brief von Bach an Wayss & Freytag, 25. Januar 1905. Mörsch ‹korrigierte› Bachs Vorschlag, dass die schon hergestellten Versuchskörper getestet werden konnten.

498 Universitätsarchiv Stuttgart, 33/2/42: *Ergebnisse zu einer Versuchsreihe mit Biegungs-Bruchversuchen armierter Plattenbalken,* 8. März 1905.

499 Universitätsarchiv Stuttgart, 33/2/42: Ergebnisse zu einer Versuchsreihe mit Biegungs-Bruchversuchen armierter Plattenbalken, 25. April 1905.

500 Diese Zusammenfassung beinhaltete Angaben zum Versuchskörper sowie eine Beschreibung, wie sich der Körper im Belastungsfall verhielt: wann die ersten Risse auftraten, bei welcher Belastung weitere dazukamen und wie hoch die mögliche

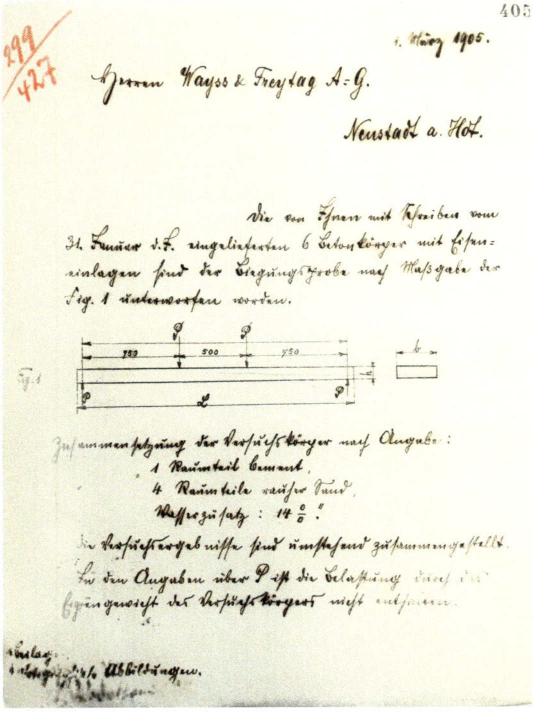

405

1. März 1905.

Herren Wayss & Freytag A.-G.

Neustadt a. Hdt.

Die von Ihnen mit Schreiben vom 31. Januar d.J. eingelieferten 6 Betonkörper mit Eiseneinlagen sind der Biegungsprobe nach Maßgabe der Fig. 1 unterworfen worden.

Zusammensetzung der Versuchskörper nach Angabe:
1 Raumteil Cement,
4 Raumteile rauher Sand,
Wasserzusatz: 14 %.

Die Versuchsergebnisse sind umstehend zusammengestellt.
In den Angaben über P ist die Belastung durch das Eigengewicht der Versuchskörper nicht enthalten.

Anlage: ... Abbildungen.

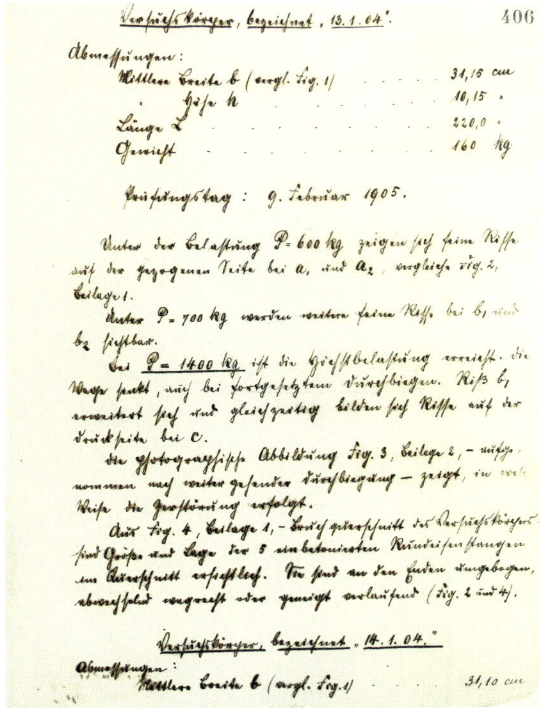

406

Versuchskörper, bezeichnet „13.1.04“.

Abmessungen:
Mittlere Breite b (vergl. Fig. 1) . . . . 31,15 cm
Höhe h . . . . 10,15 "
Länge L . . . . 220,0 "
Gewicht . . . . 160 kg

Prüfungstag: 9. Februar 1905.

Unter der Belastung P = 600 kg zeigen sich feine Risse auf der gezogenen Seite bei a_1 und a_2, vergleiche Fig. 2, Beilage 1.
Unter P = 700 kg werden weitere feine Risse bei b_1 und b_2 sichtbar.
Bei P = 1400 kg ist die Höchstbelastung erreicht. Die Wage sinkt, auch bei fortgesetztem Durchbiegen. Riss b_1 erweitert sich und gleichzeitig bilden sich Risse auf der Druckseite bei c.
Die photographische Abbildung Fig. 3, Beilage 2, – aufgenommen nach weiter gehender Durchbiegung – zeigt, in welcher Weise die Zerstörung erfolgt.
Aus Fig. 4, Beilage 1, – Längsschnitt des Versuchskörpers – sind Grösse und Lage der 5 einbetonierten Rundeisenstangen im Querschnitt ersichtlich. Sie sind an den Enden umgebogen, abwechselnd wagrecht oder geneigt verlaufend (Fig. 2 und 4).

Versuchskörper, bezeichnet „14.1.04.“

Abmessungen:
Mittlere Breite b (vergl. Fig. 1) . . . 31,10 cm

146a/b Ergebnisse zu einer Versuchsreihe mit Biegungs-Bruchversuchen armierter Plattenbalken, Brief von Bach an Wayss & Freytag, 8. März 1905.

Bach versucht in seiner Übermittlung der Ergebnisse auch eine erste rechnerische Erklärung der Beobachtungen..

(**Abb. 146**) Im *Eisenbetonbau* nutzt Mörsch die Ergebnisse nur summarisch, gibt lediglich einen Mittelwert für die Last bei Auftreten der ersten Risse und bei Bruchzustand an – jetzt allerdings mit den Ergebnissen *aller* Versuchskörper errechnet.[501] Die Werte reichten zur Bestätigung der Annahmen: Mörsch konnte die Notwendigkeit einer separaten Sicht auf die Druckfestigkeit armierter Betonkörper bei Biegung belegen, ferner auch zeigen, dass diese für die Bemessung wesentlich war – denn es zeige sich, so Mörsch, «das rechnungsmässige Anwachsen der Druckfestigkeit des Betons mit zunehmender Armierung»,[502] was wiederum auch heisse, dass bei einem hohen Armierungsverhältnis die (rechnerische) Druckfestigkeit des Eisens korrigiert werden müsse. So konnte eine allgemeingültige Vorgehensweise vorgeschlagen werden.

Das Experiment und der ‹practical turn›

Bachs wissenschaftliches Verdienst im Bereich der Materialprüfung war, so die These von Matthias Heymann, dass er «die experimentelle Materialforschung für die Weiterentwicklung der Festigkeits- und Elastizitätslehre» nutzte.[503] Das Experiment erhält (über die Verifikation von Hypothesen hinaus) ‹explorati-

Höchstbelastung war. Ergänzt wurden diese Angaben durch die Beigabe von Fotografien, die die Risse dokumentierten; Bach nahm auch eine erste Wertung der Rissbilder vor, in dem er Vergleiche und Gruppierungen der Rissrichtungen bei den verschiedenen Versuchskörper vorschlug, Universitätsarchiv Stuttgart, 33/2/42: *Ergebnisse zu einer Versuchsreihe mit Biegungs-Bruchversuche armierter Plattenbalken*, 8. März 1905.

501 Wayss & Freytag A.-G. 1906 (wie Anm. 278), S. 89.

502 Ebd.

503 Heymann 2005 (wie Anm. 61), S. 63.

ven› Charakter.[504] Die Experimente dienen nicht vornehmlich der begrifflichen Fixierung untersuchter Phänomene – auf ihnen basiert die Formulierung neuer Theorien. Die Neubewertung des Experiments in letzten drei Jahrzehnten[505] betraf vornehmlich seinen epistemischen Status:[506] In Forschungsarbeiten rücken Begriffe wie ‹Experimentalsysteme› und ‹Wissenskulturen› in den Fokus, Fragestellungen zu Beobachtungsräumen und -kontexten, Autonomie der Handelnden, Expertensysteme, Disziplinengrenzen, Manipulation von Objekten und insbesondere auch die Frage, wie sich «Ensembles von ganz heterogenen Elementen zu praktischen Mächten artikulieren».[507] Wissenschaftstheoretisch wird das Experiment jetzt zwischen den Polen «Ausdruck einer gezielten Strategie [...] bei der Schaffung und Bestätigung von Fakten» sowie «blindem, tappendem und tastendem Charakter» verortet.[508] Experimente und experimentelle Praktiken werden zudem, unter anderen prominent von Karin Knorr-Cetina,[509] auch ausserhalb ihres eigentlichen Ortes, des Labors, gesehen, es wird der Materialität der Forschung und der sozialen Interaktion Aufmerksamkeit geschenkt. Mit seiner berühmten Formulierung behauptet Ian Hacking: «Experimentation has life of its own.»[510] Für die Experimentalkulturen des beginnenden 20. Jahrhunderts lässt sich zeigen, dass innere Konsequenz und Anordnung nicht immer übereinstimmen mit der Kommunikation in Politik und Öffentlichkeit – auch die hier diskutierten Vorhaben hatten Eigendynamiken (neben Interessenlagen, Finanzierbarkeit, Wirkungsgeschichten, Emergenz von theoretischen Annahmen).

Die Baufächer und ihre Forschungsfragen

Für den Prozess der Akademisierung des Wissens über den Baustoff Eisenbeton ist Emil Mörschs *Beton-eisenbau* zentral. Ausschlaggebend sind die Überwindung des Theoriepluralismus, die Wirkungsgeschichte für die Praxis und die technisch-wissenschaftliche Relevanz. Das Buch wird Lehrbuch, verbindet die Theorie *und* die Praxis der Eisenbetonbauweise aus der Perspektive von Wissenschaft und Industrie, wird Vorbild neuer «technisch-wissenschaftlicher Gemeinschaftsarbeit».[511] Die industrielle Praxis wird im Be-

504 Vgl. unter vielen zum Beispiel: Steinle 2005 (wie Anm. 341).

505 Das Experiment wird nicht länger mehr als eine «willkürliche, planmäßige Beobachtung unter künstlich hergestellten Bedingungen» gesehen, wie es um 1900 typischerweise definiert wurde [Eisler, Rudolf: Wörterbuch der philosophischen Begriffe, Bd. 4. Berlin 1904, S. 329]. Zwar dominierte eine solche Auffassung im 20. Jahrhundert lange Zeit auch wissenschaftshistorische Untersuchungen, massgeblich beeinflusst durch die klassische Studie *The Structure of Scientific Revolutions* von Thomas S. Kuhn [Kuhn, Thomas S.: Die Struktur wissenschaftlicher Revolutionen. Übers. v. Kurt Simon und Hermann Vetter. 2. Aufl. Frankfurt (Main) 1991 (Erstausgabe: The Structure of Scientific Revolutions. Chicago 1962)], doch wurde diese Betrachtungsweise in den letzten Jahrzehnten brüchig – wozu vor allem wissenschaftshistorische Studien des sogenannten practical turn beitrugen.

506 Wichtige Arbeiten sind unter anderem: Knorr-Cetina, Karin: Wissenskulturen. Ein Vergleich naturwissenschaftlicher Wissensformen. Frankfurt (Main) 2002 (Erstausgabe: Epistemic Cultures. How the Sciences Make Knowledge. Cambridge (Massachusetts) 1999), besonders S. 11–66; Rheinberger, Hans-Jürg; Schmidgen, Henning (Hg.): Experimental Cultures. Configurations between Science, Art, and Technology, 1830-1950. Berlin 2002; Rheinberger, Hans-Jürgen; Hagner, Michael (Hg.): Die Experimentalisierung des Lebens. Experimentalsysteme in den biologischen Wissenschaften 1850/1950. Berlin 1993 [in diesem insbesondere: dies.: Experimentalsysteme (S. 7–27)]; Heidelberger, Michael; Steinle, Friedrich (Hg.): Experimental Essays – Versuche zum Experiment (ZIF Interdisziplinäre Studien, Bd. 3). Baden-Baden 1998. Jüngst rückt zudem auch der Zusammenhang zwischen Sammlungen und Experimenten in den Fokus, vgl. Steinle, Friedrich: Sammeln und Experimentieren, in: Hassler, Uta; Meyer, Torsten (Hg.): Kategorien des Wissens. Die Sammlung als epistemisches Objekt. Zürich 2014, S. 143–144.

507 Zu ‹Experimentalsystemen› vgl. besonders Rheinberger/Hagner 1993 (wie Anm. 506), Zitat S. 19. Zu ‹Wissenskulturen› vgl. auch Knorr-Cetina 2002 (wie Anm. 506).

508 Rheinberger/Hagner 1993 (wie Anm. 506), S. 8.

509 Knorr-Cetina 2002 (wie Anm. 506).

510 Hacking, Ian: Representing and Intervening. Introductory Topics in the Philosophy of Natural Science. Cambridge 1983, S. 150.

511 Kurrer 2016 (wie Anm. 295), S. 696.

reich der (Bau-)Materialwissenschaften verwissenschaftlicht; die im Buch diskutierten methodischen und auch praktischen Ansätze werden Grundlage für die einsetzende Normung der Bauweise.[512] Durch die frühen Übersetzungen ins Englische, Französische und Italienische wird zur Internationalisierung der Bauweise beigetragen.[513]

Wir sehen hier den Wandel von einer «technoscience avant la lettre»,[514] wie sie die polytechnische Bauwissenschaft war, zu einer modernen Technikwissenschaft, dem Bauingenieurwesen. Das Experiment wird für die Wissensproduktion zentral; zumindest formal emanzipiert sich die Wissensproduktion von ökonomischen Interessen. Firmenwissen wird akademisches Wissen.

Die Zeit vor dem Ersten Weltkrieg ist an den Architekturfakultäten der polytechnischen Schulen eine Blütezeit akademischer Wissensproduktion und Publikationstätigkeit, das *Handbuch der Architektur* erscheint mit wichtigen Bänden, allerdings zeigen sich bereits erste Schwankungen in den tradierten Fachkonstellationen und disziplinären Lehrkonzepten. Wie sich diese Brüche an den Fakultäten schon seit der Mitte des 19. Jahrhunderts ankündigen, zeigte die Studie über den Bauforscher und Konstruktionslehrer Ernst Gladbach. Die Forschungs- und Lehrkonzepte der Gründergeneration der polytechnischen Schulen waren europäisch-international ausgelegt gewesen, jene der zweiten und dritten Generation führten zwar Methoden und Diskurse weiter, richteten ihr Interesse aber vermehrt auf Reformbemühungen, die den industriell-fortschrittsbezogenen Aspekt polytechnischen Denkens mit einem neuen Verständnis regional-nationaler Traditionslinien zu versöhnen bemüht waren. Die Erkundung und Definition eines erweiterten Lehrkanons setzt an den Architekturfakultäten an unterschiedlichen Stellen an, die materialwissenschaftlichen Fragen werden mehr und mehr an die Ingenieurwissenschaften abgegeben, in den historischen Feldern etablieren sich die Kunstwissenschaften, der Anspruch einer durch Forschung optimierten Konstruktionslehre bleibt zunächst bestehen, verliert sich aber in Einzelbereichen: der Debatte über neue Baumaterialien und deren Einsatz (vom Eisen zum Beton und Glas), der Mühe um Vereinheitlichung und Normung, in Themen des Systembaus und natürlich in einer neuen Betonung ästhetischer Diskurse. Die historische Bauforschung führte bauarchäologische Themen (Griechen, Etrusker, Römer) weiter, die Erforschung des historischen Holzbaus hatte die Rolle eines Brückenthemas: Einerseits blieb hier die Anbindung an die konstruktionsbezogenen Diskurse der Polytechniker zentral, zum anderen schien ästhetische Reform durch Naturanalogie, Abkehr vom akademisch-klassizistischen Formideal möglich. Die Methoden der Gründergeneration der polytechnischen Schulen wurden damals modifiziert und angepasst, Anschauung ersetzte in vielen Feldern systematische Analyse. Im 20. Jahrhundert werden die wissenschaftlichen Ergebnisse der Forschergenerationen des 19. Jahrhunderts eher fragmentiert rezipiert und zum Teil vereinfacht weitergeführt, die Fächerzuschnitte der Fakultäten spiegeln den Verlust einer direkten Abhängigkeit von historischer Analyse, Konstruktionslehre und Entwurfspraxis.[515]

---

512 Mit den *Leitsätzen* von 1904 (wie Anm. 414).

513 Zur Internationalisierung siehe Kuban, Sabine; van de Voorde, Stephanie; Yeomans, David: Early Regulations and Guidelines on Reinforced Concrete in Europe (1900–1950). Towards an International Comparison, in: Campbell, James (Hg.): Proceedings of the 4th Annual Construction History Society Conference, Cambridge, April 7–9, 2017. Cambridge 2017, S. 345–356.

514 Klein, Ursula: Technoscience avant la lettre, in: Perspectives on Science 13 (2005), H. 2, S. 226–266.

515 Siehe hierzu Hassler, Uta: Zur polytechnischen Tradition der Bauforschung, in: dies. (Hg.): Bauforschung. Zur Rekonstruktion des Wissens. Zürich 2010, S. 80–131, besonders S. 87–91 *Von der Erforschung des Unikats zur ‹Typenlehre›: Bauformenlehren als Musterbücher und Formenkataloge*: «Die Entwicklung der Gattung ‹Bauformenlehre› zeigt, wie nach der wissenschaftlichen Blütezeit bauarchäologischer Forschung in der Mitte des 19. Jahrhunderts baugeschichtliche Forschungsfragen für die allgemeine Architekturlehre zunächst mehr und mehr summarisch behandelt und die Sammlungen und Publikationen zu ‹Katalogen historischer Bautypen› und schliesslich zu Ornamentlehren werden, die eigene ästhetische Kodizes aus der Reflexion über historische Lösungen entwickeln», Zitat S. 87.

Die Wirkungs- und Rezeptionsgeschichte der historischen und praktischen Arbeiten der dritten Hochschullehrergeneration an den polytechnischen Architekturfakultäten um 1900 (Durm, Uhde, Bühlmann, Leixner) zeigt, dass die Konzepte der zweiten und dritten Lehrergeneration nicht mehr für die Einheit der Disziplin Architektur stehen, sondern mehr und mehr als Spezialthemen gelten und bald historisiert sind. Das Werk Ernst Gladbachs ist – wie dasjenige Constantin Uhdes in Braunschweig[516] – ein gutes Beispiel für den schleichenden Prozess der Marginalisierung und Uminterpretation bauhistorischer Wissensbestände und der Neubetonung einer ‹autonomen Entwurfs- und Konstruktionslehre› (die gleichwohl methodisch auf den Lösungen der Geschichte beruht).

Im Bauingenieurwesen verlaufen Praktiken wissenschaftlicher Modellbildung und Prozesse des Umbaus tradierter Fachgrenzen ganz unterschiedlich zur Architektur: Die Zivilingenieure übernehmen zwar implizit den Diskurs zu ‹gelungenen Lösungen in der Geschichte des Konstruierens›, legen sich aber methodisch nicht auf eine ‹allgemeine› Konstruktionslehre fest, sondern bleiben (fast bis heute) bei den Spezialisierungen nach ‹Baumaterial› – Holzbau, Stahlbau, Massivbau.

Neue Konzepte und Theorien entstehen gleichzeitig mit der Entwicklung und Erprobung von Materialien – die sich neu etablierenden grossen Baufirmen übernehmen spätestens seit der Jahrhundertwende einen Teil forschender Tätigkeit. Es geht um Modellbildung, Erprobung und Verbreitung eigener Systeme in der Praxis, aber auch um systematische Kooperation mit der (polytechnischen) Wissenschaft. Neben den Eisenkonstruktionen gibt vor allem das Material Eisenbeton Impulse für Materialprüfung, Theoriebildung und Erprobung in der Praxis.[517]

Bereits im ausgehenden 19. Jahrhundert waren Firmenschriften erschienen, die nicht nur für den Verkauf und Einsatz von Baumaterialien oder ‹Endprodukten› warben, sondern Know-how und Handlungsanweisungen verbreiteten – die Konzepte der Firma Hennebique[518] sind hier ein wichtiges Beispiel.[519] Die wechselseitige Beeinflussung von Firmenentwicklungen und Hochschulforschung ist besonders eindrücklich im Lebenswerk des Zürcher Hochschullehrers Emil Mörsch: Er hat nach 1900 systematisch Plausibilität und Akzeptanz der Betonbauweise über Kooperationsprojekte zwischen Hochschule, Materialprüfungsanstalten und Firmen nachzuweisen versucht.

---

516 Krafczyk, Christina: Constantin Uhde. Bauen in Braunschweig, Diss. TU Braunschweig 2013.

517 Hier verspricht die Dissertationsschrift von Jörg Rehm neue Erkenntnisse: Rehm, Jörg: Die Anwendung von Eisenbeton im Hochbau – Dokumentation und Analyse realisierter Skelettbauten in München bis 1918 (Diss TU München) [https://www.lt.ar.tum.de/forschung/laufende-forschungsprojekte/rehm-eisenbeton/] (20. August 2018).

518 Dazu unter anderem Gubler, Jacques: Les beautés du béton armé. in: Delhumeau, Gwenaël; Gubler, Jacques, Legault, Réjean, Simonnet, Cyrille: Le béton en représentation. La mémoire photographique de l'entreprise Hennebique, 1890–1930. Paris 1993, S. 13–26; Delhumeau, Gwenaël: L'Invention du béton armé. Hennebique. 1890–1914. Paris 1999; Delhumeau, Gwenaël: Hennebique and building in concrete around 1900, in: Newby, Frank (Hg.): Early Reinforced Concrete (Studies in the History of Civil Engineering, Bd. 11). Aldershot/Burlington/Singapur/Sydney 2001, S. 135–153.

519 Zur allgemeinen Entwicklung siehe Beiträge in: Hassler/Schmidt 2004 (wie Anm. 287) und Hassler, Uta (Hg.): Was der Architekt vom Stahlbeton wissen sollte. Zürich 2010, darin weiterführende Literatur S. 158–166. Siehe auch: Schmidt, Hartwig: Zur Geschichte des Stahlbetonbaus – Die Anfänge in Deutschland 1850 bis 1910. Berlin 1999 (= Beton- und Stahlbetonbau Spezial) und Hilsdorf, Hubert K.: 100 Jahre Forschung in der Betontechnologie – von der Empirie zur Werkstoffwissenschaft, in: Beton- und Stahlbetonbau 93 (1998), H. 12, S. 358–366.

Programm und Utopie einer Konstruktionswissenschaft

Die Architekturlehrer der polytechnischen Schulen argumentieren bis zur Wende zum 20. Jahrhundert entwicklungsgeschichtlich-historisch: An Gladbachs Werk wird exemplarisch deutlich, wie zuerst Grundlagen einer Konstruktions- und Baugeschichtslehre und eines Inventars geschaffen werden müssen, wie aber innerhalb eines einzigen Gelehrtenlebens diese Grundlagen als Basis eines neuen Konstruktionsstils erhoben, ‹verbraucht› und obsolet werden. Die regionale Architektur wird zwar weiterhin als ästhetisches Vorbild einer Architekturreform genutzt, die akademisch-polytechnischen Grundlagen geraten aber in Einzeldiskurse der Spezialisierung: Die Bauingenieurfakultäten übernehmen die materialwissenschaftlichen Fragen des Holzbaus, Methoden und Erkenntnisinteressen der Bauforschung werden an den Architekturfakultäten in Themen klassischer Bauarchäologie und kunstgeschichtliche Fragestellungen aufgespalten, die architektonische Entwurfslehre lehnt nach dem Ersten Weltkrieg Spezialisierungen in Regionaltraditionen und volkskundliche Themen weitgehend ab; die Avantgarden verstehen sich als international.[520] Die grossen Themen polytechnischer Bauwissenschaft (Wissenschaftlichkeit, Theorie-Praxisbezug, Interdisziplinarität) geraten an die Ränder des architektonischen Diskurses. Für die wissenschaftlichen Methoden im Feld der Architektur bedeutet die Aufgabe der idealen Einheit von historischer Bauforschung und (konstruktionsgeschichtlich verstandenem) architektonischem Entwurf eine Zäsur, im 20. Jahrhundert wird sich aber vor allem im Diskurs um die Abhängigkeit von Form und Konstruktion ein langes Nachleben der polytechnischen Tugenden finden.[521] Die Antikeforscher haben im Verlauf des 20. Jahrhunderts Themen der Regelhaftigkeit, der Exzellenz der Detailausbildung und der Bauprozesse antiker Bauten auf Basis älterer Arbeiten weiter entschlüsselt, im Bereich der Holzbauforschung wurden nach langen Jahrzehnten erst in jüngerer Zeit wieder neue Forschungsansätze zu Einzelobjekten[522] debattiert (nachdem Methoden der Altersbestimmung verfeinert und erweitert wurden); diese Forschungen stehen aber nicht mehr im Mittelpunkt der Architektenausbildung an technischen Hochschulen und Universitäten.

Im Bauingenieurwesen verlaufen die Prozesse zur Entwicklung einer Modelltheorie «neuer Konstruktionskonzepte» nicht relationiert an entwicklungsgeschichtlich-historischen Paradigmata, sie sind vor allem im sich neu etablierenden Fach Betoneisenbau ausgerichtet an den Erfahrungen und Anforderungen der Baupraxis: Fragen der Umsetzung dominieren die Theoriebildung. In den Fächern der Architektur und des Bauingenieurwesens sind die Umbruchsituationen unterschiedlich, der Wandel geschieht in grossen Zeiträumen – und mit unterschiedlichen Auswirkungen auf das Wissenschaftsverständnis der Fächer und die Ausbildungspraxis. In den Architekturfächern der ETH sehen wir in der Zeit des Ersten Weltkriegs den Bruch mit den von Semper etablierten Traditionslinien, im Bauingenieurwesen bleiben zwar materialbezogene Fachbezeichnungen bestehen, eine allgemeine Theorie der Konstruktion wird aber nicht mehr angestrebt.

---

520 Dazu: Hassler, Uta: Bauforschung als Konstruktion historischen Wissens, in: dies. (Hg.): Bauforschung. Zur Rekonstruktion des Wissens. Zürich 2010, S. 6–9.

521 Zum Wandel des Selbstverständnisses siehe Hassler, Uta, Das Lehrbuch und die ‹Lehre vom Bauen›, in: dies. (Hg.): Der Lehrbuchdiskurs über das Bauen. Zürich 2015, S. 6–7 und dies.: Vom Lehrbuch zum Manifest, ebd. S. 222–243.

522 Kienlin, Alexander von (Hg.): Holztragwerke der Antike. Internationale Konferenz 30. März – 1. April 2007 in München (BYZAS, Bd. 11). Istanbul 2011.

Die Bauführungsbücher als Lehrbücher fürs Selbststudium

Der Anspruch des 19. Jahrhunderts auf ‹Wissenschaftlichkeit für die Praktiker› will Erfahrungswissen ‹aus› der Praxis auch direkt als wissenschaftliches Wissen ‹für› die Praxis anwendbar machen. Neben dem breiten Spektrum von Lehr- und Handbüchern zum Bauen gab es daher vielfältige berufspraktische Publikationen zum Bauen, die auf eine direkte Anwendung zielten, unter anderem die Bauführungsbücher.

Zentraler Produktionsort im Bauwesen des 19. Jahrhunderts ist die Baustelle, zentraler Ansprechpartner auf der Baustelle war der Bauführer (**Abb. 147**). Er überwacht, «daß der ihm übertragene Bau genau nach dem vorliegenden Plane und Anschlag, auch mit der möglichsten erreichbaren Accuratesse, Sauberkeit und Solidität der Arbeit ausgeführt, daß von den Arbeitern weder Zeit noch Material vergeudet oder veruntreut, auch keine der nöthigen Vorsichtsmaaßregeln verabsäumt werde» – so von Oskar Mothes in seinem *Bau-Lexikon* zusammengefasst.[1] Die eigenständige Position des Bauführers wurde im 19. Jahrhundert aufgewertet und professionalisiert:[2] In Zeiten der Chronometrisierung sollte er Qualität, Quantität und pünktliche Fertigstellung garantieren, auch wurden «an die Vorbildung der mit der Aufsicht von Bauten beschäftigten Personen größere Ansprüche als früher gestellt».[3] Die wachsende Bedeutung des Bauführers spiegelt sich in einer zunehmenden Zahl von Hand- und Lehrbüchern zur ‹Bauführung› im

---

1 [Lemma] Bauconducteur, in: Mothes, Oscar (Hg.): Illustriertes Bau-Lexicon. Praktisches Hülfs- und Nachschlagebuch im Gebiete des Hoch- und Flachbaues, Land- und Wasserbaues, Mühlen- und Bergbaues, der Schiffs- und Kriegsbaukunst, Bd. 1. 2. Aufl. Leipzig/Berlin 1863, S. 262.

2 Die Position des Bauführers entstand durch die zunehmende Auf- und Verteilung administrativer Aufgaben auf der Baustelle. Während der Baumeister des Mittelalters noch die Leitung von Bauplanung und Ausführung im Wesentlichen selbst übernahm beziehungsweise steuerte, kam in der Renaissance mit dem neuen Selbstverständnis des Architekten als Künstler das Modell auf, die Arbeiten auf der Baustelle nur praktisch tätigen Baufachleuten zu überlassen. Das historische Entstehen der Rolle des Bauführers wird an verschieden Stellen überblickshaft thematisiert, vgl. unter anderem: Elkar, Rainer S.: Bauen als Beruf. Notizen und Anmerkungen zu einer Handwerksgeschichte des Hochbaus – Eine Vorbemerkung, in: Dirlmeier, Ulf; Elkar, Rainer S.; Fouquet, Gerhard (Hg.): Öffentliches Bauen in Mittelalter und früher Neuzeit. Abrechnungen als Quellen für die Finanz-, Wirtschafts- und Sozialgeschichte des Bauwesens (Sachüberlieferung und Geschichte, Bd. 9). St. Katharinen 1991, S. 1–26, hier S. 4–6; immer noch sehr präzis: Oldenberg, Karl: Das Deutsche Bauhandwerk der Gegenwart. Berlin 1888, S. 8–10. Zur Bauführung im Mittelalter vgl. insbesondere: Binding, Günther (Hg.): Beiträge über Bauführung und Baufinanzierung im Mittelalter (Veröffentlichung der Abteilung Architektur des Kunsthistorischen Instituts der Universität Köln, Bd. 6). Köln 1974. Hier vor allem die Beiträge von Esser, Ingrid: Die gotische Bauhütte, S. 104–115; und von Binding selbst: Beiträge über Bauführung und Baufinanzierung im Mittelalter, S. 5–13.

3 Tolkmitt, Gustav: Bauaufsicht und Bauführung. Berlin 1899, S. III.

19. Jahrhundert.[4] Das Charakteristikum der Bücher ist, dass sie «das umfangreiche Gebiet der Bauführung so weit behandeln, als es für den mit der Ausführung von Hochbauten betrauten Bauführer beziehungsweise Techniker in Betracht kommt»[5] – sie folglich das praktische Bauhandeln in aller Breite abdecken; gleichzeitig aber auch «das für Bauaufseher und Bauführer nothwendigste Wissen unter Ausscheidung alles Entbehrlichen, kurz und bündig, aber auf wissenschaftlicher Grundlage» darstellen[6] – der Inhalt also auf den Anwendungsbezug limitiert wird.

Wichtige Ursprünge der Gattung der Bauführungsbücher liegen in der Ökonomisierung des Bauprozesses seit dem ausgehenden 18. Jahrhundert.[7] Der Wunsch nach einer Durchsetzung ökonomischer Prinzipien zeigt sich unter anderem in der *Bau-Technologie und Bau-Oekonomie* von Franz Sax aus dem Jahre 1814 (**Abb. 148**),[8] dort heisst es: «Bey dem Ueberflusse an Baubüchern scheint es doch noch an einem brauchbaren Inbegriffe für Baukünstler und solche Personen zu fehlen, welche sich ausschließlich den Baugeschäften widmen».[9] Sax, noch in kameralwissenschaftlicher Tradition stehend, sieht sein Werk als

147 Bauführer bei der Kontrolle von Gewölbearbeiten, Baustelle Stadthaus Fraumünsteramt, Zürich, Architekt Gustav Gull, 1898–1900 (Foto Robert Breitinger, 1900).

Leiter der Arbeiten auf der Baustelle ist der Bauführer. Die funktionelle wie fachliche Aufwertung seiner Position im Laufe des 19. Jahrhunderts war Teil einer Professionalisierungsbestrebung im Bereich praktischer Arbeiten.

148 Sax, Bau-Technologie und Bau-Oekonomie, Bd. 1, 1814.

4 Schon Vitruv hatte in seinen *De architectura libri decem* Thematiken der Bauführung implizit behandelt, zum Beispiel bei der Besprechung der Baumaterialien im zweiten Buch. Er zielte jedoch nicht auf ‹den› Bauführer oder eine äquivalent tätige Person als Leser. Und auch in den Baubüchern des späten Mittelalters findet diese implizite Beschäftigung statt, das bekannteste Beispiel jener ‹Werkmeisterbücher› sind die 1516 von Lorenz Lechlern [auch Lecher oder Lacher genannt] verfassten Unterweisungen; vgl. Des Meister L. Lacher Unterweisungen, in: Reichensperger, August (Hg.): Vermischte Schriften über christliche Kunst. Leipzig 1856, S. 133–167. Aufgrund der vielen zeitgenössischen Wiederauflagen ist davon auszugehen, dass Bücher zur Bauführung in der zweiten Hälfte des 19. Jahrhunderts weit verbreitet waren. Dazu: Rauhut, Christoph: Handbooks on Construction Site Supervision in the 19th Century, in: Carvais, Robert; Guillerme, André; Nègre, Valérie; Sakarovitch, Joël (Hg.): Nuts and Bolts of Construction History. Culture, Technology and Society, Bd. 1. Paris 2012, S. 683–700; ders.: «Zum Selbstunterricht» – Das Aufkommen der Bücher zur Bauführung im 19. Jahrhundert, in: Hassler, Uta (Hg.).: Der Lehrbuchdiskurs über das Bauen. Zürich 2015, S. 168–182.

5 Knöll, Karl: Die Bauführung. Leipzig 1910, S. V.

6 Tolkmitt 1899 (wie Anm. 3), S. III.

7 Bei Rondelet, genauer in seinem *Traité*, hatte sich dies noch insbesondere in einer ‹Ökonomisierung› des Konstruierens niedergeschlagen.

8 Sax, Franz: Bau-Technologie und Bau-Oekonomie, oder faßliche Belehrung über alle bey einem Gebäude nothwendigen Materialien [...]. 4 Bde. Wien 1814. In zweiter, durch Josef Mathias Jäckel erweiterter Auflage 1843 ebenfalls in Wien erschienen.

9 Sax 1814 (wie Anm. 8), Bd. 1, S. III.

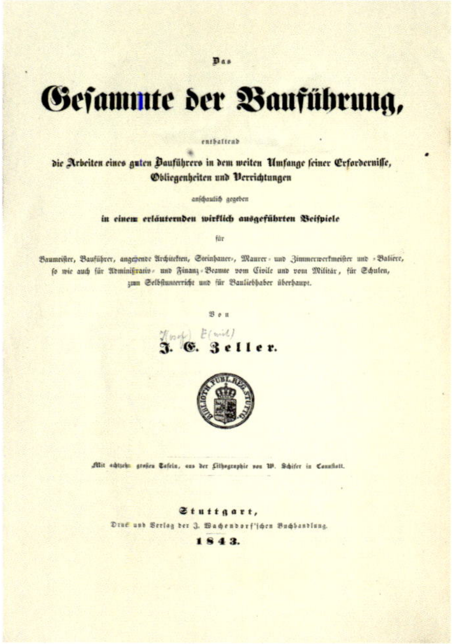

Das

Gesammte der Bauführung,

enthaltend

die Arbeiten eines guten Bauführers in dem weiten Umfange seiner Erfordernisse, Obliegenheiten und Verrichtungen

anschaulich gegeben

in einem erläuternden wirklich ausgeführten Beispiele

für

Baumeister, Bauführer, angehende Architekten, Steinhauer-, Maurer- und Zimmerwerkmeister und -Baliere, so wie auch für Administrativ- und Finanz-Beamte vom Civile und vom Militär, für Schulen, zum Selbstunterricht und für Bauliebhaber überhaupt.

Von

J(osef) E(mil)

J. E. Zeller.

BIBLIOTH. PUBL. REG. STUTTG.

Mit achtzehn großen Tafeln, aus der Lithographie von W. Schifer in Cannstatt.

Stuttgart,

Druck und Verlag der J. Wachendorf'schen Buchhandlung.

1843.

149 Zeller, Das Gesammte der Bauführung, 1843.

Die Bauführung wurde vor dem 19. Jahrhundert nicht als eigenständiger Wissensbereich verstanden. August Ferdinand Triest behandelte das Aufgabenfeld in seiner zwischen 1824 und 1829 erschienen Publikation zur Baukostenberechung – einem mit der Bauführung inhaltlich eng verknüpften Feld – erstmals als eigene Abteilung. Als erstes eigenständiges Werk befasste sich das 1843 erschienene Buch *Das Gesammte der Bauführung* mit dem Aufgabenfeld.

Handbuch, das darauf zielt, Fragen der Bauökonomie in die Bauwissenschaft einzuführen.[10] Denn: «Gerade von diesen, der menschlichen Gesellschaft eben so nützlichen als unentbehrlichen Kenntnissen wird in den Baubüchern wenig, oder nichts vorgetragen, und vergebends sucht man in weitläufigen Abhandlungen sich hierin Raths zu erholen».[11] Ein brauchbares Werk fehlte lange auch für die Bauführung, sie wurde erstmals von August Ferdinand Triest in seinem 1824–31 veröffentlichten *Handbuch zur Berechnung der Baukosten* eigenständig behandelt.[12] Triest gibt in diesem Handbuch eine Erweiterung zu seinem Vorgängerwerk *Grundsätze zur Anfertigung richtiger Anschläge.*[13] Er fügt jene Themen ein, die «in den sonst darüber erschienenen Werken entweder zu unvollständig oder zu oberflächlich abgehandelt sind».[14] Neue Abschnitte beschäftigen sich mit den *Grundsätzen über die Ausmittlung des Raumes* oder der *Form von Anschlägen* und die siebzehnte Abteilung explizit mit der *Führung und Leitung von Bauten.*

1843 publiziert Emil Josef Zeller *Das Gesammte der Bauführung* (**Abb. 149**).[15] Anlässlich seines zweiten Buchs zur Bauführung schreibt Zeller 1867: «Die Führung oder Leitung von Bauten ist für die Erstellung

---

10 Sax thematisiert anders als die üblichen Bücher der Zeit explizit Vorgänge der Bauplanung und Bauausführung. Wie wichtig diese Themen für ihn sind, ist auch an seiner weiteren Publikationstätigkeit ablesbar; so veröffentlicht er unter anderem: Praktischer Unterricht zur Berechung aller Bestandtheile eines jeden Gebäudes. Wien 1803 (2. Aufl. 1808, 3. Aufl. 1813, 4. Aufl. 1816, 5. Aufl. 1828); hierzu erscheint auch ein erweiternder zweiter Band: Praktischer Unterricht zur Berechnung aller Bestandtheile eines jeden Gebäudes, Bd. 2: Die Verfassung eines richtigen Bauanschlages. Wien 1811.

11 Sax 1814 (wie Anm. 8), Bd. 1, S. III.

12 Triest, August Ferdinand: Handbuch zur Berechnung der Baukosten für sämmtliche Gegenstände der Stadt- und Landbaukunst. Berlin 1824–31. Erschienen in 18 Abteilungen. Die ersten Abteilungen erscheinen auch in einer 2. Auflage, für Besitzer der ersten Auflage werden die Änderungen in zwei Supplementbänden nachgereicht.

13 Triest, August Ferdinand: Grundsätze zur Anfertigung richtiger Anschläge welche die Land-Baukunst in sich begreift. 3 Bde. Berlin 1809–15.

14 Triest 1824–31 (wie Anm. 12), Bd. 1, S. IV.

15 Zeller, Josef Emil: Das Gesammte der Bauführung, enthaltend die Arbeiten eines guten Bauführers. Stuttgart 1843.

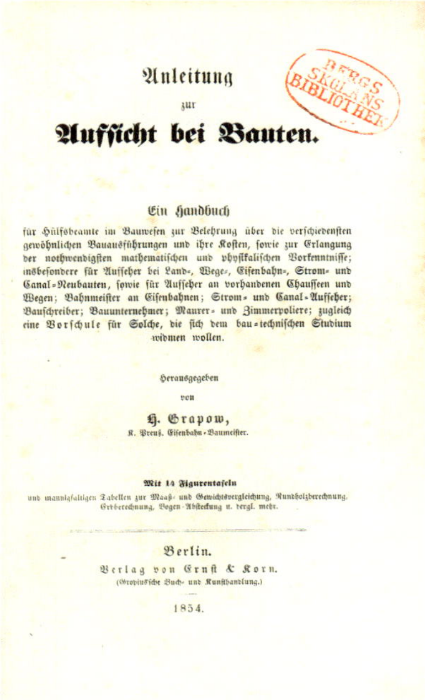

Anleitung
zur
Aufsicht bei Bauten.

Ein Handbuch
für Hülfsbeamte im Bauwesen zur Belehrung über die verschiedensten gewöhnlichen Bauausführungen und ihre Kosten, sowie zur Erlangung der nothwendigsten mathematischen und physikalischen Vorkenntnisse; insbesondere für Aufseher bei Land-, Wege-, Eisenbahn-, Strom- und Canal-Neubauten, sowie für Aufseher an vorhandenen Chausseen und Wegen; Bahnmeister an Eisenbahnen; Strom- und Canal-Aufseher; Bauschreiber; Bauunternehmer; Maurer- und Zimmerpoliere; zugleich eine Vorschule für Solche, die sich dem bau-technischen Studium widmen wollen.

Herausgegeben
von
H. Grapow,
K. Preuß. Eisenbahn-Baumeister.

Mit 14 Figurentafeln
und mannigfaltigen Tabellen zur Maaß- und Gewichtsvergleichung, Rundholzberechnung, Erdberechnung, Bogen-Absteckung u. dergl. mehr.

Berlin.
Verlag von Ernst & Korn.
(Gropius'sche Buch- und Kunsthandlung.)

1854.

CR

DIE
BAUAUSFÜHRUNG.

HANDBUCH
FÜR
BAUTECHNIKER, BAUHANDWERKER UND BAUHERREN

VON
FRIEDRICH ENGEL,
KÖNIGL. PR. BAURATH.

MIT 1015 IN DEN TEXT GEDRUCKTEN HOLZSCHNITTEN.

ZWEITE AUSGABE.

BERLIN.
VERLAG VON PAUL PAREY.
Verlagshandlung für Landwirthschaft, Gartenbau und Forstwesen.
1885.

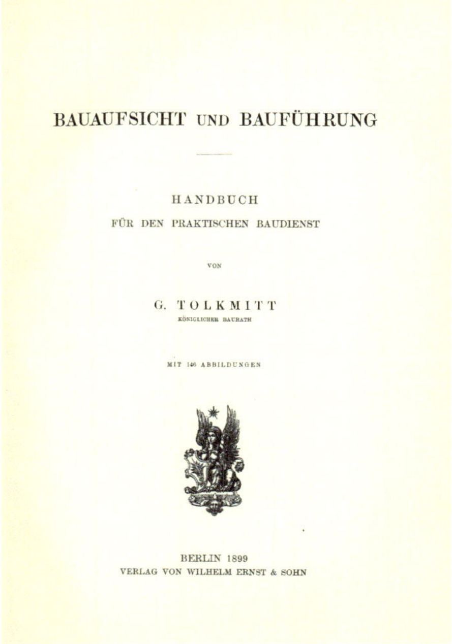

BAUAUFSICHT UND BAUFÜHRUNG

HANDBUCH
FÜR DEN PRAKTISCHEN BAUDIENST

VON
G. TOLKMITT
KÖNIGLICHER BAURATH

MIT 146 ABBILDUNGEN

BERLIN 1899
VERLAG VON WILHELM ERNST & SOHN

150 a–c Grapow, Anleitung zur Aufsicht bei Bauten, 1854 / Engel, Bauführung, 1881 / Tolkmitt, Bauaufsicht und Bauführung, 1899.

Grapows *Anleitung zur Aufsicht bei Bauten* von 1854, Engels *Die Bauführung* von 1881 und Tolkmitts *Bauaufsicht und Bauführung* von 1899 waren ‹Klassiker›, sie erschienen in diversen Auflagen und wurden von anderen Autoren als Referenz genannt.

eine rein unumgängliche Nothwendigkeit und erfordert so viel That, Geschick, Uebung, Erfahrung und selbst [...] so viel an strikter Kenntniß, als irgend ein einzelner anderer Theil der Bauwissenschaft. Eine eigene Schule darin konnte zwar in früherer Zeit [...] als überflüssig erscheinen; jetzt aber [...] ist es anders geworden».[16] Die von Sax propagierte Bauökonomie als Teil einer Bauwissenschaft war spätestens zur Mitte des 19. Jahrhunderts so weit in den Diskurs über das Bauen eingegangen, dass es nun möglich war, hierzu gehörende Einzelfelder in eigenständigen Lehrbüchern zu behandeln.[17]

Zellers Beispiel folgten in den nächsten fünf Jahrzehnten etwa 40 verschiedene deutschsprachige Werke zur Bauführung.[18] Zu den Klassikern gehörten Hermann Grapows *Anleitung zur Aufsicht bei Bauten* von 1854, Friedrich Engels *Die Bauführung* von 1881 oder Gustavs Tolkmitts *Bauaufsicht und Bauführung* von 1899 (**Abb. 150**).[19] Vielfach waren die Namen dieser Autoren Eponym für ihre Bücher. Ebenfalls gehörte eine Abteilung zur Bauführung auch zum Standardinventar in den Handbuchreihen des Bauwesens, die insbesondere in der zweiten Hälfte des Jahrhunderts weit verbreitet waren – in der *Schule der Baukunst,* im *Handbuch der Architektur* und sogar in der populärwissenschaftlichen Sammlung Göschen war

16 Zeller, Josef Emil: Der Bauführer. St. Gallen 1867 (4. Aufl. 1870), S. 6.

17 Die Bauführung wird hier wie im zeitgenössischen Denken als Teil der Bauökonomie definiert.

18 Eine Auflistung aller Bücher zur Bauführung bis ca. 1920 in: Rauhut 2015 (wie Anm. 4), S. 181–182.

19 Grapow, Hermann: Anleitung zur Aufsicht bei Bauten. Berlin 1854 (2. Aufl. 1872); Engel, Friedrich: Die Bauführung. Berlin 1881 (2. Aufl. 1885, 3. Aufl. 1899); Tolkmitt 1899 (wie Anm. 3) (4. Aufl. Berlin 1908/09 [hg. von M. Guth], 5. Aufl. 1926–29 [hg. von M. Rendschmidt]).

Bauführung ein eigenständiges Thema.[20] Das Gros der Bücher erschien in den Jahren von 1880 bis 1910 und zeigt, wie Lehrbuchwissen im ausgehenden 19. Jahrhundert in fast allen Bereichen praktischer Tätigkeit an Relevanz gewann.[21]

Die Bücher zur Bauführung standen mit jenen zur Baukostenberechnung in Bezug.[22] Die Kostenschätzung, im damaligen Sprachgebrauch meist ‹Kostenanschlag› oder kurz ‹Anschlag› genannt, wurde vor der eigentlichen Ausführung eines Baus vorgenommen und diente als Grundlage für die spätere ‹Verdingung› (Vergabe) der Arbeiten. Mit der Etablierung der Gewerbefreiheit zu Beginn des 19. Jahrhunderts wuchs die Bedeutung dieser beiden Aufgaben, unter anderem auch ein Argument gegen die Zunftprivilegien.[23] Triest beschreibt im *Handbuch zur Berechnung der Baukosten* die entscheidende Entwicklung:

> «In früherer Zeit wurden die Preise des Arbeitslohns mehrentheils durch Taxen festgestellt, die sich wiederum auf das Tagelohn begründeten, welches von den Polizei-Behörden nach den Getreidepreisen festgesetzt und zur Befolgung für die Meister öffentlich bekannt gemacht wurde [...]; an die Stelle dieser sonst üblichen Baupreise [sind] neue getreten, deren Höhe durch vermehrte oder verminderte Concurrenz beständig sich modificirt.»[24]

Marktpreise für Baumaterialien wurden auch angesichts der erkennbar begrenzten Verfügbarkeit von beispielsweise Holz volatil;[25] Unsicherheiten der Schätzung von Erstellungskosten auf Basis der nach Marktbedingungen taxierten Material- und Arbeitskosten bedingten, dass in der ersten Hälfte des

---

20 Bei Breymann eine Abteilung im letzten Band: Breymann, Gustav Adolf: Allgemeine Bau-Constructions-Lehre mit besonderer Beziehung auf das Hochbauwesen. Ein Leitfaden zu Vorlesungen und zum Selbstunterrichte, T. 4: Schluss des Werkes. Stuttgart 1863 (2. Aufl. 1881 [neu bearb. von A. Scholtz], 3. Aufl. Leipzig 1894, 4. Aufl. 1900, 5. Aufl. 1905); in der *Schule der Baukunst*: Busch, Carl: Die Bauführung. Hand- und Hülfsbuch für die Praxis der Bautechniker und Bauhandwerker (Die Schule der Baukunst, Bd. 4, Abt. 4). Leipzig 1871 (2. Aufl. 1875); im *Handbuch der Architektur*: Koch, Hugo: Die Bauführung. Mit Einschluss der Baukostenberechnung der Baurüstungen und der Beförderungsmittel von Baustoffen auf der Baustelle (HdA, T. 1, Bd. 5). Stuttgart 1901 (2. Aufl. Leipzig 1912); in der Sammlung Göschen, die darauf konzipiert war, einzelne Themenfelder in knappen, anschaulichen Einzeldarstellungen darzustellen, und für die ab 1889 über 1000 Bände verfasst wurden: Beutinger, Emil: Die Bauführung. Kurzgefaßtes Handbuch über das Wesen der Bauführung (Sammlung Göschen, Bd. 399). Leipzig 1908 (2. Aufl. Berlin/Leipzig 1914). Beutinger publizierte auch sehr ähnliche Abschnitte zur Bauführung in Karl Esselborns *Lehrbuch des Hochbaues:* Esselborn, Karl (Hg.): Lehrbuch des Hochbaues, Bd. 2. Leipzig 1908, S. 397–420 (in der 2. Aufl. erscheinen die Inhalte im ersten Band: Esselborn, Karl (Hg.): Lehrbuch des Hochbaues, Bd. 1. 2. Aufl. Leipzig 1913, S. 809–844).

21 Vgl. Szöllösi-Janze, Margit: Wissensgesellschaft in Deutschland: Überlegungen zur Neubestimmung der deutschen Zeitgeschichte über Verwissenschaftlichungsprozesse, in: Geschichte und Gesellschaft. Zeitschrift für historische Sozialwissenschaft 30 (2004), S. 277–313.

22 Triests diesbezügliche Bücher, Triest 1809–15 (wie Anm. 13) sowie Triest 1824–31 (wie Anm. 12), sind die bekanntesten in der 1. Hälfte des 19. Jahrhunderts, sein Handbuch zur Berechung der Baukosten galt als «ein in seiner Art und für seine Zeit classisch zu nennendes Werk» (Schwatlo 1865 [wie in dieser Anm. weiter unten], S. iii). Standardwerke der Baukostenberechnung in der 2. Hälfte des 19. Jahrhunderts waren: Manger, Julius: Hülfsbuch zur Anfertigung von Bau-Anschlägen und Feststellung von Bau-Rechnungen. Berlin 1853 (2. Aufl. 1858–60, 3. Aufl. 1866, 4. Aufl. 1878–1884); Schwatlo, Carl: Handbuch zur Beurtheilung und Anfertigung von Bauanschlägen. Halle (Saale) 1865 (4. Aufl. 1866, 5. Aufl. 1866, 6. Aufl. 1874, 8. Aufl. Bielefeld 1885, 9. Aufl. 1890/Fulda 1893, 10. Aufl. Leipzig 1898, 14. Aufl. 1905, 16. Aufl. 1910). Vgl. auch Schendel, Adelheid: Veränderungen traditioneller Bauformen durch obrigkeitliche Einflüsse in Brandenburg um 1800, in: Rach, Hans-Jürgen (Hg.): Vom Bauen und Wohnen. 20 Jahre Arbeitskreis für Haus- und Siedlungsforschung in der DDR. Berlin 1982, S. 93–108, hier S. 106, für einen Überblick über frühere Bücher zum Kostenanschlag in der Landbaukunst.

23 Vgl. hierzu eine Bemerkung des Mitglieds der preussischen Oberbaudeputation August Ferdinand Triest im zweiten Band seiner *Grundsätze zur Anfertigung richtiger Anschläge:* «[...] dennoch bin ich, nach vielfältigen Erfahrungen und Beobachtungen sehr überzeugt, daß ihr Schaden weit, sehr weit ihren etwaigen Nutzen überwiegt. [...] Wer die unzähligen Verdrüßlichkeiten und andre üble Folgen kennt, welche aus den Privilegien der Handwerker, aus ihrem Zunftschlendrian und aus ihren vermeinten, auf eisernes Herkommen, Vorutheil oder Schwäche der Gesetzgeber sich gründenden Rechten entspringt, dem kann der Augenblick der Abschaffung des Zunftwesens nicht nahe genug erscheinen.» Triest 1809–15 (wie Anm. 13), Bd. 2, S. XXI.

24 Triest 1824–31 (wie Anm. 12), Bd. 1, S. I–II.

25 Vgl. unter anderem: Strecke, Reinhard: Anfänge und Innovation der preußischen Bauverwaltung (Veröffentlichungen aus den Archiven preussischer Kulturbesitz, Beih. 6). Köln/Weimar/Wien 2000, S. 88.

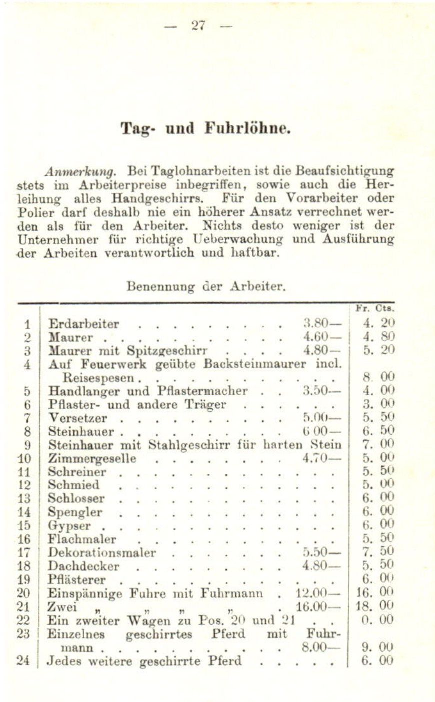
— 27 —

Tag- und Fuhrlöhne.

Anmerkung. Bei Taglohnarbeiten ist die Beaufsichtigung stets im Arbeiterpreise inbegriffen, sowie auch die Herleihung alles Handgeschirrs. Für den Vorarbeiter oder Polier darf deshalb nie ein höherer Ansatz verrechnet werden als für den Arbeiter. Nichts desto weniger ist der Unternehmer für richtige Ueberwachung und Ausführung der Arbeiten verantwortlich und haftbar.

	Benennung der Arbeiter.		Fr. Cts.
1	Erdarbeiter	3.80—	4. 20
2	Maurer	4.60—	4. 80
3	Maurer mit Spitzgeschirr	4.80—	5. 20
4	Auf Feuerwerk geübte Backsteinmaurer incl. Reisespesen		8. 00
5	Handlanger und Pflastermacher	3.50—	4. 00
6	Pflaster- und andere Träger		3. 00
7	Versetzer	5.00—	5. 50
8	Steinhauer	6.00—	6. 50
9	Steinhauer mit Stahlgeschirr für harten Stein		7. 00
10	Zimmergeselle	4.70—	5. 00
11	Schreiner		5. 50
12	Schmied		5. 00
13	Schlosser		6. 00
14	Spengler		6. 00
15	Gypser		6. 00
16	Flachmaler		5. 50
17	Dekorationsmaler	5.50—	7. 50
18	Dachdecker	4.80—	5. 50
19	Pflästerer		6. 00
20	Einspännige Fuhre mit Fuhrmann	12.00—	16. 00
21	Zwei " " " "	16.00—	18. 00
22	Ein zweiter Wagen zu Pos. 20 und 21		0. 00
23	Einzelnes geschirrtes Pferd mit Fuhrmann	8.00—	9. 00
24	Jedes weitere geschirrte Pferd		6. 00

19. Jahrhunderts «die freihändige Vergebung [also ohne Ausschreibung] aus den Usancen des öffentlichen Bauwesens» verschwand.[26] Detaillierter Kostenanschlag und kontrollierte Vergabe sollten die Wirtschaftlichkeit und Kostenkontrolle sicherstellen.

Trotz gemeinsamer Wurzeln und enger inhaltlicher Bezüge sind die Bücher zu Bauanschlag und Vergabe aber von den Bauführungsbüchern zu unterscheiden. Die Baukostenberechnungsbücher behandeln die Baustelle nicht als prozessuale Praxis, sondern sehen sie als monetarisierbare, getrennte Einheiten. Auf «übersichtliche Weise classificiert», teilen sie sich in zwei Abschnitte, von denen «der erste das Arbeitslohn, der andere die Materialien nachweist»; es wird vermieden, sich «auf Construction ein[zu] lassen».[27] Zweitens wollen sie «kein Lehrbuch sein, sondern ein Hülfsbuch».[28] Aus den Tabellenwerken waren zum Beispiel Preise für Backsteine und der Lohn eines Maurers ablesbar, nicht aber, wie viele Backsteine etwa der Maurer für bestimmte Tätigkeiten benötigte oder wie diese zu verarbeiten waren.[29] Der ab 1873 erschienene *Deutsche Baukalender* und der ab 1880 publizierte *Schweizerische Baukalender* sind in ihrer Form als jährlich neu aufgelegtes «Notiz- und Taschenbuch für [...] sämtliche Preise aus dem Hochbau- und Ingenieurfache»[30] konsequente Fortführungen dieses Ansatzes (**Abb. 151**).

151 Übersicht über «Tag- und Fuhrlöhne», S. 27 aus: Schweizerischer Baukalender 6 (1885).

Hand- und Lehrbücher zur Baukostenberechnung wandelten sich im Laufe des 19. Jahrhunderts zunehmend zu Tabellenwerken zu Arbeits- und Materialpreisen. Fortgeführt wurde dieses Konzept in regionalen, zumeist jährlich erscheinenden Baukalendern, in denen der Bauprozess monetarisiert wird.

26 Oldenberg 1888 (wie Anm. 2), S. 15. Hier auch ein ‹Abriss› der Geschichte der Ausschreibung bis dato.

27 Triest 1824–31 (wie Anm. 12), Bd. 1, S. IV.

28 Manger 1858 (wie Anm. 22), S. V.

29 Vgl. besonders Schwatlo 1910 (wie Anm. 22).

30 Koch, Martin: Vorwort, in: Schweizerischer Baukalender 9 (1888), Abt. 1 [S. V]. Der *Deutsche Baukalender* erscheint 1873–1952 (mit Ausnahme der Jahre 1919–23) jährlich in ein bis drei Teilen. Er wird dann fortgesetzt durch das *Handbuch des Bauwesens*. Der Schweizerische Baukalender erscheint erstmals als *Taschenbuch der Schweizerischen Baupreise*, bereits 1886 wird er in *Schweizerischer Bau- und Ingenieurkalender* umbenannt, bevor er ab 1902, nach der Ausgliederung der ‹Ingenieurinhalte›, *Schweizer Baukalender* heisst. 1953 wird er durch das *Bau-Handbuch* ersetzt.

Vom ‹Selbststudium› zum Unterrichtsfach

In der werbenden Perspektive der Autoren waren die Bücher zur Bauführung ein Muss für jeden, der mit dem Bauen nur irgendwie befasst war: «für den praktischen Baudienst»,[31] «für Studierende und ausführende Bautechniker»,[32] «für Bauherren, Architekten, Bauunternehmer, Baumeister, Bautechniker, Bauhandwerker, Landwirthe und Rechnungsbeamte»,[33] «für Baumeister, Bauführer, angehende Architekten, Steinhauer-, Maurer- und Zimmerwerkmeister und -Baliere»[34] sowie «für Administrativ- und Finanz-Beamte vom Civile und vom Militär, für Schulen, zum Selbstunterricht und für Bauliebhaber überhaupt».[35] Die Bücher zielten entweder auf die explizit mit der Bauführung beauftragten Personen oder auf die Schüler an den Baugewerkschulen.

Zur Mitte des 19. Jahrhunderts war die Stellung des Bauführers auf staatlichen Baustellen in Preussen und anderen deutschen Ländern ein Amt, das man nur mit abgelegter ‹Bauführer-Prüfung› ausüben durfte; um 1900 war für die Zulassung zur ‹Bauführer-Prüfung› sogar ein mehrjähriges Fachstudium Voraussetzung.[36] Bauführung war allerdings kein Unterrichtsfach an polytechnischen Schulen,[37] was immer wieder zu Kritik führte;[38] Zeller bemerkt im Jahr 1867:

> «In Erwägung [...] des ferneren Umstandes, daß auf den Schulen, wie namentlich auch im Polytechnikum zu Zürich, der fragliche Gegenstand nicht gelehrt wird, hat sich das Verlagsbureau [...] entschlossen, [...] den einfachen Titel: ‹Der Bauführer› zum Lehrbuch für die Jetztzeit abfallen zu lassen.»[39]

Auf Privatbaustellen und in Ländern ohne staatliche Bauführerprüfung, wie der Schweiz, traten zur Mitte des 19. Jahrhunderts Architekten als Bauleiter auf, die (so bei Oskar Mothes bemerkt), weder Unterricht zur Bauführung erhalten hatten, noch über die nötigen Kenntnisse zum Beispiel durch praktische Erfahrung verfügten.[40] Die Bücher zur Bauführung von Zeller, Grapow und Engel waren «Hilfsmittel bei der

---

31 Guth, Max (Hg.): Bauaufsicht und Bauführung. 3 Teile. 4. Aufl. Berlin 1908/09 [Neuaufl. von Tolkmitt 1899 (wie Anm. 3)], hier T. 1, Titelblatt.

32 Dieckmann, F. W.; Issel, Hans: Die Baugeschäftskunde und Bauführung (Das Handbuch des Bautechnikers, Bd. 20). Leipzig 1908, Titelblatt.

33 Abel, Lothar: Allgemeiner Baurathgeber. Wien 1893, Titelblatt.

34 Im moderneren Sprachgebrauch ‹Polier›.

35 Zeller 1843 (wie Anm. 15), Titelblatt.

36 Detaillierte Auskünfte über die Ausbildung von ‹Regierungsbauführern› resp. ähnlichen Funktionen sind zu finden bei: Lange, Walther: Die Laufbahnen der Techniker im Deutschen Reiche, in den Bundesstaaten, in der Schweiz und in Österreich. Ein Handbuch für Lehranstalten, Behörden, Eltern und Vormünder. 2 Bde. Bremen 1899–1901, Bd. 2, S. 189–240 (zum Königreich Sachsen), 338–389 (zum Königreich Württemberg), etc. Für den Zustand Mitte des 19. Jahrhunderts auch aufschlussreich: [Lemma] Baumeister, in: Pierer, Heinrich August: Pierer's Universal-Lexikon der Vergangenheit und Gegenwart oder Neuestes encyclopädisches Wörterbuch der Wissenschaften, Künste und Gewerbe, Bd. 2. 4. Aufl. Altenburg 1857, S. 426. Für die detaillierte Aufgliederung der Voraussetzungen vgl. Grapow, Hermann: Zusammenstellung der Bestimmungen für das Bauwesen im preußischen Staate aus dem Jahre 1845–1852. Berlin 1852, S. 2–3.

37 So lässt sich zum Beispiel an den ausgewerteten Programmen des Zürcher Polytechnikums bis 1911 keine explizite Lehre der Bauführung in der Ausbildung von Architekten oder Bauingenieuren nachweisen. Lediglich fanden sehr unregelmässig Exkursionen zu Baustellen statt. Vgl. Programme der eidgen. polytechnischen Schule, von: Sommersemester 1857 – Sommersemester 1911. Auch der Blick an die Bayrische Technische Hochschule zeigt, dass hier Bauführung nicht explizit unterrichtet wurde, vgl. Lange 1901 (wie Anm. 36), S. 103–104.

38 Vgl. etwa Redtenbacher, Rudolf: Wie lernt und wie lehrt man die Baukunst?, in: DBZ 13 (1879), Nr. 39, S. 197–199; Nr. 41, S. 207–210; Nr. 43, S. 217–220; besonders Nr. 41, S. 210.

39 Zeller 1867 (wie Anm. 16), S. 6.

40 [Lemma] Bauleitung, in: Mothes 1863 (wie Anm. 1), S. 285.

152 Baugewerkschulen und Technika mit Bauabteilungen, 1900.

Spätestens ab den 1880er Jahren vollzog sich im Bauwesen auch die Professionalisierung der nicht akademisch ausgebildeten Personen. Einen massgeblichen Beitrag dazu leisteten die neuartigen höheren technischen Schulen, etwa die Baugewerkschulen.

ersten praktischen Tätigkeit als Bauführer»,[41] Bücher ‹zum Selbststudium›. Zeller kommentierte: «so muß denn eben das Lehrbuch den nöthigsten Dienst für den Unterricht leisten».[42]

Ab Mitte der 1880er Jahre ändert sich die Situation,[43] jetzt übernahmen Gewerkschulen (später «Technika») Themen der Bauführung als Unterrichtsinhalte (im deutschen Raum waren diese Schulen schon seit den 1820er Jahren aus privaten Initiativen heraus entstanden).[44] Die Schulen verstanden sich als mittlere Ausbildungsmöglichkeit zwischen handwerklicher Lehre und akademischem Studium. Sie konkurrierten mit den – stark auf die Praxis ausgerichteten – Gewerbeschulen. Nach deren Niedergang Ende der 1870er Jahre setzte bei den Gewerkschulen ein staatlich forcierter Neugründungsprozess ein, ab den

41 Gebhardt, Moritz: Die Bauführung (Der Unterricht an Baugewerkschulen, Bd. 9). Leipzig/Berlin 1906 (2. Aufl. 1913), Vorwort.

42 Zeller 1867 (wie Anm. 16), S. 7.

43 Ein Zeitschnitt, der auch der neueren Einteilung der Wissensgeschichte entspricht, siehe Szöllösi-Janze 2004 (wie Anm. 21).

44 Zur Entwicklung der Baugewerkschulen in Deutschland vgl. unter anderem: Bolenz, Eckhard: Vom Baubeamten zum freiberuflichen Architekten. Technische Berufe im Bauwesen (Preußen/Deutschland, 1799–1931) (Europäische Hochschulschriften, Reihe 3: Geschichte und ihre Hilfswissenschaften, Bd. 488). Frankfurt (Main) 1991, S. 182–192.

153 Technikum Winterthur, Architekt Theodor Gohl, 1877–78 (Postkarte des Weltpostvereins, um 1904).

Das erste Technikum der Schweiz wurde 1874 in Winterthur gegründet. An der zugehörigen *Schule für Bauhandwerker* wurden auch angehende Bauführer ausgebildet

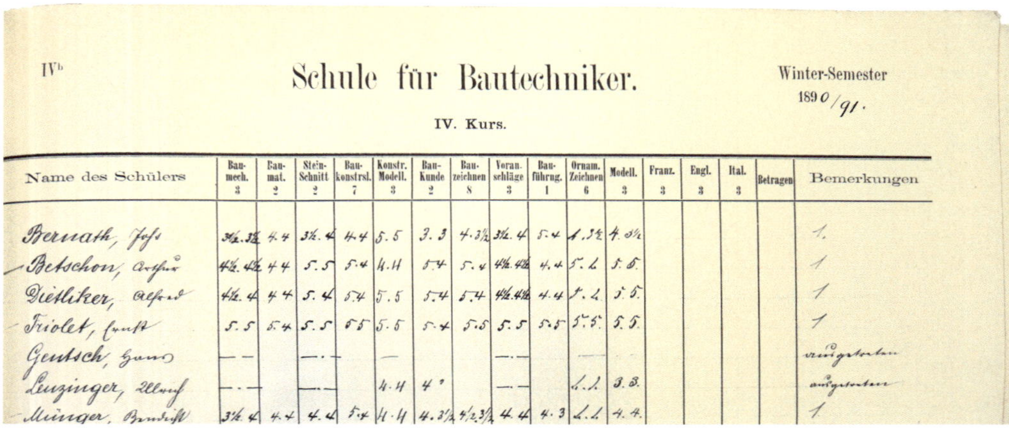

IV^b

Schule für Bautechniker.

Winter-Semester 1890/91.

IV. Kurs.

Name des Schülers	Bau-mech. 3	Bau-mat. 2	Stein-Schnitt 2	Bau-konstrsl. 7	Konstr. Modell. 3	Bau-Kunde 2	Bau-zeichnen 8	Voran-schläge 3	Bau-führng. 1	Ornam. Zeichnen 6	Modell. 3	Franz. 3	Engl. 3	Ital. 3	Betragen	Bemerkungen
Bernath, Jos.	3½. 3½	4. 4	3½. 4	4. 4	5. 5	3. 3	4. 3½	3½. 4	5. 4	4. 3½	4. 3½					1.
Betschon, Arthur	4½. 4½	4 4	5. 5	5. 4	4. 4	5. 4	5. 4	4½. 4½	4. 4	5. 4	5. 5					1
Dietliker, Alfred	4½. 4	4 4	5. 4	5. 4	5. 5	5. 4	5. 4	4½. 4½	4. 4	5. 4	5. 5					1
Triolet, Ernst	5. 5	5. 4	5. 5	5 5	5. 5	5. 4	5. 5	5. 5	5. 5	5. 5	5. 5					1
Gentsch, Hans	— —		—. —		—			—. —		—						ausgetreten
Leuzinger, Ulrich	—. —		—. —		4. 4	4		—. —		4. 4	3. 3					ausgetreten
Münger, Benedikt	3½. 4	4. 4	4. 4	5. 4	4. 4	4. 3½	4½. 3½	4. 4	4. 3	4. 4	4. 4					1

154 Notenblatt für den IV. Kurs Schule für Bautechniker am Technikum Winterthur, 1890/91.

Bauführung war an den höheren technischen Schulen, anders als an den meisten polytechnischen Schulen, ein festes Unterrichtsfach im Curriculum.

1880er Jahren wuchs die Zahl der Schulen und Schüler stetig (**Abb. 152**). Eine entsprechende Entwicklung vollzog sich auch in der Schweiz: Fand hier die höhere, nichtakademische Ausbildung bis in die 1870er Jahre ausschliesslich an Gewerbe- und Fachschulen statt,[45] entstand 1874 durch die Bemühungen Friedrich Autenheimers in Winterthur ein erstes Technikum als Pendant der deutschen Gewerkschulen (**Abb. 153**).[46] Als erste Gründung in der Schweiz stellte es den Referenzpunkt für weitere Institutionen in

---

45 Vgl. als immer noch umfassendstes Werk zur Schulbildung der Schweiz im 19. Jahrhundert: Frauenfelder, Gustav: Geschichte der gewerblichen Berufsbildung in der Schweiz. Luzern 1938.

46 Zum Technikum in Winterthur vgl. unter anderem: Calame, Louis: Das kantonale Technikum in Winterthur 1874–1924. Zur Feier des fünfzigjährigen Bestehens. Winterthur 1924; Organisationskomitee für die Veranstaltungen zum fünfundsiebzigjährigen Bestehen des Technikums (Hg.): 75 Jahre Technikum Winterthur. 1874–1949. Winterthur 1949; Grüttler-Minder, Max: Friedrich Autenheimer 1821–1895. Mitgründer und erster Direktor des Technikums Winterthur (Neujahrsblatt der Stadtbiblio-

anderen Kantonen dar,[47] die fehlende Berufsbefähigung von ‹Technikern›, insbesondere Maschinentechnikern, hatte die Gründung von Technika als notwendig erscheinen lassen.[48] Zu den bei der Gründung 1874 eingerichteten Bereichen am Technikum Winterthur gehörte unter anderem eine *Schule für Bauhandwerker*, ab 1896 *Schule für Bautechniker* genannt;[49] solche Schulen existierten auch an den deutschen Anstalten. Mit der Entfaltung der Baugewerkschulen (und technischen Lehranstalten) wurde die Bauführung zu einem Unterrichtsfach: Sie war spätestens um 1900 als Lehrthema für den ‹Bautechniker› benannt und eigenes Unterrichtsfach (**Abb. 154**).[50] Der typische Bauführer der Jahrhundertwende hatte diesen Unterricht besucht.[51]

Infolge dieser Entwicklung entstand seit den 1890er Jahren neben den auf den ‹Selbstunterricht› zielenden Büchern eine Reihe von Werken, die in ihrer Konzeption erstmals auf den Unterricht zielten: Die Bücher von Gustav Benkwitz, Johannes Tietjens und Moritz Gebhardt, alle mit *Die Bauführung* betitelt, sind Beispiele.[52] Dass gleichzeitig Neuauflagen oder Weiterführungen von Grapows *Anleitung zur Aufsicht von Bauten* oder Engels *Bauausführung* erschienen,[53] ist aber Indiz für den weiterhin bestehenden Bedarf an Werken für den ‹Selbstunterricht›. Beispiel eines Buches für den institutionellen Unterricht ist Gebhardts *Bauführung* von 1906 als Teil der Reihe *Der Unterricht an Baugewerkschulen*.[54] Dem sind Lothar Abels *Die Praxis des Baumeisters. Ein Hilfsbuch bei allen Bauführungen von Wohnhäusern* von 1896 und Friedrich Gabriels *Was muss der Bauführer wissen und welche Fehler soll er vermeiden?* von 1912 gegenüberzustellen.[55]

---

thek Winterthur, Bd. 295). Winterthur 1964, S. 114–159; Blättler, Eduard: Von der Lehranstalt zur Fachhochschule. 125 Jahre Technikum Winterthur 1874–1999. Winterthur 1999.

47 In folgenden Orten der Schweiz wurden bis 1914 weitere Technika gegründet: Biel (1890), Burgdorf (1892), Fribourg (1902), Genf (1902) und Le Locle (1903). Vgl. hierzu Frauenfelder 1938 (wie Am. 45), S. 66.

48 Vgl. hierzu besonders den zeitgenössischen ‹Aufruf› von Friedrich Autenheimer, dem eine entscheidende Rolle bei der Gründung des Technikums zukam: Autenheimer, Friedrich: Ein Technikum für die Schweiz, in: Der Bund, 13. September 1866, S. 1–2; 14. September 1866, S. 1–2; 15. September 1866, S. 1–2; 16. September 1866, S. 1–2. Eigentlich hätte der Artikel in der *Schweizerischen Polytechnischen Zeitung* erscheinen sollen, der Mitredakteur und Polytechnikumsprofessor Pompejus Alexander Bolley war aber nicht damit einverstanden. Zu Friedrich Autenheimer und seiner Rolle für das Technikum in Winterthur vgl. Grüttler-Minder 1964 (wie Anm. 46).

49 Vgl. §3 resp. §2 des Technikumsgesetzes vom 4. März 1873 resp. 25. Oktober 1896, unter anderem in: 75 Jahre Technikum Winterthur (wie Anm. 46), S. 17. Zur Schule für Bauhandwerker vgl. insbesondere den zeitgenössischen Bericht eines Lehrers: Technikum Winterthur, Archiv, 29.γ.2: Studer, Emil: Die Schule für Bauhandwerker am zürcherischen Technikum. Winterthur 1879, in: Programm des Zürcherischen Technikums in Winterthur 5 (1878/79), Anhang.

50 Eine sehr detaillierte, zeitgenössische Übersicht zur Ausbildung der ‹Techniker› gibt: Lange 1899–1901 (wie Anm. 36). Folgende Beispiele von Bauführung als Unterrichtsfach sind aufgeführt: Baugewerkschule Bremen: Veranschlagen und Bauführung, 2 Wochenstunden in der 1. Klasse für Hochbau (Bd. 2, S. 14); Königl. Baugewerkschule in Stuttgart: Bauführung, 4 Wochenstunden in der 2. Fachklasse und 2 Wochenstunden in der 3. Fachklasse, Bauführung wird auch explizit als Gegenstand der Abschlussprüfung benannt (Bd. 2, S. 318–320, 323); Baugewerkschule in Karlsruhe: Kostenberechung, hier explizit enthalten: Verträge und Bauvorschriften und Bauführung. Die Aufgaben der Bauführung auf den Bauplatz und dem Baubureau, 3 Wochenstunden in der 4. Klasse (Bd. 2, S. 418).

51 Dass die Ausbildung an einer solchen Schule für einen Bauführer beinahe verpflichtend wurde, kann exemplarisch an den Bewerbungsakten auf eine solche Position am Hochbauamt des Kantons Zürich nachvollzogen werden. Vgl. Staatsarchiv Zürich, V II 3.1.2; V II 3.2.2: Personenakten zum Hochbauwesen, 1804–1900. Sämtliche Bewerber aus den Jahren 1880–1900 verweisen in ihrem Lebenslauf auf den Besuch an einer solchen Institution.

52 Benkwitz, Gustav: Die Bauführung im Anschluß an die vom Ministerium für öffentliche Arbeiten erlassene Anweisung und das Baurecht mit Berücksichtigung des Baupolizeirechts. Berlin 1892; Tietjens, Johannes: Die Bauführung. Leipzig 1898; Gebhardt 1906 (wie Anm. 41), o.S. [Vorwort].

53 Grapow 1872 (wie Anm. 19); fortgesetzt wird der Grapow dann explizit durch Tolkmitt, Tolkmitt 1899 (wie Anm. 3); Engel 1885 und 1899 (wie Anm. 19).

54 Gebhardt 1906 (wie Anm. 41). Die Reihe *Der Unterricht an Baugewerkschulen* wird ab 1906 durch Martin Girndt im Auftrag des Verlags B. G. Teubner als auf das Bauwesen bezogene Ergänzung zur Reihe *Technik und Schule* herausgegeben. Vgl. B. G. Teubner Verlag (Hg.): B. G. Teubner's Verlag auf dem Gebiete der Mathematik, Naturwissenschaften, Technik nebst Grenzwissenschaften. Ausgabe 101. Leipzig/Berlin 1908, S. XXVI–XXVII. Die Reihe *Der Unterricht an Baugewerkschulen* umfasste mehr als 50 verschiedene Titel und wurde bis in die 1930er Jahre fortgeführt.

55 Abel, Lothar: Die Praxis des Baumeisters. Ein Hilfsbuch bei allen Bauführungen von Wohnhäusern. Wien/Leipzig 1896; Gabriel, Friedrich: Was muss der Bauführer wissen und welche Fehler soll er vermeiden? Stuttgart 1912.

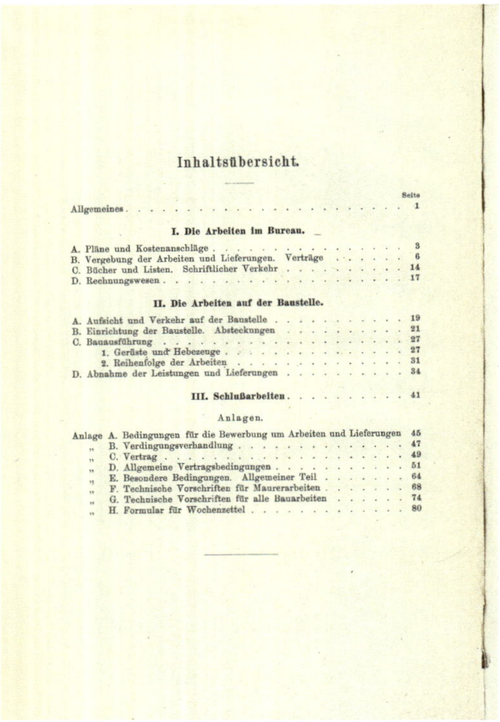

Inhaltsübersicht.

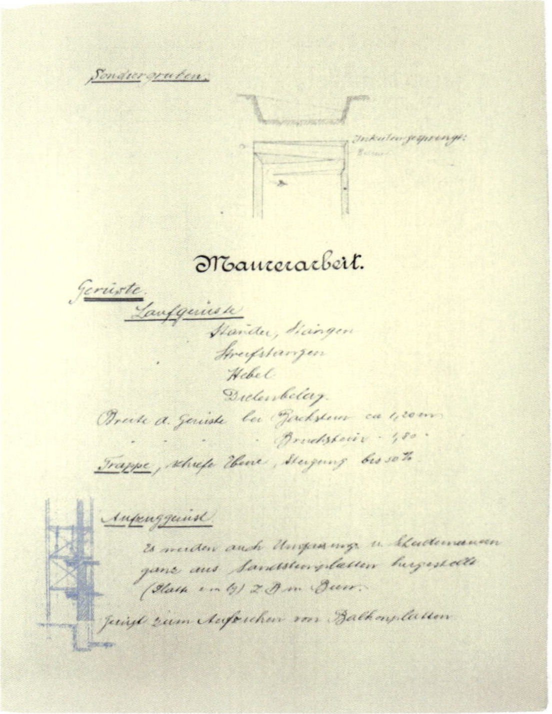

155 Inhaltsübersicht, aus: Gebhardt, Bauführung, 1906.

Moritz Gebhardts Buch für den Unterricht an Baugewerkschulen idealisiert die Leitung des Bauprozesses als eine Folge klar abtrennbarer, eigenständiger Aufgabenbereiche.

156 Erklärung der Maurerarbeiten, unpag. Seite aus: Stolz, Vorlesungsmitschrift Bauführung, 1905/06.

Beide richten sich ausschliesslich an den vor Ort tätigen Bauführer beziehungsweise Baumeister: Abels sehr umfangreiches *Hilfsbuch* mehr in der Funktion eines grossen Nachschlagewerks, Gabriels programmatisch betiteltes Buch als «praktischer Wegweiser».[56]

Die Bücher für den Unterricht folgen den etablierten Disziplingrenzen; im Gegensatz zu den Büchern des Selbstunterrichts, die auch weiteres relevantes Wissen thematisieren. Gebhardts Lehrbuch für den Unterricht versucht etwa sämtliche organisatorischen, rechtlichen und administrativen Fragen zur Baustelle zu erläutern, während Gabriels Werk nur auf technische und konstruktive Felder fokussiert. Gebhardt erklärt in der Einleitung, welche verwaltungsrechtlichen Varianten der Bauführung existieren,[57] Gabriel erklärt, dass er weisse Blätter habe mit einbinden lassen, damit man «persönliche Erfahrungen ergänzend» hinzufügen könne.[58] Eine Schwerpunktsetzung lässt sich auch in Abels *Praxis des Baumeisters* erkennen. Abel widmet sich zwar den administrativen Feldern, fügt aber neben den konstruktiven Abschnitten auch noch Abschnitte zur Baukunst hinzu, wie *Architektonische Formenlehre für die Anordnung der Hauptansichten städtischer und ländlicher Gebäude.* Abel sieht Bauführung nicht als eingrenzbare Aufgabe, sondern deutet an, dass ein umfassenderes Bauwissen nötig ist. In der Wiederauflage des *Tolkmitt* wird die Wichtigkeit von Allgemeinwissen erklärt: «Hierbei sind auch die einfachen Schulfächer, wie sie der ‹Tolk-

---

56 Gabriel 1912 (wie Anm. 55), Vorwort. In Ergänzung zu Gabriels Buch ist für Tiefbauführer ein weiteres Werk im gleichen Verlag erschienen: Schmid, Carl: Was muß der Tiefbautechniker als Bauführer wissen und welche Fehler soll er vermeiden? Stuttgart 1913.

57 Gebhardt 1906 (wie Anm. 41), S. 1–3.

58 Gabriel 1912 (wie Anm. 55), Vorwort.

mitt› früher enthielt, wieder aufgenommen; kommen doch oft auch ältere Techniker, die längst keine Schulbücher mehr besitzen, in die Lage, die früheren Kenntnisse rasch und ohne Weitung auffrischen und wieder festigen zu müssen».[59] Die Abgrenzung des Bauführers vom traditionellen Handwerker(polier) in den Bauführungsbüchern ist allen Autoren wichtig, dessen Wissensbestände wurden in der Frühen Neuzeit von der ‹technischen Intelligenz› zur eigenen Aufwertung in allgemeine Regeln überführt. Die Bauführungsbücher setzen dieses Wissen voraus, sehen die Autoren ihre Bücher doch als vertieftes Wissensgebiet einer neuen ‹technischen Intelligenz› des 19. Jahrhunderts an. Die Ordnung der Inhalte folgt den Tätigkeiten: Gebhardts *Bauführung* vermittelt in drei Kapiteln *Die Arbeiten im Bureau; Die Arbeiten auf der Baustelle; Schlußarbeiten* (**Abb. 155**). Die praktisch orientierten Bücher folgen ebenfalls einem idealisierten Ablaufschema, im Werk *Was muß der Bauführer wissen?* erschliesst ein zusätzliches Register die Themen von den *Abfallrohren von Dachrinnen* bis zum *Zuputzen der Gipserarbeit*.[60] *Die Praxis des Baumeisters* enthält zusätzliche praxisrelevante Stichworte wie *Erwähnenswerte Gesichtspunkte bei der Wahl des Baugrundes und dessen eventueller Verbesserung* oder *Baumaterialien, deren Mängel, sowie Regeln der Uebernahme am Bauplatze.*

Eine Vorlesungsmitschrift des Faches *Bauführung* des Studenten Karl Stolz am Technikum Winterthur im Wintersemester 1905/06 zeigt den Ablauf des Unterrichts (**Abb. 156**):[61] Der erste Teil thematisiert die vorbereitenden Arbeiten (Erstellung von Plänen, Kostenvoranschläge etc.), dann beschäftigte man sich mit dem Vertrag zwischen Bauherr und Unternehmer. Ebenfalls erlernten die Schüler anhand eines exemplarischen Bauvorhabens die verschiedenen zu führenden Dokumentationen (Termintabelle für die ‹Verakkordierung›, Tagebuch über die Erstellung, Materialbuch etc.) und wann und wie Abschlags- und Schlusszahlung zu vollziehen sind. Der weitere Unterrichtsstoff widmete sich den Arbeiten auf der Baustelle. Hierbei wurden zu den häufigsten Arbeitsbereichen (Grabarbeiten, Maurerarbeiten, Steinhauerarbeiten, Zimmerarbeit, Dacheindeckung, Glaserarbeiten, Hafnerarbeiten, Malerarbeiten, Schreinerarbeit) unbedingt zu beachtende Punkte benannt: «Gips vermischt mit Kalk u. Sand, um das schnelle Binden zu verhindern»[62] oder «Die Hölzer werden gewöhnlich mit einer Deckfarbe überstrichen (Oelfarbe). [...] Ausgefallene Aeste müssen durch aufzuleimende Pfropfen ersetzt werden».[63]

---

59 Guth 1908/09 (wie Anm. 31), T. 1, S. V.

60 Gabriel 1912 (wie Anm. 55), S. 81–88.

61 Von Karl Stolz befinden sich im Archiv des Technikums Mitschriften zu sämtlichen von ihm 1903–06 belegten Fächern (Technikum Winterthur, Archiv, 27.γ.6). Der Unterricht am Technikum kann selbstverständlich nicht für alle Baugewerkschulen pars pro toto stehen, jedoch ist zum einen die Konzeption der Unterrichtsfächer an bestehende Baugewerkschulen angelehnt, siehe Studer 1879 (wie Anm. 49), S. 3–4. Zum anderen entsprechen sich die Unterrichtsdeputate relativ stark: Wie an anderen Schulen wurde in Winterthur Bauführung in einem höheren Jahr (5. Kurs) mit einem relativ geringen Deputat (2 Wochenstunden) unterrichtet. Zur Struktur des Unterrichts am Technikum Winterthur vgl. Technikum Winterthur, Archiv, 29.γ.2: Programme des Zürcherischen Technikums in Winterthur, 1874–1917. Die Mitschrift zum Fach Bauführung endet am 19. März 1906. Da das Wintersemester am Technikum normalerweise Ende März/Anfang April endete, kann davon ausgegangen werden, dass die Mitschrift vollumfänglich ist.

62 Stolz 1905/06 (wie Anm. 61), S. 25.

63 Ebd., S. 26.

Was wissen die Autoren? – Die Praxis als Handlungsregel

Die Bücher zur Bauführung orientieren sich an Abläufen der Baustelle. Erfahrungswissen wird beschworen, aber nicht ausgeführt: «[…] während des Baues [können] gar häufig Fälle vorkommen […], in denen nur ein erfahrener Mann die richtigen Wege einschlagen wird».[64] «Gerne glaubt dann der unerfahrene Architekt dem erfahrenen Handwerksmann und um so lieber, wenn die etwa nöthigen Gegenmaßregeln ein Zeugnis davon geben würden, daß bei der Bauführung nicht überall die nöthige Sachkenntniß und Sorgfalt geherrscht habe».[65] Die Sachkenntnis, die der Bauführer über die Bücher zur Bauführung erlangen kann, wird so als Surrogat des Erfahrungswissens etabliert; im Zentrum der Bücher stehen zwar Methoden zur Kontrolle einer praktischen Tätigkeit, aber nicht nachvollziehbare Kriterien einer Qualitätssicherung der Ergebnisse: «Dieser Weg ist hier angewendet worden und er wird dem intelligenten Techniker wenigstens so lange als Richtschnur dienen können, bis eigene Erfahrungen auf der Baustelle die Grundlage seines Wirkens bilden» (**Abb. 157**).[66]

Ausbildung, praktische (Bau-)Erfahrung, Schreib- und Lehrerfahrung waren bei den Autoren unterschiedlich, wie auch die Kontexte der Buchproduktion;[67] die Biografien zeigen dennoch Gemeinsamkeiten.[68] Alle Autoren besassen Hochschulbildung – es existiert kein Buch zur Bauführung, das ein Handwerksmeister oder eine Person mit primär handwerklichem Hintergrund verfasst hätte (**Abb. 158**).[69] Die Autoren hatten an den Bauschulen des 19. Jahrhunderts Architektur oder ein anderes Fach der Bauwissenschaften studiert: der Berliner Bauakademie, am Karlsruher Polytechnikum; der k.k. Polytechnischen Schule in Wien (**Abb. 159**).[70] Autoren, die in grösserem Umfang publizierten, taten dies im Rahmen von Reihen, zu welchen dann auch die entsprechenden Bauführungsbücher gehörten – beispielsweise verfasste der Berliner Hochschullehrer Hugo Koch für das *Handbuch der Architektur* neben dem Teil *Bauführung* noch neun weitere Hefte beziehungsweise Abschnitte.[71]

---

64 [Lemma] Bauleitung, in: Mothes, Oscar (Hg.): Illustriertes Bau-Lexicon, Bd. 1. 3. Aufl. Leipzig/Berlin 1874, S. 313.

65 Franzius, [?] u. a.: Was willst du werden? Abt. 3: Die Berufsarten der Musik, des Schauspiels, der Malerei, Bildhauerei, Architectur und vervielfältigenden Künste. Darmstadt [ca. 1870], S. 87.

66 Scholtz, A.: Verschiedene Constructionen (Allgemeine Bau-Constructions-Lehre, T. 4). 2. Aufl. Stuttgart 1881 [Neubearbeitung von: Breymann, Gustav Adolf: Allgemeine Bau-Constructions-Lehre mit besonderer Beziehung auf das Hochbauwesen. Ein Leitfaden zu Vorlesungen und zum Selbstunterrichte, T. 4: Schluss des Werkes. Stuttgart 1863], S. IV.

67 Manche Autoren verfassten inhaltlich und konzeptionell weitgehend neue Werke, während anderen nur «der ehrende Auftrag zu[fiel], die zweite Auflage […] anzupassen»; Krones, Toni; Rambausek Edler von Rautenfels, Rudolf: Lothar Abel's Allgemeiner Bauratgeber. 2. Aufl. Wien/Leipzig 1908, o. S. [Vorwort]. Ferner verfasste manch einer sein Buch noch in jungen Jahren, während andere schon auf eine lange Berufspraxis zurückschauen konnten. So ist Friedrich Engel sechzig Jahre alt, als sein häufig genanntes Werk *Die Bauausführungen* auf den Markt kommt, Engel 1881 (wie Anm. 19). Josef Röttinger ist neunundzwanzig, als 1890 sein erstes Buch zur Bauführung erscheint, Röttinger, Josef: Die Bauführung. Abfassung und Ausfertigung von Projecten, Veranschlagung derselben, Bauvergebung, Bauübernahme, Bauführung im engeren Sinne und Bauabrechnung, H. 1: Anfertigung von generellen Projecten. Wien 1890. Von Röttinger erscheint 26 Jahre später ein weiteres, grundlegend anderes Buch zur Bauführung: Röttinger, Josef: Baubetriebslehre (Die gesamte Hochbaukunde für Schule und Praxis. Hg. v. A. Romstorfer, Bd. 14). Wien/Leipzig 1916.

68 Siehe Biografien im Anhang.

69 Bei einigen Autoren kann die Ausbildung nicht mehr nachvollzogen werden, allerdings nennen sich diese allesamt ‹Architekt› oder dergleichen, was auf eine Hochschulbildung hinweist.

70 Häufig behandelten diese verwandte Themen wie die Geschäftsführung von Baustellen oder die Gesetzeskunde im Bauwesen. Josef Schlierholz verfasste beispielsweise neben seinem Werk zur Bauführung (Bauvorschriften für die beim Hoch- und Strassenbau vorkommenden Bauarbeiten, nebst einer Instruktion für Bauführer. Stuttgart 1847) noch ein *Handbuch zur Ermittlung der Bauhandwerks-Arbeiten und zur Anfertigung von Bauanschlägen* (Stuttgart 1846) und das Werk *Holzbauten der Königlich Württembergischen Donau-, Allgäu- und Hohenzollern-Bahn* (Stuttgart 1876).

71 Von Hugo Koch sind neben der Bauführung (Koch 1901 [wie Anm. 20]) im *Handbuch der Architektur* noch erschienen: Dachdeckungen; Nebenanlagen der Dächer (HdA, T. 3, Bd. 2, H. 5, Kap. 35–38; 41–44). Darmstadt 1894 (2. Aufl. Stuttgart 1899); Fenster, Thüren und andere bewegliche Wandverschlüsse (HdA, T. 3, Bd. 3, H. 1). Darmstadt 1896 (2. Aufl. Stuttgart 1901); Ausbildung der Fussboden-, Wand- und Deckenflächen (HdA, T. 3, Bd. 3, H. 3). Stuttgart 1903; Sicherungen gegen Einbruch (HdA, T. 3, Bd. 6, Kap. 1). 3. Aufl. Stuttgart 1904 [mit Erwin Marx]; Schankstätten und Speisewirtschaften. Kaffeehäu-

Alle Autoren hatten meist in leitender Stellung praktische Erfahrungen beim Bauen gesammelt, konnten also beim Verfassen der Bücher auf dieses Wissen zurückgreifen (**Abb. 160**).[72] Lothar Abel betont: «Alles, was dem Verfasser eine dreißigjährige Baupraxis und die dabei gemachten Erfahrungen an den verschiedenartigsten Gebäuden in den verschiedensten Ländern gelehrt haben, hat derselbe hier zusammenzustellen versucht».[73] (**Abb. 161**). Zum Zeitpunkt des Schreibens der Bücher waren freilich die wenigsten Autoren noch in der Praxis tätig; die Hälfte war an Lehranstalten tätig, andere im Staatsdienst. Die Bücher für «den praktischen Baudienst»[74] zielen auf Baugewerkeschüler.[75]

Der zeitgenössische Ratgeber *Was willst du werden?* benennt als grösste Schwierigkeit des Berufes ‹Bauführer› die Notwendigkeit der Etablierung eines weitreichenden eigenen praktischen Wissens: «Ohne

157 Baustelle Stadthaus Fraumünsteramt, Zürich, Architekt Gustav Gull, 1898–1900 (Foto Robert Breitinger, 1899).

Vor dem Hintergrund einer immer grösseren Material- und Konstruktionsvielfalt auf der Baustelle wurde es für den Bauführer immer schwieriger, ausreichendes Erfahrungswissen zu besitzen. Sachkenntnisse, wie in den Bauführungsbüchern gesammelt, gewannen somit für die Bewältigung seiner Aufgabe an Wichtigkeit.

---

ser und Restaurants; Öffentliche Vergnügungsstätten (HdA, T. 4, Halbbd. 4, H. 1, 1. Abschnitt, Kap. 1–3; 2. Abschnitt, Kap. 1–2). 3. Aufl. Stuttgart 1904 [mit Heinrich Wagner]; Einleitung. Die Technik der wichtigeren Baustoffe (HdA, T. 1, Bd. 1, H. 1). 3. Aufl. Stuttgart 1905 [mit August von Essenwein, Wilhelm Franz Exner, Hans Hauenschild, Georg Lauboeck und Eduard Schmitt]; Gesimse (HdA, T. 3, Bd. 2, H. 2, Kap. 19–22). 3. Aufl. Leipzig 1914.

72 Nur ein einziger Verfasser hatte keine praktische Erfahrung, siehe: Ringhoffer, Emanuel: Lehre vom Hochbau. Brünn 1862 (2. Aufl. 1876).

73 Abel 1893 (wie Anm. 55), o. S. [Vorwort].

74 Vgl. Tolkmitt 1899 (wie Anm. 3), Titelblatt.

75 Ausgenommen von jener Dualität sind die Bücher, welche «auf Wunsch des Herrn Verlegers» neu erschienen oder überarbeitet wurden, siehe Scholtz, A.: Die Constructionen des Grundbaues und die Bauführung mit besonderer Berücksichtigung auf das Hochbauwesen. Stuttgart 1881 (Separatdruck aus: ders.: Verschiedene Constructionen (Allgemeine Bau-Constructions-Lehre, T. 4). 2. Aufl. Stuttgart 1881), Vorwort. Hier lässt sich die Trennung der Autorengruppen nicht aufrechterhalten. Auch tritt die Relevanz von Erfahrungen und Kenntnissen aus der Praxis in diesen Büchern zurück. Hierzu schreibt M. von Guth als Herausgeber der Neuauflagen des *Tolkmitt:* «Das den älteren Generationen der Fachgenossen wohlbekannte Werk Grapows ‹Anleitung zur Aufsicht bei Bauten› kam 1872 in zweiter Auflage heraus. Nachdem diese vergriffen war, übernahm Tolkmitt eine Neubearbeitung, da die Nachfrage nach dem Buche fortdauerte. So erschien 1899 von dem bekannten, leider so früh verschiedenen Verfasser ‹Die Bauaufsicht und Bauführung› als Handbuch für den praktischen Baudienst, dem es ebenso erging, wie dem ‹alten Grapow›. Das letzte Exemplar ist seit Jahresfrist verkauft und die Nachfrage dauert fort. So entschloß sich der Verlag zu einer weiteren Neuauflage». Guth 1908/09 (wie Anm. 31), T. 3, S. V.

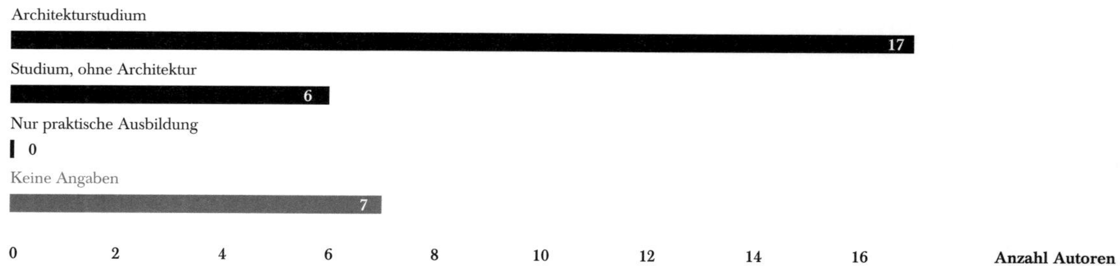

158 Ausbildung der Autoren der bis 1920 erschienenen Bauführungsbücher.

Allen Autoren ist gemeinsam, dass sie eine akademische Ausbildung absolviert haben; Autoren mit einem ausschliesslich handwerklichen oder praktischen Hintergrund gab es nicht.

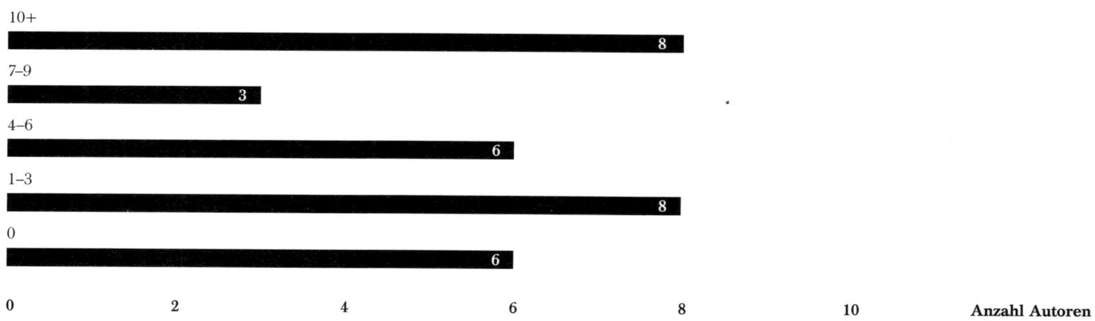

159 Anzahl weiterer bauwissenschaftlicher Abhandlungen der Autoren der Bauführungsbücher (inklusive veränderter Neuauflagen).

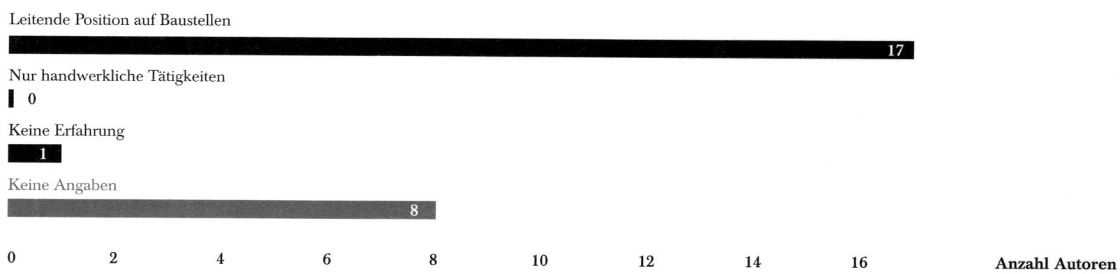

160 Praktische Erfahrung der Autoren zum Zeitpunkt der Abfassung ihres Bauführungsbuches.

Fast bei allen Autoren lässt sich in ihrer Biografie nachweisen, dass sie in leitender Position auf der Baustelle tätig waren.

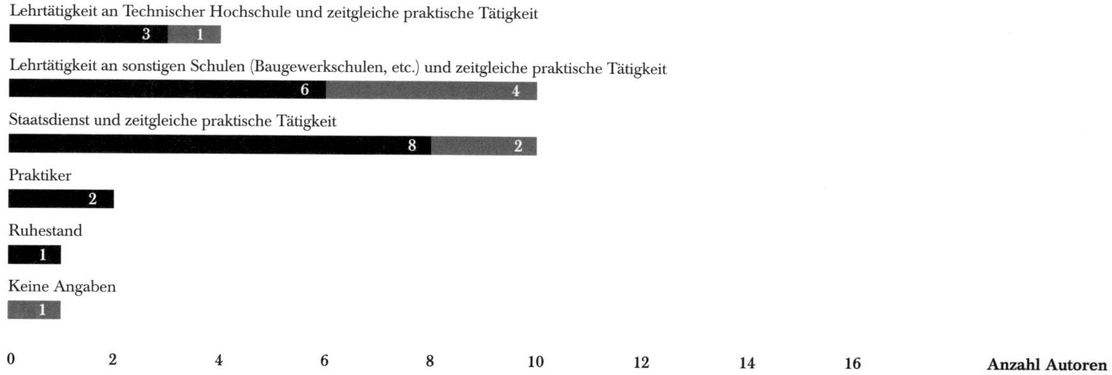

161 Tätigkeit der Autoren zum Zeitpunkt der Abfassung ihres Bauführungsbuches.

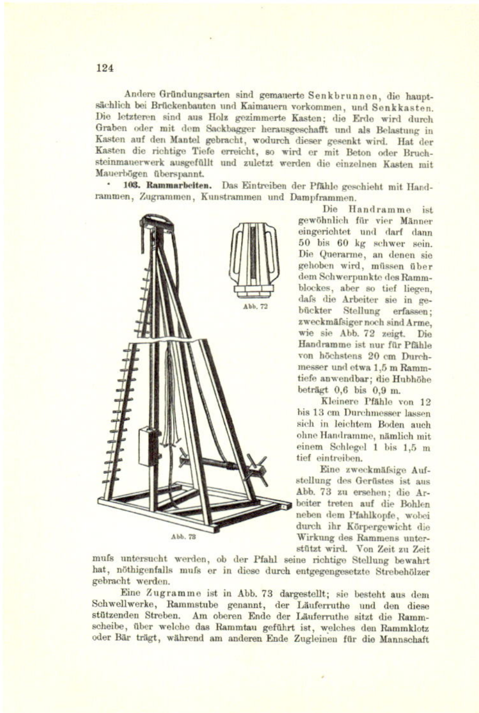
124

Andere Gründungsarten sind gemauerte Senkbrunnen, die hauptsächlich bei Brückenbauten und Kaimauern vorkommen, und Senkkasten. Die letzteren sind aus Holz gezimmerte Kasten; die Erde wird durch Graben oder mit dem Sackbagger herausgeschafft und als Belastung in Kasten auf den Mantel gebracht, wodurch dieser gesenkt wird. Hat der Kasten die richtige Tiefe erreicht, so wird er mit Beton oder Bruchsteinmauerwerk ausgefüllt und zuletzt werden die einzelnen Kasten mit Mauerbögen überspannt.

103. Rammarbeiten. Das Eintreiben der Pfähle geschieht mit Handrammen, Zugrammen, Kunstrammen und Dampframmen.

Abb. 72

Abb. 73

Die Handramme ist gewöhnlich für vier Männer eingerichtet und darf dann 50 bis 60 kg schwer sein. Die Querarme, an denen sie gehoben wird, müssen über dem Schwerpunkte des Rammblockes, aber so tief liegen, dafs die Arbeiter sie in gebückter Stellung erfassen; zweckmäfsiger noch sind Arme, wie sie Abb. 72 zeigt. Die Handramme ist nur für Pfähle von höchstens 20 cm Durchmesser und etwa 1,5 m Rammtiefe anwendbar; die Hubhöhe beträgt 0,6 bis 0,9 m.

Kleinere Pfähle von 12 bis 13 cm Durchmesser lassen sich in leichtem Boden auch ohne Handramme, nämlich mit einem Schlegel 1 bis 1,5 m tief eintreiben.

Eine zweckmäfsige Aufstellung des Gerüstes ist aus Abb. 73 zu ersehen; die Arbeiter treten auf die Bohlen neben dem Pfahlkopfe, wobei durch ihr Körpergewicht die Wirkung des Rammens unterstützt wird. Von Zeit zu Zeit mufs untersucht werden, ob der Pfahl seine richtige Stellung bewahrt hat, nöthigenfalls mufs er in diese durch entgegengesetzte Strebehölzer gebracht werden.

Eine Zugramme ist in Abb. 73 dargestellt; sie besteht aus dem Schwellwerke, Rammstube genannt, der Läuferruthe und den diese stützenden Streben. Am oberen Ende der Läuferruthe sitzt die Rammscheibe, über welche das Rammtau geführt ist, welches den Rammklotz oder Bär trägt, während am anderen Ende Zugleinen für die Mannschaft

162 Abschnitt zu den Rammarbeiten, S. 124 aus: Tolkmitt, Bauaufsicht und Bauführung, 1899.

Tolkmitt stellte hier fast ausschliesslich traditionelle, auf Muskelkraft beruhende Rammmethoden vor; die Abbildung zeigt eine Zugramme.

je selbst praktisch eines der Bauhandwerke getrieben zu haben, muß er alle Arbeiten derselben kennen und sehr oft der zuverlässige Rathgeber oder strenge Richter des Handwerkers sein».[76] Die Grenze zu den Baukonstruktionslehrbüchern ist daher nicht immer klar; Tietjens schrieb hierzu: «Bei der Bearbeitung des [...] Stoffes warf sich oft die Frage auf, ob diese oder jene Notiz [...] mehr in das Gebiet der Baukonstruktionslehre oder in das der Bauführung gehöre»[77] – jedoch sind sie von entscheidender Bedeutung: Baukonstruktionslehrbücher versuchen das Themenfeld Baumaterialien und -konstruktion als Ganzes, Vollständiges zu behandeln, während Bauführungsbücher nur auf das für die Praxis relevante, wichtigste Wissen zielen.

Im 1867 erschienenen Buch *Der Bauführer* behandelt Zeller hierzu folgende Fragestellungen auf nur vier Seiten:[78] Erstens: Zu welchem Zeitpunkt mache ich die Bodenuntersuchung? Welche sind die gebräuchlichsten Methoden hierbei? Zweitens: Wo liegen die Schwierigkeiten beim Ausstecken des Gebäudes? Drittens: Wie richte ich das Schnurgerüst ein? Für welche Bauteile muss ich ein Schnurgerüst einrichten? Welche Materialien und Werkzeuge benötige ich hierzu? Viertens: Welche Herausforderungen stellen sich beim Abgraben? Fünftens: Wer bestimmt die Mittel zur Bodenverdichtung? Ganz anders und wesentlich ausführlicher verfährt mit diesen Themen Rudolph Gottgetreu im *Lehrbuch der Hochbau-Konstruktionen,* einem klassischen Baukonstruktionsbuch aus der zweiten Hälfte des 19. Jahrhunderts:[79]

---

76 Franzius [1870] (wie Anm. 65), S. 78.

77 Tietjens 1898 (wie Anm. 52), S. III.

78 Zeller 1867 (wie Anm. 16), S. 113–117.

79 Gottgetreu, Rudolph: Lehrbuch der Hochbau-Konstruktionen, T. 1: Stein-Konstruktionen. Berlin 1880; T. 2: Holz-Konstruktionen. 1882; T. 3: Eisen-Konstruktionen. 1885; T. 4: Der innere Ausbau. 1888; T. 5: Nachtrag zu Arbeiten des inneren

163 «Der stehende- oder Pfahl-Rost mit Spundwand», Taf. III aus: Gottgetreu, Lehrbuch der Hochbau-Konstruktionen, T. 1, 1880.

Anders als die Bauführungsbücher sind die Lehrbücher zur Baukonstruktion zumeist üppig mit Tafeln ausgestattet, auf welchen einzelne Konstruktionsweisen zeichnerisch vermittelt werden.

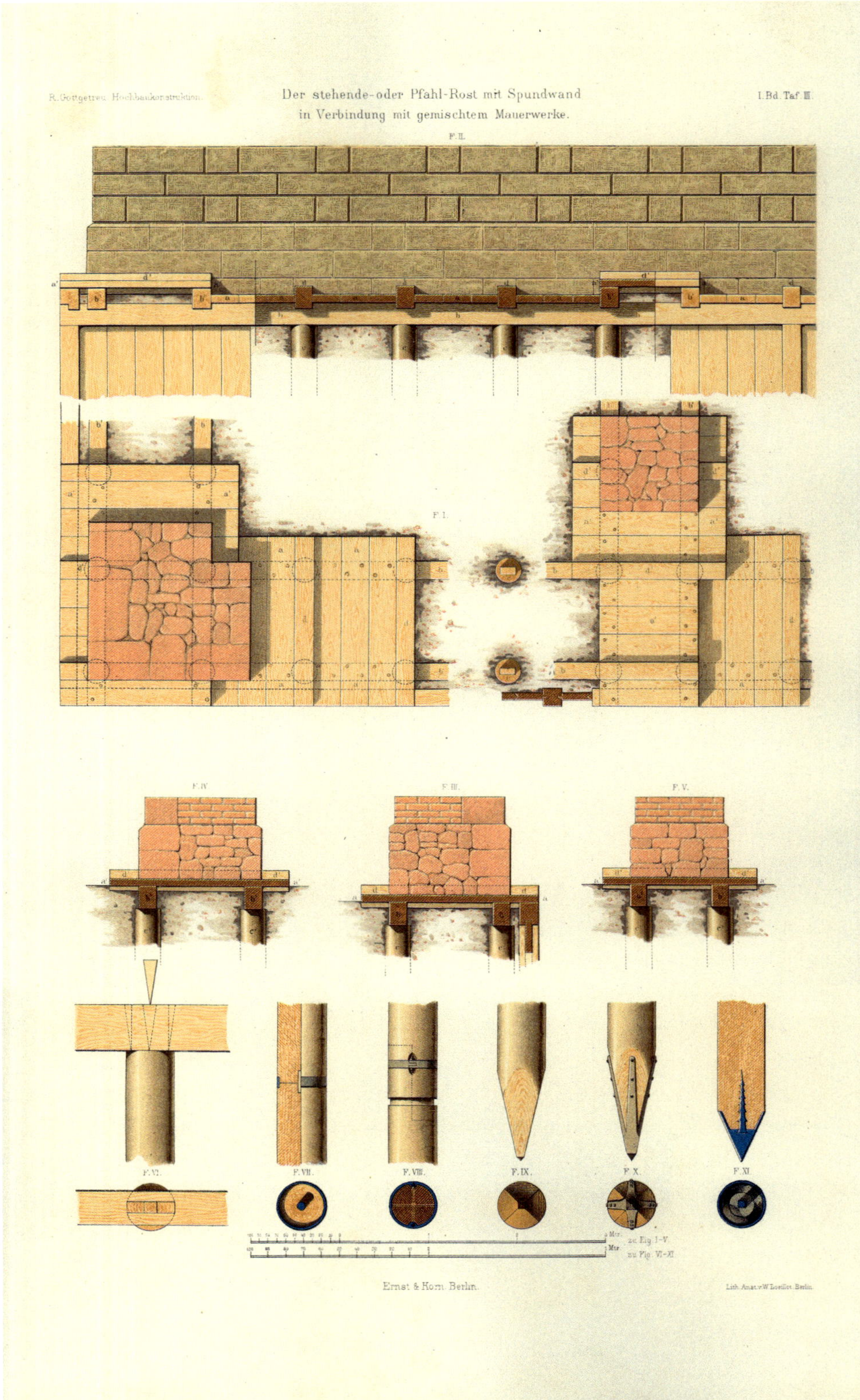

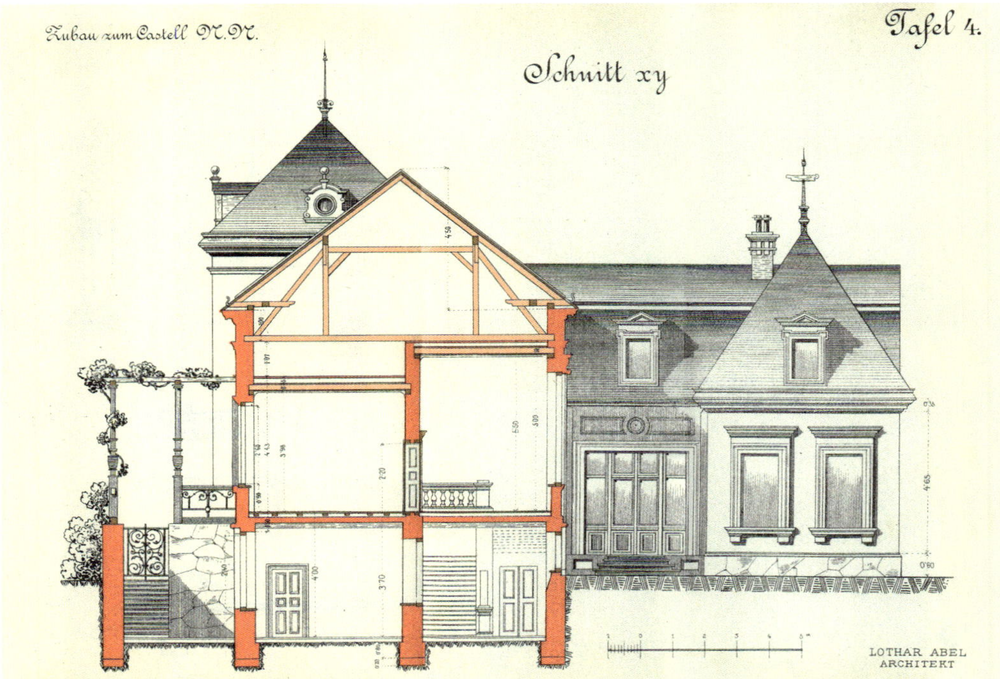

164 Exemplarische Schnittdarstellung, Taf. 4 aus: Abel, Baurathgeber, 1893.

Gottgetreu beginnt mit der *Lehre vom Baugrund,* er zählt Tragfähigkeiten verschiedener Baugründe, nötige Fundamenttiefen und verschiedene Formen von Fundamenten auf. Es folgen Methoden zur Untersuchung des Baugrundes, verschiedene Bohrarten und Bohrköpfe und weitere Techniken wie Sondiereisen etc. werden aufgeführt. Der zweite grosse Abschnitt diskutiert die *Fundation:* Verdichtungsmethoden, Berechnungen zur Höhe der Ramme für die benötigte Pressung, Sonderfundationen wie (zu jenem Zeitpunkt noch als solche geltende) Betonfundamente, Holzroste, Spundwände bei Wasser, Senkbrunnen aus Mauerziegeln oder Eisen. In Gottgetreus *Lehrbuch der Hochbau-Konstruktionen* wird der Nutzen unterschiedlicher Methoden wissenschaftlich erörtert. Bei Zeller hingegen wird auf die wesentlichen Punkte, die der Bauführer zur Überwachung der Arbeit wissen muss, fokussiert. Es werden nicht alle Möglichkeiten aufgezählt, nur die gängigste Methode wird benannt; auf Unterschiede wird verwiesen, wenn mehrere Methoden häufig vorkommen. Tradierte Techniken werden mit Vorrang behandelt; Spezialausführungen[80] hingegen nicht. Sie stünden im Widerspruch mit dem Ziel der Bücher, das «Unentbehrliche kurz und bündig [zu] bieten».[81] Der Schwerpunkt liegt bei üblicher Technik, bei den Rammarbeiten sind zum Beispiel keine motorisierten Rammen genannt – wie es sie zu diesem Zeitpunkt schon lange gab[82] – sondern die manuell betätigten Typen «Handramme», «Zugramme» und «Kunstramme» (**Abb. 162, 163**).[83]

Ausbaues. 1890; hier T. 1, S. 5–31.

80 Gottgetreu 1880 (wie Anm. 80), S. 29–31. Tolkmitt erwähnt diese Technik erstmals: Tolkmitt 1899 (wie Anm. 3), S. 127–128.

81 Guth 1908/09 (wie Anm. 31), T. 3, S. V.

82 Vgl. Scheidegger, Fritz: Aus der Geschichte der Rammen, in: ders. (Hg.): Aus der Geschichte der Bautechnik, Bd. 1: Grundlagen. Basel/Boston/Berlin 1990, S. 228–235.

83 Tolkmitt 1899 (wie Anm. 3), S. 124–125.

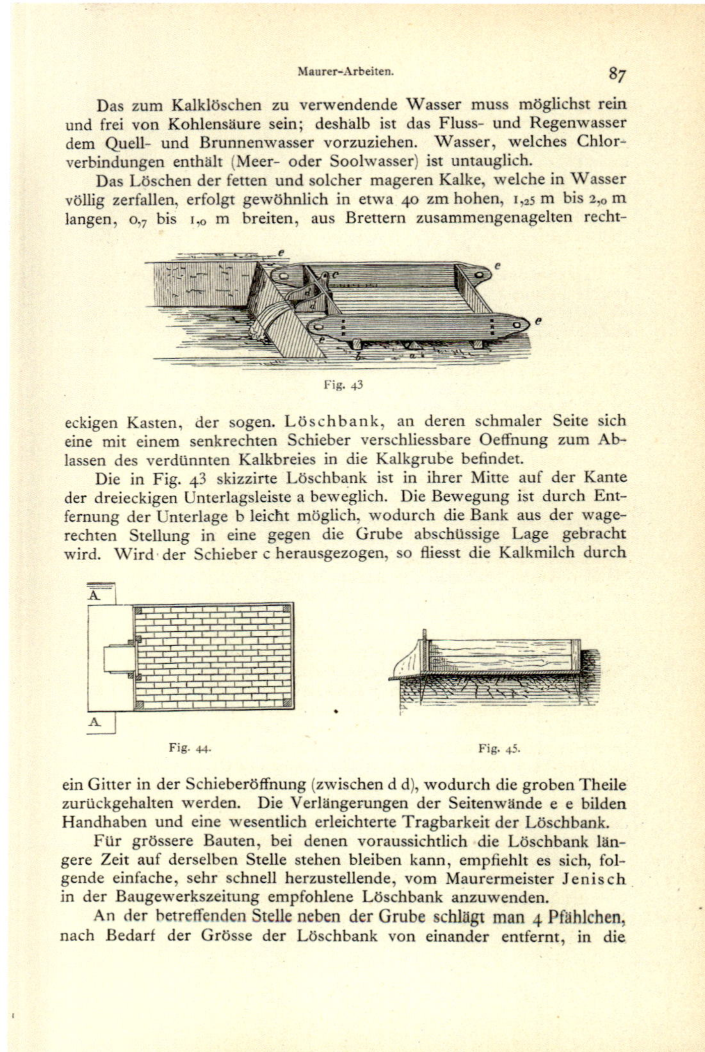
Maurer-Arbeiten. 87

Das zum Kalklöschen zu verwendende Wasser muss möglichst rein und frei von Kohlensäure sein; deshalb ist das Fluss- und Regenwasser dem Quell- und Brunnenwasser vorzuziehen. Wasser, welches Chlorverbindungen enthält (Meer- oder Soolwasser) ist untauglich.

Das Löschen der fetten und solcher mageren Kalke, welche in Wasser völlig zerfallen, erfolgt gewöhnlich in etwa 40 zm hohen, 1,25 m bis 2,50 m langen, 0,7 bis 1,00 m breiten, aus Brettern zusammengenagelten recht-

Fig. 43

eckigen Kasten, der sogen. Löschbank, an deren schmaler Seite sich eine mit einem senkrechten Schieber verschliessbare Oeffnung zum Ablassen des verdünnten Kalkbreies in die Kalkgrube befindet.

Die in Fig. 43 skizzirte Löschbank ist in ihrer Mitte auf der Kante der dreieckigen Unterlagsleiste a beweglich. Die Bewegung ist durch Entfernung der Unterlage b leicht möglich, wodurch die Bank aus der wagerechten Stellung in eine gegen die Grube abschüssige Lage gebracht wird. Wird der Schieber c herausgezogen, so fliesst die Kalkmilch durch

Fig. 44. Fig. 45.

ein Gitter in der Schieberöffnung (zwischen d d), wodurch die groben Theile zurückgehalten werden. Die Verlängerungen der Seitenwände e e bilden Handhaben und eine wesentlich erleichterte Tragbarkeit der Löschbank.

Für grössere Bauten, bei denen voraussichtlich die Löschbank längere Zeit auf derselben Stelle stehen bleiben kann, empfiehlt es sich, folgende einfache, sehr schnell herzustellende, vom Maurermeister Jenisch in der Baugewerkszeitung empfohlene Löschbank anzuwenden.

An der betreffenden Stelle neben der Grube schlägt man 4 Pfählchen, nach Bedarf der Grösse der Löschbank von einander entfernt, in die

165 Erklärung der Maurerarbeiten, S. 87 aus: Engel, Bauführung, 1881.

Die Bücher zur Bauführung hatten keine Tafelbände; dem Leser wurden höchstens einzelne Zeichnungen im Anhang geboten, die Konstruktionsvarianten zeigen (**Abb. 164**). Für den Bauführer waren kleine, skizzenhafte Zeichnungen ausreichend, wie sie in den Bauführungsbüchern zahlreich zu finden sind. Sie illustrieren einzelne Arbeitsschritte oder Methoden, um bei den praktischen Entscheidungen auf der Baustelle eine visuelle Hilfe zu geben (**Abb. 165**). In Friedrich Gabriels Werk *Was muss der Bauführer wissen und welche Fehler soll er vermeiden?* von 1912 (**Abb. 166**)[84] führt der Autor ergänzend zur Skizze des ‹guten› Beispiels jeweils eine weitere Abbildung des ‹schlechten› Gegenbeispiels ein. Ein Bildpaar zeigt zum Beispiel Lösungen für den Feuchtigkeitsschutz am Fuss aufgehender Holzbauteile (**Abb. 167**):[85] Das

84 Gabriel 1912 (wie Anm. 55).

85 Ebd., S. 30.

166 Gabriel, Was muß der Bauführer wissen und welche Fehler soll er vermeiden?, 1912.

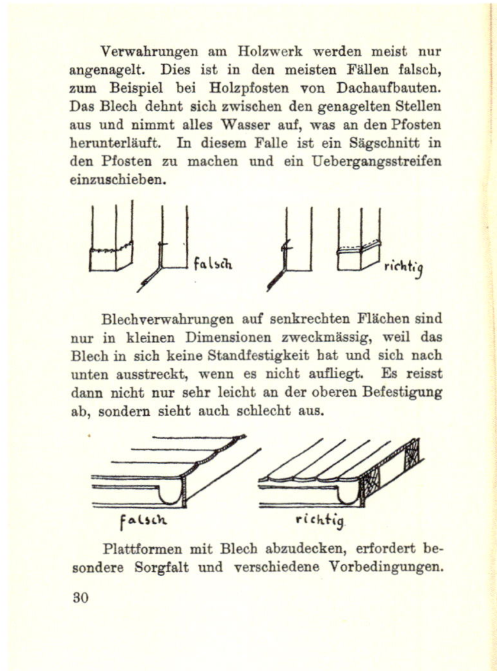
Verwahrungen am Holzwerk werden meist nur angenagelt. Dies ist in den meisten Fällen falsch, zum Beispiel bei Holzpfosten von Dachaufbauten. Das Blech dehnt sich zwischen den genagelten Stellen aus und nimmt alles Wasser auf, was an den Pfosten herunterläuft. In diesem Falle ist ein Sägschnitt in den Pfosten zu machen und ein Uebergangsstreifen einzuschieben.

Blechverwahrungen auf senkrechten Flächen sind nur in kleinen Dimensionen zweckmässig, weil das Blech in sich keine Standfestigkeit hat und sich nach unten ausstreckt, wenn es nicht aufliegt. Es reisst dann nicht nur sehr leicht an der oberen Befestigung ab, sondern sieht auch schlecht aus.

Plattformen mit Blech abzudecken, erfordert besondere Sorgfalt und verschiedene Vorbedingungen.

30

167 ‹Richtig-Falsch›-Bildpaare, S. 30 aus: Gabriel, Was muss der Bauführer wissen, 1912.

Gabriels Werk vermittelt die Vorstellung, dass es bei bautechnischen Fragestellungen jeweils nur eine richtige und eine falsche Lösung gibt. So impliziert das zweite Bildpaar, dass beim Abdecken einer Plattform mit Blech die Bahnen stets senkrecht zur Traufe laufen müssten.

Annageln von Blech an aufgehende Holzteile wird als falsch illustriert und ein Sägeschnitt im Holzbalken als richtige Lösung vorgestellt. In knappen Sätzen wird vor den ‹falschen› Ausführungen gewarnt. Im Teil *Betonarbeit* ist zu lesen:

> «Eine scharfe Kontrolle in Bezug auf das Mischungsverhältnis ist sehr nötig.
> Wenn der Beton nicht mit der Maschine gemischt wird, darf nur auf Eisenblechen gearbeitet werden, nie auf dem Erdreich.
> Der Zement muss mit Kies und Sand zuerst trocken gut gemischt werden, dann erst mit dem Wasserzusatz.
> Es soll immer eine solches Quantum angemacht werden, dass man ½ Sack Zement dazu braucht.
> Das Umfüllen in Kistchen verleitet zu Betrügereien und ist deshalb zu vermeiden.»[86]

Hier zählt die Kenntnis einer Regel, der am besten umzusetzenden Variante, und nicht das Verständnis der Zusammenhänge.

Die Bauführungsbücher suchen Handlungsanleitung, ‹Nützlichkeit für die bereits existierende Praxis›. Etablierte Praktiken werden begünstigt, neue Lösungen hingegen ausgegrenzt; Übersichten oder wissenschaftliche Semantiken abgelehnt, der Bauprozess selbst ist strukturelle Vorgabe für die Organisation tradierten Handlungswissens. Der Zusammenhang zwischen Messbarkeit und Monetarisierung prägt den Umgang mit den Dokumentationsmitteln der Baustellenarbeit (zum Beispiel dem Baujournal, dem

86 Gabriel 1912 (wie Anm. 55), S. 6.

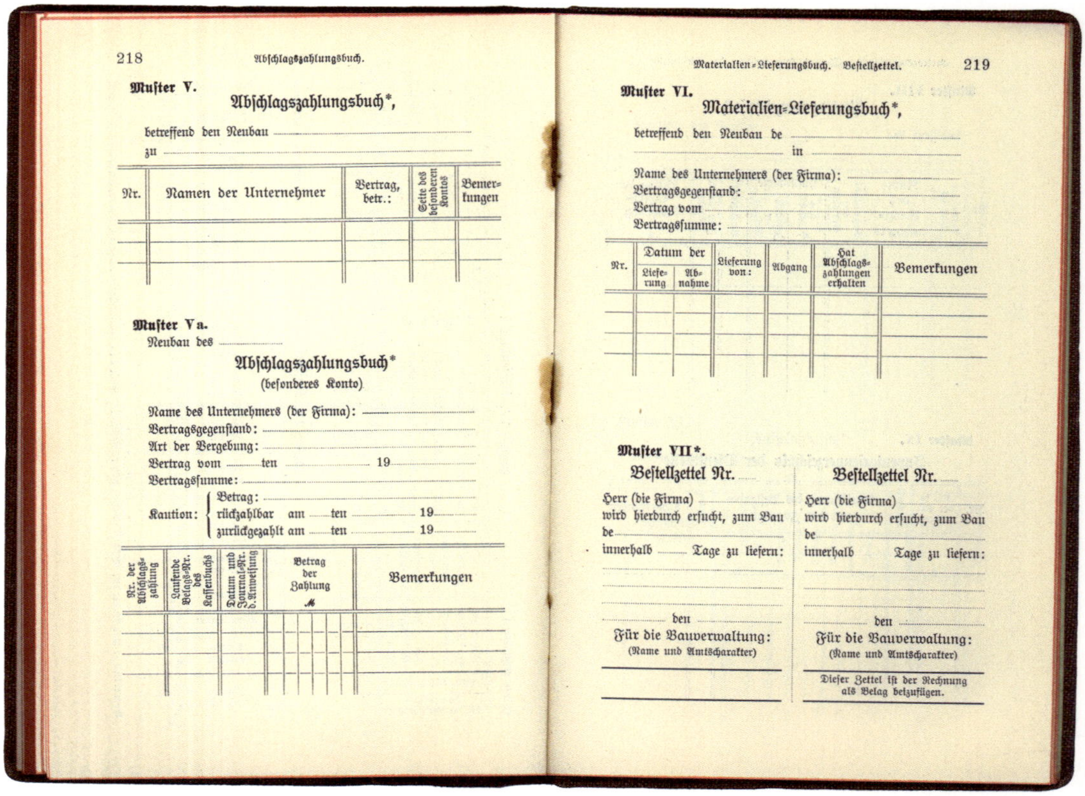
218 Abschlagszahlungsbuch.

Muster V.

Abschlagszahlungsbuch*,

betreffend den Neubau

zu

Nr.	Namen der Unternehmer	Vertrag, betr.:	Seite des besonderen Kontos	Bemerkungen

Muster Va.

Neubau des

Abschlagszahlungsbuch*
(besonderes Konto)

Name des Unternehmers (der Firma):
Vertragsgegenstand:
Art der Vergebung:
Vertrag vom ten 19
Vertragssumme:
Kaution: Betrag: / rückzahlbar am ten 19 / zurückgezahlt am ten 19

Nr. der Abschlagszahlung	Laufende Belags-Nr. des Kassenbuchs	Datum und Journal-Nr. d. Anweisung	Betrag der Zahlung ℳ	Bemerkungen

Materialien-Lieferungsbuch. Bestellzettel. 219

Muster VI.

Materialien-Lieferungsbuch*,

betreffend den Neubau de

in

Name des Unternehmers (der Firma):
Vertragsgegenstand:
Vertrag vom
Vertragssumme:

Nr.	Datum der Lieferung	Datum der Abnahme	Lieferung von:	Abgang	Hat Abschlagszahlungen erhalten	Bemerkungen

Muster VII*.

Bestellzettel Nr.

Herr (die Firma)
wird hierdurch ersucht, zum Bau
de
innerhalb Tage zu liefern:

den

Für die Bauverwaltung:
(Name und Amtscharakter)

Bestellzettel Nr.

Herr (die Firma)
wird hierdurch ersucht, zum Bau
de
innerhalb Tage zu liefern:

den

Für die Bauverwaltung:
(Name und Amtscharakter)

Dieser Zettel ist der Rechnung als Belag beizufügen.

168 Musterformulare für die Dokumentation der Baustellenarbeit, S. 218/219 aus: Knöll, Bauführung, 1910.

Während in den Bauführungsbüchern des 19. Jahrhunderts noch fast keine Mustervorlagen für administrative Dokumente zu finden sind, beinhalten die Bücher aus dem beginnenden 20. Jahrhundert teilweise sehr umfängliche Sammlungen.

Materialienverzeichnis, dem Verbrauchsregister etc.) wie auch mit den technischen Zusätzen zu den Verträgen zwischen Bauherrn und Bauunternehmern.[87] Gab es zur Mitte des 19. Jahrhunderts noch Bücher wie Grapows *Anleitung zur Aufsicht bei Bauten,*[88] die diese Thematiken auf keiner einzigen Seite behandelten, widmete sich ihnen spätestens ab 1900 jedes Buch zur Bauführung – von recht knapp bis sehr gewissenhaft. Die 1910 erschienene *Bauführung* von Karl Knöll ist Höhepunkt dieser Entwicklung: Etwas über ein Drittel machen Vorlagen für Verträge und Muster für Dokumentationsmedien aus (**Abb. 168**).[89] Die Anzahl der Vorlagen und deren Einbindung in die textlichen Erklärungen lassen keine Zweifel offen: Der Bauführer soll sie nutzen, nicht nur als Referenz, sondern auch als praktische Vorlagen.[90] Die Bereitstellung von Formularen und Vorlagen für den Bauführer lenkt den Bauablauf in eine beschreibbare und vergleichbare Form. Die Vorlagen sind freilich nur auf Basis der Grundannahme nutzbar, dass sämtliche Arbeitskräfte und Materialien vergleichend zähl- und kalkulierbar sind. Bereits bei Zeller steht: «so bleibt der Zweck desselben [des Buches, d. Verf.] nichtsdestoweniger erfüllt, wenn es den Einzelnen allgemein lehrt, wie man zu operieren hat, um mit gegebenen Mitteln und einzelnen stückweisen Kenntnissen ein

87 Vgl. Kapitel IV.

88 Grapow 1854 (wie Anm. 19).

89 Knöll 1910 (wie Anm. 5), besonders S. 165–224.

90 Von Karl Knöll vorsichtiger, aber im gleichen Sinne formuliert: «Anlagen im Anhange des Buches werden [...] allseitig als willkommene Ergänzung empfunden werden» Ebd., S. VI.

169 Übersicht aller als Einzelwerke und als Teil von Reihen erschienenen Bücher zur Bauführung bis 1920.

größeres Ganzes zusammenzufügen in klarer, rationeller, entschiedener Durchführung».[91] Der Prozess der Kodifizierung wissenschaftlichen Bauwissens betrifft in der zweiten Hälfte des 19. Jahrhunderts neue Baumaterialien und Aufgaben, wie auch Methoden der Berechnung.

In der zweiten Hälfte des 19. Jahrhunderts sehen wir eine Trennung der Bauführungsbücher in solche für den Hochbau und solche für Bauingenieuraufgaben, also den Tief-, Brücken-, Wasser- und Strassenbau. Henz' *Praktische Anleitung zum Erdbau* in der Erstauflage von 1856 als besonders frühes Werk oder

91 Zeller 1843 (wie Anm. 15), S. 3–4.

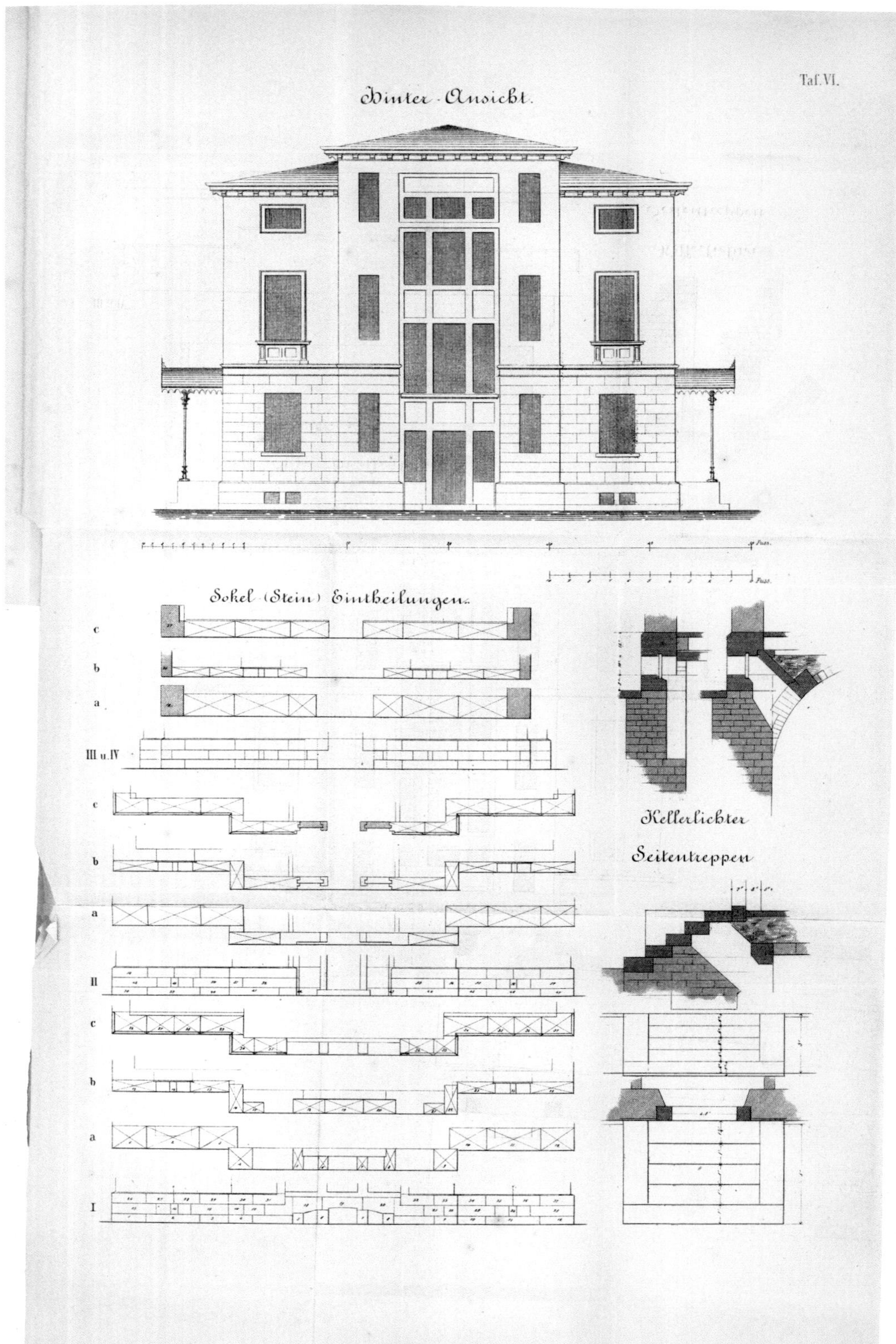

170 Ansicht und Detailschnitte eines «Stadt- und Landhauses», Taf. VI aus: Zeller, Bauführer, 1867.

Oppermanns *Allgemeine und Technische Bedingungen für die Verdingung und Ausführung von Arbeiten und Lieferungen zu Ingenieur-Bauten* von 1895 sind Beispiele für Bauführungsbücher des Ingenieurbaus.[92]

Der seit 1906 fast jährlich neu erscheinende Leitfaden[93] ist Anfangspunkt einer neuen Art von Bauführungsbüchern, die einzelne Materialien behandeln; er zielt auf die Verbreitung des Wissens über den Eisenbetonbau unter den Bauführern. Der Autor:

> «Die Hochschule schafft Ingenieure, die Fachschule dagegen Hilfsarbeiter und Bauführer des Eisenbetons, die namentlich für die Praxis der Betonbaugeschäfte unbedingt notwendig sind. Es kann zwar nicht geleugnet werden, daß durch eine unwissenschaftliche populäre Behandlung des neuartigen Stoffes womöglich eine recht zweifelhafte Konkurrenz für die älteren soliden Spezialfirmen herangezogen wird. [...] Derartige Bauten verlangen eben eine sachgemäße und peinlich exakte Arbeit von geschultem Arbeitspersonal, um befriedigende Resultate zu ergeben.»[94]

92 Henz, Ludwig: Praktische Anleitung zum Erdbau. Berlin 1856 (2. Aufl. 1868 [mit F. Plessner], 3. Aufl. 1874 [mit F. Plessner]); Oppermann, Ludwig: Allgemeine und Technische Bedingungen für die Verdingung und Ausführung von Arbeiten und Lieferungen zu Ingenieur-Bauten. Leipzig 1895. Weitere Bücher sind: Meyer, Gustav: Bauleitung (HdI, T. 1, Abt. 1, Kap. 4 [3. Aufl. Bd. 1, Abt. 1, Kap. 2]). 2. Aufl. Leipzig 1883 (3. Aufl. 1898 [mit Breuer]); Wehr, Max: Taschenbuch für Bauführer und Schachtmeister. Neuaufl. Oberdorla [ca. 1900]; Nitzsche, Hans: Bauführung und Veranschlagen bei Ingenieurbauten. Leipzig 1913; Schmid, Carl: Was muss der Tiefbautechniker als Bauführer wissen und welche Fehler soll er vermeiden? Stuttgart 1913.

93 Unter anderem zu nennen: Weder, Reinhard: Leitfaden des Eisenbetonbaues. Leipzig 1906; Hoch, Julius: Leitfaden des Eisenbetonbaues. Leipzig 1909 (2. Aufl. 1919); Rößle, Karl: Der Eisenbetonbau (Sammlung Göschen, Bd. 349). Leipzig 1907 (2. Aufl. 1919); Natrop, A.; Emperger, Friedrich von: Bestimmungen für die Ausführung von Eisenbetonbauten (Handbuch für Eisenbetonbau, Bd. 4: Bauausführungen aus dem Hochbau und Baugesetze, T. 3). Berlin 1909; Preuß, Martin: Die Ausführung von Eisenbetonbauten als Leitfaden für den Unterricht an Baugewerkschulen (Der Unterricht an Baugewerkschulen, Bd. 33). Leipzig 1912.

94 Ebd., T. 2, S. III–IV.

IV

Ordnungen

Der *Traité théorique et pratique de l'art de bâtir* und das *Handbuch der Architektur*

Wissensordnungen sind Ordnungen nach Menschenmass, ihr Profil ist abhängig «von den kognitiven und praktischen Zielen und Zwecken».[1] Sie sind Ordnungen auf Zeit, stets konstruiert, um Wahrnehmung, Erkennen, Denken und Handeln zu stabilisieren,[2] und weder historisch voraussetzungslos noch willkürlich. Die in die Ordnungen eingeschriebenen Ziele finden ihren Ausdruck in Klassifikationen, Kategorien und Hierarchie; Verschiebungen spiegeln erkenntnisbezogene und praktische Aspekte. Disziplinäre Wissenskulturen sind abhängig von Fächerentwicklungen und Idealen von Wissenschaftlichkeit, auch bezogen auf die ausserwissenschaftliche Praxis.

Der *Traité* Rondelets bildet einen optimistischen Anfangspunkt einer Ordnung existierenden Bauwissens, Geometrie, Berechnung, Konstruktion sind die neuen Tugenden eines sich damals wissenschaftlich deutenden Fachs. Das *Handbuch der Architektur* bildet einen späten Versuch, dieser Ordnungsstruktur zu entsprechen,[3] verweist aber zugleich auf die Aufgabe der Konzepte polytechnischer Wissensordnung, die es in die architektonischen Wissenschaften transformiert.

Rondelets Konzept einer Ordnung

Utilitas, firmitas, venustas: Von Vitruvs Attributen war es in der im 19. Jahrhundert sich neu als akademisch begreifenden Wissenswelt die *firmitas* – die Solidität, Stabilität und Dauerhaftigkeit –, die ordnende und strukturierende Impulse setzte. Das Wissen über das Baumaterial bildete Ausgangspunkt und Fokus der von Rondelet postulierten Ordnung, er verliess hier die Konzepte der Traktate des 18. Jahrhunderts. Dort waren die Ideale Vitruvs weitergetragen worden, als allgemeine Prinzipien und Begründungen der Archi-

1 Abel, Günter: Die Transformation der Wissensordnungen und die Herausforderungen der Philosophie, in: Allgemeine Zeitschrift für Philosophie 34 (2009), H. 1, S. 5–28, hier S. 18.

2 Ebd., S. 19.

3 Vgl. Hassler, Uta: Entwurfslehren und «Grammatik architektonischer Form»: Wissensbestände der Architektur von Vitruv bis zum Handbuch der Architektur, in: Dirks, Ulrich; Wagner, Astrid (Hg.): Abel im Dialog (Festschrift für Günter Abel), Berlin 2018, S. 977–1002.

Theoretisch-praktische Anleitung zur Kunst zu bauen

Band I

Buch 1 **Kenntniss der Baumaterialien.**

Architektonische Beschreibung der hauptsächlichsten, bei der Construction der Gebäude vorkommenden Materialien. Angestellte Erfahrungs-Resultate, um die Haltbarkeit der Materialien zu bestimmen.

Band II

Buch 2 **Construction in Hausteinen (Quadern).**

Buch 3 **Stereotomie oder Lehre von dem Durchschnitte fester Körper.**

Aufzeichnen der verschiedenen krummen Linien, welche zur Bildung der inneren Fläche der Gewölbe dienen können Aufzeichnen der Brettungen auf dem Reissboden. Construction und Steinschnitt der flachen oder scheitrechten Gewölbe. Steinschnitt bei Bogen über Thüren und bei Tonnengewölben. Steinschnitt der konischen, sphärischen, konoidischen und sphäroidischen Gewölbe; von den zusammengesetzten Gewölben und Treppen. Verband der steinernen Treppen.

Buch 4 **Maurerei.**

Anlage der Pflaster und Estriche. Construction der Mauern von eigentlichem Mauerwerk. Construction der Gewölbe von Mauerwerk. Zusammensetzung und Anwendung der Anwürfe.

Band III

Buch 5 **Zimmerarbeit.**

Grundsätze der Holzverbindungen. Grundsätze der bleibenden Holzconstruktion. Grundsätze der beweglichen Holzconstruktionen.

Buch 6 **Schreiner- oder Tischlerarbeit.**

Anordnung der Bekleidungen und der Treppen von Tischlerarbeit. Anordnung der beweglichen Tischlerarbeit. Kirchen-Tischlerarbeit.

Buch 7 **Schlosserarbeit.**

Anwendung des Eisens bei Gebäuden. System der Construktionen in geschmiedetem Eisen. System der Construktionen in Gusseisen.

Buch 8 **Dachdeckerarbeiten.**

Anordnung der Materialien, welche zur Bedeckung der Gebäude eigends bearbeitet werden. Anordnung verschiedener Materialien, welche sich zur Bedeckung der Gebäude eignen.

Band IV

Buch 9 **Theorie der Constructionen.**

Lehrsätze der Mechanik. Fortschaffung der Materialien. Fundamentirung der Gebäude. Von dem Widerstande (Stabilität) und Tragverhalten (Stärke) der Mauern und Stützpunkte. Verkleidungsmauern. Theorie der Gewölbe.

Band V

Buch 10 **Veranschlagung der Bauarbeiten.**

Vorerinnerungen. Neue Methode, die Bauarbeiten zu messen, zu beschreiben und zu veranschlagen. Anfertigung der Bauvorschläge.

171 Struktur und Inhalte von Rondelets Lehrbuch im Überblick.

tektur galten aber Entwurfsregeln und Taxonomien.[4] Im Nekrolog des Architekten Antoine Vaudoyer, der Rondelet aus der gemeinsamen Arbeit im Conseil des bâtiments civils kannte,[5] wird betont, dass auch für Rondelet bauhistorisches Studium und eigene praktische Erfahrungen, historische und erfahrungsbasierte Wissensbestände, eine entscheidende Rolle spielten: «Hr. Rondelet hatte in Italien lange Zeit die Bauart der Alten studirt; er ordnete sowohl das, was er bei jenen Alterthumsforschungen für unsern Gebrauch Anwendbares entdeckt hatte, als seine eigenen Erfahrungen [...] zu einer Reihe von Grundsätzen, die er 30 Jahre lang als Professor der Construction an der Königl. Schule für die schönen Künste gelehrt hat» (**Abb. 171**).[6]

---

4 Beginnend mit: Goldmann, Nicolaus: Vollständige Anweisung zu der Civil Bau-Kunst. Wolfenbüttel 1696. Zu den Traktaten des 18. Jahrhunderts: Schütte, Ulrich: Ordnung und Verzierung. Untersuchungen zur deutschsprachigen Architekturtheorie des 18. Jahrhunderts. Braunschweig/Wiesbaden 1986. Anzumerken ist, dass die *firmitas* auch für und im zeitgenössischen architekturtheoretischen Diskurs eine gewisse Bedeutung hatte, doch keinesfalls in konzeptioneller Hinsicht dominierte. Vgl. beispielsweise: Philipp, Klaus Jan: Um 1800. Architekturtheorie und Architekturkritik in Deutschland zwischen 1790 und 1810. Stuttgart/London 1997.

5 Vgl. O'Connell, Lauren M.: Redefining the Past: Revolutionary Architecture and the Conseil des Bâtiments Civils, in: The Art Bulletin 77 (1995), Nr. 2, S. 207–224.

6 Rondelet, Jean-Baptiste: Theoretisch-praktische Anleitung zur Kunst zu bauen. Mit den 210 Kupfern der Pariser Original-Ausgabe. Übers. v. Carl Heinrich Distelbarth und Johann Friedrich Christian Hess. 5 Bde. Leipzig/Darmstadt 1833–36, Bd. 1, S. 16–17.

Der *Traité* widmet sich zuerst dem Material. Als ‹Naturalien› sind die Baumaterialien genuiner Gegenstand naturhistorischen Interesses, deshalb bildet die zeitgenössische Naturgeschichte auch einen wichtigen Referenzpunkt des ‹ordre polytechnique›: Die klassische Naturgeschichte hatte sich der Transkription und Einteilung der sichtbaren Welt verpflichtet,[7] Nomenklatur und Klassifikationssysteme bildeten ihren wissenschaftlichen Kern. Zum Auftakt von Rondelets erstem Band werden die Steine als Baumaterial besprochen. Der Autor rekurriert hier auf das naturhistorische Klassifikationssystem: «Die verschiedenen Steinarten wurden von den Mineralogen in vier Klassen eingetheilt, und zwar: in thonartige; in kalkartige; in gypsartige; und in kieselartige oder solche Steine, die mit dem Stahl Feuer geben.»[8] Die Rückbindung der Bauwissensordnung an etablierte naturhistorische Ordnungsprinzipien verlieh ihr wissenschaftliche Würde, unabhängig davon, dass eine verbindliche mineralogisch-geologische Taxonomie um 1800 nicht existierte.[9] Nachhaltig schlägt sich der naturhistorische Einfluss auf die polytechnische Bauwissenschaft auch in der *narratio* nieder. Die neutrale Transkription der Naturalien prägte naturhistorisch-akademische Texte,[10] in der gemeinnützigen Naturgeschichte dominierte die Darlegung der gesellschaftlich-praktischen Relevanz der Naturalien.[11] Ein narratives Moment prägte auch Rondelets Darlegungen über das Baumaterial Stein und veränderte die Systematik der Gliederung. Es sind nicht die naturhistorischen, sondern die kulturell bestimmten Merkmale, die gliedernd wirken. Obwohl die naturhistorische Reihenfolge nach Rondelet «eigentlich die Reihenfolge bei ihrer einzelnen Beschreibung auch hätte bestimmen sollen, so haben wir es doch vorgezogen, sie nach dem Grade von Verdienst zu ordnen, den sie in den Werken der Kunst im Verhältniß zu der Schwierigkeit ihrer Bearbeitung geben, und nach dem Rang, den ihre Eigenschaften ihnen bei den Combinationen der praktischen Baukunst anwiesen».[12] Rondelet skizziert daher auch Vorkommen[13] und, in aktueller und historischer Perspektive,[14] Gewinnung,

---

7 Vgl. Foucault, Michel: Die Ordnung der Dinge. Übers. v. Ulrich Köppen (Suhrkamp-Taschenbuch Wissenschaft, Bd. 96). 8. Aufl. Frankfurt (Main) 1989 (Erstausgabe: Les mots et les choses. Paris 1966), S. 170–176.

8 Rondelet 1833–36 (wie Anm. 6), Bd. 1, S. 25. Im Folgenden werden nur wörtliche Zitate als solche vermerkt, ansonsten basieren die Ausführungen auf dem ersten Band von Rondelets *Kunst zu bauen*.

9 Vgl. hierzu beispielsweise Oldroyd, David: Sciences of the Earth. Studies in the History of Mineralogy and Geology (Variorum Collected Studies Series, Bd. 628). Aldershot 1998, besonders die Artikel: III. Mechanical Mineralogy; VII. Mineralogy and the Chemical Revolution; XIIb. Historicism and the Rise of Historical Geology, Part 1; Feuerstein-Herz, Petra: «Die große Kette der Wesen». Ordnungen in der Naturgeschichte der Frühen Neuzeit. Wiesbaden 2007 (Ausstellungskatalog Herzog-August-Bibliothek Wolfenbüttel 2007–08), S. 129–161. Hier sei auch auf Linnés Systematik verwiesen, die der von Rondelet angeführten ähnlich, aber nicht mit ihr identisch ist; vgl. Engelhardt, Wolf von: Carl von Linné und das Reich der Steine, in: Goerke, Heinz (Hg.): Carl von Linné. Beiträge über Zeitgeist, Werk und Wirkungsgeschichte gehalten auf dem Linnaeus-Symposium in Hamburg am 21. und 22. Oktober 1978 (Veröffentlichungen der Joachim-Jungius-Gesellschaft der Wissenschaften Hamburg, Bd. 42). Göttingen 1980, S. 81–96. Dass es um 1800 an einem verbindlichen Klassifikationssystem mangelte, liegt nicht zuletzt auch daran, dass die Episteme Sehen zwar den Merkmalen der Botanik adäquat war, aber bereits in der Zoologie, vor allem aber in der Geologie und der Mineralogie an ihre epistemischen Grenzen stiess.

10 Die klassische Naturgeschichte des 18. Jahrhunderts verschrieb sich der neutralen Transkription und verbarg sich nach Meinung führender Naturhistoriker hinter dieser Transkription und der Ordnung der Naturalien. Einer der führenden französischen Naturhistoriker, Henri Louis Duhamel Du Monceau, umschrieb diesen Sachverhalt wie folgt: «Ausser dem Vergnügen, das man hat, zu wissen, woher die gebräuchlichen Materialien kommen, kan uns die Aenlichkeit (Analogie) zu Entdeckung von Pflanzen in unsern eigenem Land, [...] bringen, die die nemliche Eigenschaft haben. Dann dieser eigene und besondere Gechmack [...] der zur Aenlichkeit füret [...] kan der Gesellschaft sehr nützlich sein. Ich glaube ganz gewis, daß man in den Wäldern von Cayenne die Quinqvina, und vielleicht auch solche Bäume antreffen würde, die einen, dem Chinesischen gleichkommenden Firnis geben.» Duhamel Du Monceau, Henri Louis: Natur-Geschichte der Bäume darin von der Zergliederung der Pflanzen und der Einrichtung ihres Wachsens gehandelt wird; als einer Einleitung zur «Vollständigen Abhandlung von Wäldern und Hölzern nebst einer Abhandlung über den Nutzen der Botanischen Lehr-Arten; Und einer Erklärung derer in dieser Wissenschaft, und bey den Forst-Wesen gebräuchlichen Kunst-Wörter». T. 1. Nürnberg 1764, unpag. [Vorrede].

11 Vgl. Meyer, Torsten: Natur, Technik und Wirtschaftswachstum im 18. Jahrhundert. Risikoperzeption und Sicherheitsversprechen (Cottbuser Studien zur Geschichte von Technik, Arbeit und Umwelt, Bd. 12). Münster/New York/München/Berlin 1999, S. 72–132.

12 Rondelet 1833–36 (wie Anm. 6), Bd. 1, S. 31.

13 Beides insbesondere hinsichtlich einheimischer Rohstoffe.

14 Eine zentrale Quelle bildet dabei die Naturgeschichte des Plinius Maior.

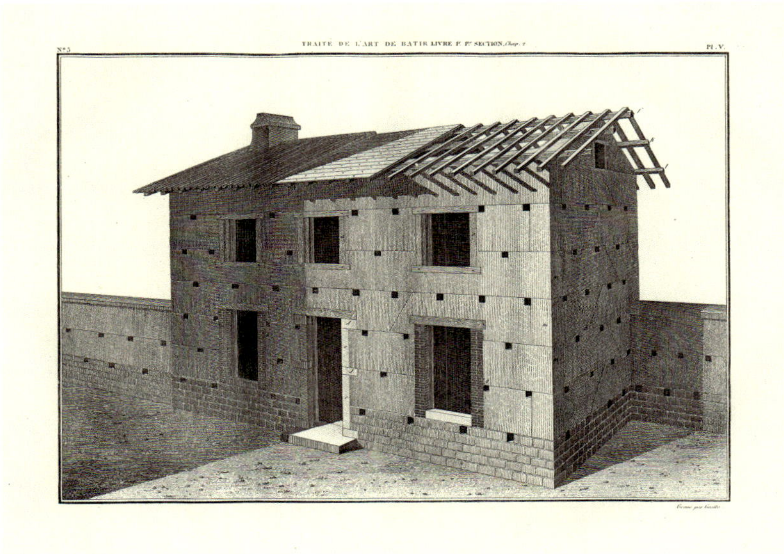

172 Pisébau in der Praxis, Taf. V aus: Rondelet, L'art de bâtir, Tafelbd., 1834.

Rondelet betont, «alle Spuren der Zurichtung» habe man stehen lassen (S. 529 aus: Rondelet, Kunst zu bauen, Bd. 1, 1833).

Verarbeitung und Verwendung einzelner Baustoffe. Schliesslich werden Naturmaterialien und erprobte ‹Techniken› nach Stoffen und Konstruktionsverfahren diskutiert, die Pisébauweise wird beispielsweise als Verfahren, weniger als Materialfrage präsentiert. Kunststeine und Bindestoffe sind Thema der Materialwissenschaft (**Abb. 172**). Der zweite Abschnitt des ersten Bandes spricht über die «Festigkeit» der Materialien. Rondelet präsentiert hier durchgeführte Versuche und deren Ergebnisse; ‹experimentelle Formalisierungen›[15] zeichnen diesen Wissensbestand aus. Die bauliche Manifestation der *firmitas* kann nicht einzig auf dem Wissen über Materialeigenschaften beruhen, sie setzt auch Konstruktionswissen voraus. Im zweiten, drei Bücher vereinenden Band des *Traité* dominieren empirisch-deskriptive Aspekte, es findet eine Verschriftlichung von Praktiken statt. Der erste Schwerpunkt sind steinerne Konstruktionen, im zweiten Buch werden die *Construktionen in Haustein (Quadern)* vorgestellt, im dritten und umfangreichsten Band die Stereotomie und im vierten die Maurerei. Steinerne Konstruktionen drücken nach Rondelet am sinnfälligsten die polytechnische *firmitas* aus.[16]

Historisches Wissen gilt Rondelet als essenziell, die Vitruvrezeption blieb aber nicht alleiniger Bezugspunkt der ‹bauhistorischen› Darlegungen. Literarische Bezugspunkte waren das Werk der byzantinischen Historiografin Anna Komnena (1083–1153/54) und die *Commentarii de bello Gallico* von Julius Caesar (100–44 v. Chr.). Sie werden einer philologisch geschulten Kritik an dominanten zeitgenössischen Übersetzungen unterzogen, Rondelet schlägt eine neue Leseart der von Caesar geschilderten Konstruktion von «Mauern mit Balken, Quadersteinen und Erde» vor.[17] Altphilologische Kenntnisse sind so selbstverständlich wie die Integration neuerer Forschungsergebnisse, so zitiert Rondelet beispielsweise die 1762 erschienenen *Antiquities of Athens and Other Monuments of Greece*.[18] Er zeigt bereits ein internationales

15 Vgl. Kap. I.

16 Ähnlich bereits: Middleton, Robin; Baudouin-Matuszek, Marie-Noëlle: Jean Rondelet. The Architect as Technician. New Haven/London 2007, S. 214–215.

17 Rondelet 1833–36 (wie Anm. 6), Bd. 2, S. 12–13.

18 Stuart, James; Revett, Nicholas: The Antiquities of Athens and Other Monuments of Greece. London 1762. Vgl. hierzu: Weber Soros, Susan (Hg.): James «Athenian» Stuart 1713–1788. The Rediscovery of Antiquity. New Haven/London 2006.

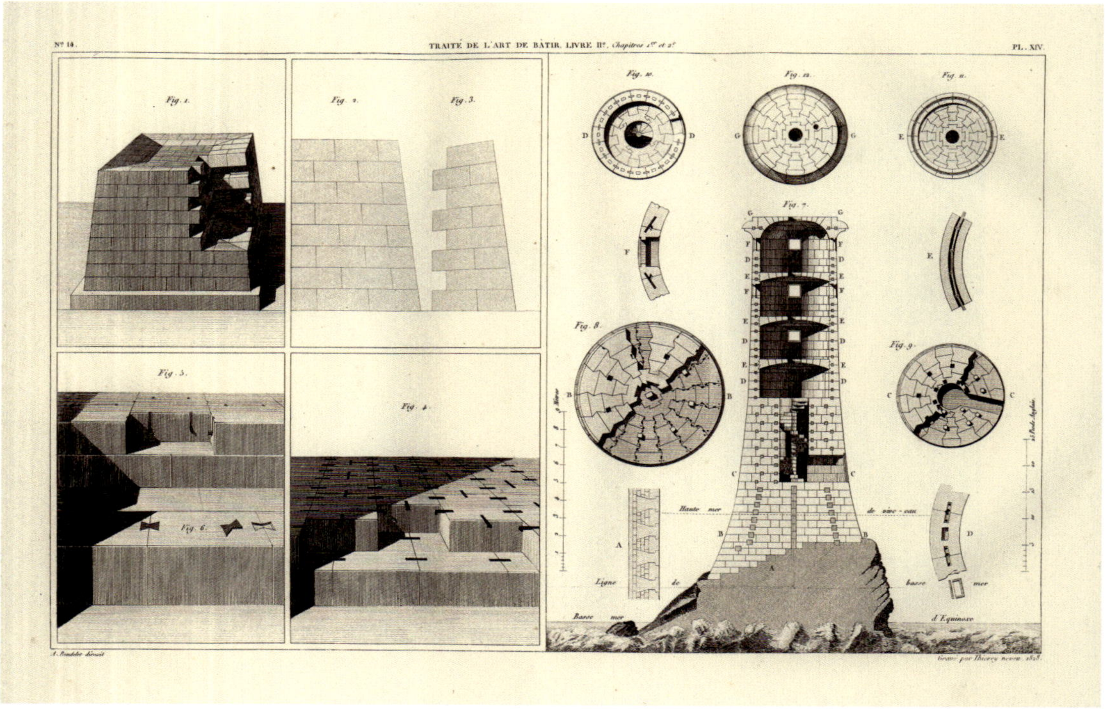

173 Antike und moderne Mauerverbände, Taf. XIV aus: Rondelet, L'art de bâtir, Tafelbd., 1834.

Rondelet zeigt verschiedene Verklammerungsmöglichkeiten von Quaderverbänden und schwalbenschwanzförmige Zuschnitte.

Spektrum architekturhistorischen Interesses, bezieht sich (freilich ohne Nennung der Quellen) auf Bauten der Ägypter und Inka.[19] Rondelet berichtet von eigenen Aufmassen antiker Bauwerke, etwa in Selinunt (wo in den 1820er Jahren viele europäische Architekten forschten).[20] Er sieht im Kontext einer «neue[n] Methode massiver Mauern und Mauerbekleidungen mit gehauenen Steinen» diese zwar als kompliziert und nur in den wenigsten Fällen als angemessen an und distanziert sich damit partiell von der gezeigten Technik schwerer Mauerkörper; dennoch sieht er Anwendungen und Potenziale für Neuentwicklungen, etwa verweist er in einer langen Fussnote auf Smeatons Veröffentlichung über den Bau des Leuchtturmes auf Eddystone (**Abb. 173**).[21]Das historische Argument wurde bereits Ausgang des 18. Jahrhunderts zentral – historische Sichtweisen prägten die Ordnung auch des empirisch-deskriptiven polytechnischen Bauwissens über die Konstruktion. Die Ordnungssysteme blieben entwicklungsgeschichtlich begründet, allerdings folgte die Semantik der Konstruktionslehre nur noch bedingt den chronologisch-historischen Mustern.

19 Vgl. Rondelet 1833–36 (wie Anm. 6), Bd. 2, S. 1–3.

20 Rondelet 1833–36 (wie Anm. 6), Bd. 2, S. 21. Hier mit Verweis auf einen selbstvermessenen Architrav in Selinunt. Zum Einfluss der Rompreisträger der École des Beaux-Arts auf die Forschung in Süditalien und Sizilien, siehe Hennemeyer, Arnd: Antike Architekturpolychromie im 19. Jahrhundert. Mit wissenschaftlicher Methode und künstlerischer Einfühlung vom Fragment zum Gesamtbild, in: Hassler, Uta (Hg.): Langfristperspektiven archäologischer Stätten. Wissensgeschichte und forschungsgeleitete Konservierung / Archaeological Sites in Long-Term Perspectives. The History of Archaeology and Epistemic Conservation. München 2017, S. 275–296.

21 Ebd., S. 22–23; vgl. zum Bau selbst: Smeaton, John: A Narrative of the Building and a Description of the Construction of the Edystone Lighthouse with Stone: to Which is Subjoined an Appendix Giving Some Aspects of the Lighthouse on the Spurn Point Built upon a Sand. 2. Aufl. London 1793 (1. Aufl. 1791).

Das dritte Buch Rondelets zur Stereotomie behandelt den Schnitt fester Körper, vor allem den Steinschnitt, als Thema darstellender Geometrie. Im Steinschnitt zeigen sich die «Hinwendung zur Praxis» (zum Teil etabliert als Kontinuum seit der Gotik) und die «Erschließung zahlreicher neuer Anwendungsgebiete und Anwendungen»:[22] Die Anleitungen zum Festungsbau zeigen die Geometrie als Katalysator, Abstraktionsebene und Beschleuniger der Entwicklung (**Abb. 174, 175**).[23] Die neue Formalisierung geometrischer Methoden gewinnt durch mathematisch-räumliche Abstraktion Anschauung, implizite Verfahren handwerklicher Bautradition werden in explizite, universal nachvollziehbare transformiert.[24] Diese Art der Formalisierung vereinheitlicht, objektiviert und universalisiert Handwerkstechniken, existieren doch regionale Handlungsmuster, die deskriptiv schwer erfassbar sind.[25]

Deskriptive, nichtformalisierte Strategien überleben regional weiterhin, Rondelets *Theorie der Construktionen* ist aber ein prominenter Versuch einer allgemeinen Struktur.[26] In den Ausführungen über die geschlossenen und offenen krummen Linien, mit denen die inneren Gewölbeflächen abgebildet werden können, wird aber auch deutlich, wie ‹Inseltheorien› aus geometrischen Abhandlungen erwachsen können. Auch in den Ausführungen zur Projektion oder den «Vorbemerkungen über den Steinschnitt und die Construction der Gewölbe» sind vor-theoretische, propädeutische Darlegungen, die auf die begriffliche Gegenstandsfassung zielen, offensichtlich. «Unter Gewölbe versteht man», so führt Rondelet beispielsweise aus, «ein Bauwerk aus Hausteinen, Bruch- oder Backsteinen, oder andern geformten Materialien, die so angeordnet oder vereinigt sind, daß sie sich unterstützen, um einen Raum zu decken».[27] Gewölbekonstruktionen sind das zentrale Thema des Steinbaus, abschliessend finden auch steinerne Wendeltreppen und freistehende Treppen Berücksichtigung. Das dritte Buch kann als deskriptiv verfasstes Prolegomenon der im neunten Buch formulierten Konstruktionstheorie gedeutet werden.

«Man versteht unter Maurerei [...] eine Construction in Bruchsteinen, Backsteinen [...], welche mittelst des Mörtels [...] zu einem festen Körper vereinigt werden»,[28] leitet Rondelet begriffsbestimmend das vierte Buch ein. Die «Maurerei» ist eine Konstruktion, deren spezifisches Charakteristikum der Einsatz von Bindemassen ist, eine Konstruktion, die nicht ausschliesslich, schon gar nicht vorrangig, aufgehendes Mauerwerk meint. Bei Rondelet steht am Beginn die Erörterung von Pflastern und Estrichen, die Anlage von Strassen wird sowohl mit ausgeprägtem historischem Bezug als auch mit aktuellen Bestandsauf-

---

22 Scriba, Christoph J.; Schreiber, Peter: 5000 Jahre Geometrie. Geschichte – Kulturen – Menschen. Berlin/Heidelberg/New York 2005, S. 245.

23 Vgl. Marten, Bettina; Reinisch, Ulrich; Korey, Michael (Hg.): Festungsbau. Geometrie – Technologie – Sublimierung. Berlin 2012. Zur frühneuzeitlichen Theorie des Festungsbaues: Bürger, Stefan: Idee – Ideal – Idiom. Visuelle und verbale Modelle in der frühneuzeitlichen Fortifikation, in: Rheinsprung 11. Zeitschrift für Bildkritik 2 (2011), S. 29–53 [http://rheinsprung11.unibas.ch/archiv/ausgabe-02.html] (8. Juli 2013).

24 So konstatiert Rondelet beispielsweise: «Die Baumeister wenden zu den Bogen überhöhter, d. h. über den vollen Halbkreis erhöhter, und zu den Bogen gedrückter Gewölbe eine Zusammensetzung von Kreisbogen an, welcher sie den Namen Oval oder Korblinien, Korbbogen, geben. Die Tischler, Marmorarbeiter und Schlosser machen bei Rahmen oder Füllungen gleichfalls davon Gebrauch.» Rondelet 1833–36 (wie Anm. 6), Bd. 2, S. 54.

25 Hieran scheiterte nicht zuletzt bereits die *Encyclopédie*. Vgl. Meyer, Torsten: Perspektiven der Popularisierung von Technik in der Frühen Neuzeit (1500–1800), in: Bluma, Lars; Pichol, Karl; Weber, Wolfhard (Hg.): Technikvermittlung und Technikpopularisierung. Historische und didaktische Perspektiven (Cottbuser Studien zur Geschichte von Technik, Arbeit und Umwelt, Bd. 23). Münster/New York/München/Berlin 2004, S. 145–170, hier S. 159–160.

26 Rondelet selbst weist darauf hin. In seinen Ausführungen über die Unterschiede von Ellipse, Zykloid und Kassinoid konstatiert er beispielsweise: «Die Theorie beweist in Uebereinstimmung mit der Erfahrung, daß gedrückte Gewölbe desto weniger drücken, je mehr die mittleren Theile der Bogen gekrümmt sind. Demnach drückt der Bogen AqD viel mehr, als der Bogen APD, und AoD weniger als APD [...]», um diese Aussage mit dem Fussnotenverweis «Diese Theorie wird in dem 9. Buch entwickelt» zu versehen. Rondelet 1833–36 (wie Anm. 6), Bd. 2, S. 61.

27 Ebd., S. 108.

28 Ebd., S. 249.

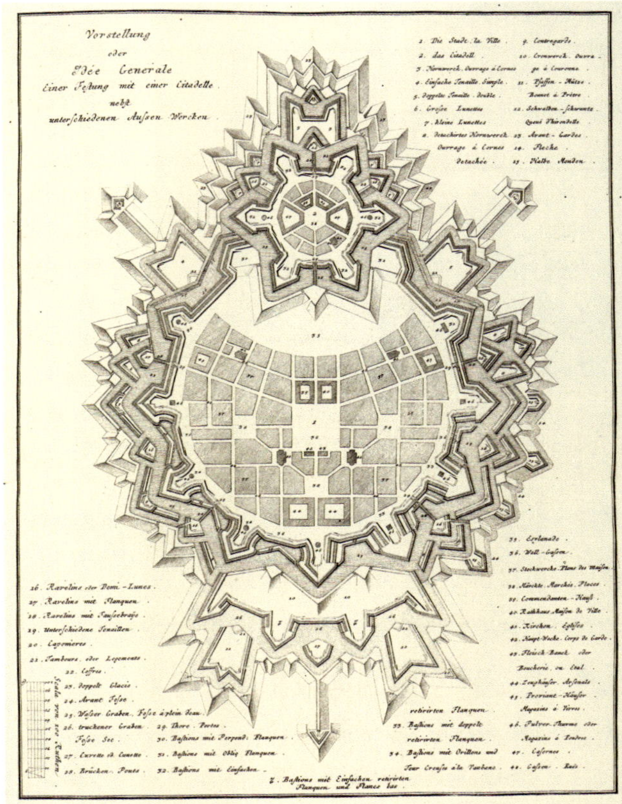

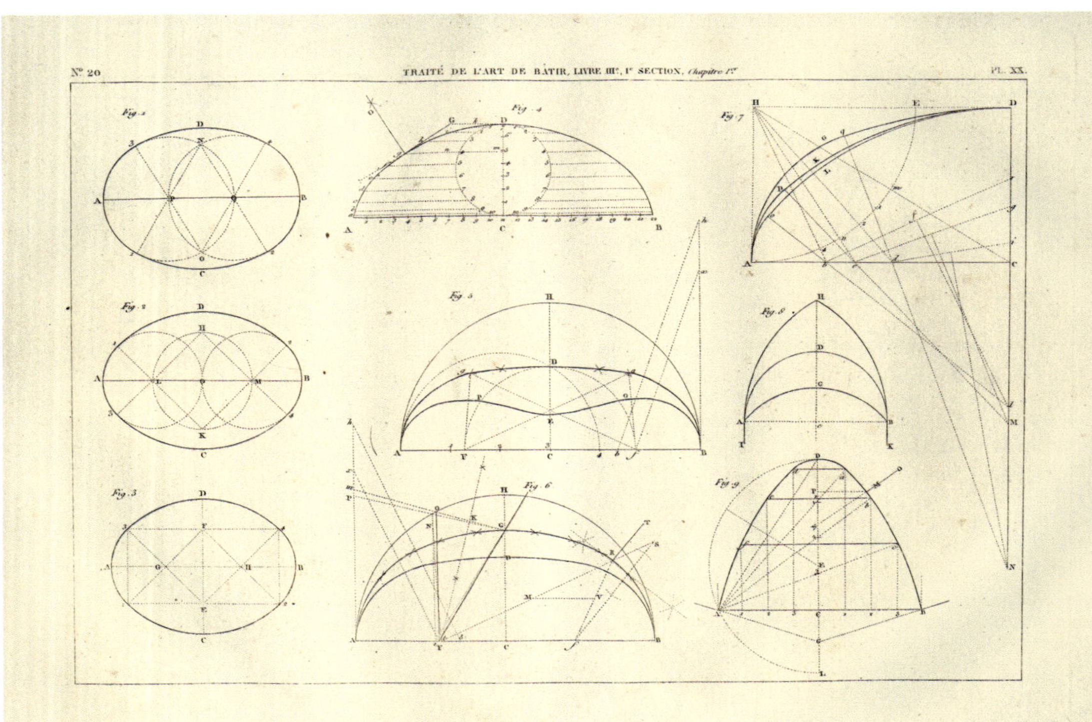

174 «Vorstellung oder Idée Generale Einer Festung mit einer Citadelle nebst unterschiedenen Aussen-Wercken», Taf. 4 aus: Fäsch, Fortification, 1725.

Der von Rudolf Johann Fäsch präsentierte Entwurf einer idealen frühneuzeitlichen Festung verdeutlicht die Bedeutung der Geometrie. Ihr fiel im 17. und 18. Jahrhundert eine dreifache Relevanz zu – als wissenschaftlicher Grundlage und Darstellungsmethode des Bauens, als Abstraktion des Nützlichkeitsversprechens der Wissenschaft und als gesellschaftliches Verhaltensleitbild der «Sozialgeometrie» (Eichberg, Geometrie als barocke Verhaltensnorm, 1987).

175 Geometrie des Steinschnitts, Taf. XX aus: Rondelet, L'art de bâtir, Tafelbd., 1834.

Geometrischen Darstellungsmethoden war bereits seit der Frühen Neuzeit ein gesellschaftliches Nützlichkeitsversprechen eingeschrieben. Auch abstraktere Darstellungen, wie hier die Geometrie des Steinschnitts, konnten auf diese Tradition zurückgreifen.

nahmen erörtert. Das Kapitel endet mit der Wiedergabe der Anlage eingleisiger Eisenbahnen;[29] die Bedeutung guter Verkehrsnetze nicht nur für den Handel ist offenbar Kriterium der Auswahl.[30] Rondelet plädiert für permanente staatliche Erhaltungmassnahmen existierender Strassen;[31] ihr Neubau orientiert sich am Konzept des Chausseebaus.

Geprägt sind alle Darlegungen vom Streben nach der Formulierung verbindlicher Bauregeln. Deutlichster Ausdruck ist die topografische Typologie Rondelets, die alle Baumassnahmen klassifizierend und regelhaft vorgeben will.[32] Eine seitenlange Übersetzung aus Vitruvs *Zehn Büchern über Architektur* eröffnet den Abschnitt über die Estriche und Pflaster im Haus.[33] Auch die Referenzierung weiterer Techniken und Gestaltungen von Estrichen orientiert sich an historischen Vorbildern. Erst nachdem dieser Grund gelegt ist, behandelt Rondelet die Konstruktion des «eigentliche[n] Mauerwerks».[34] Mauern stehen im Zentrum dieser zweiten Abteilung, die dritte nimmt sich der Gewölbe gemauerter Bauten an. Gemeinsam bilden sie den Kern der Abhandlungen über «Maurerei», nehmen den grössten Umfang ein, Konstruktionsprozesse, Materialeigenschaften und -verhalten werden erklärt. Leitlinien zur Herstellung und Verwendung von Putzen und Stuck beschliessen das Buch (**Abb. 176**).

Seiner Baumaterialtaxonomie folgend, zeigt Rondelet im dritten Band (der das fünfte bis achte Buch vereint) die Zimmererarbeiten (5. Buch), die Schreiner- und Tischlerarbeiten (6. Buch) sowie die Arbeiten der Schlosser (7. Buch) und Dachdecker (8. Buch). Konstruktive Tätigkeiten sind bestimmend für die Zimmerer. Inhaltliches Schwergewicht liegt dabei zunächst auf dem räumlichen Entwurf unterschiedlicher Dachkonstruktionen (5. Buch, 1. Abteilung), wie auf ihrer praktisch-konstruktiven Umsetzung (5. Buch, 2. Abteilung). Argumentativ stützt sich dieser Zugang auf Vitruv, der zu Beginn des fünften Buches ausführlich zitiert wird. Es ist nicht die materielle Überlieferung, sondern deren Nicht-Existenz, das Verschwinden, das schon Vitruvs Interesse (so Rondelets These) auf das Baumaterial Holz lenkte: «Diese so allgemein gefühlte Wahrheit [die temporäre Existenz von Holzkonstruktionen, d. Verf.] wird vorzüglich auf dasjenige anwendbar, was Vitruv über das Zimmerwerk, und insbesondere über die Zusammensetzung der Dächer, geschrieben hat. Die Ausführlichkeit, in welcher dieser Schriftsteller in Beziehung auf die Holzarten sich einläßt, zeigt hinlänglich die wichtigen Funktionen, welcher dieser Baustoff noch ausschließlich bei der Construktion der Gebäude erfüllte; und in Hinsicht auf eine zu seiner Zeit so sehr verbreitete Bauart konnte die Nomenclatur der einzelnen Stücke eines Zimmerwerks einigermaßen genügen, eine vollkommene Kenntniß davon zu gewähren.»[35] Hier finden wir ganz offenbar eine spezifische Form der Historisierung – als potenziell handlungsleitende Tradierung materialisierter Wissensbestände.

---

29 Die Ausführungen stützen sich ausschnittsweise auf das Werk des englischen Ingenieurs Thomas Tredgold und dessen französische Übersetzung: Tredgold, Thomas: A Practical Treatise on Rail-Roads and Carriages, Shewing the Principles of Estimating their Strength, Proportions, Expense, and Annual Produce [...]. London 1825. Vgl. Rondelet 1833–36 (wie Anm. 6), Bd., 2, S. 272–276.

30 Vgl. beispielsweise die Beiträge in: Dienel, Hans-Liudger; Schiedt, Hans-Ulrich (Hg.): Die moderne Straße. Planung, Bau und Verkehr. Frankfurt (Main)/New York 2010; Ambrosius, Gerold; Henrich-Franke, Christian; Neutsch, Cornelius; Thiemeyer, Guido (Hg.): Standardisierung und Integration europäischer Verkehrsinfrastruktur in historischer Perspektive. Baden-Baden 2009.

31 Rondelet 1833–36 (wie Anm. 6), Bd. 2, S. 267–277.

32 Ebd., S. 265–272.

33 Konkret das 1. Kapitel des 7. Buches; vgl. ebd., S. 277–281.

34 Ebd., S. 292.

35 Rondelet 1833–36 (wie Anm. 6), Bd. 3, S. 5. Während Rondelet die Thematisierung von Holzkonstruktionen durch Vitruv noch als vorbildlich ansah, betont die aktuelle Forschung eher, dass diese Konstruktionen untergeordnet seien. Vgl. beispielsweise: Kienlin, Alexander von: Mut zur Lücke – Vitruv und das Konstruieren in Holz, in: Hassler, Uta (Hg.): Der Lehrbuchdiskurs über das Bauen. Zürich 2015, S. 58–62.

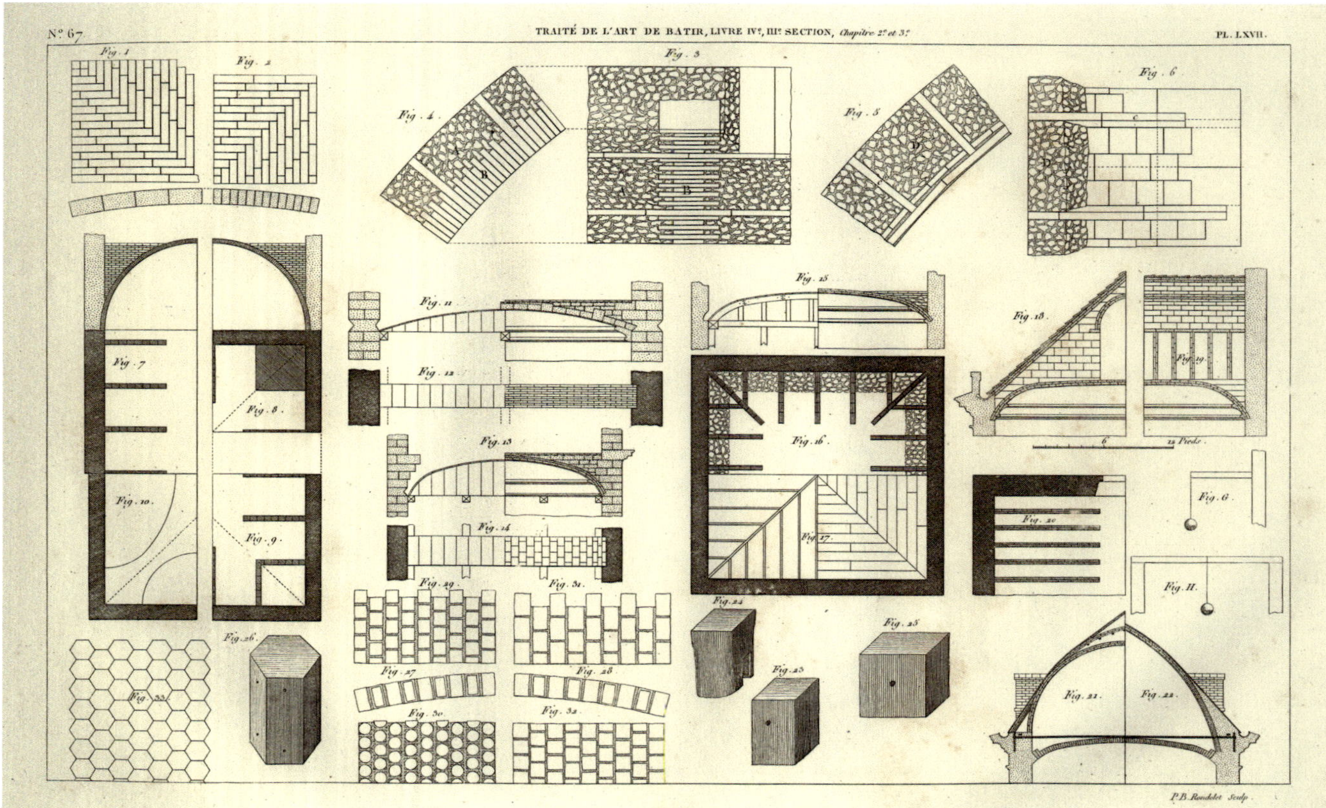

176 Konstruktion verschiedener Gewölbe, Taf. LXVII aus: Rondelet, L'art de bâtir, Tafelbd., 1834.

Gewölbekonstruktionen diskutierte Rondelet vor allem anhand aktueller Literatur, in welcher zeitgenössische Gewölbe beschrieben, aber auch durchgeführte Experimente zu ihrer Stabilität niedergelegt waren.

Die Ordnung der Dachkonstruktionen folgt dem Prinzip aufsteigender geometrischer Komplexität. *Grundsätze der bleibenden Holzconstruktion* (2. Abteilung) und *Grundsätze der beweglichen Holzconstruktionen* (3. Abteilung) verdeutlichen die verschiedenen konstruktiven Grundsätze von durch Statik (Fachwerk, Gewölbe, Brücken und Dächer) bestimmten und der beweglichen Konstruktionen, wie Baugerüsten und -kränen. Die Verschriftlichung konstruktiver Grundsätze bedarf immer des erläuternden Exempels; das konkrete Beispiel[36] (sowohl fremder wie auch eigener Praxis entspringend)[37] veranschaulicht konstruktive Details.

Die Darstellung ist durch die Taxonomie der Baumaterialien bestimmt, wie sie sich im Blick des 19. Jahrhunderts auf die drei vitruvianischen Attribute guter Architektur ergab. Die Arbeiten der Zimmerer drücken den Schlüsselwert der *firmitas* aus, jene der Schreiner und Tischler die in der polytechnischen Wertewelt nachgeordnete *utilitas* und *venustas*.[38] Deutlich tritt dies am geringen Umfang des sechsten Buches im Vergleich mit dem fünften hervor; auch sinkt der Detaillierungsgrad der Beschreibungen, die Klassifizierung der Arbeiten jedoch orientiert sich grundsätzlich an jener der Zimmererarbeiten.[39] Geson-

36 Vgl. zur epistemischen Bedeutung des Beispiels: Abel, Günter: Sammlungen als epistemische Objekte und Manifestationen von Ordnungen des Wissens, in: Hassler, Uta; Meyer, Torsten (Hg.): Kategorien des Wissens. Die Sammlung als epistemisches Objekt. Zürich 2014, S. 109–131.

37 Vgl. Rondelet 1833–36 (wie Anm. 6), Bd. 3, S. 51–194.

38 Vgl. ebd., S. 219.

39 Vgl. ebd. und S. 261.

derte Berücksichtigung findet sodann die «Kirchen-Tischlerarbeit»: Eine unmittelbare Adaption der sakralen Entwürfe auf weltliche Gebäude ist nicht intendiert, wegen ihres «Grades der Vollkommenheit»[40] kommt ihnen aber ein Vorbildcharakter für die Ausstattung grosser Bauten zu.

Die Holzarbeiten werden nach den klassischen Kriterien von *firmitas*, *utilitas* und *venustas* diskutiert, im siebten Buch finden sich dann ausschliesslich Schlosserarbeiten, die bedeutsam für die *firmitas* sind und einen «wesentlichen Theil der Construktion ausmachen».[41] Bereits im ersten Abschnitt werden die unterschiedlichen Eisenqualitäten thematisiert und die «Dimensionen», Abmessungen der gebräuchlichen Eisenstäbe und -bleche werden als «nothwendige Basis für alle Schlosserarbeiten» besprochen.[42] Der unterschiedliche Einsatz des Eisens strukturiert die Gliederung – beginnend mit der Verwendung des Eisens als Bauhilfsstoff mit armierender Funktion (Mauerverband, Säulen, Architrave etc.), es folgen Konstruktionen, die durch das Material Eisen geprägt sind. Nach den unterschiedlichen Herstellungsarten wird in schmiede- (Decken und Dachstühle) und gusseiserne (Brücken und Kuppeln) Konstruktionen unterschieden. Das kurze achte Buch über die Dachdeckerei beschliesst dann den dritten Band des Lehrbuches.

Drei Bände (acht Bücher) bilden das Fundament der im neunten Buch entwickelten *Theorie der Construktionen*. Diese orientiert sich an der Wiedergabe konkreter Konstruktionsbeispiele, auf deren Basis praktische Grundsätze erläutert werden. Das Beispiel dient so der Anleitung, der Anschaulichkeit, über Abstraktion sucht man verallgemeinerbare Wissensgrundlagen zu vermitteln. Freilich bleibt das Abstraktionsniveau relativ gering, stets rückgebunden an den baupraktischen Orientierungspunkt von Rondelets Konstruktionstheorie. Im einleitenden Abschnitt legt der Autor die «Lehrsätze der Mechanik» nieder, er beschränkt sich dabei auf die seit Jahrhunderten in der technischen Welt als wesentlich angesehenen Prinzipien:[43] die Hebelgesetze, die schiefe Ebene, den Schwerpunkt und das Kräfteparallelogramm.[44] Die Darstellung folgt der Logik des Bauprozesses. So thematisiert Rondelet zunächst das Heben beziehungsweise Aufrichten des Baumaterials im weitesten Sinne. Ziel ist nicht, den Leser durch differenzierte mechanische Erläuterungen in die Lage zu versetzen, neue Baumaschinen erfinden oder verbessern zu können, sondern ausschliesslich, «eine einfache und für Jedermann verständliche Theorie von dem Hebel, der Welle und den Rollen zu geben, da diese die einfachen Maschinen und die Elemente aller anderen sind» (**Abb. 177, 178**).[45]

Rondelet schenkt den unterschiedlichen Qualitäten der Seile und ihrer Reissfestigkeit besonderes Augenmerk. Neben der Beschreibung technischer Möglichkeiten geraten hier vor allem die Materialeigenschaften in den Blick. Rondelet legt eigene, praktisch und experimentell erworbene Erfahrungen dar und beruft sich auf die von den französischen Gelehrten Henri Louis Duhamel du Monceau und René-

---

40 Ebd., S. 277.

41 Ebd., S. 303.

42 Ebd., S. 304. Wobei hier eine Fokussierung auf solche Produkte erfolgt, die in Frankreich verwendet wurden. Vgl. ebd., S. 304–306.

43 Vgl. Popplow, Marcus: «Neu», «nützlich» und «erfindungsreich». Die Idealisierung von Technik in der frühen Neuzeit (Cottbuser Studien zur Geschichte von Technik, Arbeit und Umwelt, Bd. 5). Münster/New York/München/Berlin 1998.

44 Rondelet 1833–36 (wie Anm. 6), Bd. 5, S. 5–26.

45 Ebd., S. 27. Womit Rondelet dem seit der Antike etablierten Konzept der einfachen Maschinen folgt. Vgl. hierzu, mit Bezug zum Bauen: Scheidegger, Fritz (Hg.): Aus der Geschichte der Bautechnik, Bd. 1: Grundlagen. 2. Aufl. Basel/Boston/Berlin 1994, S. 185–227.

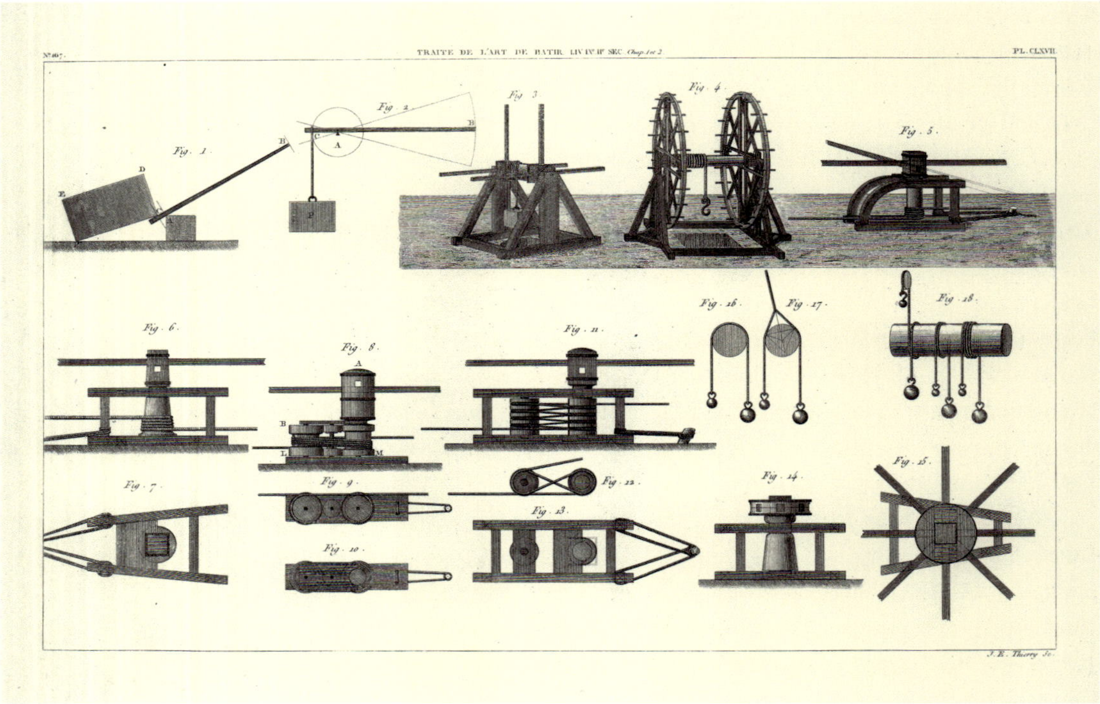

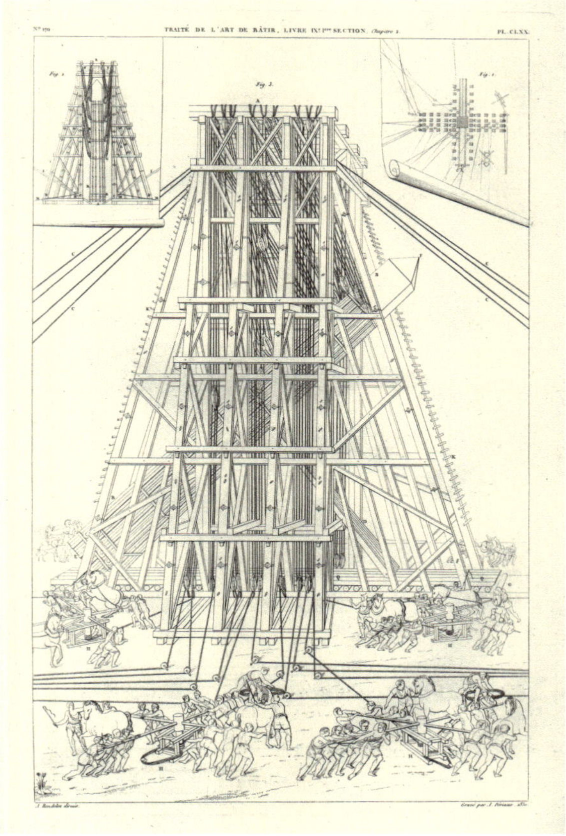

177 Einfache Maschinen zur Bewegung der Baumaterialien, Taf. CLXVII aus: Rondelet, L'art de bâtir, Tafelbd., 1834.

Die Basis der Konstruktionstheorie Rondelets bildeten die Grundsätze der Mechanik und auf ihnen beruhende einfache Maschinen, wie beispielsweise Hebel, Winde und Flaschenzug. Ausgeprägt war hier vor allem die argumentative Interaktion zwischen Text und Bild; Indiz dafür, dass Rondelet bei seinen Lesern nicht unbedingt mechanische Kenntnisse voraussetzte.

178 Fontanas Maschine zur Wiederaufstellung des Obelisken in Rom, Taf. CLXX aus: Rondelet, L'art de bâtir, Tafelbd., 1834.

Technische Verfahren liessen sich oftmals einfacher über visuelle Darstellungen kommunizieren als über textliche Abhandlungen. Das technische Bild erwies sich so im Falle des von Fontana genutzten technischen Artefaktes als aussagekräftiger «als die umständliche Beschreibung» (S. 393 aus: Rondelet, Kunst zu bauen, Bd. 4, 1835).

Antoine Ferchault de Réaumur und vom niederländischen Mediziner und Naturwissenschaftler Pieter van Musschenbroek durchgeführten Versuche; [46] beides wird synthetisiert und in Tabellen formalisiert.[47]

«In der Baukunst ist das Fundament eines Gebäudes als der wesentlichste Theil desselben anzusehen, weil dieser Theil allen andern zur Grundlage dient.»[48] – so der Beginn des dritten Abschnitts über die Fundamentierung der Bauten. Erneut ausführlich Vitruv zitierend, meint Rondelet, dem Leser «das Wesentlichste über die zu ergreifenden Vorsichtsmaßregeln [...], um den Gebäuden eine gehörige Festigkeit zu geben»,[49] vermittelt zu haben. Das «Wesentlichste» sind aber nicht notwendige Kenntnisse über die Fundamentierung selbst, sondern Orientierungswissen über die natürlichen Qualitäten des Baugrundes. In den Blick geraten dabei ausführlich die Fundamente auf «schlechtem Grund»[50] und die «im Wasser»,[51] wohingegen jene auf «gutem Grunde»[52] und auf «Felsen oder auf Steinmassen»[53] nur höchst randständig skizziert werden. Die ausführlichen Darlegungen unterscheiden sich strukturell: Das Kapitel, das sich den Fundamenten im Wasser widmet, ist eine Kompilation autoritativer Texte von Vitruv und Bélidor,[54] im zweiten Kapitel sind Praktiken der Bodenverdichtung für Fundamente in «schlechtem Boden» beschrieben – als konkrete Anweisung. Hier sehen wir bereits tabellarische Formalisierungen experimentell erzeugter Ergebnisse, wobei die Versuche zum Teil von Rondelet selbst durchgeführt, konzipiert und angeleitet worden waren.[55]

Erst nach Abhandlung der Grundsätze der Mechanik, der Baumaschinen und der Fundamentierungen kommt der Autor zum gegenständlichen Kern der *Theorie der Construktionen,* Stabilität und Tragvermögen von Bauteilen, Erddruck und Gewölbetheorie. Nur die Gewölbetheorie wird als explizite Theorie

---

46 Rondelet macht keine näheren Angaben, auf welche publizierten Versuche er sich bezieht, vgl. Rondelet 1833–36 (wie Anm. 6), Bd. 5, S. 46. Wie ein Vergleich der betreffenden Textstellen erkennen lässt, handelt es sich im Fall von Réaumur vermutlich um eine der Pariser Akademie im ersten Jahrzehnt des 18. Jahrhundert vorgelegte Abhandlung. Vgl. Réaumur, René-Antoine Ferchault de: Versuche, zu erkennen, ob die Stärke eines aus vielen zusammen gedrehten Seiles größer sey, als die Stärke der einzelnen Seile, daraus es besteht, in: Der Königl. Akademie der Wissenschaften in Paris Physische Abhandlungen, Vierter Theil, welcher die Jahre, 1711, 1712, 1713, 1714, 1715 in sich hält. Übers. v. Wolf Balthasar Adolph von Steinwehr. Breslau 1750, S. 147–156. Musschenbroeks Versuche werden im 19. Jahrhundert in einschlägigen technologischen Schriften immer wieder erwähnt. Vgl. beispielsweise: Anonym: Seile aus parallel laufenden ungedrehten Fäden, in: Kunst- und Gewerb-Blatt des Polytechnischen Vereins für das Königreich Bayern 5 (1819), S. 508. Auch Duhamels Versuche werden im 19. Jahrhundert immer wieder referenziert. Vgl. beispielsweise: Tredgold, Thomas: Ueber die Eigenschaften der Seile und die Güte derselben, insoferne sie von ihrer Verfertigung abhängt. Aus dem Repertory of Patent-Inventions, Mai, 1826. S. 299, in: Dinglers Polytechnisches Journal 21 (1826), H. 5, S. 22–29.

47 Vgl. Rondelet 1833–36 (wie Anm. 6), Bd. 5, S. 47.

48 Ebd., S. 63.

49 Ebd., S. 70.

50 Vgl. ebd., S. 72–94.

51 Vgl. ebd., S. 99–116.

52 Vgl. ebd., S. 95–96.

53 Vgl. ebd., S. 97–98.

54 Vgl. Bélidor, Bernard Forest de: Architecture hydraulique, ou l'art de conduire, d'élever, et de ménager les eaux pour les différens besoins de la vie. 4 Bde. Paris 1737–53. Dieses Werk Bélidors, in welchem nicht nur erstmals die Integralrechnung für technische Probleme angewandt, sondern auch die Verwendung von Beton für Fundamente im Wasser dargestellt worden ist, sollte noch im 19. Jahrhundert als Standardwerk gelten, sowohl in Frankreich als auch in England. Vgl. Skempton, Alec Westley: Landmarks in Early Soil Mechanics, in: ders.: Selected Papers. London 1984, S. 251–276. Die zeitgenössische Bedeutung des Werks zeigt sich auch darin, dass sehr zeitnah die deutsche Übersetzung erfolgte. So wurden Teile daraus schon unmittelbar nach dem Erscheinen der Originalausgabe von Christian Wolff übersetzt: Bélidor, Bernard Forest de: Architectura hydraulica. Oder: Die Kunst, das Gewässer zu denen verschiedentlichen Nothwendigkeiten des menschlichen Lebens zu leiten, in die Höhe zu bringen, und vortheilhafftig anzuwenden. [...] Aus dem Frantzösischen ins Teutsche übersetzet. Erste Ausgabe der Version, Nebst 10. Kupffer-Tabellen; Wie auch einer Vorrede Herrn Christian Wolffen. Augsburg/Nürnberg 1740 (Neuaufl. Augsburg 1764–75). Vgl. zur *Architecture hydraulique* zusammenfassend auch: Serna, Virginie: Les Constructions de l'eau dans le traité d'hydraulique de B. Forest de Bélidor (1693–1761); des indices pour une archéologie fluviale, in: Hilaire-Pérez, Liliane (Hg.): Archives, objets et images des constructions de l'eau du Moyen Âge à l'ère industrielle (Cahiers d'historie et de philosophie des sciences, Bd. 51). Lyon 2002, S. 189–205.

55 Vgl. Rondelet 1833–36 (wie Anm. 6), Bd. 4, S. 72–94.

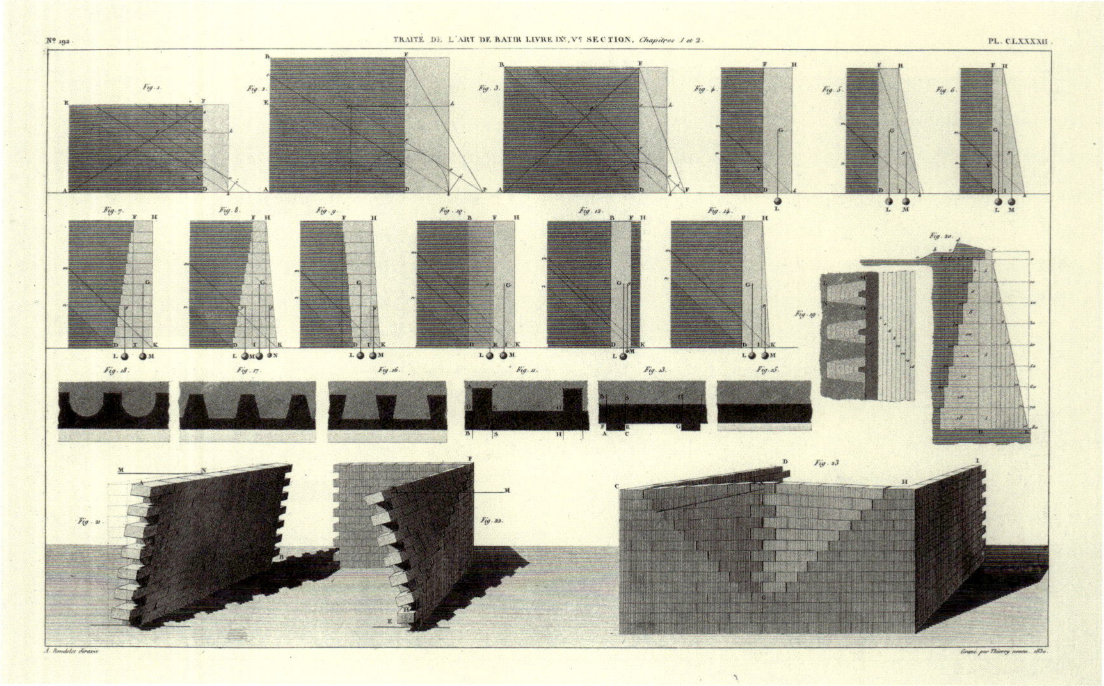

179 «Regeln in Bezug auf die Stabilität», Taf. CLXXXXIII aus: Rondelet, L'art de bâtir, Tafelbd., 1834.

Rondelets Konstruktionstheorie beruhte primär auf der Formulierung regelhafter, wissenschaftlich abgesicherter Handlungsanleitungen. Die «Methode, welche wir zur Bestimmung dieser Dicke [gemeint ist die Mauerdicke, d. Verf.]» (S. 124 aus: Rondelet, Kunst zu bauen, Bd. 4, 1835) anwenden, konnte auf Erfahrungswerte zurückgreifen.

angesprochen, die Formulierung von Regeln zum Erreichen der Stabilität ist zentrales Anliegen. Im Anspruch des ‹regelhaften oder -gebundenen Bauens› zeigt sich ein Charakteristikum des Verschriftlichungsprozesses: die Entkopplung des Bauwissens von lokalen beziehungsweise regionalen Traditionen. Die von Rondelet formulierten Regeln basieren auf einer Kombination von Erfahrungen, gesehenen und analysierten Bauwerken und mathematischen Berechnungen, wobei sowohl algebraische wie geometrische Methoden zur Anwendung gelangen.[56] Ergänzend treten Darlegungen modellhafter Versuche hinzu, die den Leser indirekt auffordern, experimentell die Stabilität von Mauern zu erkunden (**Abb. 179**).[57]

Wichtig für die zeitgenössische Debatte waren Kuppelkonstruktion und Pfeiler der Kirche Sainte-Geneviève, des späteren Panthéons[58] – an dieser Baustelle prägte sich eine Experimentalkultur der Materialprüfung aus.[59] Rondelet erläutert deren Grundzüge; offenkundig war nicht mathematisches, sondern experimentell erzeugtes Wissen für den Theorieanspruch der Regeln prägend. Formalen Niederschlag findet dies in der tabellarischen Übersetzung experimentell erzeugter Daten. Während in den Material-Kapiteln Rechnen und Versuch zur Form und Struktur beitragen, kommt das dritte Kapitel fast gänzlich ohne solche Strategien aus. Unterschiedliche Bauwerke (sowohl hinsichtlich Typologie als auch Entstehungszeit) werden beschrieben und überblicksartig tabellarisch zusammengefasst (**Abb. 180**).[60]

---

56 Vgl. ebd., S. 117–146.

57 Vgl. ebd., besonders S. 123–126.

58 Vgl. ebd., S. 149–154.

59 Vgl. ebd.

60 Vgl. S. 170–189, besonders S. 187.

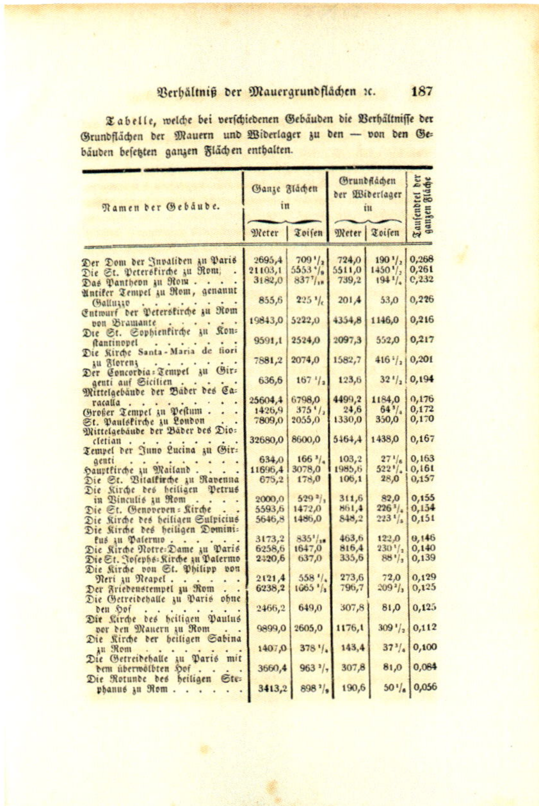

Verhältniß der Mauergrundflächen rc. 187

Tabelle, welche bei verschiedenen Gebäuden die Verhältnisse der Grundflächen der Mauern und Widerlager zu den — von den Gebäuden besetzten ganzen Flächen enthalten.

Namen der Gebäude.	Ganze Flächen in		Grundflächen der Widerlager in		Tausendtel der ganzen Fläche
	Meter	Toisen	Meter	Toisen	
Der Dom der Invaliden zu Paris	2695,4	709 1/2	724,0	190 1/2	0,268
Die St. Peterskirche zu Rom .	21103,1	5553 4/9	5511,0	1450 1/2	0,261
Das Pantheon zu Rom	3182,0	837 7/10	739,2	194 1/4	0,232
Antiker Tempel zu Rom, genannt Galluzzo	855,6	225 1/6	201,4	53,0	0,226
Entwurf der Peterskirche zu Rom von Bramante	19843,0	5222,0	4354,8	1146,0	0,216
Die St. Sophienkirche zu Konstantinopel	9591,1	2524,0	2097,3	552,0	0,217
Die Kirche Santa-Maria de fiori zu Florenz	7881,2	2074,0	1582,7	416 1/2	0,201
Der Concordia-Tempel zu Girgenti auf Sicilien	636,6	167 1/2	123,6	32 1/2	0,194
Mittelgebäude der Bäder des Caracalla	25604,4	6798,0	4499,2	1184,0	0,176
Großer Tempel zu Pestum . . .	1426,9	375 1/2	24,6	64 3/4	0,172
St. Paulskirche zu London . .	7809,0	2055,0	1330,0	350,0	0,170
Mittelgebäude der Bäder des Diocletian	32680,0	8600,0	5464,4	1438,0	0,167
Tempel der Juno Lucina zu Girgenti	634,0	166 3/4	103,2	27 1/6	0,163
Hauptkirche zu Mailand	11696,4	3078,0	1985,6	522 1/4	0,161
Die St. Vitalkirche zu Ravenna	675,2	178,0	106,1	28,0	0,157
Die Kirche des heiligen Petrus in Vinculis zu Rom	2000,0	529 2/3	311,6	82,0	0,155
Die St. Genoveven-Kirche . .	5593,6	1472,0	861,4	226 3/4	0,154
Die Kirche des heiligen Sulpicius	5646,8	1486,0	848,2	223 1/3	0,151
Die Kirche des heiligen Dominikus zu Palermo	3173,2	835 1/10	463,6	122,0	0,146
Die Kirche Notre-Dame zu Paris	6258,6	1647,0	816,4	230 1/2	0,140
Die St. Josephs-Kirche zu Palermo	2420,6	637,0	335,6	88 1/3	0,139
Die Kirche von St. Philipp von Neri zu Neapel	2121,4	558 1/4	273,6	72,0	0,129
Der Friedenstempel zu Rom . .	6238,2	1665 1/3	796,7	209 2/3	0,125
Die Getreidehalle zu Paris ohne den Hof	2466,2	649,0	307,8	81,0	0,125
Die Kirche des heiligen Paulus vor den Mauern zu Rom . .	9899,0	2605,0	1176,1	309 1/2	0,112
Die Kirche der heiligen Sabina zu Rom	1407,0	378 1/4	143,4	37 3/4	0,100
Die Getreidehalle zu Paris mit dem überwölbten Hof	3660,4	963 2/7	307,8	81,0	0,084
Die Rotunde des heiligen Stephanus zu Rom	3413,2	898 2/9	190,6	50 1/8	0,056

180 «Tabelle, welche bei verschiedenen Gebäuden die Verhältnisse der Grundflächen der Mauern und Widerlager zu den – von den Gebäuden besetzten ganzen Flächen enthalten», S. 187 aus: Rondelet, Kunst zu bauen, Bd. 4, 1835.

Ausführlich beschrieb Rondelet die Proportionen zwischen den Gesamtgrundflächen und jenen der Widerlager, um diese schlussendlich in Form einer Tabelle zu formalisieren.

Der nachfolgende, knapp vierzig Seiten umfassende fünfte Abschnitt thematisiert den Einfluss des Erddrucks auf die Stabilität von Bauten, insbesondere für deren Fundamentierung. Für die Formulierung erster allgemeiner Regeln erweisen sich zwei Quellen als zentral – Bélidors epochales Werk *La science des ingénieurs,*[61] zuerst 1729 erschienen, und daraus abgeleitete eigene Versuche.[62] Rondelets Regeln basieren mithin auf einer Kombination von Theorie (hier verstanden als geometrische Lehrsätze), mathematischen Formeln und «Erfahrung» (hier im Sinne der von ihm konzipierten und beschriebenen Experimente, **Abb. 181**).

---

61 Bélidor, Bernard Forest de: La science des ingénieurs dans la conduite des travaux de fortification et d'architecture civile. Paris 1729. Bélidors Werk erfuhr viele Übersetzungen, so beispielsweise ins Deutsche (Herrn Bélidors, Ordentlichen Commissars der Artillerie, Königlichen Professors der Mathematik in den Artillerie-Schulen, Mitgliedes der königlich Englischen und Preußischen Akademien der Wissenschaften, wie auch Correspondentens der Pariser Ingenieur-Wissenschaft bey aufzuführenden Vestungs-Werken und bürgerlichen Gebäuden. 2 Bde. Nürnberg 1758/59) und ins Italienische (Bélidor, Bernard Forest de: La scienza degli ingegneri nella direzione delle opere di fortificazione e d'architettura civile. Übers. v. Luigi Masieri. Mailand 1832); es galt noch bis in die 1830er Jahre als verbindlicher Wissenskanon des Ingenieurs.

62 Bemerkenswert ist die Autorität Bélidors vor allem deshalb, weil 1776 Charles Augustin de Coulomb eine aktualisierte, neue, allgemein akzeptierte Theorie des Erddrucks formuliert hatte; eine Abhandlung, die Rondelet durchaus bekannt gewesen sein dürfte, erschien sie doch prominent in den Abhandlungen der Pariser Akademie der Wissenschaften. Vgl. hierzu: Heyman, Jacques: Coulomb's Memoir on Statics. An Essay in the History of Civil Engineering. Cambridge 1972. Für die Vermutung, dass Rondelet diese Schrift nicht unbekannt war, spricht, dass er sich an anderer Stelle sehr vertraut mit den Abhandlungen der Pariser Akademie zeigte. Vgl. Rondelet 1833–36 (wie Anm. 6), Bd. 4, S. 239–240.

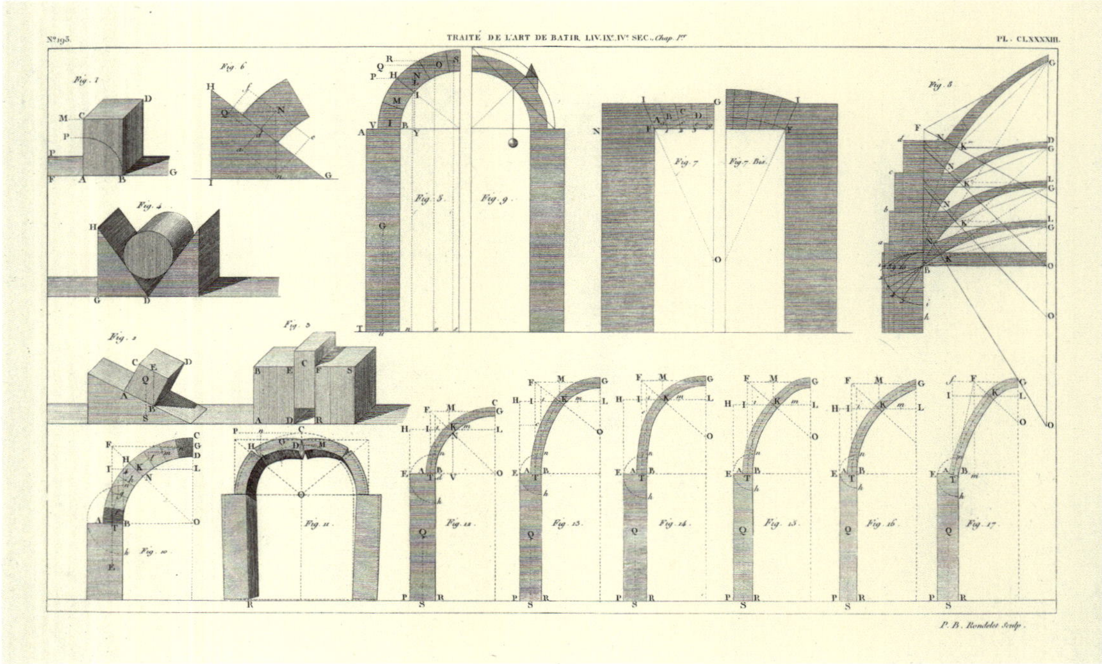

181 Bestimmung des auf Mauerwerke einwirkenden Erddrucks, Taf. CLXXXXII aus: Rondelet, L'art de bâtir, Tafelbd., 1834.

Referenzpunkt für Rondelets Methode zur Berechnung des auf Mauerwerk einwirkenden Erddrucks waren Bélidors posthum veröffentlichte Schriften zum Festungsbau. An Fig. 1 erläuterte Rondelet im Text zunächst das Vorgehen Bélidors, um daran anschliessend die seiner Meinung nach existierenden Fehler zu thematisieren. Abstraktere mathematische Rechenoperationen, von Rondelet auch als ‹analytische Methode› bezeichnet, gewannen durch die argumentative Verknüpfung mit der geometrischen Darstellung so an Anschaulichkeit.

Die Darlegungen sind Voraussetzung für das Verständnis der Ausführungen zur Konstruktion der sogenannten «Bekleidungsmauern»[63] und ihrer Strebepfeiler. Erneut werden praktische Erfahrungen des Autors mit Literaturbelegen (allen voran Bélidor und Vitruv) und neuen formalisierten Berechnungsmöglichkeiten verknüpft.[64] Eine doppelte autoritative Verbindlichkeit entsteht zum einen durch die tabellarische Repräsentation,[65] zum anderen durch formulierte, beispielhaft erläuterte Regeln[66] – als Fundament für die *Theorie der Gewölbe.*

Rondelets *Theorie der Gewölbe* umfasst knapp 130, in vier Kapitel gegliederte Seiten – das Spektrum der Inhalte reicht vom Druck der einfachen und zusammengesetzten Gewölbe über die Verbindungskräfte unterschiedlicher Materialien bis hin zu den steinernen Brücken. Am Anfang steht zunächst die Gegenstandsbestimmung, lassen sich doch Gewölbe, so Rondelet, unter drei Gesichtspunkten thematisieren – ihrer Gestalt, ihrer Konstruktion und dem auf ihnen lastenden Druck. In der *Theorie der Gewölbe* wird nun ausschliesslich über den Druck gesprochen. Rondelet umreisst den Inhalt folgendermassen: «Das Studium der Gewölbe in Bezug auf ihren Druck beruht auf theoretischen Kenntnissen, welche die Bedingungen und Prinzipien der Statik behandelt, vermöge welchen sich die Gewölbe tragen und welche die Theorie der Gewölbe ausmachen; mit ihnen beschäftigt sich gegenwärtige Abtheilung.»[67] Eine so verstandene

63 Auch als Futtermauer bezeichnet; gemeint sind die Verstärkungen von Erdwänden v. a. bei Festungen und Strassen, zumeist also Terrassierungen. Vgl. beispielsweise hierzu: Meinert, Friedrich: Der Terrassierer oder die Kunst, Terrassen und andere abgedachte Erdwände mit Erde, Rasen und mit trockenem Mauerwerke zu bekleiden. Für Landgutbesitzer, Garteneigenthümer, Kunstgärtner, Weinbauer und gemeine Erdarbeiter. Weimar 1803.

64 Vgl. Rondelet 1833–36 (wie Anm. 6), Bd. 4, S. 208–236.

65 Vgl. ebd., S. 215 und S. 219–226.

66 Vgl. ebd., S. 233–236.

67 Ebd., S. 237.

Theorie der Gewölbe fusst vor allem auf seit dem Ausgang des 17. Jahrhunderts erforschten Prinzipien.[68] Der kurze historische Abriss offenbart, dass Irrungen aus Sicht Rondelets integraler Bestandteil wissenschaftlicher Wissensproduktion sind. Es zeigt sich aber auch, dass Rondelets Erfahrungsbegriff vielschichtig ist: Rekurrierend auf Amédée-François Fréziers zeitgenössisches Standardwerk über den Steinschnitt, welches die Prinzipen der dreidimensionalen Geometrie betont,[69] skizziert Rondelet Versuche über den Gewölbedruck und führt aus: «Danisy, von der Akademie zu Montpellier, der keine dieser Hypothesen annehmen wollte, ließ mehrere Modelle von Gewölben mit verschiedenen Bogen machen, um die *Erfahrung* zu Rathe zu ziehen.»[70] Auf Erfahrungen gründen also nicht nur aus der Praxis stammende Konzepte, sondern auch experimentell erzeugte; die Rede über Erfahrung verweist an dieser Stelle auf das Prinzip der Beobachtung.[71]

Für die Untersuchung der Druckbelastungen einfacher Gewölbekonstruktionen diskutiert Rondelet zuerst das Prinzip der Reibung. Ausgangspunkt bildet die zeitgenössische Literatur über die statischen Eigenschaften der Konstruktionen. Aus Sicht Rondelets sind die zeitgenössischen Berechnungen hypothetisch, er glaubt, nur aus der Verknüpfung von Berechnungsmethoden und durchgeführten Experimenten neue Denkmodelle erzeugen zu können, die durch eigene weitere Experimente verbessert werden könnten.[72]

Bei Rondelet werden Gewölbe als von Widerlagern getragene Bogen erklärt, aus systematischen Überlegungen wird die Auflagerweise «als auf Mauern von einer gewissen Länge ruhend» diskutiert.[73] Methoden zur Bestimmung der Dicke der Mauern werden vorgestellt, wie auch eigene Versuche.[74] Rondelet verzichtet hier auf eine formalisierte Beweisführung und präsentiert die Ergebnisse ausschliesslich in tabellarischer Form (**Abb. 182**).

Im Kapitel über die zusammengesetzten Gewölbe findet sich der Bezug auf historische Gewölbekonstruktionen zur Absicherung theoretisch ausgerichteter Aussagen: Der Autor spricht den gotischen Bogen als beste Konstruktionsform von Kreuzgewölben an, «weil der am meisten drückende Theil wegfällt».[75] Er zieht diese Konstruktionsweise den regelmässigen Rundbogengewölben vor, eine Auffassung, die bis weit in das 19. Jahrhundert hinein Lehrbücher prägen sollte.[76] Zum anderen, für Rondelets Verständnis von Theorie und Verwissenschaftlichung des Bauens relevant, wird konstatiert: «Die Menge der Strebebogen, die sich an den meisten gothischen Kirchen außerhalb befinden, ist oft überflüssig, wie dies, abstrahiert

---

68 Vgl. Kurrer, Karl-Eugen: Geschichte der Baustatik. Auf der Suche nach dem Gleichgewicht. 2. stark erw. Aufl. Berlin 2016, S. 198–222, besonders S. 214–222.

69 Frézier, Amédée-François: La Théorie et la Pratique de la Coupe des Pierres et des Bois pour la Construction des Voûtes et autres Parties des Bâtiments Civils & Militaires, ou Traité de Stereotomie à l'Usage de l'Architecture. 3 Bde. Paris 1737–39.

70 Rondelet 1833–36 (wie Anm. 6), Bd. 4, S. 239 (Hervorhebung d. Verf). Gemeint sind hier die beiden Abhandlungen Pierre Couplets, die 1729 und 1730 der Pariser Akademie vorgelegt wurden. Darin setzt sich Couplet von der dominanten Keiltheorie ab, doch scheinen seine Grundannahmen eher willkürlich zu sein. Vgl. hierzu Kurrer 2016 (wie Anm. 68), S. 222–224.

71 Vgl. Foucault 1989 (wie Anm. 7), S. 170–176.

72 Zu Beginn des ersten Kapitels der *Theorie der Gewölbe* schreibt Rondelet: «Um mich in meinen Untersuchungen nicht durch falsche Hypothesen irre führen zu lassen, habe ich mit Versuchen angefangen.» Rondelet 1833–36 (wie Anm. 6), Bd. 4, S. 241.

73 Rondelet 1833–36 (wie Anm. 6), Bd. 4, S. 297.

74 Ebd., S. 297–300.

75 Ebd., S. 313.

76 Vgl. Joedicke, Jürgen; Tomlow, Jos: Rezension zu: Molema, Jan: Antoni Gaudi, een Weg tot Oorspronkelijkheid, Delft 1987 (Diss. TU Delft 1987), in: Werk, Bauen + Wohnen 75 (1988), Nr. 6, S. 72–74, hier S. 72.

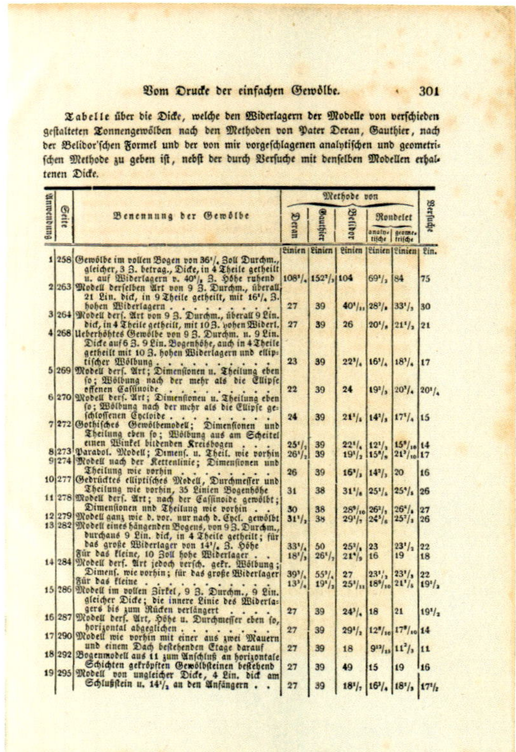

Vom Drucke der einfachen Gewölbe. 301

Tabelle über die Dicke, welche den Widerlagern der Modelle von verschieden gestalteten Tonnengewölben nach den Methoden von Pater Deran, Gauthier, nach der Belidor'schen Formel und der von mir vorgeschlagenen analytischen und geometrischen Methode zu geben ist, nebst der durch Versuche mit denselben Modellen erhaltenen Dicke.

Anwendung	Seite	Benennung der Gewölbe	Methode von Deran	Gauthier	Belidor	Rondelet analytische	Rondelet geometrische	Versuche
			Linien	Linien	Linien	Linien	Linien	Lin.
1	258	Gewölbe im vollen Bogen von 36 1/4 Zoll Durchm., gleicher, 3 Z. betrag., Dicke, in 4 Theile getheilt u. auf Widerlagern v. 40 1/2 Z. Höhe ruhend	108 1/4	152 2/3	104	69 1/2	84	75
2	263	Modell derselben Art von 9 Z. Durchm., überall 21 Lin. dick, in 9 Theile getheilt, mit 16 1/4 Z. hohen Widerlagern	27	39	40 1/11	28 2/5	33 1/3	30
3	264	Modell ders. Art von 9 Z. Durchm., überall 9 Lin. dick, in 4 Theile getheilt, mit 10 Z. hohen Widerl.	27	39	26	20 1/5	21 1/2	21
4	268	Ueberhöhtes Gewölbe von 9 Z. Durchm. u. 9 Lin. Dicke auf 6 Z. 9 Lin. Bogenhöhe, auch in 4 Theile getheilt mit 10 Z. hohen Widerlagern und elliptischer Wölbung	23	39	22 3/4	16 1/4	18 3/4	17
5	269	Modell ders. Art; Dimensionen u. Theilung eben so; Wölbung nach der mehr als die Ellipse offenen Cassinoide	22	39	24	19 2/3	20 3/4	20 1/4
6	270	Modell ders. Art; Dimensionen u. Theilung eben so; Wölbung nach der mehr als die Ellipse geschlossenen Cycloide	24	39	21 1/8	14 2/3	17 1/4	15
7	272	Gothisches Gewölbemodell; Dimensionen und Theilung eben so; Wölbung aus am Scheitel einen Winkel bildenden Kreisbogen . . .	25 1/2	39	22 1/4	12 1/2	15 3/10	14
8	273	Parabol. Modell; Dimens. u. Theil. wie vorhin	26 1/2	39	19 1/2	15 8/9	21 3/10	17
9	274	Modell nach der Kettenlinie; Dimensionen und Theilung wie vorhin	26	39	16 3/3	14 2/3	20	16
10	277	Gedrücktes elliptisches Modell, Durchmesser und Theilung wie vorhin, 35 Linien Bogenhöhe	31	38	31 1/8	25 1/4	25 5/8	26
11	278	Modell ders. Art; nach der Cassinoide gewölbt; Dimensionen und Theilung wie vorhin . .	30	38	28 9/10	26 2/3	26 2/4	27
12	279	Modell ganz wie d. vor. nur nach d. Cycl. gewölbt	31 1/2	38	29 1/7	24 5/6	25 2/3	26
13	282	Modell eines hängenden Bogens, von 9 Z. Durchm., durchaus 9 Lin. dick, in 4 Theile getheilt; für das große Widerlager von 14 1/4 Z. Höhe	33 1/4	50	25 2/3	23	23 1/2	22
		Für das kleine, 10 Zoll hohe Widerlager . .	18 1/3	26 1/2	21 4/9	16	19	18
14	284	Modell ders. Art jedoch versch. gekr. Wölbung; Dimens. wie vorhin; für das große Widerlager	39 3/4	55 3/4	27	23 1/2	23 1/3	22
		Für das kleine	13 3/4	19 1/2	25 1/11	18 9/10	21 1/5	19 1/2
15	286	Modell im vollen Zirkel, 9 Z. Durchm., 9 Lin. gleicher Dicke; die innere Linie des Widerlagers bis zum Rücken verlängert	27	39	24 3/4	18	21	19 1/2
16	287	Modell ders. Art, Höhe u. Durchmesser eben so, horizontal abgeglichen	27	39	29 1/2	12 8/10	17 8/10	14
17	290	Modell wie vorhin mit einer aus zwei Mauern und einem Dach bestehenden Etage darauf	27	39	18	9 13/15	11 2/3	11
18	292	Bogenmodell aus 11 zum Anschluß an horizontale Schichten gekröpften Gewölbsteinen bestehend	27	39	49	15	19	16
19	295	Modell von ungleicher Dicke, 4 Lin. dick am Schlußstein u. 14 1/2 an den Anfängern . .	27	39	18 1/7	16 3/4	18 2/3	17 1/2

182 «Tabelle über die Dicke, welche den Widerlagern der Modelle von verschieden gestalteten Tonnengewölben nach den Methoden von Pater Deran, Gauthier, nach der belidorschen Formel und der von mir vorgeschlagenen analytischen und geometrischen Methode zu geben ist, nebst der durch Versuche mit denselben Modellen erhaltenen Dicke», S. 301 aus: Rondelet, Kunst zu bauen, Bd. 4, 1835.

Rondelet fasste die Ergebnisse seiner Überlegungen in einer vergleichenden Tabelle zusammen. Auf den ersten Blick scheint sie nur zu bestätigen, dass die von Rondelet vorgeschlagene Berechnungsmethode genauer als die anderen genannten ist, auf den zweiten Blick fällt allerdings auf, dass die Ergebnisse aus den durchgeführten Versuchen Diskrepanzen zu den theoretischen Ansätzen aufweisen. Indirekt lässt sich dies auch als Plädoyer für eigene experimentelle Prüfungen von Berechnungsmethoden deuten.

von der Theorie, schon mehrere Gebäude der Arbeit beweisen [...].»[77] Die historische Praxis erlangt so den gleichen epistemischen Stellenwert wie das Experiment, repräsentiert im Bauprozess erzeugtes Wissen. Nicht nur muss sich die Theorie in der Praxis bewähren, vielmehr fundiert die Praxis auch die Theorie. Die Abhandlungen über Mörtel und Gips für die Statik der Gewölbekonstruktion kommen dagegen fast ohne formalisierte Ansätze aus. Deskription von Erfahrungen in Kombination mit der Niederlegung von Experimentalergebnissen soll allgemeingültige Aussagen ermöglichen.

Zuletzt diskutiert Rondelet die steinernen Brückenkonstruktionen, ein Thema, dem er nachgeordnete Bedeutung zumisst: «Während des letzten Jahrhunderts wurde die Brückenbaukunst durch eine Menge von Kenntnissen bereichert, die nun der Gegenstand einer besonderen Wissenschaft in der Architektur sind, deren Entwickelung aber nicht in dem Plane dieses Werks liegt.»[78] So beschränkt er sich denn auch auf die Kompilation zentraler Aussagen aus den Werken seiner Landsleute Jean-Rodolphe Perronet[79] und Emiland-Marie Gauthey.[80]

---

77 Rondelet 1833–36 (wie Anm. 6), Bd. 4, S. 315.

78 Ebd., S. 355.

79 Perronet, Jean-Rodolphe: Description des projets et de la construction des ponts de Neuilli, de Mante, d'Orléans, de Louis XVI, etc. On y a ajouté le projet du canal de Bourgogne, pour la communication des deux mers par Dijon; et de celui de la conduite des eaux de l'Yvette et de la Bievre à Paris. Paris 1788. Zu Perronet vgl. Vacant, Claude: Jean-Rodolphe Perronet (1708–1794). Premier ingénieur du Roi et directeur de l'École des ponts et chaussées. Paris 2006.

80 Gauthey, Emiland-Marie: Traité de la construction des ponts. 3 Bde. Paris 1809–13. Zu Gauthey vgl. Coste, Anne; Picon, Antoine; Sidot, Francis (Hg.): Un Ingénieur des lumières: Emiland-Marie Gauthey. Paris 1994.

Abschluss- und Endpunkt polytechnischer Diskurse waren ökonomische Fragen. «Materialien», «Verbindungen» und «Bearbeitung» wurden zusammengeführt.[81] Bei Rondelet meint «Bearbeitung» auch den Bauprozess und seine Steuerung: Schon das Grossprojekt der *Encyclopédie* hatte die Schwierigkeit der Vermittlung und Weitergabe handwerklicher Fertigkeiten verdeutlicht.[82] Rondelet kommentiert dieses Faktum lakonisch: «Die Erfahrung aller Zeiten hat gezeigt, daß das Resultat der Arbeit von der größeren und geringeren Uebung abhängt, welche die Werkleute in ihrem Fache erlangt haben.»[83] Der Titel des zehnten Buches heisst «Veranschlagung der Bauarbeiten».[84] Für den Prozess der ‹Ökonomisierung› ist die Metrisierung, die Vereinheitlichung lokaler und regionaler Masse, von zentraler Bedeutung:[85] «Die größte Unbequemlichkeit der alten Maaße bestand in der wenigen Gleichförmigkeit bei den Unterabteilungen jeder Art von Maaßeinheit.»[86] So bildet denn auch die ausführliche Umrechnung alter französischer Masseinheiten in metrische den Auftakt des Bandes. Ergänzt werden die Ausführungen durch Überblicke zu ausländischen sowie antiken, auf Obeliske bezogenen Längenmassen und deren metrischer Entsprechung. Die Vereinheitlichung der Masse ist Voraussetzung, regional variierende, auf dem Herkommen beruhende Kalkulationsmethoden zu hinterfragen; hinzu tritt die funktionale Aufgliederung der Arbeitsschritte beim Bauen. Rondelet unterzieht zunächst tradierte Methoden der Kostenkalkulation einer fulminanten Kritik, um dann geometrische Kalkulationsverfahren vorzuschlagen; als «[n]eue Methode, die Bauarbeiten zu messen, zu beschreiben und zu veranschlagen».[87] Vor der Folie des Alten entfaltet sich das Neue, Zeitgemässe: «Die methodische Veranschlagung der Bauarbeiten beruht, einerseits auf Thatsachen, welche durch die geometrische Ausmessung auf eine unbestreitbare Weise bestimmt sind, andererseits auf einer Menge veränderlicher, meistens unzusammenhängender, oft sogar widersprechender Dinge, deren Studium, verbunden mit Erfahrung, allein lehren kann, eine richtige Anwendung davon zu machen.»[88] Die von Rondelet kritisch kommentierten Verfahren waren mangelhaft bei der Kalkulation der durch die «veränderlichen Dinge» (Materialmenge, anfallender Abfall und Arbeitslohn) verursachten Kosten. Rondelet systematisiert in Abläufe und Materialgestehungskosten; alternative Durchführungen werden verglichen.[89] Die überlieferten Erlasse und exemplarische Kostenkalkulationen unter anderem des Conseil des bâtiments werden im Appendix[90] dokumentiert. Rondelet resümiert: «Hat man einmal die Quantität des verwendeten oder abgefallenen Materials zur Errichtung eines Bauwerks, und die Zeit der Arbeit, gehörig geschätzt, so wird es hernach leicht, auf diese Resultate die an den Orten, wo gebaut wird, zur Zeit bestehenden Preise anzuwenden.»[91] – als universale Methode der Kostenkalkulation. Sie folgt der prozessualen Logik des Bauens und beginnt mit den «Erdarbeiten», der technischen Vorbereitung des Bauplatzes, lässt dann die Maurer-, Zimmerer- und Dachdeckerarbeiten folgen. Die Erläuterung der universalen,

81 Rondelet 1833–36 (wie Anm. 6), Bd. 5, S. 1.

82 Vgl. mit konkretem Bezug zur Technik des Handwerks und der Manufaktur: Albert, Claudia: Imitation de la nature? Probleme der Darstellung in der Encyclopédie, in: Eybl, Franz M.; Harms, Wolfgang; Krummacher, Hans-Henrik u. a. (Hg.): Enzyklopädien der frühen Neuzeit. Beiträge zu ihrer Erforschung. Tübingen 1995, S. 200–214.

83 Rondelet 1833–36 (wie Anm. 6), Bd. 5, S. 1.

84 Ebd., S. 15.

85 Vgl. Kap. I.

86 Rondelet 1833–36 (wie Anm. 6), Bd. 5, S. 15.

87 Ebd., S. 90.

88 Ebd.

89 Vgl. Kap. I.

90 Vgl. Rondelet 1833–36 (wie Anm. 6), Bd. 5, S. 383–433.

91 Ebd., S. 92.

Tabelle zur Berechnung eines Kubikmeters Zimmerarbeit.

Gegenstand der Berechnung.	Erste Abtheilung.			Zweite Abtheilung.			Dritte Abtheilung.			Vierte Abtheilung.			Fünfte Abtheilung.		
	Holzstücke von 25 Centim. Stärke, bis zu 6 M. L.			Holzstücke von 30 Centim. Stärke, bis zu 7 M. L.			Holzstücke von 35 Centim. Stärke, bis zu 8 M. L.			Holzstücke von 40 Centim. Stärke, bis zu 9 M. L.			Holzstücke von 50 Centim. Stärke, bis zu 10 M. L.		
	Hölzer ohne Verbandstücke.	Hölzer mit Verbandstücken.	Hölzer zur Hälfte mit und zur Hälfte ohne Verbandstücke.	Hölzer ohne Verbandstücke.	Hölzer mit Verbandstücken.	Hölzer zur Hälfte mit und zur Hälfte ohne Verbandstücke.	Hölzer ohne Verbandstücke.	Hölzer mit Verbandstücken.	Hölzer zur Hälfte mit und zur Hälfte ohne Verbandstücke.	Hölzer ohne Verbandstücke.	Hölzer mit Verbandstücken.	Hölzer zur Hälfte mit und zur Hälfte ohne Verbandstücke.	Hölzer ohne Verbandstücke.	Hölzer mit Verbandstücken.	Hölzer zur Hälfte mit und zur Hälfte ohne Verbandstücke.
	Fr. C.	Fr. C.	Fr. C.	Fr. C.	Fr. C.	Fr. C.	Fr. C.	Fr. C.	Fr. C.	Fr. C.	Fr. C.	Fr. C.	Fr. C.	Fr. C.	Fr. C.
Holzpreis im Hafen	80 00	80 00	80 00	90 00	90 00	90 00	100 00	100 00	100 00	110 00	110 00	110 00	120 00	120 00	120 00
Abfälle 1/20	4 00	4 00	4 00	4 50	4 50	4 50	5 00	5 00	5 00	5 50	5 50	5 50	6 00	6 00	6 00
Doppelter Transport	7 30	7 30	7 30	7 30	7 30	7 30	7 30	7 30	7 30	7 30	7 30	7 30	7 30	7 30	7 30
Für die Arbeit auf dem Werkplatz	8 47	12 65	10 55	8 47	12 65	10 55	8 47	12 65	10 55	8 47	12 65	10 55	8 47	12 65	10 55
Für das Aufschlagen	2 88	3 65	3 20	2 88	3 65	3 20	2 88	3 65	4 20	2 88	3 65	3 20	2 88	3 65	3 20
Nebenkosten und Geräthschaften	1 13	1 63	1 37	1 13	1 63	1 37	1 13	1 63	1 37	1 13	1 63	1 37	1 13	1 63	1 87
	103 78	109 23	106 42	114 28	119 73	116 92	124 78	130 23	127 42	135 28	140 73	137 92	145 78	151 23	148 42
1/10 Gewinn	10 38	10 93	10 64	11 43	11 97	11 69	12 48	13 02	12 74	13 53	14 07	13 79	14 58	15 12	14 84
Zusammen	114 16	120 16	117 06	125 71	131 70	128 61	137 26	143 25	140 16	148 81	154 80	151 71	160 36	166 35	163 26
Geschnittenes Holz.															
Der vorige Betrag	114 16	120 15	117 06	125 71	131 70	128 61	137 26	143 25	140 16	148 81	154 80	151 71	160 36	166 35	163 26
Preis für eine Schnittfläche	3 17	3 16	3 17	2 76	2 76	2 76	2 47	2 47	2 47	2 27	2 27	2 27	2 10	2 10	2 10
	117 33	123 33	120 23	128 47	134 46	131 37	139 73	145 72	142 63	151 08	157 07	153 98	162 46	168 45	165 36
	3 17	3 17	3 17	2 76	2 76	2 76	2 48	2 47	2 47	2 27	2 27	2 27	2 10	2 10	2 10
Preis für zwei Schnittflächen	120 50	126 50	123 40	131 23	137 22	134 13	142 20	148 19	145 10	153 35	159 34	156 25	164 56	170 55	167 46
	3 17	3 17	3 17	2 76	2 76	2 76	2 47	2 47	2 47	2 27	2 27	2 27	2 10	2 10	2 10
Preis für drei Schnittflächen	123 67	129 67	126 57	133 99	139 98	136 89	144 67	150 66	147 57	155 62	161 61	158 52	166 66	172 65	169 56
	3 17	3 17	3 17	2 76	2 76	2 76	2 47	2 47	2 47	2 27	2 27	2 27	2 10	2 10	2 10
Preis für vier Schnittflächen	126 84	142 84	129 74	136 76	142 74	139 65	147 14	153 13	150 44	157 89	163 88	160 79	168 76	174 75	171 66
Geschnittene und zugerichtete Hölzer.															
Der vorige Betrag	114 16	120 16	117 06	125 71	131 70	128 81	137 26	143 25	140 16	148 81	154 80	151 71	160 36	166 35	163 26
Für eine zugerichtete Fläche	5 03	5 03	5 03	4 42	4 42	4 41	4 03	4 03	4 03	3 82	3 82	3 82	3 48	3 48	3 48
Zusammen	119 19	125 19	122 09	130 13	136 12	133 03	141 29	147 28	144 19	152 63	158 62	155 53	163 84	169 83	166 74
	5 03	5 03	5 03	4 42	4 42	4 42	4 03	4 03	4 03	3 82	3 82	3 82	3 48	3 48	3 48
Mit zwei zugerichteten Flächen	124 22	130 22	127 12	134 55	140 54	137 45	145 32	151 31	148 22	156 45	162 44	159 35	167 32	173 31	170 22
	5 03	5 03	5 03	4 42	4 42	4 42	4 03	4 03	4 03	3 82	3 82	3 82	3 48	3 48	3 48
Mit drei Flächen	129 25	135 25	132 15	138 97	144 96	141 87	149 35	155 35	152 25	160 27	166 26	163 17	170 80	176 79	173 79
	5 03	5 03	5 03	4 42	4 42	3 42	4 03	4 03	4 03	3 82	3 82	3 82	3 48	3 48	3 48
Mit vier Flächen	134 28	140 28	137 18	143 89	149 38	146 29	153 38	159 37	156 28	164 09	170 08	166 99	174 28	180 27	177 18

183 «Tabelle zur Berechnung eines Kubikmeters Zimmerarbeit», Blatt zwischen S. 184 und 185 aus: Rondelet, Kunst zu bauen, Bd. 5, 1836.

Mit der von Rondelet propagierten geometrischen Methode der Kostenkalkulation schien es möglich, einen universalen Überblick über die anfallenden spezifischen Arbeitskosten eines Baus zu erhalten, wie die Tabelle über die Zimmerarbeiten andeutet.

geometrischen Methode der Kostenkalkulation zu den einzelnen Gewerken des Innenausbaus schliesst sich an – von den Arbeiten der Tischler über jene der Schlosser bis hin zu denen der Glaser (**Abb. 183**).

Die Anfertigung der Voranschläge (dritte Abteilung) wird nicht als rechnerische Methode begriffen, sondern in einem sehr ambitionierten Anspruch des Architekten als Verantwortlichem für die Projekte im Ganzen verankert: Gestützt durch die *auctoritas* Vitruvs moniert Rondelet einleitend das neuzeitliche Architekturverständnis, das sich nur noch der vitruvianischen *venustas* verschrieben habe. Nicht nur habe die «erste und wesentliche Erforderniß eines Gebäudes»,[92] die Konstruktion, ihren von den Römern zugewiesenen Stellenwert verloren, denn, so Rondelet: «Durch die trügerischen Einflüsse von ihrem wahren Ziele abgelenkt, glaubte sich die Architektur, indem sie sich von allen Regeln und Grundsätzen lossagte, einzig und allein berufen, die kostbarsten und riesenhaftesten Projekte zu entwerfen und auszuführen, ohne die Pflicht zu haben, von ihrem Verfahren Rechenschaft abzulegen und die Kosten vorher zu bestimmen.»[93] Die Einrichtung neuer akademischer Schulen wollte diesem Missstand entgegenwirken, Verankerung des Baurechts schien notwendig, aber auch Verantwortung für die Kosten.[94] Rondelet weist ökonomischer Kontrolle eigenständiges Gewicht zu. Die Felder werden vom Einfachen zum Komplexen

92 Ebd., S. 317.

93 Ebd.

94 Vgl. ebd., S. 318–320.

geordnet, vom Element zum System. Rondelet skizziert drei zeitgenössische, in Frankreich gebräuchliche Bauanschläge, von denen dann im Folgenden einzig die «Kostenvoranschläge [...], um den ganzen Kostenaufwand kennen zu lernen»,[95] von Interesse sind. Rechtliche Grundlage sollten dabei die vom Conseil des bâtiments abgefassten sogenannten «allgemeinen Akkordsbedingungen» sein.[96] Bauherr und -unternehmer erhielten so eine beidseits verbindliche und transparente Basis der Kostenvoranschläge.[97] Die neue geometrische Methode der Kostenkalkulation wird exemplarisch veranschaulicht, als Beispiel dient ein grossbürgerliches Wohnhaus. Im Anschluss an eine knappe, die Abmessung des Baukörpers betreffende Skizze, synthetisiert Rondelets «specieller Kostenanschlag» dann die im zweiten Abschnitt ausgeführten Berechnungen.

Das *Handbuch der Architektur* als letztes «monumentales Standardwerk»

Als 1880 der erste Band des *Handbuchs der Architektur* erschien, war von den Herausgebern nicht geplant, dass sich das Publikationsvorhaben bis weit in das 20. Jahrhundert hineinziehen werde.[98] Noch unvollendet, aber bereits 128 Einzeltitel und 14 Titel der Supplementreihe *Fortschritte auf dem Gebiete der Architektur* umfassend, wurde das *Handbuch* erst 1943 – kriegsbedingt – eingestellt, nach Kriegsende dann nicht fortgeführt.[99] Trotz fehlenden Abschlusses ist der Begriff eines «monumentale[n] Standardwerk[s]»[100] treffend, zugleich verkörpert das *Handbuch* auch einen Endpunkt polytechnischer Ambition. Im Erscheinungszeitraum verlor sich das verbindende Moment in den Bauwissenschaften, die institutionelle Trennung von Architekt und Bauingenieur verfestigte sich.[101]

Das *Handbuch* verstand sich als polytechnisches Standardwerk. Eine Verlagsanzeige betonte noch 1901, es sei das «[w]ichtigste Werk für Architekten, Ingenieure, Baubehörden, Baugewerkmeister, Bauunternehmer».[102] Mit dem breiten Adressatenkreis verband sich verlegerisches Kalkül, die Herausgebergremien boten Absicherung akademischen Anspruchs. Das *Handbuch der Architektur* ist monumentaler Ausdruck der Hoffnung auf wissenschaftliche Durchdringung des Bauens – zugleich deutet es auf den Zerfall der Ganzheit des Baufachs und zeigt das Scheitern der Ideale des 19. Jahrhunderts. Die Auswahl der Autoren spiegelt die akademischen Netzwerke der polytechnischen Schulen des ausgehenden 19. Jahrhunderts.

Das *Handbuch der Architektur* unterscheidet sich als Publikationsvorhaben in seinem breiten Anspruch und konzeptionell von anderen grossen Handbuchserien des ausgehenden 19. Jahrhunderts (**Abb. 184**).

95 Ebd., S. 321.

96 Ebd., S. 328.

97 Vgl. ebd., S. 329–332.

98 Hierauf verweisen die Rezensionen, die sich den ersten Heften des ersten Bandes widmen. Vgl. beispielsweise: Redtenbacher, Rudolf: Rezension zu: Durm, Josef: Die Baukunst der Griechen (HdA, T. 2, Bd. 1). Darmstadt 1881, in: Allgemeine Bauzeitung 46 (1881), S. 91–93; Eggert, Hermann: Rezension zu: Durm, Josef; Ende, Hermann; Schmitt, Eduard; Wagner, Heinrich (Hg.): Handbuch der Architektur. 2 Hefte. Darmstadt 1881, in: Centralblatt der Bauverwaltung 1 (1881), Nr. 6, S. 56. Noch 1901 versprach eine Verlagsanzeige im *Handbuch* den baldigen Abschluss des Projekts, vgl. [Verlagsanzeige], in: Barkhausen, Georg; Heinzerling, Friedrich; Marx, Erwin u. a.: Constructions-Elemente in Stein, Holz und Eisen. Fundamente (HdA, T. 3, Bd. 1). 3. Aufl. Stuttgart 1901, unpag.

99 Dabei umfassen die 128 Bände diverse Neuauflagen und Überarbeitungen. Vgl. generell: Jaeger, Roland: Monumentales Standardwerk: Das ‹Handbuch der Architektur› (1880–1943). Verlagsgeschichte und Bibliographie, in: Aus dem Antiquariat. Neue Folge 4 (2006), Nr. 5, S. 343–364.

100 Ebd., Titel.

101 Vgl. hierzu Kap. II.

102 [Verlagsanzeige], in: Barkhausen/Heinzerling/Marx 1901 (wie Anm. 98), unpag.

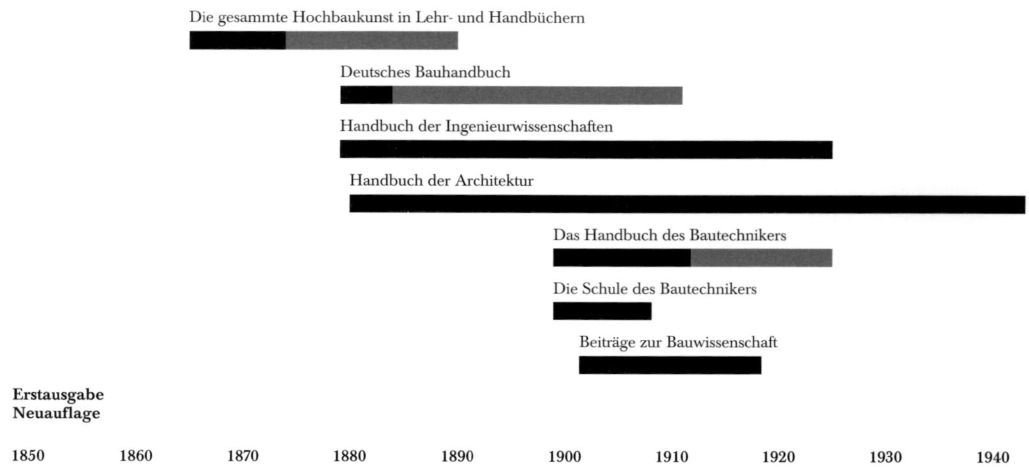

184 Die wichtigsten deutschen Lehrbuchreihen über das Bauen im 19. und 20. Jahrhundert.

Im zeitgleich erschienenen *Handbuch der Ingenieurwissenschaften*[103] beispielsweise – wenn auch von Karl-Eugen Kurrer als «Enzyklopädie der klassischen Bauingenieurwissenschaften» angesprochen – ist ein Wissen niedergelegt, das nach Kurrer «im Wesentlichen [...] vom Eisenbahnwesen» geprägt ist.[104] Eine Verengung der Themenbreite polytechnischen Bauwissens ist auch im Bereich der Architektur bemerkbar, etwa in der von Cornelius Gurlitt herausgegebenen, seit 1902 erschienenen Reihe *Beiträge zur Bauwissenschaft.*[105] Hinter Gurlitts Begriff «Bauwissenschaft» steht nicht eine polytechnische, sondern eine ausschliesslich kunsthistorische Sichtweise. Auch Reihen wie *Die Schule des Bautechnikers*[106] oder das *Handbuch des Bautechnikers,*[107] die kurz vor oder zeitgleich mit dem *Handbuch der Architektur* publiziert wurden, machten diesem keine Konkurrenz, da sie vornehmlich an Praktiker beziehungsweise an mittlere technische Bildungseinrichtungen, wie die Baugewerkschulen, adressiert waren.

Verantwortlich für Konzeption und Realisierung des «grossartig angelegt[en] Lehrbuch[s]»[108] waren anfänglich Josef Durm, Hermann Ende, Heinrich Wagner und Eduard Schmitt – drei Architekten und ein Ingenieur. Alle vier hatten eine akademische Ausbildung abgeschlossen, waren berufspraktisch tätig gewesen und zum Zeitpunkt der Herausgabe des ersten Bandes als Professoren an höheren technischen Ausbildungsinstitutionen tätig; sie verknüpften wissenschaftliches Verständnis, Erfahrung in der Praxis und didaktische Ambition.

Josef Durm (1837–1919) (**Abb. 185**), einer Karlsruher Schneiderfamilie entstammend, studierte von 1854 bis 1858 an der Bauschule des Polytechnikums seiner Heimatstadt.[109] Dieses Studium in der Tradi-

---

103 Franzius, Ludwig; Heusinger von Waldegg, Edmund; Lincke, Felix u. a. (Hg.): Handbuch der Ingenieurwissenschaften. 5 Bde. [später: Teile] und Ergänzungsband. Leipzig 1879–1925. Erweitert wurde dies durch: [Diverse Autoren]: Fortschritte der Ingenieurwissenschaften. 3 Gruppen. Leipzig 1892–1912.

104 Kurrer 2016 (wie Anm. 68), S. 191.

105 Gurlitt, Cornelius: Beiträge zur Bauwissenschaft. 24 Hefte. Berlin 1902–18.

106 [Diverse Autoren]: Die Schule des Bautechnikers. 19 Bde. Leipzig 1899–1908.

107 Issel, Hans (Hg.): Das Handbuch des Bautechnikers. Eine übersichtliche Zusammenfassung der an Baugewerksschulen gepflegten technischen Lehrfächer, zum Gebrauche für Studierende und ausführende Bautechniker. 21 Bde. Leipzig 1899–1912.

108 Redtenbacher 1881 (wie Anm. 98), S. 92.

109 Die biografischen Angaben, falls nicht anders vermerkt, nach: Förster, Katja: Josef Durm (Karlsruher Köpfe. Schriftenreihe des Stadtarchivs Karlsruhe, Bd. 1). Karlsruhe 2012, S. 11–29; Grammbitter, Ulrike: Josef Durm 1837–1919. Eine Einführung in das architektonische Werk (tuduv-Studien. Reihe Kunstgeschichte, Bd. 9). München 1984, S. 7–33.

185 Josef Durm, Gemälde von Leopold Durm, um 1915.

tion Rondelets, mit der Konstruktion im Zentrum,[110] prägte sein Architekturverständnis, galt ihm die Architektur doch stets als Gegenstand sachlich-nüchterner wissenschaftlicher Auseinandersetzung und rationaler Planung. Als man Durm 1868 zum Professor für Architektur an seiner Alma Mater ernannte, lagen bereits berufspraktische Tätigkeiten, die Staatsprüfung und eine einjährige Studienreise nach Italien hinter ihm. In den folgenden Jahrzehnten stieg Durm zu einem der führenden Architekten in Südwestdeutschland auf. Begleitet und gestützt wurde dieser Aufstieg durch seine staatlich-institutionelle Karriere:[111] 1877 erfolgte die Ernennung zum Baurat, ab 1882 gehörte er der Baudirektion des Grossherzogtums Baden an, 1887 wurde er zu deren Baudirektor und Vorstand ernannt, 1894 erhielt er die Stellung des Oberbaudirektors. Durm behielt diesen einflussreichen Posten bis 1902. Sein Renommee zeigen Rufe an die Technische Hochschule München (1877) und die Technische Hochschule Berlin-Charlottenburg (1888) sowie Ehrendoktorwürden, die ihm die Universität Heidelberg (1886) und die Technische Hochschule Berlin-Charlottenburg (1903) verliehen. Bezeichnend sind unter anderem Heinrich Schliemanns Bitte, die Ausgrabungen in Troja wissenschaftlich zu begutachten (1890), und Durms Berufung in ein internationales Kollegium, das im Auftrag der griechischen Regierung Restaurierungsmassnahmen für den 1893 durch ein Erdbeben beschädigten Parthenon erarbeiten sollte: all dieses Belege zeitgenössischer Wertschätzung als Bauforscher, Architekt und Lehrer.

---

110 Vgl. Durm, Josef: Gebäudelehre (Lehrbuch des Hochbaues, Bd. 2, Kap. 6). Leipzig 1908, S. 1–208, besonders S. 69.

111 Durms Biografie ist idealtypisch für erfolgreiche Architekten im 19. Jahrhundert; Aktivitäten im Staatsdienst stützten seinen gesellschaftlichen und beruflichen Aufstieg ab. Vgl. Bolenz, Eckhard: Vom Baubeamten zum freiberuflichen Architekten. Technische Berufe im Bauwesen (Preußen/Deutschland, 1799–1931) (Europäische Hochschulschriften, Reihe 3: Geschichte und ihre Hilfswissenschaften, Bd. 488). Frankfurt (Main) 1991.

Hermann Ende (1829–1907),[112] geboren in Landsberg an der Warthe, absolvierte von 1851 bis 1855 ein Studium an der Berliner Bauakademie, dem sich eine zweijährige Studienreise nach Italien und Griechenland anschloss. Seit 1859 betrieb er mit Wilhelm Böckmann eine erfolgreiche Baufirma; beide Architekten gaben wichtige Impulse für die Entwicklung der deutschen Neo-Renaissance. Nachdem Ende 1874 zum Mitglied der Preussischen Akademie der Künste ernannt worden war (die er von 1895 bis 1904 präsidieren sollte), folgte 1878 der Ruf an die Berliner Bauakademie, die im Folgejahr in der Technischen Hochschule Berlin-Charlottenburg aufging. Die Wertschätzung seiner Arbeit drückte sich in der Verleihung der silbernen Medaille für Verdienste um das Bauwesen (1883) und des Ordens *Pour le Mérite* (Friedensklasse, 1891) aus. Ende war erfolgreicher Architekt, Unternehmer und geschätzter Hochschullehrer.

Der dritte Architekt des Herausgebergremiums war Heinrich Wagner (1834–1897).[113] Er stammte aus einer Stuttgarter Beamtenfamilie und begann 1853 am dortigen Polytechnikum zu studieren, 1855 legte er die Staatsprüfung im Baufach ab. Dem polytechnisch ausgerichteten Stuttgarter Studium schloss sich ein baukünstlerische Aspekte des Bauens betonendes Studium an der Pariser École des beaux-arts an; nach dessen Abschluss war Wagner von 1857 bis 1861 in London praktisch tätig. Seit 1861 lehrte er zunächst an der Stuttgarter Baugewerkeschule, 1869 folgte die Ernennung zum Professor am Polytechnikum in Darmstadt, zu dessen Direktor Wagner bis zu seinem Tode mehrmals gewählt wurde. Wie seine Kollegen blieb er berufspraktisch tätig und erhielt staatliche Ehrungen, so 1875 das Ritterkreuz 1. Klasse und 1886 den Titel des Geheimen Baurates. Darüber hinaus engagierte er sich in denkmalpolitischen Aufgaben, so war er zum Beispiel seit 1892 Mitglied des Kunstrates für die Erhaltung und Wiederherstellung des Wormser Doms und gehörte seit 1880 dem Herausgebergremium der Schriftenreihe *Die Kunstdenkmäler des Großherzogthums Hessen* an. Wie sein Kollege Durm galt Wagner seinen Zeitgenossen als hervorragender Kenner der Baugeschichte.

Für die Ingenieurthemen war im Herausgebergremium Eduard Schmitt (1842–1913) zuständig.[114] Als Sohn eines Lehrers in Prag geboren, studierte er von 1858 bis 1861 am Prager und am Wiener Polytechnikum Ingenieurwissenschaften. Als er 1872 auf die Professur für Bau- und Ingenieurwissenschaften an der Universität Gießen berufen wurde, lagen sowohl berufspraktische als auch akademische Tätigkeiten hinter ihm. 1874 wurde sein Lehrstuhl an das Polytechnikum in Darmstadt verlegt, wo er bis zu seiner Emeritierung 1912 lehrte. Schmitt war mehrmals Dekan und 1884 bis 1886 auch Rektor der – zu diesem Zeitpunkt bereits umbenannten – Technischen Hochschule Darmstadt. Unter Zeitgenossen galt Schmitt als führender Experte für Strassen- und Eisenbahnbau, für sein wissenschaftliches Ansehen sprechen die Ehrendoktorwürden der Universität Gießen (1872) und der Technischen Hochschule Berlin-Charlottenburg (1905); 1886 hatte die grossherzoglich-hessische Regierung Schmitt bereits den Titel eines Geheimen Baurats verliehen. Er war einer der Mitbegründer der Fachzeitschrift *Der städtische Tiefbau*.

Das erste Herausgebergremium bildeten somit vier akademische Experten des Bauwesens: alle waren berufspraktisch und institutionell erfolgreich. Als Wissenschaftler und Praktiker verfügten die Herausgeber über weit verzweigte Netzwerke, die es ihnen erleichterten, für vielfältige Wissensgebiete Experten als Autoren zu gewinnen. Der Umstand, dass ein Herausgeber*gremium* agierte, ist gleichwohl ein Hinweis

---

112 Die biografischen Angaben nach: Vollmer: Ende, Hermann, in: Thieme, Ulrich; Becker, Felix (Hg.): Allgemeines Lexikon der bildenden Künstler von der Antike bis zur Gegenwart, Bd. 10. Nachdruck München 1992, S. 511–512; [Lemma] Hermann Ende, in: Wikipedia. Die freie Enzyklopädie [http://de.wikipedia.org/wiki/Hermann_Ende] (16. Juni 2013).

113 Die biografischen Angaben nach: Fränkel, Ludwig: Wagner, Heinrich, in: ADB, Bd. 44. Leipzig 1898, S. 437–439.

114 Die biografischen Angaben nach: Viefhaus, Marianne: Eduard Schmitt (Schmidt), in: Österreichisches Biographisches Lexikon und biographische Dokumentation, Bd. 10. Wien 1992, S. 250.

darauf, dass ein einzelner Autor oder Herausgeber das polytechnische Wissensfeld am Ende des 19. Jahrhunderts nicht mehr eigenständig verantworten und abdecken konnte.

Der Redakteur des *Centralblatts der Bauverwaltung,* Hermann Eggert, lobte im Jahr 1881 die ersten Hefte des *Handbuchs.* Eggert umreisst den Anspruch der Herausgeber, «den gegenwärtigen Stand der architektonischen Wissenschaft vollständig und in übersichtlicher Weise»[115] darzustellen, betont den Charakter des *Handbuchs* als ein «allseitig unterrichtendes Lehrbuch», und wünscht, dass es «einen möglichst schnellen Fortgang nehmen möge».[116] Enthusiastischer noch, das Nationale betonend, gab sich ein Jahr später der Redakteur der *Deutschen Bauzeitung,* Karl Emil Otto Fritsch. Er deklarierte das *Handbuch* zu einem «deutsche[n] Architekturwerk»,[117] einem Werk, «wie es noch keine andere Nation besitzt und wie es [...] vielleicht keine andere Nation zu schaffen berufen ist».[118] Die Rezension deutet an, dass die Etablierung «technische[r] Lehranstalten» Grundlage für Anspruch und Erfolg war.[119] Nach Meinung des Rezensenten hatte es bislang nur «[w]issenschaftlich behandelte Lehrbücher» für einzelne Subdisziplinen gegeben.[120] «An einem inneren Zusammenhange zwischen denselben, durch welchen nach einem höheren Gesichtspunkte der Zusammengehörigkeit der verschiedenen Disziplinen gebührend Rechnung getragen würde, fehlt es aber noch fast ganz.»[121] An diesem Punkt setze nun das *Handbuch* an, dem «eine der ehrenvollsten Stellen in unserer deutschen Fachliteratur von vorn herein gewiss ist».[122]

Vorschusslorbeeren erhielt das *Handbuch der Architektur* zu Beginn der 1880er Jahre vielfach, doch kein Urteil war so begeistert wie Rudolf Redtenbachers Besprechung der *Baukunst der Griechen* von Josef Durm. Redtenbacher schrieb: «Es droht ihr [der Architektur, d. Verf.] Verflachung, wenn nicht die Architekten es unternehmen, ihre Gesetze festzustellen, damit sie auf sicherer Basis weiterbauen können. Und ein solcher gesetzgeberischer Akt liegt in diesem Unternehmen [...]. Mag auch mancher Einzelne [...] in vielen Dingen anderer Ansicht sein, [...] so ist und bleibt es doch ein nicht zu umgehendes Fundamentalwerk für das Architekturstudium, und es wird, einmal vollendet, selbst erst allmälig in weiteren Auflagen so ausreifen, dass es ein grundlegendes Werk auch für die Zukunft bleibt.»[123] Redtenbachers Lob verweist auf die Heterogenität der Standpunkte zum Ende des 19. Jahrhunderts. Der Pluralismus historischer Anknüpfungsmöglichkeiten verband sich mit der fortschreitenden Spezialisierung der Felder. Das *Handbuch* sollte daher mehr als nur ein Lehrbuch sein, es sollte zugleich auch enzyklopädisch konzipierte Richtschnur einer gültigen Bauwissenschaft sein und einen ‹überzeitlichen› Verbindlichkeitsanspruch entfalten. Redtenbachers Hoffnung beruhte auf dem prozessualen Charakter des *Handbuchs.* Die von den Herausgebern konzipierte Ordnung des Wissens verlieh auch den Einzeldisziplinen den Charakter *einer* «architektonischen Wissenschaft»[124]. Die Struktur des *Handbuchs* zeigt vier «Haupt-Abtheilungen»[125]; die

---

115 Eggert 1881 (wie Anm. 98), S. 56.

116 Beide Zitate: ebd.

117 Fritsch, Karl Emil Otto: Ein deutsches Architekturwerk, in: Deutsche Bauzeitung 16 (1882), S. 374–376, hier S. 374.

118 Ebd., S. 375.

119 Insofern folgt Fritsch hier der Eigen- und Fremdzuschreibung einer verwissenschaftlichten Technik, mit der die deutsche Entwicklung im späten 19. Jahrhundert charakterisiert wurde. Vgl. Radkau, Joachim: Technik in Deutschland. Vom 18. Jahrhundert bis zur Gegenwart. Frankfurt (Main) 1989, S. 21–40.

120 Fritsch 1882 (wie Anm. 117), S. 374.

121 Ebd.

122 Ebd., S. 375.

123 Redtenbacher 1881 (wie Anm. 98), S. 91.

124 Eggert 1881 (wie Anm. 98), S. 56.

125 Fritsch 1882 (wie Anm. 117), S. 375.

Handbuch der Architektur

Teil I	**Allgemeine Hochbaukunde.** 5 Bände in 17 Einzelveröffentlichungen (1) 1880–1906, Neuauflagen bis 1926	**Teil III**	**Die Hochbau-Constructionen.** 6 Bände in 32 Einzelveröffentlichungen (1) 1881–1903, Neuauflagen bis 1914
Teil II	**Die Baustile. Historische und technische Entwicklung.** 6 Bände in 25 Einzelveröffentlichungen (1) 1880–1903, Neuauflagen bis 1927	**Teil IV**	**Entwerfen. Anlage und Einrichtung der Gebäude.** 8 Halbbände in 62 Einzelveröffentlichungen (1) 1883–1931, Neuauflagen bis 1943

186 Das *Handbuch der Architektur* im Überblick.

Herausgeber hatten eine allgemeine Hochbaukunde, eine historische und technische Baustilkunde, eine Konstruktionslehre des Hochbaus und eine Gebäudeentwurfslehre als bauwissenschaftliche Eckpfeiler definiert (**Abb. 186**). Der erste Direktor des Germanischen Museums in Nürnberg, August von Essenwein, formulierte Hintergründe und Zielsetzungen.[126] Essenwein verfasste die offizielle *Einleitung,* die in der ersten Hälfte des ersten Bandes erschien.[127]

Essenwein gliedert die gut 50 Druckseiten umfassende *Einleitung* in einen «Theoretische[n] Teil» und einen «Geschichtliche[n] Teil». Der historische Teil ist umfangreicher als der theoretische, der die Konzeption des *Handbuchs* erklärt: Zwei Begriffspaare, ‹Natur› und ‹Kultur› und ‹Wissenschaft› und ‹Phantasie›, bilden die Grundstruktur der Argumente.[128] Die Dichotomie ‹Natur› – ‹Kultur› diente Essenwein zur phänomenologischen Unterscheidung zweier diskursiv konstruierter Wirklichkeitswelten, zugleich baute er so den Gegensatz ‹naturale Perfektion› – ‹kulturelle Unvollkommenheit› auf:[129] Die Produkte der Kultur sind zwar unvollkommen, sie vermögen aber der naturalen Perfektion im synthetischen Zusammenspiel von ‹Wissenschaft› und ‹Phantasie› – hier eine kulturelle Dichotomie – nahezukommen. Wissenschaft wird als Naturwissenschaft verstanden, Phantasie mit der Dichtung analogisiert. Beide werden als Triebkräfte kultureller Entwicklung verstanden, einer «idealistischen» und «materialistischen» Entwicklung,[130] der teleologischer Charakter zukommt.[131] Essenweins Haltung gründet im bürgerlichen Fortschrittsoptimismus des 19. Jahrhunderts, auch wenn dieser seit den 1850er Jahren schwankend geworden war:[132] «Je weiter sich die Wissenschaft auf dem eigenen Gebiete um ihrer selbst willen erhob, je mächtiger die Phantasie das Gefühl anregte, um so größer mußte auch die treibende Kraft sein, welche Gedanken und Gefühl einsetzten, um auf dem Gebiete des greifbaren Schaffens eine ähnliche Entwickelung hervorzubringen und dieses weite Reich je zur selben Größe und Macht zu heben, zu welchen die

---

126 Zur Biografie Essenweins vgl. Boesch, Hans: Essenwein, August Ottmar, in: ADB, Bd. 48. Leipzig 1904, S. 432–434; Schiedlausky, Günther: Essenwein, August Ottmar Ritter von, in: NDB, Bd. 4. Berlin 1959, S. 657.

127 Essenwein, August von: Einleitung, in: ders.; Exner, Wilhelm Franz; Hauenschild, Hans u. a.: Einleitung. Die Technik der wichtigeren Baustoffe (HdA, T. 1, Bd. 1, 1. Hälfte). Darmstadt 1880, S. 1–50.

128 Vgl. ebd., S. 4–8.

129 Ebd., besonders S. 3–4. In solchen Aussagen zeigt sich die intellektuelle Tradition des gelehrten Europas. Zum einen die der aristotelischen Dichotomie von Form und Materie (vgl. Bormann, Claus von u. a.: Form und Materie (Stoff), in: Ritter, Joachim (Hg.): Historisches Wörterbuch der Philosophie, Bd. 2. Darmstadt 1972, Sp. 977–1030), zum anderen jene der Physikotheologie, die einem säkularisierten Naturverständnis, wie wir es bei Essenwein finden, Vorschub leistete (vgl. Krolzik, Udo: Säkularisierung der Natur. Providentia-Dei-Lehre und Naturverständnis der Frühaufklärung. Neukirchen-Vluyn 1988).

130 Essenwein 1880 (wie Anm. 127), S. 4.

131 Vgl. ebd., S. 6–7.

132 Vgl. beispielsweise: Sieferle, Rolf-Peter: Fortschrittsfeinde? Opposition gegen Technik und Industrie von der Romantik bis zur Gegenwart. München 1984.

Reiche des abstracten Gedankens und Gefühles sich emporgeschwungen hatten. Das gegenwärtige Buch hat die Betrachtung des weitesten und großartigsten Gebietes greifbaren Schaffens zur Aufgabe [...].»[133]

Essenweins Verständnis von «Baukunst» wird einige Seiten später ausgeführt: «Die Technik, welche dies vollbringt, wird als ‹*Kunst zu bauen*› oder ‹*Bautechnik*› bezeichnet, die Lehre von der Formensprache, in welcher die Werke derselben auftreten, die ‹*Tektonik des Bauens*›, Im Gegensatze zu jener bei kleinen Schöpfungen, die ‹*Architektonik.*› Die Kunst, durch das Bauen jene großen nach den Regeln der Architektonik sich darstellenden Werke zu schaffen, heißt die ‹*Architektur*› oder ‹*Baukunst.*› Sie wird ausdrücklich als Kunst bezeichnet; denn sie hat nicht bloß äußerlichen Zwecken zu dienen; sie vermag es auch durch ihre Formensprache auf das Gemüth zu wirken und den Geist zu erheben, und ihre Werke fallen somit in den Kreis der Kunst im engeren Sinne.»[134] Seine Rede über Architektur steht in der vitruvianischen Traditionslinie, es deuten sich aber Verschiebungen im Diskurs an, ändert sich doch das Gleichgewicht zwischen technischen und künstlerischen Inhalten zugunsten letzterer. Die Ergebnisse der Verlagerung sind uneindeutig – materielle Grundlagen der Architektur spielen weiterhin eine eminente Rolle und wissenschaftliches Wissen bleibt unverzichtbar.[135]

Allerdings erfuhr die ‹Baukunst› eine Engführung auf den Hochbau. Diese resultierte, so Essenwein, aus der fortschreitenden akademischen, vor allem Wissensbestände über das Technische betreffenden, Ausdifferenzierung der Baukunst.[136] Der Prozess schlug sich nach Essenwein in der Entstehung des «Ingenieurfachs» nieder, das sich «heute fast gänzlich vom gemeinsamen Stamme losgelöst» habe.[137] Die begriffliche Engführung schien auch geboten, weil neue Bauaufgaben im Hochbau entstanden waren, die ihrerseits «eine Reihe von einzelnen Specialgebieten» hervorgebracht hatten.[138]

Die wachsende Komplexität architektonischer Aufgaben und die verschiedenen Geschwindigkeiten der Erneuerung der Wissensfelder erwiesen sich als Begründungen einer neu gelagerten Definition von Baukunst. Historische Wurzeln lagen in der Wissenschaftstradition des 19. Jahrhunderts,[139] denn «[d]ie Trennung ist ja ohnehin nur aus praktischen Gründen erfolgt».[140]

---

133 Essenwein 1880 (wie Anm. 127), S. 5.

134 Ebd., S. 9 (kursive Hervorhebungen im Original gesperrt).

135 Vgl. ebd., S. 9–10.

136 Ebd., S. 10.

137 Ebd.

138 Ebd.

139 Hierauf weist Essenwein in der zitierten Stelle über das Ingenieurfach nachdrücklich hin.

140 Essenwein 1880 (wie Anm. 127), S. 10.

Teil I – Allgemeine Hochbaukunde.

Band 1 **Einleitung. Die Technik der wichtigeren Baustoffe. Die Statik der Hochbau-Constructionen.**

2 Hefte
(1) 1880–83, (2) 1889–95, (3) 1899–1905, (4) 1909

Band 2 **Die Bauformenlehre.**

(1) 1896, (2) 1901

Band 3 **Die Formenlehre des Ornaments.**

(1) 1906, (2) 1926

Band 4 **Die Keramik in der Baukunst.**

(1) 1897, (2) 1908

Band 5 **Die Bauführung. Mit Einschluß der Baukostenberechnung, der Baurüstungen und der Beförderungsmittel von Baustoffen auf der Baustelle.**

(1) 1901, (2) 1912

187 Struktur und Inhalte der *Allgemeinen Hochbaukunde,* Teil 1 des *Handbuchs der Architektur.*

Der erste Teil: *Die Allgemeine Hochbaukunde* als Fundament

Der erste Teil des *Handbuchs der Architektur,* die *Allgemeine Hochbaukunde,* bildet das Fundament der Ordnung: Er umfasst eine *Baumateriallehre,* ferner die Bände *Die Statik der Hochbau-Constructionen, Die Bauformenlehre, Die Formenlehre des Ornaments, Die Keramik in der Baukunst* und *Die Bauführung* (**Abb. 187**),[141] fokussiert wird auf Inhalte, die «zur Kenntniß seines [des Architekten, d. Verf.] Specialfaches und zur praktischen Ausübung desselben erforderlich» sind.[142] Die *Allgemeine Hochbaukunde* verdichtet zentrale Themen des Bauwesens und setzt neue Akzente, ist aber bereits in der Auswahl der Schwerpunkte inkonsistent, mischt historische und technische Themen, wechselt Hierarchieebenen von Argumentation und Materialvorlage (wenn etwa der Keramik ein eigener Band gewidmet ist).

Die Baumateriallehre ist Ausgangspunkt der Ordnung des Handbuchs, sie heisst *Technik der wichtigeren Baustoffe.* Materialeigenschaften und Form werden gleichberechtigt angesprochen: Denn «[d]er Stoff stellt seine Bedingungen, und Construction und Form sind davon abhängig»,[143] die Baumaterialien sind «für die äußere Erscheinung, für das *letztgesuchte unter den Zielen,* die sich der Baumeister steckt, von hervorragendster Bedeutung [...]».[144] Die Darstellung ist technisch orientiert und auf die chemischen und physikalischen Eigenschaften der Materialien bezogen; Verfahren der Materialprüfung werden vorgestellt (**Abb. 188**). In der *Technik der wichtigeren Baustoffe* wird kategorial getrennt in die (hier dominierenden) *Constructionsmaterialien* und die *Materialien des Ausbaues.*[145] Der Abschnitt *Constructionsmaterialien* behandelt die natürlichen und künstlichen Steine, die keramischen Baustoffe, den Mörtel, den Beton, das Holz sowie das Eisen und den Stahl. Diese Systematik reflektiert die historische Bedeutung des Baumaterials Stein und einen ‹Verwandtschaftsgrad› zwischen den Baumaterialien Mörtel und Beton. Die Konstruktionsmaterialien werden hier durch ihre jeweilige materielle Identität charakterisiert, Beton und Mörtel hingegen durch ihre Funktionalität: «Unter dem allgemeinen Namen Beton fassen wir hier im Gegensatze zu Verbundmauerwerk jenen für die Herstellung von raumbegrenzenden Constructionen dienenden Baustoff zusammen, bei welchem der Mörtel nicht bloss Verbindungsmaterial, sondern gleich-

---

141 Zu letzterer vgl. Kap. III.

142 Essenwein 1880 (wie Anm. 127), S. 10.

143 Hauenschild, Hans: Die Baustoffe im Allgemeinen, in: Essenwein/Exner/Hauenschild 1880 (wie Anm. 127), S. 55–59, hier S. 55.

144 Essenwein 1880 (wie Anm. 127), S. 11 (Hervorhebung d. Verf.).

145 Vgl. das Inhaltsverzeichnis des Bandes: Essenwein/Exner/Hauenschild 1880 (wie Anm. 127), S. V–VII.

Fig. 3.

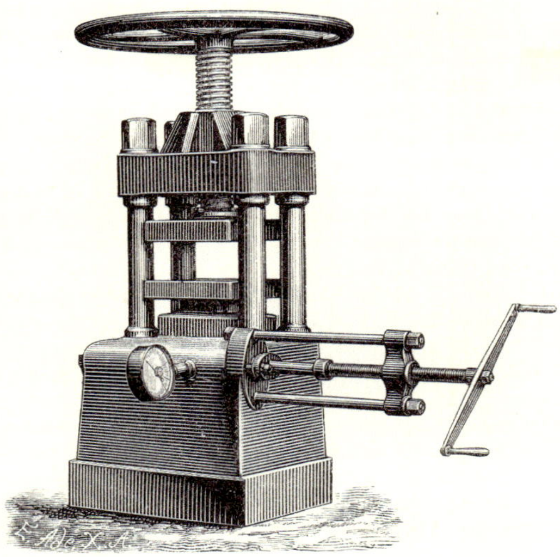

Hydraulifche Preffe ohne Pumpe.

188 «Hydraulische Presse ohne Pumpe», Fig. 3 (S. 80) aus: Hauenschild, Stein (HdA, T. 1, Bd. 1, 1. Hälfte, Abschnitt 1, Kap. 1), 1880.

Die Technisierung der Materialprüfung von Steinen betraf vor allem grössere Querschnitte, hydraulische Pressen galten hierfür als bestens geeignet. Derartige Maschinen wiesen unterschiedliche Qualitäten auf. Die abgebildete Presse der Firma Brink und Hübner lieferte zwar nicht die exaktesten Ergebnisse, doch für die Praxis «hinlänglich genaue Resultate». Exaktheit hingegen sollten jene Pressen erbringen, die in den institutionalisierten Materialprüfungsanstalten eingesetzt wurden.

zeitig eigentliches Constructionsmaterial ist [...].»[146] Das neue Baumaterial Beton stellte die überlieferte polytechnische Ordnung des Materialwissens in Frage, es ermöglichte eine neue Materialtrias, in der die Verbundmaterialien einen eigenen Ort finden.[147]

Vergleichsweise bescheiden handeln die Autoren die *Materialien des Ausbaues* ab. Neben den Metallen Zink, Blei, Kupfer und deren Legierungen findet auch der Asphalt Berücksichtigung, ein Schwerpunkt liegt auf dem Baustoff Glas. Begründet wird dies durch die enge architektonische und konstruktive Beziehung des Glases zum Baustoff Eisen.[148] Abgesehen von den Darlegungen über das Blei, einer Reminiszenz an die historische Bedeutung des Metalls, dominieren technische Inhalte, von der Materialspezifik über die Materialprüfung bis hin zum Materialeinsatz. Struktur und inhaltliche Schwerpunktsetzungen weisen unübersehbar darauf hin, dass das Wissen über die Baumaterialien, auch entgegen anders lautender Programmatik, naturwissenschaftlich unterlegt bleibt – und damit in der Tradition der polytechnischen Konzepte verankert ist.

Die *Statik der Hochbaukonstruktionen*[149] verfasste einer der führenden Bauingenieure des deutschsprachigen Raums, Theodor Landsberg. Er zählte « besonders auf dem Gebiete der praktischen Statik und des Eisenbaues zu den führenden Geistern [...]» und war auch für das *Handbuch der Ingenieurwissenschaften* tätig.[150] Landsbergs profunde baustatische Kenntnis zeigt sich in der von ihm benutzten Literatur, die auf der Höhe der ingenieurwissenschaftlichen Forschung seiner Zeit steht; aktuelles Fachwisssen war aufgrund der schnellen Entwicklung des Feldes wichtig. Methodische Referenz Landsbergs ist die grafische

---

146 Hauenschild, Hans: Beton (HdA, T. 1, Bd. 1, 1. Hälfte, Abschnitt 1, Kap. 4). Darmstadt 1880, S. 150.

147 Vgl. Kap. III.

148 Hauenschild, Hans: Materialien des Ausbaues (HdA, T. 1, Bd. 1, 1. Hälfte, Abschnitt 2). Darmstadt 1880, S. 221.

149 Landsberg, Theodor: Die Statik der Hochbau-Constructionen (HdA, T. 1, Bd. 1, 2. Hälfte). 2. Aufl. Darmstadt 1889.

150 Kayser, [Heinrich]: Theodor Landsberg †, in: Zentralblatt der Bauverwaltung 35 (1915), Nr. 87, S. 574–576, hier S. 574. Hier auch eine kurze Biografie zu Landsberg. Zu Landsbergs wichtigsten Publikationen zählen unter anderem: Der Brückenbau. Leipzig 1904; Das Verfahren der Einflußlinie. 7. Aufl. Berlin 1920. Landsberg gab Teile des *Handbuchs der Ingenieurwissenschaften* heraus.

Statik, «da sie in vielen Fällen rascher und leichter zum Ziele [führt] und [...] fast immer eine klarere Übersicht über die Wirkung der Kräfte [gewährt], als die Rechnung».[151] Bei der Darlegung der Grundlagen der grafischen Statik betont Landsberg, dass er sich auf das für die architektonische Praxis Unabdingbare beschränken wolle.[152]

Der Autor des zweiten Bands der *Allgemeinen Hochbaukunde,* der *Bauformenlehre,*[153] ist Josef Bühlmann,[154] Spezialist für antike Baugeschichte,[155] seit 1888 Professor für Baukunst an der Technischen Hochschule München und Autor grossartiger Schaubilder und Panoramadarstellungen, exzellenter Kenner römischer Architektur.[156] Die *Bauformenlehre* vermittelte eine Grammatik architektonischer Formen seit der Antike, daher kam ihr im ausgehenden 19. Jahrhundert grosse Bedeutung für das architektonische Entwerfen zu, bis zur Jahrhundertwende finden sich vielfältige Entwurfslehren als Bauformenlehren[157]. Der Bauformenlehre hatte Essenwein in seiner Einleitung hohe Bedeutung für das baukünstlerische Selbstverständnis zugemessen: «[...] mußten wir [...] für die Construction des Bauwerkes selbst auf eine Thätigkeit hinweisen, die einem unerreichbaren Naturgesetze analog ist – so giebt die Durchbildung der Gliederung, weil sie eben eine Sprache ist, der subjectiven Thätigkeit mehr Raum. Man kann bei vollkommener Beherrschung einer Sprache einen und denselben Gedanken in der verschiedensten Weise ausdrücken [...]. Eben so bei der Formensprache. Hier entscheidet nur das Talent; hier ist kein Gebiet mehr, das eigentlich so groß ist, daß selbst der bedeutendste und klarste Kopf gegenüber den ewig waltenden, unfehlbaren Naturgesetzen seine Schwäche erkennen muß. Hier ist vielmehr ein solches, welches des Menschen Kraft ausfüllen kann, welches deßhalb der Künstler auch beherrschen kann und muß.»[158]

Essenweins Text betont die Grenzen des Lehrbaren. Bühlmanns didaktische Herausforderung bestand offensichtlich aber auch darin, eine lehrbare Konzeption der Bauformenlehre zu entwerfen und sie wissenschaftlichen Kriterien zu unterwerfen: «Da die Bauformen nicht durch Willkür erzeugt, sondern aus erkennbaren Bedingungen hervorgegangen sind, so können dieselben der Gegenstand einer systematischen Lehre sein [...]. Soll nun eine solche Lehre ihren Gegenstand eingehend behandeln, so wird sie zunächst Ursprung und erste Bedeutung der Formen in das Auge fassen müssen. Sie wird alsdann die Umwandlungen derselben verfolgen und den Gedanken, der später mit derselben verbunden wurde, zu erkennen suchen. Da Formen verschiedener Stile den nämlichen Gedanken in anderer Gestalt verwirklichen können, so ist ein Nebeneinanderstellen und Vergleichen solcher Formen angezeigt. Durch solche Vergleiche wird ein selbstständiges, freies Anwenden und zugleich ein Weiterbilden der Formen angebahnt. Letzteres ist bei jeder neuen Aufgabe angezeigt, wenn den besonderen Bedingungen Rechnung

151 Landsberg 1889 (wie Anm. 149), S. 9.

152 Vgl. ebd., S. 9–16.

153 Bühlmann, Josef: Die Bauformenlehre (HdA, T. 1, Bd. 2). Darmstadt 1896.

154 Im Folgenden beziehen sich die Autorenangaben ausschliesslich auf die 1. Auflage. Zum Wandel der Autorenschaft vgl. Jaeger 2006 (wie Anm. 99), besonders S. 351–364.

155 Siehe unter anderem Josef Bühlmann. Der römische Tempelbau. Die Baukunst Ser. 2, H. 9 , Berlin 1902.

156 Vgl. Anonym: Lehrstuhlgeschichte. Die wichtigsten Personen, www.baufo.ar.tum.de/index.php?id=20 (23. Oktober 2013). Zu den Panoramen siehe Kockel, Valentin: «Wissenschaft und Kunst sind, wie selten, eine glückliche Verbindung eingegangen». – Das Rom-Panorama von Josef Bühlmann im Kontext des 19. Jahrhunderts, in: Cain, Hans-Ulrich; Haug, Annette; Asisi Yadegar (Hg.):, Das antike Rom und sein Bild (Transformationen der Antike, Bd. 21), Berlin/Boston 2011, S. 23–48.

157 Siehe etwa Hans Issel, Constantin Uhde oder Othmar von Leixner, dazu Hassler, Uta: Zur polytechnischen Tradition der Bauforschung, in: dies. (Hg.): Bauforschung. Zur Rekonstruktion des Wissens. Zürich 2010, S. 80–131.

158 Essenwein 1880 (wie Anm. 127), S. 16. Mit «Gliederung» ist hier die Formgebung der Massen gemeint, die durch die Konstruktion verbunden sind. Vgl. ebd., S. 15–16.

getragen und so Inhalt und Form sich decken sollen.»[159] Bauformenlehre versteht sich hier als praktisch angewandte Lehre zu verallgemeinerbaren Formenkanones der Baugeschichte, ist Bindeglied zwischen Konstruktion und Stil. Sie ist lehrbar, da die Bauformen und ihre historische Entwicklung hermeneutisch zugänglich sind, auch in einer indirekten Abhängigkeit vom Baumaterial stehen. Und doch galt Bühlmann seine *Bauformenlehre* als ein «Versuch»,[160] denn nicht zuletzt war «[...] die Frage zu untersuchen, in wie fern die Bauformen nach rein malerischen Grundsätzen gestaltet werden dürfen».[161]

Der Auftakt von Bühlmanns *Bauformenlehre* wiederholt die kategoriale Unterscheidung von «constructiven Bauformen»[162] und «Schmuckformen» im 19. Jahrhundert.[163] Erstgenannte werden durch das verwendete Baumaterial und die angewandte Konstruktionsweise determiniert; ihnen ist «blosse[...] Zweckmässigkeit und Nützlichkeit eigen»,[164] weshalb sie lediglich zur Gestaltung von Profanbauten eingesetzt werden können. Ungeeignet hingegen sind sie für Bauwerke, denen «neben der Erfüllung eines materiellen Zweckes noch eine geistige Bedeutung zukommt»,[165] die nur durch die Dekoration, die Kunstform, zum Ausdruck gebracht werden kann.[166] Entscheidender Einfluss auf die Formgebung geht dabei von der Funktion der Bauteile aus, die Bauformen sind stets in Hinblick auf den Gesamtbau zu betrachten.[167] Die Erörterung dieses Zusammenhangs ist zentrales Anliegen der *Bauformenlehre,* die mit allgemeinen Überlegungen zur «Gestaltung der Architekturformen nach malerischen Grundsätzen» abschliesst und – zeitentsprechend – noch von einer Regelhaftigkeit antiker Baulösungen ausgeht.[168] Obwohl die *Bauformenlehre* keine Stillehre sein will, sind inhaltliche Überschneidungen mit anderen Abschnitten des *Handbuchs* kaum vermeidbar. Die Fokussierung auf die Kunstform trägt dazu bei, Gegenstand und Selbstverständnis der Architektur auf Fragen baulicher Repräsentation zu verengen.

Hermann Pfeifer, Autor der *Formenlehre des Ornaments,* des dritten Bandes des ersten Teils des *Handbuchs,*[169] und Assistent bei Friedrich von Thiersch an der Technischen Hochschule München,[170] gibt in seinem Text eine allgemeinere (und von Fragen der Tektonik freie) Anleitung künstlerischer Gestaltung, die bereits auf die Kunstgewerbliche Schultradition verweist. Pfeifer wurde 1901 an die Technische Hochschule Braunschweig berufen, wo er bis zu seiner Emeritierung 1927 lehrte.[171] Seine *Formenlehre des Ornaments* galt Carl Mühlenpfordt (einem damals führenden Vertreter der Braunschweiger Architekturausbildung)[172] noch 1923 als vorbildlich: «Die Bedeutung der Ornamentik wird überschätzt von der

---

159 Bühlmann 1896 (wie Anm. 153), S. 4.

160 Ebd., S. 5.

161 Ebd.

162 Ebd., S. 20.

163 Ebd., S. 21.

164 Ebd., S. 20.

165 Ebd.

166 Vgl. ebd., S. 21.

167 Vgl. ebd., S. 47–254.

168 Vgl. ebd., S. 255–266.

169 Pfeifer, Hermann: Formenlehre des Ornaments (HdA, T. 1, Bd. 3). Stuttgart 1906. Ursprünglich war Paul Lauser, TH Stuttgart, als Autor vorgesehen; vgl. Jaeger 2006 (wie Anm. 99), S. 352.

170 Zu Thiersch vgl. Marschall, Horst Karl: Friedrich von Thiersch. Ein Münchner Architekt des Späthistorismus 1852–1921. München 1982.

171 Pfeifer lehnte Rufe nach Hannover und Stuttgart, die er 1904, 1906 und 1909 erhielt, ab. Vgl. Flesche, Herman: Professor H. Pfeifer. Am 7. April 80 Jahre alt, in: Braunschweiger Tageblatt, 6./7. April 1939.

172 Zu Mühlenpfordt vgl. knapp: Paulus, Simon; Knufinke, Ulrich: Braunschweig vor der «Braunschweiger Schule». Bemerkungen zur Selbstfindung einer Architekturschule, in: Philipp, Klaus Jan; Renz, Kerstin (Hg.): Architekturschulen. Programm – Programmatik – Propaganda. Tübingen/Berlin 2012, S. 145–157, hier S. 150–153.

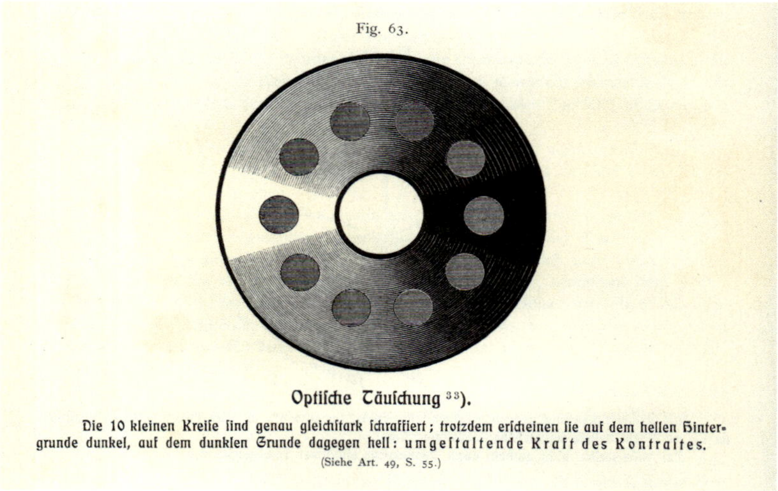

189 «Optische Täuschung», Fig. 63 (S. 56) aus: Pfeifer, Formenlehre (HdA, T. 1, Bd. 3), 1906.

Die Wirkung ornamentaler Farbigkeit konnte durch Kontrast erzielt werden, ohne Farben selbst ändern zu müssen. Die Kontrastierung als Methode ornamentaler Gestaltung konnte sich dabei auf Ergebnisse der Physiologie berufen. Zugleich liess sie sich dem «Anfänger, welchem diese Beobachtung noch fehlt» (S. 56), vermitteln: Die Figur zeigt zehn gleich stark schraffierte Kreise, die Schraffierungen wirken durch ihren Hintergrund jedoch unterschiedlich stark.

Romantik sowohl wie von den Modernen in den Kautschuklinien des Jugendstils und der augenblicklichen Granatsplitterdekoration. An der Baukunst der Vergangenheit wollen wir allgemeine künstlerische Probleme studieren: die Aufteilung und Gliederung von Maßen und Flächen, die Achsenteilung, Gruppierung, Rhythmus, Horizontalismus und Vertikalismus. Dazu müssen wir die Baukunst der Vergangenheit als ein Ganzes nehmen, so daß wir bestimmte Probleme aus dem Altertum bis in die neueste Zeit verfolgen können. Für das Sondergebiet der Ornamentik ist das bereits in vorbildlicher Weise geschehen von Professor Hermann Pfeifer im Handbuche der Architektur.»[173]

Ausgangspunkt der *Formenlehre des Ornaments* ist eine Definition: «Ornament heisst [...] das Schmückende, das Zierende. Wir müssen also in der Architektur unter dem Ornament [...] alle schmückenden Zutaten verstehen, welche über das rein Zweckliche und Notwendige hinausgehen.»[174] Der allgemeinen Verwendung des Begriffs ‹Ornament› in der Architektur stehen historische Konventionen entgegen, denn, so Pfeifer: «Dennoch pflegen wir diese Säulenstellung nicht als Ornament, sondern als Architektur zu bezeichnen; ebenso nicht die einzelnen Gesimse und Profile, welche doch auch nicht konstruktiv notwendig wären. Dagegen sprechen wir von ornamentierten Gesimsen [...] und weisen dem Ornament seine begleitende Rolle zu. Wir ersehen aber daraus auch sofort, dass das Ornament nur im Zusammenhange mit dem Ganzen richtig beurteilt werden kann.»[175] Zentral für die Beurteilung des Ornaments im architektonischen Kontext ist dessen künstlerische Unterordnung, eine «selbständige Rolle» kann es nicht spielen, denn sie «stört [...] unser künstlerisches Gefühl».[176]

Mit seiner Rede über das «künstlerische[...] Gefühl» weist Pfeifer darauf hin, dass seine *Formenlehre* auf einer ‹talentierten Hermeneutik› fusst. Er nennt zwei übergeordnete Aspekte – die «[a]llgemeinen Grundlagen des ornamentalen Entwerfens»[177] und die «[b]esonderen Bedingungen des ornamentalen

---

173 Mühlenpfordt, Carl: Die Architektur und die technische Hochschule. Professor Karl Mühlenpfordt zur Hochschulfeier der Technischen Hochschule Braunschweig am 18. Januar 1923. Manuskriptdruck. Braunschweig 1923, S. 8.

174 Pfeifer 1906 (wie Anm. 169), S. 3.

175 Ebd.

176 Ebd.

177 Vgl. ebd., S. 6–129.

Fig. 104.

Gegenbeispiel zu Fig. 105 u. 106: Mangel an klaren Kontrasten.

Die Häufung von zu vielen ähnlichen runden und gleichwertig reichen Ornamenten bringt eine ungünstige kleinliche Gesamtwirkung hervor.

Fig. 105.

Gute Verteilung von architektonischem und ornamentalem Reichtum und grosser, schlichter Fläche!

Fig. 106.

Uebersetzung desselben architektonischen Gedankens aus der Formensprache der deutschen Gotik in die Ausdrucksweise der italienischen Frührenaissance!

190 Didaktische Gegenüberstellung guter und schlechter architektonischer Ornamente, Fig. 104 (S. 94) / Fig. 105 (S. 95) aus: Pfeifer, Formenlehre (HdA, T. 1, Bd. 3), 1906.

Architektonische Ornamente entfalten ihre Ausdruckskraft durch den Gegensatz von «Schlichtheit» und «Reichtum». Dieser muss als ein zentraler Gestaltungsgrundsatz berücksichtigt werden, da «Viel gerade nicht Viel hilft», wie Hermann Pfeifer den Ansatz des «Unbegabten» und des «Anfängers» kennzeichnete.

191 «Günstige Anordnung von Reliefdarstellungen in den Leibungen einer längeren Fensterreihe», Fig. 149 (S. 137) aus: Pfeifer, Formenlehre (HdA, T. 1, Bd. 3), 1906.

Ornamentales Entwerfen hing zuvorderst vom Zweck des Ornaments ab, von seiner Aufgabe im Baukörper. Gerade im Sakralbau bedurfte es hierfür des «feinfühligen Menschen», um dieser Aufgabe gerecht zu werden, um Ornament und Spiritualität in Einklang zu bringen und diesem Zusammenhang einen harmonischen Ausdruck zu verschaffen. Das ‹Feingefühl› an sich liess sich zwar nicht beschreiben, doch konnten seine Erzeugnisse zu normativen Ankerpunkten deklariert werden. Der Neumünster-Kreuzgang in Würzburg war Pfeifer ein Beispiel für die optimale Entsprechung von Ornament und Sakralbau.

Entwerfens».[178] Der erste Abschnitt diskutiert Naturformen als Basis ornamentalen Entwerfens, ergänzt durch historische Beispiele[179] und räumt der Farbigkeit hohen Stellenwert ein.[180] Der zweite Abschnitt behandelt die architektonischen Zwecke, Materialien und Techniken des Ornaments und versucht auch die «Triebkräfte des ornamentalen Schaffens» zu bestimmen (**Abb. 189, 190**).[181] Pfeifers Leitkategorien (wie von Mühlenpfordt aufgezählt) markieren den Versuch einer ‹rationalen Hermeneutik› der ornamentalen Formenlehre; der Zugang zu ihr bleibt allerdings beschränkt auf talentierte Architekten. Im Kapitel über die ornamentalen Zwecke wird dies offenkundig: «Sehr verschiedenartig werden die Ornamente zum Beispiel im Monumentalbau charakterisiert werden müssen, je nach der eigenartigen Bestimmung des einzelnen Bauwerkes. [...] Den richtigen Ton zu treffen, gelingt nur dem feinfühligen Menschen» (**Abb. 191**).[182]

Der vierte Band, *Keramik in der Baukunst,*[183] handelt vom Backsteinbau. Der Autor Richard Borrmann studierte von 1874 bis 1878 an der Berliner Bauakademie, erwarb sich einen Ruf als hervorragender Bauforscher, sein besonderes Interesse galt der Baukeramik und islamischer Architektur. Von 1892 bis 1904

178 Vgl. ebd., S. 130–268.

179 Geschichte verliert hier insofern an Bedeutung, als ihre Vorbildfunktion für die Gegenwart von Pfeifer kritisch gesehen wird. Prominent beispielsweise ebd., S. 131. Vgl. auch: Hassler, Uta: Zur polytechnischen Tradition der Bauforschung, in: dies. (Hg.): Bauforschung. Zur Rekonstruktion des Wissens. Zürich 2010, S. 80–131, hier S. 90.

180 Vgl. Pfeifer 1906 (wie Anm. 169), S. 52–66, hier mit Bezügen zu aktuellen Forschungsergebnissen der Naturwissenschaften.

181 Ebd., S. 269.

182 Ebd., S. 134.

183 Borrmann, Richard: Die Keramik in der Baukunst (HdA, T. 1, Bd. 4). Stuttgart 1897.

war Borrmann als Direktionsassistent am Berliner Kunstgewerbemuseum tätig, 1904 folgte er dem Ruf auf den Lehrstuhl für Baugeschichte an der Technischen Hochschule Berlin-Charlottenburg.[184] Zur Keramik zählt der Autor «das gesammte Gebiet des Backsteinbaues» und «eine[n] der wichtigsten Zweige des Kunstgewerbes, die Kunsttöpferei». Die technisch-konstruktiven Aspekte des Backsteinbaus und alle nicht zur Baukunst gehörenden Aspekte der Kunsttöpferei bleiben ausgeschlossen, Borrmann diskutiert die «keramische[...] Decoration» und ihre Geschichte, nach architektonischen, malerischen und plastischen Kriterien.[185] In auffälligem Unterschied zu Pfeifers *Formenlehre des Ornaments* behält das Historische bei Borrmann eine dominante argumentative Gewichtung. Ein weiterer Unterschied ist bemerkenswert: Das von Pfeifer niedergelegte Material soll die Beurteilung der Qualität architektonischer Ornamente erlauben, jenes von Borrmann erscheint hingegen geradezu ‹zweckfrei›. Der Bauforscher Borrmann beabsichtigt nicht, Geschichte für die architektonische Gegenwart nutzbar zu machen. In der Einleitung klingt dies an, wenn der Autor sein Verständnis von Baugeschichte darlegt: «Daher sind auch bei einer Darstellung, wie die vorliegende, die künstlerischen Leistungen nicht schlechthin nach ihrer Bedeutung und Zusammengehörigkeit unter sich, sondern nach ihrer Zeitstellung und Folge zu behandeln. Neben den geschichtlichen Daseinsbedingungen tritt ferner als bestimmender Factor das Material in den Vordergrund; mit diesem hängt wiederum seine Verarbeitung und Ausnutzung, kurz das, was man ‹Technik› nennt, zusammen. Eine gründliche Kenntniss der Technik ist daher für das Verständnis und die Würdigung kunstgewerblicher Erzeugnisse unerlässlich.»[186] Borrmanns «Würdigung» bedarf keiner ‹talentierten Hermeneutik›, sondern folgt einer historischen Prozesslogik, die aus seiner Sicht rational nachvollziehbar war.[187]

Borrmann erörtert zu Beginn Materialeigenschaften[188] und fährt fort in einer chronologisch-historischen Darstellung, von der Baukeramik des Altertums über das Mittelalter bis zur Frühen Neuzeit. Er berücksichtigt, von eigenen Forschungen ausgehend und aktuelle Ergebnisse historischer Bauforschung rezipierend, die Geschichte der Baukeramik in Okzident und Orient. Sein Kapitel über die Entwicklung im frühneuzeitlichen Europa trägt dabei der fortschreitenden Nationalstaatswerdung Rechnung.[189] Im Schlusswort betont der Autor regionale Traditionen: «Diese Entwicklung hängt in Deutschland mit der Wiedererweckung des im Norden unseres Vaterlandes altheimischen Backsteinbaues und des italienischen Terracottenstils zusammen, in Frankreich und England mit den neueren kunstgewerblichen Bestrebungen, welche zur Wiederbelebung der Fayencentechnik auf Grund orientalischer und italienischer Vorbilder geführt haben.»[190] Der Band über Baukeramik ist ein Indikator für den Wandel der Bauwissenschaft an der Wende zum 20. Jahrhundert: Die hier dominierende Darstellung geschichtlicher Entwicklung sieht sich in der Historisierung der Traditionslinien unabhängig vom Thema aktueller Architekturproduktion, marginalisiert sich aber damit auch als antiquarischer Katalog von Formentscheiden.

---

184 Die biografischen Angaben nach: Hermann, Klaus: Richard Borrmann, in: Lullies, Reinhard; Schiering, Wolfgang (Hg.): Archäologenbildnisse. Porträts und Kurzbiographien von Klassischen Archäologen deutscher Sprache. Mainz 1988, S. 108–109; Hagedorn, Annette: Richard Borrmann. Ein Pionier der islamischen Kunstgeschichte, in: Zeitschrift der Deutschen Morgenländischen Gesellschaft 154 (2004), S. 455–472.

185 Alle Zitate Borrmann 1897 (wie Anm. 183), S. 3.

186 Ebd., S. 4.

187 Gemeint ist hier die evolutionäre Vorstellung der Verwendung von Keramik in den unterschiedlichen historischen Epochen.

188 Auf die Darstellung technischer Verfahren kann Borrmann verzichten, da diese bereits in Bd. 1 behandelt wurden. Vgl. Borrmann 1897 (wie Anm. 183), S. 4.

189 Vgl. ebd., S. 96–150. Vermerkt sei hier, dass Borrmann dem Porzellan gesondert Rechnung trägt (S. 149–150).

190 Ebd., S. 150.

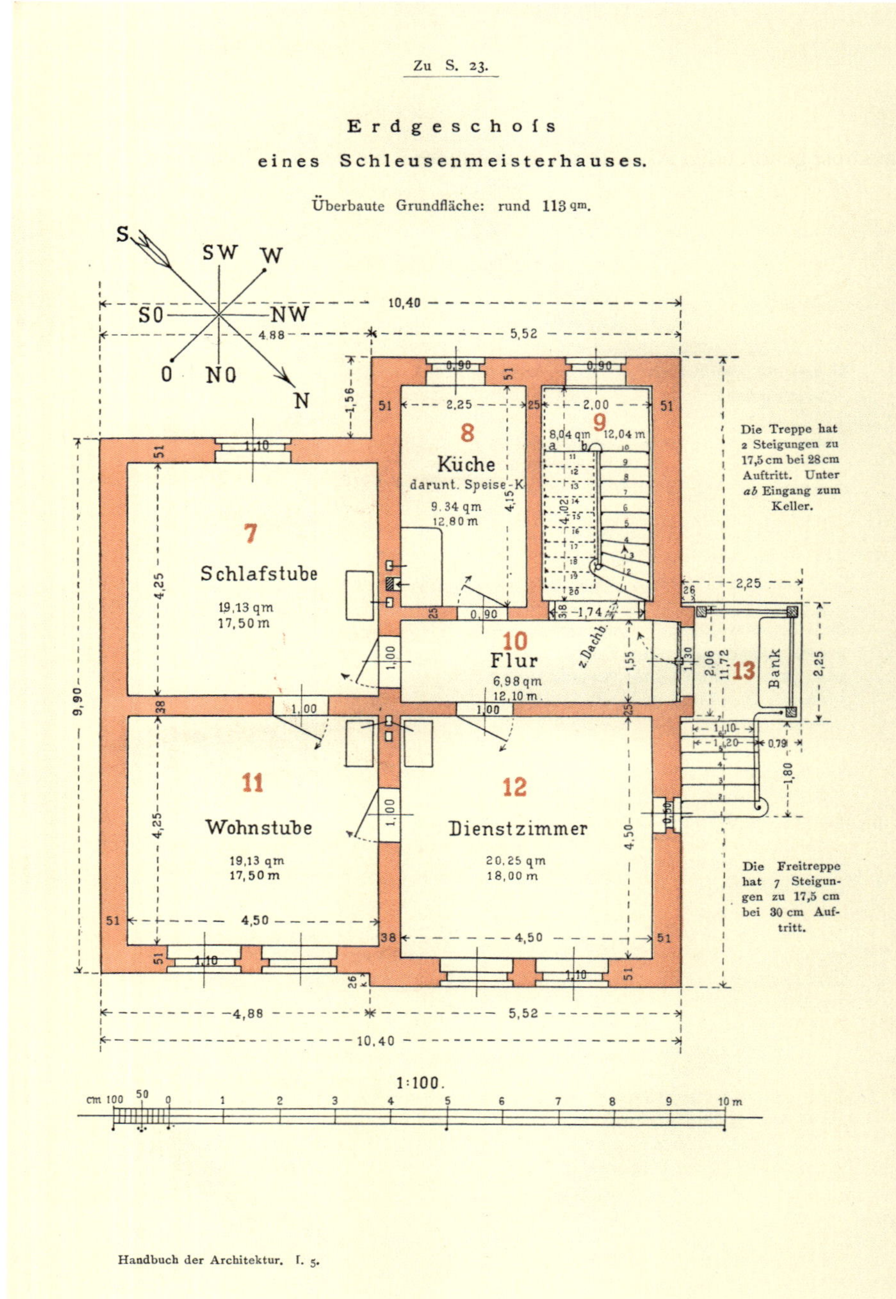

192 «Erdgeschoss eines Schleusenmeisterhauses», Taf. zwischen S. 22 und S. 23 aus: Koch, Bauführung (HdA, T. 1, Bd. 5), 1901.

Hugo Koch ist geleitet von juristischen Vorgaben für Staatsbauten. Die Grundrissfigur dient hier der Vermittlung spezifischen Verwaltungswissens, so sind «dunkelblaue und karminrote Farben zu vermeiden, die einzelnen Räume hingegen mit einer zinnoberfarbenen Ziffer zu versehen, die das leichte Auffinden erlaubt. Die Funktion des einzelnen Zimmers ist ebenso anzugeben wie der bereinigte Flächeninhalt» (S. 22).

Die Baukeramik präsentiert sich als geschlossenes Gesamtbild, ist mit ihrer Spezialisierung auf eine baustoffbezogene Entwicklung aber auch wenig anschlussfähig zu den Bänden, die noch allgemeinere (und systematische) Konstruktionsfragen thematisieren.

Die Bauführung,[191] der von Hugo Koch verfasste fünfte Band des ersten Teils des *Handbuchs,* setzt – in bemerkenswerter zeitlicher Koinzidenz mit der deutschen Übersetzung von Rondelets *Traité* – den Schlusspunkt zur *Allgemeinen Hochbaukunde.* Koch hatte sich nach seinem Studium an der Berliner Bauakademie langjährige praktische Erfahrung als Bauführer erworben, bevor er 1875 in der preussischen Ministerialbaukommission tätig wurde.[192] Er war dann verantwortlich für die Planung und Ausführung des neuen Hauptgebäudes der Technischen Hochschule Berlin-Charlottenburg, wo er seit 1885 die Baukonstruktionslehre vertrat.[193]

In der Einleitung seiner *Bauführung* umreisst Koch seine Vorstellung eines geordneten Bauablaufs:[194] Die Vorarbeiten, die Anfertigung von Entwurf und Erläuterungsberichten, der Kostenvoranschlag, die Verdingung der Arbeiten und die Leitung und Überwachung des Baus sind die allgemein anerkannten Felder, sie werden ergänzt um «Rüstungen und Baugeräte zur Beförderung der Materialien auf der Baustelle».[195] *Die Bauführung* ist explizit auf das staatliche Bauwesen bezogen, Koch schreibt: «Im nachstehenden werden hauptsächlich die Grundsätze Berücksichtigung finden, nach denen die Leitung der Staatsbauten erfolgt, und es soll [...] die ‹Dienstanweisung für die Lokalbaubeamten der Staats-Hochbauverwaltung› in Preussen vorzugsweise in Betracht kommen.»[196] Die Bauführung bei Privatbauten, von Bedeutung für das neue, wachsende Berufsfeld des Privatarchitekten,[197] wird von Koch mit dem Hinweis, es komme nur selten vor, «dass der Bauherr für sich Vorbehalte macht und dadurch die Freiheit der Thätigkeit seines Architekten einigermassen einschränkt»,[198] von der Behandlung ausgenommen. Es zeigt sich hier die (auch in der Doppeltätigkeit Durms sichtbare) Verbindung staatlicher Hochbauverwaltung und der dort entstehenden Regelwerke mit der Einrichtung polytechnischer Schulen.

Koch folgt wie Rondelet der Prozesslogik des Bauens. Im Abschnitt *Vorarbeiten* erläutert der Autor die Voraussetzungen für die Erstellung des Kostenüberschlags von Neubauten,[199] gefolgt von der Wiedergabe von Verfahrensrichtlinien über öffentliche Wettbewerbe in den drei deutschsprachigen Ländern (Deutsches Reich, Österreich-Ungarn, Schweiz) und der 1881 revidierten Honorarverordnung für Architekten des Verbandes deutscher Architekten- und Ingenieurvereine.[200] Im zweiten Abschnitt werden die Anfertigung des Entwurfs (**Abb. 192**) und des sogenannten Erläuterungsberichts thematisiert. Allgemein und exemplarisch skizziert Koch diese Punkte auf der Grundlage staatlicher Verordnungen und schenkt vor

---

191 Koch, Hugo: Die Bauführung. Mit Einschluss der Baukostenberechnung der Baurüstungen und der Beförderungsmittel von Baustoffen auf der Baustelle (HdA, T. 1, Bd. 5). Stuttgart 1901.

192 Die biografischen Informationen nach: Anonym: Koch, Hugo, in: Thieme, Ulrich; Becker, Felix (Hg.): Allgemeines Lexikon der bildenden Künstler von der Antike bis zur Gegenwart, Bd. 21. Nachdruck München 1992, S. 81; Kieling, Uwe: Berlin. Baumeister und Bauten. Von der Gotik bis zum Historismus. Leipzig 1987, S. 233.

193 Kochs Biografie fügt sich nahtlos in die Kollektivbiografie der Bauführungsautoren ein.

194 Vgl. Kap. III.

195 Koch 1901 (wie Anm. 191), S. 3.

196 Ebd. Ausgeklammert bleiben die Grundsätze der Bauführung in den anderen deutschen Staaten. Die Fokussierung auf die preussischen Regelwerke ist angesichts der Biografie des Autors verständlich.

197 Vgl. unter anderem Bolenz 1991 (wie Anm. 111).

198 Koch 1901 (wie Anm. 191), S. 3.

199 Hierbei bezieht sich Koch nicht auf die bereits vorhandene Speziallitertur, sondern auf den 1887 im *Handbuch der Baukunde* erschienenen Band *Bauführung und Baurecht (Bau-Polizey)* (Krüger, J.; Posern, F.; Hilse, Carl: Bauführung und Baurecht (Bau-Polizey) (Handbuch der Baukunde, Abt. 1, Bd. 1, H. 1). Berlin 1887); vgl. Koch 1901 (wie Anm. 191), S. 8–11.

200 Ebd., S. 13–21.

Pos.	Raum Nr.	Stückzahl	Gegenstand	Länge m	Breite m	Fläche qm	Höhe m	Inhalt cbm	Abzug
			A. Vorberechnung.						
			1. Umfang des Gebäudes.						
			Erdgeschoſs.						
			Vorder- und Hinterfront 2 × (5,52 + 4,88 + 0,26) = ...	21,32					
			Seitenfronten 2 × 11,72 = ...	23,44					
			Zusammen:	44,76					
		44,76	m Umfang im Erdgeschoſs.						
			2. Gesamtfläche des Gebäudes.						
			Erdgeschoſs.						
			Der Risalit	11,72	5,52	64,69			
			Der Seitenbau	9,90	4,88	48,31			
			Der Eingangsrisalit	2,06	0,26	0,54			
					Zus.:	113,54			
		113,54	qm Fläche des Gebäudes im Erdgeschoſs.						
			3. Flächeninhalte der einzelnen Räume.						
			Erdgeschoſs.						
	7			4,50	4,25	19,13			
	8			4,15	2,25	9,34			
	9			4,02	2,00	8,04			
	10			4,50	1,55	6,98			
	11			4,50	4,25	19,13			
	12			4,50	4,50	20,25			
					Zus.:	82,87			
		82,87	qm Flächeninhalt der Räume im Erdgeschoſs.						
			4. Umfang der Räume.						
			Erdgeschoſs.						
	7		2 × (4,50 + 4,25) = ...	17,50					
	8		2 × (4,15 + 2,25) = ...	12,80					
	9		2 × (4,02 + 2,00) = ...	12,04					
	10		2 × (4,50 + 1,55) = ...	12,10					
	11		2 × (4,50 + 4,25) = ...	17,50					
	12		2 × (4,50 + 4,50) = ...	18,00					
			Zusammen:	89,94					
		89,94	m Umfang der Räume im Erdgeschoſs.						
			5. Abzug der Öffnungen (für die Materialienberechnung).						
			Erdgeschoſs.						
			Gurtbogen.						
	9, 10			1,74	0,38	0,66	2,60	1,72	

193 Tabelle für die Vorberechnung von Massenbedarf, S. 30/31 aus: Koch, Bauführung (HdA, T. 1, Bd. 5), 1901.

Die hier gezeigte Tabelle für die Vorberechnung bezieht sich inhaltlich auf den in der vorhergehenden Abbildung gezeigten Grundriss eines Schleusenmeisterhauses. Sie verdeutlicht zunächst, warum die einzelnen Räume zu nummerieren sind. Die Vorberechnung bildet einen entscheidenden Schritt für die Kalkulation der Baukosten und ist für Staatsbauten zwingend erforderlich, da sie als Instrument der Entwurfsrevidierung dient; bei Privatbauten hingegen kann sie entfallen.

1	2	3	4	5	6	7	8	9	10
Lauf. Nr.	Betrieb, in welchem sich der Unfall ereignet hat. Name (Firma) des Betriebsunternehmers	Datum des Unfalles	Nr. der Unfallanzeige	Vor- und Zuname des Verletzten (Getöteten)	Art der Verletzung	Wird die Verletzung voraussichtlich den Tod oder eine Erwerbsunfähigkeit von mehr als 13 Wochen zur Folge haben?	Veranlassung des Unfalles	Ist der Unfall untersucht? (Wenn ja, an welchem Tage?) Vergl. § 53 ff. des Unfall-Versicherungs-Gesetzes	Bemerkungen

194 Verzeichnis der Unfälle auf der Baustelle, S. 208 aus: Koch, Bauführung (HdA, T. 1, Bd. 5), 1901.

Die fortschreitende Verrechtlichung des Bauens betraf auch die Unfälle. Die Bauleitung war verpflichtet, ein Verzeichnis aller zur Anzeige gebrachten Unfälle zu führen, das formal jenem der Polizei entsprach. Die Forderung nach einem solchen Verzeichnis fusste auf der modernen Sozialgesetzgebung, konkret auf der Krankenversicherung.

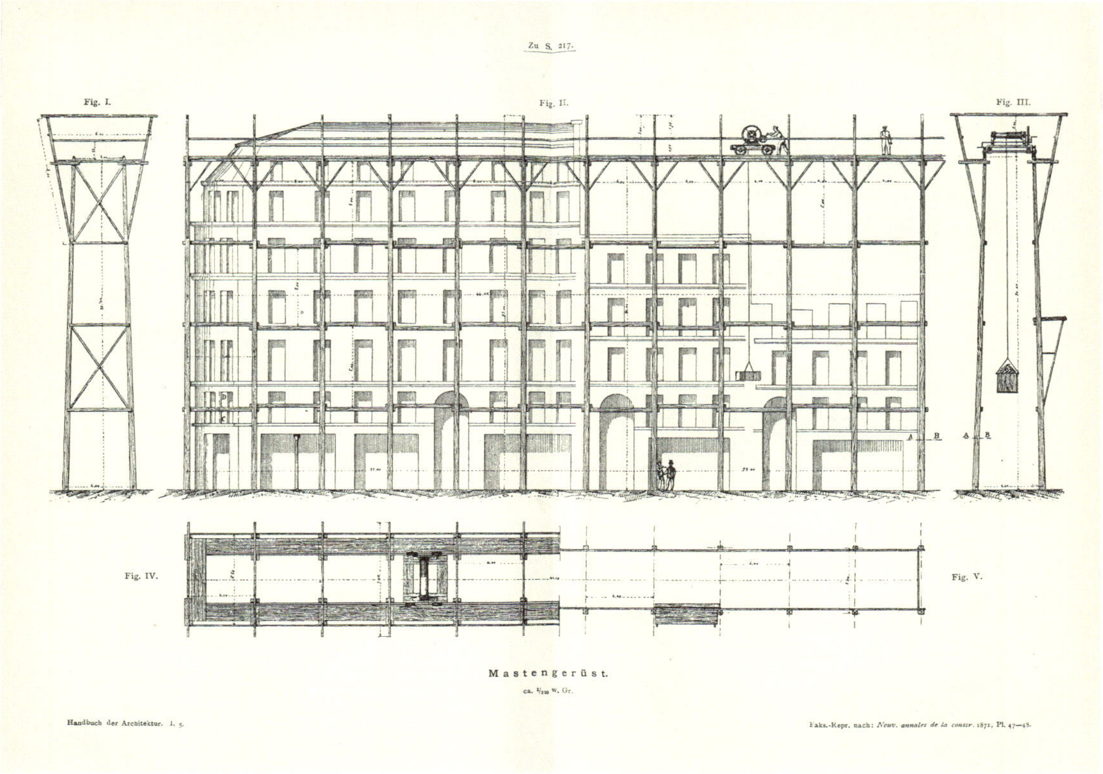

allem bürokratisch-formalen Aspekten Augenmerk.[201] Die *Aufstellung des Kostenanschlages* zielt darauf, die «zu erwartenden Ausführungskosten möglichst genau zu ermitteln». Präzision bildet keinen Wert an sich, sondern ist Teil einer regelbasierten Interaktion zwischen Bauausführenden und Bauherren – sollte doch der Kostenanschlag als «feste Richtschnur» dienen, «von der er [der Bauausführende. d. Verf.] ohne vorherige Erlaubnis des Bauherrn oder der vorgesetzten Behörde nicht abweichen darf».[202] Essenziell beruht die Ausarbeitung dieser «festen Richtschnur» auf der Massen-, der Material- und der Kostenberechnung je Baueinheit (**Abb. 193**).[203] Zentral ist die *Verdingung der Bauarbeiten* – einhergehend mit der fortschreitenden Verrechtlichung im Bauwesen. Auf über hundert Druckseiten werden Grundsätze der Vertragsgestaltung dargelegt.[204]

Im Abschnitt zur *Leitung und Überwachung des Bauens,* dem Kerngeschäft des Bauführers, finden sich handlungsanleitende Grundsätze zum «inneren» und zum «äusseren Dienst»:[205] von den Büroarbeiten und dem Abfassen der Schriftsätze über das Anlegen des Inventarbuches bis hin zu den jährlichen

195 «Mastengerüst», Taf. zwischen S. 216 und S. 217 aus: Koch, Bauführung (HdA, T. 1, Bd. 5), 1901.

Hugo Koch thematisierte in seinem Band zur Bauführung auch Baugerüste und Techniken des Materialtransportes auf der Baustelle und wich damit vom zeitgenössisch dominierenden Begriffsverständnis ab. Die Bedeutung des Gegenstandes offenbart sich am Beispiel des Mastengerüsts: Da die Verwendung von Stangengerüsten beim Bau von Werksteinbauten staatlicherseits verboten war, sollten Mastengerüste zum Einsatz kommen. Diese waren in Preussen lange Zeit gebräuchlich gewesen, dann anscheinend in Vergessenheit geraten und erst gegen Ende des 19. Jahrhunderts bei Berliner Bauten wieder zum Einsatz gekommen. Die Figuren zeigen die Konstruktion und Funktion solcher Gerüste. Der konstruktiven «Diagonalverbindung der beiden Masten an den Ecken der Rüstung» (Fig. 1) galt besonderes Augenmerk, wie Kochs Erläuterungen zu den Abbildungen unterstreichen.

---

201 Ebd., S. 22–26, besonders S. 23 (Verweis auf die Vermeidung von Pauspapier) und S. 24 (Verweis auf ‹gebrochenen Bogen›).

202 Alle Zitate: ebd., S. 27.

203 Ebd., S. 27. Diese Integration der Praxis beruhte auf dem Argument, dass dem Architekten angesichts der Vielzahl der benötigten Baumaterialien die aktuellen Marktpreise nur ungenügend bekannt sein könnten.

204 Vgl. ebd., S. 53–88; unter anderem mit Abdruck von ‹Musterverträgen› für die Verdingung.

205 Ebd., S. 162.

Nachweisen,[206] von der Beaufsichtigung des Baus über die Anlage des Bauplatzes und Prüfung einzelner Arbeitsschritte bis hin zur Unfallmeldung (**Abb. 194**).[207] Der abschliessende Abschnitt erläutert die Konstruktion von Baugerüsten und den Einsatz von Baumaschinen unter technischen Gesichtspunkten (**Abb. 195**).

Der zweite Teil: Baugeschichte als Grundlagenwissen

Inhalt und Struktur des ersten Teils des *Handbuchs der Architektur* entsprechen den polytechnischen Wurzeln, die Formenlehre wurde ergänzend behandelt. Im Bereich der Bauführung ist eine Verschiebung festzustellen, die dem Verrechtlichungsprozess im Bauwesen entspricht. Weitere Verschiebungen und Ergänzungen finden sich vor allem in den drei anschliessenden grossen, über die Jahrzehnte stetig angewachsenen Teilen des *Handbuchs,* in denen sich die Neujustierung der Architektur auf den baukünstlerischen Entwurf ankündigt. Die Kenntnis europäischer Bau- und Konstruktionsgeschichte bildete zunächst noch die Basis für Entwurf und Konstruktion. Essenwein hatte in seiner *Einleitung* den hohen Stellenwert gebauter Geschichte hervorgehoben, er betonte den epistemischen Wert historischer Kenntnisse – erst die realgeschichtlichen, materiellen Überlieferungen ermöglichten die Formulierung einer Theorie der Architektur:[208] «So zeigt uns auch ein Blick auf die *Geschichte der Baukunst* nicht bloß Verschiedenheiten der Formensprache in den verschiedenen Culturepochen, sondern auch der Grundlage, worauf dieselbe beruht. Nicht immer ist es die rationelle Tektonik allein, welche thatsächlich die Grammatik der Formensprache festgestellt hat, selbst bei den am meisten gesetzmäßig organisirten Völkern ist die Auffassungskraft nicht so unfehlbar, daß die Art der Auffassung allenthalben die gleiche wäre; es zeigt sich im Gegentheile eine solche Mannigfaltigkeit, daß die Betrachtung der geschichtlichen Entwickelung der Baukunst für jeden Denkenden hochinteressant ist.»[209] ‹Hochinteressant› ist diese aber nicht aufgrund eines hermeneutisch orientierten ‹Verstehenwollens› des Historischen, sondern vielmehr im Hinblick auf die Möglichkeit des architektonischen ‹Lernenkönnens› aus der Geschichte. Eine praktisch-funktional konzipierte Geschichte der Architektur, die Aktualität des Historischen betonend, erscheint zeitgemäss, denn: «So wenig es auch wahrscheinlich ist, daß irgend ein Stil der Vergangenheit als Stil der Zukunft wieder lebendig werde, hat doch bis jetzt stets der Anschluß an einen historischen Stil sich glücklicher erwiesen, als das Tasten und Suchen [...].»[210] Essenwein vermochte keine überzeugenden zeitgenössischen Konzepte eines von der Geschichte unabhängigen architektonischen Handelns zu erkennen; die profunde, umfassende Kenntnis des Historischen schien unverzichtbar als Rückgrat guter Architektur. Nicht die Präferenz einer bestimmten Formensprache sollte die Aneignung historischer Wissensbestände leiten, denn «[...] die tausendfältigen neuen Aufgaben [...] konnten nicht mit einem einzigen Formenschema allein gelöst werden».[211] Vor diesem Hintergrund gewinnt der zweite Teil, *Die Baustile. Historische und technische Entwickelung,* in der Konzeption des *Handbuchs* an Gewicht – nicht als Rezeptsammlung historischer Stilvor-

206 Vgl. ebd., S. 162–190.

207 Vgl. ebd., S. 190–209.

208 Vgl. Essenwein 1880 (wie Anm. 127), S. 20.

209 Ebd., S. 21 (kursive Hervorhebungen im Original gesperrt).

210 Vgl. ebd., S. 49.

211 Ebd.

Teil II – Die Baustile. Historische und technische Entwicklung.

Band 1 **Die Baukunst der Griechen.**
(1) 1880–81, (2) 1892, (3) 1910

Band 2 **Die Baukunst der Etrusker. Die Baukunst der Römer.**
(1) 1885, (2) 1905

Band 3 **Die altchristliche und byzantinische Baukunst. Die Baukunst des Islam.**
(1) 1886–87, (2) 1896–99, (3) 1909

Band 4 **Die romanische und gothische Baukunst. Die Kriegsbaukunst. Der Wohnbau des Mittelalters. Der Kirchenbau des Mittelalters. Einzelheiten des Kirchenbaus.**
4 Hefte
(1) 1889–1903, (2) 1908–27

Band 5 **Die Baukunst der Renaissance in Italien.**
(1) 1903, (2) 1914

Band 6 **Die Baukunst der Renaissance in Frankreich. Historische Darstellung der Entwicklung des Baustils. Struktive und ästhetische Stilrichtungen. Kirchliche Baukunst.**
2 Hefte
(1) 1898–1901

Band 7 **Die Baukunst der Renaissance in Deutschland, Holland, Belgien und Dänemark.**
(1) 1900, (2) 1908

196 Struktur und Inhalte von *Die Baustile. Historische und technische Entwicklung*, Teil 2 des *Handbuchs der Architektur.*

gaben, sondern als Anleitung zur Verallgemeinerung der Entwicklungsgeschichte der Baukonstruktion in der Entwurfspraxis.

Bis 1943 erschienen sieben der ursprünglich geplanten elf Bände des zweiten Teils,[212] sie diskutieren in unterschiedlichen Detaillierungsgraden die Architektur historischer Epochen, von der Baukunst des antiken Griechenlands bis zur Architektur der Renaissance (**Abb. 196**). Zum grössten Teil stammen diese Bände von Josef Durm und August von Essenwein.[213] Die ersten beiden Bände fassen die Baukunst Griechenlands und Roms, unter Einschluss der etruskischen Entwicklung, zusammen, der dritte Band zur mittelalterlichen Baukunst[214] systematisiert die frühmittelalterliche Architekturgeschichte nach religiösen Gesichtspunkten, unterteilt sie in die «altchristliche»[215] und die islamische Baukunst,[216] die Ordnung des vierten Bandes folgt nach Zweckkategorien dem Kriegs-, Kirchen- und Wohnbau der Romanik und Gotik.[217] Diese Einteilung spiegelt die gedankliche Konstruktion einer überstaatlichen Einheit des christlichen Abendlandes[218]. Die Bände zur Renaissancearchitektur machen sich dieses Konzept nicht zu

212 Jaeger 2006 (wie Anm. 99), S. 354. Nicht erschienen sind der Band zur Renaissance in England, als Bd. 8 geplant, und der mehrbändige Abschnitt zur Baukunst der Gegenwart, der den 2. Teil abschliessen sollte.

213 Zu den Bänden von Durm vgl. Hassler, Uta: Vom Lehrbuch zum Manifest, in: dies. (Hg.): Der Lehrbuchdiskurs über das Bauen. Zürich 2015, S. 222–243.

214 Eine Vereinfachung, die v. a. Bd. 3 betrifft, behandelt dieser doch in H. 1 auch die byzantinische Architektur und geht H. 2 über den in H. 1 behandelten Zeitraum hinaus; vgl. Essenwein, August von: Die Ausgänge der classischen Baukunst. (Christlicher Kirchenbau). Die Fortsetzung der classischen Baukunst im oströmischen Reiche. (Byzantinische Baukunst) (HdA, T. 2, Bd. 3, 1. Hälfte). Darmstadt 1886. Sie ist aber auch vereinfachend in Hinblick auf Bd. 4. Vgl. Anm. 333.

215 So im geänderten Titel der zweiten und dritten Auflage: Holtzinger, Heinrich: Die altchristliche und byzantinische Baukunst (HdA, T. 2, Bd. 3, H. 1). 2. Aufl. Stuttgart 1899; 3. Aufl. Leipzig 1909.

216 Franz (-Pascha), Julius: Die Baukunst des Islam (HdA, T. 2, Bd. 3, 2. Hälfte). Darmstadt 1887.

217 Essenwein, August von: Die romanische und die gothische Baukunst. Die Kriegsbaukunst (HdA, T. 2, Bd. 4, H. 1). Darmstadt 1889; ders.: Die romanische und die gothische Baukunst. Der Wohnbau (HdA, T. 2, Bd. 4, H. 2). Darmstadt 1892; Hasak, Max: Die romanische und die gotische Baukunst. Der Kirchenbau (HdA, T. 2, Bd. 4, H. 3). Stuttgart 1902; ders.: Die romanische und die gotische Baukunst. Einzelheiten des Kirchenbaues (HdA, T. 2, Bd. 4, H. 4). Stuttgart 1903.

218 Hierzu vgl. beispielsweise: Biggs, Michael: Putting the State On the Map. Cartography, Territory, and European State Formation, in: Comparative Studies in Society and History 41 (1999), S. 375–405, besonders S. 375–386.

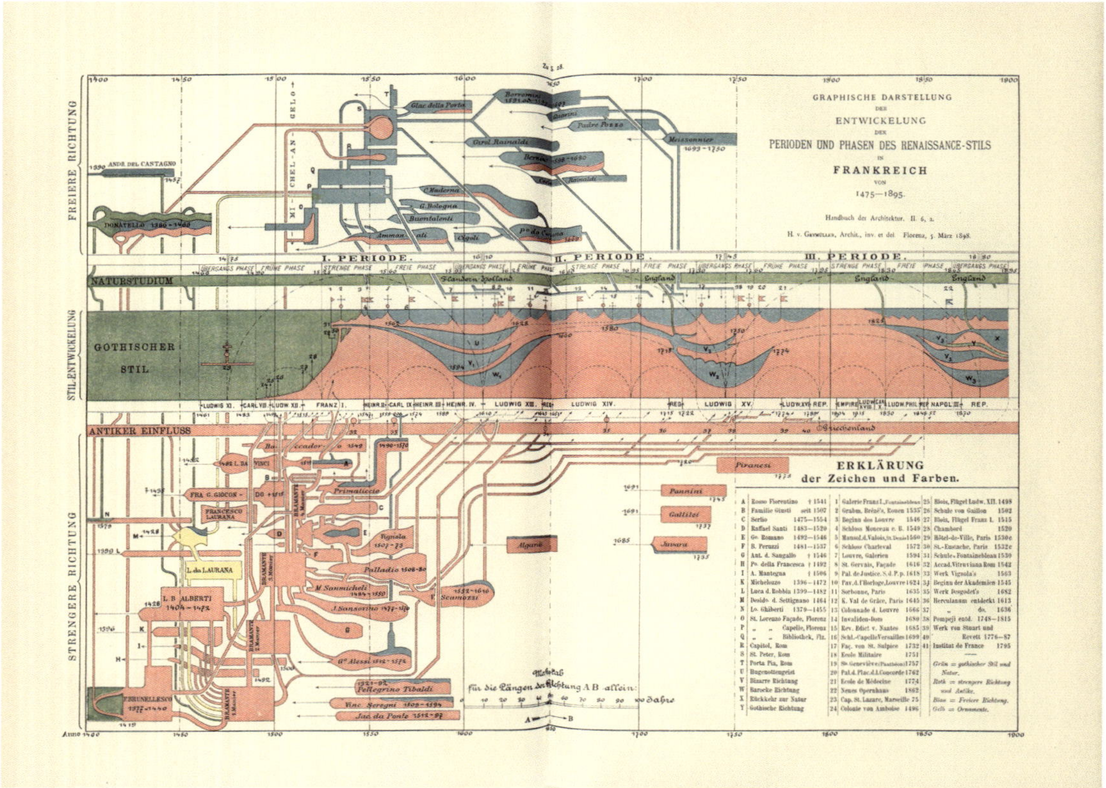

197 «Graphische Darstellung der Entwickelung der Perioden und Phasen des Renaissance-Stils in Frankreich von 1475–1895», Taf. zwischen S. 28 und S. 29 aus: Geymüller, Baukunst der Renaissance. Entwickelung (HdA, T. 2, Bd. 6, H. 1), 1898.

Als Synthese seiner Darlegungen und Orientierungshilfe für den Leser präsentierte Heinrich von Geymüller eine «Graphische Darstellung der Entwickelung der Perioden und Phasen des Renaissance-Stils in Frankreich von 1475–1895». Diese gibt einen systematischen Überblick über unterschiedliche stilistische Eigenarten der Renaissance und ist dabei dem narrativen Modell verpflichtet, das die zeitgenössische Geschichtsschreibung dominierte. Zugleich wird an ihr deutlich, dass für Geymüller die Renaissance eine weder zeitlich noch stilistisch hermetisch abgeschlossene Epoche ist.

eigen,[219] sondern folgen dem sich seit Beginn der Frühen Neuzeit ausprägenden Territorialstaatsprinzip mit deutlichem Schwergewicht auf der italienischen und französischen Architekturentwicklung. Chronologie und Raum sind also die ordnenden Kriterien des zweiten Teils. Exemplarisch und repräsentativ ist der sechste Band, *Die Baukunst der Renaissance in Frankreich,* des bedeutenden Architekturhistorikers Heinrich Adolf von Geymüller.[220] Geymüller hatte von 1855 bis 1863 in Lausanne, Paris und Berlin Architektur studiert. In Berlin begann er, beeinflusst durch Wilhelm Lübke, mit eigenen Forschungen vornehmlich zur Renaissancearchitektur. Obgleich zeitlebens Privatgelehrter, erfuhr er vielfache akademische Ehrungen.[221] Geymüllers Begeisterung verband sich mit einem religiösen Idealismus, der ihn dazu führte,

---

219 Durm, Josef: Die Baukunst der Renaissance in Italien (HdA, T. 2, Bd. 5). Stuttgart 1903; Geymüller, Heinrich von: Die Baukunst der Renaissance in Frankreich. Historische Darstellung der Entwickelung des Baustils (HdA, T. 2, Bd. 6, H. 1). Stuttgart 1898; ders.: Die Baukunst der Renaissance in Frankreich. Struktive und ästhetische Stilrichtungen. Kirchliche Baukunst (HdA, T. 2, Bd. 6, H. 2). Stuttgart 1901; Bezold, Gustav von: Die Baukunst der Renaissance in Deutschland, Holland, Belgien und Dänemark (HdA, T. 2, Bd. 7). Stuttgart 1900. Neben dem bereits erwähnten Band zur Renaissance in England erschien ferner auch das geplante dritte Heft des sechsten Bandes nicht, das den französischen Profanbau behandeln sollte. Jaeger 2006 (wie Anm. 99), S. 354.

220 Die biografischen Angaben nach: Thoenes, Christof: Geymüller, Heinrich Adolf Freiherr von, in: NDB, Bd. 6. Berlin 1964, S. 361–362.

221 Die Universität Basel verlieh ihm die Ehrendoktorwürde, das Institut de France und das Royal Institute of British Architects ernannten ihn zum korrespondierenden Mitglied.

die Renaissance als den «christliche[n] Stil par excellence»[222] zu bezeichnen. Sie verschmelze mit den beiden vorhergehenden «Weltstilen», der klassischen Antike und der «franco-gallischen» Gotik,[223] hebe diese gleichzeitig auf[224] und verfüge bereits genuin «über sämtliche Mittel religiöser Wirkung».[225] So war für Geymüller die Renaissance eine (fast) zeitlose Stilepoche: «Die Architektur der Renaissance ist auch heute noch in Frankreich die einzige wirklich lebendige»,[226] so seine ebenso nüchterne wie apodiktische Aussage in seinem Beitrag zum *Handbuch.* Genauso bezeichnend ist, dass für ihn «das Eindringen der Renaissance in das Geburts- und Heimathland der Gotik selbst, nach Frankreich»,[227] den ‹feierlichen Höhepunkt› ihres europäischen «Triumphzugs»[228] bildete, und die Deutung der Renaissance als «das grösste Ereignis der Weltgeschichte seit der Entstehung des Christenthums».[229] Geymüller verherrlichte in der *Baukunst der Renaissance in Frankreich* die Renaissance als allgemeine architektonische ‹Entwurfsidee› (**Abb. 197**).[230]

Offenkundig war die Renaissance für Geymüller kein (ab)geschlossener Baustil, er weist ihrem Formenkanon hybriden Charakter zu.[231] In vier Kapiteln stellt der Autor sein Verständnis historischer Anfänge vor, skizziert geistesgeschichtliche Voraussetzungen und erläutert italienische Einflüsse auf die Frührenaissance in Frankreich.[232] Das Kernkapitel *Entwickelungsperioden und -phasen der französischen Architektur seit dem Beginn der Renaissance* zeigt seine Herangehensweise.[233] Das zweite Heft thematisiert einleitend Interdependenzen zwischen Baustil, Struktur und Technik; weiterführende, beispielhafte architektonische Erläuterungen schliessen sich an.[234] Geymüllers Analyse zeigt die Renaissance als universelle Grammatik, er zielt auch auf das künftige Bauen, wenn er betont: «Die Renaissance ist noch lange nicht ausgebaut!»[235] Konkrete, nach Bauteilen geordnete Ausführungen über den Kirchenbau sind Bestandteil im zweiten Heft.[236] Obwohl Geymüller einen Vorbildcharakter der Renaissance nicht hervorhebt, scheint dieser angesichts seiner Vorstellung einer ‹nicht ausgebauten Renaissance› naheliegend, die historisch gefundenen Strukturen seien weiter gültig, die architektonische Basis sollte evolutionär und intellektuell

222 Geymüller, Heinrich von: Architektur und Religion. Gedanken über religiöse Wirkung der Architektur. Heinrich von Geymüllers nachgelassene Schriften, H. 1. Hg. v. Josef Durm. Basel 1911, S. 68.

223 Geymüller 1898 (wie Anm. 219), S. 1, spricht von «Franco-Gallia» als geografischem Ort der Geburt der Gotik, betont aber auch, dass ihre Verbreitung nur dort möglich war, «wo Völker von germanischer Abstammung in beträchtlicher Zahl sich niedergelassen hatten».

224 Vgl. zur Dialektik Geymüllers: Scheidl, Inge: Schöner Schein und Experiment. Katholischer Kirchenbau im Wien der Jahrhundertwende. Wien 2003, S. 161–163.

225 Geymüller 1911 (wie Anm. 222), S. 68.

226 Geymüller 1898 (wie Anm. 219), S. 25.

227 Ebd., S. 2.

228 Ebd., S. 1. Die Formulierung «feierlicher Höhepunkt» hier in Anlehnung an Geymüllers Formulierung «Feierlichkeit übertrifft», ebd., S. 2.

229 Ebd., S. 26.

230 Zu den Hintergründen dieser Darstellungsweise vgl. Bouffier, Michael: Geschichte im Fluss. Eine grafische Renaissancekonzeption, in: Hönes, Hans Christian; Kuhn, Léa; Petcu, Elizabeth J. u. a. (Hg.): Was war Renaissance? Bilder einer Erzählform von Vasari bis Panofsky. Passau 2013, S. 90–94.

231 Ebd., S. 94.

232 Geymüller 1898 (wie Anm. 219), S. 6–85. Bemerkenswert ist Geymüllers Konzept einer idealen Architektur und modernen Baugeschichte, das auf erhaltenen und verschwundenen Bauten, zentralen nichtrealisierten Bauprojekten und schriftlichen Quellen fusste. Vgl. ebd., S. 2.

233 Vgl. ebd., S. 85–331.

234 Vgl. Geymüller 1901 (wie Anm. 219), S. 333–452 (durchlaufende Seitenzählung der Hefte 1 und 2).

235 Ebd., S. 337.

236 Vgl. ebd., S. 452–656.

weiter entwickelt werden. Hier sehen wir exemplarisch das Wissenschaftsverständnis des ausgehenden 19. Jahrhunderts und die Ambition akademischer Bauwissenschaft: Grundlagenwissen wird durch naturwissenschaftliche und theoretisch-mathematische Durchdringung der Prozesse und Materialien des Konstruierens weiterentwickelt: Die Zukunft für die ‹Baukultur› entsteht aus einer historisch-intellektuellen Perspektive.

Der dritte Teil: Versuch einer zeitgemässen Konstruktionslehre

Der dritte Teil des *Handbuchs* gilt dem Kern polytechnischer Bauwissenschaft, der Konstruktion. Bereits im Vorwort des ersten Bandes offenbart sich ein neuer Aktualitätsanspruch: «Bei der Gruppierung des in der Constructionslehre zu bewältigenden Stoffes mussten wir wesentlich neue, von den seither üblichen abweichende Bahnen einschlagen. Wir stimmen allerdings mit Anderen darin überein, ‹dass der gesammte Stoff eine streng systematische Behandlung erfordere›; allein wir vermögen in der veralterten Trennung der verschiedenen Constructionen nach dem Material [...] eine solche systematische Behandlung nicht zu erblicken.»[237] Wissensordnungen, die sich an den Materialien oder Gewerken orientieren, werden jetzt als antiquiert gesehen, zeitgemäss scheint eine Ordnung, die der Funktionalität der einzelnen Bauteile systematisch Rechnung trägt.[238] Nur diese kann der Prämisse, dass «bei der Gruppierung des Stoffes [der] maßgebende [...] Factor ‹die Construction als solche›» sein müsse,[239] gerecht werden. Sie zollt der zeitgenössischen Materialentwicklung im Bauwesen Rechnung,[240] kann auf die unterschiedlichen Geschwindigkeiten der technischen Entwicklung der Produkte fürs Bauen eingehen. Tradiertes Denken und aktuelle Baupraxis werden in einer neuen funktionalen Ordnung synthetisiert.

Die *Hochbau-Constructionen* sind in sechs Bände gegliedert (**Abb. 198**). Der zitierten Prämisse folgend, thematisiert der erste Band zunächst die sogenannten «einfachsten Construktionen» in Stein, Holz und Eisen sowie die Fundamente.[241] Funktional bauen die folgenden Bände hierauf auf: Der zweite Band bringt die *Raumbegrenzenden Konstruktionen,*[242] es folgen Bände zu Konstruktionen des Innenausbaus,[243]

---

237 Anonym: Vorwort, in: Barkhausen, Georg; Heinzerling, Friedrich; Marx, Erwin u. a.: Constructions-Elemente in Stein, Holz und Eisen. Fundamente (HdA, T. 3, Bd. 1). Darmstadt 1886, S. 1–3, hier S. 1–2.

238 Ebd., S. 2.

239 Ebd.

240 Vgl. Rauhut, Christoph: Die Baustelle um 1900 – Materialvielfalt, Konstruktionspluralismus, Akteurspluralismus, in: Hassler, Uta; Rauhut, Christoph (Hg.): Bautechnik des Historismus / Construction Techniques in the Age of Historicism. München 2012, S. 262–279.

241 Barkhausen/Heinzerling/Marx 1886 (wie Anm. 237).

242 Marx, Erwin: Wände und Wandöffnungen (HdA, T. 3, Bd. 2, H. 1). Darmstadt 1891; Ewerbeck, Franz; Göller, Adolf; Schmitt, Eduard: Einfriedungen, Brüstungen und Geländer; Balcons, Altane und Erker. Gesimse (HdA, T. 3, Bd. 2, H. 2). Darmstadt 1891; Barkhausen, Georg; Körner, Carl; Schacht, Adolf u. a.: Balkendecken. Gewölbte Decken (Gewölbe). Verglaste Decken und Deckenlichter. Sonstige Decken-Constructionen (HdA, T. 3, Bd. 2, H. 3). Darmstadt 1895; Landsberg, Theodor; Schmitt, Eduard: Dächer im Allgemeinen. Dachformen. Dachstuhl-Constructionen (HdA, T. 3, Bd. 2, H. 4). Stuttgart 1897; Koch, Hugo; Marx, Erwin; Schwering, Ludwig: Dachdeckungen. Verglaste Dächer und Dachlichter. Massive Steindächer. Nebenanlagen der Dächer (HdA, T. 3, Bd. 2, H. 5). Darmstadt 1894.

243 Koch, Hugo; Schmitt, Eduard: Erhellung der Räume mittels Sonnenlicht. Fenster, Thüren und andere bewegliche Wandverschlüsse (HdA, T. 3, Bd. 3, H. 1). Darmstadt 1896; Krämer, Josef; Mayer, Philipp; Schmidt, Otto u. a.: Anlagen zur Vermittelung des Verkehres in den Gebäuden. Treppen und Rampen. Aufzüge. Sprachrohre; Haus- und Zimmer-Telegraphen (HdA, T. 3, Bd. 3, H. 2). Darmstadt 1892; Koch, Hugo: Ausbildung der Fußboden-, Wand- und Deckenflächen (HdA, T. 3, Bd. 3, H. 3). Stuttgart 1903; Fischer, Hermann; Salbach, Bernhard: Anlagen zur Versorgung der Gebäude mit Licht und Luft, Wärme und Wasser (HdA, T. 3, Bd. 4). Darmstadt 1881; Damcke, Erwin Rudolph; Marx, Erwin; Schmitt, Eduard u. a.: Koch-, Spül-, Wasch- und Bade-Einrichtungen. Entwässerung und Reinigung der Gebäude. Ableitung des Haus-, Dach- und Hofwassers. Aborte und Pissoirs. Entfernung der Fäcalstoffe aus den Gebäuden (HdA, T. 3, Bd. 5). Darmstadt 1883.

Teil III – Die Hochbau-Constructionen.

Band 1 **Constructions-Elemente in Stein. Constructions-Elemente in Holz. Constructions-Elemente in Eisen. Fundamente.**

(1) 1886, (2) 1891, (3) 1901

Band 2 **Raumbegrenzende Konstruktionen.**

5 Hefte
(1) 1891–97, (2) 1899–1901, (3) 1911–14

Band 3 **Erhellen der Räume mittels Sonnenlicht. Fenster, Thüren und andere bewegliche Wandverschlüsse. Anlagen zur Vermittelung des Verkehrs in den Gebäude. Treppen und innere Rampen. Aufzüge. Sprachrohre; Haus- und Zimmer-Telegraphen. Ausbildung der Fußboden-, Wand- und Deckenflächen.**

3 Hefte
(1) 1892–1903, (2) 1898–1901

Band 4 **Anlagen zur Versorgung der Gebäude mit Licht und Luft, Wärme und Wasser. Künstliche Beleuchtung der Räume. Heizung und Lüftung der Räume. Wasserversorgung der Gebäude.**

(1) 1881, (2) 1890, (3) 1908

Band 5 **Koch-, Spül-, Wasch- und Bade-Einrichtungen. Entwässerung und Reinigung der Gebäude. Ableitung des Haus-, Dach- und Hofwassers. Aborte und Pissoirs. Entfernung der Fäcalstoffe aus den Gebäuden.**

2 Hefte
(1) 1883, (2) 1892, (3) 1907–08

Band 6 **Sicherung gegen Einbruch. Anlagen zur Erzielung einer guten Akustik. Glockenstühle. Sicherung gegen Feuer, Blitzschlag, Bodensenkungen und Erdschüttungen. Stützmauern. Terrassen, Freitreppen und Rampen-Anlagen. Behandlung der Trottoire und Hof-flächen. Vordächer. Besondere Constructionen für Eisenbehälter.**

(1) 1884, (2) 1891, (3) 1904

198 Struktur und Inhalte von *Die Hochbau-Constructionen*, Teil 3 des *Handbuchs der Architektur.*

der sechste Band stellt verschiedene bauliche Anlagen vor.[244] Basis der als relevant gedeuteten Wissensbestände sind sieben einleitend formulierte *Grundsätze für die Construction.*[245] Zentrale Aspekte sind die Forderung nach Zweckmässigkeit und Haltbarkeit jeder Konstruktion, Diskurse über neue Techniken, (jetzt vor allem jene über Hygiene und Brandschutz) wie auch die bauökonomische Rationalität.[246]

Die Autoren des ersten Bandes der *Hochbau-Constructionen* sind vier Hochschullehrer polytechnischer Schulen. Erwin Marx hatte seit 1873 eine Professur für Architektur am Darmstädter Polytechnikum inne und verfasste den Abschnitt über die steinernen Konstruktionselemente. Friedrich Heinzerling, Autor des Textes über hölzerne Konstruktionselemente, war seit 1870 Professor für Brückenbau und höhere Baukonstruktion an der Rheinisch-Westphälischen Polytechnischen Schule zu Aachen und galt als einer der führenden Brückenbauexperten in den deutschen Staaten. Der Bauingenieur Georg Barkhausen, der seit 1883 an der Technischen Hochschule Hannover Statik und Stahlbau lehrte, verfasste den dritten Abschnitt zu den eisernen Konstruktionselementen. Den Abschluss bilden die Erörterungen Eduard Schmitts über die Fundamente. An dem aus fünf Heften bestehenden zweiten Band der *Hochbau-Constructionen* waren zehn Autoren beteiligt. Die Wände und Wandöffnungen, Thema des ersten Heftes, konnten noch von einem Autor behandelt werden; die Themenvielfalt der folgenden vier Hefte, über Einfriedungen, Balkendecken, Dachstuhlkonstruktionen bis hin zur Wasserversorgung der Gebäude, liess sich nur noch im Autorenkollektiv abhandeln.

---

244 Ewerbeck, Franz; Köpcke, Claus; Marx, Erwin u. a.: Sicherungen gegen Einbruch. Anlagen zur Erzielung einer guten Akustik. Glockenstühle. Sicherungen gegen Feuer, Blitzschlag, Bodensenkungen und Erderschütterungen. Stützmauern. Terrassen, Freitreppen und Rampen-Anlagen. Behandlung der Trottoire und Hofflächen. Vordächer. Besondere Constructionen für Eisbehälter (HdA, T. 3, Bd. 6). Darmstadt 1887.

245 Anonym: Grundsätze für die Construction, in: Barkhausen/Heinzerling/Marx 1886 (wie Anm. 237), S. 4–6.

246 Vgl. Daniel, Magdalena: Haustechnik im 19. Jahrhundert. Das Beispiel der Heizungs- und Ventilationstechnik im Krankenhausbau. Diss. ETH Zürich 2015.

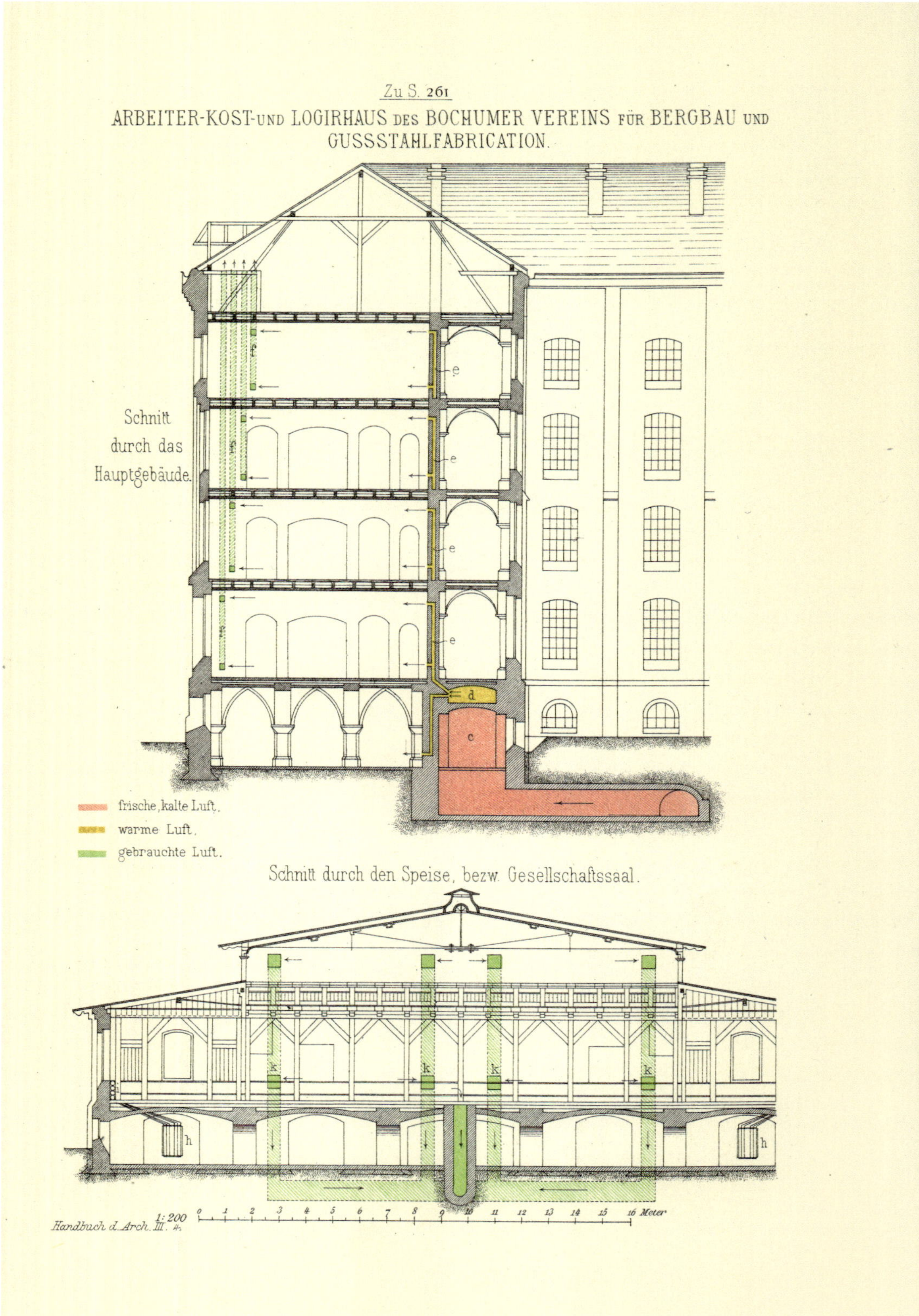

199 a/b «Arbeiter-Kost und Logirhaus des Bochumer Vereins für Bergbau und Gussstahlfabrication» / «Leibnitz-Realschule zu Hannover», Taf. zwischen S. 260 und S. 261 / Taf. zwischen S. 262 und S. 263 aus: Fischer, Heizung und Lüftung (HdA, T. 3, Bd. 4, Abschnitt 4B), 1881.

Heizung, Lüftung beziehungsweise Luftzirkulation und Wasserversorgung von Bauten entwickelten sich im Verlauf des 19. Jahrhunderts zu neuen Aufgabenfeldern des Architekten und konturierten auch das Wissensfeld Baukonstruktion neu. Zwischendisziplinäre Wissensvermittlung stand dabei im Mittelpunkt, wobei technische Inhalte die hygienisch-medizinischen dominierten.

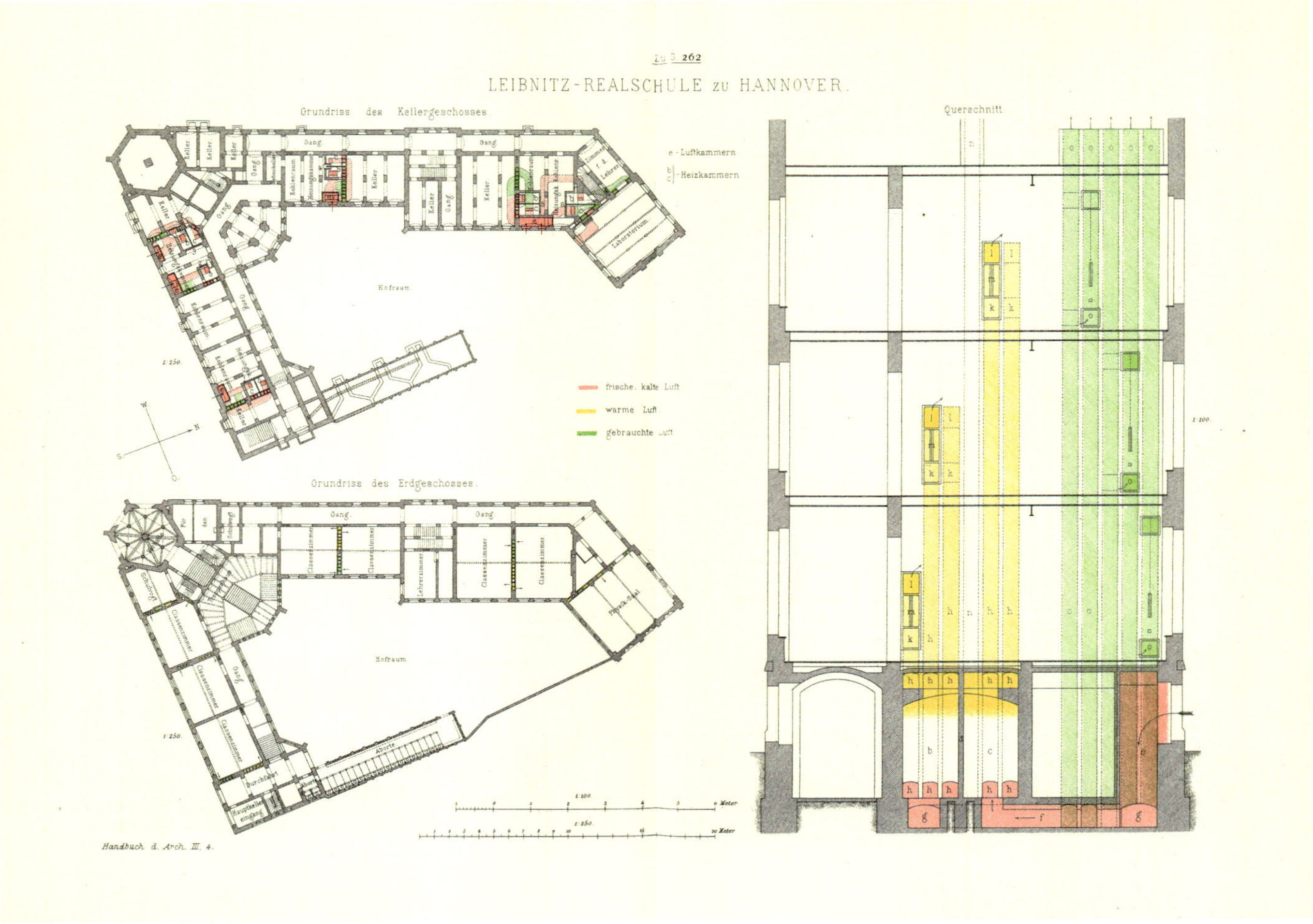

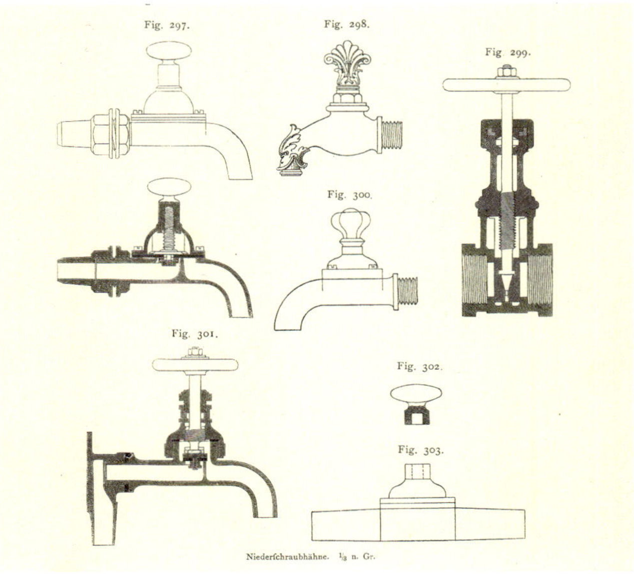

200 «Niederschraubhähne», S. 301 aus: Salbach, Wasserversorgung (HdA, T. 3, Bd. 4, Abschnitt 4C), 1881.

Die Abbildung zeigt unterschiedliche Niederschraubhähne, Zapfhähne für die Wasserentnahme. Es entsteht partiell der Eindruck eines ‹Warenkatalogs›, obwohl im konkreten Fall keine Hersteller genannt werden.

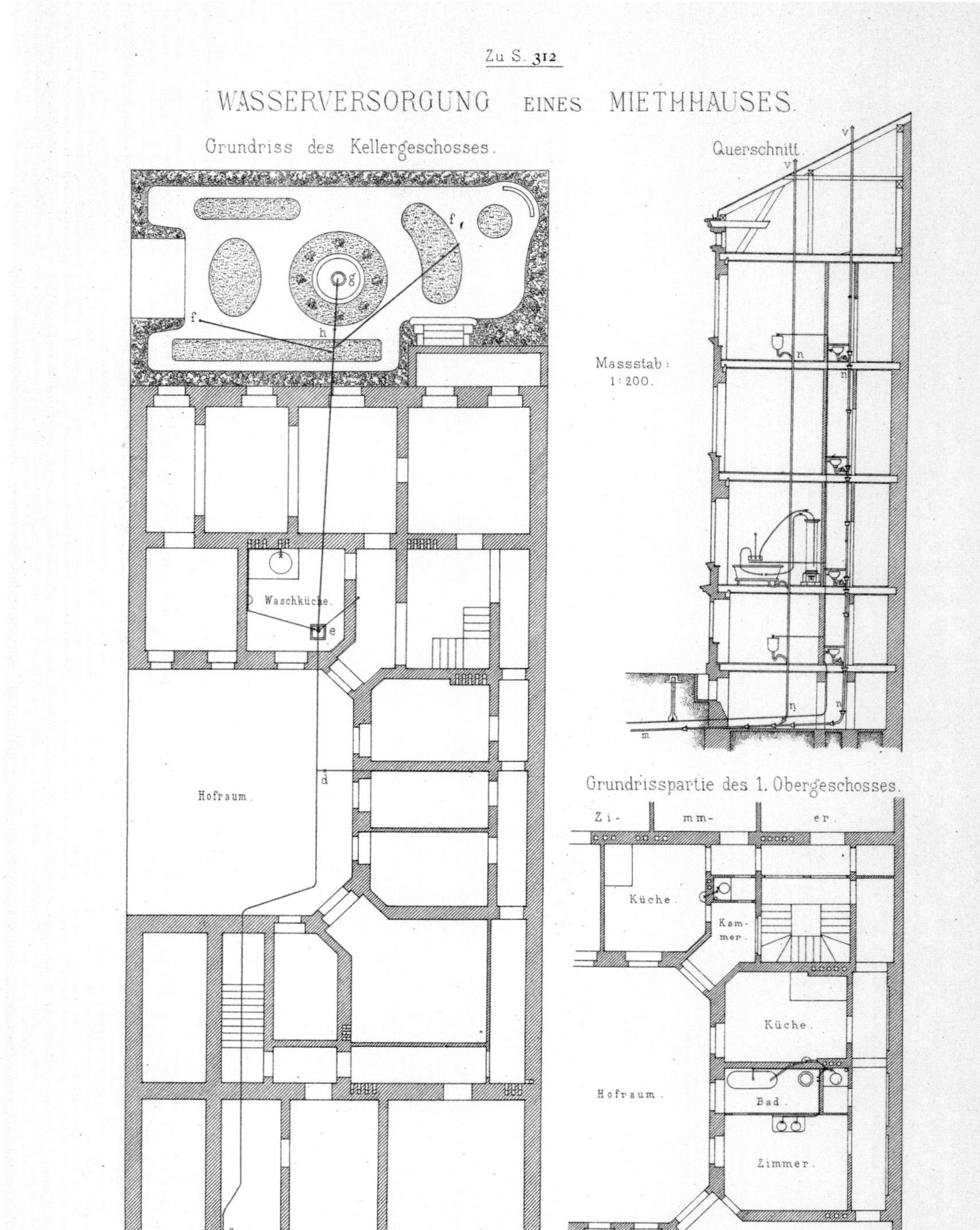

201 «Wasserversorgung eines Miethhauses», Taf. zwischen S. 312 und S. 313 aus: Salbach, Wasserversorgung (HdA, T. 3, Bd. 4, Abschnitt 4C), 1881.

In seinen Ausführungen über die Wasserversorgung von Gebäuden illustriert Bernhard Salbach an einem einzigen Beispiel die Gesamtanlage für ein städtisches Mietshaus. Versorgt wird dieser viergeschossige Bau ausschliesslich mit Kaltwasser. Wie der Grundriss zeigt, ist zudem die Anlage einer Fontäne (g) und die Bewässerung des Gartens (f) vorgesehen. Wohnungsgrundriss und Schnitt vermitteln grundlegende Prinzipien der Anlage, die auch, so Salbach, auf weitere Bauaufgaben übertragbar sind.

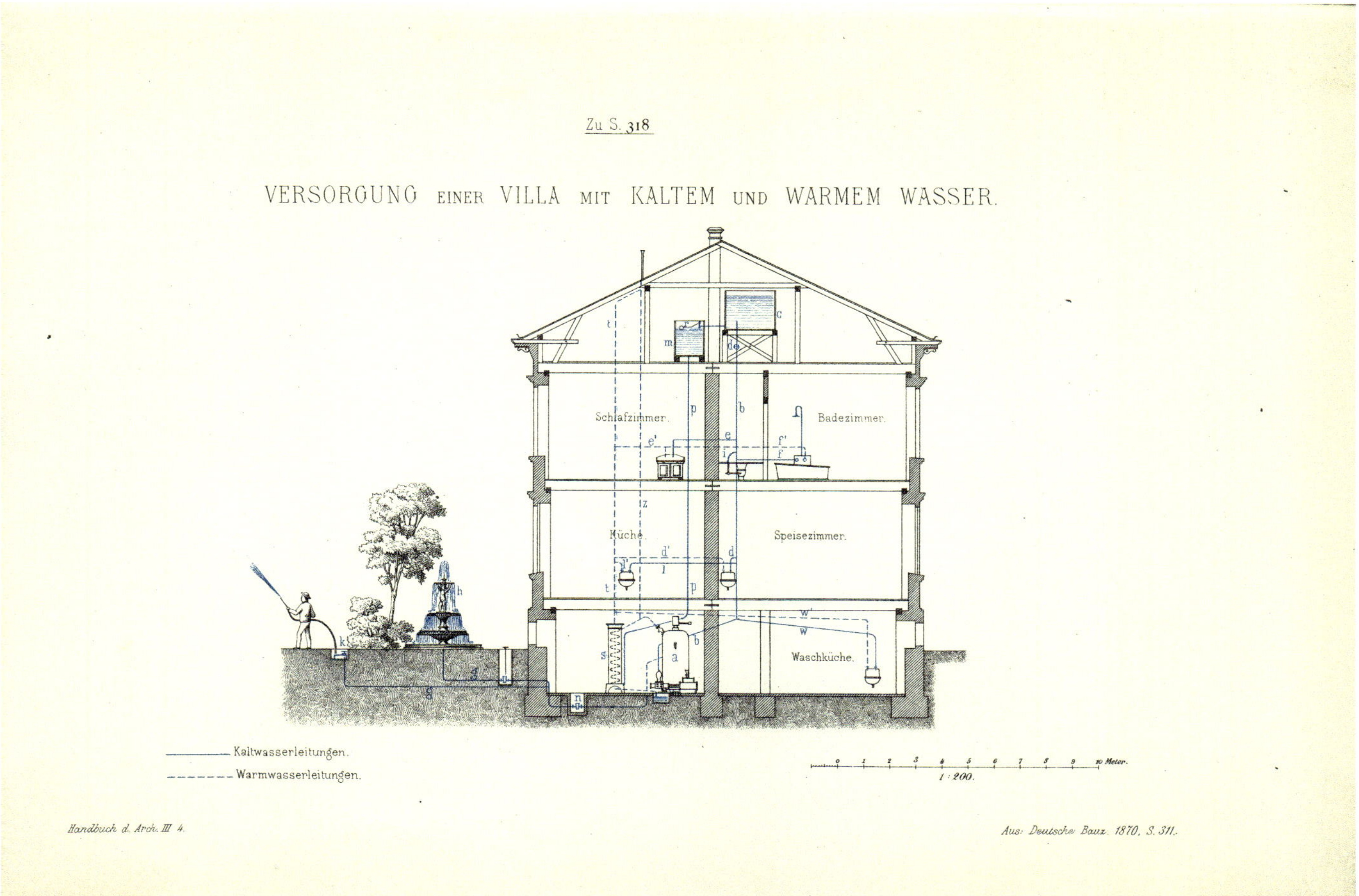

202 «Versorgung einer Villa mit kaltem und warmen Wasser», Taf. zwischen S. 318 und 319 aus: Salbach, Wasserversorgung (HdA, T. 3, Bd. 4, Abschnitt 4C), 1881.

Höchster Ausdruck bürgerlichen Komforts war um 1900 die Versorgung mit fliessendem Warmwasser. Vorbehalten blieb dies dem Grossbürgertum, wie sich an Salbachs Auswahl einer Villa als Beispiel für eine solche Anlage zeigt. Der abgebildete Schnitt zeigt nicht nur die technisch anspruchsvolle Lösung, sondern deutet auch die hohen Kosten der Anlage an. Im Keller muss ein Dampfkessel (a) installiert werden, der eine kleine Dampfmaschine antreibt, die den Wassertransport aus dem Brunnen in das Reservoir (c) bewerkstelligt. Für die Erwärmung des gespeicherten Wassers bedarf es ferner eines sogenannten «Wärmeapparats» (s), der ebenfalls im Keller untergebracht ist.

Wie die Spezialthemen, sind hier auch die Strukturen der Didaktik vielfältig. Exemplarisch können sie am vierten Band skizziert werden: Die *Anlagen zur Versorgung der Gebäude mit Licht und Luft, Wärme und Wasser*, so der umständliche, aber treffende Titel des Bandes, wurden von zwei Autoren bearbeitet. Hermann Fischer, Professor und Nachfolger Karl Karmarschs an der Technischen Hochschule Hannover,[247] war für die Abschnitte *Künstliche Beleuchtung der Räume und Heizung* und *Lüftung der Räume* verantwortlich. Der in der Praxis tätige Ingenieur und königlich-sächsische Baurat Bernhard Salbach, ein ausgewiesener Experte des Wasserwerkbaus,[248] übernahm den Abschnitt *Wasserversorgung der Gebäude*. In der kurzen einleitenden Passage verweisen die Autoren auf die grundsätzliche Bedeutung sanitärer Einrichtungen für Hochbaukonstruktionen. Um dieser Rolle gerecht zu werden, bedarf es, so die Verfasser, der arbeitsteiligen Kooperation: «Die ärztlichen Hygieniker übernehmen bei allen gesundheitstechnischen Anlagen die Rolle des Bauherrn; ihnen kömmt es zu, das ‹Bauprogramm› zu entwerfen, die Sache des betreffenden Architekten ist es dagegen, die im Programm gestellte Aufgabe ‹technisch› zu lösen.»[249] «[V]on Vortheil» für die interdisziplinäre Zusammenarbeit sei, «wenn dem Hygieniker die Elemente der Bautechnik, wenn dem Baumeister die Elemente der Hygiene nicht unbekannt sind.»[250] Ziel der Wissensvermittlung ist nicht die Stärkung disziplinärer Spezialexpertise, sondern die Grundlegung einer Verständigung der Experten.[251] Dieses Anliegen zeigt sich auch in den Literaturangaben der Autoren, in denen Abhandlungen aus beiden Wissensbereichen angeführt sind, wenngleich bautechnische Titel überwiegen.

Hermann Fischer handelt zunächst die Themen *Künstliche Beleuchtung* und *Heizung und Lüftung der Räume* ab.[252] Im zeitgenössischen Hygienediskurs dominierte das Medium Luft, die Entwicklung neuer Systeme für Heizung und Lüftung ist stürmisch.[253] Zur Beleuchtungstechnik diskutiert der Autor elektrische und gasbetriebene Anlagen.[254] Erst der folgende Abschnitt löst den Anspruch des Bandes ein,[255] physiologische Kenntnisse über den menschlichen Wärmehaushalt bilden den Ausgangspunkt der Darlegungen.[256] Die ersten beiden Kapitel über die Luftzirkulation und -verschmutzung verbinden medizinisch-hygienische, technisch-mathematische und naturwissenschaftliche Fragen, die als Basis bautechnischer Entscheide gebraucht werden. Der Leser wird zum interdisziplinären Austausch ermuntert, er wird jedoch nicht zum Experten der Lufthygiene.[257] Technisches Wissen wird im folgenden über einen disziplinär geprägten Zugang vermittelt: Es beginnt mit strömungsmechanischen Sachverhalten, es folgen

---

247 Anonym: Das IFUM. Geschichte des Instituts, www.ifum.uni-hannover.de/dasifum_historie.html (2. April 2014).

248 Salbach war in Dresden, Halle und Bernburg an der Erstellung von zahlreichen solchen Bauten beteiligt. Sein Ruf als Experte gründete auch auf einem früheren Werk: Salbach, Bernhard: Die Wasserleitung in ihrem Bau und ihrer Verwendung in Wohngebäuden. Halle (Saale) 1870.

249 Fischer/Salbach 1881 (wie Anm. 243), S. 1–2.

250 Ebd., S. 2.

251 Vgl. ebd.

252 Ebd., S. 5–272.

253 Vgl. hierzu beispielsweise: Stollberg, Michael: Gewerblich-industrielle Luftverschmutzung und Stadthygiene im 19. Jahrhundert, in: Vögele, Jörg; Völk, Wolfgang (Hg.): Stadt, Krankheit und Tod. Geschichte der städtischen Gesundheitsverhältnisse während der epidemiologischen Transition (vom 18. bis ins frühe 20. Jahrhundert). Berlin 2000, S. 275–290. Da die Art der Beleuchtung die Qualität der Innenraumluft beeinflusst, ergeben sich inhaltliche Überschneidungen, was auch Fischer betonte. Vgl. beispielsweise: Fischer, Hermann: Heizung und Lüftung der Räume (HdA, T. 3, Bd. 4, Abschnitt 4B). Darmstadt 1881, S. 67. Daniel 2015 (wie Anm. 246).

254 Vgl. Fischer, Hermann: Künstliche Beleuchtung der Räume (HdA, T. 3, Bd. 4, Abschnitt 4A). Darmstadt 1881.

255 Ebd.

256 Vgl. ebd., S. 39–44.

257 Vgl. ebd., S. 44–93.

Konstruktion und Materialität einzelner Elemente der Versorgungsanlagen.[258] In Kapitel sechs und sieben finden sich Aspekte der Lufterwärmung und -abkühlung,[259] in Kapitel acht solche der technischen Wärmeregulierung.[260] Das neunte Kapitel stellt abschliessend exemplarisch «bewährte[...] Heizungs- und Lüftungsanlagen»[261] vor (**Abb. 199**).

Auch der von Bernhard Salbach verfasste Abschnitt über die *Wasserversorgung der Gebäude*[262] bezeugt neues interdisziplinäres Verständnis, indem technische und hygienische Aspekte der Wasserbeschaffung vom Einzelelement bis zur Gesamtanlage verknüpft (**Abb. 201**)[263] und Installations- und materialtechnische Eigenschaften der in den Bauten installierten Versorgungsinfrastruktur bis hin zur Gestaltung der Armaturen erörtert werden (**Abb. 200**)[264] «Die Bequemlichkeit und Annehmlichkeit einer ausreichenden Wasserversorgung lässt sich indess durch die Anlage von Warmwasserleitungen noch steigern [...]»[265] (**Abb. 202**).

Der vierte Teil: Systematik für eine moderne Gebäudelehre?

Die Autoren des vierten Teils des *Handbuchs, Entwerfen, Anlage und Einrichtung der Gebäude,* bewerten dessen erste drei Teile als «Mittel zum selbständigen baukünstlerischen Schaffen». Die Frage, «wie diese Mittel zu gebrauchen sind»,[266] ist zentrales Thema des vierten Teils (**Abb. 203**).

Die architektonische Composition, der erste Halbband des vierten Teils, bündelt Grundlagenwissen für die Umsetzung, den ‹Gebrauch›:[267] Im allgemeinen, theoretischen Teil wird eine Anleitung zur architektonischen Komposition gegeben, die «Anlage und Einrichtung der Gebäude» wird aber nicht wirklich methodisch, sondern mit gebauten Beispielen belegt.[268] Als Prämisse gilt: «Theoretische Betrachtungen und Folgerungen allein werden zwar nie ausreichen, um selbständig zu entwerfen, denn Übung und Erfahrung können durch geistige Forschung und Anschauung nicht ersetzt werden. *Aber die Theorie ist die Leuchte des Fortschrittes; sie ist es, mittels deren auf allen Gebieten des menschlichen Wissens vorgedrungen und Großes geschaffen worden ist. Die Baukunst kann ihrer am allerwenigsten entbehren.* Da ferner in dieser Abteilung alles das, was sämtlichen Gebäudegattungen gemeinsam ist, vorausgeschickt wird, so ist dadurch die Bearbeitung der folgenden Abteilungen [die die Gebäudegattungen behandeln, d. Verf.] erleichtert und vereinfacht.»[269] Didaktisch ausgerichtet sind zunächst Erörterungen über die strukturellen Identitäten von Hochbauten; sie sollen den Zugang zum Wissen über spezifische Hochbaukonstruktionen erleichtern. Die

---

258 Ebd., S. 95–199.

259 Ebd., S. 199–245.

260 Ebd., S. 245–252.

261 Ebd., S. 260.

262 Vgl. Salbach, Bernhard: Wasserversorgung der Gebäude (HdA, T. 3, Bd. 4, Abschnitt 4C). Darmstadt 1881.

263 Vgl. ebd., S. 274–291.

264 Ebd., S. 291–313.

265 Ebd., S. 315. Trotzdem finden die Warmwasserleitungen bei Salbach insgesamt nur begrenzte Beachtung: Ausführlicher werden sie im vierten Teil des Handbuchs abgehandelt, sind es doch zur Hauptsache öffentliche Gebäude, in welchen derartige Versorgungsanlagen zur Ausführung kommen. Salbachs Erörterungen bleiben nur skizzenhaft und auf die Bauaufgabe Villa bezogen, beinhalten aber immer wieder Quer- und Rückverweise auf bereits erläuterte technische Aspekte.

266 Anonym: Vorwort, in: Bühlmann, Josef; Sturmhoefel, Aurel; Thiersch, August u. a.: Architektonische Komposition (HdA, T. 4, Halbbd. 1). 3. Aufl. Stuttgart 1904, S. 3–4, hier S. 3.

267 In der ersten Auflage; *Architektonische Komposition* in der dritten Auflage.

268 Anonym: Vorwort, in: Bühlmann/Sturmhoefel/Thiersch 1904 (wie Anm. 266), S. 3–4, hier S. 3.

269 Ebd. (Hervorhebungen d. Verf.).

Ausführungen über die «architektonische Komposition», das theoretische Fundament des Entwurfs, werden demgegenüber vor allem durch ein epistemisches Moment charakterisiert. Sie erscheinen zwar handlungsleitend, ihr normativer Charakter ist aber insofern unklar, als sie theoretischer Natur sind. Kennzeichnend ist die Auffassung von Theorie als «Leuchte des Fortschritts», was dann auch das neugierige Hinterfragen zeitabhängiger Theorie-Aussagen impliziert. Der erste Halbband des vierten Teils des *Handbuchs* repräsentiert eine theoretisch-praktische Basis architektonischen Entwerfens, die folgenden Halbbände, die einzelnen Bautypen gewidmet sind, sind die spezifischen Erörterungen, die das Hinterfragen ermöglichen und das Verhältnis zwischen Theorie und Anwendung prüfen sollen. Eine gewisse Sonderstellung im vierten Teil des *Handbuchs* nehmen die Bände über die *Garten-Architektur*[270] und die sich neu formierende Disziplin des *Städtebaus*[271] ein, die nicht der Hochbaukonstruktion zuzurechnen sind.[272]

Die Einleitung *Aufgabe und Endziel des baukünstlerischen Schaffens* von Heinrich Wagner zielt auf zentrale architektonische Begrifflichkeiten und Konzepte. Herausragende Relevanz hat wiederum die vitruvianische Idealtrias, wobei die Kategorie *venustas* dominiert.[273] In Vollendung, so Wagner, könne das Ideal nur durch einen Architekten materialisiert werden, der nicht nur Künstler im modernen Sinne, sondern zugleich auch Techniker sei. Er müsse dies sein, denn die Architektur unterscheide sich von anderen schönen Künsten dadurch, dass sie «an den Stoff gebunden» sei und des «Zusammenwirkens vieler Menschenkräfte und eines Aufwandes von Mitteln» bedürfe, der nicht mit jenen der Bildhauerei und Malerei vergleichbar sei.[274] Die Komplexität architektonischen Schaffens zeigt sich auch hier in Interaktionen: «[...] die architektonische Komposition oder das architektonische Erfinden ist der Inbegriff des Wissens und Könnens, welche die Lebenserfahrung, die Wissenschaft und die Kunst vom Schöpfer des Bauwerkes fordern; in ihr offenbart sich der Dreiklang der Ideen, den wir in den Worten zusammenfassen: Erfüllung des Zweckes, Wahrheit des Gedankens und Schönheit der Form.»[275] Entwerfen verbindet künstlerische, wissenschaftliche und berufspraktische Aspekte zu einer Einheit, der Entwerfer muss nicht nur «Herr der Form», sondern auch «Herr der Konstruktion sein».[276] Nach Wagner beruht das architektonische Entwerfen konkret auf dem Wissen über das Material, die statischen Berechnungsmethoden, die klimatischen Bedingungen und die Hygiene. Die Vermittlung erfolgt im institutionell-akademischen Umfeld als ‹wissenschaftliches› Wissen. Die Aneignung sei notwendige, nicht aber hinreichende Bedingung für die ‹Herrschaft über die Konstruktion›. Zusätzlich bedürfe es berufspraktischen, impliziten Wissens, könne doch nur so der «Technik des Handwerkes» Rechnung getragen werden.[277] Der konstruktive Aspekt des Entwurfs beruhe auf erwerbbaren Wissensbeständen, die Prozesse der Formfindung werden dagegen als intellektuell autark verstanden. Wagner betont die Bedeutung wissenschaftlicher (Architektur- und Kunstgeschichte) und praktisch erworbener Kenntnisse, in der Hierarchie seiner Aufzählung dominiert allerdings die «angeborene Begabung, ein[...] lebendige[r] Sinn und ernste[r] Schaffensdrang für alles Große

---

270 Lambert, André; Stahl, Eduard: Die Garten-Architektur (HdA, T. 4, Halbbd. 10). Stuttgart 1898.

271 Stübben, Josef: Der Städtebau (HdA, T. 4, Halbbd. 9). Darmstadt 1890. Vgl. zur Genese der Disziplin: Curdes, Gerhard; Oehmichen, Renate (Hg.): Künstlerischer Städtebau um die Jahrhundertwende. Der Beitrag von Karl Henrici. Köln 1981.

272 Vgl. Anonym: Vorwort, in: Bühlmann/Sturmhoefel/Thiersch 1904 (wie Anm. 266), S. 3–4, hier S. 4.

273 Wagner, Heinrich: Aufgabe und Endziel des baukünstlerischen Schaffens, in: Bühlmann/Sturmhoefel/Thiersch 1904 (wie Anm. 266), S. 5–10, hier S. 5.

274 Ebd.

275 Die letzten beiden Zitate: ebd., S. 6. Wagner folgt mit dieser Aufgabenbestimmung des Entwerfens dem deutschen Kunsthistoriker August Schmarsow. Vgl. Schmarsow, August: Das Wesen der architektonischen Schöpfung. Leipzig 1894. Zur Biografie vgl. knapp: Feist, Peter H.: Schmarsow, August Hannibal, in: NDB, Bd. 23. Berlin 2007, S. 121–123.

276 Wagner 1904 (wie Anm. 273), S. 7.

277 Ebd., S. 8.

Teil IV – Entwerfen. Anlage und Einrichtung der Gebäude.

Halbbd. 1	**Die architektonische Composition.** Allgemeine Grundzüge. Die Proportionen in der Architektur. Die Anlage des Gebäudes. Die Gestaltung der äußeren und inneren Architektur. Vorräume, Treppen-, Hof- und Saal-Anlagen. (1) 1883, (2) 1893, (3) 1904, (4) 1926	Halbbd. 6	**Gebäude für Erziehung, Wissenschaft und Kunst.** 6 Hefte (1) 1888–1904, (2) 1903–1906
Halbbd. 2	**Gebäude für Zwecke des Wohnens, des Handelns und Verkehrs.** 6 Hefte (1) 1896–1931, (2) 1908–27	Halbbd. 7	**Gebäude für Verwaltung, Rechtspflege und Gesetzgebung; Militärbauten.** 2 Hefte (1) 1887, (2) 1900, (3) 1933–43
Halbbd. 3	**Gebäude für die Zwecke der Landwirtschaft und der Lebensmittel-Versorgung.** 2 Hefte (1) 1884, (2) 1891–1901, (3)1909–13	Halbbd. 8	**Kirchen, Denkmäler und Bestattungsanlagen.** 3 Hefte (1) 1906–07, (2) 1939
Halbbd. 4	**Gebäude für Erholungs-, Beherbergungs- und Vereinszwecke.** 4 Hefte (1) 1885–1931, (2) 1894, (3) 1904–33, (4) 1942	Halbbd. 9	**Städtebau.** (1) 1890, (2) 1907, (3) 1924
Halbbd. 5	**Gebäude für Heil- und sonstige Wohlfahrtsanstalten.** 4 Hefte (1) 1891–1900, (2) 1903–21	Halbbd. 10	**Garten-Architektur.** (1) 1898, (2) 1910

203 Struktur und Inhalte von *Entwerfen. Anlage und Einrichtung der Gebäude*, Teil 4 des *Handbuchs der Architektur.*

und Schöne».[278] Das Zentrum der «architektonischen Wissenschaft», das Entwerfen, entziehe sich rationalen Kriterien, das im Begriff proklamierte Selbstverständnis sei bereits brüchig. Offenbar um den Anspruch auf die Wissenschaftlichkeit des Architekturschaffens aufrecht zu erhalten, ergänzt Wagner seine «akademischen» Ausführungen um eine «Gebäudekunde».[279] Deren Inhalt und Struktur umschreibt er folgendermassen: «Hierbei wird der Weg verfolgt, daß bei jeder Gebäudegattung nach einem kurzen Überblick über die geschichtliche Entwickelung die Erfordernisse des Gebäudes, seine Grundrißbildung, Gestaltung und Einrichtung erforscht und aus dem durch seine Bestimmung und Benutzung, durch Überlieferung und Fortschritt der Kultur entstandenen Organismus abgeleitet werden. Eine Anzahl typischer Beispiele wird zu Veranschaulichung dienen.»[280] Der Gebäudekunde scheint immerhin der Status eines wissenschaftlich fundierten Hilfsmittels eigen zu sein, das auch ‹wenig begabten› Architekten ein angemessenes Entwerfen ermöglicht – eine Haltung, die sich in Werken bekannter Autoren des frühen 20. Jahrhunderts, etwa Friedrich Ostendorf,[281] fortsetzt. Die architektonische Subdisziplin der Gebäudekunde erlaubt Methodendiskussion und Typenbildung, ermöglicht die Vermittlung von Strukturmustern. Als praktisch orientiertes Handlungsfeld des architektonischen Entwurfes basiert die Gebäudelehre auf vorgeschalteten theoretischen Informationen, die eine ‹Theorie des Entwurfes› konturieren.

278 Ebd., S. 9.

279 Ebd.

280 Ebd.

281 Besonders prägnant ist das Beispiel seiner (nicht abgeschlossenen) Entwurfslehre: Ostendorf, Friedrich: Sechs Bücher vom Bauen, enthaltend eine Theorie des architektonischen Entwerfens. Berlin 1913–20.

Die ‹Theorie des Entwurfes› wird in den Abschnitten *Allgemeine Grundzüge,* wiederum von Heinrich Wagner verfasst, und *Proportionen in der Architektur,* geschrieben von August Thiersch, diskutiert.[282] «Allgemeine Grundzüge» leitet Wagner erneut aus vitruvianischen und jetzt auch zeitgenössischen Tugenden guter Architektur ab. Zweckmässigkeit und Dauerhaftigkeit, Schönheit (und Schmuck) sowie Wahrheit und Ordnung bilden zentrale architekturtheoretische Grundlagen des Entwurfs und werden von Wagner anhand von Beispielen erklärt.[283] In ihnen erblickt er die «unwandelbaren Prinzipien» der Baukunst, nur mit ihrer Umsetzung im Entwurf könne der herrschenden Stilver(w)irrung entgegengetreten werden.[284] Die Darlegungen von August Thiersch über die *Proportionen in der Architektur* konkretisieren Wagners Thesen exemplarisch.[285] Thierschs *Versuch zur Wiederherstellung der Lehre von der Analogie* (so der Untertitel dieses zweiten Abschnittes) basiert auf einer Proportionslehre und damit auf der Vermutung, dass es gültige Gesetze gebe, die «die Schönheit eines Bauwerkes» determinieren.[286] Ausgangspunkt von Thierschs architektonischem Grundgesetz ist Adolf Zeisings Mitte der 1850er Jahre proklamierte universale Gestaltungslehre,[287] der ‹Goldene Schnitt›,[288] «jene stetige Proportion, die *Euklid* finden lehrt, bei welcher der kleinere Abschnitt einer Geraden sich zum größeren verhält, wie dieser zum Ganzen».[289] Die architektonische Adaption bedürfe jedoch, so Thiersch, einer Modifikation, da «die verglichenen Abmessungen bei der Anschauung in keiner verständlichen Beziehung zueinander stehen».[290] Er schliesst, unter Beibehaltung des Grundprinzips des ‹Goldenen Schnitts›: «Es ist **die stetige Proportion überhaupt** und die **Ähnlichkeit der Figuren**, wie sie *Euklid* im 6. Buch seiner ‹Elemente› behandelt. Wir finden durch Betrachtung der gelungensten Werke aller Zeiten, daß **in jedem Bauwerk eine Grundform sich wiederholt**, daß **die einzelnen Teile in Form und Anordnung ähnliche Figuren bilden**.»[291] Thiersch illustriert sein ‹Grundgesetz architektonischer Schönheit› an zahlreichen Beispielen von der Antike bis zur Renaissance,[292] erläutert die Bedeutung der Perspektive für die Wahrnehmung der Proportionen und versucht dann eine Naturanalogie – die Übertragung auf den menschlichen Körper (**Abb. 204**).[293]

So sehr Thiersch hier bemüht ist, der architektonischen Komposition ein lehr- und verallgemeinerbares Prinzip als Basis zu geben, vermag dessen Kenntnis das benötigte Talent nicht restlos zu ersetzen:

---

282 Der Architekt August Thiersch war ein Schüler Gottfried von Neureuthers und seit 1875 Professor für Baugeschichte und Bauformenlehre an der Technischen Hochschule München. Zu seiner Person vgl. Stenger, Birgit: August Thiersch (1843–1916). Geplante und ausgeführte Kirchenbauten. Diss. TU München 1981.

283 Vgl. Wagner 1904 (wie Anm. 273), S. 12–34.

284 Ebd., S. 35. Wagner zeigt sich hier durchaus nicht naiv; er erkennt die fortschreitende Kommerzialisierung der Baukunst an, sieht aber die wirtschaftlichen Interessen der Architekten als Ursache für den Entwurf und die Errichtung von Bauten, die gegen jene Prinzipien verstossen. Nach Wagner ist es die Aufgabe der Architektenschaft, nicht des einzelnen Architekten, diese Prinzipien wieder in das allgemeine Bewusstsein zu rufen und dort die Tugenden guter Architektur zu verankern. Vgl. ebd., S. 35–36.

285 Thiersch, August: Proportionen in der Architektur (HdA, T. 4, Halbbd. 1, Abschnitt 2). 3. Aufl. Stuttgart 1904.

286 Ebd., S. 37. Eine zwar historische, aber dennoch normativ axiomatische Anschauung.

287 Ein kurzer biografischer Abriss über den «Begründer der mathematischen Aesthetik» bei: Wecklein, Nikolaus: Zeising, Adolf, in: ADB, Bd. 55. Leipzig 1910, S. 404–411, Zitat S. 404.

288 Thiersch 1904 (wie Anm. 285), S. 38. Thiersch bezieht sich hierbei v. a. auf: Zeising, Adolf: Neue Lehre von den Proportionen des menschlichen Körpers: aus einem bisher unerkannt gebliebenen, die ganze Natur und Kunst durchdringenden morphologischen Grundgesetze entwickelt und mit einer vollständigen historischen Uebersicht der bisherigen Systeme begleitet. Leipzig 1854.

289 Thiersch 1904 (wie Anm. 285), S. 38 (Hervorhebung im Original).

290 Ebd.

291 Ebd. (fette Hervorhebungen im Original gesperrt).

292 Vgl. ebd., S. 39–81.

293 Vgl. ebd., S. 82–88.

Fig. 1.

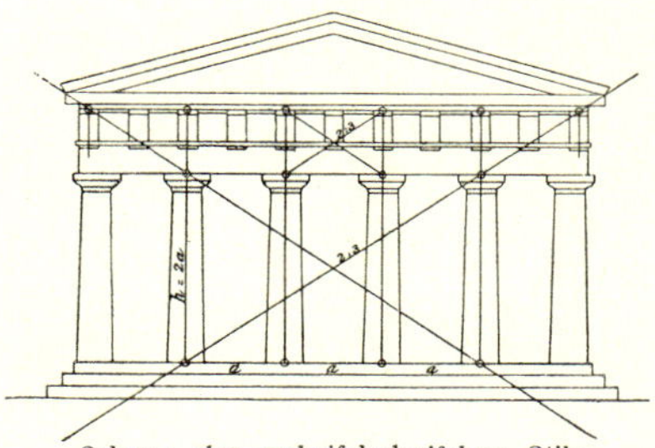

Schema des archaiſch-doriſchen Stils.

Fig. 2.

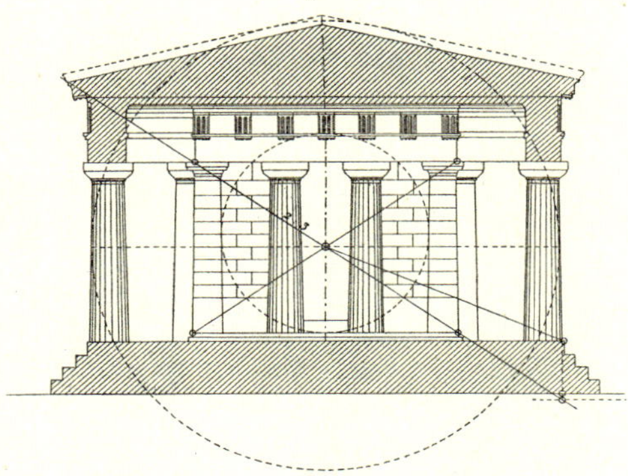

Tempel der Konkordia zu Akragas.

204 «Schema des archaisch-dorischen Tempels», Fig. 1/2 (S. 39) aus: Wagner, Allgemeine Grundzüge (HdA, T. 4, Halbbd. 1, Abschnitt [illegible]), 1904.

Die Übereinstimmung in den Proportionen bildet nach Wagner ein Grundgesetz architektonischer Schönheit, das sich am vollkommensten im griechischen Tempel verkörpere. Wagner will in seinem Schema eines archaisch-dorischen Tempels diesen wichtigen Grundsatz architektonischen Entwerfens veranschaulichen und zugleich beweisen.

«So wird auch die Kenntnis des hier dargelegten Gesetzes noch niemanden zum Baukünstler machen. Doch wird es dem Talent dienen, um den Weg des Versuches abzukürzen und die Arbeit zu erleichtern. Es bezeichnet ihm eine heilsame Schranke, innerhalb deren das Genie sich zu bewegen hat, um Werke hervorzubringen, die das ästhetische Gefühl befriedigen und sich zugleich vor dem forschenden Verstande rechtfertigen können.»[294] Thierschs Rede über das ‹Gesetz architektonischer Schönheit› ist Richtschnur (die überschäumenden Talenten Grenzen der Kreativität setzt) und rationales Argument, das den Entwurf absichert. Keinesfalls jedoch zielt sie darauf, eine «Anleitung zum Entwerfen» zu sein – ein solche Interpretation, so Thiersch, sehe den Entwurf nur «einseitig mechanisch».[295]

Es folgt die Niederlegung entwurfspraktisch ausgerichteter Inhalte: Heinrich Wagners Erörterungen über die *Anlage des Gebäudes,*[296] danach Josef Bühlmann über die *Gestaltung der äußeren und der inneren Architektur,*[297] den Abschluss bildet der von Heinrich Wagner verfasste Abschnitt *Vorräume, Treppen, Hof-*

---

294 Ebd., S. 90.

295 Ebd. Thiersch zielt in einer diesen Umstand erläuternden Fussnote auf Hittenkofers *Lehrhefte für technische Fachschulen* ab. Daher kann diese Negation auch als soziale Abgrenzung des akademisch ausgebildeten Architekten gesehen werden. Thiersch nennt hier den Titel: «Hittenkofer, A. Lehrhefte der technischen Fachschulen der Stadt Buxtehude. Angewandte Säulenordnungen und Fassadenbaulehre. Buxtehude 1887».

296 Wagner, Heinrich: Anlage des Gebäudes (HdA, T. 4, Halbbd. 1, Abschnitt 3). 3. Aufl. Stuttgart 1904.

297 Bühlmann, Josef: Gestaltung der äusseren und inneren Architektur (HdA, T. 4, Halbbd. 1, Abschnitt 4). 3. Aufl. Stuttgart 1904. Zu Biografie und Werk Bühlmanns, der seit 1878 Professor an der TH München war, vgl. Forster, Gisela: Die rekonstruierenden Bildwelten des Kunstdidaktikers, Architekturzeichners und Architekten Josef Bühlmann (1844–1921). Diss. Univ. München 1999.

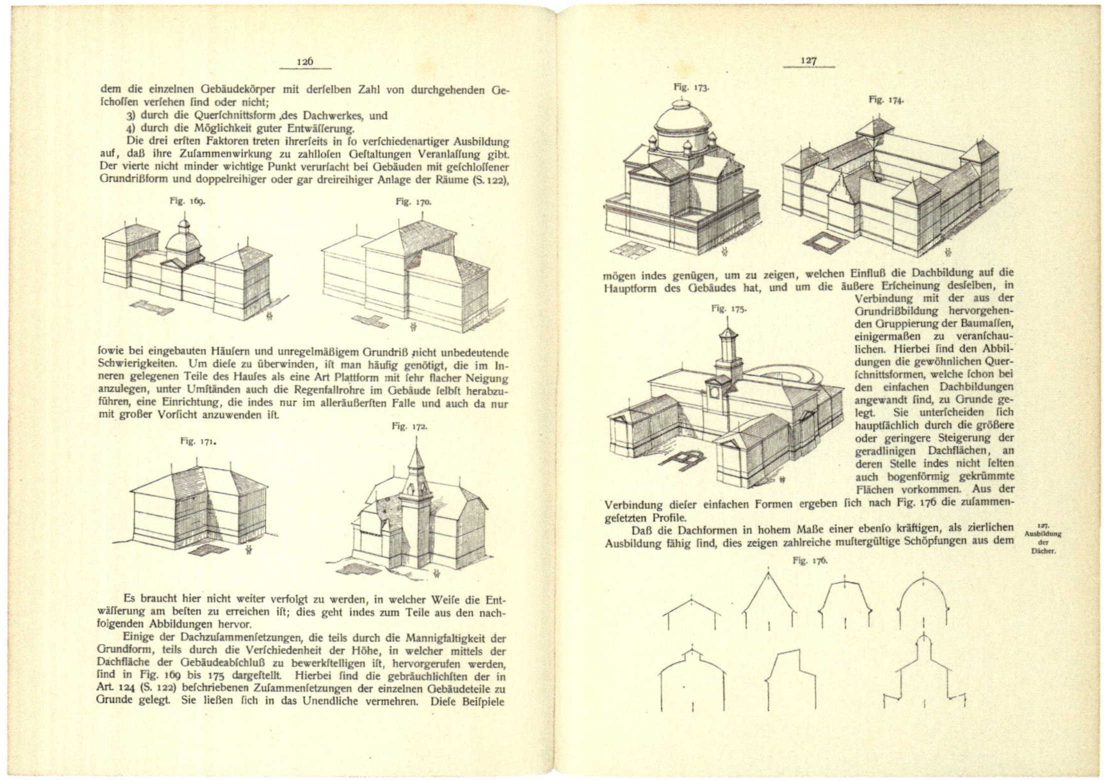

126

dem die einzelnen Gebäudekörper mit derſelben Zahl von durchgehenden Geſchoſſen verſehen ſind oder nicht;

3) durch die Querſchnittsform ,des Dachwerkes, und

4) durch die Möglichkeit guter Entwäſſerung.

Die drei erſten Faktoren treten ihrerſeits in ſo verſchiedenartiger Ausbildung auf, daß ihre Zuſammenwirkung zu zahlloſen Geſtaltungen Veranlaſſung gibt. Der vierte nicht minder wichtige Punkt verurſacht bei Gebäuden mit geſchloſſener Grundrißform und doppelreihiger oder gar dreireihiger Anlage der Räume (S. 122),

Fig. 169.

Fig. 170.

ſowie bei eingebauten Häuſern und unregelmäßigem Grundriß nicht unbedeutende Schwierigkeiten. Um dieſe zu überwinden, iſt man häufig genötigt, die im Inneren gelegenen Teile des Hauſes als eine Art Plattform mit ſehr flacher Neigung anzulegen, unter Umſtänden auch die Regenfallrohre im Gebäude ſelbſt herabzuführen, eine Einrichtung, die indes nur im alleräußerſten Falle und auch da nur mit großer Vorſicht anzuwenden iſt.

Fig. 171.

Fig. 172.

Es braucht hier nicht weiter verfolgt zu werden, in welcher Weiſe die Entwäſſerung am beſten zu erreichen iſt; dies geht indes zum Teile aus den nachfolgenden Abbildungen hervor.

Einige der Dachzuſammenſetzungen, die teils durch die Mannigfaltigkeit der Grundform, teils durch die Verſchiedenheit der Höhe, in welcher mittels der Dachfläche der Gebäudeabſchluß zu bewerkſtelligen iſt, hervorgerufen werden, ſind in Fig. 169 bis 175 dargeſtellt. Hierbei ſind die gebräuchlichſten der in Art. 124 (S. 122) beſchriebenen Zuſammenſetzungen der einzelnen Gebäudeteile zu Grunde gelegt. Sie ließen ſich in das Unendliche vermehren. Dieſe Beiſpiele

127

Fig. 173.

Fig. 174.

mögen indes genügen, um zu zeigen, welchen Einfluß die Dachbildung auf die Hauptform des Gebäudes hat, und um die äußere Erſcheinung desſelben, in Verbindung mit der aus der Grundrißbildung hervorgehenden Gruppierung der Baumaſſen, einigermaßen zu veranſchaulichen. Hierbei ſind den Abbildungen die gewöhnlichen Querſchnittsformen, welche ſchon bei den einfachen Dachbildungen angewandt ſind, zu Grunde gelegt. Sie unterſcheiden ſich hauptſächlich durch die größere oder geringere Steigerung der geradlinigen Dachflächen, an deren Stelle indes nicht ſelten auch bogenförmig gekrümmte Flächen vorkommen. Aus der Verbindung dieſer einfachen Formen ergeben ſich nach Fig. 176 die zuſammengeſetzten Profile.

Fig. 175.

127. Ausbildung der Dächer.

Daß die Dachformen in hohem Maße einer ebenſo kräftigen, als zierlichen Ausbildung fähig ſind, dies zeigen zahlreiche muſtergültige Schöpfungen aus dem

Fig. 176.

205 Unterschiedliche Formen der Dachausbildung, Fig. 169–176 (S. 126–127) aus: Wagner, Anlage des Gebäudes (HdA, T. 4, Halbbd. 1, Abschnitt 3), 1904.

und Saalanlagen.[298] Die Beschreibungen erfolgen stets vom Allgemeinen zum Speziellen. So thematisiert Wagner beispielsweise einleitend grundlegende Determinanten des Entwurfes, Programm, Zweck des Baus, künstlerische Gestaltung und Kostenanschlag.[299] Hierauf baut er die Raum- und Gebäudebildung auf,[300] um abschliessend den Prozess des Entwerfens zu erläutern (**Abb. 205**).[301]

Die exemplarische Visualisierung architektonischer Vorbilder spielt für Wagner eine wichtige Rolle. Auch Bühlmann, der nacheinander Grundsätze der äusseren und inneren Gestaltung von Bauten darlegt, bedient sich immer wieder architektonischer Vorbilder, präsentiert aber neben historischen Bauwerken auch verstärkt solche der Gegenwart (**Abb. 206**).[302] Eine solche visuelle Strategie zielt auf die architektonische Geschmacksbildung, ist zugleich aber Beispiel für Konstruktion. Bühlmann schreibt: «Die künstlerische Fassadengestaltung wird auf alle Fälle den konstruktiven Grundformen [...] sich anschließen müssen.»[303] Die Abhängigkeit der Fassadengestaltung und letztlich auch der architektonischen Innen-

---

298 Wagner, Heinrich: Vorräume, Treppen-, Hof- und Saalanlagen (HdA, T. 4, Halbbd. 1, Abschnitt 5). 3. Aufl. Stuttgart 1904; Sturmhoefel, Aurel: Akustik der Säle, insbesondere der Konzertsäle, Festhallen und Rundbauten (HdA, T. 4, Halbbd. 1, Abschnitt 5, Kap. 4c). 3. Aufl. Stuttgart 1904.

299 Wagner 1904 (wie Anm. 296), S. 91–97.

300 Ebd., S. 97–128.

301 Ebd., S. 128–141.

302 Vgl. Bühlmann 1904 (wie Anm. 297).

303 Ebd., S. 145.

Fig. 232.

Mittelbau des Polytechnikums zu Zürich[87]).

206 «Mittelbau des Polytechnikums zu Zürich», Fig. 232 (S. 185) aus: Bühlmann, Gestaltung der äußeren und der inneren Architektur (HdA, T. 4, Halbbd. 1, Abschnitt 4), 1904.

Für symmetrische Bauten, die insbesondere für öffentliche Gebäude mit einem festgelegten, dauerhaften Raumprogramm, wie Schulen und Sammlungen, vorgesehen werden sollten, präsentiert Semper einen Mittelbau par excellence, der sich durch «Bogenstellungen mit vorgesetzten Halbsäulen oder freistehenden Säulen» auszeichnete. (Die hier gezeigte Abbildung wurde zuerst veröffentlicht in: Lipsius, Constantin: Gottfried Semper in seiner Bedeutung als Architekt. Berlin 1880 (Separatdruck aus: DBZ 14 (1880)), S. 68. Sie zeigt eine von Manfred Semper zeichnerisch überarbeitete Fassung des Mittelbaus.)

raumgestaltung von der Konstruktion erklärt Bühlmann an den für die polytechnische Ausbildung bestimmenden öffentlichen Bauaufgaben, die bereits in den einführenden, allgemeinen Ausführungen Wagners genannt wurden. Sie sind der tradierte Fixpunkt der Argumentation im gesamten vierten Teil, wie auch in Wagners Grundsätzen der architektonischen Innengestaltung (**Abb. 207**). Eine Besonderheit dieses Abschnittes ist das ab der dritten Auflage von 1904 hinzugefügte Unterkapitel von Aurel Sturmhoefel über die *Akustik der Säle.* Es zielt vor allem auf den Zusammenhang von architektonischer Raumgebung und Klangerlebnis und thematisiert verstärkt technische Aspekte des Entwurfs (**Abb. 208**).[304]

Talent gilt als unabdingbare Prämisse architektonischen Komponierens, zumindest die Grundlagen des Entwerfens scheinen vermittel- und lernbar zu sein – beruhen doch seine Prinzipien auf rational zugänglichen Determinanten. Die bildliche Repräsentation ‹guter Architektur› erlaubt zudem die Geschmacksschulung – und bleibt zeitlich-kulturell konnotiert.

---

304 Vgl. Sturmhoefel 1904 (wie Anm. 298), S. 343–376. Sturmhoefel war ein in Berlin ansässiger ehemaliger Baurat von Magdeburg und hatte bereits in der 3. Aufl. von Wagner/Thiersch/Bühlmann u. a. 1904 das 2. Kapitel *Anlagen zur Erzielung einer guten Akustik,* S. 58–79 ersetzt (in der 2. Auflage von 1891, S. 37–53, findet sich unter demselben Titel ein Beitrag von August Orth).

207 «Vom Justizpalast zu Wien», Taf. zwischen S. 322 und S. 323 aus: Wagner, Vorräume, Treppen-, Hof- und Saalanlagen (HdA, T. 4, Halbbd. 1, Abschnitt 5), 1904.

Heinrich Wagner beschränkt sich in seinen Darlegungen über die Gestaltung der Treppen auf die Wiedergabe weniger Beispiele. Hier wird die gelungene Lösung des Anschlusses und Anschneidens «der Fluchten und Geländerschräge an die Strukturteile des Treppenhauses» (ebd., S. 322) illustriert.

Exemplarisch zeigt dies der sechste Halbband, der in seinen sechs Heften die *Gebäude für Erziehung, Wissenschaft und Kunst* thematisiert. Von (Hoch-)Schulbauten über Künstlerateliers und Sammlungsbauten bis hin zu Zirkusbauten reicht das inhaltliche Spektrum, das erste Heft zeigt Bauten des niederen und höheren Schulwesens. Autoren sind neben Eduard Schmitt[305] und Heinrich Wagner[306] Gustav Behnke, ehemals Stadtbaurat in Frankfurt,[307] Karl Hinträger, seit 1881 zunächst als Assistent, seit 1887 dann als Professor an der Technischen Hochschule Wien tätig,[308] Heinrich Lang,[309] seit 1855 Professor am Karls-

305 Schmitt, Eduard: Niedere technische Lehranstalten und gewerbliche Fachschulen (HdA, T. 4, Halbbd. 6, H. 1, Kap. 8). 2. Aufl. Stuttgart 1903; ders.: Mittlere technische Lehranstalten. Höhere Mädchenschulen. Sonstige höhere Lehranstalten (HdA, T. 4, Halbbd. 6, H. 1, Kap. 10–12). 2. Aufl. Stuttgart 1903; ders.; Lang, Heinrich: Lehrer- und Lehrerinnenseminare (HdA, T. 4, Halbbd. 6, H. 1, Kap. 14). 2. Aufl. Stuttgart 1903.

306 Wagner, Heinrich: Pensionate und Alumnate (HdA, T. 4, Halbbd. 6, H. 1, Kap. 13). 2. Aufl. Stuttgart 1903.

307 Behnke, Gustav: Vorbemerkungen. Schulbauwesen im allgemeinen. Volksschulen und andere niedere Schulen (HdA, T. 4, Halbbd. 6, H. 1, Kap. 1–7). 2. Aufl. Stuttgart 1903.

308 Hinträger, Karl: Gymnasien und Realschulen (HdA, T. 4, Halbbd. 6, H. 1, Kap. 9). 2. Aufl. Stuttgart 1903; vgl. zur Biografie: Brandstetter, Jutta: Karl Hinträger, in: Architektenlexikon Wien [www.architektenlexikon.at/de/227.htm] (13. März 2014).

309 Vgl. zur Biografie: Huth, Hans: Lang, Heinrich, in: NDB, Bd. 13. Berlin 1982, S. 537.

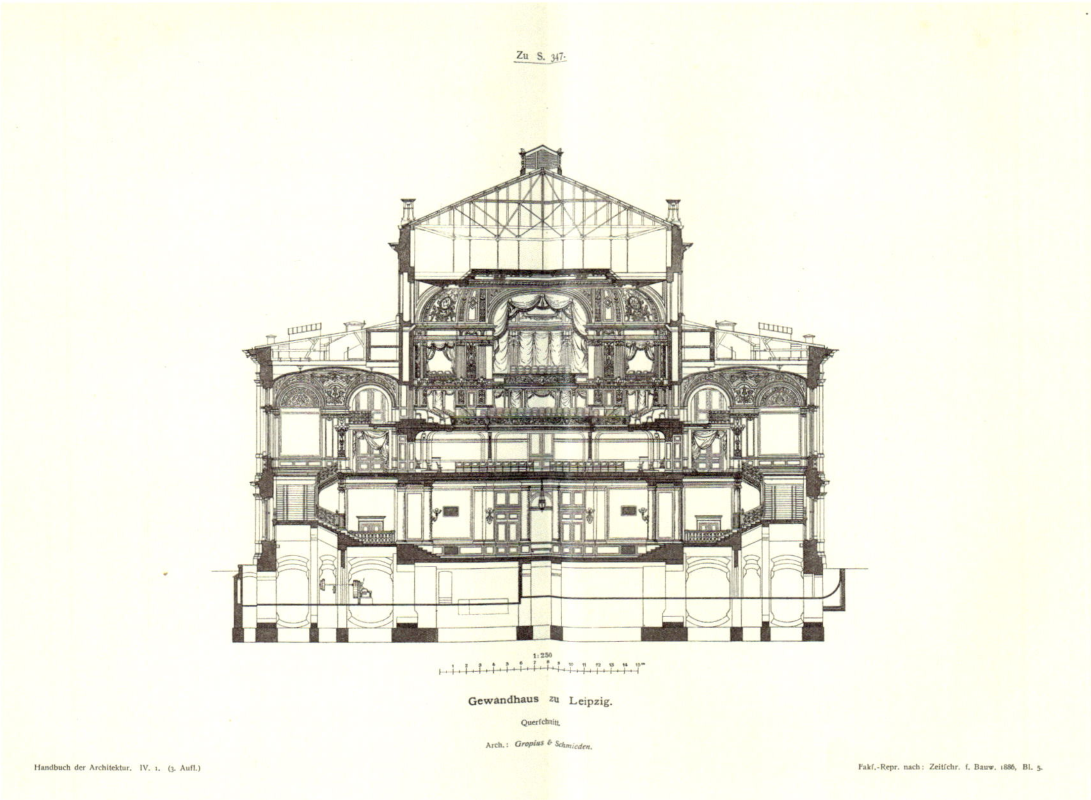

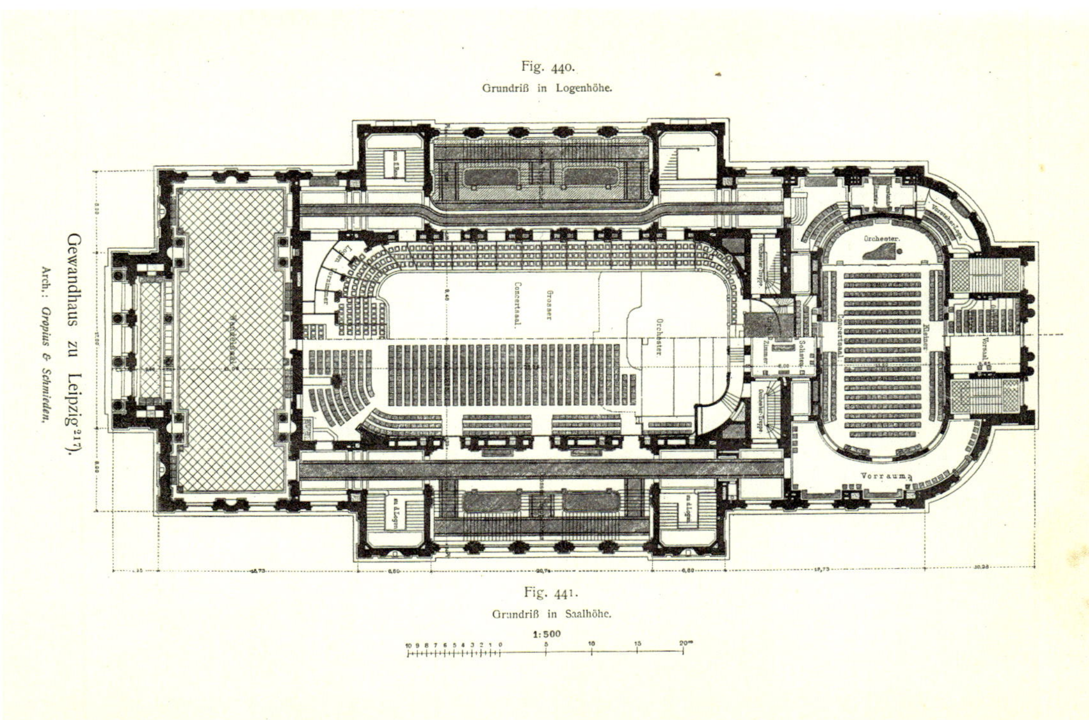

208a/b «Gewandhaus zu Leipzig. Querschnitt» / «Gewandhaus zu Leipzig», Taf. zwischen S. 346 und S. 348 aus: Wagner, Vorräume, Treppen-, Hof- und Saalanlagen (HdA, T. 4, Halbbd. 1, Abschnitt 5), 1904.

Zu S. 25.

Neuere Heizungs- und Lüftungsanlagen in ſtädtiſchen Schulen zu Frankfurt a. M.

Anlagekoſten. | **Betriebskoſten.**

1.	2.	3.	4.	5.	6.			7.	8.	9.			10.	
Lauf. Nr.	Gebäude und Art der Heizung.	Inhalt der geheizten Räume	Anlage-koſten	Anlage-koſten für je 100 cbm geheizten Raumes	Ausgaben für Brennſtoff in einem Winter 1899/1900	1900/1901	1901/1902	Heizer-lohn für 200 Tage zu 3,25 Mark	Koſten der Unter-haltung in 1 Jahre	Geſamtkoſten des Betriebes für 1899/1900	1900/1901	1901/1902	Betriebs-koſten für je 100 cbm Heizraum Winter 1901/02	
	Mitteldruck-Waſſerheizung													
1	Allerheiligenſchule	4 610	14 113,74	306,15	1216,00	2388,00	1436,00	650	99,30	1965,30	3137,30	2185,30	46,49	
2	Brentanoſchule	9 029	23 010,00	254,95	2072,00	3143,00	1917,00	650	176,50	2898,50	3969,50	2743,50	30,38	
3	Fürſtenbergerſchule	7 020	19 624,00	279,54	2011,60	3683,42	1728,00	650	111,50	2773,10	4444,92	2489,50	35,46	
4	Günderodeſchule	9 555	22 957,06	240,26	erſt 1 Jahr in Betrieb		2416,84	650	54,40	—	—	3121,22	32,67	
5	Hölderlinſchule	2 955	12 140,46	411,16	„ 1 „ „ „		917,50	650	54,40	—	—	1621,60	54,13	
6	Merianſchule	4 690	—	—	1704,50	1808,55	1480,24	650	76,50	2431,00	2535,75	2206,74	47,05	38,39
7	Peſtalozziſchule	6 150	—	—	2141,90	4529,33	2527,10	650	142,50	2934,40	5322,03	3299,60	53,65	
8	Sachſenhauſener Realſchule	11 651	35 498,45	306,47	erſt 1 Jahr in Betrieb		2300,71	650	64,40	—	—	3015,11	25,09	
9	Schwarzburgſchule	9 358	22 158,90	236,80	—	3484,70	1945,17	650	112,65	—	4247,35	2707,82	28,97	
10	Varrentrappſchule	8 040	20 103,44	249,79	2560,62	4464,65	2228,05	650	191,00	3401,64	5305,65	3069,05	38,17	
11	Weſtendſchule	8 111	21 761,19	268,29	erſt 1 Jahr in Betrieb		1740,82	650	62,40	—	—	2453,22	30,24	
	Niederdruck-Dampfheizung													
1	Bonifatiusſchule	10 775	21 221,64	196,95	noch nicht in Betrieb			650	—	—	—	—	—	
*2	Bornheimer Mittelſchule	9 832 (einſchl. Turnhalle)	16 290,82	165,40	„ „ „ „			650	—	—	—	—	—	
3	Dreikönigsſchule	3 541	10 027,64	283,19	„ „ „ „			60	—	—	—	—	—	
4	Frankenſteinerſchule	8 372	35 000,00	417,96	2725,65	4159,50	2988,82	650	89,84	3465,49	4898,90	3728,22	44,53	
5	Feuerwache Weſtend	4 474	9 439,40	197,72	noch nicht in Betrieb		1375,00	—	—	—	—	1375,00	30,73	
*6	Glauburgſchule	7 635 (einſchl. Turnhalle)	32 356,10	423,78	2021,68	3504,21	2121,67	650	110,15	2781,83	4264,36	2881,82	37,75	
7	Goethegymnaſium	11 300	21 559,30	190,79	2739,34	4728,03	2293,99	650	628,15	4017,49	3006,18	3572,14	31,61	34,63
*8	Gutleutſchule	10 610 (einſchl. Turnhalle)	22 515,32	212,21	2335,80	3888,24	1994,58	650	235,44	3221,24	4773,68	2880,06	27,15	
9	Karmeliterſchule	10 016	18 175,61	181,46	noch nicht in Betrieb			650	—	—	—	—	—	
*10	Leſſinggymnaſium	19 712 (einſchl. Turnhalle)	30 853,55	156,52	„ „ „ „			650	—	—	—	—	—	
*11	Muſterſchule	19 889 (einſchl. Turnhalle)	28 980,14	145,69	1949,34	3320,84	2568,52	650	73,90	—	—	3292,42	16,55	
12	Wallſchule	9 966	18 043,03	181,46	erſt 1 Jahr in Betrieb		2250,00	650	70,70	—	—	2970,72	29,81	
13	Willemerſchule	8 372	35 000,00	417,96	2426,90	3971,27	2396,69	650	111,75	3188,65	4733,29	3157,75	37,71	
	Gasheizung													
1	Uhlandſchule	7 983	15 282,00	191,45	3488,14	3995,03	3832,10	102	447,80	3904,28	4370,67	4399,90	55,10	
		Kub.-Met.	Mark											

Anmerkung: Die Turnhallen der mit einem * bezeichneten Schulen werden von der Sammelheizung, alle anderen durch Einzelöfen geheizt. – In den Schulen mit Waſſer- und Dampfheizung wird nur Gaskoks gefeuert.

Mittlere Monats-Temperaturen (Grad C.).

Jahr	Oktober	November	Dezember	Januar	Februar	März	April
1899/1900	+ 9,0	+ 7,6	– 1,0	+ 3,0	+ 3,7	+ 3,0	+ 9,5
1900/1901	+ 10,0	+ 6,1	+ 3,9	– 2,2	– 2,1	+ 4,5	+ 10,4
1901/1902	+ 9,9	+ 4,2	+ 2,8	+ 4,3	+ 1,5	+ 6,4	+ 11,1

Mittlere Winter-Temperaturen (Oktober-Mai).

Jahr	Grad C.
1899/1900	+ 4,97
1900/1901	+ 4,5
1901/1902	+ 5,74

Preiſe für 50 Kilogr.

Jahr	Gaskoks
1899/1900	1,26
1900/1901	2,06
1901/1902	1,25

Obige Temperaturangaben ſind den Aufzeichnungen des Phyſikaliſchen Vereins zu Frankfurt a. M. entnommen.

ruher Polytechnikum, und der als Architekt in Frankfurt am Main tätige Otto Lindheimer.[310] Alle waren durch Bauten aus den von ihnen behandelten Spezialthemen als zeitgenössische Experten bekannt.

In seinen *Vorbemerkungen* streift Gustav Behnke die Geschichte des öffentlichen Schulwesens in vergleichender Perspektive und skizziert gesetzliche Grundlagen über den Schulbau und die Organisation des Schulwesens, die unterschiedlich stark auf den Entwurf einwirken. Im Kapitel *Schulbauwesen im allgemeinen* konkretisiert der Autor dann entwurfsleitende Determinanten (**Abb. 209**) und bildet Typenbauten aus: Den niederen Schulen (Volksschulen, Mittelschulen, Kleinkinderschulen und niedere technische und gewerblichen Fachschulen) folgen die höheren Schulen (Gymnasien, Realschulen, mittlere technische Fachschulen, höhere Mädchenschulen sowie land- und forstwirtschaftliche Schulen, Handelsakademien und Schifffahrtsschulen) und die sonstigen Lehranstalten (Pensionate und Alumnate, Lehrer- und Lehre-

310 Lindheimer, Otto: Turnanstalten (HdA, T. 4, Halbbd. 6, H. 1, Kap. 15). 2. Aufl. Stuttgart 1903.

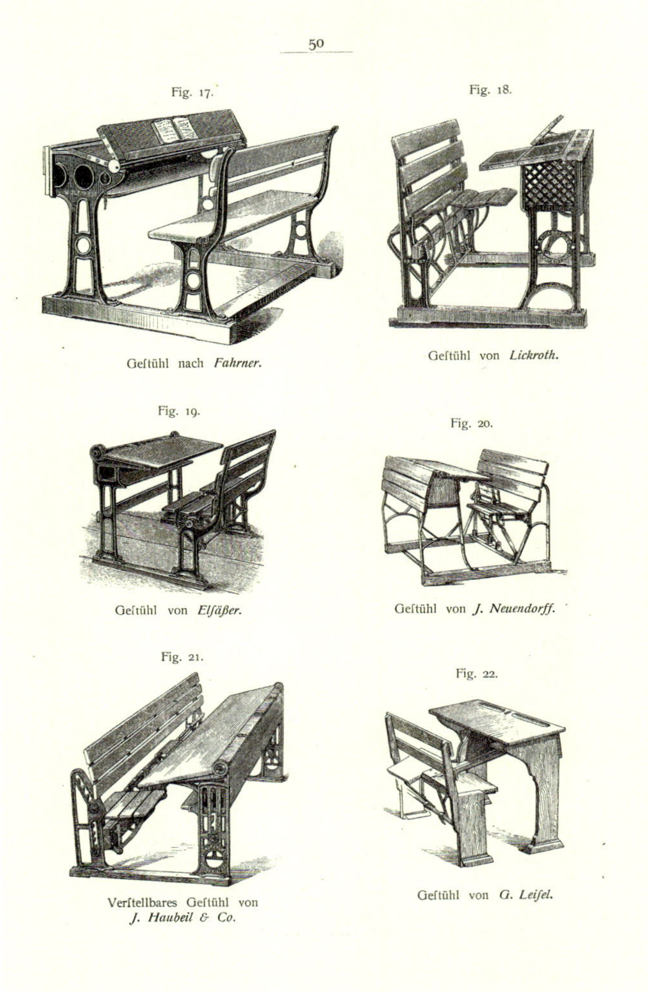

209a/b «Neuere Heizungs- und Lüftungsanlagen in städtischen Schulen zu Frankfurt a. M.» / unterschiedliche Schulmöbel, Tab. zwischen S. 24 und S. 25 / Fig. 17–22 (S. 50) aus: Behnke/ Hinträger/Lang, Niedere und höhere Schulen (HdA, T. 4, Halbbd. 6, H. 1), 1903.

Gustav Behnkes Ausführungen zu Schulbauten und sein tabellarischer Überblick zu den «Neuere[n] Heizungs- und Lüftungsanlagen in städtischen Schulen zu Frankfurt a. M.» (a) fassen Anlage- und Betriebskosten unterschiedlicher Heizungssysteme zusammen. Diskutiert wird auch das Mobiliar und dessen Konstruktion (b): Der Abbildung ist ein erläuternder Text beigegeben, der die funktionalen Vorzüge des zweisitzigen Schulgestühls hervorhebt und dessen Verbreitung trotz der höheren Kosten propagiert.

rinnenseminare und Turnanstalten). Die Binnenordnung der Kapitel erfolgt nach architektonischen Grundsätzen des Bautyps. Von herausragender Bedeutung ist in allen Darlegungen das genaue Beispiel (**Abb. 210**), das als gebautes ‹Ideal› so zugleich normativ aufgeladen und von Präferenzen der Autoren geprägt erscheint.

Das *Handbuch der Architektur* ist kein Lehrbuch, wie es die Generation der Schulgründer des beginnenden 19. Jahrhunderts verfasst hätten, sondern eine Enzyklopädie jener bauwissenschaftlichen Themenfelder, die zu Beginn des 20. Jahrhunderts dem Herausgebergremium für den Architektenberuf und die Hochschullehre wissenswert erschienen: Die Herausgeber standen allesamt in der polytechnischen Denktradition, waren mithin um 1900 konservativ, nicht als Reformer und nicht im Umfeld der Künstler-Avantgarden profiliert. Die Systematik des Handbuchs folgt den Konzepten der akademischen Schulen des 19. Jahrhunderts,, die architektonische Komposition wird an kommentierten Beispielen erläutert, der Entwurf nicht funktionalistisch vermittelt (wie es später in der Mitte des 20. Jahrhunderts einzelne Entwurfslehren versuchten), sondern durch die Diskussion und Abwägung vielfältiger Einzelthemen der Bau-

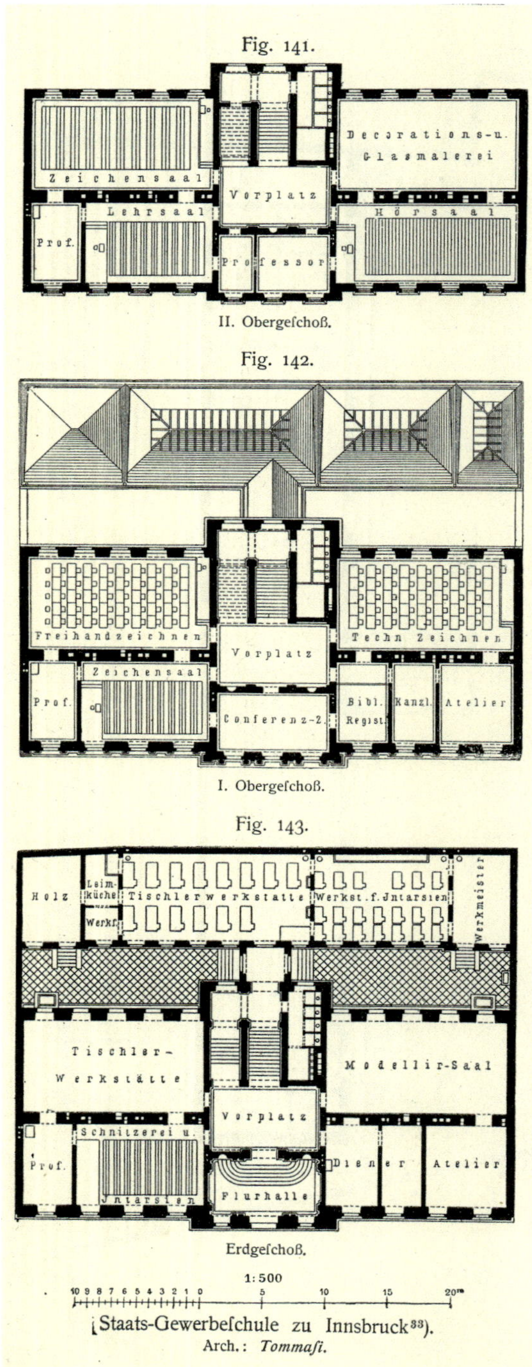

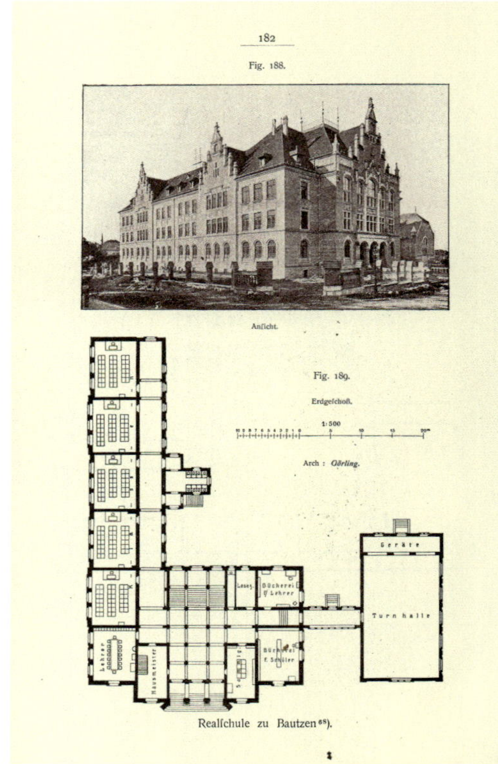

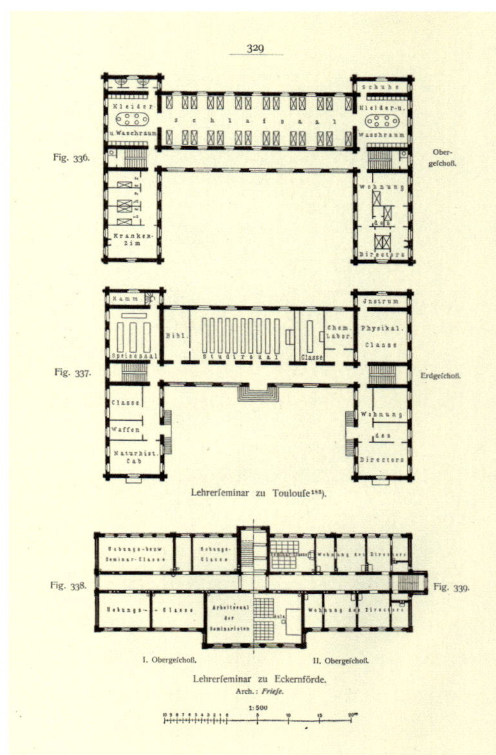

210 a–c Typologie von Schulbauten. «Staats-Gewerbeschule zu Innsbruck» / «Realschule zu Bautzen» / «Lehrerseminar zu Toulouse» und «Lehrerseminar zu Eckernförde», Fig. 141–143 (S. 133) / Fig. 188–189 (S. 182) / Fig. 336–338 (S. 329) aus: Behnke/Hinträger/Lang, Niedere und höhere Schulen (HdA, T. 4, Halbbd. 6, H. 1), 1903.

Architektonisches Komponieren setzt Talent voraus, die erfolgreiche Aneignung des Entwurfswissens beruht auf einer ‹talentierten Hermeneutik›. Der Kanon ist Orientierung und Inspiration, zügelt und entfaltet das architektonische Talent.

konstruktion, Materialwissenschaft, von Technik und Funktionsüberlegungen. Das *Handbuch* markiert einen Endpunkt polytechnischer Denkweisen, es spiegelt letztmals das aufklärerische Selbstverständnis akademischer Bauberufe, die sich auf wissenschaftliche Fundamente stützen, die gesamte Fachbreite beherrschen und weiterentwickeln wollen. Der Glaube an Fortschritt durch Wissenschaft und Technik für das Handeln der Baufachleute steht hier noch in einem intergenerationellen Referenzrahmen, öffentliches und privates Bauen soll auf Dauer und langfristige Nutzbarkeit zielen. Die historischen Grundlagen in der Tradition Rondelets, Violet-le-Ducs und Choisys dienen als abstrakt-allgemeines Theoriefundament, als Basis einer allgemeingültigen architektonischen Grammatik. Konstruktionswissenschaft ist Herausforderung für die Bauberufe, sie steht für einen strukturierten Erfindungs- und Erneuerungsprozess und sie ist akademisches Ideal.

V

Exkurs

Lehrsammlungen für die Architektenausbildung

CHRISTINE WILKENING-AUMANN

> «Zürich ist die Hauptstadt des gleichnamigen Kantons und gleichzeitig der geistige Vorort der Schweiz. Die Italiener nennen das ‹Capitale morale›. Die Zürcher vergleichen sich gerne mit den Athenern und nennen ihre Stadt, wenn sie gut aufgelegt sind: ‹Limmat-Athen› [...] nicht ganz mit Unrecht, denn ausser Polytechnikum und Universität gibt es eine ganze Reihe höherer und mittlerer Lehranstalten, nicht zu gedenken der Volksschulen, welche kaum irgendwo auf gleich hoher Stufe stehen.»[1]

Als am 1. Mai 1883 die erste Schweizerische Landesausstellung in Zürich ihre Tore öffnete, hatte sich die Stadt an der Limmat als Hochschulstandort etabliert.[2] Der wissenschaftliche und künstlerische Fortschritt wurde nicht nur in den Hallen am Platzspitz und auf dem sogenannten Tonhalleareal zelebriert, vielmehr präsentierte sich die ganze Stadt fortschrittlich: «Wir haben [...] gesagt, dass Zürich den Namen *‹Limmat-Athen›* nicht umsonst führt. Es gibt wohl kaum eine Stadt gleichen Umfanges, wo für Wissenschaft und Schule so viel gethan wird.»[3] Ihre zahlreichen Sammlungen trugen zur Strahlkraft der Zürcher Hochschulen bei; so wird im Führer *Limmat-Athen beleuchtet im festlichen Glanze durch den Diamant [...]*, der anlässlich der Landesausstellung erschien, die Fülle an «wissenschaftlichen Sammlungen und Bibliotheken» besonders hervorgehoben.[4] Gleichzeitig gewannen die Sammlungen durch ihre Ausstellung im neu eröffneten

---

1 Anonym: Limmat-Athen beleuchtet im festlichen Glanze durch den Diamant, oder Zürich und die Schweiz. Landes-Ausstellung im Jahre 1883. Zürich 1883, S. 3–4.

2 Zu den Problemen der Etablierung des Eidgenössischen Polytechnikums in der Schweizer Hochschullandschaft siehe den Abschnitt *Forschung und Lehre am Zürcher Polytechnikum* in diesem Band (S. 149ff.) sowie Kupper, Patrick: Nation, Praxis, Bürgertum: Bezugspunkte polytechnischer Ausbildung im 19. Jahrhundert, in: Gugerli, David; Kupper, Patrick; Speich, Daniel: Die Zukunftsmaschine. Konjunkturen der ETH Zürich 1855–2005. Zürich 2005, S. 43–118, besonders S. 50–54, 63–67, 71–72, 79.

3 Anonym 1883 (wie Anm. 1), S. 19.

4 Ebd., S. 107–112: Von den zehn Sammlungen und vier Bibliotheken waren fünf Einrichtungen im Polytechnikumsgebäude untergebracht: Kupferstichsammlung, Naturhistorische Sammlung, Mechanisch-technische Sammlung, Archäologische Sammlung sowie die Bibliothek. Zur Landesausstellung siehe Anonym: Die Schweizerische Landesausstellung 1883, in: Schweizerische Bauzeitung 1/2 (1883), H. 16, S. 99–100.

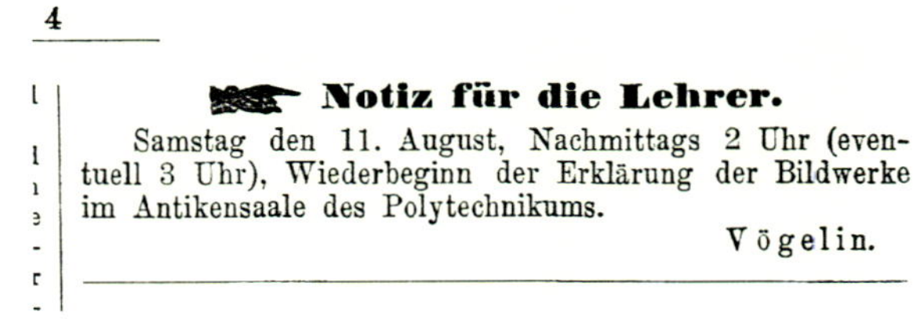
4

Notiz für die Lehrer.

Samstag den 11. August, Nachmittags 2 Uhr (eventuell 3 Uhr), Wiederbeginn der Erklärung der Bildwerke im Antikensaale des Polytechnikums.

Vögelin.

1 Zeitungsanzeige für Lehrer zur Erläuterung der Skulpturen im Antikensaal des Polytechnikums, unterzeichnet von Professor Friedrich Salomon Vögelin, aus: Pädagogischer Beobachter. Wochenblatt für Erziehung und Unterricht 3 (1877), H. 32, S. 4.

Hauptgebäude, dem sogenannten Semperbau, der Polytechnikum und Universität ab 1864 gemeinsam beherbergte, auch an öffentlicher Bedeutung (**Abb. 1**).[5]

Die Sammlungen hatten nicht nur im Budget der polytechnischen Schule einen festen Platz als Lehrmittel, sondern waren auch massgebend für Gottfried Sempers Entwurf des neuen Hauptgebäudes des Eidgenössischen Polytechnikums und der Zürcher Hochschule (1858–1868) als öffentliche Schausammlungen.[6] Sempers Verständnis der Architektur als Gesamtkunstwerk liess ihn die Archäologische Sammlung im Zentrum des neuen Hauptgebäudes inszenieren.[7] Sie umfasste als die grösste und bedeutendste Gipsabguss- und Antikensammlung Zürichs die Bestände von Universität und Polytechnischer Schule sowie einige Abgüsse der Künstlergesellschaft (**Abb. 2**).[8] Ihr kam nach Sempers Vorstellung die Funktion eines öffentlichen Vermittlers künstlerischer Bildung zu.[9] Während auch die naturhistorischen Sammlungen der Mineralogie, Geologie, Paläontologie, Entomologie und das Herbarium im Botanischen Garten[10] als gemeinsame Sammlungen der Stadt, der Universität und des Polytechnikums ausserhalb des Unter-

5 Siehe beispielsweise *1865.er Bericht über Zustand u. Benutzung der mineralog. geolog. u. paläontol. Sammlungen* von Arnold Escher, 10. Februar 1866, ETH-Bibliothek, Hochschularchiv, SR3, 1866, 144, Nr. 17, besonders S. 7.

6 Hassler, Uta; Wilkening-Aumann, Christine: «den Unterricht durch Anschauung fördern»: Das Polytechnikum als Sammlungshaus, in: Hassler, Uta; Meyer, Torsten (Hg.): Kategorien des Wissens. Die Sammlung als epistemisches Objekt. Zürich 2014, S. 75–95, hier S. 80–81; Wilkening-Aumann, Christine; Kienlin, Alexander von: «zum Umgange mit den Schönen gezwungen» – Die Gipsabguss-Sammlungen der ETH und Universität Zürich, in: ebd., S. 193–207, hier S. 194, 197–201.

7 Zum «Gesamtkunstwerk» von Aussengestaltung und Innenausstattung siehe Orelli-Messerli, Barbara von: Gottfried Semper (1803–1879). Die Entwürfe zur dekorativen Kunst. Petersberg 2010, S. 8, unter Verweis auf Ziesemer, John: Studien zu Gottfried Sempers dekorativen Arbeiten am Außenbau und Interieur. Ein Beitrag zur Kunst des Historismus. Weimar 1999, S. 11; zum Gesamtkunstwerk ebd. S. 33–35. Auch der Präsentation der Sammlungen misst Semper grosse Bedeutung bei. Für das von ihm als «Heiligtum der Wissenschaften und Künste» verstandene Polytechnikum verfasst er Möbelentwürfe, wie einen grossen Kasten, Wand-, Pfeiler- und Mittelschränke für die Mineralogische und die Zoologische Sammlung, siehe *Bemerk. zum Vertrag v. H. Stockar-Escher betr. id. [Möblirung d. naturhist. Samml.]* von Gottfried Semper, 25. Januar 1864, ETH-Bibliothek, Hochschularchiv, SR3, 1864, 24. Leuchter und Schirmwände der Archäologischen Sammlung, Orelli-Messerli 2010, Kat.-Nr. 60.4. Zum «Heiligtum der Wissenschaften und Künste», Gottfried Semper an [Franz Hagenbuch], 22. August 1860, Staatsarchiv Kanton Zürich (StAZH), U 122 (1), zit. n. Weidmann, Dieter: Gottfried Sempers ‹Polytechnikum› in Zürich. Ein Heiligtum der Wissenschaft und Künste. Diss. ETH Zürich 2010 S. 1459–1467, hier S. 1464, mit zwei Skizzen zum Entwurf des Antikensaals, abgedruckt bei Wilkening-Aumann/von Kienlin 2014 (wie Anm. 6), Abb. 8–9.

8 Der Grossteil gehörte der Universität Zürich, siehe Kinkel, Gottfried: Die Gypsabgüsse der Archäologischen Sammlung im Gebäude des Polytechnikums in Zürich. Zürich 1871, S. VII.

9 Semper an Hagenbuch 1860 (wie Anm. 7), hier S. 1464. Semper hatte die Vorstellung, der Antikensaal sei eine «salle des pas perdus», Gottfried Semper an [Carl] Kappeler, 8. Juni 1858, ETH-Bibliothek, Hochschularchiv, SR3, 1858, 326, transkribiert bei Weidmann 2010 (wie Anm. 7), S. 1394–1399, hier S. 1397. Ähnlich auch Kinkel 1871 (wie Anm. 8), S. IV–V: «Das [...] Reglement zeigt, daß der Antikensaal für Jedermann dreimal in der Woche zu freiem Eintritt geöffnet ist, während er sonst gegen eine mäßige Gebühr besucht werden kann. [...] Ungeachtet dieser Liberalität und des künstlerischen Werthes der Sammlung wird sie von dem größern Publicum nicht so zahlreich besucht, als man erwarten sollte.» Eine Öffnung der Gipsabgusssammlungen für das Publikum stellt im 19. Jahrhundert keine Besonderheit dar, siehe Roettgen, Steffi: Abbild und Urbild im Dialog: Zur Abformung von Ghibertis *Porta di mezzo*, in: Marcinkowski, Wojciech (Hg.): Plaster casts of the works of art: History of collections, conservation, exhibition practice. Materials from the conference in the National Museum in Krakow, May 25, 2010. Krakau 2010, S. 64–93, hier S. 70 zur Accademia di Belle Arti in Florenz.

10 Ungricht, Stefan; Pika-Biolzi, Milena; Hantke, René: Wissenschaftliche Sammlungen: Paläobotanik, Archäobotanik und Entomologie, in: Burga, Conradin A[dolf] (Hg.): Oswald Heer 1809–1883. Paläobotaniker – Entomologe – Gründerpersönlichkeit. Zürich 2013, S. 283–324, hier S. 284.

2 Eidgenössisches Polytechnikum, Antikensaal (Fotograf unbekannt, vor 1915)

«Was bildet den wahren Inhalt, die ächte Bedeutung der Gypse? An und für sich haben sie nur geringen materiellen Werth, sind sie bald wieder angeschafft oder nach erhaltenen Beschädigungen restaurirt. Unschätzbar aber sind sie als Mittel der Vervielfältigung des Kunstgenußes, der Erleichterung des Studiums der Meisterwerke, der Verallgemeinerung des Geschmackes für die schönen Künste.» (Semper an Hagenbuch, 22. August 1860, zit. n. Weidmann, Gottfried Sempers ‹Polytechnikum› in Zürich, 2010, S. 1464)

richts Besuchern offenstanden, waren die Lehrsammlungen bzw. polytechnischen Sammlungen an den Fachschulen nur den Studierenden zugänglich.[11] Im Gegensatz zur Zoologischen und zur Archäologischen Sammlung, die heute noch an der Universität Zürich öffentlichkeitswirksam ausgestellt und als Lehrsammlungen weiterhin gepflegt und erweitert werden, sind die polytechnischen Lehrsammlungen kaum bekannt. Die im Unterricht eingesetzten ‹Sammlungsobjekte› verloren schnell an Aktualität: Bücher, vor allem Zeit- oder Patentschriften, waren in ihren jüngsten Ausgaben besonders wichtige Medien für gestalterische und technische Neuerungen, Maschinen wurden in den Laboratorien erprobt und weiterentwickelt, Chemikalien in Experimenten verbraucht. Die Lehrmittel mussten mit technischem, wirtschaftlichem und wissenschaftlichem Fortschritt mithalten und daher regelmässig ausgetauscht oder ergänzt werden. Dass die erhaltenen oder nachweisbaren Bestände äusserst heterogen sind, liegt nicht nur an dem Umstand, dass die sich abzeichnenden «Konvolute»[12] aus Zusammenlegungen einzelner Teil-

11 Zu den gemeinsamen Sammlungen siehe Anonym: Bericht über die Sammlungen und wissenschaftlichen Anstalten des eidgenössischen Polytechnikums, in: Bericht über die Organisation und das Wirken der Eidgenössischen polytechnischen Schule in Zürich. Ausgearbeitet für die Welt-Ausstellung in Wien 1873. Zürich 1873, S. 50–64, hier S. 50–51. Berichte über die Lehrsammlungsbestände wurden jährlich erstattet, beispielsweise P[ompejus Alexander] Bolley an den Schulratspräsidenten [Johann Conrad Kern], mit beiliegender Liste über «Anschaffungen. Für das pharmazeut. techn. Laboratorium des Schweiz. Polytechnicums.», 10. September 1855, ETH-Bibliothek, Hochschularchiv, SR 3, 1855, 430, wenngleich auch nicht, wie im Fall der Archäologischen Sammlung, in Form erläuternder Kataloge veröffentlicht. Erster publizierter Katalog: Kinkel 1871 (wie Anm. 8). Ein weiterer folgte mit Blümner, Hugo: Die archaeologische Sammlung im eidgenössischen Polytechnikum zu Zürich. Zürich 1881. Nach dem Umzug der Universität in das von Karl Moser errichtete Kollegiengebäude erschienen: ders.: Führer durch die Archäologische Sammlung der Universität Zürich. Zürich 1914. Waser, Otto: Neuer Führer durch die archäologische Sammlung der Universität. T. 2: Modelle, Abgüsse und Nachbildungen von Werken griechischer und römischer Kunst. Zürich 1937. Aktuell: Zindel, Christian: Verzeichnis der Abgüsse und Nachbildungen in der Archäologischen Sammlung der Universität Zürich. Zürich 1998.

12 Die Bezeichnung dieser Bestände als «Sammlungskonvolute» wird von Thilo Habel übernommen, der diesen Begriff bei der Tagung «Sammlungen des Wissens. Ein nationales Netzwerk für die Erforschung und Erhaltung wissenschaftlicher Sammlungen in der Schweiz: Ressourcen, Strategien, Perspektiven», Basel, 13.–14. September 2013, verwendete. Vgl. Habel, Thilo; Wiederkehr, Stefan: Sammlungen und Archive der ETH Zürich. Wissenschaftliches Erbe für die Forschung der Zukunft. Zürich 2014. Ein Beispiel eines solchen Konvoluts ist die Sammlung für das Fach «Figurenzeichnen, Ornamentzeichnen,

3 Dioskurentempel, Rom, Platte der Kassettendecke mit Mittelrosette, Gipsabguss der École des Beaux-Arts Paris, 1855 oder früher.

Beschriftungen auf den Gipsabgüssen deuten darauf hin, dass am Polytechnikum Inventare über die Abgüsse geführt wurden. An der Seite des Abgusses ist ein Etikett mit Stempel in blauer Tinte «Eidgen. Polytechn. Schule. Schulrath« sowie einem Stempel in roter Tinte mit der Nummer «66» erhalten. Der Abguss befindet sich heute in der Archäologischen Sammlung am Institut für Archäologie der Universität Zürich (UZH).

sammlungen entstanden, vielmehr sind die Lehrsammlungen der Frühzeit des Polytechnikums ausdrücklich als Mischsammlungen von didaktischen Mitteln aller Art zu begreifen, die weder ‹sortenrein› bestanden noch separat aufbewahrt wurden. Dies gilt besonders für die Vorlagensammlungen zur künstlerischen Architektenausbildung, zu denen neben allgemein anerkannten, kanonischen Vorbildern zahlreiche Einzelstücke zu zählen sind, deren Auswahl nur durch regionale Vorlieben und persönliche Motive der Lehrenden zu erklären ist. Augenfällig ist in diesem Zusammenhang die Schwierigkeit der Lehrmittelbeschaffung: Da Anschauungsmittel nicht in ausreichender Qualität zu erwerben waren, brachten die Professoren ihre Studienobjekte in den Unterricht ein, stellten Vorlagen selbst her oder liessen sie nach ihren Vorstellungen anfertigen, wie im Folgenden gezeigt wird. Vollständigkeit und Vielfalt der Sammlungen wurden auch an der Bauschule angestrebt: Wenngleich sich durch die lange Lehrtätigkeit Ernst Georg Gladbachs (1857–1890), Georg Lasius' (1863–1923) oder Julius Stadlers (1855–1892) einerseits wenig Dynamik zur Sammlungsergänzung entwickelte, lassen sich am Bestand andererseits die bis ins 19. Jahrhundert weitergeführten Lehr- und Sammlungskontinuitäten ablesen.

Gemessen am Gesamtbudget des Zürcher Polytechnikums standen für die Sammlungen hohe finanzielle Mittel zur Verfügung.[13] Für die Lehrsammlungen der Bauschule wurden offenbar Inventare geführt, die jedoch – mit Ausnahme einiger Bibliothekskataloge – nicht erhalten sind (**Abb. 3**).[14] Aufgrund der

---

Landschaftszeichnen u. Modelliren», das ab 1890 Johann Jakob Graf übernahm, nachdem es anfangs auf vier verschiedene Lehrer aufgeteilt gewesen war, siehe beispielsweise J[ohann] J[akob] Graf an den Präsidenten des Schweizerischen Schulrats H[ermann] Bleuler, 31. Dezember 1896, ETH-Bibliothek, Hochschularchiv, SR3, 1897, 50 Nr. 15.

13 Eine Aufschlüsselung findet sich in: Anonym 1873 (wie Anm. 11), Tabelle «Eidgenössisches Polytechnikum in Zürich. – Zusammenstellung der Einnahmen und Ausgaben seit seiner Eröffnung» im Anhang. Vgl. Hassler/Wilkening-Aumann 2014 (wie Anm. 6), S. 77–78. Die Aktenlage spiegelt in diesem Punkt nicht die Bedeutung der einzelnen Bestände wider, da Rechnungen nicht archiviert wurden und die Buchführung über die Inventare ab 1882 nur Bestands- bzw. Versicherungswerte wiedergibt, ETH-Bibliothek, Hochschularchiv, Inventarbücher des Technischen Dienstes, Hs. 1196. So auch Tschanz, Martin: Die Bauschule am Eidgenössischen Polytechnikum in Zürich. Architekturlehre zur Zeit von Gottfried Semper (1855–1871) (Architektonisches Wissen). Zürich 2015, S. 184 mit Anm. 546.

14 Inventare sind beispielsweise erwähnt im *Bericht des Directors der architectonischen Sammlungen auf d. Verfügung v. 10[.] Decbr[.] 1868* von [Ernst Georg] Gladbach «[a]n den Herrn Präsidenten des Schweizer. Schulrathes» [Carl Kappeler], 24. Dezember 1868. Er schreibt, «das ergänzte Inventar an die Kanzley übergeben» zu haben. ETH-Bibliothek, Hochschularchiv, SR3, 1869, 45 Nr. 9. Zu den Bibliothekskatalogen der Bauschule, siehe den Abschnitt *Forschung und Lehre am Zürcher Polytechnikum* in diesem Band (S. 149ff.). Dass es im Laufe der Sammlungsgeschichte mehr als ein Inventar gab oder Abgüsse zwischen den Sammlungen ausgetauscht wurden, belegt der Gipsabguss eines Pilasterkapitells aus der Kirche Santa Maria delle Grazie, Mailand. Er stammt aus der Mailänder Abformerei von Carlo Campi und entstand ca. 1880–1890. Auf dem Oberlager findet sich ein Stempel mit der Inventarnummer «69», auf dem Unterlager eine mit Schablone aufgetragene Inventarnummer «43». Beide Nummern beziehen sich nicht auf das Inventar der Archäologischen Sammlung am Institut für Archäologie der Universität Zürich, in der das Objekt heute mit der Inv. Nr. N43 geführt wird, sondern sind älter. Die Schablonenbeschriftung findet sich auch an Objekten, die sich noch heute im Besitz der ETH Zürich befinden, siehe Nr. «2» auf der rechten Seite vom *Relief aus der Sängertribune im Dom von Florenz*, Kunstinventar der ETH Zürich, Inv.-Nr. Ki-00151 [http://doi.org/10.21263/ethz-a-000000324] (28. November 2018).

Prominenz Gottfried Sempers, des ersten Professors für Architektur (1855–1871), ist es nicht verwunderlich, dass die meisten Dokumente im Zusammenhang mit seinem Nachlass stehen. Sie geben einen fundierten Einblick in seine Konzeption des Unterrichts. Das Werk Sempers ist mit Superlativen verknüpft: Er habe «bereits unter seinen Zeitgenossen als der größte lebende deutsche Architekt» gegolten und «die umfassendste Architektur- und Kulturtheorie in deutscher Sprache» verfasst.[15] Insofern wird den Sammlungsaktivitäten Sempers im Folgenden besonderes Augenmerk geschenkt.

Auf der Suche nach idealen Lehrmitteln für die Bauschule: Die Gründungszeit

Die Architekturprofessoren konnten für ihren Unterricht auf ganz verschiedene Medien zurückgreifen. Sie verfügten über Bücher und Vorlegeblätter sowie Kupferstiche, Modelle, Gipsabgüsse[16] und Baumaterialien. Bei Sempers Anordnung der Bauschulräumlichkeiten im neuen Polytechnikumsgebäude stand 1858 die Zugänglichkeit der Studiengegenstände im Vordergrund. Es ging ihm nicht um eine ‹grosse Masse›, sondern ein inhaltlich ‹breites Spektrum› an Lehrmitteln. In seinem Bericht an den Schulratspräsidenten aus dem Jahr 1858 lesen wir, «daß die Bauschule auch in Beziehung auf Sammlungen und sich selbst vollständig sei, daß vor allem der Zugang zu den Lehrmitteln[,] den Kupferwerken und sonstigen spezifisch architektonischen Büchern ein stets ungehinderter und ununterbrochener sei, sowohl für die Schüler wie für die Lehrer. Die Bauschule muß daher, wie es jetzt der Fall ist, ihre eigene aus den *auserlesensten* architektonischen Werken bestehende Bibliothek haben[,] die übrigens mit den anderen Sammlungen möglicherweise in ein einziges größeres Lokale vereinigt werden darf. Was die [...] Sammlungen betrifft, nämlich Modelle, Gypsornamente, Proben von Materialien, so halte ich es für rathsam[,] sie möglichst mit den Unterrichtsräumen zu identificiren und nur das Zerbrechlichste und Werthvollste unter besonderem Verschlusse zu halten. Dieses ist platzersparend und zugleich höchst fördersam für die Bildung des architektonischen Auges und Sinnes [...].»[17]

Welche Lehrmittel die neue Bauschule benötigte, belegen die Akten aus dem Gründungsjahr 1855. Um die Kosten gering zu halten und Dopplungen zu vermeiden, rief der Schulrat die Lehrenden dazu auf, sich untereinander abzustimmen und Vorschläge zu unterbreiten.[18] Die Ankäufe von Gottfried Semper, Ludwig Keiser und dem 1857 berufenen Ernst Georg Gladbach verdeutlichen, wie die Professoren, durch ihre vorangegangenen Tätigkeiten geprägt, Unterrichtsschwerpunkte setzten und Lehrsammlungen anlegten.

---

15 Nerdinger, Winfried; Oechslin, Werner: Vorwort zu: Nerdinger, Winfried; Oechslin, Werner (Hg.): Gottfried Semper. 1803–1879. Architektur und Wissenschaft. Zürich/München/Berlin u.a. 2003, S. 7.

16 Die Gipsabgusssammlung der ETH wurde 1960 aufgelöst. Sie war nach der Teilung der gemeinsamen Archäologischen Sammlung mit der Universität Zürich (1914) aus den an der ETH verbliebenen Gipsabgüssen der Archäologischen Sammlung und den Lehrmittelbeständen der Bauschule hervorgegangen. Eine einheitliche Bezeichnung dieser Sammlung findet sich in den Archivalien nicht. Einige Abgüsse verblieben als fest installierte Objekte auch nach 1960 im Semperbau, den Grossteil übernahm die Archäologische Sammlung der Universität Zürich, heute Archäologische Sammlung am Institut für Archäologie der Universität Zürich, im Folgenden: Archäologische Sammlung (UZH). Zur Geschichte der Archäologischen Sammlung siehe Zimmermann, Adrian: «unserer Landesausstellung zur nothwendigen Vervollständigung, dem Polytechnikum zur bleibenden Zierde...» – Vom Schicksal der Abgüsse nach Frührenaissance-Skulpturen aus dem Kanton Tessin, in: Georges-Bloch-Jahrbuch des Kunstgeschichtlichen Seminars der Universität Zürich 3 (1996), S. 40–56. Zum Aussonderungsvertrag siehe Hassler/Wilkening-Aumann 2014 (wie Anm. 6), S. 91.

17 Semper an Kappeler 1858 (wie Anm. 9), hier S. 1397, kursive Hervorhebung im Original unterstrichen. Zur Unabhängigkeit der Bibliothek der Bauschule von der Gesamtbibliothek gegen den Wunsch des Bibliothekars Rudolf Wolf siehe den Schriftverkehr von Ernst Georg Gladbach und Gottfried Semper bei Tschanz 2015 (wie Anm. 13), S. 192–194.

18 ETH-Bibliothek, Hochschularchiv, SR 2, Präsidialverfügung Nr. 138, 18. Mai 1855.

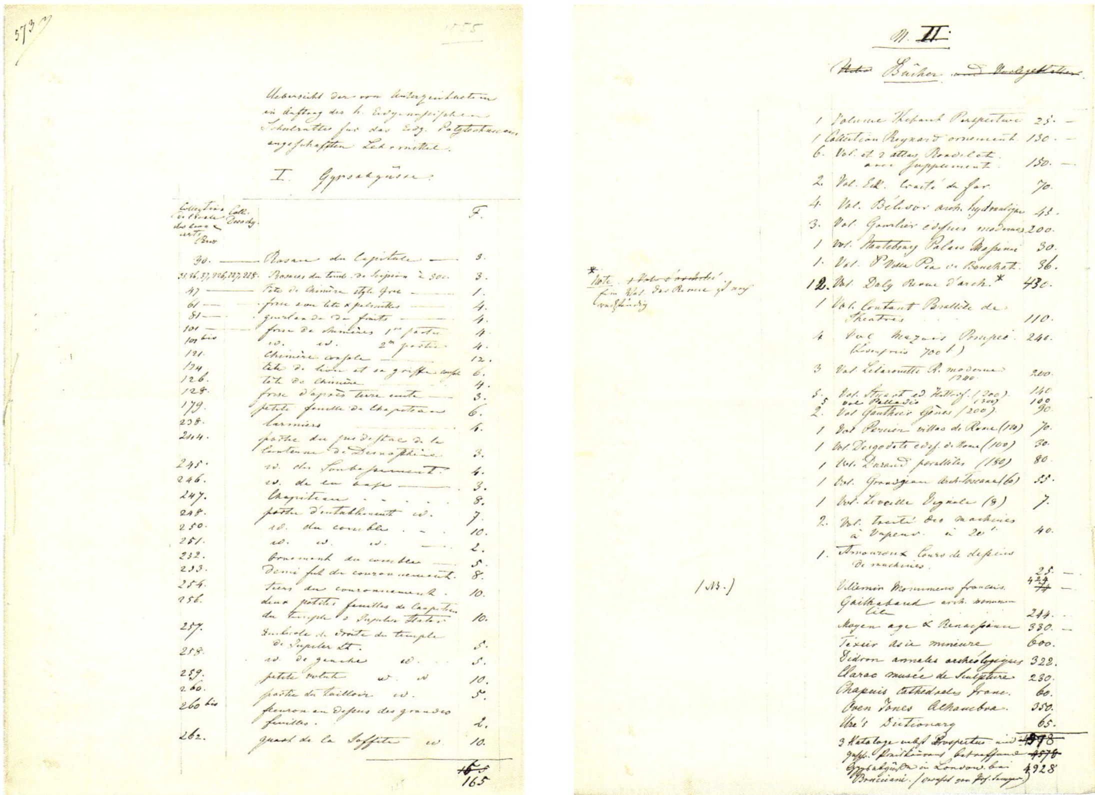

Gottfried Semper

Für die erste Einrichtung der Sammlungen war Gottfried Semper als Abteilungsvorstand federführend.[19] Ein vergleichender Blick auf die «Uebersicht der von Unterzeichnetem in Auftrag des h. Eidgenössischen Schulrathes für das Eidg. Polytechnicum angeschafften Lehrmittel» von November 1855 zeigt, wie der zur Verfügung stehende Kredit eingesetzt wurde (**Abb. 4**).[20] Semper hatte 833,50 Franken für antike und renaissancezeitliche Gipsabgüsse aus Paris bezahlt, die zusätzlich 298 Franken Verpackung sowie 491,25 Franken Fracht und Zoll kosteten.[21] Für 4928 Franken kaufte er – zum Teil antiquarische –

4 «Uebersicht der von Unterzeichnetem in Auftrag des h. Eidgenössischen Schulrathes für das Eidg. Polytechnicum angeschafften Lehrmittel» von Gottfried Semper, 18. November 1855. (2 gefaltete Blätter mit Fadenheftung, Seiten 1 und 4 [von 7]).

---

19 Zur Ernennung der Vorstände der einzelnen Fachschulen siehe ETH-Bibliothek, Hochschularchiv, SR2: Schulratsprotokolle 1855, Sitzung Nr. 23, 17. Oktober 1855, Traktandum 251 c. Zur Auswahl der Lehrmittel siehe [Johann Conrad] Kern an [Gottfried] Semper, 7. Juni 1855, gta Archiv, ETH Zürich, 20-K-1855-06-07:01 sowie Abschrift eines Briefes von Gottfried Semper an [Lothar] Bucher, 28. August 1855, gta Archiv, ETH Zürich, 20-K-1855-08-28(S), beide auszugsweise wiedergegeben bei Maurer, Bruno: Lehrgebäude – Gottfried Semper am Zürcher Polytechnikum, in: Nerdinger/Oechslin 2003 (wie Anm. 15), S. 306–313, hier S. 309.

20 *Uebersicht der von Unterzeichnetem in Auftrag des h. Eidgenössischen Schulrathes für das Eidg. Polytechnicum angeschafften Lehrmittel* von Gottfried Semper, 18. November 1855, ETH-Bibliothek, Hochschularchiv, SR3, 1855, 573.

21 Ebd. S. 3. Die von Semper zitierte «Quittung No. 189» belaufe sich auf eine Summe von 1122,50 Franken, wobei Semper auf eine Differenz zu dem von ihm berechneten Betrag von 1133,50 Franken hinweist. Möglicherweise handelt es sich bei der genannten Quittung um die vierseitige Aufstellung A[lexandre] Desachys vom 21. September 1855 über die Summe von 1122,50 [Francs], gta Archiv, ETH Zürich, 20-DOK-1855: 44. Die Währungen sind in Sempers *Uebersicht [...]* (wie Anm. 20) lediglich mit «F.» angegeben. Dass bei Gipsabgussbestellungen an Nebenkosten derselbe Preis zu erwarten sei wie für die Abgüsse selber, veranschlagt 1872 auch Gottfried Kinkel, siehe Gottfried Kinkel an Karl Dilthey, 23. September 1872, in: Beyrodt, Wolfgang: Gottfried Kinkel als Kunsthistoriker. Darstellung und Briefwechsel (Veröffentlichungen des Stadtarchivs Bonn, Bd. 23). Bonn 1979, Nr. 54, S. 408–410.

5 «Milet. Ruines du temple d'Apollon Didyme», Taf. 136 aus: Texier, Description de l'Asie Mineure, Bd. 2. 1849.

Semper hatte «Gypsabgüsse», «Bücher» und «Vorlegeblätter und Kupferstiche» für 6920,78 F[ranken] erstanden. Allein die dreibändige *Description de l'Asie Mineure [...]* kostete 600 Franken. Das Werk ist, wie fast alle Buchtitel der Liste, im Rara-Bestand der ETH-Bibliothek vorhanden.

6 Die fünf Säulenordnungen, S. III aus: Vignola, Regola delli cinque ordini d'architettura, 1607

Bücher.[22] Die 122 Abgüsse seiner Liste kosteten demnach nur ein Sechstel dessen, was die 31 – teils mehrbändigen – Publikationen ausmachten, obwohl Semper einen Teil der Bücher zu einem vergünstigten Preis erhalten hatte.[23] Dass diese Bücher, vor allem Folianten und Raritäten, vergleichsweise teuer waren, veranschaulicht eine Kostenübersicht der Polytechnikumsbibliothek für das Jahr 1855: 6168 von 16 606 Franken wurden für Anschaffungen der Bauschule verwendet.[24] Der Schulrat beauftragte Semper, eine Buchauswahl in Paris und London zu bestellen.[25] Es handelt sich um zehn Positionen, darunter internationale archäologische und kunsthistorische Werke, wie beispielsweise das seines Reisegefährten der Jahre 1831/32, Jules Goury,[26] mit Owen Jones zur Alhambra oder Charles Texiers *Description de l'Asie Mineure* (**Abb. 5**).[27] In Abstimmung mit dem Professor für Kunstgeschichte, Jacob Burckhardt, wurden

22 *Übersicht [...]* (wie Anm. 20), S. 4–5. Diese Bücher kosteten nur 29 F[ranken] Verpackung.

23 Die Summe von 226,13 F[ranken] für insgesamt 207 Vorlegeblätter und Kupferstiche ist verschwindend gering, ebd., S. 6.

24 Glaus, Beat: Die ersten Jahrzehnte der ETH-Bibliothek (Schriftenreihe der ETH-Bibliothek, Bd. 33). Zürich 1994, S. 14–15 mit Bezug auf den «Bericht pro 1855» des Bibliothekars Prof. Rudolf Wolf, ETH-Bibliothek, Hochschularchiv (non vidi).

25 ETH-Bibliothek, Hochschularchiv, SR2, Präsidialverfügung. Nr. 236, 1. September 1855. Diese Liste deckt sich nur zum Teil mit der Zusammenfassung der angeschafften Bücher in der *Uebersicht [...]* (wie Anm. 20). Zusätzlich findet sich auf der Liste für 200 Franken Paul-Marie Letarouillys dreibändiges Werk *Edifices de Rome moderne,* das Semper schon für seine Lehre in London kaufen liess, siehe Mallgrave, Harry Francis: Gottfried Semper. Ein Architekt des 19. Jahrhunderts. Zürich 2001, S. 230.

26 Ebd., S. 51–58.

27 Jones, Owen: Plans, Elevations, Sections, and Details of the Alhambra. From drawings taken on the spot in 1834 by the late M. Jules Goury and in 1834 and 1837 by Owen Jones, Archt. [...]. 2 Bde., London 1842–45. Texier, Charles: Description de

zudem 11 deutschsprachige Werke angeschafft, darunter die *Wiener Bauzeitung,* Georg Mollers *Denkmäler der deutschen Baukunst* oder *Vorlegeblätter* von Karl Friedrich Schinkel und Christian Peter Wilhelm Beuth.[28] Ergänzend zu diesen Käufen Sempers wurden Ferdinand und Julius Stadler gebeten, Werke «für architektonisches Zeichnen & architektonische Konstruktionen» vorzuschlagen.[29]

Die Auswertung der zuvor genannten «Uebersicht [...]» im Hinblick auf Gipsabgüsse nach antiken Vorbildern führt zu folgenden Ergebnissen:[30] Semper kaufte erstens charakteristische Bauglieder der drei architektonischen Ordnungen attisch-klassischer Vorbilder in Originalgrösse: Dorisches vom Parthenon, Ionisches vom Erechtheion, Korinthisches vom Lysikratesmonument.[31] Zweitens finden sich auf der Liste Verkleinerungen wie Modelle der fünf Säulenordnungen mit Gebälk: tuskanische, dorische, ionische, korinthische und komposite Ordnung, vermutlich nach dem Klassifikationsschema Giacomo Barozzi da Vignolas (**Abb. 6**).[32] Drittens geben die Abgüsse Erhaltungszustände wie vom Lysikratesmonument und Rekonstruktionen wie vom Dioskurentempel in Rom wieder.[33] Viertens handelt es sich um ganze Gebäudeteile wie das Segment des Lysikratesmonuments in Originalgrösse (**Abb. 7**),[34] ganze Bauglieder wie das

---

l'Asie Mineure faite par ordre du Gouvernement Français, de 1833 a 1837 par le Ministère de l'Instruction publique. Beaux-arts, Monuments Historiques, Plans et Topographie des Cités Antiques. Paris 1839–49.

28 ETH-Bibliothek, Hochschularchiv, SR2, Präsidialverfügung Nr. 245, Absatz 13, 5. September 1855; ob es sich bei dem als »Schinkel's & v. Beut [Beuth], Ornamente & Vorlegeblätter« bezeichneten Werk um die *Vorbilder für Fabrikanten und Handwerker* (hg. v. der Königl. technischen Deputation für Gewerbe. 2 Theile. Berlin 1821–1837) oder die später erschienenen *Vorlegeblätter für Maurer* (hg. v. der Königl. technischen Deputation für Gewerbe. Berlin 1827), die *Vorlegeblätter für Zimmerleute,* (hg. v. der Königl. technischen Deputation für Gewerbe. Berlin 1830) oder die *Vorlegeblätter für Baumeister* (hg. v. der Königlichen technischen Deputation für Gewerbe. Berlin 1844) handelt, ist nicht festzustellen. Zu den Vorlegeblättern siehe Peschken, Goerd: Das Architektonische Lehrbuch (Karl Friedrich Schinkel Lebenswerk, Bd. 14). München/Berlin 1979. Nachdruck 2001, S. 40–43. Zu einem Brief mit Angeboten über antiquarische Bücher des Pariser Händlers Salmon [an Gottfried Semper], 23. Dezember 1856, gta Archiv, ETH Zürich, 20-K-1856-12-23, siehe Chalvatzi, Aikaterina Maria: Die Abgusssammlung der Architekturschule der ETH Zürich. Masterarbeit IDB. Zürich 2011, S. 21–22.

29 ETH-Bibliothek, Hochschularchiv, SR2, Präsidialverfügung Nr. 245, 5. September 1855.

30 *Uebersicht [...]* (wie Anm. 20), S. 1–3.

31 Die drei Athener Gebäude waren von Semper als die Repräsentanten der drei Säulenordnungen für seine geplante Publikation *Die Anwendung der Farben in der Architektur und Plastik* vorgesehen, siehe Mallgrave 2001 (wie Anm. 25), S. 66. Sie stellen die drei zeitgenössischen Musterbeispiele der kanonischen Ordnungen dar.

32 Vier Modelle sind im aktuellen Katalog der Archäologischen Sammlung (UZH) verzeichnet: Inv.-Nr. G 1409–1412, siehe Zindel 1998 (wie Anm. 11). Die korinthische Ordnung ist nicht erhalten. Die Abgüsse besitzen eine Marke der Werkstatt Alexandre Desachys, vermutlich handelt es sich um die im Verkaufskatalog genannte Nummer «1750. Les cinq ordres, d'après Vignole; soubassements, bases, chapiteaux et entablements. Dix parties, ensemble. [prix]170 00 [francs]», die in der Rubrik «Ornements de style moderne» aufgeführt ist, siehe Desachy, Alexandre: Catalogue des Moulages provenant des Monuments, Musées, Collections, etc., hg. v. der École Nationale et Spéciale des Beaux-Arts. Atélier du Moulage. Paris 1881, beispielsweise S. 79, S. 99. Demnach sollten die Abgüsse dem Traktat Vignolas entsprechen, vgl. Vignola, Jacopo Barozzi da: Regola delli cinque ordini d'architettura. Rom 1607 (Erstausgabe verm. 1562), Übersicht der Ordnungen S. III. Mit Ausnahme der tuskanischen Ordnung sind die Säulenschäfte aller Zürcher Modelle kanneliert, so dass sie in diesem Punkt und in der Ornamentik den Detailrekonstruktionen, nicht der vereinfachten Übersicht Vignolas entsprechen. Für die tuskanische Ordnung, ebd., S. VIII, für die dorische in einer Mischung des Kapitells von Taf. XIII (Teatro di Marcello) und Taf. XIIII («cavata da diversi fragmenti delle antiguità») sowie in der Übernahme des Geisons (ohne Zahnschnitt) von Taf. XIII, die ionische S. XVIIII, die komposite Taf. XXVIIII.

33 Abgüsse rekonstruierter Bauglieder des Dioskurentempels in Rom produzierte Alexandre Desachy, siehe Desachy 1881 (wie Anm. 32), S. 150–152. Zur «Restauration» des Dioskurentempels im Lichthof der École des Beaux-Arts, Paris, heute in der Petite Écurie royale in Versailles, siehe Pinatel, Christine: La «Restauration» en plâtre de deux colonnes du temple de Castor et Pollux dans la Petite Écurie royale de Versailles: Histoire et archéologie, in: Revue archéologique 35 (2003), H. 1, S. 67–114.

34 Archäologische Sammlung (UZH): *Architekturteile des Lysikratesmonumentes in Athen,* Inv.-Nr. G 1380, G 1381 A–H, Zindel 1998 (wie Anm. 11) sowie Chalvatzi 2011 (wie Anm. 28), Kat.-Nr. 4–6, 12, 13, 15, 16, 18, 19. Der *Aufsatz für Bronzedreifuss,* Inv.-Nr. G 1382, Zindel 1998 (wie Anm. 11) sowie Chalvatzi 2011 (wie Anm. 28), Kat.-Nr. 20, ist eine Kopie von *Untersatz für Bronzedreifuss,* Inv.-Nr. G 1381 H, Zindel 1998 (wie Anm. 11) sowie Chalvatzi 2011 (wie Anm. 28), Kat.-Nr. 18, vor dessen Ergänzung. Auch andere zum Monument gehörige Abgüsse, wie *Stufenbau und Säulenbasis,* Inv.-Nr. G 1381 A, Zindel 1998 (wie Anm. 11) sowie Chalvatzi 2011 (wie Anm. 28), Kat.-Nr. 16, und *Untersatz für Bronzedreifuss,* Inv.-Nr. G 1381 H, Zindel 1998 (wie Anm. 11) sowie Chalvatzi 2011 (wie Anm. 28), Kat.-Nr. 18, wurden nachträglich verändert. Der *Säulenschaft (Dreiviertelsäule),* Inv.-Nr. G 1381 B, Zindel 1998 (wie Anm. 11) sowie Chalvatzi 2011 (wie Anm. 28), Kat.-Nr. 15, besitzt keine Herstellermarke. Oberflächenuntersuchungen an den Abgüssen wurden vom Institut für Denkmalpflege und Bauforschung unter Leitung von Prof. Dr.-Ing. Uta Hassler im Rahmen des von der Stiftung zur Förderung der Denkmalpflege finanzierten Forschungsprojekts *Material und Herstellung historischer Gipse – das Beispiel der Abguss-Sammlung der ETH Bauschule (1855–1951)* vorgenommen.

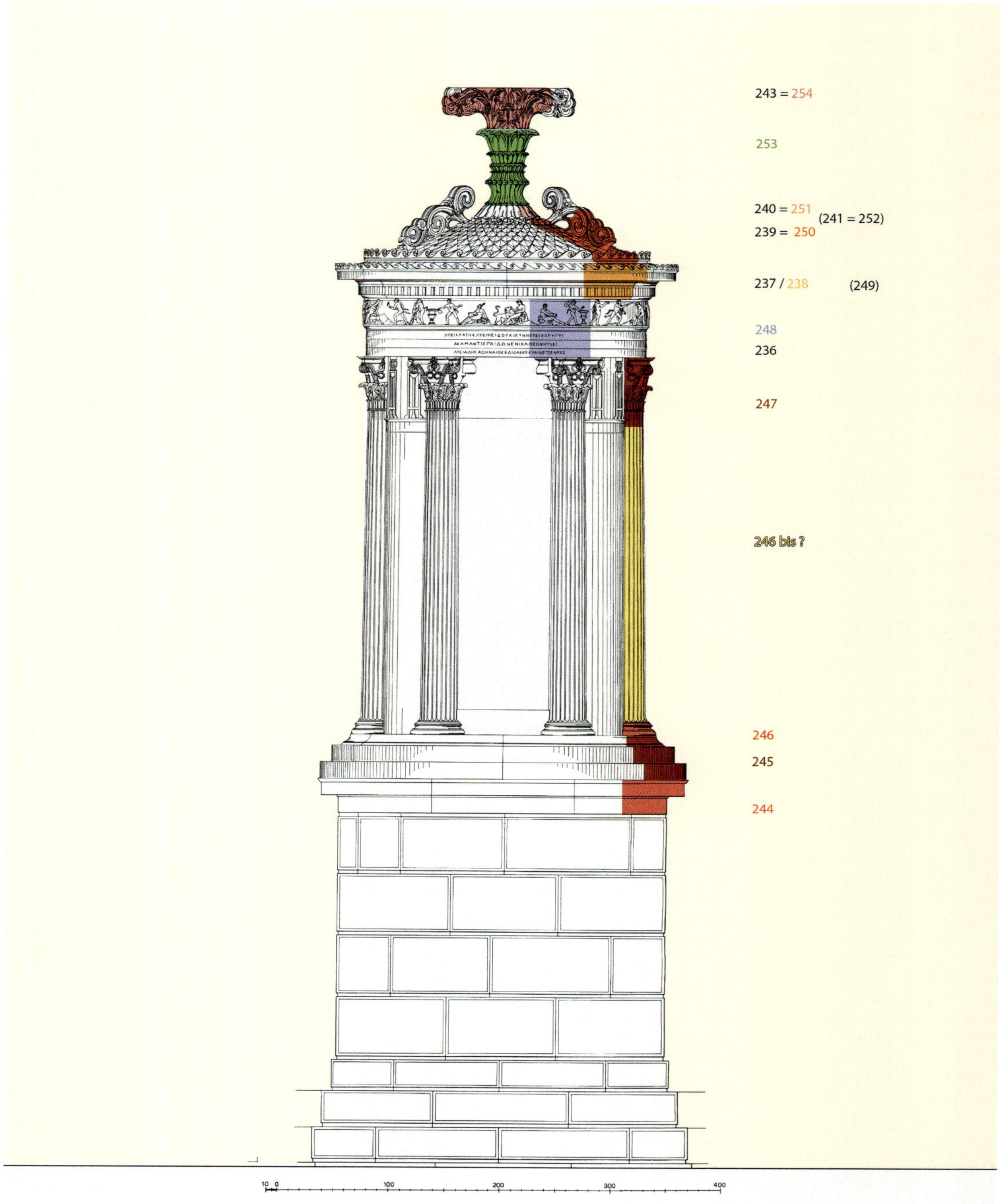

Lysikratesmonument mit Eintragung der 1855 von Semper für die Bauschule angeschafften Gipsabgüsse M 1:30

Montage auf Grundlage von:
Bauer, Heinrich: *Lysikratesdenkmal, Baubestand und Rekonstruktion, Sonderdruck aus den Mitteilungen des deutschen archäologischen Instituts, Athenische Abteilung, Band 92,* Berlin 1977, Beilage 9

Institut für Denkmalpflege und Bauforschung ETHZ Prof. Dr.-Ing. Uta Hassler

7 Lysikratesmonument, Athen, Rekonstruktionszeichnung mit Hervorhebung der 1855 von Gottfried Semper für das Polytechnikum angeschafften Abgüsse der École des beaux-arts Paris.

Die Abgüsse wurden am Polytechnikum zusammengefügt und als Architekturprobe aufgestellt, wovon Säge- und Bruchspuren an den Ober- und Unterlagern der erhaltenen Bauglieder zeugen. Der zusammengesetzte Gipsabguss des Rundbaus (ohne Sockel) hätte eine Höhe von ca. 6,50 m gehabt, so dass er nicht in die Zeichensäle mit ihrer lichten Raumhöhe von 16 Zürcher Fuss (4,815 m) gepasst hätte. Der Säulenschaft Inv.-Nr. G 1381 B der Archäologischen Sammlung (UZH) weist im Gegensatz zu Kapitell und Basis keine Bleimarke der École des beaux-arts auf. Er findet sich auch nicht auf der *Uebersicht* (siehe Abb. 4), so dass er mutmasslich aufgrund des Preises von 75 Franken (im Vergleich zu 8 Franken für die Basis) und der hohen Transportkosten (bei einer Länge von 2,675 m) nicht in Paris bestellt, sondern in Zürich hergestellt wurde.

8 a/b Dioskurentempel, Rom, Lesbisches Kymation und Perlstab vom Geison / vom Architrav, Ornamentausschnitte nach der Rekonstruktion von Felix Duban, Gipsabgüsse der École des Beaux-Arts Paris, 1855 oder früher (a: H = 23,9 cm, B = 46,0 cm, T = 12,3 cm / b: H = 17,0 cm, B = 44,4 cm, T = 15,2 cm).

Die Abgüsse wurden 1855 als Lehrmittel von Gottfried Semper angeschafft und befinden sich heute im Besitz der Archäologischen Sammlung am Institut für Archäologie der Universität Zürich (UZH). Beide Abgüsse tragen eine Bleimarke der École des Beaux-Arts Paris (vgl. Desachy, Catalogue des Moulages, 1881, S. 151, a: Nr. 948 / b: Nr. 947)

(rekonstruierte) Erechtheionkapitell der Westseite,[35] oder Ornamentausschnitte wie vom Dioskurentempel (**Abb. 8 a/b**).[36] Sempers Auswahl zeugt hier auch vom Bemühen um ganze Ornamentserien zur Gegenüberstellung architektonischer Details.[37] Dass das Lysikratesmonument, ‹la Lanterne de Démosthène›, für Semper eines der zentralen griechischen Bauwerke darstellte, belegt ein Blick in seine Publikationen,[38] Entwürfe[39] und in die Mitschriften aus seinen Vorlesungen «Styllehre» und «Vergleichende Baulehre»[40] (**Abb. 9**). In der semperschen *Uebersicht [...]* finden sich nicht nur Gipsabgüsse griechischer, sondern auch römischer Monumente wie des Dioskurentempels und des «Frontespizio di Nerone»,[41] Abgüsse der Trajanssäule, die Semper während seines Romaufenthaltes eingehend untersucht hatte, jedoch nicht.[42]

---

35 Archäologische Sammlung (UZH), Inv.-Nr. G 1371, Zindel 1998 (wie Anm. 11) sowie Chalvatzi 2011 (wie Anm. 28), Kat.-Nr. 10.

36 Archäologische Sammlung (UZH): *Eierstab und Perlstab,* Inv.-Nr. G 1376, Zindel 1998 (wie Anm. 11) sowie Chalvatzi 2011 (wie Anm. 28), Kat.-Nr. 49; *Bügelkymation und Perlstab vom Geison,* Inv.-Nr. G 1383, Zindel 1998 (wie Anm. 11) sowie Chalvatzi 2011 (wie Anm. 28), Kat.-Nr. 50; *Bügelkyma und Eierstab von Architrav,* Inv.-Nr. G 1384, Zindel 1998 (wie Anm. 11).

37 Siehe hierzu Wilkening-Aumann/von Kienlin 2014 (wie Anm. 6), S. 205–206.

38 Semper, Gottfried: Der Stil in den technischen und tektonischen Künsten oder praktische Aesthetik. Ein Handbuch für Techniker, Künstler und Kunstfreunde, Bd. 2: Keramik, Tektonik, Stereotomie, Metallotechnik. München 1863, S. 241–243. Mallgrave 2001 (wie Anm. 25), S. 66.

39 Ebd., S. 233 mit Abb.85 «Entwurf für ein römisches Amphitheater im Kristallpalast Sydenham, 1854» mit dem Lysikratesmonument am rechten Bildrand.

40 Léon Fulpius, Vorlesungsmitschrift *Architecture comparée,* Schuljahr 1860/61, ETH-Bibliothek, Hochschularchiv, Hs. 8.1. Eugène Burnand, Vorlesungsmitschrift *Styllehre* 1869/70, ETH-Bibliothek, Hochschularchiv, Hs. 64.

41 Archäologische Sammlung (UZH): *Architekturteile von einem Tempel auf dem Quirinal in Rom (Serapistempel?),* Inv.-Nr. G 1404–1407, Zindel 1998 (wie Anm. 11) sowie Chalvatzi 2011 (wie Anm. 28), Kat.-Nr. 47, 52–54. Gemäss SR3 1858, 573 wurden sechs Abgüsse dieses Gebäudes angeschafft; vgl. Desachy 1881 (wie Anm. 32), S. 113.

42 Abgüsse der Trajanssäule werden im Inventar erst als Neuanschaffung für 1903 aufgeführt, ETH-Bibliothek, Hochschularchiv, Hs. 1196:48, Inventarbuch *Modellirwerkstätte & Vorlagen*: «Fragmente Trajanssäule 25 Stück à 1 Fr.».

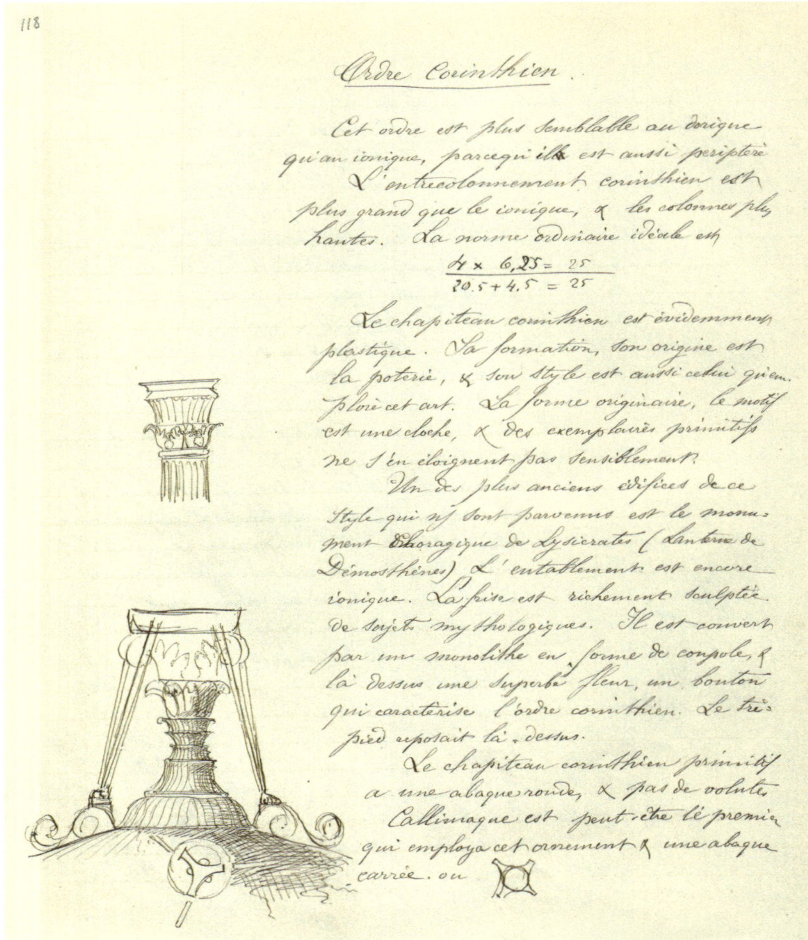
118

Ordre Corinthien.

Cet ordre est plus semblable au dorique
qu'au ionique, parcequ'il est aussi periptère
L'entrecolonnement corinthien est
plus grand que le ionique, & les colonnes plus
hautes. La norme ordinaire idéale est

$$\frac{4 \times 6,25 = 25}{20.5 + 4.5 = 25}$$

Le chapiteau corinthien est évidemment
plastique. Sa formation, son origine est
la poterie, & son style est aussi celui qu'em-
ploie cet art. La forme originaire, le motif
est une cloche, & des exemplaires primitifs
ne s'en éloignent pas sensiblement.
Un des plus anciens édifices de ce
style qui nous sont parvenus est le monu-
ment choragique de Lysicrates (Lanterne de
Démosthènes) L'entablement est encore
ionique. La frise est richement sculptée
de sujets mythologiques. Il est couvert
par un monolithe en forme de coupole, &
là dessus une superbe fleur, un bouton
qui caractérise l'ordre corinthien. Le tré-
pied reposait là-dessus.
Le chapiteau corinthien primitif
a une abaque ronde, & pas de volute.
Callimaque est peut-être le premier
qui employa cet ornement & une abaque
carrée. ou

9 «Ordre Corinthien» mit dem Dachaufsatz des Lysikratesmonuments, aus: Vorlesungsnachschrift von Léon Fulpius zu Sempers Vorlesung *Geschichte der Baukunst*, von diesem als «Architecture comparée» bezeichnet, Schuljahr 1860/61.

Bei den zwanzig nicht-antiken Vorbildern der Liste handelt es sich um renaissancezeitliche Abgüsse, beispielsweise von St. Macloud in Rouen, vom Grab Ascanino Sforzas aus der Kirche Santa Maria di Popolo in Rom[43] oder vom Grab des heiligen Sebald in Nürnberg. Semper schreibt zu seiner Auswahl in einem Bericht aus Paris: «Zur Uebersicht desjenigen[,] was ich in diesem Fache [der Bauschule; d. Verf.] vorbereitete, bin ich so frei[,] einen Catalog der Gypsgegenstände[,] die der Mouleur der *école des beaux arts* dahier zum Verkauf bereit hat, per Kreuzcouvert beizufügen. Die Gegenstände des Griechischen u. Römischen Styles sind dort [in der Pariser École des beaux-arts; d. Verf.] am reichhaltigsten repräsentirt. Weniger die Renaissance und am wenigsten das Gothische. Ich habe meine Auswahl besonders auf die erstren beiden Style beschränkt und nur Weniges vom französischen Renaissancestyle hinzugefügt. Dabei natürlicherweise nichts gekauft, sondern nur in Vorschlag gebracht. [...] Da ich aber in London noch Einiges finden werde [?], namentlich von Italienischer Renaissance[,] die hier in geringer Auswahl vorhanden

43 Möglicherweise sind damit folgende zwei Abgüsse zu identifizieren: Archäologische Sammlung (UZH): *Kompositkapitell,* Inv.-Nr. G N116, Chalvatzi 2011 (wie Anm. 28), Kat.-Nr. 180 und *Vogel-Rankenfries vom Monument für Kardinal Ascanio Sforza,* Inv.-Nr. G N25, siehe Zimmermann, Adrian; Zindel, Christian: Dem Vorbild zugewiesene Abgüsse von neuzeitlichen Objekten, unpubl., o. J., Archiv der Archäologischen Sammlung der Universität Zürich.

10 Dioskurentempel, Rom, Eierstab vom Geison, Gipsabguss mit Bleimarke der École des Beaux-Arts Paris und mittig eingeprägter Herstellernummer «265», 1855 oder früher.

Der Abguss wurde nachträglich weiss lackiert und befindet sich heute in der Archäologischen Sammlung am Institut für Archäologie der Universität Zürich (UZH).

ist, und da das Budget nicht so weit reicht, muß wohl aus dem Gewählten eine neue Auswahl getroffen werden [...].»[44]

Die Abgüsse für die Bauschule und die Archäologische Sammlung hatte Semper demnach nicht nur beim «Mouleur» Alexandre Desachy in Paris (**Abb.10**), sondern auch beim «Plaster Figure Maker» Domenico Brucciani in London ausgesucht.[45] Auffällig ist, dass sich ein Teil des renaissancezeitlichen Abgussbestands mit dem des Department of Science and Art in London deckt.[46] Sempers Formulierung ist zu entnehmen, dass er durchaus in Erwägung gezogen hatte, Abgüsse gotischer Architektur zu kaufen, sofern er ein ansprechendes Angebot vorgefunden hätte. Auch ist dem Schreiben Sempers anzumerken, dass seine Gipsauswahl mit einer gewissen Unsicherheit – wenn auch nur mit Blick auf das Budget – verbunden war und er sich der Zustimmung des Schulrats vergewissern wollte.[47] Die auf die Bestellungen Sempers zurückführbaren architektonischen Abgüsse finden sich nicht in den Inventarkatalogen der öffentlich zugänglichen Archäologischen Sammlung vom 1871 und 1881, sodass wir von einer Trennung dieser beiden Bestände ausgehen können. Zum grundlegenden Konzept der Archäologischen Sammlung gehörte jedoch, dass sie – wie auch die Architekturabgusssammlung – nicht nur antike, sondern auch renaissancezeitliche Abgüsse präsentierte – zum «instruktiven Vergleich», wie es Salomon Vögelin, Johann Rudolf Rahn und Julius Stadler 1883 formulierten.[48] So ist den Katalogen zu entnehmen, dass beispielsweise ein Abguss der Paradiestür des Baptisteriums in Florenz von Lorenzo Ghiberti in Originalgrösse, mit einer

44 Gottfried Semper an den Präsidenten des Schulrats [Johann Conrad Kern], den 4. Juni 1855, ETH-Bibliothek, Hochschularchiv, SR3, 1855, 259, S. 8. Kursive Hervorhebung im Original in lateinischer Handschrift. Undeutliche Stelle mit [?] gekennzeichnet.

45 Quittung der Firma D[omenico] Brucciani, 7. Mai 1856, GTA Archiv, ETH Zürich, 20-DOK 1856: 3. Quittung von A[lexandre] Desachy, 21. September 1855 (wie Anm. 21). (Alternative Schreibweise «de Sachy».)

46 Wornum, Ralph Nicholson: Catalogue of Ornamental Casts of the Renaissance Styles; Being Part of the Collections of the Department. London 1854. Beispielsweise besassen beide das Relief vom Grabmal Beatrix' und Lavinia Ponzettis in der Kirche Santa Maria della Pace in Rom, ebd. Nr. 3, S. 23 mit Abb. o. Nr. Siehe Desachy 1881 (wie Anm. 32), Nr. 704, S. 109. Archäologische Sammlung (UZH), Inv.-Nr. G N128, Chalvatzi 2011 (wie Anm. 28), Nr. 203.

47 Zu Sempers Lehrmittelauswahl siehe auch Rehm, Robin: Farbenwissen des Fin de Siécle. Zum Unterricht in der Farbentheorie an den Bauhochschulen, in: Hassler, Uta (Hg.): Maltechnik und Farbmittel der Semperzeit, München 2014, S. 58–71, hier S. 50–52.

48 S[alomon] Vögelin, J[ohann] R[udolf] Rahn, Jul[ius] Stadler an den Präsidenten des Schweizerischen Schulrats [Carl] Kappeler, 31. Dezember 1882, Schweizerisches Bundesarchiv Bern (BAR), E80#1000/1126#1380* Titel *Sammlung von Gipsabgüssen, 1883–1895.* Eine Abschrift liegt in der ETH-Bibliothek, Hochschularchiv, SR3, 1883, 6. Der Brief ist abgedruckt bei Zimmermann 1996 (wie Anm. 16), S. 55–56.

11 «aus der Sammlung des Polytechnikums», aquarellierte Zeichnung auf Zeichenkarton von Julius Stadler, Dec[ember 18]71 (31,7 × 21 cm).

Julius Stadler stellte viele Vorlagen für seinen Unterricht selbst her, möglicherweise auch diese Zeichnung nach dem Vorbild einer antiken Vase aus der Archäologischen Sammlung im Polytechnikumsgebäude.

Höhe von ca. 5,95 Metern,[49] im Antikensaal des Polytechnikums aufgestellt war,[50] der eine lichte Raumhöhe von 26 Fuss und 4 Zoll (7,94 Meter) hatte.[51] Ob Semper unmittelbar Einfluss auf die Anordnung der Abgüsse im Antikensaal nahm, bleibt fraglich. Gottfried Kinkel, Professor für Archäologie und Kunstgeschichte am Polytechnikum (1866–82), führte die Anordnung 1875 auf die Tätigkeit seines Vorgängers Wilhelm Lübke (1861–66) zurück, nennt jedoch auch den Altphilologen Conrad Bursian (1864–1869) sowie Gottfried Semper.[52] Gipsabgüsse waren an der Bauschule ein Lehrmittel unter vielen. Die Sammlungsstrategie verfolgte integrative – nicht konkurrierende – Konzepte. Im Jahr 1871 nutzte man die Chance, mit

49 Das Türblatt misst im Original 5,06 m Höhe, siehe Ciardi Duprè dal Poggetto, Maria Grazia: [La porta del paradiso.] Descrizione, in: Lorenzo Ghiberti. Materia e ragionamenti. Florenz/Prato 1978 (Ausstellungskatalog Galleria dell'Accademia e Museo di San Marco Florenz 1978–79, S. 336–338, hier S. 336. Zeichnungen der Gesamttür sind publiziert bei Gozzini, V[incenzo]; Lasinio, Gio[vanni] Paolo: Le tre porte del Battistero di San Giovanni di Firenze. Incise ed Illustrate. Florenz 1821, Taf. o. Nr. «Prospetto della porta terza». Zur *Porta del Paradiso* siehe unter anderem Paolucci, Antonio: Die Bronzetüren des Baptisteriums in Florenz. München 1997, S. 121–168. Krautheimer, Richard: Ghiberti's Bronze Doors. Princeton 1971. Zur Genese der Paradiestürabformungen zuletzt Roettgen 2010 (wie Anm. 9), hier S. 7, 73. Sie vermutet, dass die meisten Abgüsse des 19. Jahrhunderts auf Grundlage der von Anton Raphael Mengs initiierten Abformung Vincenzo Ciampis aus dem Jahr 1771 entstanden, zumal die Abformung des Originals 1865 verboten wurde. Zwei dieser Abgüsse Ciampis sind heute in der Accademia di Belle Arti in Florenz und der Madrider Real Accademia de Bellas Artes de San Fernando zu besichtigen. Einen Abguss aus der Werkstatt von Giuseppe Lelli, Florenz, zeigt das Staatliche Museum der Bildenden Künste A. S. Puschkin in Moskau.

50 Kinkel 1871 (wie Anm. 8), S. 194: «Im Schluß unserer Erläuterung der antiken Bildwerke angelangt, verweisen wir noch auf die in der innersten Abtheilung rechts vom Fenster aufgestellten Bronzethüren des Ghiberti an der Taufkapelle des Doms zu Florenz. In Zeichnung wie Composition, besonders in der malerischen Auseinanderlegung der landschaftlichen und architektonischen Mittel- und Hintergründe bietet dieß berühmte Werk vom Anfang des 15. Jahrhunderts eine interessante Vergleichung mit der klassischen Kunst dar.» (Hervorhebung d. Verf.) Zum Wunsch nach Aufstellung der Tür im neuen Antikensaal des Hauptgebäudes siehe «Bericht [...] betreff der Anordnung der Modellirwerkstätte des eidgenössischen Polytechnikum-Bauplanes [...]», Ludwig Keiser an den Schulratspräsidenten Carl Kappeler, 6. Juni 1858, ETH-Bibliothek, Hochschularchiv, SR3, 1858, 315, S. 3. Erhalten sind 16 Einzelteile im Inventar der Archäologischen Sammlung (UZH): Inv.-Nr. G N 46A–B und N 120 (vollständiges Gesims oberhalb des Türrahmens) sowie N 54A–M (alle zehn Bildtafeln der Türblätter und drei Stücke des Türrahmens), siehe Chalvatzi 2011 (wie Anm. 28), Kat.-Nr. 152, 154A–M, 224, 225. Im Gegensatz zu den Abgüssen in Florenz, Madrid und Moskau (siehe Anm. 49) weist der Zürcher Abguss unterhalb des Gesimses auch den Ansatz des äusseren Abschlusses des Türrahmens auf.

51 Die Raumhöhe ist dem Plan *Eidg. Polytechnikum & Zürch. Hochschule. Querschnitt des Antikensaals & Hoffaçade des vordern Mittelbaues*, undatiert, gta Archiv der ETH Zürich, 20-300-1-119, entnommen.

52 Gottfried Kinkel an Karl Dilthey, 16. Juli 1875, in: Beyrodt, Wolfgang: Gottfried Kinkel als Kunsthistoriker. Darstellung und Briefwechsel. Veröffentlichungen des Stadtarchivs Bonn. Bd. 23. Bonn 1979, Nr. 60, S. 417–420.

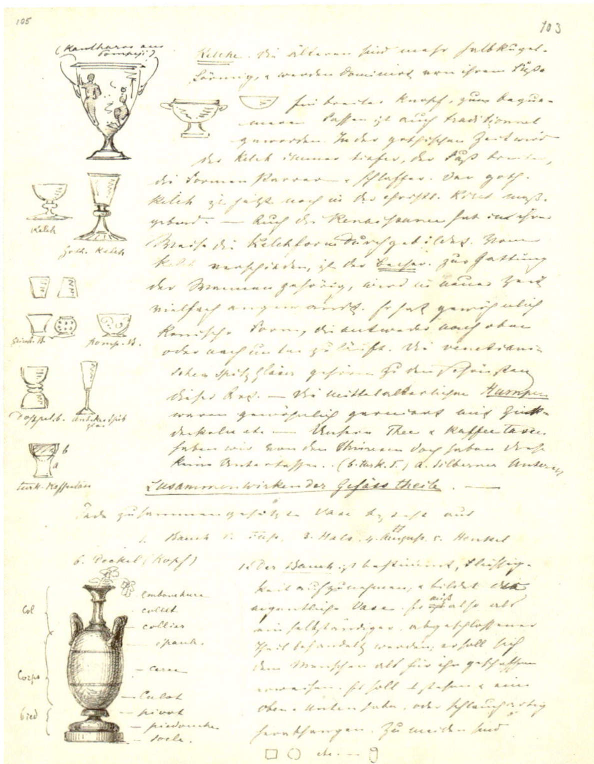

Unterstützung des Archäologieprofessors der Universität Zürich, Otto Benndorf (1869–71), antike originale Vasen in Italien zu kaufen. Die Vasen wurden aus den Einnahmen der Dozentenvorträge und einem Extrakredit des Schulrats finanziert und schliesslich in Vitrinen in der Archäologischen Sammlung präsentiert (**Abb. 11**).[53] Schon zuvor waren Vasen ein wichtiger Bestandteil der Vorlesungen Sempers (**Abb. 12**).[54]

12 «Kelche» und «Zusammenwirken der Gefässtheile» zum Thema Keramik, aus: Vorlesungsnachschrift von Eugène Burnand zu Sempers Vorlesung *Styllehre*, 2. Jahreskurs, Schuljahr 1869[/70].

Semper ging es nicht nur um die Formen und figürlichen Szenen, vielmehr auch um die Technik, Herstellung und Nutzung der Gefässe: «Jedes keramische Produkt ist zunächst bedungen durch die zweckliche Bestimmung des Gegenstands, durch dessen N u t z u n g, sei diese nun thatsächlich von ihm gefordert oder nur vorausgesetzt, und in einem weniger realistischen, mehr ideellen, Sinne aufgefasst.» (Zit. n. Semper, Der Stil, 1863, S. 6, Hervorhebung im Original).

---

53 [Otto Benndorf; Georg Lasius] An den Präsidenten des Schweizerischen Schulrats, 20. Januar 1871, ETH-Bibliothek, Hochschularchiv, SR3, 1871, 28. Benndorf, Otto: Die Antiken von Zürich (Mittheilungen der Antiquarischen Gesellschaft in Zürich, Bd. 17, H. 7). Zürich 1872, unpag. [Einleitung]: Die Entstehung der Vasensammlung gehe auf die «wiederholten Anregungen Gottfried Semper's» zurück und sei durch Vorträge im Frühjahr 1871 «für die Gründung eines keramischen Museums zu Gunsten des Unterrichts an beiden Hochschulen der Stadt» finanziert worden. Die Ankäufe in Rom, Capua und Neapel hätten zum Ziel gehabt, «möglichste Verschiedenheit von Gefässformen und Stilarten zu gewinnen». «Selbstverständlich hat diese Sammlung nur einen sehr bescheidenen Umfang, sie ist aber trotzdem vermöge ihrer charakteristischen Auswahl und chronologischen Zusammenstellung *ein ganz vorzügliches Lehrmittel.* Die Gefässe sind *wirkliche Originale* und enthalten Elemente der Schönheit, die man in den grossen monumentalen Schöpfungen bewundert und zu entziffern bestrebt ist.» Bericht Weltausstellung Wien 1873 (wie Anm. 11), S. 56. Blümner, Hugo: Die archaeologische Sammlung im eidgenössischen Polytechnikum zu Zürich. Zürich 1881, S. XI, nennt zudem «freiwillige Beiträge und einen Zuschuss des eidgen. Schulraths» sowie als Vermittler Wolfgang Helbig. Der Katalog Benndorfs wurde erneut abgedruckt als [Gradmann, Erwin]: Griechische Vasen. Katalog der Sammlung in der Eidgenössischen Technischen Hochschule Zürich. o. O. u. J. Zur «Vasensammlung des eidgenössischen Polytechnikums» ferner: Blümner, Hugo: Die archaeologische Sammlung im eidgenössischen Polytechnikum zu Zürich. 2. erg. Ausgabe. Zürich 1881, S. 167–184. Zur Aufstellung der Vasensammlung im Antikensaal bzw. zur zwischenzeitlichen Aufbewahrung im Büro des Vorstands der Bauschule, Prof. Lasius, siehe Gottfried Kinkel an den Schulratspräsidenten [Carl Kappeler], 24. Januar 1876, ETH-Bibliothek, Hochschularchiv, SR3, 1876, 43, S. 1. Zu den Vasenschränken siehe G[ottfried] Kinkel an den Schulratspräsidenten [Carl] Kappeler, den 8. Dezember 1877, ETH-Bibliothek, Hochschularchiv, SR3, 1877, 502 mit Beilage eines Schreibens von Jul[ius] Stadler an G[ottfried] Kinkel, 31. Januar 1877. Zu Mischsammlungen vgl. Dlugaiczyk, Martina: Architektur im Labor. Lehrsammlungen als Mittel der Wissensproduktion und -kommunikation, in: te Heesen, Anke; Vöhringer, Margarete (Hg.): Wissenschaft im Museum – Ausstellung im Labor. Berlin 2014, S. 64–88, hier S. 77–78. Zur Vasensammlung vgl. Tschanz 2015 (wie Anm. 13), S. 195–202.

54 Zur Bedeutung der Keramik in Sempers *Stil* siehe Orelli-Messerli 2010 (wie Anm. 7), S. 14–15.

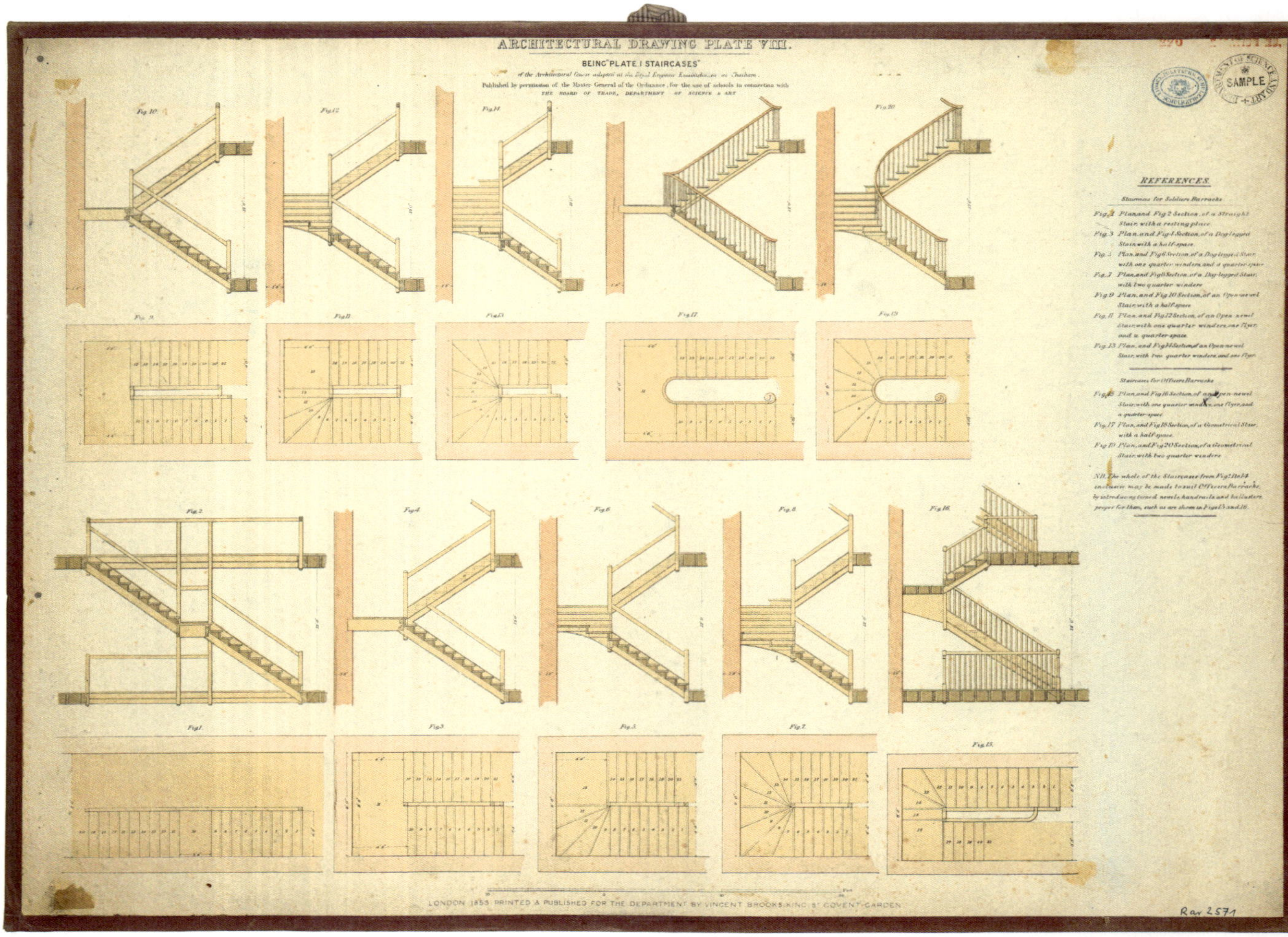

13 «Architectural drawing plate VIII. Being ‹Plate 1 Staircases› of the Architectural Course adopted at the Royal Engineer Establishment at Chatham […], for the use of schools in connection with the Board of Trade, Department of Science and Art», Wandtafel, London 1853, mit den Stempeln «Eidgen. Polytechn. Schule. Schulrath» und «Department of Science and Art. Sample» (70 × 50,8 cm).

Wie das didaktische Konzept, kunsthandwerkliche Objekte in die Lehre zu integrieren, auf Sempers Londoner Lehrtätigkeit zurückzuführen ist, so ist auch eine direkte Übernahme einiger Lehrmittel aus London naheliegend. Im gta Archiv sowie in der ETH-Bibliothek finden sich englischsprachige Wandtafeln.[55] Sie sind nachträglich auf Karton aufgezogen, am Rand mit Leinen gefasst und mit Bändern zum Aufhängen versehen. Es handelt sich sowohl um Darstellungen kleinerer Konstruktionen aus Ziegeln sowie von Treppen und Dachstühlen als auch um Anleitungen zu Geometrie und Perspektive. Teilweise sind sie aus mehreren gedruckten Buchseiten bzw. Tafelbögen zusammenmontiert. Neben dem Stempel

55 Es handelt sich um drei Konvolute: Architectural drawing plates, hg. v. The Board of Trade, Department of Science and Art. London 1853. ETH-Bibliothek – Rara und Karten – Alte und Seltene Drucke, Rar 2571; Plates [Tafeln zu Geometrie und Perspektive], o. O. u. J., ETH-Bibliothek – Rara und Karten – Alte und Seltene Drucke, Rar 2570. Nicht einzeln inventarisierte Tafeln für Geometrie und Perspektive im Bestand der Bauschule, [London] o. J., gta Archiv, ETH Zürich, Bestand 41. Vgl. Chestnova, Elena: Bridging Art and Science. Semper's teaching, in: Trans 24 [Normiert] 2014, S. 144–151, hier S. 149–150. Vgl. auch Tschanz 2015 (wie Anm. 13), Abb. 113–118. Mit Gottfried Sempers Aufenthalt in London befasst sich seit 2013 das SNF-geförderte Forschungsprojekt *Architektur und die Globalisierung des Wissens im 19. Jahrhundert. Gottfried Semper und die Disziplin der Architekturgeschichte* unter Leitung von Prof. Dr. Sonja Hildebrand, Accademia di Architettura Mendrisio, Università della Svizzera Italiana.

der Zürcher Bauschule weisen einige zudem Stempel des «Department of Science and Art» und des «Department of Practical Art» auf (**Abb. 13**).[56]

Die von Semper 1855 skizzierte Struktur der Lehre, in der «neben dem Sinne für practisches Wissen auch das praktische Können des Schülers möglichst angeregt und geübt werde», basiert auf «Ateliers-einrichtung» sowie «Conkurrenzen und damit verbundene[n] Auszeichnungen». Er plädiert für eine «Verlegung der Vorträge und nicht-architectonischen Stunden in die Abendstunden», um die Atelierzeiten nicht zu unterbrechen. Als Beispiel dafür zieht er seine eigenen Reformen der Königlich Sächsischen Kunstakademie zu Dresden (1834) heran.[57] Die sich hier abzeichnenden Lehrmethoden entsprechen den Vorschlägen für eine «systematische Reform [...] durch einen zweckmässigen und möglichst allgemeinen Volksunterricht des Geschmacks», um ein eigenständiges Kunstempfinden des einzelnen Bürgers auszubilden, wie Semper sie bereits in seinem Werk *Wissenschaft, Industrie und Kunst* herausgearbeitet hatte.[58] Als Mittel zur Förderung stellt er dabei neben Werkstätten und Preisarbeiten besonders Sammlungen und Vorträge, heraus. 1852, ein Vierteljahr nach dem Unterrichtsbeginn am Londoner Department of Practical Art, an dem Semper *Principles and Practice of Ornamental Art applied to Metals, Jewellery, and Enamels* unterrichtete,[59] hatte er bei dessen Direktor Henry Cole ähnliche neuartige Lehrvorschläge eingereicht.[60] Viele erhielten nachträglich Eingang in das Lehrprogramm der Zürcher Bauschule,[61] das ursprünglich 1854 – und somit vor Sempers Berufung nach Zürich – festgelegt worden war.[62]

---

56 Architectural drawing plates 1853 (wie Anm. 56). Plates o. J. (wie Anm. 56).

57 *Unmaßgebliche Vorschläge betreffend Anordnung von Preisarbeiten und anderes an der Bau[-]Abtheilung des Polytechnicum.* Bericht von Gottfried Semper [an den Direktor des Eidgenössischen Polytechnikums Zürich Josef Wolfgang von Deschwanden], 6. Dezember 1855, ETH-Bibliothek, Hochschularchiv, Hs. 1230:252, transkribiert bei Weidmann 2010 (wie Anm. 7), S. 1181–1189. Hervorhebung im Original. Dazu Maurer 2003 (wie Anm. 19), hier S. 306, unter Verweis auf Kobuch, Manfred: Gottfried Semper. Vorschläge zur Reorganisation der Bauschule der Akademie der bildenden Künste zu Dresden, 26.10.1834, in: Staatliche Kunstsammlungen Dresden (Hg.): Gottfried Semper 1803–1879. Baumeister zwischen Revolution und Historismus. Dresden 1979 (Ausstellungskatalog Albertinum Dresden 1979; ETH Zürich 1980), Kat.-Nr. 85. Zu Sempers lebenslangem Festhalten am auf den Erfahrungen im Atelier Gaus beruhenden Konzept des «atelier libre» siehe auch Hauser, Andreas: Gottfried Semper in Zürich: Republikanische Bauformen, in: Nerdinger/Oechslin 2003 (wie Anm. 15), S. 299–305, hier S. 306.

58 Semper, Gottfried: Wissenschaft, Industrie und Kunst. Vorschläge zur Anregung nationalen Kunstgefühles. Bei dem Schlusse der Londoner Industrie-Ausstellung. London, den 11. October 1851. Braunschweig 1852, S. 61–72, hier S. 62. In seiner Schrift von 1834 legt er darüber hinaus Wert auf das Bereitstellen von Hilfsmitteln, Zeichenunterricht nach Gips- und Aktmodellen und Bossierübungen, siehe Kobuch 1979 (wie Anm. 57), Punkte 6–7 der Reformvorschläge.

59 Hildebrand, Sonja: «großartigere Umgebungen» – Gottfried Semper in London, in: Nerdinger/Oechslin 2003 (wie Anm. 15), S. 260–268, hier S. 264. Mallgrave 2001 (wie Anm. 25), hier S. 226–230. Zemp, Josef: Erinnerungen an die Architektenschule, in: Neue Zürcher Zeitung, Sonderbeilage zum Jubiläum der Eidgenössischen Technischen Hochschule, 7. November 1930, S. 21–22, hier S. 21.

60 Sie umfassen das Anhalten zu selbstständiger Arbeit, d. h. keinen schulischen Frontalunterricht, klassenübergreifendes Arbeiten, Werkstätten, Wettbewerbe und Preise, siehe Gottfried Semper: Unterrichtsplan für die Abteilung für Metall und Möbeltechnik am Department of Science and Art [1852–1853], in: ders.: Wissenschaft, Industrie und Kunst. Und andere Schriften über Architektur, Kunsthandwerk und Kunstunterricht, hg. v. Wingler, Hans M[aria] (Neue Bauhausbücher). Mainz/Berlin 1966, S. 83–86. Zum Department of Practical Art in London siehe Orelli-Messerli 2010 (wie Anm. 7), S. 386. Herrmann, Wolfgang: Gottfried Semper im Exil. Paris, London 1849–55. Zur Entstehung des «Stil» 1840–1877. Basel/Stuttgart 1978, S. 73. Am Polytechnikum wurden Preisarbeiten für alle Fachschulen 1856 eingeführt, siehe ETH-Bibliothek, Hochschularchiv, Hs. 1230, 130 «Auszug aus dem Protokoll des schweiz. Schulrathes». Zürich, 3. Juli 1856 zur «Einführung von schriftlichen Konkursarbeiten» mit beiliegendem «Regulativ»: «Art. 1. Von den Schülern eines jeden Jahreskurses u. einer jeden der fünf ersten Abtheilungen des Polytechnikums werden während des Schuljahres mehrere Konkursarbeiten ausgeführt.»

61 Hildebrand, Sonja: Theorie und Praxis in der Architekturlehre. Und dabei «dürfen wir auch den Menschen im Studenten nicht etwa vergessen», in: Trans 14 (2005). 150 Jahre Architekturausbildung an der ETH Zürich, S. 60–65, hier S. 62.

62 Siehe Tschanz 2015 (wie Anm. 13), S. 16–21 zur Entstehung des Lehrplans im Reglement 1854. Zu Sempers Lehre und Reformen: ebd., S. 30–81.

Johann Ludwig Keiser

Johann Ludwig Keiser, 1855 bis 1890 «Lehrer für Modelliren in Thon und Gyps, Arbeiten in Holz und Ornamentenzeichnen»,[63] ab 1857 «Direktor der Werkstätten für Modelliren in Gyps und Thon»[64] und Professor,[65] bemängelte 1857 gegenüber dem Direktor des Polytechnikums das Fehlen «[...] genügender Vorlagen zur Veranschaulichung der verschiedenen Stile in der Ornamentik u. dessen Ornamentbehandlung» und berichtete zugleich, «von München v. Hr. Vioti[,] Hofstuckador, Gypsabgüsse v. schönen neuern Wand[-], Gesims[-] u. Gewölbeverzierungen, [...], die alle unter der Aufsicht v. Leo v. Klenze von geschickten Bildhauern geschnitten u. in den Säälen der Residenz zu München angebracht wurden» gekauft zu haben. Er fügt hinzu, auch die «Karyatide v. Schwanthaler wurde im Interesse der Bauschule in die Sammlung [...] angeschafft [...]».[66] Ludwig Keiser habe gerne, so Johann Rudolf Rahn, aus seiner Zeit in der Werkstatt Ludwig Michael Schwanthalers erzählt, in der er an der Bavaria mitgearbeitet habe und wo er ein «Alterthümler» geworden sei.[67] Daher verwundert es nicht, dass seine Ankäufe dekorativer Elemente durch den Münchner Klassizismus und das Werk Schwanthalers geprägt sind. Keiser besass eine umfangreiche Privatsammlung, zu der «gothische Statuetten und andere Überreste beseitigter Schnitzaltäre»[68] aus seiner Heimat Zug gehörten, die er «im Brunnen gebadet [habe], um hierauf jede Spur von Gold und Farben abzubürsten».[69] Zu seiner Privatsammlung gehörte auch das Original eines ägyptischen Torsos aus Basalt, das aus seinem Nachlass an das Polytechnikum überging.[70] Keiser war demnach mit seinen in Stilen und Materialien vielfältigen Unterrichtsmitteln unabhängig von der Bauschule. Es ist davon auszugehen, dass er die Werkstatt im Polytechnikum auch privat für seine Aufträge als Bildhauer nutzte[71] – ausserhalb des Unterrichts in «Steinschnitt in Gyps nach Zeichnungen[,] die die Schüler selbst construirt haben[,] w. z. B. Bogenstellungen, schiefe Gewölbe, Böschungsmauern usw.» und «Ornamentmodelliren

---

63 ETH-Bibliothek, Hochschularchiv, SR2, Protokoll der Sitzung Nr. 7, 30. Januar 1855, Traktandum 40.

64 Ebd., Protokoll der Sitzung Nr. 3, 6. März 1857, Traktandum 35.

65 Ebd., Traktandum 26.

66 ETH-Bibliothek, Hochschularchiv, Hs. 1230:198, L[udwig] Keiser an den Direktor des Eidgenössischen Polytechnikums [Josef Wolfgang von Deschwanden], 8. Juli 1857. Zu diesen Ankäufen siehe auch Deschwanden, J[osef] [Wolfgang] von: Schweizerisches Polytechnikum, in: Schweizerische Polytechnische Zeitschrift 2 (1857), H. 4, S. 126–132, hier S. 128. Keiser sei Schüler Viotis gewesen, siehe Keller, Rolf E.: Ludwig Keiser. Ein Bildhauer des Historismus, in: Mitteilungsblatt / Keramik-Freunde der Schweiz, H. 109–110 (1997), S. 11–18, hier S. 11.

67 [Rahn, Johann Rudolf:] Erinnerungen aus den ersten 22 Jahren meines Lebens. (Aus hinterlassenen Aufzeichnungen von Prof. Dr. J. R. Rahn, geb. 1841, gest. 1912), in: Zürcher Taschenbuch auf das Jahr 1920. Nr. 41 (1920), S. 4.

68 Ebd.

69 Ebd., S. 5. Zusammengefasst bei: Isler-Hungerbühler, Ursula: Johann Rudolf Rahn. Begründer der schweizerischen Kunstgeschichte. Mitteilungen der Antiquarischen Gesellschaft in Zürich. Bd. 39 (121. Neujahrsblatt 1957). Zürich 1956, S. 17. Siehe auch: Keiser, H[einrich] Al[ois]: Keiser (Kaiser, Keyser), Joh. *Ludwig*, in: Schweizerisches Künstler-Lexikon. Bd. 2. Frauenfeld 1908, S. 150–151. Kursivstellung im Titel.

70 Der Torso gelangte 1952 als Leihgabe ins Museum Rietberg und befindet sich heute im Antikenmuseum Basel. Für die Recherche im Archiv des Museums Rietberg danke ich Ester Tisa, Museum Rietberg, und für den Hinweis zum derzeitigen Aufbewahrungsort Martin Bürge, Institut für Archäologie, Fachbereich Klassische Archäologie (UZH). Ein Abguss ist in der Archäologischen Sammlung (UZH) ausgestellt, Inv.-Nr. 32, siehe Zindel 1998 (wie Anm. 11).

71 Vgl. auch Keller 1997 (wie Anm. 66) und Heim, Albert: Urs Eggenschwyler, in: Die Ernte. Schweizerisches Jahrbuch 6 (1925), S. 149–170, hier S. 152. Urs Eggenschwyler war nicht als Student des Polytechnikums eingeschrieben (es liegt kein Studentenmatrikel Hochschularchiv der ETH-Bibliothek vor), Keiser liess ihn jedoch im Polytechnikum modellieren. Siehe auch den Brief Julius Stadlers, der einen Einblick in den Alltag der Bauschule nach dem Fortgang Sempers nach Wien gibt, Tschanz 2015 (wie Anm. 13), S. 302–303. Keiser fertigte die Giebelfigur der Vitodura, der Stadtgöttin, für das von Semper entworfene und zwischen 1865 und 1870 errichtete Stadthaus in Winterthur, siehe Weber, Gaby: Winterthur, Stadthausstrasse 4a, Stadthaus, Vers. Nr. 602, in: Zürcher Denkmalpflege, 19. Bericht 2007–2008, hg. v. Baudirektion Kanton Zürich, Kantonale Denkmalpflege. Zürich/Egg 2012, S. 238–249, hier S. 241. Keisers Nachfolger, Johann Jakob Graf, wird bei seiner Berufung die «private Ausübung seines Berufes in der Werkstätte der Schule gestattet», ETH-Bibliothek, Hochschularchiv, SR 2, Protokoll der Sitzung Nr. 6, 29. Juli 1890, Traktandum 107.

in Thon in den verschiedenen Baustylen, flach, relief u. ganz rund».[72] Keiser scheint im Hinblick auf die Abgüsse eine ganz entscheidende Person gewesen zu sein, indem ihm offenbar auch die Arbeit des Restaurators zufiel. So erinnerte sich Jacob Burckhardt 1870 in einem Brief an Gottfried Kinkel daran, dass «[wir] die vaticanische Ariadne in ich weiß nicht wie vielen Scherben aus Rom bekamen und Prof. Keiser sie flicken mußte!»[73]. So verwundert es nicht, dass die *Schlafende Ariadne* der Archäologischen Sammlung (UZH) einige Veränderungen gegenüber dem Original aufweist.[74]

Ernst Georg Gladbach

Ernst Georg Gladbach, für seine Forschungen zum Schweizer Holzstil bekannt, unterrichtete von 1857 bis 1890 am Polytechnikum «Baukonstruktionen», «Baumateriallehre», aber auch «Konstruktive Ornamentik».[75] Zeichenblätter in seinem Nachlass zeugen von der bauforscherischen Auseinandersetzung mit mittelalterlichen hessischen Baudenkmälern aus der Zeit vor seiner Berufung ans Polytechnikum (**Abb. 14**).

Zwei Abgüsse desselben Kapitells der Kaiserpfalz in Gelnhausen (**Abb. 15**) aus dem ehemaligen Bestand der Bauschule – eines rekonstruierten Vollsäulenkapitells (**Abb. 16**) und eines den Erhaltungszustand einer Kapitellhälfte wiedergebenden Teilabgusses[76] – sind vermutlich auf seine Bauaufnahmen als Baubeamter in Nidda (ab 1841) zurückzuführen. Beschreibung und Zeichnungen der Pfalz sind in dem von Gladbach herausgegebenen dritten Band von Georg Mollers *Denkmälern der deutschen Baukunst*[77] abgebildet (**Abb. 17**),[78] Gladbach benennt als Ziel dieser Publikation: «Für die Kenntniss altdeutscher Kunst würde der Einsturz dieses Gebäudes sehr zu beklagen sein. Möge diese Darstellung dazu beitragen, das Interesse für Erhaltung desselben neu zu beleben.»[79] Aus den Archivalien zur Abgusssammlung geht nicht hervor, wann die beiden romanischen Kapitelle an die Bauschule gelangten, jedoch scheint Gladbachs Bemühen zur Popularität des Bauwerks beigetragen zu haben: Seine Zeichnungen wurden 1892 von Georg Dehio und Gustav von Bezold in den dritten Band ihres umfangreichen Werks *Die kirchliche*

---

72 *Jahres-Bericht für 1857/8 v[on] L[udwig] Keiser[,] Lehrer des Modellirens der Ornamentik u. des Steinschnittes,* undatiert, ETH-Bibliothek, Hochschularchiv, SR3, 1859, 722, Nr. I/7.

73 Jacob Burckhardt an Gottfried Kinkel, Basel, den 13. November 1870, abgedruckt in: Burckhardt, Jacob: Briefe Bd. 5: Scheitelpunkt der historischen Professur, Entstehungszeit der «Weltgeschichtlichen Betrachtungen» und der «Griechischen Culturgeschichte», Wiederaufnahme kunstgeschichtlicher Vorlesungen (1868 bis März 1875). Basel 1963, Nr. 557, S. 115–117, hier S. 115.

74 Archäologische Sammlung (UZH): *Schlafende Ariadne,* Inv.-Nr. G 805, Zindel 1998 (wie Anm. 11), S. 163.

75 Programm der eidgen. polytechnischen Schule für das Schuljahr 1858–59 beziehungsweise das erste Halbjahr dieses Schuljahres. Zürich 1858, S. 3.

76 Chalvatzi 2011 (wie Anm. 28), Kat.-Nr. 86: Vollsäulenkapitell, Inv.-Nr. G N31, sowie Kat.-Nr. 87: Teilabguss des halben Kapitells, Inv.-Nr. G N41.

77 Moller, Georg: Denkmäler der deutschen Baukunst. 3 Bde. (Bd. 3: Fortgesetzt von Ernst [Georg] Gladbach). Darmstadt/ Leipzig [1815–51].

78 Gladbach, Ernst [Georg]: Denkmäler der deutschen Baukunst. Bd. 3. Begonnen von Georg Moller. Darmstadt/ Leipzig [1844–51], S. 8–10, Taf. 36–42. Zum dritten Band und Gladbachs Mitwirken siehe Frölich, Marie: Die Denkmäler der Deutschen Baukunst, in: Frölich, Marie; Sperlich, Hans-Günther: Georg Moller. Baumeister der Romantik. Darmstadt 1959, S. 74–99, hier S. 92–94. Ebd., S. 94; sie hält das Entstehen der Zeichnungen nach Gladbachs Italienreise (1837–39) für wahrscheinlich. Zu Moller vgl. Kartmann, Norbert (Hg.): Georg Moller. Symposium aus Anlass seines 150. Todestages am 13. März 2002 im Hessischen Landtag in Wiesbaden (Hessische Schriften zum Föderalismus und Landesparlamentarismus, Bd. 10). Wiesbaden 2004. Zu Gladbach und Moller zuletzt auch Stegmann, Knut: Vom «forschenden Künstler» – Ernst Gladbach (1812–1896) und die Erforschung und Vermittlung der Schweizer Holzbautraditionen, in: Hassler, Uta (Hg.): Der Lehrbuchdiskurs über das Bauen. Zürich 2015, S. 184–200, hier S. 188–191.

79 Gladbach [1844–51] (wie Anm. 78), S. 10.

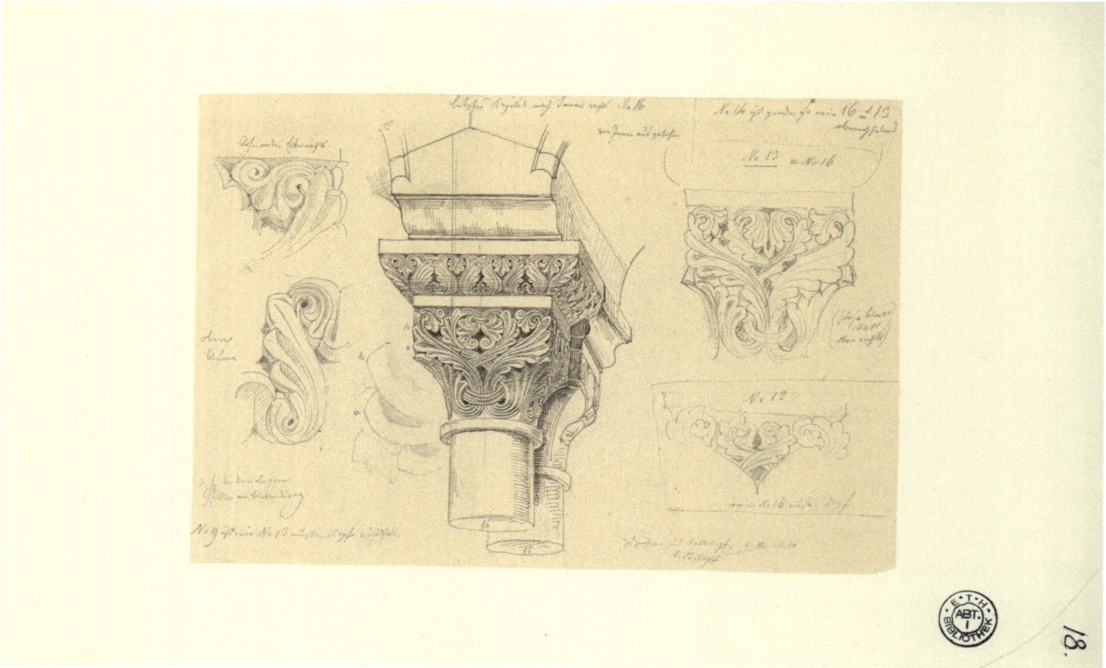

14 Kaiserpfalz Gelnhausen, Darstellung von Kapitellen des Palas mit Erläuterungen, darunter in der Blattmitte detailliert Kapitell «No. 16», Bleistiftzeichnung von Ernst Georg Gladbach, aufgezogen auf Zeichenkarton, undatiert (24,4 × 16,8 cm).

15 Kaiserpfalz Gelnhausen, Kapitell des Palas, nach Gladbachs Zählung Kapitell «No. 16»

16 Kaiserpfalz Gelnhausen, Kapitell des Palas, Gipsabguss, Hersteller unbekannt, undatiert (H = 66 cm, B = 47 cm, Säulendurchmesser = 24,5 cm).

Der Abguss gelangte zu einem unbekannten Zeitpunkt in die Gipsabgusssammlung der Bauschule und befindet sich heute im Besitz der Archäologischen Sammlung am Institut für Archäologie der Universität Zürich (UZH).

17 «Details des Kaiserpallastes zu Gelnhausen, Kapitäle von der Hof-Façade des Pallastes»,

Radierung von Ernst [Georg] Gladbach, Taf. 40 aus: Moller/ Gladbach, Denkmäler der deutschen Baukunst, Bd. 3, [1844–51]

Baukunst des Abendlandes übernommen.[80] Da am Ursprungsbau jedes Kapitell von einem anderen Ornament geziert wird und aufgrund der Doppelsäulenstellungen nur drei Seiten leicht zugänglich waren, wurde offensichtlich nur eine Teilabformung vorgenommen. In einem zweiten Schritt wurde die Vorlage zum Vollkapitell ergänzt, wobei man gleichzeitig Fehlstellen ausbesserte. Möglicherweise geschah diese Reproduktion im Bemühen um eine anschauliche, vollständige Vorlage erst später in der Modellierwerkstatt der Zürcher Bauschule .[81] Abgüsse der Kaiserpfalz scheint es nicht (oder nicht mehr) viele zu geben. Umso auffälliger ist, dass ausgerechnet das Victoria and Albert Museum in London einen dem Zürcher Teilabguss N41 sehr ähnlichen Gipsabguss besitzt.[82]

Mit seiner Berufung zum zweiten Professor für Architektur am 1. April 1857 wurde Gladbach auch «zum Direktor der Sammlung von Baukonstruktionsmodellen und Baumaterialien ernannt».[83] In dieser

80 Dehio, Georg; Bezold, Gustav von: Die kirchliche Baukunst des Abendlandes. Historisch und systematisch dargestellt. Stuttgart 1884–1901. Atlas, Bd. 3, Taf. 211–360. Stuttgart 1892. Das Kapitell befindet sich auf Taf. 355, Nr. 4.

81 Die gegenüberliegenden Seiten des Kapitels weisen dieselben Gussnähte und Schadensbilder auf, so dass hier keine originalgetreue Kopie des Gesamtkapitells vorliegt.

82 Archäologische Sammlung (UZH), Inv.-Nr. G N41, sowie Victoria and Albert Museum, London, Inv.-Nr. REPRO.1862-2679, dort mit Herkunftsangabe Paris sowie Erwerbungsjahr 1862 und der Abtei Moissac zugeschrieben.

83 ETH-Bibliothek, Hochschularchiv, SR2, Protokoll der Sitzung Nr. 3, 6. März 1857, Traktandum 31. Siehe auch seinen ersten *Bericht des Directors der architectonischen Sammlungen,* 2. Februar 1859, ETH-Bibliothek, Hochschularchiv, SR3, 1859, 34.

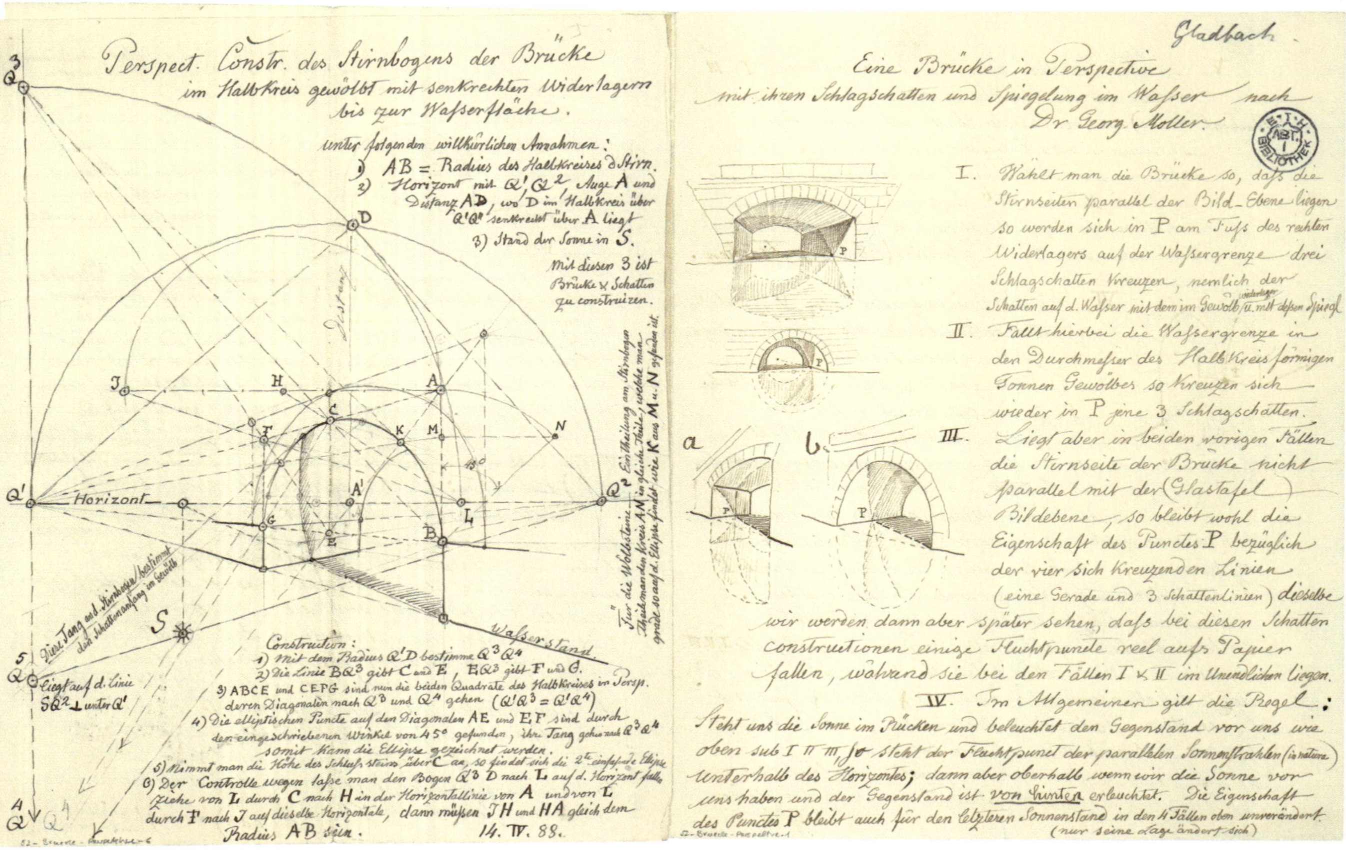

18 «Eine Brücke in Perspective mit ihren Schlagschatten und Spiegelung im Wasser nach Dr. Georg Moller», Erläuterung für die zeichnerische Konstruktion derselben von Ernst Georg Gladbach, 14. April 1888 (Doppelbogen und Einzelblatt, S. 1 (rechts) und 6 (links) von 6).

Zeit berichtet er dem Direktor der Schule über folgende Anschaffungen: «sämtliche in der Provinz Rheinhessen üblichen Baumaterialien für Stein- und Ziegelbau, [...] mehrere komplizierte Dachstuhlmodelle u. Gewölbebauten, Treppenmodelle, etc. [...] Technische Zeichnungsvorlagen».[84] Dass für die von ihm unterrichteten Fächer nicht unbedingt gedruckte Zeichnungen oder gebaute Modelle, sondern auch Vorlagen für Tafelbilder essenziell waren, wird aus den Archivalien wie der sechsseitigen Erläuterung zur zeichnerischen Darstellung «Eine Brücke in Perspective mit ihren Schlagschatten und Spiegelung im Wasser nach Dr. Georg Moller» (**Abb.18**)[85] deutlich. Eine Perspektivzeichnung für eine Doppelbogenstellung ist mit der Anmerkung «5 mal so groß für d. Tafel», ein Obelisk auf einem Postament und Stufenbau mit der Notiz «3 mal so groß» versehen.[86] Wie bei Ludwig Keiser zeigt sich auch bei Gladbachs Lehrmitteln eine Eigenständigkeit in der Auswahl der Themen, die sich von Sempers Ansätzen unterscheidet. So scheinen für ihn anschauliche Einzelobjekte und regionale Besonderheiten stärker im Zentrum zu stehen als ihre Relevanz für die stilgeschichtlich grossen Entwicklungslinien.

---

84 [Ernst Georg] Gladbach [an Josef Wolfgang von Deschwanden], 14. Juli 1857, ETH-Bibliothek, Hochschularchiv, Hs. 1230:196.

85 gta Archiv, Nachlass Ernst Georg Gladbach, Bestand 52. Das Dokument ist datiert auf den 14. April 1888.

86 Ebd., undatiert.

Die Entwicklung der Gipsabgusssammlung in der zweiten Hälfte des 19. Jahrhunderts

Während die Abgüsse aus Sempers Pariser Kauf des Jahres 1855 einen thematisch geschlossenen Grundstock ‹der Bauabtheilung› bildeten, sind Zukäufe schwer dem einen oder anderen Fach oder Lehrer zuzuweisen; eine einheitliche Nomenklatur der Bestände lässt sich den Akten nicht entnehmen, was einen gemeinschaftlichen Stock an Unterrichtsmaterial nahelegt. Für die Fächer Modellieren und Ornamentzeichnen wurden aus den ihnen zugewiesenen Jahreskrediten regelmässig weitere Abgüsse beschafft. Nachdem die frühen Listen Sempers lediglich auf die Ankäufe von antiken und renaissancezeitlichen Vorbildern hindeuten, wurden die Sammlungen für das Ornamentenzeichnen im Schuljahr 1860/61[87] um Vorlagen (es sind nicht explizit ‹Abgüsse› genannt) im gotischen Baustil und die Vorlagensammlung der Bauschule in den Schuljahren 1863,[88] 1867/68[89] und 1871/72 um mittelalterliche Gipsabgüsse erweitert.[90] Der reiche Bestand an Abgüssen nationaler mittelalterlicher Bauwerke ist auf das Jahr 1864 zurückzuführen. Aufgrund ihres Erhaltungszustandes wurden sie als bessere Zeichenvorlagen angesehen als die Abgüsse der oftmals «arg zerstörten» antiken Bauwerke, die «baugeschichtlich großen Werth haben, für ein genaues Nachzeichnen besonders in der Ornamentik sich aber nicht sehr empfehlen, weil alle Feinheiten und alle Schärfen der ursprünglichen Form nur für den geübten Künstler nicht aber für den Schüler erkennbar sind. Für das Studium der genauen scharfen Form und für das Wiedergeben auf Papier eignen sich gewiß am besten Abgüsse von guten mittelalterlichen Architekturtheilen. Das einzige[,] was wir in dieser Richtung besitzen[,] sind Abgüsse aus dem Großmünster von Zürich. In den polytechnischen Schulen zu Hannover, Carlsruhe, Stuttgart, ja sogar in vielen kleineren Gewerbeinstituten existieren in dieser Weise sehr vollständige Sammlungen, denen wir nichts an die Seite zu setzen haben. – Es ist somit das größte Bedürfnis für uns[,] daß hier abgeholfen werde. Durch Anfertigung von Abgüssen von verschiedenen Schweizermonumenten liesse sich für uns ein hübsches Material gewinnen[,] daß zugleich zum Austausch von Abgüssen aus Deutschland und Frankreich zu verwerthen wäre. Ferner besitzt zum Beispiel die Bauhütte der jetzt vollendeten Elisabethenkirche in Basel eine ganz trefflich ausgewählte Sammlung schöner [?] Abgüsse von deutschen und französischen Monumenten, die vielleicht Geschenk[-] oder Kaufweise für das Polytechnikum zu erwerben wäre[,] ehe sie in andere Hände übergeht oder einer Baseler Handwerksschule zur Verfügung gestellt wird.»[91] Geschenke erhielt das Polytechnikum zahlreiche, regelmässig auch Nachlässe. Im Jahr 1888 heisst es zum «Legat des sel. Herrn L. Merian in Basel», «Werke, Kunstblätter und Gypsabgüsse» seien «der allgemeinen Bibliothek, der

---

87 *Bericht über das eidgenössische Polytechnikum betreffend das Jahr 1861,* S. 7, in: Eidgenössisches Polytechnikum. Berichte 1860–1880. Sammelband. ETH-Bibliothek, Hochschularchiv; *Bericht des Directors der Sammlungen für Vorlagen, Baumodelle und Baumaterialien. Betreffend: den Jahresbericht pro 1861 über den Credit und die Sammlungen,* [Ernst Georg] Gladbach an den Präsidenten des Schweizerischen Schulrats, [Carl Kappeler], 7. Februar 1862, ETH-Bibliothek, Archive und Nachlässe, SR3, 1862, 52, S. 2: «Sodann wurde mit Rücksicht auf den Unterricht im Ornamentenzeichnen, dessen Leitung Herrn Stadler übertragen ist, eine genügende Anzahl Vorlagen in dem bisher noch sehr gering vertretenen gothischen Baustyl angeschafft, und dafür 144 frcs verausgabt.»

88 In dem im Jahr zuvor gestellten *Antrag auf Vermehrung der Sammlung von Gypsabgüssen zum Ornamentzeich.* hatte es zur Herkunft weiterer Vorbilder gelautet: «Die bis jetzt vorhandene Sammlung enthält nur sehr wenige *für Anfänger* geeignete Muster zum Nachzeichnen[,] [...] da sie stark verwittert[,] nicht mehr die Schärfe der Zeichnung besitzen [...] mittelalterliches fehlt gänzlich. Von diesen letztern sind in *München, Frankfurt, Paris o. Cöln* schöne Exemplare [...] zu haben. – Da es nicht so vortheilhaft wäre, solche Abgüsse allein durch Bestellung zu erwerben[,] die Besichtigung o. Auswahl eines Sachverständigen daher dazu erforderlich ist[,] so beantrage ich [...] einen Credit von f. 500 dafür anzusetzen. [...] Durch Herrn Prof. Semper wäre es möglich[,] Einiges von *Berlin, Cöln, Hannover* zu bekommen.» Kursive Hervorhebung d. Verf. Handschrift von Julius Stadler, ETH-Bibliothek, Hochschularchiv, SR3, 1863, 378, Beilage 2, S. 1, eines Schreibens von G[ottfried] Semper an den Schulratspräsidenten [Carl] Kappeler, 20. Juli 1863.

89 *Rapport de l'école polytechnique fédérale en 1868,* S. 9, in: Eidgenössisches Polytechnikum. Berichte 1860–1880 (wie Anm. 87). Gladbach an den Schulratspräsidenten 1868 (wie Anm. 14).

90 *Bericht der eidgenössischen polytechnischen Schule über das Jahr 1872,* S. 8, in: Eidgenössisches Polytechnikum. Berichte 1860–1880. Sammelband. ETH-Bibliothek, Hochschularchiv.

91 Gottfried Semper an den Präsidenten des Schweizerischen Schulrats [Carl Kappeler], 15. November 1864, ETH-Bibliothek, Hochschularchiv, SR3, 1864, 622, S. 3–4.

Bauschule und der Kupferstichsammlung» einverleibt worden. «Die von der Bauschule übernommenen Gipsabgüsse sind noch in Kisten verpackt, sie werden ihren Standort in dem vor den Auditorien der Bauschule gelegenen Corridore finden.» Ob hiermit eine Serie von Abgüssen des Basler Münsters aus der Archäologischen Sammlung (UZH) zu identifizieren ist, geht aus den Akten nicht hervor.[92]

Dass die Lehrmittel der architektonischen Fächer – mit Ausnahme des Landschafts- und Figurenzeichnens sowie der Modellierwerkstätte auch Fächer der sogenannten Sechsten oder «Allgemeinen Abtheilung» – in der Frühzeit des Polytechnikums nicht getrennt, sondern gemeinsam verwaltet wurden, unterstreicht den Charakter dieser ‹Mischsammlung›. Zusammengefasst als «architectonische Sammlungen» wurde über ihre Bestandserweiterung und -pflege in den jährlichen Sammlungsberichten Rechenschaft abgelegt.[93]

Die Herstellung geeigneter Lehrmittel

Die Grenzen der Lehrmittelbeschaffung wurden häufig, jedoch nicht nur, von den zur Verfügung stehenden finanziellen Mitteln definiert: «Schließlich erlaube ich mir darauf hinzuweisen, wie die Lehrmittel unserer Bauschule im Vergleich zu andern ähnlichen Anstalten immer noch an dem Mangel hinreichender Modelle von Baukonstructionen zu den Vorträgen der betreffenden Lehrer leiden. Diesem Mangel kann jedoch mit Hülfe des jährlich hierzu ungenügenden Credits nicht abgeholfen werden, indem damit die Beschäftigung eines besonderen Holzarbeiters auf längere Zeit in nothwendiger Verbindung steht.»[94] Gladbachs Forderung an den Schulratspräsidenten bezieht sich 1868 nicht allein auf ein höheres Budget, sondern vielmehr auf eine eigene Fachkraft für die Schule, die mit der Herstellung der für die Lehre erforderlichen Modelle betraut werden sollte. Während also Gipsmodelle günstig und in grosser Auswahl auf dem Markt angeboten wurden, waren Konstruktionsmodelle Auftragsarbeiten.

Schon in den «Nachrichten über die eidgenössische polytechnische Schule im Schuljahr 1858–59» finden sich für «[d]ie Modell-, Vorlagen- und Baumaterialsammlungen der Bauschule [...]» folgende durch die Schüler angefertigte Sammlungszuwächse:

> «1. Ein Modell eines eisernen Hofthores neuester Construction, ausgeführt von den Schülern der mechanischen Abtheilung in der eigenen Werkstätte für Metallarbeiten unter der Leitung von Hrn. Prof. Reuleaux.
> 2. Mehrere kleinere Modelle verfertigt in der eigenen Werkstätte für Holzarbeiten.
> 3. Einige Constructionsmodelle aus Gyps, verfertigt in der eigenen Werkstätte zum Modelliren in Gyps durch die Schüler Mylius und Bösch.
> 4. 40 autographirte Vorlegeblätter von Hrn[.] Professor Kronauer.
> 5. Mehrere lithographirte Blätter interessanter Dachstühle, nach Zeichnungen von Bauschülern.»[95]

---

92 Archäologische Sammlung (UZH): Inv.-Nr. G N85–87, N136–137, N139, N 142–143, N 145, N147, N150–151, N153–155, N158, N171–176, Chalvatzi 2011 (wie Anm. 28), Kat.-Nr. 62–63, 66–67, 69, 71, 74–75, 77–79, 81, 91–93, 96, 100–105. Abgüsse des Basler Münsters wurden bei Restaurierungsarbeiten in den 1850er Jahren hergestellt, siehe: Coulin, Jules: Eine neu gewonnene Münsterplastik, in: Das Werk 9 (1922), H. 2, S. XVII–XXI, hier S. XVII–XIX. Der Bestand an Gipsen vom Basler Münster in der Archäologischen Sammlung (UZH) ist möglicherweise auf Georg Lasius' Aufnahmen im Münster zurückzuführen: Georg Lasius an den Präsidenten des Schweizerischen Schulrats [Carl Kappeler], 2. September 1867, ETH-Bibliothek, Hochschularchiv, SR3, 1867, 369.

93 Gladbach an den Schulratspräsidenten 1868 (wie Anm. 14).

94 Ebd., S. 3.

95 Programm der eidgen. polytechnischen Schule für das Schuljahr 1859–60 beziehungsweise das erste Halbjahr dieses Schuljahres. Zürich 1859, S. 20. Zur Übernahme von Studentenmodellen in die Sammlungen an Polytechnischen Schulen siehe Dlugaiczyk 2014 (wie Anm. 53), S. 87.

Vorlegeblätter für den Zeichenunterricht reproduzierte man schliesslich selbst aus den vorhandenen Werken in Vergrösserung, sodass sie den Anforderungen der Bauschule entsprachen: «Die aus dem Vorlagencredit angeschafften Werke sind zum Theil unserer Bibliothek als nothwendige Ergänzungen eingereiht worden; es sind dies abgeschlossene Publicationen bedeutender Bauwerke[,] in denen einzelne Blätter aber nicht ohne Schaden für das ganze Werk aus ihrem Zusammenhange gerissen werden können. Bei dem offenbaren Mangel an grossen schönen Vorlegeblättern für architektonisches Zeichnen im Buchhandel, sind wir darauf eingewiesen von tüchtigen Zeichnern aus dem vorhandenen Schatz unseres Materials solche Blätter zeichnen zu lassen – und dazu fehlt das Geld! Das Anfertigen von Vorlagen *unter unseren Augen* hat grosse Vortheile. Einmal können die zweckmässigsten und lehrreichsten Muster ausgewählt werden, und dann braucht man sich nicht in der Grösse an einen Maassstab zu halten, wie er bei Publicationen durch Format, etc. vorgeschrieben ist. Ein gut gezeichnetes Blatt lässt sich unter 25 Franken nicht anfertigen.»[96] Es war ebenso gewünscht, neben bedeutenden Bauwerken zeitgenössische, vorbildliche Gebäude den Schülern zum Studium zur Verfügung zu stellen; so findet sich in demselben Schreiben auch die Bitte um Plankopien vom Polytechnikumsgebäude und der semperschen Sternwarte: «Gewiss wäre für den Schüler nichts lehrreicher als grade solche Constructionen zu studiren[,] deren Ausführung ihm vor Augen steht.»[97] Doch sollten nicht nur stilisierte oder abstrahierte Vorbilder Anschauung liefern, sondern auch die Natur. So wurde zum Studium der Formen für das Ornamentenzeichnen 1863 das Setzen (heimischer) Pflanzen am Polytechnikum vorgeschlagen: «Für das Ornamentenzeichnen wäre es sehr wünschenswerth[,] daß in den Höfen od. der nächsten Umgebung des Gebäudes Pflanzen gezogen werden[,] welche sich zum Studium der Natur für solche Zwecke eignen[,] wie. Hohe Gräser[,] Schilf[,] Mais, R[h]abarber, Sauerampfer[,] Distel[,] Acanthus[,] Rosen[,] Lilien[,] Nelken[,] Kohl, Rüben [?,] Lorbeer, Oleander, Linde[,] Ahorn[,] Esche, Weinreben, Epheu.»[98]

Polychrome Architektur war schon in den 1860er Jahren fester Bestandteil des Faches Ornamentzeichnen, das ab dem Sommersemester 1868 im 3. Jahreskurs den Titelzusatz «innere Decoration u. Farbstudien» erhielt.[99] Dass die Schüler die Zeichnungen nicht nur mit Hilfe der angegebenen Abgreifmassstäbe übertrugen, sondern vielfach durchpausten, bezeugen die Abnutzungsspuren, Konstruktionshilfslinien und Nadellöcher in den Tafeln der sogenannten Plansammlung der Bauschule (**Abb. 19 a/b**).[100] Im Nach-

---

96 Semper an Kappeler 1864 (wie Anm. 91), S. 2. Kursive Hervorhebung d. Verf. Trotz des aus dem Bericht hervorgehenden Bedenkens des ‹Zerreissens› der Werke wurden aus den angeschafften Folianten einzelne Tafeln entnommen, die heute zwischen den eigenen Zeichnungen in den Nachlässen Julius Stadler und Ernst Georg Gladbach liegen. So beispielsweise Blätter aus: Zahn, Wilhelm: Die schönsten Ornamente und merkwürdigsten Gemälde aus Pompeji, Herkulaneum und Stabiae [...]. 3 Bde. Berlin 1828–59. Zu Zahns Publikation siehe Hennemeyer, Arnd: Wilhelm Zahns Pompeji-Publikation: eine Inkunabel der Farblithografie, in: Hassler 2014 (wie Anm. 47), S. 98–123. Semper veranschlagt schliesslich 600 Franken für 30 Blätter, die «[t]heils nach eigenen Aufnahmen aufgezeichnet[,] theils den vorhandenen Werken entnommen» werden sollten, Gottfried Semper an den Präsidenten des Schweizerischen Schulrats [Carl] Kappeler» 1864, ETH-Bibliothek, Hochschularchiv, SR3, 1864, 646, S. 2.

97 Semper an Kappeler 1864 (wie Anm. 91), S. 3.

98 [Stadler]: Antrag [...] 1863 (wie Anm. 88), S. 3. Undeutliche Stelle mit [?] gekennzeichnet.

99 *Programm der eidgen. polytechnischen Schule für das Sommersemester 1868.* Zürich 1868, S. 3. Vgl. auch Tschanz 2015 (wie Anm. 13), S. 139. Zur Bedeutung der Farbentheorie im ausgehenden 19. Jahrhundert anhand einer von Johann Jakob Graf für den Unterricht gezeichneten Farbtafel siehe Rehm 2014 (wie Anm. 48). Zum Schuljahr 1900/01 übernahm Gustav Gull die Fächer *Ornamentik und Dekoration* im 2. Jahreskurs und *Ornamentik und dekorativer Ausbau mit Kompositionsübungen* im 3. Jahreskurs sowie 7. Semester, ETH-Bibliothek, Hochschularchiv, Programm der eidgen. polytechnischen Schule für das Studienjahr 1900/1901 beziehungsweise das erste Halbjahr [...]. Zürich 1900, S. 7.

100 Dass das Durchzeichnen der Kupferstiche durchaus vorkam, verdeutlicht der *Entwurf eines Regulativs zur Benutzung der Sammlung architektonischer Werke,* [Josef Wolfgang von] Deschwanden, 22. Juli 1856, in dem dies unter Punkt 4 explizit verboten wurde. ETH-Bibliothek, Hochschularchiv, Hs. 1230: 248. Tschanz führt einen Teil des Bestandes *Plansammlung* des gta Archives auf den Extrakredit von 1864 zurück (siehe Semper an Kappeler 1864, wie Anm. 91, sowie Semper an Kappeler 1864, wie Anm. 96), wofür Studenten als Zeichner angestellt worden seien, siehe Tschanz 2015 (wie Anm. 13), S. 185–188, besonders Anm. 558.

19a/b «In Tivoli am Tempel der Vesta. 1828», aquarellierte Bleistiftzeichnung, aufgezogen auf starken Karton, Künstler unbekannt, undatiert (41,7 × 45,9 cm) / Kapitell des Rundtempels in Tivoli, aquarellierte Bleistiftzeichnung auf dünnem Zeichenkarton, undatiert (44,1 × 37,6 cm).

Bei dem Zeichnungspaar des Nachlasses von Julius Stadler handelt es sich möglicherweise um die Vorlage und eine Studentenkopie für die Lehre im Ornamentenzeichnen. Auf den beiden kolorierten Zeichnungen ist jeweils dasselbe Kapitell des Rundtempels (sogenannter Vestatempel) in Tivoli wiedergegeben. Abb. 19 a zeigt eine zeichnerisch konstruierte Darstellung des Kapitells nach unbekannter Vorlage. Das Blatt zeigt am Rand mehrere Einstichlöcher, einen Stempel der Bauschule, einen Abgreifmassstab am unteren Bildrand, verschiedene Konstruktionslinien in Bleistift sowie Zirkeleinstichpunkte in den Volutenaugen. Im Gegensatz dazu ist Abb. 19 b unvollständig in ihrer Darstellung und Schattierung. Es sind zudem keine Achsen, keine Zirkellöcher, kein Abgreifmassstab und keine Beschriftung eingetragen. Es handelt sich offensichtlich um eine Kopie von Abb. 19 a in demselben Massstab. Sie weist einen Konstruktionsfehler in der Breite des mittleren Stegs zwischen den Kanneluren auf.

20 Tempel E, Selinunt, farbige Rekonstruktionszeichnung des Gebälks, aquarellierte Zeichnung auf Zeichenkarton von Julius Stadler, undatiert (41 × 44,5 cm).

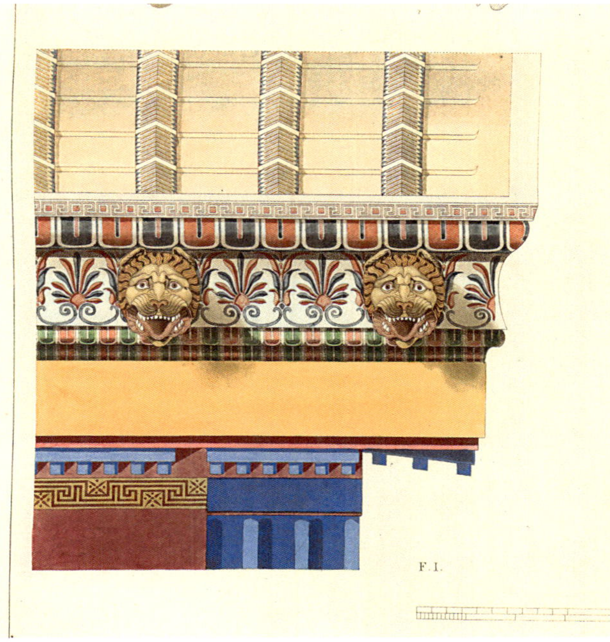

lass Julius Stadlers findet sich eine Reihe von auf Karton aufgezogenen Zeichnungen, die farbige Bauornamentik zeigen. Während es sich bei einigen der Tafeln um Entwürfe zu handeln scheint, zeigt eine Tafel die Gebälkrekonstruktion des Tempels E in Selinunt vom Architrav bis zum Dachansatz vor einem Hintergrund mit Himmel und Baumkronen (**Abb. 20**).[101] Die aquarellierte Zeichnung beruht auf der Vorlage von Jakob Ignaz Hittorff und Ludwig Zanth und zwar in der Fassung der Publikation von 1870, nicht von 1827 (**Abb. 21 a/b**), da sich die Farbgebung der Palmetten im Anthemionfries der Sima in den Ausgaben voneinander unterscheidet.[102] Im Gegensatz zur Vorlage endet die Darstellung Stadlers am unteren Bildrand nicht in der Mitte der Triglyphen, sondern gibt einen grösseren Ausschnitt wieder. Stadler nahm die Rekonstruktion der fehlenden Partien selbst vor, er entschied sich, das Kopfband des Architravs mit einem Mäanderband zu verzieren, und führte dieses, nachdem er es zuerst rot fassen wollte, schliesslich in Schwarz aus. Er bemühte sich also, die Zeichnung sowohl einerseits zu ‹vervollständigen› als auch andererseits Massstab und Darstellungsgrösse zu verdoppeln, da sie bei Hittorff und Zanth nur ca. 13 auf 14 cm gross abgebildet war.

21 a/b Tempel E, Selinunt, farbige Rekonstruktionszeichnungen des Gebälks, a: Taf. 40 aus: Hittorf/Zanth, Architecture antique de la Sicile, 1827 / b: Taf. 45 aus: Hittorf/Zanth, Architecture antique de la Sicile, 1870.

Die Zeichnungen stammen aus den Ausgaben von 1827 (a) und 1870 (b), in denen sie in demselben Massstab und Ausschnitt (12,9 × 13,9 cm) wiedergegeben sind, sich jedoch in der farbigen Fassung der Sima unterscheiden.

101 gta Archiv, ETH Zürich, 9-068-2. Die Zeichnung trägt unten rechts die Signatur Julius Stadlers, nicht handschriftlich, sondern als Stempel aufgesetzt.

102 Hittorff, J[akob Ignaz]; Zanth, L[udwig]: Architecture antique de la Sicile ou Recueil des plus intéressans monoumens d'architecture des villes et des lieux les plus remarquables de la Sicile ancienne. Paris 1827, Taf. 40. Hittorff, J[akob]-I[ganz]; Zanth, L[udwig]: Architecture antique de la Sicile. Recueil des Monuments de Ségeste et de Sélinonte. Paris 1870, Taf. 45. Zur Geschichte dieser Rekonstruktionszeichnung Hittorffs vom Tempel E (Tempel R seiner Benennung) in Selinunt und ihrer unterschiedlichen Farbdarstellung vor und nach der Publikation von Honoré Théodoric Herzog de Luynes und Joseph-Frédéric Debacq (Métaponte. Paris 1833), siehe Hennemeyer, Arnd: Antike Architekturpolychromie im 19. Jahrhundert. Mit wissenschaftlicher Methode und künstlerischer Einfühlung vom Fragment zum Gesamtbild, in: Hassler, Uta (Hg./ed.): Langfristperspektiven archäologischer Stätten. Wissensgeschichte und Forschungsgeleitete Konservierung / Archaeological Sites in Long-term Perspectives. The History of Archaeology and Epistemic Conservation. München 2017, S. 275–296, hier S. 276–278, Abb. 1 (Hittorff 1827, Taf. 40) und Abb. 4 (Übernahme durch von Mauch, Matthäus: Supplement zu Carl Normand's vergleichender Darstellung der architektonischen Ordnungen der Griechen und Römer und der Neueren Baumeister. Potsdam 1832, Frontispiz).

22 «Griechische Architektur», auf Karton aufgezogener Bogen als Wandtafel, aus: Dolmetsch, Der Ornamentenschatz, o. O., o. J., Taf. 5. Der *Ornamentenschatz* wurde 1895 für die Bauschule angeschafft.

Einen Zeichnungsausschnitt der Sima – nicht des gesamten Gebälks – des Tempels E aus der Publikation von Hittorff und Zanth übernahmen auch Hans Kolb und Heinrich Dolmetsch in ihr erstmals 1883 erschienenes Vorlagewerk *Der Ornamentenschatz. Eine Sammlung historischer Ornamente aller Kunstepochen,*[103] jedoch in der inzwischen ‹veralteten› Farbgebung der ersten Auflage von 1827. Im gta Archiv der ETH Zürich sind diese Tafeln des *Ornamentenschatzes* – mit Ösen zum Aufhängen – erhalten (**Abb. 22**), jedoch ohne die dazugehörige Beschreibung der Tafeln, die die Herkunft der Zeichnungsvorlagen zumindest teilweise vermerkte.[104] So zeigt sich erstens, dass Stadlers Darstellung trotz aller ‹freien› Ergänzungen – und im Gegensatz zu den gängigen Ornamentbüchern – die revidierte Farbfassung der Sima nach den Ergebnissen von de Luynes und Debacq wiedergibt, und zweitens, wie spätestens im ausgehenden 19. Jahrhundert in der Architektur und Ornamentik die Rückführung der Vorbilder auf das ursprüngliche Bauwerk an Bedeutung verlor, so dass Ornamentausschnitte von ihrem Kontext losgelöst betrachtet wurden.

---

103 Erstausgabe: Kolb, H[ans] (Hg.): Der Ornamentenschatz: Ein Musterbuch stilvoller Ornamente aus allen Kunst-Epochen. Stuttgart 1883. Ab 1887 als Dolmetsch, H[einrich] (Hg.): Der Ornamentenschatz. Ein Musterbuch stilvoller Ornamente aus allen Kunstepochen. Stuttgart 1887. Vierte Auflage: Dolmetsch, H[einrich] (Hg.): Der Ornamentenschatz. Eine Sammlung historischer Ornamente aller Kunstepochen. Stuttgart 1913.

104 An der Bauschule wurde *Der Ornamentenschatz* 1895 angeschafft, dem Jahresbericht ist zu entnehmen: «Um der allzuraschen Abnützung vorzubeugen, sind diejenigen Blätter, welche den Schülern zur Benützung überlassen werden[,] auf Carton aufgezogen worden.» J[ohann] J[akob] Graf an den Präsidenten des Schweizerischen Schulrats H[ermann] Bleuler, 31. Dezember 1895, ETH-Bibliothek, Hochschularchiv, SR3, 1896, 43, Nr. 1 [*Bericht über den Zustand u. die Benützung der Sammlungen u. Werke für Figurenzeichnen, Ornamentzeichnen, Landschaftszeichnen u. Modelliren v. 1894/95*], S. 1.

Farbe blieb auch während der Lehrtätigkeit von Johann Jakob Graf (1890–1924) ein wichtiges Thema im Ornamentenzeichnen. So heisst es im Jahresbericht 1894: «Das Hauptstück musste [im zweiten u. dritten Kurs], mehr als das früher der Fall war, auf die farbige Darstellung mit dem Pinsel gelegt werden. Als Uebungsstoff dienten Motive, an welchen die Vertheilung der Massen, u. die farbige Zusammenwirkung von Innendecorationen mit Vortheil erklärt werden konnten. Um dem Verständnis nachzuhelfen, mussten mehrere Vorlesungen über Farbenlehre mit Uebungen dazu eingeschoben werden. Im Sommersemester nahm ich mit dem dritten Kurs ein Stück Wanddekoration *in der Aula* auf. Leider fehlte einigen Leuten die für eine solche Arbeit nöthige Ausdauer.»[105]

Die Edition von Vorlegeblättern und Autografien

Zur Bereicherung der Vorlagensammlung trugen ferner die im Lehrplan verankerten Exkursionen bei. Sie boten neben der «Erweiterung des Anschauungsunterrichtes»[106] die Möglichkeit, die Sammlungen um nicht käufliche Vorbilder zu ergänzen. Schon 1863 ist im Bericht des Schulrats über die Vorlagensammlungen der Bauschule zu lesen, dass ihnen «Lithographien und Kopien von interessanten Baukonstruktionen, autographirte Zeichnungen von Gebäudetheilen und ganzen Gebäuden, wie sie letztes Jahr auf den stattgefundenen Exkursionen von den Schülern selbst aufgenommen und skizzirt worden sind»[107] hinzugefügt wurden. Darüber hinaus galt es, diese Vorlagen nicht nur den Polytechnikumsstudenten, sondern durch ihre Publikation einer breiteren Öffentlichkeit zu präsentieren. «Diese Publication unsere[r] Excursionsausbeute hat vielerseits Anklang gefunden, wir stehen dadurch im Austausch mit ähnlichen Arbeiten[,] die in Stuttgart und Wien erscheinen, von München haben wir Gypsabgüsse kleiner antiker Sculpturen eintauschen können. In verschiedenen Recensionen sind diese unsere Arbeiten, z. B. der *Försterschen Bauzeitung* und der *Zeitschrift für bildende Kunst* mit Anerkennung genannt worden, wir werden uns daher bestreben[,] diese Ausarbeitung der Aufnahmen und Skizzen fortzusetzen.»[108] Georg Lasius förderte in der Folgezeit die Herausgabe der Aufnahmen in besonderer Weise und erbat beim Schulrat eine Druckfinanzierung der Zeichnungen, die später als *Autographien des Vereins Architectura, Eidg. Polytechnikum* erschienen.[109] Es ist davon auszugehen, dass er als Schüler Conrad Wilhelm Hases die Publikation solcher Sammelmappen vom Polytechnikum in Hannover kannte, wo erstmals Reisestudien veröffentlicht wurden, bevor andere Polytechnika nachfolgten.[110]

---

105 J[ohann] J[akob] Graf an den Präsidenten des Schweizerischen Schulrats H[ermann] Bleuler, 31. Dezember 1894, betreffend «Vorlagen für Figuren-[,] Landschafts- + Ornamentzeichnen sowie für Modelliren», ETH-Bibliothek, Hochschularchiv, SR3, 1895, 58, Nr. 1, S. 2. Kursive Hervorhebung d. Verf.

106 *Bericht über die Excursion der Bauschule im Sommersemester 1868, nebst Anlage betreffend Kostenerstattung.* Georg Lasius und Julius Stadler an den Schulrat, Ende Juli 1868. ETH-Bibliothek, Hochschularchiv, SR3, 1868, 240, hier S. 2.

107 *Bericht des Bundesrathes über das eidg. Polytechnikum vom Jahr 1863*, S. 8, in: Eidgenössisches Polytechnikum. Berichte 1860–1880. Sammelband. ETH-Bibliothek, Hochschularchiv. Siehe ebenso «Bericht des schweiz. Bundesrathes an die h. Bundesversammlung über seine Geschäftsführung im Jahr 1863», in: Bundesblatt 18 (1864), Bd. 1, Nr. 19, 28. April 1864, darin «Polytechnische Schule», S. 578–594, hier S. 583. Zu Gladbachs Forschungs- und Lehrmaterial auch Stegmann 2015 (wie Anm. 78), hier S. 191–192.

108 *Bericht über die Excursion [...] 1868* (wie Anm. 107), hier S. 2–3. Zum Engagement Julius Stadlers auf den Exkursionen siehe Tschanz 2015 (wie Anm. 13), S. 159–165. Hervorhebung d. Verf.

109 Unter anderem: Reise-Studien aus Brescia: Excursion der Bauschule 1885 (Autographien des Vereins Architectura, Eidg. Polytechnikum). Zürich 1885. Siehe beispielsweise ETH-Bibliothek, Hochschularchiv, SR2: Schulratsprotokoll der Sitzung Nr. 5, 13. Juli 1898, Traktandum 87.

110 Grund, Claudia: Deutschsprachige Vorlagenwerke des 19. Jahrhunderts zur Neuromanik und Neugotik. Eine kritische Bibliografie auf der Grundlage der Bestände der Universitätsbibliothek Eichstätt. Wiesbaden 1997, S. 33 sowie Kat.-Nr. 137. Zur Lehre Conrad Wilhelm Hases vgl. Arends, Isabel Maria: Die Hase-Schule. Zur Reformgotik der Hannoverschen Architektenschule, in: Höhns, Ulrich; Alberts, Klaus (Hg.): Heinrich Moldenschardt 1839–1891. Stilvolle Architektur in Schleswig-Holstein (Schriftenreihe des Schleswig-Holsteinischen Archivs für Architektur und Ingenieurbaukunst, Bd. 7). Heide 2009, S. 86–109.

Ernst Georg Gladbach unternahm zudem ausgedehnte Studienreisen, deren Ergebnisse er für seine Lehrtätigkeit am Polytechnikum nutzte.[111] So entstanden nicht nur die *Vorlageblätter zur Baukonstruktionslehre* (1868), sondern wohl auch aquarellierte Zeichenblätter wie der *Schornstein der Manneberger Muehle bei Effretikon Ctn. Zürich* oder *Das alte Landrathhaus in KERNS bei Sarnen in Unterwalden* (beide 1862).[112]

Die Nutzung und Herstellung der Gipsabgüsse in der Modellierwerkstatt

Bei den Gipsabgüssen ist die Eigeninitiative der Professoren zur Vergrösserung der Bestände weniger offensichtlich, es gibt jedoch auch hier – über die für die Kaiserpfalz Gelnhausen beschriebene Kopie und die Ergänzungen am Lysikratesmonument hinaus – Hinweise auf die Übernahme von selbst gefertigten Modellen als Vorlagen.[113] In der Archäologischen Sammlung der UZH ist ein Fassadenmodell der Semperaula des Polytechnikums erhalten (**Abb. 23**). Es entspricht dem Entwurf Gottfried Sempers für die Fassade im Massstab 1 : 5 und könnte daher ein Entwurfsmodell repräsentieren.[114] Ob es den Zustand der Fassadenausführung wiedergibt, ist heute nicht mehr nachvollziehbar, da während Gustav Gulls Umbau (1914–1925) die Fassade vollständig erneuert und das Fugenbild verändert wurde.[115] Dass die Fertigung von Anschauungsmitteln für die Bauschule nicht nur Plankopien,[116] sondern auch Modelle umfasste, belegt der *Bericht des Directors der Sammlungen von architektonischen Vorlagen, Baumodellen und Baumaterialien,* in dem sich Ernst Georg Gladbach 1866 «beehrt [...] über den Zustand und die Benutzung der Sammlungen im verflossenen Jahre zu berichten, daß die Zahl der Gypsornamente durch diejenigen Modelle vermehrt wurden, welche bei dem Neubau des Polytechnikums Anwendung gefunden haben».[117]

Für die Übernahme eines Entwurfsmodells in die Bauschulsammlung spricht der Gipsabguss eines Kapitells der Villa Bleuler, errichtet 1885–1888 durch Professor Alfred Friedrich Bluntschli, den Nachfolger Sempers an der Bauschule (1881–1914).[118] Bei dem ‹Musterkapitell› (**Abb. 24 a/b**) handelt es sich um einen aus einzelnen Elementen zusammengesetzten Abguss, an dem nur zwei der vier Seiten vollständig

---

111 Huwyler , Edwin: Schweizerische Hausforschung. Ein Beitrag zu ihrer Geschichte, in: Schweizerisches Freilichtmuseum Ballenberg. Jahrbuch 1996, S. 49. Tschanz 2015 (wie Anm. 13), S. 113–114.

112 Als auf Karton aufgezogene Zeichnungen finden sich im gta Archiv, ETH Zürich (Archiv der Bauschule, Bestand 41): *Schornstein der Manneberger Muehle bei Effretikon Ctn. Zürich* mit den weiteren Angaben: «1 : 10 der nat. Groesse» und «de 1675». Die Zeichnung ist signiert «2 December 1862. EG». Ansicht und Grundriss eines steinernen Wohnhauses mit bemalter Fassade, im Massstab 1 : 50, mit Nordpfeil und Abgreifmassstab. Zirkellöcher und -schläge, Tintenspritzer und Fingerabdrücke zeugen vom starken Gebrauch der Tafel. Ohne Jahresangabe. Diese Tafel sollte vermutlich Grundrissorganisation und -darstellung vermitteln. Es handelt sich möglicherweise um einen Entwurf, keine Bauaufnahme. *Das alte Landrathhaus in KERNS bei Sarnen in Unterwalden.* Darstellungen in drei verschiedenen Massstäben, jeweils mit Abgreifmassstab. Datiert «auf Allerheiligen 1862».

113 Ein Teil der in der Archäologischen Sammlung (UZH) erhaltenen Bauteilabgüsse weist keine Herstellerplaketten auf, weshalb es naheliegt, dass es sich um selbst gefertigte, möglicherweise auch in Auftrag gegebene oder über persönliche Beziehungen erhaltene Abgüsse handeln könnte.

114 Pläne im gta Archiv, ETH Zürich, 20–300–1–184 *Eidg. Polytechnikum & zürch. Hochschule. Detail des 2t Stockes des Mittelbaues der Hauptfaçade* [Fassadenansicht, Ausschnitt], undatiert; 20–300–1–188 *Mittelbau der Haupt-Façade. Grundriss im zweiten Stock bei A!* [Horizontalschnitt durch Säulen und Nische], Massstab 1 : 5, undatiert.

115 Plan der Fassadenansicht (Ausschnitt) im gta Archiv, ETH Zürich, 22–305–1–902 *E. T. H. Zürich. H. G. Renovation. Haupt-Mittelbau II. Stock & Attika. 1/20.* [Ansicht und zwei Vertikalschnitte], undatiert.

116 Vgl. auch Tschanz 2015 (wie Anm. 13), S. 40–43, zum Abzeichnen als Lehrmethode anhand der Studienarbeiten von Hans Wilhelm Auer, Albert August Müller und Hans Pestalozzi. Dazu auch Karge, Henrik: Gottfried Semper als Vorbild. Die Schweizer Jahre Heinrich Moldenschardts (1860–1867), in: Höhns/Alberts 2009 (wie Anm. 110), S. 112–129.

117 *Bericht des Directors der Sammlungen von architektonischen Vorlagen, Baumodellen und Baumaterialien,* [Ernst Georg] Gladbach «[a]n den Presidenten des schweiz. Schulrathes» [Carl Kappeler], 3. Januar 1866, ETH-Bibliothek, Hochschularchiv, SR3, 1866, 144, Nr. 10, S. 1.

118 Archäologische Sammlung (UZH), Inv.-Nr. G N32.

ausgebildet sind. Das Modell verdeutlicht den Entwurfsprozess und die Arbeitsschritte bei der Herstellung eines Bildhauermodells.

Aus dieser Zeit, in der Johann Jakob Graf Leiter der Werkstatt war (1890–1924), ist in den Jahresberichten über die «Gypswerkstätte» zu lesen, sie sei «eine sehr zweckmässige Einrichtung [...]. Allerdings nimmt das Abformen und Giessen u. was dazugehört, für Schüler und Lehrer sehr viel Zeit in Anspruch [...].»[119] 1903 heisst es schliesslich: «Auch dieses Jahr wird bei der starken Schülerzahl das Abformen der Schülerarbeiten wieder bedeutende Kosten verursachen: Zudem braucht es in jeder Hinsicht mehr Material, wie Plastilina, Ton, Werkzeuge ect. [sic] u. ich frage mich, ob die Ausgaben für das Abformen gerechtfertigt seien.»[120] Die anfänglichen Übungen im Steinschnitt[121] scheinen zu Grafs Zeit nicht mehr durchge-

23 Eidgenössisches Polytechnikum, Gipsmodell, Hersteller unbekannt, vor 1922 (H = 189,3 cm, B = 93,6 cm, T = 38,9 cm).

Das Modell zeigt ein Fassadendetail der Westfassade des Semperbaus im Bereich der Aula im Massstab 1 : 5 nach dem Fugenbild der Zeichnungen Gottfried Sempers und befindet sich heute in der Archäologischen Sammlung am Institut für Archäologie der Universität Zürich (UZH)

119 *Jahresbericht 1880/81* [gemeint ist 1890/91] *über den Zustand der Sammlungen u. Werke im Figurenzeichnen u. Modelliren* von J[ohann] J[akob] Graf, undatiert, ETH-Bibliothek, Hochschularchiv, SR3, 1892, 152 Nr. 26, S. 3.

120 J[ohann] J[akob] Graf an den Schulratspräsidenten [Hermann] Bleuler, 31. Dezember 1902, ETH-Bibliothek, Hochschularchiv, SR3, 1903, 201, Nr. 21, S 2.

121 «In der Werkstätte zum Modelliren in Gyps hat man nun angefangen neben architektonischen Ornamenten auch die Steine und einen Theil derjenigen Mauerwerke in kleinem Massstabe aus trockenem Gyps herzustellen, deren Schnitt im theoretischen Unterrichte des Steinschnittes erläutert worden war.» Siehe Deschwanden, J[osef] [Wolfgang] von: Schweizerisches Polytechnikum, in: Schweizerische Polytechnische Zeitschrift 1 (1856), H. 2, S. 55–56, hier S. 55. Steinschnittvorlagen sind zudem erwähnt im *Jahresbericht über die polytechnische Schule pro 1873/74*, ETH-Bibliothek, Hochschularchiv, SR2, Präsidialverfügung Nr. 35, 17. Februar 1875, S. 36.

24a/b Villa Bleuler, Zürich, Kapitell der Eingangsportikus, Entwurfsmodell aus Gips, hergestellt in der Modellierwerkstatt des Polytechnikums [?], vor 1888 (H = 36,5 cm, B = 47 cm, Durchmesser des unteren Auflagers = 28,3 cm)

Das Kapitell im Massstab 1 : 1 der 1885–1888 nach Plänen von Alfred Friedrich Bluntschli errichteten Villa befindet sich heute in der Archäologischen Sammlung am Institut für Archäologie der Universität Zürich (UZH). Zwei Seiten des Kapitells sind vollständig ausgearbeitet, an den anderen sind die Pfeifen auf den Kalathos mit Bleistift aufgezeichnet, eine der Voluten fehlt. Der Abakus ist separat gearbeitet und auf den Kalathos aufgesetzt, von innen sind die Einzelteile mit Gips verschmiert. Die Oberflächen des Kapitells zeigen Zahneisenspuren und Zirkeleinstichlöcher.

führt worden zu sein.[122] – Doch wie können wir uns die Lehre in der Modellierwerkstatt vorstellen? Unter den erhaltenen Gipsen entspricht der eines Eierstabs (**Abb. 25**) in seiner Grösse bis auf wenige Millimeter genau einem Abguss des Eierstabs des Dioskurentempels der École des beaux-arts (**Abb. 26**).[123] In der Detailausbildung des Ornaments wirkt er jedoch wesentlich plumper, die Achsen von Perl- und Eierstab sind leicht verschoben, die Perlen und Eier selbst voluminöser. Spachtel- und Zahneisenspuren zeugen von einer manuellen Nachbearbeitung des Gipses.[124] Es handelt sich bei der Reproduktion nicht um eine originalgetreue Kopie, einen Abguss, sondern vielmehr um eine Arbeit, bei der die künstlerische und handwerkliche Technik des freien Modellierens und späteren Reproduzierens nach klassischer Vorlage erlernt werden sollte.

Die Oberfläche vieler der handlichen Bauteilabgüsse wurde mit einem zumeist transparenten Überzug aus beispielweise Leim oder Schellack versehen, um die Oberfläche zu schützen oder zu veredeln. Die Überzüge verliehen dem Gips den Glanz und die Tiefe der steinernen Vorbilder. Einige der Gipsabgüsse wurden zudem zur Erstellung weiterer Abgüsse eingesetzt – in diesem Fall dienten die Überzüge als Schutz- und Trennschicht bei der Abformung.[125] Diese Beispiele zeigen, dass die ursprünglich von Semper erworbenen Abgüsse, mutmasslich nach einer Zusammenlegung verschiedener Sammlungsbestände, auch im Fach Modellieren ihren Einsatz fanden.[126]

---

122 Tschanz 2015 (wie Anm. 13), S. 143, schliesst aus dem Fehlen von Steinschnittmodellen in dem ab 1882 geführten Inventarbuch, dass Steinschnitt zu diesem Zeitpunkt nicht mehr unterrichtet wurde, siehe Inventarbuch *Modellirwerkstätte & Vorlagen* (wie Anm. 42).

123 Archäologische Sammlung (UZH), Inv.-Nr. G 1374 und G 1375, siehe Zindel 1998 (wie Anm. 11).

124 Werkzeug war in der Modellierwerkstatt reichlich vorhanden, siehe Bestand 1882, Inventarbuch *Modellirwerkstätte & Vorlagen* (wie Anm. 42), S. 3.

125 Beispielsweise Archäologische Sammlung (UZH), Inv.-Nr. G 1374 und G 1383, Zindel 1998 (wie Anm. 11) sowie Chalvatzi 2011 (wie Anm. 28), Kat.-Nr. 21 und 50.

126 Graf überstellte wiederum Gustav Gull nach seinem Amtsantritt im Jahr 1900 einen Teil der Sammlung zum Ornamenten- sowie Landschaftszeichnen, J[ohann] J[akob] Graf an den Präsidenten des Schweizerischen Schulrats, H[ermann] Bleuler, 31. Dezember 1900, ETH-Bibliothek, Hochschularchiv, SR3, 1901, 120a, Nr. 27 und 31. Dezember 1901, ETH-Bibliothek, Hochschularchiv, SR3, 1902, 224, Nr. 17, S. 2.

25 Eierstab, modelliert nach Vorlage des Abgusses vom Geison des Dioskurentempels in Rom (siehe Abb. 26), Gipsmodell, Künstler unbekannt, undatiert (H = 19,2 cm, B = 35,1 cm, T = 12 cm).

Möglicherweise handelt es sich um eine Studienarbeit aus der Modellierwerkstatt des Polytechnikums. Der Abguss befindet sich heute im Besitz der Archäologischen Sammlung am Institut für Archäologie der Universität Zürich (UZH).

26 Dioskurentempel, Rom, Eierstab vom Geison, Gipsabguss der École des Beaux-Arts Paris, 1855 oder früher (H = 19,2 cm, B = 35,5 cm, T = 12,9 cm).

Der Abguss wurde 1855 als Lehrmittel von Gottfried Semper angeschafft und befindet sich heute im Besitz der Archäologischen Sammlung am Institut für Archäologie der Universität Zürich (UZH). Er trägt eine Bleimarke der École des Beaux-Arts Paris, Kat. Nr. 265 (siehe Abb. 10; vgl. Desachy, Catalogue des Moulages, 1881, S. 151).

«Werke[...] der tessinischen Bildhauerschule des XV. und XVI. Jahrhunderts»

Einen besonderen Bestand im Semperbau bildeten die Abgüsse von Werken Tessiner Bildhauer. Hierbei handelt es sich um eine Gruppe von 13 Abgüssen nach spätgotischen und renaissancezeitlichen Vorbildern, die in den Jahren 1883 bis 1888 angeschafft wurde. Zu dieser Zeit war Johann Rudolf Rahn als Sammlungsdirektor für die Archäologische Sammlung zuständig, die er selbst als ehemaliger Student des Polytechnikums seit ihrer Frühzeit kannte.

Anlass für die Erweiterung der Archäologischen Sammlung um Abgüsse von Tessiner Skulptur war die Zürcher Landesausstellung 1883, und so zeigt sich hier, dass nicht nur die Strahlkraft der Eidgenössischen polytechnischen Schule für die Landesausstellung wichtig war, sondern auch die Landesausstellung für die Schule.[127] In der Einleitung des «Special-Kataloges» formuliert Rahn das Ziel der Ausstellung «Alte Kunst» wie folgt: «Die Gruppe 38, welche der Darstellung der alten vaterländischen Kunst gewidmet ist, hat dem wissenschaftlichen Zwecke, die heimische Kunstentwicklung der Vergangenheit zu illustriren, zugleich die praktische Bestimmung dem Publikum und den Vertretern der Kunst und Kunstgewerbe mustergültige Vorbilder zur Anregung und Nacheiferung vorzulegen. Die Ausstellung soll das Streben der Gegenwart, auch den Dingen des täglichen Gebrauches schöne Formen zu geben und unsere Häuslichkeit stylvoll zu gestalten, durch den Anblick der besten Muster der Vergangenheit praktisch

127 Zu diesem Bestand der Archäologischen Sammlung (UZH) siehe Zimmermann 1996 (wie Anm. 48).

fördern.»[128] Durch die Eröffnung des Gotthardtunnels erst möglich, wollte gerade die Gruppe «Alte Kunst» den Kanton aufgrund seiner architektonischen und bildhauerischen Leistungen als «Kunstland der Schweiz»[129] präsentieren. Mit dem Auftrag des Abgiessens wurde der Mailänder Gipsabformer Carlo Campi über Vermittlung des Tessiners und Polytechnikumsabsolventen Emilio Motta betraut.[130]

Ausgestellt wurden die Abgüsse in einer imposanten Kunsthalle (**Abb. 27**)[131] auf dem Festplatz am Zürichsee.[132] In diesem Ausstellungsgebäude war nicht allein die Gruppe 38 «Alte Kunst», sondern auch die Gruppe 37 «Kunst der Gegenwart» untergebracht, eine Konstellation, die von Julius Stadler als «unvortheilhaft» für beide empfunden wurde.[133] Das Vestibül des in Form eines römischen Podientempels mit vier korinthischen Säulen *in antis* und Freitreppe ausgebildeten Mittelrisalits war den Tessiner Abgüssen vorbehalten, während sich links ein grosser und rechts ein kleiner Saal für die anderen Ausstellungsobjekte der «Alten Kunst» anschlossen. Die Räume in der Mittelachse und der grössere Teil des rechten Gebäudeflügels standen für die «Kunst der Gegenwart» zur Verfügung.[134] Die Kunsthalle, ein Fachwerkgebäude mit Stuckfassade, war mit einer aufwendigen Dachkonstruktion mit Oberlichtern und Schirmen ausgestattet, die eine optimale Belichtung der Exponate gewährleistete. «Die Decke war überall bespannt, die Wände theils mit roth-braunem, theils mit grau-grünem Stoffe überzogen.»[135] Die Kunsthalle selbst hatte eine Grundfläche von 2000 m^2 und war nach den wesentlich grösseren Ausstellungsgebäuden, der Industriehalle und der Maschinenhalle (mit ihren Annexbauten), das drittgrösste Bauwerk der Landesausstellung. An diesen beiden Hallen gemessen hatte sie den höchsten Quadratmeterpreis in der Herstellung, was mit der prächtigen Ausstattung zusammenhängen dürfte.[136]

Nach ihrer Präsentation auf der Landesausstellung sollten die Abgüsse von der Archäologischen Sammlung des Polytechnikums übernommen werden. Im Finanzierungsantrag an den Schweizerischen

128 Rahn, J[ohann] R[udolf]: Zur Ausstellung tessinischer Renaissance-Sculpturen in der Vorhalle, in: Officieller Katalog der Schweizerischen Landesaustellung Zürich 1883. Special-Katalog der Gruppe XXXVIII: «Alte Kunst». Zürich 1883, S. 4.

129 Vögelin/Rahn/Stadler 1882 in: Zimmermann 1996 (wie Anm. 48), S. 56.

130 Siehe auch Rahn, J[ohann] Rudolf: Schweizerische Landesausstellung Zürich 1883. Bericht über Gruppe 38: Alte Kunst. Zürich 1884, S. 9–10. Emilio Motta war ehemaliger Student der 3. Abteilung bzw. Mechanisch-technischen Schule des Polytechnikums und hatte selbst die *Erklärung der Sculpturen der archäologischen Sammlung* bei Gottfried Kinkel im «1. Jahrescurs 1872–1873» als nicht-obligatorisches Fach der Allgemeinen Abteilung belegt, siehe ETH-Bibliothek, Hochschularchiv, EZ-REK1-1-3535, Studentenmatrikel Emil Motta.

131 Pfister, A[lbert] (Hg.): Bauten der Schweizerischen Landesausstellung. Zürich 1883, Bl. 22–23. Anonym: Aus der Kunsthalle der schweizerischen Landesausstellung, in: Schweizerische Bauzeitung 1/2 (1883), H. 24, S. 147–148. Müller, Albert: Die Hochbauten der Schweizerischen Landesausstellung in Zürich 1883, in: Schweizerische Bauzeitung 3/4 (1883), H. 1, S. 1–3; H. 3, S. 13–15; H. 6, S. 31–33, zur Kunsthalle besonders H. 6, S. 31–32.

132 Situationsplan: Pfister 1883 (wie Anm. 131), Bl. 4; [Julius Stadler:] Erinnerungen aus der Landesausstellung 1883 in Zürich. Neujahrsblatt der Künstlergesellschaft in Zürich für 1884. Bd. 44 der neuen Reihenfolge. Zürich 1884, S. 6: «Der Gang durch den Ausstellungspark überzeugte uns, dass dieser weder genügend Platz noch Lage geboten hätte für eine Kunstausstellung, die bedeutend zu werden versprach. Das Gebäude für die Kunstausstellung wurde demnach auf den einzigen Platz in freier Lage oberhalb der Tonhalle verlegt. Die Stelle hätte nicht besser gewählt werden können. Von lärmendem Strassenverkehr entfernt, nahe am See, erhebt sich im Hintergrund schöner Rasen- und Blumenparterres, welche für den Festplatz am neuen Quai eigens angelegt worden, der stattliche Bau mit seinem von Säulen getragenen Giebel, in einfachen Formen antiker Architektur, seine Bestimmung deutlich versprechend. Von den ernsten Tönen der duftigen Ferne löst sich die weisse Front scharf und wirkungsvoll ab.»

133 Ebd., S. 34. «Hätte man sich bei jener [der Alten Kunst?] auf Kunstgegenstände beschränkt, auf Gemälde, Sculpturen, Glasgemälde und Stiche, so wäre ein natürlicher Abschluss möglich gewesen, so aber war Alles erstaunt, statt Kunstwerken Hausrath, Waffen und Geschirr zu finden, Gegenstände, welche nach Jedermanns Ansicht zur gewerblichen Ausstellung gehört hätten.»

134 Ebd., S. 6, 33 mit Grundrissabbildung S. 32.

135 Ebd., S. 33. Zitat: Pfister 1883 (wie Anm. 131), S. 3.

136 Pfister 1883 (wie Anm. 131), S. 3 mit Übersichtstabelle der Baukosten; siehe dazu auch Gloor, Lukas: »Limmat-Athen». Alte und neue Kunst an der Landesausstellung von 1883 in Zürich, in: Kunst und Architektur in der Schweiz 53 (2002), H. 2, S. 6–12, hier S. 8.

27 Schweizerische Landesausstellung in Zürich, Kunsthalle, 1883 (Foto R[omedo] Guler, 1883).

«Die in der ganzen Breite des Mittelbaus ansteigende Treppe führt über eine Terrasse mit glänzendem Mosaikbelag in das Vestibül, dessen Wände mit Abgüssen geschmückt sind, jener herrlichen Skulpturen aus dem sechszehnten [sic] Jahrhundert aus dem Kanton Tessin, welche Professor Rahn in seinen Wanderstudien so trefflich geschildert hat.» (Zit. n. [Stadler], Erinnerungen aus der Landesausstellung, 1884, S. 6.)

Schulrat betonen Friedrich Salomon Vögelin, Johann Rudolf Rahn und Julius Stadler den Wert für die Schule: «Der Zweck dieser Abgüsse wäre ein doppelter: Zunächst wären sie als höchst wesentlicher Bestandtheil der Gruppe 38, alte Kunst, in der schweizerischen Landesausstellung zu figurieren, in zweiter Linie fielen sie nach Abschluß der Ausstellung dem Polytechnikum als nicht minder bedeutungsvoller Theil seiner Sammlung von Abgüßen nach Werken der plastischen Kunst zu. Schon bei der Gründung des Polytechnikums ist auf eine Vertretung der verschiedenen Kunstepochen in der Sammlung der Abgüsse Bedacht genommen worden. Die Unterzeichneten erinnern sich, daselbst bereits im Jahre 1860 einen Abguss der Erzpforte Ghibertis und Proben der Portalsculpturen von S. Lorenzo in Lugano gesehen zu haben. Auch später sind noch einzelne ähnliche Erwerbungen dazu gekommen, welche einen *instruktiven* Vergleich mit der Auffassung der Antike gewähren [...]. Dem Antrag der Unterzeichneten gemäß ist die Reproduktion von Werken, welche sich in der Italienischen Schweiz befinden, in Aussicht genommen.»[137] Aus

137 Vögelin/Rahn/Stadler 1882, in: Zimmermann 1996 (wie Anm. 48), S. 55–56. Kursive Hervorhebung d. Verf. Gemeint ist die Baptisteriumstür des Domes zu Florenz von Lorenzo Ghiberti, die schon im Jahr 1858 im Inventar der Sammlung war, siehe dazu ausführlich Anm. 49. Im *Bericht über den Bestand und die Vermehrung der Archäologischen Sammlung des Eidgenössischen Polytechnikums im Jahre 1883*, J[ohann] R[udolf] Rahn an den Präsidenten des Schweizerischen Schulrats [Carl Kappeler], 24. Dezember 1883, ETH-Bibliothek, Hochschularchiv, SR3, 1884, 57, Nr. 26, werden zudem «Reproductionen von Luca della Robbia's Reliefs der Orgelbühne im Dome von Florenz» erwähnt. Fünf Abgüsse haben sich erhalten. Davon liegen vier in der Archäologischen Sammlung (UZH), Inv.-Nr. G N 38 A–D. 38 A und C zeigen dieselbe Szene, N 38 C und D besitzen an der Seite eine Herstellerplakette von August Gerber, Köln, siehe Chalvatzi 2011 (wie Anm. 28), Kat.-Nr. 192–195. Ein Abguss ohne Herstellermarke hängt im Hauptgebäude der ETH Zürich über dem Eingang zu Raum E 15, siehe Kunstinventar der ETH Zürich, Inv.-Nr. Ki-00151 (wie Anm. 14).

28 Casa Borrani, Ascona, 1620 (Postkarte aus dem Verlag Foto Pancaldi Ascona, Poststempel 1956).

«Prächtige Blattranken, Proben der schwungvollsten Ornamentik im reifen Renaissancestile schmücken die Fensterbrüstungen der Bel-Etage [...]. Dort sind die Bekrönungen der Fenster mit den fast lebensgrossen und rund gearbeiteten Figuren Adams und Evas, Davids und der Bathseba geschmückt, welche, an die Gestalten der Medicäergräber erinnernd, auf den flachbogigen Verdachungen ruhen. Die schönste dieser gestalten ist aber doch die Madonna, die zwischen den anmuthigen Engeln über der Balconpforte trohnt.» (Zit. n. Rahn, Zur Ausstellung tessinischer Renaissance-Sculpturen in der Vorhalle, 1883, S. 9.)

Die Bekrönung der Balkontür wurde für die Landesausstellung 1883 durch Carlo Campi abgeformt und anschliessend in der Archäologischen Sammlung im Semperbau aufgestellt. Heute findet sie sich beim Zugang zu Raum D 28 im ETH Hauptgebäude.

einem Budget von insgesamt 4000 Franken, davon 2000 Franken vom Schweizerischen Schulrat, 1000 Franken vom Dozentenverein der Universität und des Polytechnikums und 1000 Franken von der Regierung des Kantons Tessin, wurden daraufhin elf Abgüsse von verschiedenen Monumenten hergestellt.[138] Es handelte sich um fünf Reliefs aus der Kirche San Giorgio von Carona aus dem 15. und frühen 16. Jahrhundert,[139] einen Altaraufsatz aus San Fedele in Vico Morcote aus dem frühen 16. Jahrhundert,[140] das Seitenportal und drei Rundmedaillons vom Hauptportal der Domfassade von San Lorenzo in Lugano aus dem Jahr 1517[141] und die Bekrönung einer Balkontür aus der Casa Borrani in Ascona aus dem Jahr 1620

138 Rahn 1883 (wie Anm. 128), S. 9–10.

139 In der Archäologischen Sammlung (UZH) ist unter Inv.-Nr. G N 50 A–K, Chalvatzi 2011 (wie Anm. 28), Kat.-Nr. 197 A–K, beispielsweise das Altarretabel mit Madonna zwischen den Heiligen Sebastian und Rochus verzeichnet, welches bei Rahn 1883 (wie Anm. 128), S. 10 als Nr. 5 aufgeführt ist. Das Relief mit dem heiligen Petrus und dem heiligen Paulus, Zimmermann 1996 (wie Anm. 48), Abb. 2, entspricht Rahn 1883, S. 9, Nr. 1. Das Relief mit Christus zwischen Maria und Johannes, Zimmermann 1996, Abb. 3, entspricht Rahn 1883, S. 9, Nr. 4.

140 Aufgestellt seit dem Umbau durch Gustav Gull in der Mittelhalle des ETH-Hauptgebäudes, siehe Kunstinventar der ETH Zürich, Inv.-Nr. Ki-00152 [http://doi.org/10.21263/ethz-a-000000328] (28. November 2018); Zimmermann 1996 (wie Anm. 48), Abb. 4; Rahn 1883 (wie Anm. 128), S. 10, Nr. 6; Blümner, Hugo: Verzeichnis der Gipsabgüsse in der archaeologischen Sammlung der Universität Zürich und des eidg. Polytechnikums. Zürich 1897, S. 28, Nr. 542.

141 Seitenportal: Rahn 1883 (wie Anm. 128), S. 10, Nr. 7; Blümner 1897 (wie Anm. 140), S. 28, Nr. 543; Zimmermann 1996 (wie Anm. 48), Abb. 5; ETH-Kulturgüterkatalog: Inv.-Nr. C-0060-01, aufbewahrt im Depot Hönggerberg, Raum A6. Der Kulturgüterkatalog der ETH Zürich wurde in den letzten Jahren überarbeitet und ist inzwischen als *Kunstinventar der ETH Zürich* in der Bilddatenbank der ETH-Bibliothek online abrufbar [https://www.e-pics.ethz.ch/de/home/] (28. November 2018). Bilder vom Seitenportal sind jedoch nicht enthalten; Rundmedaillons: Rahn 1883, S. 10, Nr. 8–10; Zimmermann 1996, Abb. 6–7, bislang nicht identifiziert.

29a/b Katalogeinband / Gipsabguss des Kamins (1502) in der Sala de la Giunta des Palazzo del Comune in Cremona, Taf. 4 aus: Campi, Riproduzione d'oggetti d'arte, o. J.

Der Mailänder Abformer Carlo Campi schmückte die Einbände seiner Verkaufskataloge mit den Auszeichnungen, die er an den Landesausstellungen *Esposizione Generale Italiana 1884* in Turin und *Esposizione Italo Americana 1892* in Genua gewonnen hatte.

«Der Formatore C. Campi in Mailand hatte dieselbe [*Esposizione Generale Italiana* 1884 in Turin; Anm. d. Verf.] mit einem Gipsabguße des berühmten Kamines im Palazzo Comunale zu Cremona, eine Arbeit des luganesischen Bildhauers Gasparo Pedoni aus den Anfängen des XVI. Jahrhunderts, beschickt, und durch die gefällige Vermittelung des Herrn Emilio Motta in Mailand gelang es, ein Duplicat für fr. 650– zu erwerben. Damit ist ein neuer Schritt zum Ausbau einer Sammlung gemacht, die jetzt schon als eine einzigartige bezeichnet werden kann, und welche besonders dem Studium der Bauschüler vielseitige Anregungen zu bieten verspricht.» (Zit. n. Rahn, Bericht über den Stand der Vermehrung der Archäologischen Sammlung des Eidgenössischen Polytechnikums, 1884). Campi übernahm die im Auftrag des Polytechnikums abgeformten Monumente in die bei ihm erhältliche Auswahl.

(**Abb. 28**).[142] Die Rechnungsbelege dieser Auftragsarbeit Carlo Campis sind zwar nicht erhalten, jedoch eine handschriftliche Kostenübersicht Rahns, in der neben einer Zahlung von 1755 Franken auch Reisezulagen und eine «Gratification» für Campi aufgeführt sind.[143] Die abgenommenen Formen verblieben offenbar bei Campi, der einige der Objekte in seinen Verkaufskatalog übernahm (**Abb. 29a**).[144]

Es blieb jedoch nicht allein bei den Renaissanceabgüssen für die Landesausstellung, die Sammlung wurde noch zweimal um grosse Werke ergänzt, die zwar nicht aus dem Tessin stammten, aber von den Tessiner Künstlern Tommaso Rodari und Gaspare Pedoni gefertigt wurden. Als erstes bezog das Polytechnikum schon ein Jahr nach der Landesausstellung den Abguss eines Renaissancekamins aus Cremona, der auf der italienischen Landesausstellung in Turin gezeigt wurde (**Abb. 29b**). «Höchst willkommen war daher ein Beitrag des allg. Docentenvereins der Universität und des Eidgen. Polytechnikums, der dem Unterzeichneten mit der Weisung übergeben wurde, daß diese Summe um Fr. 850 – zum weiteren Ausbau einer neuen Abtheilung der archäologischen Sammlung verwendet werden sollte. Den Anlaß zu einer sehr bedeutenden Erwerbung bot die Turiner Ausstellung dar.»[145] 1887 ergab sich nochmals die

142 Eingebaut im ETH-Hauptgebäude beim Zugang zu Raum D 28: Kunstinventar der ETH Zürich, Inv.-Nr. Ki-00156 [http://doi.org/10.21263/ethz-a-000000332] (28. November 2018); Rahn 1883 (wie Anm. 128), S. 10, Nr. 11. Blümner 1897 (wie Anm. 140), S. 29, Nr. 550. Zimmermann 1996 (wie Anm. 48), Abb.8.

143 Abrechnung der Ausgaben bzw. Kosten von insgesamt 3566,25 Franken, darunter für insgesamt 571 Franken zwei Rechnungen «für Herrn Gipsermeister Meßmer in Riesbach» und «Schreiner Hinnen und Meier in dto» mit dem Vermerk «für die Aufstellung der Gipse im Polytechnikum», siehe *Rechnung über die im Jahre 1883 erfolgten Anschaffungen für die archäologische Sammlung des eidgenössischen Polytechnikums* von J[ohann] Rudolf Rahn, ETH-Bibliothek, Hochschularchiv, SR3, 1884, 48, 27. Dezember 1883. Hervorhebung im Original. Es liegt nahe, dass die Abgüsse in Einzelteilen geliefert und erst in Zürich zusammengesetzt wurden.

144 Siehe Campi, Carlo: Riproduzione d'oggetti d'arte, Mailand o. J., im Besitz der Bibliothek Bellinzona, Taf. 1: Seitenportal aus S. Lorenzo in Lugano. Taf. 2: Altaraufsatz aus San Fedele in Vico Morcote. Taf. 3: Altarretabel mit Madonna zwischen den Heiligen Sebastian und Rochus aus S. Giorgio von Carona. Taf. 7: Die Heiligen Petrus und Paulus, sowie Christus zwischen Maria und Johannes aus der Kirche San Giorgio von Carona. Taf. 9: Türaufsatz der Casa Borrani. Taf. 12, Nr. 2–4: Drei Rundmedaillons aus San Lorenzo in der obersten Reihe eines Arrangements verschiedener Reliefs.

145 *Bericht über den Stand der Vermehrung der Archäologischen Sammlung des Eidgenössischen Polytechnikum,* J[ohann] R[udolf] Rahn an den Präsidenten des Schweizerischen Schulrats [Carl Kappeler], 24. Dezember 1884. ETH-Bibliothek, Hochschularchiv, SR3, 1885, 64, Nr. 14. Mit derselben Summe ist es im Inventarbuch *Archäologische Sammlung* für 1884 verzeichnet, ETH-Bibliothek, Hochschularchiv, Hs. 1196:47, S. 1. Blümner 1897 (wie Anm. 140) Nr. 549. Gemeint ist die italienische Landesausstellung «Esposizione Generale Italiana» 1884 in Turin.

30 Eidgenössische Technische Hochschule Zürich, Mittelhalle mit dem Gipsabguss des von Tommaso Rodari gefertigten Altaraufsatzes der Passion Christi im Dom von Como (1492), Zustand nach 1925, Tafel ohne Nr. aus: Rohn/Niggli, Festschrift zum 75jährigen Bestehen, 1930 [Anhang: «Illustrationen»]

Gelegenheit, aus den Einnahmen der Dozentenvorträge ein Stück für diesen Bestand zu erwerben, das die anderen durch seine Grösse weit übertrifft. «Eine wesentliche Bereicherung der Sammlung, durch welche die Gruppe tessinischer Renaissance-Sculpturen nunmehr einen würdigen Abschuss erhält, steht demnächst bevor. Aus den Beiträgen des Allgemeinen Docentenvereines ist es möglich geworden, den Gipsabguss eines von Tommaso Rodari verfertigten Marmoraltares im Dome von Como zu erwerben [...]»[146]

---

146 *Bericht über den Bestand der archaeologischen Sammlung des eidgenössischen Polytechnikum im Jahre 1887*, J[ohann] R[udolf] Rahn an den Präsidenten der Schweizerischen Schulrats [Carl Kappeler], 22. Dezember 1887. ETH-Bibliothek, Hochschularchiv, SR3, 1888, 33, Nr. 7, S. 1–2. Im Inventarbuch für das Jahr 1888 verzeichnet, «Archäologische Sammlung» (wie Anm. 145), S. 2. Blümner 1897 (wie Anm. 140), S. 29, Nr. 547. Kamin und Altar wurden 1890 im Antikensaal aufgestellt, *Bericht über die Archäologische Sammlung des eidgenössischen Polytechnikums* von J[ohann] R[udolf] Rahn, 22. Dezember 1890, ETH-Bibliothek, Hochschularchiv, SR3, 1891, 83, Nr. 14. Der Abguss findet sich seit dem Umbau des Hauptgebäudes der ETH Zürich durch Gustav Gull in der Mittelhalle, *Altar der heiligen Lucia im Dom von Como*, Kunstinventar der ETH Zürich, Inv.-Nr. Ki-00153 [http://doi.org/10.21263/ethz-a-000000330] (28. November 2018). Im ausgehenden 19. Jahrhundert führte die Sammeltätigkeit jedoch zu immer größerer Platznot im Hauptgebäude, siehe beispielsweise *Bericht über die archäologische Sammlung des eidgen. Polytechnikum im Jahr 1893* von J[ohann] R[udolf] Rahn, 16. November 1893, ETH-Bibliothek, Hochschularchiv, SR 3, 1894, 45, Nr. 29, oder Graf an den Schulratspräsidenten 1894 (wie Anm. 105), S. 1: «Im Sommersemester [...] machte ich den Versuch, mit dem 2ten Kurs [im Figurenzeichnen] in der archäologischen Sammlung zu studiren. Für die Schüler wäre es von grossem

Der Altar fand nach dem Umbau des Hauptgebäudes durch Gustav Gull (1914–25) an der Westseite des nördlichen Seitenschiffes der Mittelhalle seinen bis heute gültigen Aufstellungsort (**Abb. 30**).

Die neuen Aufgaben der Sammlungen am Ende des 19. Jahrhunderts

Sammlungen spiegeln den Wissenstand ihrer Entstehungszeit beziehungsweise -zeiträume wider. In den künstlerischen Vorlagensammlungen des 19. Jahrhunderts manifestiert sich das wachsende Wissen um den architektonischen Kanon durch die steigende Anzahl historischer Vorbilder aufgrund archäologischer Forschung. Sie zeigen die Entwicklung und Rezeption von Farbigkeit und Form, aber auch den Wissensverlust im Umgang mit diesen bis zu ihrer völligen Ablehnung im 20. Jahrhundert. Gipsabgüsse dienten bis ins 20. Jahrhundert aufgrund ihrer Plastizität in der künstlerischen Ausbildung als Vermittler eines (meist) antiken Formen- und Proportionsideals. Ihnen kam in der Lehre eine andere Aufgabe zu als den nur zweidimensionalen Vorlegewerken, indem sie das räumliche Sehen, aber auch das Interpretieren und Abstrahieren der Formen schulen sollten. Nur durch die vergleichende Betrachtung verschiedener Medien und eine Evaluation ihrer Rolle für die Wissensvermittlung kann die Bedeutung der Gipsabgüsse für die Architektenausbildung im ausgehenden 19. und frühen 20. Jahrhundert bewertet werden. In den historischen Abgüssen liegt das Potenzial, Forschungsfragen zum Stilwissen und -verständnis zu beantworten, da sie aufgrund ihres deutlich besseren Erhaltungszustands Details zeigen, die Originale heute nicht mehr wiedergeben, weil sie verändert, rekonstruiert oder zerstört wurden.

Dass im 19. Jahrhundert der Umgang mit den Vorbildern nicht nur eine reine Kopierarbeit war, sondern auch ein Studium und eine Kenntnis der Formen voraussetzte, belegt der Verkaufskatalog für Gipsabgüsse aus der Werkstatt der Pariser École des Beaux-Arts von 1881. Er listet neben Teilabgüssen von Baugliedern und Ornamentausschnitten ganze Bauteile sowie zusammengehörige ‹Architektursätze› auf. Von einigen Monumenten konnten Reproduktionen sowohl als Wiedergabe des Originals als auch als Rekonstruktion – nach Rekonstruktionsvorschlägen verschiedener Architekten – bezogen werden.[147] Das Bewusstsein für den Unterschied von Original und Rekonstruktionsvorschlag wurde aus der Archäologie und Kunstwissenschaft demnach in die künstlerischen Disziplinen getragen. Eine heutige Bewertung der Abgussbestände muss somit immer auch die historischen Interpretationen der Objekte einschliessen.

Die Entwicklung der Bauschulsammlungen am Eidgenössischen Polytechnikum unterlag wechselnden Dynamiken. Im Folgenden sind fünf Faktoren des Wandels zusammengefasst:

Erstens war die Sammlungsstrategie massgeblich durch die Professoren geprägt, die als Lehrende ihre Sammlungen gleichzeitig verwalteten und vergrösserten. Die Professorengeneration der Semper-Schüler Georg Lasius, Alfred Friedrich Bluntschli und Johann Rudolf Rahn prägte an der Bauschule

---

Vortheil nach diesen Originalabgüssen zu arbeiten; es ist nur [s]chade, dass in dieser Sammlung nicht der für das Zeichnen nothwendige Abstand genommen werden kann.»

147 Siehe beispielsweise die Rubriken 224–227 «De Jupiter Stator ou de Castor et Pollux [...]», in: Desachy 1881 (wie Anm. 32), S. 150–152. Während unter 224. die Abgüsse vom Original zu finden sind, werden in 225. die nach der «Restauration ancienne» [Felix] Dubans aufgeführt, in 226. die einer «Restauration nouvelle» [Georges-Ernest] Coquarts und in 227. die «Copie au quart restaurée» nach [Ferdinand] Dutert. Im Jahr 1855, als Semper die Abgüsse für das Polytechnikum kaufte, gab es – neben den Abgüssen des Erhaltungszustands – vermutlich nur die Rekonstruktionen nach Duban.

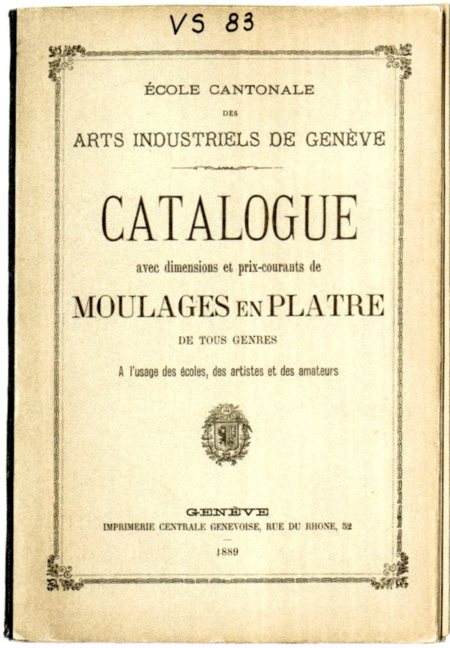

VS 83

ÉCOLE CANTONALE

DES

ARTS INDUSTRIELS DE GENÈVE

CATALOGUE

avec dimensions et prix-courants de

MOULAGES EN PLATRE

DE TOUS GENRES

A l'usage des écoles, des artistes et des amateurs

GENÈVE

IMPRIMERIE CENTRALE GENEVOISE, RUE DU RHONE, 52

1889

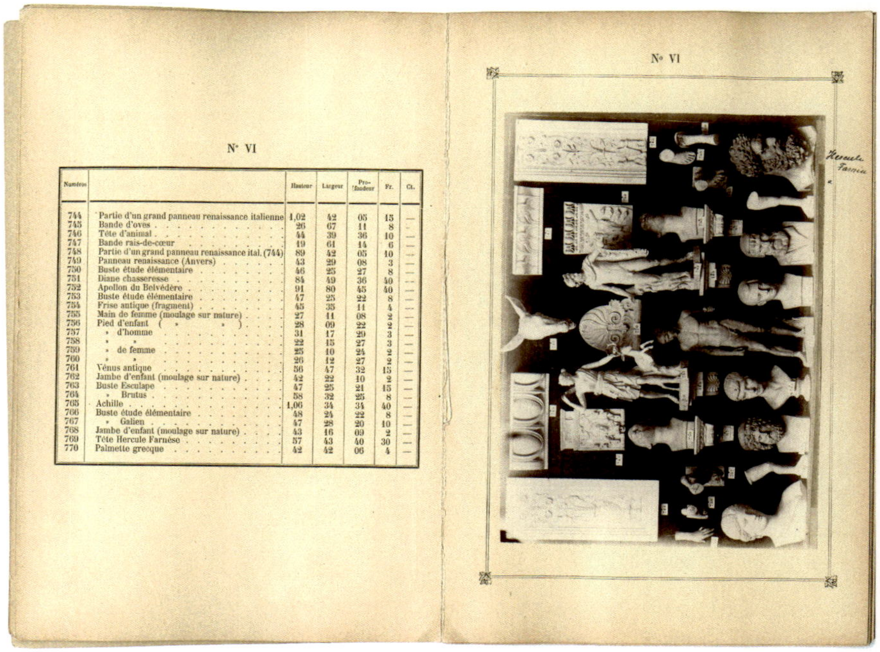

N° VI

Numéros		Hauteur	Largeur	Profondeur	Fr.	Ct.
744	Partie d'un grand panneau renaissance italienne	1,02	42	05	15	—
745	Bande d'oves	26	67	11	8	—
746	Tête d'animal	44	39	36	10	—
747	Bande rais-de-cœur	19	61	14	6	—
748	Partie d'un grand panneau renaissance ital. (744)	89	42	05	10	—
749	Panneau renaissance (Anvers)	43	29	08	3	—
750	Buste étude élémentaire	46	25	27	8	—
751	Diane chasseresse	84	49	36	40	—
752	Apollon du Belvédère	91	80	45	40	—
753	Buste étude élémentaire	47	25	22	8	—
754	Frise antique (fragment)	45	35	11	4	—
755	Main de femme (moulage sur nature)	27	11	08	2	—
756	Pied d'enfant (» »)	28	09	22	2	—
757	» d'homme	31	17	29	3	—
758	» »	22	15	27	3	—
759	» de femme	25	10	24	2	—
760	» »	26	12	27	2	—
761	Vénus antique	56	47	32	15	—
762	Jambe d'enfant (moulage sur nature)	42	22	10	2	—
763	Buste Esculape	47	25	21	15	—
764	» Brutus	58	32	25	8	—
765	Achille	1,06	34	34	40	—
766	Buste étude élémentaire	48	24	22	8	—
767	» Galien	47	28	20	10	—
768	Jambe d'enfant (moulage sur nature)	43	16	09	2	—
769	Tête Hercule Farnèse	57	43	40	30	—
770	Palmette grecque	42	42	06	4	—

N° VI

31a/b Bucheinband / Taf. 6 aus: École cantonale des arts industriels de Genève. Catalogue avec dimensions et prix-courants de moulages en platre de tous genres. A l'usage des écoles, des artistes et des amateurs, 1889.

In bebilderten Verkaufskatalogen des späten 19. Jahrhunderts wurde das Angebot der Gipsabgiesserei an der École cantonale des arts industriels de Genève publiziert. Ein Grossteil der Abgüsse wird nur formal bezeichnet.

eine Lehrtradition, die für die ersten 75 Jahre des Polytechnikums Bestand hatte.[148] Mit der Reorganisation der Fächer, ausgelöst durch den Ruhestand von Conrad Werdmüller, Johann Keiser und Julius Stadler, übernahm Johann Jakob Graf in den 1890er Jahren alle künstlerischen Zeichenfächer und das Fach Modellieren.[149]

---

148 Zur Prägung Gustav Gulls durch Gottfried Sempers Lehre, die er über Georg Lasius und Julius Stadler erfahren habe, siehe Gutbrod, Cristina: Gustav Gull (1858–1942) – Architekt der Stadt Zürich 1890–1911. Zwischen Vision und Baupolitik. Diss. ETH Zürich 2008, S. 47 mit Anm. 250 und 251. Zur Auffassung Alfred Friedrich Bluntschlis von seiner Lehraufgabe an der Bauschule siehe [Alfred] F[riedrich] Bluntschli an den Präsidenten des Schweizerischen Schulrats [Robert] Gnehm, 26. März 1914. ETH-Bibliothek, Hochschularchiv, SR3, 1914, 279, hier S. 2. Zur Lehrkontinuität siehe zusammenfassend auch: Inventar der neueren Schweizer Architektur (INSA), Bd. 10: Winterthur, Zürich, Zug, hg. v. der Gesellschaft für Schweizerische Kunstgeschichte. Zürich 1992, S. 236. Ausführlich auch Tschanz 2015 (wie Anm. 13), S. 305–306. Zur Prägung der Schüler und «Enkelschüler» Sempers siehe Karge 2009 (wie Anm. 116), S. 116–119.

149 Graf war 1890 in der Nachfolge Ludwig Keisers zum Professor für «Freihandzeichnen und Modelliren» berufen worden, übernahm 1891 das Fach Ornamenten- und 1896 das Fach Landschaftszeichnen, siehe ETH-Bibliothek, Hochschularchiv, SR2, Präsidialverfügung Nr. 269, 14. August 1890. Schulratsprotokoll der 6. Sitzung, 29. Juli 1890, Traktandum 108. Ebd., Präsidialverfügung Nr. 340, 23. Oktober 1891 und Protokoll der 2. Sitzung, 18. Februar 1896, Traktandum 24. Siehe auch: Der Schweizerische Schulrat, gezeichnet H[ermann] Bleuler, an den Bundesrat im Eidgenössische Departement des Innern, 9. April 1890, Schweizerisches Bundesarchiv Bern (BAR), E80#1000/1126#1179*, Titel *Werdmüller, C. hon., Lehrer für Figurenzeichnen 1855–92*. Vermutlich übernahm Graf auch die Gipsabgüsse der Bauschule, einschliesslich der Käufe Sempers. Johann Jakob Graf berichtet für das Schuljahr 1896/97, dass die «ganze Gypssammlung, mit Ausnahme desjenigen Teils, der schon in den Sammlungsschränken untergebracht war, [...] neu angeordnet werden» musste. «Alle Modelle, welche sich zum Aufhängen eigneten, wurden an solid in den Mauern eingegypsten Eisenhacken [sic], teils im eigentlichen Sammlungsraum, teils in der Modellirwerkstätte und im Gang zwischen Zeichnungssaal u. der Modellsammlung an den Wänden plazirt. Die ganze Sammlung ist mit fortlaufenden Nummern versehen worden, sodass für die Zukunft jedes Modell seinen Platz hat.», J[ohann] J[akob] Graf an den Präsidenten des Schweizerischen Schulrats, undatiert, SR3, 1898, 110a, Nr. 1, S. 1–2. Es könnte sich hierbei um die grossen, schwarzen, in Schablone aufgetragenen Nummern an einigen Abgüssen der Archäologischen Sammlung (UZH) handeln. Hans Gisler, ab 1921 Assistent und späterer Nachfolger Grafs, bezeichnet die Sammlung 1935 als «Gipsmodell Sammlung», als er von dem Geschenk einer «Griechischen Prunkvase mit Sockel» Gustav Gulls berichtet, die «[n]ach einigen vorzunehmenden Reparaturen [...] ihre Aufstellung» dort gefunden habe, siehe [«Bericht [...] der Modellierwerkstätte»], Hans Gisler an den Präsidenten des Schweizerischen Schulrates Arthur Rohn, 28. Dezember 1934, ETH-Bibliothek, Hochschularchiv, SR3, 1935, 29/101, Nr. 26.

Zweitens lässt sich eine Veränderung des Sammlungsauftrags im ausgehenden 19. Jahrhundert am Umgang mit den Sammlungsobjekten ablesen. Die ursprünglichen Lehrsammlungen wurden in dieser Zeit zunehmend musealisiert. So waren Kupferstiche und Zeichnungen bis ins 20. Jahrhundert in einem Studienraum im Kellergeschoss untergebracht. Im Wesentlichen diente die Sammlung zur Bereitstellung erforderlicher Pläne für das Studium und für Fachleute.[150] Erst mit der Neueröffnung der Graphischen Sammlung nach Gulls Umbau konnten mehrmals jährlich Ausstellungen veranstaltet werden.[151] Auch die Bauschulsammlungen wurden jetzt in offenen Ausstellungsräumen im umgebauten Ostflügel des Hauptgebäudes der ETH präsentiert.[152] Die Archäologische Sammlung, die bis zum Auszug der Universität aus dem gemeinsamen Bau nicht mehr ausschliesslich im Antikensaal, sondern aus Raumnot seit den 1880er Jahren auch in den Vestibülen Aufstellung gefunden hatte, war zum Grossteil im Besitz der Universität und zog 1914 in den Moserbau um. Die wenigen an der ETH verbliebenen Objekte wurden in der neuen Mittelhalle, an den Eingängen, Treppenhäusern und Korridoren als Kunstwerke präsentiert; als Lehrsammlung hatte die Archäologische Sammlung keine Bedeutung mehr.[153]

Drittens machte sich spätestens im ausgehenden 19. Jahrhundert eine gestiegene Anzahl der verfügbaren Vorlagen und Bezugsquellen bemerkbar. Ein grosser Teil der späten Zukäufe stammte aus der École cantonale des Arts industriels de Genève. Die Werkstatt wurde vom Bund subventioniert,[154] zudem fielen keine Zoll- und nur niedrige Transportkosten an. Das Angebot wurde in bebilderten Verkaufskatalogen publiziert; der Herkunft und detaillierten Zuordnung der Vorlagen wurde jedoch keine Bedeutung zugemessen (**Abb. 31**).[155] Erst in der – unbebilderten – Katalogausgabe des Jahres 1923 ist das Bemühen spürbar, die Abgüsse wieder konkreten Vorbildern zuzuweisen.[156] Die Kunstgewerbeschulen fertigten in ihren Werkstätten nicht nur Kopien bekannter Kunstwerke, sondern auch vorbildliche Entwürfe, beispielsweise im neogotischen Stil.[157] Ornamente wurden zu Stereotypen, die Ob-

---

150 So ist im Führer durch Limmat-Athen, Anonym 1883 (wie Anm. 1), S. 108, über die Kupferstichsammlung im Polytechnikum zu lesen: »Gut gewählte, wohl geordnete Sammlung von Kupferstichen, Holzschnitten und Werken über Kunstgeschichte. – Kenner benutzen den Katalog, aber auch für Laien wissen die ungemein gefälligen Conservatoren immer ein paar Mappen von allgemeinem Interesse zu finden.» Zur Ausstellung von Zeichnungen, Abgüssen und Modellen in den Räumen der Architektursammlung der TH München siehe Dlugaiczyk 2014 (wie Anm. 53), S. 71–72.

151 Die Graphische Sammlung bezog 1890 einen eigenen Raum im Semperbau, siehe Tanner, Paul: Die Graphische Sammlung der ETH Zürich, in: ders.; Matile, Michael: Graphische Sammlung der ETH. Ein Bildhandbuch, Basel 2005, S. 7–21, hier S. 14, 17.

152 Ein Ausstellungsraum für «Gipsmodelle» ist verzeichnet im Erdgeschossplan des umgebauten Hauptgebäudes, siehe Pläne, in: Rohn, A[rthur]; Niggli, P[aul]; Gnehm, R[obert] u. a.: Festschrift zum 75jährigen Bestehen der Eidgenössischen Technischen Hochschule in Zürich. Zürich 1930, Tafel: Hauptgebäude, Erdgeschoss – b-Boden.

153 Linus Birchler berichtet nach seiner Berufung an die ETH 1934, dass die Abgüsse der Archäologischen Sammlung unbeschriftet an unterschiedlichen Orte im Hauptgebäude verstreut stünden und eine Bestandsliste nicht vorliege, Linus Birchler an den Präsidenten des Schweizerischen Schulrats, A[rthur] Rohn, 26. Dezember 1935, ETH-Bibliothek, Hochschularchiv, SR3, 1936, 101, Nr. 16. Ob zu diesem Zeitpunkt auch schon die Abgüsse der Bauschule zu dieser Sammlung gezählt wurden, ist unklar. Birchler unterstanden die «antiken Statuen und Werke [...] der italienischen Renaissance», die auch von Bildhauer Gisler im Unterricht benutzt und ‹geflickt› wurden, Linus Birchler an den Präsidenten des Schweizerischen Schulrats Hans Pallmann, 27. Dezember 1950, ETH-Bibliothek, Hochschularchiv, SR3, 1950, 8174/ 101 (Jahresberichte 1950, Nr. 8, Akz. 2001-14).

154 J[ohann] J[akob] Graf an den Präsidenten des Schweizerischen Schulrats H[ermann] Bleuler, 18. November 1903, ETH-Bibliothek, Hochschularchiv, SR3, 1903, 1431.

155 École cantonale des Arts industriels de Genève: Catalogue avec dimensions et prix-courants de moulages en platre de tous genres. A l'usage des écoles, des artistes et des amateurs. Ausgaben Genf 1889, 1892, 1894, 1897 und 1902. Zu den Genfer Beständen siehe auch Baumer, Lorenz E.; Fivaz, Clara: Fragile Ambivalenz – Die Abgusssammlung der Unité d'archéologie classique der Universität Genf, in: Müller, Florian M. (Hg.): Archäologische Universitätsmuseen und -sammlungen im Spannungsfeld von Forschung, Lehre und Öffentlichkeit. Wien/Berlin 2013, S. 179–185, zur ehemaligen École des Beaux-Arts S. 181–182.

156 Catalogue des moulages. En vente a l'École des Arts et Metiers de Genève. Genf 1923, S. 58–59.

157 Zur Kunstakademie in Nürnberg siehe: Kluxen, Andrea M.: Die Anfänge der Kunstakademie in Nürnberg, in: Henkel, Matthias; Kubach-Reutter, Ursula (Hg.): 1662–1806. Die Frühzeit der Nürnberger Kunstakademie. Nürnberg 2012 (Ausstellungskatalog Stadtmuseum Fembohaus Nürnberg 2012), S. 24–29. Kluxen, Andrea M.: Die Geschichte der Kunstakademie in Nürnberg, in: Jahrbuch für Fränkische Landesforschung 59 (1999), S. 167–207. Für Hinweise zu dieser – leider wenig erschlossenen – Sammlung und Werkstatt danke ich Andrea Kluxen und Edith Luther.

32a/b Abguss eines gotischen Masswerkausschnitts. Gipsabguss, Hersteller unbekannt, undatiert (H = 34,8 cm, B = 25,5 cm, T = 10 cm) / «Gothisch. Architektur, Skulptur und Ornamentik», Taf. 41 aus: Dolmetsch, Der Ornamentenschatz, 1913.

Im ausgehenden 19. Jahrhundert wurden Ornamente zu Stereotypen, die dreidimensionalen Abgüsse zu zweidimensionalen Mustern. Die Herkunft des Vorbilds, sein baulicher und historischer Kontext, war nicht mehr von Interesse. Nummer 9 der Tafel (b) ist gemäss Beschreibung nach einem Abguss des Kunstgewerbemuseums Stuttgart gezeichnet, ohne eine Nennung des Originals. Ein Abguss des Masswerkausschnitts (a) gelangte zu einem unbekannten Zeitpunkt auch in die Gipsabgusssammlung der Bauschule und befindet sich heute im Besitz der Archäologischen Sammlung am Institut für Archäologie der Universität Zürich (UZH).

jektträger beliebig austauschbar. Ein Abguss der Kunstgewerbeschule in Stuttgart war beispielsweise Vorlage für eine Zeichnung im *Ornamentenschatz* von Dolmetsch (**Abb. 32 a/b**).[158] Schliesslich lösten neue Medien wie Fotografien und Diapositive die klassischen Tafelzeichnungen ab.[159] Neben ihrer grossen Auswahl und ihrer Bezahlbarkeit war auch die gestiegene Schülerzahl ausschlaggebend für die Bestandszuwächse dieser Medien.[160]

---

158 Dolmetsch 1913 (wie Anm. 103), Taf. 41, Nr. 9.

159 Johann Jakob Graf schaffte im Jahr 1902 einen Fotoapparat für das Landschaftszeichnen und Exkursionen an, J[ohann] J[akob] Graf an den Präsidenten des Schweizerischen Schulrats, [Hermann] Bleuler, 31. Dezember 1902, ETH-Bibliothek, Hochschularchiv, SR3, 1903, 201, Nr. 21. Linus Birchler gibt 1960 einen Einblick in seinen kunstgeschichtlichen Unterricht, indem er vom Zerplatzen seiner Lichtbilder aufgrund der langen Projektionszeit beim Abzeichnen der Studenten berichtet, siehe Linus Birchler an den Sekretär des Schweizerischen Schulrats, Hans Bosshardt, 24. Juni 1960, ETH-Bibliothek, Hochschularchiv, SR3, 1960, 6220/221.1 (Hauptgebäude). Siehe allgemein auch Sachsse, Rolf: Mappen, Muster und Motive. Über den Gebrauch von architektonischen Photosammlungen am Ende des 19. und Beginn des 20. Jahrhunderts, in: Moderne Baukunst 1900–1914. Die Photosammlungen des Deutschen Museums für Kunst in Handel und Gewerbe, hg. v. der Stadt Krefeld. Oberhausen 1993 (Ausstellungskatalog Kaiser-Wilhelm-Museum Krefeld; Karl-Ernst-Osthaus-Museum Hagen 1993–94), S. 18–25, hier S. 18.

160 Hassler/Wilkening-Aumann 2014 (wie Anm. 6), S. 83.

Viertens erlangten neue Produkte über die Weltausstellungen schnell grosse Bekanntheit, wie beispielsweise der *Milton Shield* des französischen Goldschmieds und Bildhauers Leonard Morel-Ladeuil auf der Weltausstellung 1867 in Paris, für den er die Goldmedaille erhielt.[161] Ein Abguss dieses Prunkschildes ist in der Archäologischen Sammlung der Universität Zürich erhalten.[162] Es ist naheliegend, dass er aus der Sammlung des Polytechnikums stammt, da dieses nicht nur die technischen Neuerungen auf den Weltausstellungen verfolgte, sondern sich auch selbst an den Kunstausstellungen beteiligte.[163] Anerkennungen und Auszeichnungen auf den Ausstellungen waren mit grossem Prestige verbunden, weshalb auch der Mailänder Abformer Carlo Campi seine Verkaufskatalogeinbände mit den Auszeichnungen schmückte, die er bei den Landesausstellungen «Esposizione Generale Italiana» 1884 in Turin und «Esposizione Italo Americana» 1892 in Genua gewonnen hatte (**Abb. 29 a**).[164]

Fünftens führte der Reichtum (vermeintlich) historischer Vorbilder, das wachsende Angebot an ‹besseren› Vorlagen und der Kontext- und Bedeutungsverlust des Original zu einer Beliebigkeit des Abbilds. Zu Beginn des 20. Jahrhunderts begründete die Ablehnung des Historismus die Suche nach neuen Orientierungspunkten in der Architektur. Die Abgusssammlung der Architektenschule[165] hatte spätestens Ende der 1920er Jahre ihre Bedeutung als Lehrmittel verloren, als nach dem Ausscheiden Gustav Gulls (1900–29) und Karl Mosers (1915–28) das Architekturstudium grundlegend reformiert wurde.[166] Die Gipsabgüsse waren nur noch Statisten im Alltagsbetrieb der Bauschule (**Abb. 33**). Obwohl bis 1951 vereinzelt

---

161 Prügel, Roland: Milton Shield, in: Zander-Seidel, Jutta; Prügel, Roland (Hg.): Wege in die Moderne. Weltausstellungen, Medien und Musik im 19. Jahrhundert. Nürnberg 2014 (Ausstellungskatalog Germanisches Nationalmuseum Nürnberg 2014), S. 38–39.

162 Siehe Zimmermann/Zindel (wie Anm. 43), Inv.-Nr. G N8. Einen Abguss des Schildes verkaufte der Abformer Carlo Campi, Mailand, siehe Istituto Statale d'Arte (Hg.): La Scultura Italiana dal XV al XX secolo nei calchi della Gipsoteca. Florenz 1989, Kat. Nr. 171, mit Verweis auf: Campi, Carlo: Catalogo di riproduzioni in gesso di opere d'arte, Ditta Carlo Campi. Mailand 1906, Taf. 18, Nr. 32 (non vidi). Auch im (mutmasslich) früheren Katalog Campis der Bibliothek Bellinzona, Campi o. J. (wie Anm. 144), ist dieser Abguss abgebildet, Taf. 12, Nr. 32. Aus den erhaltenen Akten geht nicht hervor, wann der Abguss gekauft wurde.

163 Gottfried Kinkel berichtete regelmäßig von Weltausstellungen, siehe beispielsweise *Bericht des Herrn Prof. Kinkel über die Weltindustrieaustellung [sic] in Paris 1867* mit dem Titelzusatz *Bericht über die Werke schweizerischer Künstler auf der Allgemeinen Ausstellung zu Paris. Sommer 1867. Mit einem Album als Beilage*, ETH-Bibliothek, Hochschularchiv, SR3, 1868, 78. Die Beilage fehlt. Nach den Weltausstellungen wurden Objekte ausgewählt und für die Hochschule gekauft. Für die Bauschule unter anderem «Gypsornamente aus Tunis» oder das «Modell einer norwegischen Holzkirche» nach der Pariser Weltausstellung 1889, siehe Prof. C[arl] Schröter an den Präsidenten des Schweizerischen Schulrats, [Hermann Bleuler], 5. März 1890, ETH-Bibliothek, Hochschularchiv, SR3, 1891, 83, Nr. 22.

164 Die Auszeichnungen werden auf dem Einband des Verkaufskatalogs genannt, siehe Campi o. J. (wie Anm. 144). Zu Preismedaillen auf Weltausstellungen und der Werbewirksamkeit solcher Auszeichnungen siehe Prügel 2014 (wie Anm. 161), S. 92–101.

165 Ab dem Wintersemester 1924/25: Abteilung für Architektur, siehe Eidgenössische Technische Hochschule: Programm und Stundenplan für das Wintersemester 1924/25. Zürich 1924, S. 13.

166 So verschwand beispielweise das Fach *Modellieren (nach Gips)* aus dem Lehrplan, siehe Eidgenössische Technische Hochschule: Programm und Stundenplan für das Wintersemester 1931/32. Zürich 1932, S. 13. Der Kurs trug seit dem Sommersemester 1933 den Titel *Modellbau* und wurde nach Johann Jakob Grafs Ruhestand 1924 von Hans Gisler unterrichtet, siehe Eidgenössische Technische Hochschule: Programm und Stundenplan für das Sommersemester 1933. Zürich 1933, S. 13. Die Abgüsse wurden möglicherweise für die Stillehre bei Alphonse Laverrière verwendet, der die Beaux-Arts-Tradition an der ETH ab 1929 – nach der ersten Reorganisation des Lehrplans – vertrat, siehe ETH-Bibliothek, Hochschularchiv, SR2, 1928, 5. Sitzung des Schweizerischen Schulrats, 30. November 1928, Traktandum 72 und SR2, 1929, 1. Sitzung des Schweizerischen Schulrats, 5. Januar 1929, Traktandum 3. Anonym: Die Ausbildung unserer Schweizer Architekten, in: Basler Nachrichten, 4. Dezember 1928, Jg. 84, Nr. 335, 2. Beilage, o. S. Zur Reform der Architektenschule zusammenfassend: Salvisberg, Otto Rud[olf]: Entwicklung und Ziele der Architektenschule ETH, in: Eidgenössische Technische Hochschule (Hg.): Die Eidg. Technische Hochschule dem SIA zur Jahrhundertfeier. Bern 1937, S. 11–21, hier S. 13–17.

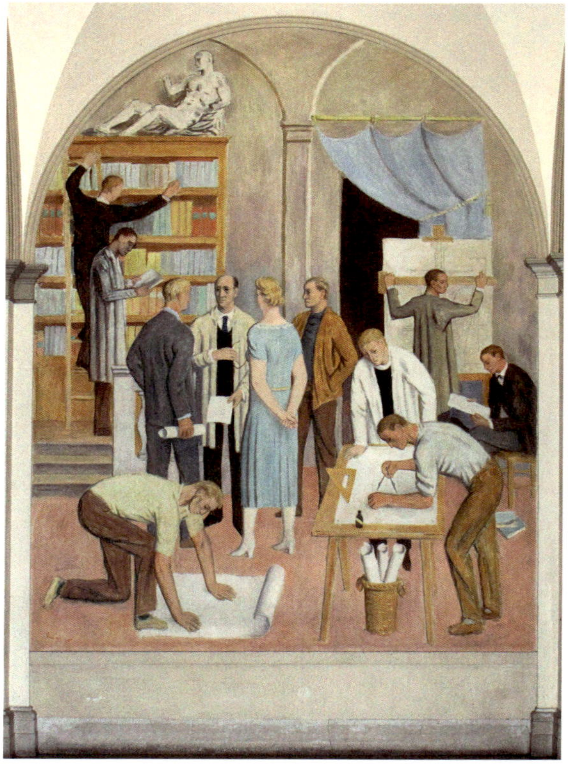

33 «Lehren und Lernen», Wandgemälde in der Eidgenössischen Technischen Hochschule Zürich, Hauptgebäude, Geschoss F, Wilhelm Gimmi, 1955.

Ein Blick in den Studienbetrieb der Architektenschule der ETH Zürich um die Mitte des 20. Jahrhunderts?

weitere Ankäufe vorgenommen wurden,[167] erfolgte 1960, nach der neuerlichen Reorganisation der Fächer sowie der *Grundkurs*-Einführung von Bernhard Hoesli,[168] die Auflösung der circa 900 Stücke umfassenden Sammlung.[169]

Das erhaltene Viertel dieser Sammlung repräsentiert heute nicht allein den «Formenschatz»[170] historischer Vorbilder und die Stillehre im ausgehenden 19. Jahrhundert. In der Gegenüberstellung der

167 Gisler kaufte Abgüsse zuletzt im Jahr 1951, Hans Gisler an den Präsidenten des Schweizerischen Schulrats Hans Pallmann, 6. April 1951, ETH-Bibliothek, Hochschularchiv, SR3, 1951, 2503/ 501.202. Er wusste allerdings 1960 nicht, ob es sich bei den Nummern auf den Abgüssen um eine ETH-Inventar- oder eine Verkaufskatalognummer des Herstellers handelte, siehe Technischer Dienst der ETH Zürich, [Christian] Niggli, an den Präsidenten des Schweizerischen Schulrats, H[ans] Pallmann, 29. Januar 1960, ETH-Bibliothek, Hochschularchiv, SR3, 1960, 1039/221.1 *(Abtretung der archäologischen Sammlung)*, S. 3. Das spricht dafür, dass diese Nummern vor Gislers Tätigkeit an der ETH vergeben wurden.

168 ETH-Bibliothek, Hochschularchiv, SR2, Protokoll der 1. Sitzung, 7. Februar 1959, Traktandum 12a. ETH-Bibliothek, Hochschularchiv, SR2, Protokoll der 3. Sitzung, 13. Juni 1959, Traktandum 94a. ETH-Bibliothek, Hochschularchiv, SR2, Präsidialverfügung Nr. 2792, 14. November 1959. Siehe auch: Simmendinger, Pia: Heinrich Bernhard Hoeslis Entwurfslehre an der ETH Zürich. Eine Untersuchung über Inhalte, Umsetzung und Erfolg seines Grundkurses von 1959–1968. Diss. ETH Zürich 2010, besonders S. 23–31, 98–110. Zur Etablierung des «zentral empfundenen Ideals ‹des Entwerfens›» anstelle tradierter Wissensbestände siehe Hassler, Uta: Entwurfslehren und ‹Grammatik architektonischer Form›. Wissensbestände der Architektur von Vitruv bis zum Handbuch der Architektur, in: Dirks, Ulrich; Wagner, Astrid (Hg.): Abel im Dialog (Festschrift für Günter Abel). Berlin 2018, S. 977–1020, Zitat S. 978.

169 Abschrift eines Briefes von Linus Birchler an den Präsidenten des Schweizerischen Schulrats [Hans Pallmann], 19. Februar 1960, ETH-Bibliothek, Hochschularchiv, Hs. 187.2, S. 1. Der Abtretungsvertrag vom 20. Juli 1960 befindet sich beim Protokollauszug der Sitzung des Schweizerischen Bundesrates vom 22.08.1960: *ETH. Abtretung von archäologischen Sammlungsobjekten an die Universität Zürich*, ETH-Bibliothek, Hochschularchiv, SR3, 1960, 8212/ 221.1 (Titel *Abtretung der archäologischen Sammlung*), Beilage 4. Die an der ETH verbliebenen Objekte sind im Anhang zum Vertrag aufgelistet, ebd., Beilage 5.

170 Abschrift eines Briefes von H[ansjörg] Bloesch an die Erziehungsdirektion des Kantons Zürich, den Regierungsrat [Walter König], 27. Januar 1960, ETH-Bibliothek, Hochschularchiv, SR3, 1960, 1403/ 221.1 *(Abtretung der archäologischen*

Lehrmittelbestände und der zeitgenössischen Berichte verdeutlicht sich sowohl die Vielschichtigkeit und Wechselbeziehung der Objekte als auch der universale Anspruch der Sammlungen, wie er beispielsweise 1883 auf der Landesausstellung in ‹Limmat-Athen› anhand der Tessiner Abgüsse ausschnitthaft vorgestellt wurde. Darüber hinaus lässt sich am Umgang mit den rasant wachsenden Beständen die Problematik der Systematisierung und Metadatierung der Objekte vom 19. Jahrhundert bis in die Gegenwart ablesen.[171]

Das Projekt *The ETH plaster cast collection – a medium of polytechnical research and teaching in Europe* wurde unter Leitung von Prof. Dr.-Ing. Uta Hassler vom Institut für Denkmalpflege und Bauforschung (IDB) der ETH Zürich in Kooperation mit dem Institut für Archäologie, Fachbereich Klassische Archäologie der Universität Zürich, Prof. Dr. Christoph Reusser, durchgeführt und von 2013 bis 2015 durch den Schweizerischen Nationalfonds gefördert.

Sammlung), S. 1: «Ihren besonderen Zweck erfüllte diese Sammlung am bisherigen Aufstellungsort, solange in der historisierenden Periode des letzten Jahrhunderts und am Beginn des unsrigen die jungen Architekten sich während ihres Studiums aus diesen Vorbildern den *Formenschatz* für ihre eigenen Arbeiten erwerben mussten. Seit man aber nicht mehr wie zur Zeit der Erstellung des Landesmuseums mit dem Blick in die Vergangenheit baute, sondern sich den Zukunftsproblemen zuwandte, verlor die Sammlung für den Architekturschüler an Interesse.» Kursive Hervorhebung d. Verf. Siehe dazu auch Wilkening-Aumann/von Kienlin 2014 (wie Anm. 6), S. 204–205.

171 Zur Klassifikation von Wissensbeständen im ausgehenden 19. Jahrhundert siehe Hapke, Thomas: Von der «Weltausstellung im Kleinen» zum «lebenden Lehrbuch»: Bildungsbezogene Komponenten früher Ansätze von Weltbibliotheken um 1900, in: Koschke, Rainer; Herzog, Otthein; Rödiger, Karl-Heinz u. a. (Hg.): Informatik 2007: Informatik trifft Logistik. Beiträge der 37. Jahrestagung der Gesellschaft für Informatik e.V. (GI) in Bremen. Bonn 2007, Bd. 2, S. 485–490.

Anfänge des polytechnischen Bildungssystems in Frankreich und die Architekten- und Ingenieurausbildung im 18. und 19. Jahrhundert

HARTWIG SCHMIDT

Die Frage, welche Rolle die Vermittlung wissenschaftlicher Grundlagen bei der Entwicklung des Bauwesens im 18. und 19. Jahrhundert gespielt hat, bewegt Historiker seit langem.[1] So wird allgemein davon ausgegangen, dass die als ‹industrielle Revolution› bezeichnete technische Entwicklung in England zwischen 1760 und 1830 auf der Grundlage der Erfindungsgabe Einzelner entstand und von Autodidakten vorangetrieben wurde, die eine handwerkliche, aber keine spezielle wissenschaftliche Ausbildung besassen.[2] In die Praxis umgesetzt wurden deren Erfindungen dann durch das gemeinsame Handeln von Erfindern, Fabrikanten und Finanziers. Strassen-, Kanal- und Eisenbahnbau wurden nicht als staatlich finanzierte Infrastrukturmassnahmen durchgeführt, sondern waren profitable Investitionsmöglichkeiten für Privatleute, Grundbesitzer, Finanziers und Spekulanten. Selbst der Crystal Palace der Londoner Weltausstellung von 1851 (Architekt: Josef Paxton, Ingenieur: William Henry Barlow) wurde von dem Eisenbahnunternehmen Fox & Henderson finanziert.[3] Im Gegensatz zu Frankreich gab es in Grossbritannien im 18. Jahrhundert wohl eine Anzahl junger, begabter Ingenieure, die sich, um sich von den beim Militär tätigen Ingenieuren zu unterscheiden, als ‹Civil Engineers› bezeichneten, doch keine staatlichen Ausbildungsstätten für den Ingenieurnachwuchs (**Abb. 1**). Es waren privat organisierte Gesellschaften, deren Mitglieder ein gemeinsa-

1 So unter anderem Klemm, Friedrich: Die Rolle der Technik in der Aufklärung, in: Manegold, Karl-Heinz (Hg.): Wissenschaft, Wirtschaft und Technik. Studien zur Geschichte. Wilhelm Treue zum 60. Geburtstag. München 1969, S. 318–330; oder: Paulinyi, Akos: Die Umwälzung der Technik in der Industriellen Revolution zwischen 1750 und 1840, in: ders.; Troitzsch, Ulrich: Mechanisierung und Maschinisierung. 1600–1840 (Propyläen Technikgeschichte, Bd. 4). Berlin 1997, S. 271–495, hier besonders das Kapitel: Die Entstehung der neuen Technik und ihre Verbreitung. Wissenschaft und Praxis, S. 455–476.

2 So waren John Smeaton wie auch James Watt Instrumentenbauer und Thomas Telford hatte eine Ausbildung als Steinmetz. Musson, A. E.: Die Ausbreitung technischer Verfahren in Großbritannien während der industriellen Revolution, in: ders. (Hg.): Wissenschaft, Technik und Wirtschaftswachstum im 18. Jahrhundert. Frankfurt (Main) 1977, S. 113–130; über die Besonderheit der Entwicklung in England: Gispen, Kees: Der gefesselte Prometheus: Die Ingenieure in Großbritannien und in den Vereinigten Staaten 1750–1945, in: Kaiser, Walter; König, Wolfgang (Hg.): Geschichte des Ingenieurs. Ein Beruf in sechs Jahrtausenden. München/Wien 2006, S. 127–177.

3 Friemert, Chup: Die Gläserne Arche. Kristallpalast London 1851 und 1854. München 1984, S. 12.

1 Porträt von John Smeaton (1724–92), aus: Knight, Charles: The Gallery of Portraits, Bd. 2. London 1833.

Im Hintergrund ist der von John Smeaton 1755–59 errichtete Eddystone-Leuchtturm zu sehen. 1771 gründete er die Society of Civil Engineers, die nach seinem Tode in Smeatonian Society umbenannt wurde. Smeaton verkörperte den Typ des auf vielen Gebieten bewanderten englischen Ingenieurs in der zweiten Hälfte des 18. Jahrhunderts.

mes wissenschaftliches Interesse verband, die zur Verbreitung des technischen Wissens beitrugen. Bekannt und wichtig für die Diskussion technisch-wissenschaftlicher Probleme waren die 1765 von Erasmus Darwin in Birmingham gegründete Lunar Society und die 1771 von John Smeaton und einigen Kollegen gegründete Society of Civil Engineers, aus der 1818 die Institution of Civil Engineers hervorging.[4] Die schon 1660 in London gegründete Royal Society – eine aus Mitgliederbeiträgen und privaten Spenden finanzierte Gelehrtengesellschaft – diente neben der allgemeinen Förderung der Wissenschaften in gleichem Masse dem gesellschaftlichen Ansehen ihrer Mitglieder.[5] Trotz des Fehlens wissenschaftlicher Ausbildungsstätten für Ingenieure entstanden in Grossbritannien Dampfmaschine und Werkzeugmaschinen, Fabrikbauten von bis dahin unbekannten Ausmassen und die ersten eisernen Konstruktionen. Hier, und nicht auf dem Kontinent, fuhr die erste Eisenbahn (1825), wurde der Portlandzement erfunden (1824), baute man die erste eiserne Brücke über den Severn bei Coalbrookdale (1779), 1826 die Hängebrücke über die Menai-Straits in Schottland und 1851 den Crystal Palace in London für die erste Weltausstellung, auf der der ganze Reichtum der in der Welt und in Grossbritannien erzeugten Gegenstände zu sehen war. Grossbritannien blieb während des gesamten 18. Jahrhunderts führend in Industrie und Technik, doch bereits in der Mitte des 19. Jahrhunderts machte sich das Fehlen eines staatlichen Schulsystems und einer systematischen Wissenschaftsförderung bemerkbar. Grossbritannien musste seine Führungsrolle im wissenschaftlich-technischen Bereich an Frankreich und Deutschland abgeben.

---

4 Paulinyi, Akos: Industrielle Revolution. Vom Ursprung der modernen Technik. Reinbek bei Hamburg 1989.

5 Als Ersatz der wenig innovativen Royal Society gründeten einzelne Mitglieder 1831 die «Association for the Advancement of Science». Von den Hochschulen wandten sich nur die Universitäten in Glasgow und Edinburgh technischen Fragen zu.

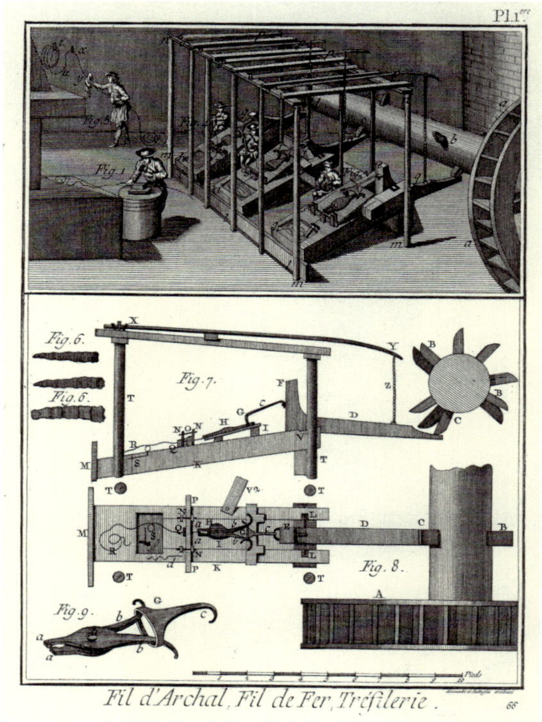

2 «Drahtzieher», Kupferstich von Innocente Alessandri und Pietro Scattaglia, aus: Diderot, Denis; le Rond d'Alembert, Jean-Baptiste: Encyclopédie ou Dictionnaire raisonné des Sciences, des Arts et des Métiers. 3. Aufl. Paris 1779.

Die *Encyclopedie ou Dictionnaire raisonné des sciences, des arts et des métiers* von Denis Diderot (1713–84) und Jean-Baptiste le Rond d'Alembert (1717–83) erschien in den Jahren 1751 bis 1772 und umfasste 17 Text- und 11 Tafelbände mit zusätzlich sieben Ergänzungen *(Suppléments)* zwischen 1776 und 1800. Sie ist ein Hauptwerk der französischen Aufklärung.

In Frankreich blieb das Wirtschaftsleben bis weit in das 19. Jahrhundert hinein stark agrarisch geprägt. Eine ‹industrielle Revolution› wie in England fand nur zögerlich statt. Die in den zwischen 1762 und 1772 erschienenen Tafelbänden der Enzyklopädie von Denis Diderot (1713–84) und Jean-Baptiste le Rond d'Alembert (1717–83) abgebildeten Maschinen und Werkzeuge entstammten weitgehend noch dem handwerklichen oder manufakturellen Bereich (**Abb. 2**).[6] Sie zeigten den bis dahin erreichten Stand der technischen Entwicklung am Ende des 18. Jahrhunderts.[7] Gleichzeitig konnte Frankreich, gefördert durch ein absolutistisches und stark zentralistisch ausgerichtetes Staatswesen, auf eine lange Tradition staatlicher Institutionen zur Förderung von Kunst, Wissenschaft und Militär zurückblicken. Bereits unter König Ludwig XIII. (Regierungszeit 1610–43) war 1635 auf Betreiben des Ministers Armand-Jean Kardinal du Plessis de Richelieu (1585–1642) die Académie française[8] gegründet worden und 1648, nach dem Ende des Dreissigjährigen Krieges, für die Schönen Künste die Académie royale de peinture et de sculpture, an der auch zwölf Stipendiaten ausgebildet wurden: sechs Maler, vier Bildhauer und zwei Architekten. Die Akademien waren exklusive Orte der theoretischen Disputation, die die Aufgabe hatten, die in Frankreich noch vorherrschende italienische Kunstrichtung durch eine genuin französische abzulösen. Unter

6 Holländer, Barbara: Technik und Arbeit in den Tafelbänden der Encyclopédie, in: Holländer, Hans (Hg.): Erkenntnis, Erfindung, Konstruktion: Studien zur Bildgeschichte von Naturwissenschaft und Technik vom 16. bis 19. Jahrhundert. Berlin, S. 789–806. Die Tafelbände erschienen zwischen 1762 und 1772 in 11 Bänden mit 2885 Tafeln und 2575 Erläuterungen zu den Abbildungen.

7 Paul, Matthias: Gaspard Monges «geométrie descriptive» und die Ecole polytechnique. Eine Fallstudie über den Zusammenhang von Wissenschafts- und Bildungsprozess (Institut für Didaktik der Mathematik der Universität Bielefeld. Materialien und Studien, Bd. 17). Bielefeld 1980, S. 16.

8 Die Schreibweise der verschiedenen Zusätze zu den Académies und Écoles ist in der Literatur sehr unterschiedlich. Die heutige Schreibweise in Frankreich ist zumeist der klein geschriebene Zusatz.

3 Ludwig XIV. beim Besuch der Académie royale des sciences, Kupferstich von Sébastian Leclerc (1673–1714), 1671.

Im Hintergrund ist die Baustelle des Pariser Observatoriums (Baubeginn 1667) zu sehen.

König Ludwig XIV. (Regierungszeit 1643–1715) und auf Initiative Jean-Baptiste Colberts (1619–83)[9] wurden weitere Akademien gegründet: 1661 entstand die Académie royale de danse, 1663 die Académie royale des inscriptions et des belles lettres, 1666 die Académie royale des sciences (**Abb. 3**) und die Académie de France à Rome für die mit einem Stipendium ausgezeichneten Studenten der einzelnen Akademien und 1669 die Académie royale de musique. 1671, wiederum von Colbert ins Leben gerufen, entstand als letzte die Académie royale d'architecture mit der konkreten Aufgabe, eine normative französische Architekturtheorie zu erarbeiten.[10]

---

9 Seit 1661 war Colbert Oberintendant für die gesamte Staatsverwaltung (Finanzen, Handel, Verkehr, Marine, Kolonien) wie auch für die Kunst und Wissenschaft. Sieburg, Friedrich: Das Geld des Königs. Eine Studie über Colbert. Stuttgart 1960.

10 Eine ausführliche Darstellung der Geschichte der Académie royale d'architecture bietet: Schöller, Wolfgang: Die «Académie Royale d'Architecture» 1671–1793. Anatomie einer Institution. Köln/Weimar/Wien 1993, in verkürzter Form in: Schöller, Wolfgang: Jacques-François Blondel, die ‹École des Arts› und die ‹École d'architecture› der ‹Académie Royale d'Architecture› im Kontext der Architektenausbildung im 18. Jahrhundert in Paris. in: Johannes, Ralph (Hg.): Entwerfen. Architektenausbildung in Europa von Vitruv bis Mitte des 20. Jahrhunderts. Geschichte – Theorie – Praxis. Hamburg 2009, S. 379–391.

Die Académie royale d'architecture

Die Académie royale d'architecture wurde 1718 durch König Ludwig XV. bestätigt und 1793 aufgelöst. Sie war zu dieser Zeit die einzige staatliche Institution in Europa, die sich ausschliesslich mit Fragen des Bauwesens befasste. Ihre Mitglieder[11] wurden vom König auf Vorschlag des obersten Kultusbeamten, des ‹Directeur général des Bâtiments du Roi›, berufen und durften den Titel ‹Architecte du Roi› führen. Neben den nicht öffentlichen Sitzungen der Akademiemitglieder, die der Diskussion architektonischer Probleme und der gemeinsamen Lektüre der bekannten Architekturtheoretiker, der Entwicklung allseits gültiger Normen des guten Geschmacks und der Erstellung von Gutachten zu den königlichen Bauten dienten, war der Akademie eine Ausbildungsstätte für junge Architekten angegliedert, die École royale d'architecture, an der 30 bis 40 Schüler ausgebildet wurden. Die zwei wöchentlichen Vorlesungen waren öffentlich und kostenlos; erster Professor war François Blondel (1616/18–86) (**Abb. 4**), der seine Vorlesungen 1675 als *Cours d'architecture enseigné dans l'Académie royale d'architecture* publizierte.[12] Zu den Ergebnissen des auch an der Académie heftig geführten Streits über die zeitgemässe Schönheit in der Architektur, der als ‹Querelle des anciens et des modernes› in die Geschichte eingegangen ist, gehörten die Entsendung von Antoine Desgodets (1653–1728), einem der ersten Schüler Blondels, 1674 nach Rom zum Aufmass der antiken Ruinen und der 1664 erfolgte Auftrag Colberts an Claude Perrault (1613–88) für eine neue, französische Vitruv-Übersetzung. Diese erschien 1673 und in zweiter Auflage 1684 mit hervorragenden neuen Kupferstichen versehen unter dem Titel *Les dix livres d'architecture de Vitruve, corrigez et traduits nouvellement en François*.[13] Zwei Jahre vorher waren die Bauaufnahmen Desgodets' unter dem Titel *Les édifices antiques de Rome, dessinés et mesurés tres exactement* als grossformatiges Architekturstichwerk erschienen.[14] Dieses war eine der ersten neuzeitlichen Architekturdokumentationen mit exakten Bauaufnahmen statt der üblichen, sich auf Vitruv beziehenden Proportionsregeln, doch fand das hervorragende Werk nach seiner Herausgabe nur geringe Aufmerksamkeit. Erst mit dem Ende der antiklassischen Tendenzen des Rokoko um 1740 und dem Beginn des Klassizismus mit grossem Interesse für das wirkliche Aussehen der antiken Bauten wurden *Les édifices antiques de Rome* mehrmals nachgedruckt.[15]

Unter dem Nachfolger Blondels an der Académie royale d'architecture, dem 1687 berufenen Philippe de la Hire (1640–1718), wurde die Diskussion ästhetischer Kategorien und das Studium der Architekturtheoretiker aufgegeben. Nun legte man mehr Wert auf die Vermittlung von Geometrie, Steinschnitt (Stereometrie), Mechanik und Hydrostatik. Nachfolger de la Hires wurde 1719 der alte Antoine Desgodets, der bereits 1728 verstarb. Anschliessend, während der Jahre zwischen 1730 und 1760, büsste die Schule wegen ihrer unzureichenden Lehre und zweier unbedeutender Professoren an Bedeutung ein. Ein Anreiz für die Studenten, trotzdem die Kurse der Académie royale d'architecture zu besuchen, war seit

11 1671 bestand die Académie einschliesslich Direktor und Sekretär aus acht Mitgliedern. Kruft, Hanno-Walter: Geschichte der Architekturtheorie. Von der Antike bis zur Gegenwart. 2. Aufl. München 1986, S. 145.

12 François Blondel (der Ältere) hatte Ingenieurwissenschaften und Mathematik studiert, war jahrelang als Festungsbaumeister tätig gewesen und wandte sich erst später der Architektur zu. Das einzige von ihm bekannte Bauwerk ist die Porte Sainte-Antoine in Paris in der Nähe der Bastille (1672). Von Colbert 1672 als Professor an die École d'architecture berufen, vertrat er in der als ‹Querelle des anciens et des modernes› (1687) benannten Auseinandersetzung einen konservativen Standpunkt. Neben seinem Architekturlehrbuch veröffentlichte er ein Lehrbuch zur Mathematik (Cours de mathématique, Paris 1683) und ein Werk zur Ballistik (L'Art de jetter les bombes, Paris 1683). Kruft 1986 (wie Anm. 11), S. 144–157; Freigang, Christian: François Blondel, in: Evers, Bernd (Hg.): Architekturtheorie. Von der Renaissance bis zur Gegenwart. Köln 2006, S. 258–263.

13 Perrault, Claude: Les dix livres d'architecture de Vitruve, corrigez et traduits nouvellement en François. Paris 1673 (2. Aufl. 1684).

14 Desgodets, Antoine: Les édifices antiques de Rome, dessinés et mesurés tres exactement. Paris 1682.

15 Etwa: Desgodets, Antoine: Les édifices antiques de Rome. Neue Aufl. Paris 1779.

4 Eine Unterrichtsstunde François Blondels (1616/18–86) in der Académie royale d'architecture, Zeichnung von Gabriel de Saint-Aubin, 1770.

1720 die Möglichkeit, an den alljährlichen Architekturwettbewerben teilzunehmen, denn dem Gewinner des Grand prix d'architecture (später Grand prix de Rome) winkte ein dreijähriger Romaufenthalt als Stipendiat der dortigen französischen Académie.

Neben den staatlichen Schulen war für die Architektenausbildung jener Zeit das tradierte Atelierwesen, das Lernen in einem privaten Architekturbüro eines bekannten Architekten, weiterhin vorherrschend. Eines der erfolgreichsten Ateliers mit über 100 Schülern war die 1740 von Jacques-François Blondel (1705–74), dem ‹jüngeren› Blondel, gegründete École des arts, deren Abschlüsse bereits 1743 von der Académie royale d'architecture anerkannt wurden.[16] 1752–56 erschien sein Werk *Architecture Françoise,*[17] das ihm 1755 die Aufnahme in die Académie royale d'architecture einbrachte und 1762 die Professur (1762–74) als Nachfolger von Louis Adam Loriot (Professor während der Jahre 1748–62). Mit dem ‹jüngeren› Blondel blühte die Akademielehre wieder auf. Seine Vorlesungen veröffentlichte er, wie es bereits der ‹ältere› Blondel getan hatte, 1771–77 unter dem Titel *Cours d'architecture ou Traité de la Décoration, Distribution & Construction des Bâtiments.*[18]

---

16 Zu den Schülern Blondels gehörten Boullée, Ledoux und de Wailly.

17 Blondel, Jacques-François: Architecture Françoise. 4 Bde. Paris 1752–56.

18 Blondel, Jacques-François: Cours d'architecture ou Traité de la Décoration, Distribution & Construction des Bâtiments. Paris 1771–77. Sechs Text- und drei Tafelbände, die nach seinem Tode von Pierre Patte (1723–1812), einem Schüler Blondels, abgeschlossen wurden. Nach Hanno-Walter Kruft «die umfassendste und umfangreichste Architekturlehre des 18. Jahrhunderts und der längste Architekturtraktat, der bis zu diesem Zeitpunkt veröffentlicht wurde.» Kruft 1986 (wie Anm. 11), S. 166.

5 «Vue du temple de Minerve à Athene», Kupferstich von Jaques-Philippe Le Bas nach Julien-David Le Roy (1724–1803), Taf. IV aus: Le Roy, Julien-David: Les Ruines des plus beaux monuments de la Grèce, Bd. 1, T. 1. Paris 1770.

Nach dem Tode Blondels 1774 wurde Julien-David Le Roy (1724–1803) dessen Nachfolger. Auch er ein ehemaliger Student der Akademie, Gewinner des Grand Prix de Rome 1750 und in ganz Europa bekannt durch seine Aufmasse der antiken Bauten in Athen 1754/55, die er bereits 1758, vor der Publikation Stuart und Revetts, unter dem Titel *Les Ruines des plus beaux monuments de la Grèce* veröffentlichte (**Abb. 5**).[19] Im gleichen Jahr wurde er Mitglied der Académie royale d'architecture und 1774 Professor mit der Aufgabe, jeweils montags und mittwochs die öffentliche Vorlesung zu halten. Einen Eindruck davon hielt der junge Wilhelm von Wolzogen (1762–1809), der sich von 1788 bis 1793 in Paris aufhielt, in seinem Tagebuch fest. Sein vom Herzog Carl Eugen von Württemberg finanzierter Parisaufenthalt diente dem Ziel, ihn als Architekt ausbilden zu lassen und ihn so mit der ‹modernen› französischen Architektur bekannt zu machen. Mit Hilfe von Blondels Sohn Georges-François (1730–nach 1791) fand er Aufnahme im Atelier François-Jacques Delannoys (1755–1835), der aber 1778 den Grand prix de Rome für den Entwurf eines Kunstmuseums erhielt und schon im folgenden Jahr nach Rom übersiedelte.[20]

Wilhelm von Wolzogens Bemühungen um eine Ausbildung als Architekt waren nicht sehr intensiv. Doch blieb er während der Revolutionszeit, bis 1793, im Auftrag des württembergischen Herzogs als Legationsrat in diplomatischer Mission in Paris.[21] In seinem Tagebuch berichtet er über den Besuch einer

19 Le Roy, Julien-David: Les Ruines des plus beaux monuments de la Grèce. Paris 1758.

20 In der Zeit nach Napoléon konzentrierte sich seine Arbeit hauptsächlich auf den Bau öffentlicher Gebäude: Palais de Justice, Opéra (1818), Conservatoire de musique, École polytechnique (1827–30), Bibliothèque nationale (bis 1827), Théâtre Italien sowie Porte Saint-Denis und Porte Saint-Martin (1831/32).

21 Wilhelm von Wolzogen (1762–1809) aus Bauerbach bei Meiningen hielt sich nach seiner Ausbildung an der Stuttgarter Hohen Karlsschule in den Jahren 1788–93 in Paris auf, um sich im Architekturzeichnen zu vervollkommnen. Architekturausbildung im Atelier von François-Jacques Delannoy (1755–1835). 1794 Heirat mit Caroline Freifrau von Lengefeld, der Schwägerin Friedrich Schillers. Auf Veranlassung Goethes zog die Familie 1801 nach Weimar, wo von Wolzogen in diplomatischen Diensten des Herzogs Karl August tätig war.

Vorlesung Le Roys in der Académie royale d'architecture am 17. November 1788: «Heute fangen die verschiedenen Cours publics an. Ich fande mich um 12 Uhr im Louvre ein, um den Cours d'architecture mit anzuhören. Er ist in der zweiten Etage. Ich kam hinein. Ein ältl., jedoch schön frisiertes Männchen saße hinter einem Tisch, ein Manuscript in der Hand, und lase in einem monotonischen Ton so schnell – daß, wer nicht viel Achtung, alles verlor – das vor, was er vielleicht seit 10 Jahren alle Jahr vorlase. So viel ich davon verstehen konnte, schien mir nicht vieles Interessantes gesagt zu sein. Er brachte die abgedroschene Meinung vor, daß die Griechen ihre Säulenordnungen von der menschl. Figur und ihrer verschiedenen Stärke hergenommen hatten. Nachdem Le Roi ungefähr eine halbe Stunde so vorgelesen, machte er sein Buch zu – ‹Pour mercredi, la suite› –, stand auf u. ging. Das ist also der berühmte Cours d'architecture, der so hoch angerechnet, so viel Lärmens macht u. wovon der Lehrer so gut bezahlt wird! In den angrenzenden Sälen und Zimmern stehen allerhand Modelle und Zeichnungen, worunter sehr artige sind. Die Preisstücke [des Grand prix d'architecture], die ausgestellt waren, bestunden in der Auflösung des Programms, ein Monument für 4 Seehelden oder dergl. zu machen. Es waren meist Piramiden am Gestadte des Meers. Das Ufer, die Luft, die Finsternis der Nacht, das Meer war bei einigen und nur mit Tusche vortreffl. gezeichnet. In den Sälen geht man hin und her, den Hut auf dem Kopf. Es laufen hier allerhand junge Leute herum, die sich junge Architekten nennen. Es ist aber meist ein ungeschliffenes Volk.»[22] Bereits zur Zeit des ‹jüngeren› Blondel als Professor der École royale d'architecture (1762–1774) machte die mit Überheblichkeit gepaarte Talentlosigkeit einzelner Schüler wie auch die allgemeine Disziplinlosigkeit den Professoren zu schaffen (**Abb. 6**).[23]

6 Porträts von Mitgliedern der Académie des sciences, Zeichnung von Friedrich Gilly (1772–1800), undatiert.

Von links nach rechts: Der Architekt und Bauforscher Julien-David Le Roy (1724–1803); eine unbekannte Person namens Gauthier; der italienische Mathematiker und Astronom Joseph-Louis La Grange (1736–1813), Professor an der École polytechnique; der französische Mathematiker und Astronom Joseph Jérôme Lefrançois de Lalande (1732–1807), Professor für Astronomie und Direktor der Pariser Sternwarte; und François Soufflot le Romain (Lebensdaten unbekannt), ein Neffe Jacques-Germain Soufflots (1713–80), des Erbauers der Klosterkirche Sainte-Geneviève de Paris.

1793, während der Revolutionszeit, beschloss der Nationalkonvent die Schliessung aller Schulen, um alle jungen Leute zwischen 18 und 25 Jahren zur Verteidigung von Frankreichs Grenzen zu den Waffen zu rufen. Am 8. August 1793 hob er auf Antrag des Malers Jacques-Louis David darüber hinaus auch sämtliche Akademien und Gelehrtengesellschaften auf, mit Ausnahme der 1748 gegründeten Kriegsschule in Mézières. 1796 wurden die Bestände der Académie royale d'architecture aufgeteilt: Das Institut

22 Wolzogen, Wilhelm von: «Dieses ist der Mittelpunkt der Welt». Pariser Tagebuch 1788/1789. Hg. v. Eva Berié und Christoph von Wolzogen. Frankfurt (Main) 1989, S. 62–63.

23 Schöller 1993 (wie Anm. 9), S. 343.

national erhielt die Bücher und alle schriftlichen Unterlagen, die École de peinture et sculpture die Zeichnungen, Stiche, Pläne und Karten, die Galerie d'architecture du Museum central des Arts die Modelle und Steinproben und das Conservatoire des Arts et Métiers einige Bücher und Modelle von Dachstühlen und Türschlössern.[24]

Die École royale des ponts et chaussées

Neben der Förderung von Kunst und Wissenschaft durch die unter Ludwig XIII. und Ludwig XIV. neu gegründeten Akademien fanden auch im militärischen Bereich Schulgründungen statt, die der Ausbildung des Offiziersnachwuchses dienten. Eine Ursache hierfür war die seit der Mitte des 15. Jahrhunderts in Italien stattfindende «militärische Revolution»[25] auf der Grundlage von Feuerwaffen, die eine neue Form der Kriegsführung ermöglichten (**Abb. 7**). Die bis dahin üblichen Landsknechtshaufen wurden nach und nach durch stehende Heere ersetzt. Die immer effektiveren Belagerungsgeschütze erforderten die Ersetzung der mittelalterlichen Stadtmauern durch neuartige Verteidigungsanlagen. Es entstanden überall in Europa sternförmig angelegte Bastionärbefestigungen.[26] Um die neue Militärtechnik – Artillerie und Befestigungsbau – beherrschen zu können, waren jedoch umfangreiche Kenntnisse auf der Grundlage von Mathematik, Geometrie, Geografie und Mechanik erforderlich. Es entstand ein neuer Berufsstand: der Militäringenieur mit dem Schwerpunkt der Planung und des Baus von Festungsanlagen. Im gesamten europäischen Raum waren es zu Beginn des 16. Jahrhunderts italienische Festungsbaumeister, die die neuartigen Festungen auf der Grundlage strenger geometrischer Regeln entwarfen. Doch bereits Ende des 16. Jahrhunderts, unter Heinrich IV., wurden sie in Frankreich durch einheimische Ingenieuroffiziere ersetzt, die sich mit der «italienischen Manier» auskannten.[27] Höhepunkt des französischen Festungsbaus und in ganz Europa berühmt waren die während der Regierungszeit Ludwigs XIV. durch Sébastien Le Prestre Marquis de Vauban (1633–1707) erbauten Festungen zur Sicherung der französischen Grenzen.[28] Gleichzeitig wurde auf Initiative Jean-Baptiste Colberts (1619–83) eine kampfstarke Marine aufgebaut. Die Häfen an der Atlantik- und Mittelmeerküste wurden vergrössert, Kanäle und Strassen (Chausseen) neu angelegt beziehungsweise instand gesetzt. Zur Planung und Leitung dieser umfangreichen Arbeiten wurde 1676 das Corps du génie gegründet, in dem Offiziersanwärter – die sich allein aus Söhnen des Adels rekrutierten – ihre theoretische und praktische Ausbildung erhielten. Für die Marine wurden 1670 Marineschulen in Brest, Toulon und Rochefort eingerichtet, die Gardes de la marine. Für die immer wichtiger werdende Artillerie entstand 1679 die Artillerieschule in Douai, die später nach Metz und danach nach Strassburg verlegt wurde.

Mit dieser immer umfangreicheren technischen Ausrüstung der Armee ging die Einführung eines staatlichen, nichtmilitärischen Ingenieur-Corps einher, dessen Mitglieder sich als ‹Ingénieur civil› oder

---

24 Ebd., S. 449.

25 Parker, Geoffrey: Die militärische Revolution. Die Kriegskunst und der Aufstieg des Westens 1500–1800. Frankfurt (Main) 1990.

26 Hierzu das Kapitel «Wie man eine Festung entwirft» in: Ferguson, Eugene S.: Das innere Auge. Von der Kunst des Ingenieurs. Basel/Boston/Berlin 1993, S. 71–77.

27 Die folgende Ausführung nach: Artz, Frederik B.: The Development of Technical Education in France, 1500–1850. Cambridge (Massachusetts)/London 1966; König, Wolfgang: Vom Staatsdiener zum Industrieangestellten: Die Ingenieure in Frankreich und Deutschland 1750–1945, in: Kaiser, Walter; König, Wolfgang (Hg.): Geschichte des Ingenieurs. Ein Beruf in sechs Jahrtausenden. München/Wien 2006.

28 Borneque, Robert: La France de Vauban. Paris 1984. Für die napoleonische Zeit: Prost, Philippe: Les Fortresses de L'Empire. Fortifications, villes de guerre et arsenaux napoléoniens. Paris 1991.

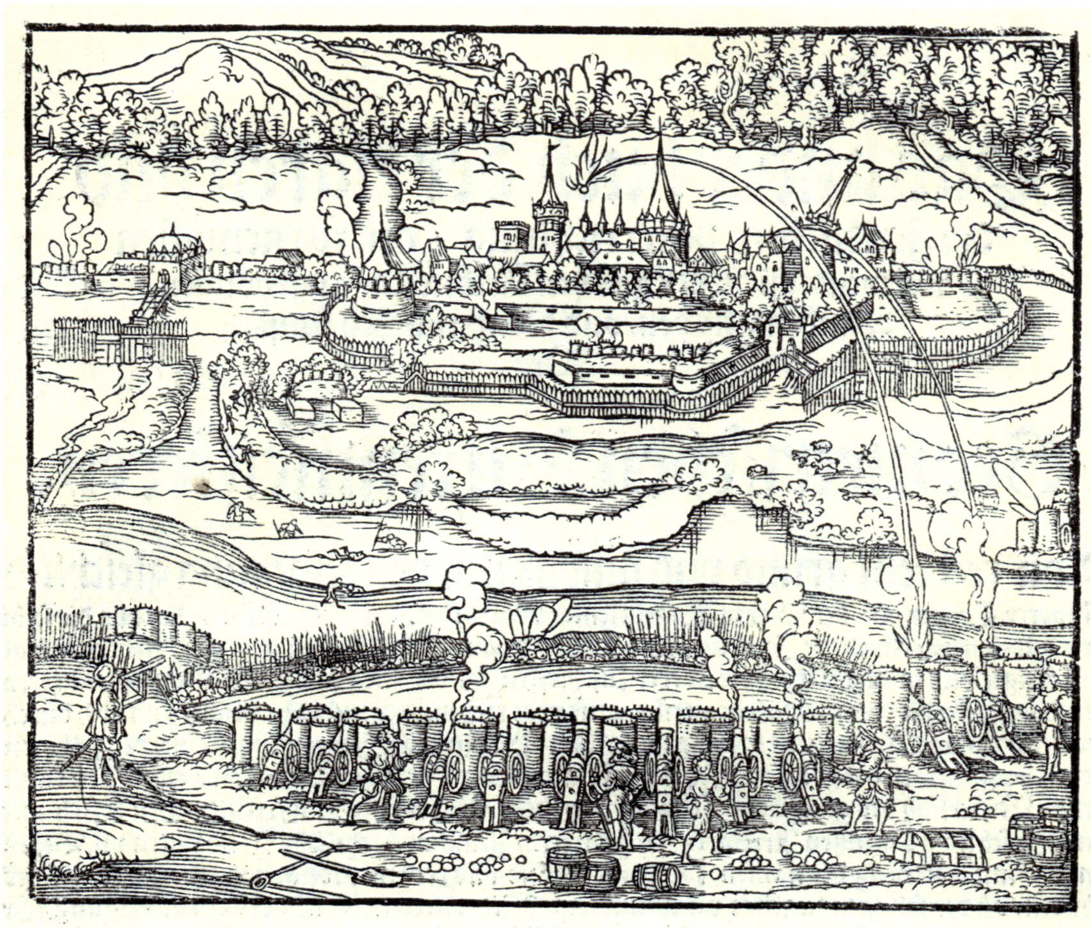

7 Belagerung und Beschiessung von Wolfenbüttel, S. I (Ausschnitt), aus: Ryff, Walter: Der furnembsten, notwendigsten, der gantzen Architectur angehörigen mathematischen und mechanischen Künst eygentlicher Bericht und vast klare verstendliche Unterrichtung zu rechtem Verstandt der Lehr Vitruvii in drey furneme Bücher abgetheilet, Buch 2, T. 1. Nürnberg 1547.

Links unten ist die idealisierte Darstellung eines Militäringenieurs bei der Entfernungsmessung mithilfe eines Quadranten zu sehen.

‹Ingénieur du génie civil› bezeichneten, um sich von den Militäringenieuren zu unterscheiden. Für den Landesausbau, den Bau von Strassen, Kanälen, Brücken und nichtmilitärischen Konstruktionen wurden immer mehr gut ausgebildete Ingenieure benötigt. Ihre umfangreichen Aufgaben bestanden einerseits in dem Entwurf und der Durchführung der staatlichen Bauprojekte, andererseits in der Überwachung der Baumassnahmen öffentlicher und privater Bauten (Bauvorschriften). Durch die Entwicklung der Mathematik waren im 18. Jahrhundert genaue Berechnungen wie auch die Herstellung von massstabsgerechten Planunterlagen für alle Aufgaben im Militär- wie Zivilbau möglich. Waren früher die meisten Massnahmen von Männern ausgeführt worden, die in den verschiedenen Bauhandwerken als Steinmetzen, Zimmerleute, Tischler oder praktische Mechaniker ausgebildet worden waren, so verlangten diese Arbeiten jetzt den Ingenieur mit Kenntnissen in Mathematik und Physik.

Für den Strassen- und Brückenbau hatte Jean-Baptiste Colbert 1669 die Position des staatlichen ‹Commissaire des ponts et chaussées› zur landesweiten Überwachung staatlicher Infrastrukturmassnahmen geschaffen (**Abb. 8**). 1716, unter der Regentschaft des Duc d'Orléans, entstand daraus das Corps des ponts et chaussées,[29] dem das königliche Zeichenbüro zur Herstellung von Landkarten angeschlossen war. Der Ausbildung des Ingenieurnachwuchses diente das Bureau des élèves des ponts et chaussées, aus dem 1775 die École national des ponts et chaussées hervorging, die im Pariser Hotel Libéral Bruant untergebracht war. Direktor des Bureau des élèves des ponts et chaussées wie auch der neu gegründeten Schule war von 1747 bis 1794 Jean-Rodolphe Perronet (1708–94), der berühmteste französische Ingenieur des 18. Jahrhunderts. Bekannt wurde er durch den Bau sehr flacher, weit gespannter steinerner Bogenbrücken (unter anderem des Pont de Neuilly-sur-Seine 1768–74 oder des Pont Louis XVI. [heute Pont de la Concorde] 1786–91 in Paris über die Seine).[30] Zusammen mit dem Mathematiker und Wasserbauingenieur Antoine de Chézy (1718–98) begründete er die akademische Tradition von Lehre und Forschung in der Ingenieurausbildung wie auch die Übertragung theoretischer Erkenntnisse in die Praxis. Während ihrer Amtszeit stieg das Ansehen dieser ersten französischen Ingenieurschule, obwohl die Schule keine ordentlichen Professoren hatte. Die Instruktionen wurden von praktizierenden Ingenieuren erteilt oder von älteren Studenten, die ihr Studium mit Erfolg abgeschlossen hatten – eine Methode, die sich in Form der studentischen ‹Répétiteurs› in der École polytechnique wiederfinden sollte. In den Sommermonaten arbeiteten die Studenten auf den staatlichen Baustellen, um sich praktische Erfahrungen anzueignen.[31]

Neben den bestehenden Corps und den Gardes wurden während der Regierungszeit Ludwigs XV. (1723–74) weitere Militärschulen gegründet: 1748 die École royale du génie für die Ausbildung einer Pioniertruppe in der Festungsstadt Mézières im Nordosten Frankreichs, zu deren Lehrkörper auch Gaspard Monge gehörte. 1756 entstand nach diesem Vorbild die École d'artillerie in Fère und 1753 als zentrale Ausbildungsstätte die École royale militaire im Château de Vincennes, die 1756 von dort in die von Ange-Jacques Gabriel (1698–1782) erbauten repräsentativen Gebäude der École royale militaire auf dem linken Seineufer, unweit des Hôtel des Invalides, zog. Doch bereits 1776 wurde die Schule aus finanziellen Gründen wieder geschlossen. Die Schüler verteilte man auf die einzelnen Écoles militaires in den Provinzen.

In dem Tagebuch Wilhelm von Wolzogens finden wir nicht nur eine Schilderung der Vorlesung Le Roys in der Académie royale d'architecture, sondern auch einen Bericht über einen Besuch in der École des ponts et chaussées am Vorabend der Revolution. Am 4. Juni 1789, zu Beginn der revolutionären Unruhen und wenige Wochen vor der Erstürmung der Bastille (14. Juli), besuchte er, wiederum zusammen mit Blondel, «ein gar feiner, artiger Mensch, der viel Geschicklichkeiten im Strassen- und Brückenbau besitzen soll» und als Lehrer an der École des ponts et chaussées tätig war, die Schule in der Rue de St. Lazare: «Blondell hatte mir versprochen, heute die Ecole zu zeigen. Ich ging zu ihm morgens. Diese École des ponts et chaussées ist ein seit 40 Jahren erst errichtetes Institut, das den Msr. Perronnet, der gleichsam diesem Institut Leben und Existenz gegeben, zum Directeur hat. Junge Leute werden hier zu

---

29 Bei seiner Gründung 1716 umfasste das Corps 20 Ingenieure, zu Beginn der Revolution 1789 schon mehr als 200. Grelon, André: Von den Ingenieuren des Königs zu den Technologen des 21. Jahrhunderts. Die Ausbildung der Ingenieure in Frankreich, in: Grelon, André; Stück, Heiner (Hg.): Ingenieure in Frankreich 1747–1990 (Deutsch-französische Studien zur Industriegesellschaft, Bd. 16). Frankfurt (Main) 1994, S. 15–57, hier S. 17.

30 Wilhelm von Wolzogen schildert in seinem Tagebuch die Neuartigkeit dieser Brücke: «Auf der Brücke von Neuilly, die wegen ihrer Bauart merkwürdig ist, indem die Bogen so niedrig gesprengt sind ... man geht darüber, ohne zu wissen, daß es eine Brücke ist, weil die Straße horizontal darüber läuft.» Wolzogen 1989 (wie Anm. 22), S. 164; Perronet, Jean-Rodolphe: Description des projets et de la construction des ponts de Neuilly, de Mantes, d'Orléans, et autres, du Projet de Canal de Bourgogne, Pour la comminication de deux Mers par Dijon, et de celui de la conduite des Aux de l'Yvette et de Bièvre a Paris. 2 Bde. Paris 1782/83; Picon, Antoine: Die Vorstellungskraft eines Konstrukteurs: Jean-Rodolphe Perronet und das Modell einer Brücke, in: Daidalos 18 (1985), S. 74–86.

31 Petot, Jean: Histoire de l'administration des Ponts et Chaussées 1599–1815. Paris 1958.

8 Bau einer Landstrasse und Brücke in Südfrankreich, Begutachtung der Arbeiten durch die staatlichen ‹Commissaires des ponts et chaussées›, Gemälde von Joseph Vernet, 1774.

Ingenieurs gebildet. Sie haben unentgeltlich Unterricht in der Mathematik und denen damit verbundenen Mechanischen Wissenschaften: als Brückenbau, Architektur in engerm Verstand, Steinschnitt, Zimmerwerkskunst, Zeichenkunst etc. Ein eigenes Gebäude dazu in der Rue St. Lazare – von Msr. Henry gebaut, aber ohne Verdienst – enthält mehrere Unterrichtssäle und dann einen größeren, in dem verschiedene Modelle und [die] zum Institut gehörige Bibliothek aufgestellt ist. [...]

Mehrere Modelle von Brücken [...], mehrere Modelle von Charpente, von Maschinen, die das Wasser schöpfen etc. Vor einen Mechanicus ist es wirklich sehr interessant, diesen Saal zu sehen. In der Mitte desselben an der Wand steht Perronets Büste. In dieser Schule werden auch Preise ausgeteilt. Die Preisstücke waren oben aufgehängt, um auf den Samstag beurteilt zu werden. Das Programm war eine hölzerne Brücke über einen Fluß von bestimmter Breite. Es waren mehr denn 40 Projecte da, wo gewiß einige sehr gute darunter sind; dann auch größere und kleinere architektonische Compositionen, Modelle von Holz, von Steinschnitt etc. Die Preise sind verschieden – von 200 Livres bis 60 L[ouisd'or] –; die aber nicht ausgezahlt werden, sondern wofür der junge Mensch sich Bücher anschaffen kann. Überdies gibt ihm jeder Preis 25 Degré; und wenn er davon 120 hat, so gehört er zu jenen Sujets, aus denen der König Ingenieurs und Leute wählt, die bei denen Arbeiten in der Provinz angestellt werden. Dieses ist wirklich eine vortreffliche Anstalt, die vielen anderen Ländern abgeht und besonders in Teutschland selten ist; wo die Berech-

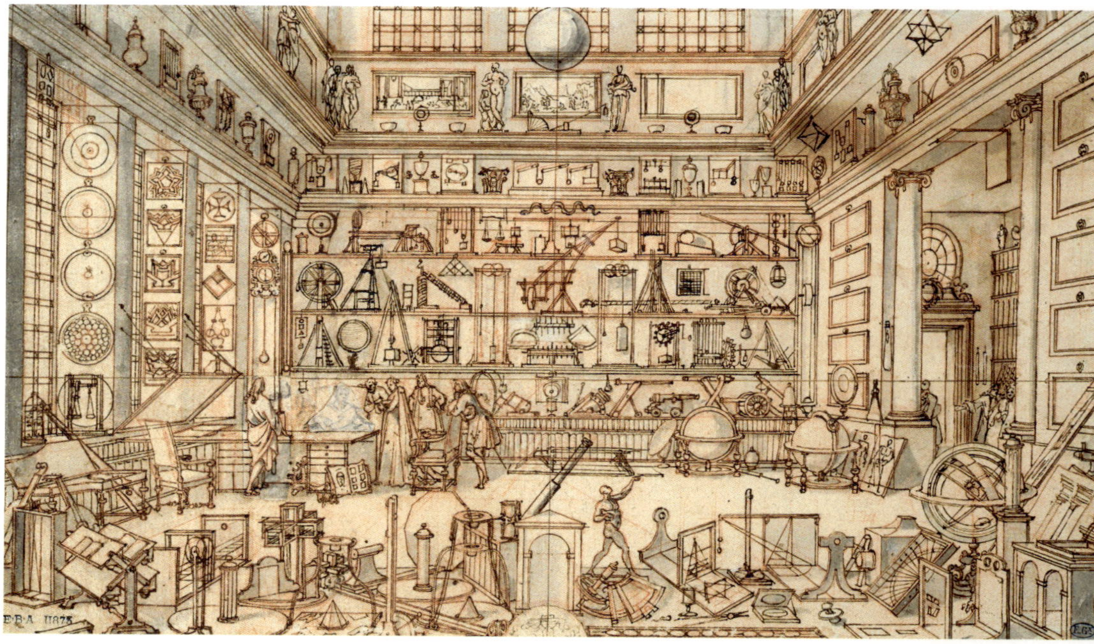

9 Modellsammlung des physikalischen Kabinetts der Académie de sciences in Paris, Zeichnung von Sébastian Le Clerc, vor 1698.

nungen der Kraft und Last nur in den Lehrbüchern und auf dem Catheder vorgetragen, aber nicht auf praktische Ausübung angewendet wird.»[32] (**Abb. 9**)

Nach der Gründung der École polytechnique wurde die École des ponts et chaussées nach 1795 zu einer der höheren technischen Schulen (Écoles d'application) deklariert, zu der die Studenten erst nach Abschluss der Kurse an der École polytechnique Zugang hatten.

Die École polytechnique

Auf dem Höhepunkt der kriegerischen Auseinandersetzungen um die junge Republik, nur ein Jahr nach der Hinrichtung des Königs am 21. Januar 1793, dem Ende der Schreckensherrschaft, dem Sturz Robespierres (27./28. Juli 1794) und noch während des Ersten Koalitionskrieges (1792–97) wurde als neue, ‹republikanische› Ausbildungsstätte für Ingenieure, Artillerie- und Pionieroffiziere am 1. April 1795 die École centrale des travaux publics ins Leben gerufen. Eine Ursache hierfür war die Einberufung der Studenten der École des ponts et chaussées zur Armee 1793, was zur Einstellung des Unterrichts geführt hatte. Um weiterhin Ingenieure für die Armee auszubilden, machte Perronets Nachfolger als Direktor der École des ponts et chaussées, Jacques-Élie Lamblardie (1747–97), 1794 den Vorschlag zur Gründung einer Zentralschule, die die während der Revolutionszeit geschlossenen Schulen ersetzen sollte. Die Gründung der neuen Schule beschreibt der Professor für Mathematik an der Universität Königsberg, Carl Gustav Jacob Jacobi (1804–51) in einem 1835 gehaltenen Vortrag: «Da der Staatsdienst die schleunige Ausbildung einer grossen Menge junger Leute forderte, und die Einrichtung verschiedener Schulen an verschiedenen

32 Wolzogen 1989 (wie Anm. 22), S. 178–179.

Orten dem Drängen des Augenblicks nicht entsprach, so sollte die eine Schule zu allen Staatsdiensten, zu welchen Vorkenntnisse in den exacten Wissenschaften nöthig sind, vorbereiten. Diese Idee teilte er Monge mit, der sie mit seinem gewohnten Feuereifer ergriff, und der von da an in allen seinen verschiedenen Lebenslagen, abwesend oder gegenwärtig, bis zu seinem Ende durch Lehre oder That die wesentlichste Stütze der neuen Anstalt war.»[33] Erster Direktor der im März 1794 vom Nationalkonvent beschlossenen École centrale des travaux publics wurde Lamblardie, der sich zusammen mit Gaspard Monge bemühte, die geplante Anzahl der unterschiedlichen Ausbildungsgänge einzurichten. Das Alter der Aufzunehmenden sollte zwischen sechzehn und zwanzig Jahren liegen, die Anzahl der Studierenden bei dreihundertfünfzig bis vierhundert. Dies war aber unter den katastrophalen staatlichen Finanzverhältnissen nicht möglich, und so wurde die Schule nach zwei Semestern, am 1. September 1795, in École polytechnique umbenannt, die Studienzeit auf zwei Jahre reduziert und der Lehrplan auf die grundlegenden Fächer für eine weitere Berufsspezialisierung an anderen Schulen begrenzt.[34]

10 École polytechnique, Kupferstich von Albert Decaris, 1965.

Napoleon verlegte 1805 die École polytechnique in die Gebäude des ehemaligen Collège de Navarra (1305) im Quartier Latin, die durch die Auflösung der Schule während der Revolution frei geworden waren.

In seinem Vortrag über die Pariser École polytechnique berichtete C. G. J. Jacobi 1835 auch über den Lehrplan der neu gegründeten Schule: «Die Zeit des Unterrichts sollte drei Jahre umfassen, denen drei Classen entsprachen. Die mathematische Analysis wurde hauptsächlich nur in ihren Anwendungen gelehrt. Diese betrafen im ersten Jahr die analytische Geometrie von drei Dimensionen, im zweiten die Mechanik fester und flüssiger Körper, im dritten die Maschinenlehre. Die Geométrie descriptive wurde im ersten Jahr auf Stereometrie, im zweiten auf Architektur, im dritten auf Fortifikationen angewendet. In

33 Jacobi, Carl Gustav Jacob: Über die Pariser Polytechnische Schule, in: Weiherstrass, Karl (Hg.): C. G. J. Jacobi's Gesammelte Werke, Bd. 7. Berlin 1891, S. 356–370.

34 Zur École polytechnique: Pfammatter, Ulrich: Die Erfindung des modernen Architekten. Ursprung und Entwicklung seiner wissenschaftlich-industriellen Ausbildung. Basel/Boston/Berlin 1997, S. 17–102; Garleff, Jörn: Die École polytechnique und die École des beaux-arts in Paris, in: Johannes, Ralph (Hg.): Entwerfen. Architektenausbildung in Europa von Vitruv bis Mitte des 20. Jahrhunderts. Geschichte – Theorie – Praxis. Hamburg 2009, S. 392–411.

der Chemie wurden die Salze im ersten, die organischen Substanzen im zweiten, die Mineralien im dritten Jahr behandelt. In der Physik wurde jedes Jahr derselbe Cursus wiederholt. Ausserdem fanden noch die ganze Zeit hindurch fortlaufende Übungen im freien Handzeichnen [nach Modellen] statt. Der Cursus über Stereometrie umfasste Steinschnitt, Holzconstructionen, die Lehre von den Schatten, der Linear- und Luftperspektive, Aufnahme von Karten und Plänen, Nivellements, einfachen und hauptsächlichsten zusammengesetzten Maschinen. Unter Architektur, was der Cursus des zweiten Jahres war, verstand man die Anlegung und Unterhaltung von Chausseen, Brücken, Canälen und Häfen, Bergbau, schöne Baukunst und dergleichen mehr. Der Kursus über Physik betraf die allgemeinen Eigenschaften der Körper in den drei Aggregatzuständen, die Lehre von der Wärme, vom Licht, von der Electrizität, vom Magnetismus, Meteorologie, Hygrometrie, den allgemeinen Teil der Chemie u.s.w.»[35]

Zum Lehrpersonal gehörten die bedeutendsten Naturwissenschaftler Europas, neben Monge, der Stereotomie lehrte, die Mathematiker Gaspard de Prony und Joseph-Louis Lagrange in Mathematik und Mechanik, Jean Henri Hassenfratz in der Physik, die Chemiker Antoine François de Fouercroy und Louis-Nicolas Vauquelin, Claude-Louis Berthollet und Jean-Antoine Chaptal für die Chemie. Mathematik war Pflichtfach für alle Studierenden.[36] «Sie war keine Schule für Baukunst», schreibt Werner Szambien, «sondern eine dem militärischen Regime unterliegende Lehranstalt, die in zwei Jahren dauernden, sehr gedrängten Kursen auf die sogenannten Écoles d'application vorbereitete. Sie hatte die zum Eintritt in die ebenfalls staatlichen Ingenieurschulen notwendigen Grundkenntnisse zu vermitteln, wobei die mathematisch-physikalische Ausrichtung tonangebend war.»[37] (**Abb. 10**) Zur Fortsetzung ihres Studiums konnten die ‹Polytechniciens› entsprechend der Note ihres Abschlusses zwischen verschiedenen Écoles d'application wählen: der Bauschule (École des ponts et chaussées), der Bergbauschule (Écoles des mines), den Ingenieur- und Artillerieschulen (École du génie militaire und École d'artillerie).

Das Neuartige der polytechnischen Ausbildung war ein zuvor nicht gekannter Umfang von durch die Professoren oder die studentischen ‹Répétiteurs› betreuten Übungen, hauptsächlich Zeichenübungen, chemische Experimente und Arbeiten in den verschiedenen Werkstätten. Als Ziel der Ausbildung sollten grundlegende Kenntnisse in den mathematischen Wissenschaften, der Physik, der Chemie und den grafischen Künsten vermittelt werden. Für die Aufnahme waren gute Kenntnisse in Mathematik erforderlich, die in einer Aufnahmeprüfung abgefragt wurden.

Der Lehrkörper umfasste vier Professoren für Analysis/Mechanik und Géometrie descriptive, drei für Chemie, je einen für Physik und Zeichnen sowie einen ‹Inspecteur des élèves›, der gleichzeitig Architektur lehren sollte, einen Administrator, einen Sanitätsoffizier und einen Bibliothekar.[38] Die Karriereaussichten für die Absolventen waren gross, die wichtigsten Berufsfelder waren die Corps de l'État für Artillerie, die Pioniertruppe oder das Corps de ponts et chaussées, die regelmässig 70–80 Prozent der Absolventen aufnahmen, wobei der Anteil des Offiziersnachwuchses immer über 50 Prozent lag (**Abb. 11**).[39] Diese waren zuständig für die militärische Infrastruktur wie den Bau und die Unterhaltung von Befestigungsanlagen. Die Aufgaben der zivilen ‹Ingenieure› lagen in der Planung, Kontrolle und Instandsetzung der zivilen Infrastruktur, der Strassen und Kanäle und der Suche und Ausbeutung von

---

35 Jacobi 1891 (wie Anm. 33), S. 362.

36 Bothe, Rolf: Clemens Wenzeslaus Coudray. Ein deutscher Architekt des Klassizismus. Köln/Weimar/Wien 2013, S. 37.

37 Szambien, Werner: Architekturdarstellung an der Pariser École Polytechnique zu Beginn des 19. Jahrhunderts, in: Daidalos 11 (1984), S. 53–64, hier S. 55–56.

38 Paul 1980 (wie Anm. 7), S. 115.

39 Ebd., S. 129. Der Lehrplan der ersten Jahre ist auf den Seiten 100–101 abgedruckt.

11 Zwei Vermessungsingenieure der napoleonischen Armee (rechts im Offiziersrang) bei der topografischen Geländeaufnahme, Gouache, von Carle Vernet (1758–1836) nach Entwurf von Etienne-Alexandre Bardin (1774–1840), 1812.

Rohstoffen für die sich entwickelnde Industrie. Die Architekturausbildung unter Durand war für die angehenden Ingenieure eher zweitrangig und hatte die Aufgabe, ihnen die Anfangsgründe der Architekturgeschichte, Materialkunde und Gebäudeplanung zu vermitteln.

1805 wurde die Struktur der Schule wegen der permanenten Kriege Napoleons militarisiert. Die Schüler, die bis dahin eine staatliche Pension erhalten hatten, mussten jetzt 800 Francs Schulgeld zahlen und wurden nicht mehr bei ‹republikanischen› Pariser Familien untergebracht, sondern kaserniert und erhielten den Grad eines Sergeanten der Artillerie. Eine Uniform hatten sie schon früher getragen.

Gaspard Monge und die *Géométrie descriptive*

Ein Schwerpunkt der Ausbildung der ‹Polytechniciens› bestand aus Vorlesungen und Übungen im Fach *Géométrie descriptive,* die 50 Prozent der gesamten Zeit in Anspruch nahmen.[40] Ursache für die grosse Bedeutung, die dieser auf mathematischer Grundlage aufbauenden Zeichentechnik zugemessen wurde, waren die seit der Mitte des 18. Jahrhunderts immer höheren Anforderungen an die Planung und Ausführung von Militärbauten (Befestigungen), Strassen und Kanälen, die Konstruktion neuer Kraft- und

40 Ebd., S. 104.

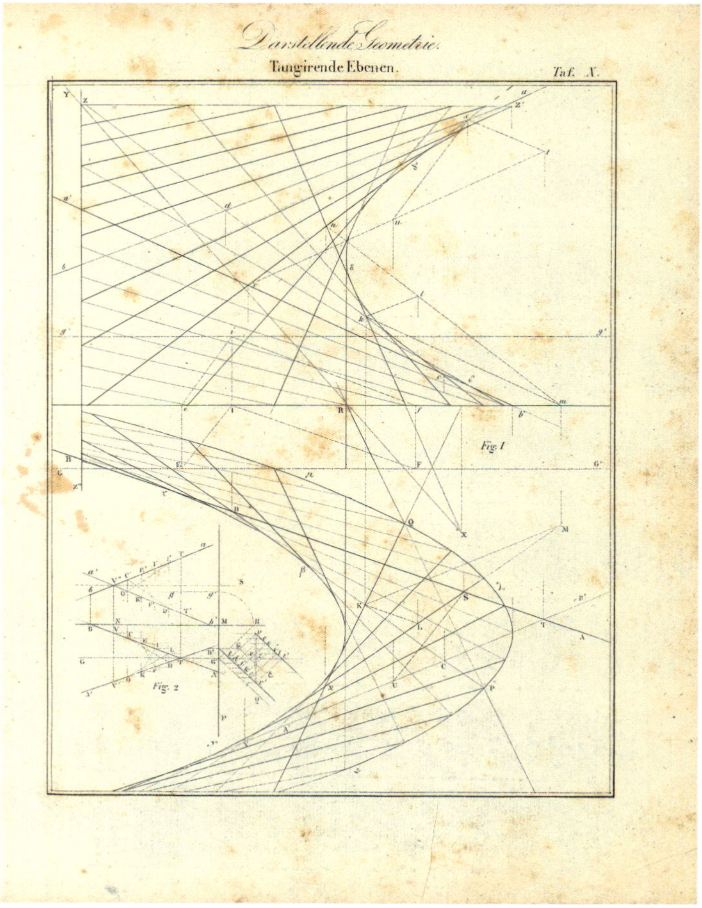

12 «Konstruktion tangierender Ebenen», Taf. X aus: Schreiber, Guido: Lehrbuch der Darstellenden Geometrie nach Monge's Géométrie descriptive. Karlsruhe 1828/29.

Arbeitsmaschinen (Dampfmaschinen) sowie des sich parallel dazu entwickelnden Maschinenbaus (Eisen statt Holz). Die Kenntnis der Géométrie descriptive wurde als Voraussetzung für jede Art exakter Vermessung, Darstellung, Berechnung und Projektierung betrachtet und diente in der Praxis der Lösung vielfältigster Aufgaben: dem Zeichnen von Maschinenteilen ebenso wie der Darstellung von Geländereliefs, zur Konstruktion von Architekturperspektiven und Schattenkonstruktionen sowie dem Steinschnitt.[41] Im Ausbildungsablauf der Schule rangierte das Fach weit vor der Architektur, ebenso wie die Fächer Mathematik und Physik, die beiden anderen Hauptdisziplinen. Die erste schriftliche Zusammenfassung der Géométrie descriptive wurde 1795 im *Journal des Écoles Normales* publiziert. Ein Lehrbuch mit neun der zwölf Lektionen, einschließlich 25 Tafeln, wurde 1798 gedruckt; die erste vollständige französische Ausgabe erschien 1822.[42] Die erste deutsche Übersetzung, wahrscheinlich veranlasst durch die Neu-

41 Zur Lehre Gaspar Monges: Szambien 1984 (wie Anm. 37), S. 53–64; Kurrer, Karl Eugen: Geschichte der Baustatik. Auf der Suche nach dem Gleichgewicht. 2., stark erweiterte Aufl. Berlin 2016, S. 41–42; Bothe 2013 (wie Anm. 36), S. 39, Anm. 33; Paul 1980 (wie Anm. 7); Sellenriek, Jörg: Zirkel und Lineal. Kulturgeschichte des Konstruktiven Zeichnens. München 1987, S. 163–179.

42 Monge, Gaspard: Géométrie descriptive. Paris 1798.

gründung des Polytechnikums in Karlsruhe, erschien 1828/29 (**Abb. 12**).[43] 1792 wurde Monge Marineminister. Unter Napoleon, mit dem er befreundet war, nahm er als Diplomat am Italienfeldzug 1797/98 teil und als Wissenschaftler an dessen Ägyptenexpedition 1798/99. In Kairo wurde er auf Anregung Napoleons Direktor des dort gegründeten Institut d'Égypte. 1810 verliess er die École polytechnique; 1816, nach dem Ende der napoleonischen Herrschaft, wurde er von der neuen Regierung wegen seiner engen Verbindung zu Napoleon sämtlicher Ämter enthoben.

Monges Géométrie descriptive fand innerhalb kurzer Zeit weite Verbreitung und wurde zu einem wichtigen Grundlagenfach der Ingenieurausbildung, obwohl die grosse Bedeutung, die ihr zu Beginn der École polytechnique für das Curriculum insgesamt beigemessen wurde, im Laufe der Zeit zurückging und sie durch das Fach Analysis ersetzt wurde. Eine Weiterentwicklung der Géométrie descriptive gelang einem Schüler Monges, Jean Victor Poncelet (1788–1867), der die Schule 1810 absolviert hatte. Die auf ihn zurückgehende projektive Geometrie war eine der Voraussetzungen für die Entwicklung der grafischen Statik durch Carl Culmann (1821–81) 1864.[44]

Jean-Nicolas-Louis Durand

Der Lehrer für Architektur an der École polytechnique war Jean-Nicolas-Louis Durand (1760–1834) (**Abb. 13**), der an der Académie royale d'architecture studiert hatte, seit 1776 bei Étienne-Louis Boullée als Zeichner tätig gewesen war, mehrere Architekturwettbewerbe gewonnen hatte und bei der Gründung der École polytechnique 1794 als Zeichenlehrer eingestellt wurde. 1797 übernahm er den Lehrstuhl für Architektur, den er bis 1830 innehatte. Bekannt wurde er durch die auf Karopapier (‹papier quadrillé›) gezeichneten Rasterentwürfe, die nach Pfammatter eine von ihm «standardisierte und effiziente Entwurfsmethodik [darstellten], die die Grundzüge der Architektur sowie des Projektierens vermittelte und erlaubte, alle Bauaufgaben, von der Treppenanlage bis zum Städtebau, professionell zu bewältigen und die an der Schule gelernten und trainierten situativen, räumlichen und konstruktiven Regeln auch auf unbekannte und neuartige Fragestellungen anzuwenden»[45] (**Abb. 14**). Als Lehrbücher und Mustersammlungen dienten seine drei Publikationen. Die 1799–1801 publizierte Tafelsammlung *Recueil et parallèle des édifices* mit vorbildlichen Bauten von der Antike bis ins 18. Jahrhundert sollte den Studenten einen Überblick verschaffen und wurde lange Jahre an der École des beaux-arts benutzt.[46] Der Abdruck von Durands Vorlesungen unter dem Titel *Précis des leçons d'architecture données à l'école polytechnique* erschien in zwei Bänden 1802–05[47] und 1821 veröffentlichte er ein drittes Lehrbuch mit bautypologischen Beispielen.[48] Der grosse Erfolg, der Durands Architekturtheorie beschieden war, erklärt sich daraus, dass sie im Gegensatz zu der

---

43 Schreiber, Guido: Lehrbuch der Darstellenden Geometrie nach Monge's Géométrie descriptive. Karlsruhe 1828/29.

44 Straub, Hans: Die Geschichte der Bauingenieurkunst. Ein Überblick von der Antike bis in die Neuzeit. 4. Aufl. Basel/Boston/Berlin 1992, S. 258; Kurrer 2016 (wie Anm. 41), S. 456. Dass dem Fach darstellende Geometrie auch heute noch Bedeutung innerhalb der Ingenieurausbildung zugemessen wird, zeigt das zweibändige Lehrbuch von Fritz Reutter, das von 1947 bis 1975 in 11 Auflagen erschien.

45 Pfammatter 1997 (wie Anm. 34), S. 60.

46 Durand, Jean-Nicolas-Louis: Recueil et parallèle des édifices de tout genre anciens et modernes. Tafelwerk 2 Bde. Brüssel 1799–1801. Durand bietet darin eine Zusammenstellung sämtlicher bekannter und als wichtig eingestufter Bauwerke.

47 Durand, Jean-Nicolas-Louis: Précis des leçons d'architecture données à l'école polytechnique. 2 Bde. 1802–05. Eine deutsche Übersetzung erschien 1831 in Zusammenhang mit der Gründung des Karlsruher Polytechnikums: Durand, Jean-Nicolas-Louis: Abriß der Vorlesungen über Baukunst gehalten an der königlichen polytechnischen Schule in Paris. Karlsruhe/Freiburg (Br.) 1831.

48 Durand, Jean-Nicolas-Louis: Partie Graphique des Cours d'Architecture faits à l'École Royale Polytechnique depuis sa Réorganisation. Paris 1821.

13 Porträt von Jean-Nicolas-Louis Durand (1760–1834), Kupferstich eines unbekannten Künstlers, 19. Jahrhundert.

Jean-Nicolas-Louis Durand wurde 1794 durch Unterstützung von Pierre-François-Léonard Fontaine als Zeichner an der École polytechnique angestellt. Er bereitete das Anschauungsmaterial für den Architekturkurs von Louis-Pierre Baltard vor, den er 1797 als Professor ersetzte. Schwer erkrankt musste er 1833 seinen Posten aufgeben. Sein Nachfolger wurde 1837 Léonce Reynaud.

Architektenausbildung während des Ancien Régime, die auf der Grundlage der Forderungen Vitruvs nach Festigkeit *(firmitas)*, Zweckmässigkeit *(utilitas)* und Anmut *(venustas)* der Architektur beruhte, die Anforderungen der revolutionären Gesellschaft hervorhob. Jetzt sollten Nützlichkeit *(utilité)*, soziale Angemessenheit *(convenance)* und Wirtschaftlichkeit *(économie)* das Entwurfskonzept wie die konstruktive Ausführung bestimmen. «Die theoretische Grundlegung der Nützlichkeit und Ökonomie verknüpft demnach Funktion (Ort, Programm, Gebrauch), Raum (Komposition, Volumetrie) sowie die Konstruktion (Systeme, Material) zu einem methodischen Schlüssel des Entwurfsvorgangs und prägte den modernen polytechnischen Unterricht», so Ulrich Pfammatter.[49] Auf der Grundlage eines eng bemessenen Ausbildungszeitraums stellte Durands Lehre den Versuch dar, die Bereiche Baugeschichte,[50] Konstruktionswesen und Entwurfssystematik auf rationaler Grundlage zusammenzufassen.

Adolf Max Vogt hat im Vorwort zur Neuauflage von Boullées Traktat *Architektur. Abhandlung über Kunst*[51] auf Durands Tätigkeit im Atelier Boullées seit 1776 hingewiesen (**Abb. 15**). Dessen Entwürfe und Architekturlehre an der École des ponts et chaussées 1778–88 wird von ihm als Reaktion auf den zu dieser Zeit stattfindenden Bedeutungsverlust der Architekten gesehen, der verbunden war mit einer «Offensive der Ingenieure. Diese führt zu einer massiven Einschränkung der Domäne des Architekten im Laufe des 18. Jahrhunderts. Früher war es selbstverständlich, daß der Architekt neben dem Zivilbau auch die Militärbauten, den Hafenbau, die Wasserwerke, die Brücken und die Straßenkonstruktion in der Hand hatte. Genau das wird ihm nun strittig gemacht durch die Gründung erstens der ‹Ecole des Ponts et Chaussées›

49 Pfammatter 1997 (wie Anm. 34), S. 62.

50 Die von ihm angebotene Baugeschichte war keine ‹Geschichte der Architektur›, sondern eine Klassifikation nach Bautypen.

51 Vogt, Adolf Max: Einführung, in: Wyss, Beat (Hg.): Etienne-Louis Boullée. Architektur. Abhandlung über die Kunst. Zürich/München 1987, S. 9–41.

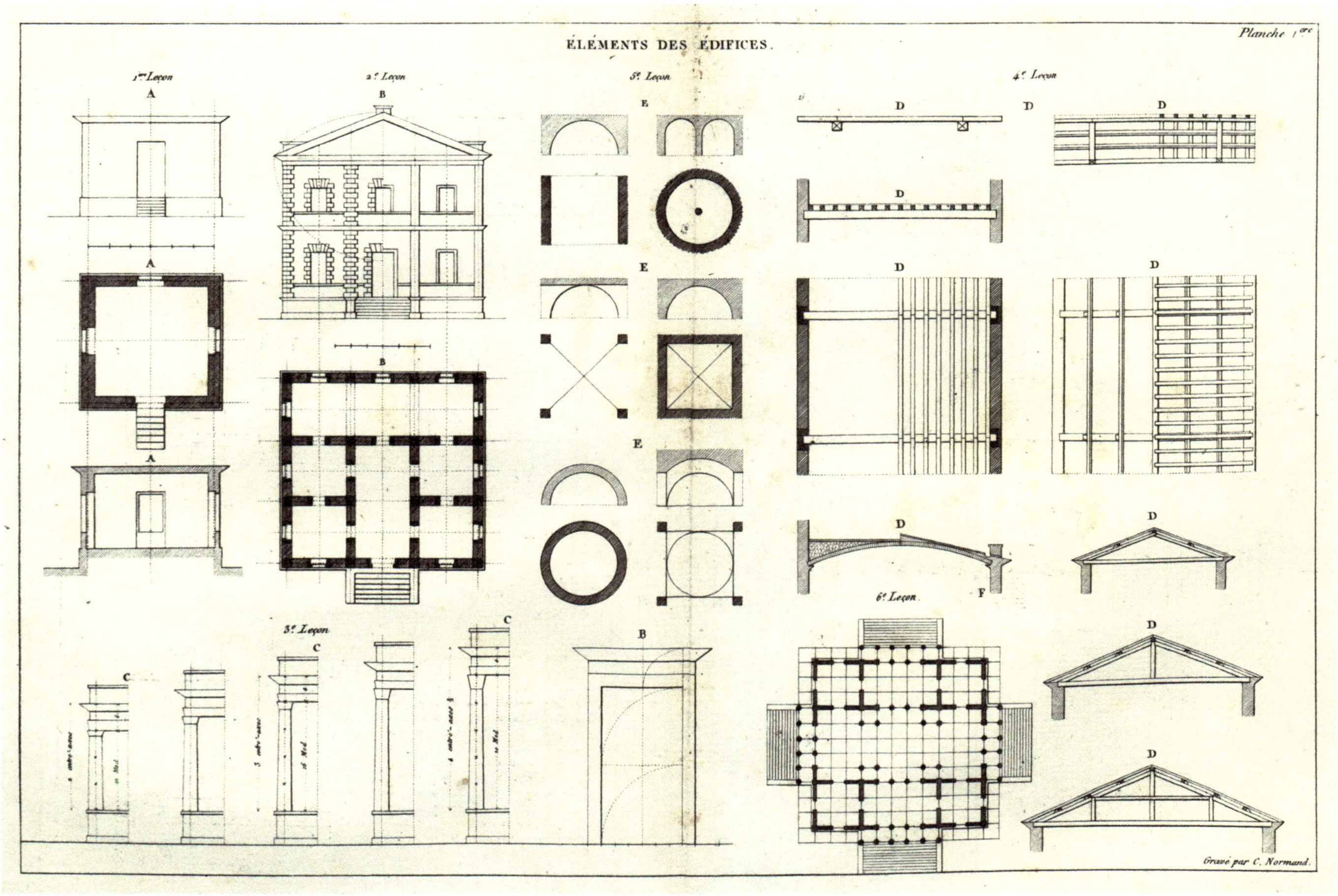

14 «Éléments des édifices», Stich von Charles Normand, Taf. 1 aus: Durand, Jean-Nicolas-Louis: Précis des Leçons d'Architecture données a l'École royale polytechnique. Partie graphique des cours d'Architecture. Paris 1821.

und zweitens durch die Zusammenfassung ihrer Absolventen in einem ‹Corps›. [...] Diese ‹Eindringlinge› sind ihrer Sache – durch die Anwendung von Mathematik – bald derart sicher, daß sie weder zu reden noch überhaupt zu antworten brauchen auf die *Architektenklage,* die mit Boullée beginnt und sich im 19. Jahrhundert, mit der Gründung von spezialisierten Architektenzeitschriften, wortreich fortsetzt.»[52] In ähnlicher Weise hatte sich Durand im ersten Band des *Précis des leçons d'architecture* geäussert: «Die Architekten sind nicht die einzigen, die Bauten zu errichten haben; auch die Ingenieure verschiedener Richtung, Artillerieoffiziere u.a.m., sehen sich oft in diese Situation versetzt. Man könnte sogar beifügen, daß heutzutage die Ingenieure häufiger Gelegenheit haben, große Bauunternehmen durchzuführen als die eigentlichen Architekten. Diese bauen in der Tat oft ihr Leben lang nichts anderes als Privathäuser, während jene von Amts wegen mit dem Bau von Spitälern, Gefängnissen, Kasernen, Arsenalen, Lagerhäusern, Brücken, Häfen, Leuchttürmen und einer Fülle weiterer Bauaufgaben ersten Ranges betraut werden und überdies in entfernten Provinzen, wo die Architekten selten sind, deren Aufgaben übernehmen können. Sie bedürfen deshalb des Wissens und Könnens in der Architektur wenigstens ebensosehr wie die

52 Ebd., S. 29.

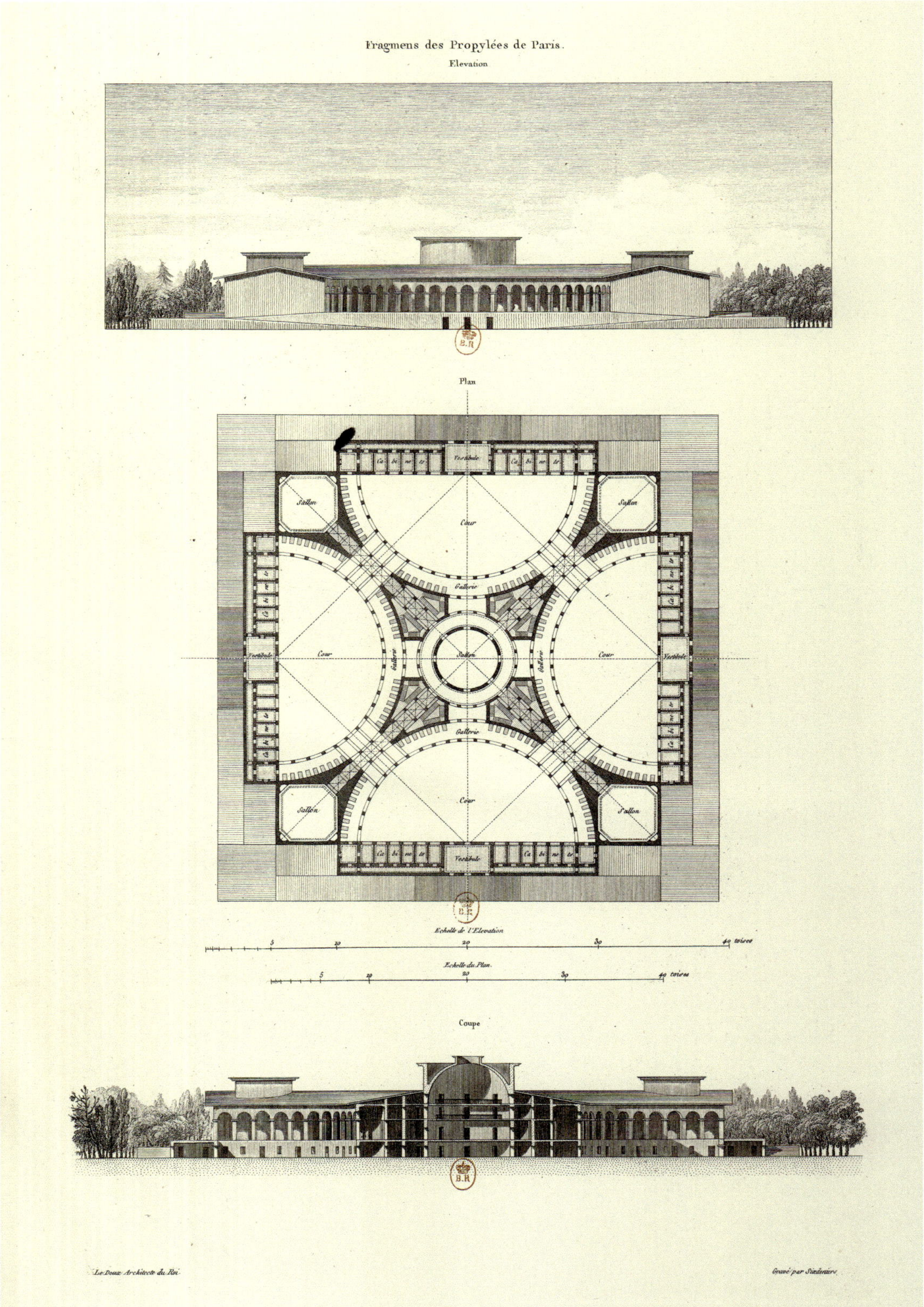

15 Guingette in Chaillot, Entwurfszeichnung von Claude-Nicolas Ledoux, Taf. 233 aus: Ramée, Daniel: L'architecture de C. N. Le Doux, Bd. 2. Paris 1847.

In Zusammenhang mit den Propyläen von Paris entwarf Claude-Nicolas Ledoux (1736–1806) verschiedene Vergnügungsstätten für das einfache Volk, die sogenannten ‹Guingettes›. Hier der Entwurf für die Guingette in Chaillot, der den Einfluss Ledoux' auf die Entwurfsmethode Durands deutlich macht.

Architekten von Beruf.»[53] Für die Planung öffentlicher Bauten bot Durands Entwurfslehre eine rationale methodische Grundlage, die von vielen Architekten übernommen wurde.[54]

Nachfolger Durands an der École polytechnique wurde François-Léonce Reynaud (1803–80),[55] der sein Studium 1821 ebendort begonnen hatte, jedoch die Schule wegen kritischer politischer Äusserungen zusammen mit Albert Auguste Perdonnet (1801–67)[56] 1822 verlassen musste und an die École des beaux-arts wechselte. Ab 1830 studierte Reynaud an der École des ponts et chaussées, 1835 wurde er zum ‹Ingenieur général des ponts et chaussées› ernannt, 1856 zum ‹Inspecteur général des ponts et chaussées› und damit beauftragt, das staatliche Leuchtturmprogramm am Atlantik aufzubauen. Während dieser Zeit war er gleichzeitig Professor für das Fach Architektur an der École polytechnique (1837–67) und der École des ponts et chaussées (1842–67). 1869 übernahm er die Direktion der École des ponts et chaussées, die er bis 1873 innehatte. Seine wichtigsten Publikationen, in denen er versuchte, die neuen Materialien und Konstruktionen mit den historisierenden Formen der zeitgenössischen Architektur zu verbinden, erschienen in den Jahren 1850 bis 1860.[57] «Der ‹Traité›», schreibt Jörn Garleff, «stellt die Verbindung von akademischen Positionen und technischen Erfordernissen dar und versucht im 19. Jahrhundert in umfangreicher Weise und zum letzten Mal, die Kluft zwischen Architektur- und Ingenieurbaukunst zu überbrücken».[58] Aufbauend auf den strengen Vorgaben Durands, doch unter Aufgabe des durandschen Rasters betonte Reynaud die Bedeutung der ‹neuen› Materialien für die Architektur: die Verwendung des hydraulischen Kalks, des Zements, des Eisens und deren Eigenschaften. In seinem Lehrbuch finden sich die neuesten Pariser Bauten abgebildet: die Bibliothek Sainte-Geneviève von Labrouste, 1850 fertiggestellt, und der erste Gare du Nord, 1842–46 von Reynaud projektiert.[59]

---

53 Durand, Jean-Nicolas-Louis: Précis des leçons d'architekture, Bd. 1, Vorwort, S. 5; Übersetzung in: Germann, Georg: Einführung in die Geschichte der Architekturtheorie. Darmstadt 1980, S. 230.

54 Schönemann, Heinz: Die Lektionen des Jean-Nicolas Durand und ihr Einfluß auf Schinkel, in: Gärtner, Hannelore (Hg.): Schinkel-Studien. Leipzig 1984, S.77–90. Aber nicht nur bei Schinkel, sondern auch bei Klenze oder Coudray, die während ihrer Pariser Studienzeit im Atelier Durands als Zeichner tätig gewesen waren, lässt sich dessen Einfluss nachweisen.

55 Zu Reynaud: Garleff, Jörn: Die École des Beaux Arts in Paris. Tübingen/Berlin 2003, S. 62–69; Ulrich Pfammatter 1997 (wie Anm. 34), S. 67–73.

56 Auguste Perdonnet wurde nach einem Studium an der Pariser École des mines zum führenden Vertreter des französischen Eisenbahnbaus, veröffentliche 1830 zusammen mit Léon Coste das erste Werk über den Eisenbahnbau und wurde 1831 Professor für Eisenbahnbau an der École centrale des arts et manufactures. Pfammatter 1997 (wie Anm. 34), S. 109–112.

57 Raynaud, Léonce: Traité d'architecture, contenant des notions générales sur les principes de la construction et sur l'Histoire de l'art. Paris 1850; 2. veränd. Auflage: Bd. 1: Art de bâtir, étude sur les materiaux. Paris 1860; Bd. 2: Composition des édifices, étude sur l'esthétique, l'histoire et les conditions actuelles de édifices. Paris 1863.

58 Garleff 2003 (wie Anm. 55), S. 66.

59 Der als Belgischer Bahnhof errichtete Bau hatte eine hölzerne Dachkonstruktion, gemauerte Seitenwände und eine mittlere gusseiserne Stützenreihe. 1861 wurde er für den derzeitigen Gare du Nord (Architekt: J. I. Hittorff), der 1864 in Betrieb genommen wurde, abgebrochen.

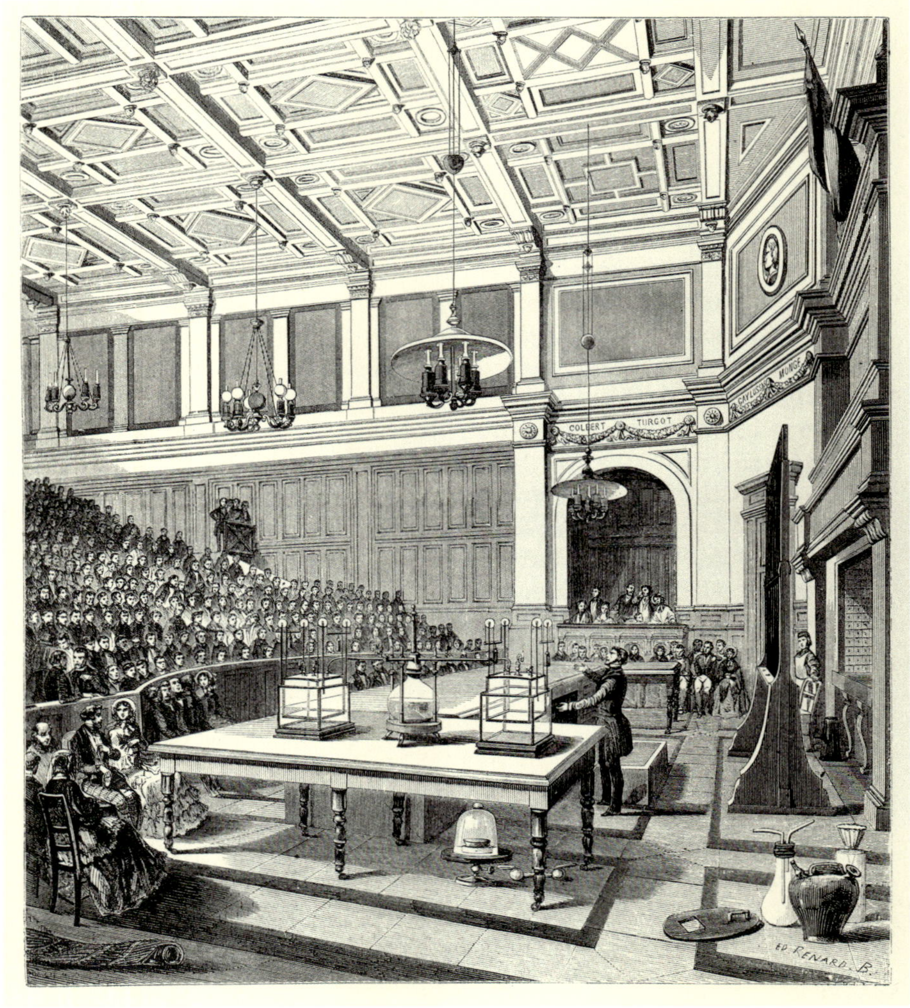

Das Conservatoire des arts et métiers

16 Vortragssaal des Conservatoire des arts et métiers in Paris, Zeichnung von B. Renard, undatiert.

Während der Revolutionszeit wurden 1792 die Zünfte und Korporationen als Relikte des Ancien Régime aufgehoben und die Gewerbefreiheit eingeführt. Eine Folge davon war, dass damit auch die Lehrverträge aufgehoben wurden und somit keine berufliche Bildung mehr stattfand. Als Ersatz dafür wurde 1794 von dem Geistlichen und Abgeordneten des Nationalkonvents Henri Grégoire das Conservatoire des arts et métiers ins Leben gerufen (**Abb. 16**). Die Schule bot Handwerkern mit Berufserfahrung eine dreijährige technisch-gewerbliche Ausbildung, die um technisches Zeichnen und elementare Mathematik ergänzt wurde. Die Absolventen fanden ihre Tätigkeit hauptsächlich im Hüttenwesen, im Maschinenbau und bei den Eisenbahnen. Im Gegensatz zu den Staatsingenieuren, die die ‹Grandes écoles› besucht hatten, nahmen die Techniker des Conservatoire des arts et métiers die mittleren Positionen in den Industriebetrieben ein.[60]

60 Stück, Heiner: Die französischen Ingenieure aus deutscher Sicht, 1747–1990, in: Grelon/Stück 1994 (wie Anm. 29), S. 417–440, hier S. 426–427.

Das Conservatoire des arts et métiers war die zweite bedeutende Gründung während der Revolutionszeit. Seine Aufgabe bestand, ausser in der Lehre, auch darin, die im Ancien Régime angeschafften Maschinen einzusammeln und neu aufzustellen, um Handwerkern und Industriellen ihre Funktionsweise und Nützlichkeit vorzuführen und somit technisches Wissen zu verbreiten. Ein Zeichenbüro für Maschinenzeichnungen und eine grosse Bibliothek ergänzten das Angebot der seit 1799 in der alten Abtei von Saint-Martin-des-Champs untergebrachten Institution.[61] Als Antwort auf die private Gründung der École centrale des arts et manufactures wurde 1839 das Conservatoire zu einer Hochschule umgestaltet und mit zwölf neuen Lehrstühlen für angewandte Wissenschaft ausgestattet: Chemie, Landwirtschaftslehre, darstellende Geometrie, Mechanik etc.[62]

Die École centrale des arts et manufactures

Die ursprüngliche Idee der Gründer der École polytechnique, die gesamte Ingenieurwissenschaft an einer zentralen Stelle zu lehren, hatte sich bereits nach kurzer Zeit als nicht durchführbar erwiesen. Das Ergebnis war, dass die École polytechnique sich zu einer Vorbereitungsschule für die verschiedenen Spezialschulen, die Écoles d'applications, entwickelte. Dadurch konnte sich die École polytechnique ganz dem Schwerpunkt der theoretischen Grundlagen der Wissenschaft widmen und entwickelte sich zu einer Eliteschule für Staatsbeamte. Die Industrie benötigte jedoch Architekten und Ingenieure, die auf einer breiten wissenschaftlichen Grundlage ausgebildet waren und Theorie und Praxis, Wissenschaft und Technik beherrschten. Diese Fähigkeiten waren nach dem Sturz Napoleons und der Aufhebung der Kontinentalsperre erforderlich, um die zurückgebliebene industrielle Entwicklung Frankreichs voranzutreiben. 1829, kurz vor der Julirevolution (1830) und während einer Zeit, in der der Staat relativ schwach war, wurde zu diesem Zweck, auf privater Basis und ohne Einfluss des Staates, die École centrale des arts et manufactures in Paris gegründet (**Abb. 17**).[63] Die Studenten sollten in den ‹industriellen Wissenschaften›, den ‹Sciences industrielles› ausgebildet werden, ein Begriff, den die Gründer und die erste Generation der Professoren erfunden hatten, um den Unterschied zur École polytechnique deutlich zu machen. Die Schule war im Gegensatz zu den staatlichen nicht kostenlos, doch bereits zum ersten Jahrgang hatten sich 147 Studenten eingeschrieben. Die Ausbildung dauerte drei Jahre, in den ersten Jahren wurden die wissenschaftlichen Grundlagen vermittelt, im letzten Ausbildungsjahr konnte man sich in den Fächern Bauwesen, Chemie, Mechanik und Metallurgie spezialisieren. Architekten und Ingenieure wurden gemeinsam ausgebildet. Die Verbindung zur Praxis wurde durch regelmässige Baustellenbesuche, Besuche neuer Produktionsstätten und Experimente im Labor geschaffen. Dazu kam als weiterer Unterrichtsbestandteil eine umfangreiche Ferienarbeit (‹Travaux de vacances›), in der die Studenten industrielle Bauwerke ausführlich untersuchen mussten. Am Ende der Ausbildung erhielt der Student ein Diplom als ‹Ingénieur civil›.

Betrachtet man die angebotenen Fächer der École centrale, so wird deutlich, wie sehr die Schule sich von der École polytechnique unterschied und bemüht war, die neuen technischen Anforderungen der Industrialisierung im Bau- und Ingenieurwesen in der Lehre zu berücksichtigen. Als Professoren waren die führenden Ingenieure und Wissenschaftler ihrer Zeit tätig:

---

61 Grelon/Stück 1994 (wie Anm. 29), S. 27–29. Heute befindet sich in der ehem. Klosterkirche Saint-Martin-des-Champs das Musée des arts et métiers mit der grossen Modellsammlung des Conservatoires.

62 Grelon/Stück 1994 (wie Anm. 29), S. 16–18.

63 Grundlage ist die ausführliche Darstellung bei Pfammatter 1997 (wie Anm. 34), S. 103–207. Ein Curriculumsvergleich zwischen École polytechnique und École centrale für 1830/31 findet sich: ebd., S. 118.

17 Hôtel Salé im Marais, Radierung eines unbekannten Künstlers, undatiert.

Das Hôtel Salé, im Marais in der Rue de Thoringy gelegen, wurde 1656–59 für Pierre Aubert erbaut. Er war Einnehmer der Salzsteuer und Protegé des Finanzministers Nicolas Fouquet. Nach dem finanziellen Ruin Auberts folgte seit 1661 ein häufiger Wechsel der Nutzer, darunter auch die École centrale des arts et manufactures in den Jahren 1829–84. Seit 1979 beherbergt das Gebäude das Picasso-Museum.

- *Industrielle Physik* und *Industrielle Chemie*: Jean-Baptiste Dumas (1800–84) und Bussy
- *Eisenbahnwesen*: Auguste Perdonnet (ab 1832–65)
- *Maschinenbau*: Camille Polonceau (1851/52)
- *Dampfmaschinen, Turbinen, Hydraulik*: Jean-Daniel Colladon (1830–36), Léonce Thomas (1835–69)
- *Zeichnen*: Thoumeloup
- *Geométrie descriptive*: Théodore Olivier (1793–1853)

Im Laufe der Zeit kamen weitere Fächer wie *Chemische Technologie* (ab 1844) und *Industrielle Ökonomie* (ab 1856) hinzu.

Der Baukurs wurde 1833–64 von Charles-Louis Mary (1791–1870) gelehrt, einem Durandschüler, der die Ideen Jean-Nicolas-Louis Durands um den konstruktiven Aspekt erweiterte.[64] Sein Lehrbuch *Cours d'Architecture* erschien in Paris ab 1852/53 mit grossartigen Konstruktionszeichnungen zumeist moderner eiserner Bauwerke (**Abb. 18/19**).[65]

64 Das berühmte ‹Papier quadrillé› Durands auf dem die Entwürfe konzipiert wurden, wurde auch von Mary weiterhin benutzt.

65 Mary, Charles-Louis: Cours d'Architecture, à l'École centrale des arts et manufactures. Paris 1852/53. Das Lehrbuch war ein handschriftliches Manuskript, welches Mary immer wieder veränderte.

Nachdem die Schule 1857 wegen ihres grossen Erfolgs vom französischen Staat übernommen wurde, gründete Émile Trelat (1821–1907) 1865 in Paris eine neue private Architekturschule, die École spéciale d'architecture. Unterstützung fand Trélat bei Eugène Viollet-le-Duc (1814–79), dem es nicht gelungen war, die Architektenausbildung an der École des beaux-arts zu reformieren und die neue Schule als Alternative zur Beaux-arts-Ausbildung begrüsste.

Die École des beaux-arts

Die zentrale Ausbildungsstätte für Architekten, die vornehmlich im Privatbereich und nicht im Staatsdienst tätig werden wollten, war die Pariser École des beaux-arts,[66] die aus der unter Ludwig XIV. 1671 gegründeten, aber im Verlauf der Revolution 1793 aufgelösten Académie royale d'architecture hervorgegangen war. Die ehemaligen Akademien des Ancien Régime wurden 1795 im Institut national des sciences et des arts zusammengefasst, dem heutigen Institut de France. 1803, während der napoleonischen Zeit, wurde die Académie des beaux-arts als eine Gelehrtengesellschaft mit wenigen (berufenen) Mitgliedern neu gegründet. 1805, nach der Umwandlung des Louvre zum Nationalmuseum, zog die Académie ins Collège des Quatre Nations (Palais Mazarin) auf dem gegenüberliegenden Seineufer, dem Quai de Conti. Die Eröffnung der École des beaux-arts als eigenständige Institution erfolgte erst 1816. Sie erhielt ihre Räume im ehemaligen Kloster der Petits-Augustins, das seit der Revolutionszeit als Depot gefährdeter Kunstschätze und später als Musée des Monuments français gedient hatte. 1819 fiel die Entscheidung für ein neues Schulgebäude für die Schönen Künste und die Architektur, das die Architekten François Debret (1777–1850) und Félix Duban (1798–1870)[67] entwarfen (**Abb. 20**). Um eine direkte Verbindung über die Seine zum Louvre herzustellen, wurde 1801–03 der Pont des Arts erbaut, die erste eiserne Brücke in Paris.[68]

Der Unterricht bestand aus den Fächern Architekturtheorie, Kunsttheorie, Konstruktion, Mathematik und Perspektive. Das gesamte Studium war in zwei Abteilungen gegliedert, die ‹Deuxième classe› für Anfänger (50 Schüler) und die ‹Première classe› für Fortgeschrittene, die auch berechtigt waren, am jährlichen Wettbewerb für den Grand prix de Rome teilzunehmen – mit der Aussicht, mehrere Jahre als Stipendiat der Académie de France à Rome zubringen zu dürfen (die ab 1803 in der Villa Medici untergebracht war). Zu den Aufgaben der Stipendiaten der Architekturklasse gehörte als eine der Pflichtaufgaben die Vermessung der antiken Bauten in Italien oder Griechenland und ihre zeichnerische Rekonstruktion. Das Ergebnis waren grossformatige, kolorierte Zeichnungen, die in den Räumen der École ausgestellt wurden und den derzeitigen Zustand des Bauwerks zeigten, sowie die Rekonstruktion in gleichem Massstab übereinander.[69]

---

66 Zum Ausbildungssystem der École des beaux-arts: Drexler, Arthur: The architecture of the École des Beaux-Arts. New York 1977; Middleton, Robin: The beaux-arts and the nineteenth-century French architecture. London 1982; Jacques, Annie: La Carrière de l'architecte aus XIXe siècle. Paris 1986; Garleff 2003 (wie Anm. 55),

67 Garleff 2003 (wie Anm. 55), S. 118–128. Debret führte zugleich ein erfolgreiches Atelier in der École des beaux-arts.

68 Die Ingenieure waren Louis Alexande de Cessart (1719–1806), Schüler der École des ponts et chaussées, und Jacques Lacroix-Dillon (1760-1807). Die Brücke wurde 1891 abgebrochen und durch eine Rekonstruktion ersetzt. Chemetov, Paul: Bernard Marrey: Architecture à Paris 1848–1914. Paris 1980, S. 14–15.

69 Cassanelli, Roberto; David, Massimiliano; Albertis, Emidio de; Jacques, Annie: Fragments de la Rome antique dans les dessins des architectes français vainquers du Prix de Rome 1786–1924. Paris 1999; Calazas, Marie-Louise u. a. (Hg.): Paris–Rome–Athènes. Le voyage en Grèce des architectes français aux XIXe et XXe siècles. Paris 1982 (Katalog École nationale supérieure des beaux-arts Paris 1982); Uginet, François-Charles (Hg.): Roma Antiqua. «Envois» degli architetti francesi (1788–1924). Rom 1985 (Ausstellungskatalog Académie de France Rom 1985).

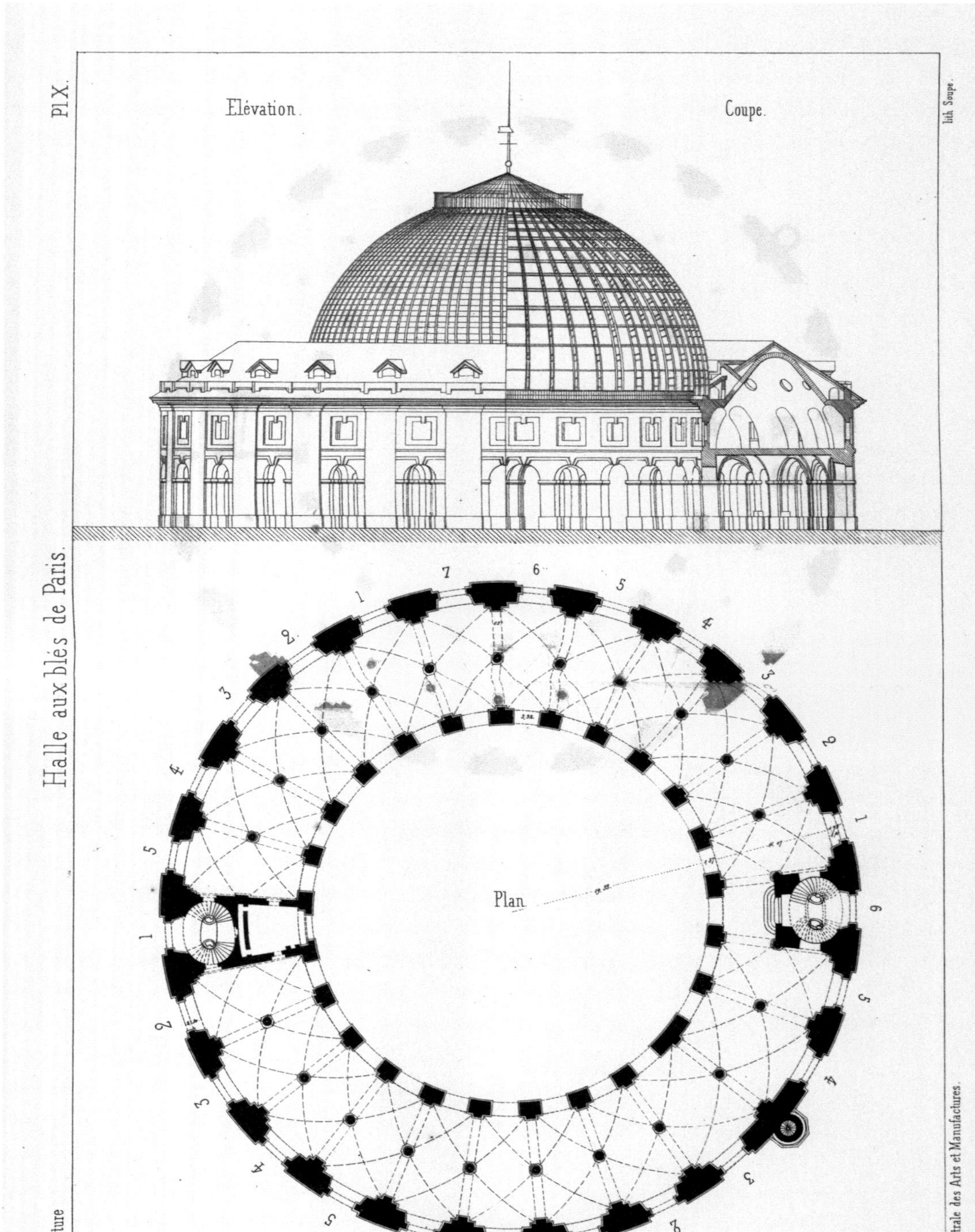

18 Bourse du commerce, Ansicht, Schnitt und Grundriss, Taf. IX aus: Mary, Charles-Louis: Cours d'Architecture, à l'École centrale des arts et manufactures. Paris 1852/53.

Nachdem bei einem Brand im Jahre 1802 die 1782 errichtete hölzerne Kuppel der ehemaligen Halle aux blé (Mehlhalle) zerstört worden war, wurde das Gebäude 1806–11 zur Bourse du commerce (Warenbörse) umgebaut. Die Zeichnung zeigt die neue, gusseiserne Kuppel über dem Innenhof (Architekt: François-Joseph Bélanger (1744–1818); Ingenieur: François Brunet). Die Kuppel gehört zu den Meisterwerken der Pariser Architektur um 1800.

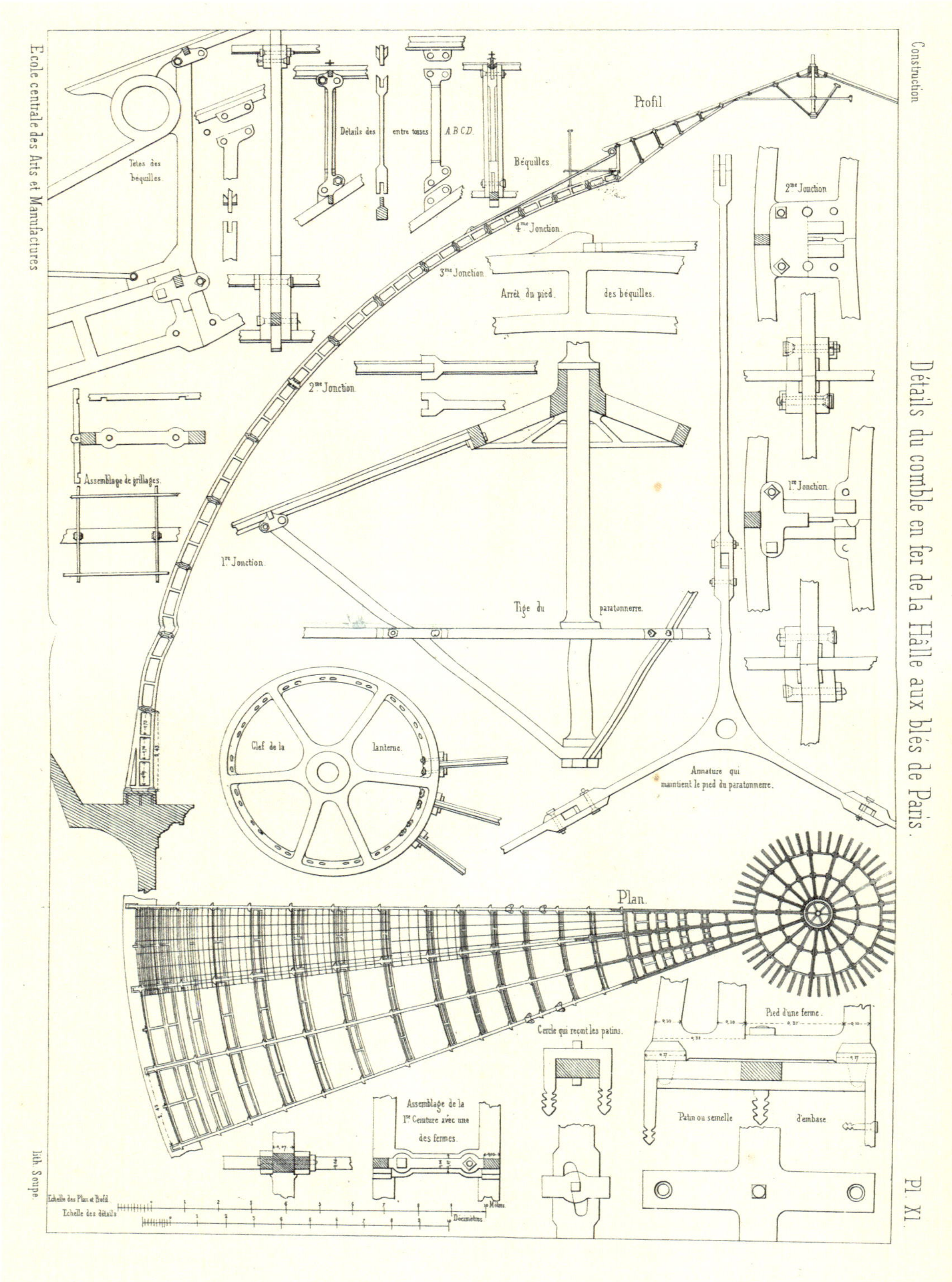

19 Bourse du commerce, Details, Taf. XI aus: Mary, Charles-Louis: Cours d'Architecture, à l'École centrale des arts et manufactures. Paris 1852/53.

Details der über 44 Meter freitragend gespannten gusseisernen Kuppel über dem Innenhof der Bourse du commerce (Warenbörse) in Paris.

20 École des beaux-arts, Lithografie nach Nicolas Chapuy und Philippe Benoist, um 1850.

Die Zeichnung zeigt den Haupteingang von der Rue Bonaparte in den Premier Cour mit Blick auf das Hauptgebäude im Hintergrund. Rechts ist das für das Musée des Monuments français von Alexandre Lenoir (1762–1839) wiederaufgebaute Portal des Schlosses Gaillon aus der Mitte des 15. Jahrhunderts zu sehen. Lithografie 1861 von Chapuy, Benoist und Bayot.

Neben dem offiziellen Unterricht, den theoretischen Kursen im Lehrsaal, den Zeichenkursen nach Aktmodellen und dem zeichnerischen Kopieren der Sammlungsbestände fand die praktische Ausbildung der Schüler hauptsächlich in den Ateliers der einzelnen Professoren statt, die lebenslang berufen wurden und gleichzeitig Mitglieder der Académie waren (**Abb. 21/22**). In der Sektion Architektur unterrichteten in den 1830er Jahren:

- Louis-Pierre Baltard (1764–1846): *Théorie de l'art* (1823–46)
- Jean-Nicolas Huyot (1780–1840): *Histoire de l'architecture* (ab 1823)
- Jean-Baptiste-Omer Lavit (1771–1836): *Mathématiques*
- François-Marie Jaÿ: *Stéréotomie et construction*
- Simon-Claude Constant Dufeux (1801–70): *Perspective*.[70]

Die Ausbildung in den 1820er bis 1830er Jahren wurde von Lehrern bestimmt, die überwiegend einem klassizistisch geprägten Ideal anhingen. Als Vorbilder galten ihnen die Schriften von Vitruv, den Architekturtheoretikern der Renaissance und die Bauten der griechischen und römischen Klassik. Unterstützt wurde diese Tendenz durch Antoine Chrysostôme Quatremère de Quincy (1755–1849), der von 1816 bis 1839 Sekretär der Académie des beaux-arts war und einen nicht unerheblichen Einfluss auf die Lehre ausübte. Eine massive Auseinandersetzung über die zeitgemässe Architektur und eine damit verbundene Lehre wurde von den jungen Architekten, die der ‹romantischen› Richtung zugerechnet wurden, nach

70 Garleff 2003 (wie Anm. 55), S. 88.

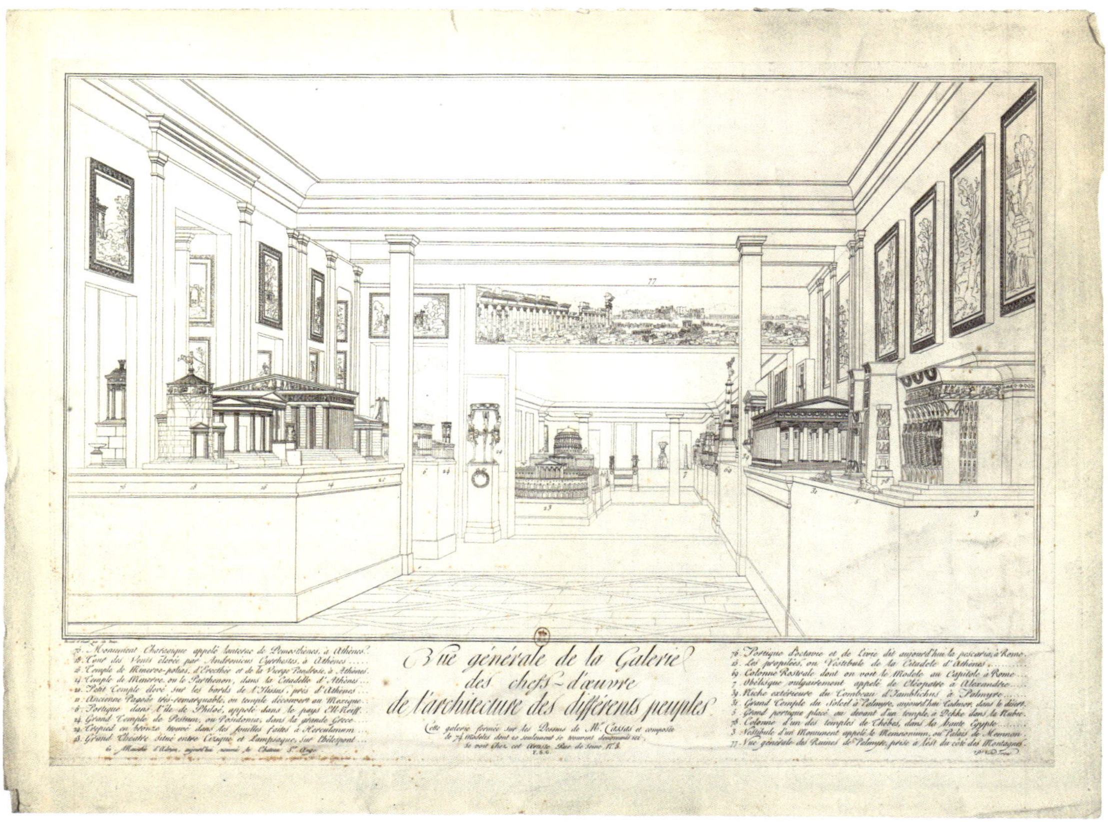

21 Studenten der École des beaux-arts, Fotografie von E. le Deley, 1903.

Das Bild zeigt die Studenten des Ateliers von Edmond Jean-Baptiste Paulin (1848–1915), dem Architekten des Palais de l'Électricité und des Château d'Eau auf der Pariser Weltausstellung von 1900.

22 «Vue générale de la galerie des chefs-d'œuvre de l'architecture des différents peuples», Stich von H. Cassas, 19. Jahrhundert.

Die Zeichnung zeigt den Ausstellungsraum der von dem Maler, Architekten und Archäologen Louis-François Cassas (1756–1827) gesammelten Modelle antiker Bauten. Die Ausstellung wurde 1806, nach der Rückkehr Cassas aus Italien, der Öffentlichkeit zugänglich gemacht und später von der École des beaux-arts erworben.

23 Freilegung des Dioskurentempels in Rom, Aquarell von R. Bridgens, undatiert.

Während der französischen Besetzung Roms 1809–17 begannen erste systematische archäologische Ausgrabungen auf dem Forum Romanum, hier beispielsweise am des Dioskurentempels durch Sträflinge unter Beobachtung französischer Soldaten.

der Julirevolution von 1830 in Gang gesetzt.[71] Im Zuge dieser Liberalisierung begannen die jungen ‹Académiens› wie Léonce Reynaud (1803–80), Félix Duban (1797–1854), Henri Labrouste (1801–75), Léon Vaudoyer (1803–72) und Josef-Louis Duc (1802–79)[72] 1831 eine Auseinandersetzung mit Quatremère de Quincy um die Reform des Ausbildungssystems an der École des beaux-arts, die jedoch an der Mehrheit der Professoren scheiterte.

Die Diskussion um den Vorrang einer zeitgenössischen nationalen Baukunst gegenüber den ‹vorbildlichen› klassischen Bauformen war bereits der Auslöser für die ‹Querelle des anciens et des modernes› (1687) gewesen. Die Aufmasse der römischen und griechischen Bauten wie auch die Ergebnisse der archäologischen Ausgrabungen, besonders in Pompeji und Herculaneum, aber auch die Eroberung Roms durch französische Truppen 1798 (**Abb. 23**), die eine Unmenge von Kunstwerken nach Paris brachten, hatten einerseits eine verstärkte Hinwendung zur klassischen Kunst und Baukunst zur Folge, andererseits erwachte mit dem Kennenlernen der real vorhandenen Bauten auch die Kritik an den vitruvianischen Grundlagen der bisherigen Architekturtheorien. Statt des Klassizismus ihrer Lehrer forderten die Jungen

---

71 Mit der Julirevolution wurde das autokratische monarchistische System König Karls X. durch eine konstitutionelle Monarchie mit dem ‹Bürgerkönig› Louis-Philippe I. (Regierungszeit 1830–48) an der Spitze abgelöst. Diese Veränderung hin zu einer mehr demokratischen Staatsform war auch der Grund für heftige Diskussionen um die ‹richtige› Form der Architektenausbildung.

72 Louis Duc, Félix Duban, Henri Labrouste und Léon Vaudoyer kannten sich aus der gemeinsamen Zeit als Stipendiaten in Rom.

nach der Julirevolution (1830) eine Architektur auf der Grundlage aller historischen Stile, wie sie Durand bereits in seiner Publikation *Recueil et parallèle des édifices de tout genre anciens et modernes* (1799–1801)[73] vorgestellt hatte. Verstärkt wurde die Diskussion durch die Entdeckung der Farbigkeit antiker Plastik und Bauten, wodurch die ‹weisse Antike› Winckelmanns ihren Wahrheitsgehalt verlor. Die als ‹Polychromiedebatte› bekannte Auseinandersetzung der Architekten und Bauforscher in den Jahren bis 1850 führte zu genaueren archäologischen Untersuchungen der antiken Oberflächen, deren Ergebnisse Eingang in die zeitgenössische Architektur fanden.[74] Ein weiteres Phänomen dieser Jahrzehnte war die besondere Wertschätzung der nationalen mittelalterlichen Baukunst und damit verbunden der Denkmalpflege, die sich um die Instandsetzung der während der Revolution oft stark beschädigten Bauten bemühte. Viollet-le-Duc, der sich der Erforschung der mittelalterlichen Bauten verschrieben hatte, übte massive Kritik an der hergebrachten Ausbildung an der École des beaux-arts. Für ihn waren es die Werke der mittelalterlichen Baukunst, der französischen Gotik, die aufgrund der Logik ihres Konstruktionssystems und der werkgerechten Verarbeitung der Baumaterialien als Ausgangspunkt für die Entwicklung eines nationalen Baustils dienen sollten. Seine Vorstellung von einer zeitgemässen Architektur hat er unter dem Stichwort «Architecture» in seinem Hauptwerk *Dictionnaire raisonné de l'architecture française du XIe au XVIe siècle* zusammengefasst: «Architektur setzt sich zusammen aus zwei Teilbereichen, aus der Theorie und der Praxis. Die Theorie umfasst: die Kunst als solche; Regeln, die der Geschmack herausgebildet hat; Traditionen, die sich erhalten haben; und die Wissenschaft, die sich in absoluten, unveränderlichen Gesetzen äussert.

Die Praxis ist die Anwendung der Theorie auf die Bedürfnisse; die Praxis ist es, die Kunst und Wissenschaft den gegebenen Bedingungen anpasst: den Materialien, dem Klima, den Sitten einer Epoche, dem Bedarf der Stunde. Übt man die Architektur zu Beginn einer Epoche aus, der eine andere vorausgegangen ist, so muss man einerseits die Traditionen bewahren, andererseits den neuen Bedürfnissen Rechnung tragen.»[75] Viollet-le-Duc war von 1862 bis 1865 Professor an der École d'histoire de l'art et d'esthétique.[76]

Die Ausbildung der Pariser Architekten

Betrachtet man die Ausbildung der in Paris tätigen Architekten und Ingenieure in der Zeit von 1800 bis 1900 in Hinblick auf die Schulen, an denen diese studiert hatten, so zeigt sich im Laufe des Jahrhunderts eine immer stärkere Tendenz zur Trennung der Architekten- und Ingenieurausbildung. Bereits im Ancien Régime besuchten die Ingenieure die École des ponts et chaussées als Voraussetzung für eine Tätigkeit im Staatsdienst, die Architekten die königliche Académie d'architecture. Mit der Gründung der École polytechnique 1795 entstand während der Revolutionszeit ein neuer Schultyp, der mit seinem mathematischen Schwerpunkt zur vielgerühmten Schule für die Ingenieurausbildung wurde. Der Architekturunterricht Durands nahm dabei nur einen geringen Bereich des Curriculums ein. Doch der Schulabschluss ermöglichte eine weitere Spezialisierung an den Écoles d'application, den weiterführenden, berufsspezi-

---

73 Durand 1799–1801 (wie Anm. 46).

74 Glyptothek München (Hg.): Ein griechischer Traum. Leo von Klenze, der Archäologe. München 1985 (Ausstellungskatalog Glyptothek München 1985/86); Wallraf-Richartz-Museum Köln (Hg.): Jakob Ignaz Hittorff. Ein Architekt aus Köln im Paris des 19. Jahrhunderts. Köln 1987 (Ausstellungskatalog Wallraf-Richartz-Museum Köln 1987).

75 Viollet-le-Duc, Eugène: Definitionen. Sieben Stichworte aus dem Dictionnaire raisonné de l'architecture. Basel/Berlin/Boston 1993, S. 7. Originalausgabe: ders.: Dictionnaire raisonné de l'architecture française du XIe au XVIe siècle, 10 Bde, Paris 1854–1868.

76 Seine Forschungsergebnisse publizierte er zwischen 1854 und 1868 in dem zehnbändigen Werk: *Dictionnaire raisonné de l'architecture française du XIe au XVIe siècle.* Er hielt seine Antrittsvorlesung an der École d'histoire de l'art et d'esthétique 1864. Sein Nachfolger war 1865–69 Hippolyte Taine (1828–93).

fischen Schulen, die für eine Tätigkeit im Militär- oder Staatsdienst qualifizierten. Nach der Auflösung der königlichen Akademien 1793 entstand erst mit der Gründung der École des beaux-arts 1816 wieder eine spezielle Ausbildungsstätte für die Schönen Künste (Malerei, Bildhauerei, Musik, Architektur). Die neue Schule wurde jetzt die bevorzugte Ausbildungsstätte der Architekten. Für die Ausbildung der Ingenieure entstand hingegen die 1830 neu gegründete École centrale des arts et manufactures, die sich auf die «industriellen Wissenschaften» spezialisiert hatte.

Unterstützt wurde die zu beobachtende Tendenz zur immer stärkeren Spezialisierung der Architekten- und Ingenieurausbildung und der damit verbundenen Lehrinhalte nicht nur durch die fortschreitende Einbeziehung wissenschaftlicher Grundlagen in die Ingenieurausbildung, sondern auch durch eine Ausweitung der Arbeitsmöglichkeiten. War bis dahin die Anstellung im Staatsdienst das bevorzugte Berufsziel gewesen, so kamen in der zweiten Hälfte des 19. Jahrhunderts die ‹freien› Architekten und Ingenieure mit oft grossen, personalstarken Büros auf, die hauptsächlich für Privatleute tätig waren.

Eine Zusammenstellung der im 18., 19. und frühen 20. Jahrhundert tätigen Architekten und Ingenieure und deren besuchter Schulen macht die beschriebene Entwicklung deutlich.[77]

Antoine de Chézy (1718–98) Ingenieur. Ausbildung an der École des ponts et chaussées. Erbaute den Canal de Bourgogne.

Étienne-Louis Boullée (1728–99) Architekt. Seit 1762 Mitglied der Académie royale d'architecture. 1778–88 Lehrer an der École nationale des ponts et chaussées. Lehrer von Jean-Nicolas-Louis Durand.

Claude-Nicolas Ledoux (1736–1806) Schüler der privaten Schule von Jacques-François Blondel. Tätigkeit als Privatarchitekt. Seit 1773 Mitglied der Académie royale d'architecture.

Jean-Baptiste Rondelet (1743–1829) Architekt und Ingenieur. Schüler der privaten Schule von Jacques-François Blondel. Studium an der École polytechnique, Mitarbeiter für das Büro Jacques-Germain Soufflots an der Pariser Kirche Sainte-Geneviève, dem späteren Pantheon. Ab 1799 Professor an der École des ponts et chaussées, seit 1815 Mitglied der École des beaux-arts. Galt als bester Ingenieur Frankreichs.[78]

Gaspard Monge (1746–1818) Ingenieur. Besuch der Militärschule École royale du génie in Mézière. Anschliessend ab 1766 Tutor für den Mathematikunterricht, Zeichner und Vermessungsingenieur. Entwicklung der Geométrie descriptive. 1794 Mitgründer der École polytechnique.

Antoine Chrysostôme Quatremère de Quincy (1755–1849) Architekt. Herausgeber der *Encyclopédie méthodique* zwischen 1788 und 1825. 1816 bis 1839 Sekretär an der École des beaux-arts.

Jean-Nicolas-Louis Durand (1760–1834) Architekt. Schüler von Boullée an der Académie royale d'architecture, Studium an der privaten Schule von Jacques-François Blondel. 1797–1830 Leiter des Architekturkurses an der École polytechnique.[79]

Charles Percier (1764–1838) 1773–79 Studium an der École royale de Dessin in Paris, ab 1779 an der Académie royale d'architecture unter Antoine-François Peyre und Jules-David Le Roy. 1786

---

77 Eine ausführliche Zusammenstellung der in Paris in der zweiten Hälfte des 19. Jahrhunderts tätigen Ingenieure und Architekten findet sich im Anhang von: Chemetov/Marrey 1980 (wie Anm. 68), S. 183–195. Deutlich wird, dass sich die Trennung der Ausbildung von Architekten und Ingenieuren an den unterschiedlichen Schulen zu dieser Zeit bereits verfestigt hatte.

78 Middleton, Robin; Baudouin-Matuszek, Marie-Noëlle: Jean Rondelet. The Architect as Technician. New Haven/London 2007, S. 336–343.

79 Pfammatter (wie Anm. 34), S. 53–66.

24 Blick in den Lesesaal der Bibliothèque nationale, Architekt Henri Labrouste, 1862–68, Stich von Charles Fichot, Burn Smeeton und Cosson, 19. Jahrhundert.

Gewinner des Prix de Rome, 1786–91 Romaufenthalt. Später, zusammen mit dem gleichaltrigen Pierre-François-Léonhard Fontaine, Architekt Kaiser Napoleons I. (Empire-Stil).

Jean-Nicolas Huyot (1780–1840) Architekt und Bauhistoriker. Studium an der Académie des beaux-arts. Gewinner des Prix de Rome 1807. 1817–21 Reisen in Griechenland, Kleinasien und Ägypten. Mitglied der École des beaux-arts ab 1822.

Louis-Joseph Vicat (1786–1861) Ingenieur. 1804 Studium an der École polytechnique, wechselte 1806 an die École nationale des ponts et chaussees. Tätig im Strassen- und Brückenbau. Untersuchungen zu Kalk und Zement. Erste Betonbrücke 1855 im Jardin des Plantes in Grenoble.

Félix Duban (1798–1870) Architekt. 1814 Studienbeginn an der École des beaux-arts, 1823 Gewinner des Prix de Rome. 1832 Professor an der École des beaux-arts. Restaurierungen, Umbau des Musée de Monument historique zur École des beaux-arts.

Henry Labrouste (1801–75) Architekt. Studium an der École des beaux-arts, Gewinner des Prix de Rome 1824. 1867 Nachfolger Jacob Ignaz Hittorffs als Mitglied der Académie des beaux-arts.[80] Bibliothèque Sainte-Geneviève (1843–50), Bibliothèque nationale (1857–67) (**Abb. 24**).

Joseph-Louis Duc (1802–79) Architekt. Ausbildung an der Académie des beaux-arts, Gewinner des Prix de Rome 1825. Romaufenthalt zusammen mit Félix Duban, Henri Labrouste und Léon Vaudoyer. 1840 Juli-Säule, bis 1871 Umbau und Modernisierung des Justizpalastes.

80 Bélier, Corinne; Bergdoll, Barry; Le Coeur, Marc (Hg.): Labrouste (1801–1875). Architecte. La structure. Mise en lumiere. Paris 2012 (Ausstellungskatalog Cité de l'architecture & du patrimoine Paris 2013).

Françoise Léonce Reynaud (1803–80) Architekt und Ingenieur. 1821 Studium an der École polytechnique, wechselte 1831 auf die École des ponts et chaussées. Zuständig für den Bau der französischen Leuchttürme 1835–78. 1837–69 Nachfolger Durands und Professor an der École polytechnique, seit 1842 Professor für Architektur auch an der École des ponts et chaussées. 1869–74 Direktor der École des ponts et chaussées.

Léon Vaudoyer (1803–72) Architekt. Ausbildung an der Académie des beaux-arts. Gewinner des Prix de Rome 1826. Ab 1852 Bau der Kathedrale in Marseille.

Victor Baltard (1805–74) Architekt. Ausbildung an der Académie des beaux-arts. Gewinner des Prix de Rome 1833. Bau der Pariser Zentralmarkthallen (mit Félix Callet), 1851 Baubeginn, 1858 sechs Pavillons fertiggestellt.

Louis-Pierre Baltard (1764–1846), Vater von Victor Baltard, studierte zunächst an der Académie royale d'architecture und war später Professor für Architektur an der École polytechnique und der École des beaux-arts.

Camille Polonceau (1813–59)[81] Ingenieur und Architekt. Ausbildung an der École centrale des arts et manufactures, Abschluss 1837. Erfinder des ‹Polonceau-Binders› für Hallenbauten. 1851/52 Lehrer an der École centrale des arts et manufactures, 1856 Präsident der Société des Ingénieurs Civils de France.

François Coignet (1814–88) Ingenieur. Ausbildung an der École centrale des arts et manufactures, Abschluss 1837. Pionier des ‹Béton aggloméré›. Führte ein Bau- und Chemieunternehmen.

Édmond Coignet (1856–1915), Sohn François Coignets[82] Ingenieur. Ausbildung an der École centrale des arts et manufactures, 1879 abgeschlossen. Führte die Arbeiten seines Vaters im Stahlbetonbau weiter.

Eugène Emmanuel Viollet-le-Duc (1814–79) Architekt. Entscheidet sich gegen eine Ausbildung an der École des beaux-arts, Mitarbeit in den bekannten Ateliers von Jean-Jacques-Marie Huvé (1783–1852) und Achille-François-René Leclère (1785–1853). Ausgedehnte Studienreisen in Frankreich, Studium der mittelalterlichen Architektur. 1840 Beginn der Restaurierungstätigkeit.[83]

Charles Garnier (1825–98) Architekt. Studium an der École des beaux-arts. Zeichner im Büro Viollet-le-Ducs. 1848 Gewinner des Grand prix de Rome. 1860 Gewinner des Wettbewerbs für das Pariser Opernhaus, Bauzeit 1862–75. 1874 Mitglied der Acádemie des beaux-arts.[84]

Gustave Eiffel (1832–1923) Ingenieur. Studium an der École centrale des arts et manufactures. Abschluss 1855 als Chemieingenieur. 1866 Gründung einer eigenen Firma in Levallois-Perret bei Paris. Berühmt für seine eisernen Brückenkonstruktionen. 1884–89 Tour Eiffel. Ingenieur: Maurice Koechlin, Émile Nouguier, Architekt: Stephen Sauvestre.

Armand Moisant (1838–1906) Ingenieur. Studium an der École centrale des arts et manufactures, Abschluss 1859. 1866 Gründung einer Konstruktionswerkstatt für Metallbau, seit 1887 ‹Moisant, Laurent, Savey & Cie.›. Spezialisiert auf Bahnhofsanlagen, Markthallen, Brücken. 1871/72 Bau der Schokoladenfabrik Menier in Noisel-sur-Seine, 1879/80 Warenhaus Les Grands Magasins du Bon

---

81 Pfammatter 1997 (wie Anm. 34), S. 150.

82 Ebd., S. 188.

83 Donzet, Bruno; Siret, Christian (Hg.): Viollet-le-Duc. Paris 1980 (Ausstellungskatalog Galeries nationales du Grand Palais Paris 1980).

84 Leniaud, Jean-Michel: Charles Garnier. Paris 2003.

Marché, Paris (Architekt: Louis-Charles Boileau, Ingenieur: Gustave Eiffel), 1889 Zentrale Kuppelhalle der Weltausstellung, 1900 Grand Palais.

Victor Contamin (1840–98) Ingenieur. Studium an der École centrale des arts et manufactures, Abschluss 1860. Oberingenieur und Chefinspektor der Metallkonstruktionen auf der Weltausstellung 1889, Palais des Machines (Architekt: Ferdinand Dutert)

François Hennebique (1842–1921) Bauingenieur. Steinmetzlehre. 1867–87 Bauingenieurfirma in Brüssel, 1982 Büroeröffnung in Paris. Erfinder des monolithischen Stahlbetonbaus («System Hennebique»). 1902/03 eigenes Bürohaus aus Beton in Paris, Rue Franklin, Privathaus in Bourg-la-Reine (1901–03).[85]

Ferdinand Dutert (1845–1906) Architekt. Ausbildung an der École centrale des arts et manufactures, Grand prix de Rome 1869. Bau der Galerie des Machines auf der Weltausstellung 1889 (Ingenieur: Victor Contamin).

Napoléon de Tedesco (1848–1922) Ingenieur. Studium an der École centrale des arts et manufactures, 1879 abgeschlossen. Zusammenarbeit mit Edmond Coignet im Bereich Stahlbetonbau. 1848 Theorie des bewehrten Stahlbetons.

Hector Guimard (1867–1942) Architekt. Nach dem Architekturstudium Besuch der École des arts décoratives. Wichtigster Vertreter des Pariser Art Nouveau.

Auguste Perret (1874–1954) Architekt. Studium an der École des beaux-arts ohne Abschluss. 1903/04 Wohnhaus in der Rue Franklin 25. Ab 1905 eigenes Bauunternehmen. Ab 1920 Verwendung von Stahlbeton auch im Fassadenbereich. Seit 1940 Professor an der École des beaux-arts.[86]

Eugène Freyssinet (1879–1962) Bauingenieur. Studium an der École polytechnique und der École centrale des arts et manufactures, Abschluss 1899/1905. Pionier des Spannbetonverfahrens. 1921–23 Luftschiffhalle Orly (Eisenbetonfachwerk). Seit 1941 Bau von weitgespannten Spannbetonbrücken.[87]

Deutsche Architekturstudenten in Paris

Die französische Architektur wie auch die in Paris vorhandenen Ausbildungsmöglichkeiten für Architekten genossen seit der Zeit Ludwigs XIV. einen ausserordentlich guten Ruf, was eine grosse Anzahl junger deutscher Architekten zu Studienaufenthalten veranlasste. Einige, wie zum Beispiel Friedrich und David Gilly, kamen nur, um die moderne französische Architektur kennenzulernen. Andere blieben länger, nutzten ihren Aufenthalt zum Studium oder arbeiteten in den Ateliers der bekannten Architekturprofessoren, so zum Beispiel im Atelier Jean-Nicolas-Louis Durands 1800–1803 Clemens Wenzeslaus Coudray, Johann Peter Cremer, Adolph von Vagedes und Leo von Klenze. Sie lernten die entsprechenden Ausbildungsmöglichkeiten an den verschiedenen Pariser Schulen kennen und brachten die Ideen der französischen Architektur und des Ingenieurbaus zurück nach Deutschland. Die folgende Zusammenstellung zeigt, dass fast alle bedeutenden Architekten während der vorrevolutionären und der napoleonischen Zeit in Paris waren und nicht mehr nur die traditionellen Studienreisen nach Italien unternahmen.[88]

---

85 Delhumeau, Gwenael: L'invention du béton armé. Hennebique 1890–1914. Paris 1999.

86 Institute Français d'Architecture (Hg.): Les frères Perret. L'œuvre complète. Paris 2000.

87 Grote, Jupp; Marrey, Bernard: Freyssinet, der Spannbeton und Europa 1930–1945. Paris 2000.

88 Die Zusammenstellung ist nicht vollständig, sondern der vorhandenen Literatur entnommen. Sicher waren weitaus mehr deutsche Architekten in Paris als hier aufgeführt, doch gibt es darüber keine Unterlagen.

25 Skizzen von Pariser Wohngebäuden in der Rue des Bons-Enfants von Friedrich Gilly während seines Parisaufenthalts, 1797/98.

Christian Traugott Weinling aus Leipzig (1767–70) Später Oberlandbaudirektor in Dresden.

Karl August Freiherr von Wolzogen aus Stuttgart (1788–93) In Paris mit einem Stipendium des Herzogs Carl Eugen von Württemberg. Aufnahme in das Atelier von François-Jacques Delannoys. Während der Revolutionszeit Abbruch des Architekturstudiums und stattdessen als Diplomat des württembergischen Herzogs tätig.[89]

Nikolaus Friedrich von Thouret aus Stuttgart (1788–91) Mit einem Stipendium des Herzogs Carl Eugen von Württemberg in Paris. Studierte Malerei bei Jacques Louis David (1748–1825), 1793 Abreise zu einem Studienaufenthalt in Rom. Hofbaumeister des württembergischen Herzogs Friedrich II., des späteren Königs Friedrich I.[90]

Friedrich Gilly aus Berlin (1797/98) Parisreise zusammen mit Ludwig Leberecht Koppin. Ausführliches Studium des Pariser Theaterbaus. Umfangreiche Architekturstudien, begeisterte sich für die Architektur François-Joseph Bélangers. Nach der Rückkehr 1799 zwei Aufsätze in der Zeitschrift *Sammlung nützlicher Aufsätze und Nachrichten, die Baukunst betreffend* über das Schlösschen Bagatelle von Bélanger für den Grafen von Artois, Bruder König Ludwigs XVI., und den Landsitz Raincy des Herzogs von Orléans (**Abb. 25**).[91]

Clemens Wenzeslaus Coudray aus Frankfurt (1800–1804) Studierte an der École polytechnique bei Durand und Gaspard Monge. Er war der prominenteste deutsche Schüler im Privatatelier Durands, dessen engster Mitarbeiter und zeichnete den grössten Teil der Entwürfe für den dritten Teil der Publikation *Précis des leçons d'architecture données à l'École Polytechnique,* die in zwei Bänden 1802–05 in Paris erschien.[92] Deutsche Übersetzung durch Coudray 1831.[93] Später Oberbaudirektor in Weimar und Thüringen (1816–45) (**Abb. 26**).

89 Wolzogen 1989 (wie Anm. 22).

90 Faerber, Paul: Nikolaus Friedrich von Thouret. Stuttgart 1949, S. 31.

91 Peschken, Monika: Friedrich Gillys Aufenthalt in Paris. Paris im Jahre 1797, in: Bauwelt 76 (1985), H. 38, S. 1531–1545; Rietdorf, Alfred: Gilly. Wiedergeburt der Architektur. Berlin 1943, S. 78–98.

92 Durand 1802–05 (wie Anm. 47).

93 Bothe 2013 (wie Anm. 36), S. 39–106.

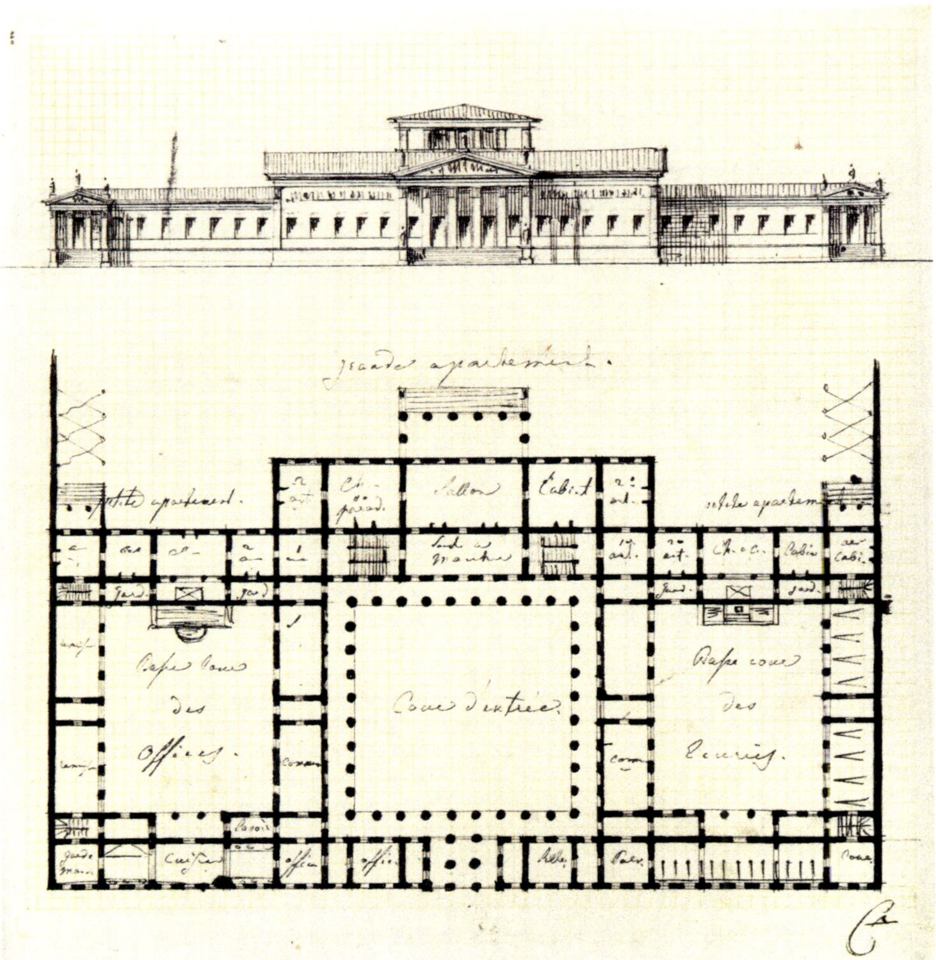

Johann Gottfried Tulla (1770–1828) aus Karlsruhe (1801–03) Nach einer halbjährigen Studienreise zu den neuen französischen Kanalbauten Studium in Paris an der École polytechnique.[94] Mitbegründer des Karlsruher Polytechnikums.

Adolph von Vagedes aus Münster (1800–02) Studierte an der École polytechnique und arbeitete im Atelier Durands. Später Architekt in Münster und Düsseldorf, danach preussischer Regierungsbaurat in Westfalen.[95]

Gottlob Georg Barth (1777–1848) aus Stuttgart (1801–03) Studierte an der École polytechnique, 1805 Romreise. Später Stadtbaumeister in Stuttgart.[96]

26 Entwurf zu einem ‹Grand appartement›, Clemens Wenzeslaus Coudray (1775–1845), wahrscheinlich 1803/04.

Der Entwurf entstand möglicherweise während seiner Zeit als Zeichner im Privatatelier Jean-Nicolas-Louis Durands (1760–1834). Hier zeichnete er die meisten Entwürfe für den dritten Teil von dessen Publikation *Précis des leçons d'architecture données à l'école royale polytechnique*, die 1821 erschien. Die Zeichnung des Grundrisses und der Ansicht des Bauwerks entspricht der für Durand typischen Darstellungsweise auf Karopapier (‹papier quadrillé›).

94 Valdenaire, Arthur: Das Leben und Wirken des Johann Gottfried Tulla, Karlsruhe o. J., S. 24–28.

95 Kordt, Walter: Adolph von Vagedes. Ein rheinisch-westfälischer Baumeister der Goethezeit. Ratingen 1961.

96 Pfammatter 1997 (wie Anm. 34), S. 76.

Johann Friedrich Christian Hess (1785–1848) aus Frankfurt (1802/03) Studierte an der École polytechnique unter Durand. Später Stadtbaumeister in Frankfurt.[97]

David Gilly (1748–1808) aus Berlin (1803) David Gilly, Geheimer Oberbaudirektor im Kgl. Oberbaudepartement in Berlin, unternahm zusammen mit den ‹Conducteuren› Leo Klenze und August Crelle eine dreimonatige Studienreise nach Paris. Crelle hatte die Aufgabe übernommen, ein Journal zu führen.[98] Nach Wilhelm Kohlhoffs Nekrolog (1809) war Gilly nicht sehr begeistert von der Pariser Architektur: «Seine hohen Erwartungen von den Fortschritten der Kunst in jenem großen Lande waren unbefriedigt geblieben; ihre Vergleichung mit der vaterländischen hatte ihm diese nur um so ehrwürdiger gemacht.»[99]

Leo von Klenze aus München (1803/04) Nach dem Studium an der Berliner Bauakademie (1800–03) zusammen mit David Gilly und August Crelle erste Reise nach Paris 1803. Als Gasthörer Besuch der École polytechnique bei Jean-Nicolas-Louis Durand, Zeichner im Atelier Durands. 1807/08 Weiterreise nach Rom und Süditalien, 1808–13 Hofbaumeister in Kassel, seit 1815 in München als Privatarchitekt Ludwigs I. Entwickelte nach Pariser Vorbild eiserne Dachstühle (Walhalla, St. Petersburg).[100]

Johann Peter Cremer aus Köln (1804–06(?)) Studien an der École polytechnique bei Jean-Nicolas-Louis Durand. «Vom Bankhaus Schaaffhausen einem Bankier Simon empfohlen, belegte er bei Durand und trat gleichzeitig in das Atelier von Bélanger ein, der dem jungen Kölner bald sein Haus öffnete und ihn in seine Familie mit einbezog. [...] Neben seiner Tätigkeit bei Bélanger studierte er Chemie bei Charles und Stereometrie bei Rieux. Außerdem beteiligte er sich an den Konkurrenzarbeiten der Akademie.»[101] Später Landesbauinspektor bei der Bauverwaltung der Bezirksregierung in Aachen.

Carl von Fischer (1782–1820) aus München (1806) Fünfmonatiger Aufenthalt in Paris 1806/07 mit einem Stipendium des bayerischen Ministers Mongelas, Studium des Pariser Theaterbaus. Anschliessend einjähriger Romaufenthalt und Studienreisen in Italien. 1808 Berufung als Professor an den Lehrstuhl für Baukunst an der Akademie in München, königlicher Baurat (**Abb. 27**).[102]

Friedrich Weinbrenner (1766–1826) aus Karlsruhe (1806) Romaufenthalt 1792–97. Anschliessend in badischen Diensten, ab 1797 Baudirektor des Grossherzogtums Baden. 1806 sechswöchiges Studium des Pariser Theaterbaus. 1825 zusammen mit Johann Gottfried Tulla führend an der Gründung des Karlsruher Polytechnikums beteiligt.[103]

Ludwig (Louis) Friedrich (1776–1819) **und Franz Ludwig Catel** aus Berlin (1807) Die Brüder lebten ab 1807 in Paris. 1811/12 Studienreise nach Italien.[104] Später Tätigkeit in Berlin.

Jakob Ignaz Hittorff (1792–1867) aus Köln (1810) 1810 Studium an der École des beaux-arts im Atelier von Charles Percier (1764–1838). «Hittorff erwarb rasch das Interesse dieses Architekten, der

---

97 Ebd.

98 Lammert, Marlies: David Gilly. Ein Baumeister des deutschen Klassizismus. Berlin 1964, S. 25.

99 Buttlar, Adrian von: Leo von Klenze. Leben – Werk – Vision. München 1999, S. 31–38.

100 Pfammatter 1997 (wie Anm. 34), S.75.

101 Schild, Ingeborg: Die Brüder Cremer und ihre Kirchenbauten. Mönchengladbach 1965, S. 18.

102 Hederer, Oswald: Karl von Fischer. München 1960, S. 19–21; Nerdinger, Winfried (Hg.): Carl von Fischer 1782–1820. München 1982, S. 8–9 (Ausstellungskatalog Neue Pinakothek München 1982/83).

103 Elbert, Claudia: Die Theater Friedrich Weinbrenners. Bauten und Entwürfe (Friedrich Weinbrenner und die Weinbrenner-Schule, Bd. 1). Karlsruhe 1988, S. 57.

104 Kieling, Uwe: Berlin. Bauten und Baumeister. Von der Gotik bis 1945. Berlin 2003, S. 254.

27 Zwei Stadtansichten von Paris, Zeichnungen von Carl von Fischer (1782–1820) aus München, 1806 während seiner Pariser Studienzeit gezeichnet.

zusammen mit Fontaine aus den Formen der Kunst der römischen Kaiserzeit die monumentale Repräsentation des Empire gestaltete. Der Fürsorge Perciers verdankte er das Glück, indem er an François-Joseph Bélanger empfohlen wurde, der gerade einen Helfer für die Arbeiten an der Kornhalle suchte, deren kühne Konstruktion die Verwendung von Eisen vorsah.»[105]

Peter Josef Lenné (1789–1866) aus Berlin (1811/12) Studienreise nach Paris von April 1811 bis Sommer 1812. Studium an der École polytechnique, wo er «einen cursus der Architectur unter Durand» absolvierte, wie er in seinem handschriftlichen Lebenslauf notierte.[106]

Friedrich von Gärtner (1791–1847) aus München (1812–14) Achtzehnmonatiger Parisaufenthalt 1812–14. Studium an der École des beaux-arts, besonders beeindruckt von den Vorlesungen Jean-Baptiste Rondelets (1743–1829), seit 1806 Professor für Stereotomie (Steinschnitt) und Baukonstruktion. Während der Pariser Studienjahre Gärtners lehrte Dufourny Baugeschichte mit dem Schwerpunkt auf klassisch-griechischer Architektur, Mauduit Mathematik, der Maler Thibault Perspektive.[107] Wie aus einem Brief hervorgeht, war der junge Gärtner von der zeitgenössischen französischen Architektur ziemlich enttäuscht: Er sehe überall «ungeheure Verschwendung aber keine Pracht – ungeheure Summen Geld ausgegeben, – ohne Geschmack.» Unter den Pariser Architekten schätzte er nur Jean-Baptiste Rondelet, als einen «großen Construkteur in Holz und Stein.»[108]

---

105 Wallraf-Richartz-Museum Köln 1987 (wie Anm. 74), S. 9.

106 Schönemann 1984 (wie Anm. 54), S. 77–90.

107 Szambien, Werner: Die Ausbildung in Paris (1812–1814), in: Nerdinger, Winfried (Hg.): Friedrich von Gärtner. Ein Architektenleben 1791–1847. München 1992, S. 41–49.

108 Bergeijk, Herman van: Hinter dem «Vorhang des Schönen Lebens». Gärtners Begegnung mit Italien, in: Nerdinger, Winfried (Hg.): Friedrich von Gärtner. Ein Architektenleben 1791–1847. München 1992, S. 51–70, hier S. 51.

Die Aufstellung zeigt, dass die deutschen Architekturstudenten im vorrevolutionären Paris die öffentlichen Vorlesungen an der Académie royale d'architecture besuchten und eine Ausbildung im Atelier eines der bekannten Architekten anstrebten. Während der Revolutionszeit und der napoleonischen Ära, wurde die École polytechnique mit den dort lehrenden Professoren Monge und Durand zum bevorzugten Studienort für die deutschen Studenten, doch bereits am Ende der napoleonischen Zeit hatten die Rasterentwürfe Durands, der bis 1830 an dieser Schule tätig war, ihre Neuartigkeit verloren und mit der Gründung der École des beaux-arts 1816 wurde diese zur bevorzugten Ausbildungsstätte für Architekten. Ingenieure präferierten (ab 1830) die École centrale des arts et manufactures, deren Schwerpunkt auf der Vermittlung der ‹industriellen Wissenschaften› lag. Mit der industriellen Entwicklung Frankreichs nach dem Ende der napoleonischen Kriege, dem Beginn des Eisenbahnbaus und durch die Verwendung der ‹neuen› Baumaterialien Eisen und später Stahlbeton, veränderten sich zwangsläufig die Aufgaben von Architekten und Ingenieuren. Während an der École des beaux-arts der Schwerpunkt auf einer entwurfsbezogenen, die historische Architektur reflektierenden Architekturlehre lag, erhielt die Ingenieurausbildung an der École centrale des arts et manufactures eine immer umfangreichere mathematisch-naturwissenschaftliche Ausrichtung. Architekten und Ingenieure hatten jetzt getrennte Ausbildungsstätten, deren Lehrinhalte im Laufe des 19. Jahrhunderts nicht wieder zusammengeführt werden konnten.

Der gute Ruf der französischen Ausbildungsstätten machte sie zum Vorbild für ähnliche Schulgründungen in den USA und Europa. Modell für diese ersten technischen Schulen wurde die École polytechnique, später, verbunden mit einer Anpassung der Curricula, die École centrale des arts et manufactures mit ihrem modernen, auf die industrielle Entwicklung ausgerichteten Ausbildungsprogramm. Dass die frühen Schulgründungen im deutschen Sprachraum (Prag 1806, Wien 1815, Karlsruhe 1825) sich ‹Polytechnikum› nannten,[109] war nicht nur ein Hinweis darauf, dass sie die Pariser École polytechnique zum Vorbild hatten, sondern auch darauf, dass sie sich in Lehre und Forschung der ‹ganzen Technik› verpflichtet fühlten. Die in Paris praktizierte Trennung in eine Vorbereitungsschule und nachfolgende Spezialschulen wurde nicht übernommen. Auch das Curriculum der neu gegründeten Schulen in den einzelnen Ländern war unterschiedlich, denn die bereits bestehenden Schulen mussten berücksichtigt werden.[110] Darüber hinaus veränderte sich im Laufe der Zeit und mit den sich verändernden Anforderungen der Praxis auch die fakultative Zusammensetzung. So auch am Karlsruher Polytechnikum 1841, dessen reformierte Lehre und Lehrinhalte wiederum 1855 zum Vorbild für die Organisation des Eidgenössischen Polytechnikums in Zürich wurde.[111] Mit der Gründung Technischer Hochschulen in der Zeit zwischen 1870 und 1880, die nach und nach auch mit dem Promotionsrecht ausgestattet und damit den Universitäten gleichgestellt wurden, verschwand in Deutschland auch der Begriff ‹Polytechnikum›.

109 Pfammatter 1997 (wie Anm. 34), S. 222–238.

110 Kurrer 2016 (wie Anm. 41), S. 42–46. Ein Beispiel hierfür ist Berlin, wo 1799 die neue Bauakademie eröffnet wurde. Deshalb gelang es trotz verschiedener Anstrengungen nicht, daneben ein Polytechnikum einzurichten. Schütt, Hans-Werner: Pläne zur Gründung einer «École polytechnique» in Berlin, in: Schwarz, Karl (Hg.): 1799–1999. Von der Bauakademie zur Technischen Universität Berlin. Geschichte und Zukunft. Berlin 2000 (Technische Universität Berlin 1999–2000), S. 119–122.

111 Pfammatter 1997 (wie Anm. 34), S. 106.

VI

Anhang

Auswahlbibliographie zeitgenössischer Lehrbücher zur Baukonstruktion

Bildung und Wissenschaft sind zentrale Themen des 19. Jahrhunderts, der Herausbildung der modernen europäischen Universität und Technischen Hochschule steht die Massenalphabetisierung gleichberechtigt zur Seite.[1] Der Bedeutungszuwachs wissenschaftlichen Wissens[2] und die Entfaltung der zeitgenössischen Wissenschaftspopularisierung gehen Hand in Hand.[3] Drucktechnische Verbesserungen, wie die Erfindung der Schnellpresse zu Beginn des Jahrhunderts oder des Rotationsdrucks um 1873, führten zu einer stetigen Zunahme von Neuerscheinungen, im Deutschen Reich noch begünstigt durch Änderungen des Urheberrechts und Aufhebung der Präventivzensur.[4]

Die ‹Explosion› des Buchmarktes im 19. Jahrhundert traf auch akademische Lehrbücher, die fortschreitende Ausdifferenzierung einzelner akademischer Wissensbereiche wirkte verstärkend. Eine bibliographische Auswahl kann daher nur Teilgebiete abdecken, unser Schwerpunkt für die polytechnische Bauwissenschaft gilt daher der ‹Konstruktion›. Geordnet ist die Auswahl chronologisch; Einzelwerke und Reihenwerke sind gleichberechtigt vertreten. Die Auswahl ist Ausdruck von Persistenz und Wandel der polytechnischen Wissenswelt.

1 Vgl. Osterhammel, Jürgen: Die Verwandlung der Welt. Eine Geschichte des 19. Jahrhunderts. 3. Aufl. München 2009, S. 1117–1187.

2 Vgl. Szöllösi-Janze, Margit: Wissensgesellschaft in Deutschland: Überlegungen zur Neubestimmung der deutschen Zeitgeschichte über Verwissenschaftlichungsprozesse, in: Geschichte und Gesellschaft. Zeitschrift für historische Sozialwissenschaft 30 (2004), S. 277–313.

3 Vgl. Daum, Andreas: Wissenschaftspopularisierung im 19. Jahrhundert. Bürgerliche Kultur, naturwissenschaftliche Bildung und deutsche Öffentlichkeit 1848–1914. 2. Aufl. München 2002.

4 Jochum, Uwe: Kleine Bibliotheksgeschichte. 3. Aufl. Stuttgart 2007, S. 133–134.

I KATALOG ETH-Bibliothek 1856 = gelistet in: [Eidgenössische Polytechnische Schule (Hg.)?]: Verzeichniss der Bibliothek des Schweizerischen Polytechnikums. Zürich 1856.

II KATALOG ETH-Bibliothek 1896 = gelistet in: [Eidgenössische Polytechnische Schule (Hg.)?]: Katalog der Bibliothek des Eidgenössischen Polytechnikums in Zürich. 6 Aufl. Zürich 1896.

III KATALOG ETH-Baubibliothek 1866 = gelistet in: ETH Zürich, ETH-Bibliothek, Hochschularchiv, HS 166: Catalog der Bibliothek [der Bauschule]. Aug[ust] 1866.

IV KATALOG ETH-Baubibliothek 1882 = gelistet in: ETH Zürich, ETH-Bibliothek, Hochschularchiv, EZ-ZWD-Bib01:81.12: Katalog der Bauschulbibliothek des Eidg. Polytechnikums 1882.

Vor 1800

Meinert, Friedrich: Die landwirthschaftliche Bauwissenschaft. 2 Teile. Halle (Saale) 1796/97.

Koller, Mathias Fortunat: Der practische Baubeamte [ab 3. Aufl.: Der neue practische Baubeamte]. 2 Bde. Wien 1797/98, 2. neu verb. Aufl. 1800, [3. Aufl.] Wien/Triest 1815.

Gilly, David: Handbuch der Land-Bau-Kunst, vorzüglich in Rücksicht auf die Construction der Wohn- und Wirthschafts-Gebäude für angehende Cameral-Baumeister und Oeconomen. 2 Teile [ab 1811: 3 Teile [T. 3 = Anweisung zur landwirthschaftlichen Baukunst]. Berlin [bei allen Auflagen sind in manchen Exemplaren auch divergierende Erscheinungsorte angegeben] 1797/98 [Teile 1/2], neue [= 2.] wohlfeile Aufl. 1800, 3. Aufl. Braunschweig 1805, von Daniel Gottlieb Friderici hg. Aufl. Halle (Saale) 1811 [T. 3], 4. mit einem Anhange über die Erfindung, Konstruktion und Vortheile der Bohlen-Dächer verm. Aufl. Braunschweig 1818 [Teile 1/2], neue von Daniel Gottlieb Friderici hg. unveränd. Aufl. 1822 [T. 3], 5. von Daniel Gottlieb Friderici hg. verm. Aufl. 1822, Neudruck Halle (Saale) 1828, 5. [eigtl. 6. Aufl.] von [August Julius] F[erdinand] Triest nach zeitgemäßen Anforderungen neu bearb. Aufl. Berlin 1831 [nur T. 1 erschienen]. [Die Tafeln sind auch als «Kupfer-Sammlung» separat erschienen: Braunschweig 1805 [Teile 1/2], Halle (Saale) 1811 [T. 3], zur 4. Aufl. Braunschweig 1818 [Teile 1/2], zur 5. Aufl. Berlin 1821 [wahrscheinlich war dies die Kupfersammlung zur 5. verm. Aufl. Braunschweig 1822], zur 5. [eigtl. 6. Aufl.] Aufl. 1831]. [Fortgeführt von: Wedeke/Romberg [ca. 1850].]

1800

Eytelwein, J[ohann] A[lbert]: Handbuch der Mechanik fester Körper und der Hydraulik mit vorzüglicher Rücksicht auf ihre Anwendung in der Architektur. Berlin 1801, 2. Aufl. Leipzig 1823 [ETH-Bibliothek 1896], 3. von [Karl Philipp] A[lexander] [Freiherr] v[on] Forstener hg. mit einem Anh. verm. Aufl. 1842 [ETH-Bibliothek 1896]. II KATALOG

Eytelwein, J[ohann] A[lbert]; Gilly, D[avid] [Heft 1–2] (Hg.): Praktische Anweisung zur Wasserbaukunst, welche eine Anleitung zur Entwerfung, Veranschlagung und Ausführung der am gewöhnlichsten vorkommenden Wasserbaue enthält. 4 Hefte. Berlin 1802–08 [ETH-Bibliothek 1896], diverse Neuaufl. bis 1836: II KATALOG
H. 1: Von den Pfählen, den Rammen und den Fangdämmen. Berlin 1802, 2. verm. Aufl. 1809, 3. Aufl. 1830.
H. 2: Von den Maschinen zum Ausschöpfen des Wassers aus dem Grundbaue. Berlin 1803, 2. Aufl. 1818, 3. Aufl. 1836.
H. 3: Von den Bollwerken und Futtermauern. Berlin 1805, 2. verm. Aufl. 1820.
H. 4: Vom Bau der Schiffahrtsschleusen. Berlin 1808, 2. verm. Aufl. 1824.

Bode, Wilhelm: Grundriß der ländlichen Baukunst. Ein Handbuch zu Vorlesungen über diese Wissenschaft. Breslau 1804.

Sax, Franz: Vollständige Anleitung zur Holzsparkunst, besonders für die östreichischen Staaten. Nebst einer Beschreibung der Lebonischen Thermolampe; zur Verbreitung gemeinnütziger Kenntnisse. 2 Teile. Wien 1804.

Lüder, C[hristian] F[riedrich]: Praktisches Handbuch der Baukunst, oder Gründlicher Unterricht in einigen Haupttheilen derselben, als: 1. In der Architektur selbst, oder von den Säulen und den Säulen-Ordnungen. 2. Von der Verfertigung irregulairer Werksätze. 3. Von der Treppenbaukunst. 4. Von der Schatten-Construction, oder wie eine geometrisch-architektonische Zeichnung gehörig nach Schatten und Licht zu tuschen sey. Für angehende Baukünstler und Gewerken nützlich. Leipzig 1805, 2. Aufl. 1818.

II KATALOG **Eytelwein, J[ohann] A[lbert]:** Handbuch der Statik fester Körper. Mit vorzüglicher Rücksicht auf ihre Anwendung in der Architektur. 3 Bde. Berlin 1808 [ETH-Bibliothek 1896], 2. verm. Aufl. 1832.

III KATALOG **Hirt, Aloys Ludwig:** Die Baukunst nach den Grundsätzen der Alten. Berlin 1809. [ETH-Baubibliothek 1866]

1810

II KATALOG **Sax, Franz:** Bau-Technologie und Bau-Oekonomie oder faßliche Belehrung über alle bey einem Gebäude nothwendigen Materialien, und deutliche Beschreibung der practischen Handgriffe, Werkzeuge, Vortheile und Berechnungen bey der Maurer-, Zimmermanns-, Stuckaturarbeiter-, Steinmetz-, Tischler- und Schlosserkunst für angehende Architecten, Ingenieurs, Bau-Oekonomen und Cameralisten. 4 Bde. Wien 1814 [bereits 1807 verfasst], 2. von Josef Mathias Jäckel bearb. und verm. Aufl. 1842/43 [ETH-Bibliothek 1896].

I KATALOG III KATALOG IV KATALOG **Moller, Georg** [fortgesetzt von Ernst Gladbach (= Bd. 3)]: Denkmäler der deutschen Baukunst. 3 Teile. Darmstadt 1815–21 [Bde. 1/2], Leipzig/Darmstadt 1842–51 [Bd. 3], 2. Aufl. 1831 [Bde. 1/2], [ca. 1845] [Bde. 1/2], 4. von F[riedrich] M[aximilian] Hessemer hg., verschönerte, verb. und wohlfeilere Aufl. 1852–54 [ETH-Bibliothek 1856] [ETH-Baubibliothek 1866] [ETH-Baubibliothek 1882].

Mitterer, Hermann: Anleitung zur bürgerlichen Bau-Kunst und Bau-Zeichnung mit den nöthigsten Grund-Sätzen begleitet. München 1815, 2. Aufl. 1820, 3. Aufl. 1824, 4. Aufl. 1834, 5. Aufl. Uttweil 1846.

Wolfram, Ludwig Friedrich: Handbuch für Baumeister. 3 Abt. Rudolstadt 1818, 2. durchaus umgearb., verm. und erw. Aufl. 1821–27.

1820

Weiss von Schleussenburg, Franz: Lehrbuch der Baukunst zum Gebrauche der k.k. Ingenieurs-Akademie [2. Aufl.: Genie-Akademie]. 2 Bde. Wien 1820–30, neue wesentl. veränd. und verm. Aufl. [mit zus. Atlasband] 1861–68.

Wiebeking, Carl Friedrich von: Theoretisch-practische bürgerliche Baukunde. Durch Geschichte und Beschreibung der merkwürdigsten antiken Baudenkmahle und ihrer genauen Abbildungen bereichert. 4 Bde. München 1821–26:

Bd. 1: [Insbesondere: Grundsätze so wie die Geschichte dieser Wissenschaft, der merkwürdigsten Baudenkmahle des Alterthums und der neuen Zeit, und die Beschreibung dieser Baudenkmahle.] München 1821.

Bd. 2: [Geschichte der bürgerlichen Baukunde und ihrer Hervorbringungen in Deutschland, Böhmen, der Schweiz und den Niederlanden, vom IV. Jahrhundert bis auf die neuern Zeiten [...].] München 1823.

Bd. 3: [Geschichte der bürgerlichen Baukunde in Frankreich [...].] München 1825.

Bd. 4: [Von den Baumaterialien, dem Baugrunde, den Werkzeugen, Gerüsten und Maschinen, welche in der bürgerlichen Baukunde Anwendung finden.] München 1826.

Voit, Johann Michael: Beiträge zur allgemeinen Baukunde. Eine Sammlung technischer Beobachtungen und Erfahrungen über Architektur, Hydrotechnik, Mechanik und Landwirthschaft, für Baumeister, Kameralisten, Gutsbesitzer, Oekonomen, Bauwerkmeister u.s.w. Augsburg/Leipzig 1822.

Bleichrodt, Wilhelm Günther: Handbuch für den architektonischen Zeichnungs-Unterricht und für die Verfertigung der Baurisse und Bauanschläge. Illmenau 1823, 2. verm. Aufl. 1829, 3. Aufl. Weimar 1838, 4. sehr verm. und verb. Aufl. 1843.

Gernrath, Johann Konrad: Abhandlung [2. Aufl.: Handbuch] der Bauwissenschaften, oder theoretisch-praktischer Unterricht in der Baukunst, in dem Strassenbau, und in der Hydrotechnik, für Ingenieurs, Hydrotekten, Bauleute, Brunnenmeister und Müller. Brünn 1825, 2. unveränd. Aufl. 1835.

Accum, Friedrich: Physische und chemische Beschaffenheit der Baumaterialien, deren Wahl, Verhalten und zweckmässige Anwendung. Ein Handbuch für den öffentlichen Unterricht in der Königlichen Bau-Akademie zu Berlin und zum Selbststudium für Baumeister, Technologen, Kameralisten und Oekonomen. 2 Bde. Berlin 1826 [ETH-Bibliothek 1896]. II KATALOG

Eytelwein, J[ohann] A[lbert]: Handbuch der Hydrostatik. Mit vorzüglicher Rücksicht auf ihre Anwendung in der Architektur. Berlin 1826 [ETH-Bibliothek 1896]. II KATALOG

Heigelin, K[arl] M[arcell]: Lehrbuch der Höheren Baukunst für Deutsche. 3 Bde. und Tafelbd. Leipzig 1828–32.

Rommerdt, Johann Christian Karl: Handbuch der Land- und Wasserbaukunst. Für angehende und ausübende Forstmänner, Kameralisten und Oekonomen. Erfurt/Gotha 1828.

1830

Rondelet, Jean-Baptiste: Theoretisch-praktische Anleitung zur Kunst zu bauen. Mit den 210 Kupfern der Pariser Original-Ausgabe. Nach der sechsten Aufl. aus dem Französischen übersetzt [von Carl Heinrich Distelbarth und Johann Friedrich Christian Hess]. 5 Bde. Leipzig 1833–36. [ETH-Baubibliothek 1882] [Erstausgabe: Traité théorique et pratique de l'art de bâtir. Paris 1802–17, 6. Aufl. 1830–32. [ETH-Baubibliothek 1866] [ETH-Baubibliothek 1882]] III KATALOG IV KATALOG

Moller, Georg: Beiträge zu der Lehre von den Construktionen. Darmstadt/Leipzig [1833–44] [ETH-Baubibliothek 1882]. IV KATALOG

Wolfram, Ludwig Friedrich: Vollständiges Lehrbuch der gesammten Baukunst. 3 Bde. Stuttgart/Wien 1833–45 [ETH-Bibliothek 1896]: II KATALOG
Bd. 1: Lehre von den Baustoffen. 4 Abt. Stuttgart/Wien 1833–35.
Bd. 2: Lehre von den Erd-Bauarbeiten. 2 Abt. Stuttgart/Wien 1837.
Bd. 3: Lehre von den Hochgebäuden. 5 Abt. Stuttgart/Wien 1838–45.

Dempp, Karl Wilh[elm]: Uebersichtliche Darstellung der gesammten Baukunde. Mit einem angehängten kurzgefaßten Grundriße der technischen Chemie, als Vorbereitung zur Baumaterialienlehre. Zunächst für Schüler an Baugewerks-Schulen und für Bauwerkleute überhaupt. München 1835.

Ritgen, Hugo: Beiträge zur Würdigung des Antheils der Lehre von den Constructionen in Holz und Eisen an der Ausbildung des Characters neuerer, zeitgemässer Baukunst. Leipzig/Darmstadt 1835.

Voit, Johann Michael: Lehrbuch für Bauhandwerker und Bauherren über Baumaterialienkunde und zur Berechnung richtiger Bauanschläge, als auch Leitfaden zum architektonischen Unterricht bei Gewerbeschulen. In alphabetischer Ordnung. Augsburg 1835, 2. wohlfeile Aufl. 1847.

I KATALOG **Heine, Gustav:** Kurzer Unterricht in der bürgerlichen und Landbaukunst. Ein Leitfaden bei Vorlesungen in Sonntag- und Gewerbeschulen, so wie zur Selbst-Belehrung für Bau-Gewerken und Bauliebhaber [ab 2. Aufl.: Darstellung der allgemeinen Baukunde. Zum Gebrauche als Leitfaden bei Vorträgen über dieselbe in Gewerb- und Baugewerbsschulen, so wie zur Selbstbelehrung für Baugewerke, Bauliebhaber und Camera-listen]. Leipzig 1836, 2. Aufl. Dresden 1842, 3. Aufl. 1853 [ETH-Bibliothek 1856].

Romberg, J[ohann] Andreas: Die Mauerwerks-Kunst in allen ihren Theilen. Wien 1838.

1840

III KATALOG **Hoffstadt, Friedrich** [fortgesetzt von Lange, Friedrich (= Lieferung 7)]: Gothisches ABC-Buch, das ist: Grundregeln des gothischen Styls für Künstler und Werkleute. Mit zwei und vierzig Vorlegeblättern (worunter einige, zum Theil ausgeführte, Entwürfe) und einer Abhandlung über Geschichte und Restauration der deutschen Baukunst, nebst einem Wortverzeichnisse über deren Kunst- und Handwerks-Ausdrücke. Halle (Saale)/Frankfurt (Main) 1840[–45] [ETH-Bibliothek 1856] [ETH-Baubibliothek 1866], 1863 [Lieferung 7], Neudruck Frankfurt (Main) 1869 [Lieferung 7], Neudruck 1880 [komplett], Neudruck 1890 [komplett].

I KATALOG II KATALOG **Dempp, Karl Wilh[elm]:** Lehre von den Baumaterialien, mit Rücksicht auf ihr Vorkommen in der Natur. Ein Handbuch für angehende Architekten, Ingenieure, Maurer-, Steinmetz- und Zimmermeister, so wie auch für Kameralbeamte. München 1842 [ETH-Bibliothek 1856] [ETH-Bibliothek 1896].

Möllinger, Karl: Elemente des Spitzbogenstiles systematisch entwickelt nach den vorzüglichsten Bau- und Kunstdenkmälern aus der Glanzperiode des Mittelalters. Für Schulen und zum Selbstunterrichte für Architekten, Maler, Bildhauer und Steinmetzen, überhaupt für alle Techniker, die sich mit dem Baufache beschäftigen. 2 Bde. München 1845–48.

Möllinger, Karl: Elemente des Rundbogenstiles für Schulen und zu technischen Zwecken, sowie als Anleitung zum Selbstunterrichte für Architekten, Bildhauer, Maler, Steinmetzen u.s.w., nebst einer Sammlung vorzüglicher Bauten und Kunstdenkmäler aus dem Mittelalter und der neuesten Zeit. 2 Bde. München 1845–48.

I KATALOG **Romberg, Johann Andreas:** Der Rathgeber bei dem Bau und der Reparatur der Wohngebäude. Ein Handbuch für Baubesitzer und die es werden wollen. Leipzig 1845, 2. Aufl. 1845, 3. Aufl. [?], 4. Aufl. 1851 [ETH-Bibliothek 1856], 5. durch Friedrich Engel bearb., verm. und verb. Aufl. Glogau 1864.

II KATALOG **Wolff, J[ohann] C[aspar]:** Der Baufreund oder allgemeine Anleitung zur bürgerlichen Baukunst in der Schweiz. Zürich 1845 [ETH-Bibliothek 1896].

II KATALOG **Menzel, C[arl] A[ugust]:** Der praktische Maurer. Handbuch für Maurermeister, Gesellen und Lehrlinge. Zugleich ein Leitfaden für die Maurergesellen, welche die Prüfung als Maurermeister zu bestehen haben [ab 2. Aufl.: Der praktische Maurer. Handbuch für Maurermeister, Gesellen, Lehrlinge, Bauführer und Architekten. Zugleich [...]; ab 6. Aufl.: Der Steinbau. Ein Hand- und Hülfsbuch für Architekten, Bau-, Maurer- und Zimmermeister; ab 10. Aufl.: Der praktische Maurer. Ein Lehr- und Nachschlagebuch aus der Praxis für die Praxis für Bauhandwerker; ab 11. Aufl.: Der praktische Maurer. Ein Handbuch für Architekten, Bauhandwerker und Bauschüler; ab 12. Aufl.: Der praktische Maurer. Maurer- und Steinmetzarbeiten. Ein Hand- und Nachschlagebuch aus der Praxis für die Praxis]. Halle (Saale) 1847, 2. von Victor von Förster verb. und verm. Aufl. 1856 [ETH-Bibliothek 1896], 3. von Victor von Förster verb. und verm. Aufl. 1862, 4. von C[arl] Schwatlo verb. und verm. Aufl. 1866, 5. von C[arl] Schwatlo verb. und verm. Aufl. 1870, 6. von C[arl] Schwatlo gänzl. umgearb. Aufl. 1874, 7. von C[arl] Schwatlo rev., verb. und verm. Aufl. 1879, 8. von F[riedrich] Heinzerling bearb., verb. und verm. Aufl. Karlsruhe 1885, 9. von F[riedrich] Heinzerling bearb., verb. und verm. Aufl. Fulda 1885, 10. verb. Aufl. Dresden 1895, 11. Aufl. Leipzig 1900, 12. vielfach verb. und verm. Aufl. 1902, 13. vielfach verb. und verm. Aufl. 1904. [Aufl. 6–9 erschienen auch in: [Diverse Autoren]: Die gesammte Hochbaukunst 1865–90.]

Metzger, Eduard: Bürgerliche Baukunde in Vorlagen für Mauer- und Zimmerwerkkunde sowie für die wichtigsten im Civilbau vorkommenden Arbeiten der übrigen Gewerke. Als Unterlage für den Lehrvortrag wie zum Selbstunterricht. 2 Bde. München 1847 [ETH-Baubibliothek 1866]. III KATALOG

Pechmann, Heinrich Freiherr von: Beiträge für die Baukunst mit vorzüglicher Hinsicht auf Bayern. München 1847 [ETH-Bibliothek 1856] [ETH-Bibliothek 1896]. I KATALOG II KATALOG

Romberg J[ohann] Andreas: Die Zimmerwerks-Baukunst in allen ihren Theilen. Augsburg/München 1833, 2. um die Hälfte verm. Aufl. Leipzig 1847 [ETH-Baubibliothek 1866] [ETH-Baubibliothek 1882], 3. unveränd. Aufl. Glogau [1850] [ETH-Bibliothek 1856]. I KATALOG III KATALOG IV KATALOG

Emy, A[rmand] R[ose]: Lehrbuch der gesammten Zimmerkunst. Übers. von Ludwig Hoffmann. 2 Bde. Leipzig 1848/49 [ETH-Bibliothek 1856] [ETH-Baubibliothek 1866], neue Aufl. 1860. [Erstausgabe: Traité de l'art de la charpenterie. Paris 1837–41.] I KATALOG III KATALOG

Stoevesandt, Christian Heinrich: Praktisches und theoretisches Handbuch der Treppen-Baukunst. Berlin 1848.

Breymann, G[ustav] A[dolf]: Allgemeine Bau-Constructions-Lehre mit besonderer Beziehung auf das Hochbauwesen. Ein Leitfaden [ab 6. Aufl.: Handbuch] zu Vorlesungen und zum Selbstunterrichte. 4 Teile [ab 6. Aufl.: Bde.] Stuttgart 1849–63 [ETH-Bibliothek 1856] [ETH-Baubibliothek 1866] [ETH-Bibliothek 1896], Neuaufl. bis 1905 [ETH-Bibliothek 1896 (bis 1896)]: I KATALOG II KATALOG III KATALOG

T. 1: Constructionen in Stein [ab 6. Aufl.: Die Konstruktionen in Stein]. Stuttgart 1849, 2. verb. und verm. Aufl. 1856, 3. verb. und verm. Aufl. 1860, 4. von H[einrich] Lang neu bearb., gänzl. umgearb. Aufl. 1868, 5. von H[einrich] Lang neu bearb., gänzl. umgearb. Aufl. Leipzig 1881, 6. von O[tto] Warth gänzl. neu bearb. Aufl. 1896, 7. von Otto Warth verb. und erw. Aufl. 1903.

T. 2: Constructionen in Holz [ab 6. Aufl.: Die Konstruktionen in Holz]. Stuttgart 1851, 2. verb. und verm. Aufl. 1857, 3. unveränd. Aufl. 1860, 4. von H[einrich] Lang neu bearb., gänzl. umgearb. Aufl. 1870, Nachdruck 1872, 5. von H[einrich] Lang neu bearb., verb. und vollst. umgearb. Aufl. Leipzig 1885, 6. von O[tto] Warth verb. und vollst. umgearb. Aufl. 1900.

T. 3: Constructionen in Metall (Eisenconstructionen) [ab 5. Aufl.: Konstruktionen in Eisen]. Stuttgart 1854, 2. verb. und verm. Aufl. 1858 [ETH-Baubibliothek 1882], 3. von H[einrich] Lang hg., verb. und stark verm. Aufl. 1865, 4. von H[einrich] Lang neu bearb., gänzl. umgearb. Aufl. 1877, 5. von Otto Königer vollst. neu bearb. Aufl. Leipzig 1890, 6. von Otto Königer verm. und umgearb. Aufl. 1902. IV KATALOG

T. 4: Schluss des Werkes [2. Aufl.: Verschiedene Constructionen, insbesondere: Feuerungs- und Ventilations-, Gas-, Wasser- und Telegraphen-Anlagen. Grundbau. Mit einem Anhang: Die Bauführung [ETH-Baubibliothek 1882]; ab 3. Aufl.: Verschiedene Konstruktionen, insbesondere: Heizungs-, Lüftungs-, Wasserversorgungs- und Beleuchtungs-Anlagen. Haustelegraphen und Telephone. Grundbau. Mit einem Anhang: Die Bauführung]. Fortgesetzt von H[einrich] Lang. Stuttgart 1863, 2. von A. Scholtz neu bearb. Aufl. 1881, 3. von A. Scholtz verb. und umgearb. Aufl. Leipzig 1894, 4. von A. Scholtz gänzl. neubearb. Aufl. 1900, 5. von A. Scholtz gänzl. neubearb. Aufl. 1905. IV KATALOG

Ungewitter, G[eorg] G[ottlob]: Vorlegeblätter für Holzarbeiten [ab. 3. Aufl.: Gothische Holzarchitektur. Gekehlte Balken, geschnitzte Friese, Träger, Ständer, Holzplafonds, Wandvertäfelungen, Hängewerke, Zimmerthüren, Hausthüren und Thore, Fenster, Holzgiebel, Erker, Balkons, Dachfenster, Thurmspitzen, Landenvorbaue und sonstige Details in Holz. Ein Vorlagenwerk für Architekten, Bautischler, Zimmermeister und Schulen]. Leipzig 1849–51 [ETH-Bibliothek 1856] [ETH-Baubibliothek 1866] [ETH-Baubibliothek 1882], 2. Aufl. Glogau [1864], 3. Aufl. Berlin [1889/90], 4. Aufl. [1896–97]. IV KATALOG III KATALOG I KATALOG

[Ungewitter, Georg Gottlob]: Vorlegeblätter für Ziegel- und Steinarbeiten [ab. 3. Aufl.: Details für Stein- und Ziegel-Architektur im romanisch-gothischen Style. Sockelprofile, Gesimse, Bogenfriese, Fenster, Luken, Giebel, Erker, Balkons, Thürme, Schornsteine, Thüren, Thore, Treppen, Gewölbe und sonstige Einzelheiten in Stein und Ziegel. Ein Vorlagenwerk für Architekten, Bautischler, Zimmermeister und Schulen]. Leipzig [1849–51] [ETH-Bibliothek 1856] [ETH-Baubibliothek 1866] [ETH-Baubibliothek 1882], 2. Aufl. Glogau [1865], 3. Aufl. Berlin [ca. 1889/90], 4. Aufl. [1897/98], 5. Aufl. [?], 6. Aufl. [1906]. IV KATALOG III KATALOG I KATALOG

1850

II KATALOG **Mahan, D[ennis] H[art]:** Lehrbuch der Wissenschaft und Kunst des Civil-Ingenieurs, besonders des Strassen- und Brückenbaus. Für polytechnische Schulen, Militär-, Ingenieur-, Bau- und Berg-Akademien und den Selbstunterricht Frei bearbeitet von Fr[iedrich] Schubert [2. Aufl.: Grundzüge des Ingenieurwesens. Deutsch bearbeitet von Fr[iedrich] Schubert] [ETH-Bibliothek 1896]. Stuttgart 1850, 2. wesentl. verb. und umbearb. Aufl. 1853. [Erstausgabe: An Elementary Course of Civil Engineering. New York 1837.]

I KATALOG II KATALOG **Müller, Heinrich:** Die Brückenbaukunde in ihrem ganzen Umfange. Ein Handbuch für Ingenieure und Baumeister. 4 Bde. Leipzig 1850–60 [ETH-Bibliothek 1856] [ETH-Bibliothek 1896]:
Bd. 1: Die Hülfswissenschaften enthaltend. Leipzig 1850.
Bd. 2: Die Erbauung der hölzernen Brücken enthaltend. Leipzig 1850.
Bd. 3: Die Erbauung der steinernen Brücken enthaltend. Leipzig 1854.
Bd. 4: Die Erbauung der eisernen Brücken enthaltend. Leipzig 1860.

Schubert, Fr[iedrich]; Schinz, K[arl]; Breymann, [Gustav Adolf]; Kraft, [...]; Pressel, W[ilhelm?]: Vademecum für den praktischen Ingenieur und Baumeister, in Formeln, Tabellen und praktischen Nachweisen über Mechanik, angewandte Wärmelehre, Maschinenlehre, Hochbau, Straßen-, Brücken- und Wasserbau, Eisenbahnen etc. [ab 2. Aufl.: [...] Eisenbahnen und Telegraphen]. Stuttgart 1850, 2. durchaus umgearb., verb. und verm. Aufl. 1854.

Wedeke, J. C.; Romberg, J[ohann] A[ndreas]: Handbuch der Landbaukunst und der landwirthschaftlichen Gewerbe für Baumeister, Landwirthe und Cameralisten [Fortsetzung von: Gilly 1797–1831]. 4 Teile. Leipzig/Glogau [ca. 1850], Neudruck 1861.

II KATALOG **Metzger, Eduard:** Formenlehre zur Rundbogenarchitectur mit Anwendung auf den Verband von Gewölbe und Eisenconstruction. München 1851 [ETH-Bibliothek 1896].

Navier, [Claude Louis Marie Henri]: Mechanik der Baukunst (Ingenieur-Mechanik) oder Anwendung der Mechanik auf das Gleichgewicht von Bau-Constructionen. Aus dem Französischen übersetzt und mit einem Anhange versehen von G[eorg] Westphal. Mit einer Vorrede von M[oritz] Rühlmann. Hannover 1851, 2. Aufl. mit einem von G[eorg] Westphal und A[ugust] Foeppl bearb. Anh. 1879, 3. Aufl. 1881. [Erstausgabe: Résumé des leçons données à l'école des ponts et chaussées, sur l'application de la mécanique à l'établissement des constructions et des machines. Paris 1828.]

II KATALOG **Engel, Friedrich; Thaer A[lbrecht] P[hilipp]; «mit Benutzung [...] nicht gedr. Schriften» von Thaer, A[lbrecht] D[aniel]:** Handbuch des gesammten landwirthschaftlichen Bauwesens [ab. 4. Aufl.: Handbuch des landwirtschaftlichen Bauwesens] mit Einschluss der Gebäude für landwirtschaftliche Gewerbe. 2 Bde. Wriezen 1852/53, 2. Aufl. [?], 3. verb. und verm. Aufl. 1861, 4. verb. und stark verm. Aufl. Leipzig/Wriezen 1867, 5. verb. und stark verm. Aufl. Berlin/Leipzig 1871 [ETH-Bibliothek 1896], 6. umgearb. und verb Aufl. Berlin 1879, 7. neubearb. Aufl. 1885 [ETH-Bibliothek 1896], 8. Aufl. 1895, 9. von Albert Schubert vollst. neubearb. Aufl. 1911, 10. von Ludwig Noack neuverf. Aufl. 1920, 11. neuverf. Aufl. 1923.

I KATALOG **Engelhard, J[ohann] D[aniel] W[ilhelm] E[duard]:** Baukunde oder architektonische Constructionslehre (Neue Encyklopädie der Wissenschaften und Künste für die deutsche Nation, Bd. 6.2). Stuttgart 1852 [ETH-Bibliothek 1856].

IV KATALOG II KATALOG I KATALOG **Winter, M.:** Die Dachconstructionen nach den verschiedenartigsten Formen und Bedingungen. Berlin [1852–54] [ETH-Bibliothek 1856] [ETH-Bibliothek 1896] [ETH-Baubibliothek 1882], Nachdruck 1860, 2. Aufl. 1862, 3. Aufl. [ca. 1894]. [Jeweils erschienen mit separatem Tafelband.]

Becker, Max: Handbuch der Ingenieurwissenschaft. 5 Bde. Stuttgart 1853–70, diverse Neuaufl. bis 1883:
II KATALOG I KATALOG Bd. 1: Allgemeine Baukunde des Ingenieurs. Ein Leitfaden zu Vorlesungen und zum Selbstunterrichte für Wasser- und Straßenbau-Ingenieure, Architekten und Maschinenbauer. Stuttgart 1853 [ETH-Bibliothek 1856] [ETH-Bibliothek 1896], 2. verb. Aufl. 1857, 3. verb. und verm. Aufl. 1865, 4. verm. und verb. Aufl. 1883. [Jeweils erschienen mit separatem Atlasband.]

Bd. 2: Der Brückenbau in seinem ganzen Umfange und mit besonderer Rücksicht auf die neuesten Constructionen. Stuttgart 1854 [ETH-Bibliothek 1856] [ETH-Bibliothek 1896], 2. verm. und verb. Aufl. 1858, 3. verb. und verm. Aufl. 1869, 4. verb. und verm. Aufl. 1873, [ETH-Bibliothek 1896], neue Aufl. 1882. [Jeweils erschienen mit separatem Atlasband.] I KATALOG II KATALOG

Bd. 3: Der Straßen- und Eisenbahnbau in seinem ganzen Umfange und mit besonderer Rücksicht auf die neuesten Constructionen. Stuttgart 1855 [ETH-Bibliothek 1856] [ETH-Bibliothek 1896], 2. verm. und verb. Aufl. 1858, 3. verb. und verm. Aufl. 1870, 4. verb. und verm. Aufl. 1876 [ETH-Bibliothek 1896], Nachdruck 1882. [Jeweils erschienen mit separatem Atlasband.] I KATALOG II KATALOG

Bd. 4: Der Wasserbau in seinem ganzen Umfange. Ein Leitfaden zu Vorlesungen und zum Selbstunterrichte für Wasser- und Straßenbau-Ingenieure und andere Techniker. Stuttgart 1856 [ETH-Bibliothek 1856] [ETH-Bibliothek 1896], 2. verm. und verb. Aufl. 1861, 3. verb. und verm. Aufl. 1873 [ETH-Bibliothek 1896], Nachdruck 1882. [Jeweils erschienen mit separatem Atlasband.] I KATALOG II KATALOG

Bd. 5: Ausgeführte Constructionen des Ingenieurs. 6 Hefte. Stuttgart 1863–70 [ETH-Bibliothek 1896], 2. Aufl. 1882. [Jeweils erschienen mit separatem Atlasband.] II KATALOG

Hoffmann, E. H.: Über Form und Stärke gewölbter Bögen. Ein Handbuch, im ersten Abschnitt enthaltend Untersuchungen und Tabellen über Form und Stärke gewölbter Bögen, im zweiten Abschnitt enthaltend Untersuchungen ausgeführter Bauwerke, zum Gebrauch bei Aufstellung von Entwürfen. Berlin 1853 [ETH-Bibliothek 1896]. II KATALOG

Harres, B[althasar]; Fink F[ranz]; Busch, C[arl]; Heinzerling, F[riedrich] (Hg.): Die Schule der Baukunst. Ein Handbuch für Architekten, Bau- und Gewerbeschulen und zum Selbstunterricht für Bauhandwerker und Bauunternehmer. 4 Bde. und Vorschule. Leipzig 1854–71, Neuaufl. bis 1910:

Bd. 1: Abt. 1: Bergmann, Leo: Die Baustyle und die Säulen-Ordnungen. Anleitung zur Kenntniß und Zeichnung der älteren und neueren Bauordnungen. 1: Griechischer und römischer Styl. Die Ordnungen der neueren Meister [2. Aufl.: Die Baustyle. Praktische Anleitung zu Kenntniß derselben und ihres Werthes für das künstlerische Schaffen des Architekten und Bauhandwerkers. Das baukünstlerische Schaffen. Der griechische und römische Baustyl. Das Zeichnen der Säulenordnungen]. Leipzig 1854 [ETH-Bibliothek 1896], 2. von Carl Busch bearb. Aufl. 1864. II KATALOG

Abt. 2: Busch, Carl; Bergmann, Leo: Die Baustyle. Praktische Anleitung zu Kenntniß derselben und ihres Werthes für das künstlerische Schaffen des Architekten und Bauhandwerkers. Die Baukunst des Mittelalters. Der altchristliche, romanische und gothische Baustyl. Leipzig 1868.

Bd. 2: Abt. 1: Harres, B[althasar]: Die Schule des Zimmermanns. Ein praktisches Hand- und Hülfsbuch für Architekten und Bauhandwerker, sowie für Bau- und Gewerbeschulen. Leipzig 1855 [ETH-Bibliothek 1856] [ab 2. Aufl. in Teilen erschienen]: I KATALOG

T. 1: Hochbauten. 2. [bezieht sich auf Aufl. von 1855] verb. Aufl. Leipzig 1859, 3. Aufl. 1863 [ETH-Bibliothek 1896], 4. verb. und verm. Aufl. 1869, 5. verb. und verm. Aufl. 1875, 6. Aufl. 1878, 7. Aufl. Berlin 1889. II KATALOG

T. 2: Brückenbau [ab 2. Aufl.: Brücken- und Wehrbau]. Leipzig 1861, 2. [bezieht sich auf Aufl. von 1861] verb. und verm. Aufl. 1869.

Abt. 2: Harres, B[althasar]: Die Schule des Maurers. Ein praktisches Hand- und Hülfsbuch für Architekten und Bauhandwerker, sowie für Bau- und Gewerbeschulen. Leipzig 1856, 2. verm. und verb. Aufl. 1860, 3. verm. und verb. Aufl. 1870, 4. verm. und verb. Aufl. 1877, 5. verm. und verb. Aufl. 1881 [ETH-Bibliothek 1896]. II KATALOG

Abt. 3: Harres, B[althasar]: Die Schule des Steinmetzen. Ein praktisches Hand- und Hülfsbuch für Architekten und Bauhandwerker, sowie für Bau- und Gewerbeschulen. Leipzig 1857, 2. verm. und verb. Aufl. 1866, 3. von Eduard Harres bearb. und hg., verm. und verb. Aufl. München 1910.

Abt. 4: Heinzerling, F[riedrich]: Die Brücken in Eisen. Baumaterial, technische Entwicklung, Konstruktion und statische Berechnung der eisernen Brücken. Für Ingenieure, Eisenbautechniker und technische Lehranstalten. Leipzig 1870.

Bd. 3: Abt. 1: Fink, F[ranz]: Die Schule des Bautischlers. Ein praktisches Hand- und Hülfsbuch für Architekten und Bauhandwerker, sowie für Bau- und Gewerbeschulen [2. Aufl.: Der Bautischler oder Bauschreiner und Fein-Zimmermann. Hand- und Hülfsbuch für genannte Gewerbe und Bauhandwerker. 2 Teile]. Leipzig 1858 [ETH-Bibliothek 1896], 2. verm. und verb. Aufl. 1867–69. II KATALOG

Abt. 2: Fink, F[ranz]: Die Schule des Bauschlossers [2. Aufl.: Der Bauschlosser]. Praktisches Hand- und Hülfsbuch für Architekten und Bauhandwerker, sowie für Bau- und Gewerbeschulen. 2 Teile. Leipzig 1859–61 [ETH-Bibliothek 1896], 2. verm. und verb. Aufl. 1868–72, 3. verm. und verb. Aufl. 1880. II KATALOG

II KATALOG Abt. 3: Fink, F[ranz]: Der Tüncher, Stubenmaler, Stukkator und Gypser. Praktisches Hand- und Hülfsbuch für genannte Gewerbe, für Architekten und Bauhandwerker, sowie für Bau- und Gewerbeschulen [ETH-Bibliothek 1896]. Leipzig 1866.

Bd. 4: [Abt. 1:] Harres, B[althasar]: Die bürgerliche Baukunst [geplant, aber offenbar nicht erschienen].

Abt. 2: Harres, B[althasar]: Die landwirthschaftliche Baukunst. Ein praktisches Hand- und Hülfsbuch für Architekten und Bauhandwerker, sowie für Bau- und Gewerbeschulen, Land- und Forstwirthe. Leipzig 1868, 2. gänzl. umgearb. und verm. Aufl. 1880.

II KATALOG Abt. 3: Wenck, Julius: Die Lehre von den Baumaterialien und den im Baufache zur Verwendung kommenden technischen Erzeugnissen. Lehr- und Handbuch für Bau- und Gewerbeschulen, Architekten und Bauhandwerker und Bauunternehmer. Leipzig 1863 [ETH-Bibliothek 1896].

II KATALOG Abt. 4: Busch, C[arl]: Die Bauführung. Hand- und Hülfsbuch für die Praxis der Bautechniker und Bauhandwerker. Unter Zugrundelegung des neuen Metermaßes und Gewichtes. Leipzig 1871 [ETH-Bibliothek 1896], 2. wesentl. verm. Aufl. 1875.

Vorschule:

II KATALOG **Schreiber, Guido:** Das technische Zeichnen: praktische Anleitung für Architekten, Techniker, Mechaniker und Bauhandwerker insbesondere für Bau- und Gewerbeschulen. 3 Klassen [teilw. auch: Teile]. Leipzig 1861–68 [ETH-Bibliothek 1896], Neuaufl. bis 1871:

Kl. 1: Das lineare Zeichnen. Leipzig 1861, 2. Aufl. 1871.

Kl. 2: Projectives Zeichnen. 4 Abt. Leipzig 1865–68:

Abt. 1: Konstruktiver Teil. Leipzig 1865.

Abt. 2: Darstellende Teil. Leipzig 1865.

Abt. 3: Linien-Perspektive. Für Architekten, Techniker, Mechaniker und Bauhandwerker, insbesondere für Bau-, polytechnische und höhere Gewerbeschulen. Leipzig 1867.

Abt. 4: Die Schattenlehre. Für Architekten, Techniker, Mechaniker, Bauhandwerker, insbesondere für Bau-, polytechnische und höhere Gewerbeschulen. Leipzig 1868.

Kl. 3: Die Farbenlehre: für Architekten, Maler, Techniker und Bauhandwerker, insbesondere für Bau- und polytechnische, höhere Gewerbe- und Realschulen. Leipzig 1868.

Hatzel, Eduard: Die Statik der Baukonstrukzionen, ohne Anwendung der Differenzial- und Integral-Rechnung, zum Gebrauch für Architekten und für Bautechniker überhaupt. Frankfurt (Main) 1855.

Eberlein, G[eorg]; Grünewald, F[elix]: Der Werkzeichner. Ein praktisches Handbuch zum Zeichnen und Entwerfen gothischer Masswerke, Profile, etc. für den Selbstunterricht und zum Gebrauch für technische Schulen. Nürnberg 1859, 2. verb. Aufl. 1876, 3. verb. Aufl. Regensburg 1878.

Fleischinger, A. F[erdinand?]; Becker, W. A.: Systematische Darstellung der im Gebiete der Landbaukunst vorkommenden Constructionen und der zur Ausführung derselben erforderlichen Hülfsmittel [auf manchen Lieferungen Systematische Darstellung der Bau-Constructionen]. Für den Unterricht an der Königlichen Bau-Akademie zu Berlin, für Bauschulen, zum Selbstunterricht und für Bauhandwerker. Berlin 1859–64.

Fleischinger, A. F[erdinand?]; Becker, W. A.: Die Mauer-Werks- oder Stein-Constructionen. Berlin 1859. [Separatdruck aus: Fleischinger/Becker 1859–1864.]

IV KATALOG III KATALOG **Ungewitter, G[eorg Gottlob]:** Lehrbuch der gotischen Constructionen. 2 Bde. Leipzig 1859–64 [ETH-Baubibliothek 1866] [ETH-Baubibliothek 1882], 2. verb. Aufl. [1 Bd.] 1875 [ETH-Baubibliothek 1882], 3. von Karl Mohrmann neu bearb. Aufl. [2 Bde.] 1890–92, 4. von Karl Mohrmann neu bearb. Aufl. 1901–03.

1860

II KATALOG **Becker, W. A.:** Practische Anleitung zur Anwendung der Cemente zu baulichen, gewerblichen, landwirthschaftlichen und Kunst-Gegenständen. Berlin 1860–68, 2. Aufl. 1869 [ETH-Bibliothek 1896].

II KATALOG **Reuleaux, Franz:** Der Constructeur. Ein Handbuch zum Gebrauch beim Maschinen-Entwerfen. Für Maschinen- und Bau-Ingenieure, Fabrikanten und technische Lehranstalten. Braunschweig 1861 [ETH-Bibliothek 1896], 2. Aufl. 1865 [ETH-Bibliothek 1896], 3. sorgsam durchgearb. und erw. Aufl. 1872 [ETH-Bibliothek 1896].

Ringhoffer, Emanuel: Lehre vom Hochbau. Ein Compendium für Vorlesungen und zum Selbst-Unterricht [ab 2. Aufl. mit zus. Untertitel: Für das Metermass eingerichtet, und mit Ergänzungen versehen]. Brünn 1862, 2. Aufl. 1878.

Scheffers, A[ugust Karl Friedrich]: Architektonische Formenschule. Eine praktische Aesthetik der Baukunst, in 3 Abtheilungen zum Gebrauche für Baugewerkschulen, Bauhandwerker und Architekten. Leipzig 1862–68, Neuaufl. bis 1880:

Abt. 1: Die Säulenordnungen. Zum Gebrauche für Baugewerkschulen und Bauhandwerker [ab 2. Aufl. mit veränd. Untertitel: Nebst einer Übersicht über die wichtigsten Baustyle christlicher Zeit. Zum Gebrauche für Handwerker, Baugewerbeschulen und angehende Architekten]. Leipzig 1862, 2. verb. und stark verm. Aufl. 1866, 3. verm. und verb. Aufl. 1873, 4. verb. und stark verm. Aufl. 1879.

Abt. 2: Darstellung der gebräuchlichsten Bauformen, welche beim Privatbau Anwendung finden. Zum Gebrauche für Baugewerkschulen und Bauhandwerker [4. Aufl.: Darstellung der beim Privatbau gebräuchlichsten Bauformen zur Ausbildung des Äussern]. Leipzig 1862, 2. stark verm. und verb. Aufl. 1865, 3. verm. und verb. Aufl. 1870, 4. verm. und verb. Aufl. 1876.

Abt. 3: Darstellung der beim Privatbau gebräuchlichen Bauformen, zur ornamentalen und dekorativen Ausbildung des Inneren. Zum Gebrauche für Baugewerkschulen und Bauhandwerker [ab 2. Aufl.: Bauformen zur ornamentalen und dekorativen Ausbildung des Inneren, nebst Anwendungen von Farben am Äussern]. Leipzig [ca. 1865–68], 2. verm. und verb. Aufl. 1872, 3. überarb. und stark verm. Aufl. 1880.

Lasius, Georg: Die Baukunst in ihrer chronologischen und constructiven Entwicklung. Dargestellt und erläutert durch eine Auswahl charakteristischer Denkmale vom Alterthum bis auf die Neuzeit mit Rücksicht auf das Bedürfniss unserer Zeit für Bauleute, Kunstfreunde & Lehranstalten. Darmstadt [1863–68] [ETH-Bibliothek 1896]. II KATALOG

Behse, W[ilhelm] H[ermann]: Die Berechnung der Festigkeit von Holz- und Eisenconstructionen ohne höhere mathematische Vorkenntnisse. Mit Tabellen zur Bestimmung ihrer Dimensionen. Für Baugewerk- und Gewerbeschulen, Bauhandwerker, Mühlen- und Maschinenbauer. 2 Teile. Leipzig 1864.

Culmann, Karl: Die graphische Statik. Zürich 18[64–]66 [fortgesetzt von: Ritter 1888–1906] [ETH-Bibliothek 1896], 2. neu bearb. Aufl. 1875 [Bd. 1; entspricht den Abschnitten 1/2 von 8 der 1. Aufl.] 1875 [ETH-Bibliothek 1896]. II KATALOG

Ziegler, Carl: Die Lehre von den Baumaterialien für angehende Bauhandwerker. München 1864.

Brandt, E[duard?] (Hg.): Lehrbuch der Eisen-Constructionen mit besonderer Anwendung auf den Hochbau. Ein Leitfaden zum praktischen Gebrauch und zu Vorlesungen an technischen Lehranstalten. Berlin 1865 [ETH-Baubibliothek 1866] [ETH-Baubibliothek 1882] [ETH-Bibliothek 1896], 2. verm. und umgearb. Aufl. 1871, 3. verm. für Fuss- und Metermaass umgearb. Aufl. 1876. II KATALOG III KATALOG IV KATALOG

[Diverse Autoren]: Die gesammte Hochbaukunst in Lehr- und Handbüchern für Architecten und Bauhandwerker. 4 Bde. Halle (Saale) 1865–74, Neuaufl. bis 1890:

Bd. 1: Menzel, C[arl] A[ugust]: Der Steinbau. Ein Hand- und Hülfsbuch für Architekten, Bau-, Maurer- und Zimmermeister [Bd. 1 erschien als Aufl. 1–5 und 10–13 eigenständig: Menzel 1847–1904]. 6. von C[arl] Schwatlo gänzl. umgearb. Aufl. Halle (Saale) 1874, 7. von C[arl] Schwatlo rev., verb. und verm. Aufl. 1879, 8. von F[riedrich] Heinzerling bearb., verb. und verm. Aufl. Karlsruhe 1885, 9. von F[riedrich] Heinzerling bearb., verb. und verm. Aufl. Fulda 1885.

Bd. 2: Promnitz, J.: Der Holzbau. Ein Hand- und Hülfsbuch für Architecten, Bau-, Zimmer- und Maurermeister [ab 3. Aufl. erw. Untertitel: Der praktische Zimmermann]. Halle (Saale) 1870, 2. Aufl., für Metermass bearb. von G. Wanderley 1874, 3. gänzl. umgearb. Aufl. mit Zugrundelegung der neuen Orthographie, die Lehre von der Festigkeit der Baumaterialien gänzl. neu bearb. von Th. Sellin Leipzig 1881.

Bd. 3: Schwatlo, C[arl]: Handbuch zur Beurtheilung und Anfertigung von Bauanschlägen. Ausgabe nach dem neuen Meter-Mass und Gewicht. Ein Hülfsbuch für Baumeister, Cameralisten, Gutsbesitzer, Bauunternehmer und Gewerksmeister. Halle (Saale) 1865, 2. verb. und verm. Aufl. 1867, 3. verb. und verm. Aufl. 1869, 4. verb. und sehr verm. Aufl. 1871, 5. Aufl. 1871, 6. gänzl. umgearb. Aufl. 1874, 7. gänzl. umgearb. Aufl. Leipzig 1877, 8. vielfach verm., [...] gänzl. umgearb. Aufl. Bielefeld 1885, 9. von Erwin Neumann vollst. neu bearb. und verm. Aufl. 1890 [ETH-Bibliothek 1896]. II KATALOG

Bd. 4: Wanderley, G[ermano]; Georg, W.: Der Metallbau. Ein Hand- und Hülfsbuch für Architecten, Bau-, Maurer-, Zimmermeister und Ingenieure über Materialien, Eisenverbände, Klammern, Bänder, Anker und Hängeeisen, Träger und Stützen in Eisen, massive Decken, Balkone und Gallerien in Eisen, Eindecken der Dächer in Metall, Abfallrinnen, Treppen in Eisen, Thür- und Fensterbeschläge, Schlösser, Wasser- und Badeanlagen, Gaseinrichtungen etc. Halle (Saale) 1873.

Fleischinger, A. F[erdinand?]; Becker, W. A.: Der Backstein-Rohbau. Nach ausgeführten Musterbauten für den Unterricht an der Königlichen Bau-Akademie zu Berlin. Berlin [ca. 1865]. [Separatdruck aus: Fleischinger/Becker 1859–64.]

Scheffers, A[ugust Karl Friedrich]: Handbuch des bürgerlichen und ländlichen Hochbauwesens. Mit besonderer Berücksichtigung der Bau-Constructionslehre. Zum Gebrauch für Bauhandwerker so wie für Bauunternehmer, Architekten und Bauherren. Leipzig 1865.

II KATALOG **Baumeister, R[einhard]:** Architektonische Formenlehre für Ingenieure. Stuttgart 1866 [ETH-Bibliothek 1896].

II KATALOG **Reye, Theodor:** Geometrie der Lage. 2 Abt. [ab 3. Aufl.: 3 Abt.] Hannover 1866–68 [ETH-Bibliothek 1896], diverse Neuaufl. bis 1923 [ETH-Bibliothek 1896 (bis 1892)]:

Abt. 1: Hannover 1866, 2. verm. Aufl. 1877, Nachdruck 1882, 3. verm. Aufl. Leipzig 1886, 4. verb. und verm. Aufl. Hannover/Leipzig 1899, 5. verb. und verm. Aufl. 1909, 6. Aufl. Leipzig 1923.

Abt. 2: Hannover 1868, 2. verm. Aufl. 1880, Nachdruck 1882, 3. verm. Aufl. Leipzig 1892, 4. umgearb. und verb. Aufl. Hannover/Stuttgart 1907, 5. Aufl. Leipzig 1923.

Abt. 3: 3. verm. Aufl. Leipzig 1892, 4. umgearb. und verm. Aufl. Hannover/Stuttgart/Leipzig 1910.

II KATALOG **Ržiha, Franz:** Lehrbuch der gesammten Tunnelbaukunst. Berlin 1867–72 [ETH-Bibliothek 1896].

III KATALOG IV KATALOG **Gladbach, Ernst Georg:** Der Schweizer Holzstyl in seinen cantonalen und constructiven Verschiedenheiten vergleichend dargestellt mit Holzbauten Deutschlands. Darmstadt 1868 [ETH-Baubibliothek 1866] [ETH-Baubibliothek 1882], 2. Aufl. Zürich 1882 [1. Serie], 1883 [2. Serie], 3. Aufl. 1893 [1. Serie], 1897 [komplett, 2. Serie entspricht 2. Aufl.].

II KATALOG **Gottgetreu, Rudolph:** Physische und chemische Beschaffenheit der Baumaterialien. Deren Wahl, Verhalten und zweckmässige Verwendung. Ein Handbuch für den Unterricht und für das Selbststudium. [Ab 2. Aufl.: 2 Bde.] Berlin 1869 [ETH-Bibliothek 1896], 2. verm. und verb. Aufl. 1874/75 [ETH-Bibliothek 1896], 3. verm. und verb. Aufl. 1880/81.

1870

II KATALOG **Bauschinger, Johann:** Elemente der graphischen Statik. München 1871 [ETH-Bibliothek 1896], 2. Aufl. 1880.

Wanderley, Germano: Handbuch der Bau-Constructionslehre. 3 Bde. Halle (Saale) 1872, diverse Neuaufl. bis 1895:

II KATALOG Bd. 1: Die Constructionen in Holz. [ab 3. Aufl. mit zus. Untertitel: Insbesondere die Arbeiten des Zimmermanns] Halle (Saale) 1872, 2. gänzl. umgearb. und sehr verm. Aufl. Halle (Saale) 1877, 3. bedeutend verm. Aufl. Karlsruhe 1887 [ETH-Bibliothek 1896].

II KATALOG Bd. 2: Die Constructionen in Stein. Halle (Saale) 1872, 2. gänzl. umgearb. und sehr verm. Aufl. Halle (Saale) [auch: Leipzig] 1878, 3. bedeutend verm. Aufl. Fulda [auch: Karlsruhe] 1895 [ETH-Bibliothek 1896].

II KATALOG Bd. 3: Die Constructionen in Eisen, die Bedachungen, die Treppen, der innere Ausbau, der Grundbau. Halle (Saale) 1872, 2. gänzl. umgearb. sehr verm. Aufl. Leipzig 1878 [ETH-Bibliothek 1896].

Hittenkofer, Max: Das Entwerfen von Façaden. Eine populäre Darstellung der modernen Façadenbildung. Zum Gebrauche für Architekten und Baugewerksmeister, sowie für Schüler der Architektur und des Baugewerks. Leipzig 1873.

[Diverse Autoren]: Deutsche bautechnische Taschenbibliothek. Leipzig 1875–1901.

[Nur in Auswahl bibliographiert; 8–10 und 14/15 erschienen als eigene Heftreihe «Die Baumechanik»; 11 und 16/17 erschienen als eigene Heftreihe «Die Bauschlosserei»; 25–29 erschienen als eigene Heftreihe «Der Bau der Feuerungs-Anlagen»; 103–105 und 110–114 erschienen als eigene Heftreihe «Die Baumaschinen».]

H. 1: Hittenkofer, Max: Die deutsche Villa, in Bezug auf die Bestimmung, Größe, Möblierung etc. aller jener Räume welche als Bestandteile des freistehenden Familienhauses aufgefaßt werden können. Leipzig 1875, 2. völlig umgearb. und erhebl. verm. Aufl. 1885.

H. 2: Blocht, E[duard]: Die griechisch-dorische Architektur. Leipzig 1875.

H. 3/4: Hittenkofer, Max: Das freistehende Familien-Wohnhaus: die Vorführung kleinerer und grösserer Wohnhäuser. 2 Hefte. Leipzig 1875, 2. verm. Aufl. 1885.

H. 5/6: Hittenkofer, Max: Der Schulhausbau. 2 Hefte. Leipzig 1875.

H. 7: Hoffmann, E. H.: Die Bauten von Stein (Hochbaukonstruktion). Leipzig 1875, 2. verm. Aufl. 1881, 3. verm. Aufl. 1884.

H. 8: Jeep, Wilhelm: Regeln aus der Mechanik (Die Baumechanik, Bd. 1). Leipzig 1876.

H. 9: Jeep, Wilhelm: Das graphische Rechnen (Die Baumechanik, Bd. 2). Leipzig 1876.

H. 10: Jeep, Wilhelm: Berechnung der Dachwerke (Die Baumechanik, Bd. 5). Leipzig 1876.

H. 11: Jeep, Wilhelm: Verbindungen und Blecharbeiten (Die Bauschlosserei, Bd. 1). Leipzig 1876.

H. 13: Jähn, Carl Emil: Der Schafstall in seiner baulichen Anlage und Ausführung sowie inneren Einrichtung. Leipzig 1876.

H. 14: Jeep, Wilhelm: Grundzüge der Graphostatik (Die Baumechanik, Bd. 3). Leipzig 1876.

H. 15: Jeep, Wilhelm: Berechnung der Balken und Träger (Die Baumechanik, Bd. 4). Leipzig 1876.

H. 16/17: Jeep, Wilhelm: Beschläge der Fenster und Thüren (Die Bauschlosserei, Bd. 2). Leipzig 1876.

H. 18/31: Visser, J. E.: Gewerbliches Vereinsleben. Leipzig 1876/77.

H. 20: Visser, J. E.: Die Reinlichkeit in den Städten oder die Abortfrage und das Abfuhrwesen. Leipzig 1876.

H. 21/22: Gehrlicher, Paul: Feuerfeste und schwammfreie Bauweise, ein Beitrag zur Wiederbelebung des Wölbebaues im kleinbürgerlichen Bauwesen. Stallgebäude. 2 Bde. Leipzig 1876.

H. 23: Otto, Joseph: Die Sperr- und Bremswerke, Aufzugmaschinen. Zugorgane – Flaschenzüge. Leipzig 1876.

H. 24: Fabian, Heinrich W[ilhelm]: Über Gewölbetheorien, mit besonderer Rücksicht auf den Brückenbau. Leipzig 1876.

H. 25: Jeep, Wilhelm: Wärme, Brennstoffe, Verbrennung (Der Bau der Feuerungs-Anlagen, Bd. 1). Leipzig 1876.

H. 26: Jeep, Wilhelm: Ziegel- und Kalköfen (Der Bau der Feuerungs-Anlagen, Bd. 2). Leipzig 1876.

H. 27: Jeep, Wilhelm: Backöfen, Feuerungen aus Brauereien, Brennereien und Seifenfabriken, Schmiedeeisen (Der Bau der Feuerungs-Anlagen, Bd. 3). Leipzig 1876.

H. 28: Jeep, Wilhelm: Dampfkessel, Waschkessel und Kochmaschinen (Der Bau der Feuerungs-Anlagen, Bd. 4). Leipzig 1876.

H. 29: Jeep, Wilhelm: Heizungen (Der Bau der Feuerungs-Anlagen, Bd. 5). Leipzig 1876.

H. 32: Otto, Joseph: Aufzug-Maschinen, Zugorgane, Flaschenzüge. Leipzig 1877.

H. 35: Baedeker, Gustav: Das Holzzementdach, in Vergleich mit den sonst in unserer Gegend zur Anwendung kommenden Dachdeckungsarbeiten (Dachkonstruktionen). Leipzig 1877.

H. 36: Jeep, Wilhelm: Die Bogenkonstruktionen. 2 Bde. Leipzig 1877.

H. 40/41: Baur, Moritz: Fluss-Korrektionen im Hügellande. Leipzig 1879.

H. 43: Fliesen, Karl: Die geometrische Perspektive, zum Gebrauch an technischen Anstalten und zum Selbst-Unterricht für Handwerker, Techniker und Industrielle. Leipzig 1879.

H. 45: Ammon, K. E.: Die Unterhaltung der Kunst-Strassen. Eine praktische Anleitung. Leipzig 1880.

H. 49: Ahrendts, [Carl]: Die Ventilation der bewohnten Räume. Nach den neuesten Erfindungen und Erfahrungen. Leipzig 1880, 2. verm. und verb. Aufl. 1885.

H. 50: Ahrendts, [Carl]: Die Zentral-Heizung der Wohnhäuser, öffentlichen Gebäude etc. Leipzig 1880, 2. verb. und verm. Aufl. 1885.

H. 55: Romstorfer, Karl A.: Die Bautischlerei. Als Unterrichtsbehelf und zum Selbstunterrichte. Leipzig 1880.

H. 58: Maclay, William Walter: Der Portland-Cement. Die Verwendung und Prüfung desselben. Leipzig 1880.

H. 60: Romstorfer, Karl A.: Die Stallgebäude in ihrer sanitären Anlage und der Vergleich des Lang- und Querreihensystems. Leipzig 1881.

H. 85: Osthoff, Georg: Die Armen-Arbeitshäuser, Anlage und Einrichtung derselben. Leipzig 1882.

H. 86: Osthoff, Georg: Die Turnhallen und Turnplätze der Neuzeit in Anlage und Einrichtung, mit Kosten-Angaben. Leipzig 1882.

H. 87–91: Osthoff, Georg: Strassen- und Wegbau in seinem ganzen Umfange. Unter besonderer Berücksichtigung des Erdbaues, der Land- und Stadtstrassen und der Pferdebahnen. Mit ausführlichen Angaben über die Preise und Kosten; ein Handbuch in kurzer und leicht fasslicher Darstellung für Ingenieure, Bauaufseher und Studierende der technischen Hochschulen und Baugewerksschulen. 5 Bde. Leipzig 1882.

H. 92: Osthoff, Georg: Der gesamte Eisenbahnbau: unter besonderer Berücksichtigung der Sekundär- und Tertiärbahnen, des Erdbaues, der Trambahnen und der Seilbahnen mit Angaben über Preise und Kosten, ein Handbuch in kurzer und leicht fasslicher Darstellung für Ingenieure, Juristen, Kameralisten, Studierende der technischen Hochschulen und Bahnmeister. Leipzig 1884.

H. 103: Jeep, Wilhelm: Rollen, Flaschenzüge und Haspel, Göpel (Die Baumaschinen, Bd. 2). Leipzig 1882.

H. 104: Jeep, Wilhelm: Dampfwinden, Dreh-, Masten- und Laufkrahne. Leipzig 1882.

H. 105: Jeep, Wilhelm: Wagenwinden, Schrauben zum Heben, Ramm-Maschinen (Die Baumaschinen, Bd. 3). Leipzig 1882.

H. 110: Jeep, Wilhelm: Ausziehen der Pfähle, Abschneiden der Pfähle, Baggermaschinen (Die Baumaschinen, Bd. 4). Leipzig 1883.

H. 111: Jeep, Wilhelm: Erdbohrer, Mörtelmaschinen, Zerkleinerungsmaschinen (Die Baumaschinen, Bd. 5). Leipzig 1883.

H. 112: Jeep, Wilhelm: Beförderung der Baumaterialien auf horizontalen und geneigten Wegen (Die Baumaschinen, Bd. 6). Leipzig 1883.

H. 113: Jeep, Wilhelm: Die Kolbenpumpen (Die Baumaschinen, Bd. 7). Leipzig 1883.

H. 114: Jeep, Wilhelm: Eimer, Schaufeln, Schnecken, Zentrifugalpumpen, Rotationspumpen etc. (Die Baumaschinen, Bd. 8). Leipzig 1883.

H. 108/109: Knäbel, A.: Die ländlichen Wirtschafts-Gebäude und Baulichkeiten in ihrer Anlage, Einrichtung und Ausführung mit Beifügung der generellen Kostenüberschläge, zum Gebrauch für Architekten, Maurer- und Zimmermeister, Studierende des Baufachs und Landwirte etc. Leipzig 1883.

H. 120: Kolz, Karl: Anhaltspunkte zum Entwerfen und Veranschlagen von Hochbauten. Mit einem Anhange über Anhaltspunkte zur statischen Berechnung von Eisen- und Holzkonstruktionen. Zusammengestellt für Bau-Beamte, Bau-Ingenieure, Maurer- und Zimmer-Meister. Leipzig 1884.

H. 123: Osthoff, Georg: Die Bäder und Bade-Anstalten der Neuzeit, unter besonderer Berücksichtigung der Schwimm-, Wannen-, Douche-, Dampf- und Heisse-Luft-Bäder, der See- und Flussbäder, der Volks-, Arbeiter- und Schulbäder. Leipzig 1887.

[Diverse Autoren]: Katechismus der Baumaterialien (Technische Katechismen, 12). 3 Teile. Wien 1875–80:

T. 1: Hauenschild, Hans: Die natürlichen Bausteine. Für Baugewerkschulen, Steinbruchbesitzer, Steinmetze, Architekten, Baumeister, Ingenieure und Gebildete jeden Standes. Wien 1879.

II KATALOG T. 2: Hauenschild, Hans: Die Mörtelsubstanzen. Für Kalk-, Gips- und Cement-Techniker, Architekten, Ingenieure und Gebildete jeden Standes. Wien 1879 [ETH-Bibliothek 1896].

T. 3: Olschewsky, Wilhelm: Die Ziegelfabrikation, unter besonderer Berücksichtigung der Prüfungsmethoden für die gebrannten Fabrikate für Architekten, Baumeister, Ingenieure und Gebildete jeden Standes. Wien 1880.

II KATALOG **Frauenholz, W[ilhelm]:** Bau-Constructions-Lehre für Ingenieure. Als Leitfaden zu seinen Vorträgen. 3 Bde. München 1875–77 [ETH-Bibliothek 1896]:

Bd. 1: Steinconstructionen. München 1875.

Bd. 2: Holzconstructionen. München 1876.

Bd. 3: Eisen- und Fundations-Constructionen. München 1877.

Trzeschtik, L[eopold]: Populäres Handbuch der Civil-Bautechnik. Für angehende Baumeister, Baubeflissene, Paliere, Unternehmer, Realitätenbesitzer und Baugewerbe aller Art. Wien 1875.

Gladbach, Ernst Georg: Die Holz-Architectur der Schweiz. Zürich 1876 [ETH-Bibliothek 1896] [ETH-Baubibliothek 1882], 2. umgearb. und verm. Aufl. Zürich/Leipzig 1885. II KATALOG IV KATALOG

Heinzerling, Friedrich: Der Eisenhochbau der Gegenwart. Systematisch geordnete Sammlung neuerer eiserner Hochbau-Constructionen. Zum Gebrauche bei Vorlesungen und Privatstudien sowie bei dem Entwerfen, Berechnen und Veranschlagen von Eisenhochbauten. 3 Hefte. Aachen/Berlin 1876–89 [ETH-Bibliothek 1896], teilw. Neuaufl. bis 1905: II KATALOG

H. 1: Hochbauten mit eisernen Pult- und Satteldächern. Zum Gebrauche bei deren Berechnen, Entwerfen und Veranschlagen. Aachen 1876, Nachdruck Leipzig 1882, 2. völlig umgearb. und stark verm. Aufl. Berlin 1905.

H. 2: Hochbauten mit eisernen Tonnendächern. Zum Gebrauche bei deren Berechnen, Entwerfen und Veranschlagen. Aachen 1878, Nachdruck Leipzig 1882.

H. 3: Hochbauten mit eisernen Zelt- und Kuppeldächern. Zum Gebrauche bei deren Berechnen, Entwerfen und Veranschlagen. Berlin 1889.

Schmölcke, J[ulius]: Handbuch für Hochbautechniker zur Benutzung beim Entwerfen und Veranschlagen von Hochbauten aller Art. Holzminden 1876 [ETH-Baubibliothek 1882]. IV KATALOG

Hittenkofer, Max: Vergleichende architektonische Formenlehre: eine populäre Darstellung zur Formenkenntnis der wichtigsten Baustilperioden (Griechisch, Römisch, Byzantinisch, Romanisch, Gothisch, Renaissance und Modern). Zum Gebrauch für Bauhandwerker, angehende Architekten und technische Lehranstalten. Leipzig [1877], 2. von Eugen Bischoff hg., gänzl. neugestaltete Aufl. 1905.

Klasen, Ludwig: Graphische Ermittlung der Spannungen in den Hochbau- und Brückenbau-Constructionen. Zum Gebrauch für Architekten und Ingenieure, für Bau- und Gewerbeschulen, für Maurer- und Zimmermeister, sowie auch zum Selbstunterricht für Bauhandwerker. Leipzig 1878.

Strott, G. K.: Das Wichtigste über die Eigenschaften der im Bauwesen am häufigsten zur Verwendung kommenden Baumaterialien, deren Bearbeitung, Konservierung, Prüfung usw. Für Baubeflissene und zum Gebrauche beim Unterricht in Baugewerk- und Maschinenbauschulen. Holzminden 1878, 2. neu bearb. und mit einem kurzen Abriss der Chemie versehene Aufl. 1894.

Deutsche Bauzeitung und deutscher Baukalender (Hg.): Deutsches Bauhandbuch [teilweise auch: Handbuch der Baukunde]. Eine systematische Zusammenstellung der Resultate der Bauwissenschaften mit allen Hülfswissenschaften in ihrer Anwendung auf das Entwerfen und die Ausführung der Bauten. veranstaltet von den Herausgebern der Deutschen Bauzeitung und des Deutschen Baukalenders [Untertitel nicht auf allen Einzelveröffentlichungen]. 3 Bde. [ab 2. Aufl.: Abt.] Berlin 1879–84 [ETH-Bibliothek 1896 (1873–1895)], Neuaufl. bis 1911: II KATALOG

[Folgende Aufstellung versucht die systematische Anlage des Werkes wiederzugeben, die nur unzureichend auf den Titelblättern der einzelnen Bände und Teile dargelegt ist]

Bd./Abt. 1: Theil I. Tabellen. Theil II: Hülfs-Wissenschaften. Berlin 1879, ab 2. Aufl. wie folgt erschienen:

- Bd. 1, H. 1: Krüger, J[erome]; Posern, F.; Hilse, Carl: Bauführung und Baurecht (Baupolizei-Recht). Berlin 1887.
- Bd. 1, H. 2: Frangenheim, J[oh.] M[ath.]; Posern, F.: Anleitung zur Perspektive. Resultate der reinen Mathematik. Berlin 1887.
- Bd. 1, H. 3: Mehrtens, [Georg]: Technische Mechanik fester, flüssiger und luftförmiger Körper (Mechanik der Wärme). Berlin 1887.
- Bd. 1, H. 4: Reine und angewandte Physik (Lehre vom Schall, Licht und Magnetismus. Von der Elektrizität und den Grundzügen der Meteorologie, Wetterprognosen), die gesammten Lichtpaus-Verfahren. Berlin 1887.
- Bd. 2, H. 1: Mehrtens, G[eorg]: Eisen und Eisenkonstruktionen in geschichtlicher, hüttentechnischer und technologischer Beziehung. Berlin 1887.

Bd./Abt. 2: Baukunde des Architekten, unter Mitwirkung von Fachmännern der verschiedenen Einzelgebiete; bearb. von den Hg. der Deutschen Bauzeitung und des Deutschen Baukalenders. 2 Halbbde. Berlin 1880–84 [auch selbstständig erschienen], Neuaufl. bis 1907:

Halbbd. 1: Baukonstruktionslehre. Berlin 1880, ab 2. Aufl. wie folgt erschienen:

T. 1: Der Aufbau der Gebäude. Zimmer-Konstruktionen. Maurerarbeiten, Eindeckung, Metallkonstruktionen. [2. Aufl.] Berlin 1890, 3. verb. Aufl. 1893, 4. wesentl. verb. und verm. Aufl. 1895, 5. wesentl. umgearb. und verm. Aufl. 1903.

T. 2: Der Ausbau der Gebäude. Putz- und Stuckarbeiten, Wandbekleidung, Tischler-, Glaser-, Schlosserarbeiten, Elektrotechnik. [2. Aufl.] Berlin 1891, 3. Aufl. 1895, 4. wesentl. verb. und verm. Aufl. 1896, 5. wesentl. umgearb. und verm. Aufl. 1905.

Halbbd. 2: Gebäudekunde. Berlin 1884, ab 2. Aufl. wie folgt erschienen:

T. 1: Landwirtschaftliche Bauten, Viehmärkte und Schlachthöfe, Markthallen, Speicherbauten und Proviantämter, Städtische und Sonderzwecken dienende Stallbauten nebst Reitbahnen und Fuhrparks, Ländliche Wohnhäuser. 2. vollst. neu bearb. Aufl. 1897, 3. von Friedrich Wagner bearb. wesentl. erw. Aufl. 1907.

T. 2: Tiede, A.: Museen, Bibliotheken und Archive, Kirchen und Synagogen. 2. vollst. neu bearb. Aufl. 1899. [Abschnitt 1 des Werkes auch separat erschienen: ders.: Museumsbaukunde. Berlin 1898.]

T. 3: Theater, Zirkusbauten, Panoramen, Saalbauten, Vereinshäuser, öffentliche Badeanstalten, Sportbauanlagen. 2. vollst. neu bearb. Aufl. Berlin 1900.

T. 4: Allgemeine Schulanstalten, Kinder-Bewahrungsanstalten und hauswirthschaftliche Bildungsanstalten, Erziehungs-Anstalten mit Volksschulunterricht, Alumnate und Seminare, Hochschulen, Fachhochschulen, militärische Erziehungs- und Bildungs-Anstalten, Kasernen-Anlagen nebst Militär-Schiessständen und Barackenlagern. 2. vollst. neu bearb. Aufl. Berlin 1900.

T. 5: Künstler-Werkstätten, Geschäftshäuser, Gasthäuser, Gewächshäuser, Ausstellungsbauten. 2. vollst. neu bearb. Aufl. Berlin 1902.

T. 6: Postbauten, Banken, Gerichtsgebäude, Gefängnisse. 2. vollst. neu bearb. Aufl. Berlin 1904.

T. 7: Gefängnisse, Verwaltungsgebäude. Berlin 1904.

Bd./Abt. 3: Baukunde des Ingenieurs. Berlin 1879, ab 2. Aufl. wie folgt erschienen:

T. 1: Brennecke, L[udwig]: Der Grundbau. Berlin 1887, [2. Aufl.] 1895 [inkl. Zusatzheft: Ergänzungen zum Grundbau], 3. wesentl. erw. Aufl. Berlin 1906.

T. 2: Franzius, Ludwig: Der Wasserbau. Berlin 1890.

T. 3: Baumeister, Reinhard: Städtisches Strassenwesen und Städtereinigung. Berlin 1890.

T. 4: Barkhausen, Georg: Erdarbeiten, Strassenbau, Brückenbau. Berlin 1892.

T. [?]: Bernhard, Karl: Der Brückenbau. [?] Bde. Berlin 1911:

Bd. 1: Eiserne Brücken. Berlin 1911.

Bd. 3: Behelfsbrücken. Berlin 1911 [tatsächliches Erscheinen unklar].

II KATALOG

[Diverse Herausgeber]: Handbuch der Ingenieurwissenschaften. 5 Bde. [später: Teile] und Ergänzungsband. Leipzig 1879–1922 [ETH-Bibliothek 1896], Neuaufl. bis 1925:

[Folgende Aufstellung gibt die systematische Anlage des Werkes wieder, die ca. 100 Teilautoren werden zugunsten einer Übersichtlichkeit nicht genannt, die Herausgeberangaben sind zusammengefasst; als Erweiterung der Reihe erschien: Fortschritte der Ingenieurwissenschaften 1892–1912]

Bd./T. 1: Vorarbeiten, Erd-, Strassen-, Grund- und Tunnelbau [Hg. v.: Edm[und] Heusinger von Waldegg, Gustav Meyer, Eduard Sonne, L[eo] von Willmann]:

Vorarbeiten, Erd-, Strassen-, Grund- und Tunnelbau, sowie Construction der Stütz- und Futtermauern. Leipzig 1880, ab 2. Aufl. wie folgt erschienen:

Abt. 1: Vorarbeiten, Einfluss des Betriebes auf das Alignement, Erd- und Felsarbeiten, sowie Bauleitung [3. Aufl.: Vorarbeiten für Eisenbahnen. Bauleitung; 4. Aufl.: Vorarbeiten für Eisenbahn und Strassen. Bauleitung; 5. Aufl.: Vorarbeiten für Eisenbahn und Straßen. Bauausführung]. 2. verm. Aufl. 1883, 3. verm. Aufl. 1893, 4. verm. Aufl. 1904, 5. Aufl. [in 2 Kapiteln getrennt erschienen] 1923/24.

Abt. 2: Konstruktion der Stütz- und Futtermauern, Strassen- und Grundbau [ab 3. Aufl.: Erd- u. Felsarbeiten. Erdrutschungen. Stütz- und Futtermauern]. 2. verm. Aufl. 1884, 3. verm. Aufl. 1897, 4. verm. Aufl. 1905.

Abt. 3: Erdrutschungen. Tunnelbau [ab 3. Aufl.: Der Grundbau]. 2. verm. Aufl. 1887, 3. verm. Aufl. 1900, 4. verm. Aufl. 1906.

Abt. 4: Der Strassenbau einschliesslich der Strassenbahnen. 3. verm. Aufl. 1903, 4. verm. Aufl. 1912 [Lieferung 1 schon 1907 erschienen].

Abt. 5: Der Tunnelbau. 3. verm. Aufl. 1902, 4. verm. Aufl. 1920.

Bd./T. 2: Der Brückenbau [Hg. v.: Th[eodor] Landsberg, Th. v[on] Schäffer, Ed[uard] Sonne]:
Abt./Bd 1: Die Brücken im Allgemeinen. Hölzerne und steinerne Brücken. Kunstformen des Brückenbaues [2. Aufl.: Die Brücken im allgemeinen. Steinerne und hölzerne Brücken, Aquadukt- und Kanalbrücken, Kunstformen des Brückenbaues; 3. Aufl. teilw. verändert: Wasserleitungs- und Kanalbrücken; 4. Aufl.: Die Brücken im allgemeinen. Steinerne Brücken. Ausführung und Unterhaltung der steinernen Brücken; 5. Aufl.: Die Brücken im allgemeinen. Massive Brücken in Stein, Beton und Eisenbeton. Herstellung und Unterhalt der steinernen Bogenbrücken]. Leipzig 1880, 2. verm. Aufl. 1886, 3. verm. Aufl. 1899, 4. verm. Aufl. 1904, 5. verm. Aufl. 1917.
Bd. 2: Hölzerne Brücken. Wasserleitungs- und Kanalbrücken. Die Kunstformen des Brückenbaues. 4. verm. Aufl. 1904.
Abt./Bd. 2 [4. Aufl.: 3]: Eiserne Brücken. Bewegliche und Aquaduct-Brücken [2. Aufl.: Die eisernen Brücken im allgemeinen. Eiserne Balkenbrücken; ab 3. Aufl.: Die eisernen Brücken im allgemeinen. Theorie der eisernen Balkenbrücken]. Leipzig 1882, 2. umgearb. und verm. Aufl. 1890, 3. verm. Aufl. 1901, 4. verm. Aufl. 1909.
Abt. 3: Die Konstruktion der eisernen Balkenbrücken. Die Brückenbahn. 3. verm. Aufl. 1907.
Abt. 3 [3. Aufl.: 4]: Bewegliche Brücken. 2. umgearb. und verm. Aufl. 1888, 3. verm. Aufl. 1907.
Abt./Bd. 4 [3. Aufl.: 5; 4. Aufl.: 6]: Eiserne Bogenbrücken und Hängebrücken [4. Aufl.: Theorie der eisernen Bogenbrücken und der Hängebrücken. Konstruktion der Hängebrücken]. 2. umgearb. und verm. Aufl. 1888, 3. verm. Aufl. 1906, 4. Aufl. 1925 [Kapitel 1/2; Kapitel 3 war geplant, ist aber nicht erschienen].
Abt./Bd. 5 [3. Aufl.: 6; 4. Aufl.: 7]: Eiserne Brückenpfeiler, Ausführung und Unterhaltung der eisernen Brücken [4. Aufl.: Die eisernen Brückenpfeiler]. 2. umgearb. und verm. Aufl. 1889, 3. verm. Aufl. 1903, 4. Aufl. 1925 [Kapitel 1; Kapitel 2 war geplant, ist aber nicht erschienen].
Bd./T. 3: Der Wasserbau [Hg. v. L. Brenncke, J. F. Bubendey, H[ubert] Engels, G. Franzius, L[udwig] Franzius, A[ugust] Frühling, Ewald Genzmer, P[aul] Gerhardt, Chr. Havestadt, A. Hess, R. Jasmund, Th. Koehn, Franz Kreuter, F. Lincke, H. Mönch, Th. Rehbock, R[udolf] Rudloff, C. Schilling, O. Smreker, Ed[uard] Sonne, G. de Thierry, G[ustav] Tolkmitt]:
Der Wasserbau. Leipzig 1879, ab 2. Aufl. wie folgt erschienen:
Abt. 1: Voruntersuchungen, Wasserversorgung und Entwässerung der Städte, Stauwerke. 2. verm. Aufl. 1883 [Kap. 7 auch separat erschienen: Pestalozzi, K[arl]: Die Stauwerke. Leipzig 1883], in 3. Aufl. in zwei Hälften erschienen:
1. Hälfte: Voruntersuchungen. Binnengewässer, Stauwerke. 3. verm. Aufl. 1892.
2. Hälfte: Wasserentsorgung und Entwässerung der Städte. 3. verm. Aufl. 1893.
Abt. 2: Binnenschiffahrtsanlagen und landwirtschaftlicher Wasserbau. 2. verm. Aufl. 1882, in 3. Aufl. in zwei Hälften erschienen:
1. Hälfte: Landwirtschaftlicher Wasserbau. Binnenschiffahrt. Flussbau. 3. verm. Aufl 1900 [in 3 Lieferungen erschienen 1897–1900].
2. Hälfte: Schleusen. Schiffahrtskanäle. 3. verm. Aufl. 1895.
Abt. 2: Wasserbau am Meere und in Strommündungen. 2. verm. Aufl. 1884, 3. verm. Aufl. 1901. mit 4. Aufl. neu organisiert:
Bd. 1: Die Gewässerkunde. 4. verm. Aufl. 1911, 5. verm. Aufl. 1923 [Kapitel 1–3].
Bd. 2: Stauwerke. 4. verm. Aufl. 1912/13:
Abt. 1: Wehre und Fischwerke. 4. verm. Aufl. 1912.
Abt. 2: Die Talsperren. 4. verm. Aufl. 1913.
Bd. 3: Die Wasserversorgung der Städte. 4. verm. Aufl. 1904, 5. neu bearb. Aufl. 1914.
Bd. 4: Die Entwässerung der Städte. 4. verm. Aufl. 1910, 5. umgearb. und verm. Aufl. 1924.
Bd. 5: Binnenschiffahrt. Schiffahrtskanäle. Flusskanalisierung. 4. verm. Aufl. 1906.
Bd. 6: Der Flußbau. 5. umgearb. und verm. Aufl. 1921.
Bd. 7 [5. Aufl.: 8]: Landwirtschaftliche Bodenverbesserung. Fischteiche. Flussdeiche. Seedeiche. Deichschleusen [5. Aufl.: Landwirtschaftlicher Wasserbau, Fischereilicher Wasserbau, Dünenbau und Seedeiche]. 4. verm. und teilw. neu bearb. Aufl. 1911, 5. verm. und teilw. neu bearb. Aufl. 1924.
Bd. 8: Die Schiffsschleusen. 4. verm. Aufl. 1904, 5. von verm. Aufl. 1914.
Bd. 11: Häfen [Innentitel: Der Hafenbau]. 4. verm. Aufl. 1912.
Bd. 13: Ausbau von Wasserkräften. 4. verm. Aufl. 1908.

Bd./T. 4: Die Baumaschinen [Hg. v.: L[udwig] Franzius, F[elix] Lincke, H[ermann] Weihe]:
Abt./Bd. 1: Kraftmaschinen, Triebwerke, Wasserhebemaschinen, Baggermaschinen, Rammen und zugehörige Hülfsmaschinen [2. Aufl.: Einleitung. Wasserhebemaschinen, Baggermaschinen, Rammen und Zugehörige Hilfsmaschinen; 3. Aufl.: Einleitung. Baggermaschinen, Rammen und zugehörige Hilfsmaschinen, Wasserhebemaschinen]. Leipzig 1883, 2. verm. Aufl. 1897, 3. verm. Aufl. 1910.
Abt. 2: Hilfsanlagen für den Materialtransport und die Errichtung von Hochbauten. Apparate und Maschinen zur Herstellung von Tiefbohrlöchern. Gesteinsbohrmaschinen. Abbohren von Schächten. Schräm- und Schlitzmaschinen, Tunnelbohrmaschinen [2. Aufl.: Vorrichtungen und Maschinen zur Herstellung von Tiefbohrlöchern. Das Abbohren von Schächten. Gesteinsbohrmaschinen. Schräm- und Schlitzmaschinen. Tunnelbohr- und Treibmaschinen. Die elektrische Minenzündung; 3. Aufl.: Das Tiefbohrwesen. Der Schachtbau. Gesteinsbohrmaschinen mit Hand-, Druckluft- und Wasserdruckbetrieb. Elektrische Gesteinsbohrmaschinen. Schräm- und Schlitzmaschinen, Tunnelbohr- und Treibmaschinen]. Leipzig 1885, 2. verm. Aufl. 1903, 3. erg. und neu bearb. Aufl. 1924/25 [Kapitel 1–3, 5].
Abt. 3: Gewinnung und Bearbeitung von Bausteinen. Maschinen und Apparate zum Arbeiten unter Wasser. Hebemaschinen. Maschinelle Hilfsmittel für Brückenbauten. Mörtelmaschinen. Maschinen für den Bau und die Unterhaltung der Strassen. Hilfsmittel und Verfahren der Materialprüfung [2. Aufl.: Lasthebemaschinen. Elektrischer Antrieb von Lasthebemaschinen. Maschinelle Hilfsmittel für die Beförderung von Massengütern. Maschinelle Hilfsmittel und Rüstungen für Hoch- und Brückenbauten. Tauchen und Hebungsarbeiten unter Wasser]. Leipzig 1890, 2. verm. Aufl. 1908.
Anhang: Die Elektrotechnik in ihrer Anwendung auf das Bauwesen. Leipzig 1890.
Bd. 4: Vorkommen, Beschaffenheit und Gewinnung von Bausteinen. Werkzeuge und Maschinen zur Bearbeitung von Bausteinen. Maschinen für Mörtel- und Betonbereitung. 2. neubearb. und verm. Aufl. 1911.
Bd./T. 5: Der Eisenbahnbau. Ausgenommen Vorarbeiten, Unterbau und Tunnelbau. Hg. v.: F[erdinand] Loewe, H[ermann] Zimmermann]:
Abt./Bd. 1: Einleitung und Allgemeines. Bahn und Fahrzeug. Leipzig 1897, 2. verm. Aufl. 1908.
Abt./Bd. 2: Berechnung, Konstruktion, Ausführung und Unterhaltung des Oberbaues. Leipzig 1897, 2. verm. Aufl. 1906.
Abt./Bd. 3: Weichen und Kreuzungen. Drehscheiben und Schiebebühnen [2. Aufl.: Gleis-Verbindung (Weichen und Kreuzungen. Drehscheiben und Schiebbühnen)]. Leipzig 1898, 2. verm. Aufl. 1908–23.
Bd. 4: Anordnung der Bahnhöfe. Leipzig 1907–14:
Abt. 1: Einleitung, Zwischen- und Endstationen in Durchgangsform, Verschiebebahnhöfe, Güter- und Hafenbahnhöfe. Leipzig 1907.
Abt. 2: Grosse Personalbahnhöfe und Bahnhofsanlagen, Abstellbahnhöfe, Eilgut- und Postanlagen. Regeln für die Anordnung der Gleise und Weichen. Leipzig 1914.
Bd. 5: Hochbauten der Bahnhöfe. Beleuchtung der Bahnhöfe. Heizung und Lüftung der Bahnhofshochbauten. Leipzig 1922.
Bd. 6: Betriebseinrichtungen. Mittel zur Sicherung des Betriebs. Leipzig 1913
Anhang: Die Kraftstellwerke. Leipzig 1913.
Abt. 7: Schmalspurbahnen. Leipzig 1902, 2. verm. Aufl. 1910.
Abt. 8: Lokomotiv-Steilbahnen und Seilbahnen. Leipzig 1901, 2. verm. Aufl. 1907.
Ergänzungsband:
Die Eisenkonstruktion der Ingenieur-Hochbauten. Ein Lehrbuch zum Gebrauche an technischen Hochschulen und in der Praxis. 3. verb. und verm. Aufl. Leipzig 1906, 4. verb. und stark verm. Aufl. 1909; 5. vollk. neubearb. und stark verm. Aufl. 1924.

II KATALOG **Wenck, Julius:** Die graphische Statik: Ein Lehrbuch für den Unterricht in Baugewerbeschulen und ähnlichen technischen Bildungsanstalten. Berlin 1879 [ETH-Bibliothek 1896].

1880

Gottgetreu, Rudolph: Lehrbuch der Hochbau-Konstruktionen. 5 Bde. Berlin 1880–90 [ETH-Bibliothek 1896], teilw. Neuaufl. bis 1899: II KATALOG
Bd. 1: Maurer- und Steinmetzarbeiten (Stein-Konstruktionen). Berlin 1880, 2. Aufl. 1899 [erschienen mit separatem Atlasband].
Bd. 2: Die Arbeiten des Zimmermannes (Holz-Konstruktionen). Berlin 1882 [erschienen mit separatem Atlasband].
Bd. 3: Eisen-Konstruktionen. Berlin 1885 [erschienen mit separatem Atlasband].
Bd. 4: Der innere Ausbau. Berlin 1888 [erschienen mit separatem Atlasband].
Bd. 5: Nachtrag zu den Arbeiten des inneren Ausbaues. Berlin 1890.

Gugitz, Gustav (Hg.): Neue und neueste Wiener Bauconstructionen aus dem Gebiete der Maurer-, Steinmetz-, Zimmermanns-, Tischler, Schlosser-, Spengler- usw. Arbeiten. Auf Veranlassung und mit Unterstützung des K.K. Ministeriums für Cultus und Unterricht hrsg. von den Fachlehrern der Bautechnischen Abtheilung an der K.K. Staats-Gewerbeschule in Wien. Wien [1881–83] [ETH-Baubibliothek 1882].

Lange, Walther: Katechismus [5. Aufl.: Handbuch] der Baukonstruktionslehre. Mit besonderer Berücksichtigung von Reparaturen und Umbauten (Webers illustrierte Katechismen, Bd. 105 [bis einschl. 4. Aufl.]). Leipzig 1881, 2. verm. und verb. Aufl. 1890, 3. verm. und verb. Aufl. 1895, 4. verm. und verb. Aufl. 1898, 5. verm. und verb. Aufl. 1908.

Müller-Breslau, Heinrich F[ranz] B[ernhard]: Elemente der graphischen Statik der Bauconstructionen für Architecten und Ingenieure. Berlin 1881 [ETH-Bibliothek 1896]. II KATALOG

Redtenbacher, Rudolf: Leitfaden zum Studium der mittelalterlichen Baukunst. Formenlehre der deutschen und französischen Baukunst des romanischen und gothischen Stiles auf der Grundlage ihrer historischen Entwicklung. Leipzig 1881, 2. wohlfeile Aufl. 1888.

Durm, Josef; Ende, Hermann; Schmitt, Eduard; Wagner, Heinrich (Hg.) [ab 1898 ohne Heinrich Wagner als Herausgeber, ab 1914 gänzlich ohne Herausgeber]: Handbuch der Architektur. 4 Teile und Ergänzungshefte. Darmstadt/Leipzig/Stuttgart 1880–1943 [inkl. Neuaufl.] [ETH-Bibliothek 1896 (1881–1895)]: II KATALOG
[Im folgenden aufgrund des Umfangs nur zusammenfassend bibliographiert, für eine detaillierte Bibliographie vgl.: Jaeger, Roland: Monumentales Standardwerk: Das ‹Handbuch der Architektur› (1880–1943). Verlagsgeschichte und Bibliographie, in: Aus dem Archiv (2006), H. 5, S. 343–364.]
T. 1: [Diverse Autoren]: Allgemeine Hochbaukunde. 5 Bde. [17 Einzelveröffentlichungen]. Darmstadt/Leipzig/Stuttgart 1880–1906, Neuaufl. bis 1926.
T. 2: [Diverse Autoren]: Die Baustile. Historische und technische Entwicklung. 7 Bde. [25 Einzelveröffentlichungen]. Darmstadt/Leipzig/Stuttgart 1880–1903, Neuaufl. bis 1927.
T. 3: [Diverse Autoren]: Die Hochbau-Constructionen. 6 Bde. [32 Einzelveröffentlichungen]. Darmstadt/Leipzig/Stuttgart 1881–1903, Neuaufl. bis 1914.
T. 4: [Diverse Autoren]: Entwerfen, Anlage und Einrichtung der Gebäude. 8 Halbbde. [62 Einzelveröffentlichungen]. Darmstadt/Leipzig/Stuttgart 1883–1931, Neuaufl. bis 1943.
Ergänzungshefte:
[Diverse Autoren]: Fortschritte aus dem Gebiet der Architektur. 13 Nummern. Darmstadt/Leipzig/Stuttgart 1894–1904, Neuaufl. bis 1914.

Strott, G. K.: Die Baumaterialien. Ihre Herstellung, Bearbeitung und Verwendung in 590 Rezepten dargestellt. Halle (Saale) 1883.

Schmidt, Otto: Praktische Baukonstruktionslehre. Als Lehrbuch für höhere und niedere bautechnische Anstalten und zum praktischen Gebrauche für Baumeister, Architekten, Maurer- und Zimmermeister. Jena 1885–87.

Müller-Breslau, Heinrich F[ranz] B[ernhard]: Die neueren Methoden der Festigkeitslehre und der Statik der Baukonstruktionen. Ausgehend von dem Gesetze der virtuellen Verschiebungen und den Lehrsätzen über die Formänderungsarbeit. Leipzig 1886 [ETH-Bibliothek 1896], 2. verm. und verb. Aufl. 1893, 3. verm. und verb. Aufl. 1904, 4. verm. und verb. Aufl. 1913, 5. durchges. Aufl. 1924.

Diesener, H[einrich]: Praktische Unterrichtsbücher für Bautechniker. 9 Bde. Halle (Saale) 1887–90, Neuaufl. bis 1922:

Bd. 1: Darstellende Geometrie. Das geometrische Zeichnen, die Projektionslehre, die Lehre vom Steinschnitt, die Schattenkonstruktion, die Perspektive und die Farbenlehre, leicht faßlich dargestellt für Selbstunterricht und Schulgebrauch. Halle (Saale) 1887, 2. verb. Aufl. 1891, 3. verb. Aufl. 1894, 4. verb. Aufl. 1898, 5. verb. Aufl. 1902, 6. von E[dmund] Nowaczkiewicz neu bearb. und verm., verb. Aufl. Leipzig 1912, 7. verb. Aufl. 1922.

Bd. 2: Die technische Naturlehre und die Mechanik. Für Selbstunterricht und Schulgebrauch [3. Aufl.: Die Mechanik für Hochbau-, Maschinen- und Tiefbau-Techniker: Für Selbstunterricht und Schulgebrauch]. Halle (Saale) 1887, 2. Aufl. 1896, 3. von J. Pühl vollst. umgearb. und erw., verb. und bedeutend erw. Aufl. Leipzig 1916.

Bd. 3: Die Festigkeitslehre und die Statik im Hochbau. Mit zahlreichen Beispielen, ausführlichen Berechnungen und Tabellen zu Holz-, Stein- und Eisenconstructionen. Für die Bedürfnisse der Praxis, zum Selbstunterricht und Schulgebrauch [ab 2. Aufl. mit veränd. zweitem Untertitel: Unter Berücksichtigung der deutschen Normalprofile für die Bedürfnisse der Praxis, zum Selbstunterricht und Schulgebrauch]. Halle (Saale) 1887, 2. verb. Aufl. 1891, 3. verb. Aufl. 1895, 4. verb. Aufl. 1898, 5. verb. Aufl. 1903, 6. von Prof. Dr. Ing. [Paul] Weiske vollst. umgearb. Aufl. Leipzig 1913.

Bd. 4: Die Bauconstructionen des Maurers. Einschließlich der Baumaterialienkunde, der Fundirungen und der Erker und Balkone. Für die Praxis und zum Schulgebrauch [ab 2. Aufl. mit veränd. erstem Untertitel: einschließlich der Baumaterialienkunde, der Fundirungen, der Eindeckung der Dächer und der Erker und Balkone]. Halle (Saale) 1887, 2. verb. und verm. Aufl. 1892, 3. verb. Aufl. 1897, 4. verb. Aufl. 1903, 5. von [...] Stiller neubearb. und verm. Aufl. Leipzig 1921.

Bd. 5: Die Bauconstructionen des Zimmermanns. Unter Berücksichtigung der wichtigsten Eisenconstructionen, sowie der hölzernen und massiven Brücken, der Abdämmungsarbeiten, der Uferbefestigungen und des Wehr- und Schleusenbaues: für Schulgebrauch und Praxis [ab 4. Aufl. mit erw. Untertitel: ... und der Deiche und Siele]. Halle (Saale) 1887, 2. verb. und verm. Aufl. 1892, 3. verb. und verm. Aufl. 1896, 4. verb. Aufl. 1902, 5. neubearb. und verm. Aufl. Leipzig 1919.

Bd. 6: Das Veranschlagen und Entwerfen von Hochbauten. Für Praxis und Schulgebrauch [ab 2. Aufl.: Das Veranschlagen der Hochbauten, einschließlich der Beschreibung der Baumaterialien und Bauarbeiten, deren Kenntnis zum Veranschlagen erforderlich ist]. Halle (Saale) 1888, 2. verb. und mit Berücksichtigung der vom Königlich preussischen Minister erlassenen Anweisung vom 1. October 1888 bearb. Aufl. 1893, 3. verb. Aufl. Leipzig 1900[/01].

Bd. 7: Die Säulenordnungen und Baustile. 2 Teile. Halle (Saale) 1888, Neuaufl. bis 1904:

T. 1: Die Säulenordnungen dargestellt für Bautechniker. Halle (Saale) 1888, 2. verb. Aufl. 1894, 3. verb. Aufl. 1899[/1900].

T. 2: Die Baustile dargestellt für Bautechniker. Halle (Saale) 1888, 2. verb. und verm. Aufl. 1894, 3. verb. Aufl. 1904.

Bd. 8: Das Entwerfen der Façaden und Grundrisse für städtische und ländliche Wohn- und Geschäftshäuser. Hilfsbuch und Vorlagen für die Praxis und den Selbstunterricht zur Herstellung gefälliger und stilgerechter Façaden, Anleitung zu zweckentsprechender Grundrißdisposition und correcter Ausbildung der Gesimse. Halle (Saale) 1888, 2. verm. und verb. Aufl. 1893, 3. verb. Aufl. 1899.

Bd. 9: Die Kontorarbeiten des Bautechnikers und Bauhandwerkers. Hilfsbuch zur Abfassung von Verträgen, Eingaben, Briefen, Gutachten, Zeugnissen, Schuld- und Bürgschaftsscheinen, Cessionen, schriftlicher Verpflichtungen, Verdingungsformularen, Quittungen, Vollmachten, Anweisungen und aller andern geschäftlichen Schriftstücke. Mit einer leicht faßlichen Anleitung zur Buchführung und einem Rathgeber für Rechtssachen, sowie einer Anweisung für die im Kontor nothwendigen Zeichenmaterialien. Für die Bedürfnisse des praktischen Meisters. Halle (Saale) 1890, 2. verb. Aufl. 1894, 3. verb. Aufl. 1904.

Jeep, W[ilhelm]: Das graphische Rechnen und die Graphostatik in ihrer Anwendung auf Bauconstructionen. Weimar 1887, 2. Aufl. 1892.

Müller-Breslau, Heinrich F[ranz] B[ernhard]: Die graphische Statik der Baukonstruktionen. 2 Bde. Leipzig [ca. 1885], 2. vollst. umgearb. und wesentl. verm. Aufl. 1887–92 [ETH-Bibliothek 1896], 3. wesentl. verm. Aufl. 1901–03, 4. Aufl. Stuttgart 1905–07, 5. Aufl. Leipzig 1912–25, 6. Aufl. 1927. II KATALOG

Wayss, G[ustav] A[dolf] (Hg.): Das System Monier (Eisengerippe mit Cementumhüllung) in seiner Anwendung auf das gesamte Bauwesen. Unter Mitwirkung namhafter Architekten und Ingenieure. Berlin 1887.

Ritter, [Karl] Wilhelm: Anwendungen der graphischen Statik. Nach Prof. Dr. C. Culmann [Fortsetzung von: Culmann 1864–66]. 4 Teile. Zürich 1888–1906:
T. 1: Die im Innern eines Balkens wirkenden Kräfte. Zürich 1888.
T. 2: Das Fachwerk. Zürich 1890.
T. 3: Der kontinuierliche Balken. Zürich 1900.
T. 4: Der Bogen. Zürich 1906.

1890

Lauenstein, Rudolph: Die graphische Statik. Elementares Lehrbuch für den Schul- und Selbstunterricht sowie zum Gebrauch in der Praxis. Stuttgart 1890 [ETH-Bibliothek 1896], 2. Aufl. 1894, 3. Aufl. 1896, 4. Aufl. 1898, 5. Aufl. 1899, 6. Aufl. 1900, 7. Aufl. 1902, 8. Aufl. 1904, 9. Aufl. Leipzig 1906, 10. Aufl. 1908, 11. Aufl. 1910, 12. von P. Bastine bearb. Aufl. 1913, 13. von P. Bastine bearb. Aufl. 1918, 14. von P. Bastine bearb. Aufl. 1919, 15. von P. Bastine bearb. Aufl. 1922. II KATALOG

Heyberger, Gregor (Hg.): ABC des romanischen und gotischen Baustils. Ein Leitfaden zum Studium und Verständnis der romanischen und gotischen Bauordnung. Würzburg/Wien 1891[/92], neue Aufl. Freiburg (Breisgau) [ca. 1899].

Schlotke, Julius: Lehrbuch der graphischen Statik [ab 2. Aufl. mit zus. Untertitel: Zum Gebrauch für mittlere technische Lehranstalten, Bau-, Maschinen- und Gewerbeschulen]. Dresden 1891 [ETH-Bibliothek 1896], 2. Aufl. 1902. II KATALOG

[Diverse Autoren]: Fortschritte der Ingenieurwissenschaften. 3 Gruppen. Leipzig 1892–1912 [ETH-Bibliothek 1896]: II KATALOG
[erschienen als Erweiterung von: Handbuch der Ingenieurwissenschaften 1879–1925]
1. Gruppe: Allgemeine Baukunde des Ingenieurs:
  H. 1: Zschokke, Conradin: Druckluft-Gründungen. Leipzig 1896.
  H. 2: Meyer, Gustav: Der Grundbau unter Ausschluss der Druckluftgründungen. Als Ergänzung des ersten Bandes des Handbuches der Ingenieurwissenschaften Kapitel VII. Leipzig 1896.
  H. 3: Vespermann, H.: Über die Verwendung des Holzes zu Pflasterzwecken in den Grossstädten Europas und Australiens. Leipzig 1912.
2. Gruppe: Fachwissenschaften derselben (ausschl. Eisenbahnen):
  H. 1: Hess, August: Fortschritte im Meliorationswesen. Leipzig 1892.
  H. 2: Franzius, Georg; Franzius, Ludwig; Rudloff, Rudolf: Seekanäle. Strommündungen. Seehäfen. Als Ergänzung des dritten Bandes des Handbuchs der Ingenieurwissenschaften 3. Abteilung. Leipzig 1894.
  H. 3: Landsberg, Theodor: Die eisernen Stemmthore der Schiffsschleusen. Leipzig 1894.
  H. 4: Willmann, Leo von: Strassenbau. Als Ergänzung des ersten Bandes des Handbuchs der Ingenieurwissenschaften Kapitel VI. Leipzig 1895.
  H. 5: Dietz, Wilhelm: Bewegliche Brücken. Leipzig 1897.
  H. 6: Doell, Albert: Die Regulierung geschiebeführender Wasserläufe besonders des Oberrheines durch eiserne Leitwerke, Grundschwellen und Buhnen. Leipzig 1896.
  H. 7: Leibbrand, Karl von: Gewölbte Brücken. Leipzig 1897.
  H. 8: Weyl, Th[eodor]: Die Assanierung von Paris (Die Assanierung der Städte in Einzeldarstellungen, Bd. 1, H. 1). Leipzig 1900.

H. 9: Freund, Alfred; Goldemund, H.; Grünberg, Alois u. a.: Die Assanierung von Wien (Die Assanierung der Städte in Einzeldarstellungen, Bd. 1, H. 2). Leipzig 1902.
H. 10: Bühler, Alf[red]; Bertschinger, J.; Fluck, H. u. a.: Die Assanierung von Zürich (Die Assanierung von Städten in Einzeldarstellungen, Bd. 1, H. 3). Leipzig 1903.
H. 11: Adam, [...]; Czaplewski, [...]; Encke, [...] u. a.: Die Assanierung von Cöln (Die Assanierung von Städten in Einzeldarstellungen, Bd. 1, H. 4). Leipzig 1906.
H. 12: Krapf, Philipp: Formeln und Versuche über die Tragfähigkeit eingerammter Pfähle. Leipzig 1906.
H. 13: Foerster, Max: Das Material und die statische Berechnung der Eisenbetonbauten. Unter besonderer Berücksichtigung der Anwendung im Bauingenieurwesen. Leipzig 1907.
H. 14: Bjerre, A.; Friis, H. V. S.; Gredsted, P. u. a.: Die Assanierung von Köbenhavn (Die Assanierung von Städten in Einzeldarstellungen, Bd. 2, H. 1). Leipzig 1907.
H. 15: Foerster, Max: Balkenbrücken in Eisenbeton. Leipzig 1908.
H. 16: Schmeitzner, Rudolf: Grundzüge der mechanischen Abwässerklärung. Leipzig 1908.
H. 17: Brix, G.; Engelhardt, W. Freiherr von; Geusen, G. u. a.: Die Assanierung von Düsseldorf (Die Assanierung von Städten in Einzeldarstellungen, Bd. 2, H. 2). Leipzig 1908.
H. 18: Speck, Artur: Beitrag zur Geschichte und Theorie der Schwebefährbrücken. Leipzig 1908.
H. 19: Beyer, Kurt: Eigengewicht, günstige Grundmaße und geschichtliche Entwickelung des Auslegeträgers. Leipzig 1908.
H. 20: Platzmann, Ferd[inand]: Über den Querschnitt der Staumauern. Leipzig 1908.
H. 21: Leiner, Franz: Der Gehängebau. Leipzig 1909.
H. 22: Postuvanschitz, Fritz: Rechnerische Bestimmung und Auswertung der Elastizitätsellipse in ihrer Anwendung auf die Bogenträger. Leipzig 1910.
H. 23: Schachenmeier, Wilhelm: Über Mehrfache Elastische Gewölbe. Eine theoretische Untersuchung über die statische Wirkungsweise der Übermauerung bei weitgespannten Gewölben, ein Beitrag zur Theorie der Nebenspannungen gewölbter Brücken. Leipzig 1910.
H. 24: Elsner, Alexander: Die Behandlung und Verwertung von Klärschlamm. Leipzig 1910.
H. 25: Singer, Max: Die Bodenuntersuchung für Bauzwecke. Insbesondere bei Gebirgsbahnen. Leipzig 1911.
H. 26: Willmann, Erich von: Über einige Gebirgsdruckerscheinungen in ihren Beziehungen zum Tunnelbau. Leipzig 1911.

3. Gruppe: Bau und Unterhalt der Eisenbahnen:
H. 1: Schubert, E.: Schutz der Eisenbahnen gegen Schneeverwehungen und Lawinen. Leipzig 1903.

Gladbach, Ernst Georg: Charakteristische Holzbauten der Schweiz vom 16. bis 19. Jahrhundert, nebst deren inneren Ausstattung. Nach der Natur aufgenommen. Berlin 1893, 2. Aufl. [in einigen Exemplaren ist New York als zusätzlicher Erscheinungsort angegeben] 1898, 3. Aufl. [in einigen Exemplaren ist New York als zusätzlicher Erscheinungsort angegeben] 1906.

Glinzer, Ernst: Kurzgefasstes Lehrbuch der Baustoffkunde. Nebst einem Abriss der Chemie. Zum Selbstunterricht für Baubeflissene, Maurer- und Zimmermeister sowie besonders für den Unterricht an Baugewerkschulen [ab 4. Aufl.: Lehrbuch der Baustoffkunde zum Unterricht an Baugewerkschulen und zum Selbstunterricht; ab 5. Aufl.: Baustoffkunde]. Dresden 1893, 2. verm. und vielfach gänzl. umgearb. Aufl. 1900, 3. vielfach verm. und verb. Aufl. 1903, 4. zum grossen Teil neubearb. und bis auf die neueste Zeit erg. Aufl. Leipzig 1910, 5. Aufl. 1911, 6. vielfach erw. Aufl. 1921.

Leu, Ewald; Janke, Alphons; Wille, C.; Viehweger, Karl Emil (Hg.) [unterschiedliche Angaben]: Für Schule und Praxis. Eine Sammlung von Lehrbüchern für Fach- und Handwerkerschulen und zum Selbstunterricht. 5 Bde. Köln 1893–1905, Neuaufl. bis 1903:
[In der Aufstellung fehlende Abt. bzw. Hefte sind offenbar nicht erschienen]
Bd. 1: Technisches Zeichnen:
Abt. 3: Janke, Alphons: Lehrbuch der Schattenkonstruktionen. Köln 1902.
Abt. 4: Janke, Alphons: Lehrbuch der Perspektive. Köln 1900.

Bd. 2: Lehrbuch der Baukonstruktionen:
Abt. 1: Die Maurerarbeiten:
H. 1: Leu, Ewald: Die Mauern. Köln 1895.
H. 2: Viehweger, E[mil Karl]: Die Gewölbe. Die Gewölbe im allgemeinen und im besonderen. Köln 1904.
Abt. 2: Die Zimmerarbeiten:
H. 1: Leu, Ewald: Holzverbände, Hänge- und Sprengwerke, Wände, Decken, Tabellen für die Deckenbalken und Unterzüge. Köln 1895.
H. 2: Janke, Alphons: Dachformen, Dachausmittlungen und Dachkonstruktionen. Köln 1901.
Abt. 3: Leu, Ewald: Die Eisenkonstruktionen. Verbindungen. Träger und Stützen. Erker und Balkone. Wände. Decken. Oberlichter. Tabellen. Köln 1900.
Bd. 3: Bau-Entwerfen:
Abt. 1: Lehrbuch der Bauformen:
H. 1: Janke, Alphons: Profillehre (Grundformen. Einfache und zusammengesetzte Glieder. Sockelgesimse. Bandgesimse. Konstruktionen der Gesimse in Stein, Holz und Putz). Köln 1897.
H. 2: Janke, Alphons: Säulenordnungen und Säulenformen. Köln 1904.
H. 3: Janke, Alphons: Thüren und Fenster. Köln 1900.
Abt. 3: Janke, Alphons: Lehrbuch der Baumaterialien. Köln 1895, 2. Aufl. 1900, [3. Aufl.] 1902.
Bd. 4: Bauausführung:
Abt. 1: H. 1: Viehweger, Karl Emil: Lehrbuch des Bau-Veranschlagens. Köln 1905.
Bd. 5: Mathematik:
Abt. 1: Leu, Ewald: Lehrbuch der Arithmetik und Algebra, nebst Aufgabensammlung. Köln 1893.
Abt. 2: Hesse, L[udwig Otto]: Lehrbuch der Planimetrie, nebst Aufgabensammlung. Köln 1893.
Abt. 3: Pleßner, P[aul]: Lehrbuch der Trigonometrie, nebst Aufgabensammlung und vierstelligen trigonometrischen Tafeln. 2 Hefte. Köln 1895.
Abt. 4: Pleßner, P[aul]: Lehrbuch der Stereometrie oder Körperlehre, nebst Aufgabensammlung und vierstelligen Rechentafeln. Köln 1899.

Koller, Theodor: Künstliche Baumaterialien, ihre Herstellung und Verwendung. Frankfurt (Main) 1894.

Lauenstein, Rudolf; Hanser, A[dolf?]: Die Eisenkonstruktionen des einfachen Hochbaues. Zum Gebrauch für Schulen und Praxis. 2 Bde. Stuttgart 1895, Neuaufl. bis 1924:
Bd. 1: Material und Konstruktionselemente [ab 4. Aufl.: Das Eisen und seine Verbindungen]. Stuttgart 1895, 2 Aufl. 1899, 3. Aufl. 1902, 4. von P. Bastine bearb. Aufl. 1907, 5. von P. Bastine neu bearb. Aufl. 1914, 6. von P. Bastine bearb. Aufl. Leipzig 1924.
Bd. 2: Anwendung und Ausführung der Konstruktionen [ab 4. Aufl.: Eisen- und Deckenbau in Ausführung und Anwendung]. Stuttgart 1895, 2. Aufl. 1900, 3. Aufl. 1903, 4. von P. Bastine bearb. Aufl. Leipzig 1909, 5. von P. Bastine neu bearb. Aufl. 1921.

Müller, S.: Baukonstruktions-Lehre. Zum Gebrauche für Techniker, Studierende und an Bauschulen, zum Selbststudium und namentlich für die Praxis, T. 1: Gewölbebau (Lehrhefte zum methodischen Studium des Baufaches [Hochbau]). Leipzig 1895. [Weitere Teile sind offenbar nicht erschienen.]

Karnack, O. (Hg.): Das gesamte Baugewerbe. Handbuch des Hoch- und Tiefbauwesens. Zugleich: Nachschlagebuch auf allen Gebieten des Bauwesens und verwandter Techniken, mit ausführlichem Sachregister sowie: Umfangreiches Vorlagewerk und Musterbuch des gesamten Bauwesens enthaltend eine unerschöpfliche Fülle architektonischer Motive eigenartiger und mustergültiger Bauten in allen Stilarten, und zwar Landhäuser, Stadthäuser, Geschäftshäuser, landwirtschaftliche Bauten, Schulen, öffentliche Bauten, Vergnügungslokale, industrielle Gebäude in moderner Ausführung in Grundrissen, Ansichten, Schnitten, Perspektiven, Detailzeichnungen, sowie meisterhafte Entwürfe aus dem Gebiete des Brücken-, Kanal-, Eisenbahn-, Straßen- und Wegebaues. 150 Hefte [meist zusammengefasst als Bde]. Potsdam/Leipzig [1896–1904]. [Fortgesetzt von: Abraham/Hacker 1912–14.]

Karnack, O.: System Karnack-Hachfeld. Unterrichtsbriefe für das Selbststudium des gesamten Hoch- und Tiefbauwesens. [3 Teile.] Potsdam [1896–1903] [bis 1941[?] fortgesetzt; ab 1923 unter dem Namen: Technische Unterrichtsbriefe für das Selbststudium, System Karnack-Hachfeld; ab 1926: Technische Selbst-Unterrichtsbriefe, System Karnack-Hachfeld; ab 1936: Selbstunterrichtsbriefe System Karnack-Hachfeld]:
[T. 1]: Der Baugewerksmeister. 158 Hefte. Potsdam [1896–1903].
[T. 2]: Der Polier. 115 Hefte. Potsdam [1896–1902].
[T. 3]: Der Tiefbautechniker. 154 Hefte. Potsdam [1896–1903].

Lange, Walther: Katechismus der Baustofflehre (Webers illustrierte Katechismen, Bd. 171). Leipzig 1898, 2. verm. und verb. Aufl. 1910.

Pannewitz, Artur von: Formenlehre der romanischen Baukunst in ihrer Anwendung auf den Quaderbau. Leipzig 1898.

Issel, Hans (Hg.): Das Handbuch des Bautechnikers. Eine übersichtliche Zusammenfassung der an Baugewerksschulen gepflegten technischen Lehrfächer, zum Gebrauche für Studierende und ausführende Bautechniker. 21 Bde. Leipzig 1899–1912, Neuaufl. bis 1925:
Bd. 1: Opderbecke, Adolf: Der Zimmermann. Die Verbindung der Hölzer untereinander, die Fachwerkwände, Balkenlagen, Dächer einschliesslich der Schiftungen und die Baugerüste. Für den Schulgebrauch und die Baupraxis. Leipzig 1900, 2. verm. Aufl. 1902, 3. verm. Aufl. 1905, 4. verm. Aufl. 1907, 5. verm. Aufl. 1913, 6. verm. Aufl. 1921.
Bd. 2: Opderbecke, Adolf: Der Maurer. Die Gebäudemauern, Decken, Fussböden, die Putz- und Fugearbeiten. Für den Schulgebrauch und die Baupraxis [ab 2. Aufl. mit veränd. Untertitel: Die Gebäudemauern, der Schutz der Gebäudemauern und Fussböden gegen Bodenfeuchtigkeit, die Decken, die Konstruktion und das Verankern der Gesimse, die Fussböden, die Putz- und Fugearbeiten]. Leipzig 1900, 2. verm. Aufl. 1903, 3. verm. Aufl. 1906, 4. verb. und verm. Aufl. 1910, 5. verb. und verm. Aufl. 1920, 6. verb. und verm. Aufl. 1925.
Bd. 3: Opderbecke, Adolf: Die Bauformenlehre. Der Backsteinbau und der Werksteinbau für mittelalterliche und Renaissance-Formen. Für den Schulgebrauch und die Baupraxis. Leipzig 1899, 2. Aufl. 1903.
Bd. 4: Opderbecke, Adolf: Der innere Ausbau. Türen, Fenster, Wandvertäfelungen, Holzdecken und Treppen in Holz, Stein und Eisen. Für den Schulgebrauch und die Baupraxis [ab 2. Aufl. mit veränd. Untertitel: Türen und Tore, Fenster und Fensterverschlüsse, Wand und Deckenvertäfelungen, Treppen in Holz, Stein und Eisen]. Leipzig 1899, 2. bedeutend erw. Aufl. 1904, 3. vollst. neubearb. Aufl. 1911.
Bd. 5: Issel, Hans: Die Wohnungs-Baukunde. Das freistehende und eingebaute Einfamilienhaus, das freistehende und eingebaute Miethaus, das städtische Wohn- und Geschäftshaus und deren innere Einrichtung. Für den Schulgebrauch und die Baupraxis. Leipzig 1899, 2. bedeutend erw. und verb. Aufl. 1905, 3. erw. und verb. Aufl. 1910.
Bd. 6: Opderbecke, Adolf: Die allgemeine Baukunde. Die Wasserversorgung, die Beseitigung der Schmutzwässer und Abfallstoffe, die Abortanlagen und Pissoirs, die Feuerungs- und Heizungsanlagen. Für den Schulgebrauch und die Baupraxis. Leipzig 1899, 2. verb. und erw. Aufl. 1907.
Bd. 7: Issel, Hans: Die landwirtschaftliche Baukunde. Bauernhäuser und Bauerngehöfte, Gutshäuser und Gutsgehöfte mit sämtlichen Nebenanlagen, Feld- und Hofscheunen, Stallungen für Gross- und Kleinvieh und Gebäude für landwirtsch. Gewerbe. Für den Schulgebrauch und die Baupraxis. Leipzig 1901, 2. erw. und verb. Aufl. 1905, 3. erw. und verb. Aufl. 1910.
Bd. 8: Issel, Hans: Baukonstruktionslehre. Der Holzbau, umfassend den Fachwerk-, Bohlen-, Block-, Ständer- und Stabbau und deren zeitgemässe Wiederverwendung. Für den Schulgebrauch und die Baupraxis. Leipzig 1900, 2. bedeutend erw. Aufl. 1905, 3. bedeutend erw. Aufl. 1920.
Bd. 9: Schöler, Richard: Die Eisenkonstruktionen des Hochbaues. Die Berechnung und Anordnung der Konstruktionselemente, der Verbindungen und Stösse der Walzeisen, der Träger und deren Lager, der Decken, Säulen, Wände, Balkone und Erker, der Treppen, Dächer und Oberlichter. Für den Schulgebrauch und die Baupraxis. Leipzig 1901, 2. verb. Aufl. 1904, 3. verb. Aufl. 1909, 4. verb. Aufl. 1922.
Bd. 10: Opderbecke, Adolf: Der Dachdecker und Bauklempner. Umfassend die sämtlichen Arten der Dacheindeckungen mit feuersicheren Stoffen und die Konstruktion und Anordnung der Dachrinnen und Abfallrohre. Für den Schulgebrauch und die Baupraxis. Leipzig 1901, 2. verb. und verm. Aufl. 1907, 3. verb. und verm. Aufl. 1921.

Bd. 11: Geyger, Erich: Die angewandte darstellende Geometrie. Die Grundbegriffe der Geometrie, das geometrische Zeichnen, die Projektionslehre oder das projektive Zeichnen, die Dachausmittelungen, Schraubenlinien, Schraubenflächen und Krümmlinge sowie die Schiftungen. Für den Schulgebrauch und die Baupraxis. Leipzig 1902, 2. verb. Aufl. 1906, 3. verb. Aufl. 1912.

Bd. 12: Issel, Hans: Die Baustillehre. Die wichtigsten Entwicklungsstufen der Monumental- Baukunst in den verschiedenen Stilarten, mit besonderer Berücksichtigung der massgebenden Einzel-Bauformen. Für den Schulgebrauch und die Baupraxis. Leipzig 1904.

Bd. 13: Nöthling, Ernst: Die Baustofflehre. Umfassend die natürlichen und künstlichen Bausteine, die Bauhölzer und Metalle, sowie die Verbindungs-, Neben- und Hilfsbaustoffe. Für den Schulgebrauch und die Baupraxis [2. Aufl.: Bautechnische Warenkunde: umfassend das Wissenswerte aus den Gebieten der Gesteinskunde, der Steinindustrie, der Mörtel- und Kunststein-Fabrikation, der Holz-, Metall- und Glasindustrie sowie der zur Verschönerung und Erhaltung von Gebäuden benötigten technischen Hilfsstoffe]. Leipzig 1904, 2. von Hans Issel vollständig neubearb. Aufl. 1919.

Bd. 14: Opderbecke, Adolf: Das Veranschlagen im Hochbau. Die Grundsätze für die Entwürfe und Kostenanschläge, die Berechnung der hauptsächlichsten Baustoffe, die Berechnung der Geldkosten der Bauarbeiten und ein Bauentwurf mit Erläuterungsbericht und Kostenanschlag. Für den Schulgebrauch und die Baupraxis. Leipzig 1904, 2. verb. und erw. Aufl. 1910.

Bd. 15: Opderbecke, Adolf: Der Steinmetz. Umfassend die Gewinnung und Bearbeitung natürlicher Bausteine, das Versetzen der Werksteine, die Mauern aus Bruch-, Feld- und bearbeiteten Werksteinen, die Gesimse, Maueröffnungen, Hausgiebel, Erker und Balkone, Treppen und Gewölbe mit Werksteinrippen. Für den Schulgebrauch und die Baupraxis. Leipzig 1905, 2. verb. und verm. Aufl. 1912.

Bd. 16: Schöler, Richard: Die Statik und Festigkeitslehre des Hochbaues. Einschliesslich der Theorie der Beton- und Betoneisenkonstruktionen. Für den Schulgebrauch und die Baupraxis. Leipzig 1905, 2. verb. und erw. Aufl. 1908, 3. verb. und erw. Aufl. 1913, 4. verb. und erw. Aufl. 1921.

Bd. 17: Issel, Hans: Das Entwerfen der Fassaden, entwickelt aus der zweckmässigen Gestaltung der Einzelformen und deren Anwendung auf neuzeitlich bürgerliche Bauten in Bruchstein-, Werkstein-, Putz- und Holzarchitektur. Für den Schulgebrauch und die Baupraxis. Leipzig 1907, 2. bedeutend erw. Aufl. 1923.

Bd. 18: Haass, Ludwig: Das Handbuch des Bautechnikers. Die Schattenkonstruktionen. Die axonometrische Projektion und die Perspektive. Für den Schulgebrauch und die Baupraxis. Leipzig 1907.

Bd. 19: Haberstroh, H[ermann]: Der Eisenbeton im Hochbau. Die für den Eisenbeton verwendeten Baustoffe, die Eiseneinlagen im Eisenbeton, die Zurichtung der Eiseneinlagen, die Grundformen für die Anordnung der Eiseneinlagen und die Schalung, Steinkonstruktionen mit Eiseneinlage und Ummantelungen von Eisenkonstruktionen, ferner Leitsätze für die statische Berechnung, Rechnungsverfahren mit Beispielen, Formeln für das Entwerfen und ein Anhang von Tabellen. Für den Schulgebrauch und die Baupraxis. Leipzig 1908, 2. verb. und erw. Aufl. 1923.

Bd. 20: Dieckmann, F. W.; Issel, Hans: Die Baugeschäftskunde und Bauführung. Die Führung der Bau- und Geschäftsbücher einschliesslich einer kurzgefassten Wechselkunde, der wichtigsten Bestimmungen aus der Arbeiterversicherungsgesetzgebung und der Konkursordnung, die Aufstellung der Berechnungen, die Verdingung der Bauarbeiten, die Baugesuche und die Bauabnahme, sowie die Arbeiten des Bauführers auf dem Bauplatze. Für den Schulgebrauch und die Baupraxis. Leipzig 1908.

Bd. 21: Issel, Werner: Gemeinnützige und Wohlfahrts-Baukunde. Schlachthofanlagen, Land- und Kleinstadtschulen, Turnhallen, kleinere Verwaltungs- und Gerichtsgebäude, Pfarr- und Arzthäuser, kleinere Bankgebäude, ländliche Gasthäuser, Kegelbahnen, Lawn-Tennis-Plätze, Transformatorenhäuser, Säuglingsheime und Krippen, Krankenhäuser und Pflegeanstalten, Volks- und Schulbrausebäder. Für den Schulgebrauch und die Baupraxis. Leipzig 1912.

Krüger, Richard: Handbuch der Baustofflehre. Für Architekten, Ingenieure und Gewerbetreibende sowie Schüler technischer Lehranstalten. 2 Bde. Wien 1899.

[Diverse Autoren]: Die Schule des Bautechnikers. 19 Bde. [Bde. 1–4, 6–8 erschienen teilw. verändert von 1894–1922 auch in der Reihe: Schule des Maschinentechnikers]. Leipzig 1899–1908:
Bd. 1: Behr, Albert: Die Arithmetik und Algebra. Lehrbuch zum Selbstunterrichte. Leipzig 1900.
Bd. 2: Behr, Albert: Die Planimetrie (ebene Geometrie). Lehrbuch zum Selbstunterrichte. Leipzig 1899.
Bd. 3: Killmann, Paul: Die Stereometrie. Lehrbuch zum Selbstunterrichte. Leipzig 1900.
Bd. 4: Killmann, Paul: Die Trigonometrie. Lehrbuch zum Selbstunterrichte. Leipzig 1900.
Bd. 5: Behr, Albert: Die Physik. Lehrbuch zum Selbstunterrichte. Leipzig 1899.
Bd. 6: Geigenmüller, Robert: Die Mechanik. Lehrbuch zum Selbstunterrichte. Leipzig 1899.
Bd. 7: Hummel, L.: Die Festigkeitslehre. Lehrbuch zum Selbstunterrichte. Leipzig 1902.
Bd. 8: Killmann, Paul: Die Graphostatik. Lehrbuch zum Selbstunterrichte. Leipzig 1902.
Bd. 9: Glaeser, F. W.: Das geometrische Zeichnen, die Projektions- und Schattenlehre. Lehrbuch zum Selbstunterrichte. Leipzig 1900.
Bd. 10: Albert, Franz: Die Vermessungskunde: Feldmessen, Nivellieren und Planzeichnen. Lehrbuch zum Selbstunterrichte. Leipzig 1900.
Bd. 11: Albert, Franz: Die Perspektive. Lehrbuch zum Selbstunterrichte. Leipzig 1903.
Bd. 12: Stade, Franz: Die Steinkonstruktionen. Lehrbuch zum Selbstunterrichte. Leipzig 1907.
Bd. 13: Stade, Franz: Die Holzkonstruktionen. Lehrbuch zum Selbstunterrichte. Leipzig 1904.
Bd. 14: Vogel, R.: Architektonische Formenlehre. Lehrbuch zum Selbstunterrichte. Leipzig 1903.
Bd. 15: Albert, Franz: Die Eisenkonstruktionen und die Eisenbetonbauweise im Hochbau. Lehrbuch zum Selbstunterrichte. Leipzig 1908.
Bd. 16: Wilcke, F.: Die Feuerungs-, Lüftungs- und Beleuchtungsanlagen. Lehrbuch zum Selbstunterrichte. Leipzig 1905.
Bd. 17: Albert, Franz: Die Baumaterialienlehre. Lehrbuch zum Selbstunterrichte. Leipzig 1902.
Bd. 18: Thalheim, Felix: Die Kosten-Anschläge oder das Veranschlagen von Hochbauten. Lehrbuch zum Selbstunterrichte. Leipzig 1903.
Bd. 19: Slawinsky, A.: Die einfache und doppelte Buchhaltung und Wechselkunde. Lehrbuch zum Selbstunterrichte. Leipzig 1902.

1900

Gottlob, Fritz: Formenlehre der Norddeutschen Backsteingotik. Ein Handbuch zum Gebrauch für die Praxis und zum Selbststudium. Leipzig 1900, 2. durchges. und erhebl. erw. Aufl. 1907.

Haase, Max: Der Gewölbebau. Handbuch für die Praxis des Hochbautechnikers. Halle (Saale) 1900.

Gurlitt, Cornelius (Hg.): Beiträge zur Bauwissenschaft. 24 Hefte. Berlin 1902–18:
H. 1: Fiedler, Wilhelm: Das Fachwerkhaus in Deutschland, Frankreich und England. Berlin 1902 (Diss. TH Dresden).
H. 2: Wesser, Rudolph: Der Holzbau mit Ausnahme des Fachwerkes. Berlin 1903 (Diss. TH Dresden).
H. 3: Rahtgens, Hugo: S. Donato zu Murano und ähnliche Venezianische Bauten. Berlin 1903 (Diss. TH Dresden).
H. 4: Mackowsky, Walther: Giovanni Maria Nosseni und die Renaissance in Sachsen. Berlin 1904 (Diss. TH Dresden).
H. 5: Klopfer, Paul Hugo: Christian Traugott Weinlig und die Anfänge des Klassizismus in Sachsen. Berlin 1905 (Diss. TH Dresden).
H. 6: Cube, Gustav von: Die römische «Scenae Frons» in den pompejanischen Wandbildern 4. Stils. Berlin 1906 (Diss. TH Hannover).
H. 7: Maekelt, Arthur: Mittelalterliche Landkirchen aus dem Entstehungsgebiet der Gotik. Berlin 1906 (Diss. TH Dresden).
H. 8: Hammitzsch, Martin: Der moderne Theaterbau, der höfische Theaterbau, der Anfang der Modernen Theaterbaukunst, ihre Entwicklung und Bestätigung zur Zeit der Renaissance, des Barock und des Rokoko. Berlin 1906 (Diss. TH Dresden). [Zuerst erschienen, ausserhalb der Beiträge zur Bauwissenschaft, Nürnberg 1904.]
H. 9: Goldhardt, Paul: Die heiligen Berge Varallo, Orta und Varese. Berlin 1908 (Diss. TH Dresden).
H. 10: Lewy, Max: Schloss Hartenfels bei Torgau. Berlin 1908 (Diss. TH Dresden).

H. 11: Biebrach, Kurt: Die holzgedeckten Franziskaner- und Dominikanerkirchen in Umbrien und Toskana. Berlin 1908 (Diss. TH Dresden).
H. 12: Meyer, Carl: Die Augustiner-Klosterkirche zu Ravengiersburg. Berlin 1909 (Diss. TH Danzig).
H. 13: Wilde, Hans: Brussa. Eine Entwicklungsstätte türkischer Architektur in Kleinasien unter den ersten Osmanen. Berlin 1909 (Diss. TH Dresden).
H. 14: Rüdiger, Alfred: Die links der Elbe gelegenen Burgen im Königreich Sachsen. Berlin 1909 (Diss. TH Dresden).
H. 15: Nova, Max: Die Stadttore der Mark Brandenburg im Mittelalter. Berlin 1909 (Diss. TH Berlin).
H. 16: Reuther, Oscar: Das Wohnhaus in Bagdad und anderen Städten des Irak. Berlin 1910 (Diss. TH Dresden).
H. 17: Moritz, Eduard: Das antike Theater und die modernen Reformbestrebungen im Theaterbau. Berlin 1910 (Diss. TH Karlsruhe).
H. 18: Jordan, Julius: Konstruktions-Elemente assyrischer Monumentalbauten. Berlin 1910 (Diss. TH Dresden).
H. 19: Wiener, Alfred: Das Warenhaus. Berlin 1911 (Diss. TH Dresden).
H. 20: Klaiber, Christoph: Die Grundrissbildung der deutschen Stadt im Mittelalter unter besonderer Berücksichtigung der schwäbischen Lande. Berlin 1912 (Diss. TH Stuttgart).
H. 21: Wulzinger, Karl: Drei Bektaschi-Klöster Phrygiens. Berlin 1913 (Diss. TH Dresden).
H. 22: Schulze, Robert: Gubbio und seine mittelalterlichen Bauten. Berlin 1915 (Diss. TH Dresden).
H. 23: Leopold, Walther: Sizilianische Bauten des Mittelalters in Castrogiovanni, Piazza Armerina, Nicosia und Randazzo. Berlin 1917 (Diss. TH Dresden).
H. 24: Hertz, Carmen: Balthasar Neumanns Schlossanlage zu Werneck für den Fürstbischof Friedrich Carl von Schönborn. Berlin 1918 (Diss. Univ. Würzburg).

Issel, Hans: Illustriertes Handlexikon der gebräuchlichen Baustoffe. Ein praktischen Hand- und Hilfsbuch auf dem großen Gebiete der heutzutage gebräuchlichen Baustoffe in Bezug auf deren Gewinnung, Verarbeitung und Verwendung in neuester Zeit. Leipzig 1902.

Specht, Bruno: Leitfaden der architektonischen Formenlehre. Für Baugewerkschüler. Breslau 1903–05, 2. Aufl. 1905, 3. verm. und teilw. umgearb. Aufl. 1907, 4. Aufl. 1909.

Daub, Hermann: Hochbaukunde. 4 Bde. Leipzig/Wien 1905, Neuaufl. bis 1922:
Bd. 1: Baustoffe [3. Aufl.: Baustoffe, Träger, Stützen, Mauern, Decken; 4. Aufl.: Gebäude: Baustoffe. Holz-, Stein-, und Eisenverbände. Träger, Stützen, Wände, Decken]. Leipzig/Wien 1905, 2. Aufl. 1910, 3. Aufl. 1920, 4. Aufl. 1922.
Bd. 2: Träger, Stützen, Mauern, Decken, Dächer [2. Aufl.: Träger, Stützen, Mauern, Decken; 3. Aufl.: Dächer, Stiegen, Türen, Fenster, Verbauten, Abfuhr der Abfallstoffe, innerer Ausbau, Fundamente, Bauführung; 4. Aufl.: Dächer, Stiegen, Türen, Fenster, Verbauten, Abfuhr der Abfallstoffe, innerer Ausbau, Bauführung]. Leipzig/Wien 1905, 2. Aufl. 1909, 3. Aufl. 1920, 4. Aufl. 1922.
Bd. 3: Stiegen, Türen, Fenster, Abfuhr der Abfallstoffe, Vorbauten, Heizung, Lüftung, Fundamente, Holzbau, eiserner Fachwerksbau [2. Aufl.: Dächer, Stiegen, Türen, Fenster, Verbauten, Abfuhr der Abfallstoffe, innerer Ausbau, Fundamente]. Leipzig/Wien 1905, 2. Aufl. 1909.
Bd. 4: Bauführung. Leipzig/Wien 1905, 2. Aufl. 1909.

[Diverse Autoren]: Degener's Leitfäden für Baugewerkschulen und verwandte Lehranstalten. 51 Bde. Leipzig 1906–29:
[Nur in Auswahl bibliographiert.]
Bd. 1: Glinzer, Ernst: Bautechnische Chemie. Als Leitfaden für den Unterricht und zur Selbstbelehrung [zugl. T. 1 der 4. Aufl. von: Glinzer 1893] Leipzig 1906, 2. verm. und verb. Aufl. 1909, 3. vielfach verm. und verb. Aufl. 1915.
Bd. 2: Glinzer, Ernst: Ebene Trigonometrie mit sämtlichen erforderlichen Tafeln. Als Leitfaden für den Unterricht und zur Selbstbelehrung. Leipzig 1906. [erw. Ausg. der 3. Aufl. von: ders.: Kurzes Lehrbuch der ebenen Trigonometrie für gewerbliche Schulen sowie zum Selbstunterricht].
Bd. 3: Seipp, Heinrich: Leitfaden der Baustofflehre für die Hochbau- und Tiefbau-Klassen von Baugewerkschulen sowie zum Gebrauch in der bautechnischen Praxis. Leipzig 1907, 2. verm. und verb. Aufl. 1910, 3. Aufl. 1918, 4. Aufl. 1923, 5. verb. Aufl. 1926.

Bd. 4: Hirsch, Traugott; Wienkoop, Artur: Leitfaden der Bauverbandslehre. Für den Unterricht und zur Selbstbelehrung. 4 Teile. Leipzig 1907–09, diverse Neuaufl. bis 1929:
T. 1: Der Maurer. Für den Unterricht an Fachschulen und zur Selbstbelehrung. Leipzig 1907, 2. verb. Aufl. 1908, 3. verm. und verb. Aufl. 1910, 4. verm. und verb. Aufl. 1912, 5. verm. und verb. Aufl. 1917, 6. Aufl. [?], 7. verm. Aufl. 1928.
T. 2: Der Zimmerer. Für den Unterricht an Fachschulen und zur Selbstbelehrung. Leipzig 1907, 2. verb. Aufl. 1909, 3. verm. und verb. Aufl. 1911, 4. verm. und verb. Aufl. 1914, 5. Aufl. [?], 6. verm. und verb. Aufl 1929.
T. 3: Der Dachdecker und Bauklempner. Leipzig 1908, 2. verb. Aufl. 1909, 3. verb. Aufl. 1911, 4. verm. und verb. Aufl. 1914.
T. 4.1: Der Bautischler und Bauschlosser. Leipzig 1909, 2. verm. und verb. Aufl. 1911.
T. 4.2: Treppen in Stein und Holz. Leipzig 1909, 2. verm. und verb. Aufl. 1911, 3. Aufl. 1918.
Bd. 10: Baldauf, Johannes Christian; Pietzsch, Rudolf: Leitfaden der bürgerlichen Baukunde. 2 Teile. Leipzig 1911–14, Neuaufl. bis 1929:
T. 1: Leitfaden der Bürgerlichen Baukunde. Leipzig 1911.
T. 2: Elemente für innere Einrichtung und Aufbau des freistehenden und eingebauten städtischen Wohn- und Geschäftshauses. Grundrißentwicklung nebst Baupolizeikunde des Stadtkreises Berlin, durch Skizzen erläutert. Leipzig 1912, 2. verb. Aufl. 1914, 3. verb. Aufl. 1923, 4. Aufl.[?], 5. Aufl. [?], 6. verb. Aufl. 1925, 7. vollst. umgearb. Aufl. 1929.
Bd. 11: Glinzer, Ernst: Leitfaden der Festigkeitslehre. Leipzig 1907.
Bd. 17: Seipp, Heinrich: Leitfaden der Statik für Hochbau- und Tiefbautechniker. Leipzig 1908.
Bd. 18: Seipp, Heinrich: Leitfaden der Statik auf Hochbau- und Tiefbaukonstruktionen. Anwendung der Statik und Festigkeitslehre auf größere Konstruktionen. Leipzig 1909.
Bd. 22: Pannewitz, Artur von: Bürgerliche Hochbaukunde und Baupolizei. Leipzig 1910.
Bd. 23: Pannewitz, Artur von; Schmiedt, Oskar: Landwirtschaftliche Baukunde. Leipzig 1908, 2. verb. Aufl. 1910, 3. neubearb. und erw. Aufl. 1919.
Bd. 31: Wienkoop, Artur: Formenschatz für die Arbeiten des Bauhandwerkers. Leipzig 1911, 2. verm. und verb. Aufl. 1913.
Bd. 49: Lutze, Friedrich: Leitfaden der Eisenbahn-Hochbauten. Für den Unterricht an den Tiefbauabteilungen der Baugewerkschulen. Leipzig 1913, 2. durchges. und erw. Aufl. 1920, 3. unveränd. Aufl. 1922.

Kersten, Carl: Der Eisenbetonbau. Ein Leitfaden für Baugewerksschulen und Baugewerksmeister [später: Ein Leitfaden für Schule und Praxis]. Berlin 1906, Neuaufl. bis 1943:
T. 1: Ausführung und Berechnung der Grundformen. Berlin 1906, 2. Aufl. 1906, 3. Aufl. 1906, 4. Aufl. [?], 5. Aufl. 1908, 6. Aufl. 1910, 7. Aufl. 1910, 8. Aufl. 1911, 9. unveränd. Aufl. 1913, 10. Aufl. 1915, 11. neubearb. Aufl. 1920, weitere Aufl. bis 16. Aufl. 1942.
T. 2: Anwendungen in Hoch- und Tiefbau [ab 8. Aufl. mit zus. Untertitel: (Mit Anhang: Erläuterungen zu den neuen Beton- und Eisenbetonbestimmungen vom Jahre 1916)]. Berlin 1906, 2. Aufl. 1906, 3. Aufl. 1907, 4. Aufl. 1909, 5. Aufl. 1910, 6. Aufl. 1912, 7. Aufl. 1913, 8. umgearb. Aufl. 1917, 9. unveränd. Aufl. 1918, weitere Aufl. bis 15. Aufl. 1943.
T. 3: Berlin 1919, weitere Aufl. bis 7. Aufl. 1942.

Schmiedel, Ottomar: Die Statik der statisch bestimmten Brückenträger. Elementares Lehrbuch zum Gebrauch für Schüler technischer Unterrichtsanstalten, für Techniker und Ingenieure in der Praxis und zum Selbststudium angehender Ingenieure. Berlin 1906.

Feldmann, Hugo: Baukonstruktion. 3 Bde. Hannover 1907–09, Neuaufl. bis 1928:
Bd. 1: Konstruktionselemente in Stein, Holz, und Eisen (Bibliothek der gesamten Technik, Bd. 60). Hannover 1907, Nachdruck Leipzig 1928.
Bd. 2: Die Gebäudemauern (Bibliothek der gesamten Technik, Bd. 63). Hannover 1907, Nachdruck Leipzig 1928.
Bd. 3: Die massiven und Holzbalken-Decken (Bibliothek der gesamten Technik, Bd. 119). Hannover 1909.

Kersten, C[arl]: Brücken in Eisenbeton: Ein Leitfaden für Schule und Praxis. 3 Bde. Berlin 1907–35:
Bd. 1: Platten- und Balkenbrücken. Berlin 1907, 2. neubearb. und stark erw. Aufl. 1909, 3. neubearb. und stark erw. Aufl. 1912, 4. neubearb. und erw. Aufl. 1918, 5. neubearb. Aufl. 1921, 6. Aufl. 1928.
Bd. 2: Bogenbrücken. Berlin 1908, 2. neubearb. und stark erw. Aufl. 1910, 3. neubearb. und erw. Aufl. 1913, 4. neubearb. Aufl. 1922, 5. Aufl. 1930.
Bd. 3: Rechnungsbeispiele für Balkenbrücken. Berlin 1925, 2. Aufl. 1935.

Esselborn, Karl (Hg.): Lehrbuch des Hochbaues. 2 Bde. Leipzig 1908, Neuaufl. bis 1926:
Bd. 1: [Diverse Autoren]: Grundbau, Steinkonstruktionen, Holzkonstruktionen, Eisenkonstruktionen, Eisenbetonkonstruktionen [2. Aufl.: Steinkonstruktionen und Grundbau, Holzkonstruktionen, Eisenkonstruktionen, Eisenbetonkonstruktionen, Veranschlagen, Bauführung, Beleuchtungs-, Heizungs- und andere Anlagen]. Leipzig 1908, 2. Aufl. 1913, 3.–8. Aufl. [in einem hg.] 1922).
Bd. 2: [Diverse Autoren]: Gebäudelehre, Bauformenlehre, Die Entwicklung des deutschen Wohnhauses, Das Fachwerks- und Steinhaus, Ländliche und Kleinstädtische Baukunst, Veranschlagen, Bauführung [2. Aufl.: Die Elemente der Baukunst. Bauformenlehre. Der Gewölbebau, Decke und Dach. Das Ornament. Der Wohnbau. Die Innenarchitektur. Das deutsche Wohnhaus. Öffentliche Bauten; 3 Aufl.: Die Elemente der Baukunst. Bauformenlehre. Der Gewölbebau. Decke und Dach. Das Ornament. Der Wohnbau. Die Innendekoration. Das deutsche Wohnhaus. Öffentliche Bauten. Neuzeitliche Bauaufgaben]. Leipzig 1908, 2. Aufl. 1920, 3.–8. Aufl. [in einem hg.] 1926).

Galka, Max: Graphostatik zum Gebrauch an technischen Lehranstalten und zum Selbstunterricht. Berlin 1908–10, 2. Aufl. 1919.

Ostendorf, Friedrich: Die Geschichte des Dachwerks. Erläutert an einer grossen Anzahl mustergültiger alter Konstruktionen. Leipzig 1908.

Naske, Carl: Die Portland-Zement-Fabrikation. Ein Handbuch für Ingenieure und Zementfabrikanten. Leipzig 1903, 2. vollst. umgearb. und verm. Aufl. 1909, 3. vollst. umgearb. und verm. Aufl. 1914, 4. vollst. umgearb. und verm. Aufl. 1922.

Nussbaum, H. Chr.: Das Wohnhaus und seine Hygiene. Leipzig 1909.

Reinecke, G.: Grundbau für Hochbauabteilungen (Leitfaden für den Unterricht in Baukonstruktion) [mit separatem Figurenheft erschienen]. Essen 1909. [Weitere Bände der Reihe sind offenbar nicht erschienen.]

Schmiedel, Ottomar: Die Statik des Eisenbetonbaues. Elementares Lehrbuch zum Gebrauch an Schulen und zum Selbstunterricht. Wiesbaden 1909.

1910

Frick, Otto; Knöll, Karl: Baukonstruktionslehre. Leitfaden für den Unterricht an Baugewerkschulen und verwandten technischen Lehranstalten. 2 Teile. Leipzig 1910, diverse Neuaufl. bis 2013:
T. 1: Steinbau. Leipzig 1910, 2. Aufl. 1912, 3. Aufl. 1913, 4. verm. und verb. Aufl. 1915, 5. Aufl. [?], 6. Aufl. 1920, weitere Aufl. bis 35. vollst. überarb. und aktualisierte Aufl. Wiesbaden 2010.
T. 2: Holzbau. Leipzig 1910, 2. Aufl. 1912, 3. Aufl. 1914, 4. Aufl. 1918, 5. Aufl. 1919, weitere Aufl. bis 34. überarb. und aktualisierte Aufl. Wiesbaden 2013.

Hillig, Hugo: Grundzüge der Mal- und Anstrichtechnik. Ein illustrierter Leitfaden für den Unterricht in der Materialienkunde des Malers, entwickelt aus der technischen Praxis des Gewerbes. Für Lehrer und Schüler der Malfachklassen an allen gewerblichen Unterrichtsanstalten [Untertitel ab 2 Aufl.: Ein Ratbuch für die Praxis]. Hamburg [1910], 2. neubearb. Aufl. 1912, 3. von Cornelius Hebing bearb. Aufl. Berlin 1924.

Melan, Joseph: Der Brückenbau. Nach Vorträgen gehalten an der deutschen technischen Hochschule in Prag. 3 Bde. Wien/Leipzig 1910–23, Neuaufl. bis 1953:
Bd. 1: Einleitung und hölzerne Brücken [ab 3. Aufl.: Hölzerne Brücken]. Wien 1910, 2. erw. Aufl. 1919, 3. erw. Aufl. 1922, [4.] von Josef Fritsche bearb. neue Aufl. 1948.

Bd. 2: Steinerne Brücken und Brücken aus Beton-Eisen [ab 4. Aufl.: Massivbrücken]. Wien 1911, 2. erw. Aufl. 1920, 3. erw. Aufl. 1924, [4.] von Josef Fritsche verfasste und von E[rwin] Hafenrichter bearb. neue Aufl. 1948.

Bd. 3: Eiserne Brücken [ab 4 Aufl.: Stahlbrücken]. 2 Teile. Leipzig 1914, 2. erw. Aufl. 1921, 3. neubearb. und erw. Aufl. 1927, [4.] von Friedrich Hartmann bearb. neue Aufl. 1951, 2. [bezogen auf die Aufl. von 1951, eigentlich 5. Aufl.] unveränd. Aufl. 1953.

Abraham, J.; Hacker, H. (Hg.): Das gesamte Baugewerbe. Handbuch des Hoch- und Tiefbauwesens. Zugleich: Nachschlagebuch auf allen Gebieten des Bauwesens und verwandter Techniken, mit ausführlichem Sachregister [Fortsetzung von: Karnack 1896–1904]. 3 Abt. 4. vollst. neu bearb. und verm. Aufl. Potsdam/Leipzig/Wien [1912–14]:

Abt. 1: Bauconstruction:

Bd. 1: Arbeiten in Stein, Holz, usw. 4. vollst. neu bearb. und verm. Aufl. Potsdam/Leipzig/Wien [1912].

Bd. 2: Arbeiten in Eisen und Eisenbeton. 4. vollst. neu bearb. und verm. Aufl. Potsdam/Leipzig/Wien [1912].

Abt. 2: Der Hochbau:

Bd. 1: Bauhandwerkerarbeiten. 4. vollst. neu bearb. und verm. Aufl. Potsdam/Leipzig/Wien [1912].

Bd. 2: Künstlerische Formengebung. 4. vollst. neu bearb. und verm. Aufl. Potsdam/Leipzig/Wien [1913].

Bd. 3: Entwerfen und Ausführung. 4. vollst. neu bearb. und verm. Aufl. Potsdam/Leipzig/Wien [1913].

Abt. 3: Der Tiefbau:

Bd. 1: Wasser- und Brückenbau. 4. vollst. neu bearb. und verm. Aufl. Potsdam/Leipzig/Wien [1913].

Bd. 2: Bauten für Verkehrszwecke. 4. vollst. neu bearb. und verm. Aufl. Potsdam/Leipzig/Wien [1914].

Bd. 3: [Ohne Bandtitel.] 4. vollst. neu bearb. und verm. Aufl. Potsdam/Leipzig/Wien [1912].

Gabler, Max: Die Elemente der Baukonstruktion. Leitfaden für den Unterricht an Baugewerkschulen, Handwerkerschulen, Fortbildungsschulen und für den Selbstunterricht. Halle (Saale) 1912.

Kühn, Adolf: Baukunde. Lehrbuch zum Selbstunterricht (Die Schule des Maschinentechnikers. Lehrbuch zum Selbstunterricht im Maschinenbau und den dazu gehörigen Hilfswissenschaften, Bd. 17 [neu aufgenommen in 3. Aufl. der Reihe]). Leipzig 1913.

Muschter, Alwin: Zweck und Form im Hochbau. Ein Handbuch für Bauleute und Bauschulen. Leipzig 1914.

Frick, Otto; Knöll, Karl: Die Konstruktion von Hochbauten. Ein Handbuch für den Baufachmann. 2 Teile in 1 Bd. Leipzig/Berlin 1915, veränd. Aufl. 1920, weitere Aufl. bis 12. Aufl. Leipzig 1930.

Die gesamte Hochbaukunde (für Schule und Praxis). 14 Bde. Wien/Leipzig 1915–18:
[Nur in Auswahl bibliographiert.]

Bd. 2: Schubauer, Josef: Baukonstruktionslehre. Ein Lehrbuch für Baufachschulen und verwandte Lehranstalten sowie für die Praxis. Wien 1918.

Bd. 6: Romstorfer, Karl A[dolf]: Anlage der Gebäude. Kleinwohnungsbauten und Bauanlagen für die Land- und Forstwirtschaft samt Erläuterungen über die Entwicklung und Gestaltung dieser Hochbauten. Wien 1915.

Bd. 9: Raubal, Nikolaus: Baumechanik in zwei Teilen. Ein Lehrbuch für Staatsgewerbeschulen und verwandte Lehranstalten sowie für die Praxis. Wien 1919.

Bd. 10: Hess, Ludwig: Leitfaden für die Berechnung und Ausführung von Eisenbeton-Konstruktionen [2. Aufl.: Eisenbeton. Seine Art, Berechnung und Ausführung; 3. Aufl.: Baumechanik für Eisenbeton]. Wien 1908, 2. neubearb. und erg. Aufl. 1912, 3. umgearb. Aufl. Wien 1920.

Bd. 13: Leixner, Othmar von: Lehrbuch der Baustillehre und der Baugeschichte. Nebst einem Anhang über Städtebau, Denkmalpflege und Heimatschutz. Wien/Leipzig 1919.

Bd. 14: Roettinger, Josef: Baubetriebslehre. Ein Lehrbuch für Baufachschulen und für verwandte Lehranstalten sowie für die Praxis. Wien/Leipzig 1916.

Kohte, Julius: Die Baukunst des klassischen Altertums und ihre Entwicklung in der mittleren und neueren Zeit. Konstruktions- und Formenlehre. Braunschweig 1915.

Biografien

Carl Julius Bach (ab 1895: von Bach)

*** 8. März 1847 in Stollberg/Erzgebirge (D), † 10. Oktober 1931 in Stuttgart (D)**

Carl Bach studierte nach einer Schlosserlehre von 1866–68 am Polytechnikum Dresden Maschineningenieurwesen. 1868 wechselte er mit seinem Lehrer Wilhelm von Kankelwitz (1831–92) ans Polytechnikum Stuttgart, als dieser einen Ruf als Professor für Maschinenbau erhielt, und übernahm dort eine Assistentenstelle. Diese musste er infolge seiner Einberufung in den Deutsch-Französischen Krieg von 1870/71 aufgeben. Die Diplomprüfung erfolgte 1873 an der Technischen Hochschule Karlsruhe. Anschliessend war er als Ingenieur in verschiedenen Funktionen tätig, unterer anderem in England und Österreich sowie als Direktor der Lausitzer Maschinenfabrik in Bautzen. 1878–1922 bekleidete er eine Professur an der Technischen Hochschule Stuttgart mit Forschungsschwerpunkt in der Festigkeits- und Elastizitätslehre, 1884 erfolgte die Einrichtung der Materialprüfanstalt, 1895 des Inge-nieurlaboratoriums. 1885–88 war er Rektor der TH Stuttgart. Berufungen an das Eidgenössische Polytechnikum (1883), die Königlich Technische Hochschule zu Berlin (1895) und die Technische Hochschule Wien (1902) lehnte er ab. Bach steht für die Etablierung experimenteller Materialforschung unter Einbezug der Elastizitätstheorie und gilt als Vorreiter der «Synthese von Theorie und Praxis in Lehre und Forschung der Technikwissenschaften» nach 1900 (Kurrer 2016, Zitat S. 50).

Ausgewählte Schriften: Die Maschinenelemente. Ihre Bedeutung und Konstruktion mit Rücksicht auf die neueren Versuche. Stuttgart 1881; Elastizität und Festigkeit. Die für die Technik wichtigsten Sätze und deren erfahrungsmäßige Grundlage. Berlin 1889/1890; Bemerkungen zur wissenschaftlichen Ausbildung der Ingenieure und zur Frage des weiteren Ausbaues der Technischen Hochschulen. Stuttgart 1912; Festigkeitseigenschaften und Gefügebilder (gemeinsam mit R. Baumann). Berlin 1914.

Quellen: Nachlass Carl von Bach, Universitätsarchiv Chemnitz, Bestand 302 [https://www.tu-chemnitz.de/uni-archiv/bestaende/300/302/302_Findbuch.pdf] (20. September 2018); Bach, Carl: Mein Lebensweg und meine Tätigkeit. Eine Skizze. Berlin 1926; Keller, Arnold: Bach, Carl von, in: NDB, Bd. 1. Berlin 1953, S. 491–492; Kurrer 2016, besonders S. 50, 473.

Hermann Bleuler

*** 22. November 1837 in Zürich (CH), † 7. Februar 1912 in Zürich (CH)**

Hermann Bleuler besuchte zunächst das Gymnasium und die Industrieschule in Zürich, bevor er zum ersten Jahrgang des Vorbereitungskurses am Eidgenössischen Polytechnikum gehörte. Dort studierte er ab 1855 an der dritten Abteilung, der Mechanisch-technischen Schule, die er als einer der ersten Maschineningenieure im Herbst 1858 mit dem Diplom abschloss. Es folgte eine zweijährige praktische Tätigkeit in der Maschinenfabrik Theodor Bell & Cie. in Kriens/Luzern, bevor er ab 1861 eine militärische Laufbahn einschlug und die Positionen als Büroleiter des Artillerieinspektors Oberst Herzog, ab 1870 als Oberinstruktor der Artillerie, ab 1871 als Oberst und ab 1891 als Kommandant des 3. Armeekorps durchlief. Er war Mitglied der Landesverteidigungskommission. Für seine technischen Entwicklungen auf dem Gebiet der Artillerie erlangte Bleuler internationale Bekanntheit. 1881 berief ihn der Bundesrat nach Neuordnung des Polytechnikums in den Schweizerischen Schulrat und übertrug ihm 1888 zusätzlich die Leitung der polytechnischen Schule als Nachfolger Karl Kappelers. In diesen Funktionen förderte Bleuler unter anderem durch die Reorganisation der Mechanisch-technischen Schule (1887) sowie den Ausbau der Disziplinen die Weiterentwicklung der Institution – gleichzeitig wandte er sich gegen ein Promotionsrecht am Polytechnikum (das schliesslich 1909 unter seinem Nachfolger Robert Gnehm in Kraft trat). 1905 legte Bleuler das Amt des Schulratspräsidenten aus gesundheitlichen Gründen nieder.

Ausgewählte Schriften: Instruction betreffend die Schiessübungen der Artillerie in den Schulen und Wiederholungs-Cursen. Thun 1874; Bericht über die Studien und Versuche für Neubewaffnung der Artillerie 1901–1903. Bern 1903.

Quellen: Anonym: [Rücktrittsbericht] Schulratspräsident H. Bleuler, in: SBZ 45 (1905), Nr. 11, S. 140; [Jegher, J.]: [Nekrolog] Oberst H. Bleuler, in: SBZ 59 (1912), Nr. 7, S. 92–93; Bleuler-Moser, W. (Hg.): Erinnerungen an Oberst H. Bleuler-Huber. 1837–1912. Zürich 1912; Paur, M.; Bluntschli, G.: Oberstkorpskommandant Hermann Bleuler. Ein Lebensbild. Chronik der schweizerischen Artillerie von 1930–1937, Neujahrsblatt der Feuerwerker-Gesellschaft (Artillerie-Kollegium) in Zürich, Bd. 130. Zürich 1938; Bürgi, Markus: Bleuler, Hermann, in: HLS, Version vom 6. November 2002 [http://www.hls-dhs-dss.ch/textes/d/D5019.php] (20. September 2018); Gugerli/Kupper/Speich 2005, S. 136–148.

Alfred Friedrich Bluntschli

*** 29. Januar 1842 in Zürich (CH), † 27. Juli 1930 in Zürich (CH)**

Alfred Friedrich Bluntschli schrieb sich 1860 an der Ingenieurschule des Eidgenössischen Polytechnikums ein, wechselte nach einem Semester aber die Studienrichtung und wurde Schüler Gottfried Sempers an der Bauschule. Nach dem Diplom, das er 1863 mit Auszeichnung erhielt, unternahm er Reisen durch Italien und Frankreich und führte seine Studien in den Jahren 1864–66 unter Charles-Auguste Questel an der École des beaux-arts in Paris fort. Anschliessend war Bluntschli einige Jahre in Heidelberg tätig, wo seine Eltern lebten. 1870 gründete er in Frankfurt am Main mit seinem Zürcher Studienfreund Karl Jonas Mylius ein Architekturbüro. Neben dem Gewinn diverser Preise und Auszeichnungen in Wettbewerben konnten sie mehrere Bauaufträge ausführen, unter anderem den Zentralfriedhof in Wien (1870–74), das Hotel Frankfurter Hof (1873/74) und das Schloss Holzhausen (1874–77). 1881 kehrte Bluntschli als ordentlicher Professor für Baukunst nach Zürich ans Polytechnikum zurück, nachdem er diese Stelle 1871 noch abgelehnt hatte. Während seiner 33-jährigen Lehrtätigkeit nahm er an bedeutenden Wettbewerben teil (Tonhalle Zürich, Bundeshaus Bern, Universität San Francisco) und realisierte sowohl eine grosse Anzahl von privaten Wohnbauten in Zürich (Villen Bleuler, Wegmann, Rieter) als auch die reformierte Kirche in Zürich-Enge sowie, in Zusammenarbeit mit seinem Kollegen Georg Lasius, das neue Chemie- und das Physikgebäude für das Polytechnikum. Gleichzeitig war Bluntschli Mitglied in Wettbewerbsjurys sowie in der Eidgenössischen Kunstkommission, deren Präsidium er in den Jahren 1895/96 und 1901/02 übernahm. Die Konzeption seiner Lehre am Polytechnikum wie auch seine architektonische Haltung – «Mein Motto fürs Leben bleibt Renaissance» – knüpften an seinen Lehrer Semper an.

Ausgewählte Schriften: Bericht über Gruppe 11: Möbel und Hausgeräthe (Schweizerische Landesausstellung Zürich 1883, Fachberichte). Zürich 1884; Stadt- und Rathhäuser (HdA, T. 4, Halbbd. 7, H. 1, S. 3–84 [2. Aufl.: S. 3–145]). Darmstadt 1887 (2. Aufl. Stuttgart 1900 [mit Georg Lasius]).

Quellen: ETH-HA, HS 0880: Friedrich Bluntschli, Briefe, Materialien zum Werk, Bilddokumentation; Pfleghard, [Otto Wilhelm]: [Nekrolog] Friedrich Bluntschli, in: SBZ 96 (1930), Nr. 7, S. 86; Linder, Hans Eduard: In memoriam Prof. Friedrich Bluntschli (mit Auszügen «Aus den Lebenserinnerungen von Prof. Friedr. Bluntschli»), in: SBZ 123/124 (1944), H. 13, S. 163–167; Altmann, Bernd: «Mein Motto fürs Leben bleibt Renaissance». Der Architekt Alfred Friedrich Bluntschli (1842–1930). Diss. Univ. Trier 2000 [http://ubt.opus.hbz-nrw.de/volltexte/2004/238/] (1. November 2010); Fröhlich, Martin: Bluntschli, Alfred Friedrich, in: HLS, Version vom 12. November 2002 [http://www.hls-dhs-dss.ch/textes/d/D19827.php] (20. September 2018); Fröhlich, Martin: Bluntschli, (Alfred) Friedrich, in: ALS, S. 65–66.

Pompejus Alexander Bolley

*** 7. Mai 1812 in Heidelberg (D), † 3. August 1870 in Zürich (CH)**

Pompejus Alexander Bolley begann im Frühjahr 1831 ein Studium der Mineralogie, Chemie und des Bergbaus an der Universität Heidelberg. Nach einer zweijährigen Studienunterbrechung des liberalen Burschenschafters infolge der Teilnahme am Frankfurter Wachensturm (1833) promovierte er 1836 und wurde 1837/38 Assistent bei Leopold Gmelin am chemischen Laboratorium in Heidelberg. Anschliessend unterrichtete er bis 1855 Chemie, Physik und Mineralogie an der Gewerbe- und Kantonsschule in Aarau, die er ab 1842 als Rektor leitete. Er war Mitbegründer des Eidgenössischen Polytechnikums und wechselte 1855 als Vorstand der mechanisch-technischen Schule nach Zürich, um dort bis zu seinem Tod 1870 als ordentlicher Professor für technische Chemie, pharmazeutische und forensische Chemie, Agrikulturchemie und Toxikologie mit einem Schwerpunkt auf Farb- und Bleichmitteln zu wirken. Nachdem er der Anstalt bereits als stellvertretender Rektor vorgestanden hatte, übernahm Bolley 1859 für sechs Jahre das Rektorenamt. In diese Zeit fallen Entwurf und Umsetzung des Semperbaus mit dem feierlichen Einzug von Universität und Polytechnikum sowie die sich anschliessenden Studentenproteste von 1864 (sogenannter Bolley-Krach). Bolley bemühte sich um eine enge Zusammenarbeit mit der Industrie und war unter anderem Gründungsmitglied der Chemischen Gesellschaft in Zürich wie auch zeitweilig Präsident der Gesellschaft. Zudem war er als Redaktor für das *Schweizerische Gewerbeblatt* sowie die *Schweizerische Polytechnische Zeitschrift* tätig.

Ausgewählte Schriften: Handbuch der technisch-chemischen Untersuchungen. Frauenfeld 1853 (2. Aufl. Leipzig 1861, 3. Aufl. 1865); Hg.: Handbuch der chemischen Technologie. 8 Bde. Braunschweig 1862–1907.

Quellen: ETH-HA, HS 0735: Pompejus Alexander Bolley, Briefe; Ebd. HS 1404: Pompejus Alexander Bolley, Materialien zum Werk, studentische Vorlesungsnachschriften; Mn.: [Nekrolog] Prof. Dr. P. A. Bolley, in: Verhandlungen der Schweizerischen Naturforschenden Gesellschaft 54 (1871), S. 265–268; Klüpfel, Karl: Bolley, Alexander Pompeius, in: ADB, Bd. 3 (1876), S. 109–110; Fuchs, Thomas: Bolley, Pompejus Alexander, in: HLS, Version vom 8. November 2002 [http://www.hls-dhs-dss.ch/textes/d/D28784.php] (20. September 2018); Gugerli/Kupper/Speich 2005, S. 106–108.

Jacob Christoph Burckhardt

*** 25. Mai 1818 in Basel (CH), † 8. August 1897 in Basel (CH)**

Jacob Burckhardt gab ein Studium der Theologie in Basel nach zwei Jahren 1839 zugunsten eines Geschichtsstudiums in Bonn und Berlin auf, das er 1843 abschloss. Nach einem längeren Aufenthalt in Paris habilitierte er sich 1844 an der Universität Basel für Geschichte und erhielt 1845 den Titel eines ausserordentlichen Professors. Neben seiner Lehrtätigkeit arbeitete er von 1843 bis 1847 als Redakteur wissenschaftlicher Publikationen. Ab 1846 folgte ein zweijähriger Studienaufenthalt in Berlin und Italien. Nach vier Jahren Lehrtätigkeit am Pädagogium in Basel und einem weiteren Italienaufenthalt wurde Burckhardt 1855 zum ersten Professor für Kunstgeschichte und Archäologie am Eidgenössischen Polytechnikum berufen, wo er zum ersten Mal vor Fachfremden dozierte, was er zeitlebens bevorzugen sollte. 1858 kehrte er als ordentlicher Professor zurück an die Universität Basel, an der er bis 1893 tätig war, zwölf Jahre davon in einer Doppelprofessur für Geschichte und Kunstgeschichte. 1868 hatte er angekündigt, aller kunsthistorischen Forschung, der kommerzialisierten Welt der Literatur und Wissenschaft, den Rücken zu zukehren, um sich ganz seiner Lehrtätigkeit, öffentlichen Vorlesungen und der Korrespondenz mit engen Freunden zu widmen. Zu Lebzeiten veröffentlichte Burckhardt vier Bücher: *Der Cicerone* (1855) und *Die Cultur der Renaissance in Italien* (1860) sind die bekanntesten; posthum erschienen weitere Schriften. Burckhardts Kommentatoren unterstreichen seine Rolle als Begründer einer Kulturgeschichte, obwohl sein Anliegen wohl eher die Herausbildung der Kunstgeschichte zur eigenständigen Disziplin war: «Der kunstgeschichtliche Lehrstuhl ist so notwendig als irgend einer, sobald man auf die Bedeutung der Kunst in der allgemeinen Bildung hinschaut. Und das Studium an sich ist dann so schwierig wie jedes andere, sobald es eine wirkliche geistige Bereicherung bringen soll» (Burckhardt 1934 [1874], S. 25). Wie der Historiker Burckhardt seine Hörer zum Verständnis des historischen Prozesses anleiten wollte, so orientierte er sich als Kunsthistoriker an den Aufgaben, die der Kunst jeweils gestellt wurden, und nicht länger an isolierten Künstlerbiografien. Sein Werk steht am Übergang von romantischen Bilddiskursen zu einer objektivierenden, auf Quellenkunde beruhenden Kunstbetrachtung.

Ausgewählte Schriften: Kugler, Franz: Handbuch der Geschichte der Malerei seit Konstantin dem Grossen. 2. Aufl. Berlin 1847 [unter Mitwirkung von Jacob Burckhardt]; Der Cicerone. Eine Anleitung zum Genuss der Kunstwerke Italiens. Basel 1855; Die Cultur der Renaissance in Italien. Basel 1860 (2. Aufl. Leipzig 1869, 4. Aufl. 1885, 5. Aufl. 1896); Hg.: Geschichte der neueren Baukunst. Diverse Bde. Stuttgart ab 1868 (2. Aufl. 1878, 4. Aufl. 1904) [mit Wilhelm Lübke und Cornelius Gurlitt]; Geschichte der Renaissance in Italien. Stuttgart 1868 (2. Aufl. 1878, 3. Aufl. 1891); Griechische Kulturgeschichte. Berlin 1898–1902 [posthum hg. von Jakob Oeri].

Quellen: ETH-HA, HS 0067: Jacob Burckhardt, Briefe; Neumann, Carl: Burckhardt, Jakob, in: ADB, Bd. 47. Leipzig 1903, S. 381–391; Burckhardt, Jacob: Einleitung. Über die Kunstgeschichte als Gegenstand eines akademischen Lehrstuhls [vom 6. Mai 1874], in: Antike Kunst, Skulptur der Renaissance, Erinnerungen aus Rubens (Jacob Burckhardt Gesamtausgabe, hg. v. Felix Stähelin und Heinrich Wölfflin, Bd. 13). Basel 1934, S. 25–28; Kaegi, Werner: Burckhardt, Jacob Christoph, in: NDB, Bd. 3. Berlin 1957, S. 36–38; Gantner, Joseph: Der Unterricht in Kunstgeschichte an der Universität Basel 1844–1938, in: Kunstwissenschaft an Schweizer Hochschulen, Bd. 1: Die Lehrstühle der Universitäten in Basel, Bern, Freiburg und Zürich von den Anfängen bis 1940 (Beiträge zur Geschichte der Kunstwissenschaft in der Schweiz, Bd. 3 = Jahrbuch des Schweizerischen Instituts für Kunstwissenschaft 1972/73). Zürich 1976, S. 9–24; Gossman, Lionel: Jacob Burckhardt as Art Historian, in: Oxford Art Journal 11 (1988), Nr. 1, S. 25–32; Sitt, Martina: Jacob Burckhardt as Architect of a New Art History, in: Journal of the Warburg and Courtauld Institutes 57 (1994), S. 227–242; Ganz, Peter: Burckhardt, Jacob, in: HLS, Version vom 12. März 2012 [http://www.hls-dhs-dss.ch/textes/d/D11647.php] (20. September 2018).

Paul Christophe

*** 25. Juli 1870 in Verviers (B); † 11. Juni 1957 in Saint-Josse-ten-Noode (B)**

Paul Christophe studierte von 1887 bis 1892 an der École du génie civil der Universität von Gent. Nach dem Abschluss mit dem Titel eines Ingénieur des ponts et chaussées begann er seine Karriere im öffentlichen Dienst, die ihn bis zum Posten des Directeur général der belgischen Administration des ponts et chaussées führte (1933–35). Während dieser Zeit war er massgeblich an der verkehrstechnischen Erschliessung des Landes und gleichzeitig an der ingenieurtechnischen Forschung beteiligt; 1898–1927 leitete er mit dem Service des essais de ponts die staatliche Prüfanstalt für Materialien und Konstruktionen. Seine umfangreiche Publikationstätigkeit – von 1897 bis 1919 auch als Herausgeber der *Annales des Travaux Publics de Belgique* – hatte ihren Höhepunkt in seinem 1899 erstmals erschienenen Kompendium *Le Béton armé et ses applications.* Dieses erschien als Bericht über den dritten Hennebique-Kongress in Paris, ging aber weit über diesen Anlass hinaus und bildete, besonders in seiner zweiten, erweiterten Auflage 1902, eine eigentliche Synthese der bis dahin geleisteten Forschung und Praxis im Bereich des Eisenbetonbaus. Grosse Wirkung zeitigte zudem das von Christophe darin vorgestellte anwendungsfreundliche Bemessungsverfahren, das beispielsweise Emil Mörsch übernahm. Das Werk wurde ins Russische (1903) und Deutsche (1905) übersetzt und diente als Grundlage für entsprechende Handbücher in Holländisch (1902) und Englisch (1904).

Ausgewählte Schriften: Le Béton armé et ses applications. Paris/Lüttich 1902 [zuerst publiziert in: Annales des Travaux Publics de Belgique 9 (1899), Nr. 3, S. 429–538; Nr. 4, S. 647–678; Nr. 6, S. 961–1118].

Quellen: Hellebois, Armande; Espion, Bernard: The Role of the Belgian Engineer Paul Christophe on the Development of Reinforced Concrete at the Turn of the 20th Century, in: Beton- und Stahlbetonbau 108 (2013), Nr. 12, S. 888–897; Kurrer 2016, S. 959–960.

Carl Culmann

*** 10. Juli 1821 in Bergzabern (D), † 9. Dezember 1881 in Zürich (CH)**

Carl Culmann konnte bereits im Alter von 17 Jahren aufgrund seiner ausserordentlichen mathematischen Begabung ein Ingenieurstudium am Polytechnikum in Karlsruhe beginnen. Nach Studienabschluss folgte 1841 ein Baupraktikum mit anschliessender Anstellung beim Aufbau des Eisenbahnnetzes im bayerischen Staatsdienst. 1849 wurde ihm ein Stipendium für eine technische Studienreise bewilligt, die ihn in den folgenden zwei Jahren über Belgien, England und Irland nach Nordamerika führte. Die anschliessend von ihm verfassten Reiseberichte und die darin enthaltene Theorie zur Planung und Sicherheitsbeurteilung von Fachwerkbrücken lenkten die Aufmerksamkeit der Fachwelt auf ihn und wurden zum Ausgangspunkt seiner Berufung an das 1855 neu gegründete Eidgenössische Polytechnikum in Zürich. Als erster Professor für Bauingenieurwesen unterrichtete er zunächst sämtliche Fächer seiner Disziplin; ab 1873 konnte er sich auf die Lehre von Statik und Brückenbau konzentrieren. Von 1872 bis 1875 stand er der Schule als Rektor vor. Nach 26-jähriger Lehrtätigkeit in Zürich starb Culmann im Alter von sechzig Jahren an den Folgen einer Lungeninfektion. Über seinen Tod hinaus wirkte aber sein 1864–66 erschienenes Hauptwerk *Die graphische Statik,* das durch seine zweckmässige Anwendbarkeit in der Baupraxis rasch Verbreitung fand. In dem Werk gelang es Culmann, mittels grafischer Geometrie komplexe statische Probleme zu lösen, ohne dabei auf zeitraubende Algebra zurückgreifen zu müssen. Eines der bekanntesten Beispiele für den Einsatz seines Verfahrens ist der vom Culmann-Schüler Maurice Koechlin entworfene und berechnete Eiffelturm in Paris. Zu den zahlreichen Ehrungen, die Culmann in Anerkennung seiner akademischen Leistungen erhielt, gehörten die Ehrenbürgerwürde der Stadt Zürich und 1880 der Ehrendoktor der philosophischen Fakultät der Universität Zürich.

Ausgewählte Schriften: Der Bau der hölzernen Brücken in den Vereinigten Staaten von Nordamerika, in: Allgemeine Bauzeitung 16 (1851), S. 69–129; Der Bau der eisernen Brücken in England und Amerika, in: Allgemeine Bauzeitung 17 (1852), S. 163–222; Bericht an den hohen schweizerischen Bundesrath über die Untersuchung der schweiz. Wildbäche, vorgenommen in den Jahren 1858, 1859, 1860 und 1863. Zürich 1864; Die graphische Statik. Zürich 1864–66 (2. Aufl. 1875); Vorlesung über Ingenieurkunde, Abt. 1: Erdbau. [Zürich] 1872. [Ein Verzeichnis aller Culmann-Schriften findet sich bei Maurer 1998, S. 446–449.]

Quellen: P[estalozzi?], C[arl?]: [Nekrolog] Dr. Carl Culmann, in: Die Eisenbahn/Le chemin de fer 15 (1881), Nr. 25, S. 149–150; Criste, Oscar: Culmann, Karl, in: ADB, Bd. 47. Leipzig 1903, S. 571–575; Stüssi, Fritz: Culmann, Karl, in: NDB, Bd. 3. Berlin 1957, S. 436; Scholl, Lars Ulrich: Ingenieure in der Frühindustrialisierung. Staatliche und private Techniker im Königreich Hannover und an der Ruhr (1815–1873) (Studien zu Naturwissenschaft, Technik und Wirtschaft im Neunzehnten Jahrhundert, Bd. 10). Göttingen 1978, hier S. 248; Maurer, Bertram: Karl Culmann und die graphische Statik. Berlin/Diepholz/Stuttgart 1998; Fuchs, Thomas: Culmann, Carl, in: HLS, Version vom 15. März 2004 [http://www.hls-dhs-dss.ch/textes/d/D19845.php] (20. September 2018); Kurrer 2016, S. 964.

Josef Wolfgang von Deschwanden

*** 21. Juli 1819 in Stans (CH), † 11. April 1866 in Zürich (CH)**

Josef von Deschwanden besuchte zwischen 1838 und 1841 zunächst die Industrieschule in Zürich und anschliessend die Universität Zürich, wo er seine mathematisch-naturwissenschaftlichen und technischen Studien abschloss. Über seinen Lehrer, Ferdinand Redtenbacher, standen ihm die Hallen der Firma Escher Wyss zum Maschinenstudium offen. 1841 trat er an der Zürcher Industrieschule eine Hilfslehrstelle im Maschinenzeichnen und 1843 die ordentliche Professur für Maschinenlehre, Maschinenzeichnen und darstellende Geometrie an; ab 1844 hielt er ausserdem Vorlesungen zur mechanischen Technologie. Seine wissenschaftlichen Forschungen sind durch Redtenbachers *Theorie und Bau der Turbinen und Ventilationen* (1844) geprägt und befassen sich schwerpunktmässig mit Strömungslehre und Hydraulik. Mit seiner Ernennung zum Rektor der Industrieschule 1847 beschränkte er seine Lehrtätigkeit aber auf die angewandte Mathematik. Als beratender Experte Alfred Eschers, mit besonderem Interesse für den technischen Unterricht, wurde von Deschwanden früh zu einem der Mitgestalter des Eidgenössischen Polytechnikums. Er zeichnete nicht nur verantwortlich für den grundlegenden Gesetzesentwurf über die Errichtung der Anstalt (1851), sondern prägte auch deren Reglement (1854) massgeblich. Neben seiner Ernennung zum ersten Rektor des Polytechnikums (1855–59) lehrte er bis 1866 darstellende Geometrie als ordentlicher Professor.

Ausgewählte Schriften: Bewegung der Wagenzüge auf atmosphärischen Eisenbahnen. Zürich 1846; Abriss der Mechanik zum Gebrauche beim Unterrichte an höheren Lehranstalten. Zürich 1848; Ueber die in den Beharrungszustand gelangte Bewegung der Flüssigkeiten. Zürich 1848.

Quellen: ETH-HA, HS 0141: Josef Wolfgang von Deschwanden, Materialien zum Werk; ebd. HS 0142: Josef Wolfgang von Deschwanden, Briefe; Karmarsch, [Karl]: Deschwanden, Josef Wolfgang von, in: ADB, Bd. 5. Leipzig 1877, S. 69; Wermke, Ernst: Deschwanden, Josef Wolfgang von, in: NDB, Bd. 3. Berlin 1957, S. 613–614; Gyr, Peter: Josef Wolfgang von Deschwanden (1819–1866). Erster Direktor des Eidgenössischen Polytechnikums in Zürich (Diss. Univ. Freiburg im Üechtland/Schriftenreihe der ETH-Bibliothek). Zürich 1981 [https://doi.org/10.3929/ethz-a-000226004] (20. September 2018).

William Dunkel

*** 26. März 1893 in New York (USA), † 10. September 1980 in Zürich (CH)**

William Dunkel, 1893 in New York mit Schweizer Wurzeln geboren und in Buenos Aires und Lausanne aufgewachsen, studierte ab 1912 Architektur an der TH Dresden. 1917 erfolgte die Promotion bei Cornelius Gurlitt über *Beiträge zur Entwickelung des Städtebaues in den Vereinigten Staaten von Amerika.* Anschliessend zog er nach Düsseldorf, wo er erste praktische Erfahrungen sammelte und unter anderem als Maler und Werbezeichner arbeitete, bevor er 1923 ein eigenes Architekturbüro gründete. Dunkel war hauptsächlich in der Rhein-Ruhr-Region tätig und nahm erfolgreich an Wettbewerben teil (unter anderem für die Rathäuser in Bochum und Neuss). Er konnte in dieser Zeit einige Entwürfe realisieren, beispielsweise die Brückenkopfbauten für den Rheinpark in Düsseldorf (1926–29). 1929 wurde er als Ordinarius für Architektur an die ETH Zürich berufen, wo er bis 1959 unterrichtete. Er sah die Architektur in einem «Kräftefeld zwischen der Technik und der sich stets wandelnden formalen Gestaltung» (Dunkel 1958, S. 610) und wollte die Ausbildung des Architekten näher an den bildenden Künsten gestalten. Während Dunkels frühe deutsche Entwürfe expressionistisch beeinflusst sind (möglicherweise nach dem Vorbild Hans Poelzigs, der 1916–20 Stadtbaurat in Dresden war), wurde er nach seiner Berufung nach Zürich mit den Orion Automobil-Werkstätten in Zürich (1929) und seinem Wohnhaus in Kilchberg (1932) zu einem der Pioniere des Neuen Bauens in der Schweiz. Er blieb als Architekt nicht nur national, wie bei der Erweiterung des Land- und Forstwirtschaftlichen Instituts der ETH Zürich (1956) und dem Stadion Letzigrund (1958), sondern auch international, beispielsweise mit dem Bau der Central Bank of Iraq in Bagdad (1954), und über seine Emeritierung hinaus tätig. In den späten Jahren entstand unter anderem die Saalsporthalle Zürich (gemeinsam mit Heinrich Oetiker, 1970–72).

Ausgewählte Schriften: Beiträge zur Entwickelung des Städtebaues in den Vereinigten Staaten von Amerika. Dresden 1917; Vom Beruf des Architekten [Vortrag], in: SBZ 76 (1958), Nr. 41, S. 610–612.

Quellen: ETH-HA, HS 1232: William Dunkel, Unterlagen zur Person, Briefe; Anonym: William Dunkel (Neue Werkkunst). Berlin/Leipzig/Wien 1929 (2. überarb. Aufl. 1930); Huber, Benedikt: Professorenwechsel an der Architekturabteilung der ETH, in: Das Werk 46 (1959), H. 2, S. 30; R[isch], G[audenz].: Prof. Dr. William Dunkel zum 70. Geburtstag, in: SBZ 81 (1963), H. 12, S. 188; Anonym: William Dunkel. 70 Jahre. Winterthur [1963]; Brügger, Monica: William Dunkel, Bilder, Bauten, Projekte [zur Ausstellung in der Galerie 10, Chur 1976], in: SBZ 94 (1976), H. 12, S. 142–143; Maurer, Bruno: Dunkel, William, in: HLS, Version vom 21.07.2004 [http://www.hls-dhs-dss.ch/textes/d/D27331.php] (20. September 2018); Maurer, Bruno: Dunkel, William, in: ALS, S. 153–154; ETH-Bibliothek (Hg.): William Dunkel (1893–1980) [https://www.library.ethz.ch/Ressourcen/Digitale-Bibliothek/Kurzportraets/William-Dunkel-1893-1980] (20. September 2018).

Otto Wilhelm Fiedler

*** 3. April 1832 in Chemnitz (D), † 19. November 1912 in Zürich (CH)**

Otto Wilhelm Fiedler besuchte ab 1846 die Gewerbeschule in Chemnitz mit Unterstützung eines sächsischen Staatsstipendiums; vier Jahre später wechselte er an die Bergakademie in Freiberg, wo seine Lehrer unter anderem Albin Julius Weisbach und Ferdinand Reich waren. 1852 wurde Fiedler Lehrer für Mathematik und Mechanik an der kurz zuvor gegründeten Werkmeisterschule in Freiberg. Von 1853 bis 1864 unterrichtete er an der (Höheren) Gewerbeschule Chemnitz Mathematik und darstellende Geometrie. Neben seiner Lehrtätigkeit wurde Fiedler 1858 in Leipzig bei August Ferdinand Möbius mit seiner weit beachteten Dissertation *Die Zentralprojektion als geometrische Wissenschaft* promoviert. 1864 wurde er als Ordinarius der darstellenden Geometrie an die Technische Hochschule Prag, 1867 auf Veranlassung von Carl Culmann an das Eidgenössische Polytechnikum in Zürich berufen. Bis 1907 lehrte er dort als ordentlicher Professor für darstellende Geometrie und Geometrie der Lage. Neben zahlreichen eigenen Abhandlungen gab Fiedler ab 1859 auch die Werke des irischen Theologen und Mathematikers George Salmon in freier deutscher Bearbeitung heraus.

Ausgewählte Schriften: Die Zentralprojektion als geometrische Wissenschaft. Chemnitz 1860; Die Elemente der neuern Geometrie und der Algebra der binären Formen. Leipzig 1862; Die darstellende Geometrie in organischer Verbindung mit der Geometrie der Lage. Leipzig 1871; Cyklographie oder Construktion der Aufgaben über Kreise und Kugeln und elementare Geometrie der Kreis- und Kugelsysteme. Leipzig 1882; [Übersetzung und freie Bearbeitung der salmonschen Lehrbücher. Diverse Bde., ab 1860, zum Beispiel:] Analytische Geometrie der Kegelschnitte. Mit besonderer Berücksichtigung der neueren Methoden nach George Salmon. Leipzig 1860.

Quellen: ETH-HA, HS 0087: Wilhelm Fiedler, Briefe; ebd. HS 0087a: Wilhelm Fiedler, Materialien zum Werk; G., M.: [Nekrolog] Professor Dr. Wilhelm Fiedler, in: SBZ 60 (1912), Nr. 22, S. 301–302; Fuchs, Thomas: Fiedler, Wilhelm, in: HLS, Version vom 12. Januar 2005 [http://www.hls-dhs-dss.ch/textes/d/D31338.php] (20. September 2018); Kirschmer, Gottlob: Fiedler, Wilhelm, in: NDB, Bd. 5 (1961), S. 141–142.

Eduard Gerlich

*** 3. Februar 1836 in Odrau (D, heute: Odry, CZ), † 14. Oktober 1904 in Zürich (CH)**

Eduard Gerlich absolvierte bis 1858 ein Ingenieurstudium an der Technischen Hochschule in Wien, bevor er dort Assistent für Strassen- und Eisenbahnbau wurde. Es folgte eine zehnjährige Tätigkeit bei der von Wien ausgehenden österreichischen Nordwestbahn als Mitarbeiter und Stellvertreter von Konrad Wilhelm Hellwag, mit dem er als stellvertretender Oberingenieur 1875 zur schweizerischen Gotthardbahn wechselte. In dieser Funktion war Gerlich für das Erarbeiten der Normalien, Verträge und sonstiger Bauakten verantwortlich, nach Hellwags Rückkehr nach Wien übernahm Gerlich 1877–79 die technische Leitung. Nach Eröffnung des Bahnbetriebs 1882 wurde Gerlich Oberinspektor, bevor er zum Wintersemester 1882 in Nachfolge Carl Culmanns zum Professor für Ingenieurwissenschaften an das Eidgenössische Polytechnikum berufen wurde. Bis zu seinem krankheitsbedingten Rücktritt 1903 unterrichtete er die Fächer Eisenbahnbau und Eisenbahnbetrieb. Neben dem Verfassen zahlreicher Gutachten schrieb Gerlich die *Berichte über die Arbeiten an der Gotthardbahn*, die in den Jahren 1881 und 1882 monatlich in der Zeitschrift *Die Eisenbahn* erschienen und breite Anerkennung fanden. Nach seinem Entwurf entstand die Wiener Nordwestbahnbrücke über die Donau (1870–72).

Ausgewählte Schriften: Bericht über die Arbeiten an der Gotthardbahn [in den Monaten November 1880 bis November 1881], in: Die Eisenbahn/Le chemin de fer 14–16 (1881/82).

Quellen: Anonym: [Nekrolog] Eduard Gerlich, in: SBZ 44 (1904), Nr. 17, S. 200–201; Nagler, Josef (Hg.): Blätter für Technikgeschichte, Bd. 27. Wien 1965, S. 76; Mumenthaler, Rudolf: Gerlich, Eduard, in: HLS, Version vom 14. Juli 2014 [http://www.hls-dhs-dss.ch/textes/d/D45914.php] (20. September 2018); ETH-Bibliothek (Hg.): Eduard Gerlich (1836–1904) [https://www.library.ethz.ch/Ressourcen/Digitale-Bibliothek/Kurzportraets/Eduard-Gerlich-1836-1904] (15. November 2018).

Ernst Georg Gladbach

*** 30. Oktober 1812 in Darmstadt (D), † 26. Dezember 1896 in Zürich (CH)**

Ernst Georg Gladbach wurde am 30. Oktober 1812 als Sohn des Legationsrats Friedrich Christian Gladbach in Darmstadt geboren. Von 1827 bis 1832 sammelte er im Büro seines Onkels Georg Moller erste Erfahrungen als Architekt. Er arbeitete an bedeutenden Projekten wie dem Mainzer Stadttheater (1829–33, heute Staatstheater) oder der Publikationsreihe *Denkmäler der deutschen Baukunst* (1842–51) mit. Auch erste Einblicke in die Lehre erhielt Gladbach in jener Zeit, denn er unterstützte seinen Onkel «bei dem Unterricht [...] in der darstellenden Geometrie, Optic und Perspective und Ornamentic». (*Kurzer Lebensumriß [...] Ernst Georg Gladbach* 1857, Bl. 2 [eigene Zählung].) 1832 folgte eine kurze Mitarbeit als Zeichner bei Fritz Hessemer, seinem Vetter, den er im Büro von Moller kennengelernt hatte. Auf Anraten Mollers nahm er 1833 ein Studium in Heidelberg auf. Im Juli 1835 wechselte Gladbach für kurze Zeit an die Universität Gießen und bestand seine Staatsprüfung im Baufach mit Auszeichnung. Nach dem Studium arbeitete Gladbach zunächst wieder in der Baupraxis als «Accessist» in Bensheim an der Bergstraße und in Nidda. In dieser Zeit war er unter anderem am Ausbau des Kurhauses in Salzhausen beteiligt. 1837 trat er eine zweijährige Bildungsreise an, die ihn unter anderem nach Berlin und Dresden sowie Italien führte. Seine Reisetagebücher und -zeichnungen zeigen, dass Gladbach sich intensiv mit historischen Bauten auseinandersetzte (vgl. ETH Zürich, gta Archiv, 52: Nachlass Ernst Gladbach). Nach seiner Rückkehr nach Hessen wurde er Kreisbaumeister in Oberingelheim (mit Wohnsitz in Mainz). Neben seinen praktischen Tätigkeiten beschäftigte er sich mit mittelalterlicher Architektur, dies fand seinen Niederschlag in der Herausgabe eines Bandes der *Denkmäler der deutschen Baukunst* seines Onkels Georg Moller. Mit der Anstellung als Kreisbaumeister und zahlreichen Versetzungen unglücklich, bewarb sich Gladbach nach dem Tod seiner ersten Frau im Jahr 1854 um eine Professur an der Bauschule des Polytechnikums in Karlsruhe. Karlsruhe benötigte nach dem Tod Friedrich Eisenlohrs (1805 bis 1854) und dem gleichzeitigen Rücktritt von Heinrich Hübsch (1795–1863) neues Lehrpersonal. Dieser Bewerbung war kein Erfolg beschieden, berief die Schule doch 1855 Heinrich Lang (1824–1893) auf die Professur. Letztgenannter war schon seit mehreren Jahren als Hilfslehrer und Assistent in Karlsruhe tätig gewesen. 1857 wurde Gladbach am Eidgenössischen Polytechnikum Nachfolger von Ferdinand Stadler, der zuvor aushilfsweise den Baukonstruktionsunterricht übernommen hatte. Obwohl mit Gladbach ein zweiter Ausländer neben Gottfried Semper berufen wurde, dürfte die Entscheidung nicht zuletzt auf ein Empfehlungsschreiben von Ferdinand Stadler zurückführbar sein. Dieser betonte, dass Gladbach sich «vorzugsweise mit der bürgerlichen praktischen Baukunst beschäftigt hatte», ferner auch mit dem «landwirthschaftlich[en] Bauwesen». Gladbachs Berufung war somit auch eine Ergänzung zu Sempers Schwerpunkt bei repräsentativer Architektur. Stadler vertrat zudem die Auffassung, dass Gladbach «Werke über unser Schweizerisches Bauwesen mit Liebe bearbeiten wird». Des Weiteren hob er Gladbachs «mathematische & naturwissenschaftliche Kenntnisse», für einen Baukonstruktionslehrer unabdingbar, hervor. Von besonderer Bedeutung schien Stadler, dass Gladbach an Mollers Lehre anknüpfen könne, was Gladbach in seiner Bewerbung hervorgehoben hatte (ETH-HA, SR3, 1856, 421: Brief vom 10. Dezember 1855).

Die Professur für Baukonstruktionslehre und Baumateriallehre hatte Gladbach von 1857 bis 1890 inne. Mit seinem Dienstantritt wurde er auch zum Verantwortlichen für die Baumaterialiensammlung ernannt. Ab 1881 betreute er nur noch die Übung zur Baukonstruktion – die mit seiner Berufung verbundenen Hoffnungen nach einer strahlkräftigen Lehrpersönlichkeit hatte er nicht erfüllen können. (Tschanz 2015, S. 89–95.) Neben seiner Lehrtätigkeit am Polytechnikum gab er Privatunterricht und führte zeichnerische Auftragsarbeiten aus, wie etwa die Dokumentation von Bauten der Schweizerischen Landesausstellung in Zürich 1883. Nachrufe in in- und ausländischen Fachzeitschriften und die Ehrenmitgliedschaft im Schweizerischen Ingenieur- und Architektenverein (Ernennung 1895) sind Zeichen der Wertschätzung seiner Bedeutung für das schweizerische Bauwesen.

Ausgewählte Schriften: Gladbach, Ernst: Denkmäler der deutschen Baukunst, Bd. 3. Begonnen von Georg Moller. Leipzig/Darmstadt 1842–51; Der Schweizer Holzstyl in seinen cantonalen und constructiven Verschiedenheiten vergleichend dargestellt mit Holzbauten Deutschlands. Darmstadt 1868 (Gesamtausgabe); Bd. 2 1883; Charakteristische Holzbauten der Schweiz, vom 16. bis 19. Jahrhundert, nebst deren inneren Ausstattung nach der Natur aufgenommen. Berlin 1893.

Quellen: Hessisches Staatsarchiv Darmstadt, O10 Familienarchiv v. Wedekind, Nr. 6/11; ETH-HA, SR3, 1857, 6: *Kurzer Lebensumriß des unterzeichneten Architekten Ernst Georg Gladbach,* 22. Januar 1857; Lasius, Georg: [Nekrolog] Prof. Ernst Gladbach, in: SBZ 29 [1897], Nr. 3, S. 15–18; Lehmann, Wilhelm Ludwig: Professor Ernst Gladbach (Neujahrsblatt der Kunstgesellschaft in Zürich, Neue Folge, Bd. 58). Zürich 1898; G[ros?], J[acques?]: Professor E. Gladbach, in: Neue Zürcher Zeitung, 29. Dezember 1896; Anonym: Totenliste, in: Züricher Post, 29. Dezember 1896; R.: Kleinere Nachrichten [Nachruf Gladbach], in: Anzeiger für schweizerische Alterthumskunde 8 [1896], H. 1, S. 38; Anonym: Ernst Gladbach, in: DBZ 31 [1897], Nr. 7, S. 38–40; Anonym: [Nachruf Gladbach], in: Leopoldina 33 [1897], S. 49–50; Tschanz 2015, besonders S. 89–95. Jüngere Darstellungen zur Geschichte der weit verzweigten Familie finden sich vor allem in Publikationen zu Gladbachs Onkel Georg Moller, siehe Eintrag Moller.

Robert Gnehm

*** 20. August 1852 in Stein am Rhein (CH), † 4. Juni 1926 in Zürich (CH)**

Robert Gnehm begann im Anschluss an ein Chemiestudium am Eidgenössischen Polytechnikum (1870 bis 1872) als Assistent bei Emil Kopp an der Professur für technische Chemie. 1875 promovierte Gnehm *Ueber Derivate des Diphenylamins* an der philosophischen Fakultät der Universität Zürich und übernahm nach Kopps Tod im selben Jahr vertretungsweise den Unterricht, wofür er 1876 zum Titularprofessor ernannt wurde. 1877 wandte er sich der Praxis zu und nahm zuerst eine Stelle als Chemiker in der Anilinfarbenfabrik von Karl Oehler in Offenbach am Main an und arbeitete anschliessend von 1878 bis 1880 als Kolorist bei der Batikdruckerei Blumer in Schwanden. Danach wechselte er zur Anilinfarbenfabrik Bindschedler & Busch in Basel, deren Direktor er 1885 nach der Umwandlung der Firma in die Gesellschaft für Chemische Industrie wurde; 1892 wurde er zum Verwaltungsratsmitglied berufen. Zwei Jahre später führte ihn seine Laufbahn zurück an das Eidgenössische Polytechnikum, zuerst als Professor für technische Chemie, ab 1899 als Rektor der Institution. Schon 1881 hatte ihn der Bundesrat zum Mitglied des Schweizerischen Schulrates ernannt; 1889 übernahm er das Vizepräsidium dieser Behörde und ab 1905 deren Präsidium bis kurz vor seinem Tod im Jahre 1926. In seine Amtszeit fielen damit sowohl die Umwandlung des Polytechnikums zur Technischen Hochschule mit Promotionsrecht als auch die bauliche Umgestaltung des Polytechnikums. Verzeichnisse aus der Wissenschaftshistorischen Sammlung der ETH-Bibliothek legen ausserdem nahe, dass Gnehm zahlreiche Gutachten und Expertisen im Auftrag von Behörden und Gewerbetreibenden erstellte, die sich unter anderem mit Neuanlagen von Fabrikgebäuden beschäftigten. 1909 wurde ihm vom Eidgenössischen Polytechnikum die Würde eines Doktors der technischen Wissenschaften ehrenhalber «in Anerkennung seiner hervorragenden Verdienste um die Förderung der Wissenschaften und ihre Pflege an der eidgen. polytechnischen Schule» verliehen.

Ausgewählte Schriften: Ueber Derivate des Diphenylamins. Zürich 1875; Die Anthracenfarbstoffe. Braunschweig 1897; Taschenbuch für die Färberei und Farbenfabrikation. Berlin 1902; Organische Farbstoffe. 3 Bde. 5. Aufl. Berlin 1905.

Quellen: Fuchs, Thomas: Gnehm, Robert, in: HLS, Version vom 29. August 2016 [http://www.hls-dhs-dss.ch/textes/d/D31361.php] (20. September 2018); Bosshard, E.: [Nekrolog] Robert Gnehm, in: SBZ 88 (1926), Nr. 2, S. 45–48; ETH Zürich, ETH-Bibliothek, Hochschularchiv, HS 0633: Robert Gnehm, Materialien zum Werk; Ebd. HS 0633a: Robert Gnehm, Briefe; Fichter, Friedrich: Eröffnungsrede des Jahrespräsidenten der S.N.G., in: Verhandlungen der Schweizerischen Naturforschenden Gesellschaft 121 (1941), S. 14–15; Jegher, Carl: Miscellanea. Eidgen. Polytechnikum [Verleihung der Ehrendoktorwürde], in: SBZ 54 (1909), Nr. 22, S. 317.

Gustav Gull

*** 7. Dezember 1858 in Zürich (CH), † 10. Juni 1942 in Zürich (CH)**

Gustav Gull, Sohn des Zürcher Baumeisters Gottlieb Gull, studierte ab 1876 an der Bauschule des Eidgenössischen Polytechnikums. Nach Abschluss seines Studiums in Zürich belegte er im Herbst 1879 für ein Semester Kurse an der Genfer École des arts décoratifs. Auf ein Büropraktikum bei Benjamin Recordon folgte eine Italienreise in den Jahren 1883 und 1884. Beeinflusst durch die kunsthistorische Aufarbeitung des Mittelalters in der Schweiz durch Johann Rudolf Rahn entwarf er, zunächst freiberuflich, 1890 das Schweizerische Landesmuseum für Zürich, mit dem er seine ‹Schöpferische Denkmalpflege› begründete. Mit der Umsetzung des Landesmuseums konnte Gull seine Karriere als Architekt der wichtigsten städtischen Grossbauten in Zürich initiieren. 1895 bot man ihm das Amt des Zweiten Stadtbaumeisters in Zürich an, das ihm Einfluss und Aufträge sicherte. Fünf Jahre später wurde er als Professor für Architektur, insbesondere Ornamentik, Ornamentzeichnen, Stillehre und Kompositionsübungen an das Polytechnikum berufen. Ähnlich wie Gottfried Semper und seine Nachfolger Julius Stadler und Alfred Friedrich Bluntschli wollte Gull in der Lehre mathematische, naturwissenschaftliche, technische, baugeschichtliche und künstlerische Fächer im und für den Entwurfsunterricht verknüpfen; das ganzheitliche Bild des Architekturberufs erweiterte er noch um die Stadtbaukunst. Anders als seine Vorgänger legte er den Schwerpunkt der Ausbildung aber stärker auf eine mittelalterliche, vermeintlich lokal-traditionelle Architektursprache. Von 1917 bis 1921 war Gull Vorstand der Bauschule der ETH. Seine Professur, die er bis 1929 innehatte, aber auch seine öffentliche Bautätigkeit, seine denkmalpflegerischen Bemühungen, seine Rolle als Preisrichter bei Architekturwettbewerben sowie seine Mitgliedschaften in verschiedenen Kommissionen und Gesellschaften machten Gull zu einem der einflussreichsten Schweizer Architekten seiner Zeit. Er starb 1942 in Zürich.

Ausgewählte Schriften: Eidgenössische technische Hochschule Zürich. Orientierungs-Schrift über die an den Erweiterungs-Bauten beteiligten Unternehmern und Lieferanten. Zürich [1924].

Quellen: Crettaz-Stürzel, Elisabeth: Gull, Gustav, in: HLS, Version vom 4. Dezember 2006 (http://www.hls-dhs-dss.ch/textes/d/D19879.php); ETH-Bibliothek (Hg.): Gustav Gull (1858–1942), http://www.library.ethz.ch/de/Ressourcen/Digitale-Kollektionen/Kurzportraets/Gustav-Gull-1858-1942 (8. Mai 2012); Gutbrod, Cristina: Gustav Gull (1858–1942) – Architekt der Stadt Zürich 1890–1911 zwischen Vision und Baupolitik. Diss. ETH Zürich 2009; Bauer, Cornelia: Gull, Gustav, in: ALS, S. 237–239.

Friedrich Hess

*** 13. Oktober 1887 in Rorschach (CH), † 19. Februar 1962 in Zürich (CH)**

Friedrich Hess studierte Architektur am Technikum Winterthur, bevor er im Büro des Architekten Bühler (Amriswil) tätig wurde. Anschliessend siedelte er nach Dresden über, wo er mit dem Architekten Richter (nach anderen Quellen: Rüster) in einer Bürogemeinschaft arbeitete und sich an der Dresdner Akademie der Bildenden Künste in Kursen bei German Bestelmeyer weiterbildete, dessen «positive Einstellung zur traditionsgebunden Architektur sowie den angestammten handwerklichen Bauweisen und Baustoffe» (L. 1962, S. 36) prägende Wirkung haben sollte. Nach kurzem Militärdienst in der Schweiz wurde er 1915 Bestelmeyers Assistent an der Technischen Hochschule Berlin-Charlottenburg, 1922 wechselte er mit diesem an die Technische Hochschule München. 1925 berief der Schweizerische Schulrat Hess an die Architekturabteilung der ETH Zürich als Nachfolger von Georg Lasius zum Professor für Bauzeichnen, ab 1948 auch als Professor für Baukonstruktionselemente und Einführung in die Architektur, wo er bis zu seiner Emeritierung im Frühjahr 1957 wirkte. In den Kantonen Thurgau, Zürich und Schwyz realisierte Hess zahlreiche private Wohnbauten sowie einige öffentliche Projekte; ausserdem nahm er erfolgreich an Wettbewerben teil. Während seine Wettbewerbsbeiträge als architektonisch fortschrittlich galten, standen seine theoretischen Werke im Ruf, altmodisch zu sein. Diese Kritik bezog sich auch auf sein 1943 erschienenes und 1944 durch einen Anhang über Städtebau erweitertes Werk *Konstruktion und Form im Bauen,* mit dem er auf architektonische Praxis gestützt einen Überblick über bewährte Baukunst, -technik und -handwerk vermittelte. Neben der *Einführung in den Städtebau* verfasste Hess kürzere Texte für die Fachverbände für Holz und für Stein. Darüber hinaus wirkte er als Preisrichter in Wettbewerben, Gutachter und Berater – so vor allem seit 1938 in seiner Eigenschaft als fachmännisch beratendes Mitglied im Zentralverband der Schweizerischen Vereinigung für Heimatschutz.

Ausgewählte Schriften: Dachkonstruktionen. Zürich 1935; Konstruktion und Form im Bauen. Stuttgart 1943 (2. Aufl. 1946, 3. Aufl. 1949); Städtebau [Ergänzungsband zu: Konstruktion und Form im Bauen]. Stuttgart 1944; Einführung in den Städtebau (Das kleine Baufachbuch, Bd. 1). Stuttgart 1949.

Quellen: Kopp, Max: Zu einer Buchbesprechung, in: SBZ 125 (1945), Nr. 19, S. 236–237; L.: [Nekrolog] Prof. Dr. h.c. Friedrich Hess, Architekt BSA/SIA, in: Heimatschutz 57 (1962), Nr. 1, S. 36–37; Meyenburg, Hans von: [Nekrolog] Friedrich Hess, in: SBZ 80 (1962), Nr. 15, S. 261–262; Anonym: [Nekrolog] Prof. Dr. ing. h.c. Friedrich Hess, in: Werk 49 (1962), H. 4, S. 81–82; Roth, Alfred: Rez. zu: Hess, Friedrich: Konstruktion und Form im Bauen. Stuttgart 1943, in: Werk 31 (1944), H. 3, S. XIV; R., N.: Rez. zu: Hess, Friedrich: Konstruktion und Form im Bauen. Stuttgart 1943, in: Heimatschutz 38 (1943), Nr. 4, S. 143.

Adolf Rudolf Holzhalb

*** 13. Juli 1835 in Zürich (CH), † 5./6. August 1885 in Zürich (CH)**

Adolf Rudolf Holzhalb begann eine Ausbildung zum Kaufmann, bevor er sich der Malerei widmete und im Schuljahr 1856/57 als Gasthörer am Eidgenössischen Polytechnikum in Zürich Kurse in Figuren- und Landschaftszeichnen, Modellieren und Kunstgeschichte belegte. Ab 1857 besuchte er die Kunstakademie in Düsseldorf bei den Landschafts- und Architekturmalern Johann Gottfried Pulian, Hans Fredrik Gude und Johann Wilhelm Schirmer. 1862 kehrte er nach Zürich zurück, unternahm aber dennoch bis 1874 zahlreiche Studienreisen nach Deutschland, Österreich, Frankreich, Italien, Belgien und in die Niederlande. Seine künstlerische Tätigkeit umfasst schwerpunktmässig die Felder Architektur und Landschaft, häufig mit Motiven aus der Schweiz und Deutschland. Als Nachfolger Johann Jakob Ulrichs war Holzhalb ab Wintersemester 1873 (zuerst stellvertretend) am Eidgenössischen Polytechnikum als Lehrer, von 1875 bis 1881 als Titularprofessor für Landschaftszeichnen und -malen tätig. Er nahm zwischen 1860 und 1881 regelmässig an den Turnusausstellungen des Schweizerischen Kunstvereins teil, 1881 war er Präsident der Zürcher Künstlergesellschaft.

Quellen: ETH-HA, SR2, Schulratsprotokolle 1873, Sitzung Nr. 6 vom 17.12.1873, Traktandum 135; Kataloge der Schweizerischen Kunstausstellungen 1860–1881, beispielsweise: [Anonym]: Verzeichniß der Kunst-Gegenstände auf der schweizerischen Kunstausstellung in St. Gallen. Ohne Ort 1865, S. 9, 14; Anonym: [Nekrolog] Adolf Rudolf Holzhalb, in: SBZ 6 (1885), Nr. 6, S. 36; Rudio 1894, S. 22–23; Appenzeller, H[einrich]: Holzhalb, A. Rudolf, in: Schweizerisches Künstler-Lexikon, Bd. 2, Frauenfeld 1908, S. 85–86; Historisch-Biographisches Lexikon der Schweiz, Bd. 4. Neuenburg 1927, S. 281; Bhattacharya, Tapan: Holzhalb, Adolf Rudolf, in: HLS, Version vom 18. August 2006 (http://www.hls-dhs-dss.ch/textes/d/D22446.php); Tschanz 2015, S. 142.

Hans Jenny-Dürst

*** 21. Oktober 1886 in Stäfa (CH), † 7. September 1961 in Zürich (CH)**

Hans Jenny-Dürst studierte 1905–09 Bauingenieurwesen am Eidgenössischen Polytechnikum und wurde anschliessend Assistent von Arthur Rohn, Professor für Baustatik und Brückenbau an der Abteilung für Bauingenieurwesen. Jenny-Dürst assistierte diesem zunächst in der Lehre und arbeitete an dessen Bauprojekten mit, später übernahm er die Leitung der Konstruktionsübungen. 1927 wurde er vom Bundesrat als Nachfolger Louis Potterats zum ordentlichen Professor für Baustatik, Hoch- und Grundbau an den Abteilungen für Architektur und Kulturingenieurwesens berufen. Während seiner Lehrtätigkeit bemühte er sich als Lehrer in besonderer Weise durch zusätzliche Kurse und Repetitorien um die Vorbereitung der Studierenden auf die Berufstätigkeit. Sein fachliches Interesse galt dem Einsatz des Baustoffs Holz im Bauwesen, das er durch Vorlesungen über den Holzbau und an der Landesausstellung 1939 in Zürich mit der Konzeption des Beitrags «Unser Holz» vermittelte. 1942 trat er krankheitsbedingt vorzeitig vom Lehramt zurück.

Ausgewählte Schriften: Eigenschaften des Holzes als Baustoff und die sich hier der «Lignum» noch stellenden Fragen. Bern 1932 (Separatdruck aus: Zeitschriften des Schweizerischen Forstvereines (1932), Beiheft Nr. 10); Die Bedeutung der Qualität in der heutigen technischen Holzverwertung. Bern 1934 (Separatdruck aus: Beiheft zu den Zeitschriften des Schweizerischen Forstvereines 12 (1924)); Baustatik I [Vorlesungsautografie ETH Zürich]. Zürich 1941.

Quellen: ETH-HA, HS 3372: Hans Jenny-Dürst, Materialien zum Werk, Briefe; Hofacker, Karl: [Nekrolog] Prof. Hans Jenny-Dürst, in: Werk 48 (1961), H. 11, S. 242; Stüssi, Fritz: [Nekrolog] Hans Jenny-Dürst, in: SBZ 79 (1961), Nr. 45, S. 787–788.

Ludwig Keiser

*** 14. Oktober 1816 in Zug (CH), † 8. Januar 1890 in Zürich (CH)**

Ludwig Keiser lernte während seiner Schulzeit in Zug, Solothurn und Bern das Modellieren und absolvierte zunächst eine Lehre als Stuckateur in Solothurn. 1836 nahm er eine Tätigkeit beim Hofstuckateur Vioti in München auf. Bereits ein Jahr später wechselte er in das Atelier des Bildhauers Ludwig Michael Schwanthaler, während er nebenbei an der Akademie der Bildenden Künste bei Schwanthaler und dem Maler Peter von Cornelius studierte. Schwanthaler übte prägenden Einfluss auf ihn aus und betraute ihn mit der Arbeit an wichtigen Werken, wie beispielsweise der *Bavaria*. Keiser verfolgte zudem eigene Projekte und war nach dem 1. Preis beim ersten Wettbewerb für das Winkelrieddenkmal (nicht realisiert) ab 1853 wieder in Zug ansässig. 1855 wurde er Hilfslehrer für ornamentales Zeichnen und Modellieren am Eidgenössischen Polytechnikum, ab 1857 unterrichtete er als Titularprofessor bis zu seinem Tod 1890. Zu Keisers Werk zählen Grabdenkmäler, Reliefs und Bauplastiken, so auch der Skulpturenschmuck für Sempers Stadthaus in Winterthur.

Quellen: Rudio 1894, S. 23; Ulrich, Dieter: Keiser, Ludwig, in: HLS, Version vom 8. August 2008 [http://www.hls-dhs-dss.ch/textes/d/D22471.php] (20. September 2018); SIKART [http://www.sikart.ch/KuenstlerInnen.aspx?id=4023504] (20. September 2018); Tschanz 2015, S. 143.

Johann Konrad Kern

*** 11. Juni 1808 in Berlingen (CH), † 14. April 1888 in Zürich (CH)**

Johann Konrad Kern begann seine akademische Ausbildung im Herbst 1827 an der Universität Basel mit einem Studium der Theologie, zu dem er von den Eltern bestimmt worden war. Bereits ein Jahr später wechselte er zur Jurisprudenz und studierte zwei Semester Römisches Recht in Berlin. Nach einer Studienreise über Hamburg, Amsterdam und einige belgische Städte promovierte er 1830 mit Auszeichnung in Heidelberg. Nach einem längeren Aufenthalt in Paris liess sich Kern zunächst in Berlingen, nach seiner Heirat dann in Frauenfeld als Advokat nieder. In seinem Heimatkanton wurde er Präsident des Erziehungsrates, damit Begründer der Thurgauischen Kantonsschule, und später auch Obergerichtspräsident und Regierungspräsident. Mit nur fünfundzwanzig Jahren war er Tagsatzungsgesandter und vermittelnder Protagonist in den Auseinandersetzungen im Neuenburger Handel und im Sonderbundkrieg. Aktiv wirkte er an der Bundesverfassung mit, die die Schweiz vom Staatenbund zum Bundesstaat einte. Ab 1848 wurde Kern zu mehreren diplomatischen Aufträgen ins Ausland gesandt. Ausserdem wurde er zum Präsidenten des (damals noch nicht permanenten) Bundesgerichts und 1850 zum Präsidenten des Nationalrats gewählt. 1854 engagierte er sich intensiv bei der Gründung des Eidgenössischen Polytechnikums und wurde vom Bundesrat zum Präsidenten von dessen Aufsichtsbehörde – dem ebenfalls neu geschaffenen Schweizerischen Schulrat – ernannt. Am 28. September 1854 trat der Schulrat unter Kerns Leitung erstmals zusammen; die Organisation eines einmaligen Vorbereitungskurses wurde festgelegt und die Lehrstellen wurden international ausgeschrieben. Kern leitete den

Schulrat bis 1857, im Jahr zuvor war er in den diplomatischen Dienst der Schweiz eingetreten. Er wurde ausserordentlicher Gesandter in Paris und übernahm später den dortigen Gesandtschaftsposten bis 1883. Während seiner Amtszeit setzte er sich für einen deutsch-französischen Frieden ein und geriet dabei wiederholt in Konflikt mit Otto von Bismarck. Im Sommer 1886 kehrte er nach Zürich zurück, wo er zwei Jahre später an einem Schlaganfall starb.

Ausgewählte Schriften: Bericht über den Entwurf einer Bundesverfassung vom 8. April 1848, erstattet von der am 16. August 1847 von der Tagsatzung ernannten Revisionskommission. Ohne Ort 1848 [Als Berichterstatter der Kommission mit H[einrich] Drüey].

Quellen: Oechsli, Wilhelm: Kern, Johann Konrad, in: ADB, Bd. 51, Leipzig 1906, S. 114–120; Rothenbühler, Verena: Kern, Johann Konrad, in: HLS, Version vom 14. Oktober 2008 [http://www.hls-dhs-dss.ch/textes/d/D4072.php] (20. September 2018); Risch, Gaudenz: Gründung, Bau und Erweiterung der Eidgenössischen Technischen Hochschule in Zürich, in: SBZ 87 (1969), Nr. 38, S. 746–750, hier S. 748; Roth, Paul (Hg.): Aktenstücke zur Laufbahn Jacob Burckhardts, in: Basler Zeitschrift für Geschichte und Altertumskunde 34 (1935), S. 5–106, hier S. 40–42 [Projekt kunstgeschichtlicher Vorlesungen], bes. Fussnote 37/1.

Johann Gottfried Kinkel

*** 11. August 1815 in Oberkassel bei Bonn (D), † 12. November 1882 in Zürich (CH)**

Johann Gottfried Kinkel, Sohn eines evangelischen Pastors, studierte ab 1831 in Bonn und Berlin Theologie. Ab 1837 unterrichtete er als Privatdozent Kirchengeschichte an der Universität Bonn. Währenddessen wandte er sich zunehmend der Kunst- und Literaturgeschichte zu und versuchte sich als Dichter. 1840 gehörten er und seine spätere Frau Johanna Matthieux-Mockel zu den Mitbegründern des spätromantischen Dichtervereins Maikäferbund. Nach der Eheschliessung mit der geschiedenen Katholikin habilitierte sich Kinkel in die Philosophische Fakultät um und erhielt 1846 eine ausserordentliche Professur für Kunst- und Literaturgeschichte. Er wurde 1848 Redakteur der demokratischen *Bonner Zeitung* und 1849 in die Preussische Nationalversammlung gewählt. Nach deren Auflösung ergriff er Partei für die provisorische Regierung in der Rheinpfalz. Wegen Beteiligung am badisch-pfälzischen Aufstand erfolgte eine Verurteilung zu lebenslanger Haft. Im November 1850 gelang ihm die Flucht aus dem Spandauer Gefängnis ins Londoner Exil, wo er unter anderem am Hyde Park College Literaturgeschichte unterrichtete. Kinkel hielt zudem kunstgeschichtliche Vorträge, beispielsweise im South-Kensington-Museum und dem Crystal Palace
und trug hiermit zur Etablierung des Unterrichtsfachs Kunstgeschichte in England bei. In seiner Londoner Zeit blieb er politisch aktiv, reiste 1851 hierfür bis in die USA. 1866 wurde Kinkel als Professor für Archäologie und Kunstgeschichte nach Zürich berufen. Am Eidgenössischen Polytechnikum stand er der philosophischen und staatswissenschaftlichen Abteilung vor, war Leiter der Archäologischen und Gründer der Graphischen Sammlung. Auch ausserhalb des Polytechnikums referierte er zu künstlerischen und literarischen Themen von der Antike bis zum 18. Jahrhundert und bewegte sich in literarischen Kreisen in Zürich. Kinkel konnte sich so als prominenter Repräsentant der (neu-) humanistischen Ansprüche des Polytechnikums etablieren.

Ausgewählte Schriften: Geschichte der bildenden Künste bei den christlichen Völkern, vom Anfang unserer Zeitrechnung bis zur Gegenwart. Bonn 1845; Die Gipsabgüsse der archäologischen Sammlung im Gebäude des Polytechnikums in Zürich. Zürich 1871; Das Kupferstich-Cabinet des Eidgenössischen Polytechnikums. Zürich 1876; Mosaik zur Kunstgeschichte. Berlin 1876.

Quellen: Mausser, Otto: Kinkel, Gottfried, in: ADB, Bd. 55 (1910), S. 515–528; Hürlimann, Katja: Kinkel, Gottfried, in: HLS, Version vom 10. August 2007 [http://www.hls-dhs-dss.ch/textes/d/D43467.php] (20. September 2018); ETH-Bibliothek (Hg.): Johann Gottfried Kinkel (1815–1882) [http://www.library.ethz.ch/de/Ressourcen/Digitale-Kollektionen/Kurzportraets/Johann-Gottfried-Kinkel-1815-1882] (5. September 2011); Ennen, Edith: Kinkel, Gottfried, in: NDB, Bd. 11 (1977), S. 623–624; Rösch-Sondermann, Hermann: Gottfried Kinkel als Ästhetiker, Politiker und Dichter. Bonn 1982; Berg, Angelika: Gottfried Kinkel. Kunstgeschichte und soziales Engagement. Bonn 1985.

Matthias Koenen

*** 3. März 1849 in Bedburg (D); † 26. Dezember 1924 in Berlin (D)**

Matthias Koenen, Sohn eines Kölner Maurermeisters, studierte von 1868 bis 1872 an der Berliner Bauakademie. Nach einer Tätigkeit als Regierungsbauführer in der staatlichen Eisenbahn- und Wasserbauverwaltung legte er 1879 die Prüfung zum Regierungsbaumeister ab. Er erlangte mit einem eigenen technischen Büro und als Privatdozent Bekanntheit in den Berliner Ingenieurkreisen, so dass Koenen 1884–88 mit der Leitung des Rohbaus des Reichstagsgebäudes beauftragt war. In dieser Funktion kam er 1885 in Kontakt mit Gustav Adolf Wayss, dem Inhaber des Monier-Patents für den nördlichen Teil des Deutschen Reichs, und regte verschiedene Versuche mit bewehrten Bauteilen aus Beton an; diese bestätigten ihn in seiner Arbeit an der ersten Berechnungstheorie für Eisenbetonkonstruktionen überhaupt (1886/87). 1888 trat Koenen als technischer Leiter in Wayss' Firma ein, die er nach dem Austritt des Gründers (1891) bis 1923 als Generaldirektor führte. Koenen wirkte massgeblich an der Verwissenschaftlichung des Bauens mit Eisenbeton mit, wie auch an dessen Verbreitung als Baumaterial in Deutschland, unter anderem als Gründungs- und Vorstandsmitglied des Deutschen Beton-Vereins (1898 bis 1924), als Mitbearbeiter des ersten staatlichen Regelwerks für den Eisenbetonbau (1904) und als Gründungsmitglied des Deutschen Ausschusses für Eisenbeton (1907). Für seine Verdienste erhielt er den Titel eines Dr.-Ing. h. c. von der Technischen Hochschule Dresden (1908), die Verdienstmünze für Leistungen im Bau- und Verkehrswesen des Ministers der öffentlichen Arbeiten (1912) und die Medaille für hervorragende Verdienste im Bauwesen der Akademie für Bauwesen (1924).

Ausgewählte Schriften: Berechnung der Stärke der Monierschen Cementplatten, in: Zentralblatt der Bauverwaltung 6 (1886), Nr. 47, S. 462; Wayss, Gustav Adolf (Hg.): Das System Monier (Eisengerippe mit Cementumhüllung) in seiner Anwendung auf das gesammte Bauwesen. Berlin/Wien 1887; Grundzüge für die statische Berechnung der Beton- und Betoneisenkonstruktionen. Berlin 1902; Preußisches Ministerium der öffentlichen Arbeiten (Hg.): Bestimmungen für die Ausführung von Konstruktionen aus Eisenbeton im Hochbau. Berlin 1904.

Quellen: Nakonz, [Walter?]: Matthias Koenen †, in: Zentralblatt der Bauverwaltung 45 (1925), Nr. 2, S. 18–19; Bornemann, Erich: Koenen, Matthias, in: NDB, Bd. 12 (1979), S. 330–331; Ramm, Wieland: Matthias Koenen (1849–1924). Schöpfer der ersten Biegebemessung für Eisenbetonplatten und Mitbegründer der Eisenbetonbauweise in Deutschland, in: VDI-Gesellschaft Bautechnik (Hg.): Jahrbuch. Düsseldorf 1998, S. 349–379; Kurrer 2016, besonders S. 666–678.

Georg Lasius

*** 15. April 1835 in Oldenburg (D), † 28. Juni 1928 in Zürich (CH)**

Georg Lasius studierte nach zweijährigem Marinedienst von 1854 bis 1857 Architektur am Polytechnikum in Hannover und arbeitete im Architekturbüro des bekannten Neugotikers Konrad Wilhelm Hase. Ab 1859 setzte er sein Studium am Polytechnikum in Zürich unter Gottfried Semper fort. Nach dem Staatsexamen 1860 und praktischer Tätigkeit in Oldenburg (Bau der reformierten Kirche in Brake, Niedersachsen) habilitierte sich Lasius 1862 am Polytechnikum in Zürich und erhielt eine Anstellung als Privatdozent. 1867 wurde er dort zum Professor für Baukonstruktionslehre und architektonisches Zeichnen berufen. Von 1873 bis 1881 war er als Nachfolger Sempers Vorstand der Bauschule. 1875 erhielt Lasius das Bürgerrecht der Stadt Zürich. Hier realisierte er mehrere Bauten, wie das Chemie- (1884–86) und das Physikgebäude (1887–90) des Eidgenössischen Polytechnikums, die er mit seinem Kollegen Alfred Friedrich Bluntschli plante. Gemeinsam veröffentlichten beide den Abschnitt *Stadt- und Rathäuser* im *Handbuch der Architektur.* Eine seiner wichtigen Veröffentlichungen ist das in den Jahren 1863–68 herausgegebene Tafelwerk *Die Baukunst in ihrer chronologischen und constructiven Entwicklung* neben einer Vielzahl von Artikeln zu bautechnischen Themen in verschiedenen schweizerischen Bauzeitungen. Während seiner sechzigjährigen Tätigkeit als Lehrer (bis 1923) unterrichtete

Lasius fast die ganze Breite der Fächer der Bauschule: neben Baukonstruktionslehre und Architekturzeichnen auch Formenlehre, Perspektive, Installationen und Gebäudelehre – teilweise waren diese Fächer erst durch sein Engagement ins Curriculum aufgenommen worden.

Ausgewählte Schriften: Die Baukunst in ihrer chronologischen und constructiven Entwicklung. Darmstadt 1863–68; Warmluftheizung mit continuirlicher Feuerung (Technische Mitteilungen, Bd. 18). Zürich 1880; Bericht über Gruppe 19: Hochbau und Einrichtung des Hauses (Schweizerische Landesausstellung Zürich 1883, Fachberichte). Zürich 1884; Stadt- und Rathhäuser (HdA, T. 4, Halbbd. 7, H. 1, S. 3–145). 2. Aufl. Stuttgart 1900 [mit Alfred Friedrich Bluntschli].

Quellen: ETH-HA, HS 435: Georg Lasius, Werke, wissenschaftliche und künstlerische Vorarbeiten, Dokumente, Pläne, Skizzen; ebd., HS 0435a: Georg Lasius, Materialien zum Werk, Briefe; Zemp, Josef: [Nekrolog] Prof. Dr. Georg Lasius, in: SBZ 92 (1928), Nr. 7, S. 88–89; Fischer-Karrer, Claudia: Lasius, Georg, in: HLS, Version vom 23. November 2007 [http://www.hls-dhs-dss.ch/textes/d/D19895.php] (20. September 2018).

Wilhelm Ludwig Lehmann

*** 7. März 1861 in Zürich (CH), † 9. März 1932 in Zürich (CH)**

Wilhelm Ludwig Lehmann begann 1879 ein Architekturstudium am Eidgenössischen Polytechnikum, das er 1883 mit dem Diplom abschloss. Nach einer kurzen Tätigkeit als Bauführer bei Hans Grisebach und Hugo Groothoff in Wiesbaden setzte er ab 1884 seine Studien an der École des beaux-arts in Paris fort. Aus gesundheitlichen Gründen musste er den Architektenberuf aufgeben und studierte ab 1885 an der Akademie in Karlsruhe Malerei. Er wechselte von 1887 bis 1890 an die Akademie der Bildenden Künste in München, wo er von Johann Leonhard Raabe und Wilhelm von Diez unterrichtet wurde. 1891–92 kehrte er als Meisterschüler Hermann Baischs nach Karlsruhe zurück. In dieser frühen Zeit beschäftigte sich Lehmann vor allem mit einem Zyklus von Landschaften zur Tellsage und hielt sich wiederholt für Natur- und Freilichtstudien in den Schweizer Alpen auf. Neben wiederholter Lehrtätigkeit an der Zürcher Kunstgewerbeschule in Landschaftszeichnen (bis 1896) unterrichtete er ab 1894 auch an der Münchener Kunstakademie. In München unterhielt er ab 1893 ein eigenes Atelier. 1906 wurde Lehmann Schriftführer der Münchner Secession, der er seit 1900 angehörte und als deren Mitglied er sich 1905 an der Gründung der Secessionsgalerie in München beteiligt hatte. Gleichzeitig war er in der Schweiz aktiv – auch durch seine Freundschaft zu Johann Rudolf Rahn und Gustav Gull: Von 1901 bis 1903 gehörte er der eidgenössischen Kunstkommission an und schuf unter anderem zwei Wandgemälde im Zürcher Stadthaus (1901) sowie die vier Deckenmalereien im Bundesratssaal in Bern (1903–05). Lehmanns Bilder fanden sowohl auf nationalen Ausstellungen (Preis am Concours Calame Genf 1895, Turnusausstellungen des Schweizerischen Kunstvereins) als auch auf internationalen (Ehrenerwähnung in Paris 1900, zweite Medaille in München 1901) Beachtung. Im November 1918 zog Lehmann endgültig nach Zürich zurück; 1920–31 entstanden in den Korridoren des von Gull erweiterten Hauptgebäudes der ETH Zürich 22 Wandmalereien, die Themen der schweizerischen Industrie und Technik wiedergeben. Neben der praktischen Arbeit unterrichtete Lehmann am Polytechnikum von 1924 bis 1931 Architektur- und Landschaftszeichnen.

Quellen: E., C.: Die zwei Wandgemälde im neuen Zürcher Stadthaus, in: Die Schweiz. Schweizerische illustrierte Zeitschrift, Bd. 6 (1902), S. 606–608; Trog, Hans: Wilhelm Ludwig Lehmann, in: Die Schweiz. Schweizerische illustrierte Zeitschrift, Bd. 11 (1907), S. 321–324; Gull, Gustav: Lehmann, Wilhelm Ludwig, in: SKL, Bd. 2. Frauenfeld 1908, S. 242; Welti, Albert J.: Wilhelm Ludwig Lehmann, 1861–1932 (Neujahrsblatt der Zürcher Kunstgesellschaft). Zürich 1935; KLS, Bd. 2, S. 567–568; Bhattacharya, Tapan: Lehmann, Wilhelm Ludwig, in: HLS, Version vom 15. Februar 2007 [http://www.hls-dhs-dss.ch/textes/d/D22491.php] (20. September 2018); Hügli Vass, Sabine: Lehmann, Wilhelm Ludwig, in: SIKART, Version vom 28. Februar 2018 [http://www.sikart.ch/KuenstlerInnen.aspx?id=4023136&lng=de] (18. November 2018).

Georg Lunge

*** 15. September 1839 in Breslau (D, heute: Wrocław, PL), † 3. Januar 1923 in Zürich (CH)**

Georg Lunge studierte in Breslau allgemeine Naturwissenschaften und Chemie bei Carl Jacob Löwig und promovierte 1859 bei Ferdinand Cohn. Anschliessend setzte er seine Ausbildung in Heidelberg bei Robert Bunsen und Gustav Kirchhoff fort. Ab 1860 sammelte er in der chemischen Industrie in Schlesien Erfahrungen, bevor er 1862 im Alter von nur 22 Jahren eine eigene Firma gründete. Lunge musste diese bald wieder schliessen, zog nach England und wurde 1865 innerhalb kurzer Zeit Direktor der Sodafabrik Baily, Bowron & Co. in South Shields. Durch zahlreiche Publikationen in deutschen und englischen Journalen verschaffte er sich internationale Reputation, so dass er 1875 vom damaligen Direktor der Badischen Anilin- und Sodafabrik (BASF), Heinrich Caro, für den Lehrstuhl für technische Chemie am Eidgenössischen Polytechnikum in Zürich vorgeschlagen wurde. Lunge nahm die Berufung an und lehrte von 1876 bis zu seiner Emeritierung 1907 als Professor für technische Chemie und chemische Technologie. Sein Forschungsgebiet war die anorganische Verfahrenstechnik mit dem Schwerpunkt der technischen Sodafabrikation, zu dem er das zweibändige *Handbuch der Soda-Industrie* (1879) verfasste. Am Polytechnikum etablierte er im Sinne praxisnaher Ausbildung ein chemisch-technisches Praktikum, wodurch er Lehre und Forschung verknüpfte. Bei der Erweiterung des Hochschulquartiers im letzten Viertel des 19. Jahrhunderts brachte Lunge sich in die Planung des neuen Chemiegebäudes (1884–86) an der Universitätstrasse der Architekten Alfred Friedrich Bluntschli und Georg Lasius aktiv ein, so dass ein moderner Hochschulbau entstand, der für Jahrzehnte als vorbildlich galt.

Ausgewählte Schriften: Die Destillation des Steinkohlentheers und die Verarbeitung der damit zusammenhängenden Nebenproducte. Braunschweig 1867; Handbuch der Soda-Industrie. Braunschweig 1879; Die chemische Industrie und die chemisch-technischen Hochschulen in Nord-Amerika (Berichte der schweizerischen Delegierten, Weltausstellung in Chicago, 1893). Bern 1894; Die Vorbildung auf Gymnasien und Realschulen zu wissenschaftlichen und technischen Studien, in: Zeitschrift des Vereines deutscher Ingenieure 29 (1885), Nr. 44, S. 854–857; Taschenbuch für die Soda-, Pottasche- und Ammoniakfabrikation. 3. Aufl. Berlin 1900; Taschenbuch für die anorganisch-chemische Grossindustrie. 6. Aufl. Berlin 1921.

Quellen: ETH-HA, HS 0615a: Georg Lunge, Unterlagen zur Person; Bosshard, E.: [Nekrolog] Georg Lunge, in: SBZ 81 (1923), Nr. 3, S. 31–32; Priesner, Claus: Lunge, Georg, in: NDB, Bd. 15 (1987), S. 522–523; Neuenschwander, Erwin: Lunge, Georg, in: HLS, Version vom 18. Juli 2008 [http://www.hls-dhs-dss.ch/textes/d/D31512.php] (20. September 2018); ETH-Bibliothek (Hg.): Georg Lunge (1839–1923) [http://www.library.ethz.ch/de/Ressourcen/Digitale-Kollektionen/Kurzportraets/Georg-Lunge-1839-1923] (21. Februar 2012).

Robert Maillart

*** 6. Februar 1872 in Bern (CH), † 5. April 1940 in Genf (CH)**

Robert Maillart begann, ein Jahr nach der Matura 1889, ein Bauingenieurstudium am Eidgenössischen Polytechnikum in Zürich. Massgeblich prägte ihn während seiner Studienzeit Karl Wilhelm Ritter. Nach dem Studienabschluss 1894 war er einige Jahre als Ingenieur für die Berner Firma Pümpin & Herzog, im Tiefbauamt der Stadt Zürich und für die Ingenieur- und Bauunternehmung Froté & Westermann, die zu den ersten schweizerischen Patentnehmern der hennebiqueschen Eisenbetonbauweise gehörten, tätig. 1902 gründete Maillart seine eigene Bauunternehmung Maillart & Cie. mit Max von Müller und Adolf Zarn. Vom technischen Fortschritt beseelt, entwickelte er schon in den ersten Jahren des 20. Jahrhunderts verschiedene Bausysteme und -elemente, die er mit Patenten schützen liess. Noch bei Froté & Westermann projektierte er 1901 die erste mit Kastenquerschnitt ausgeführte Bogenbrücke über den Inn bei Zuoz. Neben weiteren Pionierbauwerken in Eisenbeton entwickelte Maillart 1908 in verschiedenen Modellversuchen ein unterzugsloses Tragsystem, die sogenannte Pilzdecke. Diesem Konstruktionssystem verdankte seine Bauunternehmung bald internationalen Erfolg; verschiedene Aufträge wurden in Ägypten, Frankreich, Russland und Spanien ausgeführt. Die international erfolgreiche Tätigkeit bedingte, dass Maillart einen 1911 für das Fach Eisenbetonbau erteilten Lehrauftrag an der ETH Zürich nur sporadisch wahrnahm. Während eines Aufenthaltes in Riga wurde er mit seiner Familie 1914 vom Ausbruch des Ersten Weltkriegs überrascht, weshalb er in Russland bleiben musste und erst 1919 die Arbeit in seinem Ingenieurbüro Maillart & Cie. wieder aufnahm. Er verlegte den Firmensitz 1920 nach Genf, 1924 folgten Filialen in Bern und Zürich. Zwischen 1920 und 1940 entwarf sein Büro über zweihundert weitere Bauten. Bedeutsam war Maillart Entwickler von Tragwerken für Brücken- Hochbauten. In seiner Auffassung des Ingenieurberufs knüpfte Maillart an das polytechnische (Selbst-)Verständnis an: «Gewiß herrscht vielfach die Ansicht, es solle die Berechnung eindeutig und endgültig die Abmessungen bestimmen. Indes kann angesichts der Unmöglichkeit der Berücksichtigung aller Nebenumstände jede Berechnung nur eine Grundlage für den Konstrukteur bilden, der sich darauf mit den Nebenumständen auseinanderzusetzen hat. Je nach den Verhältnissen kann das Rechnungsergebnis eine direkte Anwendung oder Abänderung erfahren; das letztere wird oft der Fall sein, wenn nicht ein Rechner, sondern ein Konstrukteur arbeitet» (zit. n. Dahinden 1956, S. 64).

Ausgewählte Schriften: Die Sicherheit der Eisenbetonbauten, in: SBZ 53 (1909), Nr. 9, S. 119–120; Zur Frage der Biegung, in: SBZ 77 (1921), Nr. 18, S. 195–197; Zur Entwicklung der unterzugslosen Decke in der Schweiz und Amerika, in: SBZ 87 (1926), Nr. 21, S. 263–265; Gekrümmte Eisenbeton-Bogenbrücken, in: SBZ 103 (1934), Nr. 11, S. 132–133; Aktuelle Fragen des Eisenbetonbaues, in: SBZ 111 (1938), Nr. 1, S. 1–5; De la construction de galeries sous pression intérieure, in: Bulletin technique de la Suisse romande 48 (1922), S. 256–260, 271–274, 290–293; 49 (1923), S. 41–45, 53–58; Leichte Eisenbeton-Brücken in der Schweiz, in: Der Bauingenieur 12 (1931), Nr. 10, S. 165–171.

Quellen: Billington, David P.: Maillart, Robert, in: NDB, Bd. 15 (1987), S. 707–708; Arioli, Matthias: Robert Maillart: Beton-Virtuose, in: Vermessung, Photogrammetrie, Kulturtechnik 93 (1995), S. 496; Dahinden, Justus: Versuch einer Standortbestimmung der Gegenwartsarchitektur. Zürich 1956; Meyer, Bruno: Maillart, Robert, in: HLS, Version vom 14. August 2008 [http://www.hls-dhs-dss.ch/textes/d/D27382.php] (20. September 2018); Kirikova, Olga: Robert Maillart in St. Petersburg, in: Werk, Bauen + Wohnen [Schweizer Ausgabe] 92 (2005), Nr. 4, S. 70–72.

Georg Moller

*** 22. Januar 1784 in Diepholz (D), † 13. März 1852 in Darmstadt (D)**

Nach Abschluss des Gymnasiums liess sich Georg Moller seit 1800 bei dem Architekten Christian Ludwig Wittig in Hannover ausbilden. Während dieser Zeit lernte er den Karlsruher Bauinspektor Friedrich Weinbrenner kennen. 1802 ging er mit Weinbrenner nach Karlsruhe, wo er an dessen privater Bauschule studierte. Praktische Erfahrungen sammelte Moller während der Studienzeit durch die Mitarbeit an Weinbrenners Projekten. 1807 unternahm er eine Studienreise nach Italien und widmete sich dort den Konstruktionen frühchristlicher Basiliken. Ende 1809 kehrte er über Paris nach Karlsruhe zurück. Wie anderen Familienmitgliedern gelang Moller trotz und auch wegen der familiären Nähe zu den Ideen der Französischen Revolution ein bemerkenswerter Aufstieg im Grossherzogtum Hessen. Den Grundstein für diesen Aufstieg legte die Berufung des zuvor für Napoleon tätigen Arztes Georg Wedekind (1761–1831) zum Leibarzt des Grossherzogs von Hessen im Jahr 1808. Wedekind half seinem Neffen Georg Moller bei seinen Bemühungen um eine Stelle als grossherzoglich-hessischer Baurat in Darmstadt, die er zu Beginn des Jahres 1810 antrat. In den folgenden Jahren sollte Moller dann vor allem stadtplanerisch tätig werden und die expandierende Residenzstadt prägen. In dieser Zeit entwarf er das Hoftheater am Herrengarten (1818) und die katholische Ludwigskirche (1822–27), die zu seinen wichtigsten Bauten zählen. Einen in dieser Zeit erteilten Ruf an das Polytechnikum in Karlsruhe als Nachfolger Weinbrenners lehnte er ab. Seit den 1830er Jahren widmete sich Moller, der mittlerweile zum Hofbaudirektor aufgestiegen war, baugeschichtlichen Projekten. Dieses Interesse reichte aber schon in die 1820er Jahre zurück, so veröffentlichte er das wichtigste zeitgenössische Abbildungswerk – die *Denkmäler der deutschen Baukunst.* Am Beispiel einzelner Bauten bot dieses Werk einen Überblick über die mittelalterlichen Bausysteme und Ornamentik. Die präzisen und sauber gestochenen Kupfertafeln entwickelten sich, wiewohl von Moller nicht beabsichtigt, rasch zu unentbehrlichen Musterbüchern für eine Architektenschaft, die aus der Geschichte lernen wollte. Zu verdanken ist Moller nicht zuletzt die Sicherung einer Hälfte des als verloren geltenden mittelalterlichen Risses der Westfassade des Kölner Doms, die er 1814 in Darmstadt wiederfand.

Ausgewählte Schriften: Beiträge zu der Lehre von den Construktionen. Darmstadt/Leipzig 1833–44; Denkmäler der deutschen Baukunst. 3 Bde. Darmstadt/Leipzig 1815–51; Entwürfe ausgeführter und zur Ausführung bestimmter Gebäude. Darmstadt 1825 [mit F. Heger].

Quellen: Frölich, Marie; Sperlich, Hans-Günther: Georg Moller. Baumeister der Romantik. Darmstadt 1959; Krimmel, Bernhard (Hg.): Darmstadt in der Zeit des Klassizismus und der Romantik. Darmstadt 1978 (Ausstellungskatalog Mathildenhöhe Darmstadt 1978/79); Hänggi-Gampp, Veronika: Das erste Basler St. Jakobsdenkmal, in: Basler Zeitschrift für Geschichte und Altertumskunde 83 (1983), S. 127–173, hier S. 162; Weber, Martin: Georg Christian Gottlieb Wedekind 1761–1831. Werdegang und Schicksal eines Arztes im Zeitalter der Aufklärung und der Französischen Revolution. Stuttgart 1988; Wegner, Reinhard: Moller, Georg, in: NDB, Bd. 17 (1994), S. 742–744; Kartmann, Norbert (Hg.): Georg Moller. Symposium aus Anlass seines 150. Todestages am 13. März 2002 im Hessischen Landtag in Wiesbaden (Hessische Schriften zum Föderalismus und Landesparlamentarismus, Bd. 10). Wiesbaden 2004, S. 35–66, hier S. 59.

Gaspard Monge

*** 9. Mai 1746 in Beaune (F), † 28. Juli 1818 in Paris (F)**

Gaspard Monge wurde 1764 oder 1765, nach Besuch der Collèges in Beaune und Lyon, an der École du génie militaire in Mézières als Zeichner und Vermessungstechniker angestellt. Ab 1766 unterrichtete er an der Hochschule zunächst als «répétiteur»; gefördert von Charles Bossut übernahm er 1768 dessen Lehrstuhl für Mathematik und 1771 zusätzlich jenen für Physik. Seine in dieser Zeit entwickelte *Géometrie descriptive* wurde zum Angelpunkt seiner Lehre. 1784 (nach manchen Quellen: 1783) verliess Monge die École du génie militaire und widmete sich neben vereinzelten Lehraufträgen, Inspektionsreisen und seiner Arbeit bei der Académie des sciences bis 1792 vermehrt seiner mathematischen und physikalischen Forschung. Während der Französischen Revolution war Monge ausserdem politisch aktiv: Er wurde Mitglied des radikalen Jakobinerclubs und war an dessen Terrorherrschaft beteiligt. Nach Ausrufung der Republik 1792 wurde er für acht Monate Marineminister. Auch anschliessend blieb er einer der wichtigsten Akteure der französischen Rüstungspolitik und arbeitete in den Büros des Wohlfahrtsausschusses. In der neu gegründeten Republik bestand die Möglichkeit zur Gründung einer modernen Schule, bei deren Aufbau und Organisation sich Monge massgeblich einbrachte. 1794 wurde eine École centrale des travaux publics gegründet und ein Jahr später in École polytechnique umbenannt. Führende Köpfe der Wissenschaft, Philosophie und Baukunst arbeiteten an den Vorbereitungen oder dem konkreten Lehrplan dieser Schule, die rasch grosse Beachtung in Europa fand. Monge unterrichtete Mathematik und beeinflusste mit seiner *Géometrie descriptive* das neue Unterrichtskonzept. 1798 gehörte Monge zur wissenschaftlichen Entourage des späteren Kaisers der Franzosen Napoleon auf dessen Campagne d'Égypte und wurde erster Präsident des neu gegründeten Institut d'Égypte in Kairo. Zugunsten Napoleons gab Monge seine republikanische Überzeugung auf, wurde zum Senator, Grand officier de la légion d'honneur und Comte de Péluse. Nach der zweiten Restauration 1816 wurde er zur Vergeltung seiner Rolle während der Übergangszeit nach der Französischen Revolution sämtlicher Ämter enthoben.

Ausgewählte Schriften: Mémoire sur la théorie des déblais et des remblais, in: Histoire de l'Académie royale des sciences [1781]. Paris 1784, S. 666–704; Géométrie descriptive. Paris 1798; Application de l'analyse à la géométrie, à l'usage de l'École impériale polytechnique. Paris 1807. Vgl. auch: Schreiber, Guido: Lehrbuch der Darstellenden Geometrie nach Monge's Géométrie descriptive. Karlsruhe 1828/29.

Quellen: Taton, René: Gaspard Monge, in: Elemente der Mathematik [Beiheft] 9 (1950), S. 3–24; Pfammatter, Ulrich: Ursprung, Entwicklung und Bedeutung des Polytechnischen und Industriellen Unterrichtsmodells. Elemente zur modernen Architekten- und Ingenieurausbildung. Zürich 1995; Pairault, François: Gaspard Monge. Le fondateur de Polytechnique. Paris 2000; Belhoste, Bruno: Monge Gaspard (1746–1818) [http://www.universalis.fr/encyclopedie/gaspard-monge/] (5. September 2012).

Emil Mörsch

*** 30. April 1872 in Reutlingen (D), † 29. Dezember 1950 in Stuttgart (D)**

Emil Mörsch nahm 1890 an der Technischen Hochschule Stuttgart ein Studium des Bauingenieurwesen auf, das er 1894 mit der ersten Staatsprüfung mit Bestnoten abschloss. Als Assistent der Geodäsie sammelte Mörsch anschliessend ein halbes Jahr lang Erfahrungen in der universitären Lehre, bevor er in den württembergischen Staatsdienst wechselte. Hier kam er in Kontakt mit Pionieren und Förderern der Betonbauweise. Hervorzuheben ist Karl von Leibbrand (1839–1898, seit 1891 Vorstand der königlich-württembergischen Ministerialabteilung für den Strassen- und Wasserbau), in dessen Abteilung Mörsch von 1894 bis 1898 seinen Vorbereitungsdienst für die zweite Staatsprüfung absolvierte. Von Leibbrand zeichnete für die Konstruktion der 1893 in Munderkingen errichteten Dreigelenkbogenbrücke, mit 50 m Spannweite längste Stampfbetonbrücke der Welt, verantwortlich. Mörsch war an weiteren Brückenkonstruktionen in der Abteilung von Leibbrand beteiligt, so unter anderem zwei Jahre bei der Bauausführung der Neckarbrücke bei Gemmrigheim, einer Dreigelenkbetonbogenbrücke mit vier Bögen von je 38 m Spannweite. Er übernahm für die ebenfalls als Beton-Dreigelenkbogen errichtete Neckarbrücke in Hochberg (mit einem Stichbogen von 65 m Spannweite) «die Berechnung» und Kalkulation der «auftretenden Nebenspannungen infolge Winddruck & einseitiger Erwärmung» (Lebenslauf Mörsch 1903, Bl. 1). In seiner Zeit im württembergischen Staatsdienst lernte Mörsch somit die zeitgenössisch aktuellen Berechnungs- und Ausführungsmethoden von Betongelenkbrücken kennen.

Nach der zweiten Staatsprüfung trat Mörsch 1898 in das Brückenbaubüro der Württembergischen Eisenbahn ein und war dort «mit grösseren Projecten, Berechnungen, Belastungsproben & Brückenabnahmen beschäftigt.» (Lebenslauf Mörsch 1903, Bl. 2–3). 1899 und 1900 erschienen erste Veröffentlichungen in Fachzeitschriften. Zu Beginn des Jahres 1901 wechselte Mörsch auf die Position des Oberingenieurs und Vorstandes des technischen Büros in die Firma Wayss & Freitag. In den folgenden Jahren verantwortete er eine grosse Zahl von Betonbauten. Darunter befanden sich zahlreiche Eisenbetonbrücken, wie etwa die Isarbrücke in Grünwald mit 2 Bögen von je 70 m Spannweite (1903/04), aber auch viele Hochbauten aus Eisenbeton wie die Daimler-Motorenfabrik in Untertürkheim. Zur Weiterentwicklung der theoretischen Grundlagen des Eisenbetonbaus gab Mörsch – finanziert von seinem Arbeitgeber – bei der Stuttgarter Materialprüfungsanstalt Versuchsreihen in Auftrag. Auf diesen Vorarbeiten aufbauend verfasste er im Auftrag des Unternehmens den theoretischen Teil der Firmenschrift *Der Betoneisenbau, seine Anwendung und Theorie* von 1902. 1903 wurde Mörsch «Mitglied in der Eisenbetonkommission der Jubiläumsstiftung der deutschen Industrie». Publikationen, realisierte Bauvorhaben und die Mitgliedschaft in einer wichtigen Kommission brachten Ansehen in einem neuen Feld des Bauwesens und trugen wesentlich zu seiner Berufung an das Eidgenössische Polytechnikum zum 1. August 1904 bei. Obwohl Mörsch diese Stelle per 30. September 1908 wieder aufgab, war die Zürcher Zeit eine produktive. Mörsch publizierte die zweite und dritte Auflage des *Betoneisenbaus,* nun *Der Eisenbetonbau. Seine Theorie und Anwendung* (1906 und 1908), er kam in intensiven Kontakt mit den von Culmann und Ritter konzipierten und vertretenen Berechnungsmethoden der graphischen Statik. Culmanns Verfahren hat Mörsch, selbst Vertreter der rechnerisch-analytischen Methode, in seine theoretischen Überlegungen eklektizistisch, aber werkprägend integriert. Zugleich gewann er als akademischer Lehrer an Profil, die Zürcher Schüler waren beeindruckt. Mörsch blieb auch weiterhin praktisch tätig und hielt die Kontakte zur Wayss & Freytag AG aufrecht, so übernahm er in deren Auftrag die Berechnungen für Betonbauten in Zürich. Zur Weiterentwicklung der Theorien zum Eisenbetonbau liess er weitere Versuchsreihen in den Stuttgarter Materialprüfungsanstalten durchführen, finanziert allerdings über das Unternehmen (und nicht die Hochschule). Während seiner Zürcher Zeit wurde Mörsch im Jahre 1907 in den Deutschen Ausschuß für Eisenbeton berufen, der die Normenbildung im Eisenbetonbau vorantrieb.

Anfang 1908 erhielt Mörsch von der Wayss & Freytag AG den Posten des technischen Direktors angeboten, den er annahm. Bei der Wayss & Freitag AG entstanden in den folgenden acht Jahren unter seiner Oberleitung die Ausarbeitungen für anspruchsvolle Eisenbetonbauten (wie beispielsweise die Überschneidungsbauwerke im Vorfeld des Stuttgarter Bahnhofs), die dem Unternehmen eine führende Stellung in Deutschland sicherten. 1916 nahm Mörsch den Ruf als Professor für Statik der Baukonstruktion und Eisenbetonbau an der TH Stuttgart an, Stuttgart hatte ihn bereits 1912 mit dem Ehrendoktor ausgezeichnet. Bis zu seiner Emeritierung 1939 (aber auch noch anschliessend) entstanden weitere Publikationen, darunter drei überarbeitete Auflagen seines auf mehrere Bände angewachsenen *Eisenbetonbaus.* Emil Mörsch erhielt vielfache akademische Ehren: 1919 wurde er Mitglied der Preußischen Akademie für Bauwesen, die ETH Zürich verlieh ihm 1929 die Ehrendoktorwürde. Auf sein Wirken ging die Stiftung der Emil-Mörsch-Gedenkmedaille des Deutschen Beton-Vereins im Jahr 1938 zurück, deren erster Preisträger er selbst war. Nach Ende des Zweiten Weltkriegs vertrat Mörsch bis 1947 seinen Nachfolger, Karl Deininger, an der TH Stuttgart und war anschliessend bis 1950 Mitglied des Aufsichtsrats der Wayss & Freytag AG; 1950 starb er in Stuttgart.

Ausgewählte Schriften: Zur Berechnung der Knickfestigkeit gegliederter Steinpfeiler, in: DBZ 33 (1899), Nr. 94, S. 590–592; Bestimmung der Stärke von Brückengewölben mit drei Gelenken, in: Zeitschrift für Architektur und Ingenieurwesen 46 (1900), H. 2, Sp. 175–194; Nebenspannungen in Brückengewölben mit drei Gelenken, in: Zeitschrift für Architektur und Ingenieurwesen 46 (1900), H. 2, Sp. 193–202; Wayss & Freytag A. G.: Der Betoneisenbau, seine Anwendung und Theorie. Theoretischer Teil bearbeitet von Regierungsbaumeister Emil Mörsch. Ohne Ort [Neustadt an der Haardt] 1902; Wayss & Freytag A.-G. (Hg.): Der Eisenbetonbau. Seine Theorie und Anwendung. Verfasst von E. Mörsch. 2. verm. u. verb. Aufl. Stuttgart 1906.

Quellen: ETH-HA, SR3, 1904, 180a/Nr. 7, Beilage: Lebenslauf von Emil Mörsch, 1. Dezember 1903, hier Bl. 1; SR1, 1904, 59: Brief des Präsidenten des Schweizerischen Schulrates an das Eidg. Departement des Innern in Bern, 22. Februar 1904; SR2, 1903: Schulratsprotokoll Sitzung Nr. 12, 21. Oktober 1903, Traktanden 173–175; Schulratsprotokoll Sitzung Nr. 13, 18. November 1903, Traktandum 196; SR2, 1904: Sitzung Schulratsprotokoll Nr. 1, 7. Januar 1904, Traktandum 16; Sitzung Schulratsprotokoll Nr. 3, 5. Februar 1904, Traktandum 35; Sitzung Schulratsprotokoll Nr. 4, 19. Februar 1904, Traktandum 50; SR 3, 1904, 180a/ Nr. 7: Brief von Johann Jacob Weyrauch an den Vize-Präsidenten des schweiz. Schulrates Gustave Naville, 2. Dezember 1903; Bay, Hermann: Emil Mörsch. Erinnerungen an einen großen Lehrmeister des Stahlbetonbaus, in: VDI-Gesellschaft Bautechnik im Verein Deutscher Ingenieure (Hg.): Wegbereiter der Bautechnik. Herausragende Bauingenieure und technische Pionierleistungen in ihrer Zeit. Düsseldorf 1990, S. 47–66, hier S. 49–52; Ricken, Herbert: Erinnerung an Emil Mörsch (1872–1950), in: Die Bautechnik 78 (2001), H. 1, S. 46–51.

Karl Coelestin Moser

*** 10. August 1860 in Baden (CH), † 28. Februar 1936 in Zürich (CH)**

Karl Coelestin Moser, Sohn des angesehenen Aargauer Architekten Robert Moser, trat achtzehnjährig in die Bauschule des Eidgenössischen Polytechnikums in Zürich ein. Kurz nachdem Alfred Friedrich Bluntschli die Professur für Baukunst übernahm, erarbeitete Moser 1881 seine Diplomarbeit. Er blieb jedoch weitere zwei Jahre an der Bauschule eingeschrieben, um bei Bluntschli zu studieren; gleichzeitig war er in dessen Büro und in dem seines Vaters in Baden tätig. Anfang 1883 wurde Moser an der Pariser École des beaux-arts aufgenommen und erwarb nebenher praktische Erfahrungen im Büro von Jules-Aubert-Clément Reboul. Nach der Rückkehr in die Schweiz 1884 arbeitete Moser zunächst bei seinem Vater in Baden; ein Jahr später wechselte er zu Friedrich Lang nach Wiesbaden. Dort begegnete er dem in St. Gallen geborenen und in Karlsruhe aufgewachsenen Architekten Robert Curjel; beide schieden 1886 aus Langs Büro aus und gründeten nach Mosers Studienreise im Herbst 1887 das erfolgreiche Architekturbüro Curjel & Moser in Karlsruhe. 1899 erfolgte Mosers erster Ruf an das Eidgenössische Polytechnikum in Zürich, den er ebenso wegen Arbeitsüberlastung ablehnte wie die Vertretung des erkrankten Carl Schäfer an der Technischen Hochschule Karlsruhe im Winter 1906/07. Anlässlich der Fertigstellung des Hauptgebäudes der Universität Zürich erhielt Moser 1914 deren Ehrendoktorwürde. Ein Jahr später folgte er dem erneuten Ruf an die ETH Zürich als Professor für Baukunst in der Nachfolge Bluntschlis. Bereits vor Antritt des Lehramtes machte er sich Gedanken über die Architektenausbildung; er wollte seine Schüler im räumlich-plastischen Sehen schulen und ihnen «[k]eine Ansammlung von Wissenschaft sondern praktische Vorbereitung fürs Leben, kein Recipiren sondern Produciren. [...] kein Aufoktruiren eigener Meinungen sondern teilhaftig werden lassen, der eigenen Erfahrungen [...] kein Stagniren sondern Entwicklung!» (ETH Zürich, gta Archiv, KM-1927-TGB-13: Tagebuch Karl Moser, September 1927) vermitteln. Gleichzeitig wollte er aber auch «die Freude am Studium der exakten Wissenschaft» (ETH Zürich, gta Archiv, Nachlass Karl Moser: [Manuskript] Mittel zur Entwicklung der Bauschule, 8. Juni 1915, S. 8) bei den Studenten erwachen lassen und «Fortschritt und Gegenwartsdienst» (Moser 1927, S. 295) zu Zielen des gesamten Polytechnikums machen. Parallel zu seiner Lehrtätigkeit führte Moser ein Büro in Zürich und wurde 1919 in die neu geschaffene Bebauungs- und Quartierplankommission der Stadt Zürich gewählt, in der er mit Diskussionsbeiträgen, Gutachten, Entwürfen und Varianten vielfach Stellung zu Fragen der Zürcher Stadtplanung bezog. Nach dreizehnjähriger Lehrtätigkeit verliess Moser die ETH Zürich; kurz darauf wurde er zum ersten Präsidenten des neu gegründeten CIAM (Congrès international d'architecture moderne) gewählt.

Ausgewählte Schriften: Hochschule und neues Bauen, in: Der kleine Bund. Literarische Beilage des «Bund» 8 (1927), S. 294–295.

Quellen: Strebel, Ernst: NDB, Bd. 18 (1997), S. 196–197; Strebel, Ernst: Moser, Karl (Coelestin): in: ALS, S. 384–386; Hildebrand, Sonja: «Es gibt kein Alter! Es gibt nur ein Leben.», in: TEC21 136 (2010), H. 51/52, S. 24–27; Oechslin, Werner; Hildebrand, Sonja (Hg.): Karl Moser. Architektur für eine neue Zeit. 1880 bis 1936. Zürich 2010; Strebel, Ernst: Moser, Karl Coelestin, in: HLS, Version vom 31. März 2011 [http://www.hls-dhs-dss.ch/textes/d/D19891.php] (20. September 2018); Moos, Stanislaus von; Hildebrand, Sonja (Hg.): Kunst Bau Zeit 1914–2014. Das Zürcher Universitätsgebäude von Karl Moser. Zürich 2014.

Paul Niggli

*** 26. Juni 1888 in Zofingen (CH), † 13. Januar 1953 in Zürich (CH)**

Paul Niggli schloss sein Studium an der ETH Zürich 1911 mit einem Diplom als Fachlehrer der Naturwissenschaften ab. Die folgenden neun Jahre nutzte er für Studien und Tätigkeiten an verschiedenen Orten: Nach einer Assistenz am physikalisch-chemischen Institut der Technischen Hochschule Karlsruhe promovierte er bereits 1912 an der Universität Zürich mit anschliessendem Studienaufenthalt am geophysikalischen Laboratorium des Carnegie Institute in Washington und der Habilitation 1913 an der ETH Zürich sowie 1914 mit darauf folgender Lehrtätigkeit an der Universität Zürich. 1915 wurde er zum ausserordentlichen Professor der Universität Leipzig berufen, 1918 zum ordentlichen Professor der Universität Tübingen. 1920 übernahm Niggli den Lehrstuhl für Mineralogie und Petrografie seines Lehrers Grubenmann an der ETH Zürich und Universität Zürich, den er bis zu seinem Tod behielt. Nigglis Forschungsgebiet umfasste weite Bereiche der Mineralogie, Petrographie bis hin zur Chemie und Physik. Das mineralogisch-petrographische Institut in Zürich baute er zu einem international anerkannten Lehr- und Forschungszentrum aus. Aufbauend auf seiner Arbeit veröffentlichte er unter anderem ein viel beachtetes *Lehrbuch der Mineralogie*. Von 1928 bis 1931 war er Rektor der ETH und von 1940 bis 1942 der Universität Zürich sowie von 1935 bis 1945 Mitglied des Erziehungsrates des Kantons Zürich. Für die Positionierung der ETH war sein fortschrittsgläubiges Ingenieurbild prägend, so verfolge seiner Ansicht nach «eine Technische Hochschule [...] nicht das Ziel, Routinearbeiter auszubilden. Sie will mithelfen, Ingenieure zu formen, die neuartige Aufgaben anpacken können [...]» (zit. n. Epprecht 1988, S. 274).

Ausgewählte Schriften: Die Chloritoidschiefer des nordöstlichen Gotthardmassives. Bern 1912; Lehrbuch der Mineralogie. Berlin 1920; Tabellen zur Petrographie und zum Gesteinsbestimmen. Zürich 1939; Die Bodenschätze der Schweiz. Zürich [ca. 1941]; Vom Nutzen der wissenschaftlichen Forschung. Zürich 1947; Allgemeine Lehre von den Gesteinen und Minerallagerstätten. Basel 1948.

Quellen: Widmer, Eugen: [Nekrolog] Paul Niggli, in: Argovia. Jahresschrift der Historischen Gesellschaft des Kantons Aargau 65 (1953), S. 469–472; Frei, Hermann; Aerni, Klaus: Eidgenössische Maturität – Lernzielkatalog Geographie, in: Geographica Helvetica 32 (1977), Nr. 1, S. 1–10, hier S. 1; Epprecht, Willfried: Paul Niggli und die Materialwissenschaft, in: Schweizerische mineralogische und petrographische Mitteilungen 68 (1988), S. 273–278; Neuenschwander, Erwin: Niggli, Paul, in: HLS, Version vom 6. August 2009 [http://www.hls-dhs-dss.ch/textes/d/D28898.php] (20. September 2018); ETH-Bibliothek (Hg.): Paul Niggli (1888–1953) [http://www.library.ethz.ch/de/Ressourcen/Digitale-Kollektionen/Kurzportraets/Paul-Niggli-1888-1953] (7. Februar 2012).

Karl Pestalozzi

*** 4. Mai 1825 in Neuhof (CH), † 14. Januar 1891 in Zürich (CH)**

Karl Pestalozzi studierte nach Abschluss der Kantonsschule Zürich von 1840–45 an den Ingenieurschulen der Polytechnika in Karlsruhe und Wien. Zurück in Zürich, arbeitete er als Kartograf an der topografischen Karte des Kantons Zürich mit, führte das Projekt der Quaibauten an der Limmat aus und war im Bereich der Vorarbeiten für den Bau von verschiedenen Eisenbahnen tätig. Seit 1856 war Pestalozzi am Polytechnikum in Zürich als Hilfslehrer für Ingenieurwissenschaften angestellt, 1864 wurde er zum Titularprofessor für Konstruktionsübungen, Feldmessen und Wasserbau ernannt. Von 1881 bis 1891 war er ordentlicher Professor für Strassen-, Kanal- und Wasserbau, eine Herauslösung aus Carl Culmanns früherer Professur, und bekleidete ausserdem von 1882 bis 1891 das Amt des Vorstandes der Ingenieurschule. Nebenbei engagierte sich Pestalozzi dreissig Jahre in der Baukommission und als Stadtrat Zürichs und übte grossen Einfluss auf die Realisierung wichtiger städtischer Bauvorhaben aus. Hierzu gehörten unter anderem der Bau der Bahnhofstrasse und -brücke und die Korrektur des Schanzengrabens. Ferner machte sich Pestalozzi einen Namen als Verfasser von flussbaulichen Gutachten, so zum Beispiel für die Rheinkorrektur oder die Abflussregulierung des Genfersees, und schrieb Bücher und Artikel vor allem zum Wasserbau.

Ausgewählte Schriften: Ueber die Rheincorrection im Canton St. Gallen. Zürich 1872; Stauwerke (HdI, Bd. 3, Kap. 7 [2. Aufl.: Abt. 1, Kap. 7]). Leipzig 1879 (2. Aufl. 1883); Verbauung der Wildbäche und Regulierung der Gebirgsflüsse (HdI, Bd. 3, Kap. 10 [2. Aufl.: Abt. 2, Kap. 12]). Leipzig 1879 (2. Aufl. 1882).

Quellen: Anonym: [Nekrolog] Oberst Carl Pestalozzi, in: Allgemeine schweizerische Militärzeitung 37 (1891), H. 6, S. 46; Waldner, A.: [Nekrolog] Karl Pestalozzi, in: SBZ 17 (1891), Nr. 3, S. 17–18; Müller-Grieshaber, Peter: Pestalozzi, Karl, in: HLS, Version vom 10. Dezember 2012 [http://www.hls-dhs-dss.ch/textes/d/D31607.php] (20. September 2018).

Louis Potterat

*** 11. Juli 1869 in Yverdon (CH), † 3. Januar 1928 in Lausanne (CH)**

Louis Potterat studierte von 1888 bis 1892 an der Ingenieurschule des Eidgenössischen Polytechnikums in Zürich. Nach anschliessenden Studienaufenthalten in Italien und England kehrte er als Assistent von Karl Wilhelm Ritter nach Zürich zurück. 1894 habilitierte er über Eisenbahnwesen und vertrat in der Folge Ludwig von Tetmajer in dessen Vorlesungen über Baumechanik. Anfang 1917 wurde er als Nachfolger von Benjamin Recordon zum Professor für Baukonstruktion an der Bauschule und der Ingenieurschule sowie für Baumechanik und Baustatik an der Architekturschule gewählt. Davor war er in der Planung und Überwachung mehrerer Infrastruktur- und Industrieprojekte tätig: 1893 wurde er Ingenieur der Jura-Simplon-Bahn, 1896 baute er die Elektrizitätswerke von Les Clées, Thusis, Vernayaz sowie dasjenige der Lonza in Gampel. Zudem realisierte er 1903 einen Teil des Hafens von Saigon und 1906 die Nordrampe zum Lötschbergtunnel. Von 1921 bis 1926 war Potterat Vorstand der Bauschule, bevor er nach Kairo berufen wurde, um den Aufbau der Königlich Technischen Hochschule in Gizeh zu organisieren. Seine Vorschläge und Planungen wurden weitgehend umgesetzt, Potterat konnte die Lehranstalt aber krankheitsbedingt nicht selbst beaufsichtigen.

Ausgewählte Schriften: Statique graphique des corps hétérogènes. Lausanne 1920; Verband der Studierenden der Eidg. Techn. Hochschule (Hg.): Baukonstruktionslehre. Vorlesungen von Prof. L. Potterat, T. 1: Das Holz. Als Manuskript gedruckt. Zürich 1922.

Quellen: Anonym: Miscellanea. Eidgenössische Technische Hochschule [Berufung Potterats], in: SBZ 69 (1917), Nr. 7, S. 78–79; Gugelberg, v.: [Nekrolog] Louis Potterat, in: SBZ 91 (1928), Nr. 5, S. 64; Abetel-Béguelin, Fabienne: Potterat, Louis, in: HLS, Version vom 16. Februar 2010 [http://www.hls-dhs-dss.ch/textes/d/D30812.php] (20. September 2018).

Johann Rudolf Rahn

*** 24. April 1841 in Zürich (CH), † 28. April 1912 in Zürich (CH)**

Johann Rudolf Rahn kehrte nach einer Kindheit in Winterthur und Herisau 1855 in seinen Geburtsort Zürich zurück, um eine Ausbildung zum Kaufmann zu beginnen. Insbesondere durch die Förderung seines Vormunds Eduard Meyer erlangte er stattdessen die Matura, sodass er sich 1860 an der Universität und dem Polytechnikum in Zürich für Kunstgeschichte immatrikulieren konnte. Auf Auslandsaufenthalte an den Universitäten von Bonn, Berlin und Dresden folgte 1866 in Zürich die Promotion *Über den Ursprung und die Entwicklung des christlichen Central- und Kuppelbaus*, lag sein Interesse zu dieser Zeit doch auf der mittelalterlichen und frühchristlichen Architektur und Kunst Italiens. 1869 habilitierte sich Rahn und lehrte ab 1870 als Extraordinarius am gerade eingerichteten Lehrstuhl für Kunstgeschichte der Universität Zürich. 1878 wurde er zum ordentlichen Professor ernannt und übernahm in einer Doppelprofessur ab 1882 den Lehrstuhl für Kunstgeschichte am Polytechnikum als Nachfolger Johann Gottfried Kinkels. Erst 1912 gab er seine Professur auf, um sich ganz der Forschung widmen zu können, erlag allerdings noch im gleichen Jahr seinem Krebsleiden. Neben einer ersten Statistik der schweizerischen Kunstdenkmäler hinterliess der vorzügliche und äusserst produktive Zeichner Rahn mehrere Tausend Darstellungen, die zeigen, dass er die Zeichnung als kunsthistorische Methode verstand. Mit wissenschaftlicher Expertise begleitete er die Instandsetzungen diverser Gebäude, unter anderem des Klosters Wettingen und des Schlosses Chillon, und wurde ausserdem 1880 zum Mitbegründer und Vizepräsidenten der Schweizerischen Gesellschaft zur Erhaltung historischer Kunstdenkmäler. Auch an der Gründung des Schweizerischen Landesmuseums in Zürich 1890 war er massgeblich beteiligt. In den letzten zehn Jahren seines Lebens veröffentlichte der Wegbereiter der schweizerischen Denkmalpflege zahlreiche bedeutende Studien, Zeitungsartikel und Fundberichte. Sein Hauptwerk blieb allerdings die 1876 veröffentlichte *Geschichte der bildenden Künste in der Schweiz von den ältesten Zeiten bis zum Schlusse des Mittelalters* – das erste Standardwerk über die frühe schweizerische Kunstgeschichte.

Ausgewählte Schriften: Über den Ursprung und die Entwicklung des christlichen Central- und Kuppelbaus. Leipzig 1866; Geschichte der bildenden Künste in der Schweiz. Von den ältesten Zeiten bis zum Schlusse des Mittelalters. Zürich 1876.

Quellen: Anonym: [Nekrolog] Professor Dr. Joh. Rud. Rahn, in: SBZ 59 (1912), Nr. 18, S. 249–250; Germann, Georg: Johann Rudolf Rahn und die Ursprünge der GSK, in: Nike-Bulletin (2005), Nr. 3, S. 35–39; Oberli, Matthias: Rahn, Johann Rudolf, in: HLS, Version vom 16. Dezember 2012 [http://www.hls-dhs-dss.ch/textes/d/D22094.php] (20. September 2018).

Benjamin Recordon

*** 2. September 1845 in Vevey (CH), † 19. Juli 1938 in Vevey (CH)**

Benjamin Recordon begann seine höhere Ausbildung an der Gewerbeschule in Basel. Nach einem Praktikum in Vevey im Architekturbüro seines Cousins Jean-Jacob Keser-Doret (1864/65) studierte er an der Bauschule des Polytechnikums in Zürich bis 1868. In den Jahren nach dem Studium sammelte er weitere Berufspraxis in den Architekturbüros von Gottfried Semper, Léo Châtelain, Alexander Koch und Heinrich Ernst. Die Realisierung seines Wettbewerbsbeitrags für ein Schulgebäude in Vevey führte 1874 zur Gründung eines eigenen Architekturbüros. 1881 zog Recordon nach Lausanne, wo er nach dem dritten Rang im Wettbewerb den Auftrag für den Bau des Bundesgerichts (Tribunal judiciaire, 1881–86) erhalten hatte und wo seine Laufbahn als Lehrer begann: Von 1881 bis 1890 dozierte er an der dortigen technischen Fakultät der Akademie als ausserordentlicher Professor über Architektur und Stereotomie. 1890 kehrte Recordon zurück ans Eidgenössische Polytechnikum, wo er in der Nachfolge von Ernst Georg Gladbach für 26 Jahre Baukonstruktionslehre unterrichtete. Von 1911 bis 1916 übernahm er das Amt des Vorstandes der Bauschule als Nachfolger von Alfred Friedrich Bluntschli. Neben seiner Lehr- und Bautätigkeit – weitere wichtige von ihm realisierte

Gebäude waren das Maschinenlaboratorium des Polytechnikums (1897/98) und die französische reformierte Kirche in Zürich (1900–02) – wirkte Recordon wiederholt als Jurymitglied bei Wettbewerben und veröffentlichte Artikel in den schweizerischen Bauzeitungen.

Ausgewählte Schriften: Das Ziegeldach in seiner historischen und technischen Entwicklung. Zürich 1915.

Quellen: Jegher, Carl: [Nekrolog] Benjamin Recordon, in: SBZ 112 (1938), Nr. 27, S. 327; Anonym: [Nekrolog] Benjamin Recordon, in: Bulletin technique de la Suisse romande 64 (1938), H. 17, S. 236; Lüthi, Dave: Recordon, Benjamin, in: ALS, S. 437–438; Claire Huguenin: Recordon, Benjamin, in: HLS, Version vom 23. März 2015 [http://www.hls-dhs-dss.ch/textes/d/D29119.php] (20. September 2018).

Ferdinand Jakob Redtenbacher

*** 25. Juli 1809 in Steyr (A), † 16. April 1863 in Karlsruhe (D)**

Ferdinand Jakob Redtenbacher war 1825 einige Monate als Planzeichner und zur Aushilfe bei geometrischen Aufnahmen in der k. k. Baudirektion in Linz beschäftigt. Im Herbst desselben Jahres trat er in das Wiener Polytechnikum ein, ab 1827 hörte er parallel dazu Vorlesungen an der dortigen Universität. Johann Arzberger, Professor für Mechanik und Maschinenkunde am Wiener Polytechnikum, holte den begabten Studenten nach dessen Abschluss 1829 als Assistenten zu sich. Da diese Assistenz auf vier Jahre beschränkt war, ging Redtenbacher 1834 als Lehrer für Mathematik und geometrisches Zeichnen an die obere Industrieschule in Zürich und bekam ab 1835 Gelegenheit, sich bei der Maschinenfabrik Escher & Wyss mit der Praxis des Maschinenbaus vertraut zu machen. Diese praktische Erfahrung veranlasste ihn, die bis dahin nur empirisch begründeten Erfordernisse des Maschinenbaus mit Methoden der Mathematik theoretisch zu diskutieren, weshalb er als Begründer des wissenschaftlichen Maschinenbaus galt. 1841 erhielt Redtenbacher einen Ruf an das Polytechnikum in Karlsruhe und erwirkte in den Berufungsverhandlungen, dass dem Curriculum ein Maschinenbaukurs hinzugefügt wurde. 1852 erschien sein Hauptwerk *Prinzipien der Mechanik und des Maschinenbaues*, in dem er eindringlich darlegt, dass er unter Technik mehr versteht als nur angewandte Naturwissenschaft. Redtenbacher war von der Notwendigkeit der Mathematik als Grundlage des Maschinenbaus überzeugt und polemisierte gegenüber einem Kollegen brieflich: «Der Wischiwaschi der Empiriker war mir schon ekelhaft geworden. Hier steht nun alles mauerfest da, und wer's übern Haufen werfen will, der soll sich mit harten Schädelknochen versehen» (zit. n. Cerjak 2012). In den 1850er Jahren schlug Redtenbacher mehrere lukrative Angebote anderer Hochschulen aus; Karlsruhe dankte ihm seine Treue mit den besten Labor- und Lehrbedingungen und einer beachtlichen Bezahlung. Am 18. Mai 1857 wurde Redtenbacher Direktor des Polytechnikums, deren Ruf und Aufstieg mit seiner Tätigkeit untrennbar verbunden sind.

Ausgewählte Schriften: Theorie und Bau der Turbinen und Ventilationen. Mannheim 1844; Theorie und Bau der Wasserräder. Mannheim 1846; Resultate für den Maschinenbau. Mannheim 1848; Prinzipien der Mechanik und des Maschinenbaues. Mannheim 1852; Die Luftexpansions-Maschine. Mannheim 1852; Die Gesetze des Locomotivbaues. Mannheim 1855 (2. Aufl. 1859); Die Bewegungsmechanismen. Mannheim 1857; Das Dynamiden-System. Mannheim 1857; Die anfänglichen und gegenwärtigen Erwärmungszustände der Weltkörper. Mannheim 1861; Der Maschinenbau. 3 Bde. Mannheim 1862–65.

Quellen: v. Weech: Redtenbacher, Ferdinand Jacob, in: ADB, Bd. 27 (1888), S. 540–542; Mauel, Kurt: Redtenbacher, Ferdinand Jacob, in: NDB, Bd. 21 (2003), S. 251–252; Janetschek, H..: Redtenbacher, Ferdinand Jakob, in: ÖBL, Bd. 9 (1984), S. 13; Heymann, Matthias: «Kunst» und Wissenschaft in der Technik des 20. Jahrhunderts. Zur Geschichte der Konstruktionswissenschaft. Zürich 2005, hier S. 39–82; Cerjak, Gitte: Ferdinand Jakob Redtenbacher [http://alumni.tugraz.at/gdt/index.php?namen=redtenbacher] (28. August 2012).

Karl Wilhelm Ritter

*** 14. April 1847 in Liestal (CH), † 18. Oktober 1906 in Zell (CH)**

Karl Wilhelm Ritter trat 1865 – nach dem Besuch der Gewerbeschule in Basel – in die Ingenieurschule des Eidgenössischen Polytechnikums. Ein Jahr lang sammelte er praktische Erfahrungen bei einem Eisenbahnunternehmen in Ungarn, bevor er 1869 als Assistent Carl Culmanns nach Zürich zurückkehrte. Bereits 1870 habilitierte sich Ritter und unterrichtete als Privatdozent unter anderem angehende Architekten in struktureller Mechanik. 1873 (oder 1876) erhielt Ritter einen Ruf nach Riga, wo er sechs Jahre lang lehrte, bis er zum Professor für grafische Statik und Brückenbau am Eidgenössischen Polytechnikum ernannt wurde; den zuvor in der Professur Culmanns beinhalteten Eisenbahnbau übernahm der ebenfalls neuberufene Eduard Gerlich. Zwei der grössten Brückenbauingenieure des 20. Jahrhunderts – Robert Maillart (1872–1940) und Othmar Ammann (1879–1965) – zählen in den folgenden Jahren zu Ritters Studenten. Wie sein Vorgänger Culmann übernahm Ritter das Amt des Rektors des Polytechnikums (von 1887 bis 1891). Zu seinen wichtigsten Werken zählt das Lehrbuch *Anwendungen der graphischen Statik,* das er als überarbeitete und erweiterte Version der von Culmann geplanten, aber nicht mehr vollendeten zweiten Auflage des zweiten Bandes der *Graphischen Statik* verstand. Ausserdem leistete er einen wesentlichen Beitrag zur wissenschaftlichen Untersuchung des um die Jahrhundertwende aufkommenden Eisenbetonbaus, unter anderem mit dem vielbeachteten Artikel *Die Bauweise Hennebique* in der *Schweizerischen Bauzeitung.*

Ausgewählte Schriften: Die elastische Linie und ihre Anwendung auf den continuirlichen Balken. Ein Beitrag zur graphischen Statik. Zürich 1871; Hg.: Graphische Statik nach Vortrag von Prof. Ritter [Autografie]. Zürich 1884; Der elastische Bogen berechnet mit Hülfe der graphischen Statik. Zürich 1886; Anwendungen der graphischen Statik nach Prof. Dr. C. Culmann. 4 Teile. Zürich 1888–1906; Die Bauweise Hennebique, in: SBZ 33 (1899), Nr. 5, S. 41–43; Nr. 6, S. 49–52; Nr. 7, S. 59–61.

Quellen: Mörsch, Emil: [Nekrolog] Professor Dr. W. Ritter, in: SBZ 48 (1906), Nr. 17, S. 206–208; Billington, David P.: Wilhelm Ritter. Teacher of Maillart and Ammann, in: Ingénieurs et architectes suisses 113 (1987), Nr. 7, S. 94–100; Mumenthaler, Rudolf: Ritter, Karl Wilhelm, in: HLS, Version vom 10. November 2010 [http://www.hls-dhs-dss.ch/textes/d/D31637.php] (20. September 2018).

Otto Rudolf Salvisberg

*** 19. Oktober 1882 in Köniz (CH), † 23. Dezember 1940 in Arosa (CH)**

Otto Rudolf Salvisberg absolvierte zunächst eine Bauzeichnerlehre, nach deren Ende studierte er an der Bauschule des Technikums Biel. 1904 schloss er sein Studium mit Auszeichnung ab. In den folgenden Jahren schlossen sich vertiefende Studien im süddeutschen Raum an: Salvisberg hörte Vorträge und besuchte Veranstaltungen der Gebrüder Thiersch, bedeutender Vertreter des Späthistorismus, an der Technischen Hochschule München, in deren Büro er auch arbeitete. Von 1905 bis 1908 war er im Architekturbüro von Robert Curjel und Karl Moser in Karlsruhe tätig und hörte Vorträge von Karl Schäfer an der TH Karlsruhe. 1908 nahm er eine Stelle im Büro von Johann Emil Schaudt und Paul Zimmerreimer in Berlin an. Salvisberg beteiligte sich in dieser Zeit in eigenem Namen an Wettbewerben und wurde mehrfach prämiert. 1914 gründete er ein eigenes Architekturbüro, mit dem er sich rasch etablieren konnte. Bereits seit 1910 hatte Salvisberg mit Otto Brechbühl zusammengearbeitet und beide gründeten später ein Büro in Bern, das den ersten Preis für das 1926–29 erbaute Lory-Spital erhielt. Dieser wegweisende Bau moderner Spitalarchitektur förderte seine Bekanntheit in der Schweiz. Auf dem Höhepunkt seiner Berliner Architektenkarriere forderte ihn 1928 der Schulrat der ETH auf, sich um die Nachfolge der Architekturprofessur Karl Mosers zu bewerben. Der als undogmatisch und pragmatisch geltende Salvisberg wurde gegen den Widerstand der Schweizer Avantgarde

1929 zum Architekturprofessor an der ETH Zürich berufen. Die Rufannahme verband sich mit der Zusicherung für Bundesaufträge; Schwerpunkte seiner Arbeit lagen in Bern, Zürich und Basel. Salvisberg gilt als einer der ersten international tätigen Schweizer Architekten, wie die Bauten für F. Hoffmann-La Roche in England, Italien und Amerika zeigen. In Praxis und Lehre beschäftigte er sich mit Prototypen für den Spitalbau und den hochtechnisierten Labor- und Schulhausbau; auch die Stadtplanung mit Altstadtsanierung und Bebauungsplänen nahm grossen Raum ein. Salvisberg wehrte sich gegen die rein formale Einstellung zur Architektur wie gegen ein Verständnis von Architektur als «rechnerisches Ergebnis mathematischer Ordnung» (zit. n. Büchi 2000, S. 5). Sein Idealbild für die Architektenausbildung zeigt diese Haltung deutlich: «Der angehende Architekt wird schon frühzeitig in seiner beruflichen Ausbildung mit allen der zeitgemässen Technik zur Verfügung stehenden Mitteln, mit deren Eigenschaften und den verschiedenen Verwendungsmöglichkeiten bekannt werden müssen» (Salvisberg 1929, S. 209).

Quellen: Salvisberg, Otto Rudolf: Architektenschule, in: Werk 16 (1929), H. 7, S. 209; Noseda, Irma: Salvisberg, Otto Rudolf, in: ALS, S. 468–469. Noell, Matthias: Salvisberg, Otto Rudolf, in: NDB, Bd. 22 (2005), S. 399–400; Büchi, Tobias: Otto Rudolf Salvisbergs Vorlesungen an der ETH Zürich (1940). Diplomwahlfacharbeit ETH Zürich 2000 [https://www.research-collection.ethz.ch/bitstream/handle/20.500.11850/147266/eth-26267-01.pdf?sequence=1&isAllowed=y] (20. November 2018); ETH-Bibliothek (Hg.): Otto Rudolf Salvisberg (1882–1940) [http://www.library.ethz.ch/de/Ressourcen/Digitale-Kollektionen/Kurzportraets/Otto-Rudolf-Salvisberg-1882–1940] (31. Januar 2012); Gürtler Berger, Theresia: Otto Rudolf Salvisberg – Seine Schweizer Bauten. Zürich 2010; Freivogel, Thomas: Salvisberg, Otto Rudolf: in: HLS, Version vom 26. Juni 2012 [http://www.hls-dhs-dss.ch/textes/d/D27410.php] (20. September 2018).

Ferdinand Stadler

*** 23. Februar 1813 in Zürich (CH), † 24. März 1870 in Zürich (CH)**

Ferdinand Stadler durchlief ab dem 12. Lebensjahr eine auf die Übernahme des Geschäfts seines Vaters, des Zimmermanns und Staatsbauinspektors Conrad Stadler, ausgerichtete kaufmännische und bauzeichnerische Ausbildung (letztere in Genf), an die sich ab 1829 eine Lehre als Zimmermann im elterlichen Betrieb anschloss. 1832–34 studierte er Architektur am Polytechnikum Karlsruhe bei Heinrich Hübsch und Friedrich Eisenlohr, gemeinsam mit Gustav Albert Wegmann (1812–1858), sowie ab 1834 zur Vertiefung seines Konstruktionswissens bei Georg Moller in Darmstadt. Während dieser Zeit erzielte er den 3. Preis beim Wettbewerb für die Neumünsterkirche in Zürich. 1835 folgte eine Studienreise nach München, Wien, Prag, Dresden, Berlin, Hamburg, Amsterdam, Antwerpen und Paris. Von dort wurde er 1835 ins väterliche Geschäft zurückgerufen, um beim Bau der Münsterbrücke mitzuarbeiten. Beeinflusst durch Friedrich Schinkel folgten zahlreiche Entwürfe im neugotischen, einige im neuromanischen Stil. Ab 1853 war er als Architekt der Schweizerischen Nordostbahn mit der Projektierung und Realisierung zahlreicher Verkehrsbauten betraut, wie beispielsweise des Bahnhofs Baden. 1855–1857 Übernahme der Professur für Baukonstruktion am Polytechnikum, zuvor massgebliche Mitarbeit am Curriculum der Bauschule. Teilnahme an internationalen Wettbewerben: 2. Preis für die Frankfurter Börse (1840), 1. Preis für die protestantische Kirche in Mülhausen/Elsass (1841), Nikolaikirche Hamburg (1844) und Rathaus Hamburg (1854). Realisierung von Villen- und Kirchengebäuden im In- und Ausland: Umbau Augustinerkirche Zürich (1843), Abdankungskapelle auf der Hohen Promenade Zürich (heute Englische Kirche, begonnen von seinem Onkel Hans Conrad Stadler, 1846), Elisabethenkirche Basel (1857–64), zudem Entwurf für einen Bundespalast (auf dem heutigen Bürkliplatz) in Zürich (1848). Regelmässige Studienreisen nach Italien, Holland, Belgien, 1868 bis in den Orient (Alexandria, Beirut, Damaskus, Libanon, Palästina), infolge derer sein letztes Projekt, die evangelische Kirche in Nazareth (1868–70), entstand. Mitglied der Akademie der schönen Künste Amsterdam (1865). Motto: «Im Einfachen das Schöne».

Quellen: [Hofmeister, Rudolf Heinrich]: Das Leben des Architekten Ferdinand Stadler von Zürich. (Neujahrsblatt der Künstlergesellschaft in Zürich, Neue Folge, Bd. 32). Zürich 1872; Meyer, Peter: Das Projekt für einen Bundespalast in Zürich und sein Architekt Ferdinand Stadler, in: SBZ 67 (1949), Nr. 15, S. 209–212; Hauser, Andreas: Ferdinand Stadlers Beteiligung an ausländischen Wettbewerben, in: Unsere Kunstdenkmäler, Bd. 23 (1972), S. 221–237; Hauser, Andreas: Ferdinand Stadler (1813–1870). Ein Beitrag zur Geschichte des Historismus in der Schweiz (Diss. UZH 1976). Zürich 1976; Capol, Jan: Stadler, (Caspar) Ferdinand, in: ALS, S. 501–503. Tschanz 2015, besonders S. 82–84.

Julius Stadler

*** 8. August 1828 in Zürich (CH), † 27. November 1904 in Lauenen bei Thun (CH)**

Julius Stadler ging bei seinem Vater, dem angesehenen Zürcher Architekten und Weinbrennerschüler Hans Conrad Stadler, in die Lehre, begann als Sechzehnjähriger zunächst eine Maurerlehre in Karlsruhe und bereits 1844 das Architekturstudium am dortigen Polytechnikum. Eine Fortsetzung seiner Studien in München scheiterte 1848 aufgrund der Revolution; 1850 war Stadler Schüler Heinrich Stracks an der Berliner Kunstakademie. Seine Studienzeit nutzte er für Studienreisen durch Deutschland, die Habsburgermonarchie und die Schweiz; im Anschluss an zwei Jahre praktische Tätigkeit unter dem Architekten und unter Johann Jakob Stehlin-Burkhardt bereiste er später auch Belgien, Frankreich und Italien. Wahrscheinlich war es Jacob Burckhardt, ein geschätzter Reisebegleiter und guter Freund Stadlers, der diesen 1855 bei Gründung des Polytechnikums in Zürich als Hilfslehrer für architektonisches Zeichnen empfahl. Stadler übernahm die Aufgabe und wurde Assistent Gottfried Sempers bei Entwurfsübungen. Infolge von Sempers Berufung nach Wien wurde der 1868 habilitierte Stadler 1872 zum Professor ernannt und erhielt den Lehrauftrag für Stillehre und Ornamentik sowie die Leitung der Kompositionsübung bis zum Eintritt von Alfred Friedrich Bluntschli, einem Vetter Stadlers, im Jahr 1881. Stadlers Engagement für Landschafts- und Naturzeichnen neben den üblichen Bauaufnahmen auf den Exkursionen der Bauschule veranlasste Bluntschli bei der Übernahme seiner Professur, Stadler auch noch als Professor für Landschaftszeichnen zu empfehlen. Stadler verzichtete auf die praktische Arbeit als Architekt zugunsten der Förderung von Kunst und Kunstgewerbe in der Stadt Zürich (siehe Anträge in: Stadler 1876). Freundschaft und Interesse verband ihn mit der Zürcher Kunstgesellschaft, deren Mitglied er seit 1848 war. Zeitweilig war Stadler verantwortlich für die Kupferstichsammlung des Eidgenössischen Polytechnikums, von 1857 bis 1863 war er Direktor der Sammlungen im Künstlergütli und von 1883 bis 1888 Präsident der Künstlergesellschaft. Krankheitsbedingt gab Stadler 1893 seine Lehrtätigkeit auf.

Ausgewählte Schriften: Bericht über Gruppe 37: Kunst der Gegenwart (Schweizerische Landesausstellung Zürich, 1883. Fachberichte, Gruppe 37). Zürich 1884; Erinnerungen aus der Landesausstellung 1883 in Zürich. Zürich 1884

Quellen: Stadler, Julius: Ueber die Ausstellung der Deutschen Kunstgewerbeschulen in München 1876 (einschliesslich: *Antrag betreffend Errichtung von kunstgewerblichen Fachschulen in Verbindung mit dem Gewerbemuseum Zürich* und *Antrag auf Errichtung einer Fachschule für weibliche Handarbeiten.* Zürich 1876 (ETH-Bibliothek, Sign. A 708 fol.); Lasius, Georg: [Nekrolog] Julius Stadler, in: SBZ 44 (1904), Nr. 23, S. 272–273; Gull, Gustav: Erinnerungen an Professor Julius Stadler [Vortrag gehalten im Zürcher Ingenieur- und Architekten-Verein am 1. Februar 1905], in: SBZ 45 (1905), Nr. 19, S. 234–236; Gull, Gustav: Prof. Julius Stadler von Zürich. Mitteilungen aus seinem Nachlass (Neujahrsblatt der Zürcher Kunstgesellschaft). Zürich 1907; Altmann, Bernd: «Mein Motto fürs Leben bleibt Renaissance». Der Architekt Alfred Friedrich Bluntschli (1842–1930). Diss. Univ. Trier 2000 [http://ubt.opus.hbz-nrw.de/volltexte/2004/238/] (1. November 2010), hier S. 45, 95, 100; Michel, Regula: Stadler, Julius, in: HLS, Version vom 24. Februar 2012 [http://www.hls-dhs-dss.ch/textes/d/D19936.php] (20. November 2018); Tschanz 2015, S. 118–122.

Ludwig von Tetmajer (von Przerwa)

*** 14. Juli 1850 in Krompach (H, heute: Krompachy, SK), † 31. Januar 1905 in Wien (A)**

Ludwig von Tetmajer studierte ab 1868 an der Ingenieurschule des Eidgenössischen Polytechnikums nach dem Besuch des mathematischen Vorkurses, nachdem er für die offizielle Immatrikulation noch zu jung gewesen war. Er schloss 1872 mit Bestnoten ab und liess sich als Ingenieur bei der Schweizerischen Nordostbahn anstellen. Bereits ein Jahr später verliess von Tetmajer seine Stellung zugunsten einer Assistentenstelle bei Carl Culmann am Eidgenössischen Polytechnikum und habilitierte sich noch 1873 über Baumechanik. Seit den späten 1870er Jahren galt sein spezielles Interesse der Materialprüfung. Als er 1881 zum ordentlichen Professor für Baumechanik ernannt wurde, übernahm er als Direktor die Leitung der Festigkeitsprüfungsanstalt (heute EMPA), an deren Gründung und Aufbau er bereits massgeblich beteiligt gewesen war. Als Lehrer unterrichtete von Tetmajer Technologie der Baumaterialien an Ingenieur- und Bauschule. In einer von ihm durchgeführten Neukonzeption des Faches trennte er zunächst den gemeinsamen Unterricht, bevor er später wieder gemeinsame Veranstaltungen einführte. Sein Engagement für das Materialprüfungswesen zielte sowohl auf dessen internationale Standardisierung als auch auf die Synergie von Wissenschaft und Praxis. 1895 gründete er dazu den «Internationalen Verband für die Materialprüfung der Technik», als dessen Präsident er mehrere Kongresse leitete. 1901 wechselte von Tetmajer an die Technische Hochschule in Wien, wo er den Lehrstuhl für Technische Mechanik übernahm und ab 1904 als Rektor wirkte.

Ausgewählte Schriften: Einheitliche Nomenclatur und Classification von Bau- und Constructionsmaterialien. 2 Teile. Zürich 1883; Die Baumaterialien der Schweiz an der Landesausstellung 1883. Zürich 1884 [mit Fritz Locher, Ulrich Meister und Alexander Koch]; Mitteilungen der Anstalt zur Prüfung von Baumaterialien am Schweizerischen Polytechnikum. H. 1–9. Zürich 1884–1900; Bericht über die Abänderungsvorschläge der Nomenclatur und der einheitlichen Bestimmungen für die Lieferung und Prüfung hydraulischer Bindemittel vom Jahre 1883. Zürich 1887; Normen für die Einheitliche Benennung, Classification und Prüfung der Hydraulischen Bindemittel. Zürich 1889; Die Baumechanik, T. 2, 1. Hälfte: Die angewandte Elastizitäts- und Festigkeitslehre. Zürich 1889 (2. Aufl. Leipzig 1904, 3. Aufl. 1905); Denkschrift über die definitive Errichtung einer Eidg. Anstalt für Prüfung von Baumaterialien verbunden mit dem schweizerischen Polytechnikum. Bern 1889; Der Einsturz der Münchensteinerbrücke. Zürich 1891 [mit Karl Wilhelm Ritter].

Quellen: Anonym: Die Bestattung von Professor L. v. Tetmajer, in: SBZ 45 (1905), Nr. 6, S. 78; Anonym: [Nekrolog] Prof. Ludwig von Tetmajer, in: Verhandlungen der Schweizerischen Naturforschenden Gesellschaft 88 (1905), S. CX–CXVI; Anonym: [Nekrolog] Ludwig v. Tetmajer, in: Zeitschrift des Oesterreichischen Ingenieur- und Architekten-Vereines (1905), Nr. 6, S. 1–3; J., K.: [Nekrolog] Ludwig von Tetmajer, in: Zürcher Wochen-Chronik (1905), Nr. 6, S. 43–44; Zielinski, Jan: Ludwig von Tetmajer Przerwa 1850–1905 (Schweizer Pioniere der Wirtschaft und Technik, Bd. 66). Meilen 1995; Meyer, Bruno: Tetmajer Przerwa, Ludwig von, in: HLS, Version vom 29. Oktober 2013 [http://www.hls-dhs-dss.ch/textes/d/D31686.php] (20. November 2018).

Johann Gottfried Tulla

*** 20. März 1770 in Karlsruhe (D), † 27. März 1828 in Paris (F)**

Johann Gottfried Tulla erlernte im Selbststudium und bei dem aus England berufenen Major Bordet die darstellende Geometrie nach seinem Abschluss am Lyzeum in Karlsruhe. Da zu der Zeit noch keine spezielle Ingenieurschule in Deutschland existierte, bildete sich Tulla ab 1792 teils in Gerabrunn bei dem Salinendirektor und bekannten Mathematiker Karl-Christian von Langsdorff, teils an der Bergakademie in Freiberg während viereinhalb Jahren zum Geometer und Ingenieur fort. In der gleichen Zeit unternahm er Studienreisen zum Unterrhein, in die Niederlande, nach Hamburg und Norwegen, auf denen er flussbauliche Studien anstellte. Einen Abschluss seiner Ausbildung fand Tulla in einer praktischen Tätigkeit bei Wassermessungen im Rhein unter Leitung des Geheimrats Karl Friedrich von Wiebeking in Düsseldorf. 1801–03 erweiterte er auf Bestreben der badischen Regierung seine (vor allem sprachlichen) Kenntnisse noch einmal in Paris. Zuvor war er ab 1797 in Karlsruhe als Ingenieur und badischer Beamter tätig geworden und setzte sich seitdem unablässig für die Verbesserung der Rheinverhältnisse ein. 1809 machte er einen ersten Vorschlag zur Regulierung des Rheins und 1812 verfasste er eine ausführliche Abhandlung darüber. 1803 wurde er zum Oberingenieur und Hauptmann ernannt, ein Jahr später schon wurde ihm der gesamte badische Flussbau anvertraut. 1805 erreichte ihn aus Heidelberg der Ruf zum Mathematikprofessor, den er ausschlug. Stattdessen richtete er zwei Jahre später zur Vereinigung von Theorie und Praxis eine gesonderte Ingenieurschule für Wasser- und Strassenbau am Sitz der technischen Landesbehörde in Karlsruhe ein. Das Hauptgewicht seiner Schule, die 1832 bei der Neuorganisation des Polytechnikums diesem angeschlossen wurde, legte er auf den naturwissenschaftlich-mathematischen Unterricht. 1808 erfolgte seine Beförderung zum Ingenieur-Major und 1813 stellte ihn Grossherzog Karl an die Spitze der Administration für Wasser- und Strassenbauarbeiten im gesamten Grossherzogtum. Weitere militärische und zivile Ehren folgten bis zu Tullas frühem Tod 1828 in Paris.

Ausgewählte Schriften: Ueber die Rektifikation des Rheins von seinem Austritt aus der Schweitz bis zu seinem Eintritt in Hessen. Karlsruhe 1825.

Quellen: Scheffel, Philipp Jakob: Nekrolog auf Johann Gottfried Tulla. Karlsruhe 1830; Rehbock, Th.: Johann Gottfried Tulla. 1770–1828, in: Der Bauingenieur 9 (1928), H. 32, S. 573–577; Eberhard Henze: Technik und Humanität. Johann Gottfried Tulla. Mannheim 1989; Vischer, Daniel: Johann Gottfried Tulla. Badischer Experte für Schweizer Flusskorrektionen, in: Schweizer Ingenieur und Architekt 118 (2000), Nr. 5, S. 93–98. Blackbourn, David: The Conquest of Nature. Water, Landscape and the Making of Modern Germany. London 2006, S. 71–111.

Johann Jakob Ulrich

*** 28. Februar 1798 in Andelfingen (CH), † 17. März 1877 in Zürich (CH)**

Johann Jakob Ulrich baute während seiner Ausbildung zum Kaufmann erste Kontakte in Paris auf – 1816 zunächst als Handelslehrling, ab 1822 als Atelierlehrling der (Landschafts-)Maler Jean-Victor Bertin und der mit Ulrich gleichaltrigen Brüder Auguste-Xavier und Robert Léopold Leprince (1823). 1824 erstmalige Präsentation eines Landschaftsgemäldes am Pariser Salon, regelmässige Teilnahme bis 1840 sowie 1835/38 mit Medaillen ausgezeichnet. Er unterhielt ab 1825 ein eigenes Atelier sowie von 1832 bis 1838 eines mit Jacques Raymond Brascassat. Zwischen 1827 und 1832 Studienreisen nach Flandern, die Niederlande, das Rheinland, 1832/35 nach England, 1828–30 nach Rom, Neapel, Sizilien. 1829 Ehrenprofessor an der königlichen Akademie Neapel, 1831 Rückkehr nach Paris. Ab 1836 in Paris und Zürich ansässig. Ab 1840 Teilnahme an den Turnusausstellungen des Schweizerischen Kunstvereins und ab 1838 an den Ausstellungen der Zürcher Künstlergesellschaft, 1855 Ausstellung von *Der Lotzenbach bei Eigenthal* (1853) auf der Weltausstellung in Paris. Seit den 1840er Jahren war Ulrich in der Künstlerausbildung tätig, sein bekanntester Schüler ist der Zürcher Rudolf Koller (1828–1905), der 1843–45 in seinem Atelier studiert. Er gründete eine Mal- und Zeichenschule und eine sogenannte Kleine Künstlergesellschaft, einer «Vereinigung ausübender Künstler« zum Austausch zwischen Architekten, Malern, Musikern und Dichtern (Neujahrsblatt 1878, S. 17). Mit der Eröffnung des Eidgenössischen Polytechnikums 1855 bis zu seinem Rücktritt 1874 hatte er die Professur für Landschaftszeichnen inne.

Ausgewählte Schriften: Die Schweiz in Bildern. Zürich 1856 (erläuternder Text von J. Reithard).

Quellen: [von Erlach, Rudolf]: Das Leben des Kunstmalers J. J. Ulrich, Professor, Neujahrsblatt der Künstlergesellschaft in Zürich, Neue Folge, Bd. 38, Zürich 1878; Rudio 1894, S. 22; Brun, Carl: Ulrich, Johann Jakob, in: ADB, Bd. 39 (1895), S. 256–258; Oechsli 1905, S. 218–219; Johann Jakob Ulrich. 1798-1877. Ein Schweizer Landschaftsmaler, Ausstellungskatalog Haus zum

Rechberg, Zürich, 25. Mai–31. Juli 1966, hg. v. Schweizerischen Institut für Kunstwissenschaft, Zürich 1966; Fehlmann, Marc: Ulrich, Johann Jakob, in: HLS, Version vom 11. Februar 2013 [http://www.hls-dhs-dss.ch/textes/d/D22111.php] (19. September 2018); Tschanz 2015, S. 142; Fehlmann, Marc: Ulrich, Johann Jakob [1998, 2015], in: SIKART, Version vom 28. Februar 2018 [http://www.sikart.ch/KuenstlerInnen.aspx?id=4022959] (20. September 2018).

Friedrich Weinbrenner

*** 24. November 1766 in Karlsruhe (D), † 1. März 1826 in Karlsruhe (D)**

Friedrich Weinbrenner erhielt nach dem Tod seines Vaters, in dessen Zimmerei er zunächst ausgebildet worden war, Unterricht in Zeichnen und Mathematik an der Handwerksschule von Christian Heinrich Fahsolt in Karlsruhe. Ab 1798 hielt er sich für zwei Jahre in Zürich auf, um den Bau einiger Gebäude zu leiten. Nach einer baukünstlerischen Ausbildung an den Bauakademien in Wien, Dresden und Berlin verbrachte Weinbrenner einige Jahre in Italien, die meiste Zeit davon in Rom, wo er einige antike Gebäude aufgenommen und restauriert haben soll. 1797 kehrte der 31-Jährige nach elf Lehr- und Wanderjahren in seine Heimatstadt zurück, wo die Gräfin von Hochberg 1801 seine Anstellung als Bauinspektor bewirkte. Als solcher, später auch als Oberbaudirektor des Landes, leitete er die klassizistische Umgestaltung der barocken Stadtanlage und plante in diesem Zusammenhang unter anderem das markgräfliche Palais (1803–14), die katholische Stadtpfarrkirche St. Stephan (1809–14) und das Rathaus (1821–25); er kann somit als der Gestalter des Karlsruher Stadtbildes im beginnenden 19. Jahrhundert gelten. Gleichzeitig gründete er 1800 eine staatlich geförderte private Bauschule, die später im Karlsruher Polytechnikum aufgehen sollte und als einflussreichste ihrer Zeit gelten kann. Zu seinen Schülern gehörten unter anderen Heinrich Hübsch, Georg Moller und eine Reihe von Schweizern wie Melchior Berri. Für den Unterricht erarbeitete Weinbrenner ein *Architektonisches Lehrbuch,* das 1810–25 erschien und das er durch weitere Publikationen zu zeitgenössischen wie antiken Bauten ergänzte. Mit seinem Lehrbuch verankerte Weinbrenner sich als einer der führenden Protagonisten in der architekturästhetischen Diskussion seiner Zeit.

Ausgewählte Schriften: Architektonisches Lehrbuch. 3 Teile. Tübingen 1810–25; Entwürfe und Ergänzungen antiker Gebäude. Karlsruhe/Baden 1822; Ausgeführte und projectirte Gebäude. Karlsruhe/Baden 1822–35.

Quellen: Katzenstein, Louis: Weinbrenner, Friedrich, in: ADB, Bd. 41 (1896), S. 500–502; Ringler, Harald: Karlsruhe. Eine 271 Jahre alte Stadt. Annäherung an die Stadtbaugeschichte, in: Werk, Bauen + Wohnen [Schweizer Ausgabe] 73 (1986), Nr. 11, S. 16–23, hier S. 16–20; Pfammatter, Ulrich: 1795, Geburtsstunde der modernen Architekten- und Ingenieurausbildung, in: Schweizer Ingenieur und Architekt 113 (1995), Nr. 45, S. 4–8, hier S. 7; Schumann, Ulrich Maximilian: Friedrich Weinbrenner. Klassizismus und «praktische Ästhetik» (Friedrich Weinbrenner und die Weinbrenner-Schule, Bd. 5). Berlin 2010; Schumann 2015.

Johann Konrad Werdmüller

*** 12. November 1819 in Zürich (CH), † 3. September 1892 in Freiburg im Breisgau (D)**

Johann Konrad Werdmüller begann seine künstlerische Ausbildung bei Georg Christoph Oberkogler an der Zürcher Kunstschule, bevor er zwischen 1839 (nach manchen Quellen: 1842) und 1845 an der Akademie der Bildenden Künste in München studierte. An ein anfängliches Zeichnen im Antikensaal schloss sich eine zweieinhalbjährige Ausbildung im Kupferstechersaal bei den Schweizern Samuel Amsler und Heinrich Merz an. In dieser Zeit freundete Werdmüller sich mit Gottfried Keller an. Ab 1846 arbeitete er für zwei Jahre als selbstständiger Kupferstecher in Paris und bildete sich in der «englischen Schabmanier» weiter (Oechsli 1905), anschliessend zog er nach Zürich zurück. Zu seiner praktischen Arbeit als Zeichner und Kupferstecher – es entstanden vor allem altzürcher Ansichten, Architekturdarstellungen der Schweiz und Zeichnungen kunstgewerblicher Gegenstände – kam ab 1853 die Lehrtätigkeit: zunächst als Vertretung, ab 1856 regelmässig (bis 1891) an der Industrieschule, ab 1855 als Hilfslehrer für Figurenzeichnen am Eidgenössischen Polytechnikum, von 1875 bis 1890 als Titularprofessor. Daneben unterrichtete er von 1856 bis 1891 auch Freihandzeichnen und Aquarellmalerei an der höheren Töchterschule. Werdmüller war Mitglied der Zürcher Künstlergesellschaft.

Ausgewählte Schriften: Zürich und seine Eidgenossen von 1351. Historischer Festzug zur Jubelfeier des vor fünfhundert Jahren erfolgten Eintrittes Zürichs in den Bund mit Uri, Schwyz, Unterwalden, u. Luzern. Zürich 1851 [mit Heinrich Cramer und Johann Rudolf Koller]; Osterbüchlein für liebe Kinder. Zürich 1853 [mit Johannes Staub].

Quellen: ETH-HA, HS 0738: Johann Konrad Werdmüller, Briefe; Nagler, Georg Kaspar: Neues allgemeines Künstler-Lexicon. Bd. 20, München 1851, S. 290; Rudio 1894, S. 23–24; Oechsli 1905, S. 219; Appenzeller, H.: Werdmüller, Konrad Johann, in: SKL, Bd. 3, Frauenfeld 1913, S. 483–484; Weber, Bruno: Erläuterungen zur «Heroischen Landschaft» von Gottfried Keller, 1842, in: Zeitschrift für schweizerische Archäologie und Kunstgeschichte 36 (1979), H. 4, S. 259–279, hier S. 265; Bhattacharya, Tapan: Werdmüller, Johann Konrad, in: HLS, Version vom 17. Dezember 2012 [http://www.hls-dhs-dss.ch/textes/d/D22696.php] (20. September 2018); Tschanz 2015, S. 140.

Joseph Zemp

*** 17. Juni 1869 in Wolhusen (CH), † 4. Juli 1942 in Zürich (CH)**

Nach Abschluss seiner Ausbildung zum Architekten übernahm Joseph Zemp 1894 eine Assistentenstelle am Landesmuseum in Zürich. Von 1898 bis 1904 hatte er eine ordentliche Professur für Kunstgeschichte an der Universität Freiburg/Fribourg inne. 1904 wechselte Zemp dann als Vizedirektor zurück an das Landesmuseum in Zürich und bekam am Polytechnikum (1904) eine Titularprofessur mit Lehrauftrag für neuere Kunstgeschichte. 1912 wurde er als Nachfolger seines Lehrers Johann Rudolf Rahn zum Ordinarius für Archäologie und Kunstgeschichte (1912–34) wiederum als Doppelprofessur mit der Universität Zürich (1913–28) berufen. Beide Lehrstühle hatte er bis 1934 inne; 1926–30 stand er ausserdem der Abteilung für Architektur vor. Neben seinem Forschungsschwerpunkt, der mittelalterlichen Archäologie, beschäftigte er sich mit der Kunstgeschichte des 17. und 18. Jahrhunderts. Bis zu seinem Tod war er zudem geschätzter und häufig konsultierter Experte für Baugeschichte, Renovation und Umbau; vor allem für den Bund entstanden zahlreiche Gutachten. Mit seinem Slogan «Das Alte bleibe unberührt. Aber neben das Alte wollen wir fröhlich das Neue setzen» (zit. n. Haubensak 1968, S. 829) wurde er zu einem Wegweiser der Schweizer Denkmalpflege, was sich auch in den zahlreichen von ihm wahrgenommenen institutionellen Ämtern spiegelt. So war Zemp beispielsweise 1914–17 Mitglied der Eidgenössischen Kunstkommission, seit 1917 Vizepräsident und 1935–42 Präsident der Eidgenössischen Kommission für Denkmalpflege.

Ausgewählte Schriften: Die schweizerischen Bilderchroniken und ihre Architektur-Darstellungen. Zürich 1897 [darin Diss. Univ. Zürich 1897]; Das Kloster St. Johann zu Münster in Graubünden. Unter Mitwirkung von Robert Durrer, in: Kunstdenkmäler der Schweiz. Mitteilungen der schweizerischen Gesellschaft für Erhaltung historischer Kunstdenkmäler, Neue Folge, H. 5–7. Genf 1906–10.

Quellen: Anonym: Miscellanea. Eidgen. Technische Hochschule [Berufung Zemps], in: SBZ 60 (1912), Nr. 5, S. 69; Meyer, Peter: Stadthaus Winterthur in memoriam, in: Werk 17 (1930), H. 7, S. 219–221, hier S. 219; Br., E.: Joseph Zemp zum siebzigsten Geburtstag, in: Werk 26 (1939), H. 6, S. XVI; Hahnloser, Hans R.: Joseph Zemp zum Gedächtnis, in: Werk 29 (1942), H. 9, S. 227–230; Haubensak, René: Wettbewerb «Raben» in Zürich, in: Werk 55 (1968), H. 12, S. 825–838, hier S. 829; Flühler-Kreis, Dione: Karolingische Wandgemälde aus der Klosterkirche im Schweizerischen Landesmuseum Zürich, in: Wyss, Alfred; Rutishauser, Hans; Nay, Marc Antoni (Hg.): Die mittelalterlichen Wandmalereien im Kloster Müstair. Grundlagen zu Konservierung und Pflege (ID, Veröffentlichungen des Instituts für Denkmalpflege an der ETH Zürich, Bd. 22). Zürich 2002, S. 63–75; Rolle, Marianne: Zemp, Josef, in: HLS, Version vom 18. Februar 2014 [http://www.hls-dhs-dss.ch/textes/d/D22710.php] (20. September 2018).

Quellen- und Literaturverzeichnis

Quellen

Ungedruckte Quellen

Technikum Winterthur, Archiv

27.γ.6: Vorlesungsmitschriften von Karl Stolz, 1903–06

29.γ.2: Programme des Zürcherischen Technikums in Winterthur, 1874–1917

ETH Zürich, ETH-Bibliothek, Hochschularchiv

EZ-ZWD-Bib01:81.12.: Katalog der Bauschulbibliothek des Eidg. Polytechnikums 1882

HS 10:1–3: Vorlesungsmitschrift von Léon Fulpius, Cours de Construction, gehalten von Ernst Gladbach, 1858/59

HS 166: Catalog der Bibliothek [der Bauschule]. Aug[ust] 1866.

HS 442:2: Vorlesungsmitschriften von George Autran, Diverse Fächer des Ingenieurstudiums, 1878–80

HS 633:8: Vorlesungsmitschrift, Chemische Technologie der Baumaterialien, gehalten von Emil Kopp, 1871

HS 1021: Vorlesungsmitschriften von Carl Gruber, Diverse Fächer des Ingenieurstudiums, 1895–98

HS 1230: Josef Wolfgang von Deschwanden (1819–66), Akten und Korrespondenz aus seiner Direktorialzeit an der Eidg. Polytechnischen Schule

SR1: Missiven des Schweizerischen Schulrats

SR2: Sitzungen des Schweizerischen Schulrats und präsidiale Beschlüsse

SR3: Akten des Schweizerischen Schulrats

ETH Zürich, gta Archiv

20-0300: Mappe «Ankauf Gipse, Bücher, Zeitungen»

20-0300-s, Ms-5: Gottfried Semper, Fragment eines Programms für e. Kunstschule, undatiert.

41: Archiv der Bauschule

52: Nachlass Ernst Gladbach

109-024: Fachwerkhaus, Zeichnung von Albert Müller, 1864

Hessisches Staatsarchiv Darmstadt

G32: Prüfungskommission für das Finanzfach und das technische Fach (Finanzprüfungskommission)

O10: Familienarchiv v. Wedekind

P 11: Baupläne und Risse

Hessisches Wirtschaftsarchiv Darmstadt

164: Wayss & Freytag AG

Schweizerisches Bundesarchiv Bern

E80, 1000/1126, Bd. 115, Fasz. 1269: «Bundesratsbeschluss über die Verlängerung der Kurse der Bauschule auf dreieinhalb Jahre und über die Genehmigung der Unterrichtsprogramme»; «Korrespondenz über die Kritik an der Bauschule in der Neuen Züricher Zeitung durch den Architekten Koch mit Zeitungsartikel», 1882–84

E80, 1000/1126, Fasz. 1010: Brief des Präsidenten des Schweizerischen Schulrates an das Eidg. Departement des Innern in Bern, 9. März 1908

Landesmuseum Zürich, Graphische Sammlung

LM 1330: Nachlass Ernst Gladbach

LM 41501–41607: Zeichnungen und Skizzen von Ernst Gladbach

Staatsarchiv Zürich

V II 3.1.2: Personenakten zum Hochbauwesen, Beamtetes Personal insgesamt, 1804–1900

V II 3.2.2: Personenakten zum Hochbauwesen, Personal im Einzelnen, 1804–1900

V II 23, 1.40: Bericht des Schulrats zum Programm für die Räumlichkeiten des Eidgenössischen Polytechnikums, Februar oder März 1855

Universitätsarchiv Chemnitz

302: Nachlass Carl von Bach

Universitätsarchiv Stuttgart
33: Forschungs- und Materialprüfungsanstalt für das Bauwesen – Otto-Graf-Institut, ab 1883.
57/382: Personalakte Emil Mörsch
SN 35/2–3: Vorlesungsmitschriften zu Emil Mörsch
17/682–17/684: Gimmel, Paul: Staatliche Materialprüfungsanstalt an der Technischen Hochschule Stuttgart. Ungedrucktes Manuskript 1949

Zentralbibliothek Zürich, Handschriftensammlung
MS Z IX 623: Tagebuch Ernst Gladbach August 1889
MS Z IX 624: Tagebuch Ernst Gladbach August 1890

Gedruckte Quellen

Abel, Lothar: Allgemeiner Baurathgeber. Wien 1893.
Abel, Lothar: Die Praxis des Baumeisters. Ein Hilfsbuch bei allen Bauführungen von Wohnhäusern. Wien/Leipzig 1896.
Altmütter, Georg: Beschreibung der Werkzeug-Sammlung des k.k. polytechnischen Instituts, nebst einem vollständigen Verzeichnis der in derselben enthal-tenen Stücke. Für Gewerbsleute und Liebhaber mechanischer Künste; vorzüglich aber zum Gebrauche bei Vorlesungen. Wien 1825.
Andreae, Charles: Betrachtungen eines alten Schülers der 2. Abteilung der Eidg. Polytechnischen Schule zur Hundertjahrfeier der ETH, in: SBZ 73 (1955), Nr. 51, S. 788.
Anonym: Seile aus parallel laufenden ungedrehten Fäden, in: Kunst- und Gewerb-Blatt des Polytechnischen Vereins für das Königreich Bayern 5 (1819), S. 508.
Anonym: Einige Bemerkungen über das neue polytechnische Institut in Karlsruhe, in: Dinglers Polytechnisches Journal 18 (1825), S. 475–477.
Anonym: Adressbuch der Ruprecht-Karls-Universität zu Heidelberg. Sommerhalbjahr 1834. Heidelberg 1834.
Anonym: Vermischtes, in: Der Schweizer-Bote 34 (1837), Nr. 2, S. 6.
Anonym: Das Polytechnikum als Zentralinstitut der Industrie, in: Neue Zürcher Zeitung, 1. April 1854.
Anonym: Bericht über den Entwurf zu einem Reglement für die eidgenössische Schule, vom 21. Brachmonat [Juni] 1854, in: Schweizerisches Bundesblatt 6 (1854), Bd. 3, Nr. 39, S. 143–227.
Anonym: Schweizerisches Polytechnikum. Schulnachrichten, in: Schweizerische Polytechnische Zeitschrift 1 (1856), H. 2, S. 55–56.
Anonym: Offizieller Bericht des Schweizerischen Schulrathes an das Schweizerische Departement des Innern über die Vorfälle am Eidgenössischen Polytechnikum. Zürich 1864.
Anonym: [Anzeigenteil], in: Die Eisenbahn/Le chemin de fer 3 (1875), Nr. 23, S. 217.
Anonym: Gesellschaft ehemaliger Studirender des eidgenössischen Polytechnikums in Zürich, in: Die Eisenbahn/Le chemin de fer 5 (1876), Nr. 6, S. 82–83.
Anonym: Bericht über die Excursion der Bauschule nach Ober-Italien und Tessin, Juli 1880. Unter der Leitung von Prof. Stadler. Stäfa 1881.
Anonym: 30. Jahresversammlung des schweizerischen Ingenieur- und Architektenvereins in Zürich, in: SBZ 1 (1883), Nr. 25, S. 156–158.
Anonym: Die Bauschule des eidgenössischen Polytechnikums, in: Neue Zürcher Zeitung, 2. November 1884; 4. November 1884; 5. November 1884.
Anonym: Miscellanea: Ueber die Leistungen der Bauschule am eidg. Polytechnikum, in: SBZ 4 (1884), Nr. 17, S. 108–109.
Anonym: Grössere Berücksichtigung der französischen Sprache am eidg. Polytechnikum, in: SBZ 9 (1887), Nr. 25, S. 155–156.
Anonym: Beschlüsse der Conferenzen zu München am 22.–24. September 1884 und Dresden am 20. und 21. September 1886 über Einheitliche Untersuchungs-Methoden bei der Prüfung von Bau- und Constructions-Materialien auf ihre mechanischen Eigenschaften. München 1887.
Anonym: Was sucht man vergebens in Lehrbüchern?, in: Baugewerks-Zeitung 20 (1888), Nr. 53, S. 570.
Anonym: Die Eidgenössische Polytechnische Schule in Zürich, herausgegeben im Auftrage des Schweizerischen Bundesrathes bei Anlass der Weltausstellung in Paris 1889. Zürich 1889.
Anonym: Die Bauschule des eidg. Polytechnikums, in: SBZ 16 (1890), Nr. 4, S. 22.
Anonym: Totenliste, in: Züricher Post, 29. Dezember 1896.
Anonym: Ernst Gladbach, in: DBZ 31 (1897), Nr. 7, S. 38–40.
Anonym: [Nachruf Gladbach], in: Leopoldina 33 (1897), S. 49–50.
Anonym: Rezension zu: Gladbach, Ernst: Der Schweizer Holzstil in seinen kantonalen und konstruktiven Verschiedenheiten vergleichend dargestellt mit Holzbauten Deutschlands. 3. Aufl.1. Serie und 2. Aufl. 2. Serie in einem Bd. Zürich 1897, in: SBZ 31 (1898), Nr. 1, S. 10.
Anonym: Provisorische Normen für Beton-Eisen-Bauten, in: SBZ 34 (1902), Nr. 23, S. 251.
Anonym: Unser Polytechnikum auf der Anklagebank, in: Neue Zürcher Zeitung, 11. Juni 1903.
Anonym: Das Schweizerische Polytechnikum, in: Neue Zürcher Zeitung, 5. Juli 1903.
Anonym: Studienfreiheit oder Studienzwang am Polytechnikum, in: Neue Zürcher Zeitung, 16. Juli 1903.
Anonym: Der Streit ums Polytechnikum, in: Neue Zürcher Zeitung, 24. Juli 1903.
Anonym: Nochmals das Polytechnikum, in: Neue Zürcher Zeitung, 4. August 1903.

Anonym: Der Hochschulunterricht im Eisenbetonbau, in: Beton und Eisen 4 (1905), H. 11, S. 285; H. 12, S. 310–311; 5 (1906), H. 1, S. 21–22; H. 2, S. 50–51; H. 4, S. 103; H. 6, S. 158; H. 7, S. 179; H. 8, S. 208–209.

Anonym: Gesellschaft ehemaliger Studierender der eidgenössischen polytechnischen Schule in Zürich. Protokoll der Herbstsitzung des Ausschusses am 20. Oktober 1907 im Hotel ‹Krone› in Biel, in: SBZ 50 (1907), Nr. 19, S. 247–248.

Anonym: Jubiläums-Stiftung der deutschen Industrie, in: Meyers Großes Konversations-Lexikon, Bd. 10. Leipzig 1907, S. 325.

Anonym: Vorschriften über Bauten in armiertem Beton, in: SBZ 54 (1909), Nr. 13, S. 185.

Anonym: a) Der Unterricht in «Eisenbetonbau» an den technischen Hochschulen. b) Der Unterricht in «Eisenbetonbau» an technischen Lehranstalten, in: Beton und Eisen 8 (1909) H. 2, S. 45–46.

Anonym: a) Der Unterricht in Eisenbetonbau an den technischen Hochschulen. b) Der Unterricht in Eisenbetonbau an technischen Lehranstalten, in: Beton und Eisen, 9 (1910), H. 2, S. 42–44.

Anonym: a) Der Unterricht im Eisenbetonbau an den technischen Hochschulen. b) Der Unterricht im Eisenbetonbau an den deutschen öffentlichen technischen Lehranstalten. c) Der Unterricht im Eisenbetonbau an privaten Lehranstalten. d) Der Unterricht im Eisenbetonbau an ausländischen Lehranstalten, in: Beton und Eisen 10 (1911), H. 4, S. 73–76.

Anonym: a) Der Unterricht im Eisenbetonbau an den technischen Hochschulen. b) Der Unterricht im Eisenbetonbau an den deutschen öffentlichen technischen Lehranstalten. c) Der Unterricht im Eisenbetonbau an privaten Lehranstalten. d) Der Unterricht im Eisenbetonbau an ausländischen Lehranstalten, in: Beton und Eisen 11 (1912), H. 3, S. 68–72.

Anonym: Miscellanea: Eidgen. Technische Hochschule, in: SBZ 63 (1914), Nr. 21, S. 313.

Anonym: Die staatsbürgerliche Erziehung in der Schweiz, in: Archiv für das schweizerische Unterrichtswesen 4 (1918), S. 1–128.

Anonym: [Nekrolog] August Jegher, in: SBZ 83 (1924), Nr. 8, S. 85–86.

Anonym: Vereinsnachrichten. Gesellschaft Ehemaliger Studierender der E.T.H. Protokoll der XXXVIII. Generalversammlung, in: SBZ 86 (1925), Nr. 20, S. 252.

Anonym: [Nekrolog] Theodor Oberländer, in: SBZ 87 (1926), Nr. 10, S. 137.

Anonym: [Nekrolog] Prof. E. Studer, in: SBZ 89 (1927), Nr. 6, S. 80.

Anonym: Lebensbilder hervorragender Mitglieder, in: Deutscher Ausschuß für Stahlbeton (Hg.): Fünfzig Jahre Deutscher Ausschuß für Stahlbeton 1907–1957. Berlin 1957, S. 25–57.

Anonym: Mitgliederverzeichnisse, in: Deutscher Ausschuß für Stahlbeton (Hg.): Fünfzig Jahre Deutscher Ausschuß für Stahlbeton 1907–1957. Berlin 1957, S. 92–104.

[Architectura (Hg.)?]: Skizzen und Aufnahmen der Exkursion der Bauschule, 3. Curs, 1863. Gezeichnet und autographiert unter der Leitung von J. Stadler. Zürich 1863.

[Architectura (Hg.)?]: Exkursion der Bauschule im Juli 1864 (Tessin). Zürich [ca. 1864].

[Architectura (Hg.)?]: Skizzen und Aufnahmen von der Bauschule. Exkursion vom Jahr 1864. Gezeichnet und autographiert unter der Leitung von J. Stadler. [Zürich] 1864.

[Architectura (Hg.)?]: Skizzen & Aufnahmen der Exkursion der Bauschule, 3. Curs, 1868. Ausgeführt unter der Leitung [von] J. Stadler & G. Lasius. Zürich 1868.

Architektura (Hg.): Architektonische Studien des Bauschülervereins und Architektura. Zürich 1880.

[Architektura (Hg.)?]: Architektonische Studien des Bauschülervereins und Architektura. Zürich 1880/81. [Überarb. Neuaufl. von: Architektura 1880]

Verein Architectura (Hg.): Rathaus Zürich (Architectonische Studienblätter, H. 1). Zürich [1883].

[Architektura (Hg.)]: Exkursion der Bauschule, Reise-Studien aus Brescia, Autographien des Verein Architektura eidg. Polytechnikum. Zürich 1889.

Verein Architectura (Hg.): Reisestudien. Varese, Lugano, Bellinzona 1896. Zürich 1897.

[Architektura (Hg.)?]: Reisestudien der Architectenschule am Eidg. Polytechnikum Zürich. 1905 Burgund. 1908 Cremona. Zürich [ca. 1908].

Architektura (Hg.): Aufnahmen und Skizzen. Zürich 1911.

[Architektura (Hg.)?]: Exkursion der Architektenschule nach dem Tessin Pfingsten 1914. Zürich [ca. 1914].

Architektura, Architektenschule ETH Zürich (Hg.): Exkursion nach dem Tessin Pfingsten 1917, Aufnahmen der Architektenschule ETH. Zürich 1917.

[Architektura (Hg.)?]: Aufnahmen der Bauschule am Genfersee und in St. Gallen. Unter Leitung von Karl Moser. Zürich 1917.

Architektura (Hg.): Aufnahmen der Architektenschule. Eidgenössische Technische Hochschule Zürich Sommer 1918. Zürich 1918.

Architektura, Architektenschule ETH Zürich (Hg.): Aufnahmen von der Exkursion nach Neuchâtel, Pfingsten 1919. Zürich 1919.

[Architektura (Hg.)?]: Aufnahmen der Architektenabteilung. Exkursion nach Oberitalien. Assistent Wespi. Zürich 1920.

Autenheimer, Friedrich: Ein Technikum für die Schweiz, in: Der Bund, 13. September 1866; 14. September 1866; 15. September 1866; 16. September 1866.

Ast, Feodor: Der Beton und seine Anwendung. Berlin 1907.

Bach, Carl: Druckversuche mit Eisenbetonkörpern, in: Mitteilungen über Forschungsarbeiten auf dem Gebiete des Ingenieurwesens (1905), H. 29, S. 1–49.

Bach, Carl: Versuche über den Gleitwiderstand einbetonierten Eisens, in: Mitteilungen über Forschungsarbeiten auf dem Gebiete des Ingenieurwesens (1905), H. 22, S. 1–42.

Bach, Carl: Versuche mit Eisenbetonbalken. Erster Teil, in: Mitteilungen über Forschungsarbeiten auf dem Gebiete des Ingenieurwesens (1907), H. 39, S. 1–50.

Bach, Carl: Versuche mit Eisenbetonbalken. Zweiter Teil, in: Mitteilungen über Forschungsarbeiten auf dem Gebiete des Ingenieurwesens (1907), H. 45–47, S. 2–156.

Bach, Carl: Die Materialprüfungsanstalt der Königl. Technischen Hochschule Stuttgart, in: Zeitschrift des Vereins deutscher Ingenieure 52 (1908), H. 7, S. 241–243.

Bach, Carl: Ingenieurlaboratorium und Materialprüfungsanstalt der Kgl. Technischen Hochschule Stuttgart. Stuttgart 1915.

Barkhausen, Georg; Heinzerling, Friedrich; Marx, Erwin u. a.: Constructions-Elemente in Stein, Holz und Eisen. Fundamente (HdA, T. 3, Bd. 1). Darmstadt 1886 (3. Aufl. Stuttgart 1901).

Barkhausen, Georg; Körner, Carl; Schacht, Adolf u. a.: Balkendecken. Gewölbte Decken (Gewölbe). Verglaste Decken und Deckenlichter. Sonstige Decken-Constructionen (HdA, T. 3, Bd. 2, H. 3). Darmstadt 1895.

Barkhausen, Georg: Eisenbeton und Baupolizei, in: Armierter Beton 5 (1912), H. 8, S. 314–318.

[Lemma] Bauconducteur, in: Mothes, Oscar (Hg.): Illustriertes Bau-Lexicon. Praktisches Hülfs- und Nachschlagebuch im Gebiete des Hoch- und Flachbaues, Land- und Wasserbaues, Mühlen- und Bergbaues, der Schiffs- und Kriegsbaukunst, Bd. 1. 2. Aufl. Leipzig/Berlin 1863, S. 262.

Baudot, A. de: Menuiserie. Nouveau système de table a dessiner, in: Gazette des Architectes et du bâtiment 4 (1866), Nr. 3, S. 38–41.

[Lemma] Bauleitung, in: Mothes, Oscar (Hg.): Illustriertes Bau-Lexicon. Praktisches Hülfs- und Nachschlagebuch im Gebiete des Hoch- und Flachbaues, Land- und Wasserbaues, Mühlen- und Bergbaues, der Schiffs- und Kriegsbaukunst, Bd. 1. 2. Aufl. Leipzig/Berlin 1863, S. 285.

[Lemma] Baumeister, in: Pierer, Heinrich August: Pierer's Universal-Lexikon der Vergangenheit und Gegenwart oder Neuestes encyclopädisches Wörterbuch der Wissenschaften, Künste und Gewerbe, Bd. 2. 4. Aufl. Altenburg 1857, S. 426.

Beckmann, Johann: Anleitung zur Technologie oder zur Kenntniß der Handwerke, Fabriken und Manufacturen, vornehmlich derer, die mit der Landwirthschaft, Policey und Cameralwissenschaften in nächster Verbindung stehn. Nebst Beyträgen zur Kunstgeschichte. Göttingen 1777.

Beckmann, Johann: Entwurf der algemeinen Technologie. Göttingen 1806.

Beckmann, Johann: Johann Beckmanns Schwedische Reise in den Jahren 1765–1766. Tagebuch. Mit Einleitung und Anmerkungen hg. v. Theodor Magnus Fries. Uppsala 1911 (Nachdruck Lengwil 1995).

Behnke, Gustav; Hinträger, Karl; Lang, Heinrich u. a.: Niedere und höhere Schulen (HdA, T. 4, Halbbd. 6, H. 1). 2. Aufl. Stuttgart 1903.

Behnke, Gustav: Vorbemerkungen. Schulbauwesen im allgemeinen. Volksschulen und andere niedere Schulen (HdA, T. 4, Halbbd. 6, H. 1, Kap. 1–7). 2. Aufl. Stuttgart 1903.

Bélidor, Bernard Forest de: La science des ingénieurs dans la conduite des travaux de fortification et d'architecture civile. Paris 1729.

Bélidor, Bernard Forest de: Architecture hydraulique, ou l'art de conduire, d'élever, et de ménager les eaux pour les différens besoins de la vie. 4 Bde. Paris 1737–53.

Bélidor, Bernard Forest de: Herrn Bélidors, Ordentlichen Commissars der Artillerie, Königlichen Professors der Mathematik in den Artillerie-Schulen, Mitgliedes der königlich Englischen und Preußischen Akademien der Wissenschaften, wie auch Correspondentens der Pariser Ingenieur-Wissenschaft bey aufzuführenden Vestungs-Werken und bürgerlichen Gebäuden. 2 Bde. Nürnberg 1758/59.

Bélidor, Bernard Forest de: Architectura hydraulica. Oder: Die Kunst, das Gewässer zu denen verschiedentlichen Nothwendigkeiten des menschlichen Lebens zu leiten, in die Höhe zu bringen, und vortheilhafftig anzuwenden. [...] Aus dem Frantzösischen ins Teutsche übersetzet. Erste Ausgabe der Version, Nebst 10. Kupffer-Tabellen; Wie auch einer Vorrede Herrn Christian Wolffen. Augsburg/Nürnberg 1740 (Neuaufl. Augsburg 1764–75).

Bélidor, Bernard Forest de: La scienza degli ingegneri nella direzione delle opere di fortificazione e d'architettura civile. Übers. v. Luigi Masieri. Mailand 1832.

Benkwitz, Gustav: Die Bauführung im Anschluß an die vom Ministerium für öffentliche Arbeiten erlassene Anweisung und das Baurecht mit Berücksichtigung des Baupolizeirechts. Berlin 1892.

Bericht des schweiz. Bundesrathes an die h. Bundesversammlung über seine Geschäftsführung im Jahr 1856, in: Schweizerisches Bundesblatt 9 (1857), Bd. 1, Nr. 24, S. 511–530.

Bericht des schweiz. Bundesrathes an die h. Bundesversammlung über seine Geschäftsführung im Jahr 1857, in: Schweizerisches Bundesblatt 10 (1858), Bd. 1, Nr. 23, S. 525–551.

Bericht des schweiz. Bundesrathes an die h. Bundesversammlung über seine Geschäftsführung im Jahr 1863, in: Schweizerisches Bundesblatt 16 (1864), Bd. 1, Nr. 19, S. 553–616

Bericht des Bundesrathes an die Bundesversammlung über seine Geschäftsführung im Jahre 1882, in: Schweizerisches Bundesblatt 35 (1883), Bd. 2, Nr. 15, S. 1–115.
Bernoulli, Christoph: Handbuch der Technologie oder rationelle Darstellung der technischen Gewerbe nach den neuesten Ansichten und Erfindungen. 2. Aufl. Basel 1840.
Bernoulli, Rudolf: Früheste deutsche und niederländische Graphik in der eidg. Kupferstichsammlung, in: Das Werk 14 (1927), H. 12, S. 370–375.
Bethke, Hermann: Decorativer Ziegelbau ohne Mörtelzusatz. Stuttgart 1877/78.
Bethke, Hermann: Ein-Familien-Häuser. Kleine Häuser zum Alleinbewohnen für die praktische Ausführung in kleineren Städten und in Vororten grösserer Städte. Berlin [ca. 1880].
Beutinger, Emil: Die Bauführung. Kurzgefaßtes Handbuch über das Wesen der Bauführung (Sammlung Göschen, Bd. 399). Leipzig 1908 (2. Aufl. Berlin/Leipzig 1914).
Bezold, Gustav von: Die Baukunst der Renaissance in Deutschland, Holland, Belgien und Dänemark (HdA, T. 2, Bd. 7). Stuttgart 1900.
B. G. Teubner Verlag (Hg.): B. G. Teubner's Verlag auf dem Gebiete der Mathematik, Naturwissenschaften, Technik nebst Grenzwissenschaften. Ausgabe 101. Leipzig/Berlin 1908.
Blind, August: Maß-, Münz- und Gewichtswesen. Leipzig 1906.
Bluntschli, Alfred Friedrich: Stadt- und Rathhäuser (HdA, T. 4, Halbbd. 7, Abschnitt 1, Kap. 1 [2. Aufl. H. 1, Abschnitt 1, Kap. 1]). Darmstadt 1887 (2. Aufl. Stuttgart 1900 [mit Georg Lasius]).
Böckler, Georg Andreas: Theatrum Machinarum Novum. Exhibens Opera Molaria et Aquatica Constructum Industria. Nürnberg 1662.
Bolley, Pompejus Alexander: Handbuch der technisch-chemischen Untersuchungen. Frauenfeld 1853 (2. Aufl. Leipzig 1861, 3. Aufl. 1865).
Bolley, Pompejus Alexander (Hg.): Handbuch der chemischen Technologie. 8 Bde. Braunschweig 1862–1907.
Borrmann, Richard: Die Keramik in der Baukunst (HdA, T. 1, Bd. 4). Stuttgart 1897.
Bosse, Harald J.; Gladbach, Ernst (Hg.): Vues de Mayence, de Wiesbade et ses environs. Dessinés d'après nature par Bosse & Gladbach gravées sur acier par Grünewald. Ansichten von Mainz, Wiesbaden und deren Umgegend, gezeichnet nach der Natur von Bosse und Gladbach, in Stahl gestochen von Grünewald. Mainz [ca. 1833].
Braunmühl, Anton von [u. a.]: Ueber den mathematischen Unterricht an den technischen Hochschulen, in: Centralblatt der Bauverwaltung 17 (1897), Nr. 13a, S. 151–152.
Breymann, Gustav Adolf: Allgemeine Bau-Constructions-Lehre mit besonderer Beziehung auf das Hochbauwesen. Ein Leitfaden zu Vorlesungen und zum Selbstunterrichte. 4 Teile. Stuttgart 1849–63.
Bühlmann, Josef: Die Bauformenlehre (HdA, T. 1, Bd. 2). Darmstadt 1896.
Bühlmann, Josef; Sturmhoefel, Aurel; Thiersch, August u. a.: Architektonische Komposition (HdA, T. 4, Halbbd. 1). 3. Aufl. Stuttgart 1904.
Bühlmann, Josef: Gestaltung der äusseren und inneren Architektur (HdA, T. 4, Halbbd. 1, Abschnitt 4). 3. Aufl. Stuttgart 1904.
Burckhardt, Jacob: Der Cicerone. Eine Anleitung zum Genuss der Kunstwerke Italiens. Basel 1855.
Burckhardt, Jacob; Lübke, Wilhelm: Geschichte der neueren Baukunst (Geschichte der Baukunst, Bd. 4). Stuttgart 1867.
Busch, Carl: Die Bauführung. Hand- und Hülfsbuch für die Praxis der Bautechniker und Bauhandwerker (Die Schule der Baukunst, Bd. 4, Abt. 4). Leipzig 1871 (2. Aufl. 1875).
Büsing, Friedrich Wilhelm; Schumann, Camillo (Hg.): Der Portland-Cement und seine Anwendungen im Bauwesen. 2. Aufl. Berlin 1899.
Calame, Louis: Das kantonale Technikum in Winterthur 1874–1924. Zur Feier des fünfzigjährigen Bestehens. Winterthur 1924.
Christophe, Paul: Le béton armé et ses applications, in: Annales des Travaux Publics de Belgique 9 (1899) Nr. 3, S. 429–538; Nr. 4, S. 647–678; Nr. 6, S. 961–1118.
Christophe, Paul: Le Béton armé et ses applications. Paris/Lüttich 1902.
Christophe, Paul: Der Eisen-Beton und seine Anwendung im Bauwesen. Berlin 1905.
Coignet, François: Bétons agglomérés appliqués à l'Art de Construire [...]. Paris 1861.
Considère, Armand: Experimental Researches on Reinforced Concrete. Übers. v. Leon S. Moisseiff. New York 1903.
Cramer, H.; Hecht, H.: Thonwaaren, in: Bunte, Hans (Hg.): Encyklopädisches Handbuch der Technischen Chemie, Bd. 8. 4. Aufl. Braunschweig 1905, Sp. 283–1241.
Culmann, Carl: Die graphische Statik. Zürich 1864–66 (2. Aufl. 1875).
Culmann, Carl: Vorlesung über Ingenieurkunde, Abt. 1: Erdbau. [Zürich] 1872.
Damcke, Erwin Rudolph; Marx, Erwin; Schmitt, Eduard u. a.: Koch-, Spül-, Wasch- und Bade-Einrichtungen. Entwässerung und Reinigung der Gebäude. Ableitung des Haus-, Dach- und Hofwassers. Aborte und Pissoirs. Entfernung der Fäcalstoffe aus den Gebäuden (HdA, T. 3, Bd. 5). Darmstadt 1883.
Dana, William Sumner Barton: The Swiss Chalet Book. A Minute Analysis and Reproduction of the Chalets of Switzerland, Obtained by a Special Visit to that Country, its Architects and its Chalet Homes. New York 1913.

Demmin, Auguste Frédéric: Handbuch der bildenden und gewerblichen Künste. Geschichtliche, archäologische, biographische, chronologische, monogrammatische und technische Encyclopaedie der Schriftenkunde, Bilderkunde, geistlichen Trachten, kirchlichen Geräthe, Gefässe und dergl., der bürgerlichen und kirchlichen Baukunst, Kriegsbaukunst und Schiffsbaukunst. Übers. v. Oscar Mothes. Bd. 1. Leipzig 1877.

Deutscher Ausschuß für Stahlbeton (Hg.): Fünfzig Jahre Deutscher Ausschuß für Stahlbeton 1907–1957. Berlin 1957.

Deutscher Beton-Verein (Hg.): Bericht über die VI. Haupt-Versammlung des Deutschen Beton-Vereins am 20. und 21. Februar 1903. Berlin 1903.

Dieckmann, F. W.; Issel, Hans: Die Baugeschäftskunde und Bauführung (Das Handbuch des Bautechnikers, Bd. 20). Leipzig 1908.

[Diverse Autoren]: Die Schule des Bautechnikers. 19 Bde. Leipzig 1899–1908.

[Diverse Autoren]: Fortschritte der Ingenieurwissenschaften. 3 Gruppen. Leipzig 1892–1912.

Dolin, Dora: Die gewerkschaftliche Organisation und die Streikbewegungen der Maurer und Handlanger in der Schweiz. Freiburg (Schweiz) 1921.

Dollinger, Konrad: Wärterhaus aus Béton an der Oberschwäbischen Eisenbahn, in: DBZ 4 (1870), Nr. 6, S. 44–45.

Duhamel Du Monceau, Henri Louis: Natur-Geschichte der Bäume darin von der Zergliederung der Pflanzen und der Einrichtung ihres Wachsens gehandelt wird; als einer Einleitung zur Vollständigen Abhandlung von Wäldern und Hölzern nebst einer Abhandlung über den Nutzen der Botanischen Lehr-Arten; Und einer Erklärung derer in dieser Wissenschaft, und bey den Forst-Wesen gebräuchlichen Kunst-Wörter. T. 1. Nürnberg 1764.

Durm, Josef; Ende, Hermann; Schmitt, Eduard; Wagner, Heinrich (Hg.): Das Handbuch der Architektur. Darmstadt/Leipzig/Stuttgart 1880–1943.

Durm, Josef: Die Baukunst der Griechen (HdA, T. 2, Bd. 1). Darmstadt 1881.

Durm, Josef: Die Baukunst der Renaissance in Italien (HdA, T. 2, Bd. 5). Stuttgart 1903.

Durm, Josef: Gebäudelehre (Lehrbuch des Hochbaues, Bd. 2, Kap. 6). Leipzig 1908.

École des Arts et Métiers Genève (Hg.): Programme de l'enseignement 1916. Genf 1916.

Eggert, Hermann: Rezension zu: Durm, Josef; Ende, Hermann; Schmitt, Eduard; Wagner, Heinrich (Hg.): Handbuch der Architektur. 2 Hefte. Darmstadt 1881, in: Centralblatt der Bauverwaltung 1 (1881), Nr. 6, S. 56.

[Eidgenössische Polytechnische Schule (Hg.)?]: Verzeichniss der Bibliothek des Schweizerischen Polytechnikums. Zürich 1856 (2. Aufl. 1857, 4. Aufl. 1866).

[Eidgenössische Polytechnische Schule (Hg.)?]: Katalog der Bibliothek des Eidgenössischen Polytechnikums in Zürich. 6. Aufl. Zürich 1896.

Eiselen, Fritz; Kirchbauer, [?]; Schnell, [?]: Verband deutscher Architekten- und Ingenieur-Vereine. Sitzungsbericht der XXXI. Abgeordneten-Versammlung in Augsburg vom 30. August 1902, in: DBZ 36 (1902), Nr. 72, S. 459–462.

Eisenlohr, Jakob Friedrich: Die Holzbauten des Schwarzwaldes. Karlsruhe 1853.

Emmert, Carl: Lehrbuch der gerichtlichen Medizin mit Berücksichtigung der deutschen, österreichischen und bernischen Gesetzgebung. Leipzig 1900.

Emperger, Fritz von: Eine Güteprobe für Eisen-Beton, in: Beton und Eisen 2 (1903), H. 2, S. 94–98.

Engel, Friedrich: Die Bauführung. Berlin 1881 (2. Aufl. 1885, 3. Aufl. 1899).

Engelhard, Johann Daniel Wilhelm Eduard: Baukunde oder Architektonische Constructions-Lehre (Neue Encyklopädie der Wissenschaften und Künste für die deutsche Nation, Bd. 6.2). Stuttgart 1852.

Engelmann, Godefroi u. a.: Lettres sur la Suisse. Accompagnées de vues dessinées d'après nature et lithographiées par M. Villeneuve. 5 Bde. Paris 1823–32.

Engels, Johann Adolf: Über Papier und einige andere Gegenstände der Technologie und Industrie. Duisburg/Essen 1808.

Esselborn, Karl (Hg.): Lehrbuch des Hochbaues. 2 Bde. Leipzig 1908 (2. Aufl. 1913–20, 3.–8. Aufl. 1922–26).

Essenwein, August von: Einleitung, in: ders.; Exner, Wilhelm Franz; Hauenschild, Hans u. a.: Einleitung. Die Technik der wichtigeren Baustoffe (HdA, T. 1, Bd. 1, 1. Hälfte). Darmstadt 1880, S. 1–50.

Essenwein, August von; Exner, Wilhelm Franz; Hauenschild, Hans u. a.: Einleitung. Die Technik der wichtigeren Baustoffe (HdA, T. 1, Bd. 1, 1. Hälfte). Darmstadt 1880 (3. Aufl. 1905).

Essenwein, August von: Die Ausgänge der classischen Baukunst. (Christlicher Kirchenbau). Die Fortsetzung der classischen Baukunst im oströmischen Reiche. (Byzantinische Baukunst) (HdA, T. 2, Bd. 3, 1. Hälfte). Darmstadt 1886.

Essenwein, August von: Die romanische und die gothische Baukunst. Die Kriegsbaukunst (HdA, T. 2, Bd. 4, H. 1). Darmstadt 1889.

Essenwein, August von: Die romanische und die gothische Baukunst. Der Wohnbau (HdA, T. 2, Bd. 4, H. 2). Darmstadt 1892.

Ewerbeck, Franz; Köpcke, Claus; Marx, Erwin u. a.: Sicherungen gegen Einbruch. Anlagen zur Erzielung einer guten Akustik. Glockenstühle. Sicherungen gegen Feuer, Blitzschlag, Bodensenkungen und Erderschütterungen. Stützmauern. Terrassen, Freitreppen und Rampen-Anlagen. Behandlung der Trottoire und Hofflächen. Vordächer. Besondere Constructionen für Eisbehälter (HdA, T. 3, Bd. 6). Darmstadt 1887.

Ewerbeck, Franz; Göller, Adolf; Schmitt, Eduard: Einfriedungen, Brüstungen und Geländer; Balcons, Altane und Erker. Gesimse (HdA, T. 3, Bd. 2, H. 2). Darmstadt 1891.

Fäsch, Rudolf Johann: Kurtze jedoch gründ- und deutliche Anfangs-Gründe zu der Fortification. Nürnberg 1725.
Flechtner, Fritz: Das Baugewerbe in Breslau, in: Untersuchungen über die Lage des Handwerks in Deutschland mit besonderer Rücksicht auf seine Konkurrenzfähigkeit gegenüber der Großindustrie, Bd. 9: Verschiedene Staaten (Schriften des Vereins für Socialpolitik, Bd. 70). Leipzig 1897, S. 377–427.
Fischer, Hermann; Salbach, Bernhard: Anlagen zur Versorgung der Gebäude mit Licht und Luft, Wärme und Wasser (HdA, T. 3, Bd. 4). Darmstadt 1881.
Fischer, Hermann: Künstliche Beleuchtung der Räume (HdA, T. 3, Bd. 4, Abschnitt 4A). Darmstadt 1881.
Fischer, Hermann: Heizung und Lüftung der Räume (HdA, T. 3, Bd. 4, Abschnitt 4B). Darmstadt 1881.
Flesche, Herman: Professor H. Pfeifer. Am 7. April 80 Jahre alt, in: Braunschweiger Tageblatt, 6./7. April 1939.
Foerster, Max: Betrachtungen über den Studiengang der Bauingenieure an den deutschen technischen Hochschulen, in: Armierter Beton 1 (1908), S. 23–27.
Franz (-Pascha), Julius: Die Baukunst des Islam (HdA, T. 2, Bd. 3, 2. Hälfte). Darmstadt 1887.
Franzius, [?] u. a.: Was willst du werden? Abt. 3: Die Berufsarten der Musik, des Schauspiels, der Malerei, Bildhauerei, Architectur und vervielfältigenden Künste. Darmstadt [ca. 1870].
Franzius, Ludwig; Heusinger von Waldegg, Edmund; Lincke, Felix, u. a. (Hg.): Handbuch der Ingenieurwissenschaften. 5 Bde. [später: Teile] und Ergänzungsband. Leipzig 1879–1925.
Frauenfelder, Gustav: Geschichte der gewerblichen Berufsbildung in der Schweiz. Luzern 1938.
Frézier, Amédée-François: La Théorie et la Pratique de la Coupe des Pierres et des Bois pour la Construction des Voûtes et autres Parties des Bâtiments Civils & Militaires, ou Traité de Stereotomie à l'Usage de l'Architecture. 3 Bde. Paris 1737–39.
Fritsch, Karl Emil Otto: Ein deutsches Architekturwerk, in: Deutsche Bauzeitung 16 (1882), S. 374–376.
Frontinus-Gesellschaft (Hg.): Wasserversorgung im antiken Rom. Sextus Iulius Frontinus, curator aquarum. 4. Aufl. München/Wien 1989.
G.: Hauptversammlung der Vereine für Ton-, Kalk-, Zement- und verwandte Gebiete, in: Zentralblatt der Bauverwaltung 23 (1903), Nr. 20, S. 126–127.
Gabriel, Friedrich: Was muss der Bauführer wissen und welche Fehler soll er vermeiden? Stuttgart 1912.
Gauthey, Emiland-Marie: Traité de la construction des ponts. 3 Bde. Paris 1809–13.
Gebhardt, Moritz: Die Bauführung (Der Unterricht an Baugewerkschulen, Bd. 9). Leipzig/Berlin 1906 (2. Aufl. 1913).
Geiser, Arnold; Ritter, Wilhelm; Schüle, François: Expertenbericht betreffend den Gebäude-Einsturz in der Aeschenvorstadt Basel am 28. August 1901. Zürich 1902.
Gerstner, Franz: Einleitung in die statische Baukunst. Prag 1789.
Geymüller, Heinrich von: Die Baukunst der Renaissance in Frankreich. Historische Darstellung der Entwickelung des Baustils (HdA, T. 2, Bd. 6, H. 1). Stuttgart 1898.
Geymüller, Heinrich von: Die Baukunst der Renaissance in Frankreich. Struktive und ästhetische Stilrichtungen. Kirchliche Baukunst (HdA, T. 2, Bd. 6, H. 2). Stuttgart 1901.
Geymüller, Heinrich von: Architektur und Religion. Gedanken über religiöse Wirkung der Architektur. Heinrich von Geymüllers nachgelassene Schriften, H. 1. Hg. v. Josef Durm. Basel 1911.
Gips-Union A.-G. Zürich (Hg.): Gips, Gipsprodukte und ihre Verwendung. Zürich 1909.
Girard, Pierre-Simon: Traité analytique de la résistance des solides et des solides d'égale résistance. Paris 1798 (Deutsch: Analytische Abhandlung von dem Widerstande fester Körper und von den festen Körpern von überall gleichem Widerstande: nebst einer Menge Versuche über die Stärke und specifische Elasticität des Eichen- und Fichtenholzes. Gießen 1803).
Gladbach, Ernst: Denkmäler der deutschen Baukunst, Bd. 3. Begonnen von Georg Moller. Leipzig/Darmstadt 1842–51.
Gladbach, Ernst: Der Schweizer Holzstyl in seinen cantonalen und constructiven Verschiedenheiten vergleichend dargestellt mit Holzbauten Deutschlands. Darmstadt 1868 (2. Serie 1882/83, 3. Aufl. 1. Serie Zürich 1893, 3. Aufl. 1. Serie und 2. Aufl. 2. Serie in einem Band 1897).
Gladbach, Ernst: Vorlegeblätter zur Bauconstructionslehre. Zürich 1868–70.
Gladbach, Ernst: Les constructions en bois de la Suisse. Relevées dans les divers cantons et comparées aux constructions en bois de l'Allemagne. Übers. v. Mr. Schacre und Henry de Suckau. Paris 1870.
Gladbach, Ernst: Die Holz-Architektur der Schweiz. Zürich 1876 (2. Aufl. 1885).
Gladbach, Ernst: Ansichten von der Schweiz. Landesausstellung Zürich 1883. o. O. [ca. 1883].
Gladbach, Ernst: Charakteristische Holzbauten der Schweiz vom 16. bis 19. Jahrhundert nebst deren inneren Ausstattung nach der Natur aufgenommen. Berlin 1893 (2. Aufl. 1898, 3. Aufl. 1906).
Goldmann, Nicolaus: Vollständige Anweisung zu der Civil Bau-Kunst. Wolfenbüttel 1696.
Gottgetreu, Rudolph: Lehrbuch der Hochbau-Konstruktionen. 5 Teile. Berlin 1880–90.
Gottgetreu, Rudolph: Physische und chemische Beschaffenheit der Baumaterialien. 2 Bde. Berlin 1880/81.
Gottl-Ottlilienfeld, Friedrich von: Wirtschaft und Technik (Grundriß der Sozialökonomik, Abt. 2: Die natürlichen und technischen Beziehungen der Wirtschaft, T. 2). 2. Aufl. Tübingen 1923.

Graf, Otto: Emil Mörsch †, in: Die Bautechnik 28 (1951), H. 2, S. 41.
Graf, Otto: Emil Mörsch †, in: VDI-Zeitschrift 93 (1951), Nr. 10, S. 262.
Graffenried, Carl Adolf von; Stürler, Ludwig Rudolf: Architecture Suisse ou choix des maisons rustiques des alpes du canton de Berne. Schweizerische Architektur oder Auswahl hölzerner Gebäude aus dem Berner Oberland. Bern 1844.
Grapow, Hermann: Zusammenstellung der Bestimmungen für das Bauwesen im preußischen Staate aus dem Jahre 1845–1852. Berlin 1852.
Grapow, Hermann: Anleitung zur Aufsicht bei Bauten. Berlin 1854 (2. Aufl. 1872).
G[ros?], J[acques?]: Professor E. Gladbach, in: Neue Zürcher Zeitung, 29. Dezember 1896.
Gros, Jacques (Hg.): Skizzen für Wohn- und Landhäuser, Villen etc. hauptsächlich Holzarchitekturen. Zweite Serie. Ravensburg 1900.
Grünwald, Ernst Friedrich; Gladbach, Ernst (Hg.): Ansichten von Darmstadt und seinen Umgebungen. Vues de Darmstadt et de ses environs. Darmstadt [ca. 1830].
Gugenhan, [?]: Beton-Brücke über die Donau bei Munderkingen, in: DBZ 28 (1894), Nr. 80, S. 493–498.
Gurlitt, Cornelius: Beiträge zur Bauwissenschaft. 24 Hefte. Berlin 1902–18.
Guth, Max (Hg.): Bauaufsicht und Bauführung. 3 Teile. 4. Aufl. Berlin 1908/09 [Neuaufl. von: Tolkmitt 1899].
Hahnloser, Hans: Joseph Zemp zum Gedächtnis, in: Das Werk 29 (1942), H. 9, S. 227–230.
Hager, Karl: Vorlesung über die Theorie des Eisenbetons. München 1916.
Hartmann, Alfred: Rückblicke. «Ich war und blieb ein Heide» (Veröffentlichungen der Zentralbibliothek Solothurn, Nr. 32). Solothurn 2011 [Integrale Transkription des Manuskripts S I 875 der Zentralbibliothek Solothurn].
Hasak, Max: Die romanische und die gotische Baukunst. Der Kirchenbau (HdA, T. 2, Bd. 4, H. 3). Stuttgart 1902.
Hasak, Max: Die romanische und die gotische Baukunst. Einzelheiten des Kirchenbaues (HdA, T. 2, Bd. 4, H. 4). Stuttgart 1903.
Hauenschild, Hans: Die Baustoffe im Allgemeinen, in: Essenwein, August von; Exner, Wilhelm Franz; Hauenschild, Hans u. a.: Einleitung. Die Technik der wichtigeren Baustoffe (HdA, T. 1, Bd. 1, 1. Hälfte). Darmstadt 1880, S. 55–59.
Hauenschild, Hans: Stein (HdA, T. 1, Bd. 1, 1. Hälfte, Abschnitt 1, Kap. 1). Darmstadt 1880.
Hauenschild, Hans: Beton (HdA, T. 1, Bd. 1, 1. Hälfte, Abschnitt 1, Kap. 4). Darmstadt 1880.
Hauenschild, Hans: Materialien des Ausbaues (HdA, T. 1, Bd. 1, 1. Hälfte, Abschnitt 2). Darmstadt 1880.
Haupt, Hermann (Hg.): Hessische Biographien, Bd. 1. Darmstadt 1918.
Heim, Albert: Sehen und Zeichnen. Vortrag gehalten auf dem Rathause zu Zürich, 1. Februar 1894. Basel 1894.
Henz, Ludwig: Praktische Anleitung zum Erdbau. Berlin 1856.
Hess, Friedrich: Konstruktion und Form im Bauen. Stuttgart 1943.
Hinträger, Karl: Gymnasien und Realschulen (HdA, T. 4, Halbbd. 6, H. 1, Kap. 9). 2. Aufl. Stuttgart 1903.
Hoch, Julius: Leitfaden des Eisenbetonbaues. Leipzig 1909.
Hochstetter, Jakob: Schweizerische Architektur, Abt. 1: Holzbauten des Berner Oberlandes, aufgenommen von C. Weinbrenner und J. Durm. Karlsruhe 1857.
Hoffmann-Krayer, Edmund: Rezension zu: Gladbach, Ernst: Charakteristische Holzbauten der Schweiz vom 16. bis 19. Jh., nebst deren inneren Ausstattung nach der Natur aufgenommen. 3. Aufl. Berlin 1906, in: Schweizerisches Archiv für Volkskunde/Archives suisses des traditions populaires 13 (1909), S. 68.
Holtzinger, Heinrich: Die altchristliche und byzantinische Baukunst (HdA, T. 2, Bd. 3, H. 1). 2. Aufl. Stuttgart 1899 (3. Aufl. Leipzig 1909).
Holz, Ferdinand Wilhelm: Holz-Architektur. Eine Sammlung praktischer Beispiele. 2. Aufl. Leipzig 1876.
Hübsch, Heinrich: Ueber griechische Architectur. Heidelberg 1822.
Hübsch, Heinrich: Vertheidigung der griechischen Architectur gegen A. Hirt. Heidelberg 1824.
Hübsch, Heinrich: In welchem Style sollen wir bauen? Karlsruhe, 1828.
Hunziker, Jakob: Das Schweizerhaus nach seinen landschaftlichen Formen und seiner historischen Entwicklung. Erster Abschnitt: Das Wallis. Aarau 1900.
Issel, Hans (Hg.): Das Handbuch des Bautechnikers. Eine übersichtliche Zusammenfassung der an Baugewerksschulen gepflegten technischen Lehrfächer, zum Gebrauche für Studierende und ausführende Bautechniker. 21 Bde. Leipzig 1899–1912.
Issel, Hans: Der Holzbau. Umfassend: Den Fachwerk-, Block-, Ständer- und Stabbau und deren zeitgemäße Wiederverwendung. Für den Schulgebrauch und die Baupraxis (Das Handbuch des Bautechnikers Bd. 8). Leipzig 1900 (Nachdruck Hannover 1985).
Jung, Johann Heinrich: Versuch eines Lehrbuchs der Fabrikwissenschaften. Nürnberg 1785.
K.: Die Ausstellung von Zeichnungen und Diplomarbeiten am eidg. Polytechnikum zu Ende des Wintersemesters 1901/1902, in: SBZ 39 (1902), Nr. 15, S. 165.
Karmarsch, Karl: Einleitung in die mechanischen Lehren der Technologie. 2 Bde. Wien 1825.
Karmarsch, Karl: Grundriß der mechanischen Technologie. Als Leitfaden für den technologischen Unterricht an polytechnischen Instituten und Gewerbeschulen. 2 Bde. Hannover 1837.

Karner, Leopold: Zur Erziehung des Architekten an den Techn. Hochschulen, in: SBZ 91 (1928), Nr. 22, S. 269–271.
Kayser, [Heinrich]: Theodor Landsberg †, in: Zentralblatt der Bauverwaltung 35 (1915), Nr. 87, S. 574–576.
Keller, J.: Album des Schweizerischen Architekten-Vereins. Eine Sammlung ausgeführter Gebäude mit Berücksichtigung der Details und Constructionen. Zürich [ca. 1850–60].
Kern, Johann Konrad: Rede des Präsidenten des schweizerischen Schulrathes, Dr. Kern, bei der Eröffnung der eidgen. polytechnischen Schule in Zürich, am 13. Oktober 1855, in: Neue Zürcher Zeitung, 15. Oktober 1855, Beilage.
Kersten, Carl: Der Eisenbetonbau. Ein Leitfaden für Baugewerkschulen und Baugewerksmeister. 2 Teile. Berlin 1906.
Kersten, Carl: Der Unterricht in «Eisenbeton» an Hoch- und Fachschulen, in: Beton und Eisen 5 (1906), H. 9, S. 239.
Kersten, Carl: a) Der Unterricht in «Eisenbetonbau» an den technischen Hochschulen. b) Der Unterricht in «Eisenbetonbau» an technischen Lehranstalten, in: Beton und Eisen 7 (1908), H. 3, S. 67–70.
Kersten, Carl: Construcciones de normigón armado. Barcelona 1925.
Kleinlogel, Adolf: Emil Mörsch †, in: Beton und Stahlbetonbau 46 (1951), H. 2, S. 25–26.
Knapp, Friedrich Ludwig: Lehrbuch der chemischen Technologie zum Unterricht und Selbststudium. 2 Bde. Braunschweig 1847.
Knöll, Karl: Die Bauführung. Leipzig 1910.
Koch, Alexander: Bericht über Gruppe 17: Keramik (Schweizerische Landesausstellung Zürich 1883. Fachberichte). Zürich 1884.
Koch, Hugo; Marx, Erwin; Schwering, Ludwig: Dachdeckungen. Verglaste Dächer und Dachlichter. Massive Steindächer. Nebenanlagen der Dächer (HdA, T. 3, Bd. 2, H. 5). Darmstadt 1894.
Koch, Hugo: Dachdeckungen; Nebenanlagen der Dächer (HdA, T. 3, Bd. 2, H. 5, Kap. 35–38; 41–44). Darmstadt 1894 (2. Aufl. Stuttgart 1899).
Koch, Hugo: Fenster, Thüren und andere bewegliche Wandverschlüsse (HdA, T. 3, Bd. 3, H. 1). Darmstadt 1896 (2. Aufl. Stuttgart 1901).
Koch, Hugo: Die Bauführung. Mit Einschluss der Baukostenberechnung der Baurüstungen und der Beförderungsmittel von Baustoffen auf der Baustelle (HdA, T. 1, Bd. 5). Stuttgart 1901 (2. Aufl. Leipzig 1912).
Koch, Hugo: Ausbildung der Fußboden-, Wand- und Deckenflächen (HdA, T. 3, Bd. 3, H. 3). Stuttgart 1903.
Koch, Hugo; Marx, Erwin: Sicherungen gegen Einbruch (HdA, T. 3, Bd. 6, Kap. 1). 3. Aufl. Stuttgart 1904.
Koch, Hugo; Wagner, Heinrich: Schankstätten und Speisewirtschaften. Kaffeehäuser und Restaurants; Öffentliche Vergnügungsstätten (HdA, T. 4, Halbbd. 4, H. 1, 1. Abschnitt, Kap. 1–3; 2. Abschnitt, Kap. 1–2). 3. Aufl. Stuttgart 1904.
Koch, Hugo: Gesimse (HdA, T. 3, Bd. 2, H. 2, Kap. 19–22). 3. Aufl. Leipzig 1914.
Koch, Martin: Vorwort, in: Schweizerischer Baukalender 9 (1888), Abt. 1 [S. V].
Koenen, Matthias: Berechnung der Stärke der Monierschen Cementplatten, in: Centralblatt der Bauverwaltung 6 (1886), Nr. 47, S. 462.
Kohlrausch, Friedrich: Lehrbuch der praktischen Physik. Hg. v. Emil Warburg. 12. Aufl. Leipzig/Berlin 1914.
Königlich Technische Hochschule zu Berlin (Hg.): Programm für das Studienjahr 1903–1904. Berlin 1903.
Koristka, Carl: Der höhere polytechnische Unterricht in Deutschland, in der Schweiz, in Frankreich, Belgien und England. Gotha 1863.
Krämer, Josef; Mayer, Philipp; Schmidt, Otto u. a.: Anlagen zur Vermittelung des Verkehres in den Gebäuden. Treppen und Rampen. Aufzüge. Sprachrohre; Haus- und Zimmer-Telegraphen (HdA, T. 3, Bd. 3, H. 2). Darmstadt 1892.
Kreuzkam, Theodor: Das Baugewerbe mit besonderer Rücksicht auf Leipzig, in: Untersuchungen über die Lage des Handwerks in Deutschland mit besonderer Rücksicht auf seine Konkurrenzfähigkeit gegenüber der Großindustrie, Bd. 9: Verschiedene Staaten (Schriften des Vereins für Socialpolitik, Bd. 70). Leipzig 1897, S. 543–628.
Krombholz, Julius Vincenz von (Hg.): Topographisches Taschenbuch von Prag zunächst für Naturforscher und Aerzte. Prag 1837.
Krones, Toni; Rambausek Edler von Rautenfels, Rudolf: Lothar Abel's Allgemeiner Bauratgeber. 2. Aufl. Wien/Leipzig 1908.
Krebs, Werner: Alte Handwerksbräuche mit besonderer Berücksichtigung der Schweiz. Basel 1933.
Krüger, J.; Posern, F.; Hilse, Carl: Bauführung und Baurecht (Bau-Polizey) (Handbuch der Baukunde, Abt. 1, Bd. 1, H. 1). Berlin 1887.
Kuder, Richard: Die Ausstellung von Zeichnungen und Diplomarbeiten am eidg. Polytechnikum zu Ende des Wintersemesters 1900/1901, in: SBZ 37 (1901), Nr. 15, S. 160–162.
Kühn, Joachim: Romantische Porträts aus Niedersachsen. Hannover 1916.
L.: Rezension zu: Gladbach, Ernst: Vorlegeblätter zur Bauconstructionslehre. Zürich 1868–70, in: DBZ 3 (1869), Nr. 1, S. 9.
Lambert, André; Stahl, Eduard: Die Garten-Architektur (HdA, T. 4, Halbbd. 10). Stuttgart 1898.
Landsberg, Theodor: Die Statik der Hochbau-Constructionen (HdA, T. 1, Bd. 1, 2. Hälfte). 2. Aufl. Darmstadt 1889.

Landsberg, Theodor; Schmitt, Eduard: Dächer im Allgemeinen. Dachformen. Dachstuhl-Constructionen (HdA, T. 3, Bd. 2, H. 4). Stuttgart 1897.
Landsberg, Theodor: Der Brückenbau. Leipzig 1904.
Landsberg, Theodor: Das Verfahren der Einflußlinie. 7. Aufl. Berlin 1920.
Lange, Walther: Die Laufbahnen der Techniker im Deutschen Reich, in den Bundesstaaten, in der Schweiz und in Österreich. Ein Handbuch für Lehranstalten, Behörden, Eltern, und Vormünder. 2 Bde. Bremen 1899–1901.
Langsdorf, Karl Christian: Entwurf zu Vorlesungen über mehrere dem Kameralisten und Technologen wichtige Gegenstände, T. 1. Altenburg 1798.
Lasius, Georg: Die Baukunst in ihrer chronologischen und constructiven Entwicklung. Dargestellt und erläutert durch eine Auswahl charakteristischer Denkmale vom Alterthum bis auf die Neuzeit mit Rücksicht auf das Bedürfniss unserer Zeit für Bauleute, Kunstfreunde & Lehranstalten. Darmstadt 1863–68.
Lasius, Georg: [Nekrolog] Prof. Ernst Gladbach, in: SBZ 29 (1897), Nr. 3, S. 15–18.
Lasius, Georg: Zwei Radierungen von Prof. Ernst Gladbach, in: SBZ 30 (1897), Nr. 25, S. 192; Nr. 26, S. 198–199.
Lauffer, Otto: Über deutsche Bauordnungen und ihre Bedeutung für die Erforschung des Bürgerhauses in Deutschland, in: Zeitschrift für Geschichte der Architektur 7 (1919), S. 148–159.
Lechlern [auch Lecher oder Lacher genannt], Lorenz: Des Meister L. Lacher Unterweisungen, in: Reichensperger, August (Hg.): Vermischte Schriften über christliche Kunst. Leipzig 1856, S. 133–167.
Leclerc de Buffon, Georges-Louis: Expériences sur la force du bois, in: Mémoires de l'Academie Royale des Sciences (1740), S. 453–467; Mémoires de l'Academie Royale des Sciences (1741), S. 292–334.
Leclerc de Buffon, Georges-Louis: Histoire naturelle, générale et particulière. 15 Bde. Paris 1749–1767.
Leclerc de Buffon, Georges-Louis: Erfahrungen von der Stärke des Holzes; durch den Herren Buffon, in: Kaestner, Abraham Gotthelf; Unzer, Johann August (Hg.): Hamburgisches Magazin, oder gesammlete Schriften, zum Unterricht und Vergnügen, aus der Naturforschung und den angenehmen Wissenschaften überhaupt. Bd. 5. Hamburg/Leipzig 1750, 1. Stück, S. 179–201; 3. Stück, S. 506–566.
Lehmann, Wilhelm Ludwig: Professor Ernst Gladbach (Neujahrsblatt der Kunstgesellschaft in Zürich, N. F. Bd. 58). Zürich 1898.
[Lemma] Lehrbuch, in: Adelung, Johann Christoph: Grammatisch-kritisches Wörterbuch der Hochdeutschen Mundart, mit beständiger Vergleichung der übrigen Mundarten, besonders aber der Oberdeutschen, T. 2. Leipzig 1796, S. 1984.
[Lemma] Lehrbuch, in: Krünitz, Johann Heinrich Georg: Oekonomisch-technologische Encyklopädie, oder allgemeines System der Stats- Stadt- Haus- und Land-Wirthschaft, und der Kunst-Geschichte in alphabetischer Reihenfolge, Bd. 70. Berlin 1796, S. 320.
[Lemma] Lehrbuch, in: Pierer, Heinrich August: Pierer's Universal-Lexikon der Vergangenheit und Gegenwart oder Neuestes encyclopädisches Wörterbuch der Wissenschaften, Künste und Gewerbe, Bd. 10. 4. Aufl. Altenburg 1860, S. 232.
[Lemma] Lehrbuch, in: Georges, Karl Ernst: Kleines Deutsch-Lateinisches Handwörterbuch. Hannover 1911 (Nachdruck Darmstadt 1982), Sp. 1571.
Leibbrand, Karl von: Gewölbte Brücken (Fortschritte der Ingenieurwissenschaften. Gruppe 2: Fachwissen des Bauingenieurs, H. 7). Leipzig 1897.
Leupold, Jacob: Theatrum Machinarium Oder: Schau-Platz der Hebe-Zeuge [...] Ein Werck so allen Architectis, Ingenieurs [...]. Leipzig 1725.
Lindheimer, Otto: Turnanstalten (HdA, T. 4, Halbbd. 6, H. 1, Kap. 15). 2. Aufl. Stuttgart 1903.
Linné, Carl von: Gattungen der Pflanzen und ihre natürliche Merkmale, nach der Anzahl, Gestalt, Lage und Verhältniß aller Blumentheile. Übers. v. Johann Jakob Planer. 2 Bde. Gotha 1775.
Lipsius, Constantin: Gottfried Semper in seiner Bedeutung als Architekt. Berlin 1880 (Separatdruck aus: DBZ 14 (1880)).
Lohde: Rezension zu: Gladbach, Ernst: Der Schweizer Holzstyl in seinen cantonalen und constructiven Verschiedenheiten vergleichend dargestellt mit Holzbauten Deutschlands. Darmstadt 1868, in: Zeitschrift für Bauwesen 18 (1868), Sp. 607–612.
Lossow, Paul von: Zur Frage der Ingenieur-Ausbildung. München 1899 (Separatdruck aus: Hochschul-Nachrichten 9 (1899), Nr. 4, S. 75–82).
Lübke, Wilhelm: Abriß der Geschichte der Baukunst. Unter Zugrundelegung seines größeren Werkes als Leitfaden für Studirende des Baufachs bearbeitet. Essen 1861.
Lübke, Wilhelm: Die Geschichte der Plastik von den ältesten Zeiten bis auf die Gegenwart. Leipzig 1863.
Lübke, Wilhelm: Denkmäler der Kunst. Zur Uebersicht des Entwicklungsganges der bildenden Künste von den frühesten Werken bis auf die neuere Zeit. Stuttgart 1864.
Lübke, Wilhelm: Grundriss der Kunstgeschichte. 2. Aufl. Stuttgart 1864.
Lübke, Wilhelm: Geschichte der Architektur von den ältesten Zeiten bis auf die Gegenwart. 3. Aufl. Leipzig 1865.
Lunge, Georg: Chemische Technologie der Baumaterialien, nach Vorträgen von Georg Lunge. Autograph der Vorlesung. Zürich 1882.
Lunge, Georg: Die Vorbildung auf Gymnasien und Realschulen zu wissenschaftlichen und technischen Studien, in: Zeitschrift des Vereins deutscher Ingenieure 29 (1885), H. 44, S. 834–857.

Lütze, [Max?]: Prof. Dr.-Ing. Mörsch †, in: Fundamente 3 (1951), H. 3, S. 30–31.
M.: Die Ausstellung von Zeichnungen und Diplomarbeiten am eidg. Polytechnikum zu Ende des Wintersemesters 1900/1901, in: SBZ 37 (1901), Nr. 15, S. 160–161.
Manger, Heinrich Ludewig: Die ökonomische Bauwissenschaft zum Unterricht für den Landmann. Leipzig 1785.
Manger, Julius: Hülfsbuch zur Anfertigung von Bau-Anschlägen und Feststellung von Bau-Rechnungen. Berlin 1853 (2. Aufl. 1858–60, 3. Aufl. 1866, 4. Aufl. 1878–84).
Marbach, Oswald: Die Bedeutung der Technologie überhaupt und insbesondere als Gegenstand akademischen Studiums. Leipzig 1850.
Marx, Erwin: Constructions-Elemente in Stein (HdA, T. 3, Bd. 1, Abschnitt 1) 2. Aufl. Darmstadt 1891.
Marx, Erwin: Wände und Wandöffnungen (HdA, T. 3, Bd. 2, H. 1). Darmstadt 1891.
Meinert, Friedrich: Der Terrassierer oder die Kunst, Terrassen und andere abgedachte Erdwände mit Erde, Rasen und mit trockenem Mauerwerke zu bekleiden. Für Landgutbesitzer, Garteneigenthümer, Kunstgärtner, Weinbauer und gemeine Erdarbeiter. Weimar 1803.
Mendelejew, Dmitri Iwanowitsch: Ueber die Bedeutung der Eigenschaften zu den Atomgewichten der Elemente, in: Zeitschrift für Chemie 12 (1869), N. F. Bd. 5, S. 405.
Mendelejew, Dmitri Iwanowitsch: Grundlagen der Chemie. Übers. v. L. Jawein und A. Thillot. St. Petersburg 1891 (Erstausgabe: Osnovy chimii. 2 Bde. St. Petersburg 1869–71).
Meyer, Franz Sales: Die Bau- und Kunstzimmerei mit besonderer Berücksichtigung der äusseren Form. Leipzig 1893.
Meyer, Gustav: Bauleitung (HdI, T. 1, Abt. 1, Kap. 4 [3. Aufl. Bd. 1, Abt. 1, Kap. 2]). 2. Aufl. Leipzig 1883 (3. Aufl. 1898 [mit Breuer]).
Meyer, Peter: Wert und Unwert der Historie für den Architekten, in: SBZ 91 (1928), Nr. 12, S. 147–148.
Meyer, Peter: Rezension zu: Stockmeyer, Ernst: Gottfried Sempers Kunsttheorie. Zürich 1939, in: Das Werk 27 (1940), H. 6, S. 159–160.
Moller, Georg: Denkmäler der deutschen Baukunst. 3 Bde. Darmstadt/Leipzig 1815–51.
Moller, Georg: Beiträge zu der Lehre von den Construktionen. 7 Hefte. Darmstadt/Leipzig 1833–44.
Moller, Georg: Denkmäler der deutschen Baukunst. Hg. v. Friedrich Maximilian Hessemer, Bd. 1. 4. Aufl. Frankfurt (Main) 1852.
Monge, Gaspard: Géométrie descriptive. Paris 1798.
Mörsch, Emil: Zur Berechnung der Knickfestigkeit gegliederter Steinpfeiler, in: DBZ 33 (1899), Nr. 94, S. 590–592.
Mörsch, Emil: Bestimmung der Stärke von Brückengewölben mit drei Gelenken, in: Zeitschrift für Architektur und Ingenieurwesen 46 (1900), H. 2, Sp. 175–194.
Mörsch, Emil: Nebenspannungen in Brückengewölben mit drei Gelenken, in: Zeitschrift für Architektur und Ingenieurwesen 46 (1900), H. 2, Sp. 193–202.
Mörsch, Emil: Die Schubfestigkeit des Betons, in: Beton und Eisen 1 (1902), H. 5, S. 11–12.
Mörsch, Emil: Theorie der Eisenbetonkonstruktionen, in: Wayss & Freytag A. G.: Der Betoneisenbau, seine Anwendung und Theorie. Theoretischer Teil bearbeitet von Regierungsbaumeister Emil Mörsch. Ohne Ort [Neustadt an der Haardt] 1902, S. 49–111.
Mörsch, Emil: Theorie der Eisenbetonkonstruktionen (Sonderdruck). München [1902?].
Mörsch, Emil: Theorie der Betoneisenkonstruktionen [Vortragsprotokoll], in: Deutscher Beton-Verein (Hg.): Bericht über die VI. Haupt-Versammlung des Deutschen Beton-Vereins am 20. und 21. Februar 1903. Berlin 1903, S. 105–128.
Mörsch, Emil: Theorie der Betoneisenkonstruktionen (Vortrag gehalten im Deutschen Betonverein am 21. Februar 1903 in Berlin), in: DBZ 37 (1903), Nr. 33, S. 210–214; Nr. 35, S. 223–227; Nr. 36, S. 231–234.
Mörsch, Emil: Theorie der Betoneisenkonstruktionen. Vortrag gehalten im Deutschen Betonverein am 21. Februar 1903, in: Zentralblatt für das deutsche Baugewerbe 2 (1903), Nr. 23, S. 178–181; Nr. 24, S. 186–188; Nr. 26, S. 205–206; Nr. 28, S. 218–220; Nr. 29, S. 231–232; Nr. 32, S. 253–254.
Mörsch, Emil: XV. Theorie der Betoneisenkonstruktionen (Vortrag gehalten an: Deutscher Beton-Verein. VI. Hauptversammlung am 20.–21. Februar 1903), in: Tonindustrie-Zeitung 27 (1903), Nr. 87, S. 1387–1390; Nr. 90, S. 1421–1424.
Mörsch, Emil: Die Isarbrücke bei Grünwald, in: SBZ 44 (1904), Nr. 23, S. 263–267; Nr. 24, S. 279–283.
Mörsch, Emil (Hg.): Der Eisenbetonbau. Seine Theorie und Anwendung. Mit Versuchen und Bauausführungen der Firma Wayss & Freytag A.-G. 3. vollst. neu bearb. u. verm. Aufl. Stuttgart 1908 (4. Aufl. 1912, 5. Aufl. 1920–38, 6. Aufl. 1923–29).
Mörsch, Emil: [Nekrolog] Professor Dr. W. Ritter, in: SBZ 48 (1906), Nr. 17, S. 206–208.
Mörsch, Emil (Hg.): Concrete-Steel Construction (Der Eisenbetonbau). Übers. v. E. P. Goodrich. New York 1909.
Mörsch, Emil (Hg.): Le Béton Armé. Étude Théorique et Pratique. Avec Essais et Constructions de la Maison Wayss et Freytag à Neustadt. Übers. v. Max Dubois. Paris/Lüttich 1909.
Mörsch, Emil (Hg.): Teoria e pratica del cemento armato. Con ricerche ed esempi costruttivi della Wayss & Freytag A. G. e della Soc. An. Ital. «Ferrobeton» Genova–Milano–Napoli. Übers. v. M. Viscardini. Mailand 1910.

Mörsch, Emil (Hg.): Der durchlaufende Träger. Statische Berechnung des durchlaufenden Trägers mit konstantem und veränderlichem Trägheitsmoment, frei aufliegend und mit elastisch eingespannten Stützen, sowie der Stockwerkrahmen. Stuttgart 1928 (2. Aufl. 1938).

Mörsch, Emil (Hg.): Statik der Gewölbe und Rahmen. 2 Teile. Stuttgart 1947.

Mörsch, Emil; Deininger, Karl (Hg.): Die Bemessung im Eisenbetonbau. Auf Grund der Bestimmungen des Deutschen Ausschusses für Stahlbeton, DIN 1045 vom Jahr 1943. 2. Bde. 5. Aufl. Stuttgart 1950.

Mörsch, Emil; Bay, Hermann; Deininger, Karl; Leonhardt, Fritz: Brücken aus Stahlbeton und Spannbeton. 2 Bde. 6. Aufl. Stuttgart 1958–68.

Mothes, Oscar (Hg.): Illustriertes Bau-Lexicon. Praktisches Hülfs- und Nachschlagebuch im Gebiete des Hoch- und Flachbaues, Land- und Wasserbaues, Mühlen- und Bergbaues, der Schiffs- und Kriegsbaukunst. 3 Bde. 2. Aufl. Leipzig 1863–68 (3. Aufl. Leipzig/Berlin 1874–77, 4. Aufl. 1881–84).

Mühlenpfordt, Carl: Die Architektur und die technische Hochschule. Professor Karl Mühlenpfordt zur Hochschulfeier der Technischen Hochschule Braunschweig am 18. Januar 1923. Manuskriptdruck. Braunschweig 1923.

Nantke, P.: Bauführung (Bibliothek der gesamten Technik, Bd. 98). Hannover 1908.

Natorp, Adelbert; Emperger, Friedrich von: Bestimmungen für die Ausführung von Eisenbetonbauten (Handbuch für Eisenbetonbau, Bd. 4: Bauausführungen aus dem Hochbau und Baugesetze, T. 3). Berlin 1909.

Niggli, Paul: Reine und angewandte Naturwissenschaft, in: ders.: Schulung und Naturerkenntnis. Zürich 1945, S. 142–160.

Nitzsche, Hans: Bauführung und Veranschlagen bei Ingenieurbauten. Leipzig 1913.

Oechsli, Wilhelm: Geschichte der Gründung des Eidg. Polytechnikums mit einer Uebersicht seiner Entwickelung 1855–1905 (Festschrift zur Feier des fünfzigjährigen Bestehens des Eidg. Polytechnikums, Bd. 1). Frauenfeld 1905.

Oldenberg, Karl: Das Deutsche Bauhandwerk der Gegenwart. Berlin 1888.

Oppermann, Ludwig: Allgemeine und Technische Bedingungen für die Verdingung und Ausführung von Arbeiten und Lieferungen zu Ingenieur-Bauten. Leipzig 1895.

Orell Füssli & Co.: Allen Freunden der vaterländischen Baukunst [Anzeige], in: Die Eisenbahn/Le chemin de fer 17 (1882), Nr. 10, o. S.

Organisationskomitee für die Veranstaltungen zum fünfundsiebzigjährigen Bestehen des Technikums (Hg.): 75 Jahre Technikum Winterthur. 1874–1949. Winterthur 1949.

Ostendorf, Friedrich: Die Geschichte des Dachwerks. Erläutert an einer grossen Anzahl mustergültiger alter Konstruktionen. Leipzig 1908 (Nachdruck Hannover 1982).

Ostendorf, Friedrich: Sechs Bücher vom Bauen, enthaltend eine Theorie des architektonischen Entwerfens. Berlin 1913–20.

Ostwald, Wilhelm: Wissenschaftliche Massenarbeit, in: ders.: Forschen und Nutzen. Wilhelm Ostwald zur wissenschaftlichen Arbeit anlässlich seines 125. Geburtstages aus seinen Schriften ausgewählt, zusammengestellt und bearbeitet von Günter Lotz, Lothar Dunsch, Uta Kring. Berlin 1978, S. 147–161.

Ostwald, Wilhelm: Lehrbuch der allgemeinen Chemie. 2 Bde. Leipzig 1885–87.

Penrose, Francis Cranmer: An Investigation of the Principles of Athenian Architecture. London 1851.

Perronet, Jean-Rodolphe: Description des projets et de la construction des ponts de Neuilli, de Mante, d'Orléans, de Louis XVI, etc. On y a ajouté le projet du canal de Bourgogne, pour la communication des deux mers par Dijon; et de celui de la conduite des eaux de l'Yvette et de la Bievre à Paris. Paris 1788.

Pestalozzi, Karl: Verbauung der Wildbäche und Regulierung der Gebirgsflüsse (HdI, Bd. 3, Kap. 10 [2. Aufl.: Abt. 2, Kap. 12]). Leipzig 1879 (2. Aufl. 1882).

Pestalozzi, Karl: Stauwerke (HdI, Bd. 3, Kap. 7 [2. Aufl.: Abt. 1, Kap. 7]). Leipzig 1879 (2. Aufl. 1883).

Petry, Wilhelm: Betonwerkstein und künstlerische Behandlung des Betons. Berlin 1913.

Petry, Wilhelm: Kommerzienrat Dr.-Ing. E. H. Conrad Freytag †, in: Bauingenieur 2 (1921), H. 14, S. 396–397.

Pfeifer, Hermann: Formenlehre des Ornaments (HdA, T. 1, Bd. 3). Stuttgart 1906.

Pohl, Friedrich: Lehrbuch der landwirthschaftlichen Technologie. Leipzig 1826.

Poleni, Giovanni: Memorie istoriche della gran cupola del Tempio Vaticano. Padua 1748.

Polytechniker-Ingenieur-Verein (Hg.): Bauconstructions-Lehre I. Theil nach Vorträgen von Prof. Recordon. Zürich 1892.

Polytechniker-Ingenieur-Verein (Hg.): Bauconstructionslehre von Prof. B. Recordon. Bau. Zürich 1898.

Prechtl, Johann Josef (von) (Hg.): Technologische Encyklopaedie oder alphabetisches Handbuch der Technologie, der technischen Chemie und des Maschinenwesens. 33 Bde. Stuttgart 1830–69.

Preuß, Martin: Die Ausführung von Eisenbetonbauten als Leitfaden für den Unterricht an Baugewerkschulen (Der Unterricht an Baugewerkschulen, Bd. 33). Leipzig 1912.

Prittwitz und Gaffron, Moritz Karl Ernst von: Ueber die Leitung großer Bauten mit besonderer Beziehung auf die Festungsbauten von Posen und Ulm. Berlin 1860.

Programm der eidgen. polytechnischen Schule, von: Sommersemester 1857 – Sommersemester 1911.

Programm der eidgen. technischen Hochschule, von: Wintersemester 1911/12 – Sommersemester 1922.
Programm der Königlichen Technischen Hochschule zu Hannover für das Studienjahr 1908–1909. Hannover 1908.
Programm und Stundenplan [Eidgenössische Technische Hochschule], von: Wintersemester 1922/23 – Wintersemester 1929/30.
Quesnay, François: Tableau économique, et maximes générales du governement économiques. Versailles 1758.
Quesnay, François: Analyse de la formule arithmétique du Tableau économique de la distribution des dépenses annuelles d'une Nation agricole, in: Journal de l'agriculture, commerce, arts et finances 5 (1766), T. 3, S. 11–41.
Quesnay, François: Analyse des ökonomischen Tableaus, in: ders.: Ökonomische Schriften. Übers. v. Marguerite Kuczynski. Bd. 2.1. Berlin 1976, S. 79–108.
Quatremère de Quincy, Antoine Chrysostome (Hg.): Encyclopédie méthodique. Architecture. 3 Bde. Paris 1788–1825.
R.: Kleinere Nachrichten [Nachruf Gladbach], in: Anzeiger für schweizerische Alterthumskunde 8 (1896), H. 1, S. 38.
Rambert, Eugène: Les Alpes Suisses. Paris/Genf 1866.
Réaumur, René-Antoine Ferchault de: Versuche, zu erkennen, ob die Stärke eines aus vielen zusammen gedrehten Seiles größer sey, als die Stärke der einzelnen Seile, daraus es besteht, in: Der Königl. Akademie der Wissenschaften in Paris Physische Abhandlungen, Vierter Theil, welcher die Jahre, 1711, 1712, 1713, 1714, 1715 in sich hält. Übers. v. Wolf Balthasar Adolph von Steinwehr. Breslau 1750, S. 147–156.
Recordon, Benjamin: Das Ziegeldach in seiner historischen und technischen Entwicklung. Zürich 1915.
Redtenbacher, Ferdinand: Prinzipien der Mechanik und des Maschinenbaues. Mannheim 1852 (2. Aufl. 1859).
Redtenbacher, Rudolf: Wie lernt und wie lehrt man die Baukunst?, in: DBZ 13 (1879), Nr. 39, S. 197–199; Nr. 41, S. 207–210; Nr. 43, S. 217–220.
Redtenbacher, Rudolf: Rezension zu: Durm, Josef: Die Baukunst der Griechen (HdA, T. 2, Bd. 1). Darmstadt 1881, in: Allgemeine Bauzeitung 46 (1881), S. 91–93.
Reihling, [Albert?]: Versuche über die Druckfestigkeit und Elastizität von Steinen, Mörtel, Mauerwerks- und Betonkörpern, in: DBZ 29 (1895), Nr. 55, S. 343–346.
Rektor und Senat der TH Hannover (Hg.): 100 Jahre Technische Hochschule Hannover. Festschrift zur Hundertjahrfeier am 15. Juni 1931. Hannover 1931.
Reye, Theodor: Die Geometrie der Lage. Vorträge. 2 Abt. Hannover 1866–68.
Riehl, Wilhelm Heinrich: Naturgeschichte des deutschen Volkes als Grundlage einer deutschen Social-Politik. 4 Bde. Stuttgart 1851–69.
Riehl, Wilhelm Heinrich: Der Kampf des Schriftstellers und des Gelehrten, in: ders.: Freie Vorträge. Erste Sammlung. Stuttgart 1873, S. 3–29.
Ringhoffer, Emanuel: Lehre vom Hochbau. Brünn 1862 (2. Aufl. 1876).
Ritter, Karl Wilhelm: Die elastische Linie und ihre Anwendung auf den continuirlichen Balken. Ein Beitrag zur graphischen Statik. Zürich 1871.
Ritter, Karl Wilhelm: Der elastische Bogen berechnet mit Hülfe der graphischen Statik. Zürich 1886.
Ritter, Karl Wilhelm: La ligne élastique et son application à la poutre continue traitée par la statique graphique. Paris 1886.
Ritter, Karl Wilhelm: Rede gehalten von Herrn Prof. W. Ritter, Director des eidg. Polytechnikums bei der Trauerfeierlichkeit für Herrn Oberst Karl Pestalozzi [...], in: SBZ 17 (1891), Nr. 4, S. 19–20.
Ritter, Karl Wilhelm: Die Bauweise Hennebique, in: SBZ 33 (1899), Nr. 5, S. 41–43; Nr. 6, S. 49–52; Nr. 7, S. 59–61.
Ritter, Karl Wilhelm: Anwendungen der graphischen Statik nach Prof. Dr. C. Culmann. 4 Teile. Zürich 1888–1906.
Röttinger, Josef: Die Bauführung. Abfassung und Ausfertigung von Projecten, Veranschlagung derselben, Bauvergebung, Bauübernahme, Bauführung im engeren Sinne und Bauabrechnung, H. 1: Anfertigung von generellen Projecten. Wien 1890.
Röttinger, Josef: Baubetriebslehre (Die gesamte Hochbaukunde für Schule und Praxis. Hg. v. A. Romstorfer, Bd. 14). Wien/Leipzig 1916.
Rohn, Arthur: Konstruktionsfragen «modernen» Bauens, in: SBZ 91 (1928), Nr. 2, S. 13–14.
Rondelet, Jean-Baptiste: Mémoire sur l'architecture considérée généralement, avec des observations sur l'administration relative à cet art, et le project d'une École pratique qui serait chargée de tous les ouvrages publics. Ohne Ort 1790.
Rondelet, Jean-Baptiste: Traité théorique et pratique de l'art de bâtir. 7 Bde. Paris 1802–17 (2. Aufl. 1805–17, 3. Aufl. 1808–17, 4. Aufl. 1812–17, 5. Aufl. 1827–29, 6. Aufl. 1830–32, weitere Aufl. bis 1858).
Rondelet, [Jean-Baptiste; hier:] Giovanni: Trattato teorico e pratico dell'arte di edificare. Übers. v. Basilio Soresina. 5 Bde. Mantua 1831–35 (Erstausgabe: Traité théorique et pratique de l'art de bâtir. 7 Bde. Paris 1802–17; Übers. nach 6. Aufl.).
Rondelet, Jean-Baptiste: Theoretisch-praktische Anleitung zur Kunst zu bauen. Mit den 210 Kupfern der Pariser Original-Ausgabe. Übers. v. Carl Heinrich Distelbarth und Johann Friedrich Christian Hess. 5 Bde. Leipzig/Darmstadt 1833–36 (Erstausgabe: Traité théorique et pratique de l'art de bâtir. 7 Bde. Paris 1802–17; Übers. nach 5. Aufl.).
Rößle, Karl: Der Eisenbetonbau (Sammlung Göschen, Bd. 349). Leipzig 1907.

Rousseau, Jean-Jacques: Schriften zur Kulturkritik. Über Kunst und Wissenschaft / Discours sur les sciences et les arts (1750). Über den Ursprung der Ungleichheit unter den Menschen / Discours sur l'origine de l'inégalité parmi les hommes (1755). Übers. v. Kurt Weigand (Philosophische Bibliothek, Bd. 243). 3. Aufl. Hamburg 1978.
Salbach, Bernhard: Die Wasserleitung in ihrem Bau und ihrer Verwendung in Wohngebäuden. Halle (Saale) 1870.
Salbach, Bernhard: Wasserversorgung der Gebäude (HdA, T. 3, Bd. 4, Abschnitt 4C). Darmstadt 1881.
Salvisberg, Otto Rudolf: Architektenschule, in: Werk 16 (1929), S. 209.
Salvisberg, Otto Rudolf: Zur Reorganisation der Architektenschule an der E.T.H., in: SBZ 96 (1930), Nr. 18, S. 220.
Sax, Franz: Praktischer Unterricht zur Berechnung aller Bestandtheile eines jeden Gebäudes. 2 Bde. Wien 1803–11.
Sax, Franz: Bau-Technologie und Bau-Oekonomie, oder faßliche Belehrung über alle bey einem Gebäude nothwendigen Materialien [...]. 4 Bde. Wien 1814 (2. Aufl. 1843).
Schaal, [?]: Präsident von Leibbrand †, in: DBZ 32 (1898), Nr. 25, S. 157–160.
Schindler, Arnold: Der Wasserbau und die Bundesfinanzen oder Wie können Millionen gespart werden. Basel 1899.
Schindler-Escher, Caspar (Hg.): «Klein aber Mein». Sieben Projekte für einzeln stehende Häuschen mit Stall im Werthe von vier bis fünftausend Franken. Zürich 1886.
Schindler-Escher, Caspar (Hg.): Bericht über drei bei Zürich gebaute Familienhäuschen mit Grundrissen und Perspektiven. Zürich 1887.
Schinkel, Karl Friedrich: Das Architektonische Lehrbuch. Herausgegeben und kommentiert von Goerd Peschken. München/Berlin 1979.
Schlierholz, Josef: Handbuch zur Ermittlung der Bauhandwerks-Arbeiten und zur Anfertigung von Bauanschlägen. Stuttgart 1846.
Schlierholz, Josef: Bauvorschriften für die beim Hoch- und Strassenbau vorkommenden Bauarbeiten, nebst einer Instruktion für Bauführer. Stuttgart 1847.
Schlierholz, Josef: Uber Beton-Verwendung zu Hochbauzwecken, hauptsächlich zu ganzen Gebäuden, in: Allgemeine Bauzeitung 35 (1870), S. 260–265.
Schlierholz, Josef: Holzbauten der Königlich Württembergischen Donau-, Allgäu- und Hohenzollern-Bahn. Stuttgart 1876.
Schlierholz, Josef: Atlas zu den Vorträgen über Hochbaukunde an der Universität Tübingen. Tübingen 1883.
Schmarsow, August: Das Wesen der architektonischen Schöpfung. Leipzig 1894.
Schmid, Carl: Was muss der Tiefbautechniker als Bauführer wissen und welche Fehler soll er vermeiden? Stuttgart 1913.
Schmitt, Eduard: Niedere technische Lehranstalten und gewerbliche Fachschulen (HdA, T. 4, Halbbd. 6, H. 1, Kap. 8). 2. Aufl. Stuttgart 1903.
Schmitt, Eduard: Mittlere technische Lehranstalten. Höhere Mädchenschulen. Sonstige höhere Lehranstalten (HdA, T. 4, Halbbd. 6, H. 1, Kap. 10–12). 2. Aufl. Stuttgart 1903.
Schmitt, Eduard; Lang, Heinrich: Lehrer- und Lehrerinnenseminare (HdA, T. 4, Halbbd. 6, H. 1, Kap. 14). 2. Aufl. Stuttgart 1903.
Scholtz, A.: Verschiedene Constructionen (Allgemeine Bau-Constructions-Lehre, T. 4). 2. Aufl. Stuttgart 1881 [Neubearbeitung von: Breymann, Gustav Adolf: Allgemeine Bau-Constructions-Lehre mit besonderer Beziehung auf das Hochbauwesen. Ein Leitfaden zu Vorlesungen und zum Selbstunterrichte, T. 4: Schluss des Werkes. Stuttgart 1863].
Scholtz, A.: Die Constructionen des Grundbaues und die Bauführung mit besonderer Berücksichtigung auf das Hochbauwesen. Stuttgart 1881 (Separatdruck aus: ders.: Verschiedene Constructionen (Allgemeine Bau-Constructions-Lehre, T. 4). 2. Aufl. Stuttgart 1881).
Scholtz, A.: Handbuch der Feuerungs- und Ventilations-Anlagen. Stuttgart 1881 (Separatdruck aus: ders.: Verschiedene Constructionen (Allgemeine Bau-Constructions-Lehre, T. 4). 2. Aufl. Stuttgart 1881).
Scholtz, A.: Construction und Anlage der Gas- und Wasserleitungen in Gebäuden. Leipzig 1881 (Separatdruck aus: ders.: Verschiedene Constructionen [Allgemeine Bau-Constructions-Lehre, T. 4]. 2. Aufl. Stuttgart 1881).
Schreiber, Guido: Lehrbuch der Darstellenden Geometrie nach Monge's Géométrie descriptive. Karlsruhe 1828/29.
Schreiber, Guido: Das technische Zeichnen. Praktische Anleitung für Architekten, Techniker, Mechaniker und Bauhandwerker, insbesondere für Bau- und Gewerbschulen (Die Schule der Baukunst, Vorschule). 3 Klassen. Leipzig 1861–68.
Schüle, François: Schweizerischer Ingenieur- und Architekten-Verein. Provisorische Normen für die Projektierung, Ausführung und Kontrolle von Bauten in armiertem Beton. Erläuterungsbericht, in: SBZ 43 (1904), Nr. 12, S. 150–152.
Schwatlo, Carl: Handbuch zur Beurtheilung und Anfertigung von Bauanschlägen. Halle (Saale) 1865 (4. Aufl. 1866, 5. Aufl. 1866, 6. Aufl. 1874, 8. Aufl. Bielefeld 1885, 9. Aufl. 1890/Fulda 1893, 10. Aufl. Leipzig 1898, 14. Aufl. 1905, 16. Aufl. 1910).
Schweizerisches Adressbuch für das Baugewerbe und den Hochbau, Ingenieur- und Maschinenwesen sowie Kunstgewerbe [...]. 3.–5. Aufl. Neuenburg/Lausanne 1904–08.

Semper, Gottfried: Wissenschaft, Industrie und Kunst. Braunschweig 1852.
Semper, Gottfried: Der Stil in den technischen und tektonischen Künsten, oder praktische Aesthetik. Ein Handbuch für Techniker, Künstler und Kunstfreunde, Bd. 1: Die Textile Kunst für sich betrachtet und in Beziehung zur Baukunst. Frankfurt (Main) 1860; Bd. 2: Keramik, Tektonik, Stereotomie, Metallotechnik für sich betrachtet und in Beziehung zur Baukunst. München 1863.
Siebdrath, Emanuel (Hg.): Der praktische Baugewerksmeister. Ein Hand-, Lehr- und Nachschlagebuch, Bd. 1. 5. Aufl. Hamburg 1907.
Smeaton, John: A Narrative of the Building and a Description of the Construction of the Edystone Lighthouse with Stone: to Which is Subjoined an Appendix Giving Some Aspects of the Lighthouse on the Spurn Point Built upon a Sand. 2. Aufl. London 1793.
Smith, Adam: Der Wohlstand der Nationen. Eine Untersuchung seiner Natur und seiner Ursachen. Übers. v. Horst Claus Recktenwald. 5. Aufl. München 1990 (An Inquiry into the Nature and Causes of the Wealth of Nations. London 1776).
Statistisches Amt der Stadt Zürich (Hg.): Eidgenössische Betriebszählung vom 9. August 1905, H. 1: Die Betriebe und die darin beschäftigten Personen in Zürich und Umgebung (Statistik der Stadt Zürich, Bd. 8). Zürich 1907.
Staudt, Karl Georg Christian von: Geometrie der Lage. Nürnberg 1847.
Stuart, James; Revett, Nicholas: The Antiquities of Athens and Other Monuments of Greece. London 1762.
Stübben, Josef: Der Städtebau (HdA, T. 4, Halbbd. 9). Darmstadt 1890.
Sturm, Leonhard Christoph: Der wahre Vauban, oder der von den Teutschen und Holländern verbesserte Französische Ingenieur, worinnen I. die Arithmetic, II. die Geometrie, III. die off- und deffensiv-Kriegs-Baukunst, nach den Grundsätzen des berühmten Herrn von Vauban, deutlich erkläret: nebst einer ganz neuen Methode zur irregulairen Fortification, mathematisch bewiesen und mit vielen Kupfern-Rissen erläutert. Nürnberg 1737.
Sturmhoefel, Aurel: Akustik der Säle, insbesondere der Konzertsäle, Festhallen und Rundbauten (HdA, T. 4, Halbbd. 1, Abschnitt 5, Kap. 4c). 3. Aufl. Stuttgart 1904.
Stüßi, Heinrich: Kanton Zürich. Das Baugesetz für Ortschaften mit städtischen Verhältnissen nebst den zugehörigen Verordnungen. 3. Aufl. Zürich 1898.
Sutter, Andreas: Die Gmünder Tobel-Brücke bei Teufen (Appenzell), Schweiz, in: DBZ 42 (1908), Nr. 90, S. 614–619, Nr. 93, S. 637–639, Nr. 95, S. 649–651; Nr. 98, S. 669–671.
Tetmajer, Ludwig von: Bau-Mechanik. Als Manuscript autographiert. Div. Bde. Zürich 1877/78.
Tetmajer, Ludwig von: Zur Frage der Qualitätsbestimmung von Flussstahlschienen, in: SBZ 4 (1884), Nr. 12, S. 75–78.
Tetmajer, Ludwig von: Methoden und Resultate der Prüfung von Eisen und Stahl und anderer Metalle (Mittheilungen der Anstalt zur Prüfung von Baumaterialien am eidg. Polytechnikum Zürich. H. 3). Zürich 1886.
Tetmajer, Ludwig von: Die Baumechanik, T. 2, 1. Hälfte: Die angewandte Elasticitäts- und Festigkeitslehre. Zürich 1889.
Tetmajer, Ludwig von: Denkschrift über die definitive Errichtung einer Eidg. Anstalt für Prüfung von Baumaterialien verbunden mit dem schweizerischen Polytechnikum. Bern 1889.
Tetmajer, Ludwig von: Bericht über den Neubau, die Einrichtung und die Betriebsverhältnisse der schweizer. Materialprüfungsanstalt (Mitteilungen der Materialprüfungs-Anstalt am schweiz. Polytechnikum in Zürich, H. 5). 2. Aufl. Zürich 1896.
Tetmajer, Ludwig von: Die Gesetze der Knickungsfestigkeit der technisch wichtigsten Baustoffe [2. Aufl.: Die Gesetze der Knickungs- und der Druckfestigkeit der technisch wichtigsten Baustoffe] (Mitteilungen der Materialprüfungs-Anstalt am schweiz. Polytechnikum in Zürich, H. 8). Zürich 1896 (2. Aufl. 1901).
Tetmajer, Ludwig von: Die angewandte Elastizitäts- und Festigkeitslehre. 2. Aufl. Leipzig/Wien 1904 (3. Aufl. 1905).
Thiersch, August: Proportionen in der Architektur (HdA, T. 4, Halbbd. 1, Abschnitt 2). 3. Aufl. Stuttgart 1904.
Tietjens, Johannes: Die Bauführung. Leipzig 1898.
Toepke, Gustav (Hg.): Die Matrikel der Universität Heidelberg, T. 5: Von 1807 bis 1846. Heidelberg 1904.
Tolkmitt, Gustav: Bauaufsicht und Bauführung. Berlin 1899.
Tredgold, Thomas: A Practical Treatise on Rail-Roads and Carriages, Shewing the Principles of Estimating their Strength, Proportions, Expense, and Annual Produce [...]. London 1825.
Tredgold, Thomas: Ueber die Eigenschaften der Seile und die Güte derselben, insoferne sie von ihrer Verfertigung abhängt. Aus dem Repertory of Patent-Inventions, Mai, 1826, S. 299, in: Dinglers Polytechnisches Journal 21 (1826), H. 5, S. 22–29.
Triest, August Ferdinand: Grundsätze zur Anfertigung richtiger Anschläge welche die Land-Baukunst in sich begreift. 3 Bde. Berlin 1809–15.
Triest, August Ferdinand: Handbuch zur Berechnung der Baukosten für sämmtliche Gegenstände der Stadt- und Landbaukunst. Berlin 1824–31.
Trzeschtik, Leopold: Moderne bautechnische Probleme, in: Allgemeine Bauzeitung 57 (1892), S. 25–28, 33–38, 41–44, 49–53.

Uhde, Constantin: Der Holzbau. Seine künstlerische und geschichtlich-geographische Entwickelung, sowie sein Einfluss auf die Steinarchitektur (Die Konstruktionen und die Kunstformen der Architektur. Ihre Entstehung und geschichtliche Entwickelung bei den verschiedenen Völkern, Bd. 2). Berlin 1903.

Varin, Amédée; Varin, Eugène: L'architecture pittoresque en Suisse ou choix de constructions rustiques prises dans toutes les parties de la Suisse. Paris 1861.

Verband der Studierenden der Eidg. Techn. Hochschule (Hg.): Baukonstruktionslehre. Vorlesungen von Prof. L. Potterat, T. 1: Das Holz. Als Manuskript gedruckt. Zürich 1922.

Verband Deutscher Architekten- und Ingenieur-Vereine; Deutscher Beton-Verein (Hg.): Vorläufige Leitsätze für die Vorbereitung, Ausführung und Prüfung von Eisenbetonbauten. Berlin 1904.

Verein der Polytechniker (Hg.): Chemische Technologie der Baumaterialien nach Vorträgen des Herrn Prof. Lunge. Zürich 1882.

Verein der Polytechniker (Hg.): Graphische Statik. Nach Vortrag von Prof. Ritter. Zürich 1884.

Verzeichniss der Unterrichtsgegenstände [Eidgenössische Polytechnische Schule], von: Schuljahr 1855/56 – Schuljahr 1856/57.

Vitruv: De architectura libri decem. Zehn Bücher über Architektur. Übers. v. Curt Fensterbusch. Darmstadt 1964.

Vitruv: Zehn Bücher über Architektur. De architectura libri decem. Übers. v. Franz Reber. Nachdruck Wiesbaden 2009 (Des Vitruvius Zehn Bücher über Architektur. Stuttgart 1865).

Völker, Ph.: Theorie des Eisenbetonbalkens, in: Emperger, Friedrich von (Hg.): Handbuch des Eisenbetons, Bd. 1: Entwicklungsgeschichte und Theorie des Eisenbetons. Berlin 1908, S. 214–301.

Wagner, Heinrich: Pensionate und Alumnate (HdA, T. 4, Halbbd. 6, H. 1, Kap. 13). 2. Aufl. Stuttgart 1903.

Wagner, Heinrich: Aufgabe und Endziel des baukünstlerischen Schaffens, in: Bühlmann, Josef; Sturmhoefel, Aurel; Thiersch, August u. a.: Architektonische Komposition (HdA, T. 4, Halbbd. 1). 3. Aufl. Stuttgart 1904, S. 5–10.

Wagner, Heinrich: Allgemeine Grundzüge (HdA, T. 4, Halbbd. 1, Abschnitt 1). 3. Aufl. Stuttgart 1904.

Wagner, Heinrich: Anlage des Gebäudes (HdA, T. 4, Halbbd. 1, Abschnitt 3). 3. Aufl. Stuttgart 1904.

Wagner, Heinrich: Vorräume, Treppen-, Hof- und Saalanlagen (HdA, T. 4, Halbbd. 1, Abschnitt 5). 3. Aufl. Stuttgart 1904.

Waldner, August: Die Bauschule des eidg. Polytechnikums, in: Neue Zürcher Zeitung, 10. November 1884.

Waldner, August: Zur Reorganisation des eidg. Polytechnikums, in: SBZ 4 (1884), Nr. 17, S. 107.

Waldner, August: Freistehende Arbeiterwohnungen auf dem Lande, in: SBZ 7 (1886), Nr. 1, S. 3–4; Nr. 2, S. 10–12.

Waldner, August: Die Neugestaltung unserer eidgenössischen technischen Hochschule, in: SBZ 43 (1904), Nr. 25, S. 297–299.

Walter, Paul: Prof. Dr.-Ing. e. h. Dr. sc. techn. h. c. Emil Mörsch †, in: Der Bau 4 (1951), H. 5, S. 132.

Wanderley, Germano: Handbuch der Bau-Constructionslehre. 3 Bde. Halle (Saale) 1872.

Warth, Otto: Die Konstruktionen in Stein (Allgemeine Baukonstruktionslehre mit besonderer Beziehung auf das Hochbauwesen, Bd. 1). 7. Aufl. Leipzig 1903 [Neubearbeitung von: Breymann, Gustav Adolf: Allgemeine Bau-Constructions-Lehre mit besonderer Beziehung auf das Hochbauwesen. Ein Leitfaden zu Vorlesungen und zum Selbstunterrichte, T. 1: Constructionen in Stein. Stuttgart 1849].

Wayss, Gustav Adolf (Hg.): Das System Monier (Eisengerippe mit Cementumhüllung) in seiner Anwendung auf das gesammte Bauwesen. Berlin 1887.

Wayss & Freytag A. G.: Der Betoneisenbau, seine Anwendung und Theorie. Theoretischer Teil bearbeitet von Regierungsbaumeister Emil Mörsch. Ohne Ort [Neustadt an der Haardt] 1902 (2. Aufl. als: Wayss & Freytag A.-G. (Hg.): Der Eisenbetonbau. Seine Theorie und Anwendung. Verfasst von E. Mörsch. 2. verm. u. verb. Aufl. Stuttgart 1906).

Wayss & Freytag (Hg.): Beton- und Betoneisenbau. Wayss & Freytag A. G. Neustadt a/Hdt. Berlin. München. Düsseldorf. Frankfurt. Strassburg. Stuttgart. Luxemburg. Ohne Ort [ca. 1903].

Weber, Julius: Rezension zu: Gladbach, Ernst: Die Holzarchitectur der Schweiz. Zürich 1876, in: Die Eisenbahn/Le chemin de fer 4 (1876), Nr. 1, S. 11–13.

Weder, Reinhard: Leitfaden des Eisenbetonbaues. Leipzig 1906.

Wegele, Hans: Bauleitung (HdI, T. 1, Bd. 1, Kap. 2). 4. Aufl. Leipzig 1904.

Wehr, Max: Taschenbuch für Bauführer und Schachtmeister. Neuaufl. Oberdorla [ca. 1900].

Weinbrenner, [Johann Jakob] Friedrich: Architektonisches Lehrbuch. 3 Teile. Tübingen 1810–25.

Weinbrenner, Friedrich: Architektonisches Lehrbuch. Dritter Theil: Über die höhere Baukunst. 3. Heft: Über die Säulenordnungen. Tübingen [1825].

Weinbrenner, [Johann Jakob] Friedrich: Ausgeführte und projectirte Gebäude, H. 1–3, 7. Karlsruhe 1822–35.

Weltzien, Karl; Lang, Heinrich (Hg.): Das chemische Laboratorium an der Großherzogl. Schule zu Carlsruhe. Karlsruhe 1853.

Wolf, Rudolf: Das Schweizerische Polytechnikum. Historische Skizze zur Feier des 25jährigen Jubiläums. Zürich 1880.

Wolff, Christian: Der Anfangs-Gründe Aller Mathematischen Wissenschafften Erster Theil, Welcher Einen Unterricht Von der Mathematischen Lehr-Art, die Rechen-Kunst, Geometrie, Trigonometrie, und Bau-Kunst in sich enthält, Und zu mehrerem Auffnehmen der Mathematick so wohl auff hohen als niedrigen Schulen auffgesetzt worden. Halle im Magdeburgischen [Halle (Saale)] 1710.

Z.: Das System Monier (Eisengerippe mit Cementumhüllung) in seiner Anwendung auf das gesammte Bauwesen. Unter Mitwirkung namhafter Architekten und Ingenieure herausgegeben von G. A. Wayss, Ingenieur und Inhaber des Patentes Monier. Berlin 1887, in: Centralblatt der Bauverwaltung 7 (1887), Nr. 26, S. 252.

Zeising, Adolf: Neue Lehre von den Proportionen des menschlichen Körpers: aus einem bisher unerkannt gebliebenen, die ganze Natur und Kunst durchdringenden morphologischen Grundgesetze entwickelt und mit einer vollständigen historischen Uebersicht der bisherigen Systeme begleitet. Leipzig 1854.

Zeller, Josef Emil: Das Gesammte der Bauführung, enthaltend die Arbeiten eines guten Bauführers. Stuttgart 1843.

Zeller, Josef Emil: Der Bauführer. St. Gallen 1867 (4. Aufl. 1870).

Zemp, Josef: [Nekrolog] Prof. Dr. Georg Lasius, in: SBZ 92 (1928), Nr. 7, S. 89.

Zschokke, Conradin: Druckluft-Gründungen (Fortschritte der Ingenieurwissenschaften, 1. Gruppe: Allgemeine Baukunde des Ingenieurs, H. 1). Leipzig 1896.

Zschokke, Conradin: Druckluftgründungen (HdI, Bd. 1, Abt. 3, Kap. 7). 3. Aufl. Leipzig 1900.

Zurlauben, Béat Fidèle Antoine Jean Dominique: Tableaux topographiques, pittoresques, physiques, historiques, moraux, politiques, littéraires de la Suisse. 4 Bde. Paris 1780–86.

Literatur

Abel, Günter: Die Transformation der Wissensordnungen und die Herausforderungen der Philosophie, in: Allgemeine Zeitschrift für Philosophie 34 (2009), H. 1, S. 5–28.

Abel, Günter: Sammlungen als epistemische Objekte und Manifestationen von Ordnungen des Wissens, in: Hassler, Uta; Meyer, Torsten (Hg.): Kategorien des Wissens. Die Sammlung als epistemisches Objekt. Zürich 2014, S. 109–131.

Addis, Bill: Building. 3000 Years of Design, Engineering and Construction. London 2007.

Albert, Claudia: Imitation de la nature? Probleme der Darstellung in der Encyclopédie, in: Eybl, Franz M. u. a. (Hg.): Enzyklopädien der frühen Neuzeit. Beiträge zu ihrer Erforschung. Tübingen 1995, S. 200–214.

Alder, Ken: Engineering the Revolution. Arms and Enlightenment in France, 1763–1815. Princeton 1997.

Altenbockum, Jasper von: Wilhelm Heinrich Riehl. 1823–1897 (Münstersche historische Forschungen, Bd. 6). Köln 1994.

Altmann, Bernd: «Mein Motto fürs Leben bleibt Renaissance». Der Architekt Alfred Friedrich Bluntschli (1842–1930). Diss. Univ. Trier 2000, http://ubt.opus.hbz-nrw.de/volltexte/2004/238/ (1. November 2010).

Ambrosius, Gerold; Henrich-Franke, Christian; Neutsch, Cornelius; Thiemeyer, Guido (Hg.): Standardisierung und Integration europäischer Verkehrsinfrastruktur in historischer Perspektive. Baden-Baden 2009.

Anonym: Wolff, Fritz, in: Thieme, Ulrich; Becker, Felix (Hg.).: Allgemeines Lexikon der bildenden Künstler von der Antike bis zur Gegenwart, Bd. 36. Leipzig 1947, S. 197.

Anonym: Gerstner, Franz Joseph von, in: Österreichisches Biographisches Lexikon 1815–1950. Hg. v. der Österreichischen Akademie der Wissenschaften, Bd. 1. Wien 1957, S. 430–431.

Anonym: Koch, Hugo, in: Thieme, Ulrich; Becker, Felix (Hg.): Allgemeines Lexikon der bildenden Künstler von der Antike bis zur Gegenwart, Bd. 21. Nachdruck München 1992, S. 81.

Anonym: Lehrstuhlgeschichte. Die wichtigsten Personen, www.baufo.ar.tum.de/index.php?id=20 (23. Oktober 2013).

Anonym: Das IFUM. Geschichte des Instituts, www.ifum.uni-hannover.de/dasifum_historie.html (2. April 2014).

Ash, Eric H. (Hg.): Expertise. Practical Knowledge and the Early Modern State (Osiris, Bd. 25). Chicago 2010.

Ash, Eric H.: Introduction. Expertise and the Early Modern State, in: ders. (Hg.): Expertise. Practical Knowledge and the Early Modern State (Osiris, Bd. 25). Chicago 2010, S. 1–24.

Aydogdu, Özlem: Changes in the Meaning of Type in Architecture since Eighteenth Century. http://www.belger.com/blg/lh6/changes-in-the-meaning-of-type-in-architecture-since-eighteenth-century-mimarlikta-on-yuzyildan-ba-yana-tipin-anlaminda-meydana-gelen-degismler (8. Juni 2011) (Master Thesis Middle East Technical University Ankara 2006).

Bacher, Barbara: Lothar Abel. Das gartenarchitektonische Werk. Diss. Univ. Wien 2006.

Banse, Gerhard: Konstruieren im Spannungsfeld: Kunst, Wissenschaft oder beides? Historisches und Systematisches, in: ders.; Friedrich, Käthe (Hg.): Konstruieren zwischen Kunst und Wissenschaft. Idee – Entwurf – Gestaltung. Berlin 2000, S. 19–77.

Barraclough, Kenneth Charles: Steelmaking before Bessemer. 2 Bde. London 1984.

Bärtschi, Hans-Peter: Industrialisierung, Eisenbahnschlachten und Städtebau. Die Entwicklung des Zürcher Industrie- und Arbeiterstadtteils Aussersihl. Ein vergleichender Beitrag zur Architektur- und Technikgeschichte (Geschichte und Theorie der Architektur, Bd. 25). Basel/Stuttgart 1983.

Bärtschi, Hans-Peter: Industriekultur im Kanton Zürich. Vom Mittelalter bis heute. Zürich 1994.
Bauer, Cornelia; Bolt, Thomas (Hg.): Winterthur, Zug, Zürich (Inventar der neueren Schweizer Architektur, Bd. 10). Zürich 1992.
Bauer, Hans: Von der Zunftverfassung zur Gewerbefreiheit in der Schweiz 1798 bis 1874. Basel 1929.
Baumann, Richard; Graf, Otto: Die Entwicklung der Materialprüfungsanstalt an der Technischen Hochschule Stuttgart seit 1906, in: Zeitschrift des Vereines deutscher Ingenieure 71 (1927), H. 42, S. 1468–1470.
Bay, Hermann: Lernen und Reifen. Vom Erlebnis moderner Bautechnik. Düsseldorf 1969.
Bay, Hermann: Emil Mörsch. Erinnerungen an einen großen Lehrmeister des Stahlbetonbaus, in: VDI-Gesellschaft Bautechnik im Verein Deutscher Ingenieure (Hg.): Wegbereiter der Bautechnik. Herausragende Bauingenieure und technische Pionierleistungen in ihrer Zeit. Düsseldorf 1990, S. 47–66.
Bayerl, Günter: Technische Intelligenz im Zeitalter der Renaissance, in: Technikgeschichte 45 (1978), Nr. 4, S. 336–353.
Beck, Bernhard: Lange Wellen wirtschaftlichen Wachstums in der Schweiz. Bern/Stuttgart 1983.
Beckert, Manfred: Johann Beckmann. Leipzig 1983.
Behnisch, Lars (Hg.): Vermessen, Zählen, Berechnen. Die politische Ordnung des Raums im 18. Jahrhundert (Historische Politikforschung, Bd. 6). Frankfurt (Main) 2006.
Belhoste, Bruno: La Formation d'une technocratie. L'École polytechnique et ses élèves de la Révolution au Second Empire. Paris 2003.
Benjamin, Walter: Das Kunstwerk im Zeitalter seiner technischen Reproduzierbarkeit, in: ders.: Gesammelte Schriften. Hg. v. Rolf Tiedemann und Hermann Schweppenhäuser, Bd. 1, T. 2. Frankfurt (Main) 1980, S. 471–508.
Benner, Dietrich: Wilhelm von Humboldts Bildungstheorie. 3. Aufl. Weinheim 2003.
Berghoff, Hartmut: Moderne Unternehmensgeschichte. Eine themen- und theorieorientierte Einführung. Paderborn/München/Wien/ Zürich 2004.
Berner, Esther; Gonon, Philipp; Ritter, Hans-Jakob: Zwischen Gewerbeförderung, Sozialpolitik und liberalen Bildungsbestrebungen. Zur «Vor»-Geschichte der dualen Berufsbildung in der Schweiz (1870–1930), in: Zeitschrift für Berufs- und Wirtschaftspädagogik 107 (2011), H. 1, S. 14–32.
Bernhardt, Christoph: Bauplatz Gross-Berlin. Wohnungsmärkte, Terraingewerbe und Kommunalpolitik im Städtewachstum der Hochindustrialisierung (1871–1918) (Veröffentlichungen der Historischen Kommission zu Berlin, Bd. 93). Berlin/New York 1998.
Bertomeu-Sanchez, José Ramon; Garcia-Belmar, Antonio; Bensaude-Vincent, Bernadette: Looking for an Order of Things: Textbooks and Chemical Classification in Nineteenth Century France, in: AMBIX 49 (2002), Nr. 3, S. 227–250.
Bhattacharya, Tapan: Lehmann, Wilhelm Ludwig, in: Historisches Lexikon der Schweiz, http://www.hls-dhs-dss.ch/textes/d/D22491.php (15. Februar 2007).
Biggs, Michael: Putting the State On the Map. Cartography, Territory, and European State Formation, in: Comparative Studies in Society and History 41 (1999), S. 375–405.
Billington, David P.: The Art of Structural Design. A Swiss Legacy. Princeton 2003.
Binding, Günther (Hg.): Beiträge über Bauführung und Baufinanzierung im Mittelalter (Veröffentlichung der Abteilung Architektur des Kunsthistorischen Instituts der Universität Köln, Bd. 6). Köln 1974.
Binding, Günther: Bauwissen in Früh- und Hochmittelalter, in: Osthues, Wilhelm; Schlimme, Hermann; Renn, Jürgen (Hg.): Wissensgeschichte der Architektur, Bd. 3: Vom Mittelalter bis zur Frühen Neuzeit. Max Planck Research Library for the History and Development of Knowledge (Edition Open Access, Studies 5). Berlin 2014, S. 9–94.
Blackbourn, David: The Conquest of Nature. Water, Landscape and the Making of Modern Germany. London 2006.
Blättler, Eduard: Von der Lehranstalt zur Fachhochschule. 125 Jahre Technikum Winterthur 1874–1999. Winterthur 1999.
Blauert, Elke (Hg.): Neue Baukunst. Berlin um 1800. Berlin 2007.
Bodenschatz, Harald: Städtebau in Berlin. Schreckbild und Vorbild für Europa. 2. Aufl. Berlin 2013.
Boeck, Karl: Deutsche technisch-wissenschaftliche Forschungsanstalten, T. 2: Die technisch-wissenschaftlichen Forschungsanstalten. Berlin 1931.
Boesch, Hans: Essenwein, August Ottmar, in: ADB, Bd. 48. Leipzig 1904, S. 432–434.
Bolenz, Eckhard: Vom Baubeamten zum freiberuflichen Architekten. Technische Berufe im Bauwesen (Preußen/Deutschland, 1799–1931) (Europäische Hochschulschriften, Reihe 3: Geschichte und ihre Hilfswissenschaften, Bd. 488). Frankfurt (Main) 1991.
Bolenz, Eckhard: Baubeamte in Preußen, 1799–1930: Aufstieg und Niedergang einer technischen Elite, in: Technikgeschichte 60 (1993), Nr. 2, S. 87–106.
Bolle, Guido; Schacht, Gregor; Marx, Steffen: Geschichtliche Entwicklung und aktuelle Praxis der Probebelastung. T. 1: Geschichtliche Entwicklung im 19. und Anfang des 20. Jahrhunderts, in: Die Bautechnik 87 (2010), H. 11, S. 700–707.
Bormann, Claus von, u. a.: Form und Materie (Stoff), in: Ritter, Joachim (Hg.): Historisches Wörterbuch der Philosophie, Bd. 2. Darmstadt 1972, Sp. 977–1030.

Bornemann, Erich: Zur Vorgeschichte des Deutschen Ausschusses für Stahlbeton, in: Deutscher Ausschuß für Stahlbeton (Hg.): Fünfzig Jahre Deutscher Ausschuß für Stahlbeton 1907–1957. Berlin 1957, S. 1–8.

Bornemann, Erich: Koenen, Matthias, in: NDB, Bd. 12. Berlin 1979, S. 330–331.

Böker, Johann Josef (Hg.): «Eine etwas bankerotte Kunstanstalt ...» Die Alt-Karlsruher Schule zwischen Hübsch und Durm (Materialien zu Bauforschung und Baugeschichte, Bd. 24). Karlsruhe 2017.

Börsch-Supan, Eva: Berliner Baukunst nach Schinkel 1840–1870 (Studien zur Kunst des neunzehnten Jahrhunderts, Bd. 25). München 1977.

Bosc, Jean-Louis; Chauveau, Jean-Michel; Clément, Jacques: Joseph Monier et la Naissance du Ciment Armé. Paris 2001.

Bösch, Paul: Albula, Julia und Zürich. 100 Jahre EWZ in Mittelbünden. Sils (Domleschg) 2006.

Bouffier, Michael: Geschichte im Fluss. Eine grafische Renaissancekonzeption, in: Hönes, Hans Christian u. a. (Hg.): Was war Renaissance? Bilder einer Erzählform von Vasari bis Panofsky. Passau 2013, S. 90–94.

Bourdieu, Pierre: Zur Soziologie der symbolischen Formen. Übers. v. Wolfgang Fietkau (Suhrkamp-Taschenbuch Wissenschaft, 107). 2. Aufl. Frankfurt (Main) 1974 (Mehrere Erstausgaben 1970).

Bourdieu, Pierre: Die feinen Unterschiede. Kritik der gesellschaftlichen Urteilskraft. Übers. v. Bernd Schwibs und Achim Russer. Frankfurt (Main) 1982 (Erstausgabe: La distinction. Critique sociale du jugement. Paris 1979).

Brandstetter, Jutta: Karl Hinträger, in: Architektenlexikon Wien, www.architektenlexikon.at/de/227.htm (13. März 2014)

Brandstetter, Thomas: Kräfte messen. Die Maschine von Marly und die Kultur der Technik. Berlin 2008.

Brendecke, Arndt: Riehl, Wilhelm Heinrich v., in: NDB, Bd. 21. Berlin 2003, S. 588–590.

Briggs, Asa: Geschichte und Sozialwissenschaften, in: Rüegg, Walter (Hg.): Geschichte der Universität in Europa, Bd. 3: Vom 19. Jahrhundert zum Zweiten Weltkrieg (1800–1945). München 2004, S. 379–406.

Brooke, John Hedley: Introduction. The Study of Chemical Textbooks, in: Lundgren, Andres; Bensaude-Vincent, Bernadette (Hg.): Communicating Chemistry. Textbooks and Their Audiences, 1789–1939. Canton (Massachusetts) 2000, S. 1–18.

Brooks, Nathan M.: Dimitrii Mendeleev's Principle of Chemistry and the Periodic Law of the Elements, in: Lundgren, Andres; Bensaude-Vincent, Bernadette (Hg.): Communicating Chemistry. Textbooks and Their Audiences, 1789–1939. Canton (Massachusetts) 2000, S. 295–310.

Brouwer, Petra: De wetten van de bouwkunst. Nederlandse architectuurboeken in de negentiende eeuw. Rotterdam 2011.

Bruck, Robert: Ein Jahrhundert sächsische Technische Hochschule 1828–1928. Festschrift zur Jahrhundertfeier 4. bis 6. Juni 1928. Dresden 1928.

Bruyn, Gerd de: Die enzyklopädische Architektur. Zur Reformulierung einer Universalwissenschaft. Bielefeld 2008.

Buchinger, Günther: Villenarchitektur am Semmering (Semmering-Architektur, Bd. 2). Wien/Köln/Weimar 2006.

Buff, Albert: Bauordnung im Wandel. Historisch-politische, soziologische und technische Aspekte. München 1971.

Bürger, Stefan: Idee – Ideal – Idiom. Visuelle und verbale Modelle in der frühneuzeitlichen Fortifikation, in: Rheinsprung 11. Zeitschrift für Bildkritik 2 (2011), S. 29–53, http://rheinsprung11.unibas.ch/archiv/ausgabe-02.html (8. Juli 2013).

Buschmann, Cornelia: Ein Begriff für Wissenschaft und Kunst? – Technologie bei Christian Wolff, in: Troitzsch, Ulrich (Hg.): ‹Nützliche Künste›: Kultur- und Sozialgeschichte der Technik im 18. Jahrhundert (Cottbuser Studien zur Geschichte von Technik, Arbeit und Umwelt, Bd. 13). Münster/New York/München/Berlin 1999, S. 23–34.

Butterfield, Herbert: The Origins of Modern Science, 1300–1800. 2. Aufl. New York 1957.

Campbell, James W. P.: Backstein. Von den Anfängen bis zur Gegenwart. Übers. v. Rita Seuß. München 2003 (Erstausgabe: Brick. A World History. London 2003).

Canguilhem, Georges: La Philosophie d'Auguste Comte et son influence en France au XIXe siècle, in: ders.: Études d'histoire et de philosophie des sciences. Paris 1968, S. 76–98.

Capol, Jan: Die Sehnsucht nach Harmonie. Eine semiotische und mentalitätsgeschichtliche Interpretation der Fassadenbilder der Zürcher Baugenossenschaften. Zürich 2000.

Carl, Bruno: Neue Bauaufgaben im frühen 19. Jahrhundert, in: Werk 50 (1963), Nr. 12, S. 454–458.

Carlen, Philipp: Geschichte des Baurechts im Wallis. Brig 1989.

Carvais, Robert; Guillerme, André; Nègre, Valérie; Sakarovitch, Joël (Hg.): Nuts and Bolts of Construction History. Culture, Technology and Society. 3 Bde. Paris 2012.

Chestnova, Elena: Bridging Art and Science. Semper's Teaching in London 1850–1855, Trans 24 (2014), S. 144–151.

Clark, William: German Physics Textbooks in the Goethezeit, in: History of Science 35 (1997), Nr. 2, S. 219–239; Nr. 3, S. 295–363.

Collins, Peter: Changing Ideals in Modern Architecture, 1750–1950. London 1965.

Coste, Anne; Picon, Antoine; Sidot, Francis (Hg.): Un Ingénieur des lumières: Emiland-Marie Gauthey. Paris 1994.

Curdes, Gerhard; Oehmichen, Renate (Hg.): Künstlerischer Städtebau um die Jahrhundertwende. Der Beitrag von Karl Henrici. Köln 1981.
Daniel, Magdalena: Haustechnik im 19. Jahrhundert. Das Beispiel der Heizungs- und Ventilationstechnik im Krankenhausbau. Diss. ETH Zürich 2015.
Dariz, Petra; Tauber, Marianne: Vom Wurzelkrapp zum Alizarin. Die Anfänge der Herstellung von Alizarinfarbstoffen in der Schweiz, in: Hassler, Uta (Hg.): Maltechnik & Farbmittel der Semperzeit. München 2015, S. 156–169.
Daston, Lorraine; Galison, Peter: Objektivität. Frankfurt (Main) 2007.
Daston, Lorraine: The Empire of Observation, 1600–1800, in: dies.; Lunbeck, Elisabeth (Hg.): Histories of Scientific Observations. Chicago 2011, S. 61–113.
Daum, Andreas: Wissenschaftspopularisierung im 19. Jahrhundert. Bürgerliche Kultur, naturwissenschaftliche Bildung und deutsche Öffentlichkeit 1848–1914. 2. Aufl. München 2002.
Delhumeau, Gwenaël: L'Invention du béton armé. Hennebique 1890–1914. Paris 1999.
Deutscher Ausschuß für Stahlbeton (Hg.): Fünfzig Jahre Deutscher Ausschuß für Stahlbeton 1907–1957. Berlin 1957.
Dhombres, Jean: École Polytechnique, in: Jäger, Friedrich (Hg.): Enzyklopädie der Neuzeit, Bd. 3. Stuttgart/Weimar 2006, Sp. 17–19.
Dienel, Hans-Liudger: Der Münchner Weg im Theorie-Praxis-Streit um die Emanzipation des wissenschaftlichen Maschinenbaus, in: Wengenroth, Ulrich (Hg.): Technische Universität München: Annäherungen an ihre Geschichte, Bd. 1. München 1993, S. 87–116.
Dienel, Hans-Liudger: Zweckoptimismus und -pessimismus der Ingenieure um 1900, in: ders. (Hg.): Der Optimismus der Ingenieure. Triumph der Technik in der Krise der Moderne um 1900. Stuttgart 1998, S. 9–24.
Dienel, Hans-Liudger; Schiedt, Hans-Ulrich (Hg.): Die moderne Straße. Planung, Bau und Verkehr. Frankfurt (Main)/New York 2010.
Dietz, Burkhard; Fessner, Michael; Maier, Helmut (Hg.): Technische Intelligenz und «Kulturfaktor Technik». Kulturvorstellungen von Technikern und Ingenieuren zwischen Kaiserreich und früher Bundesrepublik Deutschland (Cottbuser Studien zur Geschichte von Technik, Arbeit und Umwelt, Bd. 2). Münster/New York/München/Berlin 1996.
Dittrich, Björn: Hausbau, öffentlich-rechtlich, in: Cordes, Albrecht; Lück, Heiner; Werkmüller, Dieter (Hg.): Handwörterbuch zur deutschen Rechtsgeschichte, 12. Lieferung. 2. Aufl. Berlin 2010, Sp. 798–800.
Dlugaiczyk, Martina: Repräsentation in Gips. Eine Versuchsanordnung für technische Hochschulen, in: Müller, Florian M. (Hg.): Archäologische Universitätsmuseen und -sammlungen im Spannungsfeld von Forschung, Lehre und Öffentlichkeit (Archäologie. Forschung und Wissenschaft, Bd. 4). Wien/Münster 2013, S. 15–31
Ehmer, Josef; Pfister, Ulrich; Denzel, Markus A.: Professionalisierung, in: Jäger, Friedrich (Hg.): Enzyklopädie der Neuzeit, Bd. 10. Stuttgart/Weimar 2009, Sp. 431–439.
Eichberg, Henning: Geometrie als barocke Verhaltensnorm. Fortifikation und Exerzitien, in: ders.: Die historische Relativität der Sachen oder Gespenster im Zeughaus. 2. Aufl. Münster 1987, S. 69–108.
Eichberg, Henning: Festung, Zentralmacht und Sozialgeometrie. Kriegsingenieurkunst im 17. Jahrhundert in den Herzogtümern Bremen und Verden. Köln/Wien 1989.
Eidgenössische Technische Hochschule 1855–1955. École Polytechnique Fédérale. Zürich 1955.
Eisler, Rudolf: Wörterbuch der philosophischen Begriffe, Bd. 4. Berlin 1904.
Elkar, Rainer S.: Bauen als Beruf. Notizen und Anmerkungen zu einer Handwerksgeschichte des Hochbaus – Eine Vorbemerkung, in: Dirlmeier, Ulf; Elkar, Rainer S.; Fouquet, Gerhard (Hg.): Öffentliches Bauen in Mittelalter und früher Neuzeit. Abrechnungen als Quellen für die Finanz-, Wirtschafts- und Sozialgeschichte des Bauwesens (Sachüberlieferung und Geschichte, Bd. 9). St. Katharinen 1991, S. 1–26.
Elliott, Cecil: Technics and Architecture. The Development of Materials and Systems for Buildings. Cambridge (Massachusetts) 1992.
el-Wakil, Leïla: Ferme bernoise ou chalet. Le «rustique-national» en question à Genève au début du XIXe siècle, in: Nos monuments d'art et d'histoire 37 (1986), H. 1, S. 43–50.
el-Wakil, Leïla: Swiss chalet: les va-et-vient d'un modèle vernaculaire. Chalet, ferme bernoise, maison suisse à Genève sous la Restauration, in: Buyssens, Danielle; Chenal, Vincent; Hart, Martine (Hg.): Genève, la Suisse et les arts (1814–1846). Les artistes face aux identités nationales. Chêne-Bourg 2015, S. 181–202.
Endrei, Walter: Beckmanns Lehren in Ungarn, in: Müller, Hans-Peter; Troitzsch, Ulrich (Hg.): Technologie zwischen Fortschritt und Tradition. Beiträge zum Internationalen Johann-Beckmann-Symposium Göttingen 1989. Frankfurt (Main)/Bern/New York/Paris 1992, S. 235–242.
Engelberg, Meinrad von: Weder Handwerker noch Ingenieur. Architektenwissen der Neuzeit, in: Dülmen, Richard van; Rauschenbach, Sina (Hg.): Macht des Wissens. Die Entstehung der modernen Wissensgesellschaft. Köln/Weimar/Wien 2004, S. 241–272.

Engelhardt, Wolf von: Carl von Linné und das Reich der Steine, in: Goerke, Heinz (Hg.): Carl von Linné. Beiträge über Zeitgeist, Werk und Wirkungsgeschichte gehalten auf dem Linnaeus-Symposium in Hamburg am 21. und 22. Oktober 1978 (Veröffentlichungen der Joachim-Jungius-Gesellschaft der Wissenschaften Hamburg 42). Göttingen 1980, S. 81–96.

Engstrom, Eric J.; Hess, Volker; Thoms, Ulrike (Hg.): Figurationen des Experten (Berliner Beiträge zur Wissenschaftsgeschichte, Bd. 7). Frankfurt (Main) 2005.

Engstrom, Eric J.; Hess, Volker; Thoms, Ulrike: Einleitung, in: dies. (Hg.): Figurationen des Experten (Berliner Beiträge zur Wissenschaftsgeschichte, Bd. 7). Frankfurt (Main) 2005, S. 7–17.

Esser, Ingrid: Die gotische Bauhütte, in: Binding, Günther (Hg.): Beiträge über Bauführung und Baufinanzierung im Mittelalter (Veröffentlichung der Abteilung Architektur des Kunsthistorischen Instituts der Universität Köln, Bd. 6). Köln 1974, S. 104–115.

Feist, Peter H.: Schmarsow, August Hannibal, in: NDB, Bd. 23. Berlin 2007, S. 121–123.

Feuchte, Martin: Praxisorientierte Technikwissenschaften. Zur Gründung des Maschinenlaboratoriums am Zürcher Polytechnikum und dem Werk Aurel Stodolas (Technikgeschichte in Einzeldarstellungen, Bd. 49). Düsseldorf 2000.

Feuerstein-Herz, Petra: «Die große Kette der Wesen». Ordnungen in der Naturgeschichte der Frühen Neuzeit. Wiesbaden 2007 (Ausstellungskatalog Herzog-August-Bibliothek Wolfenbüttel 2007–08).

Fisch, Stefan: Stadtplanung im 19. Jahrhundert. Das Beispiel München bis zur Ära Theodor Fischer. München 1988.

Fisch, Stefan: Grundbesitz und Urbanisierung. Entwicklung und Krise der deutschen Terraingesellschaften 1870–1914, in: Geschichte und Gesellschaft. Zeitschrift für historische Sozialwissenschaft 15 (1989), S. 34–61.

Fischer, Michael: Steineisendecken im Deutschen Reich 1892–1925. Diss. BTU Cottbus 2008.

Fischer, Wolfram: Wirtschaft und Gesellschaft im Zeitalter der Industrialisierung (Kritische Studien zur Geschichtswissenschaft, Bd. 1). Göttingen 1972.

Fischer, Wolfram: Wirtschaft und Gesellschaft Europas 1850–1914, in: ders. (Hg.): Europäische Wirtschafts- und Sozialgeschichte von der Mitte des 19. Jahrhunderts bis zum Ersten Weltkrieg (Handbuch der europäischen Wirtschafts- und Sozialgeschichte, Bd. 5). Stuttgart 1985, S. 1–208.

Fischer, Wolfram: Deutschland 1850–1914, in: ders. (Hg.): Europäische Wirtschafts- und Sozialgeschichte von der Mitte des 19. Jahrhunderts bis zum Ersten Weltkrieg (Handbuch der europäischen Wirtschafts- und Sozialgeschichte, Bd. 5). Stuttgart 1985, S. 357–432.

Fitchen, John: Mit Leiter, Strick und Winde. Bauen vor dem Maschinenzeitalter. Übers. v. Udo Rennert und Hans Schumacher. Basel/Boston/Berlin 1988 (Erstausgabe: Building Construction before Mechanisation. Cambridge (Massachusetts) 1986).

Forster, Gisela: Die rekonstruierenden Bildwelten des Kunstdidaktikers, Architekturzeichners und Architekten Josef Bühlmann (1844–1921). Diss. Univ. München 1999.

Förster, Katja: Josef Durm (Karlsruher Köpfe. Schriftenreihe des Stadtarchivs Karlsruhe, Bd. 1). Karlsruhe 2012.

Foucault, Michel: Die Ordnung der Dinge. Übers. v. Ulrich Köppen (Suhrkamp-Taschenbuch Wissenschaft, Bd. 96). 8. Aufl. Frankfurt (Main) 1989 (Erstausgabe: Les mots et les choses. Paris 1966).

Fox, Richard; Weisz, George (Hg.): The Organisation of Science and Technology in France 1808–1914. Cambridge/Paris 1980.

Frampton, Kenneth: Modern Architecture. A Critical History. London 1980.

Frangsmyr, Tore; Heilbron, John L.; Rider, Robin E. (Hg.): The Quantifying Spirit in the Eighteenth Century. Berkeley 1990.

Franke, Paul-Gerhard: Marchese Giovanni Poleni (1683–1761), in: Garbrecht, Günter (Hg.): Hydraulics and Hydraulic Research. A Historical Review. Rotterdam/Boston 1987, S. 115–116.

Fränkel, Ludwig: Wagner, Heinrich, in: ADB, Bd. 44. Leipzig 1898, S. 437–439.

Fraquelli, Sybille: Im Schatten des Domes: Architektur der Neugotik in Köln 1815–1914 (Atlas. Bonner Beiträge zur Kunstgeschichte, Bd. 5). Köln/Weimar/Wien 2008.

Freeman, Chris: The ‹National System of Innovation› in Historical Perspective, in: Cambridge Journal of Economics 19 (2005), Nr. 1, S. 5–24.

Frercks, Jan: Disziplinbildung und Vorlesungsalltag. Funktionen von Lehrbüchern der Physik um 1800 mit einem Fokus auf die Universität Jena, in: Berichte zur Wissenschaftsgeschichte 27 (2004), S. 27–42.

Frercks, Jan; Markert, Michael: The Invention of Theoretische Chemie: Forms and Uses of German Chemistry Textbooks, 1775–1820, in: AMBIX 54 (2007), Nr. 2, S. 146–171.

Frey, Heinz; Glättli, Ernst: Schaufeln, sprengen, karren. Arbeits- und Lebensbedingungen der Eisenbahnbauarbeiter in der Schweiz um die Mitte des 19. Jahrhunderts. Zürich 1987.

Fröhlich, Martin: Gottfried Semper am Zeichenbrett. Architektur entwerfen in der zweiten Hälfte des 19. Jahrhunderts (Zürcher Denkmalpflege. Monographien Denkmalpflege, Bd. 5). Zürich 2007.

Fröhner, Annette: Technologie und Enzyklopädismus im Übergang vom 18. zum 19. Jahrhundert: Johann Georg Krünitz (1728–1796) und seine Oeconomisch-technologische Enzyklopädie (Mannheimer Historische Forschungen, Bd. 5). Mannheim 1994.

Frölich, Marie; Sperlich, Hans-Günther: Georg Moller. Baumeister der Romantik. Darmstadt 1959.
Frommel, Sabine: Rezension zu: Middleton, Robin; Baudouin-Matuszek, Marie-Noëlle: Jean Rondelet. The Architect as Technician. New Haven/London 2007, in: sehepunkte 8 (2008), Nr. 11, http://www.sehepunkte.de/2008/11/13639.html (8. Juli 2013).
Führ, Eduard: Zur Theorie der Architektur als Wissenschaftstheorie und Wissenschaftspraxis, in: Wolkenkuckucksheim – Cloud-Cuckoo-Home – Vozdushny zamok 9 (2005), Nr. 2, S. 1–11, http://www.tu-cottbus.de/theoriederarchitektur/wolke/deu/Themen/042/Fuehr/fuehr.htm (18. Juli 2013).
Führ, Eduard: Die Kunst des Konjunktivs – Plädoyer für eine selbstbewusste Theorie der Architektur, in: Wolkenkuckucksheim – Cloud-Cuckoo-Home – Vozdushny zamok 13 (2009), Nr. 2, S. 1–17, http://www.tu-cottbus.de/theoriederarchitektur/Wolke/wolke_neu/inhalt/de/heft/ausgaben/208/Fuehr/fuehr.php (18. Juli 2013).
Galliker, Hans-Rudolf: Tramstadt. Öffentlicher Nahverkehr und Stadtentwicklung am Beispiel Zürichs. Zürich 1997.
Garber, Jörn: Utopiekritik und Utopieadaption im Einflußfeld der «anthropologischen Wende» der europäischen Spätaufklärung, in: Neugebauer-Wölk, Monika; Saage, Richard (Hg.): Die Politisierung des Utopischen im 18. Jahrhundert. Vom utopischen Systementwurf zum Zeitalter der Revolution. Tübingen 1996, S. 87–116.
Garleff, Jörn: Die École polytechnique und die École des beaux-arts in Paris, in: Johannes, Ralph (Hg.): Entwerfen. Architektenausbildung in Europa von Vitruv bis Mitte des 20. Jahrhunderts. Geschichte – Theorie – Praxis. Hamburg 2009, S. 392–433.
Gaukroger, Stephen: The Collapse of Mechanism and the Rise of Sensibility. Science and the Shaping of Modernity, 1680–1760. Oxford/New York 2010.
Gavroglu, Kostas; Simões, Ana: One Face or Many? The Role of Textbooks in Building the New Discipline of Quantum Chemistry, in: Lundgren, Andres; Bensaude-Vincent, Bernadette (Hg.): Communicating Chemistry. Textbooks and Their Audiences, 1789–1939. Canton (Massachusetts) 2000, S. 415–450.
Gebuhr, Ralf: Festung und Repräsentation. Zur Sozialgeometrie-These von Henning Eichberg, in: Meyer, Torsten; Popplow, Marcus (Hg.): Technik, Arbeit und Umwelt in der Geschichte. Günter Bayerl zum 60. Geburtstag. Münster/New York/München/Berlin 2006, S. 181–200.
Geithe, Willy: Über die Entwicklung technischer Baubestimmungen. Wuppertal 1982.
Gömmel, Rainer; Braun, Helmut: Bauordnung, in: Jäger, Friedrich (Hg.): Enzyklopädie der Neuzeit, Bd. 1. Stuttgart/Weimar 2005, Sp. 1079–1080.
Gonon, Philipp: Vom ehrbaren Handwerker zum innovativen Self-Entrepreneur. Modernisierung der Berufsbildung anhand idealtypischer Leitfiguren. Hg. v. der Bertelsmann Stiftung. Gütersloh 2008.
Grabas, Margit: Konjunktur und Wachstum in Deutschland 1895 bis 1914 (Schriften zur Wirtschafts- und Sozialgeschichte, Bd. 39). Berlin 1991.
Grammbitter, Ulrike: Josef Durm 1837–1919. Eine Einführung in das architektonische Werk (tuduv-Studien. Reihe Kunstgeschichte, Bd. 9). München 1984.
Grüner, Gustav: Der bautechnische Unterricht im 19. Jahrhundert, in: Ekardt, Hanns-Peter (Hg.): Der Bauingenieur in Geschichte und Gegenwart des Bauwesens. Kolloquium der Gesamthochschule Kassel 8. und 9. Oktober 1981 (Kasseler Hochschulwoche, Bd. 6). Kassel 1982, S. 44–57.
Grüttler-Minder, Max: Friedrich Autenheimer 1821–1895. Mitgründer und erster Direktor des Technikums Winterthur (Neujahrsblatt der Stadtbibliothek Winterthur, Bd. 295). Winterthur 1964.
Gschwend, Max: Ländliches Bauen und Wohnen. Zur Bauernhausforschung in der Schweiz, in: Hugger, Paul (Hg.): Handbuch der Schweizerischen Volkskultur, Bd. 1. Zürich 1992, S. 319–348.
Guagnini, Anna: Technik, in: Rüegg, Walter (Hg.): Geschichte der Universität in Europa, Bd. 3: Vom 19. Jahrhundert zum Zweiten Weltkrieg (1800–1945). München 2004, S. 487–514.
Gubler, Hans Martin: Ein Berner Bauernhaus für den König von Württemberg. Eine Miszelle zum «Schweizerhaus» und seiner Entwicklung 1780 bis 1850, in: Unsere Kunstdenkmäler. Mitteilungsblatt für die Mitglieder der Gesellschaft für Schweizerische Kunstgeschichte 30 (1979), S. 380–395.
Gugerli, David: Redeströme. Zur Elektrifizierung der Schweiz 1880–1914. Zürich 1996.
Gugerli, David; Kupper, Patrick; Speich, Daniel: Die Zukunftsmaschine. Konjunkturen der ETH Zürich 1855–2005. Zürich 2005.
Gutbrod, Cristina: Gustav Gull (1858–1942) – Architekt der Stadt Zürich 1890–1911 zwischen Vision und Baupolitik. Diss. ETH Zürich 2009.
Hacking, Ian: Einführung in die Philosophie der Naturwissenschaften. Übers. v. Joachim Schulte. Stuttgart 1996 (Erstausgabe: Representing and Intervening. Introductory Topics in the Philosophy of Natural Science. Cambridge 1983).
Haegermann, Gustav: Vom Caementum zum Zement, in: Huberti, Günter (Hg.): Vom Caementum zum Spannbeton (Beiträge zur Geschichte des Betons, Bd. 1). Wiesbaden/Berlin 1964, S. 1–72.
Hagedorn, Annette: Richard Borrmann. Ein Pionier der islamischen Kunstgeschichte, in: Zeitschrift der Deutschen Morgenländischen Gesellschaft 154 (2004), S. 455–472.

Hänseroth, Thomas: Von der «Bevöstigung» zur Eisenbahn. Das sächsische Ingenieurcorps und seine Ausbildung im 18. und frühen 19. Jahrhundert, in: Bayerl, Günter; Weber, Wolfhard (Hg.): Sozialgeschichte der Technik. Ulrich Troitzsch zum 60. Geburtstag (Cottbuser Studien zur Geschichte von Technik, Arbeit und Umwelt, Bd. 7). Münster/New York/München/Berlin 1998, S. 131–141.

Hänseroth, Thomas: Gelehrte Bilder. Geometrisierte Wissensrepräsentation in der Bauliteratur des 17. und 18. Jahrhunderts als symbolische Einlösung des Nützlichkeitsversprechens frühneuzeitlicher Wissenschaft, in: Meyer, Torsten; Popplow, Marcus (Hg.): Technik, Arbeit und Umwelt in der Geschichte. Günter Bayerl zum 60. Geburtstag. Münster/New York/München/Berlin 2006, S. 201–220.

Hantschk, Christian: Johann Joseph Prechtl und das Wiener Polytechnische Institut. Wien 1988.

Hapke, Thomas: Wilhelm Ostwald und seine Initiativen zur Organisation und Standardisierung naturwissenschaftlicher Publizistik: Enzyklopädismus, Internationalismus und Taylorismus zu Beginn des 20. Jahrhunderts, in: Meinel, Christoph (Hg.): Fachschrifttum, Bibliothek und Naturwissenschaft im 19. und 20. Jahrhundert. Wiesbaden 1997, S. 157–174.

Haps, Silke: Industriebetriebe der Baukunst – Generalunternehmer des frühen 20. Jahrhunderts. Die Firma Boswau & Knauer. Diss. TU Dortmund 2008.

Hardy, Anne I.: Ärzte, Ingenieure und städtische Gesundheit. Medizinische Theorien in der Hygienebewegung des 19. Jahrhunderts. Frankfurt (Main) 2005.

Hartung, Giselher: Eisenkonstruktionen des 19. Jahrhunderts. München 1983.

Hassler, Uta; Schmidt, Hartwig (Hg.): Häuser aus Beton. Vom Stampfbeton zum Grosstafelbau. Tübingen/Berlin 2004.

Hassler, Uta: Baugeschichtliches Wissen oder Geschmacksbildung für Architekten? Die Kunsthandbücher von Max Laeuger, in: Mayer, Juliane (Hg.): Festschrift für Rainer Graefe. Forschen, Lehren und Erhalten. Innsbruck 2009, S. 191–214.

Hassler, Uta: Zur polytechnischen Tradition der Bauforschung, in: dies. (Hg.): Bauforschung. Zur Rekonstruktion des Wissens. Zürich 2010, S. 80–131.

Hassler, Uta (Hg.): Was der Architekt vom Stahlbeton wissen sollte. Zürich 2010.

Hassler, Uta; Kienlin, Alexander von; Altherr, Fredi (Hg.): Appenzeller Strickbau. Untersuchungen zum ländlichen Gebäudebestand in Appenzell Ausserrhoden. Zürich 2011.

Hassler, Uta; Rauhut, Christoph: Die Konstruktionszeichnung des 19. Jahrhunderts als Bild, Ideal und Anleitung, in: dies. (Hg.): Bautechnik des Historismus. München 2012, S. 294–333.

Hassler, Uta: Entwurfslehren und «Grammatik architektonischer Form»: Wissensbestände der Architektur von Vitruv bis zum Handbuch der Architektur, in: Dirks, Ulrich; Wagner, Astrid (Hg.): Abel im Dialog (Festschrift für Günter Abel). Berlin 2018.

Hassler, Uta; Meyer, Torsten (Hg.): Kategorien des Wissens. Die Sammlung als epistemisches Objekt. Zürich 2014.

Hassler, Uta; Wilkening-Aumann, Christine: «den Unterricht durch Anschauung fördern»: Das Polytechnikum als Sammlungshaus, in: Hassler, Uta; Meyer, Torsten (Hg.): Kategorien des Wissens. Die Sammlung als epistemisches Objekt. Zürich 2014, S. 75–95.

Hassler, Uta (Hg.): Der Lehrbuchdiskurs über das Bauen. Zürich 2015.

Hassler, Uta: Vom Lehrbuch zum Manifest, in: dies. (Hg.): Der Lehrbuchdiskurs über das Bauen. Zürich 2015, S. 222–243.

Hassler, Uta (Hg.): Heimat, Handwerk und die Utopie des Alltäglichen. München 2016.

Hassler, Uta: Entwurfslehren und «Grammatik architektonischer Form»: Wissensbestände der Architektur von Vitruv bis zum Handbuch der Architektur, in: Dirks, Ulrich; Wagner, Astrid (Hg.): Abel im Dialog (Festschrift für Günter Abel), Berlin 2018, S. 977–1020.

Hauser, Andreas: Das städtische Bauamt 1798–1907 (Das öffentliche Bauwesen in Zürich, Bd. 3 = Kleine Schriften zur Zürcher Denkmalpflege, Bd. 6). Zürich 2000.

Hauser, Andreas: Schweizerische Architektur – Ethno-Urhütten und Holzstil, in: Hassler, Uta (Hg.): Der Lehrbuchdiskurs über das Bauen. Zürich 2015, S. 202–219.

Hayman, John: John Ruskin and Switzerland. Waterloo (Kanada) 1990.

Heidelberger, Michael; Steinle, Friedrich (Hg.): Experimental Essays – Versuche zum Experiment (ZIF Interdisziplinäre Studien, Bd. 3). Baden-Baden 1998.

Hellebois, Armande: Theoretical and experimental studies on early reinforced concrete structures. Contribution to the analysis of the bearing capacity of the Hennbique system. Diss. Université Libre de Bruxelles und École Polytechnique de Bruxelles 2013.

Hellebois, Armande; Espion, Bernard: The role of the Belgian engineer Paul Christophe on the development of reinforced concrete at the turn of the 20th Century, in: Beton- und Stahlbetonbau 108 (2013), H. 12, S. 888–897.

Henry, John: The Scientific Revolution and the Origins of Modern Science. 3. Aufl. New York 2008.

Hensel, Susann: Zur mathematischen Lehre im Gefüge der Ingenieurausbildung an den technischen Hochschulen Deutschlands im 19. Jahrhundert, in: Dresdner Beiträge zur Geschichte der Technikwissenschaften 17 (1989), S. 37–55.

[Lemma] Hermann Ende, in: Wikipedia. Die freie Enzyklopädie, http://de.wikipedia.org/wiki/Hermann Ende (16. Juni 2013).

Hermann, Eugen: Ein Jahrhundert Zürich und die Entwicklung seiner Firmen, Bd. 1. Zürich 1946.

Hermann, Klaus: Richard Borrmann, in: Lullies, Reinhard; Schiering, Wolfgang (Hg.): Archäologenbildnisse. Porträts und Kurzbiographien von Klassischen Archäologen deutscher Sprache. Mainz 1988, S. 108–109.

Hermann, Wolfgang: Stellung Sempers zum Baustoff Eisen, in: ders. (Hg.): Gottfried Semper. Theoretischer Nachlass an der ETH Zürich. Katalog und Kommentare (Geschichte und Theorie der Architektur, Bd. 15). Basel/Boston/Stuttgart 1981, S. 61–68.

Heyman, Jacques: Coulomb's Memoir on Statics. An Essay in the History of Civil Engineering. Cambridge 1972.

Heymann, Matthias: «Kunst» und Wissenschaft in der Technik des 20. Jahrhunderts. Zur Geschichte der Konstruktionswissenschaft. Zürich 2005.

Hildebrand, Sonja: Theorie und Praxis in der Architekturlehre, in: Trans 14 (2005), S. 60–65.

Hildebrand, Sonja: «Es gibt kein Alter!» – Karl Moser und die «kommende Generation», in: Oechslin, Werner; Hildebrand, Sonja (Hg.): Karl Moser – Architektur für eine neue Zeit. 1880 bis 1936, Bd. 1. Zürich 2010, S. 294–321.

Hildebrand, Sonja: Vom klassizistischen «Abstraktionswesen» zurück «auf den natürlichen Weg des Sehens». Gottfried Sempers Hermeneutik antiker Farbigkeit, in: Dönike, Martin; Müller-Tamm, Jutta; Steinle, Friedrich (Hg.): Die Farben der Klassik. Wissenschaft – Ästhetik – Literatur (= Schriftenreihe des Zentrums für Klassikforschung, Bd. 3). Göttingen 2016, S. 291–312.

Hippel, Wolfgang von: «Überall sparsam, aber nirgendsärmlich». Friedrich Eisenlohr und die Hochbauten der badischen Eisenbahn, in: Hippel, Wolfgang von; Stephan, Joachim; Gleber, Peter; Enzweiler, Hans-Jürgen (Hg.): Eisenbahn-Fieber. Badens Aufbruch ins Eisenbahnzeitalter, hg. v. Landesmuseum für Technik und Arbeit in Mannheim. Ubstadt-Weiher 1990.

Hobsbawm, Eric: Das Zeitalter der Extreme. Weltgeschichte des 20. Jahrhunderts. Übers. v. Yvonne Bandel. 6. Aufl. München 2003 (Erstausgabe: The Age of Extremes. The Short Twentieth Century, 1914–1991. London 1994).

Hobsbawm, Eric: Nationen und Nationalismus. Mythos und Realität seit 1780. Übers. v. Udo Rennert. Erw. Aufl. Frankfurt (Main)/New York 2004 (Erstausgabe: Nations and Nationalism since 1780. Programme, Myth, Reality. Cambridge 1990).

Hoepke, Klaus-Peter: Geschichte der Fridericiana. Stationen in der Geschichte der Universität Karlsruhe (TH) von der Gründung 1825 bis zum Jahr 2000. Karlsruhe 2007.

Hoferichter, Carl Horst: Georg Moller im Dienst – seine Personalakte in der Schleiermacherschen Kabinettsregistratur, in: Krimmel, Bernhard (Hg.): Darmstadt in der Zeit des Klassizismus und der Romantik. Darmstadt 1978 (Ausstellungskatalog Mathildenhöhe Darmstadt 1978/79), S. 220–258.

Hoffmann, Christoph (Hg.): Daten sichern. Schreiben und Zeichnen als Verfahren der Aufzeichnung (Wissen im Entwurf, Bd. 1). Zürich/Berlin 2008.

Hoffmann, Christoph: Festhalten, Bereitstellen. Verfahren der Aufzeichnung, in: ders. (Hg.): Daten sichern. Schreiben und Zeichnen als Verfahren der Aufzeichnung (Wissen im Entwurf, Bd. 1). Zürich/Berlin 2008, S. 7–20.

Hofmann, Hans: Die Abteilung für Architektur, in: Eidgenössische Technische Hochschule 1855–1955. École Polytechnique Fédérale. Zürich 1955, S. 357–384.

Holmes, Frederic L.; Renn, Jürgen; Rheinberger, Hans-Jörg (Hg.): Reworking the Bench. Research Notebooks in the History of Science (Archimedes, Bd. 7). New York 2003.

Horisberger, Christina: Das Schweizer Chalet und seine Rezeption im 19. Jahrhundert. Ein eidgenössischer Beitrag zur Weltarchitektur. Lizentiatsarbeit Univ. Zürich 1999.

Horisberger, Christina: Die Rezeption des «Chalet suisse» in Frankreich zwischen Fortschritt und Folklore, in: Kunst + Architektur in der Schweiz 52 (2001), Nr. 3, S. 44–51.

Huff, Toby E.: Intellectual Curiosity and the Scientific Revolution. A Global Perspective. Cambridge 2011.

Huguenin, Claire: Recordon, Benjamin, in: Historisches Lexikon der Schweiz, http://www.hls-dhs-dss.ch/textes/d/D29119.php (29. April 2011).

Huth, Hans: Lang, Heinrich, in: NDB, Bd. 13. Berlin 1982, S. 537.

Huwyler, Edwin: Schweizerische Hausforschung. Ein Beitrag zu ihrer Geschichte, in: Jahrbuch des Schweizerischen Freilichtmuseums Ballenberg 1 (1996), S. 15–136.

Im Hof, Ulrich: Das Europa der Aufklärung. 2. Aufl. München 1993.

Internationale Schulbuchforschung. Zeitschrift des Georg-Eckert-Instituts für Internationale Schulbuchforschung (= International Textbook Research) 1 (1979)–30 (2008).

Israel, Jonathan I.: Enlightenment Contested. Philosophy, Modernity, and the Emancipation of Man, 1670–1752. Oxford 2006.

Jaeger, Roland: Monumentales Standardwerk: Das ‹Handbuch der Architektur› (1880–1943). Verlagsgeschichte und Bibliographie, in: Aus dem Antiquariat. Neue Folge 4 (2006), Nr. 5, S. 343–364.

Jäggin, Urs: Der Mehrreihenständerbau – Ein bedeutender Zürcher Bauernhaustyp, in: Stadt Zürich (Hg.): Archäologie und Denkmalpflege 2006–2008. Zürich 2008, S. 40–49; http://www.stadt-zuerich.com/content/dam/stzh/hbd/Deutsch/Archaeologie_Denkmalpflege/Publikationen%20und%20Broschueren/Online-Publikationen/2008_Jaeggin_Mehrreihenstaenderbau.pdf (23. November 2011).

Jansen, Johann Jacob: Wie man auf dem Land baut. Der Schweizer Holzstil im 19. Jahrhundert. Diss. ETH Zürich 2015.

Jochum, Uwe: Kleine Bibliotheksgeschichte. 3. Aufl. Stuttgart 2007.

Joedicke, Jürgen; Tomlow, Jos: Rezension zu: Molema, Jan: Antoni Gaudi, een Weg tot Oorspronkelijkheid, Delft 1987 (Diss. TU Delft 1987), in: Werk, Bauen + Wohnen 75 (1988), Nr. 6, S. 72–74.

Jost, Wolfdietrich: Gewerbliche Schulen und politische Macht. Zur Entwicklung des gewerblichen Schulwesens in Preußen in der Zeit von 1840–1880. Weinheim/Basel 1982.

Jürges, Thomas: Die Entwicklung der Biege-, Schub- und Verformungsbemessung in Stahlbetonbau und ihre Anwendung in der Tragwerklehre. Diss. RWTH Aachen 2000.

Jüstrich, Jacqueline: Entwicklung des Baurechts im Kanton St. Gallen (Zürcher Studien zur Rechtsgeschichte, Bd. 29). Zürich 1995.

Kartmann, Norbert (Hg.): Georg Moller. Symposium aus Anlass seines 150. Todestages am 13. März 2002 im Hessischen Landtag in Wiesbaden (Hessische Schriften zum Föderalismus und Landesparlamentarismus, Bd. 10). Wiesbaden 2004.

Kellenbenz, Hermann: Wirtschaftsstufen, in: Beckerath, Erwin von; Bente, Hermann (Hg.): Handwörterbuch der Sozialwissenschaften, Bd. 12. Stuttgart 1965, S. 260–269.

Keller, Arnold: Bach, Carl von, in: NDB, Bd. 1. Berlin 1953, S. 491–492.

Kernbauer, Alois: Beckmann und der ‹technologische› Unterricht an den Universitäten der Habsburgermonarchie. Der ‹technologische› Unterricht im Kanon der Allgemeinbildung der Philosophischen Fakultäten, abseits der Polytechnika und Fachlehranstalten, in: Johann-Beckmann-Journal 7 (1993), H. 1/2, S. 39–56.

Kieling, Uwe: Berlin. Baumeister und Bauten. Von der Gotik bis zum Historismus. Leipzig 1987.

Kienlin, Alexander von (Hg.): Holztragwerke der Antike. Internationale Konferenz 30. März – 1. April 2007 in München (BYZAS, Bd. 11). Istanbul 2011.

Kienlin, Alexander von: Mut zur Lücke – Vitruv und das Konstruieren in Holz, in: Hassler, Uta (Hg.): Der Lehrbuchdiskurs über das Bauen. Zürich 2015, S. 58–62.

Kierdorf, Alexander: 100 Jahre «Handbuch für Eisenbetonbau». Vom publizistischen Kraftakt zum literarischen Monument einer neuen Bauweise, in: Beton- und Stahlbetonbau 102 (2007), H. 10, S. 725–732.

Kierdorf, Alexander; Hilsdorf, Hubert K.: Zur Geschichte des Bauens mit Beton, in: Hassler, Uta (Hg.): Was der Architekt vom Stahlbeton wissen sollte. Zürich 2010, S. 11–51.

Klein, Ursula: Technoscience avant la lettre, in: Perspectives on Science 13 (2005), Nr. 2, S. 226–266.

Knothe, Klaus; Tausendfreund, Doris: Emil Oskar Winkler (1835–1888). Begründer der Statik der Baukonstruktion an der TH Berlin, in: Schwarz, Klaus (Hg.): 1799–1999. Von der Bauakademie zur Technischen Universität Berlin. Geschichte und Zukunft. Berlin 2000, S. 164–178.

Knorr-Cetina, Karin: Die Fabrikation von Erkenntnis. Zur Anthropologie der Naturwissenschaft. Frankfurt (Main) 1984 (Erstausgabe: The Manufacture of Knowledge. An Essay on the Constructivist and Contextual Nature of Science. Oxford 1981).

Knorr-Cetina, Karin: Wissenskulturen. Ein Vergleich naturwissenschaftlicher Wissensformen. Frankfurt (Main) 2002 (Erstausgabe: Epistemic Cultures. How the Sciences Make Knowledge. Cambridge (Massachusetts) 1999).

Kondylis, Panajotis: Die Aufklärung im Rahmen des neuzeitlichen Rationalismus. München 1981.

König, Wolfgang: Spezialisierung und Bildungsanspruch. Zur Geschichte der Technischen Hochschulen im 19. Jahrhundert, in: Berichte zur Wissenschaftsgeschichte 11 (1988), S. 219–225.

König, Wolfgang: Technische Hochschule und Industrie – Ein Überblick zur Geschichte des Technologietransfers, in: Schuster, Hermann J. (Hg.): Handbuch des Wissenschaftstransfers. Berlin/Heidelberg/New York u. a. 1990, S. 29–41.

König, Wolfgang: Technical Education and Industrial Performance in Germany: a Triumph of Heterogeneity, in: Fox, Robert; Guagnini, Anna (Hg.): Education, Technology and Industrial Performance in Europe, 1850–1939. Cambridge/Paris 1993, S. 65–87.

König, Wolfgang; Weber, Wolfhard: Netzwerke, Stahl und Strom. 1840 bis 1914 (Propyläen Technikgeschichte, Bd. 4). Berlin 1997.

König, Wolfgang: Künstler und Strichezieher. Konstruktions- und Technikkulturen im deutschen, britischen, amerikanischen und französischen Maschinenbau zwischen 1850 und 1930. Frankfurt (Main) 1999.

König, Wolfgang: Vom Staatsdiener zum Industrieangestellten: Die Ingenieure in Frankreich und Deutschland 1750–1945, in: Kaiser, Walter; König, Wolfgang (Hg.): Geschichte des Ingenieurs. Ein Beruf in sechs Jahrtausenden. München/Wien 2006, S. 179–231.

König, Wolfgang: Ingenieur, Abschnitt 6: Ausbildung, in: Jaeger, Friedrich (Hg.): Enzyklopädie der Neuzeit, Bd. 5. Stuttgart/Weimar 2007, Sp. 973–978.

Koselleck, Reinhart: Historia Magistra Vitae. Über die Auflösung des Topos im Horizont neuzeitlich bewegter Geschichte, in: ders.: Vergangene Zukunft. Zur Semantik geschichtlicher Zeiten. Frankfurt (Main) 1989, S. 38–66.

Koselleck, Reinhart: «Erfahrungsraum» und «Erwartungshorizont» – zwei historische Kategorien, in: ders.: Vergangene Zukunft. Zur Semantik geschichtlicher Zeiten. Frankfurt (Main) 1989, S. 349–375.

Kozielek, Gerard: Ideologische Aspekte der Mittelalter-Rezeption zu Beginn des 19. Jahrhunderts, in: Wapnewski, Peter (Hg.): Mittelalter-Rezeption. Ein Symposium (Germanistische Symposien, Berichtsbd. 6). Stuttgart 1986, S. 119–132.

Krahe, Friedrich Wilhelm: Hundert Jahre Architektenausbildung an der Technischen Universität Berlin, in: Rürup, Reinhard (Hg.): Wissenschaft und Gesellschaft. Beiträge zu Geschichte der Technischen Universität Berlin 1879–1979, Bd. 2. Berlin 1979, S. 184–214.

Krauthausen, Karin; Nasim, Omar W. (Hg.): Notieren, Skizzieren. Schreiben und Zeichnen als Verfahren des Entwurfs (Wissen im Entwurf, Bd. 3). Zürich/Berlin 2010.

Krimmel, Bernhard (Hg.): Darmstadt in der Zeit des Klassizismus und der Romantik. Darmstadt 1978 (Ausstellungskatalog Mathildenhöhe Darmstadt 1978/79).

Krolzik, Udo: Säkularisierung der Natur. Providentia-Dei-Lehre und Naturverständnis der Frühaufklärung. Neukirchen-Vluyn 1988.

Kruft, Hanno-Walter: A History of Architectural Theory. From Vitruvius to the Present. New York 1994.

Kuban, Sabine: Konstruieren in einer regellosen Zeit. Eisenbetonbemessung zwischen *Monier*-Broschüre und den ersten behördlichen Vorschriften (1887–1904), in: Lorenz, Werner; Tragbar, Klaus; Rauhut, Christoph; Meyer, Torsten; Krafczyk, Christina (Hg.): Alltag und Veränderung. Praktiken des Bauens und Konstruierens. Tagungsband der Zweiten Jahrestagung der Gesellschaft für Bautechnikgeschichte vom 23. bis 25. April 2015 in Innsbruck (Schriftenreihe der Gesellschaft für Bautechnikgeschichte, Bd. 1), Dresden 2017, S. 205–220.

Kuban, Sabine; van de Voorde, Stephanie; Yeomans, David: Early Regulations and Guidelines on Reinforced Concrete in Europe (1900–1950). Towards an International Comparison, in: Campbell, James (Hg.): Proceedings of the 4th Annual Construction History Society Conference, Cambridge, April 7–9, 2017, Cambridge 2017, S. 345–356.

Kuhn, Dorothea: Auch ich in Arcadien. Kunstreisen nach Italien 1600–1900. Marbach 1966 (Ausstellungskatalog Schiller-Nationalmuseum Marbach 1966).

Kuhn, Thomas S.: Die Struktur wissenschaftlicher Revolutionen. Übers. v. Kurt Simon und Hermann Vetter. 2. Aufl. Frankfurt (Main) 1991 (Erstausgabe: The Structure of Scientific Revolutions. Chicago 1962).

Kurrer, Karl-Eugen: Stahl + Beton = Stahlbeton? Stahl + Beton = Stahlbeton! Die Entstehung der Triade von Verwaltung, Wissenschaft und Industrie im Stahlbetonbau in Deutschland, in: Beton- und Stahlbetonbau 92 (1997), H. 1, S. 13–18; H. 2, S. 45–49.

Kurrer, Karl-Eugen: Zur Entwicklung der deutschsprachigen Literatur auf dem Gebiet des Stahlbetonbaus bis 1920, in: Schmidt, Hartwig (Hg.): Zur Geschichte des Stahlbetonbaus – Die Anfänge in Deutschland 1850 bis 1910. Berlin 1999 (Beton- und Stahlbeton Spezial, Sonderheft), S. 42–50.

Kurrer, Karl-Eugen: Geschichte der Baustatik. Berlin 2002.

Kurrer, Karl-Eugen: Baustatik. Vier Fallstudien zur medialen Präsentation der Stahlbetonbemessung von den Anfängen bis ins frühe 20. Jahrhundert, in: Sonne, Wolfgang (Hg.): Die Medien der Architektur. Berlin/München 2011, S. 195–229.

Kurrer, Karl-Eugen: Grundriss zu einer Historischen Technikwissenschaft, in: Fraunholz, Uwe; Wölfel, Sylvia (Hg.): Ingenieure in der technokratischen Hochmoderne. Thomas Hänseroth zum 60. Geburtstag (Cottbuser Studien zur Geschichte von Technik. Arbeit und Umwelt, Bd. 40), Münster/New York/München/Berlin 2012, S. 45–63.

Kurrer, Karl-Eugen: Geschichte der Baustatik. Auf der Suche nach dem Gleichgewicht. 2. stark erw. Aufl. Berlin 2016.

Kurz, Daniel: Die Disziplinierung der Stadt. Moderner Städtebau in Zürich 1900 bis 1940. Zürich 2008.

Lambert, Guy: «Purpose» and «Means» of Architectural Design: Construction in Julien Guadet's Teachings in Architectural Theory, in: Carvais, Robert; Guillerme, André; Nègre, Valérie; Sakarovitch, Joël (Hg.): Nuts and Bolts of Construction History. Culture, Technology and Society. 3 Bde., Paris 2012, Bd. 1, S. 595–602.

Landes, David S.: Der entfesselte Prometheus. Technologischer Wandel und industrielle Entwicklung in Westeuropa von 1750 bis zur Gegenwart. Übers. v. Franz Becker. Köln 1973 (Erstausgabe: The Unbound Prometheus. Technological Change and Industrial Development in Western Europe from 1750 to the Present. Cambridge 1969).

Langins, Janis: Conserving the Enlightenment. French Military Engineering from Vauban to the Revolution. Cambridge (Massachusetts)/London 2004.

Langins, Janis: Eighteenth-Century French Fortification Theory after Vauban: The Case of Montalembert, in: Steele, Brett D.; Dorland, Tamera (Hg.): The Heirs of Archimedes. Science and the Art of War through the Age of Enlightenment. Cambridge (Massachusetts)/London 2005, S. 333–359.

Latour, Bruno; Wolgar, Steve: Laboratory Life. The Construction of Scientific Facts. Beverly Hills 1979.

Lavin, Sylvia: Quatremère de Quincy and the Invention of a Modern Language of Architecture. Cambridge (Massachusetts)/London 1992.

Lehmann, Christine; Maurer, Bertram: Carl Culmann und die graphische Statik. Zeichnen, die Sprache des Ingenieurs. Berlin 2006.

[Lemma] Lehrbuch, in: Brockhaus Enzyklopädie in zwanzig Bänden, Bd. 11. 17. Aufl. Wiesbaden 1970.

[Lemma] Lehrbuch, in: Wikipedia. Die freie Enzyklopädie, http://de.wikipedia.org/wiki/Lehrbuch (20. Juli 2010).

Lenoir, Timothy (Hg.): Inscribing Science. Scientific Texts and the Materiality of Communications. Stanford 1998.

Lepenies, Wolf: Das Ende der Naturgeschichte. Wandel kultureller Selbstverständlichkeiten in den Wissenschaften des 18. und 19. Jahrhunderts. München/Wien 1976.

Lepenies, Wolf: Das Ende der Naturgeschichte und der Beginn der Moderne. Verzeitlichung und Enthistorisierung in der Wissenschaftsgeschichte des 18. und 19. Jahrhunderts, in: Koselleck, Reinhart (Hg.): Studien zum Beginn der modernen Welt. Stuttgart 1977, S. 317–351.

Lepenies, Wolf: Autoren und Wissenschaftler im 18. Jahrhundert. Linné, Buffon, Winckelmann, Georg Forster, Erasmus Darwin. München 1988.

Lind, Gunter: Physik im Lehrbuch 1700–1850. Zur Geschichte der Physik und ihrer Didaktik in Deutschland. Berlin 1992.

Linder, Wolf: Entwicklung, Strukturen und Funktionen des Wirtschaft- und Sozialstaats in der Schweiz, in: Riklin, Alois (Hg.): Handbuch Politisches System der Schweiz, Bd. 1: Grundlagen. Bern/Stuttgart 1983, S. 255–281.

Lipps-Kant, Barbara: Die Verwendung von Gusseisen als Konstruktions- und Dekorationselement in der Architektur bis 1850 – dargestellt an Beispielen in Baden-Württemberg, in: ICOMOS, Deutsches Nationalkomitee (Hg.): Eisen Architektur. Die Rolle des Eisens in der historischen Architektur der ersten Hälfte des 19. Jahrhunderts. Hannover 1979, S. 7–17.

Livi Bacci, Massimo: The Population of Europe. A History. Oxford 2000.

Lorenz, Sönke; Setzler, Wilfried (Hg.): Heinrich Schickhardt. Baumeister der Renaissance – Heinrich Schickhardt. Maitre d'œuvre de la Renaissance. Leinfelden-Echterdingen 1999.

Lorenz, Werner: «Architectur ist Construction». Schinkel und Borsig als Baukonstrukteure, in: Technikgeschichte 61 (1994), Nr. 4, S. 313–328.

Lorenz, Werner: Konstruktion als Kunstwerk. Bauen mit Eisen in Berlin und Potsdam 1797–1850. Berlin 1995.

Lorenz, Werner: «Die Formel taugt nichts, sie ist über zwei Zoll lang» – Zur Kunst des Konstruierens in Preußens frühem Eisenbau, in: Knobloch, Eberhard (Hg.): Wissenschaft – Technik – Kunst. Interpretationen – Strukturen – Wechselwirkungen (GRATIA. Bamberger Schriften zur Renaissanceforschung, Bd. 31). Wiesbaden 1997, S. 17–36.

Lorenz, Werner: From Stories to History, from History to Histories: What Can Construction History Do?, in: Construction History 21 (2006), S. 31–42 (Von Geschichten zur Geschichte, von Geschichte zu Geschichten: Was kann Bautechnikgeschichte?, in: Meyer, Torsten; Popplow, Marcus (Hg.): Technik, Arbeit und Umwelt in der Geschichte. Günter Bayerl zum 60. Geburtstag. Münster/New York/München/Berlin 2006, S. 221–237).

Luhmann, Niklas: Die Wirtschaft der Gesellschaft als autopoetisches System, in: Zeitschrift für Soziologie 13 (1984), S. 308–327.

Lundgreen, Peter: Techniker in Preußen während der frühen Industrialisierung. Ausbildung und Berufsfeld einer entstehenden sozialen Gruppe. Berlin 1975.

Lundgreen, Peter: Technisch-wissenschaftliche Vereine zwischen Wissenschaft, Staat und Industrie, 1860–1914: Umrisse eines Forschungsfeldes, in: Technikgeschichte 46 (1979), Nr. 3, S. 181–191.

Lundgreen, Peter: Die Ausbildung von Ingenieuren an Fachschulen und Hochschulen in Deutschland, 1770–1990, in: ders.; Grelon, André (Hg.): Ingenieure in Deutschland, 1770–1990. Frankfurt (Main) 1994, S. 13–71.

Lundgren, Andres; Bensaude-Vincent, Bernadette (Hg.): Communicating Chemistry. Textbooks and Their Audiences, 1789–1939. Canton (Massachusetts) 2000.

Lundgren, Andres: Preface, in: ders.; Bensaude-Vincent, Bernadette (Hg.): Communicating Chemistry. Textbooks and Their Audiences, 1789–1939. Canton (Massachusetts) 2000, S. vii.

Luniak, Bruno: Geschichtliches über die EMPA, in: Eidgenössische Materialprüfungs- und Versuchsanstalt (Hg.): EMPA 1880–1980. Dübendorf/St. Gallen 1980, S. 15–28.

Luttmann, Susanne: Gottfried Sempers «Vergleichende Baulehre». Eine quellenkritische Rekonstruktion. Zürich 2008.

Maissen, Thomas: Geschichte der Schweiz. 3. Aufl. Baden 2011.

Mallgrave, Harry Francis: Gottfried Semper. Ein Architekt des 19. Jahrhunderts. Zürich 2001 (Erstausgabe: Gottfried Semper. Architect of the Nineteenth Century. New Haven/London 1996).

Mark, Robert; Clark, William W.: Gothic Structural Experimentation, in: Scientific American 251 (1984), Nr. 4, S. 144–153.

Mark, Robert: Architectural Technology up to the Scientific Revolution. Cambridge (Massachusetts)/London 1993.

Marschall, Horst Karl: Friedrich von Thiersch. Ein Münchner Architekt des Späthistorismus 1852–1921. München 1982.
Marten, Bettina; Reinisch, Ulrich; Korey, Michael (Hg.): Festungsbau. Geometrie – Technologie – Sublimierung. Berlin 2012.
Matejak, Milczyslaw; Niemz, Peter: Das Holz in deutschen Texten zwischen 1578 und 1922. Aus den Sammlungen der Universitätsbibliothek Warschau. Zürich 2011, http://e-collection.library.ethz.ch/eserv/eth:4675/eth-4675-01.pdf (10. Juli 2013).
Materialprüfungsanstalt Universität Stuttgart (Hg.): 125 Jahre MPA Universität Stuttgart 1884 – 2009. Festschrift zur Festveranstaltung am 8. Oktober 2009 in Stuttgart. Stuttgart 2010.
Mauersberger, Klaus: Zur Entwicklung des Experimentalwesens in den Technikwissenschaften mit besonderer Berücksichtigung der Materialprüfung innerhalb des wissenschaftlichen Maschinenwesens, in: Dresdener Beiträge zur Geschichte der Technikwissenschaften 10 (1982), S. 68–103.
Mauersberger, Klaus: Die Entwicklung der technischen Hochschulen und ihrer Ausbildungskonzeptionen im 19. Jahrhundert, in: Dresdner Beiträge zur Geschichte der Technikwissenschaften 17 (1989), S. 18–36.
Maurer, Bertram: Karl Culmann und die graphische Statik (Bericht Institut für Baustatik Stuttgart, Bd. 26). Stuttgart 1997.
Maurer, Bertram: Karl Culmann und die graphische Statik. Berlin/Diepholz/Stuttgart 1998.
Maurer, Bruno: Lehrgebäude – Gottfried Semper am Zürcher Polytechnikum, in: Nerdinger, Winfried; Oechslin, Werner (Hg.): Gottfried Semper 1803–1879. Architektur und Wissenschaft. München/Berlin/London u. a. 2003, S. 306–313.
Mechtler, Paul: Gerster, Ritter v. Franz Joseph, in: ADB, Bd. 6. Berlin 1964, S. 328–329.
Menn, Christian: Verdankung, in: Hering, Jürgen (Hg.): Christian Menn. Reden bei der akademischen Feier aus Anlaß der Verleihung der Ehrendoktorwürde (Dr.-Ing. E.h.) an Prof. Dr. sc. techn. Christian Menn durch die Universität Stuttgart am 2. Februar 1996 (Universität Stuttgart Reden und Aufsätze, Bd. 55). Stuttgart 1996, S. 12–16.
Meyer, Torsten: Zu den Anfängen technikhistorischen Arbeitens in Deutschland – Johann Beckmanns «Beyträge zur Geschichte der Erfindungen», in: Technikgeschichte 64 (1997), Nr. 3, S. 161–179.
Meyer, Torsten: Natur, Technik und Wirtschaftswachstum im 18. Jahrhundert. Risikoperzeption und Sicherheitsversprechen (Cottbuser Studien zur Geschichte von Technik, Arbeit und Umwelt, Bd. 12). Münster/New York/München/Berlin 1999.
Meyer, Torsten: Zwischen sozialer Restriktion und ökonomischer Notwendigkeit. «Konsum» in ökonomischen Texten der Frühen Neuzeit, in: ders.; Reith, Reinhold (Hg.): «Luxus und Konsum» – eine historische Annäherung (Cottbuser Studien zur Geschichte von Technik, Arbeit und Umwelt, Bd. 21). Münster/New York/München/Berlin 2003, S. 61–82.
Meyer, Torsten: Perspektiven der Popularisierung von Technik in der Frühen Neuzeit (1500–1800), in: Bluma, Lars; Pichol, Karl; Weber, Wolfhard (Hg.): Technikvermittlung und Technikpopularisierung. Historische und didaktische Perspektiven (Cottbuser Studien zur Geschichte von Technik, Arbeit und Umwelt, Bd. 23). Münster/New York/München/Berlin 2004, S. 145–170.
Meyer, Torsten: Johann Beckmanns «Anleitung zur Technologie» und ihr historischer Kontext – Technologische Allgemeinbildung in modernisierender Absicht?, in: Zeitsprünge. Forschungen zur Frühen Neuzeit 8 (2004), Nr. 3/4, S. 442–465.
Meyer, Torsten; Popplow, Marcus (Hg.): Technik, Arbeit und Umwelt in der Geschichte. Günter Bayerl zum 60. Geburtstag. Münster/New York/München/Berlin 2006.
Meyer, Torsten: Technologie, in: Jaeger, Friedrich (Hg.): Enzyklopädie der Neuzeit, Bd. 13. Stuttgart/Weimar 2011, Sp. 310–319.
Meyer, Torsten: Fokus: Bauherrenwissen in der Hausväterliteratur, in: Osthues, Wilhelm; Schlimme, Hermann; Renn, Jürgen (Hg.): Wissensgeschichte der Architektur, Bd. 3: Vom Mittelalter bis zur Frühen Neuzeit. Max Planck Research Library for the History and Development of Knowledge (Edition Open Access, Studies 5). Berlin 2014, S. 429–465.
Meyer, Torsten: Jean Rondelets Traité théorique et pratique de l'art de bâtir oder: Vom kurzen Triumph des polytechnischen Bauens im kurzen 19. Jahrhundert, in: Hassler, Uta (Hg.): Der Lehrbuchdiskurs über das Bauen. Zürich 2015, S. 134–151.
Meyer-Peter, Eugen: Versuchsanstalt für Wasserbau und Erdbau, in: Eidgenössische Technische Hochschule 1855–1955. École Polytechnique Fédérale. Zürich 1955, S. 694–703.
Middleton, Robin; Baudouin-Matuszek, Marie-Noëlle: Jean Rondelet. The Architect as Technician. New Haven/London 2007.
Mikl-Horke, Gertraude: Historische Soziologie der Wirtschaft. Wirtschaft und Wirtschaftsdenken in Geschichte und Gegenwart. München/Wien 1999.
Mohrmann, Ruth-Elisabeth: Hausbau, volkskundlich, in: Cordes, Albrecht; Lück, Heiner; Werkmüller, Dieter (Hg.): Handwörterbuch zur deutschen Rechtsgeschichte, 12. Lieferung. 2. Aufl. Berlin 2010, Sp. 800–803.
Mokyr, Joel: Die europäische Aufklärung, die industrielle Revolution und das moderne ökonomische Wachstum, in: Wiegandt, Klaus; Robinson, James A. (Hg.): Die Ursprünge der modernen Welt. Frankfurt (Main) 2008, S. 433–474.
Mokyr, Joel: The European Enlightenment and the Origins of Modern Economic Growth, in: Horn, Jeff; Rosenband, Leonhard N.; Smith, Merrit Rose (Hg.): Reconceptualizing the Industrial Revolution. Cambridge (Massachusetts)/London 2010, S. 65–86.

Moravia, Serge: Beobachtende Vernunft. Philosophie und Anthropologie in der Aufklärung. München 1989.

Müller, Albert; Neurath, Wolfgang (Hg.): Historische Netzwerkanalysen, Österreichische Zeitschrift für Geschichtswissenschaften 23 (2012), H. 1.

Müller, Hans-Peter: Beckmanns Rekombinatorik und die Ars Inventiva des Raimundus Lullus, in: Johann-Beckmann-Journal 6 (1992), Nr. 1, S. 4–19.

Müller, Otto Bernhard: Heinrich Lang. Lehrer und Architekt. Ein Beitrag zur Baugeschichte des XIX. Jahrhunderts in Baden. Karlsruhe 1961.

Müller, Thomas: Architekturschule und ländliches Bauen – Ernst Gladbach (1812–1896), in: Arbeitskreis für Hausforschung (Hg.): Stadt und Land. Novationen und Novationsaustausch am Zürichsee (Jahrbuch für Hausforschung, Bd. 45). Marburg 1997, S. 195–209.

Naef, Hans: Vereinsgeschichte, in: Schweizerischer Ingenieur- und Architekten-Verein (Hg.): 100 Jahre SIA 1837–1937. Festschrift zum hundertjährigen Bestehen des Vereins. Zürich 1937, S. 145–176.

Nägelke, Hans-Dieter: Gelehrte Gemeinschaft und wissenschaftlicher Großbetrieb: Hochschulbau als Spiegel von Wissenschaftsidee und -praxis im 19. und frühen 20. Jahrhundert, in: Berichte zur Wissenschaftsgeschichte 21 (1998), S. 103–114.

Nègre, Valérie: Some Considerations on Traité de L'Art de Bâtir by Rondelet and the Technical Literature of his Time, in: Kurrer, Karl-Eugen; Lorenz, Werner; Wetzk, Volker (Hg.): Proceedings of the Third International Congress on Construction History. 3 Bde. Berlin 2009, Bd. 3, S. 1089–1096.

Nègre, Valérie: Oral Transmission and the Use of Models in the Teaching of Architecture and Construction at the Turn of the 19th Century, in: Carvais, Robert; Guillerme, André; Nègre, Valérie; Sakarovitch, Joël (Hg.): Nuts and Bolts of Construction History. Culture, Technology and Society. 3 Bde. Paris 2012, Bd. 1, S. 555–564.

Nipperdey, Thomas: Deutsche Geschichte 1800–1866. Bürgerwelt und starker Staat. München 1983.

Nipperdey, Thomas: Deutsche Geschichte 1866–1918, Bd. 1: Arbeitswelt und Bürgergeist. München 1991.

Nonn, Christoph: Das 19. und 20. Jahrhundert. Paderborn 2007.

Nützenadel, Alexander: Die Stunde der Ökonomen. Wissenschaft, Politik und Expertenkultur in der Bundesrepublik 1949–1974. Göttingen 2005.

O'Connell, Lauren M.: Redefining the Past: Revolutionary Architecture and the Conseil des Bâtiments Civils, in: The Art Bulletin 77 (1995), Nr. 2, S. 207–224.

Oldroyd, David: Sciences of the Earth. Studies in the History of Mineralogy and Geology (Variorum Collected Studies Series, Bd. 628). Aldershot 1998.

Osterhammel, Jürgen: Die Verwandlung der Welt. Eine Geschichte des 19. Jahrhunderts. 3. Aufl. München 2009.

Renn, Jürgen; Osthues, Wilhelm; Schlimme, Hermann (Hg.): Wissensgeschichte der Architektur. Max Planck Research Library for the History and Development of Knowledge (Edition Open Access, Studies 3–5), 3 Bde. Berlin 2014

Paletschek, Sylvia: Die permanente Erfindung einer Tradition. Die Universität Tübingen im Kaiserreich und in der Weimarer Republik. Stuttgart 2001.

Papenbrock, Martin: Der Lehrstuhl für Kunstgeschichte in Karlsruhe. Ein Rückblick, in: Büttner, Katharina; Papenbrock, Martin (Hg.): Kunst und Architektur in Karlsruhe. Festschrift für Norbert Schneider. Karlsruhe 2006, S. 179–191.

Paulus, Simon: Deutsche Architekten reisen. Zwischen Renaissance und Moderne. Petersberg 2011.

Paulus, Simon; Knufinke, Ulrich: Braunschweig vor der «Braunschweiger Schule». Bemerkungen zur Selbstfindung einer Architekturschule, in: Philipp, Klaus Jan; Renz, Kerstin (Hg.): Architekturschulen. Programm – Programmatik – Propaganda. Tübingen/Berlin 2012, S. 145–157.

Pérez-Gomez, Alberto: Architecture and the Crisis of Modern Science. Cambridge (Massachusetts)/London 1983.

Pérouse de Montclos, Jean-Marie: Le chalet à la Suisse. Fortune d'un modèle vernaculaire, in: Architectura. Zeitschrift für Geschichte der Baukunst 17 (1987), Nr. 1, S. 76–96.

Peters, Tom F.: Building the Nineteenth Century. Cambridge (Massachusetts) 1996.

Petersen, Sonja: Piano Manufacturing between Craft and Industry: Advertising and Image Cultivation of Early 20th Century German Piano Production, in: ICON. Journal of the International Committee for the History of Technology 17 (2011), S. 12–30.

Petersen, Sonja: Vom ‹Schwachstarktastenkasten› und seinen Fabrikanten. Wissensräume im Klavierbau 1830–1930 (Cottbuser Studien zur Geschichte von Technik, Arbeit und Umwelt, Bd. 37). Münster/New York/München/Berlin 2011.

Pfammatter, Ulrich: Die Erfindung des modernen Architekten. Ursprung und Entwicklung seiner wissenschaftlich-industriellen Ausbildung. Basel/Boston/Berlin 1997.

Philipp, Klaus Jan: Um 1800. Architekturtheorie und Architekturkritik in Deutschland zwischen 1790 und 1810. Stuttgart/London 1997.

Plancherel, Michel: L'École des sciences mathématiques et physiques et l'enseignement de base en mathématiques et physique dans les autres sections, in: Eidgenössische Technische Hochschule 1855–1955. École Polytechnique Fédérale. Zürich 1955, S. 297–313.

Popplow, Marcus: Die Verwendung von lat. machina im Mittelalter und in der Frühen Neuzeit – vom Baugerüst zu Zoncas mechanischem Bratenwender, in: Technikgeschichte 60 (1993), Nr. 1, S. 7–26.
Popplow, Marcus: Erfindungsschutz und Maschinenbücher: Etappen der Institutionalisierung technischen Wandels in der Frühen Neuzeit, in: Technikgeschichte 63 (1996), Nr. 1, S. 21–46.
Popplow, Marcus: «Neu», «nützlich» und «erfindungsreich». Die Idealisierung von Technik in der frühen Neuzeit (Cottbuser Studien zur Geschichte von Technik, Arbeit und Umwelt, Bd. 5). Münster/New York/München/Berlin 1998.
Popplow, Marcus: Protection and Promotion – Privileges for Inventions and Books of Machines in the Early Modern Period, in: History of Technology 20 (1998), S. 103–124.
Popplow, Marcus: Mechanik, Maschinen und technische Sehenswürdigkeiten zu Beginn des 18. Jahrhunderts. Das «neu=eröffnete Machinen-Hauß» von Leonhard Christoph Sturm, in: Cardanus 2 (2001), S. 75–99.
Popplow, Marcus: Neu, nützlich und erfindungsreich. Die Ingenieure der Renaissance als Schrittmacher der modernen Deutung von Technik, in: Zeitsprünge. Forschungen zur Frühen Neuzeit 8 (2004), Nr. 3/4, S. 336–355.
Popplow, Marcus: Unsichere Karrieren: Ingenieure in Mittelalter und Früher Neuzeit 500–1750, in: Kaiser, Walter; König, Wolfgang (Hg.): Geschichte des Ingenieurs. Ein Beruf in sechs Jahrtausenden. München/Wien 2006, S. 71–125.
Popplow, Marcus (Hg.): Landschaften agrarisch-ökonomischen Wissens. Regionale Fallstudien zu landwirtschaftlichen und gewerblichen Themen in Zeitschriften und Sozietäten des 18. Jahrhunderts (Cottbuser Studien zur Geschichte von Technik, Arbeit und Umwelt, Bd. 30). Münster/New York/München/Berlin 2010.
Popplow, Marcus: Wissensvermittlung für den jungen «galant-homme» – Architektur im geöffneten Ritter-Platz (1700–02), in: Hassler, Uta (Hg.): Der Lehrbuchdiskurs über das Bauen. Zürich 2015, S. 94–111.
Potofsky, Allan: Constructing Paris in the Age of Revolution. Basingstoke 2009.
Powell, Kenneth (Hg.): The Great Builders. London 2011.
[Lemma] Projektive Geometrie, in: Brockhaus Enzyklopädie in zwanzig Bänden, Bd. 15. 17. Aufl. Wiesbaden 1972, S. 170–171.
Radkau, Joachim: Technik in Deutschland. Vom 18. Jahrhundert bis zur Gegenwart. Frankfurt (Main) 1989.
Ramm, Wieland: Matthias Koenen (1849–1924). Schöpfer der ersten Biegebemessung für Eisenbetonplatten und Mitbegründer der Eisenbetonbauweise in Deutschland, in: Jahrbuch der VDI-Gesellschaft Bautechnik (1998), S. 349–379.
Ramm, Wieland: Über die Geschichte des Eisenbaus und das Entstehen des Konstruktiven Ingenieurbaus, in: Stahlbau 70 (2001), H. 9, S. 628–641.
Ramm, Wieland: Über die Wiege des Eisenbetons in Deutschland – Der Weg des Eisenbetons von Frankreich nach Deutschland führte über die Pfalz, in: Der Prüfingenieur. Zeitschrift der Bundesvereinigung der Prüfingenieure für Bautechnik 37 (2010), S. 17–29.
Ramm, Wieland: Über die Anfänge des Eisenbetonbaus in Deutschland und die Pioniere der ersten Jahre, in: Beton- und Stahlbetonbau 107 (2012), H. 5, S. 335–356.
Rammer, Gerhard: Was und wie lernen wir aus alten wissenschaftlichen Lehrbüchern? Wissenschaftshistorische Überlegungen zum Genre, in: Hassler, Uta (Hg.): Der Lehrbuchdiskurs über das Bauen. Zürich 2015, S. 26–37.
Ramphal, Geraldine: Alfred Friedrich Bluntschli und der Villenbau im späten 19. Jahrhundert: Umgang mit historischen Bauformen und Dekorationen. Lizentiatsarbeit Univ. Zürich 2006.
Rauhut, Christoph: Das tragische Genie. Zum 100. Todestag des Architekten Alexander Koch – eine aussergewöhnliche Zürcher Persönlichkeit, in: Neue Zürcher Zeitung, 28. April 2011.
Rauhut, Christoph: Handbooks on Construction Site Supervision in the 19th Century, in: Carvais, Robert; Guillerme, André; Nègre, Valérie; Sakarovitch, Joël (Hg.): Nuts and Bolts of Construction History. Culture, Technology and Society. 3 Bde. Paris 2012, Bd. 1, S. 683–700.
Rauhut, Christoph: Die Baustelle um 1900 – Materialvielfalt, Konstruktionspluralismus, Akteurspluralismus, in: Hassler, Uta; Rauhut, Christoph (Hg.): Bautechnik des Historismus / Construction Techniques in the Age of Historicism. München 2012, S. 262–279.
Rauhut, Christoph: «Zum Selbstunterricht» – Das Aufkommen der Bücher zur Bauführung im 19. Jahrhundert, in: Hassler, Uta (Hg.).: Der Lehrbuchdiskurs über das Bauen. Zürich 2015, S. 168–182.
Reill, Peter Hanns: The Legacy of the «Scientific Revolution»: Science and the Enlightenment, in: Porter, Roy (Hg.): Eighteenth-Century Science (The Cambridge History of Science, Bd. 4). Cambridge 2003, S. 23–43.
Reith, Reinhold: Vom Umgang mit Rohstoffen in historischer Perspektive. Rohstoffe und ihre Kosten als ökonomische und ökologische Determinanten der Technikentwicklung, in: König, Wolfgang (Hg.): Umorientierungen. Wissenschaft, Technik und Gesellschaft im Wandel. Frankfurt (Main) 1994, S. 47–69.

Reith, Reinhold: Die Internalisierung der externen Effekte: Konzepte der Umweltgeschichte und die Wirtschaftsgeschichte, in: Bayerl, Günter; Weber, Wolfhard (Hg.): Sozialgeschichte der Technik. Ulrich Troitzsch zum 60. Geburtstag (Cottbuser Studien zur Geschichte von Technik, Arbeit und Umwelt, Bd. 7). Münster/New York/München/Berlin 1998, S. 15–24.

Reith, Reinhold; Schmidt, Dorothea (Hg.): Kleine Betriebe – Angepasste Technologie? Hoffnungen, Erfahrungen und Ernüchterungen aus sozial- und technikhistorischer Sicht (Cottbuser Studien zur Geschichte von Technik, Arbeit und Umwelt, Bd. 18). Münster/New York/München/Berlin 2002.

Renfer, Christian: Die standardisierte Anwendung von Grundbaustoffen im 19. Jahrhundert, in: Arbeitskreis für Hausforschung (Hg.): Historisches Bauwesen – Material und Technik (Jahrbuch für Hausforschung, Bd. 42). Marburg 1994, S. 305–330.

Renz, Kerstin: Industriearchitektur im frühen 20. Jahrhundert. Das Büro von Philipp Jakob Manz. München 2005.

Reulecke, Jürgen: Geschichte der Urbanisierung in Deutschland. Frankfurt (Main) 1985.

Reulecke, Jürgen (Hg.): 1800–1918. Das bürgerliche Zeitalter (Geschichte des Wohnens, Bd. 3). Stuttgart 1997.

Reulecke, Jürgen: Die Mobilisierung der «Kräfte und Kapitale»: der Wandel der Lebensverhältnisse im Gefolge von Industrialisierung und Verstädterung, in: ders. (Hg.): 1800–1918. Das bürgerliche Zeitalter (Geschichte des Wohnens, Bd. 3). Stuttgart 1997, S. 15–144.

Rheinberger, Hans-Jörg; Hagner, Michael (Hg.): Die Experimentalisierung des Lebens. Experiementalsysteme in den biologischen Wissenschaften 1850/1950. Berlin 1993.

Rheinberger, Hans-Jörg: Experimentalsysteme und epistemische Dinge. Eine Geschichte der Proteinsynthese im Reagenzglas. Göttingen 2001 (Erstausgabe: Towards a History of Epistemic Things. Synthesizing Proteins in the Test Tube. Stanford 1997).

Rheinberger, Hans-Jörg; Schmidgen, Henning (Hg.): Experimental Cultures. Configurations between Science, Art, and Technology, 1830–1950. Berlin 2002.

Richter, Steffen; Wirtschaft und Forschung. Ein historischer Überblick über die Förderung der Forschung, in Technikgeschichte 46 (1979), Nr. 1, S. 20–44.

Ricken, Herbert: Erinnerung an Emil Mörsch (1872–1950), in: Die Bautechnik 78 (2001), H. 1, S. 46–51.

Risch, Gaudenz: Gründung, Bau und Erweiterung der Eidgenössischen Technischen Hochschule in Zürich, in: SBZ 87 (1969), Nr. 38, S. 746–751.

Ritzmann-Blickensdorfer, Heiner (Hg.): Historische Statistik der Schweiz. Zürich 1996.

Rossfeld, Roman: Handwerk, Gewerbe und Industrie. Die schweizerische Binnenwirtschaft im 19. und 20. Jahrhundert, in: Traverse 17 (2010), Nr. 1, S. 75–102.

Rousteau-Chambon, Hélène: Teaching Construction in the Académie Royale d'Architecture, in: Carvais, Robert; Guillerme, André; Nègre, Valérie; Sakarovitch, Joël (Hg.): Nuts and Bolts of Construction History. Culture, Technology and Society. 3 Bde. Paris 2012, Bd. 1, S. 545–553.

Ruske, Walter: 100 Jahre Materialprüfung in Berlin – Ein Beitrag zur Technikgeschichte. Berlin 1971.

Rusnock, Andrea: Quantification, Precision, and Accuracy: Determinations of Population in the Ancien Règime, in: Wise, M. Norton (Hg.): The Values of Precision. Princeton 1995, S. 17–38.

Rziha, Franz: Der Einfluss der Naturwissenschaften auf die Ingenieur-Baukunst. Vortrag gehalten im Vereine zur Verbreitung naturwissenschaftlicher Kenntnisse in Wien am 27. Februar 1878. Wien 1878.

Saint, Andrew: Architect and Engineer. A Study in Sibling Rivalry. New Haven/London 2007.

Sakarovitch, Joel: Gaspard Monge Founder of «Constructive Geometry», in: Kurrer, Karl-Eugen; Lorenz, Werner; Wetzk, Volker (Hg.): Proceedings of the Third International Congress on Construction History. 3 Bde. Berlin 2009, Bd. 3, S. 1293–1299.

Sandl, Marcus: Ökonomie des Raumes. Der kameralwissenschaftliche Entwurf der Staatswirtschaft im 18. Jahrhundert. Köln/Weimar/Wien 1999.

Saussure, Ferdinand de: Grundlagen der allgemeinen Sprachwissenschaft. 2. Aufl. Berlin 1967.

Schädlich, Christian: Der Baustoff Eisen als Grundlage für die Herausbildung qualitativ neuer Baukonstruktionen im 19. Jahrhundert, in: Graefe, Rainer (Hg.): Zur Geschichte des Konstruierens. Wiesbaden 1989.

Schäfers, Bernhard: Architektursoziologie. Grundlagen – Epochen – Themen. 2. Aufl. Wiesbaden 2006.

Schendel, Adelheid: Veränderungen traditioneller Bauformen durch obrigkeitliche Einflüsse in Brandenburg um 1800, in: Rach, Hans-Jürgen (Hg.): Vom Bauen und Wohnen. 20 Jahre Arbeitskreis für Haus- und Siedlungsforschung in der DDR. Berlin 1982, S. 93–108.

Scheidegger, Fritz (Hg.): Aus der Geschichte der Bautechnik, Bd. 1: Grundlagen. 2. Aufl. Basel/Boston/Berlin 1994.

Scheidegger, Fritz: Aus der Geschichte der Rammen, in: ders. (Hg.): Aus der Geschichte der Bautechnik, Bd. 1: Grundlagen. Basel/Boston/Berlin 1990, S. 228–235.

Scheidl, Inge: Schöner Schein und Experiment. Katholischer Kirchenbau im Wien der Jahrhundertwende. Wien 2003.

Schiedlausky, Günther: Essenwein, August Ottmar Ritter von, in: NDB, Bd. 4. Berlin 1959, S. 657.

Schiff, Eric: Industrialization Without National Patents. The Netherlands 1869–1912; Switzerland 1850–1907. Princeton 1972.

Schimek, Michael: Zwischen Anspruch und Wirklichkeit. Staatliche Einflussnahme auf das ländliche Bauen: Das Land Oldenburg zwischen 1880 und 1930 (Beiträge zur Volkskultur in Nordwestdeutschland, Bd. 106). Münster/New York/München/Berlin 2004.

Schirmer, Wulf; Bergdoll, Barry: Friedrich Weinbrenner 1766–1826. London 1982 (Ausstellungskatalog Architectural Association London 1982).

Schirmer, Wulf; Brockhoff, Hanno; Schnuchel, Werner (Hg.): Heinrich Hübsch 1795–1863. Der große badische Baumeister der Romantik. Karlsruhe 1983 (Ausstellungskatalog Prinz-Max-Palais Karlsruhe 1983/84).

Schlimme, Hermann: Between Architecture, Science and Technology: The Accademia della Vachia in Florence, 1661–1662, in: ders. (Hg.): Practice and Science in Early Modern Italian Building. Towards an Epistemic History of Architecture. Mailand 2006, S. 61–96.

Schlimme, Hermann: Construction Knowledge in Comparison: Architects, Mathematicians and Natural Philosophers Discuss the Damage to St. Peter's Dome in 1743, in: Dunkeld, Malcolm; Campbell, James; Louw, Hentie; Tutton, Michael; Addis, Bill; Thorne, Robert (Hg.): Proceedings of the Second International Congress on Construction History. 3 Bde. Cambridge 2006, Bd. 3, S. 2853–2867.

Schlimme, Hermann: Die frühe ‹Accademia et Compagnia dell'Arte del Disegno› in Florenz und die Architekturausbildung, in: Johannes, Ralph (Hg.): Entwerfen. Architektenausbildung in Europa von Vitruv bis Mitte des 20. Jahrhunderts. Geschichte – Theorie – Praxis. Hamburg 2009, S. 326–343.

Schmid, Karl: Die Ausbildungsziele der Eidgenössischen Technischen Hochschule. Ein Vorwort. in: Eidgenössische Technische Hochschule 1855–1955. École Polytechnique Fédérale. Zürich 1955, S. 268.

Schmidt, Hartwig: Bauaufnahme. Die Entwicklung der Methoden im 19. Jahrhundert, in: Wenzel, Fritz (Hg.): Sonderforschungsbereich Erhalten historisch bedeutsamer Bauwerke. Baugefüge, Konstruktionen, Werkstoffe. Jahrbuch 1986. Berlin 1987, S. 22–68.

Schmidt, Hartwig (Hg.): Zur Geschichte des Stahlbetonbaus – Die Anfänge in Deutschland 1850 bis 1910 (Beton- und Stahlbeton Spezial, Sonderheft). Berlin 1999.

Schneiders, Werner: Das Zeitalter der Aufklärung. 4. Aufl. München 2008.

Schnerb, Robert: Das Bürgerliche Zeitalter. Europa als Weltmacht 1815–1914. Zürich 1971.

Schütte, Ulrich: Architekt und Ingenieur, in: ders. (Hg.): Architekt und Ingenieur. Baumeister in Krieg und Frieden. Wolfenbüttel 1984 (Ausstellungskatalog Herzog-August-Bibliothek Wolfenbüttel 1984), S. 18–31.

Schütte, Ulrich: Ordnung und Verzierung. Untersuchungen zur deutschsprachigen Architekturtheorie des 18. Jahrhunderts. Braunschweig/Wiesbaden 1986.

Schumann, Ulrich Maximilian: Friedrich Weinbrenner. Klassizismus und «praktische Ästhetik» (Friedrich Weinbrenner und die Weinbrenner-Schule, Bd. 5). Berlin/München 2010.

Schumann, Ulrich Maximilian (Hg.): Friedrich Weinbrenner. Architektonisches Lehrbuch (Friedrich Weinbrenner und die Weinbrenner-Schule, Bd. 7). Bad Saulgau 2015.

Schwarz, Karl (Hg.): 1799–1999. Von der Bauakademie zur Technischen Universität Berlin. Geschichte und Zukunft. Berlin 2000 (Technische Universität Berlin 1999–2000).

Schweizerischer Ingenieur- und Architekten-Verein (Hg.): 100 Jahre SIA 1837–1937. Festschrift zum hundertjährigen Bestehen des Vereins. Zürich 1937.

Schweizerischer Ingenieur- und Architektenverein (Hg.): 1837–1987 SIA. Zürich 1987.

Schweizerisches Landesmuseum Zürich (Hg.): Die Erfindung der Schweiz 1848–1998. Bildentwürfe einer Nation. Zürich 1998 (Ausstellungskatalog Landesmuseum Zürich 1998).

Scriba, Christoph J.; Schreiber, Peter: 5000 Jahre Geometrie. Geschichte – Kulturen – Menschen. Berlin/Heidelberg/New York 2005.

Seckelmann, Margrit: Industrialisierung, Internationalisierung und Patentrecht im Deutschen Reich, 1871–1914 (Recht in der Industriellen Revolution, Bd. 2). Frankfurt (Main) 2006.

Seelhofer-Schilling, Birgit: Umschnürte Stahlbetonstützen. Geschichtliche Entwicklung (IBK Bericht, Nr. 310). Zürich 2008.

Serna, Virginie: Les Constructions de l'eau dans le traité d'hydraulique de B. Forest de Bélidor (1693–1761); des indices pour une archéologie fluviale, in: Hilaire-Pérez, Liliane (Hg.): Archives, objets et images des constructions de l'eau du Moyen Âge à l'ère industrielle (Cahiers d'historie et de philosophie des sciences, Bd. 51). Lyon 2002, S. 189–205.

Shapin, Steven; Schaffer, Simon: Leviathan and the Air-Pump. Hobbes, Boyle and the Experimental Life. Princeton 1985.

Shapin, Steven: The Scientific Revolution. Chicago 1996.

Shapin, Steven: Never Pure. Historical Studies of Science as if It Was Produced by People with Bodies, Situated in Time, Space, Culture, and Society, and Struggling for Credibility and Authority. Baltimore 2010.

Sheynin, Oscar: Lo Sviluppo della teoria della probabilità e della statistica, in: Petruccioli, Sandro (Hg.): La Rivoluzione scientifica (Storia della Scienza, Bd. 5). Rom 2002, S. 529–541.

Sieferle, Rolf-Peter: Fortschrittsfeinde? Opposition gegen Technik und Industrie von der Romantik bis zur Gegenwart. München 1984.

Siegenthaler, Hansjörg: Wirtschaft und Bautätigkeit im 19. und 20. Jahrhundert, in: Schweizer Baublatt 93 (1982), Nr. 76, S. 51–56; Nr. 78, S. 43–49.

Siegenthaler, Hansjörg: Schweiz 1850–1914, in: Fischer, Wolfram (Hg.): Europäische Wirtschafts- und Sozialgeschichte von der Mitte des 19. Jahrhunderts bis zum Ersten Weltkrieg (Handbuch der europäischen Wirtschafts- und Sozialgeschichte, Bd. 5). Stuttgart 1985, S. 443–473.

Skempton, Alec Westley: Landmarks in Early Soil Mechanics, in: ders.: Selected Papers. London 1984, S. 251–276.

Sommerhoff-Benner, Silvia: Christian Wolff als Mathematiker und Universitätslehrer des 18. Jahrhunderts. Aachen 2002.

Sperlich, Martin: Frühe industrielle Bauformen in Berlin. Eisenguß, Zinkguß, Terrakotta, in: ICOMOS, Deutsches Nationalkomitee (Hg.): Eisen Architektur. Die Rolle des Eisens in der historischen Architektur der ersten Hälfte des 19. Jahrhunderts. Hannover 1979, S. 18–22.

Spohn, Thomas: Der Weg einer technologischen Novation im Bauwesen des späten 18. Jahrhunderts: Bohlenlamellendächer in Deutschland, in: Arbeitskreis für Hausforschung (Hg.): Hausbau im 19. Jahrhundert (Jahrbuch für Hausforschung, Bd. 38). Sobernheim/Marburg 1989, S. 137–168.

Spohn, Thomas: Zur Einleitung, in: ders. (Hg.): Bauen nach Vorschrift? Obrigkeitliche Einflussnahme auf das Bauen und Wohnen in Nordwestdeutschland (14. bis 20. Jh.) (Beiträge zur Volkskultur in Nordwestdeutschland, Bd. 102). Münster/New York/München/Berlin 2002, S. 1–68.

Stadt Karlsruhe – Städtische Galerie und saai (Südwestdeutsches Archiv für Architektur und Ingenieurbau am KIT) (Hg.): Friedrich Weinbrenner (1766–1826). Architektur und Städtebau des Klassizismus. (Ausstellung Städtische Galerie Karlsruhe vom 27. Juni bis zum 4. Oktober 2015). 2. Aufl. Petersberg 2015.

Stegmann, Knut: Spangenberg, Julius Heinrich, in: NDB, Bd. 24. Berlin 2010, S. 625–626.

Stegmann, Knut: Zu den deutschen Anfängen des Bauens mit Beton. Der Stampfbetonpionier Eugen Dyckerhoff (1844–1924), in: Beton- und Stahlbetonbau 106 (2011), H. 6, S. 415–424.

Stegmann, Knut: Analysing Historical Timber Structures – A Case Study on Ernst Gladbach (1812–1896) and His Research on the «Swiss Style», in: Carvais, Robert; Guillerme, André; Nègre, Valérie; Sakarovitch, Joël (Hg.): Nuts and Bolts of Construction History. Culture, Technology and Society. 3 Bde. Paris 2012, Bd. 1, S. 3–10.

Stegmann, Knut: Introducing Concrete: German Concrete Firms at Exhibitions Before 1914, in: Engineering History and Heritage 165 (2012), H. 3, S. 127–136.

Stegmann, Knut: Das Bauunternehmen Dyckerhoff & Widmann – Zu den Anfängen des Eisenbetonbaus in Deutschland 1865–1918. Tübingen/Berlin 2014.

Stegmann, Knut: Vom «forschenden Künstler» – Ernst Gladbach und die Schweizer Holzbauten, in: Hassler, Uta (Hg.): Der Lehrbuchdiskurs über das Bauen. Zürich 2015, S. 184–200.

Stegmann, Knut; Kuban, Sabine: «Ruhelos und unsteten Sinnes» – Zur Bedeutung des Eisenbetonpioniers Gustav Adolf Wayss (1851–1917), in: Beton- und Stahlbetonbau 112 (2017), H. 8, S. 545–555.

Steinle, Friedrich: Explorative Experimente. Ampère, Faraday und die Ursprünge der Elektrodynamik (Boethius. Texte und Abhandlungen zur Geschichte der Mathematik und der Naturwissenschaften, Bd. 50). Wiesbaden 2005.

Steinle, Friedrich: Sammeln und Experimentieren, in: Hassler, Uta; Meyer, Torsten (Hg.): Kategorien des Wissens. Die Sammlung als epistemisches Objekt. Zürich 2014, S. 132–143.

Stenger, Birgit: August Thiersch (1843–1916). Geplante und ausgeführte Kirchenbauten. Diss. TU München 1981.

Stichweh, Rudolf: Ausdifferenzierung der Wissenschaft. Eine Analyse am deutschen Beispiel. Bielefeld 1977.

Stichweh, Rudolf: Zur Entstehung des modernen Systems wissenschaftlicher Disziplinen. Physik in Deutschland 1740–1890. Frankfurt (Main) 1984.

Stichweh, Rudolf: Self-Organization and Autopoiesis in the Development of Modern Science, in: Krohn, Wolfgang; Küppers, Günter; Nowotny, Helga (Hg.): Selforganization – Portrait of a Scientific Revolution. Boston/Dordrecht 1990, S. 195–207.

Stichweh, Rudolf: The Sociology of Scientific Disciplines: On the Genesis and Stability of the Disciplinary Structure of Modern Science, in: Science in Context 5 (1992), S. 3–15.

Stockhammer, Daniel: Schweizer Holzbautradition: Ernst Gladbachs Konstruktion eines ländlichen Nationalstils, Diss. ETH Zürich 2015.

Stockhammer, Daniel: Zur Konstruktion heimatlicher Idealbilder. ‹Dörfli›-Ansichten als Vorläufer der Reformarchitektur, in: Hassler, Uta (Hg.): Heimat, Handwerk und die Utopie des Alltäglichen. München 2016, S. 385–400.

Stockhammer, Daniel: Der erfundene Nationalstil. Zur ausländischen Konstruktion des «Schweizerhauses» am Übergang von der Vedutenmalerei zur Bauforschung des frühen 19. Jahrhunderts, in: «Chalet Suisse». «Delightful Horror» – Die Erhabenheit der Alpen und der frühe Fremdenverkehr, Begleitschrift zur Sonderausstellung im Schloss Hünegg in Hilterfingen am Thunersee, hg. v. Stiftung Schloss Hünegg & ROTH-Stiftung Burgdorf. Hünibach 2016, S. 33–40.

Stollberg, Michael: Gewerblich-industrielle Luftverschmutzung und Stadthygiene im 19. Jahrhundert, in: Vögele, Jörg; Völk, Wolfgang (Hg.): Stadt, Krankheit und Tod. Geschichte der städtischen Gesundheitsverhältnisse während der epidemiologischen Transition (vom 18. bis ins frühe 20. Jahrhundert). Berlin 2000, S. 275–290.
Stollberg-Rilinger, Barbara: Europa im Jahrhundert der Aufklärung. Stuttgart 2000.
Straub, Hans: Die Geschichte der Bauingenieurkunst. Ein Überblick von der Antike bis in die Gegenwart. 4. Aufl. Basel/Boston/Berlin 1992.
Strecke, Reinhart: Anfänge und Innovation der preußischen Bauverwaltung (Veröffentlichungen aus den Archiven preussischer Kulturbesitz, Beih. 6). Köln/Weimar/Wien 2000.
Strecke, Reinhart: Auf dem neuesten Stand der Forschung: Die «Sammlung nützlicher Aufsätze und Nachrichten, die Baukunst betreffend», in: Blauert, Elke (Hg.): Neue Baukunst. Berlin um 1800. Berlin 2007, S. 27–36
Strobel, Ernst: Die Handwerkerpolitik Zürichs von der Helvetik bis zur liberalen Aera. Basel 1926.
Stüssi, Fritz: Die Abteilung für Bauingenieurwesen, in: Eidgenössische Technische Hochschule 1855–1955. École Polytechnique Fédérale. Zürich 1955, S. 384–409.
Szöllösi-Janze, Margit: Wissensgesellschaft in Deutschland: Überlegungen zur Neubestimmung der deutschen Zeitgeschichte über Verwissenschaftlichungsprozesse, in: Geschichte und Gesellschaft. Zeitschrift für historische Sozialwissenschaft 30 (2004), S. 277–313.
Szöllösi-Janze, Margit: Wissensgesellschaft – ein neues Konzept zur Erschließung der deutsch-deutschen Zeitgeschichte?, in: Hockerts, Hans-Günter (Hg.): Koordinaten deutscher Geschichte in der Epoche des Ost-West-Konflikts. München 2004, S. 277–305.
Talenti, Simona: L'histoire de l'architecture en France. Émergence d'une discipline (1863–1914). Paris 2000.
Terres, Ernst (Hg.): Die Technische Hochschule Fridericiana Karlsruhe. Festschrift zur 125-Jahrfeier. Karlsruhe 1950.
Thiele, Bernd: Karl Karmarsch (1803–1879), in: Banse, Gerhard; Wollgast, Siegfried (Hg.): Biographien bedeutender Techniker, Ingenieure und Technikwissenschaftler. Berlin 1983, S. 142–148.
Thoenes, Christof: Geymüller, Heinrich Adolf Freiherr von, in: NDB, Bd. 6. Berlin 1964, S. 361–362.
Troitzsch, Ulrich (Hg.): ‹Nützliche Künste›: Kultur- und Sozialgeschichte der Technik im 18. Jahrhundert (Cottbuser Studien zur Geschichte von Technik, Arbeit und Umwelt, Bd. 13). Münster/New York/München/Berlin 1999.
Trout, Edwin A. R.: The Deutscher Ausschuß für Eisenbeton (German Committee for Reinforced Concrete) 1907–1945. Part 1: Before World War I, in: Construction History 29 (2014), Nr. 1, S. 51–73.
Tschanz, Martin: Die Bauschule am Eidgenössischen Polytechnikum in Zürich. Architekturlehre zur Zeit von Gottfried Semper (1855–1871) (Architektonisches Wissen). Zürich 2015
Vacant, Claude: Jean-Rodolphe Perronet (1708–1794). Premier ingénieur du Roi et directeur de l'École des ponts et chaussées. Paris 2006.
Vec, Miloš: Recht und Normierung in der Industriellen Revolution. Neue Strukturen der Normsetzung in Völkerrecht, staatlicher Gesetzgebung und gesellschaftlicher Selbstnormierung (Recht in der Industriellen Revolution, Bd. 1). Frankfurt (Main) 2006.
Veyrassat, Béatrice: Industrialisierung, in: Historisches Lexikon der Schweiz, http://www.hls-dhs-dss.ch/textes/d/D13824.php (16. Oktober 2012).
Viefhaus, Marianne: Eduard Schmitt (Schmidt), in: Österreichisches Biographisches Lexikon und biographische Dokumentation, Bd. 10. Wien 1992, S. 250.
Vischer, Daniel-Lucas; Schnitter, Niklaus: Drei Schweizer Wasserbauer: Conradin Zschokke (1842–1918), Eugen Meyer-Peter (1883–1969), Gerold Schnitter (1900–1987) (Schweizer Pioniere der Wirtschaft und Technik, Bd. 53). Meilen 1991.
Vischer, Daniel-Lucas: Wasserbauer und Hydrauliker der Schweiz (Verbandsschrift des Schweizerischen Wasserwirtschaftsverbandes, Bd. 63). Baden 2001.
Vollmer: Ende, Hermann, in: Thieme, Ulrich; Becker, Felix (Hg.): Allgemeines Lexikon der bildenden Künstler von der Antike bis zur Gegenwart, Bd. 10. Nachdruck München 1992, S. 511–512.
Voorhoeve, Jutta (Hg.): Welten schaffen. Zeichnen und Schreiben als Verfahren der Konstruktion (Wissen im Entwurf, Bd. 4). Zürich/Berlin 2011.
Walther, Gerrit: Friedrich August Wolf und die Hallenser Philologie – Ein aufgeklärtes Phänomen?, in: Hammerstein, Notker (Hg.): Universitäten und Aufklärung (Das achtzehnte Jahrhundert, Supplementa 3). Göttingen 1995, S. 125–136.
Wang, Victor: Die Vereinheitlichung von Maß und Gewicht in Deutschland im 19. Jahrhundert: Analyse des metrologischen Wandels im Großherzogtum Baden und anderen deutschen Staaten 1806 bis 1871. St. Katharinen 2000.
Weber, Christiane: Werkstatt oder Laboratorium. Praktische Ingenieurausbildung im 19. und frühen 20. Jahrhundert am Beispiel der Materialprüfungsanstalt Stuttgart, in: Möllmer, Tobias (Hg.): Stil und Charakter. Beiträge zur Architekturgeschichte und Denkmalpflege des 19. Jahrhunderts. Festschrift zum 75. Geburtstag von Wolfgang Brönner. Berlin/Basel 2015, S. 141–156.
Weber, Martin: Georg Christian Gottlieb Wedekind 1761–1831. Werdegang und Schicksal eines Arztes im Zeitalter der Aufklärung und der Französischen Revolution. Stuttgart 1988.

Weber, Max: Die «Objektivität» sozialwissenschaftlicher und sozialpolitischer Erkenntnis, in: ders.: Gesammelte Aufsätze zur Wissenschaftslehre. Hg. v. Johannes Winkelmann. 7. Aufl. Tübingen 1988, S. 146–214.

Weber, Max: Soziologische Grundbegriffe, in: ders.: Gesammelte Aufsätze zur Wissenschaftslehre. Hg. v. Johannes Winkelmann. 7. Aufl. Tübingen 1988, S. 541–581.

Weber Soros, Susan (Hg.): James «Athenian» Stuart 1713–1788. The Rediscovery of Antiquity. New Haven/London 2006.

Wecklein, Nikolaus: Zeising, Adolf, in: ADB, Bd. 55. Leipzig 1910, S. 404–411.

Wehler, Hans-Ulrich: Deutsche Gesellschaftsgeschichte, Bd. 1: Vom Feudalismus des Alten Reiches bis zur Defensiven Modernisierung der Reformära 1700–1815. München 1987.

Wehler, Hans-Ulrich: Deutsche Gesellschaftsgeschichte, Bd. 2: Von der Reformära bis zur industriellen und politischen «Deutschen Doppelrevolution» 1815–1849. München 1987.

Wehler, Hans-Ulrich: Deutsche Gesellschaftsgeschichte, Bd. 3: Von der «Deutschen Doppelrevolution» bis zum Beginn des Ersten Weltkriegs 1849–1914. München 1995.

Weidmann, Dieter: Gottfried Sempers ‹Polytechnikum› in Zürich. Ein Heiligtum der Wissenschaften und Künste (Diss. ETH Zürich). 2 Bde. Zürich 2010.

Weigl, Andreas: Assanierung, in: Jäger, Friedrich (Hg.): Enzyklopädie der Neuzeit, Bd. 1. Stuttgart/Weimar 2005, Sp. 1711–1715.

Weiß, Gert: Georg Moller als Bauforscher und Denkmalpfleger, in: Kartmann, Norbert (Hg.): Georg Moller. Symposium aus Anlass seines 150. Todestages am 13. März 2002 im Hessischen Landtag in Wiesbaden (Hessische Schriften zum Föderalismus und Landesparlamentarismus, Bd. 10). Wiesbaden 2004, S. 35–66.

Werner, Ernst: Technisierung des Bauens. Geschichtliche Grundlagen moderner Bautechnik. Düsseldorf 1980.

Wettstein, Emil: Die Entwicklung der Berufsbildung in der Schweiz (Berufspädagogik bei Sauerländer, Bd. 14). Aarau 1987.

Wiegel, Hildegard (Hg.): Italiensehnsucht. Kunsthistorische Aspekte eines Topos (Münchener Universitätsschriften des Instituts für Kunstgeschichte, Bd. 3). München/Berlin 2004.

Wiese, Kirsten: Erwanderte Kulturlandschaften. Die Vermittlung von Kulturgeschichte in Theodor Fontanes «Wanderungen durch die Mark Brandenburg» und Wilhelm Heinrich Riehls «Wanderbuch». München 2007.

Wietersheim Eskioglou, Karin von: Der Schweizer Stil und die Entwicklung des modernen Schweizer Holzhausbaus. Diss. ETH Zürich 2004, http://e-collection.library.ethz.ch/view/eth:27786 (18. Juli 2013).

Wilkening-Aumann, Christine; Kienlin, Alexander von: «zum Umgange mit den Schönen gezwungen» – Die Gipsabguss-Sammlungen der ETH und Universität Zürich, in: Hassler, Uta; Meyer, Torsten (Hg.): Kategorien des Wissens. Die Sammlung als epistemisches Objekt. Zürich 2014, S. 193–207.

Williams Robinson, Julia: The Form and Structure of Architectural Knowledge: From Practice to Discipline, in: Piotrowski, Andrzej; Williams Robinson, Julia (Hg.): The Discipline of Architecture. Minneapolis/London 2001, S. 61–82.

Wilson, Sue: An Early Nineteenth Century English Swiss Cottage at Endsleigh in Devon, in: Charnley, Joy; Penders, Malcolm (Hg.): Exercises in Transition. Swiss–British Cultural Interchange. Frankfurt (Main) u. a. 2006, S. 139–171.

Wissenschaftshistorische Sammlungen der ETH-Bibliothek (Hg.): Gottfried Semper (1803–1879), Prof. für Architektur ETHZ (Handschriften und Autographen der ETH-Bibliothek, Bd. 158) Zürich 1992.

Wittmann, Barbara: Das Porträt der Spezies. Zeichnen im Naturkundemuseum, in: Hoffmann, Christoph (Hg.): Daten sichern. Schreiben und Zeichnen als Verfahren der Aufzeichnung (Wissen im Entwurf, Bd. 1). Zürich/Berlin 2008, S. 47–72.

Wittmann, Barbara (Hg.): Spuren erzeugen. Zeichnen und Schreiben als Verfahren der Selbstaufzeichnung (Wissen im Entwurf, Bd. 2). Zürich/Berlin 2009.

Wußnig, Hans: 6000 Jahre Mathematik. Eine kulturgeschichtliche Zeitreise. Berlin/Heidelberg 2008.

Zimmermann, Clemens: Wohnen als sozialpolitische Herausforderung. Reformerisches Engagement und öffentliche Aufgaben, in: Reulecke, Jürgen (Hg.): 1800–1918. Das bürgerliche Zeitalter (Geschichte des Wohnens, Bd. 3). Stuttgart 1997, S. 503–636.

Zink, Stephan; Vernooij, Martine; Brack, Peter: Die Sammlung ‹Feliciani› der ETH Zürich: Geschichte, Ordnung und Bedeutung einer römischen Marmorsammlung des 19. Jahrhunderts, in: Hassler, Uta; Meyer, Torsten (Hg.): Kategorien des Wissens. Die Sammlung als epistemisches Objekt. Zürich 2014, S. 209–227.

Zweckbronner, Gerhard: Physikalische Prinzipien und praktischer Maschinenbau im industriellen Zeitalter, in: Berichte zur Wissenschaftsgeschichte 16 (1993), Nr. 3/4, S. 195–201.

Abkürzungsverzeichnis

ADB	Allgemeine Deutsche Biographie, hg. v. der Historischen Kommission bei der Bayerischen Akademie der Wissenschaften (Online-Version: https://www.digitale-sammlungen.de/index.html?c=kurzauswahl&adr=www.deutsche-biographie.de)
ALS	Architektenlexikon der Schweiz: Rucki, Isabelle; Huber, Dorothee (Hg.): Architektenlexikon der Schweiz. 19./20. Jahrhundert. Basel/Boston/Berlin 1998
DBZ	Deutsche Bauzeitung
HdA	Handbuch der Architektur. 1880–1943
HdI	Handbuch der Ingenieurwissenschaften
HLS	Historisches Lexikon der Schweiz (Online-Version: http://www.hls-dhs-dss.ch/index.php)
INSA	Inventar der neueren Schweizer Architektur 1850–1920
KLS	Künstler-Lexikon der Schweiz, XX. Jahrhundert, hg. v. Verein zur Herausgabe des Schweizerischen Künstler-Lexikons, 2 Bde. Frauenfeld 1958–1967
NDB	Neue Deutsche Biographie, hg. v. der Historischen Kommission bei der Bayerischen Akademie der Wissenschaften (https://www.digitale-sammlungen.de/index.html?c=kurzauswahl&adr=www.deutsche-biographie.de)
ÖBL	Österreichisches Biographisches Lexikon 1815–1950 Online-Edition, Verlag der Österreichischen Akademie der Wissenschaften (http://www.biographien.ac.at).
SBZ	Schweizerische Bauzeitung
SIKART	SIKART Lexikon zur Kunst in der Schweiz (Online-Version: http://www.sikart.ch/home2.aspx)
SKL	Schweizerisches Künstler-Lexikon, hg. v. Schweizerischen Kunstverein, 4 Bde. Frauenfeld 1905–1917
ZB	Zentralbibliothek Zürich

In den Biografien zusätzlich verwendete Kurztitel

ETH-HA	ETH Zürich, ETH-Bibliothek, Hochschularchiv
Gugerli/Kupper/Speich 2005	Gugerli, David; Kupper, Patrick; Speich, Daniel: Die Zukunftsmaschine. Konjunkturen der ETH Zürich 1855–2005. Zürich 2005
Kurrer 2016	Kurrer, Karl-Eugen: Geschichte der Baustatik. Auf der Suche nach dem Gleichgewicht. 2. stark erw. Aufl., Berlin 2016
Rudio 1894	Rudio, Ferdinand: Direktoren und ehemalige Professoren der eidgenössischen polytechnischen Schule. Biographische Skizzen. Zürich 1894 (Separatabdruck aus der Festschrift der G. e. P. 1894)
Tschanz 2015	Tschanz, Martin: Die Bauschule am Eidgenössischen Polytechnikum in Zürich. Architekturlehre zur Zeit von Gottfried Semper (1855–1871) (Architektonisches Wissen). Zürich 2015

Bildnachweis

Abb. 1b: Schweizerisches Landesmuseum Zürich, Fotografische Sammlung, LM-10017820_COL-7616.
Abb. 2: Schweizerisches Landesmuseum Zürich, Fotografische Sammlung, LM-11238314.
Abb. 3, 13–15: Grafik Verfasser 2012.
Abb. 4: ETH Zürich, ETH-Bibliothek, Bildarchiv, Ans_03778-01-053.
Abb. 5, 9a/b, 11: Zentralbibliothek Zürich, Graphische Sammlung und Fotoarchiv, Fotografischer Nachlass von Robert Breitinger.
Abb. 9c: ETH Zürich, ETH-Bibliothek, Bildarchiv, Ans_06420-FL.
Abb. 10a/b: Bibliothèque nationale de France, Département des Estampes et de la photographie.
Abb. 17a: Schweizerisches Landesmuseum Zürich, Fotografische Sammlung, LM-100994.2_COL-3867.
Abb. 17b: Schweizerisches Landesmuseum Zürich, Fotografische Sammlung, LM-100994.1_COL-3868.
Abb. 28: ETH Zürich, ETH-Bibliothek, Bildarchiv, Ans_04012.
Abb. 29: Privatarchiv.
Abb. 30: ETH Zürich, ETH-Bibliothek, Alte Drucke, Rar 5465.
Abb. 31, 43, 44, 48, 55, 64: Grafik Verfasser 2013.
Abb. 32a: ETH Zürich, gta Archiv, 20_0300_151.
Abb. 32b: Architekturmuseum der TU München, neur_g-199-8.
Abb. 33: Karlsruher Institut für Technologie, KIT-Archiv, 28015,1.
Abb. 34: University of Pennsylvania, The Architectural Archives.
Abb. 35: Zentralbibliothek Zürich, AA 481.
Abb. 36a/b: Bayerische Staatsbibliothek, Z A.civ. 253 k.
Abb. 35: ETH Zürich, ETH-Bibliothek, Bildarchiv, Ans_04250.
Abb. 39a: ETH Zürich, gta Archiv, 20_0300_50.
Abb. 39b: Schweizerisches Landesmuseum Zürich, Fotografische Sammlung, COL-9626_LM-1007408.
Abb. 39c: Schweizerisches Landesmuseum Zürich, Fotografische Sammlung, LM-101482.6.
Abb. 39d: ETH Zürich, ETH-Bibliothek, Bildarchiv, Ans_05040.
Abb. 40: ETH Zürich, ETH-Bibliothek, Bildarchiv, Ans_03501-FL.
Abb. 41a: ETH Zürich, gta Archiv, a: 20-0300-MS(155)6.
Abb. 41b: ETH Zürich, gta Archiv, 92-01-5.
Abb. 41c: ETH Zürich, gta Archiv, 92-03-4.
Abb. 42: ETH Zürich, ETH-Bibliothek, Bildarchiv, Portr_10671-FL.
Abb. 45 ETH Zürich, ETH-Bibliothek, Bildarchiv, Portr_10664-PL.
Abb. 46a: ETH Zürich, ETH-Bibliothek, Hochschularchiv, EZ-REK 1/1/19: Studentenmatrikel – Constantin Lembke, S. 7.
Abb. 46b: ETH Zürich, ETH-Bibliothek, Hochschularchiv, Hs 489: 68.
Abb. 46c: ETH Zürich, ETH-Bibliothek, Hochschularchiv, Hs 490: 53.
Abb. 49a: ETH Zürich, ETH-Bibliothek, Bildarchiv, Portr_12977-FL.
Abb. 49b: ETH Zürich, gta Archiv, 22.-Fx-P-4.
Abb. 49c: ETH Zürich, ETH-Bibliothek, Rara und Karten, Rar9910.
Abb. 49d: ETH Zürich, gta Archiv, 41: Archiv der Bauschule.
Abb. 50a: ETH Zürich, ETH-Bibliothek, Archive und Nachlässe, Hs 1310: 2/44.
Abb. 50b: ETH Zürich, ETH-Bibliothek, Archive und Nachlässe, Hs 1310: 2/72.
Abb. 53a: ETH Zürich, gta Archiv, 20-0300-609.
Abb. 54: ETH Zürich, ETH-Bibliothek, Hochschularchiv, Hs 911_580_3.
Abb. 56: ETH Zürich, gta Archiv, 58-NST-1.
Abb. 58: ETH Zürich, ETH-Bibliothek, Hochschularchiv, Akz. 2012-5, Bierzeitung ETH.
Abb. 59: ETH Zürich, gta Archiv, 22-Fx-1:6.
Abb. 60: ETH Zürich, ETH-Bibliothek, Archive und Nachlässe, Hs 435:2.
Abb. 62a: ETH Zürich, gta Archiv, 22-Fx-1:7.
Abb. 62b: Staatsarchiv Graubünden, XXIc Nachlass Architekt Enrico Bisaz: 215.
Abb. 63a/b: Fotos Barbara Beckett, 2013.
Abb. 65: ETH Zürich, ETH-Bibliothek, Archive und Nachlässe, Hs 1310: 2/7.
Abb. 66a: ETH Zürich, ETH-Bibliothek, Archive und Nachlässe, Hs 1310: 2/19.
Abb. 66b: ETH Zürich, ETH-Bibliothek, Archive und Nachlässe, Hs 1310: 2/22.
Abb. 67: Zentralbibliothek Zürich, Graphische Sammlung und Fotoarchiv, Fotografischer Nachlass von Robert Breitinger.

Abb. 68: ETH Zürich, ETH-Bibliothek, Hochschularchiv, Hs 911-580-1.
Abb. 69: Bibliothèque nationale de France, Département des Estampes et de la photographie.
Abb. 70: ETH Zürich, ETH-Bibliothek, Alte Drucke, 51626.
Abb. 71a–c: ETH Zürich, ETH-Bibliothek, Alte Drucke, 514055: 1.
Abb. 72 ETH Zürich, ETH-Bibliothek, Alte Drucke, Rar 9015.
Abb. 73 Archivio Alinari Firenze, ACA-F-03827A-0000.
Abb. 74: Zentralbibliothek Zürich, KK 192.
Abb. 81, 82a/b, 84a/b: Grafik Verfasser 2013.
Abb. 89: Architekturmuseum der Technischen Universität Berlin, MK 02-031.
Abb. 93a–c: ETH Zürich, gta Archiv, 41: Archiv der Bauschule.
Abb. 94: ETH Zürich, ETH-Bibliothek, Hochschularchiv, HS 10:3: Vorlesungsmitschrift von Léon Fulpius, Cours de Construction, gehalten von Ernst Gladbach, 1858/59.
Abb. 95, 96, 100: ETH Zürich, gta Archiv, 52: Nachlass Ernst Gladbach.
Abb. 102: Baugeschichtliches Archiv der Stadt Zürich, Nachlass von Jacques Gros, Plan 6-1.
Abb. 104: ETH Zürich, gta Archiv, 41: Archiv der Bauschule.
Abb. 107: Zentralbibliothek Zürich, Handschriftensammlung, MS Z IX 624, Bl. 28.
Abb. 108: ETH Zürich, gta Archiv, 52: Mappe «Prof. E. Gladbach 1888. 10 Blatt».
Abb. 109: Archiv Knut Stegmann.
Abb. 110: Zentralbibliothek Zürich, Handschriftensammlung, MS Z IX 623, unpag.
Abb. 111: Schweizerisches Landesmuseum Zürich, Graphische Sammlung, LM 1330, Bl. E24.
Abb. 112a: Zentralbibliothek Zürich, Handschriftensammlung, MS Z IX 623, unpag.
Abb. 112c: Archiv Kantonale Denkmalpflege Bern, Reproduktion aus: Schweizerische Gesellschaft für Volkskunde (Hg.): Die Bauernhäuser des Kantons Bern, Bd. 2: Das höhere Berner Mittelland (Die Bauernhäuser der Schweiz, Bd. 28). Bern 2001, S. 274.
Abb. 113: Schweizerisches Landesmuseum Zürich, Graphische Sammlung, LM 1330, Bl. H.5.
Abb. 121a: Schweizerisches Landesmuseum Zürich, Graphische Sammlung, LM 1330, Bl. E25.
Abb. 121b: Schweizerisches Landesmuseum Zürich, Graphische Sammlung, LM 1330, Bl. E27.
Abb. 138a: ETH Zürich, ETH-Bibliothek, Bildarchiv, Ans_03844.
Abb. 138b: ETH Zürich, ETH-Bibliothek, Bildarchiv, Ans_04835.
Abb. 142a/b, 144, 146a/b: Universitätsarchiv Stuttgart, 33/2/430.
Abb. 147: Zentralbibliothek Zürich, Graphische Sammlung und Fotoarchiv, Fotografischer Nachlass von Robert Breitinger.
Abb. 152: Grafik Verfasser 2013.
Abb. 154: Archiv Technikum Winterthur, 34.alpha.6: Notenbücher.
Abb. 155: Technikum Winterthur, Archiv, 27.γ.6: Vorlesungsmitschriften von Karl Stolz.
Abb. 157: ETH Zürich, gta Archiv, Nachlass Gustav Gull, 22_056_F_BS_19b.
Abb. 158–161, 169: Grafik Verfasser 2013.
Abb. 174 Herzog August Bibliothek Wolfenbüttel, Jb quer 4o 39.
Abb. 184: Grafik Verfasser 2014.
Abb. 185: Karlsruher Institut für Technologie, Fakultät für Architektur.
Abb. 195, 197, 202: Grafik Verfasser 2014.

Exkurs, S. 348–391

Abb. 2: gta Archiv, ETH Zürich, 20-0300-F-Ost-27.
Abb. 3: Archäologische Sammlung am Institut für Archäologie der Universität Zürich (UZH), Inv.-Nr. G 1391, Fotos Barbara Beckett, 2015.
Abb. 4: ETH-Bibliothek, Hochschularchiv, SR3 1855: 573.
Abb. 5: ETH-Bibliothek – Rara und Karten – Alte und Seltene Drucke, Rar 9994.
Abb. 6: ETH-Bibliothek – Rara und Karten – Alte und Seltene Drucke, Rar 9541.
Abb. 7: Montage auf Grundlage von: Bauer, Heinrich: Lysikratesdenkmal, Baubestand und Rekonstruktion, Sonderdruck aus den Mitteilungen des Deutschen Archäologischen Instituts, Athenische Abteilung, Bd. 92, Berlin 1977, Beilage 9 (Originalmassstab 1 : 30). Bearbeitung: A. Hennemeyer, Ch. Wilkening-Aumann, H. Jun Yi.
Abb. 8 a/b:Archäologische Sammlung am Institut für Archäologie der Universität Zürich (UZH), a: Inv.-Nr. G 1383, Foto Dirk Altenkirch, 2012; b: Inv.-Nr. G 1384, Foto Frank Tomio, 2014.
Abb. 9: ETH-Bibliothek, Hochschularchiv, Hs. 8.1, S. 118.
Abb. 10: Archäologische Sammlung am Institut für Archäologie der Universität Zürich (UZH), Inv.-Nr. G 1376, Foto Barbara Beckett, 2015.
Abb. 11: gta Archiv, ETH Zürich, Nachlass Julius Stadler, 9-089-4.
Abb. 12: ETH-Bibliothek, Hochschularchiv, Hs. 64, S. 105.
Abb. 13: ETH-Bibliothek – Rara und Karten – Alte und Seltene Drucke, Rar 2571.
Abb. 14: gta Archiv, ETH Zürich, Nachlass Ernst Georg Gladbach, Bestand 52 [Gelnhausen, Kaiserpfalz, Blatt 18].
Abb. 15: Foto Christine Wilkening-Aumann, 2014.

Abb. 16: Archäologische Sammlung am Institut für Archäologie der Universität Zürich (UZH), Inv. Nr. G N31, Foto Dirk Altenkirch, 2012.
Abb. 17: ETH-Bibliothek – Rara und Karten – #Alte und Seltene Drucke, Rar 9997 Band 3.
Abb. 18: gta Archiv, ETH Zürich, Nachlass Ernst Georg Gladbach, Bestand 52.
Abb. 19a/b: gta Archiv, ETH Zürich, Nachlass Julius Stadler, 19 a: 9-068-5; 19 b: 9-068-4.
Abb. 20: gta Archiv, ETH Zürich, Nachlass Julius Stadler, 9-068-2.
Abb. 21 a/b: ETH-Bibliothek – Rara und Karten – #Alte und Seltene Drucke; a: Rar 9826; b: Rar 6864 Tafelband.
Abb. 22: gta Archiv, ETH Zürich, Bestand 41 [Ornamentenschatz-I-5].
Abb. 23: Archäologische Sammlung am Institut für Archäologie der Universität Zürich (UZH), ohne Inv. Nr., Foto Frank Tomio, 2014.
Abb. 24a/b: Archäologische Sammlung am Institut für Archäologie der Universität Zürich (UZH), Inv. Nr. G N32, Fotos Christine Wilkening-Aumann, 2014.
Abb. 25: Archäologische Sammlung am Institut für Archäologie der Universität Zürich (UZH), Inv. Nr. G 1375, Foto Frank Tomio, 2014.
Abb. 26: Archäologische Sammlung am Institut für Archäologie der Universität Zürich (UZH), Inv. Nr. G 1376, Foto Dirk Altenkirch, 2012.
Abb. 27: Zentralbibliothek Zürich, Graphische Sammlung und Fotoarchiv, Sign. Aeg 223.7
Abb. 28: Besitz der Verf.
Abb. 29a/b: Biblioteca cantonale, Bellinzona, Sign. BCB 64 F 28.
Abb. 32a/b: Archäologische Sammlung am Institut für Archäologie der Universität Zürich (UZH), Inv. Nr. G N111, Foto Frank Tomio, 2014; b: ETH-Bibliothek HDB, Sign. A 16064 / Q.
Abb. 33: Foto Barbara Beckett, 2015.

Exkurs, S. 392–432

Abb. 1: IAM / akg-images.
Abb. 2, 3: akg-images.
Abb. 4: Schöller, Wolfgang: Die «Academie Royale d'Architecture» 1671–1793. Anatomie einer Institution. Köln/Weimar/Wien 1993, Taf. 10.
Abb. 5: Zentralbibliothek Zürich, Alte Drucke.
Abb. 6: Rietdorf, Alfred: Gilly. Wiedergeburt der Architektur. Berlin 1943, Abb. 82 [Originale im Zweiten Weltkrieg verloren gegangen].
Abb. 7: Zentralbibliothek Zürich.
Abb. 8: akg-images / De Agostini Picture Lib. / G. Dagli Orti.
Abb. 9: Collections des Beaux-arts de Paris, l'école nationale supérieure, EBA 1168.
Abb. 10: Callot, Jean-Pierre: Historie de l'École polytechnique. Paris 1982, S. 2.
Abb. 11: akg-images.
Abb. 12: Zentralbibliothek Zürich, Alte Drucke.
Abb. 13: Beaux-arts de Paris, l'école nationale supérieure, Est 5736.
Abb. 14: Zentral- und Hochschulbibliothek Luzern.
Abb. 16: Deutsches Museum, Archiv, R1673-8
Abb. 17: Guillet, Léon: Cent ans de la vie de l'École centrale des arts et manufactures 1829–1929. Paris 1929, Taf. 5.
Abb. 18: Deutsches Museum, Bibliothek.
Abb. 19: Deutsches Museum, Bibliothek.
Abb. 20: akg-images.
Abb. 21: Beaux-arts de Paris, l'école nationale supérieure, PC 31955.32.
Abb. 22: Bibliothèque nationale de France, Banques d'images, SNR-3.
Abb. 23: Museo di Roma.
Abb. 24: Bibliothèque nationale de France, Banques d'images, VA-237 (4)-FOL.
Abb. 25: Rietdorf, Alfred: Gilly. Wiedergeburt der Architektur. Berlin 1943, Abb. 75 [Originale im Zweiten Weltkrieg verloren gegangen].
Abb. 26:Klassik Stiftung Weimar, Gr-2007/985.
Abb. 27:Architekturmuseum München, fis_c-44-2.

Biografien, S. 463–494

Abb. S. 463: Bach, Carl: Mein Lebensweg und meine Tätigkeit. Eine Skizze. Berlin 1926, Taf. im Vorsatz.
Abb. S. 467 links: Archiv der Familie Christophe.
Abb. S. 474 links: Zentralbibliothek Zürich, Graphische Sammlung und Fotoarchiv, STO 156.
Abb. 475 rechts: Oechsli, Wilhelm: Geschichte der Gründung des Eidg. Polytechnikums mit einer Uebersicht seiner Entwickelung 1855–1905 (Festschrift zur Feier des fünfzigjährigen Bestehens des Eidg. Polytechnikums, Bd. 1). Frauenfeld 1905. Taf. zw. S. 40/41.
Abb. S. 477 links: akg images, AKG579211.
Abb. S. 478: Welti, Albert J.: Wilhelm Ludwig Lehmann 1861–1932 (Zürcher Kunstgesellschaft, Neujahrsblatt 1935). Zürich 1935, Taf. 1.
Abb. S. 480: Hessisches Staatsarchiv, Darmstadt.
Abb. S. 481: Courtesy of the Smithsonian Institution Libraries, Washington, D.C.
Abb. S. 487: Redtenbacher, Ferdinand: Bericht über die Feier seines 100. Geburtstages an der Grossh. Technischen Hochschule Fridericiana zu Karlsruhe am 26.Juni 1909. Karlsruhe 1909, Taf. im Vorsatz.
Abb. S. 489: Stadler, Ferd. [Hofmeister, Rudolf Heinrich]: Das Leben des Architekten Ferdinand Stadler von Zürich. (Neujahrsblatt der Künstlergesellschaft in Zürich, Neue Folge, Bd. 32). Zürich 1872 (ETH Zürich, ETH-Bibliothek, Alte Drucke, P Rar 289: 1871–1880).

Abb. S. 491 rechts: Tulla Generallandesarchiv Karlsruhe.

Abb. S. 493 links: Koebel, Max: Friedrich Weinbrenner. Berlin 1920, Taf. im Vorsatz.

Abb. S. 464–466, 467 rechts, 468–473, 474 rechts, 475 links, 476, 477 rechts, 479, 482–486, 488, 490, 491 links, 492, 493 rechts, 494: ETH Zürich, ETH-Bibliothek, Bildarchiv, Portraitsammlung.

Erschienen im
Hirmer Verlag GmbH
Bayerstraße 57–59
D-80335 München

Uta Hassler

Uta Hassler, Torsten Meyer, Christoph Rauhut
Versuch über die polytechnische Bauwissenschaft

Mitarbeit Michael Wicki, Knut Stegmann, Christine Wilkening-Aumann
Mit einem Beitrag von Hartwig Schmidt

Lektorat Christine Wilkening-Aumann
Korrektorat Vera Udodenko, Köln

Layout István Fata, Zürich
Satz Tanja Bokelmann, München
Umschlaggestaltung Pascale Haefeli
Vor- und Nachsatzpapier Dirk Lange Handmarmorpapier, Gorsleben
Bildbearbeitung Reproline mediateam GmbH, München
Druck Karl Grammlich GmbH, Pliezhausen

Die Deutsche Nationalbibliothek verzeichnet diese Publikation
in der Deutschen Nationalbibliografie; detaillierte bibliografische
Daten sind im Internet unter http://dnb.d-nb.de abrufbar.

ISBN 978-3-7774-3367-7
Printed in Germany

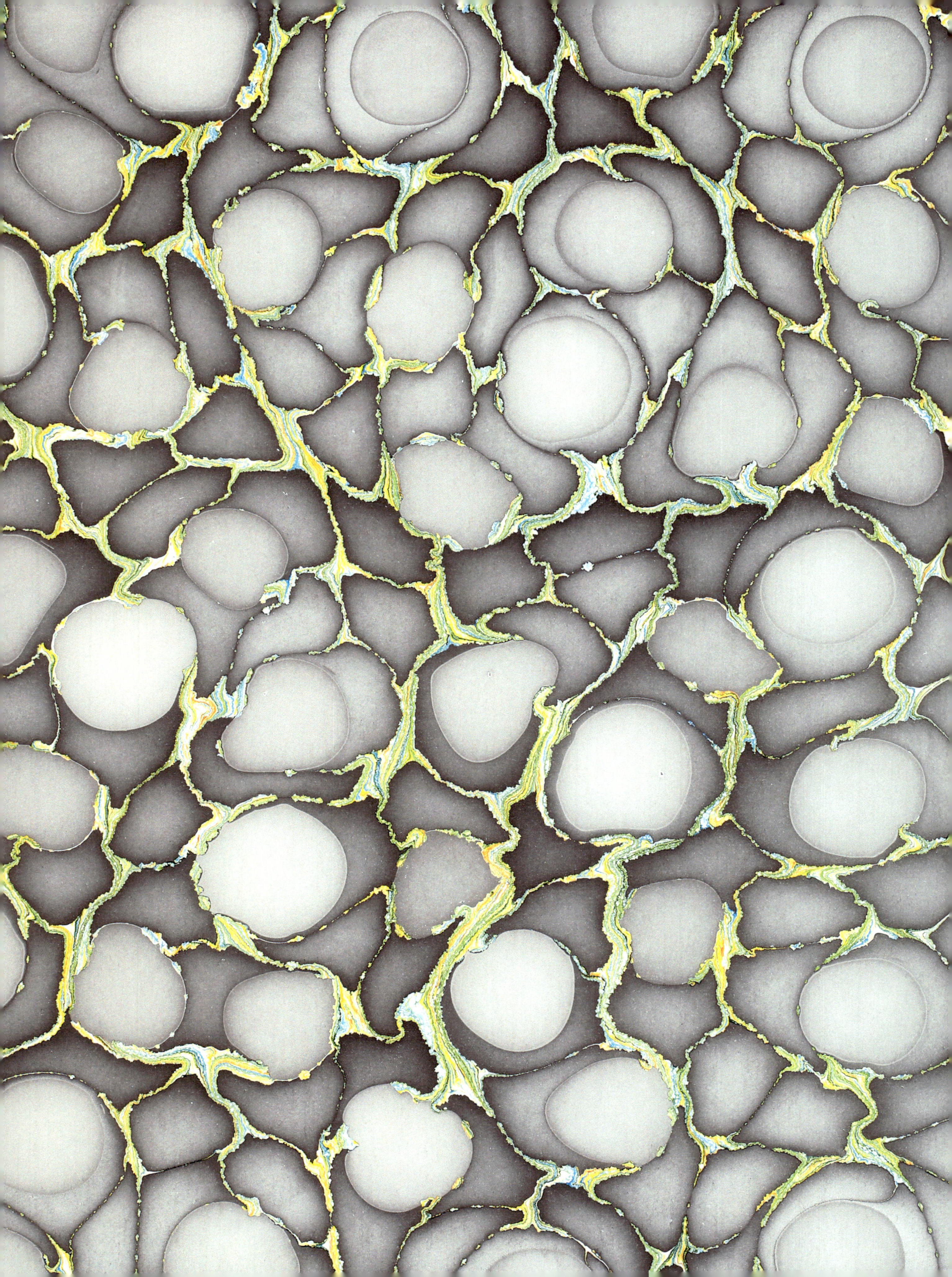